주요과목 핵심이론
Contents

PART 01 **대기환경관리**

PART 02 **대기오염공정시험기준**

PART 03 **대기오염방지기술**

PART 04 **연소공학**

01 대기환경관리

1. 대기오염사건 중 누설사건과 주원인물질

① 멕시코 포자리카(Pozarica) 사건의 주원인물질 : 황화수소(H_2S)
② 인도 보팔시(Bopal) 사건의 주원인물질 : 메틸이소시아네이트(CH_3CNO)

2. 런던스모그사건과 LA스모그사건

(1) 런던(London)스모그 사건

① 발생 : 1952년 12월 영국 런던
② 런던스모그 사건은 석탄연소에 의하여 발생한 대기오염사건으로 아황산가스, 먼지 등이 복사성 역전, 무풍상태, 높은 습도에서 발생한 사건이다.
③ 주로 초저녁에 발생하였고 석탄의 매연과 화력발전소 등의 굴뚝에서 배출된 매연이 주 오염원으로 추정된다.
④ 1차성 스모그의 대표적 사건으로 사망자가 가장 많았던 사건이다.

(2) 로스앤젤레스(Los Angeles)스모그 사건

① 발생 : 1954년 미국
② 로스앤젤레스 스모그 사건은 자동차에서 배출되는 질소산화물, 탄화수소 등에 의하여 침강성 역전, 무풍상태에서 발생한 스모그 사건이다.
③ O_3(오존)이 처음으로 발견된 사건이다.
④ 피해는 눈을 자극하며 중대한 피해는 없다.
⑤ 2차성 스모그(광화학스모그)의 대표적인 사건이다.

3. 직경의 종류

① 공기역학적 직경(Aerodynamic Diameter) : 본래의 먼지와 침강속도가 동일하며, 밀도 $1g/cm^3$인 구형입자의 직경이다.
② 스토크스 직경(Stoke's Diameter) : 알고자 하는 입자상 물질과 같은 밀도 및 침강속도를 갖는 입자상 물질의 직경이다.

③ 마틴직경(Martin Diameter) : 입자상물질의 그림자를 2개의 등면적으로 나눈 선의 길이이다.

4. 실내오염물질의 종류

(1) 라돈
① 자연계에 널리 존재하며 무색, 무취의 기체이고 액화되어도 색을 띠지 않는다.
② 공기보다 약 9배정도 무거워 환기시설이 불량한 지하실 등에서 높은 농도를 나타낸다.
③ 주로 건축자재를 통하여 인체에 영향을 미치고 있으며 화학적으로 거의 반응을 일으키지 않는 불활성 물질이다.
④ 노출되면 주로 호흡기계통의 질환과 폐암이 발생할 수 있다.
⑤ 일반적으로 흙, 시멘트, 콘크리트, 대리석 등에 존재하며 공기 중으로 방출된다.
⑥ 반감기는 3.8일간으로 라듐의 핵분열시 생성되는 물질이다.

(2) 석면
① 석면은 자연계에 존재하는 유화화된 규산염 광물의 총칭이고, 미국에서 가장 일반적인 것으로는 크리스틸(백석면)이 있다.
② 석면의 발암성은 청석면 〉 갈석면(황석면) 〉 온석면(백석면) 순이다.
③ 먼지의 모양 중 다른 두축이 매우 짧은 길이를 가진 반면에 한 축이 매우 긴 먼지형태로 최근에 석면의 흡입에 의한 건강상 유해가 문제가 되는 것이 섬유형이다.
④ 석면폐증은 폐하엽에 주로 발생하며 흉막을 따라 폐중엽이나 설엽으로 퍼져 나간다.

(3) 폼알데하이드(HCHO)
① 상온에서 무색의 가연성 기체로 자극성 냄새를 가진 기체로서 점막을 심하게 자극한다.
② 비중이 약 1.03(공기의 비중은 1.0)인 오염물질이다.
③ 방부제, 옷감, 잉크 등의 원료로 사용되며, 피혁공업, 합성수지공업 등이 주된 배출업종이다.

(4) 휘발성유기화합물(VOCs)
① 휘발성유기화합물(VOCs)은 다양한 배출원에서 배출되는데 우리나라의 경우 최근 가장 큰 부문(총배출량)을 차지하는 배출원이 유기용제 사용이다.

② VOCs 중 가장 독성이 강한 것은 톨루엔이며, 다음은 크실렌, 에틸벤젠 순으로 약하다.

(5) 건축자재에서 발생되는 실내오염물질의 종류에는 라돈, 석면, 폼알데하이드, 휘발성유기화합물(VOCs)이 있다.

5. 기체상 물질 중 황산화물(SO_x)

① 전세계의 황화합물 배출량 중 인위적 배출량이 50%를 차지하며, 나머지 50%는 자연적 발생원에서 배출된다.
② 연료 중에 황분함량은 석탄이 가장 높다.
③ 전 지구적 규모로 볼때 해양을 통해 자연적 발생원 중 가장 많은 양의 황화합물 DMS (Dimethyl sulfide ; $(CH_3)_2S$)형태로 배출되고 있으며, 일부는 H_2S, OCS, CS_2 형태로 배출되고 있다.
④ 카르보닐황(OCS)은 대류권에서 매우 안정하기 때문에 거의 화학적인 반응을 거치지 않고 서서히 성층권으로 유입되며 광분해반응에 종속된다. 반응성이 작아 청정대류권에서 가장 높은 농도를 나타내는 황화합물(수백 ppt 정도)로 간주되며, 거의 일정한 수준의 농도를 유지한다.
⑤ 아황산가스(SO_2)는 무색이고 자극성 냄새를 가지고 있는 가스상 오염물질로 비중이 약 2.2, 융점은 -75.5℃, 비점은 -10℃ 정도이며 분자량은 64이다.
⑥ 아황산가스(SO_2)는 280~290nm에서 강한 흡수를 보이지만 대류권에서는 거의 광분해 되지 않는다.
⑦ 아황산가스(SO_2)가 인체에 미치는 피해는 농도와 노출시간이 문제가 되며 주로 호흡기 계통의 질환을 일으킨다.
⑧ 아황산가스(SO_2)는 잎뒷면의 기공으로 침입하여 잎을 황갈색으로 고갈시키며, 성장한 잎에 피해를 많이 주는 것이 특징이며, 지표식물(약한식물)은 대맥, 담배, 자주개나리(알팔파), 목화, 보리 등이며, 강한식물에는 양배추, 까치밤나무, 쥐당나무, 셀러리, 소나무, 옥수수 등이 있다.
⑨ 이황화탄소(CS_2)는 비스코스섬유 제조시 많이 발생하며, 햇빛에 파괴될 정도로 불안정하지만 부식성은 비교적 약한 편이며, 끓는점은 46℃(760mmHg), 인화점은 -30℃이다.

6. 기체상 물질 중 질소산화물(NOx)

① 질소산화물(NO_X)은 전세계 질소화합물 중 인위적인 질소화합물 배출량은 자연적 배출량의 10% 정도인 것으로 추정되며, 인위적 배출량 중 거의 대부분이 자동차와 연료의 연소과정에서 발생된다.
② 질소산화물(NO_X)은 연소시 연료의 성분으로부터 발생하는 fuel NO_X와 고온에서 공기 중의 질소와 산소가 반응하여 생기는 thermal NO_X, 화염에서 일어나는 전기적인 이온교환에 의해 생성되는 Prompt NO_X(프롬프트 NO_X) 등이 있다.
③ 일산화질소(NO)는 고온의 연소과정에서 화염속에서 주로 생성되는 질소산화물의 90% 이상을 차지하며, 무색의 기체로 물에 매우 난용성이며, 혈액 중의 헤모글로빈과 결합력이 강해 산소운반 능력을 감소시키는 물질로 연소시 연료 중 질소의 NO 변환율은 연료의 종류와 연소방법에 따라 차이가 있으나 대체로 약 20~50 % 범위이다.
④ 이산화질소(NO_2)는 적갈색, 난용성, 자극성, 공기보다 무거운 기체로 무색의 NO보다 독성이 5~7배 강하며, NO_2의 독성은 O_3의 $\frac{1}{10} \sim \frac{1}{15}$ 정도이다.
⑤ 아산화질소(N_2O)는 대류권에서는 온실가스, 성층권에서는 오존층파괴물질이며, 대기 중 추정체류시간은 약 20~100년 정도이며, 대류권에서 태양에너지에 대해서 매우 안정한 물질이다.

7. 기체상 물질 중 이산화탄소(CO₂)

① CO_2의 농도가 매년 계절적으로 감소를 거듭하는 이유는 식물 및 토양의 광합성작용과 호흡작용 때문이다.
② 대기 중의 CO_2농도는 여름에 감소하고 겨울에 증가하며 북반구에서 상대적으로 CO_2농도가 남반구보다 높다.
③ 배출되는 CO_2의 50%는 대기 내 축적되고 나머지 50%는 바다에 대부분 흡수되고 일부는 식물에 흡수되며, 추정체류시간은 2~4년 정도이다.
⑤ 실외에서는 온실가스로 작용하고, 실내에서는 실내공기질 오염의 지표로 사용되며, 지구온실효과에 대한 기여도는 50% 정도로 가장 크다.

8. 기체상 물질 중 일산화탄소(CO)

① 무색, 무미, 무취의 난용성 기체로 분자량은 28이고 공기에 대한 비중은 0.97이다.
② 혈액내 Hb(헤모글로빈)과의 친화력이 산소의 210배에 달해 산소운반능력을 저하시킨다.
③ 가연성분의 불완전연소시나 자동차에서 많이 발생되며, 물에 난용성이므로 비에 의한 영향은 거의 받지 않는다.

9. 기체상 물질 중 올레핀계 탄화수소

① 올레핀계 탄화수소는 광화학스모그에 적극 반응하는 물질이다.
② 올레핀계 탄화수소 중 발암성 물질은 3,4-벤조피렌이다.
③ 탄화수소류 중에서 이중결합을 가진 올레핀 화합물은 포화탄화수소나 방향족 탄화수소보다 대기 중에서의 반응성이 크다.

10. 기체상 물질 중 불소(플루오로) 및 그 화합물

① 불소는 자연계에 단체로 존재하지 않으며, 형석, 빙정석, 인광석에 존재하며, 배출공업으로는 알루미늄공업, 유리공업, 요업공업, 화학비료공업 등이 있다.
② HF는 잎의 끝(선단)으로 침입하여 세포를 파괴하며, 저농도에서 피해를 주며, 주로 어린잎(새싹)에 피해를 주는 물질이다.
③ 지표식물(약한 식물)로는 옥수수, 자두, 메밀, 글라디올러스 등이며, 강한 식물로는 담배, 목화, 고추 등이 있다.

11. 기체상 물질 중 포스겐($COCl_2$)

① 독특한 풀냄새가 나는 무색(시판용품은 담황녹색)의 기체(액화가스)로 끓는점은 약 8℃이다.
② 건조상태에서는 부식성이 없으나, 수분이 존재하면 가수분해되어 금속을 부식시키는 물질로, 화학적 반응성이 크고, 독성이 매우 큰 무색의 기체이다.

12. 기체상 물질 중 다이옥신

① 다이옥신이 고온에서 완전연소될 때 완전분해된다고 하더라도 연소후 연소

가스의 배출시 저온(300~400℃)에서 재생성이 활발하다.
② 유해폐기물을 소각할때보다 도시폐기물을 소각할 때 다이옥신의 배출량이 훨씬 많다.
③ 다이옥신류에는 크게 PCDD는 75개, PCDF는 135개의 이성질체를 가지며, 특징은 열적 안정, 낮은 증기압, 낮은 수용성이며, 주요 구성요소는 두개의 산소, 두개의 벤젠, 두개 이상의 염소이다.

13. 오염물질의 종류

① 1차성 오염물질 : 발생원에서 대기중으로 방출되어 대기를 직접 오염시키는 물질로서 H_2S, SiO_2, CH_3COOH, C_6H_5OH, $NaOH$, $NaCl$, SO_2, NH_3, NO, Cl_2, CO 등이 있다.
② 2차성 오염물질 : 대기 중으로 방출된 1차성 오염물질이 광화학반응이나 광분해반응 및 산화반응을 통해서 형성되는 물질로서 O_3, $PAN(CH_3COOONO_2)$, 아크로레인(CH_2CHCHO), $NOCl$, H_2O_2, CO-케톤 등이 있다.
③ 1, 2차성 오염물질 : 발생원에서 대기중으로 직접 배출될 수도 있고, 배출된 물질이 광화학반응을 통해서 형성되는 물질로서 SO_3, NO_2, $HCHO$, 케톤 등이 있다.

14. 광화학반응의 3대요소

① 질소산화물(NO_X) : 주로 NO와 NO_2이다.
② 탄화수소 : 올레핀계 탄화수소(C_nH_{2n})이다.
③ 빛 : 자외선과 가시광선이며 주로 자외선이 참여한다.

15. 광화학반응의 특징

① 오존은 200~300nm의 파장에서 강한 흡수가 450~700nm에서는 약한 흡수가 일어난다.
② 케톤은 파장 300~700nm에서 약한 흡수를 하여 광분해한다.
③ 알데하이드(RCHO)는 파장 313nm 이하에서 광분해한다.
④ NO에서 NO_2로의 산화가 거의 완료되고, NO_2가 최고농도에 달하면서 O_3가 증가되기 시작한다.
⑤ 대기 중에 NO가 존재하면 O_3은 NO_2와 O_2로 되돌아가므로 O_3는 축적되지 않고 대기 중 O_3은 증가하지 않는다.

16. 광화학오염물질 중 오존(O_3)

① 무색, 무미, 해초 냄새를 가진 강산화성 물질이며 분자량은 48, 비중은 1.658이며, 대류권의 오존은 국지적인 광화학스모그로 생성된 옥시단트의 지표물질이며, 대기 중 오존은 온실가스로 작용하며, 오염된 대기 중의 오존은 LA스모그 사건에서 처음 확인되었다.
② 대기 중에서 오존의 배경농도는 0.01~0.02ppm 정도이며 청정지역에서 오존농도의 일 변화는 크지 않지만 대도시 지역에서는 오존농도의 일변화가 매우 크다.
③ 오존은 잎 상부 표면에 담홍색(또는 적갈색) 반점이 생기고 침엽수의 경우 잎의 끝부분이 갈색으로 변하고 흑반점이 일어나며, 지표식물(약한식물)은 담배(연초), 시금치, 자주개나리(알팔파), 토마토, 백송 등이 있다.

17. 광화학오염물질 중 PAN($CH_3COOONO_2$)

① PAN은 Peroxy acetyl Nitrate의 약자로 빛을 분산시켜 가시거리를 단축시키며, 인체에 미치는 영향은 눈에 통증을 유발한다.
② PAN이 식물에 미치는 영향에서 증상은 유리화, 은백색, 광택화이며, 어린 잎에 피해를 많이 주며, 식물잎의 밑부분이 은동색 또는 청동색이 되고 생활력이 왕성한 초엽에 피해가 크며, 지표식물은 강낭콩, 시금치 등이다.

18. 대기오염 현상

① 온실효과란 가시광선을 통과시키고 적외선을 흡수해서 열을 밖으로 나가지 못하게 함으로써 보온작용을 하는 것이며, 대표적인 온실가스는 CO_2, CH_4, CFC-11 등이며, CO_2의 주요 흡수파장영역은 13~17μm 정도이고, O_3의 주요 흡수파장영역은 9~10μm 정도이다.
② 열섬효과((Heat island effect)는 교외지역에 비해 도시중심지역에서 고온의 공기층을 형성하게 되는 현상이며, 원인으로서는 인공열 발생증가, 건물 등 구조물에 의한 거칠기 변화, 지표면에서의 증발잠열차이, 도시지역 표면의 열적성질의 차이 등이다.
③ Down Wash(세류현상)의 방지대책은 굴뚝 배출구의 배출가스 속도를 풍속보다 최소한 2배 이상 높게 유지한다.
④ Down Draft(다운드래프트) 현상의 방지대책은 굴뚝의 높이를 주위건물의 2.5배 이상 유지한다.
⑤ 산성비는 보통 빗물의 pH가 5.6보다 낮게 되는 경우를 말하는데 이는 자연

상태에 존재하는 CO_2가 빗방울에 흡수되었을 때의 pH를 기준으로 한 것으로, 강우의 산성화에 가장 큰 영향을 미치는 것은 아황산가스이며, 강우의 산성화에 국제협약으로는 헬싱키, 소피아 의정서가 있다

⑥ 오존층 보호를 위한 국제협약에는 비엔나 협약(1985년), 몬트리올 의정서(1987년), 런던회의(1990년) 등이 있다.

19. 자동차 배출물질의 특징

① CO와 HC의 산화촉매로는 주로 백금(Pt)과 팔라듐(Pd)이 사용되고, NO의 환원촉매로는 로듐(Rh)이 사용된다.
② Rh는 NO 반응을, Pt는 주로 CO와 HC를 저감시키는 산화반응을 촉진시킨다.
③ 자동차의 크랭크케이스(Crank case)에서 많이 배출되어 문제가 되는 blow by 가스는 탄화수소(HC)이다.
④ 휘발유 자동차의 경우 CO는 공회전(아이들링)시, HC는 감속시, NO_X는 가속시에 상대적으로 많이 발생한다.

20. 대기의 특성과 대기권의 분류

① 대기의 성분은 지표에서 80km이내의 건조공기일 경우 부피기준으로 질소(N_2) 78.08%, 산소(O_2) 20.94%, 아르곤(Ar) 0.93%, 이산화탄소(CO_2) 0.04%, 그 외 네온(Ne), 헬륨(He), 메탄(CH_4) 등으로 구성되어 있다.
② 대류권은 지표로부터 약 11km까지의 높이로서 구름이 끼고 비가 오는 등의 기상현상이 발생하는 층으로 고도가 증가하면서 온도가 하강하는 층이며, 대류권의 고도는 겨울철에 낮고, 여름철에 높으며, 보통 저위도 지방이 고위도 지방에 비해 높다.
③ 성층권은 지상 11km에서 50km까지로 고도가 증가하면서 온도가 상승하는 층으로, 지상 20~30km 구간을 오존층이라 하고 존재하는 오존의 최대농도는 10ppm 정도이며, 오존층의 두께를 표시하는 단위는 돕슨(Dobson)이며 극지방이 400돕슨이고 적도지방이 200돕슨이며, 지구대기층의 오존총량을 표준상태에서 두께로 환산했을 때 1mm는 100돕슨에 해당한다.

21. 바람에 관여하는 힘의 종류

① 기압경도력은 바람발생의 근본원인이며, 수평기압 경도력은 등압선의 간격이 좁으면 강해지고, 반대로 간격이 넓으면 약해진다.
② 코리올리힘(선향력)은 지구의 자전에 의해서 생기는 수평방향으로의 가상

적인 힘으로, 전향력의 크기는 위도가 높아질수록 증가하므로 극지방에서 최대가 되고 적도지방에서 최소가 되며, 코리올리힘은 북반구에서 오른쪽 직각으로 작용하며, 운동의 방향만을 변화시키고 속도에는 아무런 영향을 미치지 않는다.

③ 원심력은 곡선의 바깥쪽으로 향하는 힘으로 극지방에서 최소이고 적도지방에서 최대이다.

22. 국지풍의 종류

① 해륙풍에서 낮에는 해풍, 밤에는 육풍이 발달하며, 해풍은 바다에서 육지로, 육풍은 육지에서 바다로 부는 것이 특징이며, 해풍은 주로 여름에 육풍은 겨울에 잘 발생된다.

② 산곡풍에서 곡풍은 주로 낮에 발생하며, 산풍은 주로 밤에 발생하는 것이 특징이며, 산풍은 경사면 → 계곡 → 주계곡으로 수렴하면서 풍속이 가속되기 때문에 낮에 산 위쪽으로 부는 곡풍보다 더 강하다.

23. 대기의 안정도에서 온위

① 온위(θ) = $T \times \left(\dfrac{1,000}{P}\right)^{0.288}$ 로 나타낼 수 있으며, 여기서 P는 millibar, T는 K 단위로 표시된다.

② 높이에 따라 온위가 감소하면 대기는 불안정하고, 온위가 증가하면 대기는 안정하다.

24. 대기의 안정도 판단 기준인 리챠든슨 수

① 근본적으로 대류난류를 기계적인 난류로 전환시키는 율을 측정한 것이며, 기계적인 난류와 대류난류 중에서 어느 것이 지배적인가를 Ri를 근거로 추정할 수 있으며, Ri = 0일 때는 기계적 난류만 존재한다.

② Ri가 큰 음의 값을 가지면 대류난류가 지배적이어서 바람(기계적난류)이 약하게 되어 강한 수직운동이 일어난다.

③ 리챠든슨 수(Ri)를 구하기 위해서는 두층(보통 지표에서 수 m와 10m 내외의 고도)에서 기온과 풍속을 동시에 측정하여야 하며 특히 정확한 풍속측정이 중요하다. 그리고 이 값은 풍속차의 제곱에 반비례한다

25. 바람장미

① 가장 빈번히 관측된 방향을 주풍이라 하고, 막대의 길이를 가장 길게 표시하며, 풍속은 막대기의 굵기로 표시한다.
② 풍속이 0.2m/sec 이하일 때 정온(calm) 상태로 본다.

26. 최대혼합고(Maximum Mixing Depth)

① 역전이 심할수록 최대혼합고는 작은값을 가지며, 야간에 역전이 심할 경우에는 그 값이 거의 0이 될 수도 있으며, 최대혼합깊이는 하루 중 밤에 가장 적고 한낮에 최대이며 계절적으로 여름에 최대, 겨울에 최소가 된다.
② 일반적으로 대단히 안정된 대기에서의 최대혼합깊이(MMD)는 불안정한 대기에서보다 MMD가 작으며, MMD가 높은 날은 대기오염이 약하고, MMD가 낮은 날에는 대기오염이 심함을 나타낸다.
③ 최대혼합깊이(MMD)값은 통상적으로 밤에 가장 낮으며, 낮시간 동안 증가한다. 낮시간 동안에는 통상 2,000~3,000m 값을 나타내기도 한다.

27. 기온역전

① 접지역전(지표역전)의 종류에는 복사성(방사성) 역전, 이류성 역전이 있으며, 공중역전의 종류에는 침강성 역전, 전선성 역전, 해풍역전, 난류성 역전이 있다.
② 접지역전의 종류 중 복사성(방사성) 역전은 하늘이 맑고 바람이 적을 때 지표면 근처의 공기가 낮은 온도로 냉각되면서 발생하는 역전으로 겨울철 맑은날 아침에 자주 발생하며, 단기간에 발생하며, 발생하는 시간대는 주로 밤에서 이른 새벽까지이다.
④ 공중역전의 종류 중 침강성 역전은 고기압 중심부분에서 기층이 서서히 침강하면서 기온이 단열변화로 승온되어서 발생하는 역전으로 대도시에서 발생하는 대기오염사건으로 장기간의 오염축적에 의해 발생한다.

28. 대기의 안정도에 따른 연기의 모양

① 파상형(Looping형)의 안정도는 과단열(매우 불안정)조건이며 난류가 심할 때 발생하고, 강한 난류에 의해 연기는 재빨리 분산되나 연기가 지면에 도달할 경우 굴뚝 가까운 곳의 지표농도는 높게 될 수도 있으며, 실제기온감률이 단열감률보다 클 때 볼 수 있다.
② 부채형(Fanning형)은 전체 대기층이 강한 안정시에 나타나며, 풍향이 자주

바뀔때면 뱀이 기어가는 연기모양으로 기온역전상태의 대기오염이 심할 때 나타날 수 있는 연기모양이다.

③ 원추형(Coning형)은 전체 대기층이 중립일 경우에 나타나며, 연기의 퍼지는 모양에서 가우시안 확산모델을 적용할 수 있는 가장 이상적인 연기형태이다.

④ 지붕형(Lofting형)의 안정도는 고공(상층)이 과단열(매우 불안정)이고 지표(하층)가 역전 (매우 안정)인 경우에 나타나며 연기가 서서히 확산되며, 주로 고기압 지역에서 하늘이 맑고 바람이 약한 경우에 초저녁으로부터 아침에 걸쳐 발생하기 쉽다.

⑤ 훈증형(Fumigation형)의 안정도는 고공(상층)이 역전(매우안정)이고 지표(하층)는 과단열(매우 불안정)이며, 지상으로부터의 기온구배는 과단열 - 역전이다.

⑥ 구속형(Trapping형)의 안정도는 고공(상층)은 침강성 역전, 지표(하층)는 복사성 역전이다.

29. 배출되는 오염물질의 확산조건

① 배출구 직경을 작게한다.
② 배출가스량을 많게 한다.
③ 배출가스온도를 증가시킨다.
④ 배출가스속도를 빠르게 한다.

30. 가우시안 확산모델

① 장단기적인 대기오염도 예측에 사용이 용이하다.
② 점오염원에서는 풍하방향으로 확산되어 가는 Plume이 정규분포한다고 가정하여 유도한다.
③ 표준편차(σ_y, σ_z)의 값의 성립조건으로 시료채취기간은 약 10분이다.
④ 표준편차(σ_y, σ_z)의 값은 대기의 안정상태와 풍하거리 X의 함수이다.

31. 분산모델과 수용모델

① 분산모델의 특징은 미래의 대기질을 예측할 수 있으며, 2차 오염원의 확인이 가능하며, 점, 선, 면 오염원의 영향을 평가할 수 있으며, 새로운 오염원이 지역내에 생길 때 매번 재평가하여야 하며, 지형 및 오염원의 조업조건에 영향을 받으며, 오염물의 단기간 분석 시 문제가 된다.

② 수용모델의 특징은 지형, 기상학적 정보 없이도 사용 가능하며, 현재나 과거에 일어났던 일을 추정, 미래를 위한 전략을 세울 수 있으며, 측정자료를 입력자료로 사용하므로 시나리오 작성이 곤란하며, 미래의 대기질을 예측하기가 어렵다.

32. 대기분산모델의 종류

① UAM(Urban Airshed Model)의 적용모델식은 광화학모델이며, 적용배출원 형태는 점, 면에 적용하며, 개발국은 미국, 특징은 도시지역에서 광화학반응을 고려하여 오염물질의 이동을 계산하는데 이용된다.
② ADMS(Atmospheric Dispersion Model System)의 적용모델식은 가우시안 모델이며, 적용배출원 형태는 점, 면, 선에 적용하며, 개발국은 영국, 특징은 도시지역 오염물질의 이동을 계산하는데 이용된다.
③ ISCLT(Industrial Source Complex for Long Term)의 적용모델식은 가우시안 모델이며, 적용배출원 형태는 점, 면, 선에 적용하며, 개발국은 미국, 특징은 미국에서 널리 이용되는 범용적인 모델로 장기농도 계산용의 모델이다.
④ RAMS(Regional Atmospheric Model System)의 적용모델식은 3차원 바람장모델이며, 개발국은 미국, 특징은 바람장모델로 바람장과 오염물질의 분산을 동시에 계산한다.
⑤ MM5(Mesoscale Model)의 적용모델식은 3차원 바람장모델이며, 개발국은 미국, 특징은 바람장모델로 바람장을 계산하고 기상을 예측하는데 이용된다.

33. 대기환경보전법에서 사용하는 용어

① 대기오염물질 : 대기 중에 존재하는 물질 중 심사·평가 결과 대기오염의 원인으로 인정된 가스·입자상물질로서 환경부령으로 정하는 것을 말한다.
② 기후·생태계 변화유발물질 : 지구 온난화 등으로 생태계의 변화를 가져올 수 있는 기체상물질로서 온실가스와 환경부령으로 정하는 것(염화불화탄소와 수소염화불화탄소)을 말한다.
③ 온실가스 : 적외선 복사열을 흡수하거나 다시 방출하여 온실효과를 유발하는 대기 중의가스상태 물질로서 이산화탄소, 메탄, 아산화질소, 수소불화탄소, 과불화탄소, 육불화황을말한다.
④ 가스 : 물질이 연소·합성·분해될 때에 발생하거나 물리적 성질로 인하여 발생하는 기체상 물질을 말한다.
⑤ 입자상물질 : 물질이 파쇄·선별·퇴적·이적될 때, 그 밖에 기계적으로 처리

되거나 연소·합성·분해될 때에 발생하는 고체상 또는 액체상의 미세한 물질을 말한다.
⑥ 먼지 : 대기 중에 떠다니거나 흩날려 내려오는 입자상물질을 말한다.
⑦ 매연 : 연소할 때에 생기는 유리탄소가 주가 되는 미세한 입자상물질을 말한다.
⑧ 검댕 : 연소할 때에 생기는 유리탄소가 응결하여 입자의 지름이 1미크론 이상이 되는 입자상물질을 말한다
⑨ 특정대기유해물질 : 유해성대기감시물질 중 심사·평가 결과 저농도에서도 장기적인 섭취나 노출에 의하여 사람의 건강이나 동식물의 생육에 직접 또는 간접으로 위해를 끼칠 수 있어 대기 배출에 대한 관리가 필요하다고 인정된 물질로서 환경부령으로 정하는 것을 말한다.
⑩ 휘발성유기화합물 : 탄화수소류 중 석유화학제품, 유기용제, 그 밖의 물질로서 환경부장관이 관계 중앙행정기관의 장과 협의하여 고시하는 것을 말한다.
⑪ 대기오염물질배출시설 : 대기오염물질을 대기에 배출하는 시설물, 기계, 기구, 그 밖의 물체로서 환경부령으로 정하는 것을 말한다.
⑫ 대기오염방지시설 : 대기오염물질배출시설로부터 나오는 대기오염물질을 연소조절에 의한 방법으로 없애거나 줄이는 시설로서 환경부령으로 정하는 것을 말한다.
⑬ 첨가제 : 자동차의 성능을 향상시키거나 배출가스를 줄이기 위하여 자동차의 연료에 첨가하는 탄소와 수소만으로 구성된 물질을 제외한 화학물질을 말한다.
⑭ 저공해엔진 : 자동차 또는 건설기계에서 배출되는 대기오염물질을 줄이기 위한 엔진(엔진개조에 사용하는 부품을 포함한다)으로서 환경부령으로 정하는 배출허용기준에 맞는 엔진을 말한다.
⑮ 여과성 먼지 : 대기오염물질배출시설에서 고체 또는 액체 상태로 배출되는 먼지를 말한다.
⑯ 응축성 먼지 : 대기오염물질배출시설에서 기체 상태로 배출된 이후 대기 중에서 고체 또는 액체 상태로 즉시 응축되는 먼지를 말한다.

34. 상시측정

① 대기오염경보의 대상 지역, 대상 오염물질, 발령 기준, 경보 단계 및 경보 단계별 조치 등에 필요한 사항은 대통령령으로 정한다.
② 대기오염경보의 대상 오염물질은 미세먼지(PM-10), 초미세먼지(PM-2.5), 오존(O_3)이다.

③ 대기오염경보 단계는 대기오염경보 대상 오염물질의 농도에 따라 미세먼지(PM-10)는 주의보, 경보로, 초미세먼지(PM-2.5)는 주의보, 경보로, 오존(O_3)은 주의보, 경보, 중대경보로 구분하되, 대기오염경보 단계별 오염물질의 농도기준은 환경부령으로 정한다.
④ 주의보 발령시 조치사항은 주민의 실외활동 및 자동차 사용의 자제 요청 등이다.
⑤ 경보 발령시 조치사항은 주민의 실외활동 제한 요청, 자동차 사용의 제한 및 사업장의 연료사용량 감축 권고 등이다.
⑥ 중대경보 발령시 조치사항은 주민의 실외활동 금지 요청, 자동차의 통행금지 및 사업장의 조업시간 단축명령 등이다.

35. 수도권대기환경청장, 국립환경과학원장 또는 한국환경공단이 설치하는 대기오염 측정망의 종류

① 대기오염물질의 지역배경농도를 측정하기 위한 교외대기측정망
② 대기오염물질의 국가배경농도와 장거리이동 현황을 파악하기 위한 국가배경농도측정망
③ 도시지역 또는 산업단지 인근지역의 특정대기유해물질(중금속을 제외)의 오염도를 측정하기 위한 유해대기물질측정망
④ 도시지역의 휘발성유기화합물 등의 농도를 측정하기 위한 광화학대기오염물질측정망
⑤ 산성 대기오염물질의 건성 및 습성 침착량을 측정하기 위한 산성강하물측정망
⑥ 기후·생태계변화 유발물질의 농도를 측정하기 위한 지구대기측정망
⑦ 장거리이동 대기오염물질의 성분을 집중 측정하기 위한 대기오염집중측정망
⑧ 초미세먼지(PM-2.5)의 성분 및 농도를 측정하기 위한 미세먼지성분측정망

36. 특별시장·광역시장·특별자치시장·도지사 또는 특별자치도지사(시·도지사)가 설치하는 대기오염 측정망의 종류

① 도시지역의 대기오염물질 농도를 측정하기 위한 도시대기측정망
② 도로변의 대기오염물질 농도를 측정하기 위한 도로변대기측정망
③ 대기 중의 중금속 농도를 측정하기 위한 대기중금속측정망

37. 대기환경개선

① 환경부장관은 대기오염물질과 온실가스를 줄여 대기환경을 개선하기 위하여 대기환경개선 종합계획을 10년마다 수립하여 시행하여야 한다.
② 종합계획에 포함되어야 하는 사항
  ㉠ 대기오염물질의 배출현황 및 전망
  ㉡ 대기 중 온실가스의 농도변화 현황 및 전망
  ㉢ 대기오염물질을 줄이기 위한 목표 설정과 이의 달성을 위한 분야별·단계별 대책
  ㉣ 대기오염이 국민 건강에 미치는 위해정도와 이를 개선하기 위한 위해수준의 설정에 관한 사항
  ㉤ 유해성 대기감시물질의 측정 및 감시·관찰에 관한 사항
  ㉥ 특정대기유해물질을 줄이기 위한 목표 설정 및 달성을 위한 분야별·단계별 대책
  ㉦ 환경분야 온실가스 배출을 줄이기 위한 목표설정과 이의 달성을 위한 분야별·단계별 대책
  ㉧ 기후변화로 인한 영향평가와 적응대책에 관한 사항
  ㉨ 대기오염물질과 온실가스를 연계한 통합대기환경 관리체계의 구축
  ㉩ 기후변화 관련 국제적 조화와 협력에 관한 사항
  ㉪ 특정대기유해물질을 줄이기 위한 목표 설정 및 달성을 위한 분야별·단계별 대책
  ㉫ 장거리이동대기오염물질의 발생 현황 및 전망
  ㉬ 장거리이동대기오염물질의 피해방지를 위한 국내대책과 발생 감소를 위한 국제협력
  ㉭ 장거리이동대기오염물질 발생저감을 위한 민관 협력방안

38. 사업장에서 배출되는 대기오염물질을 총량으로 규제하려는 경우 고시 사항

① 총량규제구역
② 총량규제 대기오염물질
③ 대기오염물질의 저감계획
④ 그 밖에 총량규제구역의 대기관리를 위하여 필요한 사항

39. 배출시설설치를 제한할 수 있는 경우

① 배출시설 설치 지점으로부터 반경 1킬로미터 안의 상주 인구가 2만명 이상인 지역으로서 특정대기유해물질 중 한 가지 종류의 물질을 연간 10톤 이상 배출하거나 두 가지 이상의 물질을 연간 25톤 이상 배출하는 시설을 설치하는 경우
② 대기오염물질(먼지·황산화물 및 질소산화물만 해당)의 발생량 합계가 연간 10톤 이상인 배출시설을 특별대책지역(총량규제구역으로 지정된 특별대책지역은 제외)에 설치하는 경우

40. 시운전 기간 중 환경부령으로 정하는 기간이란 신고한 배출시설 및 방지시설의 가동개시일부터 30일까지의 기간을 말한다.

41. 배출시설 및 방지시설의 운영기록 보존

4종·5종사업장을 설치·운영하는 사업자는 배출시설 및 방지시설의 운영기간 중 시설의가동시간, 대기오염물질 배출량, 자가측정에 관한 사항, 시설관리 및 운영자, 그 밖에 시설운영에 관한 중요사항을 배출시설 및 방지시설의 운영기록부에 매일 기록하고 최종 기재한 날부터 1년간 보존하여야 한다.

42. 사업장의 분류

종별	오염물질발생량 구분
1종사업장	대기오염물질발생량의 합계가 연간 80톤 이상인 사업장
2종사업장	대기오염물질발생량의 합계가 연간 20톤 이상 80톤 미만인 사업장
3종사업장	대기오염물질발생량의 합계가 연간 10톤 이상 20톤 미만인 사업장
4종사업장	대기오염물질발생량의 합계가 연간 2톤 이상 10톤 미만인 사업장
5종사업장	대기오염물질발생량의 합계가 연간 2톤 미만인 사업장

43. 자가방지시설 및 공동 방지시설

① 자가방지시설의 설계·시공을 하는 경우 시·도지사에게 제출해야 하는 서류로는 배출시설의 설치명세서, 공정도, 원료(연료를 포함) 사용량, 제품생산량 및 대기오염물질 등의 배출량을 예측한 명세서, 방지시설의 설치명세서와 그 도면, 기술능력 현황을 적은 서류이다.

② 공동 방지시설의 설치·운영을 할 경우 제출해야 하는 서류에는 공동 방지시설의 위치도(축척 2만 5천분의 1의 지형도를 말한다), 공동 방지시설의 설치명세서 및 그 도면, 사업장별 배출시설의 설치명세서 및 대기오염물질 등의 배출량 예측서, 사업장별 원료사용량과 제품생산량을 적은 서류와 공정도, 사업장에서 공동 방지시설에 이르는 연결관의 설치도면 및 명세서, 공동 방지시설의 운영에 관한 규약이다.

44. 측정기기

① 개선기간은 6개월 이내, 개선기간 연장은 6개월의 범위이다.
② 측정기기의 운영·관리기준에서 환경부장관, 시·도지사 및 사업자는 굴뚝 배출가스 온도측정기를 새로 설치하거나 교체하는 경우에는 국가표준기본법에 따른 교정을 받아야 하며, 그 기록을 3년 이상 보관하여야 한다.
③ 굴뚝 자동측정기기 부착대상 배출시설 및 측정항목 중 표준산소농도가 적용되는 시설에 대해서는 산소측정기를 부착하여야 한다.

45. 개선명령

① 개선기간은 1년 이내, 개선기간의 연장신청은 1년의 범위이다.
② 조치명령 또는 개선명령을 받은 사업자는 그 명령을 받은 날부터 15일 이내에 개선계획서를 환경부령으로 정하는 바에 따라 환경부장관 또는 시·도지사에게 제출해야 한다.

46. 개선명령 이행상태를 검사할 수 있는 대기오염도 검사기관

① 국립환경과학원
② 특별시·광역시·특별자치시·도·특별자치도의 보건환경연구원
③ 유역환경청, 지방환경청 또는 수도권대기환경청
④ 한국환경공단

47. 배출부과금을 부과할 때 고려사항

① 배출허용기준 초과 여부
② 배출되는 대기오염물질의 종류
③ 대기오염물질의 배출기간
④ 대기오염물질의 배출량
⑤ 자가측정을 하였는지 여부

48. 기본부과금의 지역별 부과계수

구분	지역별 부과계수
Ⅰ지역(주거지역, 상업지역, 취락지구, 택지개발 예정지구)	1.5
Ⅱ지역(공업지역, 수자원보호구역, 전원개발 사업구역 및 예정구역)	0.5
Ⅲ지역(녹지지역, 농림지역 및 자연환경보전지역, 관광·휴양개발진흥지구)	1.0

49. 기본부과금의 농도별 부과계수

구분	연료의 황함유량(%)		
	0.5% 이하	1.0% 이하	1.0% 초과
농도별 부과계수	0.2	0.4	1.0

50. 과징금의 부과

① 과징금은 행정처분기준에 따라 조업정지일수에 1일당 부과금액과 사업장 규모별 부과계수를 곱하여 산정한다.
② 1일당 부과금액은 300만원
③ 사업장 규모별 부과계수는 1종사업장 2.0, 2종사업장 1.5, 3종사업장 1.0, 4종사업장 0.7, 5종사업장 0.4 이다.

51. 초과부과금

① 배출허용기준 초과농도 = 배출농도 - 배출허용기준농도
② 특정대기유해물질의 배출허용기준 초과 일일오염물질배출량은 소수점 이하 넷째 자리까지 계산하고, 일반오염물질은 소수점 이하 첫째 자리까지 계산한다.
③ 먼지의 배출농도 단위는 표준상태(0℃, 1기압)에서의 세제곱미터당 밀리그램(mg/Sm^3)으로 하고, 그 밖의 오염물질의 배출농도 단위는 피피엠(ppm)으로 한다.
④ 일일유량 = 측정유량 × 일일조업시간
⑤ 측정유량의 단위는 시간당 세제곱미터(m^3/h)로 한다.
⑥ 일일조업시간은 배출량을 측정하기 전 최근 조업한 30일 동안의 배출시설 조업시간 평균치를 시간으로 표시한다.

⑦ 초과부과금 부과대상 오염물질은 황산화물, 암모니아, 황화수소, 이황화탄소, 먼지, 불소화물, 염화수소 , 질소산화물, 시안화수소이다.
⑧ 오염물질 1kg당 부과 금액

오염물질	1kg당 부과금액	오염물질	1kg당 부과금액
황산화물	500원	이황화탄소	1,600원
먼지	770원	불소화물	2,300원
질소산화물	2,130원	염화수소	7,400원
암모니아	1,400원	시안화수소	7,300원
황화수소	6,000원		

52. 초과부과금의 위반횟수별 부과계수

① 위반이 없는 경우 : 100분의 100
② 처음 위반한 경우 : 100분의 105
③ 2차 이상 위반한 경우 : 위반 직전의 부과계수에 100분의 105를 곱한 것

53. 과징금 처분

① 조업정지가 주민의 생활, 대외적인 신용·고용·물가 등 국민경제, 그 밖에 공익에 현저한 지장을 줄 우려가 있다고 인정되는 경우 조업정지처분을 갈음하여 매출액에 100분의 5를 곱한 금액을 초과하지 않는 범위에서 과징금을 부과하고 매출액이 없거나 매출액의산정이 곤란한 경우에는 2억원을 초과하지 아니하는 범위에서 과징금을 부과한다.
② 과징금으로 갈음할 수 있는 공익목적의 사업장에는 의료법에 따른 의료기관의 배출시설, 사회복지시설 및 공동주택의 냉난방시설, 발전소의 발전 설비, 집단에너지사업법에 따른 집단에너지시설, 초·중등교육법 및 고등교육법에 따른 학교의 배출시설, 제조업의 배출시설, 그밖에 대통령령으로 정하는 배출시설이다.

54. 자가측정

① 사업자가 그 배출시설을 운영할 때에는 나오는 오염물질을 자가측정하거나 환경분야 시험·검사 등에 관한 법률에 따른 측정대행업자에게 측정하게 하여 그 결과를 사실대로 기록하고, 환경부령으로 정하는 바에 따라 보존하여야 한다.
② 자가측정시 사용한 여과지 및 시료채취기록지의 보존기간은 환경오염공정

시험기준에 따라 최종 기재하거나 측정한 날부터 6개월로 한다.

55. 환경기술인

① 환경기술인을 두어야 할 사업장의 범위, 환경기술인의 자격기준, 임명(바꾸어 임명하는것을 포함한다) 기간은 대통령령으로 정한다.
② 환경기술인 임명 신고 기간은 최초로 배출시설을 설치한 경우에는 가동개시 신고를 할때, 환경기술인을 바꾸어 임명하는 경우에는 그 사유가 발생한 날부터 5일 이내. 다만, 환경기사 또는 환경산업기사 이상의 자격이 있는 자를 임명하여야 하는 사업장으로서 5일 이내에 채용할 수 없는 부득이한 사정이 있는 경우에는 30일의 범위에서 4종·5종사업장의 기준에 준하여 환경기술인을 임명할 수 있다.

56. 환경기술인의 교육

① 환경기술인은 환경정책기본법에 따른 한국환경보전원, 환경부장관 또는 시·도지사가 교육을 실시할 능력이 있다고 인정하여 위탁하는 기관(교육기관)에서 실시하는 교육을 받아야 한다. 다만, 교육 대상이 된 사람이 그 교육을 받아야 하는 기한의 마지막 날 이전 3년 이내에 동일한 교육을 받았을 경우에는 해당 교육을 받은 것으로 본다.
② 신규교육은 환경기술인으로 임명된 날부터 1년 이내에 1회이다.
③ 보수교육은 신규교육을 받은 날을 기준으로 3년마다 1회이다.
④ 교육기간은 4일 이내로 한다. 다만, 정보통신매체를 이용하여 원격교육을 하는 경우에는 환경부장관이 인정하는 기간으로 한다.

57. 고체연료(석탄) 사용시설 설치기준

① 배출시설의 굴뚝높이는 100m 이상으로 하되, 굴뚝상부 안지름, 배출가스 온도 및 속도등을 고려한 유효굴뚝높이(굴뚝의 실제높이에 배출가스의 상승고도를 합산한 높이를 말한다. 이하 같다)가 440m 이상인 경우에는 굴뚝높이를 60m 이상 100m 미만으로 할 수있다.
② 석탄의 수송은 밀폐 이송시설 또는 밀폐통을 이용하여야 한다.
③ 석탄저장은 옥내저장시설(밀폐형 저장시설 포함) 또는 지하저장시설에 저장하여야 한다.
④ 석탄연소재는 밀폐통을 이용하여 운반하여야 한다.
⑤ 굴뚝에서 배출되는 아황산가스(SO_2), 질소산화물(NO_X), 먼지 등의 농도를 확인할 수 있는 기기를 설치하여야 한다.

58. 청정연료 사용 대상시설의 범위

① 건축법 시행령에 따른 공동주택으로서 동일한 보일러를 이용하여 하나의 단지 또는 여러개의 단지가 공동으로 열을 이용하는 중앙집중난방방식(지역냉난방방식을 포함)으로 열을 공급받고, 단지 내의 모든 세대의 평균 전용면적이 $40.0m^2$를 초과하는 공동주택
② 집단에너지사업법 시행령에 따른 지역냉난방사업을 위한 시설
③ 전체 보일러의 시간당 총 증발량이 0.2톤 이상인 업무용보일러(영업용 및 공공용보일러를 포함하되, 산업용보일러는 제외한다.)
④ 발전시설. (다만, 산업용 열병합 발전시설은 제외한다.)

59. 배출가스의 종류 중 대통령령으로 정하는 오염물질

① 휘발유, 알코올 또는 가스를 사용하는 자동차는 일산화탄소, 탄화수소, 질소산화물, 알데히드, 입자상물질, 암모니아이다.
② 경유를 사용하는 자동차는 일산화탄소, 탄화수소, 질소산화물, 매연, 입자상물질, 암모니아이다.

60. 인증의 면제 자동차

① 군용 및 경호업무용 등 국가의 특수한 공용 목적으로 사용하기 위한 자동차와 소방용 자동차
② 주한 외국공관 또는 외교관이나 그 밖에 이에 준하는 대우를 받는 자가 공용 목적으로 사용하기 위한 자동차로서 외교통상부장관의 확인을 받은 자동차
③ 주한 외국군대의 구성원이 공용 목적으로 사용하기 위한 자동차
④ 수출용 자동차와 박람회나 그 밖에 이에 준하는 행사에 참가하는 자가 전시의 목적으로일시 반입하는 자동차
⑤ 여행자 등이 다시 반출할 것을 조건으로 일시 반입하는 자동차
⑥ 자동차제작자 및 자동차 관련 연구기관 등이 자동차의 개발 또는 전시 등 주행 외의 목적으로 사용하기 위하여 수입하는 자동차
⑦ 외국인 또는 외국에서 1년 이상 거주한 내국인이 주거(住居)를 옮기기 위하여 이주물품으로 반입하는 1대의 자동차

61. 첨가제

① 첨가제의 종류에는 세척제, 청정분산제, 매연억제제, 다목적첨가제, 옥탄

가 향상제, 세탄가 향상제, 유동성 향상제, 윤활성 향상제가 있다.
② 첨가제 또는 촉매제 용기 앞면의 제품명 밑에 제품명 글자크기의 100분의 30 이상에 해당하는 크기로 표시하여야 한다.

62. 운행차 배출허용기준 중 일반기준

① 차량중량이란 자동차관리법 시행규칙에 따라 전산정보처리조직에 기록된 해당 자동차의 차량중량을 말한다.
② 휘발유와 가스를 같이 사용하는 자동차의 배출가스 측정 및 배출허용기준은 가스의 기준을 적용한다.
③ 알코올만 사용하는 자동차는 탄화수소 기준을 적용하지 아니한다.
④ 휘발유사용 자동차는 휘발유·알코올 및 가스(천연가스를 포함한다)를 섞어서 사용하는 자동차를 포함하며, 경유사용 자동차는 경유와 가스를 섞어서 사용하거나 같이 사용하는 자동차를 포함한다.
⑤ 희박연소(Lean Burn)방식을 적용하는 자동차는 공기과잉률 기준을 적용하지 아니한다.

63. 위임업무 보고사항

업무내용	보고 횟수	보고기일	보고자
1. 환경오염사고 발생 및 조치 사항	수시	사고발생 시	시·도지사, 유역환경청장 또는 지방환경청장
2. 수입자동차 배출가스 인증 및 검사현황	연 4회	매분기 종료 후 15일 이내	국립환경과학원장
3. 자동차 연료 및 첨가제의 제조·판매 또는 사용에 대한 규제현황	연 2회	매반기 종료 후 15일 이내	유역환경청장 또는 지방환경청장
4. 자동차 연료 또는 첨가제의 제조기준 적합 여부 검사현황	연료 : 연 4회 첨가제 : 연 2회	연료 : 매분기 종료 후 15일 이내 첨가제 : 매반기 종료 후 15일 이내	국립환경과학원장
5. 측정기기 관리대행업의 등록, 변경등록 및 행정처분 현황	연 1회	다음 해 1월 15일까지	유역환경청장, 지방환경청장, 수도권대기환경청장

64. 환경정책기본법상 환경기준

항목	평균 기준치
아황산가스(SO_2)	연간 : 0.02ppm 이하 24시간 : 0.05ppm 이하 1시간 : 0.15ppm 이하
일산화탄소(CO)	8시간 : 9ppm 이하 1시간 : 25ppm 이하
미세먼지(PM-10)	연간 : 50$\mu g/m^3$ 이하 24시간 : 100$\mu g/m^3$ 이하
이산화질소(NO_2)	연간 : 0.03ppm 이하 24시간 : 0.06ppm 이하 1시간 : 0.10ppm 이하
오존(O_3)	8시간 : 0.06ppm 이하 1시간 : 0.1ppm 이하
초미세먼지(PM-2.5)	연간 : 15$\mu g/m^3$ 이하 24시간 : 35$\mu g/m^3$ 이하
벤젠(C_6H_6)	연간 : 5$\mu g/m_3$ 이하
납(Pb)	연간 : 0.5$\mu g/m^3$ 이하

65. 환경정책기본법에서 정하는 정의

① "환경"이란 자연환경과 생활환경을 말한다.
② "자연환경"이란 지하·지표(해양을 포함한다) 및 지상의 모든 생물과 이들을 둘러싸고있는 비생물적인 것을 포함한 자연의 상태(생태계 및 자연경관을 포함한다)를 말한다.
③ "생활환경"이란 대기, 물, 토양, 폐기물, 소음·진동, 악취, 일조(日照), 인공조명, 화학물질등 사람의 일상생활과 관계되는 환경을 말한다.
④ "환경오염"이란 사업활동 및 그 밖의 사람의 활동에 의하여 발생하는 대기오염, 수질오염, 토양오염, 해양오염, 방사능오염, 소음·진동, 악취, 일조 방해, 인공조명에 의한 빛공해 등으로서 사람의 건강이나 환경에 피해를 주는 상태를 말한다.
⑤ "환경훼손"이란 야생동식물의 남획(濫獲) 및 그 서식지의 파괴, 생태계 질서의 교란, 자연경관의 훼손, 표토(表土)의 유실 등으로 자연환경의 본래적 기능에 중대한 손상을 주는 상태를 말한다.
⑥ "환경보전"이란 환경오염 및 환경훼손으로부터 환경을 보호하고 오염되

거나 훼손된 환경을 개선함과 동시에 쾌적한 환경 상태를 유지·조성하기 위한 행위를 말한다.
⑦ "환경용량"이란 일정한 지역에서 환경오염 또는 환경훼손에 대하여 환경이 스스로 수용, 정화 및 복원하여 환경의 질을 유지할 수 있는 한계를 말한다.

66. 악취방지법에서 사용하는 용어

① 악취 : 황화수소, 메르캅탄류, 아민류, 그 밖에 자극성이 있는 물질이 사람의 후각을 자극하여 불쾌감과 혐오감을 주는 냄새를 말한다.
② 지정악취물질 : 악취의 원인이 되는 물질로서 환경부령으로 정하는 것을 말한다.
③ 악취배출시설 : 악취를 유발하는 시설, 기계, 기구, 그 밖의 것으로서 환경부장관이 관계중앙행정기관의 장과 협의하여 환경부령으로 정하는 것을 말한다.
④ 복합악취 : 두 가지 이상의 악취물질이 함께 작용하여 사람의 후각을 자극하여 불쾌감과 혐오감을 주는 냄새를 말한다.

67. 신축 공동주택의 실내공기질 권고기준

① 폼알데하이드 $210\mu g/m^3$ 이하
② 벤젠 $30\mu g/m^3$ 이하
③ 톨루엔 $1,000\mu g/m^3$ 이하
④ 에틸벤젠 $360\mu g/m^3$ 이하
⑤ 자일렌 $700\mu g/m^3$ 이하
⑥ 스티렌 $300\mu g/m^3$ 이하
⑦ 라돈 $148Bq/m^3$ 이하

68. 실내공기질관리법 적용대상(대통령령으로 정하는 규모)

① 모든 지하역사(출입통로·대합실·승강장 및 환승통로와 이에 딸린 시설 포함)
② 연면적 2천제곱미터 이상인 지하도상가(지상건물에 딸린 지하층의 시설 포함)
③ 철도역사의 연면적 2천제곱미터 이상인 대합실
④ 여객자동차터미널의 연면적 2천제곱미터 이상인 대합실
⑤ 항만시설 중 연면적 5천제곱미터 이상인 대합실

⑥ 공항시설 중 연면적 1천5백제곱미터 이상인 여객터미널
⑦ 연면적 3천제곱미터 이상인 도서관
⑧ 연면적 3천제곱미터 이상인 박물관 및 미술관
⑨ 연면적 2천제곱미터 이상이거나 병상 수 100개 이상인 의료기관
⑩ 연면적 500제곱미터 이상인 산후조리원
⑪ 연면적 1천제곱미터 이상인 노인요양시설
⑫ 연면적 430제곱미터 이상인 어린이집
⑬ 연면적 430제곱미터 이상인 실내 어린이놀이시설

02 대기오염공정시험기준

1. 대기오염공정시험기준 총칙

① 백만분율(Parts Per Million)을 표시할 때는 ppm의 기호를 사용하며 따로 표시가 없는 한 기체일 때는 용량 대 용량(부피분율), 액체일 때는 중량 대 중량(질량분율)을 표시한 것이며, 1억분율(Parts Per Hundred Million)은 pphm, 10억분율(Parts Per Billion)은 ppb로 표시하고 따로 표시가 없는 한 기체일 때는 용량 대 용량(부피분율), 액체일 때는 중량 대 중량(질량분율)을 표시한 것을 뜻한다.

② 표준온도 : 0℃, 상온 : (15~25)℃, 실온 : (1~35)℃, 찬곳 : 따로 규정이 없는 한 (0~15)℃, 냉수 : 15℃ 이하, 온수 : (60~70)℃, 열수 : 약 100℃, "냉후"(식힌 후)라 표시되어 있을 때는 보온 또는 가열 후 실온까지 냉각된 상태를 뜻한다.

③ 표준품을 채취할 때 표준액이 정수로 기재되어 있어도 실험자가 환산하여 기재수치에 "약"자를 붙여 사용할 수 있다.

④ "약"이란 그 무게 또는 부피에 대하여 ±10% 이상의 차가 있어서는 안된다.

⑤ 방울수라 함은 20℃에서 정제수 20방울을 떨어뜨릴 때 그 부피가 약 1mL 되는 것을 뜻한다.

⑥ 밀폐용기는 이물질, 기밀용기는 공기 또는 다른 가스, 밀봉용기는 기체 또는 미생물이 침입하지 않도록 내용물을 보호하는 용기를 뜻한다.

⑦ 액체성분의 양을 "정확히 취한다" 함은 홀피펫, 부피플라스크 또는 이와 동등 이상의 정도를 갖는 용량계를 사용하여 조작하는 것을 뜻한다.

⑧ "항량이 될 때까지 건조한다 또는 강열한다"라 함은 따로 규정이 없는 한 보통의 건조방법으로 1시간 더 건조 또는 강열할 때 전후 무게의 차가 매 g당 0.3mg 이하일 때를 뜻한다.

⑨ 시험조작 중 "즉시"란 30초 이내에 표시된 조작을 하는 것을 뜻한다.

⑩ "감압 또는 진공"이라 함은 따로 규정이 없는 한 15mmHg 이하를 뜻한다.

⑪ "바탕시험을 하여 보정한다" 함은 시료에 대한 처리 및 측정을 할 때 시료를 사용하지 않고 같은 방법으로 조작한 측정치를 빼는 것을 뜻한다.

⑫ "정량적으로 씻는다" 함은 어떤 조작으로부터 다음 조작으로 넘어갈 때 사용한 비커, 플라스크 등의 용기 및 여과막 등에 부착한 정량대상 성분을

사용한 용매로 씻어 그 세액을 합하고 먼저 사용한 같은 용매를 채워 일정 용량으로 하는 것을 뜻한다.

2. 기체크로마토그래피

① 시료도입부로부터 기체, 액체 또는 고체시료를 도입하면 기체는 그대로, 액체나 고체는 가열기화되어 운반가스에 의하여 분리관 내로 송입되고 시료 중의 각 성분은 충전물에 대한 각각의 흡착성 또는 용해성의 차이에 따라 분리관 내에서의 이동속도가 달라지기 때문에 각각 분리되어 분리관 출구에 접속된 검출기를 차례로 통과하게 된다.
② 가스 시료도입부는 가스계량관(통상 0.5mL~5mL)과 유로변환기구로 구성된다.
③ 가열오븐(Heating Oven)의 온도조절 정밀도는 ±0.5℃의 범위 이내이며, 전원 전압변동 10%에 대하여 온도변화 ±0.5℃ 범위 이내(오븐의 온도가 150℃ 부근일 때)이다.
④ 검출기 오븐(Detector Oven)은 가스를 연소시키는 검출기를 수용하는 검출기 오븐은 그 가스가 오븐 내에 오래 체류하지 않도록 된 구조이어야 한다.
⑤ 운반가스의 조건은 충전물이나 시료에 대하여 불활성인 것, 사용하는 검출기의 작동에 적합한 것, 열전도도형 검출기(TCD)에서도 순도 99.8% 이상의 수소나 헬륨을 사용하고, 불꽃 이온화 검출기(FID)에서는 순도 99.8% 이상의 질소 또는 헬륨을 사용한다.

3. 자외선/가시선분광법

① 램버어트 비어(Lambert-Beer)의 법칙 : $I_t = I_o \cdot 10^{-\epsilon \cdot C \cdot L}$,

흡광도(A) $= \log \dfrac{1}{t}$,

흡광도(A) $= \epsilon \cdot C \cdot L$이다.
② 분석장치의 구성은 광원부 - 파장선택부 - 시료부 - 측광부로 되어 있다.
③ 가시부와 근적외부의 광원은 텅스텐램프이며, 자외부의 광원은 중수소 방전관이다.
④ 측광부의 광전관, 광전자증배관은 자외 내지 가시파장 범위에서, 광전도셀은 근적외파장 범위에서, 광전지는 가시파장 범위에서 사용한다.
⑤ 흡수셀의 재질을 살펴보면 유리제는 가시 및 근적외부 파장범위에서, 석영제는 자외부 파장범위에서, 플라스틱제는 근적외부 파장범위에서 사용한다.
⑥ 자동기록식 광전분광광도계의 파장교정은 홀뮴(Holmium) 유리의 흡수스

펙트럼을 이용하고, 흡광도 눈금의 보정은 다이크로뮴산포타슘용액을 사용하며, 미광(迷光, Stray Light)의 유무조사는 컷트필터(Cut Filter)를 사용한다.
⑦ 시료액의 흡수파장이 약 370nm 이상일 때 석영 또는 경질유리 흡수셀을, 약 370nm 이하일 때 석영흡수셀을, 따로 흡수셀의 길이(L)를 지정하지 않았을 때는 10mm셀을 이용한다.

4. 원자흡수분광광도법

① 원리 : 시료를 적당한 방법으로 해리시켜 중성원자로 증기화하여 생긴 기저상태의 원자가 이 원자 증기층을 투과하는 특유파장의 빛을 흡수하는 현상을 이용하여 광전측광과 같은 개개의 특유 파장에 대한 흡광도를 측정하여 시료 중의 원소농도를 정량하는 방법으로 대기 또는 배출가스 중의 유해 중금속, 기타 원소의 분석에 적용한다.
② 역화 : 불꽃의 연소속도가 크고 혼합기체의 분출속도가 작을 때 연소현상이 내부로 옮겨지는 것이다.
③ 원자흡광(분광) 측광 : 원자흡광 스펙트럼을 이용하여 시료 중의 특정원소의 농도와 그 휘선의 흡광정도(보통은 보정되지 않은 흡광도로 나타냄)와의 상관관계를 측정하는 것이다.
④ 공명선 : 원자가 외부로부터 빛을 흡수했다가 다시 먼저 상태로 돌아갈 때 방사하는 스펙트럼선이다.
⑤ 근접선 : 목적하는 스펙트럼선에 가까운 파장을 갖는 다른 스펙트럼선이다.
⑥ 충전가스 : 중공음극램프에 채우는 가스이다.
⑦ 분무실 : 분무기와 함께 분무된 시료용액의 미립자를 더욱 미세하게 해주는 한편 큰 입자와 분리시키는 작용을 갖는 장치이다.
⑧ 선프로파일 : 파장에 대한 스펙트럼선의 강도를 나타내는 곡선이다.
⑨ 원자흡광 분석장치 구성순서는 광원부 - 시료원자화부 - 파장선택부(분광부) - 측광부 순이다.
⑩ 광원으로는 원자흡광분석용 광원은 원자흡광 스펙트럼선의 선폭보다 좁은 선폭을 갖고 휘도가 높은 스펙트럼을 방사하는 중공음극램프가 많이 사용된다.
⑪ 아세틸렌(C_2H_2) - 아산화질소(N_2O) 불꽃 : 불꽃의 온도가 높기 때문에 불꽃 중에서 해리하기 어려운 내화성산화물을 만들기 쉬운 원소의 분석에 적당하다.

5. 비분산 적외선 분광분석법

① 비분산(Nondispersive) : 빛을 프리즘이나 회절격자와 같은 분산소자에 의해 분산하지 않는 것이다.
② 정필터형 : 측정성분이 흡수되는 적외선을 그 흡수파장에서 측정하는 방식이다.
③ 반복성 : 동일한 분석계를 이용하여 동일한 측정대상을 동일한 방법과 조건으로 비교적 단시간에 반복적으로 측정하는 경우로서 개개의 측정치가 일치하는 정도이다.
④ 비교가스 : 시료셀에서 적외선 흡수를 측정하는 경우 대조가스로 사용하는 것으로 적외선을 흡수하지 않는 가스이다.
⑤ 제로가스(Zero Gas) : 분석계의 최저 눈금값을 교정하기 위하여 사용하는 가스이다.
⑥ 스팬가스(Span Gas) : 분석계의 최고 눈금값을 교정하기 위하여 사용하는 가스이다.
⑦ 교정범위 : 측정기 최대측정범위의 80% ~ 90% 범위에 해당하는 교정값을 말한다.
⑧ 복광속 비분산 분석기의 구성은 적외선 광원 - 회전섹터 - 광학필터 - 시료셀 - 비교셀 - 적외선 검출기 - 증폭기 - 지시계이며, 광원은 니크로뮴선 또는 탄화규소의 저항체에 전류를 흘려 가열한 것을 사용한다.
⑨ 회전섹타 : 시료광속과 비교광속을 일정주기로 단속시켜, 광학적으로 변조시키는 것으로 측정 광신호의 증폭에 유효하고 잡신호 영향을 줄일 수 있다.
⑩ 광학필터 : 시료가스 중에 간섭물질 가스의 흡수파장역의 적외선을 흡수 제거하기 위하여 사용하며, 가스필터와 고체필터가 있는데, 이것은 단독 또는 적절히 조합하여 사용한다.
⑪ 비교셀 : 시료셀과 동일한 모양을 가지며 아르곤 또는 질소와 같은 불활성 기체를 봉입하여 사용한다
⑫ 측정기기 성능에서 재현성 : 동일 측정조건에서 제로가스와 스팬가스를 번갈아 3회 도입하여 각각의 측정값의 평균으로부터 편차를 구한다. 이 편차는 전체 눈금의 ± 2% 이내이어야 한다.
⑬ 측정기기 성능에서 감도 : 최대눈금범위의 ±1% 이하에 해당하는 농도변화를 검출할 수있는 것이어야 한다.
⑭ 측정기기 성능에서 제로드리프트(zero drift) : 동일 조건에서 제로가스를 연속적으로 도입하여 고정형은 24시간, 이동형은 4시간 연속 측정하는 동안에 전체 눈금의 ± 2% 이상의 지시 변화가 없어야 한다.

⑮ 측정기기 성능에서 스팬드리프트(span drift) : 동일 조건에서 제로가스를 흘려 보내면서 때때로 스팬가스를 도입할 때 제로드리프트를 뺀 드리프트가 고정형은 24시간, 이동형은 4시간 동안에 전체 눈금의 ±2% 이상이 되어서는 안된다.
⑯ 측정기기 성능에서 응답시간(response time) : 제로 조정용 가스를 도입하여 안정된 후 유로를 스팬가스로 바꾸어 기준 유량으로 분석기에 도입하여 그 농도를 눈금 범위 내의 어느 일정한 값으로부터 다른 일정한 값으로 갑자기 변화시켰을 때 스텝(step) 응답에 대한 소비시간이 1초 이내이어야 한다. 또 이때 최종 지시값에 대한 90%의 응답을 나타내는 시간은 40초 이내이어야 한다.
⑰ 측정기기 성능에서 유량변화에 대한 안정성 : 측정가스의 유량이 표시한 기준 유량에 대하여 ± 2% 이내에서 변동하여도 성능에 지장이 있어서는 안된다.
⑱ 측정기기 성능에서 전압 변동에 대한 안정성 : 전원전압이 설정 전압의 ±10% 이내로 변화하였을 때 지시값 변화는 전체 눈금의 ±1% 이내여야 하고, 주파수가 설정 주파수의±2%에서 변동해도 성능에 지장이 있어서는 안된다.

6. 이온크로마토그래피

① 이동상으로는 액체를, 그리고 고정상으로는 이온교환수지를 사용하여 이동상에 녹는 혼합물을 고분리능 고정상이 충전된 분리관 내로 통과시켜 시료성분의 용출상태를 전도도검출기 또는 광학 검출기로 검출하여 그 농도를 정량하는 방법으로 일반적으로 강수(비,눈, 우박 등), 대기먼지, 하천수 중의 이온성분을 정성, 정량 분석하는데 이용한다.
② 분석장치의 구성순서는 용리액조 - 송액펌프 - 시료주입장치 - 분리관 - 써프렛서 - 검출기 - 기록계 순이다.
③ 용리액조는 이온성분이 용출되지 않는 재질로써 용리액을 직접 공기와 접촉시키지 않는 밀폐된 것을 선택한다.
④ 써프렛서란 용리액에 사용되는 전해질 성분을 제거하기 위하여 분리관 뒤에 직렬로 접속시킨 것으로써 전해질을 물 또는 저 전도도의 용매로 바꿔줌으로써 전기전도도 셀에서 목적이온 성분과 전기 전도도만을 고감도로 검출할 수 있게 해주는 것이며, 써프렛서는 관형과 이온교환막형이 있으며, 관형은 음이온에는 스티롤계 강산형(H^+)수지가, 양이온에는 스티롤계 강염기형(OH^-)의 수지가 충진된 것을 사용한다
⑤ 자외선 및 가시선 흡수 검출기(UV, VIS 검출기) : 사외선흡수검출기(UV 검출기)는 고성능 액체크로마토그래피 분야에서 가장 널리 사용되는 검출기

이며, 최근에는 이온크로마토그래피에서도 전기 전도도 검출기와 병행하여 사용되기도 한다. 또한 가시선 흡수 검출기(VIS 검출기)는 전이금속 성분의 발색반응을 이용하는 경우에 사용된다.
⑥ 전기화학적 검출기 : 정전위 전극반응을 이용하는 전기화학 검출기는 검출감도가 높고선택성이 있는 검출기로써 분석화학 분야에 널리 이용되는 검출기이며 전량검출기, 암페로메트릭 검출기 등이 있다.

7. 흡광차분광법

① 일반적으로 빛을 조사하는 발광부와 50m~1,000m 정도 떨어진 곳에 설치되는 수광부(또는 발·수광부와 반사경) 사이에 형성되는 빛의 이동경로(Path)를 통과하는 가스를 실시간으로 분석하며, 측정에 필요한 광원은 180nm~2,850nm 파장을 갖는 제논(Xenon)램프를 사용하여 이산화황, 질소산화물, 오존 등의 대기오염물질 분석에 적용한다.
② 일반 흡광광도법은 미분적(일시적)이며 흡광차분광법(DOAS)은 적분적(연속적)이란 차이점이 있다.
③ 흡광차분광법의 분석장치는 분석기와 광원부로 나누어지며, 분석기 내부는 분광기, 샘플채취부, 검지부, 분석부, 통신부 등으로 구성된다.

8. 배출가스 중 가스상물질 시료채취방법

① 보온 및 가열을 하는 이유로는 배출가스 중의 수분 또는 이슬점이 높은 기체성분이 응축해서 채취관이 부식될 염려가 있는 경우, 여과재가 막힐 염려가 있는 경우, 분석물질이응축수에 용해되어 오차가 생길 염려가 있는 경우이다.
② 연결관(도관)의 안지름은 연결관의 길이, 흡입가스의 유량, 응축수에 의한 막힘 또는 흡입펌프의 능력 등을 고려해서 4mm~25mm로 하며, 연결관의 길이는 되도록 짧게 하고,부득이 길게 해서 쓰는 경우에는 이음매가 없는 배관을 써서 접속 부분을 적게 하고 받침 기구로 고정해서 사용해야 하며, 연결관은 가능한 한 수직으로 연결해야 하고 부득이 구부러진 관을 쓸 경우에는 응축수가 흘러나오기 쉽도록 경사지게(5° 이상)하고 시료 가스는 아래로 향하게 하며, 하나의 연결관으로 여러개의 측정기를 사용할 경우 각 측정기앞에서 연결관을 병렬로 연결하여 사용한다.
③ 채취부의 흡수병은 유리로 만든 것을 사용하고, 수은 마노미터는 대기와 압력차가 100mmHg 이상인 것을 사용하고, 펌프는 배기능력 0.5L/min~5L/min분인 밀폐형인 것을 사용한다.

④ 채취관은 배출가스의 흐름에 따라서 직각이 되도록 연결하며, 연결관은 되도록 짧은 것이 좋으나, 부득이 길게 할 때에는 받침 기구를 써서 고정한다.
⑤ 채취부의 바이패스용 세척병은 1개 이상 준비하고 분석대상가스가 산성일 때는 수산화소듐용액(질량분율 20%)을, 알칼리성일 때는 황산(질량분율 25%)을 각각 50mL씩 넣는다.
⑥ 원형단면의 측정점

굴뚝직경(m)	반경 구분수	측정점수
1 이하	1	4
1 초과 2 이하	2	8
2 초과 4 이하	3	12
4 초과 4.5 이하	4	16
4.5 초과	5	20

9. 비산먼지

① 시료채취는 1회 1시간 이상 연속 채취한다.
② 시료를 채취할 수 없는 조건은 대상발생원의 조업이 중단되었을 때, 비나 눈이 올 때, 바람이 거의 없을 때(풍속이 0.5m/초 미만일 때), 바람이 너무 강하게 불 때(풍속이 10m/초 이상일 때)이다.
③ 풍향풍속의 측정은 시료채취를 하는 동안에 그 지역을 대표할 수 있는 별도의 지점에 풍향풍속계를 설치하여 전 채취시간 동안의 풍향풍속을 기록한다. 단, 연속기록 장치가 없는 경우에는 적어도 10분 간격으로 같은 지점에서의 3회 이상 풍향풍속을 측정하여 기록한다.

10. 배출가스 중 암모니아

① 자외선/가시선분광법-인도페놀법은 배출가스 중 암모니아를 붕산 용액으로 흡수하여 페놀-나이트로프루시드소듐 용액과 하이포아염소산소듐 용액을 첨가하고 암모늄 이온과 반응하여 생성하는 인도페놀류의 흡광도를 파장 640nm 부근에서 측정하여 암모니아를 정량하는 방법으로 시료채취량이 20L이고 분석용 시료용액의 양이 250mL인 경우, 정량범위는 1.2ppm 이상이며 방법검출한계는 0.4ppm이며, 배출가스 중 이산화질소가 100배 이상, 아민류가 몇십 배 이상, 이산화황이 10배 이상, 황화수소가 같은 양 이상 공존하면 영향을 받으므로 그 영향을 무시하거나 제거할 수 있는 경우에 적용한다.

② 흡수액은 방해물질이 분석결과에 영향을 미치지 않는 경우에는 붕산용액 (5g/L)이고, 황산화물 등의 방해물질이 분석결과에 영향을 미치는 경우에는 과산화수소(1+9)를 사용한다.

11. 배출가스 중 일산화탄소

분석방법으로는 비분산적외선분광분석법, 전기화학식(정전위전해법), 기체크로마토그래피(열전도도검출기, 불꽃이온화검출기)가 있다.

12. 배출가스 중 염화수소

① 이온크로마토그래피는 시료채취량이 20L인 경우 정량범위는 0.4ppm 이상이며, 방법검출한계는 0.1ppm이다. 그리고 흡수액은 정제수이다.
② 자외선/가시선분광법–싸이오사이안산제이수은법은 배출가스 중 염화수소를 수산화소듐 용액으로 흡수하여 싸이오사이안산제이수은용액과 황산제이철암모늄 용액 첨가하고 염화 이온과 반응하여 생성하는 싸이오사이안산제이철 착염의 흡광도를 파장 460nm에서 측정하여 염화수소를 정량하며, 시료채취량이 40L인 경우, 정량범위는 1.6ppm 이상이며, 방법검출한계는 0.5ppm이며, 배출가스 중 염화물 염 등의 입자상물질 또는 이산화황, 기타 할로젠화합물, 사이안화물, 황화합물 등이 공존하면 영향을 받으며, 흡수액은 0.1mol/L 수산화소듐용액이다.

13. 배출가스 중 염소

① 자외선/가시선분광법-오르토톨리딘법의 정량범위는 (0.2~5.0)ppm이며, 방법검출한계는 0.1ppm이며, 배출가스 중 브로민, 아이오딘, 오존, 이산화질소, 이산화염소 등의 산화성가스나 황화수소, 이산화황 등의 환원성 가스가 공존하면 영향을 받으므로 그 영향을 무시하거나 제거할 수 있는 경우에 적용하며, 흡수액은 오르토톨리딘염산용액 (0.1g/L)이다.
② 자외선/가시선분광법-4-피리딘카복실산-피라졸론법은 배출가스 중 염소를 p-톨루엔설폰아마이드 용액으로 흡수하여 클로라민-T로 전환시키고 사이안화포타슘 용액을 첨가하여 염화사이안으로 전환시킨 후, 완충 용액 및 4-피리딘카복실산-피라졸론 용액을 첨가하여 발색시키고 638nm 부근의 파장에서 흡광도를 측정하여 염소를 정량하며, 정량범위는 0.1ppm 이상이며 방법검출한계는 0.04ppm이며, 흡수액은 P-톨루엔설폰아마이드 용액 (1g/L)이다.

14. 배출가스 중 황산화물

① 적용가능한 방법

측정	개요
자동측정법 - 전기화학식 (정전위전해법)	정전위전해분석계를 사용하여 시료를 가스투과성 격막을 통하여 전해조에 도입시켜 전해액 중에 확산 흡수되는 이산화황을 규정된 산화전위로 정전위전해하여 전해전류를 측정하는 방법이다.
자동측정법 - 용액 전도율법	시료를 과산화수소에 흡수시켜 용액의 전기전도율(electro conductivity)의 변화를 용액전도율 분석계로 측정하는 방법이다.
자동측정법 - 적외선 흡수법	시료가스를 셀에 취하여 7,300nm 부근에서 적외선가스분석계를 사용하여 이산화황의 광흡수를 측정하는 방법이다.
자동측정법 - 자외선 흡수법	자외선흡수분석계를 사용하여 (280~320)nm에서 시료 중 이산화황의 광흡수를 측정하는 방법이다.
자동측정법 - 불꽃 광도법	불꽃광도검출분석계를 사용하여 시료를 공기 또는 질소로 묽힌 다음 수소불꽃 중에 도입할 때에 394nm 부근에서 관측되는 발광광도를 측정하는 방법이다.

② 측정범위(적용범위)는 0ppm~1,000ppm 이하로 한다.

③ 측정방법에 따른 간섭물질

측정방법	간섭물질
전기화학식(정전위전해법)	황화수소, 이산화질소, 염화수소, 탄화수소, 염소
용액 전도율법	염화수소, 암모니아, 이산화질소, 이산화탄소
적외선 흡수법	수분, 이산화탄소, 탄화수소
자외선 흡수법	이산화질소
불꽃 광도법	황화수소, 이황화탄소, 탄화수소, 이산화탄소

④ 침전적정법-아르세나조 Ⅲ법은 시료를 과산화수소에 흡수시켜 황산화물을 황산으로 만든 후 아이소프로필알코올과 아세트산을 가하고 아르세나조 Ⅲ을 지시약으로 하여 아세트산바륨 용액으로 적정하며, 시료가스 20L를 흡수액에 통과시키고 이 액을 250mL로 묽게 하여 분석용 시료용액으로 할 때 전 황산화물의 농도가 (140~700)ppm의 시료에 적용된다. 방법검출한계는 44.0ppm이고 흡수액은 과산화수소용액 (1+9)이다.

15. 배출가스 중 질소산화물

① 적용가능한 방법

측정	개요
자동측정법 – 전기화학식 (정전위전해법)	가스투과성 격막을 통하여 전해질 용액에 시료가스 중의 질소산화물을 확산·흡수시키고 일정한 전위의 전기에너지를 부가하여 질산이온으로 산화시켜서 생성되는 전해전류로 시료가스 중 질소산화물의 농도를 측정한다.
자동측정법 – 화학 발광법	일산화질소와 오존이 반응하여 이산화질소가 될 때 발생하는 발광강도를 (590 ~ 875)nm 부근의 근적외선 영역에서 측정하여 시료 중의 일산화질소의 농도를 측정하는 방법이다. 이산화질소는 일산화질소로 환원시킨 후 측정한다.
자동측정법 – 적외선 흡수법	일산화질소의 5,300nm 적외선 영역에서 광흡수를 이용하여 시료중의 일산화질소의 농도를 비분산형 적외선분석계로 측정하는 방법이다. 이산화질소는 일산화질소로 환원시킨 후 측정한다.
자동측정법 – 자외선 흡수법	일산화질소는 (195 ~ 230)nm, 이산화질소는 (350~450)nm 부근에서 자외선의 흡수량 변화를 측정하여 시료 중의 일산화질소 또는 이산화질소의 농도를 측정하는 방법이다.

② 측정범위는 0ppm~1,000ppm 이하로 한다.

③ 측정방법에 따른 간섭물질

측정방법	간섭물질
전기화학식(정전위전해법)	염화수소, 황화수소, 염소
화학 발광법	이산화탄소
적외선 흡수법	수분, 이산화탄소, 이산화황, 탄화수소
자외선 흡수법	이산화황, 탄화수소

④ 자외선/가시선분광법-아연환원나프틸에틸렌다이아민법은 시료 중의 질소산화물을 오존존재 하에서 흡수액에 흡수시켜 질산이온으로 만들고 분말 금속아연을 사용하여 아질산이온으로 환원후 설파닐아마이드 및 나프틸에틸렌다이아민을 반응시켜 얻어진 착색의 흡광도로부터 질소산화물을 정량하는 방법이며, 시료채취량이 150mL인 경우 시료 중의 질소산화물 농도가 (6.7~230)ppm의 것을 분석하는데 적당하며 방법검출한계는 2.1ppm이며, 흡수액은 0.005mol/L 황산용액이다.

16. 배출가스 중 이황화탄소(CS_2)

① 자외선/가시선분광법은 다이에틸아민구리 용액에서 시료가스를 흡수시켜 생성된 다이에틸 다이싸이오카밤산구리의 흡광도를 435nm의 파장에서 측정하여 이황화탄소를 정량하며, 시료가스 채취량 10L인 경우 배출가스 중의 이황화탄소 농도 (4.0~60.0)ppm의 분석에 적합하며, 방법검출한계는 1.3ppm이어야 한다.
② 기체크로마토그래피는 불꽃광도검출기(FPD) 혹은 이와 동등 이상의 성능을 갖는 황화물 선택성 검출기나 질량분석기를 구비한 기체크로마토그래피를 사용하여 정량한다. 이 시험기준은 이황화탄소 농도 0.5ppm 이상의 배출 분석에 적합하며, 방법검출한계는 0.1ppm이어야 한다.
③ 흡수액은 다이에틸아민구리용액이다.

17. 배출가스 중 황화수소

① 배출가스 중 황화수소-자외선/가시선분광법 - 메틸렌블루법이 주 시험방법이다.

분석방법	정량범위	방법검출한계	정밀도
자외선/가시선분광법 -메틸렌블루법	1.7ppm 이상 (시료채취량 : 20L, 분석용 시료용액 : 200mL)	0.5ppm	10% 이내
기체크로마토그래피	0.5ppm 이상 (시료채취주머니 채취 및 직접 주입)	0.2ppm	10% 이내

② 자외선/가시선분광법-메틸렌블루법은 배출가스 중의 황화수소를 아연아민착염 용액에 흡수시켜 P-아미노디메틸아닐린 용액과 염화철(Ⅲ) 용액을 가하여 생성되는 메틸렌블루의 흡광도 670nm 부근에서 측정하여 황화수소를 정량한다.
③ 흡수액은 아연아민착염용액이다.

18. 배출가스 중 플루오린화합물

① 분석방법별 정량범위, 방법검출한계, 정밀도

분석방법	정량범위	방법검출한계	정밀도
자외선/가시선분광법 - 란타넘-알리자린콤플렉손법	0.05ppm 이상 (시료채취량 : 80L, 분석용 시료용액 : 250mL)	0.02ppm	10% 이내
이온크로마토그래피	0.30ppm 이상 (시료채취량 : 40L, 분석용 시료용액 : 100 mL)	0.10ppm	10% 이내
이온선택전극법	7.37ppm~737ppm (시료채취량 : 40L, 분석용 시료용액 : 250mL)	2.31ppm	10% 이내
연속흐름법	0.30ppm 이상 (시료채취량 : 40 L, 분석용 시료용액 : 100 mL)	0.10ppm	10% 이내

② 자외선/가시선분광법 - 란타넘-알리자린콤플렉손법은 배출가스 중 무기 플루오린화합물을 수산화소듐 용액으로 흡수하고 완충 용액을 첨가하여 pH를 조절한 후 란타넘-알리자린콤플렉손 용액을 첨가하고 플루오린화 이온과 반응하여 생성하는 복합 착화합물의 흡광도를 파장 620nm에서 측정하며, 흡수액은 수산화소듐 용액이다.

③ 이온크로마토그래피는 배출가스 중 무기 플루오린화합물을 수산화소듐 용액으로 흡수하고 중화시킨 후 탄산 이온을 제거하여 충분한 분리능을 가질 수 있는 음이온 교환 분리관으로 분리하고 전도도검출기 또는 동등 이상의 성능을 갖는 검출기를 구비한 이온크로마토그래프로 플루오린화 이온을 측정한다.

④ 이온선택전극법은 굴뚝 등에서 배출되는 배출가스 중의 무기 플루오린화합물을 플루오린화 이온으로 분석하는 데 목적이 있다. 굴뚝에서 적절한 시료채취장치를 이용하여 얻은 시료 흡수액을 플루오린화 이온 전극을 이용하여 전기전도도를 측정하는 방법이다.

⑤ 연속흐름법은 배출가스 중 무기 플루오린화합물을 수산화소듐 용액으로 흡수하고 가열 증류하여 플루오린화합물을 플루오린화 이온으로 유출시킨 후 란타넘-알리자린콤플렉손 용액을 첨가하고 플루오린화 이온과 반응하여 생성하는 복합 착화합물의 흡광도를 측정하여 플루오린화합물을 정량한다.

19. 배출가스 중 사이안화수소

① 배출가스 중 사이안화수소 자외선/가시선분광법 - 4 - 피리딘카복실산 - 피라졸론법이 주 시험방법이다.

분석방법	정량범위	방법검출한계	정밀도
자외선/가시선분광법 - 4 - 피리딘카복실산 - 피라졸론법	0.05ppm 이상 (시료채취량 : 10L, 분석용 시료용액 : 250mL)	0.02ppm	10% 이내
연속흐름법	0.11ppm 이상 (시료채취량 : 20L 분석용 시료용액 : 250mL)	0.03ppm	10% 이내

② 자외선/가시선분광법 - 4-피리딘카복실산-피라졸론법은 사이안화수소를 흡수액에 흡수시킨 다음 이것을 발색시켜서 얻은 발색액에 대하여 흡광도를 638nm 부근 측정하여 사이안화수소를 정량한다.

③ 흡수액은 수산화소듐용액 (20g/L)이다.

20. 유류 중 황함유량 분석방법

① 분석방법의 종류

분석 방법의 종류	황함유량에 따른 적용 구분	방법검출한계	적용 유류
연소관식 공기법	질량분율 0.010% 이상	0.003%	원유 · 경유 · 중유 등
방사선식 여기법	질량분율 (0.030 ~ 5.000)%	0.009%	

② 연소관식 공기법은 (950~1,100)℃로 가열한 석영재질 연소관 중에 공기를 불어넣어 시료를 연소시킨다. 생성된 황산화물을 과산화수소(3%)에 흡수시켜 황산으로 만든 다음, 수산화소듐표준액으로 중화적정하여 황함유량을 구한다.

21. 배출가스 중 금속화합물의 측정파장, 정량범위, 방법검출한계

① 원자흡수분광광도법의 측정파장, 정량범위, 방법검출한계

금속	측정파장 (nm)	정량범위 (mg/Sm^3)	방법검출한계 (mg/Sm^3)
Cd	228.8	0.010 이상	0.003
Pb	217.0/283.3	0.050 이상	0.016

금속	측정파장 (nm)	정량범위 (mg/Sm^3)	방법검출한계 (mg/Sm^3)
Cr	357.9	0.100 이상	0.031
Cu	324.7	0.100 이상	0.031
Ni	232.0	0.010 이상	0.003
Zn	213.9	0.100 이상	0.031
Be	234.9	0.040 이상	0.013

② 유도결합플라스마/원자발광분광법의 측정파장, 정량범위, 방법검출한계

금속	측정파장 (nm)	정량범위 (mg/Sm^3)	방법검출한계 (mg/Sm^3)
Cd	226.50/214.44/228.80	0.005 이상	0.002
Pb	220.35/217.00/261.42	0.025 이상	0.008
Cr	357.87/267.72/206.15	0.050 이상	0.016
Cu	324.75/219.96/327.40	0.050 이상	0.016
Ni	231.60/221.65/216.56	0.005 이상	0.002
Zn	213.86/206.20/202.55	0.050 이상	0.016
Be	313.04/234.86/313.11	0.025 이상	0.008

22. 배출가스 중 비소화합물

분석방법	정량범위	방법검출한계
수소화물생성 원자흡수분광광도법	0.003ppm 이상 (분석용 시료용액 250mL, 건조시료가스량 $1Sm^3$인 경우)	0.001ppm
흑연로 원자흡수분광광도법	0.003ppm 이상 (분석용 시료용액 250mL, 건조시료가스량 $1Sm^3$인 경우)	0.001ppm
유도결합플라스마/ 원자발광분광법	0.003 ppm 이상 (분석용 시료용액 250mL, 건조시료가스량 $1Sm^3$인 경우)	0.001ppm

23. 배출가스 중 카드뮴화합물

분석방법	정량범위	방법검출한계	정밀도
원자흡수분광광도법	0.010 mg/Sm^3 이상 (시료채취량: 1 Sm^3, 분석용 시료용액 : 250mL)	0.003 mg/Sm^3	10% 이내
유도결합플라스마/ 원자발광분광법	0.005 mg/Sm^3 이상 (시료채취량 : 1 Sm^3, 분석용 시료용액 : 250mL)	0.002 mg/Sm^3	10% 이내

24. 배출가스 중 납화합물

분석방법	정량범위	방법검출한계	정밀도
원자흡수분광광도법	0.050 mg/Sm^3 이상 (시료채취량: 1 Sm^3, 분석용 시료용액 : 250mL)	0.016 mg/Sm^3	10% 이내
유도결합플라스마/ 원자발광분광법	0.025 mg/Sm^3 이상 (시료채취량 : 1 Sm^3, 분석용 시료용액 : 250mL)	0.008 mg/Sm^3	10% 이내

25. 배출가스 중 크로뮴화합물

분석방법	정량범위	방법검출한계	정밀도
원자흡수분광광도법	0.100 mg/Sm^3 이상 (시료채취량 : 1 Sm^3, 분석용 시료용액 : 250mL)	0.031 mg/Sm^3	10% 이내
유도결합플라스마/ 원자발광분광법	0.050 mg/Sm^3 이상 (시료채취량 : 1 Sm^3, 분석용 시료용액 : 250mL)	0.016 mg/Sm^3	10% 이내

26. 배출가스 중 구리화합물

분석방법	정량범위	방법검출한계	정밀도
원자흡수분광광도법	0.100 mg/Sm^3 이상 (시료채취량: 1Sm^3, 분석용 시료용액 : 250mL)	0.031 mg/Sm^3	10% 이내
유도결합플라스마/ 원자발광분광법	0.050 mg/Sm^3 이상 (시료채취량 : 1Sm^3, 분석용 시료용액 : 250mL)	0.016 mg/Sm^3	10% 이내

27. 배출가스 중 니켈화합물

분석방법	정량범위	방법검출한계	정밀도
원자흡수분광광도법	0.010 mg/Sm^3 이상 (시료채취량: 1Sm^3, 분석용 시료용액 : 250mL)	0.003 mg/Sm^3	10% 이내
유도결합플라스마/ 원자발광분광법	0.005 mg/Sm^3 이상 (시료채취량 : 1Sm^3, 분석용 시료용액 : 250mL)	0.002 mg/Sm^3	10% 이내

28. 배출가스 중 아연화합물

분석방법	정량범위	방법검출한계	정밀도
원자흡수분광광도법	0.100 mg/Sm^3 이상 (시료채취량: 1Sm^3, 분석용 시료용액 : 250mL)	0.031 mg/Sm^3	10% 이내
유도결합플라스마/ 원자발광분광법	0.050 mg/Sm^3 이상 (시료채취량 : 1Sm^3, 분석용 시료용액 : 250mL)	0.016 mg/Sm^3	10% 이내

29. 배출가스 중 수은화합물

분석방법	정량범위	방법검출한계
냉증기-원자흡수분광광도법	0.0005 mg/Sm^3 이상 (건조시료가스량 1 Sm^3, 분석시료 정용량 250mL인 경우)	0.0002 mg/Sm^3

30. 배출가스 중 베릴륨화합물

분석방법	정량범위	방법검출한계	정밀도
원자흡수분광광도법	0.040 mg/Sm^3 이상 (시료채취량: 1 Sm^3, 분석용 시료용액: 250mL)	0.013 mg/Sm^3	10% 이내
유도결합플라스마/원자발광분광법	0.025 mg/Sm^3 이상 (시료채취량: 1 Sm^3, 분석용 시료용액: 250mL)	0.008 mg/Sm^3	10% 이내

31. 배출가스 중 폼알데하이드 및 알데하이드류

① 고성능 액체크로마토그래피는 배출가스 중의 알데하이드류를 흡수액 2,4-다이나이트로페닐하이드라진(DNPH)과 반응하여 하이드라존 유도체를 생성하게 되고 이를 액체크로마토그래프로 분석하여 정량한다. 하이드라존(hydrazone)은 UV 영역, 특히 350nm~380nm에서 최대 흡광도를 나타내며, 시료채취량이 10L인 경우, 정량범위는 0.010ppm 이상이며, 방법검출한계는 0.003ppm이며, 흡수액은 DNPH (2g/L)이다.

② 자외선/가시선분광법 - 크로모트로핀산법은 폼알데하이드를 포함하고 있는 배출가스를 아황산수소소듐 용액으로 채취하고 크로모트로핀산 용액으로 발색시켜 얻은 흡광도를 측정하며, 시료채취량 60L인 경우 정량범위는 0.080ppm 이상이며, 방법검출한계는 0.025ppm이며, 흡수액은 아황산수소소듐 용액 (10g/L)이다.

③ 자외선/가시선분광법 - 아세틸아세톤법은 폼알데하이드를 포함하고 있는 배출가스를 정제수로 채취하고 아세틸아세톤 용액으로 발색시켜 얻은 흡광도를 측정하며, 시료채취량 60L인 경우 정량범위는 0.080ppm 이상이며, 방법검출한계는 0.025ppm이며, 흡수액은 정제수이다.

32. 배출가스 중 브로민화합물

① 자외선/가시선분광법은 배출가스 중 브로민화합물을 수산화소듐 용액에 흡수시킨 후 일부를 분취해서 산성으로 하여 과망간산포타슘 용액을 사용하여 브로민으로 산화시켜 클로로폼으로 추출한다. 클로로폼층에 물과 황산제이철암모늄 용액 및 싸이오사이안산제이수은 용액을 가하여 발색한 정제수층의 흡광도를 측정해서 브로민을 정량하는 방법이며, 흡수 파장은 460nm이고, 정량범위는 시료채취량이 40L인 경우 브로민화합물로서 (1.8~17.0)ppm이며, 방법검출한계는 0.6ppm이며, 흡수액은 수산화소듐 용액 (4g/L)이다.

② 적정법은 배출가스 중 브로민화합물을 수산화소듐 용액에 흡수시킨 다음 브로민을 하이포아염소산소듐 용액을 사용하여 브로민산 이온으로 산화시키고 과잉의 하이포아염소산염은 폼산소듐으로 환원시켜 이 브로민산 이온을 아이오딘 적정법으로 정량하는 방법이며, 정량범위는 시료채취량이 40L인 경우 브로민화합물로서 1.2ppm~59.0ppm이며, 방법검출한계는 0.4ppm이며, 흡수액은 수산화소듐용액 (4g/L)이다.

③ 이온크로마토그래피는 배출가스 중 무기 브로민화합물을 수산화소듐 용액으로 흡수하고 중화시킨 후 탄산 이온을 제거하여 충분한 분리능을 가질 수 있는 음이온 교환 분리관으로 분리하고 전도도검출기 또는 동등 이상의 성능을 갖는 검출기(전기화학검출기 등)를 구비한 이온크로마토그래피로 브로민화 이온을 측정하며, 시료채취량이 40L인 경우 정량범위는 0.1ppm 이상이며, 방법검출한계는 0.04ppm이며, 흡수액은 수산화소듐 용액 (4g/L)이다.

33. 배출가스 중 페놀화합물

① 자외선/가시선분광법 - 4-아미노안티피린법은 배출가스 중 페놀화합물을 수산화소듐 용액으로 흡수하고 완충 용액을 첨가하여 pH를 조절한 후 4-아미노안티피린 용액과 헥사사이아노철(Ⅲ)산포타슘 용액을 첨가하고 페놀화합물과 반응하여 생성하는 안티피린계 색소의 흡광도를 파장 510nm에서 측정하며, 시료채취량이 20L인 경우, 정량범위는 1.00ppm 이상이며, 방법검출한계는 0.32ppm이며, 흡수액은 수산화소듐 용액 (4g/L)이다.

② 기체크로마토그래피는 배출가스를 수산화소듐 용액에 흡수시켜 이 용액을 산성으로 한 후 아세트산에틸로 추출한 다음 기체크로마토그래프로 정량하며, 10L의 시료를 용매에 흡수하여 채취할 경우 시료 중의 페놀화합물의 농도가 0.20ppm~300.0ppm 범위의 분석에 적합하다.

34. 시료채취 위치선정 및 주의사항

① 시료채취 위치는 원칙적으로 주위에 건물이나 수목 등의 장애물이 없고 그 지역의 오염도를 대표할 수 있다고 생각되는 곳을 선정한다.
② 주위에 건물이나 수목 등의 장애물이 있을 경우에는 채취위치로부터 장애물까지의 거리가 그 장애물 높이의 2배 이상 또는 채취점과 장애물 상단을 연결하는 직선이 수평선과 이루는 각도가 30° 이하되는 곳을 선정한다.
③ 주위에 건물등이 밀집되거나 접근되어 있을 경우에는 건물 바깥벽으로부터 적어도 1.5m이상 떨어진 곳에 채취점을 선정한다.
④ 시료채취의 높이는 그 부근의 평균오염도를 나타낼 수 있는 곳으로서 가능한 한 1.5m~30m 범위로 한다.
⑤ 시료채취시간은 원칙적으로 그 오염물질의 영향을 고려하여 결정한다. 예를 들면 악취물질의 채취는 되도록 짧은 시간내에 끝내고 입자상 물질 중의 금속성분이나 발암성 물질 등은 되도록 장시간 채취한다.
⑥ 입자상 물질을 채취할 경우에는 채취관 벽에 먼지가 부착 또는 퇴적하는 것을 피하고 특히 채취관은 수평방향으로 연결할 경우에는 되도록 관의 길이를 짧게하고 곡률변경은 크게 한다.

35. 환경대기 중 아황산가스 측정방법 중 파라로자닐린법

① 사염화수은 포타슘용액에 대기중의 아황산가스를 흡수시켜 안전한 이염화아황산수은염착화합물을 형성시키고 이 착화합물과 파라로자닐린 및 폼알데하이드를 반응시켜 진하게 발색되는 파라로자닐린 메틸설폰산을 형성시키는 것이다.
② 주요 방해물질은 질소산화물(NO_X), 오존(O_3), 망간(Mn), 철(Fe) 및 크롬(Cr)이다.
③ NO_X의 방해는 설퍼민산(NH_3SO_3)을 사용함으로써 제거한다.
④ 오존의 방해는 측정기간을 늦춤으로써 제거된다.
⑤ 에틸렌다이아민테트라아세트산(EDTA) 및 인산은 위의 금속성분들의 방해를 방지한다.
⑥ 암모니아, 황화물(Sulfides) 및 알데하이드는 방해되지 않는다.

36. 환경대기 중의 석면측정용 현미경법

① 위상차현미경을 사용하여 섬유상으로 보이는 입자를 계수하고 같은 입자를 보통의 생물현미경으로 바꾸어 계수하여, 그 계수치들의 차를 구하면 굴절율이 거의 1.5인 섬유상의 입자 즉 석면이라고 추정할 수 있는 입자를 계수할 수가 있게 된다.
② 석면먼지의 농도표시는 20℃, 1 기압 상태의 기체 1mL 중에 함유된 석면섬유의 개수(개/mL)로 표시한다.
③ 시료채취 및 측정시간 : 주간시간대에 (오전 8시~ 오후 7시) 10L/min으로 1시간 측정한다.
④ 유량계의 부자를 10L/min 되게 조정한다.
⑤ 식별방법은 채취한 먼지 중에 길이 5m 이상이고, 길이와 폭의 비가 3:1 이상인 섬유를 석면섬유로서 계수한다.

03 대기오염개방지기술

1. 입자상 물질

① 입자의 크기는 발생원에 따라 달라지나 일반적으로 물리적요인보다 화학적 요인에 의해 생성된 입자상 물질의 입경이 적게 된다.
② 보통 $0.01\,\mu m$이하는 가스분자와 같이 브라운 운동을 하기 때문에 가스상 물질로 취급한다.
③ 입자가 미세할수록 표면에너지는 커지게 되어 다른 입자간에 부착하거나 혹은 동종 입자간에 응집이 이루어지는데 이러한 현상이 생기게 하는 결합력은 분자간의 인력, 정전기적 인력, 브라운 운동에 의한 확산이다.

2. 중력 집진장치

① 중력에 의한 자연침강의 방법으로 주로 입자의 크기가 50m 이상의 입자상 물질을 처리하는데 사용된다.
② 함진가스의 온도변화에 의한 영향을 거의 받지 않으며, 전처리(1차처리장치)로 사용된다.
③ 유지비 및 설치비가 적게 드나 신뢰도가 낮으며, 함진가스의 먼지부하나 유량변동에 적응성이 낮다.
④ 침강실내의 처리가스 속도가 작을수록, 침강실의 높이가 낮고 길이가 길수록 집진율은 높아진다.
⑤ 침강실내의 배기가스 기류는 균일해야 하며, 다단일 경우에는 단수가 증가할수록 집진율은 커지나 압력손실도 증가한다.

3. 관성력 집진장치

① 충돌식과 반전식이 있으며, 일반적으로 고온가스의 처리가 가능하므로 굴뚝 또는 배관내에 적용될 때가 있다.
② 집진가능한 입자는 주로 $10\mu m$ 이상의 조대입자이며 일반적으로 집진율은 50~70% 정도이다.
③ 충돌식은 일반적으로 충돌직전의 처리가스 속도가 크고, 처리후 출구 가스 속도는 느릴수록 처리효율이 증가한다.

④ 반전식은 기류의 방향 전환시 곡률반경이 작을수록, 방향전환 횟수는 많을수록, 압력손실은 커지나 집진효율은 증가한다.
⑤ 호퍼(DUST BOX)는 적당한 모양과 크기가 필요하다.

4. 원심력 집진장치

① 고농도는 병렬로 연결하고, 응집성이 강한 먼지는 직렬연결(단수 3단 한계)하여 주로 사용한다
② Blow Down(블로우다운) 효과란 사이클론의 집진효율을 높이는 방법으로 하부의 더스트박스(Dust Box)에서 처리가스량 5~10%를 처리하여 사이클론내의 난류현상을 억제시킴으로 먼지의 재비산을 막아주며, 장치 내벽 부착으로 일어나는 먼지의 축적도 방지하는 효과이다.
③ 함진가스의 선회속도가 클수록 입자의 분리속도는 커진다.
② 내경(배출내관)이 작을수록, 입구유속이 빠를수록, 입자의 입경이 클수록 집진효율은 증가한다.
③ Dust box의 모양과 크기도 효율에 영향을 미친다.

5. 흡수장치

① 기체분산형 흡수장치는 액측저항이 큰 경우(용해도가 낮은 가스)에 적용하며, 종류에는 다공판탑, 종탑, 기포탑 등이 있다.
② 액분산형 흡수장치는 가스측 저항이 큰 경우(용해도가 높은 가스)에 적용하며, 종류에는 충전탑(흡수탑), 분무탑(살수탑), 벤츄리스크러버 등이 있다.
③ 흡수액 선정시 고려할 사항은 용해도가 높아야 하고, 휘발성이 낮아야 하고, 흡수액의 점성은 비교적 작아야 한다.
④ 헨리법칙 적용기체는 난용성 기체로 N_2, NO, NO_2, O_2, H_2, CO 등이 있으며, 비적용기체는 수용성 기체로 HCl, SO_2, NH_3, HF 등이 있다.

6. 세정 집진장치

① 확산력과 관성력을 주로 이용하는 집진장치이다.
② 가동부분이 작고 조작이 간단하며, 협소한 장소에 설치 가능하다.
③ 입자상 물질과 가스상 물질을 동시에 제거 가능하고, 고온가스 및 연소성 및 폭발성, 점착성 및 조해성 먼지의 처리가 가능하다.
④ 제진된 먼지의 재비산 염려가 없으며, 친수성 더스트의 집진효과가 높다.
⑤ 한냉기에는 동결방지에 유의해야 한다.

⑥ 굴뚝으로 최종 배출되기 전에 기액 분리기를 사용해 제거해 주어야 한다.
⑦ 세정집진장치의 종류 중 유수식에는 가스선회형, 임펠라형, 로타형, 분수형이 있다.
⑧ 세정집진장치에서 입자의 액적 간의 충돌횟수가 많을수록 집진효율은 증가하게 되는 관성충돌계수(효과)를 크게 하기 위한 조건으로는 먼지의 입경이 커야하고, 먼지의 밀도가 커야하고, 처리가스의 점도가 낮아야 하고, 처리가스와 액적의 상대속도가 커야 하고, 액적의 직경이 작아야 하고, 처리가스 온도가 낮아야 한다.

7. 충전탑(흡수탑)

① 원통형의 탑내에 여러 가지 충전재를 넣어 함진가스(가스유입속도 1m/sec 이하)와 세정액을 접촉시켜 세정하는 액분산형 흡수장치이다.
② [충전탑의 직경/충전제 직경] = 8~10일 때 편류현상이 최소가 된다.
③ 범람점에서의 가스속도는 충전제를 불규칙하게 쌓았을 때 보다 규칙적으로 쌓았을 때가 더 크다.
④ 충전제를 규칙적으로 충전하면 불규칙적으로 충전하는 방법에 비하여 압력손실이 적어 더 많은 흡수제를 흘릴 수 있다.
⑤ 가스의 유속이 증가하면 충전층내의 액의 보유량이 증가하여 탑위로 넘치게 되므로 가스유속은 범람(flooding)속도의 40~70%가 적당하다.
⑥ 가스의 속도는 0.5~1.5m/sec, 액가스비는 2~3L/m^3, 압력손실은 100~250mmH_2O이다.

8. 분무탑(Spray Tower)

① 다수의 분사노즐을 사용하여 세정액을 미립화시켜 오염가스 중에 분무하는 방식으로 구조가 간단한 액분산형 흡수장치이다.
② 충전탑에 비하여 설치비나 유지비가 저렴하며, 분무노즐이 막히기 쉽고 물방울을 미세하게 만들기 위하여 많은 동력이 필요하다.
③ 가스의 흐름이 균일하지 못하고, 분무액과 가스의 접촉이 균일하지 못하여 효율이 낮은편이며, 가스 겉보기 속도는 0.2~1m/sec, 액가스비는 0.5~1.5 L/m^3, 압력손실은 2~20mmH_2O이다.

9. 벤츄리스크러버

① 함진가스를 벤츄리관의 목(throat)부에 유속 60~90m/sec로 빠르게 공급하여 목부주변의 노즐로부터 세정액이 흡입분사되게 함으로써 포집하는 방식이다.
② 액체방울과 입자의 주된 접촉 메카니즘은 충돌이며, 물방울입경과 먼지입경의 비는 충돌효율면에서 150 : 1전후가 적당하다.
③ 압력손실은 300~800mmH$_2$O, 목부의 함진가스 유속은 60~90m/sec, 액가스비는 보통 0.3~1.5L/m^3 정도이다.
④ 벤츄리스크러버 적용시 액가스비를 크게해야 할 경우는 먼지의 입경이 작을 때, 먼지입자의 친수성이 낮을 때, 처리가스의 온도가 높을 때, 먼지의 농도가 높을 때, 먼지입자의 점착성이 클 때이다.

10. 여과 집진장치

① 여과 집진장치의 처리입경은 0.1~20μm, 압력손실은 100~200mmH$_2$O, 집진효율은 90~99%, 처리가스속도는 0.3~0.5m/sec이다.
② 수분이나 여과속도에 대한 적응성이 낮으며, 1μm 이상의 미세입자의 제거가 용이하며, 폭발성, 점착성 및 흡습성 먼지의 제거가 어렵다.
③ 주요 메카니즘의 집진원리에는 확산, 관성충돌, 차단, 중력이다.
④ 간헐식 탈진방식은 먼지의 재비산이 적고, 높은 집진율을 얻을 수 있고, 여포의 수명은 연속식에 비해 길며, 대용량 처리에 부적당하며, 진동형과 역기류형, 역기류 진동형이 있다.
⑤ 연속식 탈진방식은 먼지의 재비산이 크고, 집진율이 낮고, 고농도, 대용량의 처리가 용이하며, 역제트기류 분사형(reverse jet)과, 충격제트기류 분사형(pulse jet) 등이 있다.
⑥ 여과재의 종류 중 유리섬유(glass fiber)는 처리가스 중 SO$_2$, HCl 등을 함유한 200℃ 정도의 고온배출가스를 처리하는데 적합하며, 내산성에 양호하며 내알칼리성에 나쁜편이다.

11. 전기 집진장치

① 처리입경은 0.1~0.9μm 정도이고, 압력손실은 건식 10mmH$_2$O, 습식 20mmH$_2$O 이고, 집진효율은 90~99.9%이며, 처리가스속도는 건식 1~2m/sec, 습식 2~4m/sec 정도이다.

② 고집진율(99%)을 얻을 수 있으며, 고온가스처리가 가능하고, 대량의 공기를 다룰 수 있고, 부식성 가스가 함유된 먼지도 처리가 가능하며, 전력소비(동력비)가 적게 들고 유지관리비가 적게 든다.
③ 초기시설비가 많이 들며, 설치면적이 크게 소요되고, 전압변동과 같은 조건변동에 쉽게 적응하기 어려우며, 전처리장치(1차처리장치)가 필요하다.
④ 전기 집진장치내의 입자집진에 작용하는 전기력에는 입자의 하전에 의한 쿨롱력, 전계강도의 힘, 전기풍에 의한 힘, 입자간의 흡인력이 있다.
⑤ 전기 집진장치에서 집진효율에 가장 크게 영향을 주는 것이 전기저항이며, 효율이 가장 우수할 때의 먼지의 전기저항은 $10^4 \sim 10^{11} \Omega\,cm$ 이다.
⑥ 재비산 현상의 발생조건은 먼지의 전기저항이 $10^4 \Omega\,cm$ 이하이며, 방지책으로는 암모니아(NH_3) 주입, 습식집진장치 사용이 있다.
⑦ 역전리 현상 발생조건은 먼지 전기저항이 $10^{11} \Omega\,cm$ 이상이며, 방지책으로는 처리가스의 온도를 조절하거나 습도를 높이고, SO_3를 스프레이로 주입하고, 습식집진장치를 사용하고, 황산을 조절제로 주입하고, 타격빈도를 높인다.
⑧ SO_3에 의한 부식을 방지하는 방법은 암모니아(NH_3)를 주입한다.

12. 유해가스 처리법 중 황산화물(SO_X)처리법

① 중유탈황법의 종류에는 금속산화물에 의한 흡착탈황, 미생물에 의한 생화학적 탈황, 방사선화학에 의한 탈황, 접촉수소화 탈황법이 있다.
② 배기가스 탈황법 중 습식탈황법의 종류에는 석회법(석회세정법), 아황산소오다법, 암모니아법, 가성소다 흡수법, 산화마그네슘 세정법이 있다.
③ 배기가스 탈황법 중 건식탈황법의 종류에는 건식 석회석 주입법, 활성산화망간법, 알칼리성 알루미나 흡수법, 활성탄흡착법이 있다.
④ 촉매산화법(접촉산화법, 산화법)은 배연탈황법의 일종으로 배출가스중의 황산화물을 촉매를 사용하여 SO_2를 SO_3로 산화시켜 약 80% 농도의 황산을 직접 회수할 수 있는 방법이며, 사용하는 촉매에는 백금(Pt), 오산화바나듐(V_2O_5), K_2SO_4이 있다.

13. 질소산화물(NO_X)의 처리법

① 선택적 촉매(접촉)환원법(SCR)은 배기가스 중에 존재하는 산소와는 무관하게 NO_X를 선택적으로 집촉환원시키는 방법이며, 질소산화물이 촉매에 의하여 선택적으로 환원되어 질소분자와 물로 전환되며, 선택적 환원제로

는 NH_3, H_2S 등이 사용된다.
② 비선택적 접촉환원법(NCR)은 배기가스 중의 산소를 환원제로 소비한 다음 NO_X를 접촉환원시키는 방법이며, 촉매로는 Pt 뿐만 아니라 Co, Ni, Cu, Cr 등의 산화물도 이용 가능하다.
③ 질소산화물(NO_X)의 제거방법에는 배기가스 재순환법, 연소부분 냉각법, 2단 연소법, 저온도연소법, 저과잉공기량연소법 등이 있다.

14. 흡착법

① 활성탄은 용제회수, 가스정제, 악취를 제거하고, 각종 방향족 유기용제, 할로겐화된 지방족 유기용제, 에스테르류, 알코올류 등의 비극성류의 유기용제 흡착에 사용되는 소수성(비극성) 흡착제이다.
② 활성알루미나는 습한 가스의 건조, 물과 유기물을 잘 흡착하며 175~325℃로 가열하여 재생시킬 수 있는 친수성(극성) 흡착제이다.
③ 실리카겔은 가스건조, 황분제거, NaOH 용액 중 불순물 제거, 250℃ 이하에서 물과 유기물을 잘 흡착하는 친수성(극성) 흡착제이다.
④ 화학적 흡착은 흡착제의 재생성이 낮고, 흡착열이 물리적 흡착에 비하여 높으며, 여러층의 흡착층이 불가능하며, 단분자를 흡착하며 비가역적 반응이다.
⑤ 물리적 흡착은 가역적 과정이며 흡착열이 화학적 흡착보다 작으며, 흡착온도가 낮으면 흡착량은 증가하며, 다분자 흡착이며 흡착제의 재생이나 오염가스의 회수에 용이하다.
⑥ 유동상 흡착장치는 가스의 유속을 크게 할 수 있으며, 고체와 기체의 접촉을 좋게 할 수 있고, 고정층과 이동층 흡착장치의 장점만을 이용한 복합형으로 흡착제의 유동에 의한 마모가 크게 일어나고, 조업조건에 따른 주어진 조건의 변동이 어렵다.

15. 악취(냄새)물질

① 골격이 되는 탄소수는 저분자일수록 관능기 특유의 냄새가 강하고 자극적이나 8~13에서 가장 향기가 강하다.
② 불포화도(2중결합 및 3중결합의 수)가 높으면 냄새가 보다 강하게 난다.
③ 분자내 수산기의 수는 1개일 때 가장 강하고 수가 증가하면 약해져서 무취에 이른다.
④ 냄새는 화학적 구성보다는 구성 그룹배열에 의해 나타나는 물리적 차이에 의해 결정된다는 견해가 지배적이다.

⑤ 냄새물질로 분자량이 가장 작은 것은 암모니아이며, 분자량이 큰 물질은 냄새강도가 분자량에 반비례하여 약해지는 경향이 있다.
⑥ 물리화학적 자극량과 인간의 감각강도 관계는 웨버-페히너(Weber-Fechner) 법칙과 잘 맞고 후각에도 잘 적용된다.

16. 후드의 설치방법

① 후드를 발생원에 가깝게 한다.
② 국부적인 흡인방식을 취한다.
③ 후드의 개구면적을 작게한다.
④ 에어커텐을 이용한다.
⑤ 충분한 포착속도를 유지한다.

17. 통풍방식

① 압입통풍은 노안에 설치된 가압송풍기에 의해 연소용 공기를 연소로 안으로 압입하는 방식으로 연소실 공기를 예열할 수 있으며, 송풍기의 고장이 적고 점검 및 보수가 용이하고, 내압이 정압(+)으로 연소효율이 좋으며, 역화의 위험성이 있고, 흡인통풍식보다 송풍기의 동력소모가 적다.
② 흡인통풍은 굴뚝의 통풍저항이 큰 경우에 적합하고, 노내압이 부압으로 역화의 우려가없으며, 이젝트를 사용할 경우 동력이 불필요하고, 송풍기의 점검 및 보수가 어려우며, 통풍력이 큰 편이다.
③ 평형통풍은 대용량의 연소설비에 적합하고, 통풍 및 노내압 조절이 용이하며, 열가스의누설 및 냉기의 침입이 없고, 통풍손실이 큰 연소설비에 사용되며, 동력소모가 크고, 설비비 및 유지비가 많이 들고, 소음발생이 심한 편이다.

04 연소공학

1. 고체연료

① 고체연료의 C/H비는 15~20 범위이다.
② 고체연료는 액체연료에 비하여 산소함유량이 크다.
③ 고체연료는 액체연료에 비하여 수소함유량이 적다.
④ 고체연료 중 코크스는 휘발분이 거의 함유되어있지 않아 연소시에 매연이 발생하지 않는다.

2. 석탄

① 석탄연소시 잔류물인 회분 중 가장 많이 함유된 것은 SiO_2 이다.
② 점결성은 석탄에서 코크스를 생산할 때 중요한 성질이다.
③ 석탄의 휘발분은 매연발생의 요인이다.
④ 연료조성에 따른 연소특성으로 수분은 착화불량과 열손실을, 회분은 발열량 저하 및 연소불량을 초래한다.
⑤ 석탄 회분의 용융시 SiO_2, Al_2O_3 등의 산성 산화물량이 많으면 회분의 용융점이 높아진다.
⑤ 석탄의 연료비 = $\dfrac{고정탄소}{휘발분}$, 고정탄소(%) = 100 - (휘발분 + 수분 + 회분)(%)
⑥ 석탄의 연료비는 탄화도의 정도를 나타내는 지수이다.

3. 석탄의 탄화도

① 석탄의 탄화도가 증가하면 고정탄소, 발열량, 착화온도, 연료비($\dfrac{고정탄소}{휘발분}$)는 증가한다.
② 석탄의 탄화도가 증가하면 매연발생량, 비열, 휘발분, 수분, 산소의 양, 연소속도는 감소한다.

4. 액체연료

① 발열량이 크고 품질이 비교적 균일하다.
② 회분이 거의 없고 점화, 소화 및 연소의 조절이 비교적 쉽다.
③ 계량, 기록이 수월하다.
④ 저장, 운반이 용이하며 배관공사 등에 걸리는 비용도 적게 소요된다.
⑤ 단위질량당의 발열량이 커, 화력이 강하다.
⑥ 액체연료는 비교적 저가로 안정하게 공급되고 품질에도 큰차가 없다.
⑦ 액체연료는 화재, 역화 등의 위험이 크며, 연소온도가 높아 국부가열을 일으키기 쉽다.
⑧ 액체연료의 경우 회분은 적지만, 재속의 금속산화물이 장해원인이 될 수 있다.

5. 액체연료의 종류 중 중유

① 중유에는 A, B, C 중유가 있는데 이것은 점도를 기준으로 분류한다.
② 인화점이 낮은 경우에는 역화의 위험성이 있고, 높을 경우(140℃ 이상)에는 착화가 어렵다.
③ 인화점이 낮을수록 연소는 잘 되나 위험하며, C 중유는 보통 70℃ 이상이다.
④ 인화점은 보통 그 예열온도보다 약 5℃ 이상 높은 것이 좋다.
⑤ 중유 중 잔류탄소의 함량은 7~16% 정도이다.
⑥ 점도가 낮을수록 유동점이 낮아진다.
⑦ 비중이 클수록 유동점, 점도, 잔류탄소 등이 증가한다.
⑧ 비중이 클수록 발열량이 낮아지고 연소성이 나빠진다.

6. 기체연료

① 연소효율이 높고 적은 과잉공기량으로도 완전연소가 가능하며 검댕이 발생하지 않는다.
② 부하의 변동범위가 넓고 연소의 조절이 용이하다.
③ 연료속에 황이 포함되지 않은 것이 많으며 연소배출가스 중에 아황산가스가 생성되지 않는다.
④ 연소조절이 용이하고, 점화 및 소화가 간단하다.
⑤ 연소시 공급연료 및 공기량을 밸브를 이용하여 간단하게 임의로 조절할 수 있어 부하변동 범위가 넓다.
⑥ 기체연료는 저발열량의 것으로 고온을 얻을 수 있고 전열효율을 높일 수 있다.
⑦ 회분이 거의 없어 먼지발생량이 적다.

⑧ 연료의 예열이 쉽고, 저질연료도 고온을 얻을 수 있다.
⑨ 저장 및 수송이 불편하며, 시설비가 많이 든다.
⑩ 공기와 섞어 점화하면 폭발의 위험성이 있다.

7. 기체연료의 종류 중 LNG(액화천연가스)

① LNG의 주성분은 CH_4(메탄) 이다.
② LNG의 밀도는 공기보다 작다.
③ LNG는 천연가스를 1기압하에서 -162℃ 정도로 냉각하여 액화시켜 대량 수송 및 저장을 가능하게 한 것이다.
④ LNG는 지질학적으로 수용성 가스, 석탄계 가스, 석유계 가스로 구분되며 석탄계 가스가 대부분을 차지한다.
⑤ 고위발열량은 10,000kcal/Sm^3이다.

8. 기체연료의 종류 중 LPG(액화석유가스)

① LPG의 주성분은 C_3H_8(프로판)과 C_4H_{10}(부탄)이다.
② LPG의 비중이 공기보다 1.5배로 무거워 인화폭발의 위험성이 높다.
③ LPG의 발열량은 26,000kcal/Sm^3이다.
④ 석유정제때에 부산물로 생산되는 것과 천연가스에서 회수되는 것이 있으나 전자의 것이 대부분이다.
⑤ 액체에서 기체로 될 때 증발열이 있으므로 사용하는데 유의할 필요가 있다.
⑥ 상온에서 10~20기압을 가하거나 또는 -49℃로 냉각시킬 때 용이하게 액화되는 석유계탄화수소이다.

9. 연소형태

① 표면연소는 코크스나 석탄 등이 고온연소시 고체표면이 빨갛게 빛을 내면서 반응하는 연소로 화염이 없는 연소형태이다.
② 분해연소는 장작, 석탄, 중유 등이 열분해하여 발생한 증기와 함께 연소초기에 불꽃을 내면서 반응하는 것이다.
③ 증발연소는 오일의 표면에서 오일이 기화하여 일어나는 연소이며, 화염으로부터 열을 받으면 가연성 증기가 발생하는 연소로써 휘발유, 등유, 알콜, 벤젠 등의 액체연료의 연소형태이다.

10. 고체연료 연소장치 중 미분탄연소장치

① 석탄을 0.1mm 정도 이하의 미분으로 분쇄한 것을 1차 공기 중에 부유시켜 이를 버너로서 로내에 분출연소시키는 방법이다.
② 연료의 표면적이 크고 공기와의 접촉이 좋기 때문에 과잉공기가 적어도 완전연소가 가능하다.
③ 부하의 변동에 쉽게 적용할 수 있으므로 대형과 대용량 설비에 적합하다.
④ 과잉공기에 의한 열손실이 적고, 비산먼지의 배출량이 많아 집진장치가 필요하다.
⑤ 분쇄기 및 배관 중에 폭발의 우려 및 수송관의 마모가 일어날 수 있다.

11. 고체연료 연소장치 중 유동층 연소장치

① 유동층연소는 다른 연소법에 비해 질소산화물의 생성억제가 잘되고, 화염층을 적게 할수 있으므로 장치의 규모를 작게 할 수 있다.
② 화염층이 작고 클링커 장해 등을 감소시킬 수 있다.
③ 부하변동에 쉽게 응할 수 없으며, 재와 미연탄소의 방출이 많다.
④ 로의 구조가 매우 단순하고 구동부가 없어 고장이 적다.
⑤ 유동화매체로 사용되는 많은 양의 모래가 열저장 매체 구실을 함으로써 로의 일시적 가동 중단시 로의 냉각을 최소화할 수 있다.
⑥ 화격자의 단위 면적당 열부하를 크게 할 수 있다.
⑦ 대형의 고체 폐기물은 로내로 투입전 파쇄 전처리하여 일반적으로 입경 50mm 이하로 분쇄하여야 한다.

12. 유동상 소각로에서 유동상의 매질(유동매체) 조건

① 불활성일 것
② 높은 융점을 가질 것
③ 내마모성이 있을 것
④ 비중이 작을 것
⑤ 열충격에 강할 것
⑥ 가격이 쌀 것

13. 고체연료 연소장치 중 화격자 소각로

① 상부투입식은 투입되는 연료와 공기의 방향이 향류로 교차되는 형태이다.
② 상부투입식 정상상태에서의 고정층은 상부로부터 석탄층, 건조층, 건류층, 환원층, 산화층, 회층으로 구성된다.
③ 상부투입식 연소에는 화격자 상에 고정층을 형성하지 않으면 안되므로 분상의 석탄은 그대로 사용하기에 곤란하다.
④ 경사스토커 방식의 경우 수분이 많은 것이나 발열량이 낮은 것도 어느 정도 소각이 가능하다.
⑤ 체류시간이 길고 교반력이 약한 편이어서 국부가열이 발생할 염려가 있다.
⑥ 하향식 연소는 상향식 연소에 비해 소각물의 양은 절반정도로 감소한다.
⑦ 도시폐기물을 소각하는 방식으로 널리 사용되며, 연속적인 소각과 배출이 가능하다.
⑧ 수분이 많은 쓰레기의 소각도 가능하며, 발열량이 낮은 쓰레기의 소각도 가능하다.

14. 고체연료 연소장치 중 고정상 소각로

① 소각로내의 화상위에서 쓰레기를 태우는 방식으로 플라스틱처럼 열에 열화, 용해되는 물질의 소각에 적합한 소각로이다.
② 체류시간이 길고 교반력이 약하며, 국부적으로 가열될 염려가 있다.

15. 고체연료 연소장치 중 다단로 소각로

① 체류시간이 길어 특히 휘발성이 적은 폐기물의 연소에 유리하다.
② 온도반응이 느려서 보조연료 사용조절이 어렵다.
③ 다량의 수분이 증발되므로 수분함량이 높은 폐기물의 연소도 가능하다.
④ 물리·화학적 성분이 다른 각종 폐기물을 처리할 수 있다.

16. 액체연료 연소장치 중 유압분무식 버너

① 노즐을 통하여 $5 \sim 30 kg/cm^2$ 정도의 압력으로 가압된 연료를 연소실 내부로 분무시키는 액체연료의 연소장치 버너이다.
② 유량조절 범위가 좁아(환류식 1 : 3, 비환류식 1 : 2) 부하변동에 대한 적응성이 낮다.
③ 연료분사범위는 15~2,000L/hr 정도이다.
④ 연료유의 분사각도는 기름의 압력, 점도 등으로 약간 달라지지만 40~90°

정도의 넓은 각도로 할 수 있다.
⑤ 연료의 점도가 크거나 유압이 $5kg/cm^2$ 이하가 되면 분무화가 불량하다.
⑥ 대용량 버너 제작이 용이하다.

17. 액체연료 연소장치 중 저압공기식 버너

① 비교적 좁은 각도의 짧은 화염이 발생한다.
② 소형가열로용이며, 용량은 2~300L/hr이다.
③ $0.05~0.2kg/cm^2$ 정도의 저압공기를 사용하여 분무화시키는 방법이다.
④ 분무각도는 30~60° 정도이며, 유량조절범위는 1 : 5로 비교적 큰 편이다.

18. 액체연료 연소장치 중 고압공기식 버너

① 증기압 또는 공기압은 $2~10kg/cm^2$ 정도이다.
② 연료유의 점도가 큰 경우에는 분무화가 용이하나 연소시 소음이 크다.
③ 유량조절범위는 1 : 10 정도로 가장 큰 편이다.
④ 가장 좁은 각도의 긴 화염이며, 기름의 분무각도는 20~30° 정도이다.
⑤ 용도는 제강용평로, 연속가열로, 유리용해로 등의 대형가열로 등에 많이 사용된다.

19. 기체연료의 연소형태 중 확산연소

① 기체연료와 연소용 공기를 연소실로 보내 연소하는 방식으로 확산연소시 연료류와 공기류의 경계에서 확산과 혼합이 일어난다.
② 연소가능한 혼합비가 먼저 형성된 곳부터 연소가 시작되므로 연소형태는 연소기의 위치에 따라 달라진다.
③ 화염이 길며, 역화의 위험이 없으며 가스와 공기를 예열할 수 있다.
④ 연료 분출속도가 클 경우 그을음이 발생하기 쉬우며, 기체연료와 연소용 공기를 버너내에서 혼합시키지 않는다.

20. 기체연료의 연소형태 중 예혼합연소

① 기체연료와 연소용 공기를 버너내에서 혼합하여 공급하는 방식으로 연소가 내부에서 연료와 공기의 혼합비가 변하지 않고 균일하게 연소된다.
② 화염온도가 높아 연소부하가 큰 경우에 사용이 가능하다.
③ 연소소설이 쉽고 화염길이가 짧으니, 혼합기의 분출속도가 느릴 경우 역화의 위험이 있다.

④ 예혼합연소에 사용되는 고압버너는 기체연료의 압력을 $2kg/cm^2$ 이상으로 공급하므로 연소실내의 압력은 정압이다.

21. 기체연료의 연소형태 중 부분예혼합연소

① 연소용 공기의 일부를 미리 기체연료와 혼합하고 나머지 공기는 연소실 내에서 혼합하여 확산연소시키는 방식으로 절충식 방법이다.
② 소형 또는 중형버너로 널리 사용된다.
③ 기체연료 또는 공기의 분출속도에 의해 생기는 흡인력을 이용하여 공기 또는 연료를 흡인한다.

22. 착화온도

① 가연물의 증발량이 많을수록 낮아진다.
② 화학결합의 활성도가 클수록 낮아진다.
③ 산소와의 친화성이 클수록 낮아진다.
④ 활성화에너지가 작을수록 낮아진다.
⑤ 분자구조가 복잡할수록 낮아진다.
⑥ 발열량이 높을수록 낮아진다.
⑦ 공기 중의 산소농도가 클수록 낮아진다.
⑧ 화학반응성이 클수록 낮아진다.
⑨ 공기의 압력이 높을수록 착화온도는 낮아진다.
⑩ 탄화수소의 착화온도는 분자량이 클수록 낮아진다.
⑪ 비표면적이 클수록 낮아진다.
⑫ 석탄의 탄화도가 작을수록 낮아진다.

23. 탄수소비(C/H)

① 석유계 연료의 탄수소비는 연소용 공기량과 발열량 그리고 연료의 연소특성에도 영향을 미친다.
② 탄수소비가 크면 비교적 비점이 높은 연료는 매연이 발생되기 쉽다.
③ 기체연료의 탄수소비는 올레핀계 〉 나프텐계 〉 아세틸계 〉 프로필계 〉 프로판 〉 메탄순으로 감소한다.
④ 중질 연료일수록 C/H비는 크다.
⑤ C/H비가 클수록 이론공연비는 감소된다.
⑥ C/H비는 휘발유 〈 등유 〈 경유 〈 중유 순으로 증가한다.
⑦ C/H비가 클수록 휘도가 높고 방사율이 크다.

24. 그을음(매연)

① 분해나 산화하기 쉬운 탄화수소는 그을음 발생이 적다.
② C/H비가 큰 연료일수록 그을음이 잘 발생된다.
③ -C-C-의 탄소결합을 절단하기 보다 탈수소가 쉬운 쪽이 매연이 생기기 쉽다.
④ 탈수소, 중합 및 고리화합물 등과 같이 반응이 일어나기 쉬운 탄화수소일수록 매연이 잘생긴다.

25. 연소시 발생되는 NO_X 종류

① Fuel NO_X : 연소시 연료의 성분으로부터 발생
② Thermal NO_X : 고온에서 공기중의 질소와 산소가 반응하여 생성
③ Prompt NO_X : 화염에서 일어나는 전기적인 이온교환에 의해 생성

26. 전형적인 자동차 기준(휘발유 자동차 기준)에서 가장 많이 배출되는 경우

① NO_X : 가속시(차가 가속될 때)
② CO : 공전시(아이드링)(차가 정지해서 엔진만 작동할 때)
③ HC : 감속시(차의 속도가 감속될 때)

27. 자동차 후처리시설 중 삼원촉매장치

① 삼원촉매장치란 산화촉매(Pt, Pd)와 환원촉매(Rh)를 이용하여 CO, HC, NO_X를 동시에 줄일 수 있는 후처리 시설이다.
② CO와 HC의 산화촉매로는 주로 백금(Pt)과 팔라듐(Pd)이 사용되고, NO의 환원촉매로는 로듐(Rh)이 사용된다.
③ CO와 HC는 CO_2와 H_2O로 산화되며, NO는 N_2로 환원된다.

28. 공기비(m)가 작을 경우 발생하는 현상

① 연소가스 중의 CO와 HC의 농도 증가
② 매연이나 검댕의 발생량 증가
③ 연소효율 증가
④ 폭발의 위험

29. 공기비(m)가 클 경우 발생하는 현상

① 연소실내 연소온도 감소
② 배기가스에 의한 열손실 증대
③ SO_2, NO_2의 함량이 증가하여 부식이 촉진
④ CH_4, CO 및 C 등 물질의 농도가 감소
⑤ 방지시설의 용량이 커지고 에너지 손실증가
⑥ 희석효과가 높아져 연소 생성물의 농도 감소

30. 최대탄산가스량(CO_{2max})

① 최대탄산가스량은 연료의 조성에 따라 정해지며, 연료에 따라 서로 다른값을 가진다.
② 최대탄산가스량은 과잉공기를 사용하지 않고 가연물을 산화시켰을 때 발생되는 건조가스량을 기준으로 한 CO_2의 부피 백분율이다.
③ 최대탄산가스량의 산출방법은 연료의 원소조성을 이용하는 방법과 배기가스의 조성을 이용하는 방법이 있다.
④ 공기비를 이용하여 산정하는 경우에는 과잉공기비에 배기가스 중의 CO_2 농도를 곱하여 얻어진다.

기출 계산공식

Contents

PART 01 대기환경관리

PART 02 대기오염공정시험기준

PART 03 대기오염방지기술

PART 04 연소공학

01 대기환경관리

1. 농도전환 방법

① 부피농도(ppm)를 질량농도(mg/Sm^3)로 전환하는 방법

$$ppm(mL/Sm^3) = mg/Sm^3 \times \frac{22.4\,mL}{분자량(mg)}$$

$$ppm(mL/Sm^3) = mg/m^3 \times \frac{273 + 현재온도(℃)}{273} \times \frac{22.4\,mL}{분자량(mg)}$$

② 질량농도(mg/Sm^3)를 부피농도(ppm)로 전환하는 방법

$$mg/Sm^3 = ppm(mL/Sm^3) \times \frac{분자량(mg)}{22.4\,mL}$$

$$mg/m^3 = ppm(mL/Sm^3) \times \frac{273}{273 + 현재온도(℃)} \times \frac{분자량(mg)}{22.4\,mL}$$

TIP

① $ppm = mL/Sm^3$

② 기체 1mol $\begin{cases} 분자량(mg) \\ 22.4\,(mL) \end{cases}$

③ 표준상태(0℃, 760mmHg)의 체적 : $Sm^3 = Nm^3$

2. 가시거리 계산식

① $V = \dfrac{10^3 \times A}{G}$

- V : 가시거리(km)   A : 상수   G : 농도($\mu g/m^3$)

② COH(빛전달계수) 계산식

$$Coh = \frac{\log\dfrac{1}{빛전달율} \times 100}{속도(m/sec) \times 여과시간(hr) \times 3{,}600} \times 1{,}000\,m$$

③ $V = \dfrac{5.2 \times \rho \times r}{K \times C}$

$\begin{bmatrix} V : 가시거리(m) & \rho : 밀도(g/cm^3) \\ r : 반경(\mu m) & K : 상수 \\ C : 농도(g/m^3) & \end{bmatrix}$

3. 온위 계산식

$$온위(\theta) = T \times \left(\dfrac{1{,}000}{P}\right)^{0.288}$$

$\begin{bmatrix} T : 절대온도(K) & P : 실제압력(mba) \end{bmatrix}$

4. 최대지표농도(C_{max}) 계산식

$$C_{max} = \dfrac{2 \times Q}{\pi \times e \times u \times He^2}\left(\dfrac{C_z}{C_y}\right)$$

$\begin{bmatrix} Q : 가스량(Sm^3/sec) & u : 풍속(m/sec) \\ He : 유효굴뚝높이(m) & Cz : 수직확산계수 \\ Cy : 수평확산계수 & \end{bmatrix}$

5. 최대지상거리(X_{max}) 계산식

$$X_{max} = \left(\dfrac{He}{C_Z}\right)^{\frac{2}{2-n}}$$

$\begin{bmatrix} X_{max} : 최대지상거리(m) & He : 유효굴뚝높이(m) \\ C_Z : 수직확산계수 \\ n : 대기안정도 상수 \begin{cases} 매우안정 : 0.5 \\ 불안정, 중립 : 0.25 \\ 매우 불안정 : 0.2 \end{cases} \end{bmatrix}$

6. 가우시안 확산식

① $C = \dfrac{Q}{\pi \cdot \sigma_y \cdot \sigma_z \cdot u} \exp\left[-\dfrac{1}{2}\left(\dfrac{He}{\sigma_z}\right)^2\right] \xrightarrow{He\ =\ 0} C = \dfrac{Q}{\pi \cdot \sigma_y \cdot \sigma_z \cdot u}$

$\begin{bmatrix} C : 농도(g/m^3) & Q : 오염물질의\ 배출량(g/sec) \\ u : 풍속(m/sec) & He : 유효굴뚝높이(m) \\ \sigma_z : 수평방향의\ 표준편차(m) & \sigma_y : 수직방향의\ 표준편차(m) \end{bmatrix}$

② $C = \dfrac{2q}{(2\pi)^{\frac{1}{2}} \sigma_z U} \exp\left[-\dfrac{1}{2}\left(\dfrac{H}{\sigma_z}\right)^2\right] \xrightarrow{H\ =\ 0} C = \dfrac{2q}{(2\pi)^{\frac{1}{2}} \sigma_z U}$

$\begin{bmatrix} q : 탄화수소\ 배출률(g/sec) & \sigma_z : 수직방향의\ 표준편차(m) \\ U : 풍속(m/sec) & H : 유효굴뚝높이(m) \end{bmatrix}$

7. 기체의 비중

① 기체의 비중 = $\dfrac{기체의\ 분자량(kg)}{공기의\ 분자량(29kg)}$

② 기체의 비중은 기체의 분자량과 비례관계

③ 기체의 비중이 가장 큰 물질 = 기체의 분자량이 가장 큰 물질

④ 기체의 비중이 가장 작은 물질 = 기체의 분자량이 가장 작은 물질

8. 통풍력 계산식

$$Z = 355 \times H \times \left(\dfrac{1}{273 + t_a\,℃} - \dfrac{1}{273 + t_g\,℃}\right)$$

$\begin{bmatrix} Z : 통풍력(mmH_2O), & H : 굴뚝의\ 높이(m) \\ t_a : 외기의\ 온도(℃), & t_g : 가스의\ 온도(℃) \end{bmatrix}$

9. 연기의 상승고 계산식

① 부력$(F) = g \times \left(\dfrac{D}{2}\right)^2 \times Vs \times \left(\dfrac{Ts - Ta}{Ta}\right)$ (m^4/sec^3)

② $\Delta H = 150 \times \dfrac{F}{u^3}$

③ $\Delta H = \dfrac{Vs \times d}{U} \times \left(1.5 + 2.68 \times 10^{-3} \times P \times \dfrac{Ts-Ta}{Ts} \times d\right)$

$\begin{bmatrix} \Delta H \text{ : 연기의 상승고(m)} & Vs \text{ : 배출가스 속도(m/sec)} \\ u \text{ : 풍속(m/sec)} & d \text{ : 안지름(m)} \\ P \text{ : 대기압(mba)} & Ts \text{ : 가스의 절대온도(273+tg℃)} \\ Ta \text{ : 대기(외기)의 절대온도(273+ta℃)} & \end{bmatrix}$

④ $\Delta H = 1.5 \times \left(\dfrac{Vs}{u}\right) \times D$

$\begin{bmatrix} \Delta H \text{ : 연기의 상승고(m)} & Vs \text{ : 연기의 배출속도(m/sec)} \\ u \text{ : 풍속(m/sec)} & D \text{ : 직경(m)} \end{bmatrix}$

⑤ $\Delta H = \dfrac{173 \times F^{1/3}}{u \times \exp(0.64 \times \dfrac{\Delta\theta}{\Delta Z})} \xrightarrow{\dfrac{\Delta\theta}{\Delta Z}=0} \Delta H = \dfrac{173 \times F^{1/3}}{u}$

10. 고도에 따른 풍속변화 계산식

① 스튼의 식 : $U_2 = U_1 \times \left(\dfrac{H_2}{H_1}\right)^n$

$\begin{bmatrix} U_2 \text{ : 고도 } H_2 \text{에서의 풍속(m/sec)} \quad U_1 \text{ : 고도 } H_1 \text{에서의 풍속(m/sec)} \\ n \text{ : 대기안정도 상수} \begin{cases} \text{매우안정 : 0.5} \\ \text{불안정, 중립 : 0.25} \\ \text{매우 불안정 : 0.2} \end{cases} \end{bmatrix}$

② 데칸의 식 : $U_2 = U_1 \times \left(\dfrac{H_2}{H_1}\right)^P$

$\begin{bmatrix} U_2 \text{ : 고도 } H_2 \text{에서의 풍속(m/sec)} \quad U_1 \text{ : 고도 } H_1 \text{에서의 풍속(m/sec)} \\ P \text{ : 매개변수(풍속지수)} \end{bmatrix}$

11. 거리 X를 통과한 후의 농도 계산식

$I = I_o \exp(-\sigma_{exp} \cdot X)$

- I : 거리 X를 통과한 후의 농도
- I_o : 광원으로부터 광도
- σ_{exp} : 빛의 소멸계수
- X : 거리

12. 실제오염농도 계산식

$$실제오염농도(ppm) = 예상오염농도(ppm) \times \left(\frac{예상최대혼합고(m)}{실제최대혼합고(m)}\right)^3$$

13. 스테판 볼츠만 법칙

$E = \sigma T^4$

- E : 복사에너지
- σ : 상수 ($5.67 \times 10^{-8} W/m^2$)
- T : 물체의 표면온도(K)

14. $C_2 = C_1 \times \left(\dfrac{t_1}{t_2}\right)^q$

- C_1 : t_1(10min)에서의 농도(ppm)
- C_2 : t_2(60min)에서의 농도(ppm)
- q : 상수

02 대기오염공정시험기준

1. 자외선/가시선 분광법 계산식

① 램비어트-비어 법칙

$$I_t = I_o \times 10^{-\epsilon \times C \times L}$$

② 흡광도(A) $= \epsilon \times C \times L = \log\dfrac{1}{투과도} = \log\dfrac{1}{\dfrac{I_t}{I_o}} = \log\dfrac{I_o}{I_t}$

- ϵ : 흡광계수
- I_o : 입사광의 강도
- L : 투과거리(시료셀의 두께)
- I_t : 투사광의 강도
- C : 농도

2. 기체크로마토그래피 계산식

① 이론단수$(n) = 16 \times \left(\dfrac{tR}{w}\right)^2$

- n : 이론단수
- w : 봉우리(피크) 폭
- tR : 기록지 이동속도

TIP

tR = 기록지이동속도(mm/min) × 머무름시간(min)

② $HETP = \dfrac{분리관 \ 길이}{이론단수}$

③ 분리도$(R) = \dfrac{2 \times (tR_2 - tR_1)}{(W_1 + W_2)}$

④ 분리계수$(d) = \dfrac{t_{R2}}{t_{R1}}$

3. 굴뚝의 환산직경 계산식

$$\text{굴뚝의 환산직경(m)} = \frac{2 \times \text{가로} \times \text{세로}}{\text{가로} + \text{세로}}$$

4. 비산먼지 농도 계산식

$$C = (C_H - C_B) \times W_D \times W_S$$

- C : 비산먼지의 농도 (mg/Sm^3)
- C_H : 포집먼지량이 가장 많은 위치에서의 먼지농도 (mg/Sm^3)
- C_B : 대조위치에서의 먼지농도 (mg/Sm^3)
- W_D, W_S : 풍향, 풍속 측정 결과로부터 구한 보정계수

> **TIP**
>
> **풍향과 풍속의 보정계수**
>
> (1) 풍향 보정계수
>   ① 주풍향이 90° 이상 : 1.5
>   ② 주풍향이 45° ~ 90° : 1.2
>   ③ 주풍향이 45° 미만 : 1.0
> (2) 풍속 보정계수
>   ① 전 채취시간의 50% 미만 : 1.0
>   ② 전 채취시간의 50% 이상 : 1.2

5. 등속흡인유량 계산식

$$q_m = \frac{\pi d^2}{4} \times v \times \left(1 - \frac{X_W}{100}\right) \times \frac{273 + \theta_m}{273 + \theta_s} \times \frac{P_a + P_s}{P_a + P_m} \times 60 \times 10^3$$

- q_m : 등속 흡인유량(L/min)
- v : 배출가스 유속(m/sec)
- θ_m : 가스미터의 흡인가스온도(℃)
- P_a : 대기압(mmHg)
- P_m : 가스미터의 흡인가스 게이지압(mmHg)
- d : 노즐의 직경(m)
- X_w : 수증기의 부피 백분율(%)
- θ_s : 배출가스 온도(℃)
- P_s : 측정점에서의 정압(mmHg)

6. 등속계수(I) 계산식

$$I(\%) = \frac{V_m}{q_m \times t} \times 100$$

- I : 등속계수(%) (등속계수의 범위는 90% ~ 110%)
- V_m : 흡입가스량(습식가스미터에서 읽은 값)(L)
- q_m : 가스미터에 있어서의 등속 흡인유량(L/분)
- t : 가스 흡인시간(분)

7. 피토관에서 유속 계산식

① $V = C \times \sqrt{\dfrac{2gh}{r}} = $ 피토관계수 $\times \sqrt{\dfrac{2 \times 9.8\,\text{m/s}^2 \times 동압(\text{mmH}_2\text{O})}{r_o(\text{kg/Sm}^3) \times \dfrac{273}{273 + ℃}}}$

- V : 유속(m/sec)   C : 피토관계수
- g : 중력가속도($9.8\,\text{m/sec}^2$)   h : 동압(mmH_2O)
- r : 밀도(kg/m^3)

② 동압(h) = 액주길이(mm) × 톨루엔의 비중 × $\dfrac{1}{확대율}$

   = 액주길이(mm) × 톨루엔의 비중 × $\sin\theta$

③ 밀도가 표준상태(kg/Sm^3)이고 온도가 주어지면 밀도보정

   $r(\text{kg/m}^3) = r_o(\text{kg/Sm}^3) \times \dfrac{273}{273 + ℃}$

8. 농도 및 가스량 보정

① 오염물질 농도의 보정

   $C = Ca \times \dfrac{21 - O_s}{21 - O_a}$

   - C : 오염물질 농도(ppm)   Ca : 실측오염물질 농도(ppm)
   - O_s : 표준산소농도(%) O_a : 실측산소농도(%)

② $Q = Qa \div \dfrac{21 - O_s}{21 - O_a}$

   - Q : 배출가스유량(Sm^3/day)   Qa : 실측배출가스유량(Sm^3/day)
   - O_s : 표준산소농도(%) O_a : 실측산소농도(%)

9. 수분의 농도 계산식

① $X_w(\%) = \dfrac{1.244 \times ma(L)}{Vs(L)} \times 100(\%)$

② $X_w(\%) = \dfrac{1.244 ma(L)}{V(L) \times \dfrac{273}{273+tg} \times \dfrac{(\text{대기압}+\text{게이지압}-\text{포화수증기압})mmHg}{760 mmHg}} \times 100(\%)$

③ $X_w(\%) = \dfrac{1.244 \times ma(L)}{Vs(L) + 1.244 \times ma(L)} \times 100(\%)$

10. 원형단면의 측정점

굴뚝직경(m)	반경 구분수	측정점수
1 이하	1	4
1 초과 2 이하	2	8
2 초과 4 이하	3	12
4 초과 4.5 이하	4	16
4.5 초과	5	20

11. 수은주의 비중

① 수은주 비중 $= \dfrac{10,332 mmH_2O}{760 mmHg} = 13.6 (mmH_2O/mmHg)$

② 단위 전환방법 $\begin{cases} mmH_2O \xrightarrow{\div 13.6} mmHg \\ mmHg \xrightarrow{\times 13.6} mmH_2O \end{cases}$

12. 몰농도와 노르말농도

① $M농도 = \dfrac{질량(g)}{부피(L)} \times \dfrac{1\,mol}{분자량(g)}$

② $M농도 = \dfrac{비중(g)}{(mL)} \times \dfrac{10^3\,mL}{1L} \times \dfrac{1\,mol}{분자량(g)} \times \dfrac{\%농도}{100}$

③ $N농도 = \dfrac{질량(g)}{부피(L)} \times \dfrac{1\,eq}{1당량\,g}$

④ $N농도 = \dfrac{비중(g)}{(mL)} \times \dfrac{10^3\,mL}{1L} \times \dfrac{1\,eq}{1당량\,g} \times \dfrac{\%농도}{100}$

여기서 $1당량\,g = \dfrac{분자량(g)}{가수}$

13. 인구비례에 의한 방법

$$측정점수 = \dfrac{그\ 지역\ 가주지면적(km^2)}{25\,km^2} \times \dfrac{그\ 지역\ 인구밀도}{전국\ 평균\ 인구밀도}$$

14. 산정량수동법에서 아황산가스의 농도 계산식

$S = \dfrac{32,000 \times N \times v}{V}$

$\begin{bmatrix} S : 아황산가스의\ 농도(\mu g/m^3) \\ N : 알칼리의\ 규정농도(N) \\ v : 적정에\ 사용한\ 알칼리의\ 양(mL) \\ V : 시료가스\ 채취량(m^3) \end{bmatrix}$

03 대기오염방지기술

1. 중력 집진장치

(1) 침강속도 계산식

① $Vg = \dfrac{d^2(\rho_s - \rho)g}{18\mu}$

$\begin{bmatrix} Vg : 침강속도(m/sec) & d : 입자의 직경(m) \\ \rho_s : 입자의 밀도(kg/m^3) & \rho : 가스의 밀도(kg/m^3) \\ g : 중력가속도(9.8m/sec^2) & \mu : 점성도(kg/m \cdot sec) \end{bmatrix}$

② 침강속도(Vg)는 $\begin{cases} 입자의 직경(d)의 제곱에 비례한다. \\ 밀도차(\rho_s - \rho)에 비례한다. \\ 중력가속도(g)에 비례한다. \\ 점성도(\mu)에 반비례한다. \end{cases}$

(2) $Re = \dfrac{D \times V \times \rho}{\mu} = \dfrac{D \times V}{\nu}$

$\begin{bmatrix} Re : 레이놀드수 & D : 직경(m) \\ V : 속도(m/sec) & \rho : 공기의 밀도(kg/m^3) \\ \nu : 동점성계수(m^2/sec) \end{bmatrix}$

> **TIP**
>
> **판정기준**
> (층류) $N_{Re} < 2,100$
> (난류) $N_{Re} > 4,000$
> (천이구역) $2,100 < N_{Re} < 4,000$

(3) 최소제거입경 계산식

① $d^2 = \dfrac{18 \cdot \mu \cdot Q}{(\rho_s - \rho) \cdot g \cdot B \cdot L}$ 따라서 $d = \sqrt{\dfrac{18 \cdot \mu \cdot Q}{(\rho_s - \rho) \times g \times L \times B}} \times 10^6 \, (\mu m)$

② $d^2 = \dfrac{18 \cdot \mu \cdot U \cdot H}{(\rho_s - \rho) \cdot g \cdot L}$ 따라서 $d = \sqrt{\dfrac{18 \cdot \mu \cdot U \cdot H}{(\rho_s - \rho) \times g \times L}} \times 10^6 \, (\mu m)$

- L : 길이(m)
- Q : 가스량(m^3/sec)
- ρ_s : 입자의 밀도(kg/m^3)
- g : 중력가속도($9.8 m/sec^2$)
- μ : 점성도(kg/m·sec)
- B : 폭(m)
- ρ : 가스의 밀도(kg/m^3)
- U : 유속(m/sec)

(4) 제거효율 계산식

① $\eta = \dfrac{Vg \times L}{u \times H} \times 100$

- η : 효율
- L : 길이(m)
- H : 높이(m)
- Vg : 침강속도(m/sec)
- u : 유속(m/sec)

② 집진기 길이 $(L) = \left(\dfrac{\text{작은입경}}{\text{큰 입경}}\right)^2 \times \dfrac{u \times H}{Vg}$ (m)

2. 원심력 집진장치

① $N = \dfrac{1}{H_A} \times \left(H_B + \dfrac{H_C}{2}\right)$

- N : 회전수
- H_B : 원통부 높이(m)
- H_A : 유입구 높이(m)
- H_C : 원추부 높이(m)

② 분리계수$(S) = \dfrac{v^2}{R \times g}$

③ 부분집진율$(\eta) = \dfrac{d^2 \times \pi \times V \times (\rho_s - \rho) \times N}{9 \times \mu \times B} \times 100(\%)$

- d : 직경(m)
- V : 유입속도(m/sec)
- ρ_s : 입자의 밀도(kg/m^3)
- ρ : 가스의 밀도(kg/m^3)
- N : 회전수, μ : 가스의 점성도(kg/m·sec)
- B : 유입구 폭(m)

④ 50% 제거입경 계산식

$$dp_{50} = \sqrt{\frac{9\mu B}{2\pi V(\rho_s - \rho)N}} \times 10^6 (\mu m)$$

3. 세정 집진장치

(1) 회전식 세정집진장치에서 물방울의 직경 계산식

$$dw = \frac{200}{N \times \sqrt{R}} \times 10^4$$

$\begin{bmatrix} dw : 물방울\ 직경(\mu m) & N : 회전수(rpm = 회/min) \\ R : 반경(cm) \end{bmatrix}$

(2) 벤츄리스크러버

① 벤츄리스크러버에서 압력손실 계산식

$$\Delta P = (0.5 + L) \times \frac{rV^2}{2g}$$

$\begin{bmatrix} \Delta P : 압력손실(mmH_2O) & L : 액가스비(L/m^3) \\ r : 가스의\ 밀도(kg/m^3) & V : 가스속도(m/sec) \\ g : 중력가속도(9.8\ m/sec^2) \end{bmatrix}$

② $n \times \left(\dfrac{노즐의\ 직경}{목부의\ 직경}\right)^2 = \dfrac{속도 \times 액가스비}{100 \times \sqrt{압력(mmH_2O)}}$

(3) 충전탑(흡수탑)

① $H = NOG \times HOG$, $NOG = \ln\left(\dfrac{1}{1 - \dfrac{\eta(\%)}{100}}\right)$ 이므로 $H = HOG \times \ln\left(\dfrac{1}{1 - \dfrac{\eta(\%)}{100}}\right)$

$\begin{bmatrix} NOG : 총괄이동단위수 & HOG : 총괄단위높이(m) \\ \eta : 제거효율 \end{bmatrix}$

② [HF]의 mol/L

$$= \frac{Q(Sm^3/hr) \times C(mL/Sm^3) \times 10^{-3} L/mL \times 제거시간(hr) \times \dfrac{제거율(\%)}{100} \times \dfrac{1\,mol}{22.4\,L}}{순환수(L)}$$

③ $pH = -\log[H^+]$

④ $pOH = 14 - pH$

(4) 헨리법칙

① $P(atm) = H(atm \cdot m^3/kmol) \times C(kmol/m^3)$

② $H(atm \cdot m^3/kmol) = \dfrac{PmmHg/760}{C(kmol/m^3)}$

③ $H(atm \cdot m^3/kmol) = \dfrac{PmmH_2O/10,332}{C(kmol/m^3)}$

④ 헨리법칙에 적용 기체 : 난용성 기체(H_2, N_2, O_2, NO, CO 등)
   헨리법칙에 비적용 기체 : 수용성 기체(SO_2, HF, NH_3, HCl)

4. 여과 집진장치

① 먼지의 탈락시간 계산식

$Ld = (C_i - C_o) \times Vf \times t$

$\begin{bmatrix} Ld \ : \ 먼지부하(g/m^2) & C_i \ : \ 먼지의 \ 유입농도(g/m^3) \\ C_o \ : \ 먼지의 \ 유출농도(g/m^3) & Vf \ : \ 여과속도(m/sec) \\ t \ : \ 탈락시간(sec) \end{bmatrix}$

② $Q = \pi \cdot D \cdot L \cdot Vf \cdot n$

$\begin{bmatrix} Q \ : \ 배기가스량(m^3/sec) & D \ : \ 직경(m) \\ L \ : \ 유효높이(m) & Vf \ : \ 겉보기 \ 여과속도(m/sec) \\ n \ : \ 백필터 \ 갯수 \end{bmatrix}$

5. 전기 집진장치

① 도이치 앤더슨의 집진효율 계산식

$\eta(\%) = \left(1 - e^{\dfrac{-A \times We}{Q}}\right) \times 100$

$\begin{bmatrix} A \ : \ 단면적(m^2) & We \ : \ 여과속도(m/sec) \\ Q \ : \ 배출가스량(m^3/sec) \end{bmatrix}$

② 집진극의 면적변화 $= \dfrac{LN(1-\eta_2) \times \left(\dfrac{-Q}{we}\right)}{LN(1-\eta_1) \times \left(\dfrac{-Q}{we}\right)}$

③ $\eta(\%) = \left\{1 - \exp^{\left(\dfrac{-2 \times We \times L}{R \times U}\right)}\right\} \times 100$

$\begin{bmatrix} We \ : \ 여과속도(m/sec) & L \ : \ 길이(m) \\ R \ : \ 반경(m) & u \ : \ 유속(m/sec) \end{bmatrix}$

④ $L = \dfrac{u \times S}{We}$

$\begin{array}{ll} L : 길이(m) & We : 겉보기이동속도(m/sec) \\ u : 유속(m/sec) & S : 집진극과 방전극간 거리(m) \end{array}$

6. 집진효율 계산식

① 집진효율(%) $= \left(1 - \dfrac{출구농도 \times 출구유량}{입구농도 \times 입구유량}\right) \times 100$

② $\eta_T = 1 - (1-\eta_1) \times (1-\eta_2)$

$\begin{array}{ll} \eta_T : 총합효율 & \eta_1 : 1차 집진장치의 효율 \\ \eta_2 : 2차 집진장치의 효율 & \end{array}$

③ $\eta_T = 1 - (1-\eta_1) \times (1-\eta_2) \times (1-\eta_3) \times (1-\eta_4)$

④ $\left(1 - \dfrac{C_o}{C_i}\right) = 1 - (1-\eta_1) \times (1-\eta_2) \times (1-\eta_3)$

⑤ 부분집진율(%) $= \left(1 - \dfrac{C_o \times f_o}{C_i \times f_i}\right) \times 100$

$\begin{array}{ll} C_i : 입구농도 & C_o : 출구농도 \\ f_i : 입구의 질량분포 & f_o : 출구의 질량분포 \end{array}$

⑥ 통과율(P) $= \dfrac{C_o \times Q_o}{C_i \times Q_i} \times 100$

7. 소요동력 계산식

① 소요동력 (kW) $= \dfrac{PS \times Q}{102 \times \eta} \times \propto$

② 소요동력 (HP) $= \dfrac{PS \times Q}{75 \times \eta} \times \propto$

$\begin{array}{ll} PS : 총압력손실(mmH_2O) & Q : 배출가스량(Sm^3/sec) \\ \eta : 효율 & \propto : 여유율 \\ 1kW = 102\,kg \cdot m/sec & 1HP = 75\,kg \cdot m/sec \end{array}$

8. 송풍기의 회전속도 법칙(송풍기의 상사법칙)

① 송풍유량(Q) $= Q'\text{m}^3/\text{min} \times \left(\dfrac{r_2}{r_1}\right)^1$

② 유속(V) $= V'\text{m}/\text{min} \times \left(\dfrac{r_2}{r_1}\right)^1$

③ 정압(PS) $= PS'(\text{mmH}_2\text{O}) \times \left(\dfrac{r_2}{r_1}\right)^2$

④ 동력(HP) $= HP' \times \left(\dfrac{r_2}{r_1}\right)^3$

9. 현재값의 농도와 줄여야 할 농도 계산식

① 현재값의 농도(%) $= \dfrac{\text{배출허용기준농도}}{\text{배출농도}} \times 100$

② 줄여야 할 농도(%) $= \left(1 - \dfrac{\text{배출허용기준농도}}{\text{배출농도}}\right) \times 100$

10. 속도압(Vp) 계산식

① 상온상압상태(21℃, 1atm)

속도압(Vp) $= \left(\dfrac{V}{242.2}\right)^2 (\text{mmH}_2\text{O})$

② 표준상태(0℃, 1atm)

속도압(Vp) $= \left(\dfrac{V}{228.5}\right)^2 (\text{mmH}_2\text{O})$

$\big[$ V : 평균유속(m/min)

$V(\text{m}/\text{min}) = \dfrac{Q(\text{m}^3/\text{min})}{A(\text{m}^2)} = \dfrac{Q(\text{m}^3/\text{min})}{\dfrac{\pi D^2}{4}(\text{m}^2)}$

11. 압력손실(ΔP) 계산식

① $\Delta P = F \times Vp = \dfrac{1-Ce^2}{Ce^2} \times Vp$ (mmH$_2$O)

- ΔP : 압력손실(mmH$_2$O)　　　F : 압력손실계수
- Ce : 유입계수　　　　　　　　Vp : 속도압(mmH$_2$O)

② $\Delta P = \lambda \times \dfrac{L}{D} \times \dfrac{r \times V^2}{2 \times g}$ (mmH$_2$O)

③ $\Delta P = 4f \times \dfrac{L}{D} \times \dfrac{r \times V^2}{2 \times g}$ (mmH$_2$O)

④ $\Delta P = f \times \dfrac{L}{D_0} \times \dfrac{r \times V^2}{2 \times g}$ (mmH$_2$O)

여기서 D_0(환산직경) $= \dfrac{단면적}{평균 둘레길이} = \dfrac{a \times b}{\dfrac{2 \times (a+b)}{4}} = \dfrac{2ab}{a+b}$

12. 유량 계산식

유량(Q) = 단면적(A) × 유속(V)

여기서 형상이 원형인 경우의 단면적(A) $= \dfrac{\pi D^2}{4}$ (m^2)

따라서 Q(m^3/sec) $= \dfrac{\pi D^2}{4}$ (m^2) × V(m/sec)

13. 비표면적(SV) $= \dfrac{표면적}{체적} = \dfrac{\pi \times d^2}{\dfrac{\pi}{6} \times d^3} = \dfrac{6}{d}$

14. $R(\%) = 100\exp(-\beta \cdot dp^n)$

- dp : 먼지의 입경　　　β : 입경계수　　　n : 입경지수

15. 상당직경 $= \dfrac{단면적}{평균 둘레길이} = \dfrac{a \times b}{\dfrac{2 \times (a+b)}{4}} = \dfrac{2ab}{a+b}$

16. 집진되는 먼지량(kg)

  = 먼지농도(kg/Sm^3) × 배출가스량(Sm^3/hr) × 가동시간(hr) × $\dfrac{제거율(\%)}{100}$

17. 자주 출제되는 반응식

① $S + O_2 \rightarrow SO_2$
② $S + O_2 \rightarrow SO_2 + CaCO_3 + 0.5O_2 \rightarrow CaSO_4 + CO_2$
③ $S + O_2 \rightarrow SO_2 + CaCO_3 + 0.5O_2 + 2H_2O \rightarrow CaSO_4 \cdot 2H_2O + CO_2$
④ $S + O_2 \rightarrow SO_2 + 2NaOH \rightarrow Na_2SO_3 + H_2O$
⑤ $2HF + Ca(OH)_2 \rightarrow CaF_2 + 2H_2O$
⑥ $2HCl + Ca(OH)_2 \rightarrow CaCl_2 + 2H_2O$
⑦ $2Cl_2 + 2Ca(OH)_2 \rightarrow CaCl_2 + Ca(OCl)_2 + 2H_2O$
⑧ $6NO + 4NH_3 \rightarrow 5N_2 + 6H_2O$
⑨ $6NO_2 + 8NH_3 \rightarrow 7N_2 + 12H_2O$
⑩ $4NO + 4NH_3 + O_2 \rightarrow 4N_2 + 6H_2O$
⑪ $NO_2 + CO \rightarrow NO + CO_2$

04 연소공학

1. 과잉 공기계수(공기비) 계산식

① 배출가스 분석치가 $CO_2\%$, $O_2\%$, $N_2\%$인 경우

$$공기비(m) = \frac{N_2\%}{N_2\% - 3.76 \times O_2\%}$$

② 산소의 농도(%)가 주어진 경우

$$공기비(m) = \frac{21}{21 - O_2\%}$$

③ 이론 공기량(A_o)과 실제공기량(A)이 주어진 경우

$$공기비(m) = \frac{실제공기량(A)}{이론공기량(A_o)}$$

2. 고체 및 액체 연료의 연소계산식

(1) 이론 산소량 및 이론 공기량 계산식(Sm^3/kg)

$$이론 산소량(O_o) = 1.867C + 5.6\left(H - \frac{O}{8}\right) + 0.7S$$

$$이론 공기량(A_o) = \left\{1.867C + 5.6\left(H - \frac{O}{8}\right) + 0.7S\right\} \times \frac{1}{0.21}$$

$$= 8.89C + 26.67\left(H - \frac{O}{8}\right) + 3.33S$$

(2) 가스량 계산식(Sm^3/kg)

① 이론 건연소가스량$(God) = A_o - 5.6H + 0.7O + 0.8N$
② 실제 건연소가스량$(Gd) = mA_o - 5.6H + 0.7O + 0.8N$
③ 이론 습연소가스량$(Gow) = A_o + 5.6H + 0.7O + 0.8N + 1.244W$
④ 실제 습연소가스량$(Gw) = mA_o + 5.6H + 0.7O + 0.8N + 1.244W$

(3) 고체 및 액체연료의 농도 계산식

① SO_2의 농도(%) = $\dfrac{SO_2 량(Sm^3/kg)}{가스량(Sm^3/kg)} \times 100 = \dfrac{0.7 \times S(Sm^3/kg)}{가스량(Sm^3/kg)} \times 100$

② SO_2의 농도(ppm) = $\dfrac{SO_2 량(Sm^3/kg)}{가스량(Sm^3/kg)} \times 10^6 = \dfrac{0.7 \times S(Sm^3/kg)}{가스량(Sm^3/kg)} \times 10^6$

③ CO_2의 농도(%) = $\dfrac{CO_2 량(Sm^3/kg)}{가스량(Sm^3/kg)} \times 100 = \dfrac{1.867 \times C(Sm^3/kg)}{가스량(Sm^3/kg)} \times 100$

④ CO_2의 농도(ppm) = $\dfrac{CO_2 량(Sm^3/kg)}{가스량(Sm^3/kg)} \times 10^6 = \dfrac{1.867 \times C(Sm^3/kg)}{가스량(Sm^3/kg)} \times 10^6$

(4) $CO_2 max$(%) 계산식

① $CO_{2max} = \dfrac{21 \times (CO_2\% + CO\%)}{21 - O_2\% + 0.395 \times CO\%}$

② $CO_{2max} = \dfrac{21 \times CO_2\%}{21 - O_2\%}$

③ $CO_{2max} = \dfrac{1.867\,C}{God} \times 100$

(5) 필요한 공기량(Sm^3/hr) = 공기비(m) × 이론공기량(Sm^3/kg) × 연료량(kg/hr)

3. 기체연료의 연소계산식

(1) 완전연소반응식(Sm^3/Sm^3)

$C_m H_n + \left(m + \dfrac{n}{4}\right) O_2 \rightarrow mCO_2 + \dfrac{n}{2} H_2O$

(2) 이론 산소량 및 이론 공기량 계산식(Sm^3/Sm^3)

① 이론 산소량(O_o) = 반응식에서 산소의 갯수

② 이론 공기량(A_o) = 이론 산소량(Sm^3/Sm^3) × $\dfrac{1}{0.21}$

(3) 가스량 계산식(Sm^3/Sm^3)

① 이론 건연소가스량(God) = $(1 - 0.21) \times A_o + CO_2$량
② 실제 건연소가스량(Gd) = $(m - 0.21) \times A_o + CO_2$량
③ 이론 습연소가스량(Gow) = $(1 - 0.21) \times A_o + CO_2$량 + H_2O량
④ 실제 습연소가스량(Gw) = $(m - 0.21) \times A_o + CO_2$량 + H_2O량

(4) 기체연료의 농도 계산식

① SO_2의 농도(%) = $\dfrac{SO_2 량(Sm^3/Sm^3)}{가스량(Sm^3/Sm^3)} \times 100$

② SO_2의 농도(ppm) = $\dfrac{SO_2 량(Sm^3/Sm^3)}{가스량(Sm^3/Sm^3)} \times 10^6$

③ CO_2의 농도(%) = $\dfrac{CO_2 량(Sm^3/Sm^3)}{가스량(Sm^3/Sm^3)} \times 100$

④ CO_2의 농도(ppm) = $\dfrac{CO_2 량(Sm^3/Sm^3)}{가스량(Sm^3/Sm^3)} \times 10^6$

4. 발열량 계산식

(1) 고체 및 액체 연료의 발열량 계산식

① **저위발열량 계산식**

Hl = Hh $- 600(9H + W)$ (kcal/kg)

② **듀롱(Dulong)식에 의한 고위발열량 계산식**

Hh = $8,100C + 34,000 \left(H - \dfrac{O}{8} \right) + 2,500 S$ (kcal/kg)

```
Hl : 저위발열량(kcal/kg)      Hh : 고위발열량(kcal/kg)
C : 탄소의 함량               O : 산소의 함량
H : 수소의 함량               S : 황의 함량
W : 수분의 함량
```

(2) 기체연료의 저위발열량 계산식

Hl = Hh $- 600 \text{kcal/kg} \times \dfrac{18 \text{kg}}{22.4 \text{Sm}^3} \times H_2O$량 (kcal/$Sm^3$)

= Hh $- 480 \text{kcal/Sm}^3 \times H_2O$량 (kcal/$Sm^3$)

5. Rosin식의 이론 공기량 계산식

$$\text{이론 공기량}(A_o) = 0.85 \times \frac{Hl}{1,000} + 2.0 \, (\text{Sm}^3/\text{kg})$$

6. 반응식 계산식

① 1차 반응식 : $\ln\dfrac{C_t}{C_o} = -k \times t$

② 반감기 사용시 1차 반응식 : $\ln\dfrac{1}{2} = -k \times t$

③ 2차 반응식 : $\dfrac{1}{C_o} - \dfrac{1}{C_t} = -k \times t$

$\begin{bmatrix} C_o : \text{초기농도} & C_t : t\text{시간 후 농도} \\ k : \text{상수} & t : \text{시간} \end{bmatrix}$

7. 공연비 계산식

① 공연비$(\text{AFR} \; ; \; \text{Sm}^3/\text{Sm}^3) = \dfrac{\text{산소갯수} \times 22.4\text{Sm}^3 \times \dfrac{1}{0.21}}{\text{연료갯수} \times 22.4\text{Sm}^3}$

② 공연비$(\text{AFR} \; ; \; \text{kg/kg}) = \dfrac{\text{산소갯수} \times \text{분자량}(\text{kg}) \times \dfrac{1}{0.232}}{\text{연료갯수} \times \text{연료의 분자량}(\text{kg})}$

$= \dfrac{\text{AFR}(\text{Sm}^3/\text{Sm}^3) \times \text{공기의 분자량}(\text{kg})}{\text{연료갯수} \times \text{연료의 분자량}(\text{kg})}$

8. 이론연소온도(℃)

$= \dfrac{\text{저위발열량}(\text{kcal/Sm}^3)}{\text{가스량}(\text{Sm}^3/\text{Sm}^3) \times \text{평균정압비열}(\text{kcal/Sm}^3 \cdot \text{℃})} + \text{기준온도}(\text{℃})$

9. 연소실의 열발생율 계산식

$$\text{열발생율}(\text{kcal/m}^3 \cdot \text{hr}) = \dfrac{\text{저위발열량}(\text{kcal/kg}) \times \text{연료량}(\text{kg/hr})}{\text{연소실 크기}(\text{m}^3)}$$

10. 연료비 계산

$$연료비 = \frac{고정탄소(\%)}{휘발분(\%)}$$

$$고정탄소(\%) = 100\% - (휘발분 + 수분 + 회분)(\%)$$

11. 르샤틀리에 공식

$$\frac{100}{L} = \frac{V_1}{L_1} + \frac{V_2}{L_2} + \frac{V_3}{L_3}$$

$\quad$ L : 폭발범위 $\qquad$ V : 조성비

12. 연소효율(%) $= \dfrac{저위발열량 - 손실열량}{저위발열량} \times 100$

13. 보일러의 열효율(%) $= \dfrac{흡수열량}{연료의\ 발생열량} \times 100(\%)$

14. 자주 출제되는 반응식

① $CH_3OH + 1.5O_2 \rightarrow CO_2 + 2H_2O$

② $CH_4 + 2O_2 \rightarrow CO_2 + 2H_2O$

③ $C_2H_6 + 3.5O_2 \rightarrow 2CO_2 + 3H_2O$

④ $C_3H_8 + 5O_2 \rightarrow 3CO_2 + 4H_2O$

⑤ $C_4H_{10} + 6.5O_2 \rightarrow 4CO_2 + 5H_2O$

⑥ $C_{18}H_{20} + 23O_2 \rightarrow 18CO_2 + 10H_2O$

MEMO

MEMO

#604, Mullaebuk-ro 116, Yeongdeungpo-gu
Seoul, Republic of Korea

T. 02 701 7421
F. 02 3273 9642

Email kuhminsa@kuhminsa.co.kr

자격증 시험 **접수**부터 자격증 **수**령까지

필기원서접수
큐넷 회원 가입 후
(www.q-net.or.kr)
인터넷 접수만 가능
사진 파일, 접수비
(인터넷 결제) 필요
응시자격 요건
반드시 확인할것

필기시험
입실 시간 미준수 시
시험 응시 불가
준비물 : 수험표,
신분증, 필기구 지참

합격여부확인
큐넷 사이트에서 확인
(www.q-net.or.kr)

실기원서접수
큐넷 회원 가입 후
(www.q-net.or.kr)
응시 자격 서류는
**실기시험 접수기간
(4일 내)**에 제출
해야만 접수 가능

합격

한 발 앞서나가는 출판사
구민사에서 시작하세요!

실기시험

필답형과 작업형으로 분류. 원서 접수 시 선택한 장소와 시간에 맞게 시험을 봅니다.
준비물 : 수험표, 신분증, 필기구 지참!

합격여부확인

큐넷 사이트에서 확인 (www.q-net.or.kr)

자격증신청

방문 or 인터넷 신청 가능. 방문 신청 시 신분증, 발급 수수료 지참할 것

자격증수령

방문 or 등기 우편 수령 가능. 등기비용을 추가하면 우편으로 받을 수 있습니다.

무료 동영상 카페 이용방법

STEP 01 무료 동영상을 볼 수 있는 전쌤의 대기환경 필기책을 구입한다

STEP 02 전쌤과 함께하는 네이버 카페에 가입한다

STEP 03 카페에서 도서인증 후 무료 동영상을 마음껏 시청한다

STEP 04 궁금한 점은 네이버 카페를 통해 질의응답 한다

cafe.naver.com/makels

DAY · PLAN

100
100 DAY PLAN

D-70

대기오염방지기술

- STEP 01 동영상강의 듣기
- STEP 02 교재내용 복습
- STEP 03 교재의 예제문제 풀이

D-20

이론 중요내용 정리

- STEP 01 교재의 과목별 중요내용 확인
- STEP 02 교재의 별표 암기
- STEP 03 공식 및 예제문제 정리

D-100 대기환경관리

STEP 01　동영상강의 듣기
STEP 02　교재내용 복습
STEP 03　교재의 예제문제 풀이

D-80 대기오염공정시험기준

STEP 01　동영상강의 듣기
STEP 02　교재내용 복습
STEP 03　교재의 예제문제 풀이

D-60 실전문제(과년도 기출문제)

STEP 01　동영상강의 듣기
STEP 02　교재내용 복습
STEP 03　문제 풀이 후 틀린 문제 체크

D-40 실전문제(CBT 복원문제)

STEP 01　동영상강의 듣기
STEP 02　교재내용 복습
STEP 03　문제 풀이 후 틀린 문제 체크

D-10 실전문제 정리

STEP 01　실전문제 중 틀린 문제 다시 풀이
STEP 02　실전문제 풀이 후 틀린 문제 체크
STEP 03　간략하게 정오노트 만들어 틀린 문제 이해하기

D-5 최종 정리

STEP 01　기출문제 풀이 중 최종 틀린문제 다시 확인(2회 반복)
STEP 02　교재의 "별표 3 ~ 2개" 내용 다시 확인
STEP 03　핸드북으로 전체 내용 정리
　　　　　시험 당일 아침 [핸드북] 지참 잊지마세요!!

PREFACE

현재 전 세계의 모든 국가들이 기후변화에 의한 자연 재해에 직면하고 있습니다. 온실가스 배출을 줄이는 일, 탄소 배출을 줄이는 일, 대기오염물질의 발생을 줄이고 억제하는 일 등의 업무를 담당할 대기환경산업기사 자격증을 소지한 전문 인력 수요는 경제가 발전할수록 지속적으로 증가할 것으로 전망되며, 장기적인 관점에서 볼 때 가장 많이 필요로 하고 꾸준히 각광을 받을 것으로 예상되는 직종이라 생각됩니다. 이에 도서출판 구민사와 저자는 보다 쉽고 빠르게 누구나 합격할 수 있도록 대기환경산업기사 수험서를 만드는데 온갖 열정과 경험을 쏟아부어 이번에 새롭게 출간하게 되었습니다.

대기환경산업기사 필기 수험서의 구성을 살펴보면 크게 핵심 이론편과 실전문제편으로 나누어 집니다. 먼저, 핵심 이론편의 특징을 살펴보면 다음과 같습니다. 각 과목마다 자격증 시험에서 가장 많이 출제되는 이론을 중심으로 구성되었으며, 그중에서도 특히 중요한 이론에는 별표를 사용해 중요도 및 출제 빈도를 표시해 두었으며, 핵심 이론이 문제로 출제되는 경향을 파악하기 위해서 예제 문제를 통해 이론내용을 한 번 더 정리하고 실전문제에 충분히 대비할 수 있도록 하였습니다.

실전문제편의 특징을 살펴보면 다음과 같습니다.
과년도 기출문제에서 이론문제는 정답을 쉽게 찾을 수 있도록 풀이를 아주 상세히 설명해 두었고, 답이 되어야 하는 이유 등 구체적인 설명이 필요한 문제에는 (Tip)을 통해서 풀이에서 설명하지 못한 내용을 한 번 더 설명함으로써 문제를 풀이하는데 아주 쉽게 이해가 될 수 있도록 하였습니다. 계산문제의 풀이는 기본적인 공식과 각 용어설명은 물론이고 단위 환산에 대한 내용까지 (Tip)을 통해 한 번 더 설명하여 혼자서도 충분히 내용을 이해하면서 쉽게 공부를 할 수 있도록 교재를 만드는데 중점을 두었습니다.

이번에 출간하는 대기환경산업기사 필기 수험서는 기존의 이론을 중심으로 구성되어 있는 기본 수험서와 기출문제를 중심으로 구성되어 있는 과년도 수험서에서 채워줄 수 없는 내용이나 과년도 문제를 한 권의 교재로 정리하여, 이론 내용에 집중하는 수험생과 과년도 문제에 집중하는 수험생 모두의 요구에 부합되도록 하이브리드 원리를 적용한 신개념의 수험서가 될 것이라 확신합니다.

20년 이상 환경분야 강의 경험과 강의 노하우를 가진 저자와 수험서 분야 최정상의 도서출판 구민사가 다시 한 번 뜻을 모아 야심차게 출간한 대기환경산업기사 이 한 권의 수험서가 수험생 여러분에게 공부 방향의 기준을 제시함은 물론이고, 핵심 이론편과 과년도 문제편의 결합으로 이해도를 높이고, 개념 정리를 쉽게 할 수 있도록 하여 대기환경산업기사 자격증 공부에 신바람을 불어 넣어 드릴 것입니다.

저자와 출판사는 항상 노력하는 자세로 여러분께 다가가 누구나 쉽게 이해하면서 공부할 수 있는 개개인의 수험생이 만족할 수 있는 환경수험서가 되도록 항상 최선의 노력을 다하고 있습니다.

마지막으로 이 책의 출판을 위해 적극적으로 도움 주신 도서출판 구민사 조규백 대표님과 직원 여러분께 깊은 감사를 드립니다.

저자 올림

CONTENTS

PART 01 대기환경관리

제1장 대기오염 개요 • 3
    1. 대기오염의 역사적 사건 • 3
    2. 대기오염물질의 종류와 특성 • 8
    3. 실내오염물질 • 14
    4. 가스상 물질 • 18
    5. 중금속 물질 • 37

제2장 광화학 오염 • 41
    1. 오염물질의 종류 • 41
    2. 광화학반응 • 42
    3. 광화학오염물질 • 46

제3장 오염물질의 배출원 및 대기오염현상 • 50
    1. 대기오염물질의 배출원 • 50
    2. 대기오염 현상 • 52
    3. 국제협약 • 57

제4장 자동차 • 60
    1. 자동차 배출물질의 특징 • 60
    2. 디젤기관의 특징 • 61
    3. 가솔린기관의 특징 • 62
    4. 가솔린엔진과 디젤엔진의 비교 • 62
    5. 메탄올 자동차의 특징 • 63
    6. DME(Dimethyl Ether)연료 • 63
    7. 공연비(AFR) • 64

제5장 대기의 특성과 대기권의 분류 • 66
    1. 대기의 성분 • 66
    2. 대기의 구조 • 67
    3. 대기권의 분류 • 68

제6장 바람 • 76
    1. 바람 • 76
    2. 바람의 종류 • 78
    3. 국지풍의 종류 • 80

제7장 대기의 안정도 • 84
    1. 대기의 안정도 • 84
    2. 기온구배 • 85
    3. 온위(Potential Temperature) • 85
    4. 파스킬(Pasguill)의 대기안정도 • 86
    5. 난류 : 저공층에서 부는 불규칙한 바람 • 86
    6. 리챠든슨 수(Ri : Richardson Number) • 87
    7. Wind shear(바람쏠림) • 88
    8. 바람장미(Wind rose)=풍배도=풍화도 • 89
    9. 고도에 따른 풍속변화 • 90
    10. 혼합고 • 91
    11. 기온역전 • 92
    12. 대기의 안정도에 따른 연기의 모양 • 96

제8장 대기의 확산 • 101
    1. 유효굴뚝높이 • 101
    2. 통풍력 • 106
    3. 확산모델의 종류 • 108
    4. 대기분산모델의 종류 • 117

제9장 용어(현상) 및 법칙 • 121
    1. 알베도 • 121
    2. 미산란 • 121
    3. 비인의 변위법칙 • 122
    4. 태양복사의 산란 • 122
    5. 태양상수 • 123
    6. 라니냐(Lanina) 현상 • 124
    7. 엘리뇨(Elnino) 현상 • 124
    8. 복사(대기의 열역학) • 125
    9. 플랑크 방정식 • 125
    10. 스테판 볼츠만 법칙 • 126

PART 02 대기오염공정시험기준

제1장 총칙 • 129
1. 개요 • 129
2. 정도보정/정도관리 • 131

제2장 일반시험방법 • 133
1. 화학분석 일반사항 • 133
2. 기체크로마토그래피 (General Rules for Gas Chromatography) • 142
3. 자외선/가시선 분광법 (Ultraviolet-Visible Spectrometry) • 153
4. 원자흡수분광광도법 (Atomic Absorption Spectrophotometry) • 159
5. 비분산 적외선 분광분석법 (NonDispersive Infrared Photometer Analysis) • 164
6. 이온크로마토그래피 (Ion Chromatography) • 168
7. 흡광차분광법 (Differential Optical Absorption Spectroscopy : DOAS) • 172
8. 고성능 액체크로마토그래피 (High Performance Liquid Chromatography) • 173

제3장 배출허용기준시험방법 • 175

제1절 시료채취방법 • 175
1. 배출가스 중 가스상물질 시료채취방법 • 175
2. 배출가스 중 휘발성유기화합물질(VOCs) 시료채취방법 • 182

제2절 배출가스 중 무기물질의 측정법 • 185
1. 배출가스 중 먼지 • 185
2. 비산먼지 • 196
3. 배출가스 중 암모니아 • 199
4. 배출가스 중 일산화탄소 • 202
5. 배출가스 중 염화수소 • 204
6. 배출가스 중 염소 • 206
7. 배출가스 중 황산화물 • 209
8. 배출가스 중 질소산화물 • 214
9. 배출가스 중 이황화탄소(CS_2) • 218
10. 배출가스 중 황화수소 • 220
11. 배출가스 중 플루오린화합물 • 223
12. 배출가스 중 사이안화수소 • 226
13. 배출가스 중 매연 • 227
14. 배출가스 중 산소측정방법 • 230
15. 철강공장의 아크로와 연결된 개방형 여과집진시설의 먼지 • 232
16. 유류 중 황함유량 분석방법 • 234

제3절 배출가스 중금속화합물 • 236
    1. 금속화합물 • 236
    2. 배출가스 중 비소화합물 • 238
    3. 배출가스 중 카드뮴화합물 • 242
    4. 배출가스 중 납화합물 • 242
    5. 배출가스 중 크로뮴화합물 • 243
    6. 배출가스 중 구리화합물 • 244
    7. 배출가스 중 니켈화합물 • 244
    8. 배출가스 중 아연화합물 • 245
    9. 배출가스 중 수은화합물 • 246
    10. 배출가스 중 베릴륨화합물 • 247

제4절 배출가스 중 휘발성유기화합물 측정방법 • 248
    1. 배출가스 중 폼알데하이드 및 알데하이드류 • 248
    2. 배출가스 중 브로민화합물 • 250
    3. 배출가스 중 페놀화합물 • 252
    4. 배출가스 중 벤젠-기체크로마토그래피법 • 254
    5. 배출가스 중 총탄화수소 • 255
    6. 휘발성 유기화합물질 (Volatile Organic Compound : VOC_S) 누출확인방법 • 257

제5절 굴뚝배출가스 중의 오염물질 연속자동측정방법 • 260
    1. 굴뚝연속자동측정기기 먼지 • 260
    2. 굴뚝연속자동측정기기 이산화황 • 261
    3. 굴뚝연속자동측정기기 질소산화물 • 265

제4장 환경기준시험방법 • 268

제1절 환경대기 중 시료채취방법 • 268
    1. 적용범위 • 268
    2. 시료채취를 위한 일반사항 • 268
    3. 정가스상 물질의 시료 채취방법 • 272

제2절 환경대기 중 무기물질 측정법 • 275
    1. 환경대기 중 아황산가스 측정방법 • 275
    2. 환경대기 중 일산화탄소 측정법 • 277
    3. 환경대기 중 질소산화물 측정방법 • 279
    4. 환경대기 중 먼지 측정방법 • 280
    5. 환경대기 중 옥시단트 측정방법 • 283
    6. 환경대기 중 탄화수소 측정법 • 284
    7. 환경대기 중의 석면측정용 현미경법 • 288

제3절 환경대기 중 휘발성유기화합질 측정방법 • 292
    1. 환경대기 중 벤조(a)피렌 시험방법 • 292
    2. 환경대기 중 다환방향족탄화수소류(PAHs)-기체크로마토그래피/질량 분석법 • 292
    3. 환경대기 중 알데하이드류-고성능액체크로마토그래피법 • 293

CONTENTS

PART 03 대기오염방지기술

제1장 집진 • 297
    1. 입자상 물질 • 297
    2. 먼지의 입경 • 298
    3. 먼지입자 측정방법 • 299
    4. 먼지의 입경분포 대표값의 크기순서 • 300
    5. 비표면적(단위 체적당 표면적) • 300
    6. 먼지의 입경분포 • 301

제2장 집진장치 • 303
    1. 중력집진장치 • 303
    2. 관성력 집진장치 • 311
    3. 원심력 집진장치 • 312
    4. 흡수장치 및 세정집진장치 • 319
    5. 여과집진장치 • 339
    6. 전기집진장치 • 345
    7. 집진장치에서 집진효율 계산식 • 356

제3장 유해가스 처리법 • 360
    1. 황산화물(SO_X)처리법 • 360
    2. 질소산화물(NO_X)의 처리법 • 367
    3. 불화수소(플루오린화수소산)(HF) 처리법 • 372
    4. 기타 가스상 물질의 처리반응식 • 373
    5. 배출가스와 처리방법 정리 • 374

제4장 흡착법과 연소법 및 악취물질 • 378
    1. 흡착법 • 378
    2. 연소법과 산화법 • 384
    3. 악취(냄새) 유발물질 • 387

제5장 환기법 • 391
    1. 유체역학의 기초 • 391
    2. 후드 및 덕트 • 398
    3. 송풍기 • 401
    4. 기타내용 • 406

PART 04 실전문제[과년도 기출문제]

2012
1회(2012년 3월 4일 시행) • 409
2회(2012년 5월 20일 시행) • 423
4회(2012년 9월 15 시행) • 438

2013
1회(2013년 3월 10일 시행) • 452
2회(2013년 6월 2일 시행) • 466
4회(2013년 9월 28 시행) • 482

2014
1회(2014년 3월 2일 시행) • 498
2회(2014년 5월 25일 시행) • 512
4회(2014년 9월 20일 시행) • 526

2015
1회(2015년 3월 8일 시행) • 541
2회(2015년 5월 31일 시행) • 556
4회(2015년 9월 19일 시행) • 572

2016
1회(2016년 3월 6일 시행) • 586
2회(2016년 5월 8일 시행) • 600
4회(2016년 10월 1일 시행) • 613

2017
1회(2017년 3월 5일 시행) • 627
2회(2017년 5월 7일 시행) • 641
4회(2017년 9월 23일 시행) • 654

2018
1회(2018년 3월 4일 시행) • 667
2회(2018년 4월 28일 시행) • 683
4회(2018년 9월 15일 시행) • 698

2019
1회(2019년 3월 3일 시행) • 714
2회(2019년 4월 27일 시행) • 730
4회(2019년 9월 21일 시행) • 745

2020
1·2회(2020년 6월 13일 시행)• 761
3회(2020년 8월 23일 시행) • 776

CBT
모의고사 • 791

PART 04 실전문제[CBT 복원문제]

2021
1회 CBT 복원문제 • 805
4회 CBT 복원문제 • 818

2022
1회 CBT 복원문제 • 831
4회 CBT 복원문제 • 844

2023
1회 CBT 복원문제 • 856
4회 CBT 복원문제 • 868

2024
1회 CBT 복원문제 • 881
3회 CBT 복원문제 • 893

2025
1회 CBT 복원문제 • 905
3회 CBT 복원문제 • 917

INSTRUCTION MANUAL

이 책의 **사용설명서**

✦ INSTRUCTION MANUAL ✦

01 핵심 이론 및 예제 문제 수록

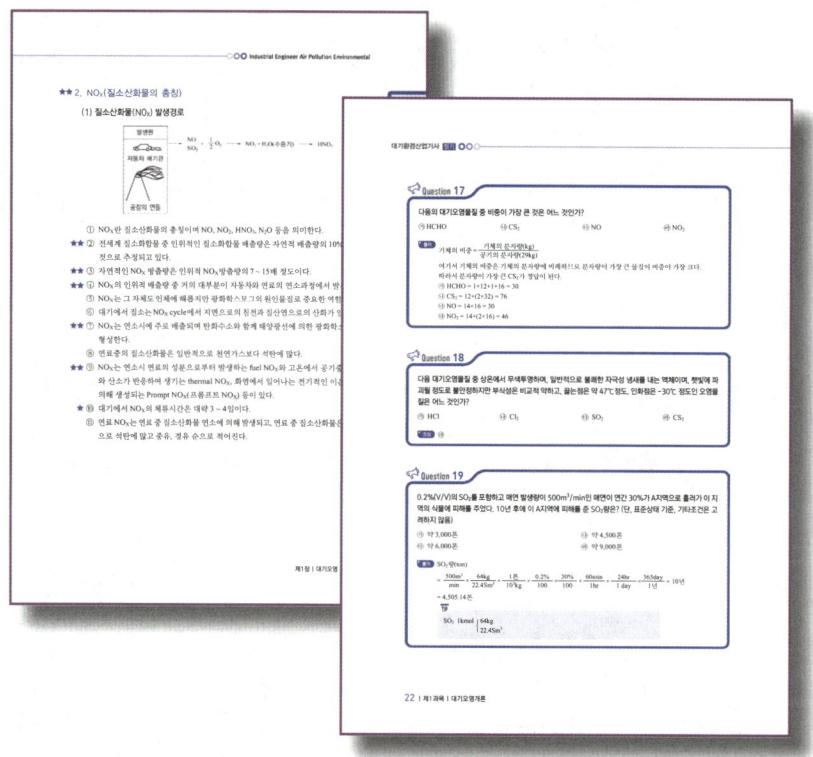

각 과목마다 시험에서 가장 많이 출제되는 이론을 중심으로 구성되어 있으며, 내용의 중요도에 따라(★★★) 표시해 출제 빈도를 파악할 수 있게 하였습니다. 이론에 따른 예제 문제를 통해서 한 번 더 정리하고 실전문제에 충분히 대비할 수 있도록 하였습니다.

02 스스로 학습을 위한 풀이와 Tip

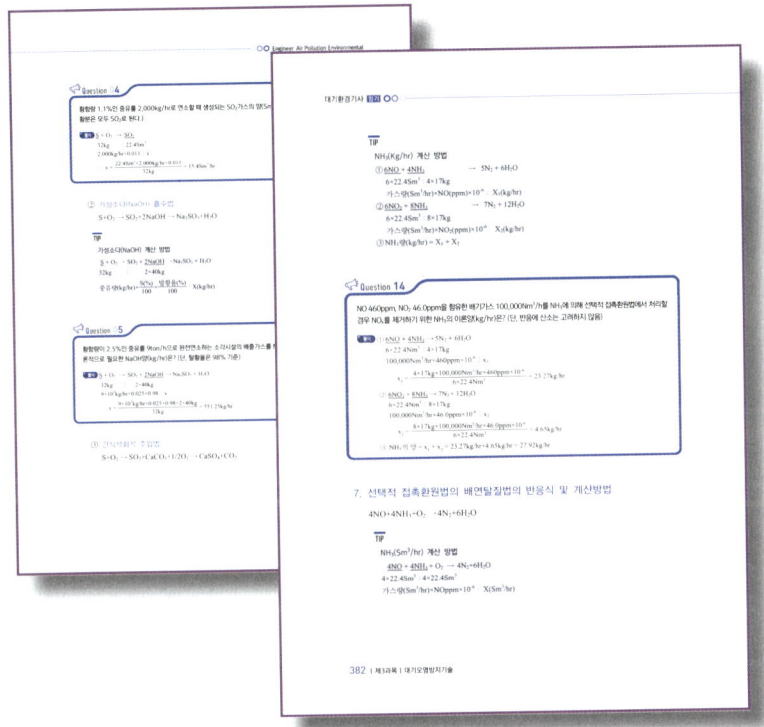

계산문제나 중요 문제는 풀이 및 Tip을 이용해 공식 및 개념을 정리할 수 있도록 하였습니다. 기본적인 공식과 각 용어설명은 물론이고 단위 환산에 대한 내용까지 Tip을 통해 한 번 더 설명을 하여 혼자서도 충분히 내용을 이해하면서 쉽게 공부를 할 수 있도록 교재를 만드는 데 중점을 두었습니다.

03 과년도 기출문제 & CBT 복원문제

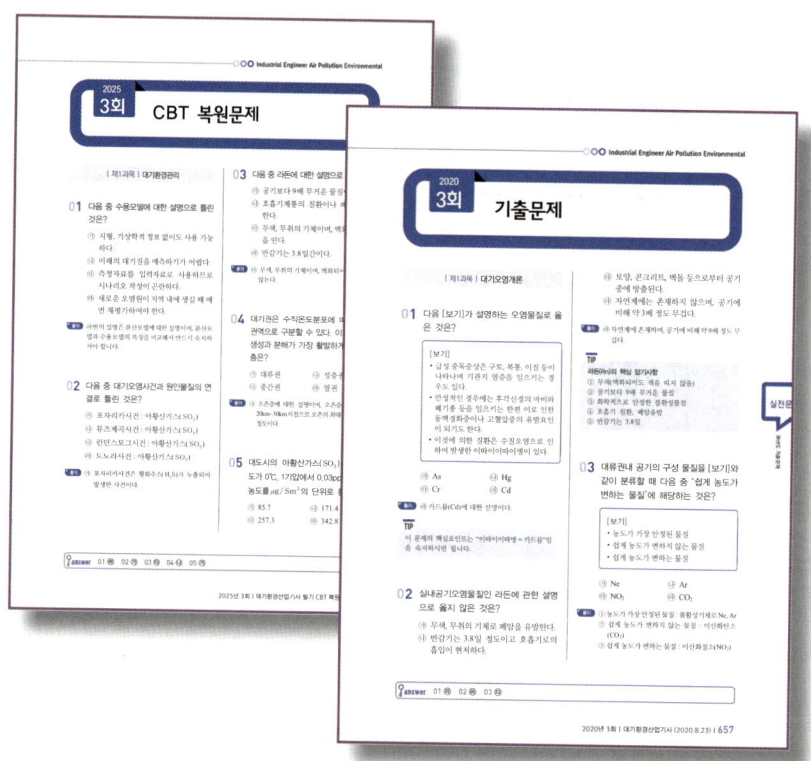

과년도 기출문제와 최신 복원문제를 통해 실전시험에 충분히 대비할 수 있도록 하였습니다.

대기환경산업기사 출제기준

직무 분야	환경·에너지	중직무 분야	환경	자격 종목	대기환경 산업기사	적용 기간	2026.01.01. ~ 2030.12.31

직무내용 : 대기오염으로 인한 국민건강이나 환경에 관한 위해를 예방하기 위해 대기환경관리 계획수립, 시설인·허가 및 관리, 실내공기질 관리, 악취관리, 이동오염원 관리, 측정분석·평가를 통해 대기환경을 적정하고 지속가능하도록 관리·보전하는 직무이다.

필기검정방법	객관식	문제수	60	시험시간	1시간 30분

필기과목명	문제수	주요항목	세부항목
대기환경관리	20	1. 대기오염개론	1. 대기오염의 특성 2. 대기오염의 현황 3. 광화학오염
		2. 대기오염의 영향 및 대책	1. 대기오염의 영향 2. 대기오염대책 3. 오존층파괴 4. 산성비 5. 미세먼지
		3. 대기환경관련 법규	1. 대기환경보전법령 2. 환경정책기본법령 3. 기타법령

필기과목명	문제수	주요항목	세부항목
대기오염 방지기술	20	1. 방지시설 설치·운전관리	1. 집진설비 2. 유해가스 처리설비
		2. 악취관리	1. 악취특성
		3. 실내공기질 관리	1. 실내공기오염물질 2. 환기 3. 통풍
		4. 이동오염원 관리	1. 저감기술 및 저감장치
		5. 연소	1. 연소이론
			2. 연료의 종류 및 특성

필기과목명	문제수	주요항목	세부항목
대기오염공정 시험기준	20	1. 대기오염물질 측정분석	1. 총칙
			2. 시료 채취
			3. 측정방법

※ 출제기준의 세세항목은 한국산업인력공단 홈페이지(http://www.q-net.or.kr/) 자료실에서 확인하실 수 있습니다.

대기환경산업기사 기본정보

개요

경제의 고도성장과 산업화를 추진하는 과정에서 필연적으로 수반되는 오존층과, 온난화, 산성비 문제 등 대기오염이라는 심각한 문제를 일으키고 있다. 이러한 대기오염으로부터 자연환경 및 생활환경을 관리·보전하여 쾌적한 환경에서 생활할 수 있도록 대기 환경 분야에 전문기술인 양성이 시급해짐에 따라 자격제도 제정

실시기관 홈페이지

http://www.q-net.or.kr

실시기관명

한국산업인력공단

진로 및 전망

정부의 환경공무원, 환경관리공단, 연구소, 학계 및 환경플랜트회사, 환경오염방지 설계 및 시공회사, 환경시설 전문관리인 등으로 진출할 수 있다. - 대기오염물질 배출량 현황(1997년 환경부자료)을 보면 자동차가 대기오염물질을 가장 많이 배출하고 이밖에 산업, 발전, 선박 및 기타, 난방 순으로 나타나고 있다. 이에 정부는 저황유 사용지역 확대, 청정연료 사용지역 확대, 지하생활공간 공기질관리, 시도지사의 대기오염 상시측정 의무화, 대기환경기준강화, 예시 배출 허용기준 적용, 대기환경 규제지역내 휘발성유기화합물질의 규제 추진, 대기환경 규제지역내 자동차 정기검사 강화 등 대기오염에 대한 관리를 강화할 계획이어서 이에 대한 인력수 요가 증가할 것이다.

◆ 대기환경산업기사 시험정보 안내 ◆

수수료
필기 : 19400원 / – 실기 : 20800원

출제경향
– 필기시험의 내용은 고객만족〉자료실의 출제기준을 참고바랍니다. – 실기시험은 필답형으로 시행되며 고객만족〉자료실의 출제기준을 참고바랍니다.

출제기준
2020년부터는 대기환경산업기사 출제기준 파일을 참고하시기 바랍니다. 한국산업인력공단 홈페이지에서 메뉴상단 고객지원–자료실–출제기준에서도 보실 수 있습니다.

수수료	
시행처	한국산업인력공단
관련학과	대학이나 전문대학의 대기과학, 대기환경공학 관련학과
시험과목	– 필기 : 1. 대기오염개론 2. 대기오염 공정시험 기준(방법) 3. 대기오염방지기술 – 실기 : 대기오염방지 실무
검정방법	– 필기 : 객관식 4지 택일형 과목당 20문항(과목당 30분) – 실기 : 필답형(2시간30분)
합격기준	– 필기 : 100점을 만점으로 하여 과목당 40점 이상, 전과목 평균 60점 이상 – 실기 : 100점을 만점으로 하여 60점 이상

대기환경산업기사 검정현황

종목명	연도	필기			실기		
		응시	합격	합격률(%)	응시	합격	합격률(%)
대기환경산업기사	2024	1,327	398	30%	636	247	38.8%
대기환경산업기사	2023	1,741	495	28.4%	749	214	27%
대기환경산업기사	2022	2,073	530	25.6%	837	263	31.4%
대기환경산업기사	2021	2,461	747	30.4%	941	416	44.2%
대기환경산업기사	2020	1,894	549	29%	672	297	44.2%
대기환경산업기사	2019	1,859	377	20.3%	455	277	60.9%
대기환경산업기사	2018	1,647	445	27%	539	297	55.1%
대기환경산업기사	2017	1,741	505	29%	510	236	46.3%
대기환경산업기사	2016	1,614	404	25%	412	282	68.4%
대기환경산업기사	2015	1,653	451	27.3%	537	298	55.5%
대기환경산업기사	2014	1,566	329	21%	380	201	52.9%

◆ 대기기사(산업) 계산 공식 ◆

1. 먼지에서 가시거리 계산식

- $V = \dfrac{10^3 \cdot A}{G}$

  $\begin{bmatrix} V : 가시거리(km 또는 m) \\ A : 상수(1.2 \sim 1.4) \\ G : 농도(\mu g/m^3 \text{ 또는 } mg/m^3) \end{bmatrix}$

- $V = \dfrac{5.2 \times \rho \times r}{K \times C}$

  $\begin{bmatrix} V : 가시거리(m) \\ C : 농도(g/m^3) \\ r : 반지름(\mu m) \end{bmatrix}$ $\quad K : 상수(분산면적비)$
  $\quad \rho : 먼지밀도(g/cm^3)$

2. 스튼(Sutton)의 식

$U_2 = U_1 \times \left(\dfrac{H_2}{H_1}\right)^n$

$\begin{bmatrix} U_2 : H_2 \text{ 고도에서의 풍속(m/sec)} \\ U_1 : H_1 \text{ 고도에서의 풍속(m/sec)} \\ H_1, H_2 : 고도(m) \\ n : 대기안정도 상수 \begin{cases} \text{매우 안정 } 0.5 \\ \text{불안정, 중립 } 0.25 \\ \text{매우 불안정 } 0.2 \end{cases} \end{bmatrix}$

3. 데칸(Deacon)의 식

$U_2 = U_1 \times \left(\dfrac{H_2}{H_1}\right)^P$

$\begin{bmatrix} U_2 : H_2 \text{ 고도에서의 풍속(m/sec)} \\ U_1 : H_1 \text{ 고도에서의 풍속(m/sec)} \\ H_1, H_2 : 고도(m) \\ P : 매개변수 \end{bmatrix}$

4. △H(연기의 상승고) 계산식

$$\triangle H = 1.5 \times \left(\frac{V_s}{u}\right) \times D$$

$\left[\begin{array}{ll} \triangle H : \text{연기의 상승고(m)} & V_s : \text{배출가스 속도(m/sec)} \\ u : \text{풍속(m/sec)} & D : \text{직경(m)} \end{array}\right.$

5. 가우시안 확산모델의 계산식

$$C(X, 0, 0) = \frac{Q}{\pi u \sigma_y \sigma_z} \exp\left[-\left(\frac{He^2}{2\sigma_z^2}\right)\right]$$

$\left[\begin{array}{ll} C : \text{농도(mg/m}^3\text{)} & Q : \text{오염물질배출량(mg/sec)} \\ \sigma_y : \text{수평방향의 표준편차(m)} & \sigma_z : \text{수직방향의 표준편차(m)} \\ u : \text{풍속(m/sec)} & He : \text{유효굴뚝높이(m)} \end{array}\right.$

6. 필수암기 공식

- $Vg = \dfrac{d^2(\rho_s-\rho)g}{18\mu}$

  $\begin{bmatrix} Vg : \text{침강속도(m/sec)} & d : \text{직경(m)} & \rho_s : \text{입자의 밀도(kg/m}^3\text{)} \\ \rho : \text{가스의 밀도(kg/m}^3\text{)} & \mu : \text{점성도(kg/m·sec)} & \end{bmatrix}$

- $Re = \dfrac{D \times V \times \rho}{\mu} = \dfrac{D \times V}{\nu}$

  $\begin{bmatrix} Re : \text{레이놀드수} & D : \text{관경(m)} & V : \text{유속(m/sec)} \\ \rho : \text{밀도(kg/m}^3\text{)} & \mu : \text{점성도(kg/m·sec)} & \nu : \text{동점도(m}^2\text{/sec)} \end{bmatrix}$

- $S = \dfrac{\text{원심력의 분리속도}}{\text{중력의 침강속도}} = \dfrac{\dfrac{d^2(\rho_s-\rho)V^2}{18\mu R}}{\dfrac{d^2(\rho_s-\rho)g}{18\mu}} = \dfrac{V^2}{Rg}$

  $\begin{bmatrix} S : \text{분리계수} & d : \text{입자의 직경(m)} & \rho_s : \text{입자의 밀도(kg/m}^3\text{)} \\ \rho : \text{가스의 밀도(kg/m}^3\text{)} & V : \text{유속(m/sec)} & R : \text{반경(m)} \quad \mu : \text{점성도(kg/m·sec)} \end{bmatrix}$

- $d_{p50} = \sqrt{\dfrac{9 \cdot \mu \cdot B}{2 \cdot \pi \cdot V \cdot (\rho_s-\rho) \cdot N}} \times 10^6 (\mu m)$

  $\begin{bmatrix} d_{p50} : 50\% \text{ 제거입경 = 절단입경(cut size)} & \mu : \text{점성도(kg/m·sec)} \\ B : \text{폭(m)} & V : \text{유속(m/sec)} & \rho_s : \text{입자의 밀도(kg/m}^3\text{)} \\ \rho : \text{가스의 밀도(kg/m}^3\text{)} & N : \text{회전수} \end{bmatrix}$

- $H = HOG \times NOG = \ln\left(\dfrac{1}{1-\dfrac{\eta(\%)}{100}}\right) \times HOG$

  $\begin{bmatrix} H : \text{충전탑(흡수탑)의 높이(m)} & NOG : \text{총괄이동단위수} \\ HOG : \text{총괄이동단위높이(m)} & \eta : \text{처리효율(\%)} \end{bmatrix}$

- $NOG = \ln\left(\dfrac{1}{1-\dfrac{\eta(\%)}{100}}\right)$

7. 벤츄리스크러버(Venturi Scrubber)의 공식

$$n\left(\frac{dm}{Dt}\right)^2 = \frac{Vt \cdot L}{100\sqrt{P}}$$

$\begin{bmatrix} n : \text{노즐갯수} & dm : \text{노즐직경(m)} & Dt : \text{throat의 직경(m)} \\ Vt : \text{유속(m/sec)} & L : \text{액기비(L/m}^3\text{)} & P : \text{수압(mmH}_2\text{O)} \end{bmatrix}$

8. 백필터 개수 구하는 공식

$Q = \pi \cdot D \cdot L \cdot n \cdot Vf$

$n = \dfrac{Q}{\pi \cdot D \cdot L \cdot Vf}$

$\begin{bmatrix} Q : \text{가스량(m}^3\text{/sec)} & D : \text{관의 직경(m)} & L : \text{길이 또는 유효높이(m)} \\ n : \text{백의 개수} & Vf : \text{겉보기 여과속도(m/sec)} \end{bmatrix}$

9. Deutsch-Anderson식

$$\eta = \left\{1-\exp\frac{-A \times We}{Q}\right\} \times 100(\%)$$

- η : 제거효율(%)
- We : 겉보기 여과속도(m/sec)
- A : 단면적(m^2)
- Q : 가스량(m^3/sec)

10. 압력손실 계산

- $\triangle P = F \times H (= Vp)$

  - F : 압력손실계수
  - H : 동압(mmH$_2$O)
  - Vp : 속도압(mmH$_2$O)

- $F \doteq \dfrac{1-Ce^2}{Ce^2}$

- $H = \dfrac{rv^2}{2g}$

  - Ce : 유입계수
  - r : 공기의 밀도(kg/m^3)
  - v : 유속(m/sec)
  - g : 중력가속도(9.8m/sec^2)

- $\triangle P = \lambda \times \dfrac{L}{D} \times \dfrac{rv^2}{2g}$

  - $\triangle P$: 압력손실(mmH$_2$O)
  - λ : 관마찰계수(0.02)
  - D : 관의 직경(m)
  - L : 관의 길이(m)
  - r : 공기의 밀도(kg/m^3)
  - v : 유속(m/sec)
  - g : 중력가속도(9.8m/sec^2)

- $V(m/sec) = \dfrac{Q}{A} = \dfrac{Q(m^3/sec)}{\dfrac{\pi D^2}{4}(m^2)}$

11. 송풍기의 소요동력

- $kW = \dfrac{Ps \times Q}{102 \times \eta} \times \alpha$

- $Hp = \dfrac{Ps \times Q}{75 \times \eta} \times \alpha$

$$\begin{array}{l} Ps : 전압력손실(mmH_2O) \quad Q : 가스량(m^3/sec) \quad \eta : 효율 \quad \alpha : 여유율 \\ 1kW = 102kg \cdot m/sec, \ 1Hp = 76kg \cdot m/sec, \ 1Ps = 75kg \cdot m/sec \end{array}$$

원소주기율표

1	2											13	14	15	16	17	18
1 H 수소																	2 He 헬륨
3 Li 리튬	4 Be 베릴륨											5 B 붕소	6 C 탄소	7 N 질소	8 O 산소	9 F 플루오린	10 Ne 네온
11 Na 나트륨	12 Mg 마그네슘											13 Al 알루미늄	14 Si 규소	15 P 인	16 S 황	17 Cl 염소	18 Ar 아르곤
19 K 칼륨	20 Ca 칼슘	21 Sc 스칸듐	22 Ti 타이타늄	23 V 바나듐	24 Cr 크로뮴	25 Mn 망가니즈	26 Fe 철	27 Co 코발트	28 Ni 니켈	29 Cu 구리	30 Zn 아연	31 Ga 갈륨	32 Ge 저마늄	33 As 비소	34 Se 셀레늄	35 Br 브로민	36 Kr 크립톤
37 Rb 루비듐	38 Sr 스트론튬	39 Y 이트륨	40 Zr 지르코늄	41 Nb 나이오븀	42 Mo 몰리브덴	43 Tc 테크네튬	44 Ru 루테늄	45 Rh 로듐	46 Pd 팔라듐	47 Ag 은	48 Cd 카드뮴	49 In 인듐	50 Sn 주석	51 Sb 안티몬	52 Te 텔루륨	53 I 아이오딘	54 Xe 제논
55 Cs 세슘	56 Ba 바륨	57 La 란타넘	72 Hf 하프늄	73 Ta 탄탈	74 W 텅스텐	75 Re 레늄	76 Os 오스뮴	77 Ir 이리듐	78 Pt 백금	79 Au 금	80 Hg 수은	81 Tl 탈륨	82 Pb 납	83 Bi 비스무트	84 Po 폴로늄	85 At 아스타틴	86 Rn 라돈
87 Fr 프랑슘	88 Ra 라듐	89 Ac 악티늄	104 Rf 러더포듐	105 Db 더브늄	106 Sg 시보귬	107 Bh 보륨	108 Hs 하슘	109 Mt 마이트너륨	110 Ds 다름슈타튬	111 Rg 뢴트게늄							

란타넘족

| 58 Ce 세륨 | 59 Pr 프라세오디뮴 | 60 Nd 네오디뮴 | 61 Pm 프로메튬 | 62 Sm 사마륨 | 63 Eu 유로퓸 | 64 Gd 가돌리늄 | 65 Tb 테르븀 | 66 Dy 디스프로슘 | 67 Ho 홀뮴 | 68 Er 에르븀 | 69 Tm 툴륨 | 70 Yb 이터븀 | 71 Lu 루테튬 |

악티늄족

| 90 Th 토륨 | 91 Pa 프로트악티늄 | 92 U 우라늄 | 93 Np 넵투늄 | 94 Pu 플루토늄 | 95 Am 아메리슘 | 96 Cm 퀴륨 | 97 Bk 버클륨 | 98 Cf 캘리포늄 | 99 Es 아인슈타이늄 | 100 Fm 페르뮴 | 101 Md 멘델레븀 | 102 No 노벨륨 | 103 Lr 로렌슘 |

범례:
- 원자번호 → 20
- 원소기호(예: 卤 : 액체, **a** : 기체, *a* : 고체) → Ca 칼슘
- 이름
- 금속 / 비금속 / 전이원소 / 란타넘족 / 악티늄족

PART 01

대기환경관리

CHAPTER 01　　대기오염 개요

CHAPTER 02　　광화학 오염

CHAPTER 03　　오염물질의 배출원 및 대기오염현상

CHAPTER 04　　자동차

CHAPTER 05　　대기의 특성과 대기권의 분류

CHAPTER 06　　바람

CHAPTER 07　　대기의 안정도

CHAPTER 08　　대기의 확산

CHAPTER 09　　용어(현상) 및 법칙

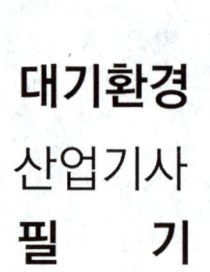

대기환경
산업기사
필 기

CHAPTER 01 대기오염 개요

01 대기오염의 역사적 사건

1. 뮤즈계곡(Meuse Valley) 사건

① 발생 : 1930년 12월 벨기에
② 특징 : 공장지대로서 아황산가스, 황산, 미세입자 등이 원인물질이며 공장이 계곡에 위치하면서 무풍, 기온역전, 연무발생 등에 의해서 피해가 발생하였다.
③ 주원인물질 : 아황산가스(SO_2), H_2SO_4 mist, 불소화합물 등
★ ④ 인체의 피해가 가장 먼저 발생한 사건

2. 횡빈(Tokyo-Yokohama) 사건

① 발생 : 1946년 겨울 일본의 공업도시 횡빈
② 특징 : 밤과 이른 아침에 짙은 연무와 무풍상태
③ 주원인물질 : 공장에서 배출된 대기오염물질

3. 도노라(Donora) 사건

① 발생 : 1948년 10월 도노라 지방
② 특징 : 고기압 상태에서 무풍, 기온역전, 연무발생
③ 주원인물질 : 아황산가스(SO_2), H_2SO_4 mist 등

★★★ 4. 포자리카(Pozarica) 사건

① 발생 : 1950년 11월 멕시코 공업지대 포자리카
② 특징 : 세계적으로 유명한 대기오염사건 중 부주의로 인하여 발생한 인재(人災)의 대표적인 사건으로 천연가스에서 황화수소(H_2S)를 취출하여 황을 생산하는 공장에서 부주의로 황화수소가 다량 누출, 공장주변의 주민에게 피해를 준 사건이다.
★★ ③ 주원인물질 : 황화수소(H_2S)
★★ ④ 누설에 의해 발생한 대표적인 사건

Question 01

다음 중 SO_2가 주 오염물질로 작용한 대기오염 피해사건으로 가장 거리가 먼 것은?

㉮ London Smog 사건 ㉯ Poza Rica 사건
㉰ Donora 사건   ㉱ Meuse Valley 사건

[풀이] ㉯ Poza Rica 사건은 황화수소(H_2S)가 누출되어 발생한 사건이다.

★★ 5. 런던(London) 스모그 사건

① 발생 : 1952년 12월 영국 런던
★ ② 런던 스모그 사건은 석탄연소에 의하여 발생한 대기오염 사건으로 아황산가스, 먼지 등이 복사성 역전, 무풍상태, 높은 습도에서 발생한 사건이다.
★ ③ 주로 초저녁에 발생하였고 석탄의 매연과 화력발전소 등의 굴뚝에서 배출된 매연이 주 오염원으로 추정된다.
④ 1차성 스모그의 대표적 사건으로 사망자가 가장 많았던 사건이다.

TIP

대기청정법(Clean Air Act)
1952년 12월 런던 대기오염 사건 이후에 제정

Question 02

다음 중 London형 스모그에 관한 설명으로 가장 거리가 먼 것은? (단, Los Angeles형 스모그와 비교)

㉮ 복사성 역전이다.
㉯ 습도가 85% 이상이었다.
㉰ 시정거리가 100m 이하이다.
㉱ 산화반응이다.

풀이 ㉱ 환원반응이다.

★★ 6. 로스앤젤레스(Los Angeles) 스모그 사건

① **발생** : 1954년 미국
★ ② 로스앤젤레스 스모그 사건은 자동차에서 배출되는 질소산화물, 탄화수소 등에 의하여 침강성 역전, 무풍상태에서 발생한 스모그 사건이다.
★ ③ O_3(오존)이 처음으로 발견된 사건이다.
④ 피해는 눈을 자극하며 중대한 피해는 없다.
⑤ 2차성 스모그(광화학 스모그)의 대표적인 사건이다.

TIP
대기오염자동측정망(CAMP망)을 가장 먼저 활용한 국가는 미국이다.

Question 03

로스엔젤레스형 스모그의 특성과 가장 거리가 먼 것은?

㉮ 2차성 오염물질인 스모그를 형성하였다.
㉯ 습도가 70% 이하의 상태에서 발생하였다.
㉰ 화학반응은 산화반응이고, 역전의 종류는 침강성 역전에 해당한다.
㉱ 대기오염물질과 태양광선 중 적외선에 의해 발생한 PAN, H_2O_2 등 광화학적 산화물에 의한 사건이다.

풀이 ㉱ 대기오염물질과 태양광선 중 자외선에 의해 발생한 PAN, H_2O_2 등 광화학적 산화물에 의한 사건이다.

★★★ **TIP**

런던 스모그 사건과 로스앤젤레스 스모그 사건 비교

	런던 스모그 사건	로스앤젤레스 스모그 사건
연료	석탄계	석유계
계절	겨울	여름
기온	0~5℃	24~32℃
습도	높다(90% 이상)	낮다(70% 이하)
오염형태	1차성 오염	2차성 오염
화학반응	환원 반응	광화학 반응(산화 반응)
역전	복사성(방사성) 역전(복사형)	침강성 역전(침강형)
오염물질	SO_2, 미세먼지	광화학산화물(O_3, PAN 등)

7. 사일시 사건

① 발생 : 1963년 6월 일본의 사일시
② 특징 : 석유계 연료를 사용하는 공장에서 배출되는 가스상 물질에 의해 발생한 사건이다.

★★★ 8. 보팔시(Bopal) 사건

① 발생 : 1984년 12월 인도중부 보팔시
★★ ② 주원인물질 : 메틸이소시아네이트(CH_3CNO)
★★ ③ 누설에 의해 발생한 대표적 사건

Question 04

1984년 인도의 보팔시에서 발생한 대기오염 사건의 주원인 물질은 어느 것인가?

㉮ H_2S
㉯ SO_X
㉰ CH_3CNO
㉱ CH_3SH

풀이 보팔시 사건의 주원인 물질은 메틸이소시아네이트(CH_3CNO)이다.

9. 서베소 사건

① 발생 : 1976년 7월 이탈리아
② 주원인물질 : 다이옥신

10. 체르노빌 사건

① 발생 : 1986년 4월 우크라이나 체르노빌
② 주원인물질 : 방사능 물질

11. 크라카타우(Krakatau)섬 사건

① 발생 : 1883년 인도네시아의 크라카타우섬
② 특징 : 화산폭발에 의한 화산재, 유황, 유해가스에 의해서 발생
★ ③ 자연적 요인에 의해 발생한 대표적 사건

> **TIP**
>
> 역사적 사건의 발생연도 및 주오염물질
>
> | 사건명 | 발생연도 | 주오염물질 |
> |---|---|---|
> | 뮤즈계곡 사건 | 1930년 | SO_2 |
> | 도노라 사건 | 1948년 | SO_2 |
> | 포자리카 사건 | 1950년 | H_2S |
> | 런던스모그 사건 | 1952년 | SO_2 |
> | L·A 사건 | 1954년 | 광화학산화물(O_3, PAN 등) |
> | 보팔시 사건 | 1984년 | CH_3CNO(메틸이소시아네이트) |

02 대기오염물질의 종류와 특성

1. 입자상 물질의 특징

① 먼지의 모양은 다양하고 매우 불규칙하다.
② 공기중에 부유하고 있는 입자의 크기는 대략 0.01 ~ 100μm이다.
③ 입자의 화학적 성분은 발생원에 따라 구성하는 성분이 다르며 또한 입자의 크기에 따라서도 성분이 다르게 나타난다.
★★ ④ 먼지가 폐포에 가장 잘 도달할 수 있는 입자의 크기는 0.5 ~ 5.0μm이다.
★★★ ⑤ 1.2μm 이하의 미세입자에서 세정(Rain out) 효과가 적은것은 브라운 운동을 하기 때문이다.
⑥ 실내 부유먼지중에는 세균, 곰팡이, 곤충, 가루진드기 등이 포함되어 있어서 인체에 큰 영향을 미칠 수 있다.
★ ⑦ 인체의 폐속으로의 침투도가 최대가 될 뿐 아니라 빛의 산란도 역시 최대가 되어 가시도 감소에 큰 영향을 주는 먼지입경은 0.1 ~ 1.0μm가 적합하다.

Question 05

1 ~ 2μm 이하의 미세입자는 세정(Rain out) 효과가 작은데 그 이유로 가장 적합한 것은?

㉮ 응축효과가 크기 때문에
㉯ 부정형의 입자가 많기 때문에
㉰ 휘산효과가 크기 때문에
㉱ 브라운 운동을 하기 때문에

정답 ㉱

2. 먼지에서 가시거리 계산식

★★★ ① $V = \dfrac{10^3 \cdot A}{G}$

$\begin{bmatrix} V : 가시거리(km \ 또는 \ m) \\ A : 상수(1.2 \sim 1.4) \\ G : 농도(\mu g/m^3 \ 또는 \ mg/m^3) \end{bmatrix}$

Question 06

먼지농도가 150μg/m³이고, 상대습도가 70%인 상태의 대도시에서 가시거리는 몇 km인가?
(단, A = 1.25)

풀이 $V = \dfrac{10^3 \cdot A}{G} = \dfrac{10^3 \times 1.25}{150\mu g/m^3} = 8.33 km$

★★ ② $V = \dfrac{5.2 \times \rho \times r}{K \times C}$

$\begin{bmatrix} V : 가시거리(m) \\ C : 농도(g/m^3) \\ r : 반지름(\mu m) \end{bmatrix}$ $\quad K : 상수(분산면적비)$
$\quad \rho : 먼지밀도(g/cm^3)$

Question 07

파장 5,200Å인 빛 속에서 밀도가 1.2g/cm³이고, 직경 0.2μm인 먼지의 분산면적비가 3일 때 먼지농도가 0.3mg/m³이라면 가시거리(m)는 얼마인가?

풀이 $V = \dfrac{5.2 \times 1.2 g/cm^3 \times 0.1 \mu m}{3 \times (0.3 \times 10^{-3}) g/m^3} = 693.33 m$

★★ ③ Coh(Coefficient of haze)

    ⊙ 빛전달율을 측정했을 때 광화학적 밀도가 0.01이 되도록 하는 여과지상의 빛을 분산시키는 고형물의 양을 뜻한다. $\left(\dfrac{O \cdot D(광학적\ 밀도)}{0.01} \right)$ ★★

★★ ⓒ Coh 값이 크면 클수록 빛전달율은 작아지며, 대기는 오염된 상태를 나타낸다.
    ⓒ Coh 단위는 여과지에 제거된 먼지의 양에 따라 결정되므로 비실용적이다.
★ ㉢ Coh 산출식에는 불투명도란 더러운 여과지를 통과한 빛전달율의 역수로 정의된다.
    ㉣ Coh 산출식에서 광학적 밀도는 log값으로 정의된다.
★ ㉥ $Coh = \dfrac{\left(\log \dfrac{1}{t} \right) / 0.01}{L}$

$\begin{bmatrix} L : 여과지\ 이동거리 \\ t : 빛전달율 \end{bmatrix}$

★★ ㉣ $Coh = \dfrac{\log\left(\dfrac{1}{빛전달율}\right)\times 100}{여과속도(m/sec)\times 여과시간(hr)\times 3{,}600}\times 1{,}000m$

Coh/1000m	대기오염도
0 ~ 3.2	약함
3.3 ~ 6.5	보통
6.6 ~ 9.8	심함
9.9 ~ 13.1	아주심함
13.2 이상	극심

Question 08

먼지농도를 측정하기 위해 여과지를 통해 공기의 속도를 0.6m/sec로 하여 1.5시간 동안 여과시킨 결과, 깨끗한 여과지에 비하여 사용된 여과지의 빛전달율이 80%였다면, 1,000m당 Coh는 얼마인가?

풀이

$Coh = \dfrac{\log\dfrac{1}{빛전달율}\times 100}{여과속도(m/sec)\times 시간(hr)\times 3{,}600}\times 1{,}000m = \dfrac{\log\dfrac{1}{0.8}\times 100}{0.6m/sec\times 1.5hr\times 3{,}600}\times 1{,}000m = 2.99$

3. 입자상 물질의 종류

① 매연(Smoke) : 불완전연소시 배출되며 입자의 크기가 $1\mu m$ 이하인 물질

② 검댕(Soot) : 연소시 발생되는 유리탄소를 주로하는 미세한 입자로 $1\mu m$ 이상인 물질

★★ ③ 훈연(Fume)

　㉠ 금속산화물과 같이 가스상 물질이 승화, 증류 및 화학반응과정에서 응축될 때 주로 생성된다.

★★ ㉡ 입자지름이 $1\mu m$ 이하의 고체상 입자이다.

★★ ㉢ 활발한 브라운 운동을 한다.

　㉣ 아연과 납 산화물의 훈연은 고온에서 휘발된 금속의 산화와 응축과정에서 생성된다.

Question 09

입자상 오염물질 중 훈연(fume)에 관한 설명으로 가장 거리가 먼 것은?

㉮ 금속 산화물과 같이 가스상 물질이 승화, 증류 및 화학반응 과정에서 응축될 때 주로 생성되는 고체입자이다.
㉯ 20 ~ 50㎛ 정도의 크기가 대부분이다.
㉰ 활발한 브라운 운동을 한다.
㉱ 아연과 납산화물의 훈연은 고온에서 휘발된 금속의 산화와 응축과정에서 생성된다.

풀이 ㉯ 1㎛ 이하의 크기가 대부분이다.

④ 연무(mist) : 입자의 핵주위에 증기가 응축하여 생긴 액체입자
⑤ 안개(Fog)
  ㉠ 습도가 100% 정도로 수평시정거리가 1km 이하이며 무색이다.
  ㉡ 눈에 보이는 입자상 물질이다.
  ㉢ 대기오염물질과 수분이 반응하여 산성을 띤 산성안개도 있다.
⑥ 박무(haze) : 습도가 70% 이하로 시야를 방해하는 물질이며 크기는 1㎛보다 작으며 유백색을 띤다.
⑦ 플라이애쉬(Fly ash) : 일명 비산회라고도 하며 연소시 발생되는 미세한 입자로 회분에 의해 생성된다.
⑧ 스노우 스머트(Snow smut) : 불완전연소시 발생되는 매연입자로 증기가 응축하여 매연이 눈처럼 크게 된 것을 의미한다.
⑨ 백연(White Plume) : 연소시 발생되는 수증기가 냉각되면서 응결되어 발생되는 물질이다.
★ ⑩ 미세먼지(PM-10) : 공기역학경을 기준으로 10㎛ 이하의 입자상 물질을 말하며, 호흡성 먼지량의 척도를 나타낸다.
★ ⑪ 초미세먼지(PM-2.5) : 공기역학경을 기준으로 2.5㎛ 이하의 입자상 물질을 말한다.

4. 직경의 종류

★★(1) 공기역학적 직경(Aerodynamic Diameter)

★★ ① 본래의 먼지와 침강속도가 동일하며, 밀도 $1g/cm^3$인 구형입자의 직경으로 정의된다.
② 먼지의 여과집진과정, 호흡기 침착, 공기정화기의 성능조사 등 입자의 특성파악에 주로 이용된다.
③ 역학적 등가직경은 Stokes 직경과 공기역학적 직경으로 세분된다.
★★ ④ 공기 중 먼지입자의 밀도가 $1g/cm^3$보다 크고 구형에 가까운 입자의 공기역학적 직경은 실제직경보다 항상 크다.

★★(2) 스토크스 직경(Stoke's Diameter)

① 스토크스 직경은 알고자 하는 입자상 물질과 같은 밀도 및 침강속도를 갖는 입자상 물질의 직경이다.
★★ ② 구형이 아닌 입자와 같은 종속도와 밀도를 가진 구형입자의 직경이다.

> **TIP**
> Stokes 반경이란 구형이 아닌 입자와 같은 종속도와 밀도를 가진 구형입자의 반경이다.

Question 10

비구형 입자의 크기를 역학적으로 산출하는 방법 중의 하나로 본래의 입자와 밀도 및 침강속도가 동일하다고 가정한 구형입자의 직경은 어느 것인가?

㉮ 종말직경　　　　　　　　　　㉯ 종단직경
㉰ 공기역학적직경　　　　　　　㉱ 스톡스직경

정답 ㉱

★★(3) 마틴직경(Martin Diameter)

① 입자상물질의 크기를 결정할 때 사용한다.
★ ② 마틴직경은 입자상물질의 그림자를 2개의 등면적으로 나눈 선의 길이를 직경으로 결정한다.

Question 11

입자상 물질의 크기 중 "마틴직경(Martin diameter)"의 설명으로 알맞은 것은 어느 것인가?

㉮ 입자상 물질의 그림자를 2개의 등면적으로 나눈 선의 길이를 직경으로 하는 것
㉯ 입자상 물질의 끝과 끝을 연결한 선 중 가장 긴 선을 직경으로 하는 것
㉰ 입경분포에서 개수가 가장 많은 입자를 직경으로 하는 것
㉱ 대수분포에서 중앙입경을 직경으로 하는 것

 ㉮

(4) 광학적직경(Optical Diameter)

현미경을 이용하는 방법으로 투영된 입자의 모양이 원형이 아닐 때 입자의 최장 또는 최단 크기로 정의하거나 여러 방향으로 나누어 크기를 측정하여 산술평균한 값으로 정의한다.

(5) Feret 직경(정방향 직경)

광학현미경을 이용하여 입경을 측정하는 방법에서 입자의 투영면적을 이용하여 측정한 입경 중 입자의 투영면적 가장자리에 접하는 가장 긴 선의 길이로 나타낸다.

03 실내오염물질

1. 실내공간오염물질의 종류

① 미세먼지(PM-10)
② 이산화탄소(CO_2)
③ 폼알데하이드(HCHO)
④ 총부유세균
⑤ 일산화탄소(CO)
⑥ 이산화질소(NO_2)
⑦ 라돈(Rn)
⑧ 휘발성유기화합물(VOCs)
⑨ 석면
⑩ 오존
⑪ 초미세먼지(PM-2.5)
⑫ 곰팡이
⑬ 벤젠
⑭ 톨루엔
⑮ 에틸벤젠
⑯ 자일렌
⑰ 스티렌

> **TIP**
> 빌딩증후군이란 밀폐된 공간내 유해한 환경에 누출되었을 때 눈자극, 두통, 피로감, 후두염 등과 같은 증상이 일어나는 것을 말한다.

2. 실내오염물질의 종류

★★★ **(1) 라돈**

★★ ① 자연계에 널리 존재하며 무색, 무취의 기체이고 액화되어도 색을 띠지 않는다.
★★ ② 공기보다 약 9배정도 무거워 환기시설이 불량한 지하실 등에서 높은 농도를 나타낸다.
★★ ③ 주로 건축자재를 통하여 인체에 영향을 미치고 있으며 화학적으로 거의 반응을 일으키지 않는 불활성 물질이다.
★ ④ 노출되면 주로 호흡기계통의 질환과 폐암이 발생할 수 있다.
★ ⑤ 일반적으로 흙, 시멘트, 콘크리트, 대리석 등에 존재하며 공기중으로 방출된다.
⑥ 자연 방사성 물질 중의 하나로서 사람이 가장 흡입하기 쉬운 가스상 물질이다.
⑦ 지구상에서 발견된 약 70여 가지의 자연방사능 물질중의 하나이다.
★★ ⑧ 반감기는 3.8일간으로 라듐의 핵분열시 생성되는 물질이다.
⑨ 우라늄과 라듐은 Rn-222의 발생원에 해당된다.
⑩ 농도단위는 Bq/m^3을 사용한다.

Question 12

실내오염물질인 라돈에 관한 설명으로 옳지 않은 것은?

㉮ 일반적으로 인체에 미치는 영향으로 폐암을 유발한다.
㉯ 자연계에 널리 존재하며 주로 건축자재를 통해 인체에 영향을 미친다.
㉰ 흙속에서 방사선 붕괴를 일으키며, 화학적으로는 거의 반응을 일으키지 않는다.
㉱ 라돈은 무색, 무취의 기체로 액화되면 갈색을 띠며, 반감기는 5.8일간으로 라듐의 핵 분열시 생성되는 물질이다.

풀이 ㉱ 라돈은 무색, 무취의 기체로 액화되어도 색을 띠지 않으며, 반감기는 3.8일간으로 라듐의 핵분열시 생성되는 물질이다.

(2) 석면

1) 석면의 특징

① 먼지의 형태는 등축형, 판형, 섬유형으로 분류한다.
② 건축물의 열차단제 등에 쓰이고, 인체에 폐암이나 악성 중피종 등을 일으킨다.
③ 자연계에서 산출되는 길고, 가늘며, 강한 섬유상 물질로서 내열성, 불활성, 절연성의 성질을 갖는다.
④ 석면은 자연계에 존재하는 유화화된 규산염 광물의 총칭이고, 미국에서 가장 일반적인 것으로는 크리스틸(백석면)이 있다.
⑤ 석면의 발암성은 청석면 > 갈석면(황석면) > 온석면(백석면) 순이다.
⑥ 건물이 낡은 경우나 해체공사시에는 석면 먼지가 공기중에 부유하므로 노동 재해의 중요한 요인으로 간주되기도 한다.
⑦ 먼지의 모양 중 다른 두축이 매우 짧은 길이를 가진 반면에 한 축이 매우 긴 먼지형태로 최근에 석면의 흡입에 의한 건강상 유해가 문제가 되는 것이 섬유형이다.
⑧ 석면폐증의 용혈작용은 석면내의 Mg에 의해서 발생되며 적혈구의 증가 증상이다.
⑨ 석면에 폭로되어 중피종이 발생되기까지의 기간은 일반적으로 폐암보다는 긴편이나 20년 이하에서 발생하는 예도 있다.

2) 석면폐증

① 석면먼지 흡입으로 인해 발생하는 진폐의 하나이며, 기관지나 폐포 등의 염증 및 섬유화를 유발하고 흉막의 비후화 및 석회화 등과 관련이 있다.
② 비가역적이며, 석면노출이 중단된 후에도 악화되는 경우도 있다.
③ 폐하엽에 주로 발생하며 흉막을 따라 폐중엽이나 설엽으로 퍼져 나간다.

④ 폐의 석면화는 폐조직의 신축성을 감소시키고, 가스교환 능력을 저하시켜 결국 혈액으로의 산소공급이 불충분하게 된다.

> **TIP**
> - Chrysotile(크리소타일) : 백석면
> - Amosite(아모사이트) : 갈석면
> - Crocidolite(크로시도라이트) : 청석면

Question 13

석면폐증에 대한 내용으로 틀린 것은 어느 것인가?
㉮ 석면폐증은 폐의 석면분진 침착에 의한 섬유화이며, 흉막의 섬유화와는 무관하다.
㉯ 석면폐증은 폐상엽에서 주로 발생하며, 전이는 되지 않는 편이다.
㉰ 폐의 섬유화는 폐조직의 신축성을 감소시키고, 혈액으로의 산소공급을 불충분하게 한다.
㉱ 석면폐증은 비가역적이며, 석면노출이 중단된 이후에도 악화되는 경우가 있다.

풀이 ㉯ 석면폐증은 폐하엽에서 주로 발생하며, 흉막을 따라 폐중엽이나 설엽으로 퍼져 나간다.

(3) 폼알데하이드(HCHO)

★ ① 상온에서 무색의 가연성 기체로 자극성 냄새를 가진 기체로서 점막을 심하게 자극한다.
★ ② 비중이 약 1.03(공기의 비중은 1.0)인 오염물질이다.
  ③ 메탄알이라고도 하고 알데하이드 중에서 가장 간단한 유기화합물이다.
  ④ 화학식은 HCHO로 많은 양이 화학제조공정에 쓰인다.
  ⑤ 주로 메탄올의 산화반응으로 만들며, 보통 37% 수용액인 포르말린으로 시판된다.
★ ⑥ 방부제, 옷감, 잉크 등의 원료로 사용되며, 피혁공업, 합성수지공업 등이 주된 배출업종이다.
★ ⑦ 피부, 눈 및 호흡기계에 강한 자극효과를 가지며 폐부종(급성 폭로시)과 알레르기성 피부염 및 직업성 천식을 야기한다.
  ⑧ 폭발의 위험성이 있으며, 살균 방부제로 이용된다.

Question 14

상온에서 무색이며, 자극성 냄새를 가진 기체로서 비중이 약 1.03(공기 = 1)인 오염물질은?

㉮ 아황산가스 ㉯ 폼알데하이드
㉰ 이산화탄소 ㉱ 염소

풀이

기체의 비중 = $\dfrac{\text{기체의 분자량(kg)}}{\text{공기의 분자량(29kg)}}$

따라서 $1.03 = \dfrac{\text{기체의 분자량}}{29\text{kg}}$

∴ 기체의 분자량 = $1.03 \times 29\text{kg} = 30\text{kg}$

따라서 보기중에서 분자량이 30인 ㉯ 폼알데하이드(HCHO)가 정답이 된다.

(4) 휘발성유기화합물(VOC$_S$)

① 일반적 의미의 휘발성 유기화합물은 NMHC(non methane hydrocarbon), 할로겐족 탄화수소 화합물, 알코올, 알데하이드, 케톤 같은 산소결합 탄화수소 화합물을 내포한다.
② 자연적인 휘발성 유기화합물은 대류권의 오존생성 및 지구온난화등과도 관련이 있다.
③ 인위적 배출량 중 페인트, 잉크, 용제 등의 사용에 의한 배출량도 많은 부분을 차지하고 있다.
★★ ④ 휘발성유기화합물질(VOC$_S$)은 다양한 배출원에서 배출되는데 우리나라의 경우 최근 가장 큰 부분(총배출량)을 차지하는 배출원이 유기용제 사용이다.
★ ⑤ VOC$_S$ 중 가장 독성이 강한 것은 톨루엔이며, 다음은 크실렌, 에틸벤젠 순으로 약하다.
⑥ 대부분의 유기용제는 마취작용을 가지고 있다.
★ ⑦ 유기용제의 인체에 대한 영향을 고려해 보면 벤젠은 혈액에 대한 독성작용이, 에틸벤젠은 신경계에 대한 독성작용이 강하다.

★★★

건축자재에서 발생되는 실내오염물질

석면, 라돈, 폼알데하이드, 휘발성유기화합물(VOCs)

04 가스상 물질

물질이 연소·합성·분해될 때에 발생하거나 물리적 성질로 인하여 발생하는 기체상 물질을 말한다.

★★ 1. SO$_X$(황산화물의 총칭)

(1) 황산화물(SO$_X$)의 발생경로

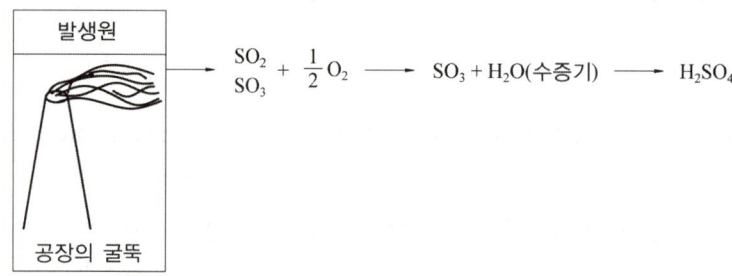

① SO$_X$란 황산화물의 총칭이며 SO$_2$, SO$_3$, H$_2$SO$_4$, H$_2$S, CS$_2$ 등의 물질을 의미한다.
② SO$_X$ 중 그 양이 가장 많이 존재하는 것이 H$_2$S(황화수소)이며, 약 80% 이상을 차지한다.
★★ ③ 전세계의 황화합물 배출량 중 인위적 배출량이 50%를 차지하며, 나머지 50%는 자연적 발생원에서 배출된다.
★ ④ 연료중에 황분함량은 석탄이 가장 높다.
⑤ SO$_X$는 섬유의 인장강도를 가장 크게 떨어뜨리는 대기오염 피해의 원인이 되는 물질이다.
⑥ SO$_X$는 부유먼지와 더불어 상승작용을 일으켜 인체에 미치는 영향이 크다.
★★ ⑦ 전 지구적 규모로 볼때 해양을 통해 자연적 발생원 중 가장 많은 양의 황화합물 DMS (Dimethyl sulfide ; (CH$_3$)$_2$S)형태로 배출되고 있으며, 일부는 H$_2$S, OCS, CS$_2$ 형태로 배출되고 있다.
★★ ⑧ 카르보닐황(OCS)은 대류권에서 매우 안정하기 때문에 거의 화학적인 반응을 거치지 않고 서서히 성층권으로 유입되며 광분해반응에 종속된다. 반응성이 작아 청정대류권에서 가장 높은 농도를 나타내는 황화합물(수백 ppt정도)로 간주되며, 거의 일정한 수준의 농도를 유지한다.

> **TIP**
> ppt : part per trillion ⇒ 백만조 분율

Question 15

다음은 황화합물에 관한 설명이다. (   ) 안에 가장 적합한 물질은?

( )은(는) 대류권에서 매우 안정하므로 거의 화학적인 반응을 하지 않고 서서히 성층권으로 유입되며 광분해반응에 종속된다. 반응성이 작아 청정대류권에서 가장 높은 농도를 나타내는 황화합물(수백 ppt 정도)로 간주되며, 거의 일정한 수준의 농도를 유지한다.

㉮ 황화수소(H_2S) ㉯ 이산화황(SO_2)
㉰ MSA(CH_3SO_3H) ㉱ 카르보닐황(OCS)

정답 ㉱

TIP
MSA(Methane Sulfonic Acid)의 약자로 슬폰산이며, 화학식은 CH_3SO_3H이다.

★★★ (2) SO_2(아황산가스 = 이산화황)

① SO_2(아황산가스 = 이산화황)의 특징

★ ㉠ 무색이고 자극성 냄새를 가지고 있는 가스상 오염물질로 비중이 약 2.2, 융점은 -75.5℃, 비점은 -10℃ 정도이며 분자량은 64이다.

㉡ 물에 대한 용해도가 높아 구름의 액적, 빗방울, 지표수 등에 쉽게 녹아 H_2SO_3를 생성한다.

★★ ㉢ SO_2는 280~290nm에서 강한 흡수를 보이지만 대류권에서는 거의 광분해되지 않는다.

★ ㉣ 인위적 발생원에서 화석연료 중의 황화합물은 연소하면 대부분 아황산가스(SO_2)가 된다.

㉤ 아황산가스의 연간 배출량은 에너지 소비량과 비례하여 미국이 가장 많다.

★ ㉥ 대기중의 아황산가스는 광화학반응에 의하여 SO_3로 산화되거나 건성 또는 습성 침착에 의하여 대기중에서 제거되며, 평균체류시간은 약 4일 정도이다.

㉦ 모든 SO_2의 광화학반응은 일반적으로 전자적으로 여기된 상태의 SO_2의 분자반응들만 포함한다.

㉧ 가스상태의 SO_2는 대기압하에서 환원제 및 산화제로 모두 작용할 수 있다.

㉨ 대기중으로 유입된 SO_2는 물에 잘 녹고 반응성도 크므로 입자상 물질의 표면이나 물방울에 흡착된 후 비균질 반응에 의해 대부분 황산염으로 산화되어 제거된다.

② SO₂(아황산가스)의 인체에 미치는 영향
  ㉠ SO₂가 적당히 노출되었을때에는 상부호흡기에 영향을 미치며 단독흡입보다 먼지나 액적 등과 동시에 흡입하게 되면 황산미스트가 되어 SO₂보다 독성이 10배로 증가한다.
  ★ ㉡ 인체에 미치는 독성순서는 (SO₂+H₂O) > (SO₂+먼지) > (SO₂ 단독) 이다.
  ★★ ㉢ SO₂가 인체에 미치는 피해는 농도와 노출시간이 문제가 되며 주로 호흡기계통의 질환을 일으킨다.
  ㉣ SO₂는 물에 대한 용해도가 매우 높기 때문에 흡입된 대부분의 가스는 상기도 점막에서 흡수된다.

③ SO₂(아황산가스)의 식물에 미치는 피해
  ★ ㉠ SO₂는 잎뒷면의 기공으로 침입하여 잎을 황갈색으로 고갈시킨다.
  ㉡ 유기산의 분해 생성물인 알데하이드와 반응하여 하이드록시슬폰산을 형성하여 세포를 파괴한다.
  ★★★ ㉢ SO₂의 지표식물(약한식물)은 대맥, 담배, 자주개나리(알팔파), 목화, 보리 등이다.
  ★★★ ㉣ SO₂에 대한 저항력이 강한 식물에는 양배추, 까치밤나무, 쥐당나무, 셀러리, 소나무, 옥수수 등이 있다.
  ★★ ㉤ 성장한 잎에 피해를 준다.
  ㉥ 반점 발생 경향은 맥간반점을 띤다.
  ㉦ 식물잎 뒤쪽 표피 밑의 parenchyma(유조직)가 피해를 입기 시작한다.
  ★ ㉧ 고엽이나 노엽보다 생활력이 왕성한 잎이 피해를 많이 받으며, 습도가 높을수록 피해가 크다.
  ㉨ 엽맥을 따라 형성되는 백화현상이나 네크로시스가 대표적이다.
  ㉩ 식물의 피해한계는 약 0.8mg/m³(8hr 노출) 정도이다.
  ★ ㉪ SO₂는 HF와 함께 식물에 의한 성분분석으로 대기오염정도를 파악하는데 이용된다.

Question 16

다음 식물 중 아황산가스에 대한 저항력이 가장 큰 것은 어느 것인가?

㉮ 까치밤나무 ㉯ 포도 ㉰ 단풍 ㉱ 등나무

(3) SO₃(삼산화황)

① 1, 2차성 물질이다.
★ ② SO$_x$ 중 H$_2$O(수증기)와 반응을 가장 잘 한다.
③ SO$_3$는 호흡기계통에 분비되는 점막에 흡착되어 H$_2$SO$_4$가 된 후 조직에 작용하여 궤양을 일으킨다.

(4) H₂S(황화수소 = 유화수소)

★ ① 무색의 기체이며 계란썩는 냄새가 나는 유독성이며 가연성 물질이다.
② 분자량은 34, 공기에 대한 비중은 1.18이다.
★ ③ 민감한 식물(약한 식물)은 코스모스, 오이, 토마토, 담배 등이다.
★ ④ 강한식물은 복숭아, 딸기, 사과나무 등이다.
⑤ 주로 어린잎이나 새싹에 예민하게 작용한다.

(5) CS₂(이황화탄소)

① 분자량이 76으로 공기에 대한 비중이 2.64로 물보다 무겁고 불용성이다.
② 상온에서 무색 투명하며 일반적으로 자극성 냄새를 내는 유독성의 증발하기 쉬운 휘발성 액체이다.
★★ ③ 비스코스섬유 제조시 많이 발생하는 대기오염물질로 불순물은 불쾌한 냄새를 유발한다.
★ ④ 햇빛에 파괴될 정도로 불안정 하지만 부식성은 비교적 약하다.
★ ⑤ 끓는점은 46℃(760mmHg), 인화점은 -30℃ 이다.
⑥ 휘발성이 높은 액체이므로 쉽게 작업실 내의 농도가 높아져 중추신경계에 대한 특징적인 독성작용으로 심한 급성 또는 아급성 뇌병증을 유발한다.
⑦ 피부를 통해서도 흡수되지만 대부분은 상기도를 통해 체내에 흡수된다.

★★ **TIP**

① 기체의 비중 = $\dfrac{\text{기체의 분자량(kg)}}{\text{공기의 분자량(29kg)}}$
② 비중이 큰 것 찾는 문제는 기체의 분자량이 큰 기체를 찾는다.
③ 비중이 작은 것 찾는 문제는 기체의 분자량이 작은 기체를 찾는다.

Question 17

다음의 대기오염물질 중 비중이 가장 큰 것은 어느 것인가?

㉮ HCHO ㉯ CS_2 ㉰ NO ㉱ NO_2

풀이

기체의 비중 = $\dfrac{\text{기체의 분자량(kg)}}{\text{공기의 분자량(29kg)}}$

여기서 기체의 비중은 기체의 분자량에 비례하므로 분자량이 가장 큰 물질이 비중이 가장 크다.
따라서 분자량이 가장 큰 CS_2가 정답이 된다.

㉮ HCHO = 1+12+1+16 = 30
㉯ CS_2 = 12+(2×32) = 76
㉰ NO = 14+16 = 30
㉱ NO_2 = 14+(2×16) = 46

Question 18

다음 대기오염물질 중 상온에서 무색투명하며, 일반적으로 불쾌한 자극성 냄새를 내는 액체이며, 햇빛에 파괴될 정도로 불안정하지만 부식성은 비교적 약하고, 끓는점은 약 47℃ 정도, 인화점은 -30℃ 정도인 오염물질은 어느 것인가?

㉮ HCl ㉯ Cl_2 ㉰ SO_2 ㉱ CS_2

정답 ㉱

Question 19

0.2%(V/V)의 SO_2를 포함하고 매연 발생량이 500m³/min인 매연이 연간 30%가 A지역으로 흘러가 이 지역의 식물에 피해를 주었다. 10년 후에 이 A지역에 피해를 준 SO_2량은? (단, 표준상태 기준, 기타조건은 고려하지 않음)

㉮ 약 3,000톤 ㉯ 약 4,500톤
㉰ 약 6,000톤 ㉱ 약 9,000톤

풀이 SO_2량(ton)

$= \dfrac{500m^3}{min} \times \dfrac{64kg}{22.4Sm^3} \times \dfrac{1톤}{10^3kg} \times \dfrac{0.2\%}{100} \times \dfrac{30\%}{100} \times \dfrac{60min}{1hr} \times \dfrac{24hr}{1\,day} \times \dfrac{365day}{1년} \times 10년$

= 4,505.14톤

TIP
SO_2 1kmol $\begin{cases} 64kg \\ 22.4Sm^3 \end{cases}$

★★ 2. NO$_X$(질소산화물의 총칭)

(1) 질소산화물(NO$_X$) 발생경로

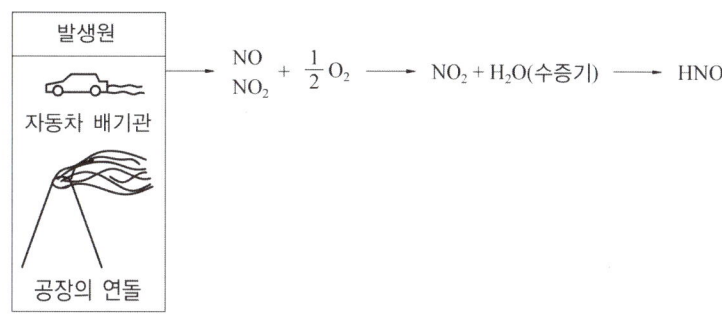

① NO$_X$란 질소산화물의 총칭이며 NO, NO$_2$, HNO$_3$, N$_2$O 등을 의미한다.
★★ ② 전세계 질소화합물 중 인위적인 질소화합물 배출량은 자연적 배출량의 10% 정도인 것으로 추정되고 있다.
★★ ③ 자연적인 NO$_X$ 방출량은 인위적 NO$_X$ 방출량의 7 ~ 15배 정도이다.
★★ ④ NO$_X$의 인위적 배출량 중 거의 대부분이 자동차와 연료의 연소과정에서 발생된다.
⑤ NO$_X$는 그 자체도 인체에 해롭지만 광화학스모그의 원인물질로 중요한 역할을 한다.
⑥ 대기에서 질소는 NO$_X$ cycle에서 지면으로의 침전과 질산염으로의 산화가 일어난다.
★★ ⑦ NO$_X$는 연소시에 주로 배출되며 탄화수소와 함께 태양광선에 의한 광화학스모그를 형성한다.
⑧ 연료중의 질소산화물은 일반적으로 천연가스보다 석탄에 많다.
★★ ⑨ NO$_X$는 연소시 연료의 성분으로부터 발생하는 fuel NO$_X$와 고온에서 공기중의 질소와 산소가 반응하여 생기는 thermal NO$_X$, 화염에서 일어나는 전기적인 이온교환에 의해 생성되는 Prompt NO$_X$(프롬프트 NO$_X$) 등이 있다.
★ ⑩ 대기에서 NO$_X$의 체류시간은 대략 3 ~ 4일이다.
⑪ 연료 NO$_X$는 연료 중 질소산화물 연소에 의해 발생되고, 연료 중 질소산화물은 일반적으로 석탄에 많고 중유, 경유 순으로 적어진다.

Question 20

질소산화물(NO_x)에 대한 내용으로 틀린 것은?

㉮ NO_x의 인위적 배출량 중 거의 대부분이 연소과정에서 발생된다.
㉯ NO_x는 그 자체도 인체에 해롭지만 광화학스모그의 원인물질로도 중요한 역할을 한다.
㉰ 연소과정에서 처음 발생되는 NO_x는 주로 NO 이다.
㉱ 연소시 연료 중 질소의 NO 변환율은 대체로 약 2 ~ 5% 범위이다.

풀이 ㉱ 연소시 연료 중 질소의 NO 변환율은 대체로 약 20 ~ 50% 범위이다.

★★ (2) NO(일산화질소)

★★ ① 고온의 연소과정에서 화염속에서 주로 생성되는 질소산화물의 90% 이상이 NO이다. (NO : NO_2 = 90% : 10%)

★★★ ② NO는 연소시에 배출되는 무색의 기체로 물에 매우 난용성이며, 혈액 중의 헤모글로빈과 결합력이 강해 산소운반 능력을 감소시키는 물질이다.

★★ ③ 연소시 연료 중 질소의 NO 변환율은 연료의 종류와 연소방법에 따라 차이가 있으나 대체로 약 20 ~ 50% 범위이다.

④ NO는 혈액 중 헤모글로빈과의 결합력이 CO의 약 1,000배이다.

★ ⑤ 대기중에서 NO의 체류시간은 약 2 ~ 5일 정도이다.

★ ⑥ NO는 주로 교통량이 많은 이른 아침에 하루 중 최고치를 나타낸다.

★ ⑦ 배출된 NO는 대기중의 산소와 반응하여 1 ~ 2시간 정도 후에 NO_2 농도가 하루 중 최고치를 나타낸다.

Question 21

고온의 연소과정 시 화염 속에서 주로 생성되는 질소산화물은 어느 것인가?

㉮ NO   ㉯ NO_2 ㉰ NO_3 ㉱ N_2O_5

정답 ㉮

★★ (3) NO$_2$(이산화질소)

★★★ ① NO$_2$는 적갈색, 난용성, 자극성, 공기보다 무거운 기체로 무색의 NO보다 독성이 5~7배 강하며 공기보다 무겁고 난용성이며 대기중 고농도로 존재할 경우 단독으로 독성을 가진다.

★★★ ② NO$_2$의 독성은 O$_3$의 $\frac{1}{10}$ ~ $\frac{1}{15}$ 정도이다.

③ NO$_2$는 혈액중 헤모글로빈과 결합력이 CO의 약 300배로 매우 강하다.
④ NO$_2$와 N$_2$O는 미생물작용에 의하여 토양과 해양에서 배출된다.
⑤ NO$_2$의 분자량은 46이며 공기에 대한 비중은 1.6이다.
⑥ NO$_2$는 연소과정에서 직접 배출되기도 하나 그 양은 NO$_x$ 중 약 5% 이하이다.
⑦ NO$_2$는 약 1ppm 이상 존재할 경우 육안으로 감지할 수 있다.

★ ⑧ 대기중에서의 추정체류시간은 NO$_2$가 2 ~ 5일 정도이다.

★★ ⑨ NO$_2$는 오전 7시에서 9시경을 전후로 하여 일중 고농도를 나타낸다.

★★ ⑩ NO$_2$의 광화학적 분해작용으로 대기중의 O$_3$농도가 증가하고 HC가 존재하는 경우에는 Smog를 생성시킨다.

⑪ NO$_2$는 가시광선을 흡수하므로 0.25ppm 정도의 농도에서 가시거리를 상당히 감소시킨다.
⑫ NO$_2$는 습도가 높을 경우 질산이 되어 금속을 부식시키며 산성비의 원인이 된다.
⑬ NO$_2$는 반응성이 커서 반응성을 가진 복사에너지에 의해 NO$_2$+hν →NO+O로 해리된다.

★★ ⑭ 우리나라 대기오염물질 중 서울을 비롯한 대도시지역의 2010 ~ 2020년 동안 오염농도가 다른 물질에 비해 크게 감소하지 않은 물질이 NO$_2$이다.

Question 22

서울을 비롯한 대도시 지역에서 2010년부터 2020년까지 10년 동안 다른 오염물질에 비해 오염 농도가 크게 감소하지 않은 대기오염물질은 어느 것인가?

㉮ 일산화탄소(CO)
㉯ 납(Pb)
㉰ 아황산가스(SO$_2$)
㉱ 이산화질소(NO$_2$)

풀이 자동차에서 배출되는 이산화질소(NO$_2$)이다.

★★ (4) N_2O(아산화질소 = 일산화이질소)

① N_2O는 일명 스마일기체(Smile gas)라고도 하며 상쾌하고 달콤한 냄새와 맛을 가진 무색의 기체이다.
★ ② N_2O는 보통 대기중에 0.5ppm 정도로 존재한다.
★★★ ③ N_2O는 대기중에 존재하는 기체상의 NO_X 중 대류권에서는 온실가스로 알려져 있고, 성층권에서는 오존층파괴물질로 알려져 있다.
④ N_2O는 보통의 대기에서는 독성이 없지만 온실효과 및 기후변화에 영향을 주는 기체이다.
★★ ⑤ N_2O의 대기중 추정체류시간은 약 20 ~ 100년 정도이다.
★ ⑥ N_2O는 대류권에서 태양에너지에 대해서 매우 안정하다.
⑦ N_2O의 발생원으로서는 특히 토양에 공급되는 과잉 비료 사용에 의한 것이 문제가 되고 있다.

Question 23

질소가스와 오존의 반응으로 형성되거나 미생물 활동에 의해 발생되고, 대류권에서는 온실가스로 성층권에서는 오존층 파괴물질로 알려져 있는 것은?

㉮ NO ㉯ NO_2 ㉰ N_2O ㉱ NH_3

정답 ㉰

(5) NH_3(암모니아)

★★ ① 지표식물(약한식물)에는 토마토, 해바라기, 메밀 등이 있다.
★ ② 성숙한 잎에서 가장 민감하다.
③ 갈색 또는 초록색으로 삶아진 형태를 나타낸다.
④ 암모니아의 독성은 HCl과 비슷한 정도이다.
⑤ 무색 자극성 가스로서 쉽게 액화하므로 액체상태로 공업분야에 많이 이용된다.
⑥ 잎에 전체적으로 영향이 나타나는 것이 특징이다.

TIP

용해도 순서
HCl > HF > NH_3 > SO_2 > Cl_2 > O_2

Question 24

25℃, 1기압에서 측정한 NO_2 농도가 $4.76mg/m^3$이다. 이 농도를 표준상태의 ppm으로 옳게 환산한 것은?

㉮ 2.24　　㉯ 2.53　　㉰ 2.72　　㉱ 2.98

풀이

$$\frac{mL}{Sm^3} = \frac{4.76mg}{m^3} \times \frac{273+25}{273} \times \frac{22.4mL}{46mg} = 2.53 mL/Sm^3 = 2.53 ppm$$

TIP

① ppm = mL/Sm^3
② NO_2 1mol $\begin{cases} 46mg \\ 22.4mL \end{cases}$
③ NO_2의 분자량 = 14+(2×16) = 46

★★ 3. CO_2(이산화탄소)

① 무색, 무미의 기체로 분자량은 44, 공기에 대한 비중은 1.53이다.
★★★ ② CO_2의 농도가 매년 계절적으로 감소를 거듭하는 이유는 식물 및 토양의 광합성 작용과 호흡작용 때문이다.
★★ ③ 대기중의 CO_2농도는 여름에 감소하고 겨울에 증가하며 북반구에서 상대적으로 CO_2 농도가 남반구보다 높다.
★★ ④ 대기중의 CO_2는 식물에 의한 흡수량보다 바다에 많은 양이 흡수된다.
(배출되는 CO_2의 50%는 대기내 축적되고 나머지 50%는 바다에 대부분 흡수되고 일부는 식물에 흡수된다.)
⑤ 대기중의 CO_2의 자연농도는 430ppm(0.043%) 정도이다.
★ ⑥ 대기중의 CO_2는 해양이나 식물에 흡수되어 대기중에서 제거되며 추정체류시간은 2~4년으로 알려져 있다.
⑦ 현재 대기중의 CO_2 농도 증가는 인위적인 방출에 의한 것이다.
★★ ⑧ 실외에서는 온실가스로 작용하고, 실내에서는 실내공기질 오염의 지표로 사용된다.
★ ⑨ CO_2는 수증기와 함께 지구온난화에 기여하는 기체로, 지구온실효과에 대한 기여도는 50% 정도로 가장 크다.
⑩ 고층대기에서 광화학적인 분해반응을 일으키는 경우를 제외하면 대류권내에서는 화학적으로 극히 안정한 편이다.
⑪ 미국 하와이 마우나로아에서 측정한 CO_2 계절별 농도는 1년을 주기로 봄·여름에는 감소하는 경향을 나타낸다.

> **TIP**
> ① 광합성 반응식 : $CO_2 + H_2O \xrightarrow[낮]{빛} [CH_2O] + O_2$
> ★★★② 대기 중 CO_2가 최소인 계절은 봄과 여름
> → 광합성 작용이 왕성하게 일어나 CO_2의 소비량이 많아진다.
> ★★★③ 대기 중 CO_2가 최대인 계절은 가을과 겨울
> → 광합성 작용이 거의 일어나지 않아 CO_2의 소비량이 거의 없다.

★★
> **TIP**
> 전 지구의 평균 지상기온은 지구가 태양으로부터 받고 있는 태양에너지와 지구가 (적외선)형태로 우주로 방출하고 있는 에너지의 균형으로부터 결정된다. 이 균형은 대기중의 (CO_2), (수증기) 등이 (적외선)을 흡수하는 기체가 큰 역할을 하고 있다.

📢 Question 25

잠재적인 대기오염물질로 취급되고 있는 물질인 이산화탄소에 대한 내용으로 틀린 것은 어느 것인가?

㉮ 지구온실효과에 대한 추정 기여도는 CO_2가 50% 정도로 가장 높다.
㉯ 대기중의 이산화탄소 농도는 북반구의 경우 계절적으로는 보통 겨울에 증가한다.
㉰ 대기중에 배출하는 이산화탄소의 약 5%가 해수에 흡수된다.
㉱ 지구 북반구의 이산화탄소의 농도가 상대적으로 높다.

풀이 ㉰ 대기중에 CO_2의 50%는 대기내 축적되고 나머지 50%는 바다에 대부분 흡수되고 일부는 식물에 흡수된다.

★★ 4. CO(일산화탄소)

★★★ ① 무색, 무미, 무취의 난용성 기체로 분자량은 28이고 공기에 대한 비중은 0.97이다.
★ ② 혈액내 Hb(헤모글로빈)과의 친화력이 산소의 210배에 달해 산소운반능력을 저하시킨다. (CO+Hb → COHb(카르복시 헤모글로빈))
★★★ ③ 가연성분의 불완전연소시나 자동차에서 많이 발생된다.
★ ④ 대기중에서 이산화탄소로 산화되기 어려우며 다른 물질에 흡착현상도 거의 나타내지 않는다.
★★★ ⑤ 물에 난용성이므로 비에 의한 영향은 거의 받지 않는다.
★ ⑥ 대기중에서 평균 체류시간은 발생량과 대기 중 평균농도로부터 1~3개월로 추정되고 있다.
⑦ CO는 2차성 스모그에 참여하지 않는다. (CO와 NH_3는 1차성 물질로만 작용)
⑧ 토양 박테리아의 활동에 의하여 이산화탄소로 산화됨으로써 대기중에서 제거된다.

⑨ 대기중에서 다른 오염물질과 유해한 화학반응을 일으키지 않는다.
★★ ⑩ 지구의 위도별로 일산화탄소의 분포는 공업이 발달한 북위 50도 부근에서 최대치를 보인다.
⑪ 지표부근이 건조대기의 조성이 부피농도로 0.06~0.2ppm이다.
⑫ CO의 자연적 발생원에는 화산폭발, 테르펜류의 산화, 클로로필의 분해 등이 있다.
⑬ 도시 대기중의 CO농도가 높은 것은 연소 등에 의한 배출량은 많은 반면, 토양 면적 등의 감소에 따라 제거능력이 감소하기 때문이다.

Question 26

일산화탄소에 대한 내용으로 틀린 것은 어느 것인가?
㉮ 인위적 주요배출원은 각종 교통수단의 엔진연료의 연소 등이다.
㉯ 자연적 발생원에는 화산폭발, 테르펜류의 산화, 클로로필의 분해, 산불 및 해수 중의 미생물 작용 등이 있다.
㉰ 토양 박테리아에 의하여 대기중에서 제거되거나 대류권 및 성층권에서 일어나는 광화학 반응에 의하여 제거되기도 한다.
㉱ 수용성이기 때문에 강우에 의한 영향이 크며 다른 물질에 흡착되어 제거되기도 한다.

풀이 ㉱ 난용성이기 때문에 강우에 의한 영향이 거의 없으며, 다른 물질에 흡착되어 제거되지 않는다.

TIP

$$\frac{[HbCO]}{[HbO_2]} = 210 \times \frac{P_{CO}}{P_{O_2}}$$

$HbCO$: 혈액 중 카르복시헤모글로빈의 평형농도
HbO_2 : 혈액 중 옥시헤모글로빈의 평형농도
P_{CO} : 흡입가스 중 CO의 분압
P_{O_2} : 흡입가스 중 O_2의 분압

Question 27

흡연시의 일산화탄소 농도가 250ppm일 때, 혈액속의 카르복시헤모글로빈(HbCO)의 평형농도는(%) 얼마인가? (단, 혈액속의 카르복시헤모글로빈(HbCO)과 옥시헤모글로빈(HbO_2)의 평형농도는 아래의 식을 이용하고, P_{CO} 및 P_{O_2}는 흡입가스 중 일산화탄소와 산소의 분압을 나타내며, 폐 속에 있는 가스의 산소함유량은 대기의 조성과 같다고 가정)

$$[HbCO] / [HbO_2] = (210)[PCO / PO_2]$$

풀이

$\dfrac{[HbCO]}{[HbO_2]} = 210 \times \dfrac{P_{CO}}{P_{O_2}}$

여기서 [HbCO] = x
　　　　[HbO_2] = 100 - x
P_{CO} = 250ppm
P_{O_2}는 21%이므로 21×10^4 ppm

따라서 $\dfrac{x}{100-x} = 210 \times \dfrac{250\text{ppm}}{21 \times 10^4 \text{ppm}}$

∴ x = 20%

TIP

① % $\xrightarrow{\times 10^4}$ ppm

② ppm $\xrightarrow{\times 10^{-4}}$ %

③ 대기중 산소의 체적비는 21%

5. HC(탄화수소)

① 탄화수소는 대기중에서 산소, 질소, 염소 및 황과 반응하여 여러 종류의 탄화수소 유도체를 생성한다.
② 포화탄화수소와 불포화탄화수소로 나뉜다.
★★ ③ 불포화탄화수소는 이중결합 또는 3중결합을 갖고 있으며 반응성이 높아 광화학반응을 일으킨다.
★ ④ 탄화수소는 인위적인 발생량에 비해 자연적인 발생량이 많으며, 탄광이나 유전의 천연가스 등에서 발생한다. (인위적인 발생량은 전체의 1% 정도)
★★ ⑤ 대기환경중에서 탄화수소는 기체, 액체 또는 고체로 존재하는데 탄소수가 5개 이상인 것은 액체 또는 고체로 존재한다.
⑥ 파라핀계 탄화수소는 NO_X와 SO_2가 존재하여도 aerosol을 거의 형성시키지 않는다.
★ ⑦ 메탄의 지표부근 배경농도는 약 1.5ppm이다.

TIP

- 파라핀계 : C_nH_{2n+2}
- 나프텐계(포화) : C_nH_{2n}
- 올레핀계(불포화) : C_nH_{2n}
- 방향족계 : C_nH_{2n-6}
- 알카인(alkyne)계 : C_nH_{2n-2}

(1) 올레핀계 탄화수소

① 올레핀계 탄화수소는 C_nH_{2n}의 화학식을 가지며 C_2H_4, C_4H_8 등이 있다.

★★★ ② 올레핀계 탄화수소는 광화학스모그에 적극 반응하는 물질이다.

★ ③ 올레핀계 탄화수소 중 발암성 물질은 3,4-벤조피렌이다.

★★ ④ 탄화수소류 중에서 이중결합을 가진 올레핀 화합물은 포화탄화수소나 방향족 탄화수소보다 대기중에서의 반응성이 크다.

⑤ 대기중의 질소산화물은 광화학반응을 하여 Los Angeles형 스모그를 형성할 때 올레핀계 탄화수소가 촉매역할을 한다.

Question 28

대기내 질소산화물(NO_X)이 LA 스모그와 같이 광화학반응을 할 때, 다음 중 어떤 탄화수소가 주된 역할을 하는가?

㉮ 파라핀계 탄화수소   ㉯ 메탄계 탄화수소
㉰ 올레핀계 탄화수소   ㉱ 프로판계 탄화수소

정답 ㉰

TIP

벤조피렌

대표적인 발암성 물질로 환경 호르몬으로 알려져 있으며, 연소과정에서 생성되며, 숯불에 구운 쇠고기 등 가열로 검게 탄 식품, 담배연기, 자동차 배기가스, 석탄 타르 등에 포함되어 있다.

(2) 다환방향족탄화수소(PAH)

① 대부분 공기역학적 직경이 2.5μm 미만인 입자성 물질이다.
② 석탄, 기름, 쓰레기 또는 각종 유기물질의 불완전 연소가 일어나는 동안에 형성된 화학물질 그룹을 말한다.
③ 고리형태를 갖고 있는 방향족 탄화수소로 미량으로도 암 및 돌연변이를 유발할 수 있으며 일반적으로 대기환경내로 방출되면 수개월에서 수년동안 존재한다.
★★ ④ 물에 쉽게 용해되지 않으므로 강우정도에 따른 영향이 적고 쉽게 휘발하여 토양오염의 원인이 된다.
⑤ 고농도의 PAH는 지방분을 포함하는 모든 신체조직에 유입되어 간, 신장 등에 축적된다.

Question 29

다음 중 다환 방향족 탄화수소(Poly cyclic Aromatic Hydrocarbons, PAH)에 관한 설명으로 가장 거리가 먼 것은?

㉮ 석탄, 기름, 가스, 쓰레기, 각종 유기물질의 불완전 연소가 일어나는 동안에 형성된 화학물질 그룹이다.
㉯ 대부분 공기역학적 직경이 2.5μm 미만인 입자상 물질이다.
㉰ 대부분 PAH는 물에 잘 용해되며, 산성비의 주요 원인물질로 작용한다.
㉱ 고리형태를 갖고 있는 방향족 탄화수소로서 미량으로도 암 및 돌연변이를 일으킬 수 있다.

풀이 ㉰ 대부분 PAH는 물에 거의 용해되지 않으므로 산성비의 주요 원인물질로 작용하지 않는다.

(3) 할로겐 탄화수소류(Halogenated hydrocarbon)

① 할로겐화 탄화수소의 독성은 화합물에 따라 차이는 있으나 다발성이며 중독성이다.
② 대부분의 할로겐화 탄화수소 화합물은 중추신경계 억제작용과 점막에 대한 중등도의 자극효과를 가진다.
③ 사염화탄소는 가열하면 포스겐이나 염소로 분해되며 신장장애를 유발하며 간에 대한 독성이 심하다.
★★ ④ 탄화수소 화합물 중 수소원자가 할로겐원소로 치환된 것으로 불연성이며 화학반응성이 낮고 독성이 적다.

> **TIP**
>
> 대류권에서 자연적 오존은 질소산화물과 식물에서 방출된 탄화수소의 광화학반응으로 생성된다. 식물로부터 배출되는 탄화수소의 한 예로서 (테르펜)은 소나무에서 생기며, 소나무향을 가진다.

Question 30

고속도로상의 교통밀도가 20,000대/hr이고, 차량의 평균 속도가 100km/hr이다. 차량 한 대의 탄화수소의 배출량이 0.05g/s·대 일 때, 고속도로에서 방출되는 탄화수소의 총량은 몇 g/s·m인가?

㉮ 10^{-1} ㉯ 10^{-2} ㉰ 10^{-3} ㉱ 10^{-4}

풀이 단위환산으로 풀이한다.

$$\text{탄화수소량}(g/sec \cdot m) = \frac{0.05g}{sec \cdot 대} \times \frac{20,000대}{1hr} \times \frac{1hr}{100km} \times \frac{1km}{10^3 m} = 0.01 g/sec \cdot m = 10^{-2} g/sec \cdot m$$

6. 불소(플루오로) 및 그 화합물

★ ① 불소는 자연계에 단체로 존재하지 않으며, 형석, 빙정석, 인광석에 존재한다.
　② 불소를 적당히 섭취하면 충치예방에 효과적이나 다량 섭취할 경우 반상치의 원인이 된다.
　③ HF는 물에 대한 용해도가 크다.
★★★ ④ 불소의 배출공업으로는 알루미늄공업, 유리공업, 요업공업, 화학비료공업 등이 있다.
★ ⑤ HF는 잎의 끝(선단)으로 침입하여 세포를 파괴한다.
　⑥ HF는 SO_2와 더불어 식물의 성분분석으로 대기오염도를 파악할 수 있는 물질이다.
★★★ ⑦ HF는 적은 농도에서 피해를 주며 주로 어린잎(새싹)에 민감하며, 잎의 끝 또는 가장자리가 탄다.
　⑧ HF는 식물의 잎을 주로 갈색으로 변색시킨다.
★★★ ⑨ 지표식물(약한식물)로는 옥수수, 자두, 메밀, 글라디올러스 등이다.
★★ ⑩ 강한식물로는 담배, 목화, 고추 등이 있다.
　⑪ 반응성이 풍부하므로 단분자로는 거의 존재하지 않는다.
★ ⑫ HF는 대기오염물질 중에서 고등식물에 대한 독성이 가장 크다.
　　($HF > Cl_2 > SO_2 > NO_2$)
　⑬ 불소 및 그 화합물은 알루미늄의 전해공장이나 인산비료 공장에서 HF 또는 SiF_4 형태로 배출된다.

TIP

비점이 19℃ 정도이고, 코를 찌르는 자극성 취기를 나타내며, 온도에 따라 액체나 기체로 존재하는 무색의 부식성 독성물질이다. 석유, 알루미늄, 플라스틱, 염료 등의 산업장에서 촉매제로 널리 이용되는 것이 Hydrogen fluoride(HF)이다.

> **Question 31**
>
> 다음 중 불소(플루오로) 및 그 화합물의 배출 및 피해에 관한 설명으로 가장 거리가 먼 것은?
>
> ㉮ 적은 농도에서도 피해를 주며, 특히 어린잎에 현저하다.
> ㉯ 지표식물로는 자주개나리, 목화, 시금치 등이다.
> ㉰ 주로 잎의 끝이나 가장자리의 발육부진이 두드러진다.
> ㉱ 불소 및 그 화합물은 알루미늄의 전해공장이나 인산비료 공장에서 HF 또는 SiF_4 형태로 배출된다.
>
> **풀이** ㉯ 지표식물로는 옥수수, 자두, 메밀, 글라디올러스 등이다.

7. HCN(시안화수소 = 사이안화수소)

① 가연성이며 수용성으로 분자량은 27이다.
② 무색 투명한 액체로 복숭아씨 냄새 비슷한 자극취를 내며, 비중은 0.7 정도이다.

8. C_6H_6(벤젠)

★ ① 만성장해로 조혈기능장해를 유발시킨다.
② 체내 흡수는 대부분 호흡기를 통하여 이루어진다.
★★ ③ 체내에 흡수된 벤젠은 풍부한 피하조직과 골수에서 고농도로 축적되어 오래 잔존할 수 있다.
★ ④ 비점은 약 80℃ 정도이고, 체내 흡수는 대부분 호흡기를 통하여 이루어진다.
⑤ 벤젠 폭로에 의해 발생되는 백혈병은 주로 급성 골수아성 백혈병이다.

9. $COCl_2$(포스겐)

★★ ① 독특한 풀냄새가 나는 무색(시판용품은 담황녹색)의 기체(액화가스)로 끓는점은 약 8℃이다.
★ ② 건조상태에서는 부식성이 없으나, 수분이 존재하면 가수분해되어 금속을 부식시킨다.
③ 수중에서 재빨리 염산으로 분해되어 거의 급성 전구증상이 없이 치사량을 흡입할 수 있으므로 매우 위험하다.
★★ ④ 화학적 반응성이 크고, 독성이 매우 큰 무색의 기체이다.

> **Question 32**
>
> 다음은 어떤 대기오염물질에 대한 설명인가?
>
> - 독특한 풀냄새가 나는 무색(시판용품은 담황녹색)의 기체(액화가스)로 끓는점은 약 8℃ 이다.
> - 건조상태에서는 부식성이 없으나, 수분이 존재하면 가수분해되어 금속을 부식시킨다.
>
> ㉮ $Pb(C_2H_5)_4$ ㉯ H_2S ㉰ HCN ㉱ $COCl_2$
>
> **정답** ㉱

10. Be(베릴륨)

① 매우 가벼운 금속으로 높은 장력을 가지고 있으며 회색빛이 난다.
② 베릴륨 합금은 전기 및 열의 전도성이 크며, 마모와 부식에 강하다.
★ ③ 흡입, 섭취 혹은 피부접촉으로는 거의 흡수되지 않으며, 폐에 잔존할 수 있고, 뼈, 간, 비장에 침착될 수 있고, 신배설은 느리고 다양하며, 폭로되지 않은 사람에게서는 검출되지 않으므로 우선 폭로를 확진할 수 있다.

11. Se(셀레늄)

① 셀레늄은 금속양원소로서 화성암, 퇴적암, 황과 구리를 함유한 무기질 광석에 많이 분포한다.
② 상업용 셀레늄은 주로 구리의 전기분해 정련시 찌꺼기로부터 추출된다.
③ 인체에 필수적인 원소로서 적혈구가 산화됨으로써 일어나는 손상을 예방하는 글루타티온과산화 효소의 보조인자 역할을 한다.
★★ ④ 생체내에 미량존재함으로써 생물의 생존에 필수적인 요소로서 당 대사과정에서의 탈탄산반응에 관여하는 동시에 비타민 E의 증가나 지방분 감소에도 효과가 있으며 특히 As의 길항체로서도 관여한다.
★★ ⑤ 인체폭로시 숨을 쉴때나 땀을 흘릴때 마늘냄새가 나며 만성적인 공기중 폭로시 결막염을 일으키는데 이를 "rose eye"라고 부른다.
⑥ 주로 폐, 위장관 혹은 손상된 피부를 통해 흡수되고, 간에서 유기 셀레늄의 형태로 대사되어진다.

★★ 12. 다이옥신

(1) 다이옥신의 특징

① PCB(유기염소계 화합물)의 부분산화 또는 불완전연소에 의하여 생성된다.
★ ② 2,3,7,8-TCDD(Tetrachloro Dibenzo para Dioxin)는 가장 유해한 다이옥신으로 표준상태에서 증기압이 매우 낮은 고형화합물이다.
★★ ③ 다이옥신이 고온에서 완전연소될 때 완전분해된다고 하더라도 연소후 연소가스의 배출시 저온(300~400℃)에서 재생성이 활발하다.
★★★ ④ 유해폐기물을 소각할때보다 도시폐기물을 소각할 때 다이옥신의 배출량이 훨씬 많다.
⑤ 300℃ 까지 열적으로 안정하며 700℃ 이상에서 열분해한다.
★★ ⑥ 다이옥신류에는 크게 PCDD는 75개, PCDF는 135개의 이성질체를 가진다.
★★ ⑦ 열적안정, 낮은 증기압, 낮은 수용성을 갖는 고형화합물로 토양 등에 흡수된다.
★★ ⑧ 다이옥신의 주요 구성요소는 두개의 산소, 두개의 벤젠, 두개 이상의 염소이다.
⑨ 유기성 고체물질로서 용출실험에 의해서도 거의 추출되지 않는 특징을 가지고 있다.
★ ⑩ 다이옥신의 광분해에 가장 효과적인 파장범위는 250~340nm이다.

(2) 다이옥신의 구조

① PCDD   ② PCDF

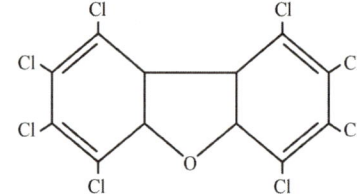

Question 33

다음 중 다이옥신에 대한 내용으로 틀린 것은 어느 것인가?
㉮ 가장 유독한 다이옥신은 2,3,7,8-tetrachlorodibenzo-para-dioxin으로 알려져 있다.
㉯ PCDF계는 75개, PCDD계는 135개의 동족체가 존재한다.
㉰ 벤젠 등에 용해되는 지용성으로서 열적 안정성이 좋다.
㉱ 유기성 고체물질로서 용출실험에 의해서도 거의 추출되지 않는 특징을 가지고 있다.

풀이 ㉯ PCDF계는 135개, PCDD계는 75개의 이성질체가 존재한다.

05 중금속 물질

1. Cr(크롬)

① 만성중독은 코, 폐 및 위장의 점막에 병변을 일으킨다.
★★ ② 피혁공업, 염색공업, 시멘트 제조업 등에서 발생되며 호흡기 또는 피부를 통하여 체내로 유입된다.
③ 단단하면서 부서지기 쉬운 회색금속으로 여러 형태의 산화화합물로 존재하며, 그 독성은 원자상태에 따라 달라진다.
★★ ④ 생체에 필수적인 금속으로서 결핍시는 인슐린의 저하로 인한 것과 같은 탄수화물의 대사장애를 일으킨다.
⑤ 저농도에서는 염증과 궤양을 일으키기도 한다.

Question 34

다음은 대기오염물질에 관한 설명이다. ( ) 안에 공통으로 들어갈 가장 알맞은 것은?

( )은(는) 단단하면서 부서지기 쉬운 회색금속으로 여러 형태의 산화 화합물로 존재하며, 그 독성은 원자상태에 따라 달라진다. ( )은(는) 생체에 필수적인 금속으로서 결핍시는 인슐린의 저하로 인한 것과 같은 탄수화물의 대사 장애를 일으킨다. 저농도에서는 염증과 궤양을 일으키기도 한다.

㉮ 크롬 ㉯ 코발트 ㉰ 비소 ㉱ 바나듐

정답 ㉮

2. Cd(카드뮴)

① 산화카드뮴이나 황산카드뮴으로 존재하고 아연정련, 카드뮴 축전지, 전기도금공장 등에서 주로 배출된다.
★★ ② 이따이이따이병의 원인이다.
③ 발생공업은 아연정련공업, 도금공업, 합금공업, 안료공업 등이다.
★★ ④ 아연광석의 채광이나 제련과정에서 부산물로 생성되며, 내식성이 강하다. 주로 호흡기나 소화기를 통해 인체에 흡수되고, 만성 폭로시 가장 흔한 증상은 단백뇨이고, 신장과 간장에 축적되며 그 배설은 느리다.

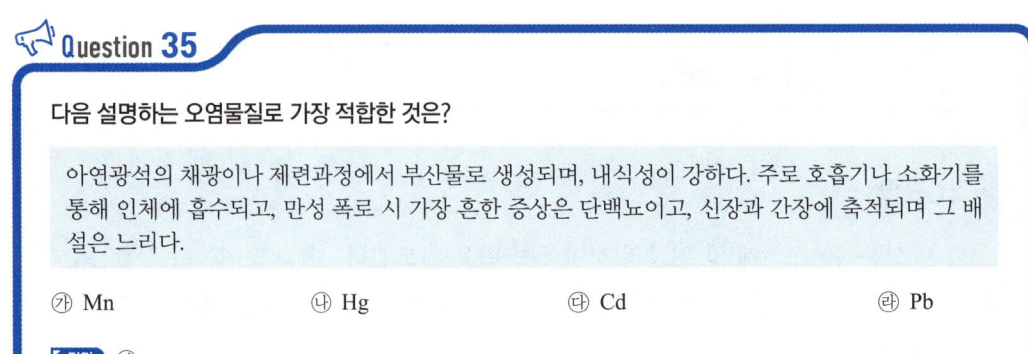

3. Pb(납)

① 부드러운 청회색의 금속으로 고밀도와 내식성이 강하다.
② 소화기로 섭취된 이 물질은 입자의 크기에 따라 다르지만 약 10% 정도만이 소장에서 흡수되고 나머지는 대변으로 배출된다.
★★ ③ 세포내에서 이 물질은 SH기와 결합하여 헴(heme)합성에 관여하는 효소를 포함한 여러 세포의 효소작용을 방해한다.
④ 만성중독시에는 혈중 프로토폴피린이 현저하게 증가한다.
★ ⑤ 건전지 및 축전지, 인쇄, 크레용, 에나멜, 페인트, 고무가공, 도가니공업, 가솔린 자동차 등에서 발생한다.

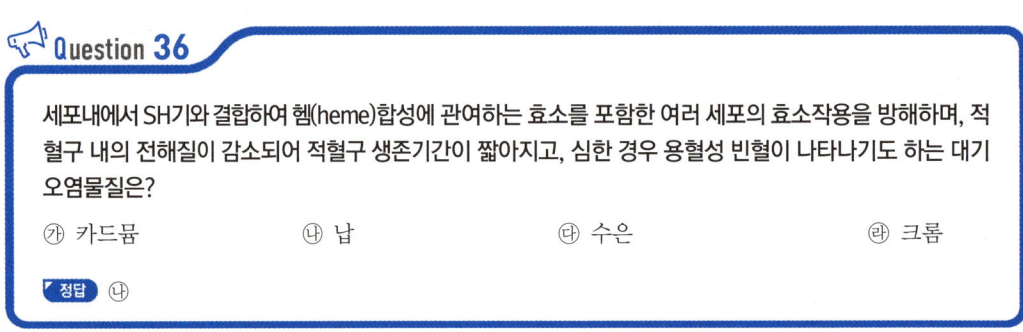

4. Hg(수은)

★★ ① 증기 또는 먼지의 형태로 대기중에 배출되고 미량으로도 인체에 영향을 미치며 널리 알려진 피해는 유기수은에 의한 미나마타병이다.
② 발생공업은 제련, 살충제, 온도계, 압력계 제조업이다.

③ 금속수은은 수은증기를 흡입하면 대부분 흡수나 경구 섭취시에는 소구를 형성하므로 위장관으로는 잘 흡수되지 않는다.

5. As(비소)

① 안료, 색소, 의약품, 농약 등 제조공업에 이용되고 그 발생원으로는 화학공업, 유리공업, 피혁상 과수원의 분무작업이다.
★★ ② 인체 피해는 피부암, 비중격천공, 안검부종, 비카타르, 색소침착, 손·발바닥의 각화, 탈모 등을 유발하는 물질이다.
③ 비소는 혈관내 용혈을 일으키며 두통, 오심, 흉부 압박감을 호소하기도 하며 10ppm 정도에 폭로되면 혼미, 혼수, 사망에 이른다.
★ ④ 대표적 3대 증상으로는 복통, 황달, 빈뇨 등이다.
⑤ 급성중독일 경우 활성탄과 하제를 투여하고 구토를 유발시켜야 한다.

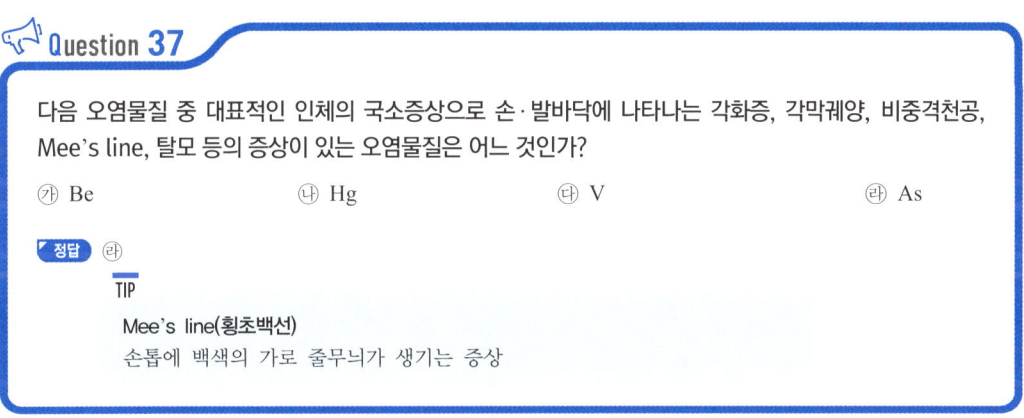

Question 37

다음 오염물질 중 대표적인 인체의 국소증상으로 손·발바닥에 나타나는 각화증, 각막궤양, 비중격천공, Mee's line, 탈모 등의 증상이 있는 오염물질은 어느 것인가?

㉮ Be   ㉯ Hg   ㉰ V   ㉱ As

정답 ㉱

TIP
Mee's line(횡초백선)
손톱에 백색의 가로 줄무늬가 생기는 증상

6. V(바나듐)

① 주로 화석연료, 특히 석탄 및 중유에 많이 포함되어 있고, 코·눈·인후의 자극을 동반하여 격심한 기침을 유발하는 중금속물질이다.
★★ ② 인체에서 콜레스테롤, 인지질 및 지방분의 합성을 저해하거나 기타 다른 영양물질의 대사장해를 일으키는 중금속물질이다.
③ 급성폭로시 다량의 눈물이 나는 등의 증상을 일으키며 폐렴이 생길 수 있다.
★★ ④ 만성폭로시 설태가 끼이며, 혈장 콜레스테롤치가 저하된다
⑤ 폐기능 검사상 폐쇄성 양상을 나타낸다.

Question 38

다음 중 인체내에서 콜레스테롤, 인지질 및 지방분의 합성을 저해하거나 기타 다른 영양 물질의 대사장애를 일으키며, 만성폭로시 설태가 끼는 대기오염물질은 어느 것인가?

㉮ Se   ㉯ Ti   ㉰ V   ㉱ Al

정답 ㉰

7. Mn(망간)

① 이 물질의 직업성 폭로는 철강제조에서 아주 많으며, 알루미늄, 마그네슘, 구리와의 합금제조 등에서도 흔한 편이다.

② 이 흄에 급성폭로되면 열, 오한, 호흡 곤란 등의 증상을 특징으로 하는 금속열을 일으키나 자연히 치유된다.

③ 만성폭로가 계속 되면 파킨슨 증후군과 거의 비슷한 증후군으로 진전되어 말이 느리고 단조로워진다.

CHAPTER 02 광화학 오염

01 오염물질의 종류

★★ 1. 오염물질의 발생경로

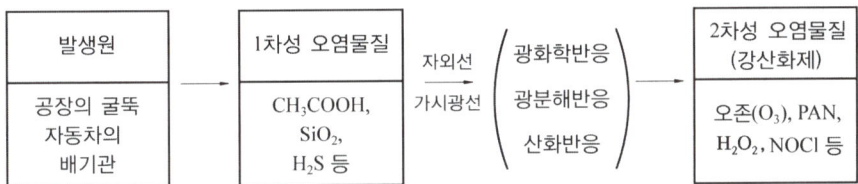

2. 오염물질의 종류

★★ (1) 1차성 오염물질

발생원에서 대기중으로 방출되어 대기를 직접 오염시키는 물질로서 H_2S, SiO_2, CH_3COOH, C_6H_5OH, $NaOH$, $NaCl$, SO_2, NH_3, NO, Cl_2, CO 등이 있다.

Question 01

다음 대기오염물질 중 바닷물의 물보라 등이 배출원이며, 1차 오염물질에 해당하는 것은?

㉮ N_2O_3
㉯ 알데하이드
㉰ HCN
㉱ NaCl

정답 ㉱

★★★ (2) 2차성 오염물질

대기중으로 방출된 1차성 오염물질이 광화학반응이나 광분해반응 및 산화반응을 통해서 형성되는 물질로서 O_3, PAN($CH_3COOONO_2$), 아크로레인(CH_2CHCHO), NOCl, H_2O_2, CO-케톤 등이 있다.

Question 02

광화학반응으로 생성된 광화학 산화제(photochemical oxidants)에 해당하지 않는 것은?

㉮ Ozone
㉯ PAN(Peroxyacetyl nitrate)
㉰ Hydrogen peroxide
㉱ Hydrogen chloride

풀이 ㉱ HCl은 1차성 오염물질에 해당한다.

★★ (3) 1, 2차성 오염물질

발생원에서 대기중으로 직접 배출될 수도 있고, 배출된 물질이 광화학반응을 통해서 형성되는 물질로서 SO_3, NO_2, HCHO, 케톤 등이 있다.

Question 03

다음 중 1, 2차 대기오염물질 모두에 해당하는 것은?

㉮ O_3 ㉯ PAN ㉰ CO ㉱ Aldehydes

풀이 1, 2차성 대기오염물질의 종류에는 SO_3, NO_2, HCHO 등이므로 정답은 ㉱번이다.

02 광화학반응

★★ 1. 광화학반응의 3대요소

① 질소산화물(NO_X) : 주로 NO와 NO_2이다.
② 탄화수소 : 올레핀계 탄화수소(C_nH_{2n})이다.
③ 빛 : 자외선과 가시광선이며 주로 자외선이 참여한다.

> **Question 04**
>
> 광화학적 스모그(smog)의 3대 주요 원인요소로 틀린 것은 어느 것인가?
> ㉮ 아황산가스   ㉯ 자외선
> ㉰ 올레핀계 탄화수소   ㉱ 질소산화물
>
> **정답** ㉮

★★★ 2. 광화학반응의 특징

① NO_2는 도시 대기오염물질중에서 가장 중요한 태양빛 흡수기체로서 파장이 420nm 이상의 가시광선에 의하여 광분해한다.

★★ ② 오존은 200 ~ 300nm의 파장에서 강한 흡수가 450 ~ 700nm에서는 약한 흡수가 일어난다.

③ 광화학스모그는 맑은날 자외선의 강도가 클수록 잘 발생한다.

★ ④ 대기중의 광화학반응에서 탄화수소를 주로 공격하는 화학종은 OH기이다.

⑤ 성층권의 오존층이 대부분의 자외선을 차단한 후 대류권으로 들어오는 태양빛의 파장은 280nm 이상의 파장이다.

★ ⑥ 케톤은 파장 300 ~ 700nm에서 약한 흡수를 하여 광분해한다.

★ ⑦ 알데하이드(RCHO)는 파장 313nm 이하에서 광분해한다.

⑧ 대기중에서의 오존농도는 보통 NO_2로 산화되는 NO의 양에 비례하여 증가한다.

★★ ⑨ NO에서 NO_2로의 산화가 거의 완료되고, NO_2가 최고농도에 달하면서 O_3가 증가되기 시작한다.

⑩ NO 광산화율이란 탄화수소에 의하여 NO가 NO_2로 산화되는 율을 뜻하며, PPb/min의 단위로 표현한다.

⑪ 과산화기가 산소와 반응하여 오존이 생성될 수도 있다.

★★ ⑫ 대기중에 NO가 존재하면 O_3은 NO_2와 O_2로 되돌아가므로 O_3는 축적되지 않고 대기중 O_3은 증가하지 않는다.

⑬ 미국 로스앤젤레스에서 시작하여 최근에는 자동차 운행이 많은 대도시지역에서 발생되고 있다.

★★ ⑭ 일사량이 크고 대기가 안정되어 있을 때 잘 발생된다.

★★ ⑮ 광화학산화물인 오존의 농도는 아침에 서서히 증가하기 시작하여 일사량이 최대인 오후에 최대가 되고 다시 감소한다.

⑯ 질소산화물과 올레핀계 탄화수소 등이 원인물질로 작용했다.

★★ ⑰ SO_2는 파장 280 ~ 290nm에서 강한 흡수가 일어나지만 대류권에서는 광분해반응이

일어나지 않는다.
★★ ⑱ 알데하이드는 O_3 생성에 앞서 반응초기부터 생성되며 탄화수소의 감소에 대응한다.

> **Question 05**
>
> 광화학 반응시 하루 중 오염물질의 일반적인 농도변화와 관련된 설명으로 틀린 것은 어느 것인가?
> ㉮ 알데하이드는 대체적으로 오전 중에 감소경향을 나타내다가 오후가 되면서 오존과 더불어 서서히 증가한다.
> ㉯ 탄화수소 중에서 오존을 잘 형성시키는 것은 diolefins, olefins, aldehydes, alcohols 등이다.
> ㉰ NO_2는 오존의 농도가 최대에 도달할 때 통상적으로 아주 적게 생성된다.
> ㉱ NO와 탄화수소의 반응에 의해 NO_2는 오전 7시경을 전후로 해서 상당한 율로 발생하기 시작한다.
>
> **풀이** ㉮ 알데하이드는 O_3 생성에 앞서 반응초기부터 생성되며 탄화수소의 감소에 대응한다.

3. 광화학스모그 발생시 산화물의 농도에 미치는 인자

① 반응물의 양
② 빛의 강도
③ 대기의 안정도
④ 빛의 지속시간

4. 광화학반응의 그림 정리

★★ ① 탄화수소가 존재하지 않는 경우, NO_2의 광화학 싸이클(Photolytic cycle)

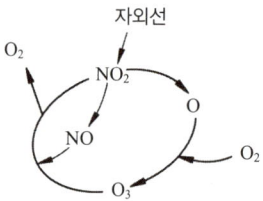

★★ ② 자동차 배출가스를 Air chamber에 넣고 자외선을 쪼였을 때 발생되는 가스의 농도변화

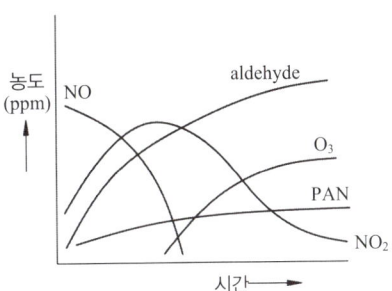

★★ ③ 오전 6시 ~ 8시 사이에는 자동차에서 배출되는 NO_X와 탄화수소 농도가 최대이고 오후 12시 ~ 2시 사이에는 광화학반응에 의해 O_3, 알데하이드의 농도가 최대이다.

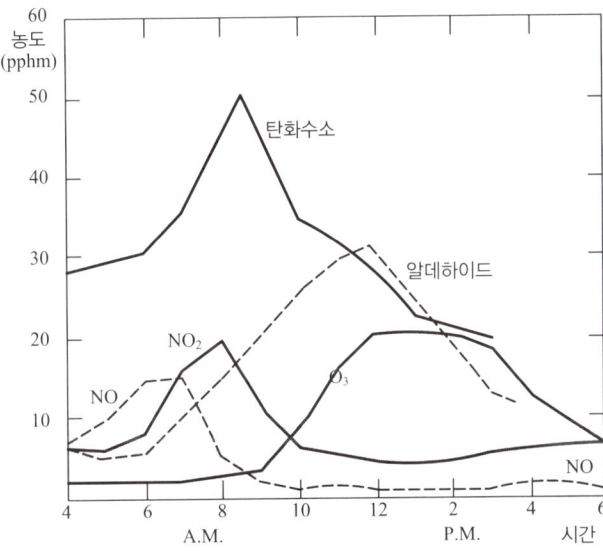

④ 낮 12시 부근에서는 광화학반응이 왕성하게 일어나 2차성 오염물질인 PAN, O_3, NO_2 등의 농도가 최대가 된다.

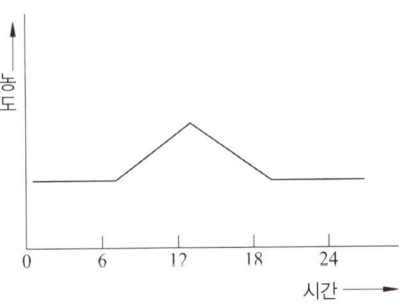

03 광화학 오염물질

★★ 1. 오존(O_3)

(1) 오존의 특징

★ ① 무색, 무미, 해초 냄새를 가진 강산화성 물질이며 분자량은 48, 비중은 1.658 이다.
② 대류권의 오존은 국지적인 광화학 스모그로 생성된 옥시단트의 지표물질이다.
★ ③ 대기 중 오존은 온실가스로 작용한다.
★★ ④ 오염된 대기 중의 오존은 LA 스모그 사건에서 처음 확인되었다.
★★★ ⑤ 대기 중에서 오존의 배경농도는 0.01 ~ 0.02ppm 정도이며 청정지역에서 오존농도의 일 변화는 크지 않지만 대도시 지역에서는 오존농도의 일변화가 매우 크다.
⑥ 오존은 타이어나 고무절연제 등 고무제품에 균열을 일으키는 물질이다.
⑦ 오존은 대기 중에서 야간에 NO_2와 반응하여 소멸된다.
⑧ 오존은 태양빛, 자동차 배출원인 질소산화물과 휘발성유기화합물 등에 의해 일어나는 복잡한 광화학반응으로 생성된다.
★★ ⑨ 눈을 자극하고 폐수종과 폐충혈 등을 유발시키며 섬모운동의 기능장애를 일으킨다.
⑩ 실내냄새 제거제로 사용한다.

📢 Question 06

오존에 대한 내용으로 틀린 것은 어느 것인가? (단, 대류권 내 존재하는 오존 기준)

㉮ 보통 지표오존의 배경농도는 1 ~ 2ppm 범위이다.
㉯ 오존은 태양빛, 자동차 배출원인 질소산화물과 휘발성유기화합물 등에 의해 일어나는 복잡한 광화학반응으로 생성된다.
㉰ 오염된 대기중에서 오존농도에 영향을 주는 것은 태양빛의 강도, NO_2/NO의 비, 반응성 탄화수소 농도 등이다.
㉱ 국지적인 광화학스모그로 생성된 Oxidant의 지표물질이다.

풀이 ㉮ 보통 지표오존의 배경농도는 0.01 ~ 0.02ppm 범위이다.

(2) 오존이 인체에 미치는 영향

★ ① 인체에 DNA와 RNA에 작용하여 유전인자에 변화를 일으킬 수 있다.
② 오존은 섬모운동의 기능장애를 일으키며, 염색체 이상이나 적혈구의 노화를 초래하기도 한다.

③ PAN과 O_3이 공존하면 코와 목에 통증을 유발하며 폐의 수축을 초래한다.

(3) 오존이 식물에 미치는 영향

★ ① 잎 상부 표면에 담홍색(또는 적갈색) 반점이 생기고 침엽수의 경우 잎의 끝부분이 갈색으로 변하고 흑반점이 일어난다.
★★ ② 지표식물(약한식물)은 담배(연초), 시금치, 자주개나리(알팔파), 토마토, 백송 등이 있다.
③ 강한 식물은 사과, 해바라기, 양배추, 국화 등이 있다.

Question 07

다음 식물 중 오존에 대해 가장 예민하고 피해가 커서 지표식물로 이용되는 것은 어느 것인가?

㉮ 목화 ㉯ 상추
㉰ 담배 ㉱ 블루그래스

정답 ㉰

Question 08

체적이 100m³인 복사실의 공간에서 오존(O_3)의 배출량이 분당 0.4mg인 복사기를 연속사용하고 있다. 복사기 사용 전의 실내오존(O_3)의 농도가 0.2ppm이라고 할 때 3시간 사용 후 오존농도는 몇 ppb인가? (단, 환기가 되지 않음, 0℃, 1기압 기준으로 하며, 기타조건은 고려하지 않음)

㉮ 260 ㉯ 380
㉰ 420 ㉱ 536

풀이

① 복사기 사용 후 오존농도(ppm) = $\frac{0.4\text{mg/min}}{100\text{m}^3} \times \frac{60\text{min}}{1\text{hr}} \times 3\text{hr} \times \frac{22.4\text{mL}}{48\text{mg}} = 0.336\text{ppm}$

② 복사기 사용 전 오존농도 = 0.2ppm
③ 총 오존농도 = 0.336ppm + 0.2ppm = 0.536ppm
④ ppb = 0.536ppm × 10^3 = 536ppb

TIP
① ppm = mL/Sm³
② ppb = μL/Sm³
③ ppm $\xrightarrow{\times 10^3}$ ppb
④ 오존(O_3)의 분자량 = 3×16 = 48
⑤ O_3 1mol $\begin{cases} 48\text{mg} \\ 22.4\text{mL} \end{cases}$

2. PAN($CH_3COOONO_2$)

(1) PAN의 특징

① PAN은 Peroxy acetyl Nitrate의 약자이다.
② 생성반응식은 $CH_3COOO + NO_2 \rightarrow CH_3COOONO_2$이다.
③ 무색, 무미이며 분자량은 121이다.
④ 빛을 분산시켜 가시거리를 단축시킨다.
⑤ 하루 중 PAN의 농도는 한낮에 최고로 된다.
⑥ $CH_3 - \overset{\overset{O}{\|}}{C} - O - O - NO_2$

(2) PAN이 인체에 미치는 영향

★ 눈에 통증을 유발한다.

(3) PAN이 식물에 미치는 영향

① 증상은 유리화, 은백색, 광택화를 나타낸다.
② 피해 성숙도는 어린잎에 민감하다.
③ 피해부분은 해면의 연조직이 대부분이다.
④ 식물의 영향은 잎의 밑부분이 은동색 또는 청동색이 되고 생활력이 왕성한 초엽에 피해가 크다.
⑤ 식물의 잎의 밑부분이 은색 내지 청동색이 되고 점차 퍼져 윗 부분에 흑반병을 발생시킨다.
⑥ 지표식물은 강낭콩, 시금치 등이다.
⑦ 강한식물은 사과나무, 옥수수, 무 등이다.

📢 Question 09

PAN에 관한 설명으로 가장 거리가 먼 것은?

㉮ 황산화물의 일종으로 빛을 흡수시켜 가시거리를 단축시킨다.
㉯ 산화제 역할을 한다.
㉰ 대기 중 탄화수소로부터의 광화학반응으로 생성된다.
㉱ 사람의 눈에 통증을 일으키며 생활력이 왕성한 초엽(初葉)에 피해가 크다.

풀이 ㉮ 질소산화물의 일종으로 빛을 분산시켜 가시거리를 단축시킨다.

3. PB$_Z$N

① PB$_Z$N은 Peroxy Benzonyl Nitrate의 약자이다.
★★ ② PAN(CH$_3$COOONO$_2$)보다 눈에 자극성이 100배 정도 크다.
③ PB$_Z$N의 화학식은 C$_6$H$_5$COOONO$_2$ 이다.
★★ ④
$$C_6H_5 - \overset{\overset{O}{\|}}{C} - O - O - NO_2$$

4. PPN

① PPN은 Peroxy Propionyl Nitrate의 약자이다.
② PPN의 화학식은 C$_2$H$_5$COOONO$_2$ 이다.
★ ③
$$C_2H_5 - \overset{\overset{O}{\|}}{C} - O - O - NO_2$$

Question 10

다음 중 PBzN(Peroxybenzoyl nitrate)의 구조식을 옳게 나타낸 것은?

㉮ $C_6H_5 - \overset{\overset{O}{\|}}{C} - O - O - NO_2$

㉯ $CH_3 - \overset{\overset{O}{\|}}{C} - O - O - NO_2$

㉰ $C_2H_5 - \overset{\overset{O}{\|}}{C} - O - O - NO_2$

㉱ $C_4H_8 - \overset{\overset{O}{\|}}{C} - O - O - NO_2$

풀이
㉮ PB$_Z$N(Peroxy Benzonyl Nitrate)
㉯ PAN(Peroxy Acetyl Nitrate)
㉰ PPN(Peroxy Propionyl Nitrate)

CHAPTER 03 오염물질의 배출원 및 대기오염현상

01 대기오염물질의 배출원

① 벤젠(C_6H_6) : 석유정제, 피혁제조, 도장공업, 살충제, 수지공업, 포르말린 제조
② 시안화수소(HCN) : 청산제조공업, 제철공업, 화학공업, 가스공업
③ 카드뮴(Cd) : 아연정련공업(아연소결로), 합금공업, 도금공업, 안료공업
④ 폼알데하이드(HCHO) : 합성수지, 포르말린 제조공업, 피혁공장
⑤ 황화수소(H_2S) : 암모니아공업, 석유화학공업, 펄프공업, 가스공업, 석탄건류
⑥ 불화수소(HF) : 화학비료공업(인산비료공업), 알루미늄공업, 요업공업, 유리공업
⑦ 염화수소(HCl) : 소다공업, 활성탄제조, 금속제련, 플라스틱공업, 염산제조
⑧ 염소(Cl_2) : 농약제조, 화학공업, 소다공업
⑨ 브롬(= 브로민)(Br_2) : 염료, 의약품, 농약제조
⑩ 페놀(C_6H_5OH) : 합성수지, 도장, 타르, 염료공업, 화학공업
⑪ 니켈(Ni) : 석유화학, 석탄화력발전소, 석면제조
⑫ 비소(As) : 안료, 화학, 농약, 의약품
⑬ 아황산가스(SO_2) : 중유와 석탄 등 화석연료 사용공장, 제련소, 펄프제조공업, 용광로
⑭ 질소산화물(NO_X) : 내연기관, 폭약, 비료제조업, 필름제조업
⑮ 암모니아(NH_3) : 도금공업, 냉동공업, 비료공장, 표백, 색소제조공장
⑯ 크롬(Cr) : 피혁공업, 염색공업, 시멘트 제조업
⑰ 납(Pb) : 인쇄, 도가니 제조공장, 축전지 제조공장, 고무가공 공장, 크레용, 에나멜, 페인트, 휘발유 자동차
⑱ 이황화탄소(CS_2) : 비스코스섬유공업, 레이온 제조업

Question 01

다음 대기오염물질과 관련되는 주요 배출업종을 연결한 것으로 알맞은 것은 어느 것인가?
㉮ 벤젠 - 도장공업　　　　　　　　　㉯ 염소 - 주유소
㉰ 시안화수소 - 유리공업　　　　　　㉱ 이황화탄소 - 구리정련

풀이 대기오염물질과 관련되는 주요 배출업종
　　㉯ 염소 - 농약제조, 화학공업, 소다공업
　　㉰ 시안화수소 - 청산제조공업, 제철공업, 화학공업, 가스공업
　　㉱ 이황화탄소 - 비스코스섬유공업, 레이온 제조업

 Question 02

다음 중 황화수소의 배출과 가장 관련이 깊은 업종은?
㉮ 피혁, 합성수지, 포르마린 제조
㉯ 비료, 표백, 색소제조
㉰ 도장, 타르, 염료공업
㉱ 석유정제, 석탄건류, 가스공업

풀이 ㉮ 벤젠　㉯ 암모니아　㉰ 페놀　㉱ 황화수소

 Question 03

배출오염물질과 관련업종으로 가장 거리가 먼 것은?
㉮ 암모니아 : 비료공장, 냉동공장, 표백, 색소제조공장
㉯ 염소 : 석유정제, 석탄건류, 가스공업
㉰ 비소 : 화학공업, 유리공업, 과수원의 농약 분무작업
㉱ 불화수소 : 알루미늄공업, 요업, 인산비료공업

풀이 ㉯ 염소 : 농약제조, 화학공업, 소다공업

02 대기오염 현상

1. 지구온난화 현상 = 온실효과

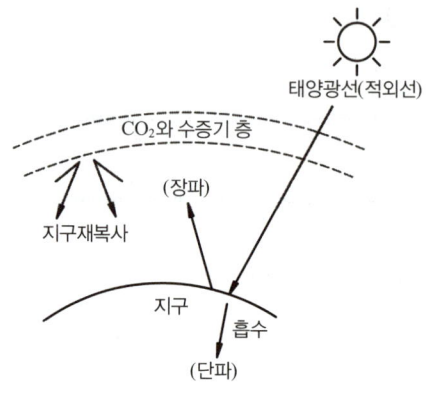

★★ (1) 온실효과의 특징

★★ ① 온실효과란 가시광선을 통과시키고 적외선을 흡수해서 열을 밖으로 나가지 못하게 함으로써 보온작용을 하는 것이다.

★★ ② 온실가스란 적외선 복사열을 흡수하거나 다시 방출하여 온실효과를 유발하는 대기 중의 가스상태 물질로서 이산화탄소(CO_2), 메탄(CH_4), 아산화질소(N_2O), 수소불화탄소(HFC_S), 과불화탄소, 육불화황을 말한다.

③ 온실효과 가스가 증가하면 대류권에서 적외선 흡수량이 많아져서 온실효과가 증대된다.

★ ④ CO_2, CH_4, CFC-11,12 등이 대표적 온실가스이다.

★★ ⑤ 지구온난화의 원인물질 : H_2O - CO_2

⑥ 대기중 적외선을 흡수하는 기체에 기인한다.

⑦ 지구온난화로 도시지역에서 오존농도가 상승하게 된다.

★★ ⑧ CO_2의 주요 흡수파장영역은 13~17μm 정도이고, O_3의 주요 흡수파장영역은 9~10μm 정도이다.

⑨ CH_4는 지표부근 대기중 농도가 약 1.5ppm 정도이고 주로 미생물의 유기물 분해작용에 의해 발생하며, 적외선의 특수파장을 흡수하여 온실기체로 작용한다.

> **Question 04**
>
> 다음 중 온실효과(Green House Effect)에 대한 내용으로 틀린 것은 어느 것인가?
>
> ㉮ 온실효과에 대한 기여도는 $CO_2 > CH_4$ 이다.
> ㉯ 온실가스들은 각각 적외선 흡수대가 있으며, O_3의 주요 흡수대는 파장 13 ~ 17μm 정도이다.
> ㉰ 온실가스들은 각각 적외선 흡수대가 있으며, CH_4와 N_2O의 주요 흡수대는 파장 7 ~ 8μm 정도이다.
> ㉱ 교토의정서는 기후변화협약에 따른 온실가스 감축과 관련한 국제협약이다.
>
> **풀이** ㉯ 온실가스들은 각각 적외선 흡수대가 있으며, O_3의 주요 흡수대는 파장 9 ~ 10μm 정도이다.

★★ (2) 지구온난화 기여도

CO_2 : 50%, CFC : 18%, CH_4 : 14%, N_2O : 6%, 기타, 물, 오존, 할론류 등이 12% 정도이다.

★★ (3) 지구온난화지수(GWP;Global Warning Potential)

① GWP는 CO_2를 기준으로 한다. (CO_2 = 1.0)
② 온실가스별 지구온난화지수(GWP)

화학식	물질명	GWP
★★ CO_2	이산화탄소	1.0
CH_4	메탄	21
N_2O	아산화질소	310
HFC_S	수소불화탄소	1,300
PFC_S	과불화탄소	7,000
★★ SF_6	육불화황	23,900

★★ 2. 열섬효과(Heat island effect)

대도시에서 열방출량이 많은데 비해 외부로 확산이 안되기 때문에 시내 온도가 주변 온도보다 높게 되며 비가 많이 오고 안개가 자주 생기는 것을 열섬효과 또는 아열대성 효과라고 한다.

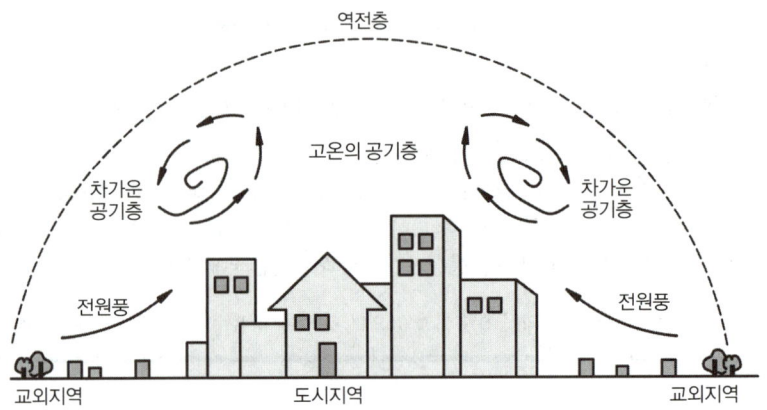

(1) 열섬효과의 특징

① 교외지역에 비해 도시중심지역에서 고온의 공기층을 형성하게 되는 현상이다.
② 도시지역과 교외지역은 풍속이나 대기안정도의 특성이 서로 다르고, 열섬의 규모와 현상은 시공간적으로 다양하게 나타난다.
③ 열섬현상의 원인으로서는 인공열 발생증가, 건물 등 구조물에 의한 거칠기 변화, 지표면에서의 증발잠열차이, 도시지역 표면의 열적성질의 차이 등이다.
④ 도시지역에서의 풍속은 교외지역에 비하여 평균적으로 25 ~ 30% 감소하며, 대기오염물질이 응결핵으로 작용하여 운량과 강우량의 증가현상이 나타날 수 있다.
⑤ 도시건물 등 구조물에 의한 거칠기 길이의 변화가 원인이 된다.
⑥ 도시지역의 인구 집중에 따른 인공열 발생의 운량과 강우량이 증가한다.
⑦ 열섬효과는 직경 10km 이상의 도시에서 특히 잘 발생한다.
⑧ 열섬현상이 생길 경우 강한 바람이 불지 않으면 오염물질은 도시 상공에 머물게 되어 축적된다.

(2) 도시 열섬효과를 가져오는 원인

① 인구집중에 따른 인공열 발생의 증가
② 건물 등 구조물에 의한 거칠기 길이의 변화
③ 지표면의 열적성질차이

Question 05

열섬현상에 관한 설명으로 옳지 않은 것은?

㉮ 도시의 건물 등 구조물에 의한 거칠기 길이의 변화도 원인이 된다.
㉯ 도시 지역의 인구 집중에 따른 인공열 발생의 증가도 원인이 된다.
㉰ 도시의 온도증가에 따른 상승기류로 인하여 운량과 강우량이 감소한다.
㉱ 직경 10km 이상의 도시에서 잘 나타나는 현상이다.

풀이 ㉰ 도시의 온도증가에 따른 상승기류로 인하여 운량과 강우량이 증가한다.

3. Down Wash(세류현상)

① 원인 : 바람이 불어오는 쪽의 반대로 부압영역이 생겨 연기가 말려 들어가는 현상이다.
★★ ② 방지책 : 굴뚝 배출구의 배출가스 속도를 풍속보다 최소한 2배 이상 높게 유지한다.

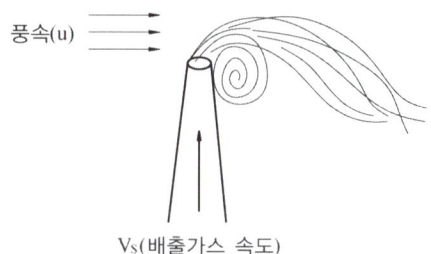

4. Down Draft(다운드래프트) 현상

① 원인 : 굴뚝의 높이가 주위 지형이나 건물의 높이보다 낮아 연기가 주위 건물뒤로 말려들어가는 현상이다.
★★ ② 방지책 : 굴뚝의 높이를 주위건물의 2.5배 이상 유지한다.

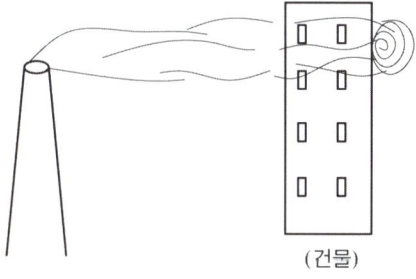

★★ 5. 산성비

산성비란 보통 빗물의 pH가 5.6보다 낮게 되는 경우를 말하는데 이는 자연상태에 존재하는 CO_2가 빗방울에 흡수되었을 때의 pH를 기준으로 한 것이다.

(1) 산성비의 특징

① 산성비는 인위적으로 배출된 SO_X 및 NO_X 화합물질이 대기 중에서 황산 및 질산으로 변화되어 발생한다.
★ ② 토양이 산성화되면서 마그네슘(Mg) 결핍, 질소 결핍으로 산림이 황폐화된다.
③ 호수의 산성화는 유입된 산성수량과 이에 대한 호수 완충작용의 정도에 따라 결정된다.
④ 산성비에 의한 영양염류의 용출 그리고 토양 미생물의 활성저하에 따른 농작물의 피해가 발생한다.
★ ⑤ 대리석과 석회석으로 건축된 구조물은 알칼리성이므로 산성비에 의하여 부식과 변색이 가속화된다.
★★ ⑥ 강우의 산성화에 가장 큰 영향을 미치는 것은 아황산가스이다.
★★ ⑦ 강우의 산성화에 국제협약으로는 헬싱키, 소피아 의정서가 있다.
⑧ 산성비의 저감대책은 청정연료의 사용과 탈황설비를 설치하는 것이다.

> **Question 06**
>
> 다음 중 일반적으로 대도시의 산성강우 속에 가장 미량(mg/L)으로 존재할 것으로 예상되는 것은? (단, 산성강우는 pH 5.6으로 본다.)
>
> ㉮ SO_4^{2-}　　㉯ NO_3^-　　㉰ Cl^-　　㉱ OH^-
>
> **풀이** 산성비에는 산이온이 다량 함유되어 있고 수산이온은 미량이 존재한다. 그리고 SO_4^{2-}, NO_3^-, Cl^-는 산이온이고 OH^-는 수산이온이므로 정답은 ㉱번이다.

(2) 산성비와 관련된 토양의 성질

① 교환성 Al은 산성의 토양에만 존재하는 물질이고 교환성 H와 함께 토양 산성화의 주요한 요인이 된다.
★★ ② 산성비가 토양에 내리면 토양은 산적 성격이 약한 교환기부터 순서적으로 Ca^{2+}, Mg^{2+}, Na^+, K^+ 등의 교환성 염기를 방출하고 그 교환자리에 H^+가 흡착되어 치환된다.
③ Al^{3+}은 뿌리의 세포분열이나 Ca 또는 P의 흡수나 흐름을 저해한다.
★★ ④ 토양의 양이온 교환기는 강산적 성격을 갖는 부분과 약산적 성격을 갖는 부분으로 나누는데, 결정성의 점토광물은 강산적이다.

⑤ 토양과 흡착되어 있는 양이온을 교환성 양이온이라 하고, 이 중 양적으로 많은 것은 Ca^{2+}, Mg^{2+}, Na^+, K^+, Al^{3+}, H^+ 등 6종이다.

⑥ Al^{3+}와 H^+ 이외의 양이온을 교환성 염기라 하며 토양의 pH는 흡착되어 있는 교환성 양이온에 의해 결정된다.

⑦ 토양입자는 일반적으로 θ 하전으로 대전되어 각종 양이온을 정전기적으로 흡착하고 있다.

TIP

산성강우는 통상 pH가 5.6 이하의 경우를 말하며 대기중의 CO_2가 강우에 포함되어 위의 산도를 지니게 된다. 원인물질로는 SO_X, NO_X, HCl 등이 있다.

Question 07

산성비가 토양에 미치는 영향에 관한 설명으로 옳지 않은 것은?

㉮ 산성강수가 가해지면 토양은 산적 성격이 약한 교환기부터 순서적으로 Ca^{2+}, Mg^{2+}, Na^{2+}, K^+ 등의 교환성 염기를 방출하고, 대신 그 교환자리에 H^+가 흡착되어 치환된다.

㉯ 교환성 Al은 산성의 토양에만 존재하는 물질이고, 교환성 H와 함께 토양 산성화의 주요한 요인이 된다.

㉰ Al^{3+}은 뿌리의 세포분열이나 Ca 또는 P의 흡수나 흐름을 저해한다.

㉱ 토양의 양이온 교환기는 강산적 성격을 갖는 부분과 약산적 성격을 갖는 부분으로 나누는데, 결정도가 낮은 점토광물은 강산적이다.

풀이 ㉱ 토양의 양이온 교환기는 강산적 성격을 갖는 부분과 약산적 성격을 갖는 부분으로 나누는 데, 결정도가 높은 점토광물은 강산적이다.

03 국제협약

1. 국제협약의 종류

(1) 오존층 보호를 위한 국제협약

① 비엔나 협약 : 1985년 3월 22일 채택된 오존층 보호를 위한 국제협약이다.

② 몬트리올 의정서 : 1987년 오존층 보호를 위한 오존층파괴물질(염화불화탄소)의 생산 및 소비삭감에 관한 내용의 국제협약이다.

③ 런던회의 : 1990년 런던에서 몬트리올 의정서의 내용을 보완, 개정하였다.

Question 08

1985년 채택된 오존층 보호를 위한 국제협약은 어느 것인가?
- ㉮ 제네바 협약
- ㉯ 비엔나 협약
- ㉰ 기후변화 협약
- ㉱ 리우 협약

정답 ㉯

Question 09

다음 국제적인 움직임 중 오존층 보호와 관련이 가장 적은 것은?
- ㉮ 비엔나 협약
- ㉯ 몬트리올 의정서
- ㉰ 코펜하겐 회의
- ㉱ 헬싱키 의정서

풀이 ㉱ 헬싱키 의정서는 산성비(황산화물 저감)에 관한 협약이다.

(2) 산성비에 관한 국제협약

① 헬싱키 의정서(1985년) : 황산화물(SO_X) 저감에 관한 협약

★★ ② 소피아 의정서(1989년) : 질소산화물 배출량 또는 국가간 이동량의 최저 30% 삭감에 관한 국가간 장거리 이동 대기오염조약의 의정서(협약)이다.

Question 10

다음 국제협약 중 질소산화물 배출량 또는 국가간 이동량의 최저 30% 삭감에 관한 국가간 장거리 이동 대기오염조약의 의정서(협약)에 해당하는 것은?
- ㉮ 몬트리올 의정서
- ㉯ 런던협약
- ㉰ 오슬로협약
- ㉱ 소피아의정서

정답 ㉱

(3) 온실효과 및 기후변화 협약

① 리우선언 : 1992년 6월 '지구를 건강하게, 미래를 풍요롭게'라는 슬로건 아래 개회된 지구 정상회담에서 환경과 개발에 관한 기본 원칙을 표방하며, 인간은 지속가능한 개발을 위한 관심의 중심으로 자연과 조화를 이룬 건강하고 생산적인 삶을 향유하여야 한다는 주요 원칙을 담고 있다.

② **기후변화협약(1992년)** : 인간이 유발하는 지구 기후 시스템의 교란을 방지할 수 있는 수준으로 대기 중의 온실가스를 안정화 시키는 것이다.
③ **교토의정서(1997년)** : 선진국 38개국(미국, EU, 일본, 러시아 등등)에 대해 2008~2012년까지 온실가스를 1990년 대비 평균 5.2% 감축 의무에 관한 규약이다.

CHAPTER 04 자동차

01 자동차 배출물질의 특징

① 자동차에서 배출되는 물질은 CO_2, CO, HC, NO_X, SO_2, Pb, 매연, 입자상물질이다.
② 삼원촉매장치란 산화촉매(Pt, Pd)와 환원촉매(Rh)를 이용하여 CO, HC, NO_X를 동시에 줄일 수 있는 후처리 시설이다.
③ 사용되는 촉매를 보면 최근에는 백금, 로듐에 팔라듐을 포함하여 사용하는 추세이다.
④ CO와 HC의 산화촉매로는 주로 백금(Pt)과 팔라듐(Pd)이 사용되고, NO의 환원촉매로는 로듐(Rh)이 사용된다.
⑤ Rh는 NO 반응을, Pt는 주로 CO와 HC를 저감시키는 산화반응을 촉진시킨다.
⑥ 자동차의 크랭크케이스(Crank case)에서 많이 배출되어 문제가 되는 blow by 가스는 탄화수소(HC)이다.
⑦ 일반적인 가솔린 자동차 배기가스의 구성 중 가장 많은 부피를 차지하는 물질은 CO_2이다. (가속상태 기준)
⑧ 일반적으로 자동차의 주요 배출 유해가스는 CO, NO_X, HC 등이다.
⑨ 휘발유 자동차의 경우 CO는 공회전(아이들링)시, HC는 감속시, NO_X는 가속시에 상대적으로 많이 발생한다.
⑩ CO는 연료량에 비하여 공기량이 부족할 경우에 발생하고 NO_X는 높은 연소온도에서 많이 발생하며 매연은 연료가 미연소하여 발생한다.
⑪ 디젤자동차의 경우 CO 및 HC가 휘발유 자동차에 비해서 상대적으로 적게 배출된다.

Question 01

자동차에서 배출되는 배기가스에 대한 내용으로 틀린 것은 어느 것인가?

㉮ 일반적으로 자동차의 주요 배출 유해가스는 CO, NO_x, HC 등이다.
㉯ 휘발유 자동차의 경우, CO는 가속시, HC는 정속시, NO_x는 감속시에 상대적으로 많이 발생한다.
㉰ CO는 연료량에 비하여 공기량이 부족할 경우에 발생하고, NO_x는 높은 연소온도에서 많이 발생하며, 매연은 연료가 미연소하여 발생한다.
㉱ 디젤 자동차의 경우, CO 및 HC가 휘발유 자동차에 비해서 상대적으로 적게 배출된다.

풀이 ㉯ 휘발유 자동차의 경우, CO는 공전(공회전)시, HC는 감속시, NO_x는 가속시에 상대적으로 많이 발생한다.

TIP

휘발유 기준 배기가스

	NO_x	CO, HC
많이	가속, 운행	공전, 감속
적게	공전, 감속	가속, 운행

Question 02

다음 가솔린 자동차 운전조건(Mode) 중 일산화탄소를 가장 적게 배출하는 것은?

㉮ 감속　　　　　　　　　　㉯ 정속
㉰ 공회전　　　　　　　　　㉱ 심한 가속

풀이 일산화탄소(CO)가 가장 적게 배출되는 경우는 정속운행 상태이고, 가장 많이 배출되는 경우는 공회전(아이드링)상태이므로 정답은 ㉯번이다.

02 디젤기관의 특징

★ ① 압축비가 높아(15 ~ 20) 소음진동이 크다.
★ ② 정지가동시 배출가스 중 CO 농도가 낮다.
★ ③ 고속주행시 배출가스 중 NO_x 농도가 높고 매연이 많이 배출된다.
④ 정체가 심한 도심주행에 있어서는 연료 소비가 적은 편이다.
⑤ 기계식 분사 또는 전자제어 분사방식으로 연료를 공급한다.

⑥ 압축비가 높아 최대효율이 가솔린자동차에 비해 1.5배 정도이며, 연비는 가솔린기관에 비해 높은 편이다.

03 가솔린기관의 특징

① 가솔린기관은 공기-연료비(화학양론비)가 거의 일정하다.
② 가솔린엔진은 예혼합연소에 가깝다.
③ 가솔린엔진은 연소실 크기에 제한을 받는 편이다.

04 가솔린엔진과 디젤엔진의 비교

특성	가솔린	디젤
연료공급방식	압축 전 연료공기 혼합	공기압축 후 연료 공급
점화방식	불꽃점화	압축점화
소음, 진동	적다	크다
압축비	8~9로 낮다	15~20으로 높다
연료소비효율	연비가 낮다	연비가 높다
연소실 크기 (실린더 직경)	제한적 (노킹 때문에 160mm 이하)	제한없음
기타	삼원촉매장치	입자상물질의 여과장치

 Question 03

가솔린기관의 특성으로 거리가 먼 것은?
㉮ 연료를 공기와 혼합시켜 실린더에 흡입, 압축시킨 후 점화플러그에 의해 강제로 연소폭발시킨다.
㉯ 정지가동시에는 CO 농도가, 가속시에는 NO_x가, 감속시에는 HC 농도가 높은 편이다.
㉰ 압축비가 0.5~2 정도로 낮고, 연비가 디젤기관에 비해 높다.
㉱ 연소하는 혼합기는 시간적으로 공간적으로 거의 일정한 공연비를 갖는다.

풀이 ㉰ 압축비가 8~9 정도로 낮고, 연비가 디젤기관에 비해 낮다.

05 메탄올 자동차의 특징

① 옥탄가(Research법에 의한 옥탄가)는 메탄올이 106 ~ 107 정도, 무연휘발유가 92 ~ 98 정도와 압축비가 향상되므로 출력을 향상시킬 수 있다.
② 윤활기능이 휘발유에 비해 매우 약하므로 금속이나 플라스틱 재료 모두를 쉽게 침식시킬 수 있다.
③ 메탄올의 연소시 발생하는 발암성 폼알데하이드와 개미산의 생성에 따른 엔진부품의 부식 및 마모 등이 문제가 되기도 한다.
④ 가격이 싸고, 발열량이 휘발유의 약 $\frac{1}{2}$ 정도이므로 연료 탱크의 크기가 보통 휘발유 자동차의 2배 정도로 하면 1회 충전당 항속거리를 휘발유와 비슷하게 할 수 있다.

06 DME(Dimethyl Ether)연료

① 산소함유율 34.8% 정도로 높아 연소시 매연이 적은 편이다.
② 점도가 경유에 비해 낮다.
③ 고무류와 반응하므로 재질에 주의해야 하며 세탄가가 55 이상으로 높아 경유를 대체할 수 있다.
④ 물성이 LPG와 유사한 특성이 있으며, 발열량은 경유에 비해 낮은 편이다.
⑤ 상온상압에서 무색 투명한 기체이다.

Question 04

DME(Dimethyl Ether) 연료에 대한 설명으로 틀린 것은 어느 것인가?

㉮ 산소함유율이 34.8% 정도로 높아 연소시 매연이 적은 편이다.
㉯ 점도가 경유에 비해 높으며, 금속의 부식성이 문제가 된다.
㉰ 고무류와 반응하므로 재질에 주의해야 하며, 세탄가가 55 이상으로 높아 경유를 대체할 수 있다.
㉱ 물성이 LPG와 유사한 특성이 있으며, 발열량은 경유에 비해 낮은 편이다.

풀이 ㉯ 점도가 경유에 비해 낮다.

07 공연비(AFR)

★★ 1. 공연비의 특징(휘발유 자동차, 질량기준)

① AFR을 10에서 14로 증가시키면 CO농도는 감소한다.
② CO와 HC는 불완전연소시에 배출비율이 높고, NO_x는 이론 AFR 부근에서 농도가 높다.
③ AFR 18 이상 정도의 높은 영역은 일반 연소기관에 적용하기는 곤란하다.
★★ ④ 공연비가 14.7(이론공연비)보다 크면 NO_x는 증가, CO 및 HC는 감소한다.
★★ ⑤ 공연비가 14.7(이론공연비)보다 작으면 NO_x는 감소, CO 및 HC는 증가한다.

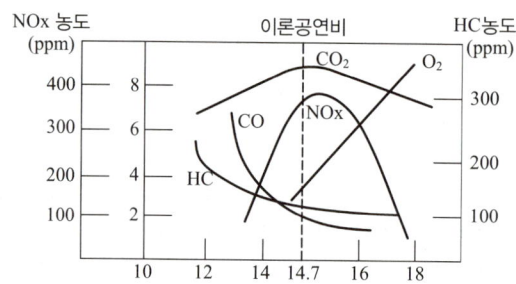

Question 05

휘발유를 사용하는 가솔린 기관에서 배출되는 오염물질에 대한 설명으로 틀린 것은 어느 것인가? (단, 휘발유의 대표적인 화학식은 옥탄(Octane)으로 가정하고, AFR은 질량비 기준이다.)

㉮ AFR을 10에서 14로 증가시키면 CO 농도는 감소한다.
㉯ AFR이 16까지는 HC 농도가 증가하나, 16이 지나면 HC 농도는 감소한다.
㉰ CO와 HC는 불완전연소시에 배출비율이 높고, NO_x는 이론 AFR 부근에서 농도가 높다.
㉱ AFR이 18 이상 정도의 높은 영역은 일반 연소기관에 적용하기는 곤란하다.

풀이 ㉯ AFR이 16까지는 NO_x농도가 증가하나, 16이 지나면 NO_x 농도는 감소한다.

★★ 2. 공연비(AFR) 계산

① 체적비(Sm^3/Sm^3) = $\dfrac{\text{산소갯수} \times 22.4 Sm^3 \times \dfrac{1}{0.21}}{\text{연료갯수} \times 22.4 Sm^3}$

② 질량비(kg/kg) = $\dfrac{\text{산소갯수} \times 32\text{kg} \times \dfrac{1}{0.232}}{\text{연료갯수} \times \text{연료의 분자량(kg)}}$

③ 완전연소반응식

$$C_mH_n + \left(m + \dfrac{n}{4}\right)O_2 \rightarrow mCO_2 + \dfrac{n}{2}H_2O$$

Question 06

C_8H_{18}(옥탄)의 공연비(AFR)를 계산하시오.

풀이

$C_8H_{18} + 12.5O_2 \rightarrow 8CO_2 + 9H_2O$

체적비(Sm^3/Sm^3) = $\dfrac{12.5 \times 22.4 Sm^3 \times \dfrac{1}{0.21}}{1 \times 22.4 Sm^3} = \dfrac{12.5}{0.21} = 59.52$

질량비(kg/kg) = $\dfrac{12.5 \times 32\text{kg} \times \dfrac{1}{0.232}}{1 \times 114(\text{kg})} = 15.12$

CHAPTER 05 | 대기의 특성과 대기권의 분류

01 대기의 성분

★★ ① 대기의 성분은 지표에서 80km 이내의 건조공기일 경우 부피기준으로 질소(N_2) 78.08%, 산소(O_2) 20.94%, 아르곤(Ar) 0.93%, 이산화탄소(CO_2) 0.04%, 그 외 네온(Ne), 헬륨(He), 메탄(CH_4) 등으로 구성되어 있다.

★★ ② 대기의 구성성분을 질소(N_2)와 산소(O_2)로 구성되어 있다고 가정할 때 체적비(부피비)로 질소(N_2) 79%, 산소(O_2) 21%이고 질량비(무게비)로 질소(N_2) 76.8%, 산소(O_2) 23.2% 이다.

③ 공기는 혼합물로서 분자량은 29를 기준으로 한다.

 공기의 평균분자량(kg) = 28kg×0.79+32kg×0.21 = 28.84kg

④ 공기의 비중은 1.0이다.

$$기체의 비중 = \frac{기체의 분자량(kg)}{공기의 분자량(29kg)}$$

$$공기의 비중 = \frac{29kg}{29kg} = 1.0$$

Question 01

다음 중 건조대기(공기)의 부피농도(%) 크기 순서로 옳은 것은?

㉮ $O_2 > CO_2 > Ar$ ㉯ $CO_2 > O_2 > Ar$
㉰ $CO_2 > Ar > O_2$ ㉱ $O_2 > Ar > CO_2$

정답 ㉱

Question 02

A 혼합가스 성분을 분석한 결과 CO_2가 7%이고 나머지가 N_2로 구성되어 있다면 이 혼합가스의 밀도는?

㉮ $1.3kg/Sm^3$
㉯ $1.5kg/Sm^3$
㉰ $2.0kg/Sm^3$
㉱ $2.3kg/Sm^3$

풀이

혼합가스의 밀도$(kg/Sm^3) = \dfrac{혼합가스의\ 분자량(kg)}{부피(22.4Sm^3)}$

① 혼합가스 : CO_2 7%, N_2 93%
   따라서 혼합가스의 분자량 = 44kg×0.07+28kg×0.93 = 29.12kg

② 혼합가스의 밀도$(kg/Sm^3) = \dfrac{29.12kg}{22.4Sm^3} = 1.3kg/Sm^3$

TIP

① 표준상태(0℃, 760mmHg) 체적 : $Sm^3 = Nm^3$
② 이산화탄소(CO_2)의 분자량 = 12+(2×16) = 44kg
③ 질소(N_2)의 분자량 = 2×14 = 28kg

02 대기의 구조

대기의 구조는 균질층과 이질층으로 구분할 수 있다.

1. 균질층

① 균질층은 지상 0~88km까지로 수분을 제외하고는 질소 및 산소 등 분자 조성비가 어느정도 일정하다.
② 균질층 내의 공기는 건조가스로써 지상 0~5.6km까지 공기의 50%, 지상 0~30km까지 공기의 98%가 존재한다.

2. 이질층

① 이질층내의 공기는 태양에너지 중 유해한 것을 흡수 약화시킴으로써 생물세포의 이온화 또는 화상등을 방지한다.
② 이질층내의 공기는 강한 산화력으로 인하여 지상에서 발생되어 상승한 이물질등을 산화, 소멸시킨다.

★★ ③ 이질층은 질소층(0 ~ 120km), 산소층(120 ~ 1,000km), 헬륨층(1,000 ~ 2,000km), 수소층(2,000km 이상)으로 보통 4개층으로 분류한다.

Question 03

대기의 구조는 균질층과 이질층으로 구분할 수 있다. 이에 관한 설명으로 옳지 않은 것은?
㉮ 지상 0 ~ 88km 정도까지의 균질층은 수분을 제외하고는 질소 및 산소 등 분자 조성비가 어느 정도 일정하다.
㉯ 균질층 내의 공기는 건조가스로서 지상 0 ~ 30km 정도까지 공기의 98% 정도가 존재하고 있다.
㉰ 이질층은 보통 4개층으로 분류되며 지상 1,120 ~ 3,600km는 산소원자층이라 한다.
㉱ 이질층 내의 공기는 강한 산화력으로 인하여 지상에서 발생되어 상승한 이물질들을 산화, 소멸시킨다.

풀이 ㉰ 이질층은 보통 4개층으로 분류되며 지상 120 ~ 1,000km는 산소원자층이라 한다.

03 대기권의 분류

★★ 온도의 고도분포 특징에 따라서 나눈다.

```
         열권(온도권)  (↑ ↑)
                      고도 온도
80km ─────────────────────────────
         중간권      (↑ ↓)        지구대기층 중에 기온이 가장 낮은 구역이 분포
                     고도 온도
50km ─────────────────────────────
         성층권      (↑ ↑)        O₃층 존재
                     고도 온도      20~30km지점 오존 농도 10ppm으로 최대
11km ─────────────────────────────
         대류권      (↑ ↓)        인간의 활동과 기상현상에 의해 대기오염 발생
                     고도 온도
지표 ─────────────────────────────
```

성층권: O_3층 존재, 20~30km지점 오존 농도 10ppm으로 최대

Question 04

대기층은 물리적 및 화학적 성질에 따라서 고도별로 분류가 되어 있다. 지표면으로부터 상공으로 올바르게 배열된 것은?
㉮ 대류권 → 중간권 → 성층권 → 열권   ㉯ 대류권 → 성층권 → 중간권 → 열권
㉰ 대류권 → 중간권 → 열권 → 성층권   ㉱ 대류권 → 열권 → 중간권 → 성층권

정답 ㉯

★★ 1. 대류권(Troposphere) : 지표에서 11km까지

대류권의 하부 1~2km까지를 대기경계층이라 하고 이 대기경계층의 상층은 지표면의 영향을 직접 받지 않으므로 자유대기라고도 부르며 대기경계층은 지표면의 영향을 직접 받아서 기상요소의 일변화가 일어나는 층이다.

- ★ ① 대류권은 지표로부터 약 11km까지의 높이로서 구름이 끼고 비가 오는 등의 기상현상은 대류권에 국한되어 나타난다.
- ★★ ② 대류권의 기상요소의 수평분포는 위도, 해륙분포 등에 의해 다르지만 연직방향에 따른 변화는 더욱 크다.
- ★★ ③ 대류권의 고도는 겨울철에 낮고, 여름철에 높으며, 보통 저위도 지방이 고위도 지방에 비해 높다.
- ④ 대류권에서는 고도가 높아짐에 따라 단열팽창에 의해 6.5℃/km씩 낮아지는 기온감률 때문에 공기의 수직혼합이 일어난다.
- ★ ⑤ 대류권은 평균 11km(위도 45도의 경우) 정도이며 극지방으로 갈수록 낮아진다.
- ⑥ 대류권에서 광화학 대기오염에 영향을 미치는 대기오염상 중요한 물질은 280~700nm 범위의 빛을 흡수하는 물질이다.

TIP
대류권은 고도가 증가하면서 온도가 하강하는 층으로 인간의 활동과 기상현상에 의해 대기오염이 발생한다.

Question 05

대류권에 관한 설명으로 옳지 않은 것은?

㉮ 대류권에서는 평균기온감률이 -6.5℃/km 정도로 감소하므로 기층이 불안정하여 대류현상이 일어나기 쉽다.
㉯ 구름, 비 등의 기상현상은 대류권에 국한된다.
㉰ 대류권의 자유대기는 행성경계층의 상층으로 지표면의 영향을 직접 받지 않는 층이다.
㉱ 행성경계층은 지표면의 마찰 영향을 거의 받지 않으며, 풍속이 지표에서 멀어질수록 약하게 분다.

풀이 ㉱ 행성경계층(대기경계층)은 지표면의 마찰의 영향을 받기 때문에 풍속이 지표에서 멀어질수록 강하게 분다.

★★ 2. 성층권(Stratosphere) : 지상 11km에서 50km까지

★★ ① 고도가 높아질수록 온도가 높아진다. (이유 : 성층권의 오존이 태양광선중의 자외선을 흡수하기 때문이다.)
② 성층권을 비행하는 초음속 여객기에서 NO가 배출되면 NO는 촉매적으로 오존을 파괴한다.
★ ③ 오존의 생성과 분해가 가장 활발하게 일어나는 층이다.
④ 하층부의 밀도가 커서 매우 안정한 상태를 유지하므로 공기의 상승이나 하강등의 연직운동은 억제된다.
⑤ 화산분출등에 의하여 미세한 먼지가 이 권역에 유입되면 수년간 남아 있게 되어 기후에 영향을 미치기도 한다.
★★★ ⑥ 오존층이란 성층권에서도 오존이 더욱 밀집해 분포하는 지상 20 ~ 30km 구간을 말하며 오존의 최대농도는 10ppm이다.
⑦ 대기중에서 오존층의 파괴현상이 가장 심한 곳은 남극을 중심으로 한 남극대륙으로 오존층에 구멍이 생긴 것으로 보고 되었다.
★★★ ⑧ 오존층의 두께를 표시하는 단위는 돕슨(Dobson)이며 극지방이 400돕슨이고 적도지방이 200돕슨이다.
★★★ ⑨ 지구대기층의 오존총량을 표준상태에서 두께로 환산했을 때 1mm는 100돕슨에 해당한다.
⑩ 태양으로부터 오는 자외선을 성층권의 오존층에 의해서 대부분이 흡수된다.
⑪ 오존층에서 산소분자를 태양광선 중에서 240nm 이하의 자외선을 흡수하여 2개의 산소 원자로 해리된다.
⑫ 오존층에서 오존은 자외선을 흡수하면 광해리를 일으켜 산소원자와 산소분자로 분열한다.
⑬ 성층권에서는 산소분자가 자외선에 의해 광분해되는 과정을 통해 오존의 생성과 소멸과정이 되풀이된다.
★★ ⑭ 비행기가 초음속으로 고공비행을 할 때 대기에 미치는 영향으로는 Ozone층의 파괴와 CO_2의 증가이다.
⑮ 오존층은 자외선 파장의 200nm ~ 290nm 파장의 태양빛을 흡수하여 지상의 생명체를 보호한다.
★ ⑯ 햇빛이 지표면에 도달하기 전에 자외선의 대부분을 흡수함으로써 생물의 성장에 중요한 역할을 한다.
★ ⑰ 지구전체의 평균 오존량은 약 300Dobson 전후이지만 지리적으로 또는 계절적으로는 평균치의 ±50% 정도까지 변화한다.
⑱ 290nm 이하의 단파장인 UV-C는 대기중의 산소와 오존분자등의 가스성분에 의해 그 대부분이 흡수되어 지표면에 거의 도달하지 않는다.

⑲ 오존층의 생성 및 분해과정에 의해 자연상태의 성층권 영역에서는 일정한 수준의 오존량이 평형을 이루고, 다른 대기권 영역에 비해 오존 농도가 높은 오존층이 생긴다.
⑳ 오존층에서는 오존의 생성과 소멸이 계속적으로 일어나면서 오존의 농도를 유지한다.

TIP

성층권 오존감소에 따른 영향
① 백내장 등의 질환이 발생될 확률이 높아진다.
② 광합성 작용과 수분이용의 효율감소로 농작물의 잎이 파괴되어 생산량을 감소시킨다.
③ 해양에서 광합성 플랑크톤에 피해를 주어 먹이사슬에 악영향을 준다.

오존층에 대한 내용으로 틀린 것은 어느 것인가?

㉮ 오존층이란 성층권에서도 오존이 더욱 밀집해 분포하고 있는 지상 50 ~ 60km 정도의 구간을 말한다.
㉯ 오존층의 두께를 표시하는 단위는 돕슨(Dobson)이며, 지구대기 중의 오존총량을 표준 상태에서 두께로 환산했을 때 1mm를 100돕슨으로 정하고 있다.
㉰ 오존총량은 적도상에서 약 200돕슨, 극지방에서 약 400돕슨 정도인 것으로 알려져 있다.
㉱ 오존은 성층권에서는 대기 중의 산소분자가 주로 240nm 이하의 자외선에 의해 광분해 되어 생성된다.

풀이 ㉮ 오존층이란 성층권에서도 오존이 더욱 밀집해 분포하고 있는 지상 20 ~ 30km 정도의 구간을 말한다.

지구상에 분포하는 오존에 대한 내용으로 틀린 것은 어느 것인가?

㉮ 오존량은 돕슨(Dobson) 단위로 나타내는데, 1Dobson은 지구 대기 중 오존의 총량을 0℃, 1기압의 표준 상태에서 두께로 환산하였을 때 0.01cm에 상당하는 양이다.
㉯ 몬트리올 의정서는 오존층 파괴물질의 규제와 관련한 국제협약이다.
㉰ 오존의 생성 및 분해반응에 의해 자연상태의 성층권 영역에는 일정 수준의 오존량이 평형을 이루게 되고, 다른 대기권역에 비해 오존의 농도가 높은 오존층이 생긴다.
㉱ 지구 전체의 평균오존전량은 약 300 Dobson 이지만, 지리적 또는 계절적으로 그 평균값의 ±50% 정도까지 변화하고 있다.

풀이 ㉮ 오존량은 돕슨(Dobson) 단위로 나타내는데, 1Dobson은 지구 대기 중 오존의 총량을 0℃, 1기압의 표준상태에서 두께로 환산하였을 때 0.001cm에 상당하는 양이다.

3. 중간권(Mesosphere) : 지상 50km에서 80km까지

① 고도가 증가하면서 온도가 낮아지며, 지구대기층 중에서 가장 기온이 낮은 구역이 분포한다.
② 지상 80km부근에서 온도가 -90℃이다.

4. 온도권(Thermosphere) : 지상 80km 이상

① 온도권은 열권이라고도 한다.
② 고도가 증가할수록 온도가 상승하는 층이다.

★★★ TIP

오존층 파괴지수(ODP)

특정물질의 종류	화학식	오존 파괴지수
★ 트리클로로플루오르메탄(CFC-11)	$CFCl_3$	1.0
★ 디클로로디플루오르메탄(CFC-12)	CF_2Cl_2	1.0
★ 트리클로로트리플루오르에탄(CFC-113)	$C_2F_3Cl_3$	0.8
★ 디클로로테트라플루오르에탄(CFC-114)	$C_2F_4Cl_2$	1.0
★ 클로로펜타플루오르에탄(CFC-115)	C_2F_5Cl	0.6
★★ 브로모트리플루오르메탄(Halon-1301)	CF_3Br	10.0
★★ 브로모클로로디플루오르메탄(Halon-1211)	CF_2BrCl	3.0
★★ 디브로모테트라플로오르에탄(Halon-2402)	$C_2F_4Br_2$	6.0
★ 클로로트리플루오르메탄(CFC-13)	CF_3Cl	1.0
★ 펜타클로로플루오르에탄(CFC-111)	C_2FCl_5	1.0
★ 테트라클로로디플루오르에탄(CFC-112)	$C_2F_2Cl_4$	1.0
헵타클로로플루오르프로판(CFC-211)	C_3FCl_7	1.0
헥사클로로디플루오르프로판(CFC-212)	$C_3F_2Cl_6$	1.0
펜타클로로트리플루오르프로판(CFC-213)	$C_3F_3Cl_5$	1.0
테트라클로로테트라플루오르프로판(CFC-214)	$C_3F_4Cl_4$	1.0
트리클로로펜타플루오르프로판(CFC-215)	$C_3F_5Cl_3$	1.0
디클로로헥사플루오르프로판(CFC-216)	$C_3F_6Cl_2$	1.0
클로로헵타플루오르프로판(CFC-217)	C_3F_7Cl	1.0
★★ 사염화탄소	CCl_4	1.1
1,1,1-트리클로로에탄(메틸클로로폼)	$C_2H_3Cl_3$	0.1
디클로로플루오르메탄(HCFC-21)	$CHFCl_2$	0.04
클로로디플루오르메탄(HCFC-22)	CHF_2Cl	0.055
클로로플루오르에탄(HCFC-31)	CH_2FCl	0.02
테트라클로로플루오르에탄(HCFC-121)	C_2HFCl_4	0.01-0.04
트리클로로디플루오르에탄(HCFC-122)	$C_2HF_2Cl_3$	0.02-0.08
디클로로트리플루오르에탄(HCFC-123)	$C_2HF_3Cl_2$	0.02-0.06
디클로로트리플루오르에탄(HCFC-123)	$CHCl_2CF_3$	0.02
디클로로트리플루오르에탄(HCFC-124)	C_2HF_4Cl	0.02-0.04
디클로로트리플루오르에탄(HCFC-124)	$CHFClCF_3$	0.022
트리클로로플루오르에탄(HCFC-131)	$C_2H_2FCl_3$	0.007-0.05
디클로로디플루오르에탄(HCFC-132)	$C_2H_2F_2Cl_2$	0.008-0.05
클로로트리플루오르에탄(HCFC-133)	$C_2H_2F_3Cl$	0.02-0.06
헥사브로모플루오르프로판	C_3HFBr_6	0.3-1.5
펜타브로모디플루오르프로판	$C_3HF_2Br_5$	0.2-1.9
테트라브로모트리플루오르프로판	$C_3HF_3Br_4$	0.3-1.8
트리브로모테트라플루오르프로판	$C_3HF_4Br_3$	0.5-2.2
디브로모펜타플루오르프로판	$C_3HF_5Br_2$	0.9-2.0
브로모헥사플루오르프로판	C_3HF_6Br	0.7-3.3
펜타브로모플루오르프로판	$C_3H_2FBr_5$	0.1-1.9
테트라브로모디플루오르프로판	$C_3H_2F_2Br_4$	0.2-2.1
트리브로모트리플루오르프로판	$C_3H_2F_3Br_3$	0.2-5.6
디브로모테트라플루오르프로판	$C_3H_2F_4Br_2$	0.3-7.5
브로모펜타플루오르프로판	$C_3H_2F_5Br$	0.9-14
테트라브로모플루오르프로판	$C_3H_3FBr_4$	0.08-1.9
트리브로모디플루오르프로판	$C_3H_3F_2Br_3$	0.1-3.1
디브로모트리플루오프프로판	$C_3H_3F_3Br_2$	0.1-2.5

특정물질의 종류	화학식	오존 파괴지수
브로모테트라플루오르프로판	$C_3H_3F_4Br$	0.3-4.4
트리브로모플루오르프로판	$C_3H_4FBr_3$	0.03-0.3
디브로모디플루오르프로판	$C_3H_4F_2Br_2$	0.1-1.0
브로모트리플루오르프로판	$C_3H_4F_3Br$	0.07-0.8
디브로모플루오르프로판	$C_3H_5FBr_2$	0.04-0.4
브로모디플루오르프로판	$C_3H_5F_2Br$	0.07-0.8
브로모플루오르프로판	C_3H_6FBr	0.02-0.7
브로모클로로메탄	CH_2BrCl	0.12
메틸브로마이드 (다만, 수출입 농산물 검역용은 제외한다)	CH_3Br	0.6
헥사브로모플루오르프로판	C_3HFBr_6	0.3-1.5
펜타브로모디플루오르프로판	$C_3HF_2Br_5$	0.2-1.9
테트라브로모트리플루오르프로판	$C_3HF_3Br_4$	0.3-1.8
트리브로모테트라플루오르프로판	$C_3HF_4Br_3$	0.5-2.2
디브로모펜타플루오르프로판	$C_3HF_5Br_2$	0.9-2.0
브로모헥사플루오르프로판	C_3HF_6Br	0.7-3.3
펜타브로모플루오르프로판	$C_3H_2FBr_5$	0.1-1.9
테트라브로모디플루오르프로판	$C_3H_2F_2Br_4$	0.2-2.1
트리브로모트리플루오르프로판	$C_3H_2F_3Br_3$	0.2-5.6
디브로모테트라플루오르프로판	$C_3H_2F_4Br_2$	0.3-7.5
브로모펜타플루오르프로판	$C_3H_2F_5Br$	0.9-14
테트라브로모플루오르프로판	$C_3H_3FBr_4$	0.08-1.9
트리브로모디플루오르프로판	$C_3H_3F_2Br_3$	0.1-3.1
디브로모트리플루오르프로판	$C_3H_3F_3Br_2$	0.1-2.5
브로모테트라플루오르프로판	$C_3H_3F_4Br$	0.3-4.4
트리브로모플루오르프로판	$C_3H_4FBr_3$	0.03-0.3
디브로모디플루오르프로판	$C_3H_4F_2Br_2$	0.1-1.0
브로모트리플루오르프로판	$C_3H_4F_3Br$	0.07-0.8
디브로모플루오르프로판	$C_3H_5FBr_2$	0.04-0.4
브로모디플루오르프로판	$C_3H_5F_2Br$	0.07-0.8
브로모플루오르프로판	C_3H_6FBr	0.02-0.7
브로모클로로메탄	CH_2BrCl	0.12
메틸브로마이드 (다만, 수출입 농산물 검역용은 제외한다)	CH_3Br	0.6

Question 08

다음 중 CFC-11의 화학식으로 옳은 것은?

㉮ CF_2Cl_2
㉯ $CFCl_3$
㉰ CH_2FCl
㉱ CH_3Cl

■ 풀이
㉮ CF_2Cl_2 : CFC-12
㉯ $CFCl_3$: CFC-11
㉰ CH_2FCl : HCFC-31

Question 09

다음 특정물질 중 오존 파괴지수가 가장 큰 것은 어느 것인가?

㉮ CFC-113
㉯ CFC-114
㉰ Halon-1211
㉱ Halon-1301

■ 풀이 오존 파괴지수
㉮ CFC-113 : 0.8
㉯ CFC-114 : 1.0
㉰ Halon-1211 : 3.0
㉱ Halon-1301 : 10.0

CHAPTER 06 바람

01 바람

① 바람은 공기의 이동이며, 수평으로 움직이는 바람과 수직으로 움직이는 대류로 나눌 수 있다.
② 바람에 관여하는 힘은 기압경도력, 전향력, 원심력, 마찰력이다.

Question 01

바람에 관여하는 힘으로 틀린 것은 어느 것인가?
㉠ Centrifugal force(원심력)   ㉡ Friction force(마찰력)
㉢ Coriolis force(전향력)   ㉣ Electronic force(전자력)

정답 ㉣

1. 바람에 관여하는 힘의 종류

★★ **(1) 기압경도력(Pressure gradient force)**

★★ ① 바람발생의 근본원인이다.
② 기압경도력은 연직성분과 수평성분으로 나누어지고 기압은 고도에 따라 감소한다.
③ 특정한 지점에서 기압차에 의해 발생한다.
★★ ④ 수평기압 경도력은 등압선의 간격이 좁으면 강해지고, 반대로 간격이 넓으면 약해진다.

Question 02

바람을 일으키는 힘 중 기압경도력에 대한 내용으로 알맞은 것은 어느 것인가?

㉮ 수평 기압경도력은 등압선의 간격이 좁으면 강해지고, 반대로 간격이 넓으면 약해진다.
㉯ 지구의 자전운동에 의해서 생기는 가속도에 의한 힘을 말한다.
㉰ 극지방에서 최소가 되며, 적도지방에서 최대가 된다.
㉱ gradient wind 라고도 하며, 대기의 운동방향과 반대의 힘인 마찰력으로 인하여 발생된다.

풀이 ㉮ 기압경도력의 설명, ㉯ 전향력의 설명, ㉰ 원심력의 설명
㉱ gradient wind는 경도풍이며, 마찰력에 의해 발생하는 바람은 지상풍이다.

★★ (2) 코리올리힘(Coriolis force)

① 일명 전향력이라고도 한다.
★★★ ② 지구의 자전에 의해서 생기는 수평방향으로의 가상적인 힘을 말한다.
★★ ③ 전향력의 크기는 위도가 높아질수록 증가하므로 극지방에서 최대가 되고 적도지방에서 최소가 된다.
④ 지구자전에 의해 생기는 가속도를 전향가속도라 하고 가속도에 의한 힘을 코리올리 힘이라 한다.
★★ ⑤ 코리올리힘은 북반구에서 오른쪽 직각으로 작용하며, 운동의 방향만을 변화시키고 속도에는 아무런 영향을 미치지 않는다.
⑥ 경도력과 반대방향으로 힘이 작용한다.
⑦ 전향력의 크기는 위도, 지구자전 각속도, 풍속의 함수로 나타낸다.
★★ ⑧ 전향인자(f)는 $2\Omega\sin\psi$로 나타내며, ψ는 위도, Ω 지구자전 각속도로써 7.25×10^{-5} rad $\cdot$ s^{-1}이다.
★ ⑨ 전향력은 전향인자에 속도를 곱한 값으로 정의한다.

Question 03

코리올리 힘에 대한 설명으로 틀린 것은 어느 것인가?

㉮ 지구의 자전운동에 의하여 생긴다.
㉯ 운동의 방향만 변화시키고 속도에는 영향을 미치지 않는다.
㉰ 지구의 극지방에서 최소가 된다.
㉱ 힘의 방향은 경도력과 반대이다.

풀이 ㉰ 지구의 극지방에서 최대가 된다.

(3) 원심력(Centrifugal force)

① 회전운동을 하는 물체에 나타나는 관성이며 그 운동방향을 변경시키려 할 때 발생하는 힘으로 지구자전을 고려하면 가상적인 힘이다.

★★ ② 곡선의 바깥쪽으로 향하는 힘으로 극지방에서 최소이고 적도지방에서 최대이다.

(4) 마찰력(Frictional force)

① 마찰력은 지면 위를 부는 바람과 지표면 사이에서 발생하는 저항력의 크기이다.
② 마찰력은 지표에서 풍속에 반비례하고 풍향변화에 비례한다.
③ 바람의 진행방향에 반대로 작용한다.
④ 마찰력의 크기는 지표의 조도(거칠기)와 풍속에 비례한다.

> **TIP**
>
> **마찰층(Friction layer)**
> ① 마찰층내의 바람은 높이에 따라 항상 시계방향으로 각천이(angular shift)가 생긴다.
> ② 마찰층내의 바람은 위로 올라갈수록 실제 풍향은 서서히 지균풍에 가까워진다.
> ③ 마찰층내의 바람은 위로 올라갈수록 그 변화량이 감소한다.
> ④ 마찰층 이상 고도에서 바람의 고도변화는 근본적으로 기온분포에 의존한다.

바람의 종류

1. 지균풍

① 대기경계층 상부, 즉 고도 1km 이상의 상공에서 등압선이 직선일 때 등압선에 평행으로 부는 바람이다.
★ ② 고공풍이므로 마찰력의 영향이 없고 원심력의 영향도 거의 없다.
③ 지균풍에 영향을 주는 기압경도력과 전향력은 크기가 같고 방향이 반대이다.
★ ④ 마찰이 작용하지 않는 자유대기층(대기경계층 상부)에서 기압경도력과 전향력만으로 등압선과 평행하게 직선운동을 하며 부는 바람이다.
★★ ⑤ 등압선이 평형인 경우 북반구에서는 관측자가 지구를 향하여 내려다보는 경우 저기압 지역이 풍향의 왼쪽에 위치한다.
★★ ⑥ 온도에 의해서 발생한다.

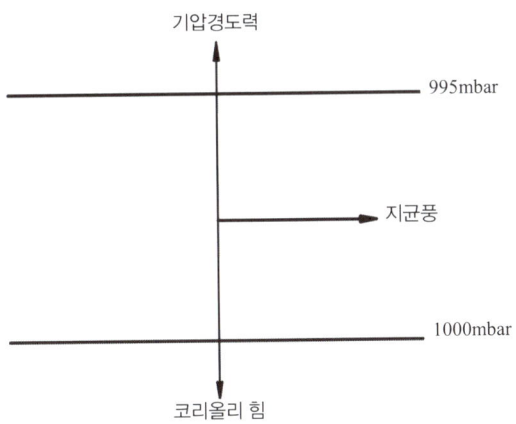

Question 04

지균풍에 관한 설명으로 가장 거리가 먼 것은?

㉮ 대기경계층 상부, 즉 고도 1km 이상의 상공에서 등압선이 직선일 때 등압선과 평행하게 부는 바람이다.
㉯ 고공풍이므로 마찰력의 영향이 거의 없다.
㉰ 지균풍에 영향을 주는 기압경도력과 전향력은 크기가 같고 방향이 반대이다.
㉱ 등압선이 평행인 경우 북반구에서는 관측자가 지구를 향하여 내려다보는 경우 저기압지역이 풍향의 오른쪽에 위치한다.

풀이 ㉱ 등압선이 평행인 경우 북반구에서는 관측자가 지구를 향하여 내려다보는 경우 저기압지역이 풍향의 왼쪽에 위치한다.

★★ 2. 경도풍

★★ ① 마찰이 작용하지 않는 자유대기(대기경계층 상부)에서 등압선이 곡선일 때 기압경도력과 전향력, 원심력이 평형을 이루어 부는 바람이다.

★★ ② 북반구의 경도풍은 저기압에서는 시계바늘 반대방향으로 회전하면서 위쪽으로 상승하면서 분다.

★★ ③ 북반구의 경도풍은 고기압 중심부에서 아래로 침강하면서 시계방향으로 불어나간다.

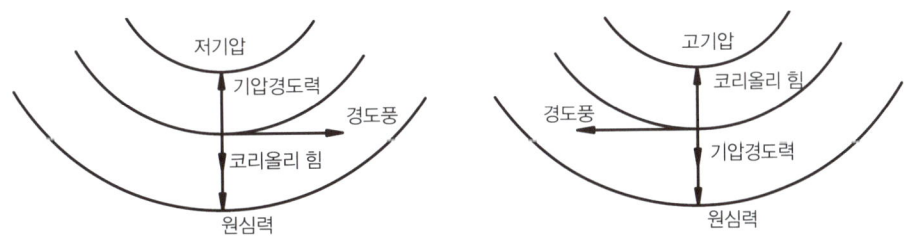

 **Question 05**

등압선이 곡선인 경우, 원심력, 기압경도력, 전향력의 세 힘이 평형을 이루는 상태에서 등압선을 따라 부는 바람은 어느 것인가?

㉮ geostrophic wind(지균풍)   ㉯ corioli wind(전향풍)
㉰ gradient wind(경도풍)   ㉱ friction wind(마찰풍)

 ㉰

3. 지상풍

① 마찰층내의 바람은 높이에 따라 시계방향으로 각천이가 생겨나며, 위로 올라갈수록 실제풍향은 점점 지균풍과 가까워진다.

★ ② 지표마찰에 의해 발생한다.

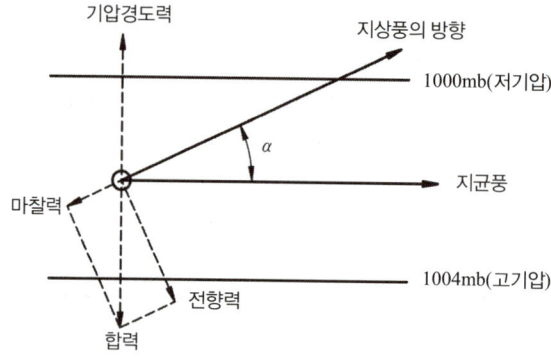

03 국지풍의 종류

1. 해륙풍

① 해륙풍은 임해지역의 바다와 육지의 비열차 또는 비열용량차에 의해 발달한다.

★ ② 육지와 바다는 서로 다른 열적성질 때문에 주간에는 바다로부터 야간에는 육지로부터 바람이 부는 해륙풍이 생겨난다.

③ 해륙풍이 장기간 지속될 경우 폐쇄된 국지순환의 결과로 해안가에 산업도시가 있는 지역에서는 대기오염물질의 축적이 일어날 수 있다.

★★ ④ 낮에는 해풍, 밤에는 육풍이 발달한다.
★ ⑤ 해풍은 바다에서 육지로, 육풍은 육지에서 바다로 분다.
★ ⑥ 해풍은 육풍보다 영향을 미치는 거리가 일반적으로 길다.
⑦ 해륙풍이 부는 원인은 낮에는 바다보다 육지가 빨리 더워져서 육지의 공기가 상승하기 때문에 바다에서 육지로 8 ~ 15km 정도까지 바람(해풍)이 분다.
★★ ⑧ 해풍은 주로 여름에 육풍은 겨울에 잘 발생된다.
⑨ 해풍의 가장 전면(내륙쪽)에서는 해풍이 급격히 약해져서 수렴구역이 생기는데 이 수렴구역을 해풍전선이라 한다.
⑩ 해풍 그림

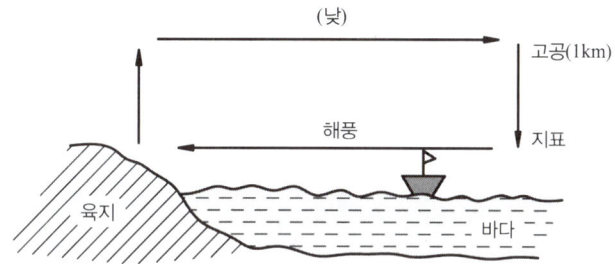

⑪ 육풍 그림

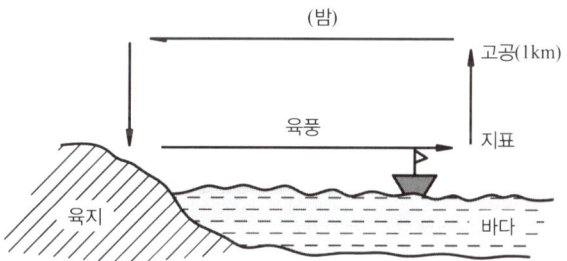

Question 06

해륙풍에 관한 내용으로 틀린 것은 어느 것인가?

㉮ 낮에는 해풍, 밤에는 육풍이 발달한다.
㉯ 해풍은 대규모 바람이 약한 맑은 여름날에 발달하기 쉽다.
㉰ 육풍은 해풍에 비해 풍속이 크고, 수직·수평적인 영향범위가 넓은 편이다.
㉱ 해풍의 가장 전면(내륙 쪽)에서는 해풍이 급격히 약해져서 수렴구역이 생기는데 이 수렴구역을 해풍전선이라 한다.

 ㉰ 육풍은 해풍에 비해 풍속이 작고, 수직·수평적인 영향범위가 좁은 편이다.

★★ 2. 산곡풍

★ ① 곡풍은 주로 낮에 발생한다.
② 곡풍은 낮에 산의 정상부근의 온도가 쉽게 높아져 산의 골짜기에서 산정상으로 부는 바람을 말한다.
③ 곡풍은 일명 상승풍 또는 활성풍이라고도 한다.
★ ④ 산풍은 주로 밤에 발생한다.
⑤ 산풍은 밤이 되면 산정상부근의 온도가 빨리 낮아져 산정상에서 골짜기를 향해 부는 바람이다.
⑥ 산풍은 일명 중력풍이라고도 한다.
★★★ ⑦ 산풍은 경사면 → 계곡 → 주계곡으로 수렴하면서 풍속이 가속되기 때문에 낮에 산 위쪽으로 부는 곡풍보다 더 강하다.

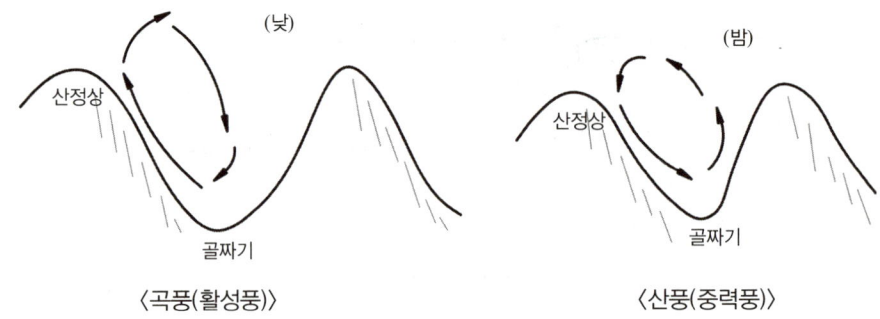

〈곡풍(활성풍)〉　　　　　　〈산풍(중력풍)〉

Question 07

국지풍에 대한 내용으로 틀린 것은 어느 것인가?

㉮ 낮에 바다에서 육지로 부는 해풍은 밤에 육지에서 바다로 부는 육풍보다 강한 것이 보통이다.
㉯ 곡풍은 경사면 → 계곡 → 주계곡으로 수렴하면서 풍속이 가속되기 때문에 낮에 산 위쪽으로 부는 산풍보다 더 강하게 부는 것이 보통이다.
㉰ 열섬효과로 인해 도시의 중심부가 주위보다 고온이 되어 도시 중심부에서 상승기류가 발생하고 도시 주위의 시골에서 도시로 부는 바람을 전원풍이라 한다.
㉱ 휀풍은 산맥의 정상을 기준으로 풍상쪽 경사면을 따라 공기가 상승하면서 건조단열 변화를 하기 때문에 평지에서보다 기온이 약 1℃/100m 율로 하강한다.

풀이 ㉯ 산풍은 경사면 → 계곡 → 주계곡으로 수렴하면서 풍속이 가속되기 때문에 낮에 산 위쪽으로 부는 곡풍보다 더 강하다.

3. 휀풍

① 일명 높새바람이라고도 한다.
② 태백산맥 서쪽지방에서 발생한다.
③ 고온건조한 바람이다.
④ 휀풍은 산맥의 정상을 기준으로 풍상쪽 경사면을 따라 공기가 상승하면서 건조단열 변화를 하기 때문에 평지에서 보다 기온이 1℃/100m의 율로 하강한다.

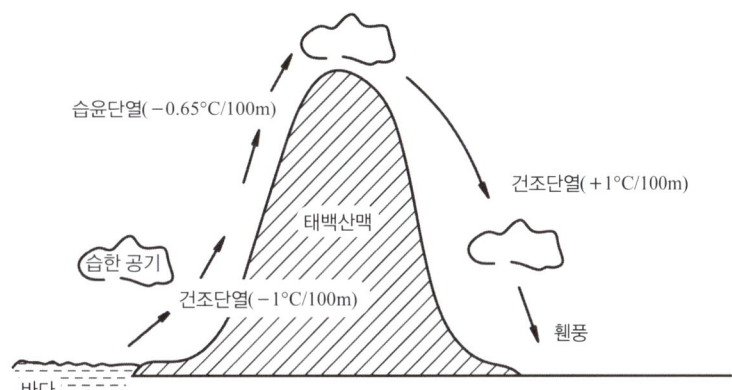

CHAPTER 07 대기의 안정도

01 대기의 안정도

1. 건조단열감율선(rd)

공기가 단열적으로 상승하면 온도가 낮아지게 된다. 100m 당 약 1℃씩 감소되는 비율(대기가 건조한 경우)을 말한다.

2. 습윤단열감율선(rw)

① 습윤공기가 팽창할 때 나타나는 온도 변화의 비율이다.
② 국제적으로 약속된 표준체감율은 -0.66℃/100m이다.

3. 환경감율선(r)

대기층에서의 실측수직온도 변화 비율이다.

> **TIP**
> 대기안정도(Stability)에 영향을 미치는 인자
> 풍속, 일사량, 운량

Question 01

지상으로부터 500m까지의 평균 기온감률은 1.2℃/100m이다. 100m 고도의 기온이 18℃일 때 400m에서의 기온(℃)은 얼마인가?

㉮ 8.6℃ ㉯ 10.8℃ ㉰ 12.2℃ ㉱ 14.4℃

 기온(℃) = 18℃ - $\left\{\dfrac{1.2℃}{100m} \times (400m-100m)\right\}$ = 14.4℃

02 기온구배

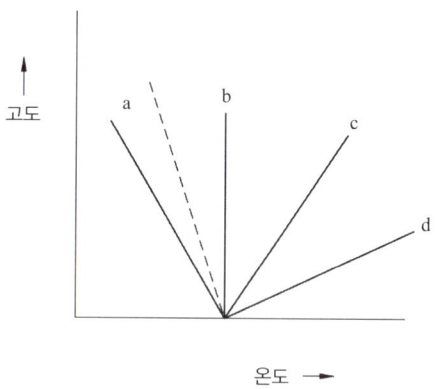

(점선은 건조단열감율선, 실선은 환경감율선)

① a 그래프는 바람이 강하게 형성되는 과단열(매우 불안정) 조건으로 대기오염현상이 발생하지 않는다.
② d 그래프는 바람이 거의 없는 역전(매우 안정) 조건으로 대기오염현상이 발생한다.

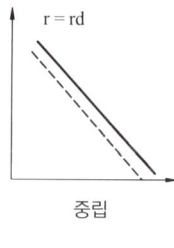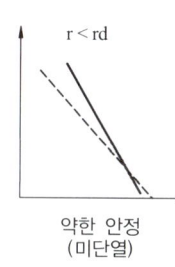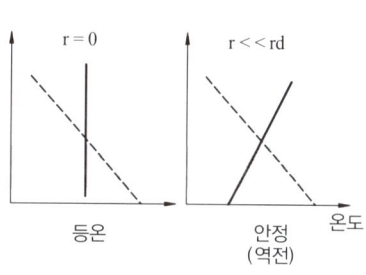

불안정 (과단열) 중립 약한 안정 (미단열) 등온 안정 (역전)

---- : 건조단열감율선(rd), ─── : 환경감율선(r)

03 온위(Potential Temperature)

① 온위는 온도와 압력의 특수한 대기조합이 연관된 건조단열을 정의하는 한 방법이다.
② 온위(θ) = $T \times \left(\dfrac{1000}{P}\right)^{0.288}$ 로 나타낼 수 있으며, 여기서 P는 millibar, T는 K 단위로 표시된다.
③ 높이에 따라 온위가 감소하면 대기는 불안정하고, 온위가 증가하면 대기는 안정하다.
④ 밀도는 온위에 반비례한다.

Question 02

2,000m에서 대기압력(최초 기압)이 805 mbar, 온도가 5℃, 비열비 K가 1.4일 때 온위(potential temperature)는 얼마인가? (단, 표준압력은 1,000mbar 기준이다.)

㉮ 약 284K ㉯ 약 289K ㉰ 약 296K ㉱ 약 324K

풀이 온위$(\theta) = T \times \left(\dfrac{1,000}{P}\right)^{0.288} = (273+5℃)K \times \left(\dfrac{1,000mbar}{805mbar}\right)^{0.288} = 295.92K$

04 파스킬(Pasguill)의 대기안정도

① 낮에는 일사량과 풍속(지상 10m)으로, 야간에는 운량, 운고와 풍속 등으로부터 안정도를 구분한다.
★★ ② 안정도는 A~F까지 6단계로 구분하며, A는 가장 불안정한 상태, F는 가장 안정한 상태를 뜻한다.
★★ ③ 낮에는 풍속이 약할수록(2m/sec 이하), 일사량은 강할수록 대기안정도 등급은 가장 불안정한 상태를 나타낸다.
④ 지표가 거칠고 열섬효과가 있는 도시나 지면의 성질이 균일하지 않은 곳에서는 오차가 크게 나타날 수 있다.

05 난류 : 저공층에서 부는 불규칙한 바람

① 특징
　㉠ 난류의 진동수는 2cycle/hr 이다.
　㉡ 중요한 범위는 1 ~ 0.01 cycle/sec 이다.
　㉢ 풍향과 풍속에 관계있다.
② 종류
　㉠ 열적 난류
　㉡ 기계적 난류

06 리챠든슨 수(Ri : Richardson Number)

★★★ 1. 리챠든슨 수(Ri)의 특징

① 무차원수이다.
★★ ② 근본적으로 대류난류를 기계적인 난류로 전환시키는 율을 측정한 것이다.
③ 지구경계층에서의 기류 안정도를 나타내는 척도로 이용된다.
④ 대기의 동적인 안정도를 나타내는 것이다.
★★★ ⑤ Ri = 0 일 때는 기계적 난류만 존재한다.
★★ ⑥ Ri가 큰 음의 값을 가지면 대류가 지배적이어서 바람이 약하게 되어 강한 수직운동이 일어난다.
★ ⑦ 기계적인 난류와 대류난류 중에서 어느 것이 지배적인가를 Ri를 근거로 추정할 수 있다.
⑧ 0.25보다 크게 되면 수직혼합은 없어지고 수평상의 소용돌이만 남게 된다.
★★ ⑨ 리챠든슨 수(Ri)를 구하기 위해서는 두층(보통 지표에서 수 m와 10m 내외의 고도)에서 (기온)과 (풍속)을 동시에 측정하여야 하며 특히 정확한 (풍속)측정이 중요하다. 그리고 이 값은 (풍속차의 제곱)에 반비례한다.
⑩ -0.03 < Ri < 0 이면 기계적 난류와 대류가 존재하나 기계적 난류가 혼합을 주로 일으킨다.
⑪ 0 < Ri < 0.25이면 성층에 의해 약화된 기계적 난류가 존재한다.
⑫ Ri < -0.04이면 대류에 의한 혼합이 기계적 혼합을 지배한다.
⑬ 풍속의 수직분포가 대수적 분포를 보이는 때의 Ri의 범위는 -0.01 < Ri < +0.01 정도이다.

Question 03

리챠든 수(Richardson)에 관한 설명으로 옳지 않은 것은?
㉮ 0인 경우는 기계적 난류만 존재한다.
㉯ 무차원수로서 근본적으로 대류난류를 기계적인 난류로 전환시키는 율을 측정한 것이다.
㉰ 큰 음의 값을 가지면 대류가 지배적이어서 바람이 약하게 된다.
㉱ 0.25 보다 크게 되면 수직혼합만 남는다.

풀이 ㉱ 0.25 보다 크게 되면 수직혼합은 없어지고 수평상의 소용돌이만 남게 된다.

★ 2. 리차든슨 수(Ri)의 계산식

$$Ri = \frac{g}{T}\left\{\frac{\triangle t/\triangle z}{(\triangle u/\triangle z)^2}\right\}$$

- g : 중력가속도(9.8m/sec²)
- T : 평균온도의 절대치(273+t_m℃)
- t_m : 평균온도(℃)
- △t : 온도차(℃)
- △z : 고도차(m)
- △u : 풍속차(m/sec)

07 Wind shear(바람쏠림)

① 바람쏠림이 가장 현저한 고도는 0 ~ 40m이다.
② 복잡하지 않는 지형의 상공에서 풍향이 고도에 따라 변하는 것을 말한다.
③ 지표와 경도풍이 부는 높이까지의 대기층에서 약 15 ~ 30°가량 시계바늘 진행방향으로 쏠리는 것이 보통이다.
④ 풍속이 6m/sec 이하일때는 풍향의 변화가 커진다.

> **TIP**
>
> **에크만 나선**
> 지형의 거칠기에 따른 고도별 풍속변화를 쉽게 파악할 수 있도록 부챗살 모양으로 나타낸다.

08 바람장미(Wind rose) = 풍배도 = 풍화도

★★ 1. 바람장미

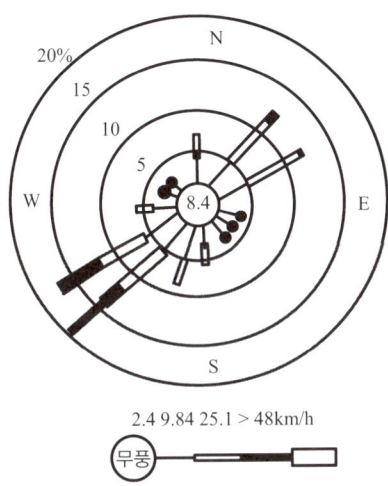

① 바람장미에 기록되는 사항 : 풍향, 풍속, 무풍률, 지속도
★★ ② 주풍향은 남서풍이다.
③ 바람장미는 바람의 풍향별 발생빈도와 풍속을 나타낸다.

2. 바람장미의 특징

① 바람장미는 풍향별로 관측된 바람의 발생빈도는 풍속을 16방향인 막대기형으로 표시한 기상도형이다.
★★ ② 가장 빈번히 관측된 방향을 주풍(Prevailing Wind)이라 하고, 막대의 길이를 가장 길게 표시한다.
★★ ③ 풍속은 막대기의 굵기로 표시한다.
④ 관측된 풍향별 발생빈도를 %로 표시한 것을 방향량(Vector)이라 하며 바람장미의 중앙에 숫자로 표시하는 것은 무풍률이다.
★ ⑤ 풍속이 0.2m/sec 이하일 때 정온(calm) 상태로 본다.
⑥ 바람장미를 이용하여 특정지역오염물질의 대체적인 확산 패턴을 예측할 수 있다.

Question 04

대기오염물질의 분산을 예측하기 위한 바람장미(wind rose)에 대한 내용으로 틀린 것은 어느 것인가?

㉮ 풍속이 1m/sec 이하일 때를 정온(calm) 상태로 본다.
㉯ 바람장미는 풍향별로 관측된 바람의 발생빈도와 풍속을 16방향으로 표시한 기상도형이다.
㉰ 관측된 풍향별 발생빈도를 %로 표시한 것을 방향량(vector)이라 한다.
㉱ 가장 빈번히 관측된 풍향을 주풍(prevailing wind)이라 하고, 막대의 길이를 가장 길게 표시한다.

풀이 ㉮ 풍속이 0.2m/sec 이하일 때를 정온(calm) 상태로 본다.

09 고도에 따른 풍속변화

1. 스튼(Sutton)의 식

$$U_2 = U_1 \times \left(\frac{H_2}{H_1}\right)^n$$

- U_2 : H_2 고도에서의 풍속(m/sec)
- U_1 : H_1 고도에서의 풍속(m/sec)
- H_1, H_2 : 고도(m)
- n : 대기안정도 상수
  - 매우 안정 0.5
  - 불안정, 중립 0.25
  - 매우 불안정 0.2

2. 데칸(Deacon)의 식

$$U_2 = U_1 \times \left(\frac{H_2}{H_1}\right)^P$$

- U_2 : H_2 고도에서의 풍속(m/sec)
- U_1 : H_1 고도에서의 풍속(m/sec)
- H_1, H_2 : 고도(m)
- P : 매개변수

Question 05

지상 10m에서의 풍속이 2m/sec라면 100m에서의 풍속은? (단, Deacon식 활용, 풍속지수 p = 0.5로 가정한다.)

㉮ 3.4m/sec ㉯ 4.9m/sec
㉰ 5.5m/sec ㉱ 6.3m/sec

풀이 $U_2 = U_1 \times \left(\dfrac{H_2}{H_1}\right)^P = 2\text{m/sec} \times \left(\dfrac{100\text{m}}{10\text{m}}\right)^{0.5} = 6.32\text{m/sec}$

10 혼합고

★★ 1. 라디오존데(radiosonde)

고도에서의 온도, 기압, 습도를 측정하는 장비

★★ 2. 최대혼합고(Maximum Mixing Depth)의 특징

① 열부상 효과에 의한 대류에 의해 혼합층의 깊이가 결정되는데 이를 최대 혼합고라 한다.
② 실제로 지표상 수 km까지의 실제공기의 온도 종단도를 작성함으로써 결정된다.
★★★ ③ 역전이 심할수록 최대혼합고는 작은값을 가지며 대기오염의 심화를 나타낸다.
★★ ④ 야간에 역전이 심할 경우에는 그 값이 거의 0이 될 수도 있다.
★★ ⑤ 최대혼합깊이는 하루 중 밤에 가장 적고 한낮에 최대이며 계절적으로 여름에 최대, 겨울에 최소가 된다.
★★ ⑥ MMD값은 통상적으로 (밤)에 가장 낮으며, (낮)시간 동안 증가한다. (낮)시간 동안에는 통상(2,000~3,000m) 값을 나타내기도 한다.
★ ⑦ 환기량은 혼합층의 높이에 풍속을 곱한 값으로 정의한다.
★ ⑧ 일반적으로 대단히 안정된 대기에서의 MMD는 불안정한 대기에서보다 MMD가 작다.
★★ ⑨ 일반적으로 MMD가 높은 날은 대기오염이 약하고, MMD가 낮은 날에는 대기오염이 심함을 나타낸다.
⑩ 최대혼합깊이의 자료는 통상 1개월 간의 평균치로서 가용한다.
★★ ⑪ 실제오염농도(ppm) = 예상오염농도(ppm)$\times \left\{\dfrac{\text{예상최대혼합고(m)}}{\text{실제최대혼합고(m)}}\right\}^3$

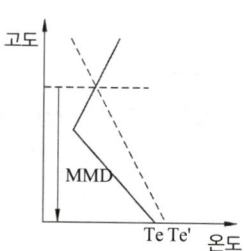

──── : 환경감율선(r)
---- : 건조단열감율선(rd)

Te : 하루 중 지상 최저 온도
Te' : 하루 중 지상 최대 온도

Question 06

최대혼합깊이(MMD)에 대한 내용으로 틀린 것은 어느 것인가?

㉮ 야간에 역전이 심할 경우에는 점차 증가하여 그 값이 5,000m 이상이 될 수도 있다.
㉯ 통상적으로 계절적으로는 이른 여름에 아주 크다.
㉰ 열부상효과에 의하여 대류에 의한 혼합층의 깊이가 결정되는데 이를 MMD라 한다.
㉱ 실제로 MMD는 지표위 수 km까지의 실제 공기의 온도종단도를 작성함으로써 결정된다.

 ㉮ 야간에 역전이 심할 경우에는 그 값이 거의 0이 될 수도 있다.

Question 07

최대 혼합고도를 400m로 예상하여 오염농도를 4ppm으로 추정하였는데 실제 관측된 최대 혼합고도는 250m였다. 실제 나타날 오염농도(ppm)는 약 얼마인가?

㉮ 9ppm　　㉯ 16ppm　　㉰ 32ppm　　㉱ 64ppm

 실제오염농도(ppm) = 예상오염농도(ppm) × $\left\{\dfrac{\text{예상최대혼합고}}{\text{실제최대혼합고}}\right\}^3$ = 4ppm × $\left(\dfrac{400m}{250m}\right)^3$ = 16.38ppm

11 기온역전

대류권 내에서는 일반적으로 고도가 높아짐에 따라 기온이 감소하나 반대로 증가하기도 한다. 이를 역전(Inversion)이라 하며 대기오염물의 혼합과 밀접한 관계를 갖는다.

1. 역전의 종류

★★ (1) 접지역전(지표역전)의 종류

① 복사성(방사성) 역전
② 이류성 역전

★★ (2) 공중역전의 종류

① 침강성 역전
② 전선성 역전
③ 해풍역전
④ 난류성 역전

> **Question 08**
>
> 기온역전(Temperature Inversion)의 종류에 해당하지 않는 것은?
>
> ㉮ 이류역전　　㉯ 난류역전　　㉰ 해풍역전　　㉱ 단층역전
>
> **풀이** ㉱ 단층역전은 기온역전의 종류에 해당하지 않는다.

2. 접지역전

따뜻한 공기가 찬 지표면이나 수면위를 불어갈 때 따뜻한 공기의 하층이 찬 지표면 수면에 의해 냉각되어 발생한다.

★★★ (1) 복사성(방사성) 역전

하늘이 맑고 바람이 적을 때 지표면 근처의 공기가 낮은 온도로 냉각되면서 발생하는 역전이다.

★★ ① 겨울철 맑은날 아침에 자주 발생한다.
★★★ ② 단기간의 오염물질의 축적으로 대기오염문제를 야기시킨다.
★★★ ③ 발생하는 시간대는 주로 밤에서 이른 새벽까지이다.
　　④ 대기오염물질 배출원이 위치하는 대기층에서 주로 생성된다.
　　⑤ 구름이 낀 날이나, 센 바람이 부는 날에는 잘 생기지 않는다.
　　⑥ 지표 가까이에 형성되므로 지표역전이라고도 한다.

⑦ 보통 가을로부터 봄에 걸쳐 날씨가 좋고, 바람이 약하며 습도가 적을 때 자정 이후 아침까지 잘 발하고 낮이 되면 일사로 인해 지면이 가열되면 곧 소멸된다.

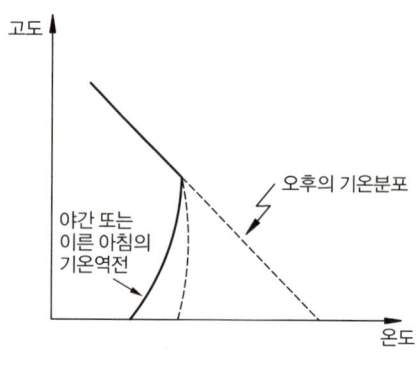

〈복사성 역전의 안정도〉

(2) 이류성 역전

따뜻한 공기가 찬 지면위를 지나갈 때 대기하부가 접촉냉각에 의해 역전층이 발생하는데 이를 이류성 역전이라 한다.

3. 공중역전

★★(1) 침강성 역전

★★ ① 고기압 중심부분에서 기층이 서서히 침강하면서 기온이 단열변화로 승온되어서 발생한다.
★ ② 대도시에서 발생한 대기오염사건은 주로 침강역전과 관련이 있다.
★★ ③ 단시간의 오염 문제라기 보다는 장기간의 오염축적에 의하여 문제를 야기한다.
④ 로스엔젤레스 스모그 발생과 밀접한 관계가 있는 역전 형태이다.
⑤ 고기압이 정체하고 있는 넓은 범위에 걸쳐서 시간에 무관하게 장기적으로 지속된다.

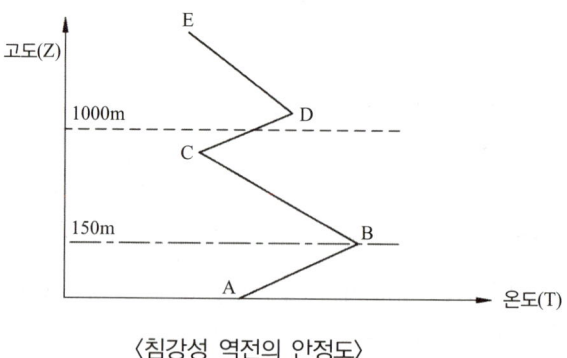

〈침강성 역전의 안정도〉

(2) 전선성 역전

찬 공기 위를 이동하는 따뜻한 공기의 전이층에서 발생되는 역전이다.

(3) 해풍역전

육지 위에 있는 따뜻한 기층 바로 아래로 한냉한 해풍이 불어와 역전이 형성되는 것을 의미한다.

(4) 난류성 역전

난류(강한 바람)가 형성되면 혼합층이 만들어지며 그때의 기온분포는 건조단열감율에 가까워지며 상단부분에 발생되는 역전을 의미한다.

Question 09

복사역전(radiation inversion)이 가장 발생되기 쉬운 기상조건은?

㉮ 하늘이 맑고, 바람이 강하며, 습도가 높을 때
㉯ 하늘이 흐리고, 바람이 강하며, 습도가 높을 때
㉰ 하늘이 흐리고, 바람이 약하며, 습도가 낮을 때
㉱ 하늘이 맑고, 바람이 약하며, 습도가 낮을 때

 ㉱ 복사역전은 하늘이 맑고, 바람이 약하며, 습도가 낮은 겨울철 아침에 주로 발생한다.

Question 10

다음 중 침강역전과 상대 비교한 복사역전에 관한 설명으로 가장 거리가 먼 것은?

㉮ 복사역전은 장기간 지속되어 단기적인 문제보다는 주로 대기오염물의 장기 축적에 기여한다.
㉯ 복사역전은 지표 가까이에 형성되므로 지표역전이라고도 한다.
㉰ 복사역전은 대기오염물질 배출원이 위치하는 대기층에서 발생된다.
㉱ 복사역전은 일출직전에 하늘이 맑고 바람이 없는 경우에 강하게 생성된다.

 ㉮ 복사역전은 단기간 오염물질의 축적으로 대기오염 문제를 야기시킨다.

12 대기의 안정도에 따른 연기의 모양

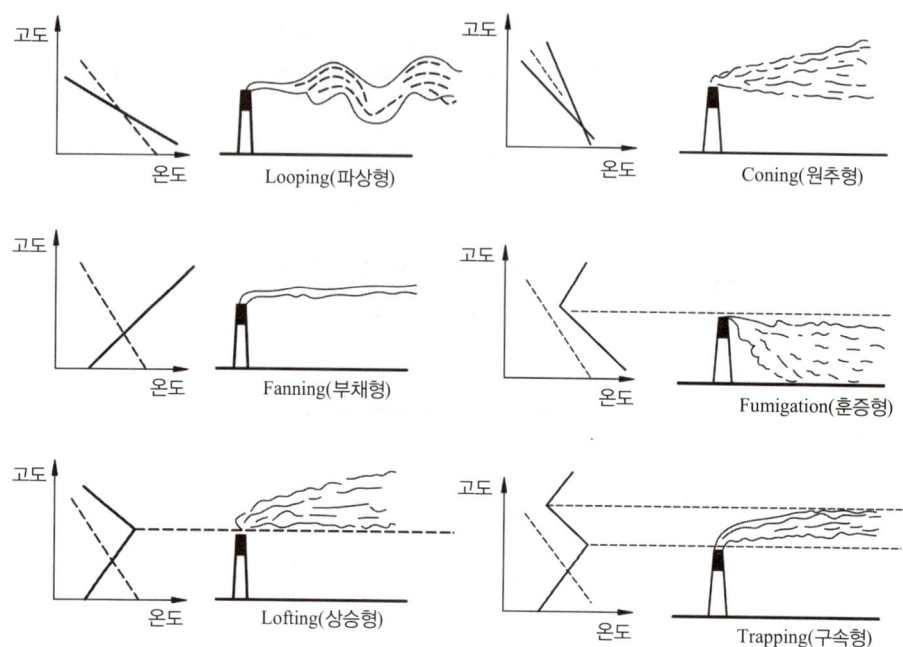

★★★ 1. Looping형

★★★ ① 안정도는 과단열(매우 불안정)조건이며 일명 환상형, 파상형, 루핑형이라 한다.
② 지표농도가 최대인 연기의 모양이다.
★★ ③ 전체 대기층이 불안정할 경우에 나타나며, 연기의 모양이 상하로 요동이 심하며, 순간적으로 지상에 고농도가 될 수 있다.
★★ ④ 난류가 심할 때 발생하고, 강한 난류에 의해 연기는 재빨리 분산되나 연기가 지면에 도달할 경우 굴뚝 가까운 곳의 지표농도는 높게 될 수도 있다.
★ ⑤ 실제기온감률이 단열감률보다 클 때 볼 수 있다.
★ ⑥ 상하로 수직운동을 하기 때문에 대기오염물질이 빨리 희석되어 지표면까지 이동하는 굴뚝연기형태로 굴뚝이 낮으면 풍하쪽 지상에 강한 오염이 발생될 수도 있다.
⑦ 날씨가 맑아서 태양복사열이 강한 따뜻한 계절에 발생한다.
⑧ 저기압, 고기압에 상관없이 발생한다.
⑨ 대기가 불안정하여 난류가 심할 때 발생하며 굴뚝 부근의 지표면에서 국지적이고 일시적인 고농도현상이 발생하기도 하는 연기형태이다.

> **Question 11**
>
> 굴뚝에서 배출되는 연기의 형태 중 looping형에 대한 내용으로 알맞은 것은 어느 것인가?
> ㉮ 전체 대기층이 강한 안정시에 나타나며, 연직확산이 적어 지표면에 순간적 고농도를 나타낸다.
> ㉯ 전체 대기층이 중립일 경우에 나타나며, 연기모양의 요동이 적은편이다.
> ㉰ 과단열감률 상태의 대기일 때 나타나므로 맑은 날 오후에 발생하기 쉽다.
> ㉱ 상층이 불안정, 하층이 안정일 경우에 나타나며, 바람이 다소 강하거나 구름이 낀 날 일어난다.
>
> **풀이** ㉮ 전체 대기층이 강한 안정시 : 부채형
> ㉯ 전체 대기층이 중립시 : 원추형
> ㉰ looping형(파상형) 설명
> ㉱ 상층이 불안정, 하층이 안정시 : 상승형(지붕형)

★★★ 2. Fanning형(부채형)

★★★ ① 전체 대기층이 강한 안정시에 나타나며, 지상에는 오염물질의 영향이 매우 크다.
② 연기가 바람의 하류 방향 먼곳까지 그대로 이동하게 된다.
③ 굴뚝의 높이가 낮으면 지표부근에 심각한 오염문제를 발생시킨다.
★ ④ 대기가 매우 안정상태에서 발생하며 상하의 확산폭이 적어 지표에 미치는 오염도는 적다.
⑤ 대기가 매우 안정된 상태일때에 아침과 새벽에 잘 발생한다.
★★ ⑥ 풍향이 자주 바뀔때면 뱀이 기어가는 연기모양이 된다.
★★ ⑦ 기온역전상태의 대기오염이 심할 때 나타날 수 있는 연기모양이다.
⑧ 일반적으로 최대착지거리가 크고 최대착지농도는 낮다.
★ ⑨ 대기전체가 크게 오염현상을 일으킬 때 발생하는 연기형태이다.
⑩ 상하의 확산폭이 적어 지표에 미치는 오염도는 적으나 굴뚝의 위치가 낮을 경우 오염도는 상대적으로 커진다.
★★ ⑪ 고기압 구역에서 하늘이 맑고 바람이 약하면 지표로부터 열방출량이 커서 한밤으로부터 아침까지 복사역전층이 생길 때 발생하는 연기모양이다.
⑫ 부채형상태에서는 연기의 수직방향 분산은 최소가 되고 풍향에 수직되는 수평방향의 분산도 매우 적다.

> **Question 12**
>
> 굴뚝에서 배출되는 연기의 모양이 Fanning 형인 경우, 대기에 관한 설명으로 옳지 않은 것은?
>
> ㉮ 연기의 수직방향 분산은 최소가 된다.
> ㉯ 기온역전상태의 대기오염이 심할 때 나타날 수 있는 연기모형이다.
> ㉰ 대기가 매우 안정한 침강역전상태일 때 주로 발생한다.
> ㉱ 일반적으로 최대 착지거리가 크고, 최대 착지농도는 낮다.
>
> **풀이** ㉰ 전체 대기층이 강한 안정시 나타나며, 복사역전상태일 때 주로 발생한다.

★★ 3. Coning형(원추형)

★★ ① 전체 대기층이 중립일 경우에 나타나며, 연기모양의 요동이 적은 형태이다.
② 바람이 다소 강하거나 구름이 많이 낀 경우에 발생한다.
★★ ③ 연기의 퍼지는 모양에서 가우시안 확산모델(Gaussian diffusion model)을 적용할 수 있는 가장 이상적인 연기형태이다. (오염의 단면분포가 전형적인 가우시안 분포를 이루고 있다.)
④ 날씨가 흐리고 바람이 비교적 약하면 약한 난류가 발생하여 생긴다.

★★ 4. Lofting형

① 일명 지붕형 또는 상승형이라 한다.
★★ ② 안정도는 고공(상층)이 과단열(매우 불안정)이고 지표(하층)가 역전(매우 안정)인 경우에 나타나며 연기가 서서히 확산된다.
③ 굴뚝의 높이보다 더 낮게 지표 가까이에 역전층이 이루어져 있고 그 상공에는 대기가 비교적 불안정상태일 때 발생한다.
★★ ④ 주로 고기압 지역에서 하늘이 맑고 바람이 약한 경우에 초저녁으로부터 아침에 걸쳐 발생하기 쉽다.
⑤ 지상으로부터의 기온구배는 역전 – 과단열이다.

Question 13

굴뚝의 높이보다 낮게 지표 가까이에 역전층이 이루어져 있고, 그 상공에는 비교적 불안정 상태일 때 발생하며, 주로 고기압지역에서 맑고 바람이 약한 경우 초저녁부터 아침에 걸쳐 잘 발생되기 쉬운 연기형태는?

㉮ looping형
㉯ fumigation형
㉰ fanning형
㉱ lofting형

풀이 대기안정도에 따른 연기형태
　㉮ Looping형(파상형) : 과단열조건
　㉯ Fumigation형(훈증형) : 지표 - 과단열, 고공 - 역전조건
　㉰ Fanning형(부채형) : 역전조건
　㉱ Lofting형(상승형) : 지표 - 역전, 고공 - 과단열 조건

★★★ 5. Fumigation형(훈증형)

★★ ① 안정도는 고공(상층)이 역전(매우 안정)이고 지표(하층)는 과단열(매우 불안정)이다.
② 연기모양으로 볼 때 대기오염 최대이다.
★★ ③ 야간에 형성된 접지역전층은 일출 후 지표면이 가열되면 지표면에서부터 역전이 해소되어 하층은 대류가 활발하여 불안정해지나 그 상층은 아직 안정상태로 남아있는 경우에 나타나는 굴뚝 연기형태이다.
★ ④ 지상으로부터의 기온구배는 과단열 - 역전이다.
⑤ 30분 이상 지속되지 않는다.

Question 14

굴뚝상층에서 역전이 발생하여 굴뚝에서 배출되는 연기가 아래쪽으로만 확산되는 형태로서 보통 30분 이상 지속되지 않는 것은?

㉮ looping
㉯ fanning
㉰ fumigation
㉱ lofting

풀이 연기의 안정도
　㉮ looping : 과단열(매우 불안정)조건
　㉯ fanning : 역전(매우 안정)조건
　㉰ fumigation : 지표 - 과단열(매우 불안정), 고공 - 역전(매우 안정)조건
　㉱ lofting : 지표 - 역전(매우 안정), 고공 - 과단열(매우 불안정)조건

6. Trapping형(구속형)

① 안정도는 고공(상층)은 침강성 역전, 지표(하층)는 복사성 역전이다.
② 고기압지역에서 자주 발생된다.

> **Question 15**
> 굴뚝 높이 상하층에서 각각 침강역전과 복사역전이 동시에 발생되는 경우의 연기형태는 어느 것인가?
> ㉮ looping ㉯ coning
> ㉰ fumigation ㉱ trapping
>
> 정답 ㉱

> **TIP**
> 맑은 여름날 해가 뜬 후부터 오후 최고기온이 나타나는 시간까지의 연기의 분산형태
> 부채형 → 훈증형 → 원추형 → 환상형

> **TIP**
> 연기의 확산형태 중 역전현상이 존재하는 형태
> 부채형(Fanning형), 지붕형(Lofting형), 훈증형(Fumigation형), 구속형(Trapping형)

CHAPTER 08 대기의 확산

01 유효굴뚝높이

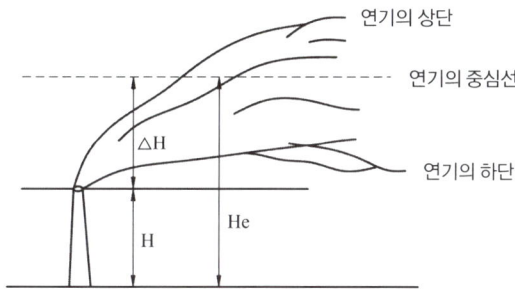

He = H + △H

　　　　⎡ He : 유효굴뚝높이(m)
　　　　⎢ △H : 연기의 상승고(m)
　　　　⎣ H : 굴뚝의 실제높이(m)

★★ 1. 배출되는 오염물질의 확산조건

① 굴뚝 가스배출 속도를 증가시킨다.
② 배출가스의 온도를 가급적 높인다.
★★★ ③ 배출구 직경을 작게한다.
④ 굴뚝의 높이를 증가시킨다.
⑤ 배출가스량을 증가시킨다.

Question 01

다음 중 유효굴뚝높이(effective stack height)를 상승시키는 방법으로 가장 적합한 것은?

㉮ 배출가스의 토출속도를 줄인다.
㉯ 배출가스의 온도를 높인다.
㉰ 굴뚝 배출구의 직경을 확대한다.
㉱ 배출가스의 양을 감소시킨다.

풀이 ㉮ 배출가스의 토출속도를 높인다.
㉰ 굴뚝 배출구의 직경을 줄인다.
㉱ 배출가스의 양을 증가시킨다.

2. SO_2의 착지농도를 감소시키는 방법

① 굴뚝높이를 높게 한다.
② 굴뚝 배기가스 배출속도를 높인다.
★★ ③ 배기가스 온도를 가능한 높인다.
④ 저유황유를 사용한다.

Question 02

SO_2의 착지농도를 감소시키기 위한 방법으로 틀린 것은 어느 것인가?

㉮ 배출가스 온도를 가능한 한 낮춘다.
㉯ 굴뚝 배출가스의 배출속도를 높인다.
㉰ 저유황유를 사용한다.
㉱ 굴뚝 높이를 높게 한다.

풀이 ㉮ 배출가스 온도를 가능한 한 높인다.

★★★ 3. △H(연기의 상승고) 계산식

★★★ ① $\triangle H = 1.5 \times \left(\dfrac{V_s}{u}\right) \times D$

△H : 연기의 상승고(m)   Vs : 배출가스 속도(m/sec)
u : 풍속(m/sec)   D : 직경(m)

$He = H + \triangle H$

He : 유효굴뚝높이(m) $\triangle H$: 연기의 상승고(m) H : 굴뚝의 실제높이(m)

Question 03

실제굴뚝높이가 50m, 굴뚝내경 5m, 배출가스의 분출속도가 12m/sec, 굴뚝 주위의 풍속이 4m/sec라고 할 때, 유효굴뚝의 높이(m)는? (단, $\triangle H = (1.5 \times D \times (Vs/U)$이다)

풀이

① $\triangle H = 1.5 \times D \times \left(\dfrac{V_s}{U}\right)$

$= 1.5 \times 5m \times \left(\dfrac{12m/sec}{4m/sec}\right) = 22.5m$

② 유효굴뚝높이(H_e) = 실제굴뚝높이(H)+연기의 상승고($\triangle H$) = 50m+22.5m = 72.5m

★ ② Moses와 Carson의 연기의 상승고

$\triangle H = -0.029 \times \left(\dfrac{V_s \times d}{u}\right) + 2.26 \times \dfrac{Q_h^{1/2}}{u}$

$\triangle H$: 연기의 상승고(m) V_s : 배출가스속도(m/sec) d : 내경(m)
Q_h : 열 방출열(KJ/sec) u : 풍속(m/sec)

Question 04

내경 3,000mm인 굴뚝으로부터 5,000kJ/s의 열을 가진 연기가 25m/s의 속도로 방출되고 있다. 주위의 풍속이 300m/min일 때 연기의 상승고(m)는? (단, 연기의 상승고는 Carson과 Moses의 식 $\triangle H = -0.029V_sd/U + 2.62Q_h^{1/2}/U$을 이용할 것.)

풀이

$\triangle H = -0.029 \times \left(\dfrac{V_s \times d}{U}\right) + 2.62 \times \dfrac{(Q_h)^{\frac{1}{2}}}{U}$

$= -0.029 \times \left(\dfrac{25m/sec \times 3m}{300m/min \times 1min/60sec}\right) + 2.62 \times \dfrac{(5,000kJ/sec)^{\frac{1}{2}}}{300m/min \times 1min/60sec} = 36.62m$

TIP

내경(d) = 3,000mm = 3m

★ ③ 홀랜드식에서 연기의 상승고

$$\triangle H = \left(\frac{V_s \times d}{U}\right) \times \left[1.5 + \left(2.68 \times 10^{-3} \times P \times d \times \frac{T_s - T_a}{T_s}\right)\right]$$

$\triangle H$: 연기의 상승고(m) V_s : 배출가스속도(m/sec)   u : 풍속(m/sec)
d : 안지름(m)   P : 대기압(millibar) T_s : 가스의 절대온도(273+tg℃)
T_a : 대기(외기)의 절대온도(273+ta℃)

Question 05

유효 굴뚝높이를 구하는데 사용되는 방정식으로 홀랜드식(Holland's equation)이 있다. 풍속이 5m/sec이고 높이 50m, 구경 2m, 배출가스 속도 15m/sec, 배출가스 온도 127℃인 굴뚝이 있다. 대기중의 공기는 27℃ 일 때 유효굴뚝높이(m)는? (단, 1기압을 기준으로 하며 대기의 안정도는 중립조건 홀랜드식은 $\triangle H = \left(\frac{V_s \times d}{U}\right) \times \left[1.5 + \left(2.68 \times 10^{-3} \times P \times d \times \frac{T_s - T_a}{T_s}\right)\right]$로 표시함)

풀이

① $\triangle H = \left(\frac{V_s \times d}{U}\right) \times \left[1.5 + \left(2.68 \times 10^{-3} \times P \times d \times \frac{T_s - T_a}{T_s}\right)\right]$

$= \left(\frac{15m/sec \times 2m}{5m/sec}\right) \times \left[1.5 + \left(2.68 \times 10^{-3} \times 1013.2 mba \times 2m \times \frac{(273+127)-(273+27)}{(273+127)}\right)\right] = 17.15m$

② $H_e = H + \triangle H$

H_e : 유효굴뚝높이(m)   H : 실제굴뚝높이(m) $\triangle H$: 연기의 상승고(m)

따라서 $H_e = 50m + 17.15m = 67.15m$

★★ ④ $\triangle H = \dfrac{114CF^{1/3}}{u}$, $F = g \times \left(\dfrac{D}{2}\right)^2 \times V_s \times \left(\dfrac{T_s - T_a}{T_s}\right)$

$\triangle H$: 연기의 상승고(m) V_s : 배출가스속도(m/sec)   C : 상수
F : 부력(m^4/sec^3) T_s : 가스의 절대온도(273+tg℃) T_a : 대기(외기)의 절대온도(273+ta℃)
g : 중력가속도(9.8m/sec^2)   u : 풍속(m/sec)   D : 관경(m)

Question 06

굴뚝 직경 3m, 배출속도 10m/sec, 배출온도 500K, 대기온도 27℃, 풍속 4.2m/sec일 때, 유효상승고(Δh)는?(m)
(단, $\Delta h = \dfrac{114CF^{\frac{1}{3}}}{U}$, C = 1.58, $F = g\left(\dfrac{D}{2}\right)^2 Vs \dfrac{T_s - T_a}{T_a}$ 를 이용하여 계산할 것)

풀이

$\Delta h = \dfrac{114CF^{\frac{1}{3}}}{U}$, $F = g \times \left(\dfrac{D}{2}\right)^2 \times Vs \times \left(\dfrac{T_s - T_a}{T_a}\right)$

따라서 $F = 9.8 m/sec^2 \times \left(\dfrac{3m}{2}\right)^2 \times 10 m/sec \times \dfrac{500-(273+27)}{(273+27)} = 147 m^4/sec^3$

$\Delta h = \dfrac{114 \cdot C \cdot F^{\frac{1}{3}}}{u} = \dfrac{114 \times 1.58 \times (147 m^4/sec^3)^{\frac{1}{3}}}{4.2 m/sec} = 226.34 m$

★★ ⑤ TVA모델

$$\Delta H = \dfrac{173 \times F^{1/3}}{U \times \exp\left(0.64 \times \dfrac{\Delta \theta}{\Delta z}\right)}, \quad F = \dfrac{g \times Vs \times D^2 \times (T_s - T_a)}{4 \times Ta}$$

- ΔH : 연기의 상승고(m)   F : 부력(m^4/sec^3)   u : 풍속(m/sec), 중립상태에서 $\dfrac{\Delta \theta}{\Delta z} = 0$
- g : 중력가속도($9.8 m/sec^2$)   Vs : 배출가스속도(m/sec)   D : 직경(m)
- T_s : 가스의 절대온도(273+tg℃) T_a : 대기(외기)의 절대온도(273+ta℃)

Question 07

직경 4m인 굴뚝에서 연기가 10m/s의 속도로 풍속 5m/s인 대기로 방출된다. 대기는 27℃, 중립상태($\dfrac{\Delta \theta}{\Delta Z}$ = 0)이고, 연기의 온도가 167℃ 일 때 TVA모델에 의한 연기의 상승고(m)는?
(단, TVA모델 : $\Delta H = \dfrac{173 \cdot F^{1/3}}{U \cdot \exp(0.64 \Delta \theta / \Delta Z)}$, 부력계수 $F = [g \cdot Vs \cdot d^2 (T_s - T_a)]/4T_a$를 이용할 것)

풀이

① $F = \dfrac{g \times Vs \times d^2 \times (T_s - T_a)}{4 \times T_a} = \dfrac{9.8 m/sec^2 \times 10 m/sec \times (4m)^2 \times \{(273+167)-(273+27)\}}{4 \times (273+27)} = 182.93 m^4/sec^3$

② $\Delta H = \dfrac{173 \times F^{\frac{1}{3}}}{U \times \exp\left(0.64 \times \dfrac{\Delta \theta}{\Delta z}\right)} = \dfrac{173 \times (182.93 m^4/sec^3)^{\frac{1}{3}}}{5 m/sec} = 196.41 m$

TIP

$\dfrac{\Delta \theta}{\Delta z} = 0$ 이므로 $\Delta H = \dfrac{173 \times F^{\frac{1}{3}}}{U}$ 로 계산한다.

02 통풍력

★★ 1. 통풍력 계산식

★★ ① $Z = 355 \times H \times \left(\dfrac{1}{273+t_a} - \dfrac{1}{273+t_g} \right)$

② $Z = 273 \times H \times \left(\dfrac{r_a}{273+t_a} - \dfrac{r_g}{273+t_g} \right)$

$\begin{bmatrix} Z : 통풍력(mmH_2O) & H : 굴뚝(연돌)의 높이(m) & t_a : 대기(외기)의 온도(℃) \\ t_g : 배출가스 온도(℃) & r_a : 대기(외기)의 밀도(kg/m^3) & r_g : 배출가스의 밀도(kg/m^3) \end{bmatrix}$

Question 08

높이 60m인 굴뚝에서 가스의 평균온도가 250℃, 대기의 온도는 25℃일 때 이 굴뚝의 통풍력은?(mmH_2O) (단, 표준상태의 가스와 공기의 비중량은 1.3kg/Nm³ 이라 보고 굴뚝 안에서의 마찰손실은 무시함)

풀이 $Z = 355 \times H \times \left(\dfrac{1}{273+t_a℃} - \dfrac{1}{273+t_g℃} \right) = 355 \times 60m \times \left(\dfrac{1}{273+25} - \dfrac{1}{273+250} \right) = 30.75 mmH_2O$

Question 09

굴뚝높이가 60m, 배기가스의 평균온도가 137℃일 때, 자연통풍력을 1.5배 증가시키기 위해서는 배기가스의 온도(℃)는 얼마가 되어야 하는가? (단, 대기온도 27℃, 표준상태의 공기밀도는 1.3kg/m³)

풀이 $Z = 355 \times H \times \left(\dfrac{1}{273+t_a℃} - \dfrac{1}{273+t_g℃} \right)$

① $Z = 355 \times 60m \times \left(\dfrac{1}{273+27} - \dfrac{1}{273+137} \right) = 19.05 mmH_2O$

② $19.05 mmH_2O \times 1.5 = 355 \times 60m \times \left(\dfrac{1}{273+27} - \dfrac{1}{273+t_g℃} \right)$

$\therefore t_g = \dfrac{1}{\dfrac{1}{273+27} - \dfrac{19.05 mmH_2O \times 1.5}{355 \times 60m}} - 273 = 229.06℃$

TIP

$Z = 355 \times H \times \left(\dfrac{1}{273+t_a℃} - \dfrac{1}{273+t_g℃} \right)$

$\therefore t_g(℃) = \dfrac{1}{\dfrac{1}{273+t_a} - \dfrac{Z}{355 \times H}} - 273$

2. 통풍력의 특징

① 굴뚝의 높이가 높고, 단면적이 클수록 통풍력은 커진다.
★★ ② 배출가스의 온도가 높을수록, 외기온도는 낮을수록, 계절별로는 여름보다는 겨울이 통풍력은 커진다.
③ 굴뚝내의 굴곡이 없을수록 통풍력이 커진다.
★★ ④ 외기주입이 없을수록 통풍력이 커진다.

Question 10

다음 중 굴뚝의 통풍력 증가조건으로 가장 거리가 먼 것은?

㉮ 외기주입량이 많을수록 ㉯ 굴뚝의 높이가 높을수록
㉰ 굴뚝내의 굴곡이 없을수록 ㉱ 배출가스 온도가 높을수록

풀이 ㉮ 외기주입량이 없을수록 통풍력이 커진다.

★★ 3. 통풍방식의 종류

(1) 압입통풍

★★ ① 연소실 공기를 예열할 수 있다.
★ ② 송풍기의 고장이 적고 점검 및 보수가 용이하다.
★ ③ 내압이 정압(+)으로 연소효율이 좋다.
★★ ④ 역화의 위험성이 있다.
⑤ 흡인통풍식보다 송풍기의 동력소모가 적다.
⑥ 압입통풍은 노안에 설치된 가압송풍기에 의해 연소용 공기를 연소로 안으로 압입한다.

(2) 흡인통풍

★★ ① 굴뚝의 통풍저항이 큰 경우에 적합하다.
★★ ② 노내압이 부압으로 역화의 우려가 없다.
③ 이젝트를 사용할 경우 동력이 불필요하다.
★★ ④ 송풍기의 점검 및 보수가 어렵다.
★ ⑤ 통풍력이 크다.

(3) 평형통풍

★★ ① 대용량의 연소설비에 적합하다.
② 통풍 및 노내압 조절이 용이하다.
③ 열가스의 누설 및 냉기의 침입이 없다.
★★ ④ 통풍손실이 큰 연소설비에 사용된다.
★ ⑤ 동력소모가 크고, 설비비 및 유지비가 많이 든다.
★ ⑥ 소음발생이 심하다.

03 확산모델의 종류

★★ 1. Fick's 방정식

★★ ① 소용돌이 확산모델(Eddy diffusion model)의 기본방정식이다.
② 확산 방정식

$$\frac{dC}{dt} = Kx \frac{\sigma^2 C}{\sigma x^2} + Ky \frac{\sigma^2 C}{\sigma y^2} + Kz \frac{\sigma^2 C}{\sigma z^2}$$

★★ (1) 가정조건

① 오염물은 점원으로부터 계속적으로 방출된다.
② 과정은 안정상태이다. 즉 $\frac{dC}{dt} = 0$
③ 풍속은 X, Y, Z 좌표시스템 내의 어느 점에서든 일정하다.
④ 바람에 의한 오염물의 주 이동방향은 X축이다.

📢 Question 11

소용돌이 확산모델(Eddy diffusion model)의 기본방정식으로 적합한 것은 어느 것인가?
㉮ Hook의 방정식 ㉯ Fick의 방정식
㉰ Plank의 방정식 ㉱ Kelvin의 방정식

▶ 정답 ㉯

2. 상자모델(격자모델)

★★★ (1) 상자모델의 가정조건

★★ ① 오염물 분해는 1차 반응에 의한다.
★★ ② 오염물 배출원이 지면전역에 균등히 분포되어 있다.
　　 ③ 고려된 공간에서 오염물의 농도는 균일하다.
★★ ④ 오염물질의 농도가 시간에 따라서만 변하는 0차원 모델이다.
★★ ⑤ 오염원은 방출과 동시에 균등하게 혼합된다.
　　 ⑥ 고려되는 공간의 단면에 직각방향으로 부는 바람의 속도가 일정하여 환기량이 일정하다.
★ ⑦ 배출원 오염물질은 다른 물질로 변하지도 않고 지면에 흡수되지도 않는다.
　　 ⑧ 상자안에서는 밑면에서 방출되는 오염물질이 상자높이인 혼합층까지 즉시 균등하게 혼합된다.

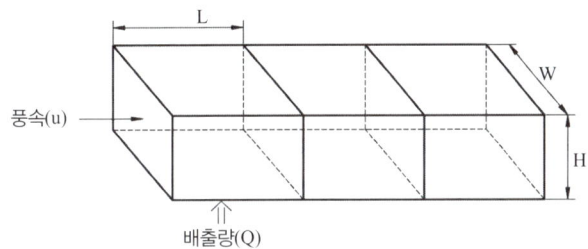

Question 12

상자모델을 전개하기 위하여 설정된 가정으로 가장 거리가 먼 것은?
㉮ 오염물은 지면의 한 지점에서 일정하게 배출된다.
㉯ 고려된 공간에서 오염물의 농도는 균일하다.
㉰ 고려되는 공간의 수직단면에 직각방향으로 부는 바람의 속도가 일정하여 환기량이 일정하다.
㉱ 오염물의 분해는 일차반응에 의한다.

 ㉮ 오염원 배출원이 지면전역에 균등히 분포되어 있다.

(2) 상자모델의 특징

① 바람은 상자의 측면에서 불며 그 속도는 일정하다.
② 정상적인 장소에서 면오염원의 농도를 구하는데 적합하다.
③ 질량보존법칙을 기본으로 한다.
④ 수평, 수직 확산이 고려되지 않아 적용에 제한적이다.

3. 가우시안(Gaussian)의 확산모델

★★ **(1) 가우시안 확산식의 특징**

$$C(X, Y, Z) = \frac{Q}{2\pi u \sigma_y \sigma_z} \left[\exp\left(\frac{-y^2}{2\sigma_y^2}\right) \right] \left[\exp\left(\frac{-(Z-H)^2}{2\sigma_z^2}\right) + \exp\left(\frac{-(Z+H)^2}{2\sigma_z^2}\right) \right]$$

① 주로 평탄지역에 적용하도록 개발되어 왔으나, 최근 복잡지형에도 적용이 가능하도록 개발되고 있다.

★★ ② 장단기적인 대기오염도 예측에 사용이 용이하다.

★★ ③ 점오염원에서는 풍하방향으로 확산되어 가는 Plume이 정규분포한다고 가정하여 유도 한다.

④ 간단한 화학반응을 묘사할 수 있다.

⑤ 지표면으로부터 고도 H에 위치하는 점원 - 지면으로부터 반사가 있는 경우에 사용한다.

Question 13

Gaussian 연기 확산모델에 대한 내용으로 틀린 것은 어느 것인가?

㉮ 장·단기적인 대기오염도 예측에 사용이 용이하다.
㉯ 간단한 화학반응을 묘사할 수 있다.
㉰ 선오염원에서 풍하 방향으로 확산되어가는 plume이 정규분포를 한다고 가정한다.
㉱ 주로 평탄지역에 적용이 가능하도록 개발되어 왔으나 최근 복잡지형에도 적용이 가능토록 개발되고 있다.

풀이 ㉰ 점오염원에서 풍하 방향으로 확산되어 가는 plume이 정규분포를 한다고 가정한다.

(2) 가우시안 확산모델에서 표준편차(σ_y, σ_z)의 특징

★★ ① σ_y, σ_z 값의 성립조건으로 시료채취기간은 약 10분이다.

★★ ② σ_y, σ_z 값은 대기의 안정상태와 풍하거리 X의 함수이다.

③ σ_y, σ_z는 평편한 지형에 기준을 두고 있다.

④ 고도에 따라 변하는 값으로 고도는 대기중에서 하부 수백 m에 국한하여 사용한다.

Question 14

가우시안(Gaussian) 분산모델에 있어서 수평 및 수직방향의 표준편차 σ_y와 σ_z에 관한 가정(설명)으로 틀린 것은 어느 것인가?

㉮ 대기의 안정상태와는 관계 있지만, 연돌로부터의 풍하거리와는 무관하다.
㉯ 고도에 따라 변하는 값으로 고도는 대기중에서 하부 수백 m에 국한하여 사용한다.
㉰ 지표는 평탄하다고 간주한다.
㉱ 시료채취시간은 약 10분으로 간주한다.

풀이 ㉮ 표준편차 σ_y와 σ_z는 대기의 안정상태와 풍하거리 X의 함수이다.

(3) 가우시안(Gaussian) 확산모델 유도에 사용되는 가정

① 연기의 확산은 정상상태로 가정한다.
★★ ② 오염물질은 점배출원으로부터 연속적으로 방출된다.
③ 바람에 의한 오염물의 주 이동방향은 X축으로 하며 오염물질은 플룸(Plume)내에서 소멸되거나 생성되지 않는다.
④ 수평방향의 난류확산은 대류에 의한 확산보다 작다고 가정하여 유도한다.
★★ ⑤ 난류 확산계수는 일정하다.
⑥ 연직방향의 풍속은 통상 수평방향의 풍속보다 상대적으로 크기가 작기 때문에 연직방향의 풍속을 무시한다.
★★ ⑦ 풍속은 일정하다.

★★★ (4) 가우시안 확산모델의 계산식

① 가우시안 확산식

$$C(X, Y, Z) = \frac{Q}{2\pi u \sigma_y \sigma_z} \left[\exp\left(\frac{-y^2}{2\sigma_y^2}\right) \right] \left[\exp\left(\frac{-(Z-H)^2}{2\sigma_z^2}\right) + \exp\left(\frac{-(Z+H)^2}{2\sigma_z^2}\right) \right]$$

Z : 지면으로부터 연직방향의 높이(m)
σ_y : 수평방향의 표준편차(m)
u : 평균풍속(m/sec)
H : 유효굴뚝높이(m)
σ_z : 수직방향의 표준편차(m)

★★★ ② $C(X, 0, 0) = \dfrac{Q}{\pi u \sigma_y \sigma_z} \exp\left[-\left(\dfrac{He^2}{2\sigma_z^2}\right)\right]$

C : 농도(mg/m³)
σ_y : 수평방향의 표준편차(m)
u : 풍속(m/sec)
Q : 오염물질배출량(mg/sec)
σ_z : 수직방향의 표준편차(m)
He : 유효굴뚝높이(m)

Question 15

유효높이(He)가 60m인 굴뚝으로부터 SO_2가 125g/s의 속도로 배출되고 있다. 굴뚝높이에서의 풍속은 6m/s이고, 풍하거리 500m에서 대기안정 조건에 따라 편차 σ_y는 36m, σ_z는 18.5m이었다. 이 굴뚝으로부터 풍하거리 500m의 중심선상의 지표면 농도는($\mu g/m^3$)? (단, 가우시안모델식을 사용하고, SO_2는 배출되는 동안에 화학적으로 반응하지 않는다고 가정한다.)

풀이

$$C = \frac{Q}{\pi \cdot U \cdot \sigma_y \cdot \sigma_z} \exp\left[-\frac{1}{2}\left(\frac{He}{\sigma_z}\right)^2\right] = \frac{125 g/sec \times 10^6 \mu g/g}{\pi \times 36m \times 18.5m \times 6m/sec} \exp\left[-\frac{1}{2} \times \left(\frac{60m}{18.5m}\right)^2\right] = 51.77 \mu g/m^3$$

★★ ③ $C = \dfrac{Q}{\pi \sigma_y \sigma_z u}$

$\begin{bmatrix} C : \text{농도}(mg/m^3) & Q : \text{오염물질배출량}(mg/sec) \\ \sigma_y : \text{수평방향의 표준편차}(m) & \sigma_z : \text{수직방향의 표준편차}(m) \\ u : \text{풍속}(m/sec) \end{bmatrix}$

Question 16

지상의 점오염원(He = 0)으로부터 바람부는 방향으로 400m떨어진 연기의 중심선상에서의 지상(z = 0)오염농도(mg/m^3)는? (단, 오염물질배출량은 10g/s, 풍속은 5m/s, σ_y와 σ_z는 각각 22.5m와 12m이고, 농도 계산식은 가우시안모델식을 적용)

풀이

$$C = \frac{Q}{\pi \cdot U \cdot \sigma_y \cdot \sigma_z} \exp\left[-\frac{1}{2}\left(\frac{He}{\sigma_z}\right)^2\right]$$

여기서 He = 0이므로 $C = \dfrac{Q}{\pi \cdot U \cdot \sigma_y \cdot \sigma_z} = \dfrac{10 g/sec \times 10^3 mg/g}{\pi \times 22.5m \times 12m \times 5m/sec} = 2.36 mg/m^3$

④ $C(x, y, 0) = \dfrac{2q}{(2\pi)^{\frac{1}{2}} \sigma_z U} \exp\left[-\dfrac{1}{2}\left(\dfrac{He}{\sigma_z}\right)^2\right]$

$\begin{bmatrix} q : \text{오염물질배출율}(\mu g/sec) & \sigma_z : \text{수직방향의 표준편차}(m) \\ u : \text{풍속}(m/sec) & H : \text{높이}(m) \end{bmatrix}$

Question 17

1시간에 10,000 대의 차량이 고속도로 위에서 평균시속 80Km로 주행하며, 각 차량의 평균탄화수소 배출률은 0.02g/s이다. 바람이 고속도로와 측면 수직방향으로 5m/s로 불고 있다면 도로지반과 같은 높이의 평탄한 지형의 풍하 500m 지점에서의 지상오염농도($\mu g/m^3$)는? (단, 대기는 중립상태이며, 풍하 500m에서의 σ_z = 15m, $C(x, y, 0) = \dfrac{2q}{(2\pi)^{\frac{1}{2}} \sigma_z U} \exp\left[-\dfrac{1}{2}\left(\dfrac{He}{\sigma_z}\right)^2\right]$ 를 이용)

풀이

$C(x, y, 0) = \dfrac{2q}{(2\pi)^{\frac{1}{2}} \sigma_z U} \exp\left[-\dfrac{1}{2}\left(\dfrac{He}{\sigma_z}\right)^2\right]$

따라서 H = 0이므로 $C = \dfrac{2q}{(2\pi)^{\frac{1}{2}} \sigma_z U}$ 로 계산한다.

$= \dfrac{(2 \times 0.02 g/sec \times 10,000 대/hr \times 1hr/80km \times 1km/1,000m)g/sec \cdot m}{(2\pi)^{\frac{1}{2}} \times 15m \times 5m/sec} = 2.66 \times 10^{-5} g/m^3 = 26.60 \mu g/m^3$

⑤ $C_{max} = \dfrac{0.1171Q}{u \sigma_y \sigma_z}$

$\begin{bmatrix} C_{max} : \text{최대착지농도}(\mu g/m^3) & Q : \text{오염물질배출량}(\mu g/sec) & u : \text{대기풍속}(m/sec) \\ \sigma_y : \text{수평방향의 표준편차}(m) & \sigma_z : \text{수직방향의 표준편차}(m) \end{bmatrix}$

Question 18

유효굴뚝높이가 100m이고, SO_2의 배출량이 10g/s인 화력발전소가 있다. 굴뚝 배출구에서 대기풍속이 5m/s일 때에 최대착지농도는($\mu g/m^3$)? (단, 계산시 가우시안 연기모델을 이용함 $C_{max} = \dfrac{0.1171Q}{U \cdot \sigma_y \cdot \sigma_z}$, 단 σ_y : 250m, σ_z : 140m)

풀이

$C_{max} = \dfrac{0.1171Q}{U \cdot \sigma_y \cdot \sigma_z} = \dfrac{0.1171 \times 10 g/sec \times 10^6 \mu g/g}{5m/sec \times 250m \times 140m} = 6.69 \mu g/m^3$

★★ ⑥ $C_{max} = \dfrac{2Q}{\pi e u He^2}\left(\dfrac{C_z}{C_y}\right) = \dfrac{0.234Q}{uHe^2}\left(\dfrac{C_z}{C_y}\right)$

$\begin{bmatrix} C_{max} : \text{최대착지농도}(ppm) & Q : \text{오염물질배출량}(m^3/sec) & e : \text{자연대수}(2.72) \\ u : \text{평균풍속}(m/sec) & He : \text{유효굴뚝높이}(m) & C_z : \text{수직확산계수} \\ C_y : \text{수평확산계수} \end{bmatrix}$

> **TIP**
>
> ★★ 최대지표농도(C_{max})의 특징
>
> ⓐ C_{max}는 오염물질배출량(Q)에 비례한다.
> ⓑ C_{max}는 평균풍속(U)에 반비례한다.
> ★★ⓒ C_{max}는 유효굴뚝높이(He) 제곱에 반비례한다.
> ⓓ C_{max}는 수직확산계수(Cz)에 비례한다.
> ⓔ C_{max}는 수평확산계수(Cy)에 반비례한다.
> ⓕ C_{max}는 대기가 불안정할수록 증가한다. (연기형태는 환상형(Looping형))

> **TIP**
>
> ★★ $C_{max} = \dfrac{1}{He^2}$ 에서 He가 2배가 되면 $C_{max} = \dfrac{1}{2^2} = \dfrac{1}{4}$ 배가 된다.

📢 Question 19

확산계수 $C_y = C_z = 0.05$, 풍속 $U = 4m/sec$, 굴뚝의 유효고는 150m, 오염물질의 배출률 Q = 50,000Nm³/h이고, 가스중 SO_2 농도가 2,000ppm이라고 할 때, 지상에 나타나는 SO_2의 최대 농도는 몇 ppm인가? (단, sutton의 확산식 이용. $C_{max} = \dfrac{2Q}{\pi eUHe^2}\left(\dfrac{C_z}{C_y}\right)$)

[풀이]

$C_{max} = \dfrac{2Q}{\pi \cdot e \cdot U \cdot He^2}\left(\dfrac{C_z}{C_y}\right) = \dfrac{2 \times 50,000 Nm^3/hr \times 1hr/3,600sec \times 2,000ppm}{\pi \times 2.72 \times 4m/sec \times (150m)^2} \times \left(\dfrac{0.05}{0.05}\right) = 0.072ppm$

📢 Question 20

어떤 공장의 현재 유효연돌고가 50m이다. 유효연돌고를 높여 최대지표농도를 1/2로 감소시키고자 한다. 다른 조건이 모두 같다고 가정할 때 유효연돌고(m)를 얼마로 높이면 되는가? (단, Sutton 식 적용)

[풀이]

$C_{max} \propto \dfrac{1}{He^2}$ 관계이므로 $1C_1 : \dfrac{1}{(50m)^2} = \dfrac{1}{2}C_1 : \dfrac{1}{He^2}$

∴ $H_e = \sqrt{(50m)^2 \times 2} = 70.71m$

★★ ⑦ $X_{max} = \left(\dfrac{He}{C_z}\right)^{\frac{2}{2-n}}$

$\begin{cases} X_{max} : \text{최대착지거리(m)} \quad C_z : \text{수직확산계수} \quad He : \text{유효굴뚝높이(m)} \\ n : \text{대기안정도 상수} \begin{cases} \text{매우 안정 } 0.5 \\ \text{불안정, 중립 } 0.25 \\ \text{매우 불안정 } 0.2 \end{cases} \end{cases}$

Question 21

유효굴뚝높이 100m 정도에서 확산계수가 Ky = Kz = 0.1이고, 풍속 U = 5m/sec이다. 지표면에서의 대기오염농도가 최대가 되는 착지거리(m)는 얼마인가? (단, 대기상태는 중립상태이며, 안정도계수(n) = 0.25이다)

풀이
$$X_{max} = \left(\frac{He}{K_z}\right)^{\frac{2}{2-n}} = \left(\frac{100m}{0.1}\right)^{\frac{2}{2-0.25}} = 2,682.70m$$

★★★ 4. 분산모델

(1) 장점

★★ ① 미래의 대기질을 예측할 수 있다.
② 특정한 오염원의 배출속도와 바람에 의한 분산요인을 입력자료로 하여 수용체 위치에서의 영향을 계산한다.
③ 특정오염원의 영향을 평가할 수 있는 잠재력이 있다.
★ ④ 2차 오염원의 확인이 가능하다.
★★ ⑤ 점, 선, 면 오염원의 영향을 평가할 수 있다.
⑥ 기초적인 기상학적 원리를 적용, 미래의 대기질을 예측하여 대기오염제어 정책입안에 도움을 준다.

(2) 단점

★★ ① 새로운 오염원이 지역내에 생길 때 매번 재평가하여야 한다.
★★ ② 지형 및 오염원의 조업조건에 영향을 받는다.
③ 기상과 관련하여 대기중의 무작의적인 특성을 적절하게 묘사할 수 없기 때문에 결과에 대한 불확실성이 크게 작용한다.
★ ④ 오염물의 단기간 분석시 문제가 된다.
⑤ 먼지의 영향평가는 기상의 불확실성과 오염원이 미확인인 경우에 많은 문제점을 가진다.

Question 22

대기오염원의 영향을 평가하는 방법 중 분산모델에 관한 설명으로 가장 거리가 먼 것은?

㉮ 지형 및 오염원의 조업조건에 영향을 받는다.
㉯ 시나리오 작성이 곤란하고, 미래예측이 어렵다.
㉰ 먼지의 영향평가는 기상의 불확실성과 오염원이 미확인인 경우에 문제점을 가진다.
㉱ 오염물의 단기간 분석시 문제가 된다.

풀이 ㉯번의 설명은 수용모델에 해당한다.

★★★ 5. 수용모델

(1) 장점

① 입자상 및 가스상 물질, 가시도 문제 등 환경과학 전반에 응용할 수 있다.
② 새로운 오염원, 불확실한 오염원과 불법 배출 오염원을 정량적으로 확인 평가할 수 있다.
③ 대기오염 배출원이 주변지역에 미치는 영향 또는 기여도를 수리통계학적으로 분석하는 것이다.
④ 질량보전의 법칙과 질량수지개념에 바탕을 두고 유도가 시작된다.
⑤ 적용범위는 도시단위의 소규모에서 최근에는 국가 단위의 중규모까지 확장되고 있고, 분산모델의 결과를 확인하는 역할을 하고 있다.
★★ ⑥ 지형, 기상학적 정보 없이도 사용 가능하다.
⑦ 수용체입장에서 영향평가가 현실적으로 이루어질 수 있다.
★★ ⑧ 현재나 과거에 일어났던 일을 추정, 미래를 위한 전략을 세울 수 있다.
⑨ 오염원의 조업 및 운영 상태에 대한 정보 없이도 사용 가능하다.

(2) 단점

★★ ① 측정자료를 입력자료로 사용하므로 시나리오 작성이 곤란하다.
★★ ② 미래의 대기질을 예측하기가 어렵다.

📢 Question 23

대기오염모델 중 수용모델의 특징에 관한 설명으로 옳지 않은 것은?

㉮ 측정자료를 입력자료로 사용하므로 시나리오 작성이 용이하여 미래예측이 쉽다.
㉯ 입자상 및 가스상 물질, 가시도 문제 등 환경전반에 응용할 수 있다.
㉰ 지형, 기상학적 정보가 없는 경우도 사용이 가능하다.
㉱ 수용체 입장에서 영향평가가 현실적으로 이루어질 수 있다.

풀이 ㉮ 측정자료를 입력자료로 사용하므로 시나리오 작성이 곤란하고 미래의 대기질 예측이 어렵다.

04 대기분산모델의 종류

1. UAM(Urban Airshed Model)

① 적용모델식 : 광화학 모델
② 적용배출원 형태 : 점, 면에 적용
③ 개발국 : 미국
④ 특징 : 도시지역에서 광화학 반응을 고려하여 오염물질의 이동을 계산하는데 이용된다.

 Question 24

다음 설명에 해당하는 대기분산모델로 가장 적합한 것은?

- 적용모델식 : 광화학 모델   • 적용배출원 형태 : 점, 면
- 도시지역에서 광화학 반응을 고려하여 오염물질의 이동을 계산하는 것으로, 미국에서 개발되었다.

㉮ ADMS   ㉯ AUSPLUME   ㉰ UAM   ㉱ SMOGSTOP

정답 ㉰

2. ADMS(Atmospheric Dispersion Model System)

① 적용모델식 : 가우시안 모델
② 적용배출원 형태 : 점, 면, 선에 적용
③ 개발국 : 영국
④ 특징 : 도시지역 오염물질의 이동을 계산하는데 이용된다.

 Question 25

다음에서 설명하는 대기분산모델로 알맞은 것은 어느 것인가?

- 적용모델식 : 가우시안 모델   • 적용배출원 형태 : 점, 선, 면   • 개발국 : 영국
- 특징 : 도시지역에서 오염물질의 이동 계산, 영국에서 많이 사용하는 모델임

㉮ OCD   ㉯ UAM   ㉰ ISCLT   ㉱ ADMS

정답 ㉱

3. TCM(Texas Climatological Model)

① 적용모델식 : 가우시안 모델
② 적용배출원 형태 : 점, 면에 적용
③ 개발국 : 미국
④ 특징 : 장기모델로서 한국에서 많이 사용되었다.

4. ISCST(Industrial Source Complex model for Short)

① 적용모델식 : 가우시안 모델
② 적용 배출원 형태 : 점, 면, 선에 적용
③ 개발국 : 미국
④ 특징 : ISCLT와 같은 구조로서 주로 단기농도예측에 사용된다.

★★ 5. ISCLT(Industrial Source Complex for Long Term)

① 적용모델식 : 가우시안 모델
② 적용배출원 형태 : 점, 면, 선에 적용
③ 개발국 : 미국
④ 특징 : 미국에서 널리 이용되는 범용적인 모델로 장기농도 계산용의 모델이다.

Question 26

다음 설명하는 대기분산모델로 가장 적합한 것은?

- 적용모델식 : 가우시안 모델
- 적용 배출원 형태 : 점, 선, 면
- 개발국 : 미국
- 특징 : 미국에서 최근 널리 이용되는 범용적인 모델로 장기 농도 계산용 모델이다.

㉮ RAMS　　　　　　　　　　㉯ ISCLT
㉰ UAM　　　　　　　　　　　㉱ AUSPLUME

정답 ㉯

★★ 6. RAMS(Regional Atmospheric Model System)

① 적용모델식 : 3차원 바람장모델
② 개발국 : 미국
③ 특징 : 바람장모델로 바람장과 오염물질의 분산을 동시에 계산한다.

Question 27

다음 대기분산모델 중 미국에서 개발되었으며, 바람장모델로서 바람장과 오염물질 분산을 동시에 계산할 수 있는 것은?

㉮ ADMS　　㉯ OCD　　㉰ AUSPLUME　　㉱ RAMS

정답　㉱

★★ 7. MM5(Mesoscale Model)

① 적용모델식 : 3차원 바람장모델
② 개발국 : 미국
③ 특징 : 바람장모델로 바람장을 계산하고 기상을 예측하는데 이용된다.

Question 28

다음 대기분산모델 중 미국에서 개발되었으며, 바람장모델로 주로 바람장을 계산, 기상예측에 사용되는 모델은 어느 것인가?

㉮ ADMS　　㉯ AUSPLUME　　㉰ MM5　　㉱ SMOGSTOP

정답　㉰

8. CMAQ(Complex Multiscale Air Quality modeling)

① 적용모델식 : 광화학 모델
② 적용배출원 형태 : 점, 면에 적용
③ 개발국 : 미국
④ 특징 : 지역별 이동을 고려한 광화학 물질과 미세먼지의 이동을 계산하는데 이용된다.

★ 9. AUSPLUME(Austrlian Plume Model)

① 적용모델식 : 가우시안 모델
② 적용배출원 형태 : 점, 면, 선에 적용
③ 개발국 : 호주
④ 특징 : 미국의 ISCST와 ISCLT 모델을 개조하여 만든 모델로 호주에서 주로 사용된다.

10. CTDMPLUS(Complex Terrain Dispersion Model Plus)

① 적용모델식 : 가우시안 모델
② 적용배출원 형태 : 점, 면에 적용
③ 개발국 : 미국
④ 특징 : 복잡한 지형에서 오염물질 이동을 계산하는데 사용된다.

11. CALINE(California Line)

① 적용모델식 : 가우시안 모델
② 적용배출원 형태 : 선에 적용
③ 개발국 : 미국
④ 특징 : 자동차에서 배출되는 오염물질의 이동을 계산하는데 이용된다.

12. OCD(Offshore and Coastal Dispersion model)

① 적용모델식 : 가우시안 모델
② 적용배출원 형태 : 점, 면에 적용
③ 개발국 : 미국
④ 특징 : 해안지역 오염물질의 이동을 계산하는데 이용된다.

Question 29

대기분산모델에 관한 설명으로 옳지 않은 것은?

㉮ RAMS는 바람장모델로서 바람장과 오염물질의 분산을 동시에 계산한다.
㉯ ADMS는 광화학모델로서 미국에서 범용적으로 복잡한 지형에 대해 오염물질의 이동을 계산한다.
㉰ ISCLT는 가우시안 모델로서 미국에서 널리 이용되는 범용적 모델로 장기농도 계산에 유용하다.
㉱ AUSPLUME는 가우시안 모델로서 미국의 ISCST와 ISCLT 모델을 개조하여 만든 것이다.

풀이 ㉯ ADMS는 가우시안 모델로서 영국에서 도시지역 오염물질의 이동을 계산하는데 이용된다.

CHAPTER 09 | 용어(현상) 및 법칙

01 알베도

지구 지표면의 열수지를 표현하기 위해 복사 수지식을 적용하는데 지표의 반사율을 나타내는 지표이다.

Question 01

다음 지표면 상태 중 일반적으로 알베도(%)가 가장 큰 것은 어느 것인가?
㉮ 삼림 ㉯ 사막
㉰ 수면 ㉱ 얼음

풀이 보기 중에서 알베도(%)가 가장 큰 것은 얼음이다.

02 미산란

태양복사는 지면에 도달하기 전에 지구대기에 있는 여러 물질에 의해 흡수되거나 굴절, 산란되어 일사량의 감쇄를 초래하는데 대기중에 먼지나 입자의 직경이 전자파의 파장과 거의 같거나 큰 대기오염물질이 대기중에 많이 존재할 경우 하늘은 백색이나 뿌옇게 흐려져 일사량의 감소를 초래하며 간접적으로 대기오염도를 예측할 수 있다.

03 비인의 변위법칙

★★ ① 태양에너지 복사와 관련된 이론 중 최대에너지 파장과 흑체 표면의 절대온도가 반비례한다.

② 최대에너지가 복사될 때 이용되는 파장(λ_m ; μm)과 흑체의 표면온도(T : 절대온도 단위)와의 관계식($\lambda_m = \frac{a}{T}$, 여기서 a = 0.2897 CmK)을 나타내는 복사이론이다.

★★ ③ 비인의 변위법칙 공식

$$\lambda_m = \frac{a}{T} = \frac{0.2897}{T}$$

λ_m : 최대에너지가 복사될 때 이용되는 파장(μm)   a : 0.2897CmK = 2,897μmK
T : 흑체 표면온도의 절대치(K)

Question 02

복사이론에 관련된 법칙 중 최대 에너지 파장과 흑체 표면의 절대온도가 반비례함을 나타내는 것은? (단, 상수 2,897 적용)

㉮ 스테판-볼츠만의 법칙   ㉯ 플랑크 법칙
㉰ 비인의 변위법칙   ㉱ 플래밍 법칙

정답 ㉰

04 태양복사의 산란

★★ ① 레일리 산란이라고 하는 산란효과가 뚜렷이 나타나는 조건은 입자의 반경이 입사광선의 파장보다 훨씬 적은 경우이다.

② 산란의 세기는 입사되는 빛의 파장(λ)에 대한 입자크기(반경)의 비에 의해 결정된다.

★★ ③ 레일리 산란의 경우 그 세기는 파장의 4승에 반비례한다.

★ ④ 맑은날 하늘이 푸르게 보이는 이유는 레일리 산란 특성에 의해 파장이 짧은 청색광이 긴 적색광보다 더욱 강하게 산란되기 때문이다.

⑤ 레일리 산란은 입사되는 파장이 산란되는 입자의 크기보다 큰 경우에 일어나며, 가시광선에 효과적이다.

Question 03

다음은 레일리산란에 관한 설명이다. ( ) 안에 알맞은 것은?

레일리산란은 산란을 일으키는 입자의 크기가 전자파 파장보다 훨씬 (①) 경우에 일어난다. 산란 강도는 파장의 (②) 한다.

㉮ ① 큰, ② 4승에 비례 ㉯ ① 큰, ② 4승에 반비례
㉰ ① 작은, ② 4승에 비례 ㉱ ① 작은, ② 4승에 반비례

풀이 ㉱ ① 작은, ② 4승에 반비례

05 태양상수

★★ ① 태양상수란 대기권 밖에서 햇빛이 수직인 $1cm^2$의 면적에 1분 동안 들어오는 태양 복사에너지의 양을 말하며, 그 값은 $2.0 cal/cm^2 \cdot min$이다.

★★ ② 태양상수를 이용하여 지구 표면의 단위면적이 1분 동안에 받는 평균 태양에너지를 구한 값은 태양상수$\times \dfrac{1}{4}$이므로 $0.5 cal/cm^2 \cdot min$이다.

③ 평균태양에너지(C_M) = 태양상수(C)$\times \left(\dfrac{\pi R^2}{4\pi R^2} \right)$ 여기서 R은 지구반지름이다.

Question 04

태양상수를 이용하여 지구표면의 단위면적이 1분 동안에 받는 평균태양에너지를 구한 값은?

㉮ $0.25 cal/cm^2 \cdot min$ ㉯ $0.5 cal/cm^2 \cdot min$
㉰ $1.0 cal/cm^2 \cdot min$ ㉱ $2.0 cal/cm^2 \cdot min$

정답 ㉯

06 라니냐(Lanina) 현상

① 스페인어로 여자아이(the girl)라는 뜻이다.
★★ ② 적도무역풍이 평년보다 강해지며 서태평양의 해수면과 수온이 평년보다 상승하게 되고, 찬 해수의 용승현상 때문에 적도 동태평양에서 저수온 현상이 강화되어 나타나는 현상으로 해수면의 온도가 6개월 이상 0.5℃ 이상 낮은 현상이 지속적으로 되는 것을 말한다.

Question 05

다음 (   ) 안에 알맞은 현상은 어느 것인가?

(   )이란 적도무역풍이 평년보다 강해지며, 서태평양의 해수면과 수온이 평년보다 상승하게 되고, 찬 해수의 용승현상 때문에 적도 동태평양에서 저수온 현상이 강화되어 나타나는 현상으로, 해수면의 온도가 6개월 이상 0.5℃ 이상 낮은 현상이 지속되는 것을 말한다.

㉮ 엘니뇨 현상   ㉯ 사헬 현상
㉰ 라니냐 현상   ㉱ 헤들리셀 현상

정답 ㉰

07 엘니뇨(Elnino) 현상

① 스페인어로 귀여운 소년이라는 뜻이다.
★★ ② 열대태평양 남미 해안으로부터 중태평양에 이르는 넓은 범위에서 해수면의 온도가 평년보다 보통 0.5℃ 이상 높은 상태가 6개월 이상 지속되는 현상을 의미한다.
③ 엘니뇨가 발생하는 이유는 태평양 적도 부근에서 동태평양의 따뜻한 바닷물을 서쪽으로 밀어내는 무역풍이 불지 않거나 불어도 약하게 불기 때문이다.
★★ ④ 엘니뇨로 인한 피해가 주로 농산물 생산지역인 태평양 연안국에 집중되어 있어 농산물 생산이 크게 감축되고 있다.
⑤ 엘니뇨 시기에는 서태평양의 기압이 높아지고 남태평양의 기압이 내려가는 남방진동이 나타난다.
⑥ 엘니뇨와 라니냐는 서로 독립적인 현상이 아니라 반대위상을 가지는 자연계의 진동 현상이라 할 수 있다.

Industrial Engineer Air Pollution Environmental

Question 06

대기와 해양의 상호작용에 해당되는 엘니뇨와 라니냐에 관한 설명으로 옳지 않은 것은?

㉮ 엘니뇨와 상대적인 현상으로 라니냐는 무역풍이 상대적으로 약화되어 서태평양의 온도가 감소된다.
㉯ 대기와 해양의 상호작용으로 열대 동태평양에서 중태평양에 걸친 광범위한 구역에서 해수면의 온도 상승을 엘니뇨라 한다.
㉰ 엘니뇨와 라니냐는 서로 독립적인 현상이 아니라, 반대 위상을 가지는 자연계의 진동현상이라 할 수 있다.
㉱ 엘니뇨 시기에는 서태평양의 기압이 높아지고 남태평양의 기압이 내려가는 남방진동이 나타난다.

풀이 ㉮ 라니냐는 무역풍이 상대적으로 강해지며 서태평양의 온도가 상승한다.

 복사(대기의 열역학)

① 대기중에서의 복사는 0.1 ~ 100μm 파장영역에 속한다.
② 복사는 매질이 없는 진공상태인 우주에서도 열은 전달할 수 있다.
③ 복사는 전자기장의 진동에 의한 파동 형태의 에너지 전달이다.
④ 대기복사파장 영역 중 인간이 느낄 수 있는 가시광선은 붉은색인 0.75μm에서 보라색인 0.36μm까지 이다.
⑤ 태양복사는 단파복사, 지구복사는 장파복사이다.

 플랑크 방정식

플랑크(Planck)는 흑체(Black Body)로부터 복사되는 파장별 에너지 강도를 표면온도와 파장의 함수로 나타낸 식을 말한다.

10 스테판 볼츠만 법칙

흑체의 단위 표면적에서 복사되는 에너지(E)와 그 물체의 표면온도(T)와는 $E = \sigma T^4$으로 나타낸다.

Question 07

스테판–볼츠만의 법칙에 따르면 흑체복사를 하는 물체에서 물체의 표면온도가 1,500K에서 1,897K로 변화될때, 복사에너지의 변화는 몇 배인가?

㉮ 1.25배
㉯ 1.33배
㉰ 2.56배
㉱ 3.16배

풀이 $E = \sigma T^4$에서 $E = T^4$이므로

$$E = \frac{(1,897K)^4}{(1,500K)^4} = 2.56배$$

PART 02

대기오염공정시험기준

CHAPTER 01   총칙
CHAPTER 02   일반시험방법
CHAPTER 03   배출허용기준시험방법
CHAPTER 04   환경기준시험방법

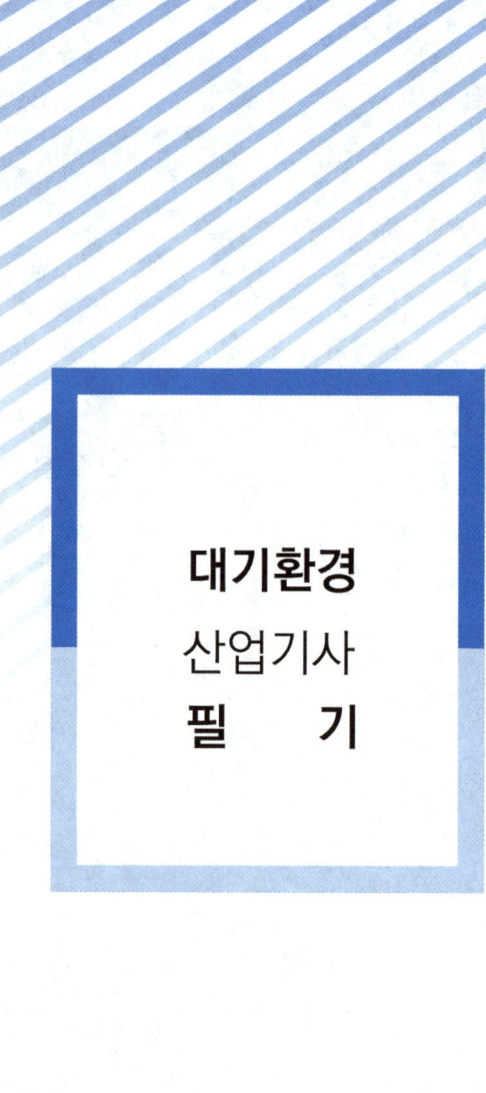

CHAPTER 01 총칙

01 개요

1. 목적

이 시험기준은 환경분야 시험·검사 등에 관한 법률 규정에 의거 대기오염물질을 측정함에 있어서 측정의 정확 및 통일을 유지하기 위하여 필요한 제반사항에 대하여 규정함을 목적으로 한다.

2. 이 공정시험기준에서 필요한 어원, 분자식, 화학명 등은 ( ) 내에 기재한다.

3. 배출허용기준 중 표준산소농도를 적용받는 항목에 대한 오염물질의 농도와 배출가스량 보정식

★★★ ① 오염물질 농도 보정

$$C = C_a \times \frac{21-O_s}{21-O_a}$$

C : 오염물질 농도(mg/Sm³ 또는 ppm)
O_a : 실측산소농도(%)
O_s : 표준산소농도(%)
C_a : 실측오염물질농도(mg/Sm³ 또는 ppm)

Question 01

성분 1.6% 이하 함유한 액체연료를 사용하는 연소시설에서 배출되는 황산화물(표준산소농도를 적용받는 항목)의 실측농도측정 결과 741ppm이었다. 배출가스 중의 실측산소농도는 7%, 표준산소농도는 4% 이다. 황산화물의 농도(ppm)는 약 얼마인가?

㉮ 750ppm   ㉯ 800ppm
㉰ 850ppm   ㉱ 900ppm

풀이 오염물질 농도 보정

$$C = C_a \times \frac{21-O_s}{21-O_a} = 741\text{ppm} \times \frac{21-4\%}{21-7\%} = 899.79\text{ppm}$$

★★ ② 배출가스유량 보정

$$Q = Q_a \div \frac{21-O_s}{21-O_a}$$

Q : 배출가스유량(Sm^3/일) O_s : 표준산소농도(%)
O_a : 실측산소농도(%) Q_a : 실측배출가스유량(Sm^3/일)

Question 02

배출허용기준 중 표준산소농도를 적용받는 어떤 오염물질의 실측배출가스유량이 50Sm^3/day이었다. 이 때 배출가스를 분석하니 실측산소농도는 3%, 표준산소농도는 5%일 때 측정되어진 보정된 배출가스유량(Sm^3/day)은?

㉮ 46.25   ㉯ 51.25
㉰ 56.25   ㉱ 61.25

풀이 배출가스유량 보정

$$Q = Q_a \div \frac{21-O_s}{21-O_a} = 50\text{Sm}^3/\text{day} \div \frac{21-5\%}{21-3\%} = 56.25\text{Sm}^3/\text{day}$$

정도보정/정도관리

(1) 검출한계(detection limit)의 정의

측정 항목이 포함된 시료에 대하여 통계적으로 정의된 신뢰수준(통상적으로 99%의 신뢰수준)으로 검출할 수 있는 최소 농도로 정의한다.

(2) 기기검출한계

기기가 분석 대상을 검출할 수 있는 최소한의 농도로서, 방법바탕시료 수준의 시료를 분석 대상 시료의 분석 조건에서 15회 반복 측정하여 결과를 얻고, 표준편차(바탕세기의 잡음, s)를 구하여 2.624를 곱한 값으로서, 계산된 기기검출한계의 신뢰수준은 99%이다.

★ 기기검출한계 = 2.624×s

여기서, 2.624는 자유도, 14 (15회 측정)에 대하여 검출 확률의 99%를 포함하는 통계적인 t 분포의 t의 값이다.

(3) 방법검출한계

방법검출한계는 시료의 전처리를 포함한 모든 시험절차를 독립적으로 거친 여러 개의 시험바탕시료를 측정하여 구하기 때문에 전체 시험절차에 대한 정도관리 상태를 나타낸다. 또한 방법검출한계는 방법바탕시료를 이용하여 예측된 방법검출한계 농도의 3~5배 농도를 포함하도록 제조된 7개의 매질첨가시료를 준비하여 반복 측정하여 얻은 결과의 표준편차 (s)에 3.14를 곱한 값이다.

★ 방법검출한계 = 3.14 × s

(4) 정량한계

정량한계는 시험항목을 측정 분석하는데 있어 측정 가능한 검정 농도 (calibration point)와 측정 신호를 완전히 확인 가능한 분석 시스템의 최소 수준이다.
방법검출한계와 동일한 수행 절차에 의해 산출되며 정량할 수 있는 최소 수준으로 정한다.

또한 정량한계는 예측된 방법검출한계 농도의 3~5배 농도를 포함하도록 제조된 7개의 매질첨가시료를 준비하여 반복 측정하여 얻은 결과의 표준편차 (s)를 10배한 값이다.

★★ 정량한계 $= 10 \times s$

(5) 감응인자

교정 과정에서 바탕선을 보정한 직선 교정식의 기울기, 즉 표준물질의 값 (C)에 대한 반응값 (R)을 감응인자(response factor, RF)라고 하고, 표준물질을 하나 사용하여 교정하는 경우, 감응인자는 기울기에 해당한다.

★★ 반응인자(RF) $= \dfrac{\text{반응값(R)}}{\text{표준물질의 값(C)}}$

CHAPTER 02 일반시험방법

01 화학분석 일반사항

1. 단위 및 기호

주요 단위 및 기호는 다음 표와 같으며, 여기에 표시되지 않은 단위는 KS A ISO 80,000-1 또는 국제표준단위계(SI) 및 그 사용방법 규정에 따른다.

▶ 도량형의 단위 및 기호

종류	단위	기호	종류	단위	기호
길이	미 터	m	용량	킬로리터	KL
	센티미터	cm		리터	L
	밀리미터	mm		밀리리터	mL
	마이크로미터(마이크론)	$\mu m(\mu)$		마이크로리터	μL
	나노미터(밀리마이크론)	$nm(m\mu)$	부피	세제곱미터	m^3
	옹스트롬	Å		세제곱센티미터	cm^3
무게	킬로그람	kg		세제곱밀리미터	mm^3
	그람	g	압력	기압	atm
	밀리그람	mg		수은주밀리미터	mmHg
	마이크로그람	μg		수주밀리미터	mmH_2O
	나노그람	ng			
넓이	제곱미터	m^2			
	제곱센티미터	cm^2			
	제곱밀리미터	mm^2			

> **Question 01**
>
> 500mmH$_2$O는 몇 mmHg인가?
>
> ㉮ 19mmHg   ㉯ 28mmHg   ㉰ 37mmHg   ㉱ 45mmHg
>
> **[풀이]**
>
> 수은주 비중 = $\dfrac{10,332\text{mmH}_2\text{O}}{760\text{mmHg}}$ = 13.6(mmH$_2$O/mmHg)
>
> $\begin{cases} \text{mmH}_2\text{O} \xrightarrow{\div 13.6} \text{mmHg} \\ \text{mmHg} \xrightarrow{\times 13.6} \text{mmH}_2\text{O} \end{cases}$
>
> 따라서 500mmH$_2$O ÷ 13.6 = 36.77mmHg

★★ 2. 농도표시

① 중량백분율로 표시할 때는 (질량분율 %)의 기호를 사용한다.
② 액체 1,000mL 중의 성분질량(g) 또는 기체 1,000mL 중의 성분질량(g)을 표시할 때는 g/L의 기호를 사용한다.
③ 액체 100mL 중의 성분용량(mL) 또는 기체 100mL중의 성분용량(mL)을 표시할 때는 (부피분율 %)의 기호를 사용한다.
★★ ④ 백만분율(Parts Per Million)을 표시할 때는 ppm의 기호를 사용하며 따로 표시가 없는 한 기체일 때는 용량 대 용량(부피분율), 액체일 때는 중량 대 중량(질량분율)을 표시한 것을 뜻한다.
★★ ⑤ 1억분율(Parts Per Hundred Million)은 pphm, 10억분율(Parts Per Billion)은 ppb로 표시하고 따로 표시가 없는 한 기체일 때는 용량 대 용량(부피분율), 액체일 때는 중량 대 중량(질량분율)을 표시한 것을 뜻한다.
⑥ 기체중의 농도를 mg/m^{3}로 표시했을 때는 m^{3}은 표준상태(0℃, 760mmHg)의 기체용적을 뜻하고 Sm^{3}로 표시한 것과 같다. 그리고 am^{3}로 표시한 것은 실측상태(온도·압력)의 기체용적을 뜻한다.

★★★ 3. 온도의 표시

① 온도의 표시는 셀시우스(Celcius) 법에 따라 아라비아 숫자의 오른쪽에 ℃를 붙인다. 절대온도는 °K로 표시하고 절대온도 0°K는 -273℃로 한다.
★★ ② 표준온도 : 0℃, 상온 : (15~25)℃, 실온 : (1~35)℃, 찬곳 : 따로 규정이 없는 한 (0~15)℃
★★ ③ 냉수 : 15℃ 이하, 온수 : (60~70)℃, 열수 : 약 100℃

④ "수욕상 또는 수욕중에서 가열한다."라 함은 따로 규정이 없는 한 수온 100℃에서 가열함을 뜻하고 약 100℃ 부근의 증기욕을 대응할 수 있다.
★ ⑤ "냉후"(식힌 후)라 표시되어 있을 때는 보온 또는 가열 후 실온까지 냉각된 상태를 뜻한다.

> **Question 02**
>
> 온도표시에 관한 설명으로 옳지 않은 것은?
> ㉮ "냉후"(식힌 후)라 표시되어 있을 때는 보온 또는 가열 후 실온까지 냉각된 상태를 뜻한다.
> ㉯ 상온은 (15~25)℃, 실온은 (1~35)℃로 한다.
> ㉰ 찬 곳은 따로 규정이 없는 한 (0~5)℃를 뜻한다.
> ㉱ 온수는 (60~70)℃이고, 열수는 약 100℃를 말한다.
>
> **풀이** ㉰ 찬 곳은 따로 규정이 없는 한 (0~15)℃를 뜻한다.

★ 4. 각조의 시험은 따로 규정이 없는 한 상온에서 조작하고 조작 직후 그 결과를 관찰한다.

5. 시험에 사용하는 물은 따로 규정이 없는 한 정제수 또는 이온교환수지로 정제한 탈염수를 사용한다.

6. 액의 농도

① 단순히 용액이라 기재하고, 그 용액의 이름을 밝히지 않은 것은 수용액을 뜻한다.
★★ ② 혼액(1+2), (1+5), (1+5+10) 등으로 표시한 것은 액체상의 성분을 각각 1용량 대 2용량, 1용량 대 5용량 또는 1용량 대 5용량 대 10용량의 비율로 혼합한 것을 뜻하며, (1 : 2), (1 : 5), (1 : 5 : 10) 등으로 표시할 수도 있다. 보기를 들면, 황산(1+2) 또는 황산(1 : 2)라 표시한 것은 황산 1용량에 정제수 2용량을 혼합한 것이다.
★★ ③ 액의 농도를 (1 → 2), (1 → 5) 등으로 표시한 것은 그 용질의 성분이 고체일 때는 1g을, 액체일 때는 1mL를 용매에 녹여 전량을 각각 2mL 또는 5mL로 하는 비율을 뜻한다.

Question 03

액의 농도를 (1 → 5)로 표시한 것으로 가장 적합한 것은?

㉮ 고체 1mg을 용매 5mL에 녹인 농도
㉯ 액체 1g을 용매 5mL에 녹인 농도
㉰ 액체 1용량에 물 5용량을 혼합한 것
㉱ 고체 1g을 용매에 녹여 전량을 5mL로 하는 비율

정답 ㉱

★★ 7. 시약, 시액, 표준물질

① 시험에 사용하는 시약은 따로 규정이 없는 한 특급 또는 1급 이상 또는 이와 동등한 규격의 것을 사용하여야 한다.
단, 단순히 염산, 질산, 황산 등으로 표시하였을 때는 따로 규정이 없는 한 다음 표에 규정한 농도 이상의 것을 뜻한다.

 ▶ **시약의 농도**

명칭	화학식	농도(%)	비중(약)
염산	HCl	35.0~37.0	1.18
질산	HNO_3	60.0~62.0	1.38
황산	H_2SO_4	95.0 이상	1.84
아세트산	CH_3COOH	99.0 이상	1.05
인산	H_3PO_4	85.0 이상	1.69
암모니아수	NH_4OH	28.0~30.0(NH_3로서)	0.90
과산화수소	H_2O_2	30.0~35.0	1.11
플루오린화수소산	HF	46.0~48.0	1.14
아이오딘화수소산	HI	55.0~58.0	1.70
브로민화수소산	HBr	47.0~49.0	1.48
과염소산	$HClO_4$	60.0~62.0	1.54

Question 04

다음 중 따로 규정이 없는 한 각 시약별 사용하는 규정시약으로 적합하지 않은 것은?

㉮ HI : 농도 55.0~58.0%, 비중(약) 1.70
㉯ HClO₄ : 농도 60.0~62.0%, 비중(약) 1.54
㉰ HNO₃ : 농도 28~30%, 비중(약) 1.28
㉱ H₃PO₄ : 농도 85.0% 이상, 비중(약) 1.69

풀이 ㉰ HNO₃ : 농도 60.0~62.0%, 비중(약) 1.38

② 시험에 사용하는 표준품은 원칙적으로 특급 시약을 사용하며 표준액을 조제하기 위한 표준용시약은 따로 규정이 없는 한 데시케이터에 보존된 것을 사용한다.
★★ ③ 표준품을 채취할 때 표준액이 정수로 기재되어 있어도 실험자가 환산하여 기재수치에 "약"자를 붙여 사용할 수 있다.
★★ ④ "약"이란 그 무게 또는 부피에 대하여 ±10% 이상의 차가 있어서는 안된다.

Question 05

화학분석 일반사항에 관한 규정 중 규정된 시약, 시액, 표준물질에 관한 사항으로 틀린 것은 어느 것인가?

㉮ 시험에 사용하는 표준품은 원칙적으로 특급시약을 사용한다.
㉯ 표준액을 조제하기 위한 표준용시약은 따로 규정이 없는 한 데시케이터에 보존된 것을 사용한다.
㉰ 표준품을 채취할 때 표준액이 정수로 기재되어 있는 경우는 실험자가 환산하여 기재수치에 "약"자를 붙여 사용할 수 없다.
㉱ "약"이란 그 무게 또는 부피에 대하여 ±10% 이상의 차가 있어서는 안된다.

풀이 ㉰ 표준품을 채취할 때 표준액이 정수로 기재되어 있는 경우는 실험자가 환산하여 기재수치에 "약"자를 붙여 사용할 수 있다.

★★★ 8. 방울수라 함은 20℃에서 정제수 20방울을 떨어뜨릴 때 그 부피가 약 1mL되는 것을 뜻한다.

Question 06

방울수의 의미로 옳은 것은?

㉮ 10℃에서 정제수 10방울을 떨어뜨릴 때 그 부피가 약 1mL 되는 것을 뜻한다.
㉯ 20℃에서 정제수 20방울을 떨어뜨릴 때 그 부피가 약 1mL 되는 것을 뜻한다.
㉰ 10℃에서 정제수 10방울을 떨어뜨릴 때 그 부피가 약 10mL 되는 것을 뜻한다.
㉱ 20℃에서 정제수 20방울을 떨어뜨릴 때 그 부피가 약 20mL 되는 것을 뜻한다.

정답 ㉯

★★ 9. 용기

① 용기라 함은 시험용액 또는 시험에 관계된 물질을 보존, 운반 또는 조작하기 위하여 넣어두는 것으로 시험에 지장을 주지 않도록 깨끗한 것을 뜻한다.
★★★ ② 밀폐용기라 함은 물질을 취급 또는 보관하는 동안에 이물이 들어가거나 내용물이 손실되지 않도록 보호하는 용기를 뜻한다.
★★ ③ 기밀용기라 함은 물질을 취급 또는 보관하는 동안에 외부로부터의 공기 또는 다른 가스가 침입하지 않도록 내용물을 보호하는 용기를 뜻한다.
★★ ④ 밀봉용기라 함은 물질을 취급 또는 보관하는 동안에 기체 또는 미생물이 침입하지 않도록 내용물을 보호하는 용기를 뜻한다.
⑤ 차광용기라 함은 광선을 투과하지 않은 용기 또는 투과하지 않게 포장을 한 용기로서 취급 또는 보관하는 동안에 내용물의 광화학적 변화를 방지할 수 있는 용기를 뜻한다.

Question 07

"물질을 취급 또는 보관하는 동안에 이물질(異物)이 들어가거나 내용물이 손실되지 않도록 보호하는 용기"는 어느 것인가?

㉮ 차광용기   ㉯ 밀폐용기   ㉰ 기밀용기   ㉱ 밀봉용기

풀이 용기
㉮ 차광용기 : 광선, ㉯ 밀폐용기 : 이물질, ㉰ 기밀용기 : 공기, ㉱ 밀봉용기 : 미생물

★★★ 10. 관련 용어

① "정확히 단다"라 함은 규정한 량의 검체를 취하여 분석용 저울로 0.1mg까지 다는 것을 뜻한다.

★★ ② 액체성분의 양을 "정확히 취한다"함은 홀피펫, 부피플라스크 또는 이와 동등 이상의 정도를 갖는 용량계를 사용하여 조작하는 것을 뜻한다.
★★★ ③ "항량이 될 때까지 건조한다 또는 강열한다"라 함은 따로 규정이 없는 한 보통의 건조방법으로 1시간 더 건조 또는 강열할 때 전후 무게의 차가 매 g당 0.3mg 이하일 때를 뜻한다.
★★ ④ 시험조작 중 "즉시"란 30초 이내에 표시된 조작을 하는 것을 뜻한다.
★★★ ⑤ "감압 또는 진공"이라 함은 따로 규정이 없는 한 15mmHg 이하를 뜻한다.
⑥ "이상", "초과", "이하", "미만"이라고 기재하였을 때 이자가 쓰여진 쪽은 어느 것이나 기산점 또는 기준점인 숫자를 포함하며, "미만" 또는 "초과"는 기산점 또는 기준점의 숫자는 포함하지 않는다. 또 "a~b"라 표시한 것은 a 이상 b 이하임을 뜻한다.
★★ ⑦ "바탕시험을 하여 보정한다"함은 시료에 대한 처리 및 측정을 할 때 시료를 사용하지 않고 같은 방법으로 조작한 측정치를 빼는 것을 뜻한다.
⑧ 시료의 시험, 바탕시험 및 표준액에 대한 시험을 일련의 동일시험으로 행할 때 사용하는 시약 또는 시액은 동일롯트(Lot)로 조제된 것을 사용한다.
★ ⑨ "정량적으로 씻는다"함은 어떤 조작으로부터 다음 조작으로 넘어갈 때 사용한 비커, 플라스크 등의 용기 및 여과막 등에 부착한 정량대상 성분을 사용한 용매로 씻어 그 세액을 합하고 먼저 사용한 같은 용매를 채워 일정용량으로 하는 것을 뜻한다.
⑩ 용액의 액성표시는 따로 규정이 없는 한 유리전극법에 의한 pH미터로 측정한 것을 뜻한다.

Question 08

실험의 기재 및 용어에 대한 내용으로 틀린 것은 어느 것인가?
㉮ "감압 또는 진공"이라 함은 따로 규정이 없는 한 15mmHg 이하를 뜻한다.
㉯ 용액의 액성표시는 따로 규정이 없는 한 유리전극법에 의한 pH미터로 측정한 것을 뜻한다.
㉰ 시료의 시험, 바탕시험 및 표준액에 대한 시험을 일련의 동일시험으로 행할 때 사용하는 시약 또는 시액은 동일롯트로 조제된 것을 사용한다.
㉱ "항량이 될 때까지 건조한다 또는 강열한다"라 함은 따로 규정이 없는 한 보통의 건조 방법으로 1시간 더 건조 또는 강열할 때 전후 무게의 차가 매 g당 0.5mg 이하일 때를 뜻한다.

풀이 ㉱ "항량이 될 때까지 건조한다 또는 강열한다"라 함은 따로 규정이 없는 한 보통의 건조방법으로 1시간 더 건조 또는 강열할 때 전후 무게의 차가 매 g당 0.3mg 이하일 때를 뜻한다.

11. 시험결과의 표시단위는 따로 규정이 없는 한 가스상 성분은 ppm(μmol/mol) 또는 ppb (nmol/mol)로 입자상 성분은 mg/Sm^3, $\mu g/Sm^3$ 또는 ng/Sm^3으로 표시한다.

★★ 12. M 농도(몰농도)

① M 농도 = mol/L

$$\frac{mol}{L} = \frac{w(g)}{V(L)} \times \frac{1 mol}{분자량(g)}$$

[w : 질량(g)　　　　　　V : 부피(L)

Question 09

아황산가스(SO_2) 25.6g을 포함하는 2L 용액의 몰농도(M)는 얼마인가?

㉮ 0.01M　　㉯ 0.02M　　㉰ 0.1M　　㉱ 0.2M

풀이

$$mol/L = \frac{질량(g)}{체적(L)} \times \frac{1mol}{분자량(g)} = \frac{25.6g}{2L} \times \frac{1mol}{64g} = 0.2 mol/L$$

TIP
① M농도 = mol/L
② SO_2　1mol $\begin{cases} 64g \\ 22.4L \end{cases}$

② 비중, %농도가 주어진 경우

$$\frac{mol}{L} = \frac{비중(g)}{(mL)} \times \frac{10^3 mL}{1L} \times \frac{1 mol}{분자량(g)} \times \frac{\%농도}{100}$$

Question 10

비중이 1.84인 95wt% H_2SO_4의 몰농도(mol/L)는?

㉮ 8.9　　㉯ 17.8　　㉰ 26.7　　㉱ 35.6

풀이　M농도 = mol/L

$$\frac{mol}{L} = \frac{1.84g}{mL} \times \frac{10^3 mL}{1L} \times \frac{1mol}{98g} \times \frac{95\%}{100} = 17.84 mol/L$$

TIP
H_2SO_4　1moL $\begin{cases} 98g \\ 22.4L \end{cases}$

★★ 13. N 농도(노르말농도)

① N 농도 = eq/L

$$\frac{eq}{L} = \frac{w(g)}{V(L)} \times \frac{1eq}{1당량g}$$

- w : 질량(g)
- V : 부피(L)

Question 11

NaOH 20g을 물에 용해시켜 800mL로 하였다. 이 용액은 몇 N 인가?

㉮ 0.0625N   ㉯ 0.625N   ㉰ 6.25N   ㉱ 62.5N

풀이 N농도 = eq/L

$$eq/L = \frac{20g}{0.8L} \times \frac{1eq}{40g} = 0.625N$$

① $1eq = \frac{분자량(g)}{가수} = \frac{40g}{1} = 40g$

② V = 800mL = 0.8L

② 비중, %농도가 주어진 경우

$$\frac{eq}{L} = \frac{비중(g)}{(mL)} \times \frac{10^3 mL}{1L} \times \frac{1eq}{1당량g} \times \frac{\%농도}{100}$$

Question 12

비중이 1.88, 농도 97%(중량%)인 농황산(H_2SO_4)의 규정농도(N)는 얼마인가?

㉮ 18.6N   ㉯ 24.9N   ㉰ 37.2N   ㉱ 49.8N

풀이 $N농도 = \frac{비중(g)}{(mL)} \times \frac{10^3 mL}{1L} \times \frac{1eq}{분자량(g)/가수} \times \frac{\%}{100} = \frac{1.88g}{mL} \times \frac{10^3 mL}{1L} \times \frac{1eq}{98g/2} \times \frac{97\%}{100}$

= 37.22N

02 기체크로마토그래피
(General Rules for Gas Chromatography)

1. 원리 및 적용범위

기체시료 또는 기화한 액체나 고체시료를 운반가스에 의하여 분리, 관내에 전개시켜 기체상태에서 분리되는 각 성분을 크로마토그래프로 분석하는 방법으로 일반적으로 무기물 또는 유기물의 대기오염 물질에 대한 정성 및 정량분석에 이용한다.

2. 개요

① 이 법에서 충전물로서 흡착성 고체분말을 사용할 경우에는 기체-고체 크로마토그래피, 적당한 담체에 고정상 액체를 함침시킨 것을 사용할 경우에는 기체-액체 크로마토그래피라 한다.

② 시료도입부로부터 기체, 액체 또는 고체시료를 도입하면 기체는 그대로, 액체나 고체는 가열기화되어 운반가스에 의하여 분리관 내로 송입되고 시료 중의 각 성분은 충전물에 대한 각각의 흡착성 또는 용해성의 차이에 따라 분리관 내에서의 이동속도가 달라지기 때문에 각각 분리되어 분리관 출구에 접속된 검출기를 차례로 통과하게 된다.

③ 실제로 어떤 조건에서 시료를 분리관에 도입시킨 후 그 중의 어떤 성분이 검출되어 기록지상에 봉우리로 나타날 때까지의 시간을 머무름 시간(Retention Time)이라 하며 이 머무름 시간에 운반가스의 유량을 곱한 것을 머무름 부피(Retention Volume)이라 한다. 이 값은 어떤 특정한 실험조건 하에서는 그 성분물질마다 고유한 값을 나타내기 때문에 정성분석을 할 수 있으며 또 기록지에 그려진 곡선의 넓이 또는 봉우리의 높이는 시료성분량과 일정한 관계가 있기 때문에 이것에 의하여 정량분석을 할 수가 있다.

3. 장치

이 장치의 기본구성은 그림과 같으며 이 기본구성을 복수열로 조합시킨 형식이나 복수열유로로 검출기의 신호를 서로 보상하는 형식도 있다.

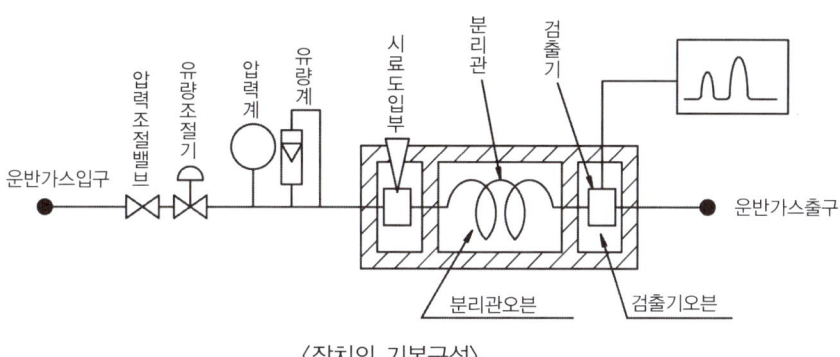

〈장치의 기본구성〉

(1) 가스유로계

① 운반가스유로

운반가스유로는 유량조절부와 분리관유로로 구성된다.
분리관유로는 시료도입부, 분리관, 검출기기배관으로 구성된다. 배관의 재료는 스테인리스강이나 유리 등 부식에 대한 저항이 큰 것이어야 한다.

(2) 시료도입부

① 주사기를 사용하는 시료도입부는 실리콘고무와 같은 내열성 탄성체격막이 있는 시료 기화실로서 분리관 온도와 동일하거나 또는 그 이상의 온도를 유지할 수 있는 가열기구가 갖추어져야 하고, 필요하면 온도조절기구, 온도측정기구 등이 있어야 한다.

★★ ② 가스 시료도입부는 가스계량관(통상 0.5mL~5mL)과 유로변환기구로 구성된다.

(3) 가열오븐(Heating Oven)

① 분리관오븐(Column Oven)
 ㉠ 분리관오븐은 내부용적이 분석에 필요한 길이의 분리관을 수용할 수 있는 크기
 ㉡ 임의의 일정온도를 유지할 수 있는 가열기구, 온도조절기구, 온도측정기구 등으로 구성
★★ ㉢ 온도조절 정밀도는 ±0.5℃의 범위 이내
★★ ㉣ 전원 전압변동 10%에 대하여 온도변화 ±0.5℃ 범위 이내(오븐의 온도가 150℃ 부근일 때)

② 검출기 오븐(Detector Oven)
 ㉠ 검출기 오븐은 검출기를 한 개 또는 여러 개 수용할 수 있고 분리관 오븐과 동일하거나 그 이상의 온도를 유지할 수 있는 가열기구, 온도조절기구 및 온도측정기구를 갖추어야 한다.

ⓒ 방사성 동위원소를 사용하는 검출기를 수용하는 검출기 오븐에 대하여는 온도조절기구와는 별도로 독립작용 할 수 있는 과열방지기구를 설치해야 한다.

★★ ⓒ 가스를 연소시키는 검출기를 수용하는 검출기 오븐은 그 가스가 오븐 내에 오래 체류하지 않도록 된 구조이어야 한다.

Question 13

기체크로마토그래피의 각 장치에 관한 설명으로 옳지 않은 것은?

㉮ 가스 시료도입부는 가스계량관(통상 0.5μL~5μL) 및 가스성분 분석부와 유로변환기구로 구성된다.
㉯ 방사성 동위원소를 사용하는 검출기를 수용하는 검출기 오븐에 대하여는 온도조절기구와는 별도로 독립작용할 수 있는 과열방지기구를 설치해야 한다.
㉰ 가스를 연소시키는 검출기를 수용하는 검출기 오븐은 그 가스가 오븐 내에 오래 체류하지 않도록 된 구조이어야 한다.
㉱ 분리관오븐의 온도조절 정밀도는 ±0.5℃의 범위 이내 전원 전압변동 10%에 대하여 온도변화 ±0.5℃ 범위 이내(오븐의 온도가 150℃ 부근일 때)이어야 한다.

풀이 ㉮ 가스시료 도입부는 가스계량관(통상 0.5mL~5mL)과 유로변환기구로 구성된다.

(4) 검출기(Detector)

★★ ① 열전도도 검출기(TCD, thermal conductivity detector)
금속 필라멘트 또는 전기저항체를 검출소자로 하여 금속판 안에 들어있는 본체와 여기에 안정된 직류전기를 공급하는 전원회로, 전류조절부, 신호검출 전기회로, 신호감쇄부 등으로 구성된다.

Question 14

다음 기체크로마토그래피 분석에 사용되는 검출기 중 금속필라멘트 또는 전기저항체를 검출소자로 하여 금속판 안에 들어 있는 본체와 여기에 안정된 직류전기를 공급하는 전원회로, 전류조절부, 신호검출 전기회로, 신호 감쇄부 등으로 구성되어 있는 검출기는 어느 것인가?

㉮ 전자포획형 검출기(ECD) ㉯ 열전도도 검출기(TCD)
㉰ 불꽃이온화 검출기(FID) ㉱ 불꽃광도 검출기(FPD)

정답 ㉯

★★ ② 불꽃이온화 검출기(flame ionization detector, FID)
수소 연소 노즐(nozzle), 이온 수집기(ion collector)와 전극 및 배기구로 구성되는 본체와 이 전극 사이에 직류전압을 주어 흐르는 이온전류를 측정하기 위한 직류전압 변환회로, 감도조절부, 신호감쇄부 등으로 구성된다.

★★ ③ 전자 포획 검출기(electron capture detector, ECD)

방사성 물질인 Ni-63 혹은 삼중수소로부터 방출되는 β선이 운반 기체를 전리하여 이로 인해 전자 포획 검출기 셀(cell)에 전자구름이 생성되어 일정 전류가 흐르게 된다. 이러한 전자 포획 검출기 셀에 전자친화력이 큰 화합물이 들어오면 셀에 있던 전자가 포획되어 이로 인해 전류가 감소하는 것을 이용하는 방법으로 유기 할로겐 화합물, 나이트로 화합물 및 유기 금속 화합물 등 전자 친화력이 큰 원소가 포함된 화합물을 수 ppt의 매우 낮은 농도까지 선택적으로 검출할 수 있다.

④ 질소인 검출기(nitrogen phosphorous detector, NPD)

불꽃이온화 검출기와 유사한 구성에 알칼리금속염의 튜브를 부착한 것으로 운반 기체와 수소기체의 혼합부, 조연기체 공급구, 연소노즐, 알칼리원, 알칼리원 가열기구, 전극 등으로 구성된다. 가열된 알칼리금속염은 촉매 작용으로 질소나 인을 함유하는 화합물의 이온화를 증진시켜 유기 질소 및 유기 인 화합물을 선택적으로 검출할 수 있다.

⑤ 불꽃 열이온 검출기(flame thermoionic detector, FTD)

위의 질소인 검출기와 같은 검출기이다.

⑥ 불꽃 광도 검출기(flame photometric detector, FPD)

구성은 불꽃이온화 검출기와 유사하고 운반기체와 조연기체의 혼합부, 수소 기체 공급구, 연소 노즐, 광학 필터, 광전증배관 및 전원 등으로 구성되어 있다. 기본 원리는 황이나 인을 포함한 탄화수소 화합물이 불꽃이온화 검출기 형태의 불꽃에서 연소될 때 화학적인 발광을 일으키는 성분을 생성하는데 시료의 특성에 따라 황 화합물은 393nm, 인 화합물은 525nm의 특정 파장의 빛을 발산한다.

⑦ 광이온화 검출기(photo ionization detector, PID)

10.6 eV의 자외선(UV) 램프에서 발산하는 120nm의 빛이 벤젠이나 톨루엔과 같은 대부분의 방향족 화합물을 충분히 이온화시킬 수 있고, 또한 H_2S, 헥세인, 에탄올과 같이 이온화 에너지가 10.6 eV 이하인 화합물을 이온화시킴으로써 이들을 선택적으로 검출할 수 있다.

⑧ 펄스 방전 검출기(pulsed discharge detector, PDD)

시료를 헬륨 펄스 방전에 의해 이온화 시키고 이로 인해 생성된 전자는 전극으로 모여서 전류의 변화를 가져온다. 펄스 방전 검출기는 전자 포획 모드와 헬륨 광이온화 모드로 이용할 수 있다.

⑨ 원자 방출 검출기(atomic emission detector, AED)

시료를 구성하는 원소들의 원자 방출을 검출하기 때문에 이용 범위가 광범위하다. 원자 방출 검출기의 구성은 캐필러리 컬럼의 마이크로파 유도 플라즈마 챔버로의 도입부, 마이크로파 챔버, 챔버의 냉각부, 회절격자와 원자선을 모아서 분산시키는 광학거울, 컴퓨터에 연결된 광다이오드 배열기로 구성되어 있다.

⑩ 전해질 전도도 검출기(electrolytic conductivity detector, ELCD)
기준전극, 분석전극과 기체-액체 접촉기 및 기체-액체 분리기를 가지고 있다. 할로겐, 질소, 황 또는 나이트로아민을 포함한 유기화합물을 검출할 수 있다.

⑪ 질량 분석 검출기(mass spectrometric detector, MSD)
GC에 질량 분석기 (MS)를 부착하여 검출기로 사용한다.

Question 15

다음 중 기체크로마토그래피(Gas Chromatography)분석에 사용되는 검출기와 거리가 먼 것은?

㉮ Thermal Conductivity Detector(TCD)
㉯ Eectronic Conductivity Detector(ECD)
㉰ Electron Capture Detector(ECD)
㉱ Flame Photometric Detector(FPD)

정답 ㉯

4. 운반가스(Carrier Gas) 종류

★★ (1) 운반가스

① 운반가스는 충전물이나 시료에 대하여 불활성인 것
② 사용하는 검출기의 작동에 적합한 것
★★ ③ 열전도도형 검출기(TCD)에서도 순도 99.8% 이상의 수소나 헬륨 사용
★★ ④ 불꽃 이온화 검출기(FID)에서는 순도 99.8% 이상의 질소 또는 헬륨 사용

Question 16

기체크로마토그래피에서 TCD 또는 FID에 일반적으로 사용되는 운반가스(Carrier gas)의 종류로 가장 거리가 먼 것은?

㉮ 헬륨   ㉯ 질소   ㉰ 수소   ㉱ 산소

풀이 기체크로마토그래피에서 TCD 또는 FID에 일반적으로 사용되는 운반가스(Carrier gas)의 종류로는 헬륨, 질소, 수소가 있다.

5. 분리관(Column), 충전물질(Packing Material) 및 충전방법(Packing Method)

(1) 분리관(Column)

분리관은 충전물질을 채운 내경 2mm~7mm(모세관식 분리관을 사용할 수도 있다.)의 시료에 대하여 불활성금속, 유리 또는 합성수지관으로 각 분석방법에서 규정하는 것을 사용한다.

(2) 충전물질(Packing Material)

★★ ① 흡착형충전물

기체-고체 크로마토그래피에서는 분리관의 내경에 따라 다음과 같이 입도가 고른 흡착성 고체분말을 사용하며, 종류로는 실리카겔, 활성탄, 알루미나, 합성제올라이트(Zeolite) 등이 있다.

분리관내경(mm)	흡착제 및 담체의 입경 범위(μm)
3	149~177(100~80mesh)
★★ 4	177~250(80~60mesh)
5~6	250~590(60~28mesh)

> **Question 17**
>
> 기체크로마토그래피에서 분리관 내경이 3mm일 경우 사용되는 흡착제 및 담체의 입경범위(μm)로 옳은 것은? (단, 기체-고체 크로마토그래피, 흡착성 고체분말 기준)
>
> ㉮ 120~149μm   ㉯ 149~177μm   ㉰ 177~250μm   ㉱ 250~590μm
>
> 정답 ㉯

② 분배형 충전물질

기체-액체 크로마토그래피에서는 위에 표시한 입경 범위에서의 적당한 담체에 고정상 액체를 함침시킨 것을 충전물로 사용한다.

㉠ 담체(Support) : 담체는 시료 및 고정상액체에 대하여 불활성인 것으로 규조토, 내화벽돌, 유리, 석영, 합성수지 등을 사용하며 각 분석방법에서 전처리를 규정한 경우에는 그 방법에 따라 산처리, 알칼리처리, 실란처리 등을 한 것을 사용한다.

★★ TIP

내화벽돌이라 함은 일반적인 내화점토를 사용한 것이 아니고 규조토를 주성분으로 한 내화온도 1,100℃ 정도의 단열벽돌을 뜻한다.

Question 18

기체-액체 크로마토그래피에서 분배형 충전물질로 사용되는 내화벽돌에 대한 내용으로 알맞은 것은 어느 것인가?

㉮ 일반적인 내화점토를 사용한 것이 아니고, 흑토를 주성분으로 한 내화온도 1,100℃ 정도의 단열벽돌을 뜻한다.
㉯ 일반적인 내화점토를 사용한 것이 아니고, 규조토를 주성분으로 한 내화온도 1,100℃ 정도의 단열벽돌을 뜻한다.
㉰ 일반적인 내화점토를 사용한 내화온도 1,100℃ 정도의 단열벽돌을 뜻한다.
㉱ 일반적인 내화점토를 사용한 내화온도 1,800℃ 정도의 단열벽돌을 뜻한다.

정답 ㉯

★★ ⓛ 고정상 액체의 구비조건
    ⓐ 분석대상 성분을 완전히 분리할 수 있는 것이어야 한다.
★★ ⓑ 사용온도에서 증기압이 낮고, 점성이 작은 것이어야 한다.
    ⓒ 화학적으로 안정된 것이어야 한다.
    ⓓ 화학적 성분이 일정한 것이어야 한다.

 Question 19

다음 중 기체-액체 크로마토그래피에 사용되는 충전물 담체에 함침시키는 고정상 액체(Stationary liquid)가 갖추어야 할 조건과 거리가 먼 것은?

㉮ 사용온도에서 점성이 작은 것이어야 한다.
㉯ 분석대상 성분을 완전분리 할 수 있어야 한다.
㉰ 화학적 성분이 일정하여야 한다.
㉱ 사용온도에서 증기압이 높아야 한다.

풀이 ㉱ 사용온도에서 증기압이 낮아야 한다.

▶ 일반적으로 사용하는 고정상 액체의 종류

종류	물질명
탄화수소계	헥사데칸 스쿠아란(Squalane) 고진공 그리이스
실리콘계	메틸실리콘 페닐실리콘 사이아노실리콘 플루오린화규소
폴리글리콜계	폴리에틸렌글리콜 메톡시폴리에틸렌글리콜
에스테르계	이염기산다이에스테르
폴리에스테르계	이염기산폴리글리콜다이에스테르
폴리아미드계	폴리아미드수지
에테르계	폴리페닐에테르
기타	인산트라이크레실, 다이에틸폼아미드, 다이메틸설포란

Question 20

기체-액체 크로마토그래피에서 일반적으로 사용되는 고정상 액체의 종류 중 실리콘계에 해당하는 것은?

㉮ 플루오린화규소
㉯ 인산트라이크레실
㉰ 다이메틸설포란
㉱ 고진공 그리이스

정답 ㉮

6. 분리의 평가

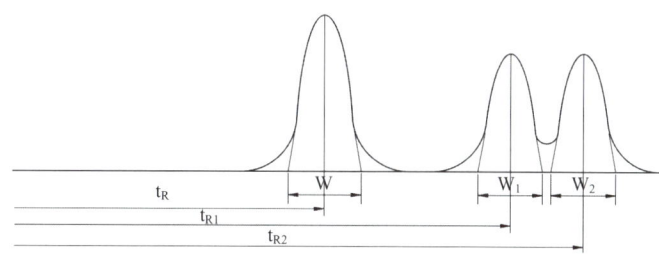

크로마토그램

① 이론단수(n) = $16 \times \left(\dfrac{t_R}{W}\right)^2$

t_R : 시료도입점으로부터 봉우리 최고점까지의 길이(머무름 시간)
W : 봉우리의 좌우 변곡점에서 접선이 자르는 바탕선의 길이

Question 21

어느 분리관의 머무름 시간(t_R)이 5분, 봉우리의 좌우변곡점에서 접선이 자르는 바탕선이 길이(W) 10mm, 기록지 이동속도 5mm/min 이었다면 이론단수는?

㉮ 100 ㉯ 400 ㉰ 800 ㉱ 1,600

풀이 $n = 16 \times \left(\dfrac{t_R}{W}\right)^2 = 16 \times \left(\dfrac{5\text{mm/min} \times 5\text{min}}{10\text{mm}}\right)^2 = 100$

★ ② $\text{HETP} = \dfrac{L}{n}$

┌ L : 분리관의 길이(mm)

Question 22

어떤 기체크로마토그램에 있어 성분 A의 머무름 시간은 10분, 봉우리 폭은 8mm였다. 이 경우 성분 A의 HETP(1 이론단에 해당하는 분리관의 길이)는 얼마인가? (단, 분리관의 길이는 10m, 기록지의 속도는 매분 10mm이다.)

㉮ 2mm ㉯ 4mm ㉰ 6mm ㉱ 8mm

풀이

① 이론단수(n) $= 16 \times \left\{\dfrac{\text{기록지의 이동속도(mm/min)} \times \text{머무름 시간(min)}}{\text{봉우리 폭(mm)}}\right\}^2 = 16 \times \left(\dfrac{10\text{mm/min} \times 10\text{min}}{8\text{mm}}\right)^2 = 2,500$

② $\text{HETP} = \dfrac{\text{분리관 길이}}{\text{이론단수}} = \dfrac{10 \times 10^3 \text{mm}}{2,500} = 4\text{mm}$

★★ ③ 분리계수(d) $= \dfrac{t_{R2}}{t_{R1}}$

Question 23

기체크로마토그래피에서 1, 2시료의 분석치가 다음과 같을 때 분리계수는?

- 봉우리 1의 머무름 시간 : 3분
- 봉우리 2의 머무름 시간 : 5분
- 봉우리 1의 폭 : 35초
- 봉우리 2의 폭 : 44초

㉮ 1.7 ㉯ 2.5 ㉰ 3.0 ㉱ 4.4

풀이 $d = \dfrac{t_{R2}}{t_{R1}}$ [d : 분리계수 t_{R1} : 봉우리 1의 머무름 시간 t_{R2} : 봉우리 2의 머무름 시간

따라서 $d = \dfrac{5\text{분}}{3\text{분}} = 1.67$

★★ ④ 분리도(R) = $\dfrac{2(t_{R2} - t_{R1})}{W_1 + W_2}$

$\begin{bmatrix} t_{R1} : \text{시료도입점으로부터 봉우리 1의 최고점까지의 길이} \\ t_{R2} : \text{시료도입점으로부터 봉우리 2의 최고점까지의 길이} \\ W_1 : \text{봉우리 1의 좌우 변곡점에서의 접선이 자르는 바탕선의 길이} \\ W_2 : \text{봉우리 2의 좌우 변곡점에서의 접선이 자르는 바탕선의 길이} \end{bmatrix}$

Question 24

기체크로마토그래피에서 A, B 성분의 머무름 시간이 각각 2분, 3분이었으며, 봉우리 폭은 32초, 38초이었다면 이 때 분리도는?

㉮ 1.2   ㉯ 1.5   ㉰ 1.7   ㉱ 1.9

풀이

분리도(R) = $\dfrac{2(t_{R2} - t_{R1})}{W_1 + W_2}$

$\begin{bmatrix} tR : \text{머무름 시간(sec)} \quad W : \text{봉우리 폭(sec)} \end{bmatrix}$

따라서 분리도(R) = $\dfrac{2 \times (3 \times 60\text{sec} - 2 \times 60\text{sec})}{(32+38)\text{sec}}$ = 1.71

7. 정성분석

① 정성분석은 동일 조건하에서 특정한 미지성분의 머무름 값과 예측되는 물질의 봉우리의 머무름 값을 비교하여야 한다.

② 머무름 값의 종류로는 머무름 시간(retention time), 머무름 부피(retention volume), 머무름 비(retention ratio), 머무름 지표(retention indicator) 등이 있다.

★★ ③ 머무름 시간을 측정할 때는 3회 측정하여 그 평균치를 구한다.

★★ ④ 일반적으로 5분~30분 정도에서 측정하는 봉우리의 머무름시간은 반복시험을 할 때 ±3% 오차범위 이내이어야 한다.

⑤ 머무름 값의 표시는 무효부피(Dead Volume)의 보정유무를 기록하여야 한다.

Question 25

다음은 기체크로마토그래피에서 정성분석을 위한 머무름 값에 관한 기준이다. ( ) 안에 알맞은 것은?

일반적으로 5분~30분 정도에서 측정하는 봉우리의 머무름 시간은 반복시험을 할 때 ( )이어야 한다.

㉮ ±5% 오차범위 이내   ㉯ ±3% 오차범위 이내
㉰ ±2% 오차범위 이내   ㉱ ±1% 오차범위 이내

정답 ㉯

8. 정량분석

(1) 정량법의 종류

① 절대검정곡선법 : 정량하려는 성분으로 된 순물질을 단계적으로 취하여 크로마토그램을 기록하고 봉우리넓이 또는 봉우리높이를 구한다. 이것으로부터 성분량을 횡축에 봉우리 넓이 또는 봉우리 높이를 종축에 취하여 검정곡선을 작성한다.

② 넓이 백분율법 : 크로마토그램으로부터 얻은 시료 각 성분의 봉우리 면적을 측정하고 그것들의 합을 100으로 하여 이에 대한 각각의 봉우리넓이 비를 각 성분의 함유율로 한다. 이 방법은 도입시료의 전성분이 용출되며, 또한 사용한 검출기에 대한 각 성분의 상대감도가 같다고 간주되는 경우에 적용한다.

③ 보정넓이 백분율법 : 도입한 시료의 전성분이 용출되며 또한 용출 전성분의 상대감도가 구해진 경우는 식에 의하여 정확한 함유율을 구할 수 있다.

④ 상대검정곡선법 : 정량하려는 성분의 순물질(X) 일정량에 내부표준물질(S)의 일정량을 가한 혼합시료의 크로마토그램을 기록하여 봉우리 넓이를 측정한다. 횡축에 정량하려는 성분량(M_X)과 내부표준물질량(M_S)의 비(M_X/M_S)를 취하고 분석시료의 크로마토그램에서 측정한 정량할 성분의 봉우리넓이(A_X)와 표준물질 봉우리넓이(A_S)의 비(A_X/A_S)를 취하여 검정곡선을 작성한다.

⑤ 표준물첨가법 : 시료의 크로마토그램으로부터 피검성분 A 및 다른 임의의 성분 B의 봉우리 넓이 a_1 및 b_1을 구한다. 다음에 시료의 일정량 W에 성분 A의 기지량 ΔW_A을 가하여 다시 크로마토그램을 기록하여 성분 A 및 B의 봉우리 넓이 a_2 및 b_2를 구하면 K의 정수로 해서 식이 성립한다.

(2) 정량치의 표시방법에는 질량분율%, 부피분율%, 몰%, ppm 등으로 표시한다.

Question 26

기체크로마토그래피의 정량법 중 정량하려는 성분으로 된 순물질을 단계적으로 취하여 크로마토그램을 기록하고 봉우리의 넓이 또는 높이를 구하는 방법으로써 성분량을 횡축에, 봉우리 넓이 또는 봉우리의 높이를 종축으로 하는 것은 어느 것인가?

㉮ 절대검정곡선법 ㉯ 상대검정곡선법
㉰ 넓이백분율법   ㉱ 표준물첨가물

 ㉮

Question 27

기체크로마토그래피에 의한 정량분석에서 이용되는 정량법의 종류가 아닌 것은 어느 것인가?

㉮ 외부첨가법 ㉯ 보정넓이 백분율법
㉰ 표준물 첨가법 ㉱ 넓이 백분율법

풀이 정량분석의 종류에는 절대검정곡선법, 넓이백분율법, 보정넓이 백분율법, 상대검정곡선법, 표준물 첨가법이 있다.

03 자외선/가시선 분광법(Ultraviolet – Visible Spectrometry)

1. 원리 및 적용범위

시료물질이나 시료물질의 용액 또는 여기에 적당한 시약을 넣어 발색시킨 용액의 흡광도를 측정하여 시료 중의 목적성분을 정량하는 방법으로 파장 200nm~ 1,200nm에서의 액체의 흡광도를 측정함으로써 대기 중이나 굴뚝배출 가스 중의 오염물질 분석에 적용한다.

2. 개요

자외선/가시선 분광법은 일반적으로 광원으로 나오는 빛을 단색화장치(Monochrometer) 또는 필터(Filter)에 의하여 좁은 파장 범위의 빛만을 선택하여 액층을 통과시킨 다음 광전측광으로 흡광도를 측정하여 목적 성분의 농도를 정량하는 방법이다.

★★ ① 램버어트 비어(Lambert-Beer)의 법칙 : $I_t = I_O \cdot 10^{-\epsilon \cdot C \cdot L}$

> I_o : 입사광의 강도 I_t : 투사광의 강도 C : 농도 L : 빛의 투과거리
> ϵ : 비례상수로서 흡광계수라 하고, C = 1mol, L = 10mm일 때의 ϵ 의 값을 몰흡광계수라 하며 K로 표시

② 투과도(t) = $\dfrac{I_t}{I_o}$

③ t(투과도)×100 = T(투과 퍼센트)
④ 흡광도(A)는 투과도의 역수의 상용대수

★★ ⑤ 흡광도(A) = $\log \dfrac{1}{t}$

★★ ⑥ 흡광도(A) = $\epsilon \cdot C \cdot L$

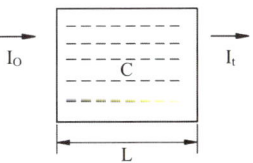

흡광광도 분석방법 원리도

Question 28

자외선/가시선 분광법에서 램버어트 비어(Lambert-Beer) 법칙에 의한 흡광도 A를 구하는 식으로 옳은 것은? (단, 입사광의 강도를 I_o, 투사광의 강도를 I_t라 한다.)

㉮ $A = \dfrac{I_t}{I_o} \times 100$

㉯ $A = \dfrac{I_o}{I_t} \times 100$

㉰ $A = \log \dfrac{I_t}{I_o}$

㉱ $A = \log \dfrac{I_o}{I_t}$

풀이

흡광도(A) = $\log \dfrac{1}{t(투과도)}$

여기서 $t = \dfrac{I_t}{I_o}$ 이므로 $A = \log \dfrac{1}{\frac{I_t}{I_o}} = \log \dfrac{I_o}{I_t}$

Question 29

자외선/가시선 분광법에서 빛의 강도가 Io의 단색광이 어떤 시료용액을 통과할 때 그 빛의 90%가 흡수될 경우 흡광도는 얼마인가?

㉮ 0.05　　㉯ 0.2　　㉰ 0.5　　㉱ 1.0

풀이

흡광도(A) = $\log \dfrac{1}{투과도} = \log \dfrac{1}{0.1} = 1.0$

TIP
① 투과율(%) = 100-흡수율(%)　② 투과율(%) = 투과퍼센트

3. 장치

★★ (1) 자외선/가시선 분광법 분석장치

광원부 - 파장선택부 - 시료부 - 측광부로 구성되어 있다.

(2) 광원부

광원부의 광원에는 텅스텐램프나 중수소방전관 등을 사용하며 점등을 위하여 전원부나 렌즈와 같은 광학계를 부속시킨다.

★★ ① 가시부와 근적외부의 광원 : 텅스텐램프
★★ ② 자외부의 광원 : 중수소 방전관

Question 30

자외선/가시선 분광법에 관한 설명으로 옳지 않은 것은?

㉮ 파장선택부에서 단색장치로는 프리즘, 회절격자 또는 이 두 가지를 조합시킨 것을 사용하여 단색광을 내기 위하여 슬릿(slit)을 부속시킨다.
㉯ 광원부에서 가시부와 근적외부의 광원으로는 주로 중수소 방전관을 사용하고 자외부의 광원으로는 주로 텅스텐램프를 사용한다.
㉰ 측광부에서 광전관, 광전자증배관은 주로 자외 내지 가시파장 범위에서, 광전도셀은 근적외파장범위에서, 광전지는 주로 가시파장 범위 내에서의 광전측광에 사용된다.
㉱ 광전광도계는 파장선택부에 필터를 사용한 장치로 단광속형이 많고 비교적 구조가 간단하여 작업분석용에 적당하다.

풀이 ㉯ 광원부에서 가시부와 근적외부의 광원으로는 주로 텅스텐램프를 사용하고 자외부의 광원으로는 주로 중수소방전관을 사용한다.

(3) 파장선택부

★★ 파장의 선택에는 일반적으로 단색화장치(Monochromer) 또는 필터(Filter)를 사용한다.

★★ ① 단색장치로는 프리즘, 회절격자 또는 이 두 가지를 조합시킨 것을 사용하며 단색광을 내기 위하여 슬릿(slit)을 부속시킨다.
② 필터에는 색유리 필터, 젤라틴 필터, 간접필터 등을 사용한다.

(4) 시료부

시료부에는 일반적으로 시료액을 넣은 흡수셀(Cell, 시료셀)과 대조액을 넣는 흡수셀(대조셀)이 있고 이 셀을 보호하기 위한 셀홀더(Cell Holder)와 이것을 광로에 올려 놓을 시료실로 구성된다.

(5) 측광부

측광부의 광전측광에는 광전관, 광전자증배관, 광전도셀 또는 광전지 등을 사용하고 필요에 따라 증폭기, 대수변환기가 있으며 지시계, 기록계 등을 사용한다.

★★ ① 광전관, 광전자증배관 : 자외 내지 가시파장 범위
★★ ② 광전도셀 : 근적외파장 범위
★★ ③ 광전지 : 가시파장 범위

(6) 광전분광광도계

파장선택부에 단색화장치를 사용한 장치로 구조에 따라 단광속형과 복광속형이 있고 복광속형에는 흡수스펙트럼을 자동기록할 수 있는 것도 있다. 또 광전분광광도계에는 미분측광, 2파장측광, 시차측광이 가능한 것도 있다.

(7) 광전광도계

 파장 선택부에 필터를 사용한 장치로 단광속형이 많고 비교적 구조가 간단하여 작업분석용에 적당하다.

Question 31

자외선/가시선 분광법의 장치에 관한 설명으로 거리가 먼 것은?

㉮ 자외부의 광원으로는 주로 중수소 방전관을 사용하고, 가시부와 근적외부의 광원으로는 주로 텅스텐램프를 사용한다.
㉯ 측광부에는 광전관, 광전자증배관은 주로 자외 내지 가시파장 범위에서 사용된다.
㉰ 단색화장치로는 프리즘, 회절격자 또는 이 두 가지를 조합시킨 것을 사용한다.
㉱ 광전광도계는 파장선택부에 단색화장치를 사용한 장치로 복광속형이 많다.

풀이 ㉱ 광전광도계는 파장선택부에 필터를 사용한 장치로 단광속형이 많고 비교적 구조가 간단하여 작업분석용에 적당하다.

(8) 흡수셀의 재질

① 흡수셀의 재질로는 유리, 석영, 플라스틱 등을 사용한다.
 ② 유리제 : 가시 및 근적외부 파장범위
 ③ 석영제 : 자외부 파장범위
④ 플라스틱제 : 근적외부 파장범위

Question 32

대기오염공정시험기준상 자외선/가시선 분광법에서 사용되는 흡수셀의 재질에 따른 사용파장범위로 알맞은 것은 어느 것인가?

㉮ 유리제는 근적외부 파장범위
㉯ 석영제는 가시부 및 근적외부 파장범위
㉰ 플라스틱제는 자외부 파장범위
㉱ 플라스틱제는 가시부 파장범위

풀이 흡수셀의 재질
① 유리제 : 가시 및 근적외부 파장
② 석영제 : 자외부 파장범위
③ 플라스틱제 : 근적외부 파장범위

(9) 장치의 보정

★★ ① 자동기록식 광전분광광도계의 파장교정
홀뮴(Holmium) 유리의 흡수스펙트럼을 이용

Question 33

자동기록식 광전분광광도계의 파장교정에 사용되는 흡수 스펙트럼은 어느 것인가?
㉮ 홀뮴유리   ㉯ 석영유리   ㉰ 플라스틱   ㉱ 방전유리

정답 ㉮

★★ ② 흡광도 눈금의 보정 : 다이크로뮴산포타슘용액
110℃에서 3시간 이상 건조한 다이크로뮴산포타슘(1급 이상)을 0.05mol/L 수산화포타슘(KOH) 용액에 녹여 다이크로뮴산포타슘($K_2Cr_2O_7$)용액을 만든다. 그 농도는 시약의 순도를 고려하여 $K_2Cr_2O_7$으로서 0.0303g/L가 되도록 한다.

Question 34

다음 중 자외선/가시선 분광법으로 분석 시 흡광도 눈금보정에 사용되는 것은?
㉮ 염화소듐   ㉯ 음이온계면활성제
㉰ 시안화소듐   ㉱ 다이크로뮴산포타슘

정답 ㉱

★★ ③ 미광(迷光, Stray Light)의 유무조사
광원이나 광전측광 검출기에는 한정된 사용파장역이 있어 미광(迷光, Stray Light)의 영향이 크기 때문에 투과특성을 갖는 컷트필터(Cut Filter)를 사용하며 미광의 유무를 조사하는 것이 좋다.

Question 35

자외선/가시선 분광법에서 미광(Stray light)의 유무조사에 사용되는 것은 어느 것인가?
㉮ Cell Holder   ㉯ Holmium Glass
㉰ Cut Filter   ㉱ Monochrometer

정답 ㉰

4. 측정

(1) 흡수셀의 준비

★★ ① 시료액의 흡수파장이 약 370nm 이상일 때 : 석영 또는 경질유리 흡수셀
★★ ② 시료액의 흡수파장이 약 370nm 이하일 때 : 석영흡수셀
★ ③ 따로 흡수셀의 길이(L)를 지정하지 않았을 때 : 10mm셀
④ 시료셀에는 시험용액을, 대조셀에는 따로 규정이 없는 한 정제수를 넣는다.
★ ⑤ 넣고자 하는 용액으로 흡수셀을 씻은 다음 적당량(셀의 약 8부까지)을 넣고 외면이 젖어 있을 때는 깨끗이 닦는다. 필요하면(휘발성 용매를 사용할 때와 같은 경우) 흡수셀에 마개를 하고 흡수셀에 방향성이 있을 때는 항상 방향을 일정하게 하여 사용한다.

(2) 흡수셀의 세척방법

★ 탄산소듐(Na_2CO_3) 용액(20g/L)에 소량의 음이온 계면활성제를 가한 용액에 흡수셀을 담가 놓고 필요하면 40℃~50℃로 약 10분간 가열한다. 흡수셀을 꺼내 물로 씻은 후 질산(1+5)에 소량의 과산화수소를 가한 용액에 약 30분간 담가 놓았다가 꺼내어 물로 잘 씻는다.

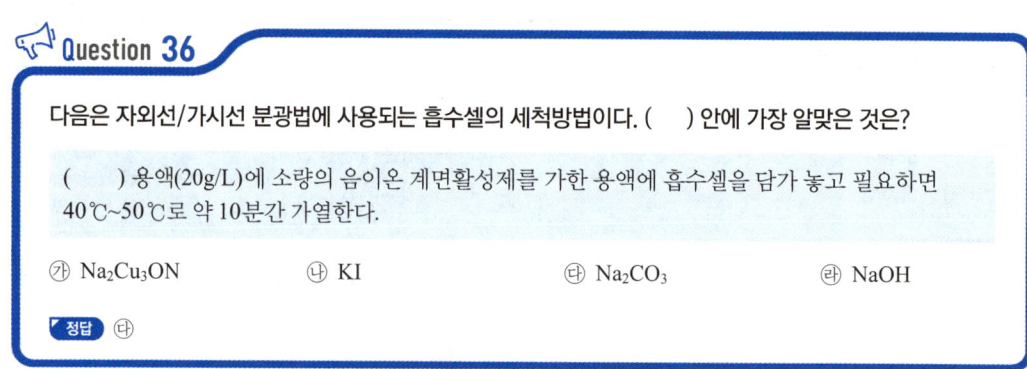

Question 36

다음은 자외선/가시선 분광법에 사용되는 흡수셀의 세척방법이다. ( ) 안에 가장 알맞은 것은?

( ) 용액(20g/L)에 소량의 음이온 계면활성제를 가한 용액에 흡수셀을 담가 놓고 필요하면 40℃~50℃로 약 10분간 가열한다.

㉮ Na_2Cu_3ON ㉯ KI ㉰ Na_2CO_3 ㉱ $NaOH$

정답 ㉰

★★ (3) 흡광도의 측정순서

① 눈금판의 지시가 안정되어 있나를 확인한다.
② 대조셀을 광로에 넣고 광원으로부터의 광속을 차단하고 영점을 맞춘다. 영점을 맞춘다는 것은 투과율 눈금으로 눈금판의 지시가 영이 되도록 맞추는 것이다.
③ 광원으로부터 광속을 통하여 눈금 100에 맞춘다.
④ 시료셀을 광로에 넣고 눈금판의 지시치를 흡광도 또는 투과율로 읽는다. 투과율로 읽을 때는 나중에 흡광도로 환산해 주어야 한다.
⑤ 필요하면 대조셀을 광로에 바꿔넣고 영점과 100에 변화가 없는가를 확인한다.

Question 37

다음 중 흡광도를 측정하기 위한 순서로 원칙적으로 제일 먼저 행하여야 할 행위는?

㉮ 시료셀과 대조셀을 넣고 눈금판의 지시치의 차이를 확인한다.
㉯ 광로를 차단 후 대조셀로 영점을 맞춘다.
㉰ 광원으로부터 광속을 통하여 눈금 100에 맞춘다.
㉱ 눈금판의 지시 안정 여부를 확인한다.

풀이 흡광도를 측정하기 위한 순서
㉱ 눈금판의 지시 안정 여부를 확인한다.
㉯ 광로를 차단 후 대조셀로 영점을 맞춘다.
㉰ 광원으로부터 광속을 통하여 눈금 100에 맞춘다.
㉮ 시료셀과 대조셀을 넣고 눈금판의 지시치의 차이를 확인한다.

04 원자흡수분광광도법(Atomic Absorption Spectrophotometry)

★★ 1. 원리 및 적용범위

시료를 적당한 방법으로 해리시켜 중성원자로 증기화하여 생긴 기저상태의 원자가 이 원자 증기층을 투과하는 특유파장의 빛을 흡수하는 현상을 이용하여 광전측광과 같은 개개의 특유 파장에 대한 흡광도를 측정하여 시료 중의 원소농도를 정량하는 방법으로 대기 또는 배출가스 중의 유해 중금속, 기타 원소의 분석에 적용한다.

★★ 2. 용어

★★ ① 역화 : 불꽃의 연소속도가 크고 혼합기체의 분출속도가 작을 때 연소현상이 내부로 옮겨지는 것

② 원자흡광도 : 어떤 진동수 i의 빛이 목적원자가 들어 있지 않은 불꽃을 투과했을 때의 강도를 $I_0\nu$, 목적원자가 들어있는 불꽃을 투과했을 때의 강도를 $I\nu$라 하고 불꽃중의 목적원자 농도를 C, 불꽃 중의 광도의 길이를 L이라 했을 때

$$E_{AA} = \frac{\log_{10} \cdot I_0\nu / I\nu}{C \cdot L}$$ 로 표시되는 양을 말한다.

③ 원자흡광(분광) 분석 : 원자흡광 측정에 의하여 하는 화학분석

★ ④ 원자흡광(분광) 측광 : 원자흡광 스펙트럼을 이용하여 시료 중의 특정원소의 농도와 그 휘선의 흡광정도(보통은 보정되지 않은 흡광도로 나타냄)와의 상관관계를 측정하는 것

⑤ 원자흡광스펙트럼 : 물질의 원자증기층을 빛이 통과할 때 각각 특유한 파장의 빛을 흡수한다. 이 빛을 분산하여 얻어지는 스펙트럼을 말한다.

★★ ⑥ 공명선 : 원자가 외부로부터 빛을 흡수했다가 다시 먼저 상태로 돌아갈 때 방사하는 스펙트럼선

★★ ⑦ 근접선 : 목적하는 스펙트럼선에 가까운 파장을 갖는 다른 스펙트럼선

⑧ 중공음극램프 : 원자흡광분석의 광원이 되는 것으로 목적원소를 함유하는 중공음극 한 개 또는 그 이상을 저압의 네온과 함께 채운 방전관

⑨ 다음극 중공음극램프 : 두 개 이상의 중공음극을 갖는 중공음극램프

⑩ 다원소 중공음극램프 : 한 개의 중공음극에 두 종류 이상의 목적원소를 함유하는 중공음극램프

★ ⑪ 충전가스 : 중공음극램프에 채우는 가스

⑫ 소연료불꽃 : 가연성가스와 조연성가스의 비를 적게 한 불꽃 즉, 가연성 가스/조연성 가스의 값을 적게 한 불꽃

★ ⑬ 다연료 불꽃 : 가연성 가스/조연성 가스의 값을 크게 한 불꽃

⑭ 분무기 : 시료를 미세한 입자로 만들어 주기 위하여 분무하는 장치

★ ⑮ 분무실 : 분무기와 함께 분무된 시료용액의 미립자를 더욱 미세하게 해주는 한편 큰 입자와 분리시키는 작용을 갖는 장치

★ ⑯ 슬롯버너 : 가스의 분출구가 세극상으로 된 버너

⑰ 전체분무버너 : 시료용액을 빨아올려 미립자로 되게 하여 직접 불꽃 중으로 분무하여 원자증기화하는 방식의 버너

★ ⑱ 예복합 버너 : 가연성 가스, 조연성 가스 및 시료를 분무실에서 혼합시켜 불꽃 중에 넣어주는 방식의 버너

⑲ 선폭 : 스펙트럼선의 폭

★★ ⑳ 선프로파일 : 파장에 대한 스펙트럼선의 강도를 나타내는 곡선

㉑ 멀티 패스 : 불꽃 중에서의 광로를 길게 하고 흡수를 증대시키기 위하여 반사를 이용하여 불꽃 중에 빛을 여러 번 투과시키는 것

Question 38

원자흡수분광광도법에서 사용되는 용어의 정의로 틀린 것은 어느 것인가?

㉮ 근접선 : 목적하는 스펙트럼선에 가까운 파장을 갖는 다른 스펙트럼선
㉯ 선프로파일 : 파장에 대한 스펙트럼선의 강도를 나타내는 곡선
㉰ 충전가스 : 불꽃 단락을 방지하기 위해 분무버너에 채우는 가스
㉱ 다연료 불꽃 : 가연성 가스/조연성 가스의 값을 크게 한 불꽃

풀이 ㉰ 충전가스 : 중공음극램프에 채우는 가스

3. 원자흡광 분석장치

(1) 원자흡광 분석장치

★ ① 장치구성순서 : 광원부 - 시료원자화부 - 파장선택부(분광부) - 측광부
② 단광속형과 복광속형이 있다.
③ 여러 개 원소의 동시 분석이나 내부표준물질법에 의한 분석을 목적으로 할 때는 구성요소를 여러 개 복합 멀티채널형의 장치도 있다.

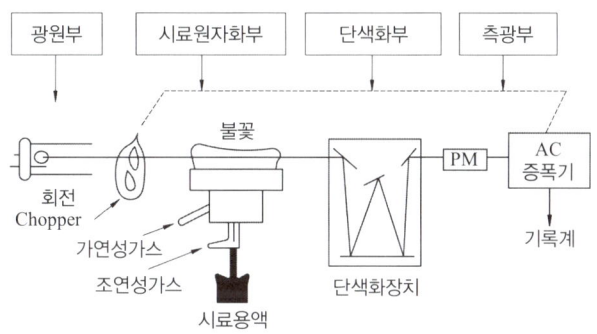

〈원자흡광 분석장치의 구성〉

(2) 광원부

★★ ① 중공음극램프 : 원자흡광분석용 광원은 원자흡광 스펙트럼선의 선폭보다 좁은 선폭을 갖고 휘도가 높은 스펙트럼을 방사하는 중공음극램프가 많이 사용된다.
② 기타램프 : 소듐(Na), 포타슘(K), 칼슘(Ca), 루비듐(Rb), 세슘(Cs), 카드뮴(Cd), 수은(Hg), 탈륨(Tl)과 같이 비점이 낮은 원소에서는 열음극이나 방전램프를 사용할 수도 있다. 또 금속의 할로겐화물을 봉입하여 고주파 방전에 의하여 점등하는 방식의 방전램프를 사용할 수도 있다.

Question 39

다음 중 원자흡수분광광도법에서 광원부로 가장 적합한 장치는?

㉮ 텅스텐램프 ㉯ 플라즈마젯 ㉰ 중공음극램프 ㉱ 수소방전관

정답 ㉰

(3) 시료원자화부

시료원자화부는 시료를 원자증기화하기 위한 시료원자화 정치와 원자증기 중에 빛을 투과시키기 위한 광학계로 되어 있다.

① 불꽃의 종류 : 수소-공기, 수소-공기-아르곤, 수소-산소, 아세틸렌-공기, 아세틸렌-산소, 아세틸렌-아산화질소, 프로페인-공기, 석탄가스-공기 등이 있다.

② 수소(H_2) – 공기, 아세틸렌(C_2H_2) – 공기 : 거의 대부분의 원소분석에 유효하게 사용

 ③ 수소(H_2) – 공기 : 원자 외 영역에서의 불꽃 자체에 의한 흡수가 적기 때문에 이 파장 영역에서 분석선을 갖는 원소의 분석에 적당하다.

 ④ 아세틸렌(C_2H_2) – 아산화질소(N_2O) 불꽃 : 불꽃의 온도가 높기 때문에 불꽃 중에서 해리하기 어려운 내화성산화물을 만들기 쉬운 원소의 분석에 적당하다.

★ ⑤ 프로페인(C_3H_8) – 공기 불꽃 : 불꽃 온도가 낮고 일부 원소에 대하여 높은 감도를 나타낸다.

Question 40

원자흡광분석에 사용되는 불꽃 중 불꽃의 온도가 높아 불꽃 중에서 해리하기 어려운 내화성 산화물을 만들기 쉬운 원소 분석에 가장 적합한 것은?

㉮ 아세틸렌-공기 ㉯ 아세틸렌-산소
㉰ 수소-공기-아르곤 ㉱ 아세틸렌-아산화질소

정답 ㉱

★★ 4. 검정곡선의 작성과 정량법

① 검정곡선의 직선영역

원자흡광분석에 있어서의 검정곡선은 일반적으로 저농도 영역에서는 양호한 직선성을 나타내지만 고농도 영역에서는 여러 가지 원인에 의하여 휘어진다. 따라서 정량을 행하는 경우에는 직선성이 좋은 농도 또는 흡광도의 영역을 사용하지 않으면 안된다.

② 절대검정곡선법

검정곡선은 적어도 3종류 이상의 농도의 표준시료용액에 대하여 흡광도를 측정하여 표준물질의 농도를 가로대에, 흡광도를 세로대에 취하여 그래프를 그려서 작성한다. 분석시료에 대하여 흡광도를 측정하고 검정곡선의 직선영역에 의하여 목적성분의 농도를 구한다. 이 방법은 분석시료의 조성과 표준시료와의 조성이 일치하거나 유사하여야 한다. 조성이 다른 경우에는 조성의 차로 인한 분석오차가 분석정밀도에 대하여 무시될 수 있는가를 확인해 둘 필요가 있다.

③ 표준물첨가법

같은 양의 분석시료를 여러 개 취하고 여기에 표준물질이 각각 다른 농도로 함유되도록 표준용액을 첨가하여 용액열을 만든다. 이어 각각의 용액에 대한 흡광도를 측정하여 가로대에 용액영역 중의 표준물질 농도를, 세로대에는 흡광도를 취하여 그래프 용지에 그려 검정곡선을 작성한다. 목적성분의 농도는 검정곡선이 가로대와 교차하는 점으로부터 첨가표준물질의 농도가 0인 점까지의 거리로써 구한다.

④ 상대검정곡선법

새로 분석시료 중에 가한 내부 표준원소(목적원소와 물리적 화학적 성질이 아주 유사한 것이어야 한다.)와 목적원소와의 흡광도 비를 구하는 동시 측정을 행한다.
목적원소에 의한 흡광도 A_S와 표준원소에 의한 흡광도 A_R와의 비를 구하고 A_S/A_R 값과 표준물질 농도와의 관계를 그래프에 작성하여 검정곡선을 만든다.
이 방법은 측정치가 흩어졌을 때 흩어진 측정치를 상쇄하므로 분석값의 재현성이 높아지고 정밀도가 향상된다.

Question 41

원자흡수분광광도법의 검정곡선 작성법에 관한 설명으로 가장 거리가 먼 것은?

㉮ 검정곡선은 일반적으로 저농도 영역에서 양호한 직선을 나타내므로 저농도 영역에서 작성하는 것이 좋다.
㉯ 검정곡선법의 경우에는 적어도 3종류 이상의 농도의 표준시료용액에 대하여 흡광도를 측정하여 작성한다.
㉰ 표준물첨가법은 여러개의 같은 양의 분석시료에 각각 다른 농도의 표준물질을 가하여 흡광도를 구하여 작성한다.
㉱ 상대검정곡선법에 가하는 표준원소는 목적원소와 화학적, 물리적으로 다른 성질의 원소로서 목적원소와 흡광도 비를 구하는 동시 측정을 행한다.

풀이 ㉱ 상대검정곡선법에 가하는 표준원소는 목적원소와 화학적, 물리적으로 아주 유사한 성질의 원소로서 목적원소와 흡광도 비를 구하는 동시 측정을 행한다.

05 비분산 적외선 분광분석법
(NonDispersive Infrared Photometer Analysis)

1. 원리 및 적용범위

선택성 검출기를 이용하여 시료 중의 특정 성분에 의한 적외선의 흡수량 변화를 측정하여 시료중에 들어있는 특정 성분의 농도를 구하는 방법으로 대기 및 굴뚝 배출기체 중의 오염물질을 연속적으로 측정하는 비분산 정필터형 적외선 가스 분석기에 대하여 적용한다.

★★ 2. 용어

★★ ① 비분산(Nondispersive) : 빛을 프리즘이나 회절격자와 같은 분산소자에 의해 분산하지 않는 것
★★ ② 정필터형 : 측정성분이 흡수되는 적외선을 그 흡수파장에서 측정하는 방식
★★ ③ 반복성 : 동일한 분석계를 이용하여 동일한 측정대상을 동일한 방법과 조건으로 비교적 단시간에 반복적으로 측정하는 경우로서 개개의 측정치가 일치하는 정도
★★ ④ 비교가스 : 시료셀에서 적외선 흡수를 측정하는 경우 대조가스로 사용하는 것으로 적외선을 흡수하지 않는 가스
⑤ 시료셀(Sample Cell) : 시료가스를 넣는 용기
⑥ 비교셀(Reference Cell) : 비교가스를 넣는 용기
⑦ 시료광속 : 시료셀을 통과하는 빛
⑧ 비교광속 : 비교셀을 통과하는 빛
★ ⑨ 제로가스(Zero Gas) : 분석계의 최저 눈금값을 교정하기 위하여 사용하는 가스
★ ⑩ 스팬가스(Span Gas) : 분석계의 최고 눈금값을 교정하기 위하여 사용하는 가스
⑪ 제로 드리프트(Zero Drift) : 측정기의 최저눈금에 대한 지시값의 일정 기간내의 변동
⑫ 스팬 드리프트(Span Drift) : 측정기의 교정범위 눈금에 대한 지시값의 일정 기간내의 변동
★ ⑬ 교정범위 : 측정기 최대측정범위의 80%~90% 범위에 해당하는 교정값을 말한다.

Question 42

비분산 적외선 분광분석법에 적용되는 용어의 정의로 틀린 것은 어느 것인가?

㉮ 정필터형 : 측정성분이 흡수되는 적외선을 그 흡수파장에서 측정하는 방식
㉯ 반복성 : 동일한 분석계를 이용하여 다른 측정대상을 동일한 방법과 조건으로 비교적 장시간에 반복적으로 측정하는 경우에 측정치의 일치정도
㉰ 비교가스 : 시료셀에서 적외선 흡수를 측정하는 경우 대조가스로 사용하는 것으로 적외선을 흡수하지 않는 가스
㉱ 비분산 : 빛을 프리즘이나 회절격자와 같은 분산소자에 의해 분산하지 않는 것

풀이 ㉯ 반복성 : 동일한 분석계를 이용하여 동일한 측정대상을 동일한 방법과 조건으로 비교적 단시간에 반복적으로 측정하는 경우로서 개개의 측정치가 일치하는 정도

3. 비분산형적외선분석기의 분류

① 고전적 측정방법인 복광속분석기
② 고농도 시료분석에 사용되는 단광속분석기
③ 간섭 영향을 줄이고 저농도에서 검출 능이 좋은 가스필터 상관분석기

4. 복광속 비분산 분석기

적외선 광원 - 회전섹터 - 광학필터 - 시료셀 - 비교셀 - 적외선 검출기 - 증폭기 - 지시계

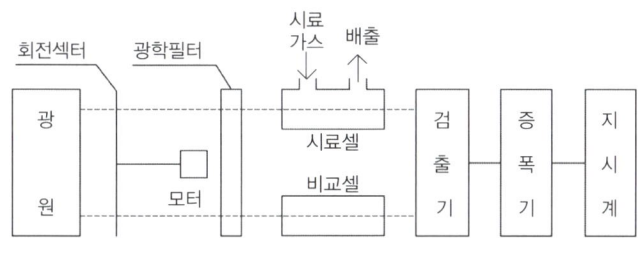

〈복광속(複光束) 분석기의 구성〉

★★ ① 광원 : 니크로뮴선 또는 탄화규소의 저항체에 전류를 흘려 가열한 것을 사용
★★ ② 회전섹타 : 시료광속과 비교광속을 일정주기로 단속시켜, 광학적으로 변조시키는 것으로 측정 광신호의 증폭에 유효하고 잡신호 영향을 줄일 수 있다.
★★ ③ 광학필터 : 시료가스 중에 간섭물질 가스의 흡수파장역의 적외선을 흡수 제거하기 위하여 사용하며, 가스필터와 고체필터가 있는데, 이것은 단독 또는 적절히 조합하여 사용한다.

④ 시료셀 : 시료가스가 흐르는 상태에서 양단의 창을 통해 시료광속이 통과하는 구조를 갖는다.
★★ ⑤ 비교셀 : 시료셀과 동일한 모양을 가지며 아르곤 또는 질소와 같은 불활성 기체를 봉입하여 사용한다.
⑥ 검출기 : 광속을 받아들여 시료가스 중 측정성분 농도에 대응하는 신호를 발생시키는 선택적 검출기 혹은 광학필터와 비선택적 검출기를 조합하여 사용한다.

Question 43

연도 배출가스 중 오염물질의 연속 측정에 사용하는 복광속 비분산 분석계의 구성에 대한 내용으로 틀린 것은 어느 것인가?

㉮ 광원은 원칙적으로 니크로뮴선 또는 탄화규소의 저항체에 전류를 흘려 가열한 것을 사용한다.
㉯ 회전섹타는 시료가스 중에 포함되어 있는 간섭성분가스의 흡수파장역의 적외선을 흡수·제거하기 위하여 사용한다.
㉰ 광학필터에는 가스필터와 고체필터가 있으며, 단독 또는 적절히 조합하여 사용한다.
㉱ 비교셀을 아르곤과 같은 불활성 기체를 봉입하여 사용한다.

풀이 ㉯ 회전섹타는 시료광속과 비교광속을 일정주기로 단속시켜, 광학적으로 변조시키는 것으로 측정 광신호의 증폭에 유효하고 잡신호 영향을 줄 수 있다.

★★ 5. 측정기기 성능

★★ ① 재현성 : 동일 측정조건에서 제로가스와 스팬가스를 번갈아 3회 도입하여 각각의 측정값의 평균으로부터 편차를 구한다. 이 편차는 전체 눈금의 ±2% 이내이어야 한다.
★★ ② 감도 : 최대눈금범위의 ±1% 이하에 해당하는 농도변화를 검출할 수 있는 것이어야 한다.
★ ③ 제로드리프트(zero drift) : 동일 조건에서 제로가스를 연속적으로 도입하여 고정형은 24시간, 이동형은 4시간 연속 측정하는 동안에 전체 눈금의 ±2% 이상의 지시 변화가 없어야 한다.
★ ④ 스팬드리프트(span drift) : 동일 조건에서 제로가스를 흘려 보내면서 때때로 스팬가스를 도입할 때 제로드리프트를 뺀 드리프트가 고정형은 24시간, 이동형은 4시간 동안에 전체 눈금의 ±2% 이상이 되어서는 안된다.

TIP
측정시간 간격은 고정형은 4시간 이상, 이동형은 40분 이상이 되도록 한다.

★★ ⑤ 응답시간(response time) : 제로 조정용 가스를 도입하여 안정된 후 유로를 스팬가스로 바꾸어 기준 유량으로 분석기에 도입하여 그 농도를 눈금 범위 내의 어느 일정한 값으로부터 다른 일정한 값으로 갑자기 변화시켰을 때 스텝(step) 응답에 대한 소비시간이 1초 이내이어야 한다. 또 이때 최종 지시값에 대한 90%의 응답을 나타내는 시간은 40초 이내이어야 한다.

⑥ 온도변화에 대한 안정성 : 측정가스의 온도가 표시온도 범위 내에서 변동해도 성능에 지장이 있어서는 안된다.

★ ⑦ 유량변화에 대한 안정성 : 측정가스의 유량이 표시한 기준유량에 대하여 ±2% 이내에서 변동하여도 성능에 지장이 있어서는 안된다.

⑧ 주위온도 변화에 대한 안정성 : 주위온도가 표시 허용변동 범위 내에서 변동하여도 성능에 지장이 있어서는 안된다.

★ ⑨ 전압 변동에 대한 안정성 : 전원전압이 설정 전압의 ±10% 이내로 변화하였을 때 지시값 변화는 전체 눈금의 ±1% 이내여야 하고, 주파수가 설정 주파수의 ±2%에서 변동해도 성능에 지장이 있어서는 안된다.

Question 44

다음은 비분산형 적외선 분석기의 성능기준이다. ( ) 안에 알맞은 말은 어느 것인가?

제로 조정용 가스를 도입하여 안정된 후 유로를 스팬가스로 바꾸어 기준 유량으로 분석기에 도입하여 그 농도를 눈금 범위 내의 어느 일정한 값으로부터 다른 일정한 값으로 갑자기 변화시켰을 때 스텝(step) 응답에 대한 소비시간이 (①)이어야 한다. 또 이때 최종 지시치에 대한 90%의 응답을 나타내는 시간은 (②)이어야 한다.

㉮ ① 10초 이내, ② 30초 이내
㉯ ① 10초 이내, ② 40초 이내
㉰ ① 1초 이내, ② 30초 이내
㉱ ① 1초 이내, ② 40초 이내

풀이 ㉱

Question 45

비분산형 적외선 분석기의 성능기준으로 틀린 것은 어느 것인가?

㉮ 재현성은 동일 측정조건에서 제로가스와 스팬가스를 번갈아 3회 도입하여 각각의 측정값의 평균으로부터 편차를 구하고, 이 편차는 전체 눈금의 ±2% 이내이어야 한다.
㉯ 응답시간(response time)은 제로 조정용 가스를 도입하여 안정된 후 유로를 스팬가스로 바꾸어 기준유량으로 분석기에 도입하여 그 농도를 눈금 범위 내의 어느 일정한 값으로부터 다른 일정한 값으로 갑자기 변화시켰을 때 스텝(step) 응답에 대한 소비시간이 1초 이내이어야 한다.
㉰ 제로드리프트(zero drift)는 동일 조건에서 제로가스를 연속적으로 도입하여 고정형은 8시간, 이동형은 4시간 연속 측정하는 동안에 전체 눈금의 ±1% 이상의 지시변화가 없어야 한다.
㉱ 감도는 최대눈금범위의 ±1% 이하에 해당하는 농도변화를 검출할 수 있는 것이어야 한다.

풀이 ㉰ 제로드리프트(zero drift)는 동일 조건에서 제로가스를 연속적으로 도입하여 고정형은 24시간, 이동형은 4시간 연속 측정하는 동안에 전체눈금의 ±2% 이상의 지시변화가 없어야 한다.

06 이온크로마토그래피(Ion Chromatography)

1. 원리 및 적용범위

이동상으로는 액체를, 그리고 고정상으로는 이온교환수지를 사용하여 이동상에 녹는 혼합물을 고분리능 고정상이 충전된 분리관 내로 통과시켜 시료성분의 용출상태를 전도도 검출기 또는 광학 검출기로 검출하여 그 농도를 정량하는 방법으로 일반적으로 강수(비, 눈, 우박 등), 대기먼지, 하천수 중의 이온성분을 정성, 정량 분석하는데 이용한다.

Question 46

다음은 이온크로마토그래피의 원리 및 적용범위에 대한 내용이다. ( ) 안에 알맞은 말은 어느 것인가?

이온크로마토그래피는 이동상으로는 (①)를(을) 그리고 고정상으로는 (②)를(을) 사용하여 이동상에 녹는 혼합물을 고분리능 고정상이 충전된 분리관 내로 통과시켜 시료성분의 용출상태를 전도도 검출기로 검출하여 그 농도를 정량하는 방법이다.

㉮ ① 액체, ② 전해질
㉯ ① 전해질, ② 액체
㉰ ① 액체, ② 이온교환수지
㉱ ① 이온교환수지, ② 액체

정답 ㉰

2. 장치

★★ (1) 분석장치의 구성순서

용리액조 - 송액펌프 - 시료주입장치 - 분리관 - 써프렛서 - 검출기 - 기록계

> **Question 47**
>
> 다음 중 일반적으로 사용하는 이온크로마토그래피의 구성을 순서대로 옳게 나열한 것은?
>
> ㉮ 용리액조 - 시료주입장치 - 송액펌프 - 써프렛서 - 분리관 - 검출기 - 기록계
> ㉯ 송액펌프 - 용리액조 - 시료주입장치 - 분리관 - 검출기 - 써프렛서 - 기록계
> ㉰ 용리액조 - 송액펌프 - 분리관 - 시료주입장치 - 써프렛서 - 검출기 - 기록계
> ㉱ 용리액조 - 송액펌프 - 시료주입장치 - 분리관 - 써프렛서 - 검출기 - 기록계
>
> **정답** ㉱

(2) 용리액조

★★ ① 이온성분이 용출되지 않는 재질로써 용리액을 직접 공기와 접촉시키지 않는 밀폐된 것을 선택한다.
② 일반적으로 폴리에틸렌이나 경질 유리제를 사용한다.

(3) 송액펌프의 구비조건

① 맥동이 적은 것
② 필요한 압력을 얻을 수 있는 것
③ 유량조절이 가능할 것
④ 용리액 교환이 가능할 것

(4) 시료주입장치

일정량의 시료를 밸브조작에 의해 분리관으로 주입하는 루프주입방식이 일반적이며 셉텀(Septum)방법, 셉텀레스(Septumless)방식 등이 사용되기도 한다.

(5) 분리관

① 이온교환체의 구조면에서는 표층피복형, 표층박막형, 전다공성 미립자형이 있으며, 기본 재질면에서는 폴리스타이렌계, 폴리아크릴레이트계 및 실리카계가 있다.

② 양이온 교환체는 표면에 슬폰산기를 보유한다.
③ 분리관의 재질은 내압성, 내부식성으로 용리액 및 시료액과 반응성이 적은 것을 선택하며 에폭시수지관 또는 유리관이 사용된다.
★★ ④ 일부는 스테인리스관이 사용되지만 금속이온 분리용으로는 좋지 않다.

Question 48

일반적으로 사용하는 이온크로마토그래피의 구성장치 중 분리관에 관한 설명으로 가장 거리가 먼 것은?

㉮ 이온교환체의 구조면에서는 표층피복형, 표층박막형, 전다공성 미립자형이 있다.
㉯ 양이온 교환체는 표면에 슬폰산기를 보유한다.
㉰ 금속이온 분리용으로는 스테인리스관이 효과적이다.
㉱ 분리관은 에폭시수지관 또는 유리관 등이 사용된다.

풀이 ㉰ 금속이온 분리용으로는 스테인리스관은 좋지 않다.

(6) 써프렛서

★★ ① 써프렛서란 용리액에 사용되는 전해질 성분을 제거하기 위하여 분리관 뒤에 직렬로 접속시킨 것으로써 전해질을 물 또는 저 전도도의 용매로 바꿔줌으로써 전기전도도 셀에서 목적이온 성분과 전기 전도도만을 고감도로 검출할 수 있게 해주는 것이다.
★★ ② 써프렛서는 관형과 이온교환막형이 있으며, 관형은 음이온에는 스티롤계 강산형(H^+) 수지가, 양이온에는 스티롤계 강염기형(OH^-)의 수지가 충진된 것을 사용한다.

Question 49

고성능 이온크로마토그래피의 장치 중 써프렛서에 관한 설명으로 가장 거리가 먼 것은?

㉮ 목적성분의 전기전도도를 낮추어 이온성분을 고감도로 검출할 수 있게 해 준다.
㉯ 용리액에 사용되는 전해질 성분을 제거하기 위한 것이다.
㉰ 장치의 구성상 써프렛서 앞에 분리관이 위치한다.
㉱ 관형 써프렛서에 사용하는 충전물은 스티롤계 강산형 및 강염기형 수지이다.

풀이 ㉮ 전해질을 물 또는 저 전도도의 용매로 바꿔줌으로써 전기 전도도셀에서 목적이온성분과 전기 전도도만을 고감도로 검출할 수 있게 해 준다.

★★ (7) 검출기

검출기는 분리관 용리액 중의 시료성분의 유무와 량을 검출하는 부분으로 일반적으로 전기전도도 검출기를 많이 사용하고, 그 외 자외선, 가시선 흡수검출기(UV, VIS 검출기), 전기화학적 검출기 등이 사용된다.

① 전기 전도도 검출기 : 분리관에서 용출되는 각 이온종을 직접 또는 써프렛서를 통과시킨 전기 전도도계 셀 내의 고정된 전극 사이에 도입시키고 이때 흐르는 전류를 측정하는 것이다.

★★ ② 자외선 및 가시선 흡수 검출기(UV, VIS 검출기) : 자외선흡수검출기(UV 검출기)는 고성능 액체크로마토그래피 분야에서 가장 널리 사용되는 검출기이며, 최근에는 이온크로마토그래피에서도 전기 전도도 검출기와 병행하여 사용되기도 한다. 또한 가시선 흡수 검출기(VIS 검출기)는 전이금속 성분의 발색반응을 이용하는 경우에 사용된다.

★★ ③ 전기화학적 검출기 : 정전위 전극반응을 이용하는 전기화학 검출기는 검출 감도가 높고 선택성이 있는 검출기로써 분석화학 분야에 널리 이용되는 검출기이며 전량검출기, 암페로메트릭 검출기 등이 있다.

Question 50

이온크로마토그래피에서 사용하는 검출기 중 정전위 전극반응을 이용하는 것으로 검출감도가 높고 선택성이 있으며 전량검출기, 암페로 메트릭 검출기 등이 있는 것은?

㉮ 전기 전도도 검출기   ㉯ 전기 화학적 검출기
㉰ 전기 자외선 흡수 검출기   ㉱ 전기 가시선 흡수 검출기

정답   ㉯

★★ 3. 설치조건

★★ ① 실험실 온도 15℃~25℃, 상대습도 30%~85% 범위로 급격한 온도변화가 없어야 한다.
② 진동이 없고 직사광선을 피해야 한다.
③ 부식성 가스 및 먼지발생이 적고 환기가 잘 되어야 한다.
④ 대형변압기, 고주파가열 등으로 부터의 전자유도를 받지 않아야 한다.
★★ ⑤ 공급전원은 기기의 사양에 지정된 전압 전기용량 및 주파수로 전압변동은 10% 이하이고 주파수 변동이 없어야 한다.

Question 51

이온크로마토그래피 설치조건(기준)으로 가장 거리가 먼 것은?

㉮ 부식성 가스 및 먼지발생이 적고, 진동이 없으며 직사광선을 피해야 한다.
㉯ 대형변압기, 고주파가열 등으로부터의 전자유도를 받지 않아야 한다.
㉰ 실험실 온도 15℃~25℃, 상대습도 30%~85% 범위로 급격한 온도 변화가 없어야 한다.
㉱ 공급전원은 기기의 사양에 지정된 전압 전기용량 및 주파수로 전압변동은 30% 이하이고, 급격한 주파수 변동이 없어야 한다.

풀이 ㉱ 공급전원은 기기의 사양에 지정된 전압 전기용량 및 주파수로 전압변동은 10% 이하이고, 주파수 변동이 없어야 한다.

07 흡광차분광법(Differential Optical Absorption Spectroscopy : DOAS)

★★ 1. 원리 및 적용범위

이 방법은 일반적으로 빛을 조사하는 발광부와 50m~1,000m 정도 떨어진 곳에 설치되는 수광부(또는 발·수광부와 반사경) 사이에 형성되는 빛의 이동경로(Path)를 통과하는 가스를 실시간으로 분석하며, 측정에 필요한 광원은 180nm~2,850nm 파장을 갖는 제논(Xenon) 램프를 사용하여 이산화황, 질소산화물, 오존 등의 대기오염물질 분석에 적용한다.

★★ 2. 흡광차분광법의 주요 내용

① 흡광차분광법(DOAS)은 흡광광도법의 기본 원리인 Beer-Lambert 법칙을 응용한다.
② 흡광차분광법은 일정 파장 간격 범위의 연속 흡수스펙트럼 곡선을 통해 농도를 구한다.
★★ ③ 일반 흡광광도법은 미분적(일시적)이며 흡광차분광법(DOAS)은 적분적(연속적)이란 차이점이 있다.
★★ ④ 흡광차분광법의 분석장치는 분석기와 광원부로 나누어지며, 분석기 내부는 분광기, 샘플 채취부, 검지부, 분석부, 통신부 등으로 구성된다.
⑤ 광원부는 발광부/수광부(또는 발·수광부) 및 광케이블로 구성되며, 외부 환경에 영향이 없는 구조로 구성된다.

★ ⑥ 분광기는 Czerny-Turner 방식이나 Holographic 방식 등을 채택하고 있으며, 측정가스가 가지는 최대흡수파장 대역으로 샘플을 분광시켜주는 역할을 한다.
⑦ 샘플 채취부는 빛의 이동경로(Path)상에서 실시간으로 채취되는 샘플은 광케이블을 통해서 여과없이 파장선택부로 전달된다.

Question 52

흡광차분광법(Differential Optical Absorption Spectroscopy)에 관한 설명으로 옳지 않은 것은?
㉮ 흡광차분광법의 분석장치는 분석기와 광원부로 나누어지며, 분석기 내부는 분광기, 샘플채취부, 검지부, 분석부, 통신부 등으로 구성된다.
㉯ 광원부는 발·수광부 및 광케이블로 구성되며, 외부 환경에 영향이 없는 구조로 구성된다.
㉰ 발광부의 광원은 제논램프를 사용하며, 제논램프는 180~2,850nm의 파장을 갖는다.
㉱ 일반적으로 빛을 조사하는 발광부와 5m~10m 정도 떨어진 곳에 설치되는 수광부 사이에 형성되는 빛의 이동경로를 통과하는 가스를 실시간으로 분석한다.

 ㉱ 일반적으로 빛을 조사하는 발광부와 50m~1,000m 정도 떨어진 곳에 설치되는 수광부 사이에 형성되는 빛의 이동경로를 통과하는 가스를 실시간으로 분석한다.

Question 53

발광부에서 나온 빛을 수광부에서 받아들여 광케이블로 분석기 내부로 전달하여 대기오염물질의 분석을 행하는 흡광차분광법의 분석계 시스템 구성을 순서대로 옳게 나열한 것은?
㉮ 분광기 → 샘플채취부 → 분석부 → 통신부 → 검지부
㉯ 분광기 → 샘플채취부 → 검지부 → 분석부 → 통신부
㉰ 샘플채취부 → 분광기 → 분석부 → 통신부 → 검지부
㉱ 샘플채취부 → 통신부 → 검지부 → 분광기 → 분석부

정답 ㉯

08 고성능 액체크로마토그래피 (High Performance Liquid Chromatography)

고성능 액체크로마토그래피는 비휘발성 화학종 또는 열적으로 불안정한 물질을 분리할 수 있으며 유기물과 무기물의 대기오염물질에 대한 정성분석, 정량분석에 사용된다.

★★ 1. 고성능 액체크로마토그래프 기기장치의 기본 구성

용매저장기 - 펌프 - 시료주입기 - 분리관 - 검출기 - 기록기

2. 펌프(pump)장치가 갖추어야 할 필요조건들

★★ ① 약 152,000mmHg 기압까지의 압력발생
② 맥동 충격이 없는 출력
★★ ③ 0.1mL/min~10mL/min의 흐름속도
★★ ④ 흐름속도 조절 및 흐름속도 재현성의 상대오차가 0.5% 또는 그 이하일 것
⑤ 잘 부식되지 않는 스테인리스강으로 된 장치와 봉합재로써 테플론을 사용할 것 등이다.
⑥ 펌프의 종류 : 왕복식 펌프, 치환(혹은 주사기형) 펌프 및 기압식(혹은 일정압력) 펌프

3. 검출기의 종류

① 자외선 흡수 검출기
② 형광 검출기
③ 굴절률 검출기
④ 증발 광산란 검출기
⑤ 전기화학 검출기
⑥ 질량분석 검출기

4. 설치조건

★★ ① 실험실 온도는 10℃~25℃, 상대습도는 30%~85%로 유지되며 온도와 습도의 급격한 변화가 없는 곳
② 진동이 없고 햇빛이 직접 내려쬐지 않는 곳
③ 부식 기체나 먼지가 거의 없고 환기가 충분히 이루어지는 곳
④ 용량이 큰 변압기나 고주파 전열기로부터의 전자기 유도가 없는 곳
★★ ⑤ 고성능 액체 크로마토그래프에 필요한 전압, 용량, 주파수에 맞는 전력의 공급이 가능할 것. 이때 전압의 변화는 10% 이내이며 주파수의 변동이 없을 것

CHAPTER 03 배출허용기준시험방법

제1절 시료채취방법

01 배출가스 중 가스상물질 시료채취방법

1. 개요

굴뚝을 통하여 대기 중으로 배출되는 가스상 물질을 분석하기 위한 시료의 채취방법에 대하여 규정한다. 단, 시험기준에서 표시하는 가스상 물질의 시료 채취량은 표준상태(0℃, 760mmHg)로 환산한 건조시료 가스량을 말한다.

2. 시료채취장치

(1) 장치의 구성

흡수병, 채취병 등을 쓰는 시료채취장치는 다음의 각 요소로 구성된다.

채취관 → 연결관 → 채취부

(2) 채취관

 ① 재질

채취관, 충전 및 여과재의 재질은 배출가스의 조성, 온도 등을 고려해서 다음의 조건을 만족시키는 것을 선택한다.

⊙ 화학반응이나 흡착작용 등으로 배출가스의 분석결과에 영향을 주지 않는 것
⊙ 배출가스 중의 부식성 성분에 의하여 잘 부식되지 않는 것
⊙ 배출가스의 온도, 유속 등에 견딜 수 있는 충분한 기계적 강도를 갖는 것

★★★ ▶ 분석물질의 종류별 채취관 및 연결관 등의 재질

분석물질, 공존가스	채취관, 연결관의 재질	여과재	비고
암모니아	① ② ③ ④ ⑤ ⑥	ⓐ ⓑ ⓒ	① 경질유리
일산화탄소	① ② ③ ④ ⑤ ⑥ ⑦	ⓐ ⓑ ⓒ	② 석영
염화수소	① ② ⑤ ⑥ ⑦	ⓐ ⓑ ⓒ	③ 보통강철
염소	① ② ⑤ ⑥ ⑦	ⓐ ⓑ ⓒ	④ 스테인리스강 재질
황산화물	① ② ④ ⑤ ⑥ ⑦	ⓐ ⓑ ⓒ	⑤ 세라믹
질소산화물	① ② ④ ⑤ ⑥	ⓐ ⓑ ⓒ	⑥ 플루오로수지
이황화탄소	① ② ⑥	ⓐ ⓑ	⑦ 염화바이닐수지
폼알데하이드	① ② ⑥	ⓐ ⓑ	⑧ 실리콘수지
황화수소	① ② ④ ⑤ ⑥ ⑦	ⓐ ⓑ ⓒ	⑨ 네오프렌
플루오린화합물	④ ⑥	ⓒ	
사이안화수소	① ② ④ ⑤ ⑥ ⑦	ⓐ ⓑ ⓒ	
브로민	① ② ⑥	ⓐ ⓑ	ⓐ 알칼리 성분이 없는 유리 솜 또는 실리카솜
벤젠	① ② ⑥	ⓐ ⓑ	
페놀	① ② ④ ⑥	ⓐ ⓑ	ⓑ 소결유리
비소	① ② ④ ⑤ ⑥ ⑦	ⓐ ⓑ ⓒ	ⓒ 카보런덤

Question 01

분석물질의 종류별, 채취관 및 연결관 재질의 연결로 틀린 것은 어느 것인가?

㉮ 암모니아 - 스테인리스강재질
㉯ 일산화탄소 - 석영
㉰ 질소산화물 - 스테인리스강재질
㉱ 이황화탄소 - 보통강철

풀이 이황화탄소의 채취관 및 연결관의 재질로는 경질유리, 석영, 플루오로수지가 있다.

② 치수(규격)
  ⊙ 채취관은 흡입가스의 유량, 채취관의 기계적 강도, 청소의 용이성 등을 고려해서 안지름 6mm~25mm 정도의 것을 쓴다.
  ⊙ 배출가스의 온도가 높을 때에는 관이 구부러지는 것을 막기 위한 조치를 해두는 것이 필요하다.
  ⊙ 먼지가 섞여 들어오는 것을 줄이기 위해서 채취관의 앞 끝의 모양은 직접 먼지가 들어오기 어려운 구조의 것이 좋다.

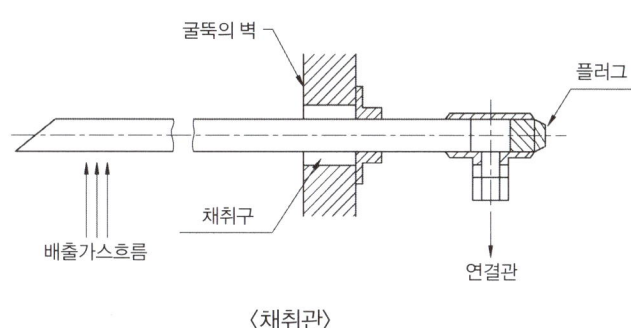

〈채취관〉

③ 여과재
- ㉠ 시료 중에 먼지 등이 섞여 들어오는 것을 막기 위하여 필요에 따라서 채취관의 적당한 위치에 여과재를 넣는다.
- ㉡ 여과재는 먼지의 제거율이 좋고 압력손실이 적으며 흡착, 분해작용 등이 일어나지 않는 것을 쓴다.
- ㉢ 여과재를 끼우는 부분은 교환이 쉬운 구조의 것으로 한다.
- ㉣ 여과재를 채취관 앞쪽에 넣는 경우 입자에 의해 채취관이 막히지 않도록 적절한 조치를 취한다.

④ 채취관의 고정용 기구
재료로서는 보통 강철 또는 스테인리스강을 쓴다.

★★ ⑤ 보온 및 가열
- ㉠ 배출가스 중의 수분 또는 이슬점이 높은 기체성분이 응축해서 채취관이 부식될 염려가 있는 경우
- ㉡ 여과재가 막힐 염려가 있는 경우
- ㉢ 분석물질이 응축수에 용해되어 오차가 생길 염려가 있는 경우에는 채취관을 보온 또는 가열한다.
- ㉣ 보온재료는 암면, 유리섬유제 등을 쓰고 가열은 전기 가열, 수증기 가열 등의 방법을 쓴다.

(3) 연결관

★★ ① 연결관의 안지름은 연결관의 길이, 흡입가스의 유량, 응축수에 의한 막힘 또는 흡입펌프의 능력 등을 고려해서 4mm~25mm로 한다.
② 가열연결관은 시료연결관, 퍼지라인, 교정가스관, 열원(선), 열전대 등으로 구성되어야 한다.
★★ ③ 연결관의 길이는 되도록 짧게 하고, 부득이 길게 해서 쓰는 경우에는 이음매가 없는 배관을 써서 접속 부분을 적게 하고 받침 기구로 고정해서 사용해야 한다.

★★ ④ 연결관은 가능한 한 수직으로 연결해야 하고 부득이 구부러진 관을 쓸 경우에는 응축수가 흘러나오기 쉽도록 경사지게(5° 이상)하고 시료 가스는 아래로 향하게 한다.
⑤ 연결관은 새지 않는 구조이어야 하며, 분석계에서의 배출가스 및 바이패스 배출가스의 연결관은 배후 압력의 변동이 적은 장소에 설치한다.
★ ⑥ 하나의 연결관으로 여러개의 측정기를 사용할 경우 각 측정기 앞에서 연결관을 병렬로 연결하여 사용한다.

Question 02

굴뚝 배출가스상 물질 시료채취를 위한 연결관에 대한 내용으로 틀린 것은 어느 것인가?

㉮ 연결관은 가능한 한 수평으로 연결해야 하고, 하나의 연결관으로 여러 개의 측정기를 사용할 경우 각 측정기 앞에서 연결관을 직렬로 연결하여 사용한다.
㉯ 연결관의 안지름은 연결관의 길이, 흡입가스의 유량, 응축수에 의한 막힘 또는 흡입펌프의 능력 등을 고려해서 4mm~25mm로 한다.
㉰ 연결관의 길이는 되도록 짧게 하고, 부득이 길게 해서 쓰는 경우에는 이음매가 없는 배관을 써서 접속부분을 적게 한다.
㉱ 연결관으로 부득이 구부러진 관을 쓸 경우에는 응축수가 흘러나오기 쉽도록 경사지게(5° 이상)하고 시료가스는 아래로 향하게 한다.

풀이 ㉮ 연결관은 가능한 한 수직으로 연결해야 하고, 하나의 연결관으로 여러 개의 측정기를 사용할 경우 각 측정기 앞에서 연결관을 병렬로 연결하여 사용한다.

★★★ (4) 채취부

① 가스 흡수병, 바이패스용 세척병, 펌프, 가스미터 등으로 조립한다.
② 접속에는 갈아맞춤(직접접속), 실리콘 고무, 플루오로 고무 또는 연질 염화바이닐관을 쓴다.
★★ ③ 흡수병 : 유리로 만든 것
★★★ ④ 수은 마노미터 : 대기와 압력차가 100mmHg 이상인 것을 쓴다.
⑤ 가스건조탑
  ㉠ 유리로 만든 가스건조탑을 쓴다. 이것은 펌프를 보호하기 위해서 쓰는 것
  ㉡ 건조제로서는 입자상태의 실리카젤, 염화칼슘 등을 쓴다.
★★ ⑥ 펌프 : 배기능력 0.5L/min~5L/min분인 밀폐형인 것을 쓴다.
⑦ 가스미터 : 일회전 1 L의 습식 또는 건식 가스미터로 온도계와 압력계가 붙어 있는 것을 쓴다.

Question 03

배출가스상 물질시료채취 방법 중 채취부에 대한 내용으로 틀린 것은 어느 것인가?

㉮ 수은마노미터는 대기와 압력차가 50 mmHg 이상인 것을 쓴다.
㉯ 유리로 만든 가스건조탑을 쓰며, 건조제로는 입자상태의 실리카젤, 염화칼슘 등을 쓴다.
㉰ 펌프는 배기능력 0.5L/min~5L/min인 밀폐형인 것을 쓴다.
㉱ 가스미터는 일회전 1L의 습식 또는 건식 가스미터로 온도계와 압력계가 붙어 있는 것을 쓴다.

풀이 ㉮ 수은마노미터는 대기와 압력차가 100mmHg 이상인 것을 쓴다.

3. 조립 및 취급법

(1) 흡수병을 사용할 때

① 부착

㉠ 채취관

★★ ⓐ 채취관은 배출가스의 흐름에 따라서 직각이 되도록 연결한다.
ⓑ 채취관은 채취구에 고정쇠를 써서 고정한다.
ⓒ 채취구에는 굴뚝에 바깥 지름 34mm 정도의 강철관을 100mm~150mm의 길이로 용접하고, 끝에 나사를 낸다. 쓰지 않을 때에는 뚜껑을 덮어 둔다.
ⓓ 채취관에 유리솜을 채워서 여과재로 쓰는 경우에는, 그 채우는 길이는 50mm~150mm 정도로 한다.
★★ ⓔ 굴뚝가스의 압력이 부압일 때는 기체의 흐름속으로, 또 흡입속도가 너무 클때는 연결관쪽으로 각각 여과재가 빨려 들어가는 경우가 있으므로 주의할 필요가 있다.

㉡ 연결관

★ ⓐ 연결관은 되도록 짧은 것이 좋으나, 부득이 길게 할 때에는 받침 기구를 써서 고정한다.
ⓑ 채취관과 연결관, 연결관과 채취부 등의 접속은 구면 또는 테이퍼 접속기구를 쓴다.

㉢ 채취부

ⓐ 분석용 흡수병은 1개 이상 준비하고 각각에 규정량의 흡수액을 넣는다.
★★ ⓑ 바이패스용 세척병은 1개 이상 준비하고 분석대상가스가 산성일 때는 수산화소듐용액(질량분율 20%)을, 알칼리성일 때는 황산(질량분율 25%)을 각각 50mL씩 넣는다.

ⓒ 흡수계 및 바이패스계의 세척병 입구측, 출구측은 각각 3방콕으로 연결한다.
　　ⓓ 흡수병 등의 접속에는 구면 갈아맞춤(직접접속) 또는 실리콘 고무판 등을 쓴다.
　　ⓔ 흡수병은 되도록 채취위치 가까이에 놓고 필요에 따라서 냉각 중탕에 넣어서 냉각한다.
★★ ㉣ 건조 시료 가스 채취량(L)은 다음식에 따라 계산한다.
　　ⓐ 습식가스미터를 사용할 시

$$Vs = V \times \frac{273}{273+t} \times \frac{Pa+Pm-Pv}{760}$$

　　ⓑ 건식가스미터를 사용할 시

$$Vs = V \times \frac{273}{273+t} \times \frac{Pa+Pm}{760}$$

V : 가스미터로 측정한 흡입가스량(L)　　Vs : 건조 시료 가스 채취량(L)
t : 가스미터의 온도(℃)　　　　　　　　Pa : 대기압(mmHg)
Pm : 가스미터의 게이지압(mmHg)　　　　Pv : t℃에서의 포화수증기압(mmHg)

4. 주의사항

(1) 일반사항

① 채취에 종사하는 사람은 보통 2인 이상을 1조로 한다.
② 굴뚝 배출가스의 조성, 온도 및 압력과 작업환경 등을 잘 알아둔다.
★★ ③ 옥외에서 작업하는 경우에는 바람의 방향을 확인하여 바람이 부는 쪽에서 작업하는 것이 좋다.

(2) 채취위치의 주의사항

① 위험한 장소는 피한다.
② 채취위치의 주변에는 적당한 높이와 측정작업에 충분한 넓이의 안전한 작업대를 만들고, 안전하고 쉽게 오를 수 있는 설비를 갖춘다.
★★ ③ 채취위치의 주변에는 배전 및 급수 설비를 갖추는 것이 좋다.

★★ (3) 채취구에서의 주의사항

① 수직굴뚝의 경우에는 채취구를 같은 높이에 3개 이상 설치하는 것이 좋다.
② 배출가스 중의 먼지 측정용 채취구(바깥지름 115mm 정도)를 이용하는 경우에는 지름이 다른 관 또는 플랜지 등을 사용하여 가스가 새는 일이 없도록 접속해서 배출가스용 채취구로 한다.

★★ ③ 굴뚝 내의 압력이 매우 큰 부압(-300mmH$_2$O 정도 이하)인 경우에는, 시료 채취용 굴뚝을 부설하여, 부피가 큰 펌프를 써서 시료가스를 흡입하고 그 부설한 굴뚝에 채취구를 만든다.
④ 굴뚝 내의 압력이 정압(+)인 경우에는 채취구를 열었을 때 유해가스가 분출될 염려가 있으므로 충분한 주의가 필요하다.

★★ **(4) 시료채취 장치의 주의사항**

★★ ① 흡수병은 각 분석법에 공용할 수가 있는 것도 있으나, 대상 성분마다 전용으로 하는 것이 좋다. 만일 공용으로 할 때에는 대상 성분이 달라질 때마다 묽은 산 또는 알칼리 용액과 물로 깨끗이 씻은 다음 다시 흡수액으로 3회 정도 씻은 후 사용한다.
★★ ② 습식 가스미터를 이동 또는 운반할 때에는 반드시 물을 뺀다. 또 오랫동안 쓰지 않을 때에도 그와 같이 배수한다.
★★★ ③ 가스미터는 100mmH$_2$O 이내에서 사용한다.
④ 습식 가스미터를 장시간 사용하는 경우에는 배출가스의 성상에 따라서 수위의 변화가 일어날 수 있으므로 필요한 수위를 유지하도록 주의한다.
⑤ 가스미터는 정밀도를 유지하기 위하여 필요에 따라 오차를 측정해 둔다.
⑥ 시료가스의 양을 재기 위하여 쓰는 채취병은 미리 0℃ 때의 참부피를 구해둔다.
⑦ 주사통에 의한 시료가스의 계량에 있어서 계량 오차가 크다고 생각되는 경우에는 흡입펌프 및 가스미터에 의한 채취방법을 이용하는 것이 좋다.
⑧ 시료채취장치의 조립에 있어서는 채취부의 조작을 쉽게 하기 위하여 흡수병, 마노미터, 흡입펌프 및 가스미터는 가까운 곳에 놓는다. 또 습식 가스미터는 정확하게 수평으로 조정할 수 있는 곳에 놓아야 한다.
⑨ 배출가스 중에 수분과 미스트가 대단히 많을 때에는 채취부와 흡입펌프, 전기배선, 접속부 등에 물방울이나 미스트가 부착되지 않도록 한다.

Question 04

굴뚝 등을 통하여 대기 중으로 배출되는 가스상 물질을 분석하기 위한 시료 채취방법에 대한 주의사항 중 옳지 않은 것은?

㉮ 흡수병을 만일 공용으로 할 때에는 대상 성분이 달라질 때마다 묽은 산 또는 알칼리 용액과 물로 깨끗이 씻은 다음 다시 흡수액으로 3회 정도 씻은 후 사용한다.
㉯ 가스미터는 500mmH$_2$O 이내에서 사용한다.
㉰ 습식 가스미터를 이동 또는 운반할 때에는 반드시 물을 빼고, 오랫동안 쓰지 않을 때에도 그와 같이 배수한다.
㉱ 굴뚝 내의 압력이 매우 큰 부압(-300 mmH$_2$O 정도 이하)인 경우에는, 시료 채취용 굴뚝을 부설하여 부피가 큰 펌프를 써서 시료가스를 흡입하고 그 부설한 굴뚝에 채취구를 만든다.

풀이 ㉯ 가스미터는 100mmH$_2$O 이내에서 사용한다.

02 배출가스 중 휘발성유기화합물질(VOCs) 시료채취방법

1. 개요

이 시험기준은 연소, 화학 반응 등에 의하여 굴뚝 등에서 배출되는 배출가스 중 휘발성유기화합물(VOCs, volatile organic compounds)의 시료채취 방법에 대하여 규정한다. 다만, 실내 공기나 배출원에서 일시적으로 배출되는 미량 휘발성유기화합물의 채취 및 누출 확인, 굴뚝 환경이나 기기의 분석조건 하에서 매우 낮은 증기압을 갖는 휘발성유기화합물의 측정 및 알데하이드류 화합물에는 적용하지 않는다.

2. 시료채취장치

(1) 흡착관법

★★ ① 채취관은 부식성 가스에 영향을 받지 않는 재질(플루오로 수지, 유리, 석영 등)로 120℃ 이상 가열 가능한 것이어야 하며, 채취관의 적당한 곳에 배출가스 성분과 화학 반응 등을 일으키지 않는 재질(무알칼리 유리섬유, 석영섬유 등)의 여과재를 넣어 먼지가 혼입되는 것을 방지한다.

★★ ② 밸브는 플루오로 수지, 유리, 석영 등의 재질로 밀봉 윤활유를 사용하지 않고 가스의 누출이 없는 구조이어야 한다.

★★ ③ 응축기 및 응축수 트랩은 유리 등의 재질로 응축기는 가스가 흡착관을 통과하기 전 가스를 20℃ 이하로 낮출 수 있는 부피가 되어야 하고 상단 연결부는 밀봉 윤활유를 사용하지 않고도 누출이 없도록 연결해야 한다.

④ 흡착관
　㉠ 흡착관은 스테인리스강 재질 또는 파이렉스(pyrex)유리로 된 관에 측정대상 성분에 따라 흡착제를 선택하여 각 흡착제의 파과부피(breakthrough volume)를 고려하여 일정량 이상으로 충전한 후에 사용한다.

★★ 　㉡ 각 흡착제는 반드시 지정된 최고 온도범위와 가스유량을 고려하여 사용하여야 하며, 흡착관은 사용하기 전에 반드시 안정화(컨디셔닝) 단계를 거쳐야 한다.

　㉢ 보통 350℃(흡착제의 종류에 따라 조절가능)에서 99.99% 이상의 헬륨 또는 질소를 (50~100)mL/min의 속도로 흘려 2시간 이상 안정화(시판된 제품은 최소 30분 이상)시키고, 흡착관은 양쪽 끝단을 PTFE(polytetrafluoroethylene) 재질의 마개를 이용하여 밀봉하거나, 불활성 재질의 필름을 사용하여 밀봉한 후 마개가 달린 용기 등에 넣어 이중 밀봉하여 보관한다.

⑤ 유량 측정부는 압력게이지, 흡입펌프, 건식가스미터 및 이와 관련된 밸브와 장비들로 구성된다. 응축기와 흡착관 사이의 가스온도를 응축기 바깥표면에 연결된 열전기쌍을 이용하여 측정하되 이 지점의 온도는 20℃ 이하가 되어야 하고, 만약 그렇지 않다면 다른 응축기를 사용하여야 한다.

⑥ 기기의 온도 및 압력 측정이 가능해야 하며, 최소 100mL/min의 흡입속도로 시료채취가 가능해야 한다.

★★ ⑦ 연결관은 채취관에서 응축기 및 기타 부분의 연결관은 가능한 짧게 하고, 밀봉 윤활유 등을 사용하지 않고 누출이 없어야 하며, 플루오로 수지 재질 등의 관을 사용한다.

Question 05

배출가스 중 휘발성유기화합물(VOCs) 시료채취방법 중 흡착관법에 의한 시료채취장치에 대한 내용으로 틀린 것은?

㉮ 채취관은 부식성 가스에 영향을 받지 않는 재질(플루오로 수지, 유리, 석영 등)로 120℃ 이상 가열 가능한 것이어야 한다.
㉯ 밸브는 플루오로 수지, 유리, 석영 등의 재질로 밀봉 윤활유를 사용하여 가스의 누출이 없는 구조이어야 한다.
㉰ 응축기 및 응축수 트랩은 유리 등의 재질로 응축기는 가스가 흡착관을 통과하기 전 가스를 20℃ 이하로 낮출 수 있는 부피가 되어야 한다.
㉱ 각 흡착제는 반드시 지정된 최고 온도범위와 가스유량을 고려하여 사용하여야 하며, 흡착관은 사용하기 전에 반드시 안정화(컨디셔닝) 단계를 거쳐야 한다.

풀이 ㉯ 밸브는 플루오로 수지, 유리, 석영 등의 재질로 밀봉 윤활유를 사용하지 않고 가스의 누출이 없는 구조이어야 한다.

(2) 시료채취 주머니법

① 시료채취 주머니는 플루오로 수지, 폴리에스터 수지 등의 불활성 재질로 시료채취 동안이나 채취 후 보관 시 반드시 직사광선을 받지 않도록 하여 시료성분이 시료채취 주머니 안에서 흡착, 투과 또는 서로간의 반응에 의하여 손실 또는 변질되지 않아야 한다.

② 시료채취 주머니에 시료채취 하는 방법으로 진공 흡입상자를 사용하여 시료를 채취하는 것이 가장 안전하다. 이러한 시료채취 시스템의 원리는 상자 내부의 공기를 흡입펌프로 흡입하여 진공상태로 만든 뒤 외부의 시료를 시료채취 주머니 내부로 서서히 유입시키는 방법으로서 간단히 제작하여 사용할 수 있다.

③ 기존의 복잡한 진공 흡입장치를 현장에서 간편하게 휴대하여 사용할 수 있도록 휴대용 진공 흡입상자 형태로 제작하여 사용하기도 한다.

★★ ④ 배출가스의 온도가 100℃ 미만으로 시료채취 주머니 내에 수분응축의 우려가 없는 경우에는 응축기 및 응축수 트랩을 사용하지 않아도 무방하다.

★★ ⑤ 진공 흡입상자는 (1~10)L 시료채취 주머니를 담을 수 있어야 하며, 용기가 완전진공이 되도록 밀폐된 구조의 것을 사용하여야 한다.

★★ ⑥ 흡입펌프는 흡입유량이 (1~4)L/min의 용량과 격막펌프로 휘발성유기화합물의 흡착성이 낮은 재질(PTFE 재질 등)로 된 것을 사용한다.

제2절 배출가스 중 무기물질의 측정법

배출가스 중 먼지

1. 개요

물질의 파쇄, 선별, 퇴적, 이적 기타 기계적 처리 또는 연소, 합성분해시 굴뚝에서 배출되는 입자상 물질의 농도를 측정하기 위한 시험방법이다. 배출가스 중에 함유되어 있는 액체 또는 고체인 입자상 물질을 등속흡입하여 측정한 먼지로서, 먼지농도 표시는 표준상태(0℃, 760mmHg)의 건조배출가스 1Sm³ 중에 함유된 먼지의 질량농도를 측정하는데 사용한다.

★★ 2. 측정방법의 종류 : 반자동식 채취기에 의한 방법

굴뚝에서 배기되는 먼지시료를 반자동식 채취기를 이용 배출가스의 유속과 같은 속도로 시료가스를 흡입(등속흡입)하여 일정온도로 유지되는 실리카 섬유제 여과지에 먼지를 채취한다. 먼지가 채취된 여과지를 <u>110℃ ± 5℃에서 충분히 1시간~3시간 건조시켜</u> 부착수분을 제거한 후 먼지의 질량농도를 계산한다. 다만, 배연탈황시설과 황산미스트에 의해서 먼지농도가 영향을 받은 경우에는 여과지를 <u>160℃ 이상에서 4시간 이상 건조</u>시킨 후 먼지농도를 계산한다.

Question 06

다음은 굴뚝 배출가스 내의 먼지측정방법 중 반자동식 채취기에 의한 사항이다. ( ) 안에 가장 적합한 것은?

배연탈황시설과 황산미스트에 의해서 먼지농도가 영향을 받은 경우에는 여과지를 ( ) 먼지농도를 계산한다.

㉮ 110 ±5℃에서 2시간 이상 건조시킨 후
㉯ 160℃ 이상에서 2시간 이상 건조시킨 후
㉰ 110 ±5℃에서 4시간 이상 건조시킨 후
㉱ 160℃ 이상에서 4시간 이상 건조시킨 후

정답 ㉱

3. 측정위치, 측정공 및 측정점

(1) 측정위치

★★ ① 수직굴뚝 하부 끝단으로부터 위를 향하여 그곳의 굴뚝 내경의 8배 이상이 되고, 상부 끝단으로부터 아래를 향하여 그곳의 굴뚝 내경의 2배 이상이 되는 지점에 측정공 위치를 선정하는 것을 원칙으로 한다.

★★ ② 기준에 적합한 측정공 설치가 곤란하거나 측정작업의 불편, 측정자의 안전성 등이 문제 될 때에는 하부 내경의 2배 이상과 상부 내경의 1/2배 이상되는 지점에 측정공 위치를 선정할 수 있다.

> **Question 07**
>
> 굴뚝에서의 먼지측정위치 기준에 대한 내용이다. ( ) 안에 알맞은 것은?
>
> 수직굴뚝 (①) 끝단으로부터 (②)를 향하여 그 곳의 굴뚝 내경의 (③) 이상이 되고, (④) 끝단으로부터 (⑤)를 향하여 그 곳의 굴뚝 내경의 (⑥) 이상이 되는 지점에 측정공 위치를 선정함을 원칙으로 한다.
>
> ㉮ ① 상부, ② 아래, ③ 2배, ④ 하부, ⑤ 위, ⑥ 1배
> ㉯ ① 하부, ② 위, ③ 8배, ④ 상부, ⑤ 아래, ⑥ 2배
> ㉰ ① 하부, ② 위, ③ 2배, ④ 상부, ⑤ 아래, ⑥ 1배
> ㉱ ① 상부, ② 아래, ③ 4배, ④ 하부, ⑤ 위, ⑥ 2배
>
> **정답** ㉯

(2) 굴뚝직경환산

① 굴뚝 단면이 원형인 경우(상하 동일 단면적)

굴뚝 상·하 직경은 수직 굴뚝의 배출가스가 흐트러짐이 시작되는 위치의 내경을 기준으로 한다.

② 굴뚝 단면이 사각형인 경우(상·하 동일 단면적의 정사각형 또는 직사각형)

굴뚝 단면이 상·하 동일 단면적인 사각형 굴뚝의 직경산출은 다음과 같이 한다.

★★ 환산직경 $= 2 \times \left(\dfrac{A \times B}{A+B} \right) = 2 \times \left(\dfrac{가로 \times 세로}{가로 + 세로} \right)$

A : 굴뚝 내부 단면 가로치수   B : 굴뚝 내부 단면 세로치수

Industrial Engineer Air Pollution Environmental

 Question 08

굴뚝 내부 단면의 가로 길이가 2m이고, 세로 길이가 1.5m일 때 이 굴뚝의 환산직경은? (단, 굴뚝 단면은 사각형이며, 상하 동일 단면적을 가진 굴뚝이다.)

㉮ 1.5m ㉯ 1.7m ㉰ 1.9m ㉱ 2.0m

풀이

$$환산직경 = \frac{단면적}{평균둘레길이} = \frac{a \times b}{\frac{2(a+b)}{4}} = \frac{2ab}{a+b} (m)$$

따라서, 환산직경 $= \frac{2 \times 2m \times 1.5m}{2m + 1.5m} = 1.71m$

③ 굴뚝 단면이 서서히 변하는 경우(원형 굴뚝의 경우)

측정공 위치를 대략적으로 선정하고 다음에 의거 굴뚝직경을 산출하여, 선정된 측정공 위치가 환산 하부직경의 2배 이상과 환산 상부직경의 1/2배 이상이면 굴뚝 직경으로 채택한다.

$$환산하부직경 = \frac{하부직경 + 선정된\ 측정공위치의\ 직경}{2}$$

$$환산상부직경 = \frac{상부직경 + 선정된\ 측정공위치의\ 직경}{2}$$

(3) 측정점

① 측정점의 선정

 ㉠ 굴뚝 단면이 원형일 경우

측정 단면에서 서로 직교하는 직경선상에 부여하는 위치를 측정점으로 선정한다. 측정점수는 굴뚝직경이 4.5m를 초과할 때는 20점까지로 한다.

▶ 원형단면의 측정점

굴뚝직경 2R(m)	반경 구분수	측정점수	굴뚝 중심에서 측정점까지의 거리(m)				
			r1	r2	r3	r4	r5
1 이하	1	4	0.707 R	-	-	-	-
1 초과 2 이하	2	8	0.500 R	0.866 R	-	-	-
2 초과 4 이하	3	12	0.408 R	0.707 R	0.913 R	-	-
4 초과 4.5 이하	4	16	0.354 R	0.612 R	0.791 R	0.935 R	-
4.5 초과	5	20	0.316 R	0.548 R	0.707 R	0.837 R	0.949 R

Question 09

원형 굴뚝의 반경이 0.85m 일 때 측정점수는 얼마인가?

㉮ 4　　　㉯ 8　　　㉰ 12　　　㉱ 20

풀이 반경이 0.85m이므로 직경은 1.7m, 반경구분수는 2, 측정점수 8 이다.

★★ ⓐ 굴뚝 단면적이 0.25m² 이하로 소규모일 경우에는 그 굴뚝 단면의 중심을 대표점으로 하여 1점만 측정한다.

ⓑ 측정 단면에서 유속의 분포가 비교적 대칭을 이루는 경우 수평굴뚝은 수직 대칭축에 대하여 1/2의 단면을 취하고 측정점의 수를 1/2로 줄일 수 있으며, 수직 굴뚝은 1/4의 단면을 취하고 측정점의 수를 1/4로 줄일 수 있다.

★★ ⓛ 굴뚝 단면이 사각형일 경우

▶ **사각형 굴뚝단면적의 측정점수**

굴뚝단면적(m²)	구분된 1변의 길이(L)(m)
1 이하	L ≤ 0.5
★★ 1 초과 4 이하	L ≤ 0.667
4 초과 20 이하	L ≤ 1

Question 10

굴뚝 배출가스 중 먼지의 농도를 측정하고자 한다. 굴뚝 단면적(m²)이 1 초과 4 이하인 사각형 굴뚝단면인 경우 측정점수 산정을 위해 구분된 1변의 길이 L(m) 기준으로 가장 알맞은 것은 어느 것인가?

㉮ L ≤ 0.1　　　㉯ L ≤ 0.5　　　㉰ L ≤ 0.667　　　㉱ L ≤ 1

정답 ㉰

ⓐ 측정 단면은 한변의 길이(L)가 1m 이하의 범위에서 4개 이상의 등단면적의 직사방형 또는 정사방형으로 나누어 중심에 측정점을 선정한다.

ⓑ 굴뚝의 단면적이 20m²를 초과하는 경우는 측정점수는 20점까지로 하고 등단면적으로 구분한다.

ⓒ 측정 단면에서 흐름이 비대칭인 경우는 비대칭 방향으로 구분한 한 변의 길이는 그것과 수직방향의 한 변 길이보다도 짧게 취하여 측정점의 개수를 각각 증가시킨다.

ⓓ 굴뚝 단면적이 0.25m² 이하로 소규모일 경우에는 그 굴뚝 단면의 중심을 대표점으로 하여 1점만 측정한다.

ⓔ 측정 단면에서 유속의 분포가 비교적 대칭을 이루는 경우에 수평굴뚝은 수직 대칭 축에 대하여 1/2의 단면을 취하고 측정점의 수를 1/2로 줄일 수 있으며, 수직 굴뚝은 1/4의 단면을 취하며, 측정점의 수를 1/4로 줄일 수 있다.

4. 측정방법

(1) 반자동식 채취기에 의한 방법

① 채취장치의 구성

㉠ 흡입노즐의 조건

ⓐ 흡입노즐은 스테인리스강, 경질유리, 또는 석영 유리제로 만들어진 것이어야 한다.

ⓑ 흡입노즐의 안과 밖의 가스흐름이 흐트러지지 않도록 흡입노즐 안지름(d)은 3mm 이상으로 한다. 흡입노즐의 안지름(d)는 정확히 측정하여 0.1mm 단위까지 구하여 둔다.

ⓒ 흡입노즐의 꼭지점은 30° 이하의 예각이 되도록 하고 매끈한 반구모양으로 한다.

ⓓ 흡입노즐 내외면은 매끄럽게 되어야 하며 흡입노즐에서 먼지 채취부까지의 흡입관은 내부면이 매끄럽고 급격한 단면의 변화와 굴곡이 없어야 한다.

㉡ 흡입관 : 수분농축 방지를 위해 시료가스 온도를 120℃±14℃로 유지할 수 있는 가열기를 갖춘 보로실리케이트, 스테인리스강 재질 또는 석영 유리관을 사용한다.

㉢ 피토관 : 피토관 계수가 정해진 L형 피토관(C : 1.0 전후) 또는 S형(웨스턴형 C : 0.84) 피토관으로서 배출가스 유속의 계속적인 측정을 위해 흡입관에 부착하여 사용한다.

㉣ 차압게이지 : 2개의 경사마노미터 또는 이와 동등의 것을 사용한다. 하나는 배출가스 동압측정을, 다른 하나는 오리피스압차 측정을 위한 것이다.

㉤ 여과지 홀더 : 여과지 홀더는 원통형 또는 원형의 먼지채취 여과지를 지지해주는 장치를 말한다. 이 장치는 유리제 또는 스테인리스강 등으로 만들어진 것으로 내식성이 강하고 여과지 탈착이 쉬워야 한다. 또 여과지를 끼운 곳에서 공기가 새지 않아야 한다.

㉥ 여과부 가열장치 : 시료채취 시 여과지 홀더 주위를 120℃±14℃의 온도를 유지할 수 있고 주위온도를 3℃ 이내까지 측정할 수 있는 온도계를 모니터할 수 있도록 설치하여야 한다.

Question 11

굴뚝 배출가스 중 먼지농도를 반자동식 시료채취기에 의해 분석하는 경우 채취장치 구성에 관한 설명으로 옳지 않은 것은?

㉮ 흡입노즐의 안과 밖의 가스흐름이 흐트러지지 않도록 흡입노즐 안지름(d)은 3mm 이상으로 하고, d는 정확히 측정하여 0.1mm 단위까지 구하여 둔다.
㉯ 흡입관은 수분농축 방지를 위해 시료가스 온도를 120℃±14℃로 유지할 수 있는 가열기를 갖춘 보로실리케이트, 스테인리스강 재질 또는 석영 유리관을 사용한다.
㉰ 흡입노즐의 꼭지점은 60° 이하의 예각이 되도록 하고 주위장치에 고정시킬 수 있도록 충분한 각(가급적 수직)이 확보되도록 한다.
㉱ 피토관은 피토관 계수가 정해진 L형 피토관(C : 1.0 전후) 또는 S형(웨스턴형 C : 0.84) 피토관으로서 배출가스 유속의 계속적인 측정을 위해 흡입관에 부착하여 사용한다.

풀이 ㉰ 흡입노즐의 꼭지점은 30° 이하의 예각이 되도록 하고 매끈한 반구모양으로 한다.

★★ 5. 수분량 계산

측정방법은 흡습관법, 응축기법, 계산법에 따른다.

① 표준상태의 건조 가스량 기준

$$Xw = \frac{\frac{22.4}{18} \times ma}{Vs} \times 100 = \frac{1.244 \times ma}{Vs} \times 100$$

 Question 12

굴뚝 배출가스 중의 수분을 측정한 결과, 건조배출가스 1Sm³당 40g이었다면 건조배출 가스에 대한 수분의 용량비는?

㉮ 2.6%　　㉯ 3.8%　　㉰ 5.0%　　㉱ 6.3%

 $X_w(\%) = \frac{1.244 m_a(L)}{V_s(L)} \times 100(\%)$

[X_w : 수분의 함량(%)　　V_s : 표준상태의 건조가스량(L)　　m_a : 수분의 질량(g)

따라서 $X_w(\%) = \frac{1.244 \times 40g(L)}{1 \times 10^3 L} \times 100 = 4.98\%$

TIP

$1.244 = \frac{22.4L}{18g}$

② 현재상태의 건조 가스량 기준

$$X_w = \frac{\frac{22.4}{18} \times m_a}{V \times \frac{273}{273+t} \times \frac{P_a+(P_m/13.6)-P_v}{760}} \times 100 = \frac{1.244 \times m_a}{V \times \frac{273}{273+t} \times \frac{P_a+(P_m/13.6)-P_v}{760}} \times 100$$

③ 습가스량 기준

㉠ $$X_w = \frac{\frac{22.4}{18} \times m_a}{V_s + \frac{22.4}{18} \times m_a} \times 100 = \frac{1.244 \times m_a}{V_s + 1.244 \times m_a} \times 100$$

㉡ $$X_w = \frac{\frac{22.4}{18} \times m_a}{V \times \frac{273}{273+t} \times \frac{P_a+(P_m/13.6)-P_v}{760} + \frac{22.4}{18} \times m_a} \times 100$$

$$= \frac{1.244 \times m_a}{V \times \frac{273}{273+t} \times \frac{P_a+(P_m/13.6)-P_v}{760} + 1.244 \times m_a} \times 100$$

⎡ X_w : 배출가스 중의 수증기의 부피 백분율(%) V_s : 표준상태의 건조가스량(L)
  V : 현재상태의 건조가스량(L) m_a : 흡습 수분의 질량(g)
  t : 가스미터에서의 흡입 가스온도(℃) P_a : 대기압(mmHg)
  P_m : 가스미터에서의 가스의 게이지압(mmH₂O) P_v : 포화수증기압(mmHg) ⎦

TIP
포화수증기압(P_v)은 습식가스미터에서만 사용함

Question 13

연도 배출가스 중의 수분의 부피백분율을 측정하기 위하여 흡습관에 배출가스 10L를 흡입하여 유입시킨 결과 흡습관의 중량 증가는 0.82g이었다. 이때 가스흡입은 건식 가스미터로 측정하여 그 가스미터의 가스 게이지압은 4mm 수주이고, 온도는 27℃이었다. 그리고 대기압은 760mmHg이었다면 이 배출가스 중 수분량(%)은 얼마인가?

㉮ 약 10%　　㉯ 약 13%　　㉰ 약 16%　　㉱ 약 18%

풀이

$$X_w(\%) = \frac{1.244 m_a(L)}{V_s(L) + 1.244 m_a} \times 100$$

$$V_s(L) = 10L \times \frac{273}{273+27} \times \frac{(760+4/13.6)\text{mmHg}}{760\text{mmHg}} = 9.1035L$$

따라서 $X_w(\%) = \dfrac{1.244 \times 0.82g}{9.1035L + 1.244 \times 0.82g} \times 100 = 10.08\%$

④ 스크러버 출구 등 배출가스 중에 물방울이 공존할 때는 배출가스 온도의 포화수증기 압을 사용하며, 다음 식으로 수분량을 계산한다. (100℃ 이하일 때)

$$X_w = \frac{P_v}{P_a + P_s} \times 100$$

X_w : 배출가스 중의 수증기 부피 백분율(%) P_a : 대기압(mmHg)
P_v : 배출가스 온도의 포화수증기압(mmHg) P_s : 배출가스의 정압(mmHg)

6. 먼지측정에서 시료의 채취절차

① 측정점수를 선정한다.
② 배출가스의 온도를 측정한다.
★★ ③ S자형 피토관과 경사마노미터로 배출가스의 정압과 평균동압을 각각 측정한다. 피토관을 측정공에서 굴뚝 내의 측정점까지 삽입하여 전압공을 배출가스 흐름방향에 바로 직면시켜 압력계에 의하여 동압을 측정한다. <u>동압은 원칙적으로 0.1mmH$_2$O의 단위까지 읽는다.</u> 이때, 피토관의 배출가스 흐름방향에 대한 <u>편차는 10° 이하</u>가 되어야 한다.
④ 배출가스의 수분량을 측정한다.
⑤ 한 채취점에서의 <u>채취시간을 최소 2분 이상</u>으로 하고 모든 채취점에서 채취시간을 동일하게 한다.
★★ ⑥ 등속흡입 정도를 보기 위해 다음 식 또는 계산기에 의해서 등속흡입계수(I)를 구하고 그 값이 <u>90%~110% 범위 내</u>에 들지 않는 경우에는 다시 시료채취를 행한다.

$$I(\%) = \frac{T_s[0.00346V_ic + V_m/T_m(P_a + \triangle H/13.6)]}{P_s \cdot t \cdot v \cdot A_n} \times (1.667 \times 10^4)$$

📢 Question 14

굴뚝 배출가스 중 먼지측정을 위해 시료채취 시 등속흡입 정도를 보기 위한 등속흡입계수와 범위로 가장 적합한 것은?

㉮ 85~105%   ㉯ 90~110%   ㉰ 95~115%   ㉱ 100~120%

정답 ㉯

★★ 7. 먼지농도 계산

① $C = \dfrac{(\text{채취 후의 무게} - \text{채취 전의 무게})(g)}{V \times \dfrac{273}{273+t} \times \dfrac{Pa+(Pm/13.6)}{760}} \times 10^6$

- C : 먼지농도(mg/Sm³)
- t : 건식가스미터의 평균온도(℃)
- Pm : 게이지압(mmH₂O)
- V : 건식가스미터에서 읽은 가스 시료 채취량(L)
- Pa : 대기압(mmHg)

Question 15

원통여지의 채취기를 사용하여 배출가스 중의 먼지를 채취하였다. 측정치는 다음과 같다고 할 때 먼지 농도는 약 몇 mg/Sm³인가?

- 대기압 : 765mmHg
- 가스게이지압 : 4mmHg
- 먼지 채취 전의 원통여지무게 : 6.2721g
- 습식가스미터에서 흡입한 습윤가스량 : 55.2L
- 가스미터의 흡입가스온도 : 15℃
- 15℃의 포화수증기압 : 12.87mmHg
- 먼지 채취 후의 원통여지무게 : 6.2821g

㉮ 212　　㉯ 205　　㉰ 200　　㉱ 192

풀이

먼지농도(mg/Sm³) = $\dfrac{(\text{채취 후 무게} - \text{채취 전 무게})g \times 10^3 mg/g}{V(L) \times \dfrac{273}{273+t_a ℃} \times \dfrac{(Pa+Pm-Pv)mmHg}{760mmHg} \times 10^{-3} Sm^3/L}$

= $\dfrac{(6.2821-6.2721)g \times 10^3 mg/g}{55.2L \times \dfrac{273}{273+15} \times \dfrac{(765+4-12.87)mmHg}{760mmHg} \times 10^{-3} Sm^3/L}$

= 192.09mg/Sm³

TIP

$V_s(L) = V(L) \times \dfrac{273}{273+t_a} \times \dfrac{(P_a+P_m/13.6-P_v)mmHg}{760mmHg}$

- V_s : 표준상태의 가스량(L)
- t_a : 가스미터의 흡입온도(℃)
- P_m : 게이지압(mmH₂O)
- V : 현재상태의 가스량(L)
- P_a : 대기압(mmHg)
- P_v : 포화수증기압(mmHg)

② 보통형(1형) 흡입노즐을 사용할 때 등속흡입을 위한 흡입량 계산

$q_m = \dfrac{\pi}{4} \times d^2 \times v \times \left(1 - \dfrac{X_w}{100}\right) \times \dfrac{273+\theta_m}{273+\theta_s} \times \dfrac{P_a+P_s}{P_a+P_m-P_v} \times 60 \sec/\min \times 10^3 L/m^3$

- q_m : 가스미터에 있어서의 등속 흡입유량(L/분)
- v : 배출가스 유속(m/초)
- θ_m : 가스미터의 흡입가스 온도(℃)
- P_a : 대기압(mmHg)
- P_m : 가스미터의 흡입가스 게이지압(mmHg)
- d : 흡입노즐의 내경(m)
- X_w : 배출가스 중의 수증기의 부피 백분율(%)
- θ_s : 배출가스 온도(℃)
- P_s : 측정점에서의 정압(mmHg)
- P_v : 가스미터의 포화수증기압(mmHg)

8. 배출가스의 유속 측정

배출가스의 동압을 측정하는 기구로서는 피토관 계수가 정해진 피토관이나 경사마노미터 등의 미압계를 사용한다. 피토관이 전압공을 측정점에서 가스의 흐르는 방향에 수직으로 놓고 동압을 측정한다.

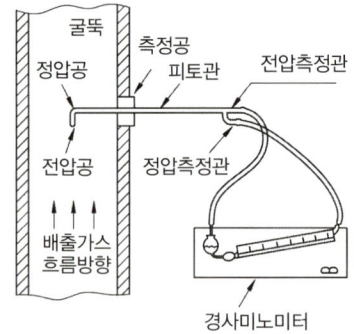

 $V = C\sqrt{\dfrac{2gh}{r}}$

$= \text{피토관 계수} \times \sqrt{\dfrac{2 \times 9.8 \text{m/sec}^2 \times \text{동압}(\text{mmH}_2\text{O})}{r\left(\dfrac{\text{kg}}{\text{Sm}^3}\right) \times \dfrac{273}{273 + tg}}}$

$\begin{bmatrix} V : 유속(\text{m/초}) & C : 피토관 계수 & g : 중력 가속도(9.8\text{m/sec}^2) \\ h : 피토관에 의한 동압 측정치(\text{mmH}_2\text{O}) & & r : 굴뚝 내의 배출가스 밀도(\text{kg/m}^3) \\ tg : 가스미터 온도(℃) & & \end{bmatrix}$

TIP
동압 계산하는 방법

 동압(mmH_2O) = 액주거리(mm)×톨루엔 비중× $\dfrac{1}{\text{확대율}}$

Question 16

A굴뚝에서 배출가스의 유속을 측정하기 위하여 피토관에 비중이 0.85인 붉게 착색된 톨루엔을 넣은 경사마노미터를 연결하여 다음과 같은 결과를 얻었다. 이 경우 배출가스의 유속(m/sec)은 얼마인가?

- 배출가스의 온도 : 180℃
- 경사마노미터를 이용한 확대율 : 10배
- 굴뚝 내의 배출가스 밀도 : 0.8kg/m³
- 피토관 계수 : 0.86
- 경사마노미터의 액주수치 : 60mm

㉮ 6.5m/s ㉯ 7.8m/s ㉰ 8.2m/s ㉱ 9.6m/s

풀이

① 동압(h) = 액주거리(mm)×톨루엔 비중× $\dfrac{1}{\text{확대율}}$ = 60mm×0.85× $\dfrac{1}{10}$ = 5.1mmH₂O

② $V = C \times \sqrt{\dfrac{2gh}{r}} = 0.86 \times \sqrt{\dfrac{2 \times 9.8 \text{m/sec}^2 \times 5.1 \text{mmH}_2\text{O}}{0.8 \text{kg/m}^3}} = 9.61$ m/sec

10. 배출가스 유속 및 유량 측정방법에서 기구 및 장치

(1) 피토관

★★ ① 스테인리스와 같은 재질의 금속관으로 관의 바깥지름의 범위는 4mm~10mm 정도이어야 한다.

★★ ② 피토관의 각 분기관 사이의 거리는 같아야 하고, 각 분기관과 오리피스 평면과의 거리는 바깥지름의 1.05배~1.50배 사이에 있어야 한다.

③ 피토관 계수는 사전에 확인되어야 하며, 고유번호가 부여되고 이 번호는 지워지지 않도록 관 몸체에 새겨야 한다.

Question 17

굴뚝 배출가스 중의 유량, 유속 측정방법에 사용되는 피토관에 관한 설명으로 옳지 않은 것은?

㉮ 스테인리스와 같은 재질의 금속관이 사용된다.
㉯ 피토관의 각 분기관 사이의 거리는 같아야 한다.
㉰ 관의 바깥지름의 범위는 50mm~100mm 정도이어야 한다.
㉱ 각 분기관과 오리피스 평면과의 거리는 바깥지름의 1.05배~1.50배 사이에 있어야 한다.

풀이 ㉰ 관의 바깥지름의 범위는 4mm~10mm 정도이어야 한다.

(2) 차압계

① 경사마노미터, 전자마노미터 등을 사용하여 굴뚝 배기가스의 차압을 측정할 수 있도록 한다.

★★ ② 최소 0.3mmH$_2$O 눈금을 읽을 수 있는 마노미터를 사용한다.

③ 굴뚝 내 모든 측정지점에서 측정한 동압의 산술평균이 최소눈금값보다 작은 경우에는 보다 좋은 감도의 차압계를 사용하는 것이 좋다.

Question 18

배출가스유량 및 유속 측정 등에 사용되는 기구에 관한 설명 중 옳지 않은 것은?

㉮ 피토관의 바깥지름의 범위는 4mm~10 mm 정도이고, 피토관의 각 분기관 사이의 거리는 같아야 한다.
㉯ 피토관의 각 분기관과 오리피스 평면과의 거리는 바깥지름의 1.05배~1.50배 사이에 있어야 한다.
㉰ 차압계는 최소 0.5mmH$_2$O 눈금을 읽을 수 있는 마노미터를 사용한다.
㉱ 기압계는 2.54mmHg(34.54mmH$_2$O) 이내에서 대기압력을 측정할 수 있는 수은, 아네로이드(aneroid)능 기압계로 1회/년 이상 교정검사를 한 것을 사용한다.

풀이 ㉰ 차압계는 최소 0.3mmH$_2$O 눈금을 읽을 수 있는 마노미터를 사용한다.

02 비산먼지

1. 목적

시멘트 공장, 전기아크로를 사용하는 철강공장, 연탄공장, 석탄야적장, 도정공장, 골재공장 등 특정 발생원에서 일정한 굴뚝을 거치지 않고 외부로 비산되거나 물질의 파쇄, 선별, 기타 기계적 처리에 의하여 비산 배출되는 먼지의 농도를 측정하기 위한 시험방법이다.

2. 분석방법의 종류

(1) 고용량 공기시료채취법

대기 중에 부유하고 있는 입자상물질을 고용량 공기시료채취기를 이용하여 여과지위에 채취하는 방법으로 입자상물질 전체의 질량농도를 측정하거나 입자상물질 중 금속 등의 성분 분석에 이용한다.

(2) 저용량 공기시료채취법

환경 대기 중에 부유하고 있는 입자상 물질을 저용량 공기시료채취기를 사용하여 여과지 위에 채취하는 방법으로 일반적으로 10μm 이하의 입자상 물질을 채취하여 질량농도를 구하거나 입자상물질 중 금속성분 등의 성분 분석에 이용한다.

(3) 베타선법

대기 중에 부유하고 있는 입자상물질을 일정시간 여과지 위에 채취하여 베타선을 투과시켜 입자상 물질의 질량농도를 연속적으로 측정하는 방법이다.

(4) 광학기법

광학기법을 이용하여 불투명도를 측정하는 방법이다.

3. 고용량 공기시료채취법

(1) 시료채취방법

① 시료채취장소 및 위치선정
  ㉠ 측정하려고 하는 발생원의 부지경계선상에 선정
  ㉡ 풍향을 고려하여 그 발생원의 비산먼지 농도가 가장 높을 것으로 예상되는 지점 3 개소 이상을 선정
  ㉢ 부근에 장애물이 없고 바람에 의하여 지상의 흙모래가 날리지 않는 곳
  ㉣ 기타 다른 원인에 의하여 영향을 받지 않고 그 지점에서의 비산먼지 농도를 대표할 수 있는 곳
  ㉤ 발생원의 위인 바람의 방향을 따라 대상 발생원의 영향이 없을 것으로 추측되는 곳에 대조위치를 선정

★★ ② 채취 시간
  시료채취는 1회 1시간 이상 연속 채취한다.

★★ ③ 시료를 채취할 수 없는 조건
  ㉠ 대상발생원의 조업이 중단되었을 때
  ㉡ 비나 눈이 올 때
  ★★ ㉢ 바람이 거의 없을 때(풍속이 0.5m/초 미만일 때)
  ★★ ㉣ 바람이 너무 강하게 불 때(풍속이 10m/초 이상일 때)

★★ ④ 풍향풍속의 측정
  시료채취를 하는 동안에 그 지역을 대표할 수 있는 별도의 지점에 풍향풍속계를 설치하여 전 채취시간 동안의 풍향풍속을 기록한다. 단, 연속기록 장치가 없는 경우에는 적어도 10분 간격으로 같은 지점에서의 3회 이상 풍향풍속을 측정하여 기록한다.

📢 Question 19

일정한 굴뚝을 거치지 않고 외부로 비산 배출되는 먼지의 측정방법에 관한 사항으로 옳지 않은 것은?

㉮ 풍향풍속 측정시 연속기록 장치가 없는 경우에는 적어도 10분 간격으로 같은 지점에서의 3회 이상 풍향풍속을 측정하여 기록한다.
㉯ 시료채취 장소는 발생원의 비산먼지 농도가 가장 높을 것으로 예상되는 3개 지점 이상을 선정한다.
㉰ 따로 발생원의 위인 바람의 방향을 따라 대상 발생원의 영향이 없을 것으로 추측되는 곳에 대조위치를 선정한다.
㉱ 시료채취는 1회 24시간 이상 연속 채취한다.

풀이 ㉱ 시료채취는 1회 1시간 이상 연속 채취한다.

(2) 먼지농도의 계산

★★ 비산먼지농도 : $C = (C_H - C_B) \times W_D \times W_S$

- C_H : 채취먼지량이 가장 많은 위치에서의 먼지농도(mg/Sm^3)
- C_B : 대조위치에서의 먼지농도(mg/Sm^3)
- W_D, W_S : 풍향, 풍속 측정결과로부터 구한 보정계수

★★ 단, 대조위치를 선정할 수 없는 경우에는 C_B는 0.15mg/Sm^{3}로 한다.

Question 20

다음 제시된 자료에서 구한 비산먼지의 농도(mg/Sm^3)는 얼마인가?

- 채취먼지량이 가장 많은 위치에서의 먼지농도 : 115mg/Sm^3
- 대조위치에서의 먼지농도 : 0.15mg/Sm^3
- 풍향은 전 시료채취 기간 중 주 풍향이 90°이상 변한다.
- 풍속은 0.5m/초 미만 또는 10m/초 이상되는 시간이 전 채취시간의 50% 이상이다.

㉮ 114.9mg/Sm^3 ㉯ 137.8mg/Sm^3 ㉰ 165.4mg/Sm^3 ㉱ 206.7mg/Sm^3

풀이 비산먼지농도(C) = $(C_H - C_B) \times W_D \times W_S$ = (115-0.15)mg/Sm^3×1.5×1.2 = 206.73mg/Sm^3

(3) 풍향, 풍속 보정계수(W_D, W_S)

★★ ① 풍향에 대한 보정

풍향변화범위	보정계수
전 시료채취 기간 중 주 풍향이 90° 이상 변할 때	1.5
〃 45°~90° 변할 때	1.2
〃 풍향이 변동이 없을 때(45° 미만)	1.0

★★ ② 풍속에 대한 보정

풍위	보정계수
풍속이 0.5m/s 미만 또는 10m/s 이상되는 시간이 전 채취시간의 50% 미만일 때	1.0
풍속이 0.5m/s 미만 또는 10m/s 이상되는 시간이 전 채취시간의 50% 이상일 때	1.2

Question 21

고용량 공기시료채취기를 사용하여 비산먼지를 측정하고자 한다. 풍속이 0.5m/초 미만 또는 10m/초 이상되는 시간이 전 채취시간의 50% 미만일 때 풍속에 대한 보정계수는?

㉮ 0.8   ㉯ 1.0   ㉰ 1.2   ㉱ 1.5

정답 ㉯

(4) 채취유량의 계산

$$흡입공기량 = \frac{Q_s + Q_e}{2} \times t$$

Q_s : 채취개시 직후의 유량(m^3/min)
Q_e : 채취종료 직전의 유량(m^3/min)
t : 채취시간(min)

03 배출가스 중 암모니아

1. 적용 시험방법

배출가스 중 암모니아 자외선/가시선분광법 - 인도페놀법이 주 시험방법이며, 시험방법의 정량범위는 표와 같다.

2. 분석방법의 종류

분석방법	정량범위	방법검출한계	정밀도(%RSD)
자외선/가시선분광법 - 인도페놀법	1.2ppm 이상 (시료채취량 : 20L, 분석용 시료용액 : 250mL)	0.4ppm	10% 이내

★★★ **(1) 목적**

배출가스 중 암모니아를 붕산 용액으로 흡수하여 페놀 - 나이트로프루시드소듐 용액과 하이포아염소산소듐 용액을 첨가하고 암모늄 이온과 반응하여 생성하는 인도페놀류의 흡광도를 파장 640nm 부근에서 측정하여 암모니아를 정량한다.

(2) 적용범위

★★ ① 시료채취량이 20L이고 분석용 시료용액의 양이 250mL인 경우, 정량범위는 1.2ppm 이상이며 방법검출한계는 0.4ppm이다.

★★ ② 간섭물질 : 배출가스 중 이산화질소가 100배 이상, 아민류가 몇십 배 이상, 이산화황이 10배 이상, 황화수소가 같은 양 이상 공존하면 영향을 받으므로 그 영향을 무시하거나 제거할 수 있는 경우에 적용한다.

3. 시료채취방법

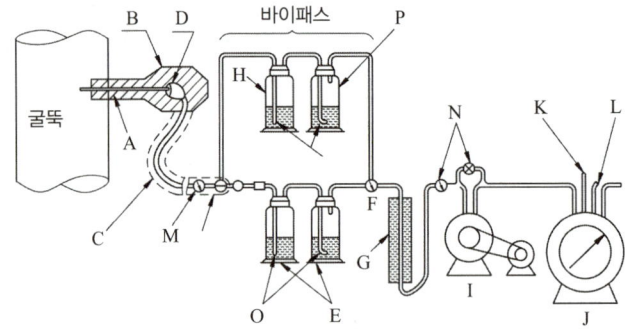

A : 시료채취관
B : 보온재
C : 히이터
D : 여과재
E : 흡수병(용량 약 250mL)
F : 3방 콕크
G : 건조제(입상실리카겔 또는 염화칼슘)
H : 바이패스용 세척병
I : 흡입펌프
J : 습식 가스미터(1회전 1~5 L)
K : 온도계
L : 압력계
M : 구면 갈아맞춤
N : 콕크
O : 여과관 또는 여과구
P : 트랩

★★ ① 채취관은 부식성 가스에 영향을 받지 않는 재질이어야 한다. 예를 들면 스테인레스강, 유리, 석영, PTFE(polytetrafluoroethylene) 수지 등을 사용한다.
② 채취관의 적당한 곳에 배출가스 성분과 화학 반응 등을 일으키지 않는 재질의 여과재를 넣어 먼지가 혼입되는 것을 방지한다. 예를 들면 무알칼리 유리섬유, 석영섬유 등을 사용한다.
★★ ③ 연결관의 길이는 가능한 짧게 하고 수분이 응축될 우려가 있는 경우에는 채취관에서 흡수병 사이를 약 120℃로 가열한다. 각 연결 부위는 실리콘 고무, PTFE 수지 등을 사용한다.

4. 시료채취방법

(1) 방해물질이 분석결과에 영향을 미치지 않는 경우

★★★ ① 여과관 또는 여과구가 붙은 (100~250)mL 흡수병에 흡수액으로 붕산용액(5g/L) 50mL를 각각 넣는다.
② 3방향 콕을 세척병 방향으로 하고 흡입펌프를 작동시켜 채취관에서 3방향 콕까지의 연결관을 배출가스 시료로 충분히 세척한다.
③ 흡입펌프를 정지시키고 3방향 콕을 흡수병 방향으로 한다. 가스미터의 지시값을 0.01L 까지 확인한다.

④ 흡입펌프를 작동시켜 배출가스 시료를 흡수병에 통과시킨다. 흡입속도를 (1~2)L/min으로 하여 약 20L를 채취한 후 흡입펌프를 정지시키고 3방향 콕을 닫는다. 가스미터의 지시 값을 0.01L 까지 확인한다. 배출가스 시료를 채취하는 동안 가스미터의 온도 및 게이지압을 확인하고 대기압을 측정한다.

(2) 황산화물 등의 방해물질이 분석결과에 영향을 미치는 경우

★★ ① 여과관 또는 여과구가 붙은 (100~250)mL 흡수병에 과산화수소(1+9) 50mL를 각각 넣는다.
② 흡수액을 시료가스 흡수병에 합쳐 넣고 암모니아 추출장치에 연결한다.
③ 3방향 콕을 시료가스 흡수병으로 방향으로 하고 주사기 내의 수산화소듐용액 (8mol/L)을 넣어 pH 13 이상으로 하고 닫는다.
④ 흡입펌프를 작동시켜 시료가스 흡수병에서 발생하는 암모니아를 흡수병에 통과시킨다. 흡입속도를 약 2L/min으로 하여 약 100분간 채취한다.

Question 22

배출가스 중 암모니아를 분석하는 자외선/가시선분광법-인도페놀법에 대한 내용으로 틀린 것은?

㉮ 배출가스 중 암모니아를 붕산 용액으로 흡수하여 페놀-나이트로프루시드소듐 용액과 하이포아염소산 소듐 용액을 첨가한다.
㉯ 암모늄 이온과 반응하여 생성하는 인도페놀류의 흡광도를 파장 640nm 부근에서 측정하여 암모니아를 정량한다.
㉰ 시료채취량이 20L이고 분석용 시료용액의 양이 250mL인 경우, 정량범위는 1.2ppm 이상이다.
㉱ 배출가스 중 이산화질소가 100배 이상, 이산화황이 같은 양 이상 공존하면 영향을 받는다.

풀이 ㉱ 배출가스 중 이산화질소가 100배 이상, 아민류가 몇십 배 이상, 이산화황이 10배 이상, 황화수소가 같은 양 이상 공존하면 영향을 받는다.

04 배출가스 중 일산화탄소

1. 자동측정법-비분산적외선분광분석법

(1) 목적 및 적용범위

① 비분산적외선분광분석법은 선택성 검출기를 이용하여 시료 중의 특정 성분에 의한 적외선의 흡수량 변화를 측정하여 시료 중에 들어있는 특정 성분의 농도를 구하는 방법이다.

② 대기 및 굴뚝 배출가스 중의 오염물질을 연속적으로 측정하는 비분산 정필터형 적외선가스 분석기에 대하여 적용하며, 측정범위는 0ppm~1,000ppm 이하로 한다.

(2) 용어정의

① 비분산
빛을 프리즘(prism)이나 회절격자와 같은 분산소자에 의해 분산하지 않는 것을 말한다.

② 정필터형
측정성분이 흡수되는 적외선을 그 흡수과정에서 측정하는 방식을 말한다.

③ 반복성
동일한 분석계를 이용하여 동일한 측정대상을 동일한 방법과 조건으로 비교적 단시간에 반복적으로 측정하는 경우로써 개개의 측정치가 일치하는 정도를 말한다.

④ 응답시간
시료채취부를 통하지 않고 제로가스를 측정기의 분석부에 흘려주다가 갑자기 스팬가스로 바꿔서 흘려준 후, 기록계에 표시된 지시치가 스팬가스 보정치의 90%에 해당하는 지시치를 나타낼 때까지 걸리는 시간을 말한다.

⑤ 교정가스
소급성이 명시된 표준가스를 말한다.

⑥ 스팬가스
분석계를 교정하기 위하여 사용하는 가스로서 측정범위의 70% ~ 90%의 표준가스를 말한다.

⑦ 제로가스
분석계를 교정하기 위하여 사용하는 순도가 높고 분석결과에 영향을 주지 않는 가스로서, 0.1ppm 이하 또는 스팬값의 0.1% 이하인 고순도 공기를 말한다.

Question 23

배출가스 중 일산화탄소를 비분산적외선분광분석법을 이용하여 분석할 때 용어의 설명으로 틀린 것은?

㉮ 비분산 : 빛의 프리즘이나 회절격자와 같은 분산소자에 의해 분산하지 않는 것
㉯ 정필터형 : 측정성분이 흡수되는 적외선을 그 흡수파장에서 측정하는 방식
㉰ 응답시간 : 시료채취부를 통하지 않고 제로가스를 측정기의 분석부에 흘려주다가 갑자기 스팬가스로 바꿔서 흘려준 후, 기록계에 표시된 지시치가 스팬가스 보정치의 95%에 해당하는 지시치를 나타낼 때까지 걸리는 시간
㉱ 스팬가스 : 분석계를 교정하기 위하여 사용하는 가스로서 측정범위의 70% ~ 90%의 표준가스

풀이 ㉰ 응답시간 : 시료채취부를 통하지 않고 제로가스를 측정기의 분석부에 흘려주다가 갑자기 스팬가스로 바꿔서 흘려준 후, 기록계에 표시된 지시치가 스팬가스 보정치의 90%에 해당하는 지시치를 나타낼 때까지 걸리는 시간

2. 자동측정법-전기화학식(정전위전해법)

(1) 목적

가스 투과성 격막을 통하여 전해조 중의 전해질에 확산 흡수된 일산화탄소를 정전위전해법에 의해서 산화시키고, 그때 생기는 전해 전류를 이용하여, 시료 중에 포함된 일산화탄소의 농도를 연속적으로 측정하는 방법이다.

$$CO + H_2O \rightarrow CO_2 + 2H^+ + 2e^-$$

TIP
이 측정기는 소형 경량으로써 이동 측정에 적합하다.

★★(2) 측정범위

0ppm ~ 1,000ppm 이하로 한다.

3. 기체크로마토그래피

(1) 목적

열전도도검출기(TCD, thermal conductivity detector) 또는 메테인화 반응장치 및 불꽃이온화검출기(FID, flame ionization detector)를 구비한 기체크로마토그래피를 이용하여 절대 검정곡선법에 의해 일산화탄소 농도를 구한다.

(2) 적용범위

★★ ① 열전도도검출기

일산화탄소 농도가 1,000ppm 이상인 시료에 적용한다. 방법검출한계는 314ppm이다.

★★ ② 불꽃이온화검출기

일산화탄소 농도가 (1~2,000)ppm인 시료에 적용한다. 방법검출한계는 0.3ppm이다.

> **Question 24**
>
> 굴뚝 배출가스 중의 일산화탄소 분석방법으로 틀린 것은?
> ㉮ 비분산적외선분광분석법　　　㉯ 전기화학식
> ㉰ 음이온 전극법　　　　　　　㉱ 기체크로마토그래피
>
> **풀이** 일산화탄소 분석방법으로는 비분산적외선분광분석법, 전기화학식(정전위전해법), 기체크로마토그래피가 있다.

05 배출가스 중 염화수소

★★

분석방법	정량범위	방법검출한계	정밀도(%RSD)
이온크로마토그래피	0.4ppm 이상 (시료채취량 : 20L, 분석용 시료용액 : 100mL)	0.1ppm	10% 이내
자외선/가시선분광법 -싸이오사이안산제이수은법	1.6ppm 이상 (시료채취량 : 40L, 분석용 시료용액 : 250mL)	0.5ppm	10% 이내

1. 이온크로마토그래피

(1) 목적

배출가스 중 염화수소를 정제수로 흡수하여 충분한 분리능을 가질 수 있는 음이온 교환 분리관으로 분리하고 전도도검출기 또는 동등 이상의 성능을 갖는 검출기를 구비한 이온 크로마토그래프로 염화 이온을 측정하여 염화수소를 정량한다.

(2) 적용범위

★★ ① 시료채취량이 20L이고 분석용 시료용액의 양이 100mL인 경우, 정량범위는 0.4ppm 이상이며, 방법검출한계는 0.1ppm이다.

② 배출가스 중 염화물 염(chloride salts) 등의 입자상물질 또는 황화합물 등의 환원성가스가 공존하면 영향을 받으므로 그 영향을 무시하거나 제거할 수 있는 경우에 적용한다.

(3) 흡수액 : 정제수 (25mL × 2개)

2. 자외선/가시선분광법 – 싸이오사이안산제이수은법

★★ (1) 목적

배출가스 중 염화수소를 수산화소듐 용액으로 흡수하여 싸이오사이안산제이수은용액과 황산제이철암모늄 용액 첨가하고 염화 이온과 반응하여 생성하는 싸이오사이안산제이철 착염의 흡광도를 파장 460nm에서 측정하여 염화수소를 정량한다.

(2) 적용범위

★★ ① 시료채취량이 40L이고 분석용 시료용액의 양이 250mL인 경우, 정량범위는 1.6ppm 이상이며, 방법검출한계는 0.5ppm이다.

② 배출가스 중 염화물 염(chloride salts) 등의 입자상물질 또는 이산화황, 기타 할로젠화합물, 사이안화물, 황화합물 등이 공존하면 영향을 받으므로 그 영향을 무시하거나 제거할 수 있는 경우에 적용한다.

★★★ (3) 흡수액 : 0.1mol/L 수산화소듐 용액(25mL×2개)

(4) 시료채취장치

★★ ① 채취관은 부식성 가스에 영향을 받지 않는 재질이어야 한다. 예를 들면 유리, 석영, PTFE(polytetrafluoroethylene) 수지 등을 사용한다.

② 채취관의 적당한 곳에 배출가스 성분과 화학 반응 등을 일으키지 않는 재질의 여과재를 넣어 먼지가 혼입되는 것을 방지한다. 예를 들면 무알칼리 유리섬유, 석영섬유 등을 사용한다.

★★ ③ 연결관의 길이는 가능한 짧게 하고 수분이 응축될 우려가 있는 경우에는 채취관에서 흡수병 사이를 약 120℃로 가열한다. 각 연결 부위는 실리콘 고무, PTFE 수지 등을 사용한다.

④ 여과지 홀더는 유리, 석영, PTFE 수지 등의 재질로 약 120℃로 유지 가능한 가열 박스 내부에 설치한다.

Question 25

배출가스 중 염화수소를 분석하는 방법으로 알맞은 것은?

㉮ 이온크로마토그래피 ㉯ 이온선택전극법
㉰ 기체크로마토그래피 ㉱ 이온전극법

풀이 정답은 ㉮이며, 염화수소의 분석방법에는 이온크로마토그래피, 자외선/가시선분광법-싸이오사이안산제이수은법이 있다.

Question 26

배출가스 중 염화수소의 분석방법인 자외선/가시선분광법-싸이오사이안산제이수은법에 대한 내용으로 틀린 것은?

㉮ 시료채취량이 40L이고 분석용 시료용액의 양이 250mL인 경우, 정량범위는 1.6ppm 이상이다.
㉯ 흡수액은 0.1mol/L 수산화소듐용액이 사용된다.
㉰ 채취관의 재질은 유리, 석영, PTFE(polytetrafluoroethylene)수지 등을 사용한다.
㉱ 연결관의 길이는 가능한 길게 하고 수분이 응축될 우려가 있는 경우에는 채취관에서 흡수병 사이를 약 120℃로 가열한다.

풀이 ㉱ 연결관의 길이는 가능한 짧게 하고 수분이 응축될 우려가 있는 경우에는 채취관에서 흡수병 사이를 약 120℃로 가열한다.

06 배출가스 중 염소

1. 적용범위

이 시험방법은 화학반응 등에 따라 굴뚝 등에서 배출되는 가스 중의 염소를 분석하는 방법에 대하여 규정한다.

배출가스 중 염소 자외선/가시선분광법 - 4 - 피리딘카복실산 - 피라졸론법이 주 시험방법이며, 시험방법의 정량범위는 표와 같다.

분석방법	정량범위	방법검출한계	정밀도
자외선/가시선분광법 -오르토톨리딘법	(0.2 ~ 5.0)ppm (시료채취량 : 2.5L 분석용 시료용액 : 50mL)	0.1ppm	10% 이내
자외선/가시선분광법- 4-피리딘카복실산-피라졸론법	0.1ppm 이상 (시료채취량 : 20L, 분석용 시료용액 : 50mL)	0.04ppm	10% 이내

2. 분석방법 : 자외선/가시선분광법 – 오르토톨리딘법

(1) 목적

오르토톨리딘을 함유하는 흡수액에 시료를 통과시켜 얻어지는 발색액의 흡광도를 435nm 부근의 파장에서 측정하여 염소를 정량하는 방법이다.

(2) 적용방법

① 시료채취량이 2.5L이고 분석용 시료용액의 양이 50mL인 경우 정량범위는 (0.2~5.0)ppm이며, 방법검출한계는 0.1ppm이다. 정량범위 상한 값을 넘어서는 경우 분석용 시료용액을 흡수액으로 희석하여 분석할 수 있다.

② 배출가스 중 브로민, 아이오딘, 오존, 이산화질소, 이산화염소 등의 산화성 가스나 황화수소, 이산화황 등의 환원성 가스가 공존하면 영향을 받으므로 그 영향을 무시하거나 제거할 수 있는 경우에 적용하며, 배출가스 시료 채취 종료 후 10분 이내 측정할 수 있는 경우에 적용한다.

(3) 시료채취장치

① 채취관은 부식성 가스에 영향을 받지 않는 재질이어야 한다. 예를 들면 유리, 석영, PTFE(polytetrafluoroethylene) 수지 등을 사용한다.

② 채취관의 적당한 곳에 배출가스 성분과 화학 반응 들을 일으키지 않는 재질의 여과재를 넣어 먼지가 혼입되는 것을 방지한다. 예를 들면 무알칼리 유리섬유, 석영섬유 등을 사용한다.

③ 연결관의 길이는 가능한 짧게 하고 수분이 응축될 우려가 있는 경우에는 채취관에서 흡수병 사이를 약 120℃로 가열한다. 각 연결 부위는 실리콘 고무, PTFE 수지 등을 사용한다.

(4) 흡수액 : 오르토톨리딘염산용액 (0.1g/L) (20mL×2개)

Question 27

굴뚝 배출가스 중 염소 분석방법에 관한 설명으로 옳지 않은 것은? (단, 오르토톨리딘법 기준)

㉮ 이 방법은 산화성 가스나 환원성 가스의 영향을 무시할 수 있는 경우에 적당하다.
㉯ 시료 채취관은 유리관, 석영관 등을 사용한다.
㉰ 흡수액이 적색으로 나타나면 시료가스채취 조작을 중지하고 흡수액을 다시 넣고 시료를 채취한다.
㉱ 시료채취관은 굴뚝에 수평하게 채취하고, 파장 385nm 부근에서 흡광도를 측정한다.

풀이 ㉱ 시료채취관은 굴뚝에 직각으로 설치하고, 파장 435nm 부근에서 흡광도를 측정한다.

3. 분석방법 : 자외선/가시선분광법 – 4-피리딘카복실산-피라졸론법

(1) 목적

배출가스 중 염소를 p-톨루엔설폰아마이드 용액으로 흡수하여 클로라민-T로 전환시키고 사이안화포타슘 용액을 첨가하여 염화사이안으로 전환시킨 후, 완충 용액 및 4-피리딘카복실산-피라졸론 용액을 첨가하여 발색시키고 638nm 부근의 파장에서 흡광도를 측정하여 염소를 정량한다.

(2) 적용방법

① 시료채취량이 20L이고 분석용 시료용액의 양이 50mL인 경우, 정량범위는 0.1ppm 이상이며, 방법검출한계는 0.04ppm이다.
② 배출가스 중 브로민, 아이오딘, 오존, 이산화염소 등의 산화성 가스 또는 황화수소, 이산화황 등의 환원성 가스가 공존하면 영향을 받으므로 그 영향을 무시하거나 제거할 수 있는 경우에 적용한다. 이산화질소의 영향은 받지 않는다.

 Question 28

배출가스 중 염소를 자외선/가시선분광법인 4-피리딘카복실산-피라졸론법에 대한 설명으로 틀린 것은?

㉮ 시료채취량이 20L이고 분석용 시료용액의 양이 50mL인 경우, 정량범위는 0.1ppm 이상이다.
㉯ 방법검출한계는 0.04ppm이다.
㉰ 발색된 흡광도를 638nm 부근의 파장에서 측정한다.
㉱ 이산화질소의 영향을 많이 받는다.

풀이 ㉱ 이산화질소의 영향을 받지 않는다.

(3) 분석용 시료용액 정량

① 25mL 부피플라스크에 분석용 시료용액 10mL를 넣는다.
② 여기에 사이안화포타슘 용액 (10g/L) 0.5mL를 넣은 후 마개를 하여 조용히 흔들어 섞고 실온에서 약 5분간 방치한다.
③ 여기에 인산염 완충 용액 (pH 7.2) 5mL 및 4-피리딘카복실산-피라졸론 용액 5mL를 넣고 정제수로 표선까지 맞춘다.
★★ ④ 약 25℃의 물중탕에서 약 30분간 방치한 후 이 용액의 일부를 10mm 흡수셀에 넣고 638nm 부근의 파장에서 흡광도를 측정한다.

★★(4) 흡수액 : P-톨루엔설폰아마이드 용액 (1g/L) (20mL×2개)

07 배출가스 중 황산화물

1. 자동측정법

(1) 개요

이 시험방법은 현장에서 이동형 측정기를 사용하여 굴뚝 배출가스 중 황산화물(SO_2)을 자동측정하는 방법에 관하여 규정한다.

★★★ ① 적용가능한 방법

측정	개요
자동측정법 - 전기화학식 (정전위전해법)	정전위전해분석계를 사용하여 시료를 가스투과성 격막을 통하여 전해조에 도입시켜 전해액 중에 확산 흡수되는 이산화황을 규정된 산화전위로 정전위전해하여 전해전류를 측정하는 방법이다.
자동측정법 - 용액 전도율법	시료를 과산화수소에 흡수시켜 용액의 전기전도율(electro conductivity)의 변화를 용액전도율 분석계로 측정하는 방법이다.
자동측정법 - 적외선 흡수법	시료가스를 셀에 취하여 7,300nm 부근에서 적외선가스분석계를 사용하여 이산화황의 광흡수를 측정하는 방법이다.
자동측정법 - 자외선 흡수법	자외선흡수분석계를 사용하여 (280~320)nm에서 시료 중 이산화황의 광흡수를 측정하는 방법이다.
자동측정법 - 불꽃 광도법	불꽃광도검출분석계를 사용하여 시료를 공기 또는 질소로 묽힌 다음 수소불꽃 중에 도입할 때에 394nm 부근에서 관측되는 발광광도를 측정하는 방법이다.

★★ ② 측정범위(적용범위)

0ppm ~ 1,000ppm 이하로 한다.

★★ ③ 측정방법에 따른 간섭물질

측정방법	간섭물질
전기화학식(정전위전해법)	황화수소, 이산화질소, 염화수소, 탄화수소, 염소
용액 전도율법	염화수소, 암모니아, 이산화질소, 이산화탄소
적외선 흡수법	수분, 이산화탄소, 탄화수소
자외선 흡수법	이산화질소
불꽃 광도법	황화수소, 이황화탄소, 탄화수소, 이산화탄소

④ 수분에 의한 영향

수분에 의한 영향을 최소화하기 위해 시료채취관을 가열하거나, 응축기 및 응축수 트랩을 연결하여 사용한다.

> **Question 29**
>
> 배출가스 중 황산화물을 분석하고자 할 때 자동측정법에 해당하지 않는 것은?
>
> ㉠ 전기화학식   ㉡ 파라로자닐린법   ㉢ 적외선흡수법   ㉣ 불꽃광도법
>
> **풀이** 황산화물을 분석하는 자동측정법에는 전기화학식(정전위전해법), 용액전도율법, 적외선흡수법, 자외선흡수법, 불꽃광도법이 있다.

(2) 자동측정법의 용어정의

① 교정가스

소급성이 명시된 표준가스를 말한다.

★★ ② 스팬가스

분석계를 교정하기 위하여 사용하는 가스로서 측정범위의 70% ~ 90%의 표준가스를 말한다.

★ ③ 제로가스

분석계를 교정하기 위하여 사용하는 순도가 높고 분석결과에 영향을 주지 않는 가스로서, 0.1ppm 이하 또는 스팬값의 0.1% 이하인 고순도 공기를 말한다.

④ 반복성

동일한 분석계를 이용하여 동일한 측정대상을 동일한 방법과 조건으로 비교적 단시간에 반복적으로 측정하는 경우로써 개개의 측정치가 일치하는 정도를 말한다.

★★ ⑤ 응답시간

시료채취부를 통하지 않고 제로가스를 측정기의 분석부에 흘려주다가 갑자기 스팬가스로 바꿔서 흘려준 후, 기록계에 표시된 지시치가 스팬가스 보정치의 90%에 해당하는 지시치를 나타낼 때까지 걸리는 시간을 말한다.

(3) 자동측정법의 측정기기 및 기구

★★ 1) 전기화학식(정전위전해법)

① 원리

이산화황을 전해질에 흡수시킨 후 전기화학적 반응을 이용하여 그 농도를 구한다. 전해질에 흡수된 이산화황은 작용전극에 일정한 전위의 전기에너지를 가하면 황산이온으로 산화되는데 이때 발생되는 전해전류는 온도가 일정할 때 흡수된 이산화황 농도에 비례한다.

② 분석계 구성

정전위전해 분석계는 크게 나누어 전해셀과 정전위전원 그리고 증폭기로 구성되어 있다.

★★ 2) 용액전도율법

시료가스를 황산산성과산화수소수 흡수액에 도입하면 이산화황은 과산화수소수에 의해 황산으로 산화되어 흡수된다. 이때 황산의 생성으로 인하여 흡수액의 전도율이 증가하게 되는데, 이 전도율의 증가는 시료가스 중의 이산화황의 농도에 비례한다.

★★ 3) 자외선 흡수법

자외선흡수분석계에는 분광기를 이용하는 분산방식과 이용하지 않는 비분산방식이 있다. 분산방식에서는 287nm에서의 이산화황과 이산화질소의 흡광도를 그리고 380nm에서 이산화질소의 흡광도를 측정하고 몰흡광계수와 농도 및 흡광도로 표시된 2원 1차 연립방식 정식에 대입하여 이산화황의 극대흡수파장인 287nm에서의 이산화질소의 간섭을 보정한다. 287nm에서 구한 이산화황만의 흡광도를 미리 작성한 검정곡선에 대입하여 그 농도를 구한다. 또한 비분산 방식에서는 수은램프로부터 나온 빛을 둘로 나누어 두 개의 광학필터를 통과시킨다. 이렇게 하여 하나의 필터로 부터는 (280~320)nm의 광을 다른 하나로부터는 (540~570)nm의 광을 시료셀에 조사한 다음, 전자는 측정광으로 하고 후자는 비교광으로 하여 흡광도를 측정하고 그 차를 시료가스 중 이산화황의 흡광도로 한다. 이것을 미리 작성한 검정곡선에 대입하여 시료가스 중 이산화황의 농도를 구한다.

4) 불꽃광도법

★★ ① 원리

환원성 수소불꽃에 도입된 이산화황이 불꽃 중에서 환원될 때 발생하는 빛 가운데 394nm 부근의 빛에 대한 발광강도를 측정하여 배출가스 중 이산화황 농도가 (5 ~ 6)μg/min 이하가 되도록 시료가스를 깨끗한 공기로 희석해야 한다.

② 분석계 구성

유량제어부, 희석부, 불꽃부, 검출부로 이루어져 있다.

2. 침전적정법 – 아르세나조 III법

(1) 개요

이 시험기준은 연소 등에 따라 굴뚝 등에서 배출되는 배출가스 중의 황산화물(SO_2 + SO_3)을 분석하는 방법에 대하여 규정한다.

★★★ ① 목적

시료를 과산화수소에 흡수시켜 황산화물을 황산으로 만든 후 아이소프로필알코올과 아세트산을 가하고 아르세나조 III을 지시약으로 하여 아세트산바륨 용액으로 적정한다.

★★ ② 적용범위

시료가스 20L를 흡수액에 통과시키고 이 액을 250mL로 묽에 하여 분석용 시료용액으로 할 때 전 황산화물의 농도가 (140~700)ppm의 시료에 적용된다. 방법검출한계는 44.0ppm이다.

> **TIP**
> 광도 적정법일 때의 정량범위는 (50.0 ~ 700)ppm이며, 방법검출한계는 15.7ppm이다.

★★ ③ 흡수액 : 과산화수소용액 (1+9) (50mL×2개)

(2) 시료채취장치

★★ ① 시료채취관은 배출가스 중의 황산화물에 의해 부식되지 않는 재질, 예를 들면 유리관, 석영관, 스테인리스강 재질(stainless steel pipes) 등을 사용한다.

② 시료가스 중 먼지가 섞여 들어가는 것을 방지하기 위하여 채취관의 앞 끝에 알칼리(alkali)가 없는 유리솜 등 적당한 여과재를 넣는다.

③ 시료가스 중 황산화물과 수분이 응축되지 않도록 시료 채취관과 콕(M) 사이를 가열할 수 있는 구조로 한다.

④ 배관은 될 수 있는 한 짧게 하고, 수분이 응축될 우려가 있는 경우에는 채취관에서 삼방콕(M) 사이를 160℃ 정도로 가열한다.

★★ ⑤ 채취관과 어댑터(adapter), 삼방콕 등 가열하는 접속부분은 갈아 맞춤 또는 실리콘고무관을 사용하고 보통 고무관을 사용하면 안된다.

(3) 분석방법

① 조제한 분석용 시료용액 10mL를 200mL 삼각플라스크에 분취한다.

★★★ ② 아이소프로필 알코올 40mL, 아세트산 1mL 및 아르세나조 Ⅲ 지시약 (4 ~ 6)방울을 가하고 0.005mol/L 아세트산바륨 용액으로 적정한다. 액의 색이 청색으로 되서 1분간 지속되는 점을 종말점으로 한다.

TIP

광도 적정법(파장 600m 부근)으로 하면 종말점을 정확히 결정할 수 있으므로 이것을 사용하는 것이 바람직하다.

③ 현장바탕시료 100mL를 250mL 부피플라스크에 넣고 정제수로 표선까지 맞춘다. 이 용액을 현장바탕 시료용액으로 하고 분석용 시료용액 전처리 및 정량방법과 동일하게 시험한다.

Question 30

굴뚝 배출가스 중 황산화물의 침전적정법인 아르세나조Ⅲ 법에 관한 설명으로 틀린 것은?

㉮ 시료를 과산화수소에 흡수시켜 황산화물을 황산으로 만든다.
㉯ 아이소프로필 알코올과 아세트산을 가하고 아르세나조 Ⅲ을 지시약으로 한다.
㉰ 수산화소듐용액으로 적정한다.
㉱ 시료가스 20L를 흡수액에 통과시키고 이 액을 250mL로 묽게 하여 분석용 시료용액으로할 때 전 황산화물의 농도가 (140 ~ 700)ppm의 시료에 적용된다.

풀이 ㉰ 0.005 mol/L 아세트산바륨용액으로 적정한다.

---

(4) 결과보고

① 시료채취량

$$V_{s(습식)} = V \times \frac{273}{273+t} \times \frac{P_a + P_m - P_v}{760} \qquad V_{s(건식)} = V \times \frac{273}{273+t} \times \frac{P_a + P_m}{760}$$

- V : 가스미터로 측정한 흡입가스량(L)
- t : 가스미터의 온도(℃)
- P_m : 가스미터의 게이지압(mmHg)
- V_s : 건조 시료 가스 채취량(L)
- P_a : 대기압(mmHg)
- P_v : t℃에서의 포화수증기압(mmHg)

② 농도의 계산

★★ $$C = \frac{0.112 \times (a-b) \times f \times \frac{250}{V}}{V_s} \times 1,000$$

$$C' = C \times \frac{1}{10,000}$$

- C : 황산화물 농도(ppm 또는 μmol/mol)
- C' : 황산화물 농도(부피분율%)
- a : 분석용 시료용액의 적정에 사용된 0.005mol/L 아세트산바륨 용액 부피(mL)
- b : 현장바탕 시료용액의 적정에 사용된 0.005mol/L 아세트산바륨 용액 부피(mL)
- f : 0.005mol/L 아세트산바륨 용액의 역가
- V_s : 표준상태 건조가스 시료채취량(L)
- 0.112 : 0.005mol/L 아세트산바륨 용액 1mL에 상당하는 황산화물($SO_2 + SO_3$)의 가스 부피(mL)(표준상태)

08 배출가스 중 질소산화물

1. 자동측정법

(1) 개요

이 시험기준은 이동형 측정기를 사용하여 굴뚝배출가스 중 질소산화물(NO, NO_2)을 자동측정하는 방법에 관하여 규정한다.

★★ ① 적용가능한 방법

측정	개요
자동측정법 - 전기화학식 (정전위전해법)	가스투과성 격막을 통하여 전해질 용액에 시료가스 중의 질소산화물을 확산·흡수시키고 일정한 전위의 전기에너지를 부가하여 질산이온으로 산화시켜서 생성되는 전해전류로 시료가스 중 질소산화물의 농도를 측정한다.
자동측정법 - 화학 발광법	일산화질소와 오존이 반응하여 이산화질소가 될 때 발생하는 발광강도를 (590~875)nm 부근의 근적외선 영역에서 측정하여 시료 중의 일산화질소의 농도를 측정하는 방법이다. 이산화질소는 일산화질소로 환원시킨 후 측정한다.
자동측정법 - 적외선 흡수법	일산화질소의 5,300nm 적외선 영역에서 광흡수를 이용하여 시료중의 일산화질소의 농도를 비분산형 적외선분석계로 측정하는 방법이다. 이산화질소는 일산화질소로 환원시킨 후 측정한다.
자동측정법 - 자외선 흡수법	일산화질소는 (195~230)nm, 이산화질소는 (350~450)nm 부근에서 자외선의 흡수량 변화를 측정하여 시료 중의 일산화질소 또는 이산화질소의 농도를 측정하는 방법이다.

★★ ② 측정범위

0ppm ~ 1,000ppm 이하로 한다.

★★ ③ 측정방법에 따른 간섭물질

측정방법	간섭물질
전기화학식(정전위전해법)	염화수소, 황화수소, 염소
화학 발광법	이산화탄소
적외선 흡수법	수분, 이산화탄소, 이산화황, 탄화수소
자외선 흡수법	이산화황, 탄화수소

④ 수분에 의한 영향

수분에 의한 영향을 최소화하기 위해 시료채취관을 가열하거나, 응축기 및 응축수 트랩을 연결하여 사용한다.

Question 31

다음의 설명은 배출가스 중 질소산화물을 측정하는 자동측정법에 대한 설명이다. 일산화질소와 오존이 반응하여 이산화질소가 될 때 발생하는 발광강도를 (590 ~ 875)nm 부근의 근적외선 영역에서 측정하여 시료 중의 일산화질소의 농도를 측정하는 방법으로 알맞은 것은?

㉮ 전기화학식　　㉯ 화학발광법　　㉰ 적외선흡수법　　㉱ 자외선흡수법

정답 ㉯

(2) 용어정의

① 교정가스

소급성이 명시된 표준가스를 말한다.

★★ ② 스팬가스

분석계를 교정하기 위하여 사용하는 가스로서 측정범위의 70% ~ 90%의 표준가스를 말한다.

★★ ③ 제로가스

분석계를 교정하기 위하여 사용하는 순도가 높고 분석결과에 영향을 주지 않는 가스로서, 0.1ppm 이하 또는 스팬값의 0.1% 이하인 고순도 공기를 말한다.

④ 반복성

동일한 분석계를 이용하여 동일한 측정대상을 동일한 방법과 조건으로 비교적 단시간에 반복적으로 측정하는 경우로써 개개의 측정치가 일치하는 정도를 말한다.

★★ ⑤ 응답시간

시료채취부를 통하지 않고 제로가스를 측정기의 분석부에 흘려주다가 갑자기 스팬가스

로 바꿔서 흘려준 후, 기록계에 표시된 지시치가 스팬가스 보정치의 90%에 해당하는 지시치를 나타낼 때까지 걸리는 시간을 말한다.

(3) 측정기기 및 기구

★★ 1) 전기화학식(정전위 전해법)
① 원리
가스투과성 격막을 통하여 전해질 용액에 시료가스 중의 질소산화물을 확산·흡수시키고 일정한 전위(이산화황의 경우와 전위는 다르다.)의 전기에너지를 부가하면 질산이온으로 산화된다. 이때 생성되는 전해전류는 온도가 일정할 때 시료가스 중 질소산화물의 농도에 비례한다.

② 분석계 구성
정전위전해 분석계는 크게 나누어 전해셀과 정전위전원 그리고 증폭기로 이루어져 있다.

★★ 2) 화학발광법
① 원리
일산화질소와 오존이 반응하여 이산화질소가 생성되는데 이때 (590 ~ 875)nm에 이르는 폭을 가진 (화학발광)이 발생한다. 이 발광강도를 측정하여 시료가스 중 일산화질소의 농도를 측정한다. 질소산화물 농도는 시료가스를 환원장치를 통과시켜 이산화질소를 일산화질소로 환원한 다음 측정하여 구한다.

② 분석계 구성
유량제어부, 반응조, 검출기, 오존발생기 등으로 구성되어 있다.

3) 적외선 흡수법
ES 01204 비분산적외선분광분석법에 따른다.

★★ 4) 자외선 흡수법
① 원리
일산화질소는 (195~230)nm, 이산화질소는 (350~450)nm 부근의 자외선을 흡수하는 성질을 이용한다. 질소산화물의 농도를 구하기 위하여 일산화질소와 이산화질소의 농도를 각각 측정하여 그것들을 합하는 방식 (다성분합산방식)과 시료가스 중 일산화질소를 이산화질소로 산화시킨 다음 측정하는 방식 (산화방식)이 사용되고 있다.

② 분석계 구성
다성분합산형 (또는 분산형)과 산화형 (비분산형)이 있으며, 광원, 분광기, 광학필터, 시료셀, 검출기, 합산증폭기, 오존발생기 등으로 이루어져 있다.

2. 자외선/가시선분광법-아연환원나프틸에틸렌다이아민법

(1) 개요

이 시험기준은 화학반응 등에 의하여 굴뚝 등에서 배출되는 배출가스 중의 질소산화물 ($NO + NO_2$)을 분석하는 방법에 대하여 규정한다.

★★ ① 목적 및 적용범위

시료 중의 질소산화물을 오존 존재 하에서 흡수액에 흡수시켜 질산이온으로 만들고 분말 금속아연을 사용하여 아질산 이온으로 환원 후 설파닐아마이드(sulfanilamide) 및 나프틸에틸렌다이아민(naphthyl ethylen diamine)을 반응시켜 얻어진 착색의 흡광도로부터 질소산화물을 정량하는 방법으로 배출가스 중의 질소산화물을 이산화질소로 하여 계산한다. (측정파장 545nm 부근)

② 적용범위

★★ ㉠ 시료채취량이 150mL인 경우 시료 중의 질소산화물 농도가 (6.7 ~ 230)ppm의 것을 분석하는데 적당하다. 방법검출한계는 2.1ppm이다.

★ ㉡ 2,000ppm 이하의 이산화황은 방해하지 않고 염화 이온 및 암모늄 이온(ammonium ion)의 공존도 방해하지 않는다.

Question 32

굴뚝 배출가스 내의 질소산화물 분석하는 자외선/가시선분광법인 아연환원 나프틸에틸렌다이아민법에 대한 내용으로 틀린 것은?

㉮ 시료 중 질소산화물을 오존 존재하에서 흡수액에 흡수시켜 질산이온으로 만든다.
㉯ 질산이온을 분말금속아연을 사용하여 아질산이온으로 환원시킨다.
㉰ 시료 중 질소산화물 농도가 (6.7 ~ 230)ppm의 것을 분석하는데 적당하다.
㉱ 1,000ppm 이상의 이산화황, 염화이온, 암모늄이온의 공존에 방해를 받는다.

풀이 ㉱ 2,000ppm 이하의 이산화황은 방해하지 않고 염화이온 및 암모늄이온의 공존도 방해하지 않는다.

(2) 분석기기 및 기구

① 광도계

광전광도계(photoelectric photometer) 또는 광전분광 광도계를 이용한다.

② 시료채취용 주사기

콕이 붙은 부피 200mL 또는 500mL의 유리 주사기를 사용한다.

③ 흡수액 주입용 주사기

부피 20mL 또는 100mL의 유리 주사기를 사용한다.

④ 오존발생장치

오존발생장치는 오존이(부피분율 1%) 정도의 오존 농도를 얻을 수 있는 것으로써 질소산화물의 생성량이 적고, 그 산포 또한 작은 것이어야 한다.

⑤ 흡수액 : 0.005mol/L 황산용액(20mL)

(2) 시료채취장치

① 시료채취관은 배출가스 중의 부식성 가스에 의해서 침식되지 않는 재질(보기를 들면 경질 유리관, 석영관, 염소가스가 공존하지 않을 때는 스테인리스강 재질(stainless steel pipes)도 좋다.)을 사용하여야 한다.

② 시료 중에 먼지 등이 섞여 들어가는 것을 방지하기 위하여 시료채취관의 도중에 적당한 여과재를 넣는다.

③ 시료 중의 수분이 응축되는 것을 방지하기 위하여 시료채취관 및 채취관에서 여과재까지의 사이를 가열하여야 한다.

09 배출가스 중 이황화탄소(CS_2)

1. 적용범위

이 시험방법은 화학반응 등에 따라 굴뚝으로부터 배출되는 가스 중의 이황화탄소를 분석하는 방법에 관하여 규정한다.

2. 분석방법의 종류

분석방법	정량범위	방법검출한계	정밀도
기체크로마토그래피	0.5ppm 이상(FPD)	0.1ppm	10% 이내
자외선/가시선분광법	(4.0~60.0)ppm(시료채취량 10L 경우)	1.3ppm	10% 이내

(1) 자외선/가시선분광법

다이에틸아민구리 용액에서 시료가스를 흡수시켜 생성된 다이에틸 다이싸이오카밤산구리의 흡광도를 435nm의 파장에서 측정하여 이황화탄소를 정량한다.

이 시험기준은 시료가스 채취량 10L인 경우 배출가스 중의 이황화탄소 농도 (4.0~60.0)ppm의 분석에 적합하다. 이황화탄소의 방법검출한계는 1.3ppm이다.

Question 33

다음 중 다이에틸아민구리 용액에서 시료가스를 흡수시켜 생성된 다이에틸다이싸이오카밤산구리의 흡광도를 435nm의 파장에서 측정하는 항목은?

㉮ CS_2 ㉯ H_2S ㉰ HCN ㉱ PAH

정답 ㉮

(2) 기체크로마토그래피

불꽃광도검출기(FPD) 혹은 이와 동등 이상의 성능을 갖는 황화물 선택성 검출기나 질량분석기를 구비한 기체크로마토그래피를 사용하여 정량한다.

이 시험기준은 이황화탄소 농도 0.5ppm 이상의 배출 분석에 적합하다. 배출가스 중에 포함된 황화합물의 대부분이 이황화탄소이어서 전(total)황화물로 측정해도 지장이 없는 경우에는 분리관을 생략한 불꽃광도 검출방식 연속분석계를 사용해도 좋다. 이황화탄소의 방법 검출한계는 0.1ppm이어야 한다.

3. 시료 채취관 및 흡수액

① 흡수액 : 다이에틸아민구리용액(50mL×2개)
② 광도계 : 광전광도계 또는 광전분광광도계

4. 기체크로마토그래피

(1) 장치

① 기체크로마토그래피 검출기 : 불꽃광도 검출기(FPD), 펄스 불꽃광도검출기(PFPD), 혹은 질량분석기(MS)가 장착된 것을 사용한다.
② 운반기체 : 순도 99.999% 이상의 질소 또는 순도 99.999% 이상의 헬륨

Question 34

굴뚝 배출가스 중 이황화탄소 분석방법으로 틀린 것은?

㉮ 자외선/가시선분광법은 다이에틸아민구리 용액에서 시료가스를 흡수시켜 생성된 다이에틸다이싸이오카밤산구리의 흡광도를 535nm의 파장에서 측정하여 이황화탄소를 정량한다.
㉯ 기체크로마토그래피는 불꽃광도검출기(FPD) 혹은 이와 동등 이상의 성능을 갖는 황화물 선택성 검출기나 질량분석기를 구비한 기체크로마토그래피를 사용하여 정량하며, 이 방법은 이황화탄소농도 0.5ppm 이상의 분석에 적합하다.
㉰ 배출가스 중에 포함된 황화합물의 대부분이 이황화탄소이어서 전황화합물로 측정해도 지장이 없는 경우에는 분리관을 생략한 불꽃광도 검출방식 연속분석계를 사용해도 좋다.
㉱ 채취관, 연결관 등에는 경질유리, 테플론관 등을 사용한다.

풀이 ㉮ 자외선/가시선분광법은 다이에틸아민구리 용액에서 시료가스를 흡수시켜 생성된 다이에틸다이싸이오카밤산구리의 흡광도를 435nm의 파장에서 측정하여 이황화탄소를 정량한다.

10 배출가스 중 황화수소

1. 적용범위

배출가스 중 황화수소-자외선/가시선분광법 – 메틸렌블루법이 주 시험방법이며, 시험방법의 정량범위는 표와 같다.

분석방법	정량범위	방법검출한계	정밀도
자외선/가시선분광법 -메틸렌블루법	1.7ppm 이상 (시료채취량 : 20L, 분석용 시료용액 : 200mL)	0.5ppm	10% 이내
기체크로마토그래피	0.5ppm 이상 (시료채취주머니 채취 및 직접 주입)	0.2ppm	10% 이내

2. 자외선/가시선분광법 – 메틸렌블루법

★★ (1) 목적

배출가스 중의 황화수소를 아연아민착염 용액에 흡수시켜 P-아미노디메틸아닐린 용액과 염화철(Ⅲ) 용액을 가하여 생성되는 메틸렌블루의 흡광도 670nm 부근에서 측정하여 황화수소를 정량한다.

(2) 적용범위

★★ ① 시료채취량이 20L이고 분석용 시료용액의 양이 200mL인 경우, 정량범위는 1.7ppm 이상이며, 방법검출한계는 0.5ppm이다.
② 황화수소의 농도가 140ppm 이상인 것에 대하여서는 분석용 시료용액을 흡수액으로 적당히 묽게 하여 분석에 사용할 수가 있다.

(3) 시료채취장치

★★ ① 채취관은 부식성 가스에 영향을 받지 않는 재질이어야 한다. 예를 들면 스테인레스강, 유리, 석영, PTFE(polytetrafluoroethylene)수지 등을 사용한다.
② 채취관의 적당한 곳에 배출가스 성분과 화학 반응 등을 일으키지 않는 재질의 여과재를 넣어 먼지가 혼입되는 것을 방지한다. 예를 들면 무알칼리 유리섬유, 석영섬유 등을 사용한다.
★★ ③ 연결관의 길이는 가능한 짧게 하고 수분이 응축될 우려가 있는 경우에는 채취관에서 흡수병 사이를 약 120℃로 가열한다. 각 연결 부위는 실리콘 고무, PTFE 수지 등을 사용한다.
★★ ④ **흡수액** : 아연아민착염 용액 (50mL×2개)

📢 **Question 35**

배출가스 중 황화수소의 분석방법 중 자외선/가시선분광법인 메틸렌블루법에 대한 설명으로 틀린 것은?

㉮ 배출가스 중 황화수소를 아연아민착염용액에 흡수시켜 p-아미노다이메틸아닐린 용액과 염화철(Ⅲ) 용액을 가하여 생성되는 메틸렌블루의 흡광도를 측정한다.
㉯ 510nm 부근의 파장에서 흡광도를 측정한다.
㉰ 시료채취량이 20L이고 분석용 시료용액의 양이 200mL인 경우, 정량범위는 1.7 ppm 이상이다.
㉱ 채취관의 재질은 스테인레스강, 유리, 석영, PTFE(polytetrafluoroethylene)수지 등을 사용한다.

풀이 ㉯ 670nm 부근의 파장에서 흡광도를 측정한다.

---

2. 기체크로마토그래피

(1) 목적

배출가스 중 황화수소를 시료채취 주머니에 채취하여 충분한 분리능을 가질 수 있는 분리관(column)으로 분리하고 불꽃광도검출기(flame photometric detector) 또는 동등 이상의 성능을 갖는 검출기를 구비한 기체크로마토그래프로 황화수소를 정량한다.

(2) 적용방법

★★ ① 정량 범위는 0.5ppm 이상이며 방법검출한계는 0.2ppm이다.
★ ② 배출가스 중 일산화탄소, 이산화탄소 또는 수분 등이 공존하면 영향을 받으므로 그 영향을 무시하거나 제거할 수 있는 경우에 적용한다.
★ ③ 검출기는 펄스형불꽃광도검출기(pulsed flame photometric detector), 황화학발광검출기(sulfur chemiluminescence detector), 원자방출검출기(atomic emission detector), 질량분석기(mass spectrometer) 등을 사용할 수 있다.

(3) 시료채취장치

★ ① 채취관은 부식성 가스에 영향을 받지 않는 재질이어야 한다. 예를 들면 스테인레스강, 유리, 석영, PTFE(polytetrafluoroethylene) 수지 등을 사용한다.
★ ② 채취관의 적당한 곳에 배출가스 성분과 화학 반응 들을 일으키지 않는 재질의 여과재를 넣어 먼지가 혼입되는 것을 방지한다. 예를 들면 무알칼리 유리섬유, 석영섬유 등을 사용한다.
★ ③ 연결관의 길이는 가능한 짧게 하고 수분이 응축될 우려가 있는 경우에는 채취관에서 흡수병 사이를 약 120℃로 가열한다. 각 연결 부위는 실리콘 고무, PTFE 수지 등을 사용한다.
④ 흡수병은 내부에 들어가는 튜브의 끝부분 직경이 3mm 이하이며 PTFE 수지 등의 재질로 만들어진 것을 사용한다.
⑤ 진공 흡입상자는 10L 시료채취 주머니를 담을 수 있어야 하며, 내부가 완전 진공이 되도록 밀폐된 구조의 것을 사용한다.
⑥ 시료채취 주머니는 플루오로 수지, 폴리에스터 수지 등의 불활성 재질로 오염되지 않는 것을 사용한다.

📢 Question 36

배출가스 중 황화수소의 분석방법 중 기체크로마토그래피에 대한 설명으로 틀린 것은?

㉮ 정량범위는 0.5ppm 이상이며, 방법검출한계는 0.2ppm이다.
㉯ 배출가스 중 일산화탄소, 이산화탄소 또는 수분 등이 공존하여도 영향을 받지 않는다.
㉰ 검출기는 펄스형불꽃광도검출기, 황화학발광검출기, 원자방출검출기, 질량분석기 등을 사용할 수 있다.
㉱ 여과재는 무알칼리 유리섬유, 석영섬유 등을 사용한다.

> **풀이** ㉯ 배출가스 중 일산화탄소, 이산화탄소 또는 수분 등이 공존하면 영향을 받으므로 그 영향을 무시하거나 제거할 수 있는 경우에 적용한다.

11 배출가스 중 플루오린화합물

배출가스 중 플루오린화합물 – 자외선/가시선분광법 – 란타넘-알리자린콤플렉손법이 주 시험방법이며, 시험방법의 정량범위는 표와 같다.

★★★

분석방법	정량범위	방법검출한계	정밀도
자외선/가시선분광법 – 란타넘-알리자린콤플렉손법	0.05ppm 이상 (시료채취량 : 80L, 분석용 시료용액 : 250mL)	0.02ppm	10% 이내
이온크로마토그래피	0.30ppm 이상 (시료채취량 : 40L, 분석용 시료용액 : 100mL)	0.10ppm	10% 이내
이온선택전극법	7.37ppm~737ppm (시료채취량 : 40L, 분석용 시료용액 : 250mL)	2.31ppm	10% 이내
연속흐름법	0.30ppm 이상 (시료채취량 : 40L, 분석용 시료용액 : 100mL)	0.10ppm	10% 이내

Question 37

배출가스 중 플루오린화합물을 분석하는 방법으로 틀린 것은?

㉮ 자외선/가시선분광법 ㉯ 이온크로마토그래피
㉰ 이온선택전극법 ㉱ 기체크로마토그래피

풀이 정답은 ㉱이고, 배출가스 중 플루오린화합물을 분석하는 방법에는 자외선/가시선분광법 – 란타넘-알리자린콤플렉손법, 이온크로마토그래피, 이온선택전극법, 연속흐름법이 있다.

2. 분석방법의 종류

(1) 자외선/가시선분광법 – 란타넘-알리자린콤플렉손법

★★★ ① 목적

배출가스 중 무기 플루오린화합물을 수산화소듐 용액으로 흡수하고 완충 용액을 첨가하여 pH를 조절한 후 란타넘-알리자린콤플렉손 용액을 첨가하고 플루오린화 이온과 반응하여 생성하는 복합 착화합물의 흡광도를 파장 620nm에서 측정하여 플루오린화합물을 정량한다.

★★ ② 적용범위

시료채취량이 80L이고 분석용 시료용액의 양이 250mL인 경우, 정량범위는 0.05ppm 이상이며, 방법검출한계는 0.02ppm이다.

★★ ③ 배출가스 중 알루미늄(III), 철(II), 구리(II), 아연(II) 등의 중금속 이온이나 인산 이온 등이 공존하면 영향을 받으므로 그 영향을 무시하거나 제거할 수 있는 경우에 적용한다.
★★ ④ 흡수액 : 수산화소듐 용액(4g/L) (50mL×2개)

(2) 이온크로마토그래피

① 목적

배출가스 중 무기 플루오린화합물을 수산화소듐 용액으로 흡수하고 중화시킨 후 탄산 이온을 제거하여 충분한 분리능을 가질 수 있는 음이온 교환 분리관으로 분리하고 전도도검출기(conductivity detector) 또는 동등 이상의 성능을 갖는 검출기를 구비한 이온크로마토그래프로 플루오린화 이온을 측정하여 플루오린화합물을 정량한다.

★★ ② 적용범위

시료채취량이 40L이고 분석용 시료용액의 양이 100mL인 경우, 정량범위는 0.30ppm 이상이며, 방법검출한계는 0.10ppm이다.

★★ ③ 배출가스 중 알루미늄(III), 철(II) 등의 중금속 이온이 공존하면 영향을 받으므로 그 영향을 무시하거나 제거할 수 있는 경우에 적용한다.

★★ ④ 흡수액 : 수산화소듐 용액(4g/L) (25mL×2개)

(3) 이온선택전극법

① 목적

굴뚝 등에서 배출되는 배출가스 중의 무기 플루오린화합물을 플루오린화 이온으로 분석하는 데 목적이 있다. 굴뚝에서 적절한 시료채취장치를 이용하여 얻은 시료 흡수액을 플루오린화 이온 전극을 이용하여 전기전도도를 측정하는 방법이다.

★★ ② 적용범위

시료채취량 40L인 경우 정량범위는 플루오린화합물로서 (7.37~737)ppm이며, 방법 검출한계는 2.31ppm이다.

③ 시료가스 중에 알루미늄(III), 철(II) 등의 중금속 이온이 공존하면 영향을 받는다.

④ 흡수액 : 0.1 mol/L 수산화소듐 용액 (50mL × 2개)

(4) 연속흐름법

① 목적

배출가스 중 무기 플루오린화합물을 수산화소듐 용액으로 흡수하고 가열 증류하여 플루오린화합물을 플루오린화 이온으로 유출시킨 후 란타넘-알리자린콤플렉손 용액을 첨가하고 플루오린화 이온과 반응하여 생성하는 복합 착화합물의 흡광도를 측정하여 플루오린화합물을 정량한다.

★★ ② 적용범위

시료채취량이 40L이고 분석용 시료용액의 양이 100mL인 경우, 정량범위는 0.30ppm 이상이며, 방법검출한계는 0.10ppm이다.

③ 배출가스 중 알루미늄(III), 철(II), 구리(II), 아연(II) 등의 중금속 이온이나 인산 이온 등이 공존하면 영향을 받으므로 그 영향을 무시하거나 제거할 수 있는 경우에 적용한다.

④ 배출가스 중 염화수소 등의 염화 이온이 고농도로 존재하면 가열 증류 시 회수율이 낮아지므로 회수율 검증 후 적용한다.

⑤ 흡수액 : 수산화소듐 용액(4g/L) (25mL × 2개)

3. 시료채취장치

① 채취관은 부식성 가스에 영향을 받지 않는 재질이어야 한다. 예를 들면 스테인레스강, PTFE(polytetrafluoroethylene) 수지 등을 사용한다.

② 채취관의 적당한 곳에 배출가스 성분과 화학 반응 등을 일으키지 않는 재질의 여과재를 넣어 먼지가 혼입되는 것을 방지한다. 예를 들면 PTFE 섬유 등을 사용한다.

③ 연결관의 길이는 가능한 짧게 하고 수분이 응축될 우려가 있는 경우에는 채취관에서 흡수병 사이를 약 120℃로 가열한다. 각 연결 부위는 실리콘 고무, PTFE 수지 등을 사용한다.

Question 38

굴뚝 배출가스 중의 무기 플루오린화합물의 분석법인 자외선/가시선분광법 – 란타넘–알리자린콤플렉손법에 대한 내용으로 틀린 것은?

㉮ 배출가스 중 무기 플루오린화합물을 수산화소듐 용액으로 흡수하고 완충 용액을 첨가하여 pH를 조절한 후 란타넘-알리자린콤플렉손 용액을 첨가하고 플루오린화 이온과 반응하여 생성하는 복합 착화합물의 흡광도를 측정한다.

㉯ 시료채취량이 80L이고 분석용 시료용액의 양이 250mL인 경우, 정량범위는 0.05ppm 이상이며, 방법검출한계는 0.02ppm이다.

㉰ 배출가스 중 알루미늄(III), 철(II), 구리(II), 아연(II) 등의 중금속 이온이나 인산 이온 등이 공존하면 영향을 받으므로 그 영향을 무시하거나 제거할 수 있는 경우에 적용한다.

㉱ 연결관의 길이는 가능한 길게 하고 수분이 응축될 우려가 있는 경우에는 채취관에서 흡수병 사이를 약 120℃로 가열한다. 각 연결 부위는 일반 고무관을 사용한다.

풀이 ㉱ 연결관의 길이는 가능한 짧게 하고 수분이 응축될 우려가 있는 경우에는 채취관에서 흡수병 사이를 약 120℃로 가열한다. 각 연결 부위는 실리콘 고무, PTFE 수지 등을 사용한다.

12 배출가스 중 사이안화수소

배출가스 중 사이안화수소 자외선/가시선분광법 – 4 – 피리딘카복실산 – 피라졸론법이 주 시험방법이며, 시험방법의 정량범위는 표와 같다.

분석방법	정량범위	방법검출한계	정밀도
자외선/가시선분광법 – 4 – 피리딘카복실산 – 피라졸론법	0.05ppm 이상 (시료채취량 : 10L, 분석용 시료용액 : 250mL)	0.02ppm	10% 이내
연속흐름법	0.11ppm 이상 (시료채취량 : 20L 분석용 시료용액 : 250mL)	0.03ppm	10% 이내

1. 자외선/가시선분광법 – 4-피리딘카복실산-피라졸론법

(1) 목적

배출가스 중 사이안화수소를 수산화소듐 용액으로 흡수하고 완충 용액 및 클로라민-T 용액을 첨가하여 염화사이안으로 전환시킨 후 발색 용액을 첨가하여 발색시키고 흡광도를 파장 638nm에서 측정하여 사이안화수소를 정량한다.

(2) 적용방법

① 시료채취량이 10L이고 분석용 시료용액의 양이 250mL인 경우, 정량범위는 0.05ppm 이상이며, 방법검출한계는 0.02ppm이다.
② 배출가스 중 염소 등의 산화성가스 또는 알데하이드류, 황화수소, 이산화황 등의 환원성가스가 공존하면 영향을 받으므로 그 영향을 무시하거나 제거할 수 있는 경우에 적용한다.

(3) 흡수액 : 수산화소듐 용액 (20g/L) (50mL×2개)

2. 연속흐름법

(1) 목적

배출가스 중 사이안화수소를 수산화소듐 용액으로 흡수하여 완충 용액을 첨가한 후 자외선 분해 및 가열 증류 방식 또는 자외선 분해 및 소수성 막에 의한 가스 확산 방식으로 다시 사이안화수소로 유출시키고 완충 용액 및 클로라민-T 용액을 첨가하여 염화사이안으로 전환시킨 후 발색 용액을 첨가하여 발색시키고 흡광도를 측정하여 사이안화수소를 정량한다.

(2) 적용범위

★★ ① 시료채취량이 20L이고 분석용 시료용액의 양이 250mL인 경우 정량범위는 0.11ppm 이상이며, 방법검출한계는 0.03ppm이다.

★ ② 배출가스 중 염소 등의 산화성가스 또는 알데하이드류, 황화수소, 이산화황 등의 환원성 가스가 공존하면 영향을 받으므로 그 영향을 무시하거나 제거할 수 있는 경우에 적용한다.

Question 39

배출가스 중 사이안화수소의 분석법인 자외선/가시선분광법 - 4-피리딘카복실산-피라졸론법에 대한 내용으로 틀린 것은?

㉮ 수산화소듐 용액으로 흡수하고 완충 용액 및 클로라민-T 용액을 첨가하여 염화사이안으로 전환시킨 후 발색 용액을 첨가하여 발색시킨다.
㉯ 시료채취량이 10L이고 분석용 시료용액의 양이 250mL인 경우, 정량범위는 0.05ppm 이상이며, 방법검출한계는 0.02ppm이다.
㉰ 배출가스 중 염소 등의 산화성가스 또는 알데하이드류, 황화수소, 이산화황 등의 환원성가스가 공존하면 영향을 받는다.
㉱ 흡광도는 파장 538nm에서 측정하여 사이안화수소를 정량한다.

풀이 ㉱ 흡광도는 파장 638nm에서 측정하여 사이안화수소를 정량한다.

13 배출가스 중 매연

1. 매연

(1) 목적

이 시험기준은 굴뚝 등에서 배출되는 매연을 링겔만 매연농도표(Ringelmann Smoke chart)에 의해 비교 측정하기 위한 시험방법이다.

(2) 용어정의

① 링겔만 매연 농도표
  링겔만(Ringelmann)이라는 사람이 창안한 방법으로 매연의 정도에 따라 색이 진하고 연하게 나타나며, 이를 링겔만 표준 농도표와 비교하여 매연 농도를 측정한다.

② 매연
  공기 중에 부유하며 강하게 빛을 흡수 및 산란하는 미립자상 물질을 말하며 기본적인 형태로 탄소를 포함한다.

(3) 측정방법

★★ ① 링겔만 매연 농도법
  보통 가로 14cm 세로 20cm의 백상지에 각각 0mm, 1.0mm, 2.3mm, 3.7mm, 5.5mm 전폭의 격자형 흑선을 그려 백상지의 흑선부분이 전체의 0%, 20%, 40%, 60%, 80%, 100%를 차지하도록 하여 이 흑선과 굴뚝에서 배출하는 매연의 검은 정도를 비교하여 각각 (0 ~ 5)도까지 6종으로 분류한다.

> **Question 40**
>
> 다음은 굴뚝 등에서 배출되는 매연의 링겔만 매연농도 분석방법이다. ( ) 안에 알맞은 것은?
>
> 보통 가로 14cm 세로 20cm의 백상지에 각각 ( )mm 전폭의 격자형 흑선을 그려 백상지의 흑선 부분이 전체의 0%, 20%, 40%, 60%, 80%, 100%를 차지하도록 하여 이 흑선과 굴뚝에서 배출하는 매연의 검은 정도를 비교하여 각각 0도에서 5도까지 6종으로 분류한다.
>
> ㉮ 0, 1.0, 2.0, 3.0, 4.0 ㉯ 0, 1.0, 2.3, 3.7, 5.5
> ㉰ 0, 1.2, 2.4, 3.6, 4.8 ㉱ 0, 1.2, 2.5, 3.9, 5.2
>
> 정답 ㉯

★★ ② 불투명도법
  코크스로, 용광로 등을 사용하는 제철업 및 제강업종에서 입자상 물질이 시설로부터 제일 많이 새어나오는 곳을 대상으로 하여 측정한다. 이때 태양은 측정자의 좌측 또는 우측에 있어야 하고 측정자는 시설로부터 배출가스를 분명하게 관측할 수 있는 거리에 위치해야 한다. (그 거리는 아무리 멀어도 1km를 넘지 않아야 한다.)
  불투명도 측정은 링겔만 매연농도표 또는 매연 측정기(smoke scope)를 이용하여 30초 간격으로 비탁도를 측정한 다음 불투명도 측정용지에 기록한다. 비탁도는 최소 0.5° 단위로 측정값을 기록하며 비탁도에 20%를 곱한 값을 불투명도 값으로 한다.

Question 41

매연 측정방법 중 불투명도법에 대한 설명으로 알맞은 것은 어느 것인가?

㉮ 측정자는 건물로부터 배출가스를 분명하게 관측할 수 있는 3km 이내의 거리에 위치해야 한다.
㉯ 비탁도는 최소 0.5도 단위로 측정값을 기록한다.
㉰ 입자상 물질이 건물로부터 제일 적게 새어나오는 곳을 대상으로 하여 측정한다.
㉱ 비탁도에 10%를 곱한 값을 불투명도 값으로 한다.

풀이 ㉮ 측정자는 건물로부터 배출가스를 분명하게 관측할 수 있는 1km 이내의 거리에 위치해야 한다.
㉰ 입자상 물질이 건물로부터 제일 많이 새어나오는 곳을 대상으로 하여 측정한다.
㉱ 비탁도에 20%를 곱한 값을 불투명도 값으로 한다.

★★ (4) 측정위치의 선정

될 수 있는 한 바람이 불지 않을 때 굴뚝 배경의 검은 장해물을 피한다. 연기의 흐름에 직각인 위치에 태양광선을 측면으로 받는 방향으로부터 농도표를 측정치의 앞 16m에 놓고 200m 이내(가능하면 연도에서 16m)의 적당한 위치에 서서 굴뚝배출구에서 (30 ~ 45)cm 떨어진 곳의 농도를 측정자의 눈높이의 수직이 되게 관측 비교한다.

Question 42

다음은 굴뚝 등에서 배출되는 매연을 링겔만 매연농도법에 의해 비교 측정하는 시험 방법에 관한 설명이다. ( ) 안에 알맞은 것은?

될 수 있는 한 바람이 불지 않을 때 굴뚝 배경의 검은 장해물을 피해 연기의 흐름에 직각인 위치에 태양광선을 측면으로 받는 방향으로부터 농도표를 측정치의 앞 (①)m에 놓고 (②)m이내 (가능하면 연도에서 16m)의 적당한 위치에 서서 굴뚝배출구에서 (③)cm 떨어진 곳의 농도를 측정자의 눈높이에 수직이 되게 관측 비교한다.

㉮ ① 5, ② 200, ③ 15 ~ 20   ㉯ ① 16, ② 200, ③ 30 ~ 45
㉰ ① 16, ② 100, ③ 15 ~ 20   ㉱ ① 5, ② 100, ③ 30 ~ 45

정답 ㉯

2. 광학기법

(1) 목적

이 시험기준은 굴뚝 등에서 배출되는 매연을 측정하는 방식으로 광학기법을 이용하여 불투명도를 산정하는 것을 목적으로 한다.

(2) 적용범위

굴뚝, 플레어스택 등에서 배출되는 매연을 측정하는 광학기법에 대하여 적용한다.

(3) 용어정의

★★ ① 불투명도

대기 중 배출되는 가스 흐름을 투과해서 물체를 식별하고자 할 때 불명확하게 하는 정도를 말하며, 매연이 배출되는 지점과 배경지점을 카메라로 촬영한 후, 비교하여 산정하며, 결과는 (0 ~ 100)% 사이에서 5% 단위로 나타낸다.

② 매연

공기 중에 부유하며 강하게 빛을 흡수 및 산란하는 미립자상 물질을 말하며 기본적인 형태로 탄소를 포함한다.

(4) 측정위치의 선정

★★ ① 매연 촬영 시 되도록 바람이 불지 않을 때 관측자는 깨끗한 시야를 확보할 수 있는 시점에서 굴뚝높이의 3배 이상 떨어진 거리에서 촬영한다, 카메라와 매연의 촬영지점의 관측 각도 (매연측정지점과 관측자의 눈높이와의 각)가 18° 이상일 경우 추가적인 보정이 필요하다.

★★ ② 굴뚝에서 140° 이내 각도에서 태양을 등지고 서야한다. 관찰자는 카메라를 매연 확산 방향에 가능한 한 수직이 되도록 놓은 후 매연과 배경지점이 잘 대조되는 지점이 나타나도록 촬영한다.

14 배출가스 중 산소측정방법

★★ 1. 자동측정법 중 자기식(자기풍)

(1) 목적 및 적용범위

① 목적

상자성체인 산소분자가 자계 내에서 자기화 될 때 생기는 흡입력을 이용하여 산소농도를 연속적으로 구한다.

② 적용범위

체적자화율이 큰 가스(일산화질소, NO)의 영향을 무시할 수 있는 경우에 적용할 수 있으며, 측정범위는 0% ~ 5.0% 이하로 한다.

(2) 분석기기 및 기구

① 자기풍방식 : 자계 내에서 흡입된 산소분자의 일부가 가열되어 자기성을 잃는 것에 의하여 생기는 자기풍의 세기를 열선소자에 의하여 검출한다.
② 자기식 산소측정기의 자기풍 분석계는 측정셀, 비교셀, 열선소자, 자극 증폭기 등으로 구성된다.

★★ 2. 자동측정법 중 자기식(자기력)

(1) 목적 및 적용범위

① 목적 : 상자성체인 산소분자가 자계 내에서 자기화 될 때 생기는 흡입력을 이용하여 산소농도를 연속적으로 구한다.
② 적용범위 : 체적자화율이 큰 가스(일산화질소, NO)의 영향을 무시할 수 있는 경우에 적용할 수 있으며, 측정범위는 0% ~ 10.0% 이하로 한다.

(2) 분석기기 및 기구

① 덤벨형 방식은 덤벨(dumb-bell)과 시료중의 산소와의 자기화 강도의 차에 의하여 생기는 덤벨의 편위량을 검출한다. 덤벨형 자기력 분석계는 측정셀, 덤벨, 자극편, 편위 검출부, 증폭기 등으로 구성된다.
② 압력검출형 방식은 주기적으로 단속하는 자계 내에서 산소분자에 작용하는 단속적인 흡입력을 자계 내에 일정유량으로 유입하는 보조가스의 배압변화량 으로서 검출한다. 압력검출형 자기력 분석계는 측정셀, 자극보조가스용 조리개, 검출소자, 증폭기 등으로 구성된다.

★★ 3. 자동측정법 중 전기화학식

(1) 목적 및 적용범위

① 목적은 산소의 전기화학적 산화환원 반응을 이용하여 산소농도를 연속적으로 측정한다.
② 적용범위
　ⓐ 질코니아 방식은 고온에서 산소와 반응하는 가연성가스(일산화탄소, 메테인 등) 또는 질코니아소자를 부식시키는 가스(SO_2 등)의 영향을 무시할 수 있는 경우 또는 그 영향을 제거할 수 있는 경우에 적용한다.

ⓑ 전극방식은 산화환원반응을 일으키는 가스(SO_2, CO_2 등)의 영향을 무시할 수 있는 경우 또는 영향을 제거할 수 있는 경우에 적용할 수 있다.
ⓒ 측정범위는 0% ~ 25.0% 이하로 한다.

(2) 분석기기 및 기구

① 질코니아 방식은 고온으로 가열된 질코니아소자의 양 끝에 전극을 설치하고 그 한쪽에 시료가스, 다른 쪽에 공기를 통하여 산소농도 차를 주어 양극 사이에 생기는 기전력을 검출한다. 질코니아 분석계는 고온가열부, 검출기, 증폭기 등으로 구성된다.
② 전극방식은 가스투과성격막을 통하여 전해조 중에 확산 흡수된 산소가 고체전극표면위에서 환원될 때 생기는 잔해전류를 검출한다. 전극 방식 분석계는 정전위 전해형, 폴라로그래프형, 갈바니전지형의 세 가지 형식이 있고 가스투과성 격막, 작용전극, 대전극 등을 갖춘 전해조, 정전위 전원, 증폭기 등으로 구성된다.

Question 43

굴뚝 배출가스 중 자동측정기에 의한 산소측정법에 관한 설명으로 옳지 않은 것은?

㉮ 자기식방법은 체적자화율이 큰 가스(일산화질소)의 영향을 무시할 수 있는 경우에 적용할 수 있다.
㉯ 자기식인 자기풍방식에는 덤벨형과 압력검출형이 있다.
㉰ 전기화학식은 질코니아 방식과 전극방식으로 나눌 수 있다.
㉱ 자동측정기에 의한 방법은 자기식과 전기화학식으로 나눌 수 있다.

풀이 ㉯ 자기식인 자기력방식에는 덤벨형과 압력검출형이 있다.

---

15 철강공장의 아크로와 연결된 개방형 여과집진시설의 먼지

1. 적용범위

배출가스 중에 함유되어 있는 액체 또는 고체인 입자상물질을 측정한 먼지로서, 먼지농도 표시는 표준상태(0℃, 760mmHg)의 건조 배출가스 $1Sm^3$ 중에 함유된 먼지의 질량농도를 측정하는데 사용된다.

2. 개방형 여과집진시설의 먼지

(1) 측정위치

백을 걸어 놓는 지지대와 백 하우스 지붕사이의 공간에서 시료를 채취하며 배출가스가 희석되는 것을 방지하고 그 흐름을 일정하게 유지하기 위하여 보조틀을 설치한다.

(2) 측정공

백하우스 단면을 이등분한 한쪽의 대략적인 중앙부에 보조틀상의 측정공과 수평을 이루도록 설치한다.

(3) 측정점

측정공으로부터 여과집진시설의 반대면을 향하여 1/4되는 위치에 보조틀을 설치하고 그 중앙부분을 대표점으로 하여 1점만 측정한다. 이 때 측정자는 보조틀이 설치된 위치로 유입되는 덕트의 댐퍼가 정상적으로 개방되어 있는지를 확인하는 등 측정점의 대표성을 판단하여야 한다.

★★★ 3. 먼지농도 측정방법

① 배출가스 중 먼지-반자동식 측정법을 따르나, 등속흡입할 필요가 없다.
② 채취관은 대구경 흡입노즐(보통 10mm 정도)이 연결된 흡입관을 측정공을 통하여 측정점까지 밀어넣고 출강에서 다음 출강 개시 전까지를 먼지 배출상태 및 공정을 고려하여 적당한 시간간격으로 나누어 시료를 채취한다. 이렇게 하여 구한 먼지농도를 출강에서 다음 출강개시 전까지의 평균먼지 농도로 간주한다.
★★ ③ 시료채취시 측정공을 헝겊등으로 밀폐할 필요는 없다.
★★ ④ 건옥백하우스의 경우는 장입 및 출강시는 20±5L/min, 용해정련기에는 10±3L/min 유속으로 배출가스를 흡입한다.
★★ ⑤ 직인백하우스의 경우는 장입 및 출강시가 10±3L/min, 용해정련기는 20±5L/min의 유속으로 배출가스를 흡입한다.
★★ ⑥ 한 개의 원통형 여과지에 채취된 1회 먼지채취량은 2mg 이상 20mg 이하로 함을 원칙으로 한다.

Question 44

철강공장의 아크로와 연결된 개방형 여과집진시설에서 배출되는 먼지채취방법에 대한 규정으로 틀린 것은?

㉮ 등속흡인할 필요가 없으며 채취관은 대구경 흡입노즐(보통 10mm 정도)이 연결된 흡입 관을 사용한다.
㉯ 흡입관을 측정공을 통하여 측정점까지 밀어넣고 출강에서 다음 출강 개시전까지를 먼지 배출상태 및 공정을 고려하여 적당한 시간 간격으로 나누어 시료를 채취하여 구한 먼지농도를 출강에서 다음 출강개시전까지의 평균먼지농도로 간주한다.
㉰ 시료채취시 측정공을 헝겊 등으로 밀폐할 필요는 없으며 건옥백하우스의 경우는 장입 및 출강시 20 ± 5L/min의 유속으로 배출가스를 흡입한다.
㉱ 한 개의 원통형 여과지에 채취된 1회 먼지채취량은 20mg 이상 50mg 이하로 함을 원칙으로 한다.

풀이 ㉱ 한 개의 원통형 여과지에 채취된 1회 먼지채취량은 2mg 이상 20mg 이하로 함을 원칙으로 한다.

16 유류 중 황함유량 분석방법

1. 적용범위

이 분석방법은 연료용 유류 중의 황함유량을 측정하기 위한 분석방법에 대하여 규정한다.

2. 분석방법의 종류

유류 중 황함유량 분석을 위한 시료는 일반적으로 두 가지 방법에 의해 분석된다. 그중 연소관식 공기법은 중화적정법이며 방사선식 여기법은 기기분석법이다. 분석방법의 종류는 다음과 같다.

★★

분석 방법의 종류	황함유량에 따른 적용 구분	방법검출한계	적용 유류
연소관식 공기법	질량분율 0.010% 이상	0.003%	원유·경유·중유 등
방사선식 여기법	질량분율 (0.030 ~ 5.000)%	0.009%	

 Question 45

연료용 유류 중의 황 함유량을 측정하기 위한 분석방법은 어느 것인가?

㉮ 방사선식 여기법   ㉯ 자동 연속 열탈착 분석법
㉰ 시료채취 주머니 방법   ㉱ 몰린 형광 광도법

 유류 중의 황 함유량을 측정하기 위한 분석방법으로는 연소관식 공기법, 방사선식 여기법이 있다.

3. 분석방법

★★ (1) 연소관식 공기법

(950~1,100)℃로 가열한 석영재질 연소관 중에 공기를 불어넣어 시료를 연소시킨다. 생성된 황산화물을 과산화수소(3%)에 흡수시켜 황산으로 만든 다음, 수산화소듐표준액으로 중화적정하여 황함유량을 구한다.

> **TIP**
>
> 다음의 첨가제가 들어있는 시료에는 적용할 수 없다.
> ① 불용성 황산염을 만드는 금속(Ba, Ca 등)
> ② 연소되어 산을 발생시키는 원소(P, N, Cl 등)

📢 Question 46

다음은 연료용 유류 중의 황함유량을 측정하기 위한 분석방법 중 연소관식 공기법에 대한 내용이다. ( ) 안에 알맞은 말은 어느 것인가?

(950~1,100)℃로 가열한 석영재질 연소관 중에 공기를 불어넣어 시료를 연소시킨다. 생성된 황산화물을 (①)에 흡수시켜 황산으로 만든 다음, (②)으로 중화적정하여 황함유량을 구한다.

㉮ ① 붕산용액(0.5%), ② 수산화소듐표준액
㉯ ① 붕산용액(0.5%), ② 티오황산소듐표준액
㉰ ① 과산화수소(3%), ② 수산화소듐표준액
㉱ ① 과산화수소(3%), ② 티오황산소듐표준액

정답 ㉰

★ (2) 방사선식 여기법

① 개요

시료에 방사선을 조사하고, 여기된 황의 원자에서 발생하는 형광 X선의 강도를 측정한다. 시료 중의 황함유량은 미리 표준시료를 이용하여 작성된 검정곡선으로 구한다.

> **TIP**
>
> 시험 결과의 정확(편차)성의 점검에는 황함유량 표준차를 인정하는 표준시료를 이용하면 좋다.

제3절 배출가스 중금속화합물

01 금속화합물

1. 배출가스 중 금속화합물 – 원자흡수분광광도법

(1) 목적

배출가스 중 입자상 금속(카드뮴, 납, 크로뮴, 구리, 니켈, 아연, 베릴륨 등) 및 그 화합물을 여과지로 채취하여 산(acid) 분해하고 아세틸렌-공기 불꽃에 직접 주입하여 원자화 시킨 후 측정파장에서 흡광세기를 측정하여 입자상 금속 및 그 화합물을 정량한다.

(2) 적용범위

시료채취량이 $1Sm^3$이고 분석용 시료용액의 양이 250mL인 경우, 금속 개별 정량범위 및 방법검출한계는 아래 <표>와 같다.

★★★ ▶ 원자흡수분광광도법의 측정파장, 정량범위, 방법검출한계

금속	측정파장(nm)	정량범위(mg/Sm^3)	방법검출한계(mg/Sm^3)
Cd	228.8	0.010 이상	0.003
Pb	217.0/283.3	0.050 이상	0.016
Cr	357.9	0.100 이상	0.031
Cu	324.7	0.100 이상	0.031
Ni	232.0	0.010 이상	0.003
Zn	213.9	0.100 이상	0.031
Be	234.9	0.040 이상	0.013

Question 47

원자흡수분광광도법을 이용하여 금속물질을 측정할 때 금속별 측정파장이 틀린 것은?

㉮ Cd - 228.8nm ㉯ Cr - 357.9nm ㉰ Ni - 232.0nm ㉱ Zn - 324.7nm

풀이 정답은 ㉱이며, Zn의 측정파장은 213.9nm이다.

★★★ (3) 간섭 물질

① 광학적 간섭은 분석하고자 하는 금속과 근접한 파장에서 발광하는 물질이 존재하거나, 측정파장의 스펙트럼이 넓어질 때, 이온과 원자의 재결합으로 연속 발광할 때 또는 분자띠발광 시에 발생할 수 있다. 광학적 간섭은 측정에 사용하는 스펙트럼이 다른 인접선과 완전히 분리되지 않아 파장선택부의 분해능이 충분하지 않기 때문에 검정곡선의 직선영역이 좁고 구부러져 측정감도 및 정밀도가 저하된다. 이 경우에는 다른 파장을 사용하여 다시 측정하거나 상대검정곡선법을 사용하여 간섭효과를 줄일 수 있다.

② 물리적 간섭은 표준용액과 분석용 시료용액 또는 분석용 시료용액 간의 물리적 성질(점도, 밀도, 표면장력 등)의 차이 또는 표준물질과 분석용 시료용액의 매질(matrix) 차이에 의해 발생할 수 있다. 이 경우에는 표준용액과 분석용 시료용액 간의 매질을 일치시키거나 상대검정곡선법을 사용하여 간섭효과를 줄일 수 있다.

③ 화학적 간섭은 원자화 불꽃 중에서 이온화하거나, 공존물질과 작용하여 해리하기 어려운 화합물이 생성되는 경우에 발생할 수 있다. 이온화로 인한 간섭은 분석대상 원소보다 이온화 전압이 더 낮은 원소를 첨가하여 측정 원소의 이온화를 방지할 수 있다.

④ 크로뮴 분석 시 아세틸렌-공기 불꽃에서는 철, 니켈 등에 의한 방해를 받는다. 이 경우에는 아세틸렌-산화이질소 불꽃을 사용하여 간섭효과를 줄일 수 있다.

Question 48

배출가스 중 금속화합물을 원자흡수분광도법으로 분석할 때 간섭물질에 대한 내용으로 틀린 것은?

㉮ 광학적 간섭은 분석하고자 하는 금속과 근접한 파장에서 발광하는 물질이 존재할 때 발생할 수 있다.
㉯ 화학적 간섭은 이온과 원자의 재결합으로 연속 발광할 때 발생할 수 있다.
㉰ 물리적 간섭은 표준물질과 분석용 시료용액의 매질(matrix) 차이에 의해 발생할 수 있다.
㉱ 크로뮴 분석 시 아세틸렌-공기 불꽃에서는 철, 니켈 등에 의한 방해를 받는다. 이 경우에는 아세틸렌-산화이질소 불꽃을 사용하여 간섭효과를 줄일 수 있다.

풀이 정답은 ㉯이며, ㉯번은 광학적 간섭에 대한 내용이다.

2. 배출가스 중 금속화합물 – 유도결합플라스마/원자발광분광법

(1) 목적

배출가스 중 입자상 금속(카드뮴, 납, 크로뮴, 구리, 니켈, 아연, 베릴륨 등) 및 그 화합물을 여과지로 채취하여 산(acid) 분해하고 플라스마에 직접 주입하여 들뜬 상태의 원자가 바닥상태로 전이할 때 방출하는 발광선 및 발광세기를 측정하여 입자상 금속 및 그 화합물을 정량한다.

(2) 적용범위

시료채취량이 1Sm³이고 분석용 시료용액의 양이 250mL인 경우, 금속 개별 정량범위 및 방법검출한계는 아래의 <표>와 같다.

★★★ ▶ 유도결합플라스마/원자발광분광법의 측정파장, 정량범위, 방법검출한계

금속	측정파장(nm)	정량범위(mg/Sm³)	방법검출한계(mg/Sm³)
Cd	226.50/214.44/228.80	0.005 이상	0.002
Pb	220.35/217.00/261.42	0.025 이상	0.008
Cr	357.87/267.72/206.15	0.050 이상	0.016
Cu	324.75/219.96/327.40	0.050 이상	0.016
Ni	231.60/221.65/216.56	0.005 이상	0.002
Zn	213.86/206.20/202.55	0.050 이상	0.016
Be	313.04/234.86/313.11	0.025 이상	0.008

Question 49

배출가스 중 금속화합물을 유도결합플라스마/원자발광분광법으로 분석할 때 각 금속별 측정파장(nm)과 정량범위(mg/Sm³)로 틀린 것은?

㉮ Cd : 226.50, 0.005 이상
㉯ Pb : 220.35, 0.025 이상
㉰ Cu : 313.04, 0.025 이상
㉱ Zn : 213.86, 0.050 이상

▶풀이 정답은 ㉰이며, Cu의 측정파장은 324.75nm, 정량범위는 0.050mg/Sm³ 이상이다.

02 배출가스 중 비소화합물

배출가스 중 비소화합물 - 수소화물생성 원자흡수분광광도법이 주 시험방법이며, 시험방법의 정량범위는 아래의 <표>와 같다.

★★

분석방법	정량범위	방법검출한계
수소화물생성 원자흡수분광광도법	0.003ppm 이상 (분석용 시료용액 250mL, 건조시료가스량 1Sm³인 경우)	0.001ppm
흑연로 원자흡수분광광도법	0.003ppm 이상 (분석용 시료용액 250mL, 건조시료가스량 1Sm³인 경우)	0.001ppm
유도결합플라스마/ 원자발광분광법	0.003ppm 이상 (분석용 시료용액 250mL, 건조시료가스량 1Sm³인 경우)	0.001ppm

1. 수소화물생성 원자흡수분광광도법

★★ **(1) 목적 및 적용범위**

① 시료용액 중의 비소를 수소화비소로 하여 아르곤-수소 불꽃 중에 도입하고 비소에 의한 원자흡수를 파장 193.7nm에서 측정하여 비소를 정량한다.
② 강제 흡입 장치를 사용하여 입자상 비소화합물을 여과장치에 채취하고, 가스상 비소는 적당한 수용액 중에 흡수 채취하며, 채취된 물질을 산 분해 처리하여 용액화한 시료용액 중의 비소를 수소화물발생 원자흡수분광법으로 측정한다.
③ 정량범위는 0.003ppm 이상(시료용액 250mL, 건조시료가스량 $1Sm^3$인 경우)이고, 방법검출한계는 0.001ppm이며, 정밀도는 10% 이하이다.

(2) 간섭물질

① 비소화합물 중 일부는 휘발성이 있어 채취 시료를 전처리하는 동안 비소의 손실 가능성이 있으므로 주의하여야 한다.
② 고농도의 크로뮴, 코발트, 구리, 수은, 몰리브덴, 은, 니켈 등은 비소화합물 분석에 간섭을 줄 수 있다.
③ 질산 분해에 의해 생기는 환원된 산화질소와 아질산염은 감도를 저하시킬 수 있다.

Question 50

배출가스 중 비소화합물을 수소화물생성 원자흡수분광광도법으로 분석할 때의 내용으로 틀린 것은?

㉮ 시료용액 중의 비소를 수소화비소로 하여 아르곤-수소 불꽃 중에 도입하고 비소에 의한 원자흡수를 파장 228.8nm에서 측정하여 비소를 정량한다.
㉯ 정량범위는 0.003ppm 이상(시료용액 250mL, 건조시료가스량 $1Sm^3$인 경우)이다.
㉰ 방법검출한계는 0.001ppm이며, 정밀도는 10% 이하이다.
㉱ 비소화합물 중 일부는 휘발성이 있어 채취 시료를 전처리하는 동안 비소의 손실 가능성이있으므로 주의하여야 한다.

정답 ㉮ 시료용액 중의 비소를 수소화비소로 하여 아르곤-수소 불꽃 중에 도입하고 비소에 의한 원자흡수를 파장 193.7nm에서 측정하여 비소를 정량한다.

2. 흑연로 원자흡수분광광도법

★★ **(1) 목적 및 적용범위**

① 비소를 흑연로 원자흡수분광광도법으로 정량하는 방법으로, 비소 속빈음극램프를 점등하여 안정화시킨 후, 전처리한 시료용액을 흑연로에 주입하고 비소화합물을 원

자화시켜 파장 193.7nm에서 원자흡수분광광도법 통칙에 따라 조작을 하여 시료용액의 흡광도 또는 흡수 백분율을 측정하는 방법이다.

② 강제 흡입 장치를 사용하여 입자상 비소화합물을 여과장치에 채취하고, 가스상 비소는 적당한 수용액 중에 흡수 채취하며, 채취된 물질을 산 분해 처리하여 용액화한 시료용액 중의 비소를 흑연로 원자흡수분광광도법으로 측정한다.

③ 정량범위는 0.003ppm 이상(시료용액 250mL, 건조시료가스량 $1Sm^3$인 경우)이고, 방법 검출한계는 0.001ppm이며, 정밀도는 10% 이하이다.

(2) 간섭물질

① 비소화합물 중 일부는 휘발성이 있어 채취 시료를 전처리하는 동안 비소의 손실 가능성이 있으므로 주의하여야 한다.

② 비소는 휘발가능성이 있으므로 시료 주입 후 건조 및 회화 단계에서의 온도 및 시간 설정에 주의를 해야 한다.

③ 비소는 낮은 분석 파장(193.7 nm)에서 측정하므로 원자화단계에서 매질성분에 의한 심각한 비특이성 흡수 및 산란에 의한 영향을 받을 수 있다. 이러한 영향을 줄이기 위해 바탕 시험 값 보정을 실시해야 한다.

3. 유도결합플라스마/원자발광분광법

★★ (1) 목적 및 적용범위

① 전처리한 시료용액을 27.1MHz(또는 40.68MHz)의 초고주파 (rf) 장에 의해 생성된 아르곤 플라스마 중에 분무하여 도입하고 파장 193.696nm(또는 189.04nm, 197.20 nm)에서 발광세기를 측정하여 비소를 정량한다.

② 강제 흡입 장치를 사용하여 입자상 비소화합물을 여과장치에 채취하고, 가스상 비소는 적당한 수용액 중에 흡수 채취하며, 채취된 물질을 산 분해 처리하여 용액화한 시료용액 중의 비소를 유도결합플라스마/원자발광분광법으로 측정한다. 분석농도를 구한 후 배출가스 유량으로부터 배출가스 중의 비소화합물 농도를 산출한다.

③ 정량범위는 0.003ppm 이상 (분석용 시료용액 250mL, 건조시료가스량 $1Sm^3$인 경우)이고, 방법검출한계는 0.001ppm이며, 정밀도는 10 % 이하이다.

★★ (2) 간섭물질

① 비소화합물 중 일부는 휘발성이 있어 채취 시료를 전처리하는 동안 비소의 손실 가능성이 있으므로 주의하여야 한다.

② 시료 중의 철과 알루미늄에 의한 분광학적 간섭이 있을 수 있다. 이 경우 시료를 희석하거나 다른 파장을 이용할 수 있으나 검출한계가 높아질 수 있음에 유의해야 한다.
③ 시료 중의 매질 성분 및 농도 차이에 의해 시료의 주입 및 분무시의 물리적 간섭, 분자화합물 생성 및 이온화효과에 의한 화학적간섭이 있을 수 있다. 이러한 물리적 간섭 및 화학적 간섭은 시료와 검정곡선 작성용 표준용액의 매질 농도를 일치시켜 보정해야 한다.
④ 비소는 흡수액 중에 함유되어 있는 다량의 소듐(Na) 등에 의해 간섭을 받을 수 있기 때문에 해당 장비에 수소화물 발생장치를 설치하여 분석할 수 있다.

Question 51

비소화합물을 유도결합플라스마/원자발광분광법으로 분석 시 간섭물질에 대한 내용으로 틀린 것은?

㉮ 비소화합물 중 일부는 휘발성이 있어 채취 시료를 전처리하는 동안 비소의 손실 가능성이 있으므로 주의하여야 한다.
㉯ 시료 중의 철과 알루미늄에 의한 분광학적 간섭이 있을 수 있다.
㉰ 시료 중의 매질 성분 및 농도 차이에 의해 시료의 주입 및 분무시의 물리적 간섭, 분자화합물 생성 및 이온화효과에 의한 화학적간섭이 있을 수 있다.
㉱ 비소는 흡수액 중에 함유되어 있는 소량의 소듐(Na) 등에 의해 간섭을 받을 수 있기 때문에 해당 장비에 수소화물 발생장치를 설치하여 분석할 수 있다.

풀이 ㉱ 비소는 흡수액 중에 함유되어 있는 다량의 소듐(Na) 등에 의해 간섭을 받을 수 있기 때문에 해당 장비에 수소화물 발생장치를 설치하여 분석할 수 있다.

★★ 4. 흡수액 : 수산화소듐 용액(4g/L, 100mL × 2개)

Question 52

다음 중 수산화소듐 용액을 흡수액으로 사용하지 않는 것은?

㉮ 비소화합물   ㉯ 이황화탄소   ㉰ 사이안화수소   ㉱ 페놀화합물

풀이 ㉯ 이황화탄소의 흡수액은 다이에틸아민구리 용액이다.

배출가스 중 카드뮴화합물

배출가스 중 카드뮴화합물 - 원자흡수분광광도법이 주 시험방법이며, 시험방법의 정량범위는 아래의 <표>와 같다.

분석방법	정량범위	방법검출한계	정밀도
원자흡수분광광도법	$0.010mg/Sm^3$ 이상 (시료채취량 : $1Sm^3$, 분석용 시료용액 : 250mL)	$0.003mg/Sm^3$	10% 이내
유도결합플라스마/ 원자발광분광법	$0.005mg/Sm^3$ 이상 (시료채취량 : $1Sm^3$, 분석용 시료용액 : 250mL)	$0.002mg/Sm^3$	10% 이내

Question 53

배출가스 중 카드뮴화합물의 분석방법 중 원자흡수분광광도법에 대한 내용으로 틀린 것은?

㉮ 정량범위는 시료채취량 $1Sm^3$일 때 $0.010mg/Sm^3$ 이상이다.
㉯ 방법검출한계는 $0.003mg/Sm^3$이다.
㉰ 측정파장은 357.9nm이다.
㉱ 정밀도는 10% 이내이다.

풀이 ㉰ 측정파장은 228.8nm이다.

 배출가스 중 납화합물

배출가스 중 납화합물 - 원자흡수분광광도법이 주 시험방법이며, 시험방법의 정량범위는 아래의 <표>와 같다.

분석방법	정량범위	방법검출한계	정밀도
원자흡수분광광도법	$0.050mg/Sm^3$ 이상 (시료채취량 : $1Sm^3$, 분석용 시료용액 : 250mL)	$0.016mg/Sm^3$	10% 이내
유도결합플라스마/ 원자발광분광법	$0.025mg/Sm^3$ 이상 (시료채취량 : $1Sm^3$, 분석용 시료용액 : 250mL)	$0.008mg/Sm^3$	10% 이내

Question 54

배출가스 중 납화합물을 분석하는 방법에 대한 설명으로 틀린 것은?

㉮ 원자흡수분광광도법의 정량범위는 시료채취량이 $1Sm^3$일 때 $0.050mg/Sm^3$ 이상이다.
㉯ 원자흡수분광광도법의 측정파장은 217.0nm이다.
㉰ 유도결합플라스마/원자발광분광법의 정량범위는 시료채취량이 $1Sm^3$일 때 $0.025mg/Sm^3$ 이상이다.
㉱ 유도결합플라스마/원자발광분광법의 방법검출한계는 $0.016mg/Sm^3$이다.

정답 ㉱ 유도결합플라스마/원자발광분광법의 방법검출한계는 $0.008mg/Sm^3$이다.

05 배출가스 중 크로뮴화합물

배출가스 중 크로뮴화합물 - 원자흡수분광광도법이 주 시험방법이며, 시험방법의 정량범위는 아래의 <표>와 같다.

분석방법	정량범위	방법검출한계	정밀도
원자흡수분광광도법	$0.100mg/Sm^3$ 이상 (시료채취량 : $1Sm^3$, 분석용 시료용액 : 250mL)	$0.031mg/Sm^3$	10% 이내
유도결합플라스마/ 원자발광분광법	$0.050mg/Sm^3$ 이상 (시료채취량 : $1Sm^3$, 분석용 시료용액 : 250mL)	$0.016mg/Sm^3$	10% 이내

 Question 55

배출가스 중 크로뮴화합물을 분석하는 방법에 대한 내용으로 틀린 것은?

㉮ 원자흡수분광광도법의 정량범위는 시료채취량이 $1Sm^3$일 때 $0.100mg/Sm^3$ 이상이다.
㉯ 원자흡수분광광도법의 측정파장은 220.35nm이다.
㉰ 유도결합플라스마/원자발광분광법의 정량범위는 시료채취량이 $1Sm^3$일 때 $0.050mg/Sm^3$ 이상이다.
㉱ 유도결합플라스마/원자발광분광법의 방법검출한계는 $0.016mg/Sm^3$이다.

풀이 ㉯ 원자흡수분광광도법의 측정파장은 357.9nm이다.

배출가스 중 구리화합물

배출가스 중 구리화합물 - 원자흡수분광광도법이 주 시험방법이며, 시험방법의 정량범위는 아래의 <표>와 같다.

분석방법	정량범위	방법검출한계	정밀도
원자흡수분광광도법	0.100mg/Sm³ 이상 (시료채취량 : 1Sm³, 분석용 시료용액 : 250mL)	0.031mg/Sm³	10% 이내
유도결합플라스마/ 원자발광분광법	0.050mg/Sm³ 이상 (시료채취량 : 1Sm³, 분석용 시료용액 : 250mL)	0.016mg/Sm³	10% 이내

Question 56

배출가스 중 구리화합물을 분석하는 방법에 대한 내용으로 틀린 것은?
㉮ 원자흡수분광광도법의 정량범위는 시료채취량이 1Sm³일 때 0.100mg/Sm³ 이상이다.
㉯ 원자흡수분광광도법의 측정파장은 324.7nm이다.
㉰ 유도결합플라스마/원자발광분광법의 정량범위는 시료채취량이 1Sm³일 때 0.050mg/Sm³ 이상이다.
㉱ 유도결합플라스마/원자발광분광법의 방법검출한계는 0.031mg/Sm³이다.

 ㉱ 유도결합플라스마/원자발광분광법의 방법검출한계는 0.016mg/Sm³이다.

배출가스 중 니켈화합물

배출가스 중 니켈화합물 - 원자흡수분광광도법이 주 시험방법이며, 시험방법의 정량범위는 아래의 <표>와 같다.

분석방법	정량범위	방법검출한계	정밀도
원자흡수분광광도법	0.010mg/Sm³ 이상 (시료채취량 : 1Sm³, 분석용 시료용액 : 250mL)	0.003mg/Sm³	10% 이내
유도결합플라스마/ 원자발광분광법	0.005mg/Sm³ 이상 (시료채취량 : 1Sm³, 분석용 시료용액 : 250mL)	0.002mg/Sm³	10% 이내

Question 57

배출가스 중 니켈화합물을 분석하는 방법에 대한 내용으로 틀린 것은?

㉮ 원자흡수분광광도법의 정량범위는 시료채취량이 $1Sm^3$일 때 $0.002mg/Sm^3$ 이상이다.
㉯ 원자흡수분광광도법의 측정파장은 232.0nm이다.
㉰ 유도결합플라스마/원자발광분광법의 정밀도는 10% 이내이다.
㉱ 유도결합플라스마/원자발광분광법의 방법검출한계는 $0.002mg/Sm^3$이다.

풀이 ㉮ 원자흡수분광광도법의 정량범위는 시료채취량이 $1Sm^3$일 때 $0.010mg/Sm^3$ 이상이다.

배출가스 중 아연화합물

배출가스 중 아연화합물 - 원자흡수분광광도법이 주 시험방법이며, 시험방법의 정량범위는 아래의 <표>와 같다.

분석방법	정량범위	방법검출한계	정밀도
원자흡수분광광도법	$0.100mg/Sm^3$ 이상 (시료채취 : $1Sm^3$, 분석용 시료용액 : 250mL)	$0.031mg/Sm^3$	10% 이내
유도결합플라스마/ 원자발광분광법	$0.050mg/Sm^3$ 이상 (시료채취 : $1Sm^3$, 분석용 시료용액 : 250mL)	$0.016mg/Sm^3$	10% 이내

Question 58

배출가스 중 아연화합물을 분석하는 방법에 대한 내용으로 틀린 것은?

㉮ 원자흡수분광광도법의 정량범위는 시료채취량이 $1Sm^3$일 때 $0.016mg/Sm^3$ 이상이다.
㉯ 원자흡수분광광도법의 측정파장은 213.9nm이다.
㉰ 유도결합플라스마/원자발광분광법의 정밀도는 10% 이내이다.
㉱ 유도결합플라스마/원자발광분광법의 방법검출한계는 $0.016mg/Sm^3$이다.

정답 ㉮ 원자흡수분광광도법의 정량범위는 시료채취량이 $1Sm^3$일 때 $0.100mg/Sm^3$ 이상이다.

09 배출가스 중 수은화합물

냉증기-원자흡수분광광도법이 주 시험방법이며, 시험방법의 정량범위는 아래의 <표>와 같다.

분석방법	정량범위	방법검출한계
냉증기-원자흡수분광광도법	0.005mg/Sm³ 이상 (건조시료가스량 : 1Sm³, 분석시료 정용량 250mL인 경우)	0.0002mg/Sm³

★★ (1) 목적 및 적용범위

① 배출원에서 등속으로 흡입된 입자상과 가스상 수은은 여과지 및 흡수액인 산성 과망간산포타슘 용액에 채취된다. 시료 중의 수은을 염화주석(Ⅱ) 용액에 의해 원자 상태로 환원시켜 발생되는 수은증기를 253.7nm에서 냉증기 원자흡수분광광도법에 따라 정량한다.

② 소각로, 소각시설 및 그 밖의 배출원에서 배출되는 입자상 및 가스상 수은(Hg)을 측정·분석하는데 적용된다. 정량범위는 0.0005mg/Sm³ 이상이고, 방법검출한계는 0.0002mg/Sm³이다. (건조시료가스량 1Sm³, 분석시료 정용량 250mL인 경우)

(2) 간섭물질

시료채취시 배출가스 중에 존재하는 산화 유기물질은 수은의 채취를 방해할 수 있고, 분석 시 광학셀에 있는 수증기의 응축이 방해요인으로 작용할 수 있다.

(3) 흡수액 : 4% 과망간산포타슘 + 10% 황산

Question 59

배출가스 중 수은화합물을 냉증기-원자흡수분광광도법으로 분석 시 흡수액으로 알맞은 것은?

㉮ 질산암모늄 + 황산용액
㉯ 과망간산포타슘 + 황산용액
㉰ 염산하이드록실아민용액
㉱ 사이안화포타슘 + 디티존용액

풀이 정답은 ㉯이며, 수은화합물의 흡수액은 4% 과망간산포타슘 + 10% 황산이다.

Question 60

배출가스 중 수은화합물을 분석하는 방법으로 알맞은 것은?

㉮ 냉증기-원자흡수분광광도법
㉯ 유도결합플라스마/원자발광분광법
㉰ 자외선/가시선분광법
㉱ 기체크로마토그래피

풀이 정답은 ㉮이며, 배출가스 중 수은화합물의 분석방법은 냉증기-원자흡수분광광도법이다.

10 배출가스 중 베릴륨화합물

배출가스 중 베릴륨화합물 - 원자흡수분광광도법이 주 시험방법이며, 시험방법의 정량 범위는 아래의 <표>와 같다.

분석방법	정량범위	방법검출한계	정밀도
원자흡수분광광도법	0.040mg/Sm³ 이상 (시료채취량 : 1Sm³, 분석용 시료용액 : 250mL)	0.013mg/Sm³	10% 이내
유도결합플라스마/ 원자발광분광법	0.025mg/Sm³ 이상 (시료채취량 : 1Sm³, 분석용 시료용액 : 250mL)	0.008mg/Sm³	10% 이내

Question 61

배출가스 중 베릴륨화합물을 분석방법인 원자흡수분광광도법에 대한 내용으로 틀린 것은?

㉮ 정량범위는 시료채취량이 1Sm³일 때 0.008mg/Sm³ 이상이다.
㉯ 측정파장은 234.9nm이다.
㉰ 정밀도는 10% 이내이다.
㉱ 방법검출한계는 0.013mg/Sm³이다.

풀이 ㉮ 정량범위는 시료채취량이 1Sm³일 때 0.040mg/Sm³ 이상이다.

제4절

배출가스 중 휘발성유기화합물 측정방법

01 배출가스 중 폼알데하이드 및 알데하이드류

1. 고성능 액체크로마토그래피

(1) 목적 및 적용범위

① 배출가스 중의 알데하이드류를 흡수액 2,4-다이나이트로페닐하이드라진(DNPH, dinitrophenylhydrazine)과 반응하여 하이드라존 유도체(hydrazone derivative)를 생성하게 되고 이를 액체크로마토그래프로 분석하여 정량한다. 하이드라존(hydrazone)은 UV 영역, 특히 350 nm~380 nm에서 최대 흡광도를 나타낸다.

② 시료채취량이 10L인 경우, 정량범위는 0.010ppm 이상이며, 방법검출한계는 0.003ppm 이다.

(2) 흡수액 : DNPH(2g/L 40mL×흡수병 2개)

2. 자외선/가시선분광법 – 크로모트로핀산법

(1) 목적 및 적용범위

① 폼알데하이드를 포함하고 있는 배출가스를 아황산수소소듐 용액으로 채취하고 크로모트로핀산 용액으로 발색시켜 얻은 흡광도를 측정하여 폼알데하이드 농도를 구한다.

② 폼알데하이드에만 적용되며 다른 알데하이드에는 적용되지 않는다. 시료채취량 60L 이고 분석용 시료용액의 양이 100mL인 경우, 정량범위는 0.080ppm 이상이며, 방법검출한계는 0.025ppm이다.

(2) 간섭물질

이산화황, 이산화질소 등의 물질이나 다른 알데하이드가 공존하면 영향을 받을 수 있다.

(3) 흡수액 : 아황산수소소듐 용액(10g/L, 40mL×2개)

3. 자외선/가시선분광법 – 아세틸아세톤법

(1) 목적 및 적용범위

① 폼알데하이드를 포함하고 있는 배출가스를 정제수로 채취하고 아세틸아세톤 용액으로 발색시켜 얻은 흡광도를 측정하여 폼알데하이드 농도를 구한다.
② 폼알데하이드에만 적용되며 다른 알데하이드에는 적용되지 않는다. 시료채취량 60L이고 분석용 시료용액의 양이 25mL인 경우, 정량범위는 0.080ppm 이상이며, 방법검출한계는 0.025 ppm이다.

(2) 간섭물질

다른 알데하이드류, 아민류 등이 존재하면 발색 반응을 방해할 수 있다.

(3) 흡수액 : 정제수 20mL

Question 62

배출가스 중 폼알데하이드 및 알데하이드류를 분석방법으로 틀린 것은?

㉮ 고성능 액체크로마토그래피   ㉯ 크로모트로핀산법
㉰ 아세틸아세톤법   ㉱ 메틸렌블루법

정답 정답은 ㉱이며, 배출가스 중 폼알데하이드 및 알데하이드류의 분석방법에는 고성능 액체크로마토그래피, 크로모트로핀산법, 아세틸아세톤법이 있다.

Question 63

배출가스 중 폼알데하이드 및 알데하이드류의 분석방법 중 자외선/가시선분광법 – 크로모트로핀산법에 대한 내용으로 틀린 것은?

㉮ 폼알데하이드를 포함하고 있는 배출가스를 아황산수소소듐 용액으로 채취하고 크로모트로핀산 용액으로 발색시켜 얻은 흡광도를 측정한다.
㉯ 흡수액은 수산화소듐 용액(4g/L)이다.
㉰ 시료채취량 60L이고 분석용 시료용액의 양이 100mL인 경우, 정량범위는 0.080ppm 이상이다.
㉱ 간섭물질은 이산화황, 이산화질소 등의 물질이나 다른 알데하이드가 공존하면 영향을 받을 수 있다.

정답 ㉯ 흡수액은 아황산수소소듐 용액 (10g/L)이다.

02 배출가스 중 브로민화합물

1. 자외선/가시선분광법

(1) 목적 및 적용범위

★★ ① 배출가스 중 브로민화합물을 수산화소듐 용액에 흡수시킨 후 일부를 분취해서 산성으로 하여 과망간산포타슘 용액을 사용하여 브로민으로 산화시켜 클로로폼으로 추출한다. 클로로폼층에 물과 황산제이철암모늄 용액 및 싸이오사이안산제이수은 용액을 가하여 발색한 정제수층의 흡광도를 측정해서 브로민을 정량하는 방법이다. 흡수 파장은 460nm이다.

★★ ② 정량범위는 시료채취량이 40L인 경우 브로민화합물로서 (1.8~17.0)ppm이며, 방법 검출한계는 0.6ppm이다.

(2) 간섭물질

★★ 배출가스 중의 염화수소 100ppm, 염소 10ppm, 이산화황 50ppm까지는 포함되어 있어도 영향이 없다.

★ **(3) 흡수액** : 수산화소듐 용액 (4g/L) (50mL×2개)

Question 64

다음은 굴뚝 배출가스 중 브로민화합물의 자외선/가시선분광법에 관한 설명이다. ( ) 안에 알맞은 것은?

> 배출가스 중 브로민화합물을 수산화소듐 용액에 흡수시킨 후 일부를 분취해서 산성으로 하여 과망간산포타슘용액을 사용하여 브로민으로 산화시켜 ( )(으)로 추출한다.

㉮ 클로로폼 ㉯ 하이포아염소산소듐용액
㉰ 사염화탄소 ㉱ 노말헥세인

정답 ㉮

2. 적정법

(1) 목적 및 적용범위

★★ ① 배출가스 중 브로민화합물을 수산화소듐 용액에 흡수시킨 다음 브로민을 하이포아염소산소듐 용액을 사용하여 브로민산 이온으로 산화시키고 과잉의 하이포아염소산염은 폼산소듐으로 환원시켜 이 브로민산 이온을 아이오딘 적정법으로 정량하는 방법이다.

★★ ② 정량범위는 시료채취량이 40L인 경우 브로민화합물로서 1.2ppm~59.0ppm이며, 방법검출한계는 0.4ppm이다.

(2) 간섭물질

시료 용액 중에 아이오딘이 공존하면 방해되나 보정에 의해 그 영향을 제거할 수 있다.

★ **(3) 흡수액** : 수산화소듐 용액 (4g/L) (100mL)

(4) 종말점 : 청색이 소실될 때

Question 65

굴뚝 배출가스 중 브로민화합물 분석에 사용되는 흡수액으로 알맞은 것은?

㉮ 황산+과산화수소+정제수 ㉯ 붕산용액(0.5g/L)
㉰ 수산화소듐용액(4g/L) ㉱ 다이에틸아민구리용액

정답 ㉰

---

3. 이온크로마토그래피

★★ **(1) 목적 및 적용범위**

① 배출가스 중 무기 브로민화합물을 수산화소듐 용액으로 흡수하고 중화시킨 후 탄산이온을 제거하여 충분한 분리능을 가질 수 있는 음이온 교환 분리관으로 분리하고 전도도검출기 또는 동등 이상의 성능을 갖는 검출기(전기화학검출기 등)를 구비한 이온크로마토그래피로 브로민화 이온을 측정하여 브로민화합물을 정량한다.

② 시료채취량이 40L이고 분석용 시료용액의 양이 100mL인 경우, 정량범위는 0.1ppm 이상이며, 방법검출한계는 0.04ppm이다.

③ 배출가스 중 황화합물 등이 고농도로 공존하면 영향을 받으므로 그 영향을 무시하거나 제거할 수 있는 경우에 적용한다.

(2) **흡수액** : 수산화소듐 용액 (4g/L) (25mL×2개)

03 배출가스 중 페놀화합물

1. 자외선/가시선분광법 – 4-아미노안티피린법

★★★(1) 목적 및 적용범위

① 배출가스 중 페놀화합물을 수산화소듐 용액으로 흡수하고 완충 용액을 첨가하여 pH를 조절한 후 4-아미노안티피린 용액과 헥사사이아노철(Ⅲ)산포타슘 용액을 첨가하고 페놀화합물과 반응하여 생성하는 안티피린계 색소의 흡광도를 파장 510nm에서 측정하여 페놀화합물을 정량한다.
② 시료채취량이 20L이고 분석용 시료용액의 양이 200mL인 경우, 정량범위는 1.00ppm 이상이며, 방법검출한계는 0.32ppm이다.
③ 배출가스 중 염소, 브로민 등의 산화성가스 또는 이산화황 등의 환원성가스가 공존하면 영향을 받으므로 그 영향을 무시하거나 제거할 수 있는 경우에 적용한다.

(2) 간섭물질

분석용 시료용액이 간섭물질 등의 영향으로 착색되었을 경우에는 클로로폼으로 추출하여 페놀화합물을 정량한다.

(3) **흡수액** : 수산화소듐 용액 (4g/L) (50mL×2개)

Question 66

배출가스 중 페놀화합물의 분석방법 중 자외선/가시선분광법 - 4-아미노안티피린법에 대한 내용으로 틀린 것은?

㉮ 배출가스 중 페놀화합물을 수산화소듐 용액으로 흡수하고 완충 용액을 첨가하여 pH를 조절한다.
㉯ 4-아미노안티피린 용액과 헥사사이아노철(Ⅲ)산포타슘 용액을 첨가하고 페놀화합물과 반응하여 생성하는 안티피린계 색소의 흡광도를 파장 510nm에서 측정하여 페놀화합물을 정량한다.
㉰ 시료채취량이 20L이고 분석용 시료용액의 양이 200mL인 경우, 정량범위는 1.00ppm 이상이며, 방법검출한계는 0.32ppm이다.
㉱ 배출가스 중 염소, 브로민 등의 산화성가스 또는 이산화황 등의 환원성가스가 공존하여도 영향을 받지 않는다.

풀이 ㉱ 배출가스 중 염소, 브로민 등의 산화성가스 또는 이산화황 등의 환원성가스가 공존하면 영향을 받으므로 그 영향을 무시하거나 제거 할 수 있는 경우에 적용한다.

2. 기체크로마토그래피법

(1) 목적 및 적용범위

★★ ① 배출가스를 수산화소듐 용액에 흡수시켜 이 용액을 산성으로 한 후 아세트산에틸로 추출한 다음 기체크로마토그래피로 정량하여 페놀화합물의 농도를 산출한다.
② 굴뚝 등에서 배출하는 배출가스 중의 페놀, 크레졸, 클로로페놀, 2,4-다이클로로페놀, 2,4,6-트라이클로로페놀 및 펜타클로로페놀 등의 페놀화합물의 분석방법에 관하여 규정한다.
★★ ③ 10L의 시료를 용매에 흡수하여 채취할 경우 시료 중의 페놀화합물의 농도가 0.20ppm ~ 300.0ppm 범위의 분석에 적합하다.
④ 페놀의 방법검출한계는 0.07ppm이다.
⑤ 시료 중에 일반 유기물이나 염기성 유기물이 많이 함유되어 있으면 이를 제거하기 위해 알칼리성에서 추출하여 정제하여 적용할 수 있다.

Question 67

다음은 굴뚝 배출가스 중의 페놀화합물의 기체크로마토그래피 분석방법이다. ( ) 안에 알맞은 것은?

시료 중의 페놀화합물을 흡수액에 흡수시켜 채취한다. 이 용액을 (①)으로 한 후 (②)(으)로 용매를 추출하여 기체크로마토그래피로 분석한다.

㉮ ① 산성, ② 아세트산에틸
㉯ ① 산성, ② 하이포아염소산소듐용액
㉰ ① 염기성, ② 아세트산에틸
㉱ ① 염기성, ② 하이포아염소산소듐용액

정답 ㉮

(2) 간섭물질

① 채취병법은 기체시료 중의 페놀 성분이 수증기에 용해되어 채취 후 바로 채취용기의 기벽에 물방울이 응축하므로 적합하지 않다.
② 고순도(99.8%)의 시약이나 용매를 사용하면 방해물질을 최소화할 수 있다.
③ 배출가스에 다량의 유기물이나 염기성 유기물이 오염되어 있을 경우에 알칼리성에서 추출하여 제거할 수 있으나 이때 페놀이나 2,4-다이메틸페놀의 회수율이 줄어들 수 있다.

(3) 흡수액 : 0.1mol/L NaOH

04 배출가스 중 벤젠-기체크로마토그래피법

(1) 목적 및 적용범위

① 흡착관을 이용한 방법, 시료채취 주머니를 이용한 방법을 시료채취방법으로 하고 열탈착장치를 통하여 기체크로마토그래피(gas chromatography, 이하 GC) 방법으로 분석한다.
★★ ② 배출가스 중에 존재하는 벤젠의 정량범위는 0.10ppm~2,500ppm이며, 방법검출한계는 0.03ppm이다.

(2) 간섭물질

배출가스는 대부분 수분을 포함하고 있으므로 상대 습도가 높은 경우에는 시료의 수분을 제거하여 수분으로 인한 영향을 최소화하여야 한다.

(3) 검출기

불꽃이온화검출기(FID)나 질량분석기(MS)를 사용한다.

(4) 운반기체

GC의 이동상으로 GC로 주입된 시료를 컬럼과 질량분석계로 옮겨주는 역할을 하며, 비활성의 건조하고 순수한(99.999% 또는 그 이상의 고순도) 질소 혹은 헬륨을 사용한다.

Question 68

배출가스 중 벤젠을 분석하는 방법으로 알맞은 것은?

㉮ 자외선/가시선분광법
㉯ 원자흡수분광광도법
㉰ 이온크로마토그래피
㉱ 기체크로마토그래피

정답 ㉱

05 배출가스 중 총탄화수소

1. 불꽃이온화검출기법

(1) 목적 및 적용범위

① 배출가스 중 총탄화수소를 여과지 등을 이용하여 먼지를 제거한 후 가열 채취관을 통과시키고 불꽃이온화검출기(flame ionization detector)로 측정하여 총탄화수소를 정량한다.

② 알케인류(alkanes), 알켄류(alkenes) 및 방향족(aromatics) 등이 주성분인 증기의 총탄화수소 측정에 적용된다.

(2) 용어정의

① 시료채취부 : 시료유입, 운반 및 전처리에 필요한 부분을 말한다.
② 총탄화수소분석기 : 총탄화수소 농도를 감지하고, 농도에 비례하는 출력을 발생하는 부분을 말한다.
★★ ③ 교정가스 : 측정기의 교정을 위하여 농도를 알고 있는 공인된 가스를 사용한다.
★★ ④ 제로편차 : 제로가스에 대해 기기가 반응하는 정도의 차이로서, 측정범위의 ±3% 이하인지 확인한다. 단, 시료가스 측정기간 동안에는 점검, 수리, 교정 등은 수행하지 않아야 한다.
★★ ⑤ 교정편차 : 교정편차 점검용 교정가스(측정기기 최대정량농도의 45%~55% 범위의 표준 가스)에 대해 기기가 반응하는 정도의 차이로서, 측정범위의 ±3% 이하인지 확인한다. 단, 시료가스 측정기간 동안에는 점검, 수리, 교정 등은 수행하지 않아야 한다.
★★ ⑥ 반응시간 : 오염물질 농도의 단계변화에 따라 최종 값의 90%에 도달하는 시간으로 한다.

(3) 분석기기 및 기구

① **총탄화수소분석기**: 배출가스 중 총탄화수소를 분석하기 위한 배출가스 측정기로써 형식승인을 받은 분석기기를 사용한다.

② **교정가스 주입장치**: 제로 및 교정가스를 주입하기 위해서는 3방콕이나 순간연결장치를 사용한다.

③ **여과지**: 배출가스 중의 입자상물질을 제거하기 위하여 여과장치 등을 설치하고, 여과장치가 굴뚝 밖에 있는 경우에는 수분이 응축되지 않도록 한다.

★★ ④ **기록계**: 기록계를 사용하는 경우에는 최소 4회/min이 되는 기록계를 사용한다.

★★ ⑤ **유량조절밸브**: 0.5L/min~5L/min의 유량제어가 가능한 것으로 휘발성유기화합물의 흡착과 변질이 발생하지 않아야 한다.

⑥ **흡입펌프**: 오일을 사용하지 않는 펌프를 사용하여야 하며 가열 시 오염물질의 영향이 없도록 PTFE(polytetrafluoroethylene)재질 또는 그 이상의 재질로 되어 있는 흡입펌프를 사용하여야 한다.

> **Question 69**
>
> 배출가스 중 총탄화수소를 불꽃이온화검출기법으로 측정할 때 용어의 정의로 틀린 것은?
>
> ㉮ 교정가스: 측정기의 교정을 위하여 농도를 모르고 있는 공인된 가스를 사용한다.
> ㉯ 제로편차: 제로가스에 대해 기기가 반응하는 정도의 차이로서, 측정범위의 ±3% 이하 인지 확인한다.
> ㉰ 교정편차: 교정편차 점검용 교정가스(측정기기 최대정량농도의 45%~55% 범위의 표준가스)에 대해 기기가 반응하는 정도의 차이로서, 측정범위의 ±3% 이하인지 확인한다.
> ㉱ 반응시간: 오염물질 농도의 단계변화에 따라 최종 값의 90%에 도달하는 시간으로 한다.
>
> **풀이** ㉮ 교정가스: 측정기의 교정을 위하여 농도를 알고 있는 공인된 가스를 사용한다.

2. 비분산적외선분광분석법

(1) 목적 및 적용범위

① 배출가스 중 총탄화수소를 여과지 등을 이용하여 먼지를 제거한 후 가열 채취관을 통과시키고 비분산형적외선분석기(non-dispersive infrared analyzer)로 측정하여 총탄화수소를 정량한다.

② 알케인류(alkanes)가 주성분인 증기의 총탄화수소 측정에 적용되며, 배출가스 성분을 파악할 수 있는 분석이 선행되어야 한다.

(2) 간섭물질

수분트랩 내부에 유기성 입자상 물질이 존재한다면 양의 오차를 가져올 수 있다. 따라서 반드시 여과지를 사용하여 샘플링을 해야 한다.

06 휘발성 유기화합물질 (Volatile Organic Compound : VOC$_S$) 누출확인방법

1. 적용범위 및 원리

이 방법은 휘발성유기화합물질 누출원에서의 VOCs 누출확인방법으로서 사용된다. 이들 누출원들에는 밸브, 플랜지 및 기타 연결관, 펌프 및 컴프레서, 압력완화밸브, 공정배출구(시료채취장치), 개방형도관 및 밸브, 밀봉시스템 가스제거배출구와 축압배출구, 출입문 밀봉장치 등이 포함되며 기타 다른 누출원도 포함된다.

★★ 2. 용어 정의

① 누출농도 : VOCs가 누출되는 누출원 표면에서의 VOCs 농도로서, 대조화합물을 기초로 한 기기의 측정값이다.

② 대조화합물 : 누출농도를 위한 기기교정용 VOCs 화합물로서 불꽃이온화검출기에는 메테인, 에테인, 프로페인 및 뷰테인을 기준으로 하며, 광이온화검출기에는 아이소뷰틸렌을 기준으로 한다.

★★ ③ 교정가스 : 기지 농도로 기기 표시치를 교정하는데 사용되는 VOCs 화합물로서 일반적으로 누출농도와 유사한 농도의 대조화합물이다.

④ 검출불가능 누출농도 : 누출원에서 VOCs가 대기중으로 누출되지 않는다고 판단되는 농도로서 국지적 VOCs 배경농도의 최고 농도값으로 500ppm이다.

★ ⑤ 반응인자 : 관련규정에 명시된 대조화합물로 교정된 기기를 이용하여 측정할 때 관측된 측정값과 VOCs 화합물 기지농도와의 비율이다.

★ ⑥ 교정 정밀도 : 기지의 농도값과 측정값간의 평균차이를 상대적인 퍼센트로 표현하는 것으로서, 동일한 기지 농도의 측정값들의 일치정도이다.

★★ ⑦ 응답시간 : VOCs가 시료채취장치로 들어가 농도 변화를 일으키기 시작하여 기기계기판의 최종값이 90%를 나타내는데 걸리는 시간이다.

> **Question 70**
>
> 휘발성 유기화합물질(VOCs) 누출확인방법에서 사용되는 용어정의로 틀린 것은?
>
> ㉮ 교정가스 : 기지 농도로 기기 표시치를 교정하는데 사용되는 VOCs 화합물로서 일반적으로 누출농도와 다른 농도의 대조화합물이다.
> ㉯ 반응인자 : 관련규정에 명시된 대조화합물로 교정된 기기를 이용하여 측정할 때 관측된 측정값과 VOCs 화합물 기지농도와의 비율이다.
> ㉰ 교정 정밀도 : 기지의 농도값과 측정값간의 평균차이를 상대적인 퍼센트로 표현하는 것으로서, 동일한 기지 농도의 측정값들의 일치정도이다.
> ㉱ 응답시간 : VOCs가 시료채취장치로 들어가 농도 변화를 일으키기 시작하여 기기계기판의 최종값이 90%를 나타내는데 걸리는 시간이다.
>
> **풀이** ㉮ 교정가스 : 기지 농도로 기기 표시치를 교정하는데 사용되는 VOCs 화합물로서 일반적으로 누출농도와 유사한 농도의 대조화합물이다.

3. 휴대용 VOCs 측정기기

(1) 규격

① VOCs 측정기기의 검출기는 시료와 반응하여야 한다. 여기에서 촉매산화, 불꽃이온화, 적외선흡수, 광이온화 검출기 및 기타 시료와 반응하는 검출기 등이 있다.
② 기기는 규정에 표시된 누출농도를 측정할 수 있어야 한다.
③ 기기의 계기눈금은 최소한 표시된 누출농도의 ±5%를 읽을 수 있어야 한다.
④ 기기는 펌프를 내장하고 있어 연속적으로 시료가 검출기로 제공되어야 한다. 일반적으로 시료유량은 0.5L/min~3L/min이다.
⑤ 기기는 폭발 가능한 대기중에서의 조작을 위하여 근본적으로 안전해야 한다.
⑥ 기기는 채취관 및 연결관 연결이 가능하여야 한다.

(2) 성능기준

① 측정될 개별 화합물에 대한 기기의 반응인자는 10보다 작아야 한다.
② 기기의 응답시간은 30초보다 작거나 같아야 한다.
③ 교정정밀도는 교정용 가스값의 10%보다 작거나 같아야 한다.

휘발성 유기화합물질(VOCs) 누출확인방법에 사용되는 측정기기의 성능기준 및 성능평가 요구사항으로 옳지 않은 것은?

㉮ 측정될 개별 화합물에 대한 기기의 반응인자(Response factor)는 30보다 작아야 한다.
㉯ 기기의 응답시간은 30초보다 작거나 같아야 한다.
㉰ 교정 정밀도는 교정용 가스값의 10%보다 작거나 같아야 한다.
㉱ 교정 정밀도 및 응답시간 테스트는 기기를 사용하기 전에 하여야 한다.

풀이 ㉮ 측정될 개별화합물에 대한 기기의 반응인자(response factor)는 10보다 작아야 한다.

제5절
굴뚝배출가스 중의 오염물질 연속자동측정방법

01 굴뚝연속자동측정기기 먼지

1. 적용범위
이 시험방법은 굴뚝배출가스 중 먼지를 연속적으로 자동 측정하는 방법에 관하여 규정한다.

★★ 2. 측정방법의 종류
먼지의 연속자동측정법에는 광산란적분법과 베타(β)선 흡수법, 광투과법이 있다.

(1) 광산란적분법

① 측정원리

먼지를 포함하는 굴뚝배출가스에 빛을 조사하면 먼지로부터 산란광이 발생한다. 산란광의 강도는 먼지의 성상, 크기, 상대굴절율 등에 따라 변화하지만, 이들조건이 동일하다면 먼지농도에 비례한다. 굴뚝에서 미리 구한 먼지농도와 산란도의 상관관계식에 측정한 산란도를 대입하여 먼지농도를 구한다.

★★ ② 장치구성
  ㉠ 시료채취부 : 동압관인 내관과 정압관인 외관의 2중 구조로 되어 있다.
  ㉡ 검출부 : 광원부, 측정부 그리고 수광부로 이루어져 있다.
  ㉢ 앰프부 : 전원부, 증폭부 및 농도직독계와 원격출력부로 이루어져 있다. 원격출력부로부터 나온 신호는 유선을 통하여 2km까지 전송된다.
  ㉣ 수신부 : 앰프로부터의 전송출력을 수신하여 그 신호를 기록계 및 텔레메트리 시스템에 전달하는 역할을 한다.

Question 72

굴뚝 배출가스 중의 먼지를 연속적으로 자동측정하는 광산란적분법의 4가지 장치구성부로 틀린 것은 어느 것인가?

㉮ 앰프부　　　㉯ 검출부　　　㉰ 농도지시부　　　㉱ 수신부

풀이 광산란적분법의 장치구성부는 시료채취부, 검출부, 앰프부, 수신부로 구성되어 있다.

(2) 베타(β)선 흡수법

① 측정원리

시료가스를 등속흡입하여 굴뚝밖에 있는 자동연속측정기 내부의 여과지 위에 먼지 시료를 채취한다. 이 여과지에 방사선 동위원소로부터 방출된 β선을 조사하고 먼지에 의해 흡수된 β선량을 구한다. 굴뚝에서 미리 구해놓은 β선 흡수량과 먼지농도사이의 관계식에 시료채취 전후의 β선 흡수량의 차를 대입하여 먼지농도를 구한다.

② 장치구성

시료채취부 - 검출부 - 표시 및 기록부 - 수신부

(3) 광투과법

① 측정원리

이 방법은 먼지입자들에 의한 빛의 반사, 흡수, 분산으로 인한 감쇄현상에 기초를 둔다. 먼지를 포함하는 굴뚝배출가스에 일정한 광량을 투과하여 얻어진 투과된 광의 강도 변화를 측정하여 굴뚝에서 미리 구한 먼지농도와 투과도의 상관관계식에 측정한 투과도를 대입하여 먼지의 상대농도를 연속적으로 측정하는 방법이다.

② 장치구성

시료채취부 - 검출 및 분석부 - 농도지시부 - 데이타 처리부 – 교정장치

02 굴뚝연속자동측정기기 이산화황

1. 적용범위

이 시험방법은 굴뚝배출가스중 이산화황을 연속적으로 자동측정하는 방법에 관하여 규정한다.

★★ 2. 용어

★★★ ① 교정가스 : 공인기관의 보정치가 제시되어 있는 표준가스로 연속자동측정기 최대눈금치의 약 50%와 90%에 해당하는 농도를 갖는다. (90% 교정가스를 스팬가스라고 한다.)

★★ ② 제로가스 : 정제된 공기나 순수한 질소(순도 99.999% 이상)를 말한다.

★★ ③ 검출한계 : 제로드리프트의 2배에 해당하는 지시치가 갖는 이산화황의 농도를 말한다.

④ 교정오차 : 교정가스를 연속자동측정기에 주입하여 측정한 분석치가 보정치와 얼마나 잘 일치하는가 하는 정도로서, 그 수치가 작을수록 잘 일치하는 것이다.

⑤ 상대정확도 : 굴뚝에서 연속자동측정기를 이용하여 구한 이산화황의 분석치가 황산화물 시험방법(주시험법)으로 구한 분석치와 얼마나 잘 일치하는가 하는 정도로서 그 수치가 작을수록 잘 일치하는 것이다.

⑥ 제로드리프트 : 연속자동측정기가 정상적으로 가동되는 조건하에서 제로가스를 일정시간 흘려준 후 발생한 출력신호가 변화한 정도를 말한다.

⑦ 스팬드리프트 : 스팬가스를 일정시간 동안 흘려준 후 발생한 출력신호가 변화한 정도를 말한다.

★★★ ⑧ 응답시간 : 시료채취부를 통하지 않고 제로가스를 연속자동측정기의 분석부에 흘려주다가 갑자기 스팬가스로 바꿔서 흘려준 후, 기록계에 표시된 지시치가 스팬가스 보정치의 95%에 해당하는 지시치를 나타낼 때까지 걸리는 시간을 말한다.

⑨ 시험가동시간 : 연속자동측정기를 정상적인 조건에 따라 운전할 때 예기치 않는 수리, 조정 및 부품교환없이 연속 가동할 수 있는 최소시간을 말한다.

★ ⑩ 점(Point) 측정시스템 : 굴뚝 또는 덕트 단면 직경의 10% 이하의 경로 또는 단일점에서 오염물질 농도를 측정하는 배출가스 연속자동측정시스템

★ ⑪ 경로(Path) 측정시스템 : 굴뚝 또는 덕트 단면 직경의 10% 이상의 경로를 따라 오염물질 농도를 측정하는 배출가스 연속자동측정시스템

⑫ 보정 : 보다 참에 가까운 값을 구하기 위하여 판독값 또는 계산값에 어떤 값을 가감하는 것, 또는 그 값

⑬ 편향(Bias) : 계통오차. 측정결과에 치우침을 주는 원인에 의해서 생기는 오차

⑭ 시료채취 시스템 편기 : 농도를 알고 있는 교정가스를 시료채취관의 출구에서 주입하였을 때와 측정기에 바로 주입하였을 때 측정기 시스템에 의해 나타나는 가스 농도의 차이

⑮ 퍼지(Purge) : 시료채취관에 축적된 입자상 물질을 제거하기 위하여 압축된 공기가 시료채취관의 안에서 밖으로 불어내어지는 동안 몇몇 시료채취형 시스템에 의해 주기적으로 수행되는 절차

⑯ 직선성 : 입력신호의 농도변화에 따른 측정기 출력신호의 직선관계로부터 벗어나는 정도

Question 73

굴뚝 배출가스 중 이산화황을 연속적으로 자동측정하는 방법에서 사용하는 용어의 의미로 틀린 것은?

㉮ 검출한계 : 제로드리프트의 3배에 해당하는 지시치가 갖는 이산화황의 농도를 말한다.
㉯ 제로가스 : 정제된 공기나 순수한 질소(순도 99.999% 이상)를 말한다.
㉰ 응답시간 : 시료채취부를 통하지 않고 제로가스를 연속자동측정기의 분석부에 흘려주다가 갑자기 스팬가스로 바꿔서 흘려준 후, 기록계에 표시된 지시치가 스팬가스 보정치의 95%에 해당하는 지시치를 나타낼 때까지 걸리는 시간을 말한다.
㉱ 경로(Path) 측정시스템 : 굴뚝 또는 덕트 단면 직경의 10% 이상의 경로를 따라 오염물질 농도를 측정하는 배출가스 연속자동측정시스템을 말한다.

풀이 ㉮ 검출한계 : 제로드리프트의 2배에 해당하는 지시치가 갖는 이산화황의 농도를 말한다.

★★ 3. 측정방법의 종류

① 용액전도율법
② 적외선흡수법
③ 자외선흡수법
④ 정전위전해법
⑤ 불꽃광도법

(1) 용액전도율분석계

① 원리

시료가스를 황산산성과산화수소수 흡수액에 도입하면 이산화황은 과산화수소수에 의해 황산으로 산화되어 흡수된다. 이때 황산의 생성으로 인하여 흡수액의 전도율이 증가하게 되는데, 이 전도율의 증가는 시료가스 중의 이산화황의 농도에 비례한다.

② 분석계 구성

용액전도율 분석계는 비교전극, 측정전극, 가스흡수부, 흡수액 전달펌프, 흡수액용기, 흡수액 등으로 이루어져 있다.

TIP
흡수액 : 황산산성과산화수소수용액

(2) 적외선 흡수분석계

(3) 자외선 흡수분석계

① 원리

자외선 흡수분석계에는 분광기를 이용하는 분산방식과 이용하지 않는 비분산방식이 있으며 분산방식에서는 287nm에서의 이산화황과 이산화질소의 흡광도를 그리고 380nm에서 이산화질소의 흡광도를 측정하고 몰흡광계수와 농도 및 흡광도로 표시된 2원 1차 연립방정식에 대입하여 이산화황의 극대흡수파장인 287nm에서의 이산화질소의 간섭을 보정한다. 287nm에서 구한 이산화황만의 흡광도를 미리 작성한 검정곡선에 대입하여 그 농도를 구한다. 또한 비분산방식에서는 수은램프로부터 나온 빛을 둘로 나누어 두 개의 광학필터를 통과시킨다. 이렇게 하여 하나의 필터로 부터는 280~320nm의 광을 다른 하나로부터는 540~570nm의 광을 시료셀에 조사한 다음, 전자는 측정광으로 하고 후자는 비교광으로 하여 흡광도를 측정하고 그 차를 시료가스 중 이산화황의 흡광도로 한다. 이것을 미리 작성한 검정곡선에 대입하여 시료가스중 이산화황의 농도를 구한다.

② 분석계 구성

자외선흡수분석계는 광원, 분광기, 광학필터, 시료셀, 검출기 등으로 이루어져 있다.

(4) 정전위전해분석계

① 원리

이산화황을 전해질에 흡수시킨 후 전기화학적 반응을 이용하여 그 농도를 구한다. 전해질에 흡수된 이산화황은 작용전극에 일정한 전위의 전기에너지를 가하면 황산이온으로 산화되는데 이때 발생되는 전해전류는 온도가 일정할 때 흡수된 이산화황 농도에 비례한다.

② 분석계 구성

정전위전해 분석계는 전해셀과 정전위전원 그리고 증폭기로 구성되어 있다.

(5) 불꽃광도 분석계

① 원리

환원선 수소불꽃에 도입된 이산화황은 불꽃 중에서 환원될 때 발생하는 빛 가운데 394nm 부근의 빛에 대한 발광강도를 측정하여 연도배출가스 중 이산화황 농도를 구한다. 이 방법을 이용하기 위하여는 불꽃에 도입되는 이산화황 농도가 5~6 μg/min 이하가 되도록 시료가스를 깨끗한 공기로 희석해야 한다.

② 분석계의 구성

유량제어부, 희석부, 불꽃부, 검출부로 이루어져 있다.

03 굴뚝연속자동측정기기 질소산화물

1. 적용범위

이 시험방법은 굴뚝배출가스 중 질소산화물($NO+NO_2$)을 연속적으로 자동측정하는 방법에 관하여 규정한다.

2. 용어

① 시료채취형(Extractive System) : 굴뚝으로부터 시료가스를 추출하여 지상 또는 일정지점에 설치되어 있는 분석부에 유입하여 측정하는 형식으로 고정형(시료채취점에 고정하여 장기적으로 연속측정한다)과 이동형(여러 개의 시료채취점을 대상으로 이동하면서 비교적 단기간 동안 측정한다)이 있다.

② 굴뚝부착형(In-situ System) : 분석부가 굴뚝에 부착되어 있으며 광원으로부터 나온 입사광이 굴뚝 내부를 가로질러 통과한다. 이때 대상가스상 오염물질이 그 빛을 흡수하는 성질을 이용하여 그 농도를 측정하는데 이러한 방식의 측정기는 공존하는 먼지, 액적 그리고 광학계의 오염으로 인한 입사광의 감쇄현상이 문제가 되므로 이것을 보정하기 위한 광학계를 갖추고 있는 것이 특징이다.

3. 측정방법의 종류

① 설치방식에 따라 : 시료채취형, 굴뚝부착형
② 측정원리에 따라 : 화학발광법, 적외선흡수법, 자외선흡수법, 정전위전해법

> **Question 74**
>
> 굴뚝 배출가스 중 질소산화물의 연속자동측정방법으로 가장 거리가 먼 것은? (단, 측정원리에 따라 분류)
>
> ㉮ 화학발광법 ㉯ 이온전극법 ㉰ 적외선흡수법 ㉱ 자외선흡수법
>
> **풀이** 연속자동측정방법 중 측정원리에 따라 화학발광법, 적외선흡수법, 자외선흡수법, 정전위전해법이 있다.

4. 분석계

(1) 화학발광분석계

① 원리

일산화질소와 오존이 반응하면 이산화질소가 생성되는데 이때 590~875nm에 이르는 폭을 가진 빛(화학발광)이 발생한다.

이 발광강도를 측정하여 시료가스 중 일산화질소 농도를 연속적으로 측정한다. 질소산화물 농도는 시료가스를 환원장치로 통과시켜 이산화질소를 일산화질소로 환원한 다음 측정하여 구한다.

② 분석계의 구성

유량제어부, 반응조, 검출기, 오존발생기 등으로 구성되어 있다.

(2) 적외선 흡수분석계

① 시료채취형

비분산적외선 가스분석법에 따른다.

② 굴뚝부착형

㉠ 원리 : 비분산적외선(5.25μm)을 굴뚝 내부에 조사하고 수광부와 검출기 사이에 대조셀과 가스필터 상관셀이 교대로 오도록 한다. 입사광은 굴뚝 내부를 통과한 후 반대편에 있는 반사경에 의해 반사되어 다시 수광부쪽으로 돌아온다. 이때 대조셀로는 일산화질소에 의해 감쇄된 빛에너지(S)와 먼지를 비롯한 공존물질에 의해 감쇄된 바탕빛에너지(B)의 합을 측정하고 가스필터 상관셀로는 바탕빛에너지만을 측정한다. 이 측정값들로부터 $\frac{(S+B)-B}{B}$ 즉 $\frac{S}{B}$ 를 구하고 미리 교정용 스팬셀과 20%셀로 구한 $\frac{S}{B}$ 대 일산화질소농도 검정곡선에 대입하여 시료중 일산화질소의 농도를 구한다.

단, 배출가스 중 이산화질소의 분율이 질소산화물의 10%를 넘는 시설에 대해서는 이산화질소농도를 별도로(3.4μm의 적외선광을 이용한다) 구하고 그 농도를 합한다.

  ⓒ 분석계 구성 : 광원, 광학계, 가스셀 터릿 및 검출기 등으로 이루어져 있다.

(3) 자외선흡수 분석계

① 원리

일산화질소는 195~230nm, 이산화질소는 350~450nm 부근의 자외선을 흡수하는 성질을 이용한다. 질소산화물의 농도를 구하기 위하여 일산화질소와 이산화질소의 농도를 각각 측정하여 그것들을 합하는 방식(다성분합산방식)과 시료가스 중 일산화질소를 이산화질소로 산화시킨 다음 측정하는 방식(산화방식)이 사용되고 있다.

② 분석계 구성

다성분합산형(또는 분산형)과 산화형(비분산형)이 있으며, 광원, 분광기, 광학필터, 시료셀, 검출기, 합산증폭기, 오존발생기 등으로 이루어져 있다.

(4) 정전위전해 분석계

① 원리

가스투과성 격막을 통하여 전해질 용액에 시료가스 중의 질소산화물을 확산흡수시키고 일정한 전위(이산화황의 경우와 전위는 다르다)의 전기에너지를 부가하면 질산이온으로 산화된다. 이때 생성되는 전해전류는 온도가 일정할 때 시료가스 중 질소산화물의 농도에 비례한다.

② 분석계 구성

전해셀과 정전위전원 그리고 증폭기로 이루어져 있다.

CHAPTER 04 환경기준시험방법

제1절 환경대기 중 시료채취방법

 **적용범위**

이 시험방법은 환경정책기본법에서 규정하는 환경기준 설정항목 및 기타 대기중의 오염물질에 관한 시험 및 분석에 대하여 규정한다.

 시료채취를 위한 일반사항

★★ 1. 채취지점수(측정점수)의 결정

① 인구비례에 의한 방법
  ㉠ 대상지역의 인구 분포 및 인구밀도를 고려하여 인구밀도가 5,000명/km² 이하일 때 적용
  ㉡ 가주지면적 = 총면적 - (전답 + 임야 + 호수 + 하천)
  ㉢ 측정점수 = $\dfrac{\text{그 지역 가주지면적}}{25\text{km}^2} \times \dfrac{\text{그 지역 인구밀도}}{\text{전국 평균인구밀도}}$

② TM좌표에 의한 방법

전국 지도의 TM좌표에 따라 해당 지역의 1 : 25,000 이상의 지도위에 2~3km 간격으로 바둑판 모양의 구획을 만들고 그 구획마다 측정점을 선정한다.

> **Question 01**
>
> 다음은 환경기준 시험을 위한 채취지점수(측정점수)의 결정시 TM좌표에 의한 방법을 설명한 것이다. ( ) 안에 알맞은 것은?
>
> 전국 지도의 TM좌표에 따라 해당지역의 (①)의 지도위에 (②)간격으로 바둑판 모양의 구획을 만들고(格子網) 그 구획마다 측정점을 선정한다.
>
> ㉮ ① 1 : 5,000 이상 , ② 200~300m   ㉯ ① 1 : 5,000 이상 , ② 2~3km
> ㉰ ① 1 : 25,000 이상 , ② 200~300m   ㉱ ① 1 : 25,000 이상 , ② 2~3km
>
> **정답** ㉱

③ 중심점에 의한 동심원을 이용하는 방법

측정하려고 하는 대상지역을 대표할 수 있다고 생각되는 한 지점을 선정하고 지도위에 그 지점을 중심점으로 0.3~2km의 간격으로 동심원을 그린다.
또 중심점에서 각 방향(8 방향 이상)으로 직선을 그어 각각 동심원과 만나는 점을 측정점으로 한다.

④ 대상지역의 오염정도에 따라 공식을 이용하는 방법

$N = N_x + N_y + N_z$

$N_x = (0.095) \cdot (\frac{C_n - C_s}{C_s}) \cdot (x)$

$N_y = (0.0096) \cdot (\frac{C_s - C_b}{C_s}) \cdot (y)$

$N_z = (0.0004) \cdot (z)$

⎡ N : 채취지점수 C_n : 최대농도(ppm) C_s : 환경기준(행정기준)(ppm)
C_b : 최저농도(자연상태)(ppm) x : 환경기준보다 농도가 높은 지역(km^2)
y : 환경기준보다 농도가 낮으나 자연농도보다 높은 지역(km^2)
⎣ z : 자연상태의 농도와 같은 지역(km^2)

⑤ 기타방법

과거의 경험이나 전례에 의한 선정 또는 이전부터 측정을 계속하고 있는 측정점에 대하여는 이미 선정되어 있는 지점을 측정점으로 할 수 있다.

Question 02

환경기준 시험을 위한 시료채취 지점수의 결정방법으로 가장 거리가 먼 것은? (단, 기타의 방법제외)
- ㉮ 인구비례에 의한 방법
- ㉯ 대기오염 배출계수 분포를 이용하는 방법
- ㉰ TM좌표에 의한 방법
- ㉱ 중심점에 의한 동심원을 이용하는 방법

풀이 ㉯ 대상지역의 오염정도에 따라 공식을 이용하는 방법

★★ 2. 시료채취 위치선정

① 시료채취 위치는 원칙적으로 주위에 건물이나 수목 등의 장애물이 없고 <u>그 지역의 오염도를 대표할 수 있다고 생각되는 곳</u>을 선정한다.
② 주위에 건물이나 수목 등의 장애물이 있을 경우에는 채취위치로부터 장애물까지의 거리가 그 <u>장애물 높이의 2배 이상</u> 또는 채취점과 장애물 상단을 연결하는 직선이 <u>수평선과 이루는 각도가 30° 이하</u>되는 곳을 선정한다.
③ 주위에 건물 등이 밀집되거나 접근되어 있을 경우에는 <u>건물 바깥벽으로부터 적어도 1.5m 이상 떨어진 곳</u>에 채취점을 선정한다.
④ 시료채취의 높이는 그 부근의 평균오염도를 나타낼 수 있는 곳으로서 <u>가능한 한 1.5m~30m 범위</u>로 한다.

 Question 03

환경대기 중 시료채취 위치선정 기준으로 옳지 않은 것은?
- ㉮ 주위에 건물 등이 밀집되어 있을 때는 건물 바깥벽으로부터 적어도 1.5m 이상 떨어진 곳에 채취점을 선정한다.
- ㉯ 시료의 채취높이는 그 부근의 평균오염도를 나타낼 수 있는 곳으로서 가능한 1.5m~30m 범위로 한다.
- ㉰ 주위에 장애물이 있을 경우에는 채취 위치로부터 장애물까지의 거리가 그 장애물 높이의 1.5배 이상이 되도록 한다.
- ㉱ 주위에 장애물이 있을 경우에는 채취점과 장애물 상단을 연결하는 직선이 수평선과 이루는 각도가 30° 이하되는 곳을 선정한다.

풀이 ㉰ 주위에 장애물이 있을 경우에는 채취 위치로부터 장애물까지의 거리가 그 장애물 높이의 2배 이상이 되도록 한다.

3. 시료채취에 대한 일반적 주의사항

① 시료채취를 할 때는 되도록 측정하려는 가스 또는 입자의 손실이 없도록 한다. 특히 바람이나 눈, 비로부터 보호하기 위하여 측정기기는 실내에 설치하고 채취구는 밖으로 연결할 경우에는 채취관 벽과의 반응, 흡착, 흡수 등에 의한 영향을 최소한도로 줄일 수 있는 재질과 방법을 선택한다.

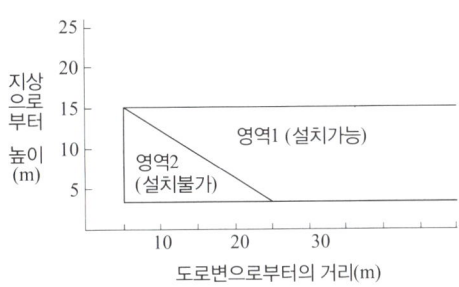

〈부유먼지측정기의 도로로부터의 거리와 시료채취높이〉

② 채취관을 장기간 사용하여 관내에 먼지가 퇴적하거나 퇴적할 먼지가 가스와 반응 또는 흡착하는 것을 막기 위하여 채취관은 항상 깨끗한 상태로 보존한다.
③ 미리 측정하려고 하는 성분과 이외의 성분에 대한 물리적, 화학적 성질을 조사하여 방해성분의 영향이 적은 방법을 선택한다.
★★ ④ 시료채취시간은 원칙적으로 그 오염물질의 영향을 고려하여 결정한다. 예를 들면 악취물질의 채취는 되도록 짧은 시간 내에 끝내고 입자상 물질중의 금속성분이나 발암성 물질 등은 되도록 장시간 채취한다.
★★ ⑤ 입자상 물질을 채취할 경우에는 채취관 벽에 먼지가 부착 또는 퇴적하는 것을 피하고 특히 채취관은 수평방향으로 연결할 경우에는 되도록 관의 길이를 짧게 하고 곡률변경은 크게 한다.

Question 04

환경대기 중의 시료채취에 관한 일반적인 주의사항으로 거리가 먼 것은?

㉮ 악취물질의 채취는 되도록 짧은 시간내에 끝내고 입자상 물질중의 금속성분이나 발암성 물질 등은 되도록 장시간 채취한다.
㉯ 시료채취 유량은 각 규정하는 범위 내에서는 되도록 많이 채취하는 것을 원칙으로 한다.
㉰ 바람이나 눈, 비로부터 보호하기 위하여 측정기기는 실내에 설치하고 채취구는 밖으로 연결할 경우에는 채취관 벽과의 반응, 흡착, 흡수 등에 의한 영향을 최소한도로 줄일 수 있는 재질과 방법을 선택한다.
㉱ 입자상 물질을 채취할 경우에는 채취관 벽에 먼지가 부착 또는 퇴적하는 것을 피하고 특히 채취관은 수평방향으로 연결할 경우에는 되도록 관의 길이를 길게 하고 곡률변경은 작게 한다.

풀이 ㉱ 입자상 물질을 채취할 경우에는 채취관 벽에 먼지가 부착 또는 퇴적하는 것을 피하고 특히 채취관은 수평방향으로 연결할 경우에는 되도록 관의 길이를 짧게 하고 곡률변경은 크게 한다..

03 정가스상 물질의 시료 채취방법

1. 직접 채취법

이 방법은 시료를 측정기에 직접 도입하여 분석하는 방법으로 채취관 - 분석장치 - 흡입펌프로 구성된다. 채취관은 일반적으로 4불화에틸렌수지(Teflon), 경질유리, 스테인리스강제 등으로 된 것을 사용한다.

2. 용기채취법

이 방법은 시료를 일단 일정한 용기에 채취한 다음 분석에 이용하는 방법으로 채취관 - 용기 또는 채취관 - 유량조절기 - 흡입펌프 - 용기로 구성된다.

(1) **용기** : 진공병 또는 공기주머니(Bag)를 사용한다.

★★(2) **공기주머니(Air Bag)를 사용할 경우**

이 방법은 시료를 공기주머니에 채취하는 방법으로 측정기기를 측정장소까지 갖고 갈 수가 없거나 소수의 측정기로서 다수의 지점에서 동시에 시료를 측정할 경우에 이용한다. 공기주머니에 의한 시료채취는 시료성분이 주머니 안에서 흡착, 투과 또는 서로간의 반응에 의하여 손실 또는 변질되지 않아야 한다.

① 주머니(Bag)의 재질

시료주머니의 재질은 테플론(teflon), 테들러(tedlar), 폴리에스테르(polyester) 등 또는 이보다 대기오염물질 흡착성이 낮은 것으로서 용기 부피가 3L~20L 정도의 것으로 한다.

② 주머니의 세척

한번 사용한 주머니 내부가 다른 가스로 오염되어 있는 경우에는 주머니 외부를 적외선 램프로 가열하면서 건조하고 깨끗한 공기를 통과시켜 세척한다.

★ 3. 용매채취법

이 방법은 측정대상 기체와 선택적으로 흡수 또는 반응하는 용매에 시료가스를 일정유량으로 통과시켜 채취하는 방법으로 채취관 - 여과재 - 채집부 - 흡입펌프 - 유량계(가스미터) 로 구성된다.

Question 05

환경대기 중 가스상 물질의 시료채취방법에서 채취관 – 여과재 – 채취부 – 흡입펌프 – 유량계(가스미터)의 순으로 시료를 채취하는 방법은?

㉮ 용기채취법 ㉯ 용매채취법
㉰ 직접채취법 ㉱ 채취용여과지에 의한 방법

정답 ㉯

4. 고체흡착법

고체분말표면에 기체가 흡착되는 것을 이용하는 방법으로 시료채취장치는 흡착관, 유량계 및 흡입펌프로 구성한다.

★ 5. 저온농축법

이 방법은 탄화수소와 같은 기체성분을 냉각제로 냉각 응축시켜 공기로부터 분리 채취하는 방법으로 주로 GC나 GC/MS 분석기에 이용한다.

① 냉각제 : 액체산소(-183℃), 드라이아이스(dry ice)
② 채취장치 및 조작 : 탄산기체 및 수분제거관 - 냉각농축관 - 흡입펌프 - 유량계의 순으로 연결하여 흡입유량 10L/min, 흡입시간 10분 정도로 채취한다.

6. 채취용 여과지에 의한 방법

이 방법은 여과지를 적당한 시약에 담갔다가 건조시키고 시료를 통과시켜 목적하는 기체성분을 채취하는 방법으로 주로 플루오로화합물, 암모니아, 트리메틸아민 등의 기체를 채취하는데 이용한다. 채취장치는 여과지홀더 - 흡입펌프 - 유량계로 구성된다.

Question 06

환경대기 중 가스상 물질의 시료채취 방법으로 틀린 것은 어느 것인가?

㉮ 용매채취법　　㉯ 용기채취법　　㉰ 고체흡착법　　㉱ 고온흡수법

풀이 환경대기 중 기체상 물질의 시료채취 방법으로는 직접채취법, 용기채취법, 용매채취법, 고체흡착법, 저온농축법, 채취용 여과지에 의한 방법이 있다.

제2절 환경대기 중 무기물질 측정법

환경대기 중 아황산가스 측정방법

1. 적용범위

이 시험방법은 환경 대기 중의 아황산가스 농도를 측정하기 위한 시험방법이다. 자외선형광법(자동)을 주시험방법으로 한다.

★★ 2. 측정방법의 종류

(1) 수동 및 반자동측정법

① 파라로자닐린법
② 산정량 수동법
③ 산정량 반자동법

★★ (2) 자동 연속 측정법

① 용액 전도율법
② 불꽃광도법
★★ ③ 자외선형광법(주시험방법)
④ 흡광차분광법

Question 07

환경대기 중에 있는 아황산가스 농도를 자동연속측정법으로 분석하고자 한다. 이에 해당하지 않는 것은 어느 것인가?

㉮ 적외선형광법 ㉯ 용액 전도율법 ㉰ 흡광차분광법 ㉱ 불꽃광도법

풀이 자동연속측정방법에는 자외선형광법, 용액 전도율법, 흡광차분광법, 불꽃광도법이 있다.

3. 분석방법

(1) 파라로자닐린법

① 측정원리

이 시험방법은 사염화수은 포타슘용액에 대기중의 아황산가스를 흡수시켜 안전한 이염화 아황산수은염 착화합물을 형성시키고 이 착화합물과 파라로자닐린 및 폼알데하이드를 반응시켜 진하게 발색되는 파라로자닐린 메틸설폰산을 형성시키는 것이다.

② 간섭물질

알려진 주요 방해물질은 질소산화물(NOx), 오존(O_3), 망간(Mn), 철(Fe) 및 크롬(Cr)이다.

㉠ NOx의 방해는 설퍼민산(NH_3SO_3)을 사용함으로써 제거

㉡ 오존의 방해는 측정기간을 늦춤으로써 제거된다.

㉢ 에틸렌다이아민테트라아세트산(EDTA) 및 인산은 위의 금속성분들의 방해를 방지한다.

㉣ 암모니아, 황화물(Sulfides) 및 알데하이드는 방해되지 않는다.

Question 08

환경대기 중 아황산가스를 파라로자닐린법으로 분석할 때 방해물질 제거에 관한 설명으로 옳은 것은?

㉮ NOx : 측정기간을 늦춘다.
㉯ Mn, Fe, Cr : EDTA 및 인산을 사용한다.
㉰ O_3 : 설퍼민산을 사용한다.
㉱ NH_3 : pH를 4.5 이하로 조절한다.

풀이 ㉮ NOx : 설퍼민산을 사용한다. ㉰ O_3 : 측정기간을 늦춘다.
㉱ NH_3 : 방해를 일으키지 않는다.

(2) 산정량 수동법

① 측정원리

시료중의 아황산가스를 묽은 과산화수소 용액이 들어 있는 드레셀병에 흡수시킴으로서 아황산가스를 황산으로 변화하도록 하고 이 때 발생한 황산의 양을 표준알칼리액으로 적정하여 아황산가스 농도를 구하는 방법이다.

② 분석방법

시료용액에 지시용액 두 방울을 가하고 0.01N 알칼리용액으로 적정하여 회색이 될 때를 종말점으로 한다.

$$S = \frac{32{,}000 \times N \times v}{V}$$

- S : 아황산가스의 농도($\mu g/m^3$)
- v : 적정에 사용한 알칼리의 양(mL)
- N : 알칼리의 규정농도(0.01N)
- V : 시료가스 채취량(m^3)

Question 09

다음은 환경대기 중의 아황산가스를 산정량 수동법으로 측정하는 방법이다. ( ) 안에 알맞은 것은?

시료용액 지시용액 두 방울을 가하고 0.01N 알칼리 용액으로 적정하여 ( )이 될 때를 종말점으로 한다.

㉮ 적색   ㉯ 황색   ㉰ 녹색   ㉱ 회색

정답 ㉱

02 환경대기 중 일산화탄소 측정법

1. 적용범위

이 시험법은 환경대기 중의 일산화탄소 농도를 측정하기 위한 시험방법이다. 비분산 적외선 분석법(자동)을 주시험방법으로 한다.

★★ 2. 측정방법의 종류

(1) 자동연속측정방법

비분산 적외선 분석법(주시험방법)

(2) 수동측정방법

① 비분산 적외선 분석법
② 기체크로마토그래피법

3. 분석방법

(1) 비분산 적외선 분석법(자동측정법)

1) 측정원리

이 방법은 일산화탄소에 의한 적외선 흡수량의 변화를 선택성 검출기로 측정해서 환경 대기 중에 포함되어 있는 일산화탄소의 농도를 연속측정하는 방법이다.

(2) 비분산 적외선 분석법(수동측정방법)

이 방법은 일산화탄소에 의한 적외선 흡수량의 변화를 비분산 적외선 분석계를 이용하여 환경 대기 중에 포함되어 있는 일산화탄소의 농도를 측정하는 방법이다.

(3) 불꽃 이온화검출기법

① 측정원리

시료가스의 일정량을 채취하여 이것을 기체크로마토그래피에 도입하여 얻어지는 크로마토그램의 봉우리의 높이로서 일산화탄소 농도를 구하는 방법이다. 이 방법에는 열전도형 검출기와 불꽃 이온화 검출기가 부착된 기체크로마토그래피를 이용하는 방법이 있다. 측정범위는 전자가 0.1% 이상으로 배출 가스 중의 일산화탄소의 측정에 적당하고, 후자는 1.0ppm 이상으로 환경 대기 중의 일산화탄소 측정에 적당하며 불꽃 이온화 검출기를 이용한 일산화탄소의 측정원리는 다음과 같다. 운반가스로는 수소를 사용하며 시료공기를 분자체(Molecular Sieve)가 채워진 분리관을 통과시키면 분리된 일산화탄소는 니켈 촉매에 의해서 메탄으로 환원되는데 불꽃 이온화 검출기로 정량된다.

반응식은 다음의 식으로 표시된다.

$$CO + 3H_2 \xrightarrow{Ni} CH_4 + H_2O$$

② 계산

다음 식에 의하여 시료대기 중의 일산화탄소 농도를 산출한다.

$$C = Cs \times \frac{L}{Ls}$$

C : 일산화탄소 농도(ppm)   L : 시료 공기중의 일산화탄소의 봉우리 높이(mm)
Cs : 교정용 가스중의 일산화탄소 농도(ppm)
Ls : 교정용 가스중의 일산화탄소 봉우리 높이(mm)

03 환경대기 중 질소산화물 측정방법

1. 적용범위

이 시험방법은 환경대기 중의 질소산화물 농도를 측정하기 위한 시험방법이다. 화학발광법(자동)을 주시험방법으로 한다.

★★ 2. 측정방법의 종류

(1) 자동연속측정방법

① 화학발광법(주시험방법)
② 살츠만법
③ 흡광차분광법

(2) 수동측정방법

① 야콥스호흐하이저법
② 수동살츠만법

Question 10

환경대기 중의 질소산화물 농도 측정방법 중 자동연속측정방법으로 틀린 것은 어느 것인가?
㉮ 화학발광법 ㉯ 흡광차분광법
㉰ 살츠만법 ㉱ 야콥스호흐하이저법

풀이 ㉱ 야콥스호흐하이저법은 수동측정방법에 해당한다.

---

3. 분석방법

(1) 야콥스호흐하이저법(24시간 채취법)

① 측정원리

수산화소듐용액에 시료대기를 흡수시키면 대기 중의 이산화질소는 아질산소듐용액으로 변화된다. 이 때 생성된 아질산이온을 발색시약 인산설파닐아마이드 및 나프틸에틸렌다이아민 이염산염으로 발색시켜 비색법에 의해 측정된다.

04 환경대기 중 먼지 측정방법

★★ 1. 측정방법의 종류

① 고용량 공기시료채취기법(High Volume Air Sampler Method)
② 저용량 공기시료채취기법(Low Volume Air Sampler Method)
③ 베타선법(β-Ray Method)

2. 측정방법

(1) 고용량 공기시료채취기(High Volume Air Sampler)법

★★ 1) 원리 및 적용범위

이 방법은 대기 중에 부유하고 있는 입자상 물질을 고용량 공기시료채취기를 이용하여 여과지상에 채취하는 방법으로 입자상 물질 전체의 질량농도를 측정하거나 금속성분의 분석에 이용한다. 이 방법에 의한 채취입자의 입경은 일반적으로 0.1~100㎛ 범위이다.

★ 2) 장치의 구성

고용량 공기시료채취기는 공기흡입부, 여과지 홀더, 유량측정부 및 보호상자로 구성된다.

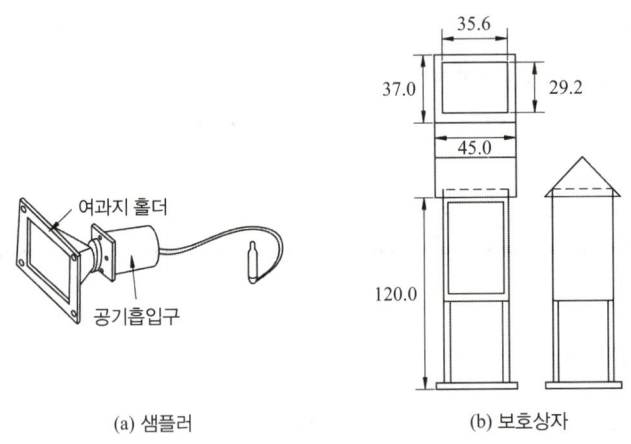

(a) 샘플러   (b) 보호상자

〈고용량 공기시료채취기〉

① 공기흡입부

공기흡입부는 직권정류자모터에 2단 원심터빈형 송풍기가 직접 연결된 것으로 무부하일 때의 흡입유량이 약 2m³/분이고 24시간 이상 연속측정할 수 있는 것이어야 한다.

② 여과지 홀더(Filter Holder)

여과지 홀더는 보통 15cm×22cm, 또는 20cm×25cm 크기의 여과지를 공기가 새지 않도록 안전하게 장착할 수 있고 공기흡입부에 직접 연결할 수 있는 구조이어야 한다.

③ 유량측정부

유량측정부는 시료가스 흡입유량을 측정하는 부분으로 통상 공기흡입부에 붙어있고 장착 및 탈착이 쉬운 면적식 유량계를 사용한다. 표준유량계는 상대유량단위로서 1~2m³/분의 범위를 0.05m³/분까지 측정할 수 있도록 눈금이 새겨진 것을 사용한다.

★★ ④ 보호상자(Shelter)

보호상자는 고용량 공기시료채취기의 입자상 물질의 채취면을 위로 향하게 하여 수평으로 고정할 수 있고 비, 바람 등에 의한 여과지의 파손을 방지할 수 있는 내식성 재질로 된 것을 사용한다.

★★ ⑤ 채취용 여과지

★★ ㉠ 입자상 물질의 채취에 사용하는 여과지는 0.3μm 되는 입자를 99% 이상 채취 가능
㉡ 압력손실과 흡수성이 적고 가스상 물질의 흡착이 적은 것
㉢ 분석에 방해되는 물질을 함유하지 않은 것
㉣ 여과지의 재질은 유리섬유, 석영섬유, 폴리스틸렌, 니트로셀룰로스, 플루오로수지

📢 Question 11

환경대기 중의 시료채취방법 중 고용량 공기시료채취기(High Volume Air Sampler)의 채취용 여과지에 관한 설명으로 가장 거리가 먼 것은?

㉮ 흡수성은 작고, 가스상 물질의 흡착도 적은 것이어야 한다.
㉯ 입자상 물질의 채취에 사용하는 여과지는 0.5μm 되는 입자를 95% 이상 채취할 수 있어야 한다.
㉰ 분석에 방해되는 물질은 함유되지 않은 것이어야 한다.
㉱ 사용되는 여과지의 재질은 일반적으로 유리섬유, 석영 섬유, 폴리스틸렌, 플루오로 수지 등이다.

풀이 ㉯ 입자상 물질의 채취에 사용하는 여과지는 0.3μm 되는 입자를 99% 이상 채취할 수 있어야 한다.

Question 12

대기 중에 부유하고 있는 입자상물질 시료채취 방법인 고용량 공기시료채취기법에 대한 설명으로 틀린 것은 어느 것인가?

㉮ 채취입자의 입경은 일반적으로 0.01~100μm 범위이다.
㉯ 공기흡입부는 무부하(無負荷)일 때의 흡입유량은 보통 0.5m³/hr 범위 정도로 한다.
㉰ 공기흡입부, 여과지 홀더, 유량측정부 및 보호상자로 구성된다.
㉱ 채취용 여과지는 보통 0.3μm 되는 입자를 99% 이상 채취할 수 있는 것을 사용한다.

풀이 ㉯ 공기흡입부는 무부하(無負荷)일 때의 흡입유량은 보통 2m³/min 범위 정도로 한다.

(2) 저용량 공기시료채취기(Low Volume Air Sampler)법

★★ **1) 원리 및 적용범위**

일반적으로 이 방법은 대기 중에 부유하고 있는 10μm 이하의 입자상 물질을 저용량공기 시료채취기를 사용하여 여과지 위에 채취하고 질량농도를 구하거나 금속 등의 성분분석에 이용한다.

 Question 13

환경대기 중에 부유하고 있는 10μm 이하의 입자상 물질을 여과지 위에 채취하여 질량농도를 구하거나 금속 등의 성분 분석에 이용되며, 흡입펌프, 분립장치, 여과지 홀더 및 유량측정부의 구성을 갖는 분석방법은?

㉮ 고용량 공기시채취기법　　　　　㉯ 저용량 공기시료채취기법
㉰ 광산란법　　　　　　　　　　　㉱ 광투과법

 ㉯

2) 장치의 구성

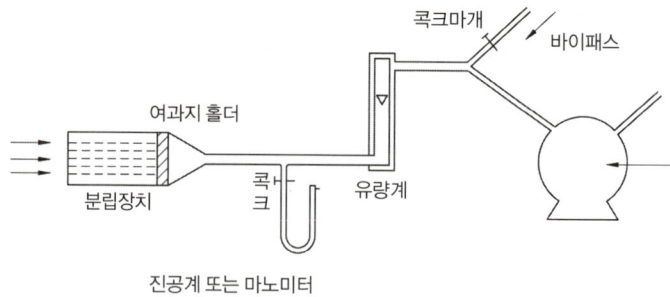

〈저용량 공기시료채취기의 구성〉

저용량 공기시료채취기의 기본구성은 흡입펌프, 분립장치, 여과지 홀더 및 유량측정부로 구성된다.

① 흡입펌프의 구비조건
★★ ㉠ 연속해서 30일 이상 사용할 수 있을 것
㉡ 진공도가 높을 것
㉢ 유량이 큰 것
★★ ㉣ 맥동이 없이 고르게 작동될 것
㉤ 운반이 용이할 것

Question 14

저용량 공기시료채취기법으로 환경대기 중에 부유하고 있는 입자상 물질을 채취하기 위한 장치의 기본구성 중 흡입펌프 조건으로 옳지 않은 것은?

㉮ 운반이 용이할 것
㉯ 유량이 큰 것
㉰ 진공도가 높을 것
㉱ 맥동이 있고 고르게 작동될 것

풀이 ㉱ 맥동이 없고 고르게 작동될 것

3) 베타선법

대기 중에 부유하고 있는 입자상 물질을 일정시간 여과지 위에 채취하여 베타선을 투과시켜 입자상 물질의 질량농도를 연속적으로 측정하는 방법이다.

05 환경대기 중 옥시단트 측정방법

1. 적용범위

이 시험방법은 환경대기중의 옥시단트(오존으로서) 농도를 측정하기 위한 시험방법이다. 자외선 광도법(자동)을 주시험방법으로 한다.

★★ 2. 측정방법의 종류

(1) 자동연속 측정방법

① 자외선 광도법(주시험방법)
② 화학발광법
③ 중성아이오드화 포타슘법
④ 흡광차분광법

(2) 수동

① 중성아이오드화 포타슘법
② 알칼리성 아이오드화 포타슘법

3. 용어

① 옥시단트 : 전옥시단트, 광화학옥시단트, 오존 등의 산화성물질의 총칭
② 전옥시단트 : 중성아이오드화 포타슘용액에 의해 아이오드를 유리시키는 물질의 총칭
③ 광화학옥시단트 : 전옥시단트에서 이산화질소를 제외한 물질
④ 제로가스 : 측정기의 영점을 교정하는데 사용하는 가스
⑤ 스팬가스 : 측정기의 스팬을 교정하는데 사용하는 가스
⑥ 교정용 가스 : 측정기의 교정에 사용하는 가스로서 제로가스, 스팬가스, 눈금 교정용 가스 등의 총칭
⑦ 제로 드리프트(Zero Drift) : 어느 일정기간동안 측정기의 영점에 대한 지시치의 변동
⑧ 스팬 드리프트(Span Drift) : 어느 일정기간동안 측정기의 스팬에 대한 지시치의 변동
⑨ 설정유량 : 측정기에서 정한 시료가스 및 교정가스 등의 유량

환경대기 중 탄화수소 측정법

1. 적용범위

이 시험법은 환경대기 중의 탄화수소 농도를 측정하기 위한 시험방법이다. 비메탄 탄화수소 측정법을 주시험법으로 한다.

2. 측정방법의 종류

★★ (1) 자동연속(불꽃 이온화 검출기법)

① 총탄화수소 측정법
② 비메탄 탄화수소 측정법(주시험방법)
③ 활성 탄화수소 측정법

> **Question 15**
>
> 다음 중 환경대기 내의 탄화수소 농도를 측정하기 위한 시험방법으로 옳지 않은 것은?
>
> ㉮ 용융 탄화수소 측정법　　　㉯ 활성 탄화수소 측정법
> ㉰ 비메탄 탄화수소 측정법　　㉱ 총탄화수소 측정법
>
> **정답** ㉮

3. 용어

(1) 공통용어

① <u>불꽃 이온화 검출법</u> : 불꽃에 의해 이온화 현상을 이용해 탄화수소 화합물을 검출하는 방법
② <u>ppmC</u> : 탄소 원자수를 기준으로 하여 표시한 ppm치
③ <u>연료가스</u> : 불꽃 이온화 검출기에 사용하는 수소 또는 수소와 불활성가스의 혼합가스
④ <u>조연가스</u> : 불꽃 이온화 검출기에 사용하는 연소용 공기
⑤ <u>연료가스 차단기</u> : 검출기의 수소염이 꺼졌을 때 수소염 검지기의 신호에 의해 연료가스 라인을 자동적으로 차단하는 밸브
⑥ <u>수소염 검지기</u> : 검출기의 수소염이 꺼졌는가를 검지하는 장치
⑦ <u>수소 발생장치</u> : 연료가스 즉 수소를 발생시키기 위한 장치
⑧ <u>제로 가스 정제장치</u> : 영점 교정을 위한 제로 가스와 조연공기중 탄화수소 화합물 제거를 위한 장치

(2) 총탄화수소 측정법 용어

① <u>총탄화수소</u> : 불꽃 이온화 검출법으로 측정된 전체 탄화수소화물

(3) 비메탄 탄화수소 측정법 및 활성탄화수소 측정법 용어

① 비메탄 탄화수소 : 총탄화수소로부터 메탄을 제외한 것
② 운반 가스 : 분리관을 지나는 시료 성분을 전개 용출시키는 가스(시료 성분을 운반하는 가스)
③ 분석용 분리관 : 기체크로마토그래피 조작에 있어 목적성분을 전개 용출시키는 분리관
④ 전치분리관 : 기체크로마토그래피 조작에 있어 분석용 분리관의 앞에 사용하는 분리관
⑤ 활성탄화수소 : 총탄화수소 가운데 세정기를 이용해서 제거되어지는 올레핀계 탄화수소, 방향족 탄화수소 등의 총칭
⑥ 세정기 : 총탄화수소 가운데 올레핀계 탄화수소, 방향족 탄화수소 등을 중금속염과의 반응성을 이용해서 흡착제거하는 장치

4. 분석방법

(1) 총탄화수소 측정법

① 측정원리

이 방법은 환경대기를 불꽃 이온화 검출기에 도입하여 탄화수소가 불꽃 중에 연소할 때 발생하는 이온에 의한 미소전류를 측정해서 대기중의 총탄화수소 농도를 연속적으로 측정하는 방법이다.

② 성능

★★ ㉠ 측정범위 : 측정범위는 0~10ppmC, 0~25ppmC 또는 0~50ppmC로 하여 1~3단계(Range)의 변환이 가능한 것

★★ ㉡ 재현성 : 동일조건에서 제로 가스와 스팬 가스를 번갈아 3회 도입해서 각각의 측정치의 평균치로부터의 편차를 구한다. 이 편차는 각 측정단계마다 최대 눈금치의 ±1%의 범위 내에 있어야 한다.

★★ ㉢ 지시의 변동 : 제로 가스 및 스팬 가스를 흘려보냈을 때 정상적인 측정치의 변동은 각 측정단계마다 최대 눈금치의 ±1%의 범위 내에 있어야 한다.

★★ ㉣ 응답시간 : 스팬가스를 도입시켜 측정치가 일정한 값으로 급격히 변화되어 스팬 가스 농도의 90% 변화할 때까지의 시간은 2분 이하여야 한다.

★★ ㉤ 지시오차(직선성) : 제로조정 및 스팬조정을 끝낸 후 그 중간 농도의 교정용 가스를 주입시켰을 경우에 상당하는 메탄 농도에 대한 지시오차는 각 측정단계마다 최대 눈금치의 ±5%의 범위 내에 있어야 한다.

★ ㉥ 예열시간 : 전원을 넣고 나서 정상으로 작동할 때까지의 시간은 4시간 이하여야 한다.

ⓧ 시료대기의 유량변화에 대한 안정성 : 펌프 유량 설정치에 대하여 ±10% 변화되어도 지시치 변화는 최대 눈금치의 ±1%의 범위에 있어야 한다.

Question 16

환경대기 내의 탄화수소 측정방법 중 총탄화수소 측정법 성능기준으로 옳지 않은 것은?

㉮ 측정범위는 0~10ppmC, 0~25ppmC 또는 0~50ppmC로 하여 1~3단계의 변환이 가능한 것이어야 한다.
㉯ 응답시간은 스팬가스를 도입시켜 측정치가 일정한 값으로 급격히 변화되어 스팬가스 농도의 90% 변화할 때까지의 시간은 2분 이하여야 한다.
㉰ 제로가스 및 스팬가스를 흘려보냈을 때 정상적인 측정치의 변동은 각 측정단계마다 최대 눈금치의 ±3%의 범위 내에 있어야 한다.
㉱ 제로조정 및 스팬조정을 끝낸 후 그 중간 농도의 교정용 가스를 주입시켰을 경우에 상당하는 메탄 농도에 대한 지시오차는 각 측정단계마다 최대 눈금치의 ±5%의 범위 내에 있어야 한다.

풀이 ㉰ 제로가스 및 스팬가스를 흘려보냈을 때 정상적인 측정치의 변동은 각 측정단계마다 최대 눈금치의 ±1%의 범위 내에 있어야 한다.

(2) 비메탄 탄화수소 측정법

① 측정원리

이 방법은 환경대기를 불꽃 이온화 검출기가 부착된 기체크로마토그래피에 도입하여 분리관에 의해 메탄과 메탄을 제외한 비메탄 탄화수소가 분리되어 불꽃 중에 연소될 때 발생하는 이온에 의한 미소전류를 측정해서 대기 중의 메탄과 메탄 이외의 탄화수소(비메탄 탄화수소) 농도를 연속적으로 측정하는 방법이다.

★★ ② 성능

㉠ 측정범위 : 0~5로부터 50ppm 범위 내에서 임의로 설정할 수 있어야 한다.
㉡ 재현성 : 동일조건에서 스팬 가스를 3회 연속 측정해서 측정치의 평균치로부터의 편차는 최대 눈금치의 ±1%의 범위 이내에 있어야 한다.
㉢ 제로 드리프트 : 동일조건에서 제로가스를 연속해서 흘려보냈을 경우 지시변동은 24시간에 대하여 최대 눈금치의 ±1%의 범위 내에 있어야 한다.
㉣ 측정주기 : 측정주기는 한시간에 4회 이상의 측정을 할 수 있어야 한다.

> **Question 17**
>
> 환경대기 중의 탄화수소 측정방법 중 비메탄 탄화수소 측정법의 성능기준으로 옳지 않은 것은?
> ㉮ 재현성은 동일조건에서 스팬가스를 3회 연속측정해서 측정치의 평균오차가 최대 ±3%의 범위 이내에 있어야 한다.
> ㉯ 측정범위는 0~5로부터 50ppm 범위 내에서 임의로 설정할 수 있어야 한다.
> ㉰ 측정주기는 한 시간에 4회 이상의 측정을 할 수 있어야 한다.
> ㉱ 제로 드리프트(Zero Drift)는 동일조건에서 제로가스를 연속해서 흘려보냈을 경우 지시변동은 24시간에 대하여 최대 눈금치의 ±1%의 범위 내에 있어야 한다.
>
> **풀이** ㉮ 재현성은 동일조건에서 스팬가스를 3회 연속측정해서 측정치의 평균오차가 최대 ±1%의 범위이내에 있어야 한다.

(3) 활성탄화수소 측정법

이 방법은 환경대기를 불꽃 이온화 검출기가 부착된 기체크로마토그래피에 도입하기 직전에 세정기를 사용하여 활성탄화수소를 제거한 환경대기를 불꽃 이온화 검출기에 도입해서 얻어진 탄화수소 농도와 세정기를 거치지 않은 환경대기를 불꽃 이온화 검출기에 도입해서 얻어진 총탄화수소 농도의 차로부터 활성탄화수소 농도를 구하는 방법이다.

07 환경대기 중의 석면측정용 현미경법

분석방법	정량범위	방법검출한계
위상차현미경(주시험방법)	0.2μm~5μm	0.2μm
주사전자현미경	1.0nm 이하	-
투과전자현미경	1.0nm 이상	7,000 구조수/mm²

1. 위상차현미경법

(1) 위상차 현미경

① 굴절율 또는 두께가 부분적으로 다른 무색투명한 물체의 각 부분의 투과광 사이에 생기는 위상차를 화상면에서 명암의 차로 바꾸어, 구조를 보기 쉽도록 한 현미경이다.

★★ ② 위상차현미경을 사용하여 섬유상으로 보이는 입자를 계수하고 같은 입자를 보통의 생물현미경으로 바꾸어 계수하여, 그 계수치들의 차를 구하면 굴절율이 거의 1.5인

섬유상의 입자 즉 석면이라고 추정할 수 있는 입자를 계수할 수가 있게 된다.

★★ ③ 석면먼지의 농도표시는 20℃, 1 기압 상태의 기체 1mL 중에 함유된 석면섬유의 개수 (개/mL)로 표시한다.

④ 대기 중 석면은 강제 흡입 장치를 통해 여과장치에 채취한 후 위상차현미경으로 계수하여 석면 농도를 산출한다.

Question 18

환경대기 중 석면먼지의 농도표시 방법으로 옳은 것은? (단, 위상차 현미경법)

㉮ 20℃, 1기압 상태의 기체 1mL 중에 함유된 석면섬유의 개수(개/mL)
㉯ 20℃, 1기압 상태의 기체 1L 중에 함유된 석면섬유의 개수(개/L)
㉰ 표준상태(0℃, 760mmHg)의 기체 1mL 중에 함유된 석면섬유의 개수(개/mL)
㉱ 표준상태(0℃, 760mmHg)의 기체 1L 중에 함유된 석면섬유의 개수(개/L)

정답 ㉮

(2) 멤브레인 필터

셀룰로오스 에스테르를 원료로 한 얇은 다공성의 막으로 구멍의 지름은 평균 (0.01 ~ 10)㎛의 것이 있다. 이 멤브레인 필터의 특징은 입자상 물질의 채취율이 매우 높고, 특히 필터의 표면에서 먼지의 채취이 이루어지기 때문에, 채취한 입자를 광학현미경으로 계수하기에 편리하다.

(3) 시료채취 및 관리

① 시료채취는 해당시설의 실제 운영조건과 동일하게 유지되는 일반 환경상태에서 측정하는 것을 원칙으로 한다. 시료채취지점에서의 실내기류는 원칙적으로 0.3 m/s 이내가 되도록 한다. 단, 지하역사 승강장 등 불가피하게 기류가 발생하는 곳에서는 실제조건하에서 측정한다.

★★ ② 시료채취 위치는 원칙적으로 주변시설 등에 의한 영향과 부착물 등으로 인한 측정 장애가 없고 대상시설의 오염도를 대표할 수 있다고 판단되는 곳을 선정하는 것을 원칙으로 하되, 기본적으로 시설을 이용하는 사람의 많은 곳을 선정한다. 또한 인접지역에 직접적인 발생원이 없고 대상시설의 내벽, 천정에서 1 m 이상 떨어진 곳을 선정하며, 바닥면으로부터 (1.2 ~ 1.5) m 위치에서 측정한다. 대상시설의 측정지점은 2개소 이상을 원칙으로 하며, 건물의 규모와 용도에 따라 불가피할 경우 (대상시설 내 공기질이 현저히 다를 것으로 예상되는 경우 등)에는 측정지점을 추가할 수 있다.

③ 시료채취 및 측정시간 : 주간시간대에 (오전 8시 ~ 오후 7시) 10L/min 으로 1시간 측정
④ 시료 포집면이 주 풍향을 향하도록 설치한다.
⑤ 유량계의 부자를 10L/min 되게 조정한다.

Question 19

다음은 환경대기 중의 석면농도를 측정하기 위해 위상차현미경을 사용한 계수방법에 관한 사항이다. (   ) 안에 알맞은 것은?

시료는 주간시간대에 (①)의 유량으로 1시간 측정하고, 유량계의 부자는 (②) 되게 조정한다.

㉮ ① 1L/min , ② 1L/min
㉯ ① 1L/min , ② 10L/min
㉰ ① 10L/min , ② 1L/min
㉱ ① 10L/min , ② 10L/min

정답 ㉱

(4) **식별방법** : 채취한 먼지 중에 길이 5μm 이상이고, 길이와 폭의 비가 3:1 이상인 섬유를 석면섬유로서 계수한다.

▶ 위상차현미경법의 식별방법, 측정범위, 정량범위, 측정계수

식별 방법	측정범위 (μm)	정량범위	측정계수
단섬유	5 이상	길이와 폭의 비가 3:1 이상인 섬유	1
가지가 벌어진 섬유	5 이상	길이와 폭의 비가 3:1 이상인 섬유	1
헝클어져 다발을 이루고 있는 섬유	5 이상	길이와 폭의 비가 3:1 이상인 섬유	섬유개수
입자가 부착하고 있는 섬유	5 이상	입자의 폭이 3μm 넘지 않는 섬유	1
섬유가 크리티클 시야의 경계선에 물린 경우	5 이상	- 시야 안 - 한쪽 끝 - 경계선에 몰려있음	1 1/2 0
위의 식별방법에 따라 판정하기 힘든 경우	5 이상	다른 시야로 바꾸어 식별	0
다발을 이루고 있는 섬유가 크리티클 시야의 1/6 이상인 경우	5 이상	다른 시야로 바꾸어 식별	0

Question 20

환경대기 중의 석면 시험방법에 관한 설명으로 옳지 않은 것은?

㉮ 멤브레인 필터의 광굴절율은 약 5.0이다.
㉯ 주간시간대에 10L/분의 흡입유량으로 1시간 측정한다.
㉰ 길이 5㎛ 이상이고, 길이와 폭의 비가 3 : 1 이상인 섬유를 석면섬유로서 계수한다.
㉱ 석면먼지의 농도표시는 20℃, 1기압 상태의 기체 1mL 중에 함유된 석면섬유의 개수로 표시한다.

풀이 ㉮ 멤브레인 필터의 광굴절율은 약 1.5이다.

Question 21

위상차현미경법으로 환경대기 중의 석면을 분석할 때 계수대상물의 식별방법에 관한 내용으로 틀린 것은?
(단, 적정한 분석능력을 가진 위상차현미경을사용하는 경우)

㉮ 구부러져 있는 단섬유는 곡선에 따라 전체 길이를 재어서 판정한다.
㉯ 섬유가 헝클어져 정확한 수를 헤아리기 힘들 때에는 0개로 판정한다.
㉰ 길이가 7㎛ 이하인 단섬유는 0개로 판정한다.
㉱ 섬유가 그래티큘 시야의 경계선에 물린 경우 그래티큘 시야 안으로 한쪽 끝만 들어와 있는 섬유는 1/2개로 인정한다.

풀이 ㉰ 길이가 5㎛ 이상인 단섬유는 1개로 판정한다.

제3절 환경대기 중 휘발성유기화합물 측정방법

환경대기 중 벤조(a)피렌 시험방법

1. 적용범위

이 시험방법은 환경대기 중의 벤조(a) 피렌농도를 측정하기 위한 시험방법이다. 기체크로마토그래피법을 주시험방법으로 한다.

★★ 2. 분석방법의 종류

① 기체크로마토그래피법(주시험방법)
② 형광분광광도법

 Question 22

다음 중 대기오염공정시험기준상 환경대기 중의 벤조(a)피렌 농도를 측정하기 위한 시험방법으로 가장 적합한 것은?
㉮ 이온크로마토그래피법
㉯ 비분산적외선분광분석법
㉰ 흡광차분광법
㉱ 형광분광광도법

정답 ㉱

환경대기 중 다환방향족탄화수소류(PAHs)-기체크로마토그래피/질량 분석법

1. 적용범위

측정대상의 화합물은 일반적인 탄화수소류와 달리 질소, 황, 산소 등 다른 원소를 포함한 다환방향족탄화수소류(PAHs) 환(ring) 구조의 물질들도 포괄적으로 의미한다. PAHs는 대기 중 비휘발성물질 또는 휘발성물질들로 존재한다. 비휘발성(증기압 < 10^{-8}mmHg) PAHs는 필터상에 채취하고 증기상태로 존재하는 PAHs는 Tenax, XAD^{-2} 수지, PUF (polyurethane foam)을 사용하여 채취한다. 이 시험방법은 일반대기 중의 PAHs에 대한 시료에 적용하며 측정방법상 0.01ng~1ng 범위이다.

2. 용어정의

① 머무름 시간(RT, retention time) : 크로마토그래피용 컬럼에서 특정화합물질이 빠져 나오는 시간. 측정운반기체의 유속에 의해 화학물질이 기체흐름에 주입되어서 검출기에 나타날때까지 시간

② 다환방향족탄화수소(PAHs) : 두 개 또는 그 이상의 방향족 고리가 결합된 탄화수소류

③ 대체표준물질(surrogate) : 추출과 분석 전에 각 시료, 바탕시료, 매체시료(matrix-spiked)에 더해지는 화학적으로 반응성이 없는 환경 시료 중에 없는 물질

④ 내부표준물질(IS, internal standard) : 알고 있는 양을 시료 추출액에 첨가하여 농도 측정보정에 사용되는 물질로 내부표준물질은 반드시 분석목적 물질이 아니어야 한다.

Question 23

환경대기 중 다환방향족탄화수소류(PAHs)의 기체크로마토그래피/질량분석법에서 사용되는 용어 정의 중 "추출과 분석 전에 각 시료, 바탕 시료, 매체시료에 더해지는 화학적으로 반응성이 없는 환경 시료 중에 없는 물질"을 의미하는 것은 어느 것인가?

㉮ 내부표준물질 ㉯ 대체표준물질 ㉰ 외부표준물질 ㉱ 냉매

정답 ㉯

03 환경대기 중 알데하이드류-고성능액체크로마토그래피법

1. 적용범위

알데하이드류 화합물은 광화학 오존형성에 중요한 작용을 한다. 특히 폼알데하이드와 다른 특정한 알데하이드는 단기적인 노출로 눈 피부 그리고 인공호흡기관의 점액질 막을 자극시키는 원인으로 밝혀져 있다. 알데하이드류를 측정하기 위한 시험법으로서 알데하이드 물질을 2,4-다이나이트로페닐하이드라진(DNPH) 유도체를 형성하게 하여 고성능액체크로마토그래피(HPLC)로 분석한다.

2. DNPH 유도체화 액체크로마토그래피(HPLC/UV) 분석법

이 시험방법은 카보닐화합물과 DNPH가 반응하여 형성된 DNPH 유도체를 아세토나이트릴(acetonitrile) 용매로 추출하여 고성능액체크로마토그래피(HPLC)를 이용하여 <u>자외선(UV)검출기의 360nm 파장에서 분석</u>한다.

Question 24

다음은 환경대기 중의 알데하이드류의 고성능 액체크로마토그래피법에 관한 설명이다. (　) 안에 알맞은 것은?

> 이 시험방법은 카보닐화합물과 DNPH가 반응하여 형성된 DNPH 유도체를 아세토나이트릴용매로 추출하여 고성능 액체크로마토그래피를 이용하여 (　) 파장에서 분석한다.

㉮ 이온화학 검출기의 520nm
㉯ 전기전도도 검출기의 450nm
㉰ 자외선(UV) 검출기의 360nm
㉱ 가시선 흡수 검출기(VIS 검출기)의 220nm

정답 ㉰

3. 방법검출한계

방법검출한계(MDL, method detection limit)는 알데하이드류 표준용액을 측정하며 i-발레르알데하이드로서 1 ppb 이하이어야 한다. 방법검출한계를 결정하기 위해서는 검출한계에 다다를 것으로 생각되는 농도의 <u>표준시료를 7번 반복 측정한 후 이 농도 값을 바탕으로 하여 얻은 표준편차에 3.14를 곱한다.</u> 정량한계는 방법검출한계값의 3배를 곱한 농도를 말한다.

Question 25

다음은 환경대기 중 알데하이드류-고성능 액체크로마토그래피법에서 적용되는 내부정도 관리방법 중 방법검출한계에 관한 설명이다. (　) 안에 알맞은 것은?

> 방법검출한계(MDL, method detection limit)는 알데하이드류 표준용액을 측정하며 i-발레르알데하이드로서 1 ppb 이하이어야 한다. 방법검출한계를 결정하기 위해서는 검출한계에 다다를 것으로 생각되는 농도의 표준시료를 (①) 반복 측정한 후 이 농도값을 바탕으로 하여 얻은 표준편차에 (②)를 곱한다.

㉮ ① 5번, ② 3
㉯ ① 5번, ② 3.14
㉰ ① 7번, ② 3
㉱ ① 7번, ② 3.14

정답 ㉱

PART 03

대기오염방지기술

CHAPTER 01   집진

CHAPTER 02   집진장치

CHAPTER 03   유해가스 처리법

CHAPTER 04   흡착법과 연소법 및 악취물질

CHAPTER 05   환기법

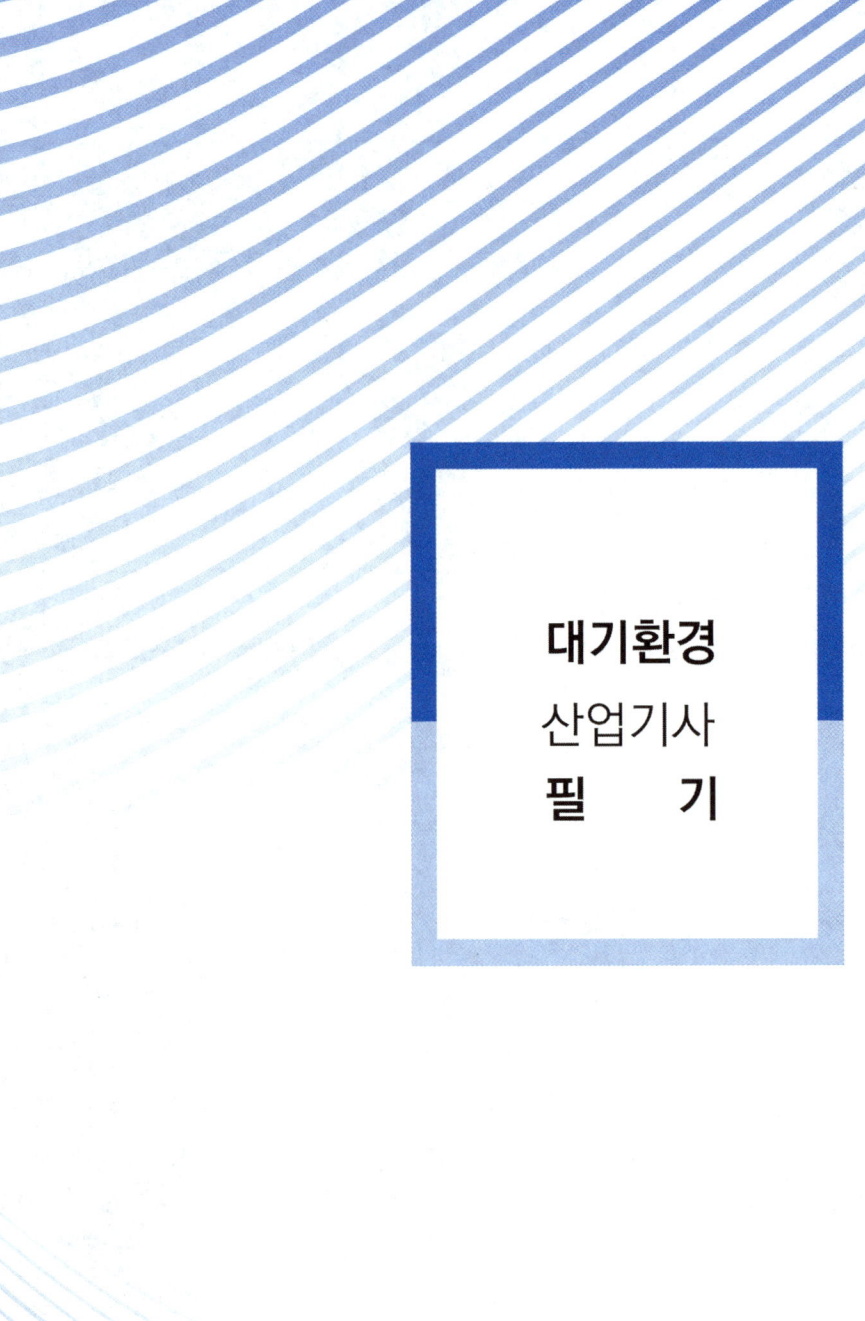

대기환경
산업기사
필 기

CHAPTER 01 집진

01 입자상 물질

1. 입자상 물질의 특성

① 입자의 크기가 작을수록 표면에 존재하는 원자와 내부에 존재하는 원자와의 비가 크게 되어 상호 응집하거나 이물질에 쉽게 부착한다.
② 입자의 크기가 작을수록 다른 물질에 쉽게 반응하여 폭발성을 지니게 될 경우가 많다.
③ 보통 0.01㎛ 이하는 가스분자와 같이 브라운운동을 하기 때문에 가스상 물질로 취급한다.
★★ ④ 입자의 크기는 발생원에 따라 달라지나 일반적으로 물리적요인보다 화학적요인에 의해 생성된 입자상 물질의 입경이 적게 된다.

★★ **2. 입자가 미세할수록 표면에너지는 커지게 되어 다른 입자간에 부착하거나 혹은 동종 입자간에 응집이 이루어지는데 이러한 현상이 생기게 하는 결합력**

① 분자간의 인력
② 정전기적 인력
③ 브라운 운동에 의한 확산

Question 01

입자가 미세할수록 표면에너지는 커지게 되어 다른 입자간에 부착하거나 혹은 동종 입자간에 응집이 이루어지는데 이러한 현상이 생기게 하는 결합력 중 거리가 먼 것은 어느 것인가?

㉮ 분자간의 인력
㉯ 정전기적 인력
㉰ 브라운 운동에 의한 확산력
㉱ 입자에 작용하는 항력

정답 ㉱

02 먼지의 입경

★★ 1. 공기동역학적 직경(Aerodynamic Diameter)

① 입자의 모양이 구형이 아니더라도 동일한 침강속도와 단위밀도를 갖는 구형입자로 가정한 것이다.
② 스토크직경과 달리 입자의 밀도를 $1g/cm^3$으로 가정함으로써 보다 쉽게 입경을 나타낼 수 있다.
③ 공기동역학경을 알고 있다면 입자의 밀도, 광학적크기, 형상계수 등의 물리적 변수는 중요하지 않게 된다.
④ 실제 대기오염 분야에서는 주로 공기동역학적 직경을 사용하여 입자의 크기를 나타낸다.
⑤ 비구형입자에서 입자의 밀도가 1보다 클 경우 공기동력학경은 stokes경에 비해 항상 크다고 볼 수 있다.

★★ 2. 스토크스 직경

① 입경의 크기에 따라 밀도, 점도 등이 다르기 때문에 입자에 대한 특성을 고려하여야 하는 문제점이 있다.
② 본래의 먼지와 밀도 및 침강속도가 동일한 구형입자의 직경이다.

3. Martin 직경

★★ ① 광학현미경을 이용하여 입경을 측정하는 방법에서 입자의 투영면적을 이용하여 측정한 입경 중 입자의 면적을 2등분하는 선의 길이로 나타낸다.

② 입자상물질의 크기를 결정할 때 사용한다.

> **Question 02**
> 광학현미경으로 입자의 투영면적을 이용하여 측정한 먼지입경 중 입자의 투영면적을 2등분하는 선의 길이로 나타내는 것은 무엇인가?
> ㉮ Martin 직경　　㉯ Feret 직경　　㉰ 등면적 직경　　㉱ Heyhood 직경
> 정답 ㉮

4. 광학적직경(Optical Diameter)

현미경을 이용하는 방법으로 투영된 입자의 모양이 원형이 아닐 때 입자의 최장 또는 최단 크기로 정의하거나 여러 방향으로 나누어 크기를 측정하여 산술평균한 값으로 정의한다.

5. Feret직경(정방향직경)

광학현미경을 이용하여 측정하는 방법에서 입자의 투영면적을 이용하여 측정한 입경 중 입자의 투영면적 가장자리에 접하는 가장 긴선의 길이로 나타낸다.

> **Question 03**
> 광학현미경을 이용하여 입경을 측정하는 방법에서 입자의 투영면적을 이용하여 측정한 입경 중 입자의 투영면적 가장자리에 접하는 가장 긴 선의 길이로 나타내는 것은?
> ㉮ 등면적 직경　　㉯ Feret 직경　　㉰ Martin 직경　　㉱ Heyhood 직경
> 정답 ㉯

03 먼지입자 측정방법

1. 입자측정방법 중 간접측정법에는 관성충돌법, 액상침강법, 공기투과법, 광산란법등이 있다.

> **TIP**
>
> **관성충돌법**
> ① 관성충돌을 이용하여 입경을 간접적으로 측정하는 방법이다.
> ② 입자의 질량 크기 분포를 알 수 있다.
> ③ 되튐으로 인한 시료의 손실이 일어날 수 있다.

2. 입자측정방법 중 직접측정법에는 표준체 측정법, 현미경측정법이 있다.

Question 04

다음 먼지의 입경측정방법 중 간접 측정법에 해당하지 않는 것은 어느 것인가?
㉮ 관성충돌법　　　㉯ 액상침강법　　　㉰ 표준체측정법　　　㉱ 공기투과법

풀이　간접측정법에는 관성충돌법, 액상침강법, 공기투과법, 광산란법이 있으므로 정답은 ㉰이다.

04 먼지의 입경분포 대표값의 크기순서

산술평균 > 중앙값 > 최빈경

★ 05 비표면적(단위 체적당 표면적)

① 비표면적(SV) = $\dfrac{표면적}{체적} = \dfrac{\pi d^2}{\dfrac{\pi}{6} d^3} = \dfrac{6}{d}$

② 입자의 입경이 작아질수록 비표면적은 커진다.

Question 05

직경이 D인 구형입자의 비표면적(S_v, m^2/m^3)에 관한 설명으로 옳지 않은 것은? (단, ρ는 구형입자의 밀도)

㉮ 먼지의 입경과 비표면적은 반비례 관계이다.
㉯ 입자가 미세할수록 부착성이 커진다.
㉰ $S_v = \dfrac{3\rho}{D}$ 로 나타낸다.
㉱ 비표면적이 크게 되면 원심력 집진장치의 경우에는 장치벽면을 폐색시킨다.

풀이 ㉰ 비표면적(S_v) = $\dfrac{6}{D}$ 이다.

06 먼지의 입경분포

① 먼지의 입경분포를 나타내는 방법 중 적산분포에는 정규분포, 대수정규분포, Rosin Rammler 분포가 있다.
② 적산분포(R)는 일정한 입경보다 큰 입자가 전체의 입자에 대하여 몇 % 있는가를 나타내는 것으로 입경분포가 0이면 R = 100% 이다.
③ 빈도분포는 먼지의 입경분포를 적당한 입경간격의 개수 또는 질량의 비율로 나타내는 방법이다.

Question 06

먼지입도의 분포(누적분포)를 나타내는 식은 어느 것인가?

㉮ Rayleigh 분포식
㉯ Freundlich 분포식
㉰ Rosin-Rammler 분포식
㉱ Cunningham 분포식

정답 ㉰

★★ 1. Rosin-Rammler 분포

$R(\%) = 100\exp(-\beta d_p^n)$

dp : 먼지의 입경 β : 입경계수   n : 입경지수

① β가 클수록 먼지의 입경이 미세하다.
② n이 클수록 입경분포 범위가 좁다.
③ 위의 식에서 R(%)는 체상누적분포(%)를 나타낸다.

📢 Question 07

먼지의 입경 $d_p(\mu m)$을 Rosin-Rammler 분포에 의해 체상분포 $R(\%) = 100\exp(-\beta d_p^n)$으로 나타낸다. 이 먼지의 입경 $35\mu m$ 이하가 전체의 약 몇 %를 차지하는가? (여기서, $\beta = 0.063$, n = 1)

㉮ 11% ㉯ 21% ㉰ 79% ㉱ 89%

풀이 $R(\%) = 100\exp(-\beta \cdot d_p^n)$
  ┌ dp : 먼지의 입경   β : 입경계수   n : 입경지수
  ① $R(\%) = 100\exp(-0.063 \times (35\mu m)^1) = 11.025\%$
  ② $35\mu m$ 이하의 입경 = 100% - 11.025% = 88.98%

 2. 진비중(S)과 겉보기 비중(SB)의 비(S/SB)가 클수록 재비산현상을 유발할 가능성이 높다. 아래 표는 먼지의 종류별 진비중(S)과 겉보기 비중(SB)을 나타낸 것이다.

먼지의 종류	진비중(S)	겉보기 비중(SB)	S/SB
미분탄보일러	2.10	0.52	4.03
시멘트킬른 발생먼지	3.00	0.60	5.0
산소제강로	4.75	0.65	7.30
황동용전기로	5.40	0.36	15.0
카본블랙 먼지	1.9	0.025	76.0
골재건조기 먼지	2.9	1.06	2.73

📢 Question 08

다음 각종 먼지 중 진비중/겉보기 비중이 가장 큰 것은 어느 것인가?

㉮ 카본블랙   ㉯ 미분탄보일러   ㉰ 시멘트 원료분   ㉱ 골재 드라이어

풀이 진비중/겉보기비중
  ㉮ 카본블랙 : 76   ㉯ 미분탄보일러 : 4.04
  ㉰ 시멘트 원료분 : 5.0   ㉱ 골재 드라이어 : 2.73

CHAPTER 02 집진장치

중력집진장치

1. 원리

중력에 의한 자연침강을 이용하는 방법이다.

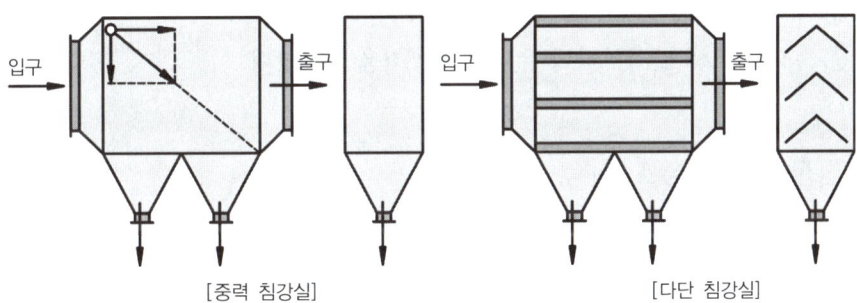

[중력 침강실]　　　　　[다단 침강실]

2. 개요

① 취급입자 : 50μm 이상
② 압력손실 : 5~10mmH$_2$O 정도
③ 집진효율 : 40~60%

Question 01

다음 집진장치 중 일반적으로 압력손실이 가장 작은 것은?

㉮ 중력집진장치　　　　　　　㉯ 사이클론스크러버
㉰ 충전탑　　　　　　　　　　㉱ 여과집진장치

[풀이] 압력손실
㉮ 중력집진장치 : 5~10mmH₂O　　㉯ 사이클론스크러버 : 100~200mmH₂O
㉰ 충전탑 : 100~200mmH₂O　　　㉱ 여과집진장치 : 100~200mmH₂O

★★ 3. 중력집진장치의 특징

① 중력에 의한 자연침강의 방법으로 주로 입자의 크기가 50μm 이상의 입자상물질을 처리 하는데 사용된다.
② 함진가스의 온도변화에 의한 영향을 거의 받지 않는다.
③ 전처리(1차처리장치)로 사용된다.
★★ ④ 유지비 및 설치비가 적게드나 신뢰도가 낮다.
⑤ 함진가스의 먼지부하나 유량변동에 적응성이 낮다.

★★ 4. 집진효율 향상조건

① 침강실내의 처리가스 속도가 작을수록 미립자가 잘 포집된다.
★★ ② 침강실의 높이가 낮고 길이가 길수록 집진율은 높아진다.
③ 입자가 작을 때 침강속도가 작아져 집진이 잘 안된다.
④ 침강실내의 배기가스 기류는 균일해야 한다.
⑤ 다단일 경우에는 단수가 증가할수록 집진율은 커지나 압력손실도 증가한다.

Question 02

중력식 집진장치의 집진율 향상조건에 대한 내용으로 틀린 것은 어느 것인가?

㉮ 침강실 내 처리가스의 속도가 작을수록 미립자가 포집된다.
㉯ 침강실 입구폭이 클수록 유속이 느려지며 미세한 입자가 포집된다.
㉰ 다단일 경우에는 단수가 증가할수록 집진율은 커지나, 압력손실도 증가한다.
㉱ 침강실의 높이가 낮고, 중력장의 길이가 짧을수록 집진율은 높아진다.

[풀이] ㉱ 침강실의 높이가 낮고, 중력장의 길이가 길수록 집진율은 높아진다.

5. 입자에 작용하는 종말침강속도(terminal Settling Velocity)계산시 관계되는 힘

   ① 항력
   ② 부력
   ③ 중력

    Question 03

   유체 내를 입자가 자유낙하할 때 입자의 종말침강속도(terminal settling velocity) 계산 시 관계되는 힘과 가장 거리가 먼 것은 어느 것인가?
   ㉮ 항력　　㉯ 관성력　　㉰ 부력　　㉱ 중력

   정답 ㉯

6. 미세입자가 운동하는 경우에 작용하는 항력(drag force)

   ① 항력계수가 커질수록 항력은 증가한다.
   ② 입자의 투영면적이 클수록 항력은 증가한다.
   ③ 상대속도의 제곱에 비례하여 항력은 증가한다.

7. 중력집진장치에서 stoke's law의 가정조건

   ① $10^{-4} < N_{Re} < 0.6$
   ② 구는 일정한 속도로 운동한다.
   ③ 구는 강체이다.
   ④ 층류 흐름 영역이다.

8. 입자의 침강속도

   ① 항력계수는 실험에 의하여 얻어지는데 유체의 흐름을 결정하는 레이놀즈수에 의하여 값이 결정된다.
   ② 커닝햄 보정계수는 입자크기가 작을수록 증가한다.
   ③ 입경이 작은 입자에 대한 침강속도는 스토크영역에서의 침강속도식에 커닝햄보정계수를 곱한 식으로 구할 수 있다.

9. 필수암기 공식

★★★ (1) ① $V_g = \dfrac{d^2(\rho_s - \rho)g}{18\mu}$

$\begin{bmatrix} V_g : \text{침강속도(m/sec)} & d : \text{직경(m)} & \rho_s : \text{입자의 밀도(kg/m}^3\text{)} \\ \rho : \text{가스의 밀도(kg/m}^3\text{)} & \mu : \text{점성도(kg/m·sec)} & \end{bmatrix}$

②  stoke's 침강속도식

★★ 침강속도(V_g)는 $\begin{cases} \text{직경(d)의 제곱에 비례} \\ \text{밀도차}(\rho_s - \rho)\text{에 비례} \\ \text{중력가속도(g)에 비례} \\ \text{점성도}(\mu)\text{에 반비례} \end{cases}$

Question 04

스토크(Stokes)의 법칙을 만족하는 입자의 침강속도에 관한 설명으로 틀린 것은 어느 것인가?

㉮ 입자와 유체의 밀도차에 비례한다.
㉯ 입자 직경의 제곱에 비례한다.
㉰ 가스의 점도에 비례한다.
㉱ 중력가속도에 비례한다.

【풀이】 ㉰ 가스의 점도에 반비례한다.

Question 05

상온에서 균일한 흐름이 가스 중에 먼지입자의 밀도가 1g/cm³이고, 입경이 20μm일 때 먼지의 침강속도(cm/sec)는? (단, 스토크스 법칙 적용, 상온에서 공기의 점도는 1.7×10^{-5} kg/m·sec이다.)

【풀이】 $V_g = \dfrac{d^2(\rho_s - \rho)g}{18\mu}$

$\begin{bmatrix} V_g : \text{침강속도(cm/sec)} & d : \text{직경(cm)} & \rho_s : \text{입자의 밀도(g/cm}^3\text{)} \\ \rho : \text{가스의 밀도(g/cm}^3\text{)} & g : \text{중력가속도(980cm/sec}^2\text{)} & \mu : \text{점성도(g/cm·sec)} \end{bmatrix}$

따라서 $V_g = \dfrac{(20 \times 10^{-4}\text{cm})^2 \times 1\text{g/cm}^3 \times 980\text{cm/sec}^2}{18 \times 1.7 \times 10^{-4}\text{g/cm·sec}} = 1.28\text{cm/sec}$

TIP
① 가스의 밀도는 무시한다.
② 점성도(μ) = 1.7×10^{-5} kg/m·sec $\times 10^1$ = 1.7×10^{-4} g/cm·sec
③ kg/m·sec $\xrightarrow{\times 10}$ poise(g/cm·sec)

(2) 제거효율(η)

① 침강형일 때 제거효율(η)

$$\eta = \frac{Vg \cdot L}{U \cdot H} \times 100(\%)$$

- η : 제거효율(%) vg : 침강속도(m/sec) L : 길이(m)
- U : 유속(m/sec) H : 높이(m)

② 다단형일 때

㉠ 상태판별 공식

★★ $$Re = \frac{D \times V \times \rho}{\mu} = \frac{D \times V}{\nu}$$

- Re : 레이놀드수 D : 관경(m) V : 유속(m/sec)
- ρ : 밀도(kg/m³) μ : 점성도(kg/m·sec) ν : 동점도(m²/sec)

㉡ 레이놀드수에 따른 상태판별

(층류) Re < 2,100

(천이구역) 2,100 < Re < 4,000

(난류) Re > 4,000

TIP

점성도(절대점도)의 단위

- Cp(센티포이즈) $\xrightarrow{\times 10^{-2}}$ Poise
- p(포이즈) = g/cm·sec
- Cp $\xrightarrow{\times 10^{-3}}$ kg/m·sec
- P(g/cm·sec) $\xrightarrow{\times 10^{-1}}$ kg/m·sec

Question 06

0.1mm 크기의 입자가 상공에서 1.5×10^{-2}m/s로 침강한다면 레이놀드수는? (단, 공기의 밀도는 1.2kg/m³, 점도는 1.81×10^{-5}kg/m·s)

풀이 $Re = \dfrac{D \times V \times \rho}{\mu} = \dfrac{0.1 \times 10^{-3}\text{m} \times 1.5 \times 10^{-2}\text{m/sec} \times 1.2\text{kg/m}^3}{1.81 \times 10^{-5}\text{kg/m·sec}} = 0.099$

Question 07

내경이 100mm의 원통내를 20℃ 1기압의 공기가 24m³/hr로 흐른다. 표준상태의 공기의 비중량은 1.3kg/Sm³, 20℃의 공기의 점도가 1.81×10⁻⁴poise이라면 레이놀드수는?

풀이

$$Re = \frac{D \cdot V \cdot \rho}{\mu}$$

① $V(m/sec) = \frac{Q(m^3/sec)}{A(m^2)} = \frac{Q(m^3/sec)}{\frac{\pi}{4} \times D^2(m^2)} = \frac{24m^3/hr \times 1hr/3,600sec}{\frac{\pi}{4} \times (0.1m)^2} = 0.8488 m/sec$

② $\rho = 1.3 kg/Sm^3 \times \frac{273}{273+20} = 1.21 kg/m^3$

③ $\mu = 1.81 \times 10^{-4} poise(g/cm \cdot sec) = 1.81 \times 10^{-5} kg/m \cdot sec$

④ $Re = \frac{0.1m \times 0.8488 m/sec \times 1.21 kg/m^3}{1.81 \times 10^{-5} kg/m \cdot sec} = 5674.30$

★★ ㉢ 층류일 때 제거효율(η)

$$\eta = \frac{N \cdot B \cdot L \cdot V_g}{Q} \times 100(\%)$$

⎡ η : 제거효율(%)   N : 단수   B : 폭(m)
⎣ L : 길이(m) V_g : 침강속도(m/sec)   Q : 가스량(m³/sec)

$$V_g = \frac{d^2(\rho_s - \rho)g}{18\mu} \text{ 또는 } V_g = 29609 \cdot \rho_P \cdot d^2$$

$\rho_P = (\rho_s - \rho)$: 밀도차

Question 08

배출가스 0.4m³/s를 폭 5m, 높이 0.2m, 길이 10m의 중력식 침강집진장치로 집진 제거 한다면 처리가스 내의 입경 10 μm 먼지의 집진효율(%)은 얼마인가?
(단, 먼지밀도 1.10g/cm³, 배출가스밀도 1.2 kg/m³, 처리가스점도 1.8×10⁻⁴g/cm · s, 단수 1, 집진효율 $\eta_f = \frac{g(\rho_p - \rho_s)nWLd_p^2}{18\mu Q}$)

㉮ 약 22%   ㉯ 약 42%   ㉰ 약 63%   ㉱ 약 81%

풀이

$\eta_f = \frac{g(\rho_p - \rho_s)nWLd_p^2}{18\mu Q} = \frac{9.8 m/sec^2 \times (1,100-1.2)kg/m^3 \times 1 \times 5m \times 10m \times (10 \times 10^{-6}m)^2}{18 \times 1.8 \times 10^{-5} kg/m \cdot sec \times 0.4 m^3/sec} = 0.4154$

따라서 집진효율은 41.54% 이다.

★★ ㉣ 난류일 때 제거효율(η)

$$\eta = \left\{1-\exp\frac{-N \cdot B \cdot L \cdot V_g}{Q}\right\} \times 100(\%)$$

10. 유량(Q)가 주어지지 않는 경우 최소제거 입경

$$V_g = \frac{d^2(\rho_s-\rho)g}{18\mu} \quad \text{①}$$

$$L = \frac{U \cdot H}{V_g} \quad \text{②}$$

①식의 V_g를 ②식의 V_g에 대입

$$L = \frac{U \cdot H}{\frac{d^2 \cdot (\rho_s-\rho) \cdot g}{18\mu}} = \frac{18\mu \cdot U \cdot H}{d^2 \cdot (\rho_s-\rho) \cdot g}$$

$$d^2 = \frac{18\mu \cdot U \cdot H}{(\rho_s-\rho) \cdot g \cdot L} \quad \text{③}$$

★★ $$\boxed{d = \sqrt{\frac{18\mu \cdot U \cdot H}{(\rho_s-\rho) \cdot g \cdot L}} \times 10^6 (\mu m)}$$

Question 09

높이 1.5m, 길이 7m인 중력집진장치에서 밀도가 2,000kg/m³인 입자를 포함하는 배출가스가 2m/s의 속도로 유입되고 있다. 배출가스의 흐름이 층류일 때 100% 집진되는 최소입자의 직경(μm)은? (단, 가스의 밀도와 점도는 각각 1.2kg/m³, 1.85×10⁻⁵kg/m·s이다.)

풀이
$$d = \sqrt{\frac{18 \cdot \mu \cdot U \cdot H}{(\rho_s-\rho) \cdot g \cdot L}} \times 10^6 (\mu m) = \sqrt{\frac{18 \times 1.85 \times 10^{-5} kg/m \cdot sec \times 2m/sec \times 1.5m}{(2,000-1.2)kg/m^3 \times 9.8m/sec^2 \times 7m}} \times 10^6 = 85.36 \mu m$$

Question 10

지름 40μm 입자의 최종 침전속도가 15cm/s라고 할 때 중력침전실의 높이가 1.25m이면 입자를 완전히 제거하기 위해 소요되는 이론적인 중력침전실의 길이는? (단, 가스의 유속은 1.8m/s)

㉮ 12m ㉯ 15m ㉰ 18m ㉱ 20m

풀이

$L = \dfrac{u \cdot H}{V_g}$

[L : 중력집진기 길이(m)   u : 가스의 유속(m/sec)   H : 침전실의 높이(m) V_g : 최종 침전속도(m/sec)

따라서 $L = \dfrac{1.8\text{m/sec} \times 1.25\text{m}}{0.15\text{m/sec}} = 15\text{m}$

11. 유량(Q)가 주어진 경우 최소제거입경

③식에서 $U = \dfrac{Q}{B \cdot H}$ 이므로

$d^2 = \dfrac{18\mu \cdot \dfrac{Q}{B \cdot H} \cdot H}{(\rho_s - \rho) \cdot g \cdot L} = \dfrac{18\mu \cdot Q}{(\rho_s - \rho) \cdot g \cdot L \cdot B}$

★★★ $d = \sqrt{\dfrac{18\mu \cdot Q}{(\rho_s - \rho) \cdot g \cdot L \cdot B}} \times 10^6 (\mu m)$

Question 11

온도 25℃ 염산액적을 포함한 배출가스 1.5m³/s를 폭 9m, 높이 7m, 길이 10m의 침강집진기로 집진제거하고자 한다. 염산비중이 1.6이라면, 이 침강집진기가 집진할 수 있는 최소제거입경(μm)은? (단, 25℃에서의 공기점도 1.85×10^{-5} kg/m·s)

풀이

$d = \sqrt{\dfrac{18\mu \cdot Q}{(\rho_s - \rho) \cdot g \cdot L \cdot B}} \times 10^6 (\mu m) = \sqrt{\dfrac{18 \times 1.85 \times 10^{-5} \text{kg/m} \cdot \text{sec} \times 1.5 \text{m}^3/\text{sec}}{1.6 \times 10^3 \text{kg/m}^3 \times 9.8 \text{m/sec}^2 \times 10\text{m} \times 9\text{m}}} \times 10^6 = 18.81 \mu m$

TIP

① 염산비중 1.6 = 1.6g/cm³이므로 $1.6 \times 10^3 = 1,600$ kg/m³
② 가스의 밀도는 염산의 밀도에 비해 매우 작으므로 생략한다.
③ 25℃ 가스의 밀도 = 1.3kg/Sm³ × $\dfrac{273}{273+25}$ = 1.2kg/m³

02 관성력 집진장치

1. 원리

함진가스를 방해판에 충돌시켜 기류의 방향전환을 통해 관성력에 의해 입자를 분리 포집하는 장치이다.

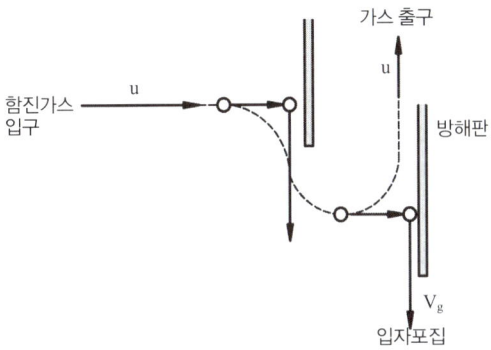

2. 개요

① 취급입자 : 50μm 이상
② 압력손실 : 30~70mmH₂O
③ 집진효율 : 50~70%

★★ 3. 관성력집진장치의 특징

① 충돌식과 반전식이 있으며, 일반적으로 고온가스의 처리가 가능하므로 굴뚝 또는 배관내에 적용될 때가 있다.
② 액체입자의 포집에 사용되는 multibaffle형을 1μm 전후의 미립자 제거가 가능하나, 완전하게 처리하기 위해 가스출구에 충전층을 설치하는 것이 좋다.
③ 집진가능한 입자는 주로 10μm 이상의 조대입자이며 일반적으로 집진율은 50~70% 정도이다.

★★★ 4. 관성력집진장치의 집진효율

★★ ① 충돌식은 일반적으로 충돌직전의 처리가스 속도가 크고, 처리후 출구 가스속도는 느

릴수록 미립자의 제거가 쉽다.
★★ ② 반전식은 기류의 방향 전환시 곡률반경이 작을수록, 방향전환 횟수는 많을수록, 압력손실은 커지나 집진효율은 좋다.
★★ ③ 호퍼(DUST BOX)는 적당한 모양과 크기가 필요하다.

Question 12

관성력 집진장치의 일반적인 효율 향상조건에 관한 설명으로 옳지 않은 것은?
㉮ 기류의 방향전환 시 곡률반경이 작을수록 미립자의 포집이 가능하다.
㉯ 기류의 방향전환 각도가 작고, 방향전환 횟수가 많을수록 압력손실은 커지지만 집진은 잘 된다.
㉰ 충돌직전의 처리가스의 속도는 작고, 처리 후 출구 가스속도는 클수록 미립자의 제거가 쉽다.
㉱ 적당한 모양과 크기의 dust box가 필요하다.

풀이 ㉰ 충돌직전의 처리가스의 속도는 크고, 처리 후 출구 가스속도는 느릴수록 미립자의 제거가 쉽다.

03 원심력 집진장치

1. 원리

함진가스에 선회운동을 작용시켜 입자에 작용하는 원심력을 이용해 분리 포집하는 장치이다.

2. 개요

① 취급입자 : 3~100μm
② 압력손실
  ㉠ 축류식의 직진형 : 40~50mmH$_2$O
  ㉡ 축류식의 반전형 : 80~100mmH$_2$O
  ㉢ 접선유입식 : 100mmH$_2$O 전후
③ 집진효율 : 70~95%

★★ 3. 원심력 집진장치의 특징

★★ ① 고농도는 병렬로 연결하고, 응집성이 강한 먼지는 직렬연결(단수 3단 한계)하여 주로 사용한다
② 일반적으로 축류식 직진형, 접선 유입식, 소구경 multiclone에서 blow down 효과를 얻을 수 있다.
③ 함진가스의 온도가 높아지면 집진율은 저하되나 그 영향은 크지 않다.
④ 가동부(moving part)가 없는 것이 기계적 특징이다.
⑤ 원심력과 중력이 동시에 작용하며 중력은 보다 큰 입자의 먼지에 작용한다.
⑥ 유입속도 변화없이 입구면적이 증가하면 압력손실은 증가하고 효율은 감소한다.

★★ 4. 축류식 사이클론의 특징

① 처리가스를 축방향으로 유입하는 것으로 반전형과 직진형이 있으며 입구가스 속도는 12m/sec 전후이다.
② 반전형과 직진형 중 반전형이 많이 사용된다.
③ 직진형의 압력손실은 40~50mmH$_2$O로 작은 편이다.
④ 반전형은 입구유속이 10m/sec 전후이며, 접선유입식에 비해 압력손실이 적다.
⑤ 반전형은 blow down이 필요없고, 함진가스 입구의 안내익(aerodynamic vane)에 따라 집진효율이 달라진다.
⑥ 축류식 사이클론 중 반전형의 압력손실은 80~100mmH$_2$O이며, 집진효율은 일반적으로 접선유입식과 큰 차이는 없는 편이다.
⑦ 반전형은 가스의 균일한 분배가 용이하다.

Question 13

축류식 원심력 집진장치 중 반전형에 관한 설명으로 옳지 않은 것은?

㉮ 입구가스 속도가 50m/sec 전후이다.
㉯ 접선유입식에 비해 압력손실이 적은 편이다.
㉰ 가스의 균일한 분배가 용이한 잇점이 있다.
㉱ 함진가스 입구의 안내익에 따라 집진효율이 달라진다.

풀이 ㉮ 입구가스 속도가 10m/sec이다.

5. 접선유입식 사이클론

① 집진효율의 변화가 비교적 작다.
② 일반적으로 유입 가스속도는 7~15m/sec 정도이다.
③ 입구모양에 따라 나선형과 와류형으로 분류된다.
④ 압력손실은 100mmH₂O 전후이다.

Question 14

다음 중 접선유입식 원심력 집진장치의 특징을 옳게 설명한 것은?

㉮ 장치의 압력손실은 500mmH₂O이다.
㉯ 장치 입구의 가스속도는 18~20cm/s이다.
㉰ 입구모양에 따라 나선형과 와류형으로 분류된다.
㉱ 도익선회식이라고도 하며, 반전형과 직진형이 있다.

풀이 ㉮ 장치의 압력손실은 100mmH₂O이다.
㉯ 장치 입구의 가스속도는 7~15m/s 이다.
㉱ 접선유입식은 나선형과 와류형이 있다.

★★ 6. 멀티사이클론(multicyclone)의 특징

① 기본유속은 8~13m/sec 정도이고 3~100μm 까지의 입자를 포집하는데 사용된다.
② 집진율은 70~95% 정도로 접착성 있는 먼지 등으로 인하여 막히기 쉽다.
③ 대부분 축류식 반전형이다.
④ 대단위 사이클론의 내경이 작을수록 작은 입자가 포집되고 blow down 방식은 쓰지 않는다.
⑤ 멀티사이클론은 처리가스량이 많고 높은 집진율을 필요로 하는 경우에 사용한다.
⑥ 멀티사이클론은 작은 몸통경의 사이클론 여러개를 병렬로 연결하여 사용한다.

7. Blow Down(블로우 다운) 방식

★★(1) Blow Down(블로우 다운) 효과의 정의

사이클론의 집진효율을 높이는 방법으로 하부의 더스트박스(Dust Box)에서 처리가스량 5~10%를 처리하여 사이클론 내의 난류현상을 억제시킴으로 먼지의 재비산을 막아주며, 장치 내벽 부착으로 일어나는 먼지의 축적도 방지하는 효과이다.

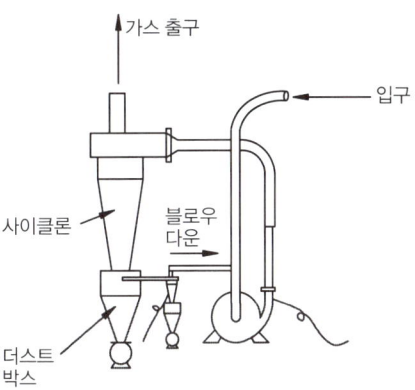

★★ (2) Blow Down(블로우 다운) 방식의 특징

① 원추하부에 가교현상을 억제시켜 재비산을 방지한다.
★★ ② 더스트박스에서 유입유량의 5~10%에 상당하는 가스를 추출시켜 집진장치의 기능을 향상시킨다.
③ 유효원심력을 증가시킨다.
④ 원추하부 또는 출구에 먼지가 퇴적되는 것을 방지한다.

★★ 8. 사이클론의 집진효율의 성능인자

① 함진가스의 선회속도가 클수록 입자의 분리속도는 커진다.
② 내경(배출내관)이 작을수록 입경이 작은 먼지를 제거할 수 있다.
③ 입구유속이 빠를수록 효율이 높은 반면에 압력손실은 높아진다.
④ 몸체직경 및 출구직경이 커지면 효율은 감소한다.
⑤ 입자의 입경과 밀도가 클수록 효율은 증가한다.
⑥ 입자의 입경이 클수록 입자의 분리속도는 커진다.
⑦ Blow down 효과를 적용하여 효율을 증대시킨다.
⑧ Dust box의 모양과 크기도 효율에 영향을 미친다.

📢 Question 15

원심력 집진장치의 성능인자에 관한 설명으로 가장 거리가 먼 것은?

㉮ 블로우 다운(blow-down) 효과를 적용하면 효율이 높아진다.
㉯ 내경(배출내관)이 작을수록 입경이 작은 먼지를 제거할 수 있다.
㉰ 한계(입구)유속 내에서는 유속이 빠를수록 효율이 감소한다.
㉱ 고농도는 병렬로 연결하고, 응집성이 강한 먼지는 직렬 연결(단수 3단 한계)하여 주로 사용한다.

풀이 ㉰ 한계(입구)유속 내에서는 유속이 빠를수록 효율이 증가한다.

9. 사이클론(Cyclone)의 운전 중 압력손실이 감소하고 집진율이 저하되는 원인

① VANE의 마모
② 공기가 새어 들어오기 때문
③ 마찰 또는 부식에 의해서 구멍이 뚫렸기 때문(내통이 마모되어 구멍이 뚫려 함진가스가 by pass 될 경우)
④ 외통의 접합부 불량으로 함진가스가 누출될 때

10. 사이클론의 집진율 향상조건

① 미세먼지의 재비산을 방지하기 위해 Skimmer와 turning vane 등을 설치한다.
② 배기관경(내경)이 작을수록 입경이 작은 먼지를 제거할 수 있다.
③ 먼지폐색(dust plugging) 효과를 방지하기 위해 축류집진장치를 사용한다.
④ 고용량 가스를 비교적 높은 효율로 처리해야 할 경우 소구경 Cyclone을 여러개 조합시킨 multicyclone을 사용한다.

11. 분리계수(Separation factor ; S)

★★★ (1) $S = \dfrac{\text{원심력의 분리속도}}{\text{중력의 침강속도}} = \dfrac{\dfrac{d^2(\rho_s-\rho)V^2}{18\mu R}}{\dfrac{d^2(\rho_s-\rho)g}{18\mu}} = \dfrac{V^2}{Rg}$

S : 분리계수 d : 입자의 직경(m) ρ_s : 입자의 밀도(kg/m³)
ρ : 가스의 밀도(kg/m³) V : 유속(m/sec) R : 반경(m) μ : 점성도(kg/m·sec)

Question 16

사이클론 원추하부의 반경이 25cm, 배출가스의 접선속도가 6m/sec일 때 분리계수는?

풀이 분리계수(S) $= \dfrac{V^2}{R \cdot g} = \dfrac{(6\text{m/sec})^2}{0.25\text{m} \times 9.8\text{m/sec}^2} = 14.69$

(2) 특징

① 분리계수는 중력가속도에 반비례한다.
② 분리계수는 입자에 작용되는 원심력과 중력과의 관계이다.
③ 사이클론 원추하부의 반경이 클수록 분리계수는 작아진다.
④ 원심력이 클수록 분리계수가 커지며, 집진율도 증가한다.

Question 17

원심력 집진장치 중 분리계수(separation factor, S)에 관한 내용으로 틀린 것은 어느 것인가?

㉮ 분리계수는 중력가속도에 반비례한다.
㉯ 분리계수는 입자에 작용되는 원심력과 중력과의 관계이다.
㉰ 사이클론 원추하부의 반경이 클수록 분리계수는 커진다.
㉱ 원심력이 클수록 분리계수는 커지며 집진율도 증가한다.

풀이 ㉰ 사이클론 원추하부의 반경이 클수록 분리계수는 작아진다.

12. 분리입자경

★★ (1) 100% 제거입경

$$dp = \sqrt{\frac{9 \cdot \mu \cdot B}{\pi \cdot V \cdot (\rho_s - \rho) \cdot N}} \times 10^6 (\mu m)$$

dp : 100% 제거입경 = 임계입경 = 한계입경 = 최소제거입경
μ : 점성도(kg/m·sec) B : 폭(m) V : 유속(m/sec)
ρ_s : 입자의 밀도(kg/m³) ρ : 가스의 밀도(kg/m³) N : 회전수

(2) 50% 제거입경

$$d_{p50} = \sqrt{\frac{9 \cdot \mu \cdot B}{2 \cdot \pi \cdot V \cdot (\rho_s - \rho) \cdot N}} \times 10^6 (\mu m)$$

d_{p50} : 50% 제거입경 = 절단입경(cut size) μ : 점성도(kg/m·sec)
B : 폭(m) V : 유속(m/sec) ρ_s : 입자의 밀도(kg/m³)
ρ : 가스의 밀도(kg/m³) N : 회전수

Question 18

유입구 폭 15cm, 유효선회류수 6인 원심력집진기에 함진가스(함진가스의 유입가스 속도 25m/s, 먼지입자의 밀도 2.0g/cm³, 함진가스의 점도 2×10⁻⁵kg/m·s)를 처리할 때 함진가스에 포함된 입자의 절단입경은(μm)은? (단, 함진가스 밀도는 1.2kg/m³)

풀이

$$d_{p_{50}} = \sqrt{\frac{9 \cdot \mu \cdot B}{2 \cdot \pi \cdot V \cdot (\rho_s - \rho) \cdot N}} \times 10^6 (\mu m)$$

$$= \sqrt{\frac{9 \times 2 \times 10^{-5} kg/m \cdot sec \times 0.15m}{2 \times \pi \times 25m/sec \times (2,000 - 1.2)kg/m^3 \times 6}} \times 10^6 (\mu m) = 3.79 \mu m$$

(3) 부분집진율

$$\eta = \frac{d^2 \cdot \pi \cdot V \cdot (\rho_s - \rho) \cdot N}{9 \cdot \mu \cdot B} \times 100 (\%)$$

Question 19

어떤 공장의 연마실에서 발생되는 배출가스의 먼지제거에 cyclone이 사용되고 있다. 유입폭이 30 cm, 유효회전수 6회, 입구유입속도 8m/s로 가동중인 공정조건에서 10μm 먼지입자의 부분집진효율은 몇 %인가? (단, 먼지의 밀도는 1.6g/cm³, 가스 점도는 1.75×10⁻⁴g/cm·sec, 가스밀도는 고려하지 않음)

풀이

$$\eta = \frac{d^2 \cdot (\rho_s - \rho) \cdot \pi \cdot V \cdot N}{9 \cdot \mu \cdot B} \times 100 (\%)$$

$$= \frac{(10 \times 10^{-6}m)^2 \times 1,600 kg/m^3 \times \pi \times 8m/sec \times 6}{9 \times 1.75 \times 10^{-5} kg/m \cdot sec \times 0.3m} \times 100 (\%) = 51.06\%$$

TIP

① $g/cm^3 \xrightarrow{\times 10^3} kg/m^3$

② ρ(가스의 밀도)는 1.3kg/m³이므로 입자의 밀도에 비해 너무 작으므로 무시한다.

③ $g/cm \cdot sec \xrightarrow{\times 10^{-1}} kg/m \cdot sec$

★★ 13. 사이클론에서 외부선회류의 회전수

$$N = \frac{1}{H_A} \times \left(H_B + \frac{H_C}{2} \right)$$

N : 회전수   　　　　　　　　　H_A : 유입구 높이(m)
H_B : 원통부 높이(m)　　　　 H_C : 원추부 높이(m)

Question 20

사이클론의 원추부 높이가 1.4m, 유입구 높이가 20cm, 원통부 높이가 1.4m 일 때 외부선회류의 회전수를 계산하시오.

풀이

$$N = \frac{1}{H_A} \times \left(H_B + \frac{H_C}{2} \right) = \frac{1}{0.2m} \times \left(1.4m + \frac{1.4m}{2} \right) = 10.5회 = 11회$$

04 흡수장치 및 세정집진장치

1. 흡수이론

(1) 흡수이론의 특징

① 흡수는 기체상태의 오염물질을 흡수액을 사용하여 흡수제거시키는 것으로 세정이라고도 한다.
② 흡수조작에 사용되는 흡수제는 물 또는 수용액을 주로 사용한다.
③ 배출가스의 용매에 대한 용해도가 작은 기체인 경우에 헨리의 법칙이 잘 적용된다.
④ 헨리법칙에서 특정가스의 분압이 높을수록 용해가스의 액중농도가 비례하여 증가한다.
⑤ 용해에 따른 복잡한 화학반응이 일어날 경우에는 성립하지 않는다.
⑥ 두 상(Phase)이 접할 때 두 상이 접한 경계면의 양측에 경막이 존재한다는 가정을 Lewis-Whitman의 이중경막설이라 한다.
⑦ 확산을 일으키는 추진력은 두 상(Phase)에서의 확산물질의 농도차 또는 분압차가 주원인이다.
⑧ 주어진 온도, 압력에서 평형상태가 되면 물질의 이동은 정지한다.
⑨ 흡수제가 화학적으로 유해가스의 성분과 비슷할 때 일반적으로 용해도가 크다.

Question 21

유해가스의 흡수이론에 관한 설명으로 옳지 않은 것은?

㉮ 흡수는 기체상태의 오염물질을 흡수액을 사용하여 흡수 제거시키는 것으로 세정이라고도 한다.
㉯ 흡수조작에 사용되는 흡수제는 물 또는 수용액을 주로 사용한다.
㉰ 배출가스의 용매에 대한 용해도가 큰 기체인 경우에 헨리의 법칙이 적용될 수 있다.
㉱ 용해에 따른 복잡한 화학반응이 일어날 경우에는 성립하지 않는다.

풀이 ㉰ 배출가스의 용매에 대한 용해도가 작은 기체인 경우에 헨리의 법칙이 적용될 수 있다.

(2) 액체용량계수

흡수탑에서 기액의 접촉면적을 크게 하는 것이 필요한데 실제단위체적당 유효접촉면적 $a(m^2/m^3)$을 구하기가 쉽지 않으므로 액상 총괄물질이동계수 K_L과의 곱인 $K_L \cdot a$를 계수로 사용하며 이 계수를 액체용량계수라 한다.

Question 22

가스흡수에서는 기-액의 접촉면적을 크게 하는 것이 필요한데 실제 유효접촉면적 $a(m^2/m^3)$의 참 값을 구하기가 쉽지 않기 때문에 액상 총괄물질이동계수 K_L과의 곱인 $K_L \cdot a$를 계수로 사용한다. 이 계수를 무엇이라 하는가?

㉮ 액체전달계수　　㉯ 액체유효면적계수　　㉰ 액체용량계수　　㉱ 액체분배계수

풀이 ㉰ 액체용량계수에 대한 설명이다.

(3) 총괄물질이동계수와 개별물질이동계수와의 관계

$$\frac{1}{K_G} = \frac{1}{k_g} + \frac{H}{k_L}$$

K_G : 기상총괄물질이동계수　　k_L : 액상물질이동계수
k_g : 기상물질이동계수　　H : 헨리정수

Question 23

헨리법칙을 이용하여 유도된 총괄물질이동계수와 개별물질 이동계수와의 관계를 옳게 나타낸 식은?
(단, K_G : 기상총괄물질이동계수, k_l : 액상물질이동계수, k_g : 기상물질이동계수, H : 헨리정수)

㉮ $\dfrac{1}{K_G} = \dfrac{k_g}{H} + \dfrac{k_g}{k_l}$

㉯ $\dfrac{1}{K_G} = \dfrac{1}{k_l} + \dfrac{k_g}{H}$

㉰ $\dfrac{1}{K_G} = \dfrac{1}{k_l} + \dfrac{k_g}{H}$

㉱ $\dfrac{1}{K_G} = \dfrac{1}{k_g} + \dfrac{H}{k_l}$

정답 ㉱

(4) 흡수장치의 종류

① 기체분산형 흡수장치
   ㉠ 액측저항이 큰 경우에 이용
   ㉡ 용해도가 낮은 가스에 적용
★★ ㉢ 다공판탑, 종탑, 기포탑 등이 있다.

② 액분산형 흡수장치
   ㉠ 가스측 저항이 큰 경우 이용
   ㉡ 용해도가 높은 가스에 적용
★★ ㉢ 충전탑(흡수탑), 분무탑(살수탑), 벤츄리스크러버 등이 있다.

Question 24

다음 중 기체분산형 흡수장치로만 구성된 것은 어느 것인가?

㉮ 단탑, 기포탑   ㉯ 기포탑, 충전탑   ㉰ 분무탑, 단탑   ㉱ 분무탑, 충전탑

정답 ㉮

★★★ **(5) 흡수액 선정시 고려할 사항**

★★ ① 용해도가 높아야 한다.
★★ ② 휘발성이 낮아야 한다.
★★ ③ 흡수액의 점성은 비교적 작아야 한다.
   ④ 용매의 화학적 성질과 비슷해야 한다.
   ⑤ 부식성 및 독성이 없어야 한다.

⑥ 어는점이 낮아야 한다.
⑦ 비점이 높아야 한다.
⑧ 시장성이 좋고 값이 싸야 한다.

 Question 25

흡수탑에 적용되는 흡수액 선정시 고려할 사항으로 가장 거리가 먼 것은?

㉮ 비표면적이 커야 한다.
㉯ 용해도가 커야 한다.
㉰ 비점은 높아야 한다.
㉱ 점도는 낮아야 한다.

풀이 ㉮번은 충전재의 구비조건에 해당된다.

★★ **(6) 헨리법칙**

① 헨리법칙

★★ ㉠ 적용기체는 난용성 기체로 N_2, NO, NO_2, O_2, H_2, CO 등이 있다.
★★ ㉡ 비적용기체는 수용성 기체로 HCl, SO_2, NH_3, HF 등이 있다.
㉢ 비교적 용해도가 적은 기체에 적용된다.
★★ ㉣ 헨리상수는 온도에 따라 변하며, 온도는 높을수록, 용해도는 적을수록 커진다.

 Question 26

헨리의 법칙에 관한 설명으로 옳지 않은 것은?

㉮ 비교적 용해도가 적은 기체에 적용된다.
㉯ 헨리상수의 단위는 $atm/m^3 \cdot kmol$ 이다.
㉰ 일정온도에서 특정 유해가스 압력은 용해가스의 액중농도에 비례한다는 법칙이다.
㉱ 헨리상수는 온도에 따라 변하며, 온도는 높을수록 용해도는 적을수록 커진다.

풀이 ㉯ 헨리상수의 단위는 $atm \cdot m^3/kmol$ 이다.

★★ ② $P = H \cdot C$

P : 분압(atm) H : 헨리상수($atm \cdot m^3/kmol$) C : 농도($kmol/m^3$)

TIP

① $H(atm \cdot m^3/kmol) = \dfrac{PmmHg/760}{C(kmol/m^3)}$

② $H(atm \cdot m^3/kmol) = \dfrac{PmmH_2O/10,332}{C(kmol/m^3)}$

③ $C(kmol/m^3) = \dfrac{PmmHg/760}{H(atm \cdot m^3/kmol)}$

④ $P \propto C$의 비례관계 이용

$P_1 mmHg : C_1 kmol/m^3 = P_2 mmH_2O/13.6 : C_2 kmol/m^3$

Question 27

어떤 유해가스와 물이 일정온도에서 평형상태에 있다면 헨리상수($atm \cdot m^3/kmol$)는? (단, 기상의 유해가스 분압이 789mmH₂O일 때 수중유해가스의 농도가 3.5kmol/m³이며, 전압은 1atm이다.)

풀이 $P = H \times C$

따라서 $H(atm \cdot m^3/kmol) = \dfrac{P}{C} = \dfrac{789 mmH_2O/10,332}{3.5 kmol/m^3} = 0.02 atm \cdot m^3/kmol$

TIP

용해도 순서

$HCl > HF > NH_3 > SO_2 > Cl_2 > O_2$

2. 세정집진장치

★★ (1) 세정집진장치의 특징

확산력과 관성력을 주로 이용하는 집진장치이다.

- 장점
① 처리가스량에 대한 고정된 면적이 작다.
② 가동부분이 작고 조작이 간단하다.
③ 처리가스의 흡수, 증습 등의 조작이 가능하다.
④ 협소한 장소에 설치가능하다.
★★ ⑤ 입자상 물질과 가스상 물질을 동시에 제거가능하다.
⑥ 처리가스의 가습기능 활용가능하다.
★★ ⑦ 고온가스 및 연소성 및 폭발성 가스의 처리가 가능하다.

★★ ⑧ 제진된 먼지의 재비산 염려가 없다.
⑨ 친수성 더스트의 집진효과가 높다.
★★ ⑩ 점착성 및 조해성 먼지의 처리가 가능하다.

- 단점
★★ ① 소수성 먼지의 집진효과가 낮다.
② 처리가스의 확산이 어렵다.
★★ ③ 구조와 조작이 간단하나 압력손실과 동력소비량이 크다.
④ 세정수가 다량 필요하다.
⑤ 한냉기에는 동결방지에 유의해야 한다.
⑥ 굴뚝으로 최종 배출되기 전에 기액 분리기를 사용해 제거해 주어야 한다.

Question 28

다음 중 확산력과 관성력을 주로 이용하는 집진장치로 가장 적합한 것은?

㉮ 중력집진장치 ㉯ 전기집진장치 ㉰ 원심력집진장치 ㉱ 세정집진장치

정답 ㉱

Question 29

세정집진장치의 특성으로 거리가 먼 것은?

㉮ 소수성 입자의 집진율이 낮은 편이다.
㉯ 점착성 및 조해성 분진의 처리가 가능하다.
㉰ 연소성 및 폭발성 가스의 처리가 가능하다.
㉱ 처리된 가스의 확산이 용이하다.

풀이 ㉱ 처리된 가스의 확산이 용이하지 못하다.

(2) 세정집진장치의 종류

★★ ① 유수식 세정집진장치
   ㉠ 가스선회형
   ㉡ 임펠라형
   ㉢ 로타형
   ㉣ 분수형

② 가압수식 세정집진장치
  ㉠ 벤츄리스크러버(Venturi Scrubber)
  ㉡ 분무탑(Spray Tower)
  ㉢ 제트스크러버(Jet Scrubber)
  ㉣ 충전탑
③ 회전식 세정집진장치
  ㉠ 타이젠와셔
  ㉡ 임펄스 스크러버

Question 30

유수식 세정집진장치의 종류로 틀린 것은 어느 것인가?

㉮ 가스분수형   ㉯ 스크루형   ㉰ 임펠라형   ㉱ 로타형

정답 ㉯

★★ ④ 회전식 세정집진장치의 물방울직경 계산식

$$dw(\mu m) = \frac{200}{N \times \sqrt{R}} \times 10^4$$

  dw : 물방울직경(μm)   N : 회전수(rpm)   R : 반경(Cm)

Question 31

송풍기 회전판 회전에 의하여 집진장치에 공급되는 세정액이 미립자로 만들어져 집진하는 원리를 가진 회전식 세정집진장치에서 직경이 10cm인 회전판이 8,600rpm으로 회전할 때 형성되는 물방울의 직경은 몇 μm인가?

풀이

$$d_w(\mu m) = \frac{200}{N \times \sqrt{R}} \times 10^4 = \frac{200}{8,600 rmp \times \sqrt{5cm}} \times 10^4 = 104.0 \mu m$$

★★ **(3) 세정집진장치에서 입자의 액적간의 충돌횟수가 많을수록 집진효율은 증가하게 되는 관성충돌계수(효과)를 크게 하기 위한 조건**

★★ ① 먼지의 입경이 커야한다.
② 먼지의 밀도가 커야한다.
③ 처리가스의 점도가 낮아야 한다.
④ 처리가스와 액적의 상대속도가 커야한다.
★★ ⑤ 액적의 직경이 작아야 한다.
⑥ 처리가스 온도가 낮아야 한다.

Question 32

관성충돌계수(효과)를 크게 하기 위한 입자배출원의 특성 또는 운전조건으로 틀린 것은 어느 것인가?
㉮ 액적의 직경이 커야 한다.
㉯ 먼지의 밀도가 커야 한다.
㉰ 처리가스와 액적의 상대속도가 커야 한다.
㉱ 처리가스의 점도가 낮아야 한다.

풀이 ㉮ 액적의 직경이 작아야 한다.

★★ **(4) 세정집진장치의 입자포집원리**

① 미립자 확산에 의하여 액적과의 접촉을 쉽게한다.
★★ ② 배기의 증습(습도의 증가)에 의하여 입자가 서로 응집한다.
③ 입자를 핵으로 한 증기의 응결에 따라 응집성을 촉진시킨다.
④ 액적에 입자가 충돌하여 부착한다.
⑤ 액막과 기포에 입자가 접촉하여 부착된다.

Question 33

세정식 집진장치의 원리에 대한 내용으로 틀린 것은 어느 것인가?
㉮ 배기가스를 증습하면 입자의 응집이 낮아진다.
㉯ 액적에 입자가 충돌하여 부착된다.
㉰ 미립자가 확산되면 액적과의 접촉이 증가된다.
㉱ 액막과 기포에 입자가 접촉하여 부착된다.

풀이 ㉮ 배기가스를 증습하면 입자의 응집이 증가한다.

> **TIP**
>
> **응집(Coagulation)**
> ① 응집은 먼지입자들이 서로 접촉하여 달라붙거나 합체하는 현상을 의미한다.
> ② 브라운 운동이 대기의 온도와 관련될 때 일어나는 응집현상을 열응집(Thermal Coagulation)이라 한다.
> ③ 중력응집(Gravitational Coagulation)은 크기가 다른 입자들의 침전속도가 다르기 때문에 일어나는 응집으로 강우에 큰 영향을 미친다.

3. 충전탑(흡수탑)

원통형의 탑내에 여러 가지 충전재를 넣어 함진가스(가스유입속도 1m/sec 이하)와 세정액을 접촉시켜 세정하는 장치이다.

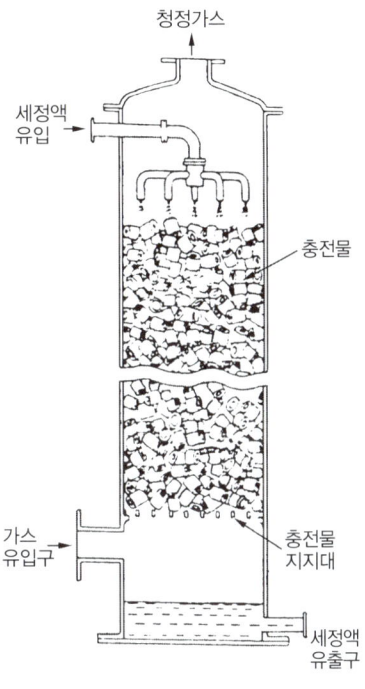

★★ ① 액분산형 흡수장치이다.
★★ ② [충전탑의 직경/충전제 직경] = 8~10일 때 편류현상이 최소가 된다.
★★ ③ 범람점에서의 가스속도는 충전제를 불규칙하게 쌓았을 때 보다 규칙적으로 쌓았을 때가 더 크다.
★★ ④ 충전제를 규칙적으로 충전하면 불규칙적으로 충전하는 방법에 비하여 압력손실이 적어 더 많은 흡수제를 흘릴 수 있다.
★★ ⑤ 가스의 유속이 증가하면 충전층내의 액의 보유량이 증가하여 탑위로 넘치게 되므로 가스유속은 범람(flooding)속도의 40~70%가 적당하다.
★★ ⑥ 효율을 증대시키기 위해서는 가스의 용해도를 증가시키고, 액가스비를 증가시켜야 한다.
⑦ 흡수액에 고형물이 함유되어 있는 경우에는 침전물이 생기는 방해를 받는다.
⑧ 일정량의 흡수액을 흘릴때 유해가스의 압력손실은 가스속도의 대수값에 비례하며, 가스속도 증가시 나타나는 첫 번째 파괴점을 부하점(Loading point)이라 한다.
⑨ 1~5μm 크기의 입자를 제거할 경우 장치내 처리가스의 속도는 대략 25cm/sec 이하가 되어야 한다.

• 장점
① 급수량이 적당하면 효과가 확실하고 가스량이 변해도 적응성이 있다.
② 처리가스의 압력손실이 그다지 크지 않다.
③ 포말성 흡수액에 적응성이 좋다.
★★ ④ 가스의 속도는 0.5~1.5m/sec이다.
★★ ⑤ 액가스비는 2~3L/m^3이다.
★★ ⑥ 압력손실은 100~250mmH_2O이다.

• 단점
① 가스 유속이 크면 플로딩 상태가 되고 흡수시 고형물(침전물)이 생기면 공극이 막힐 우려가 있다.
★★ ② 희석열이 심한 곳에는 부적합하다.
★★ ③ 온도의 변화가 큰 곳에서는 적응성이 낮다.
④ 충전물의 충전방식을 불규칙적으로 했을 때 접촉면적은 크나 압력손실도 커진다.

> **TIP**
> ① 홀드업(Hold up) : 흡수액을 통과시키면서 유량속도를 증가할 경우 충전층 내의 액보유량이 증가하게 되는 상태
> ② 로딩(Loading) : Hold up 상태에서 계속해서 유속을 증가하면 액의 Hold up이 급격히 증가하게 되는 상태
> ③ 플로딩(Flooding) : Loading point를 초과하여 유속을 계속적으로 증가하면 Hold up이 급격히 증가하고 가스가 액중으로 분산 범람하게 되는 상태

> **TIP**
> **편류현상(편도현상)**
> 편도현상은 Channeling현상이라고도 하며, 충전탑에서 흡수액의 최소 유량으로는 충전물 표면에 충분히 분배시키기에는 액의 양이 부족해 한쪽으로만 흐르게 되는 현상을 말한다.
> **(방지책)**
> ① 균일하고 동일한 충전재 사용
> ② 높은 공극율을 가지는 충전재 사용
> ③ 저항이 적은 충전재 사용

Question 34

압력손실은 100~200mmH₂O 정도이고, 가스량 변동에도 비교적 적응성이 있으며, 흡수액에 고형분이 함유되어 있는 경우에는 흡수에 의해 침전물이 생기는 등 방해를 받는 세정장치로 가장 적합한 것은?

㉮ 다공판탑 ㉯ 제트스크러버
㉰ 충전탑 ㉱ 벤츄리스크러버

정답 ㉰

Question 35

다음 중 충전탑의 액가스비의 범위로 알맞은 것은 어느 것인가?

㉮ 0.5~1.5L/m³   ㉯ 2~3L/m³   ㉰ 10~20L/m³   ㉱ 20~30L/m³

정답 ㉯

Question 36

유해가스 처리장치 중 충전탑(packed tower)에 대한 내용으로 틀린 것은 어느 것인가?

㉮ 충전은 충전물을 채운 탑내에서 액을 위에서 밑으로 흐르게 하고 가스는 아래에서 분사시켜 접촉시키는 기체분산형 흡수장치이다.
㉯ 충전제를 불규칙적으로 충전하는 방법은 접촉면적이 크고 압력손실도 크다.
㉰ 범람점에서의 가스속도는 충전제를 불규칙하게 쌓았을 때보다 규칙적으로 쌓았을 때가 더 크다.
㉱ 일반적으로 충전탑의 직경(D)과 충전제 직경(d)의 비 D/d가 8~10일 때 편류현상이 최소가 된다.

풀이 ㉮ 충전탑은 충전물을 채운 탑내에서 액을 위에서 밑으로 흐르게 하고 가스는 아래에서 분사시켜 접촉시키는 액분산형 흡수장치이다.

★★ **(1) 충전탑에서 충전재의 요구되는 성질**

① 충전물의 내열성과 내식성이 커야한다. (예를 들면 내식성이 큰 플라스틱과 같은 가벼운 물질)
② 액가스(액체와 가스)의 분포를 균일하게 유지할 수 있어야 한다.
★★ ③ 액의 홀드업(Hold-up)이 작아야 한다.
④ 단위면적에 대한 표면적이 커야한다.
★★ ⑤ 압력손실이 적고 충전밀도가 커야한다.
★★ ⑥ 공극률이 커야한다.

⑦ 충전제는 화학적으로 불활성이어야 한다.

> **Question 37**
>
> **충전탑(packed tower) 내 충전물이 갖추어야 할 조건으로 틀린 것은 어느 것인가?**
> ㉮ 단위체적당 넓은 표면적을 가질 것
> ㉯ 압력손실이 작을 것
> ㉰ 충전밀도가 작을 것
> ㉱ 공극률이 클 것
>
> **풀이** ㉰ 충전밀도가 클 것

(2) 충전탑에서 충전물의 일반적인 사항

① 단위체적당 넓은 표면적
② 최소의 무게
③ 충분한 화학적 저항
④ 낮은 액체 잔류성

★★(3) M농도(mol/L) 및 pH, pOH 구하기

> ⟨조건⟩
> Q : 가스량(m^3/hr)
> C : 오염가스농도(ppm = mL/Sm^3)
> η : 제거효율(%), 제거시간(hr), 순환수(L)

① $\text{mol/L} = \dfrac{\text{가스량}(m^3/hr) \times \text{농도}(mL/Sm^3) \times 10^{-3} L/mL \times \dfrac{\text{제거율}(\%)}{100} \times \text{제거시간}(hr) \times \dfrac{1\,mol}{22.4\,L}}{\text{순환수}(L)}$

② $pH = -\log[H^+]$

③ $pOH = 14 - pH$

Question 38

불화수소농도가 250ppm인 굴뚝 배출가스량 1,000Sm³/h를 10m³의 물로 10시간 순환 세정할 경우, 순환수의 pH는? (단, 불화수소는 60%가 전리하고, 불소의 원자량은 19)

풀이

① HF의 mol/L = $\dfrac{\text{가스량}(m^3/hr) \times \text{농도}(mL/Sm^3) \times 10^{-3} L/mL \times \dfrac{\text{제거율}(\%)}{100} \times \text{제거시간}(hr) \times \dfrac{1 mol}{22.4 L}}{\text{순환수}(L)}$

$= \dfrac{1,000 Sm^3/hr \times 250 mL/Sm^3 \times 10^{-3} L/mL \times 0.60 \times 10 hr \times \dfrac{1 mol}{22.4 L}}{10 \times 10^3 L} = 6.696 \times 10^{-3} mol/L$

② $[H^+] = 6.696 \times 10^{-3} mol/L$

③ $pH = -\log[H^+] = -\log(6.696 \times 10^{-3} mol/L) = 2.17$

(4) 이론적인 흡수탑의 충전높이

★★ $H = HOG \times NOG = \ln\left(\dfrac{1}{1 - \dfrac{\eta(\%)}{100}}\right) \times HOG$

- H : 충전탑(흡수탑)의 높이(m)
- HOG : 총괄이동단위높이(m)
- NOG : 총괄이동단위수
- η : 처리효율(%)

$NOG = \ln\left(\dfrac{1}{1 - \dfrac{\eta(\%)}{100}}\right)$

Question 39

기상총괄이동단위 높이 HOG가 1.6m인 충전탑을 사용하여 배기가스 중의 HF를 NaOH수용액에 흡수 제거하려 한다. 제거율(흡수효율)이 97%가 되기 위한 이론적 충전높이(m)는?

풀이 $H = NOG \times HOG$

$= \ln\left(\dfrac{1}{1 - \dfrac{\eta(\%)}{100}}\right) \times HOG = \ln\left(\dfrac{1}{1 - 0.97}\right) \times 1.6m = 5.61m$

Question 40

가스중의 불화수소를 수산화나트륨 용액과 향류로 접촉시켜 90% 흡수시키는 충전탑의 흡수율을 99.9%로 향상시키고자 한다. 이때 충전층의 높이는? (단, 흡수액상의 불화수소의 평형분압은 0으로 가정함)

풀이 충전탑높이(H) = 총괄이동단위수(NOG)×총괄이동단위높이(HOG)
따라서 충전탑높이(H)는 총괄이동단위수(NOG)에 비례한다.

$$NOG = \ln\left(\frac{1}{1-\frac{\eta(\%)}{100}}\right)$$ 이므로 $$\frac{NOG_2}{NOG_1} = \frac{\ln\left(\frac{1}{1-0.999}\right)}{\ln\left(\frac{1}{1-0.90}\right)} = 3배$$

따라서 충전탑의 높이는 3배 증가한다.

4. 분무탑(Spray Tower)

다수의 분사노즐을 사용하여 세정액을 미립화시켜 오염가스 중에 분무하는 방식이다.

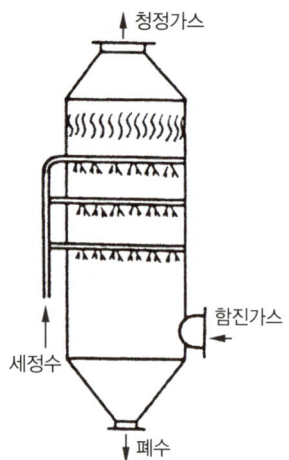

① 구조가 간단하고 압력손실이 2~20mmH$_2$O 정도로 비교적 작다.
② 충전탑에 비하여 설치비나 유지비가 싸다.
③ 분무노즐이 막히기 쉽고 물방울을 미세하게 만들기 위하여 많은 동력이 필요하다.
④ 흡수가 잘되는 기체에 효과적이다.
⑤ 편류가 발생되기 쉽고 분무액과 가스를 균일하게 접촉시키는 것이 어렵다.
⑥ 침전물이 생기는 경우에 적합하며 충전탑보다 설치비 및 유지비가 적게든다.
⑦ 충진제를 쓰지 않기 때문에 압력손실의 증가는 없다.
⑧ 유해가스속도가 느릴 경우를 제외하고는 비말동반의 위험이 있다.
⑨ 액분산형 흡수장치에 해당된다.
⑩ 분무탑은 가스의 흐름이 균일하지 못하고, 분무액과 가스의 접촉이 균일하지 못하여 효율이 낮은편이다.
⑪ 가스 겉보기 속도는 0.2~1m/sec 이다.
⑫ 액가스비는 0.5~1.5L/m^{3}이다.

> **TIP**
>
> 충전탑과 Plate tower(단탑) 비교
> ① 처리해야 할 가스량이 같을 때에는 충전탑의 압력손실이 적다.
> ② 포말성 흡수액일 경우 충전탑이 유리하다.
> ③ 흡수액에 부유물이 포함되어 있는 경우는 Plate tower를 사용하는 것이 유리하다.

Question 41

다음 중 가스의 압력손실은 작은 반면, 세정액 분무를 위해 상당한 동력이 요구되며, 장치의 압력손실은 2~20mmH₂O, 가스 겉보기 속도는 0.2~1m/s 정도인 세정집진장치에 해당하는 것은?

㉮ venturi scrubber ㉯ cyclone scrubber
㉰ spray tower ㉱ packed tower

풀이 ㉰ spray tower(분무탑)에 대한 설명이다.

Question 42

분무탑에 관한 설명으로 옳지 않은 것은?

㉮ 구조가 간단하고 압력손실이 적은 편이다.
㉯ 침전물이 생기는 경우에 적합하며, 충전탑에 비해 설비비 및 유지비가 적게 드는 장점이 있다.
㉰ 분무에 상당한 동력이 필요하고, 가스의 유출시 비말동반이 많다.
㉱ 분무액과 가스의 접촉이 균일하여 효율이 우수하다.

풀이 ㉱ 분무액과 가스의 접촉이 균일하지 못하여 효율이 낮다.

5. 다공판탑

★★ ① 판간격은 40cm, 액가스비는 0.3~5L/m³ 정도이다.
② 비교적 소량의 액량으로 처리가 가능하다.
③ 판수를 증가시키면 고농도 가스처리도 가능하다.
★★ ④ 가스속도는 0.3~1.0m/sec 이다.
★★ ⑤ 압력손실이 100~200mmH₂O 정도이고, 가스량의 변동이 심한 경우에는 조업이 어렵다.
⑥ 고체부유물 생성시 적합하다.
★ ⑦ 가스량의 변동이 격심할때는 조업할 수 없다.

Question 43

유해가스 흡수장치 중 다공판탑에 관한 설명으로 옳지 않은 것은?

㉮ 비교적 대량의 흡수액이 소요되고, 가스겉보기 속도는 10~20m/s 정도이다.
㉯ 액가스비는 0.3~5L/m³, 압력손실은 100~200 mmH₂O/단 정도이다.
㉰ 고체부유물 생성시 적합하다.
㉱ 가스량의 변동이 격심할 때는 조업할 수 없다.

풀이 ㉮ 비교적 소량의 흡수액이 소요되고, 가스겉보기 속도는 0.3~1.0m/s 정도이다.

★★ 6. 벤츄리 스크러버

함진가스를 벤츄리관의 목(throat)부에 유속 60~90m/sec로 빠르게 공급하여 목부주변의 노즐로부터 세정액이 흡입분사되게 함으로써 포집하는 방식이다.

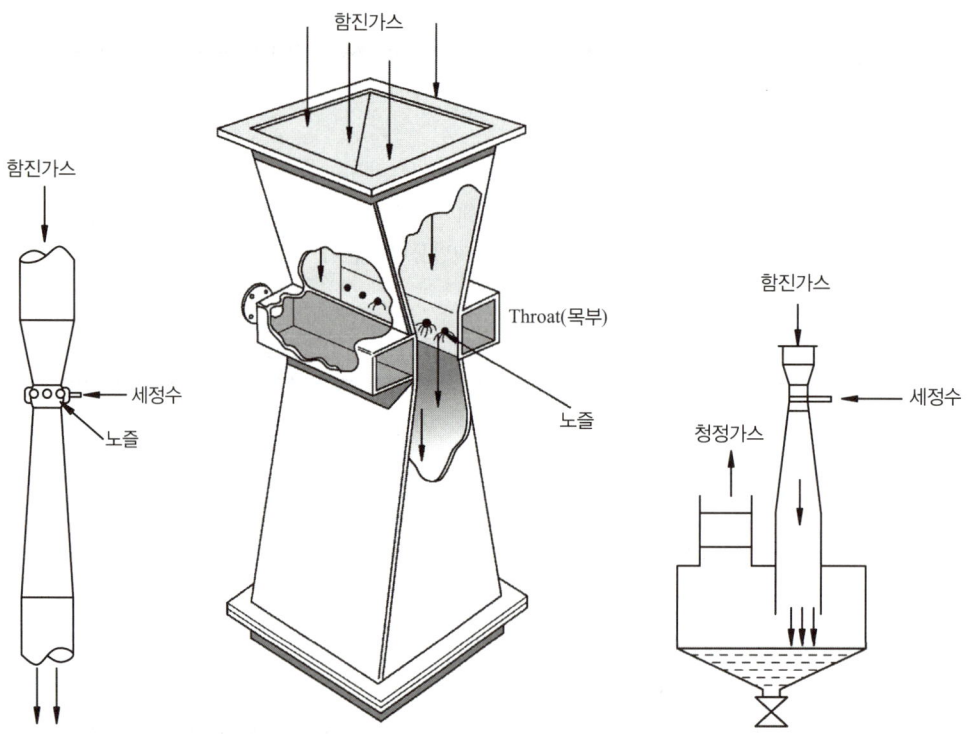

① 가압수식중에서 집진율이 가장 높아 대단히 광범위하게 사용되며, 소형으로 대용량의 가스처리가 가능하다.
★★ ② 액체방울(Liquid droplet)과 입자의 주된 접촉 메카니즘은 충돌(Impaction)이다.

★★ ③ 물방울입경과 먼지입경의 비는 충돌 효율면에서 150 : 1 전후가 적당하다.
★★ ④ 압력손실이 300~800mmH$_2$O로 아주 크므로 동력비가 크다.
⑤ 소형으로 대용량의 가스를 처리할 수 있다.
⑥ 효율이 우수하고 광범위하게 사용된다.
⑦ 액가스비는 일반적으로 먼지의 입경이 작고, 친수성이 적을 때 커진다.
★★ ⑧ 벤츄리관의 목부의 함진가스 유속은 60~90m/sec이다.
⑨ 액가스비는 10μm 이하 미립자 또는 친수성이 아닌 입자의 경우는 1.5L/m^3 정도를 필요로 한다.
⑩ 먼지입자의 친수성이 적을 때 액가스비는 커진다.
★★ ⑪ 액가스비는 보통 0.3~1.5L/m^3 정도이다.
⑫ 먼지와 가스의 동시제거가 가능하다.
⑬ throat부의 배기가스 속도를 크게하면 효율이 증가한다.
⑭ 먼지부하 및 가스유동에 민감하고, 대량의 세정액이 요구된다.

TIP

액가스비
- 친수성 or 굵은입자 : 0.3~0.5L/m^3
- 비친수성 or 미립자 : 0.5~1.5L/m^3

Question 44

다음 세정집진장치 중 입구유속(기본유속)이 가장 빠른 것은 어느 것인가?

㉮ Jet scrubber
㉯ Venturi scrubber
㉰ Theisen Washer
㉱ Cyclone scrubber

정답 ㉯

Question 45

다음 흡수장치 중 압력손실이 가장 큰 것은?

㉮ 충전탑
㉯ 분무탑
㉰ 벤츄리 스크러버
㉱ 사이클론 스크러버

풀이 압력손실
㉮ 충전탑 : 100~250mmH$_2$O
㉯ 분무탑 : 2~20mmH$_2$O
㉰ 벤츄리 스크러버 : 300~800mmH$_2$O
㉱ 사이클론 스크러버 : 100~200mmH$_2$O

Question 46

Venturi Scrubber에 관한 설명으로 옳지 않은 것은?

㉮ 목부의 처리가스속도는 보통 20~30 m/sec 정도이다.
㉯ 먼지부하 및 가스유동에 민감하다.
㉰ 액가스비는 10μm 이하 미립자 또는 친수성이 아닌 입자의 경우는 1.5L/m³ 정도를 필요로 한다.
㉱ 먼지입자의 친수성이 적을 때 액가스비는 커진다.

풀이 ㉮ 목부의 처리가스속도는 보통 60~90m/sec 정도로 집진기 중 가장 빠르다.

★★ (1) 벤츄리 스크러버(Venturi Scrubber)의 공식

$$n\left(\frac{dm}{Dt}\right)^2 = \frac{Vt \cdot L}{100\sqrt{P}}$$

- n : 노즐갯수
- dm : 노즐직경(m)
- Dt : throat의 직경(m)
- Vt : 유속(m/sec)
- L : 액기비(L/m³)
- P : 수압(mmH₂O)

Question 47

벤츄리스크러버에서 220m³/min의 함진가스를 처리하려고 한다. 목부(throat)의 지름이 30cm, 수압 1.8atm, 직경 4mm인 노즐 8개를 사용할 때 필요한 물의 양(L/sec)을 계산하시오.

풀이

① $n\left(\dfrac{dm}{D_t}\right)^2 = \dfrac{V_t \cdot L}{100\sqrt{P}}$

$V_t = \dfrac{Q}{A} = \dfrac{Q}{\dfrac{\pi D_t^2}{4}} = \dfrac{220\text{m}^3/\text{min} \times 1\text{min}/60\text{sec}}{\dfrac{\pi}{4} \times (0.3\text{m})^2} = 51.8726\text{m/sec}$

따라서 $8 \times \left(\dfrac{4 \times 10^{-3}\text{m}}{0.3\text{m}}\right)^2 = \dfrac{51.8726\text{m/sec} \times L}{100 \times \sqrt{1.8 \times 10332\text{mmH}_2\text{O}}}$

∴ L = 0.3739L/m³

② 주입되는 물의 양(L/sec) = 액가스비(L/m³) × 가스량(m³/sec)
= 0.3739L/m³ × 220m³/min × 1min/60sec = 1.37L/sec

★★ (2) 벤츄리 스크러버 적용시 액가스비를 크게하는 요인

★★ ① 먼지의 입경이 작을때
② 처리가스의 온도가 높을때
③ 먼지의 농도가 높을때
④ 먼지입자의 점착성이 클때

★★ ⑤ 먼지입자의 친수성이 낮을 때

> **Question 48**
>
> 벤츄리 스크러버 적용시 액가스비를 크게 하는 요인으로 틀린 것은 어느 것인가?
> ㉮ 먼지의 친수성이 클 때   ㉯ 먼지의 입경이 작을 때
> ㉰ 처리가스의 온도가 높을 때 ㉱ 먼지의 농도가 높을 때
>
> **풀이** ㉮ 먼지의 친수성이 작을 때

7. 사이클론 스크러버

① Pease anthony형의 액가스비 L = 0.5~1.0L/m³이며 기타 대부분은 1~4L/m³ 전후이다.
② 압력손실은 100~200mmH₂O로 S형 Impeller를 붙인것은 압력손실이 높고 집진효율도 높다.
③ 원심력 집진, 가압수식 그리고 유수식 집진을 동시에 거치기 때문에 효율이 높다.
④ 대용량 가스의 처리가 가능하며 미스트 발생이 적고 구조가 간단하여 수용성 가스처리에 적합하다.
⑤ 가스의 처리속도는 1~3m/sec이다.

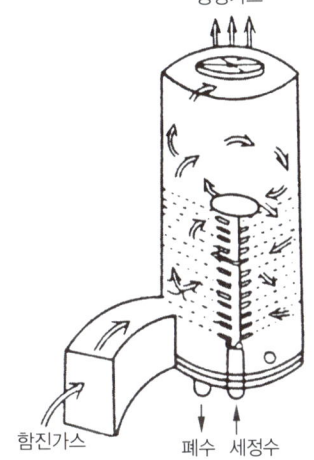

8. 제트 스크러버

이젝트를 사용하여 물을 고압분무하여 수적과 접촉 포집하는 방식이다.

★★ ① 송풍기를 사용하지 않는다.
② 처리가스량이 많을 경우에는 효과가 낮은 편이다.
③ 가스의 저항이 적다.
★★ ④ 수량이 많아 동력비가 많이 소요된다.
(사용수량이 다른 세정장치에 비해 10~20배 정도)
★★ ⑤ 액가스비가 가장 크다. (10~50L/m³ 정도)

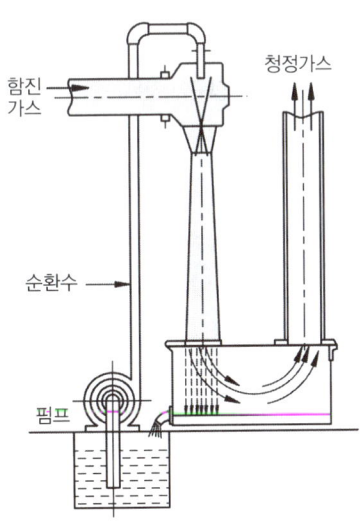

⑥ 가스량이 많을때 불리하다.
⑦ 세정집진장치 중 송풍기를 계통적으로 설치할 수 없는 상황에서 비교적 처리가스량이 적을 때 사용한다.

Question 49

세정집진장치 중 액가스비가 10~50 L/m³ 정도로 다른 가압수식에 비해 10배 이상이며, 다량의 세정액이 사용되어 유지비가 고가이므로 처리가스량이 많지 않을 때 사용하는 것은?

㉮ Venturi scrubber   ㉯ Theisen washer
㉰ Jet serubber   ㉱ Impulse scrbber

정답 ㉰

9. Theisen washer

고정 및 회전날개로 구성된 다익형의 날개차를 350~750rpm으로 고속선회하여 함진가스와 세정수를 교반시켜 먼지를 제거하는 장치이다.

① 미세먼지를 99%정도까지 제거 가능하다.
 ② 별도의 송풍기는 필요없다.
 ③ 액가스비는 0.5~2L/m³ 정도이다.

Question 50

다음 세정식 집진장치 중 고정 및 회전날개로 구성된 다익형의 날개차를 고속으로 선회하여 함진 가스와 세정수를 교반시켜 먼지를 제거하는 장치로 미세먼지도 99% 정도까지 제거가능하고, 별도 송풍기가 필요 없으며, 액가스비가 0.5~2L/m³ 정도인 것은?

㉮ 제트스크러버   ㉯ 임펄스스크러버
㉰ 타이젠와셔   ㉱ 사이클론스크러버

정답 ㉰

05 여과집진장치

★★ 1. 개요

① 처리입경 : 0.1~20μm
② 압력손실 : 100~200mmH$_2$O
③ 집진효율 : 90~99%
④ 처리가스속도 : 0.3~0.5m/sec

★★ 2. 여과집진장치의 특징

① 다양한 여과재의 사용으로 인하여 설계시 융통성이 있다.
② 세정집진장치보다 압력손실과 동력소모가 적다.
③ 여과재의 교환으로 유지비가 고가이다.
★★ ④ 수분이나 여과속도에 대한 적응성이 낮다.
⑤ 벤츄리 스크러버보다 압력손실과 동력소모가 적은편이다.
★★ ⑥ 1μm 이상의 미세입자의 제거가 용이하다.
★★ ⑦ 폭발성, 점착성 및 흡습성 먼지의 제거가 어렵다.

📢 Question 51

여과집진장치의 특성으로 가장 거리가 먼 것은?

㉮ 다양한 여재의 사용으로 인하여 설계 시 융통성이 있다.
㉯ 여과재의 교환으로 유지비가 고가이다.
㉰ 여과속도는 1~10m/sec 정도이다.
㉱ 압력손실은 100~200mmH$_2$O 정도이다.

풀이 ㉰ 여과속도는 0.3~0.5m/sec 정도이다.

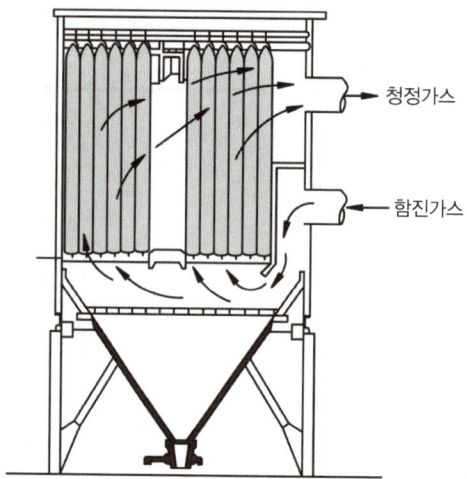

3. 여과집진기의 주요 메카니즘의 집진원리

① 확산 : 직경이 0.1μm 이하인 미세입자
② 관성충돌 : 직경이 1.0μm 이상인 입자
③ 차단 : 직경이 0.1~1.0μm인 입자
④ 중력 : 직경이 비교적 크고 비중이 큰 입자

4. 여과집진장치의 여과방식

(1) 내면여과방식

① 여재를 비교적 엉성하게 틀속에 충전하여 이것을 여과층으로 하여 함진가스중의 먼지입자를 포집하는 방식으로 여재내면에서 포집된다.
② 습식인 경우 부착입자의 제거가 곤란하므로 일정량 이상의 입자가 부착되면 새로운 여재로 교환해야 한다.
③ 일반적으로 건식으로서 사용되지만 점착성 기름을 여재에 바른 습식도 있다.
④ 주로 저농도의 함진가스의 오염공기를 처리할 때 사용된다.
⑤ 여과속도가 느리고 압력손실이 보통 30mmH$_2$O 이하이다.
⑥ Package형 filter, 방사성 먼지용 air filter 등이 이 여과방식에 속한다.

(2) 표면여과방식

① 비교적 얇은 여과포를 사용하여 처음에 여과포 표면에 부착된 입자층으로 하여 미립자를 포집하는 방법이다.

② 백필터(Bag filter)가 가장 대표적이다.

> **Question 52**
>
> 여과집진장치의 특성으로 거리가 먼 것은?
>
> ㉮ 방사성 먼지용 air filter는 내면여과방식에 해당한다.
> ㉯ 표면여과방식에서 초층의 눈막힘을 방지하기 위해 처리가스의 온도를 산노점 이상으로 유지한다.
> ㉰ 내면여과방식은 습식도 있지만 일반적으로 건식으로 사용된다.
> ㉱ Package형 filter는 표면여과방식에 해당하며 여과속도는 크지만, 여재의 압력손실이 낮아 많이 사용된다.
>
> **풀이** ㉱ package형 filter는 내면여과방식에 해당하며, 여과속도가 느리고 압력손실이 작은 편이다.

5. 탈진방식

★★ (1) 간헐식 탈진방식

★★ ① 먼지의 재비산이 적다.
★★ ② 높은 집진율을 얻을 수 있다.
   ③ 여포의 수명은 연속식에 비해 길다.
★★ ④ 진동형과 역기류형, 역기류 진동형이 있다.
★★ ⑤ 대용량 처리에 부적당하다.
   ⑥ 여러개의 방으로 구분하고 방 하나씩 처리가스의 흐름을 차단하여 순차적으로 탈진하는 방식이다.
   ⑦ 간헐식 중 진동형은 음파진동, 횡진동, 상하진동에 의해 포집된 먼지층을 털어내는 방식으로 접착성 먼지의 집진에는 사용할 수 없다.
   ⑧ 진동형의 경우 여과속도는 1~2cm/sec 정도이다.

★★ (2) 연속식 탈진방식

★★ ① 먼지의 재비산이 크다.
★★ ② 집진율이 낮다.
★★ ③ 고농도, 대용량의 처리가 용이하다.
   ④ 연속식은 간헐식에 비해 여과자루의 수명이 짧다.
   ⑤ 포집과 탈진이 동시에 이루어지므로 압력손실이 거의 일정하다.
★★ ⑥ 연속식에는 역제트기류 분사형(reverse jet)과, 충격제트기류 분사형(pulse jet) 등이 있다.

⑦ 충격제트기류 분사형은 처리가스가 여과포의 외부에서 내부로 투과되기 때문에 먼지는 여과포 외벽에 집진되는 방식이다.

★★ ⑧ 충격제트기류 분사형 탈진방식은 집진장치 내 운동장치가 없어 탈진주기에 비해 소요되는 시간이 짧다.

⑨ 연속식 중 가압형을 고압의 충격제트기류를 먼지층에 분사하고 압력에 의해 먼지층을 털어내는 방식으로 최근 사용이 늘고 있다.

Question 53

여과집진장치의 탈진방식에 대한 내용으로 틀린 것은 어느 것인가?

㉮ 간헐식의 여포 수명은 연속식에 비해서는 긴편이고, 점성이 있는 조대먼지를 탈진할 경우 여포손상의 가능성이 있다.
㉯ 간헐식은 먼지의 재비산이 적고 높은 집진율을 얻을 수 있다.
㉰ 연속식은 포집과 탈진이 동시에 이루어져 압력손실의 변동이 크므로 저농도, 저용량의 가스처리에 효율적이다.
㉱ 연속식은 탈진 시 먼지의 재비산이 일어나 간헐식에 비해 집진율이 낮고 여과자루의 수명이 짧은 편이다.

풀이 ㉰ 연속식은 포집과 탈진이 동시에 이루어져 압력손실이 거의 일정하며, 고농도, 대용량의 가스처리에 효율적이다.

(3) 여과집진장치의 여포의 특징

① 여포의 형상은 원통형, 평판형이 있으나 주로 원통형을 사용한다.
② 여포는 내열성이 약하므로 가스온도가 250℃를 넘지 않도록 주의한다.
③ 여포재질 중 목면은 내산성은 불량하나 가격이 저렴하다.
④ 고온가스를 냉각시킬때에 산노점 이하로 유지할 경우 여과포의 눈막힘현상과 저온부식을 초래한다.

★★ ⑤ 여포재질 중 glassfiber(유리섬유)는 최고사용온도가 250℃ 정도이며, 내산성이 양호한 편이다.

6. 여과재의 종류

① 목면(Cotton)
  ㉠ 최대허용온도가 약 80℃
  ㉡ 내산성은 나쁨, 내알칼리성은(약간) 양호

★★ ② 유리섬유(glass fiber)
　　㉠ 처리가스 중 SO_2, HCl 등을 함유한 200℃ 정도의 고온배출가스를 처리하는데 적합
　　㉡ 내산성에 양호하며 내알칼리성에 나쁘다.
③ 내산성에 강한 여과재
　　㉠ 글라스화이버(유리섬유) (250℃)
　　㉡ 테트론
　　㉢ 오론(150℃)
④ 내알칼리성에 강한 여과재
　　㉠ 나일론(아미드계) (110℃)
　　㉡ 흑연화섬유(250℃)
⑤ 내산성과 내알칼리성에 강한 여과재
　　㉠ 테프론(200℃)
　　㉡ 비닐론(100℃)
　　㉢ 카네카론(100℃)

Question 54

다음 여과재(filter bag) 재질 중 내산성 및 내알칼리성이 모두 양호한 것은 어느 것인가?
㉮ 비닐론　　　　　　　　　　㉯ 사란
㉰ 테트론　　　　　　　　　　㉱ 나일론(에스테르계)

정답 ㉮

7. 직물여과기(Fabric Filter)의 여과직물을 청소하는 방법(여과포의 탈진방법)

① 진동형 = 기계적 진동(mechanical shaking)
② 역기류형 = 공기역류(reverse air)
③ 펄스제트형(pulse jet) = 충격 제트기류 분사형

Question 55

다음 중 직물여과기(Fabric Filter)의 여과직물을 청소하는 방법으로 틀린 것은 어느 것인가?
㉮ 임펙트 제트형　　㉯ 진동형　　㉰ 역기류형　　㉱ 펄스 제트형

정답 ㉮

8. 여과집진장치 설계시 고려사항

★★ ① 여과주머니의 직경에 대한 길이의 비(L/D)를 너무 크게하면 주머니들끼리 마찰할 위험이 있고, 먼지제거가 곤란하므로 통상 L/D비는 20 이하가 좋다.
② 제거된 먼지의 자동 연속적 작동방식은 소제를 위해 주기적인 가동중단이 요구되지 않거나 불가능한 경우에 주로 채택된다.
③ 여포는 가스온도가 가급적 250℃를 넘지 않도록 주의해야하고, 특히 고온가스의 냉각시에는 산노점 이상으로 유지해야 한다.

Question 56

여과집진장치에 관한 설명으로 옳지 않은 것은?

㉮ 여과자루 모양에 따라 원통형, 평판형, 봉투형으로 분류되며, 주로 원통형을 사용한다.
㉯ 여과자루 길이(L)/여과자루 직경(D)는 50 이상으로 많이 설계하고, 여과자루 간의 최소간격은 1.5m 이상이 되어야 한다.
㉰ 간헐식의 경우는 먼지의 재비산이 적고 여포수명이 연속식에 비해 길다.
㉱ 간헐식 중 진동형은 접착성 먼지집진에는 사용할 수 없다.

풀이 ㉯ 여과자루 길이(L)/여과자루 직경(D)는 20 이하가 좋다.

9. 여과집진장치 계산식

★★ ① 백필터 개수 구하는 공식

$$Q = \pi \cdot D \cdot L \cdot n \cdot V_f$$

$$n = \frac{Q}{\pi \cdot D \cdot L \cdot V_f}$$

- Q : 가스량(m^3/sec)   D : 관의 직경(m)   L : 길이 또는 유효높이(m)
- n : 백의 개수 V_f : 겉보기 여과속도(m/sec)

Question 57

반지름 245mm, 유효길이 3.5m인 원통형 bag filter를 사용하여 농도 6g/m^3인 배출가스를 22m^3/s로 처리하고자 한다. 겉보기 여과속도를 14cm/s로 할 때 bag filter의 필요한 수는?

풀이 $Q = \pi \cdot D \cdot L \cdot V_f \cdot n$

$$\therefore n = \frac{Q}{\pi \cdot D \cdot L \cdot V_f} = \frac{22 m^3/sec}{\pi \times (0.245m \times 2) \times 3.5m \times 0.14 m/sec} = 30개$$

TIP
① 백필터개수 계산은 소수점 첫째자리에서 완전올림을 한다.
② 직경(D) = 2×반지름(R) = 2×245mm = 2×0.245m
③ V_f = 14cm/sec = 0.14m/sec

② 탈락시간 = 제거시간 구하는 공식

★★ $Ld = (C_i - C_o) \times Vf \times t$

- Ld : 먼지부하(g/m^2)
- C_o : 출구농도(g/m^3)
- C_i : 입구농도(g/m^3)
- Vf : 겉보기 여과속도(m/sec)

Question 58

백필터의 먼지부하가 420g/m^2에 달할 때 탈락시키고자 한다. 이때 탈락시간(min) 간격은? (단, 백필터 유입가스 함진농도는 10g/m^3, 여과속도는 7,200cm/hr이다.)

풀이 $Ld = C_i \times V_f \times t$

따라서 420g/m^2 = 10g/$m^3 \times$ 7,200cm/hr $\times 10^{-2}$m/cm $\times$ 1hr/60min $\times$ t

∴ t = 35min

TIP

diffuser tube

펄스젯 여과집진기의 경우 여과포 상단에서 압축공기를 불어넣어 여과포 외피에 부착된 먼지를 제거하게 된다. 그러나 압축공기의 힘이 여과포 하단까지 도달하려면 여과포를 통과하여 외부로 빠지는 압축공기량을 조절하여 주어야 한다. 이를 diffuser tube라 한다.

06 전기집진장치

★★ 1. 개요

① 처리입경 : 0.1~0.9μm 정도
★★ ② 압력손실 : 건식 10mmH$_2$O, 습식 20mmH$_2$O
③ 집진효율 : 90~99.9%
★★ ④ 처리가스속도 : 건식 : 1~2m/sec, 습식 : 2~4m/sec

Question 59

다음 집진장치 중 일반적으로 압력손실이 가장 적은 것은?

㉮ 전기집진장치 ㉯ 여과집진장치
㉰ 원심력집진장치 ㉱ 벤츄리스크러버

풀이 압력손실 (mmH₂O)
㉮ 전기집진장치 : 10~20mmH₂O ㉯ 여과집진장치 : 100~200mmH₂O
㉰ 원심력집진기 : 50~150mmH₂O ㉱ 벤츄리 스크러버 : 300~800mmH₂O

 Question 60

처리용량이 크며, 먼지의 크기가 0.1~ 0.9㎛ 인 것에 대해서도 높은 집진효율을 가지며, 습식 또는 건식으로도 제진할 수 있고, 압력손실이 매우 적고, 유지비도 적게 소요될 뿐 아니라 고온의 가스도 처리 가능한 집진장치는 어느 것인가?

㉮ 전기집진장치 ㉯ 원심력집진장치
㉰ 세정집진장치 ㉱ 여과집진장치

 ㉮

★★ 2. 전기집진장치 특징

- 장점
① 고집진율(99%)을 얻을 수 있다.
② 고온가스처리가 가능하다. (350℃ 정도)
③ 대량의 공기를 다룰 수 있다.
④ 부식성 가스가 함유된 먼지도 처리가 가능하다.
★★ ⑤ 전력소비(동력비)가 적게들고 유지관리비가 적게 든다.
⑥ 광범위한 온도와 대용량 범위에서 운전이 가능하다.

- 단점
① 초기시설비가 크다.
② 설치면적이 크게 소요된다.
★★ ③ 전압변동과 같은 조건변동에 쉽게 적응하기 어렵다.
④ 집진율이 서서히 저감된다.
⑤ 전처리 시설이 필요하다.

Question 61

전기집진장치의 특성으로 가장 거리가 먼 것은?

㉮ 소요설치면적이 적고, 전처리 시설이 불필요하다.
㉯ 주어진 조건에 따라 부하변동 적응이 곤란하다.
㉰ 약 450℃ 전후의 고온가스 처리가 가능하다.
㉱ 압력손실이 적어 송풍기의 동력비가 적게 든다.

풀이 ㉮ 소요설치면적이 크고, 전처리 시설이 필요하다.

★★ 3. 전기집진장치 내의 입자집진에 작용하는 전기력

① 대전입자의 하전에 의한 쿨롱력(전기력 중 가장 지배적으로 작용)
② 전계강도의 힘
③ 전기풍에 의한 힘
④ 입자간의 흡인력

TIP

전기집진장치의 집진순서

① 1단계 : 가스의 이온화
② 2단계 : 먼지에 전하 부여
③ 3단계 : 먼지가 집진극으로 이동
④ 4단계 : 먼지를 타격하여 제거

Question 62

다음 중 전기집진장치에서 입자에 작용하는 전기력의 종류에 해당하지 않는 것은 어느 것인가?

㉮ 대전입자의 하전에 의한 쿨롱력
㉯ 전계강도에 의한 힘
㉰ 브라운 운동에 의한 확산력
㉱ 전기풍에 의한 힘

풀이 ㉰ 입자간의 흡인력

★★★ 4. 전기집진장치에서 먼지의 비저항(겉보기 전기 저항률)

① 전기집진장치에서 집진효율에 가장 크게 영향을 주는 것이 전기저항이다.

② 재비산 현상

★★ ㉠ 발생조건 : 먼지의 전기저항이 $10^4 \Omega \cdot cm$ 이하일 때

★★ ㉡ 방지책
  ⓐ NH_3 주입
  ⓑ 습식집진장치 사용

③ 역전리 현상

★★ ㉠ 발생조건 : 먼지 전기저항이 $10^{11} \Omega \cdot cm$ 이상일 때

★★ ㉡ 방지책
  ⓐ 처리가스의 온도를 조절하거나 습도를 높인다.
  ⓑ SO_3를 스프레이로 주입한다.
  ⓒ 습식집진장치를 사용한다.
  ⓓ 황산을 조절제로 주입한다.
  ⓔ 타격빈도를 높인다.

> **TIP**
> 먼지의 비저항이 비정상적으로 높은 경우 투입하는 물질
> ① H_2SO_4　② NaCl　③ Soda lime

★★ ④ SO_3에 의한 부식방지책 : NH_3 주입

★★ ⑤ 효율이 가장 우수할때의 먼지의 전기저항은 $10^4 \sim 10^{11} \Omega \cdot cm$이다.

⑥ 석탄중의 황함유량이 높을수록 비저항은 감소한다.

⑦ 처리가스의 온도를 조절하면 비저항 조절이 가능하다.

⑧ 일반적으로 100~200℃ 범위에서 전기저항률은 최대로 된다.

⑨ 수분량이 증가하면 최대전기저항률은 고온측으로 이동한다.

⑩ 배기가스 중의 SO_3 함량이 높을수록 전기저항은 낮아진다.

⑪ 처리가스 내 수분은 그 함유량이 증가하면 비저항이 감소하므로 고비저항의 먼지는 수증기를 분사하거나 물을 뿌려 비저항을 낮출 수 있다.

⑫ 입자의 저항이 $10^{12} \sim 10^{13} \Omega \cdot cm$ 범위에서는 스파크 발생은 없으나 절연파괴를 일으킨다.

Question 63

다음 중 전기집진장치에서 전기집진이 가장 잘 이루어질 수 있는 먼지의 비저항 영역으로 가장 적합한 것은?

㉮ $10^2 \sim 10^4\, \Omega \cdot cm$
㉯ $10^7 \sim 10^{10}\, \Omega \cdot cm$
㉰ $10^{12} \sim 10^{15}\, \Omega \cdot cm$
㉱ $10^{14} \sim 10^{18}\, \Omega \cdot cm$

풀이 전기집진장치에서 효율이 가장 우수한 범위는 $10^4 \sim 10^{11}\, \Omega \cdot cm$이다.

Question 64

전기집진장치에서 먼지의 비저항이 비정상적으로 높은 경우 투입하는 물질과 거리가 먼 것은?

㉮ H_2SO_4
㉯ NH_3
㉰ $NaCl$
㉱ Soda lime

풀이 ㉯ NH_3는 먼지의 비저항이 비정상적으로 낮은 경우 투입하는 물질이다.

5. 먼지의 비저항이 높을 경우 발생하는 현상

① 심각한 역코로나 현상이 발생한다.
② 전하가 쉽게 집진판으로 전달되지 않는다.
③ 가스중 먼지입자의 이온화와 이동현상을 감소시킨다.

6. 전기집진장치의 방전극의 재질

① 티타늄 합금
② 고탄소강
③ 스테인리스

Question 65

다음 중 전기집진장치의 방전극의 재질로 틀린 것은 어느 것인가?

㉮ 폴로늄
㉯ 티타늄 합금
㉰ 고탄소강
㉱ 스테인리스

정답 ㉮

★★ 7. 습식 전기집진장치 특징

① 집진극면이 항상 청결하게 유지되며 강한 전계를 얻을 수 있다.
② 처리가스속도는 건식에 비해 2배 정도 크게 할 수 있다.
③ 수질오염의 결과를 초래하므로 부가적인 처리장치를 필요로 한다.
④ 압력손실은 건식이 10mmH$_2$O이고 습식이 20mmH$_2$O로 습식이 큰 편이다.
⑤ 작은 전기저항에 의해 생기는 먼지의 재비산을 방지할 수 있다.

Question 66

습식 전기집진장치의 특징에 대한 내용으로 틀린 것은 어느 것인가?

㉮ 낮은 전기저항 때문에 생기는 재비산을 방지할 수 있다.
㉯ 처리가스 속도를 건식보다 2배 정도 높일 수 있다.
㉰ 집진극면이 청결하게 유지되며 강전계를 얻을 수 있다.
㉱ 먼지의 저항이 높기 때문에 역전리가 잘 발생된다.

풀이 ㉱ 습식 전기집진기에서는 역전리가 발생되지 않는다.

8. 전기집진장치에서 이동속도(we)의 특징

① 하전량에 비례한다.
② 전리강도에 비례한다.
③ 입자크기에 반비례한다.

TIP
전기집진장치에서 내부평균가스속도를 기본유속범위(1~2m/sec 이하) 상태로 운전하는 이유는 먼지의 재비산을 방지하기 위해서이다.

★★ 9. 커닝험 수정계수

커닝험 수정계수(보정계수)는
- 가스의 온도가 높을수록 증가한다.
- 먼지의 입자가 미세할수록 증가한다.
- 가스분자의 직경이 작을수록 증가한다.
- 가스압력이 낮을수록 증가한다.
- 가스의 점성저항이 작을수록 증가한다.

Question 67

전기집진장치의 분리속도(이동속도)는 커닝햄 보정계수(stokes Cunningham) Km에 비례한다. 다음 조건 중 Km이 커지는 조건으로 알맞은 것은 어느 것인가? (단, km ≥ 1)

㉮ 먼지의 입자가 작을수록, 가스압력이 낮을수록
㉯ 먼지의 입자가 작을수록, 가스압력이 높을수록
㉰ 먼지의 입자가 클수록, 가스압력이 낮을수록
㉱ 먼지의 입자가 클수록, 가스압력이 높을수록

정답 ㉮

★★ 10. 전기집진장치에서 장애현상

★★ (1) 2차 전류가 주기적으로 변하거나 불규칙적으로 흐르는 장애현상의 대책

① 충분하게 먼지를 탈리시킨다.
② 1차 전압을 스파크가 안정되고 전류의 흐름이 안정될때까지 낮추어 준다.
③ 방전극과 집진극을 점검한다.

Question 68

전기집진장치에서 2차 전류가 주기적으로 변하거나 불규칙적으로 흐르는 장애현상이 발생할 때의 대책으로 가장 거리가 먼 것은?

㉮ 충분하게 분진을 탈리시킨다.
㉯ 조습용 스프레이의 수량을 늘린다.
㉰ 방전극과 집진극을 점검한다.
㉱ 1차 전압을 스파크가 안정되고 전류의 흐름이 안정될 때까지 낮추어 준다.

풀이 ㉯ 조습용 스프레이의 수량을 늘린다. ⇒ 2차 전류가 현저하게 떨어질때의 대책이다.

★★ (2) 2차전류가 많이 흐르는 장애현상의 원인

① 먼지의 농도가 너무 낮을때
② 방전극이 너무 가늘때
③ 공기 부하시험을 행할 때
④ 이온 이동도가 큰 가스를 처리할 때

Question 69

전기집진장치의 장애현상 중 "2차 전류가 많이 흐를 때"의 원인으로 틀린 것은 어느 것인가?

㉮ 먼지의 농도가 너무 낮을 때
㉯ 먼지의 비저항이 비정상적으로 높을 때
㉰ 이온이동도가 큰 가스를 처리할 때
㉱ 공기부하 시험을 행할 때

풀이 ㉯번은 2차 전류가 현저하게 떨어질때의 원인이다.

★★ (3) 역전리현상의 원인

① 미분탄 연소시
② 배기가스의 점성이 클 때
③ 먼지 비저항이 너무 클 때

Question 70

전기집진장치 운전시 역전리 현상의 원인으로 틀린 것은 어느 것인가?

㉮ 미분탄 연소 시
㉯ 입구의 유속이 클 때
㉰ 배가스의 점성이 클 때
㉱ 먼지 비저항이 너무 클 때

풀이 ㉯번은 재비산현상의 원인이다.

(4) 재비산현상의 원인

① 입구의 유속이 클 때
② 전기저항이 낮을때

★★ (5) 2차 전류가 현저하게 떨어질 때

① 원인
　㉠ 먼지의 농도가 너무 높을 때
　㉡ 먼지의 비저항이 비정상적으로 높을 때
② 대책
　㉠ 스파크의 횟수를 늘린다.
　㉡ 조습용 스프레이의 수량을 늘린다.
　㉢ 입구먼지농도를 적절히 조절한다.

Question 71

전기집진장치의 장애현상 중 먼지의 비저항이 비정상적으로 높아 2차 전류가 현저하게 떨어질 때의 대책으로 다음 중 가장 적합한 것은?

㉮ baffle을 설치한다. ㉯ 방전극을 교체한다.
㉰ 스파크 횟수를 늘린다. ㉱ 바나듐을 투입한다.

 ㉰

11. 전기집진장치에서 정상 비저항 운전이 가능하도록 하기 위한 비저항조절 장치

① 고비저항의 경우 전해질 물질(수증기, 물, SO_2 등)의 주입이 가능하도록 조절제 주입장치가 필요하다.
② 고비저항 입자의 경우 타격의 빈도를 강하게 하거나 빈도수를 늘려주는 장치의 설계가 필요하다.
③ 저비저항의 경우 암모니아 가스의 주입이 가능하도록 조절제 주입장치가 필요하다.
④ 저비저항 입자의 경우 재비산방지를 위한 부속장치(baffle)의 설계가 필요하다.
⑤ 고비저항 입자의 경우 역전리현상을 위한 부속장치(baffle)의 설계가 필요하다.
⑥ 재비산이 발생할 때에는 처리가스 속도를 낮춘다.
⑦ 먼지의 비저항이 정상적으로 높아 2차 전류가 현저히 떨어질 때 스파크 횟수를 늘린다.

★★ 12. 전기집진장치의 유지관리 사항

① 조습용 spray 노즐은 운전중 막히기 쉽기 때문에 운전중에도 점검, 교환이 가능해야 한다.
★★ ② 운전중 2차전류가 매우 적을 때에는 조습용 spray의 수량을 증가시켜 겉보기 저항을 낮춘다.
★★ ③ 시동시 애자등의 표면을 깨끗이 닦아 고전압회로의 절연저항이 $100M\Omega$ 이상이 되도록 한다.
★★ ④ 정지시에는 접지저항을 적어도 년 1회 이상 점검하여 10Ω 이하가 되도록 유지한다.
★★ ⑤ 시동시에는 배출가스를 도입하기 최소 6시간 전에 애관용 히터를 가열하여 애자관 표면에 수분이나 먼지의 부착을 방지한다.
⑥ 운전시에 2차전류가 심하게 변하는 것은 전극간 거리(pitch)의 불균일 또는 변형으로 국부적인 단락을 일으키기 때문인 경우가 많다.

Question 72

전기집진장치의 유지관리에 관한 사항으로 옳지 않은 것은?

㉮ 시동시 고전압 회로의 절연저항이 1MΩ 이상되어야 한다.
㉯ 시동시 배출가스를 도입하기 최소 6시간 전에 애관용 히터를 가열하여 애자관 표면에 수분이나 먼지의 부착을 방지한다.
㉰ 운전시 2차 전류가 주기적으로 변동하는 것은 방전극에 의한 영향이 크다.
㉱ 정지시 접지저항은 적어도 년 1회 이상 점검하고 10Ω 이하로 유지한다.

풀이 ㉮ 시동시 고전압 회로의 절연저항이 100MΩ 이상 되어야 한다.

13. 전기집진장치 공식

★★★ ① Deutsch-Anderson식

$$\eta = \left\{1 - \exp\frac{-A \times We}{Q}\right\} \times 100(\%)$$

η : 제거효율(%)   A : 단면적(m^2)
We : 겉보기 여과속도(m/sec)   Q : 가스량(m^3/sec)

TIP

① $\left(1 - \dfrac{C_o}{C_i}\right) = \left\{1 - \exp\dfrac{-A \cdot We}{Q}\right\}$

② Deutsch-Anderson 식에서 A(단면적) 구하기

$$A = \frac{LN(1-\eta)}{-\dfrac{We}{Q}} = LN(1-\eta) \times \left(\frac{-Q}{We}\right)$$

③ Deutsch-Anderson 식에서 We(겉보기 여과속도) 구하기

$$We = \frac{LN(1-\eta)}{-\dfrac{A}{Q}}$$

여기서 A = 2×B(폭)×H(높이)

Question 73

가로 4m, 세로 5m인 두 집진판이 평행하게 설치되어 있고, 두 판 사이 중간에 원형 철심 방전극이 위치하고 있는 전기집진장치에 굴뚝 가스가 90m³/min로 통과하고, 입자이동속도가 0.09 m/s일 때의 집진효율(%)은? (단, Deutsh Anderson식 적용)

풀이 Deutsh Anderson의 식

$$\eta = \left\{1 - \exp\frac{-A \times W_e}{Q}\right\} \times 100(\%)$$

[A : 단면적(m²) [$A = 2 \times$ 가로$\times$세로] W_e : 입자의 이동속도(m/sec) Q : 가스량(m³/sec)]

따라서 $\eta = \left\{1 - \exp\frac{-2 \times 4m \times 5m \times 0.09 m/sec}{90 m^3/min \times 1min/60sec}\right\} \times 100 = 90.93\%$

② $\eta = \left\{1 - \exp\dfrac{-2 \times we \times L}{R \times u}\right\} \times 100(\%)$

[η : 제거효율(%) W_e : 겉보기 여과속도(m/sec) L : 길이(m)
  R : 반지름(m) u : 유속(m/sec)]

Question 74

반경 10cm, 길이 1m인 원통형 집진극을 가진 전기집진장치의 가스처리 유속이 2.0m/s이고 먼지가 집진극을 향하는 이동속도가 25cm/s이라면 먼지제거효율(%)은?

풀이 $\eta = \left\{1 - \exp\dfrac{-2W_e \cdot L}{R \cdot U}\right\} \times 100(\%) = \left\{1 - \exp\dfrac{-2 \times 0.25m/sec \times 1m}{0.10m \times 2.0m/sec}\right\} \times 100 = 91.79\%$

③ $L = \dfrac{u \times s}{W_e}$

[L : 길이(m) u : 유속(m/sec)
  S : 집진극과 방전극간 거리(m) we : 겉보기 여과속도(m/sec)]

Question 75

전기집진장치에서 집진극과 방전극의 간격 4cm, 가스유속 2.4m/sec로서 먼지 입자를 100% 제거하기 위해 요구되는 이론적인 전기집진극의 길이는(m)? (단, 입자의 표류(분리)속도는 0.06m/sec임)

풀이 $L = \dfrac{u \times s}{W_e} = \dfrac{2.4m/sec \times 0.04m}{0.06m/sec} = 1.6m$

07 집진장치에서 집진효율 계산식

① $\eta = \left\{1 - \dfrac{C_o}{C_i}\right\} \times 100(\%)$

η : 처리효율(%) C_i : 입구농도(g/m^3) C_o : 출구농도(g/m^3)

Question 76

A집진장치의 입구와 출구에서의 먼지 농도가 각각 $11mg/Sm^3$와 $0.2 \times 10^{-3} g/Sm^3$이라면 집진율(%)은?

㉮ 96.2%   ㉯ 97.2%   ㉰ 98.2%   ㉱ 99.4%

풀이 집진율(%) = $\left(1 - \dfrac{\text{출구의 먼지농도}}{\text{입구의 먼지농도}}\right) \times 100 = \left(1 - \dfrac{0.2mg/Sm^3}{11mg/Sm^3}\right) \times 100 = 98.18\%$

TIP 출구의 먼지농도 = $0.2 \times 10^{-3} g/Sm^3 = 0.2 mg/Sm^3$

② $P = \dfrac{C_o}{C_i} \times 100(\%)$

P : 통과율(%) C_i : 입구농도(g/m^3) C_o : 출구농도(g/m^3)

③ $\eta = \left\{1 - \dfrac{C_o Q_o}{C_i Q_i}\right\} \times 100(\%)$

η : 처리효율(%) C_i : 입구농도(g/m^3) C_o : 출구농도(g/m^3)
Q_i : 입구가스량(m^3/hr) Q_o : 출구가스량(m^3/hr)

Question 77

A공장 bag filter의 입구 가스량은 $35.8\ Sm^3/hr$, 입구 먼지농도는 $4.56 g/Sm^3$ 이었고, 출구 가스량은 $0.71 Sm^3/min$, 출구 먼지농도는 $5 mg/Sm^3$이었다. 이 bag filter의 집진효율(%)은?

㉮ 97.83   ㉯ 98.42   ㉰ 99.16   ㉱ 99.87

풀이 집진효율(%) = $\left\{1 - \dfrac{C_o \times Q_o}{C_i \times Q_i}\right\} \times 100 = \left\{1 - \dfrac{5 \times 10^{-3} g/Sm^3 \times 0.71 Sm^3/min \times 60 min/hr}{4.56 g/Sm^3 \times 35.8 Sm^3/hr}\right\} \times 100 = 99.87\%$

④ $P = \dfrac{C_o Q_o}{C_i Q_i} \times 100(\%)$

$\begin{bmatrix} P : \text{통과율}(\%) & C_i : \text{입구농도}(g/m^3) & C_o : \text{출구농도}(g/m^3) \\ Q_i : \text{입구가스량}(m^3/hr) & Q_o : \text{출구가스량}(m^3/hr) \end{bmatrix}$

Question 78

전기로에 설치된 백필터의 입구 및 출구 가스량과 먼지 농도가 다음과 같을 때 먼지의 통과율은?

- 입구가스량 : 11,400Sm³/hr
- 출구가스량 : 270Sm³/min
- 입구 먼지농도 : 12,630mg/Sm³
- 출구 먼지농도 : 1.11g/Sm³

㉮ 10.5% ㉯ 11.1% ㉰ 12.5% ㉱ 13.1%

 통과율(P) = $\dfrac{C_o \times Q_o}{C_i \times Q_i} \times 100(\%)$ = $\dfrac{1.11g/Sm^3 \times 270Sm^3/min \times 60min/hr}{12.63g/Sm^3 \times 11,400Sm^3/hr} \times 100 = 12.49\%$

⑤ $\eta = \left\{ 1 - \dfrac{C_o f_o}{C_i f_i} \right\} \times 100(\%)$

$\begin{bmatrix} \eta : \text{처리효율}(\%) & C_i : \text{입구농도}(g/m^3) & C_o : \text{출구농도}(g/m^3) \\ f_i : \text{입구의 중량분포}(\%) & f_o : \text{출구의 중량분포}(\%) \end{bmatrix}$

Question 79

A 집진장치의 입구와 출구에서의 함진가스 농도가 각각 10g/Sm³, 100mg/Sm³ 이고, 그 중 입경범위가 0~5μm인 먼지의 질량분율이 각각 8%와 60% 일 때, 이 집진장치에서 입경범위 0~5μm인 먼지의 부분집진율(%)은 얼마인가?

㉮ 89.5% ㉯ 90.3% ㉰ 92.5% ㉱ 99.0%

 부분집진율(%) = $\left(1 - \dfrac{C_o \times f_o}{C_i \times f_i} \right) \times 100 = \left(1 - \dfrac{0.1g/Sm^3 \times 0.60}{10g/Sm^3 \times 0.08} \right) \times 100 = 92.50\%$

⑥ 집진장치가 직렬로 2개 설치시

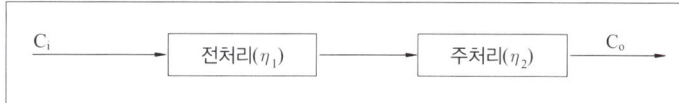

$\eta_T = \left(1 - \dfrac{C_o}{C_i} \right) \times 100(\%)$

$\eta_T = 1 - (1-\eta_1) \times (1-\eta_2)$

$$\therefore \left(1 - \frac{C_o}{C_i}\right) = 1 - (1-\eta_1) \times (1-\eta_2)$$

- η_T : 총합효율(%)
- η_1 : 1차처리장치(전처리) 효율
- C_i : 입구농도(g/m^3)
- η_2 : 2차처리장치(주처리) 효율
- C_o : 출구농도(g/m^3)

Question 80

A먼지 배출공장에 집진율 85%인 사이클론과 집진율 96%인 전기집진장치를 직렬로 연결하여 설치하였다. 이 때 총 집진효율(%)은 얼마인가?

㉮ 90.4% ㉯ 94.4% ㉰ 96.4% ㉱ 99.4%

풀이 $\eta_T = 1-(1-\eta_1) \times (1-\eta_2)$

- η_T : 총집진효율(%)
- η_1 : 사이클론의 집진효율(%)
- η_2 : 전기집진장치의 집진효율(%)

따라서 $\eta_T = 1-(1-0.85) \times (1-0.96) = 0.994$

∴ 99.4%

⑦ 집진장치가 병렬로 연결되어 있을 때

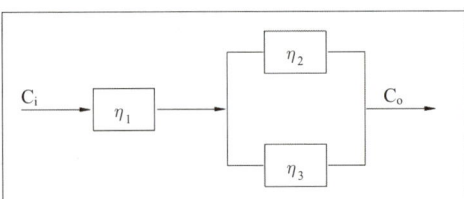

$$\eta_4 = \frac{\eta_2 + \eta_3}{2}$$

$$\eta_T = 1-(1-\eta_1) \times (1-\eta_4)$$

$$\eta_T = \left(1 - \frac{C_o}{C_i}\right) \times 100(\%)$$

$$\therefore \left(1 - \frac{C_o}{C_i}\right) = 1-(1-\eta_1) \times (1-\eta_4)$$

⑧ 집진장치가 직렬로 2개 이상 연결되어 있을 때

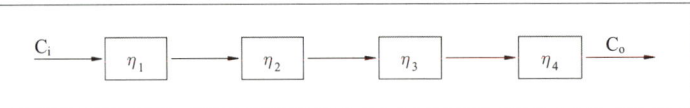

$$\eta_T = 1-(1-\eta_1) \times (1-\eta_2) \times (1-\eta_3) \times (1-\eta_4)$$

$$\eta_T = \left(1 - \frac{C_o}{C_i}\right) \times 100(\%)$$

$$\therefore \left(1 - \frac{C_o}{C_i}\right) = 1 - (1-\eta_1) \times (1-\eta_2) \times (1-\eta_3) \times (1-\eta_4)$$

Question 81

3개의 집진장치를 직렬로 조합하여 집진한 결과 총집진율이 99%이었다. 1차 및 2차 집진장치의 집진율이 각각 70%, 80%라 하면 3차 집진장치의 집진율은 약 얼마인가?

㉮ 약 75.1%   ㉯ 약 83.4%   ㉰ 약 92.3%   ㉱ 약 95.6%

풀이 $\eta_T = 1 - (1-\eta_1) \times (1-\eta_2) \times (1-\eta_3)$

- η_T : 총집진율
- η_1 : 1차 집진장치의 효율
- η_2 : 2차 집진장치의 효율
- η_3 : 3차 집진장치의 집진율

따라서 $0.99 = 1 - (1-0.70) \times (1-0.80) \times (1-\eta_3)$

$\therefore \eta_3 = 0.8333$ 따라서 83.33%

CHAPTER 03 유해가스 처리법

01 황산화물(SO_X)처리법

1. 중유 탈황법

★★ (1) 중유탈황법의 종류

① 금속산화물에 의한 흡착탈황
② 미생물에 의한 생화학적 탈황
③ 방사선화학에 의한 탈황
★★ ④ 접촉수소화 탈황법 ┌ 가장 많이 사용
　　　　　　　　　　　 ┤ 탈황이 이루어지는 온도 : 350~420℃
　　　　　　　　　　　 └ 탈황이 이루어지는 압력 : 50~220kg/cm²

(2) 직접탈황법

① 내독성 촉매를 첨가하여 고온과 고압수조의 존재하에 반응시켜 황과 황화수소(H_2S)를 제거하는 방법이다.
★★ ② Co-Ni-Mo을 수소첨가촉매로 하여 250~450℃에서 30~150kg/cm²의 압력을 가하여 H_2S, S, SO_2 형태로 제거하는 중유탈황법이다.

(3) 간접탈황법, 중간탈황법 등이 있다.

Question 01

Co-Ni-Mo을 수소첨가촉매로 하여 250~450℃에서 30~150kg/cm²의 압력을 가하여 H_2S, S, SO_2 형태로 제거하는 중유탈황법은?

㉮ 직접탈황법　　㉯ 흡착탈황법　　㉰ 활성탈황법　　㉱ 산화탈황법

 정답 ㉮

2. 배기가스 탈황법 중 습식탈황법

★★ **(1) 종류**

① 석회법(석회세정법)
② 아황산소오다법
③ 암모니아법
④ 가성소다 흡수법
⑤ 산화마그네슘 세정법

(2) 배연탈황법 중 습식법의 특징

① 배출가스가 굴뚝으로 배출될때 확산이 나쁘다.
② 반응 효율은 높다.
③ 수질오염의 문제가 심하다.

3. 배기가스 탈황법 중 건식탈황법

★★ **(1) 종류**

① 건식 석회석 주입법
② 활성산화망간법
③ 알칼리성 알루미나 흡수법
④ 활성탄흡착법

(2) 배연탈황법 중 건식법의 특징

① 장치가 대규모로 크다.
② 배출가스 온도저하가 없다.
③ 대용량 처리가 가능하다.

Question 02

배연탈황기술의 종류로 틀린 것은 어느 것인가?

㉮ 석회석 주입법　　㉯ 수소화 탈황법　　㉰ 활성산화 망간법　　㉱ 암모니아법

풀이 ㉯ 수소화 탈황법은 중유 탈황법의 종류이다.

> **TIP**
>
> **석회석을 이용하는 배연탈황법**
> ① 석회석을 가루로 만들어 연소로에 직접 주입하는 방법으로 초기 투자비가 적다.
> ★★★② 아주 짧은 시간에 아황산가스와 반응해야 하므로, 흡수효율이 낮으며, 연소로내에서 Scale을 생성한다.
> ③ 소규모 보일러나 노후된 보일러에 추가로 설치할 때 사용된다.
> ★★④ 배출가스의 온도가 떨어지지 않는 장점이 있다.
> ⑤ 연소로 내에서 짧은 접촉시간을 가지며, 아황산가스가 석회분말의 표면 안으로 침투가 어렵다.
> ⑥ 석회석 재생 뿐만 아니라 부대설비가 적게 소요된다.

Question 03

석회석을 사용하는 배연탈황법의 특성으로 틀린 것은 어느 것인가?

㉮ 석회석을 가루로 만들어 연소로에 직접 주입하는 방법으로 초기 투자비가 적다.
㉯ 아주 짧은 시간에 아황산가스와 반응해야하므로 흡수효율은 낮으며, 연소로내에서 scale을 생성한다.
㉰ 이 반응은 pH의 영향을 많이 받으므로 흡수액의 pH는 9로 지정하고, SO_3의 산화는 pH 10 이상에서 진행한다.
㉱ 소규모 보일러나 노후된 보일러에 추가로 설치할 때 사용된다.

풀이 ㉰ 이 반응은 pH의 영향을 거의 받지 않는다.

★★★ 4. 황산화물(SO_X) 처리 반응식 및 계산방법

① $S + O_2 \rightarrow SO_2$

> **TIP**
>
> **아황산가스(SO_2) 계산 방법**
>
> $\underline{S} + O_2 \rightarrow \underline{SO_2}$
> 32kg : 22.4Sm³
>
> 중유량(kg/hr) × $\dfrac{S(\%)}{100}$: X(Sm³/hr)

Question 04

황함량 1.1%인 중유를 2,000kg/hr로 연소할 때 생성되는 SO_2가스의 양(Sm^3/hr)은 대략 얼마인가? (단, 황분은 모두 SO_2로 된다.)

풀이 $S + O_2 \rightarrow SO_2$

32kg : 22.4Sm^3

2,000kg/hr×0.011 : x

$\therefore x = \dfrac{22.4Sm^3 \times 2,000kg/hr \times 0.011}{32kg} = 15.4 Sm^3/hr$

② 가성소다(NaOH) 흡수법

$S + O_2 \rightarrow SO_2 + 2NaOH \rightarrow Na_2SO_3 + H_2O$

TIP

가성소다(NaOH) 계산 방법

$\underline{S} + O_2 \rightarrow SO_2 + \underline{2NaOH} \rightarrow Na_2SO_3 + H_2O$

32kg : 2×40kg

중유량(kg/hr)×$\dfrac{S(\%)}{100}$×$\dfrac{탈황율(\%)}{100}$: X(kg/hr)

Question 05

황함량이 2.5%인 중유를 9ton/h로 완전연소하는 소각시설의 배출가스를 NaOH로 탈황하고자 할 때 이론적으로 필요한 NaOH양(kg/hr)은? (단, 탈황율은 98% 기준)

풀이 $S + O_2 \rightarrow SO_2 + 2NaOH \rightarrow Na_2SO_3 + H_2O$

32kg : 2×40kg

9×10^3kg/hr×0.025×0.98 : x

$\therefore x = \dfrac{9 \times 10^3 kg/hr \times 0.025 \times 0.98 \times 2 \times 40kg}{32kg} = 551.25 kg/hr$

③ 건식석회석 주입법

$S + O_2 \rightarrow SO_2 + CaCO_3 + 1/2O_2 \rightarrow CaSO_4 + CO_2$

> **TIP**
>
> 탄산칼슘($CaCO_3$) 계산 방법
>
> $\underline{S} + O_2 \rightarrow SO_2 + \underline{CaCO_3} + 1/2O_2 \rightarrow CaSO_4 + CO_2$
> 32kg : 100kg
>
> 중유량(kg/hr) × $\dfrac{S(\%)}{100}$ × $\dfrac{탈황율(\%)}{100}$: X(kg/hr)

> **TIP**
>
> 석고($CaSO_4$) 계산 방법
>
> $\underline{S} + O_2 \rightarrow SO_2 + CaCO_3 + 1/2O_2 \rightarrow \underline{CaSO_4} + CO_2$
> 32kg : 136kg
>
> 중유량(kg/hr) × $\dfrac{S(\%)}{100}$ × $\dfrac{탈황율(\%)}{100}$: X(kg/hr)

Question 06

황성분이 무게비로 1.6%인 중유를 1,000kg/hr 연소할 때 배출되는 SO_2를 $CaSO_4$로 회수하는 경우 시간당 생성되는 $CaSO_4$의 양(kg/hr)은? (단, Ca원자량 : 40, 황분은 전량 SO_2로 전환됨)

풀이 $\underline{S} + O_2 \rightarrow SO_2 + CaCO_3 + 0.5O_2 \rightarrow \underline{CaSO_4} + CO_2$
32kg : 136kg
1,000kg/hr × 0.016 : x

∴ x = $\dfrac{1,000kg/hr \times 0.016 \times 136kg}{32kg}$ = 68kg/hr

④ 석회세정법

$S + O_2 \rightarrow SO_2 + CaCO_3 + 1/2O_2 + 2H_2O \rightarrow CaSO_4 \cdot 2H_2O + CO_2$

> **TIP**
>
> 석고이수염($CaSO_4 \cdot 2H_2O$) 계산 방법
>
> $\underline{S} + O_2 \rightarrow SO_2 + CaCO_3 + 1/2O_2 + 2H_2O \rightarrow \underline{CaSO_4 \cdot 2H_2O} + CO_2$
> 32kg : 172kg
>
> 중유량(kg/hr) × $\dfrac{S(\%)}{100}$ × $\dfrac{탈황율(\%)}{100}$: X(kg/hr)

Question 07

황성분 1.1%인 중유를 15ton/h 으로 연소할 때 배출되는 가스를 $CaCO_3$로 탈황하고 황을 석고($CaSO_4 \cdot 2H_2O$)로 회수하고자 할 경우 회수하는 석고의 양(ton/h)은? (단, 황분은 100% SO_2로 전환되고, 탈황률은 93%이다.)

[풀이] $\underline{S} + O_2 \rightarrow SO_2 + CaCO_3 + 0.5O_2 \rightarrow \underline{CaSO_4 \cdot 2H_2O} + CO_2$

32kg : 172kg
15ton/hr×0.011×0.93 : x

$\therefore x = \dfrac{15\text{ton/hr} \times 0.011 \times 0.93 \times 172\text{kg}}{32\text{kg}} = 0.83\text{ton/hr}$

TIP
★★ SO_x와 NO_x를 동시에 제어하는 기술
① 활성탄 공정
② NOXSO 공정
③ CUO 공정

Question 08

다음 중 SO_x와 NO_x를 동시에 제어하는 기술로 거리가 먼 것은?

㉮ Filter cage 공정   ㉯ 활성탄 공정   ㉰ NOXSO 공정   ㉱ CuO 공정

[정답] ㉮

5. 환원법

활성탄에 SO_2를 흡착시키면 황산이 생성된다. 이를 탈착시키는 방법 중 활성탄 소모나 약산이 생성되는 단점을 극복하기 위해 H_2S 또는 CS_2를 반응시켜 단체의 S를 생성시키는 방법이다.

TIP
황산화물 배출제어 방법 중 재생식 공정은 웰만-로드법이다.

★★ 6. 촉매산화법 = 접촉산화법 = 산화법

(1) 정의

★★ 배연탈황법의 일종으로 배출가스중의 황산화물을 촉매를 사용하여 SO_2를 SO_3로 산화시켜 약 80% 농도의 황산을 직접 회수할 수 있는 방법이다.

(2) 촉매산화법의 특징

① 촉매를 사용하여 연소법에 비해 아주 낮은 온도에서 반응이 일어난다.
② 촉매로는 백금, 팔라디움 등의 귀금속이 널리 사용된다.
③ 체류시간은 연소장치에서 요구되는 것보다 훨씬 짧다.

★★ (3) 사용 촉매

① 백금(Pt)
② 오산화바나듐(V_2O_5)
③ K_2SO_4

> **TIP**
>
> 촉매산화법에 의한 SO_2제거시 촉매제
> - $SO_2 + V_2O_5 \rightarrow SO_3$
> - $SO_3 + H_2O \rightarrow H_2SO_4$
> - $SO_3 + 2NH_4OH \rightarrow (NH_4)_2SO_4 + H_2O$

📢 Question 09

배연탈황법 중 V_2O_5, K_2SO_4 등을 사용하여 배기 중의 아황산가스를 진한 황산으로 회수할 수 있는 방법은?

㉮ 흡착법　　㉯ 알칼리법　　㉰ 접촉산화법　　㉱ 환원법

정답 ㉰

Question 10

배출가스 중 황산화물을 접촉식 황산제조방법의 원리를 이용한 접촉산화법으로 처리할 때 사용되는 일반적인 촉매로 가장 알맞은 것은 어느 것인가?

㉮ PbO　　㉯ PbO_2　　㉰ V_2O_5　　㉱ $KMnO_4$

풀이 접촉산화법에서 사용되는 촉매는 Pt, V_2O_5, K_2SO_4이다.

★★ 7. 습식배연탈황법인 습식석회석 – 석고탈황법에서 스켈링(Scaling) 방지 방안

① 흡수액량을 많게 탑내에서의 결착을 방지한다.
② 순환액의 pH값 변동을 적게한다.
③ 탑내에 내장물을 가능한 한 설치하지 않는다.

Question 11

습식배연탈황법 중 석회석-석고법은 흡수탑 및 탑 이후의 배관에서 스켈링을 일으킨다. 이 스켈링 방지방법으로 가장 거리가 먼 것은?

㉮ 흡수탑 순환액에 산화탑에서 생성한 석고를 반송하고 흡수액 슬러리 중의 석고농도를 5% 이상으로 유지하여 석고의 결정화를 촉진한다.
㉯ 흡수액량을 적게 하여 탑내에서의 결착을 촉진시킨다.
㉰ 순환액 pH값 변동을 적게 한다.
㉱ 탑내에 내장물을 가능한 한 설치하지 않는다.

풀이 ㉯ 흡수액량을 많게 하여 탑내에서의 결착을 방지한다.

02 질소산화물(NO_X)의 처리법

★★ 1. 선택적 촉매(접촉)환원법(SCR) – 건식법

배기가스 중에 존재하는 산소와는 무관하게 NO_X를 선택적으로 접촉환원시키는 방법이다.

★★ ① 질소산화물이 촉매에 의하여 선택적으로 환원되어 질소분자와 물로 전환된다.
② 질소산화물 전환율은 반응온도에 따라 종모양(bell shape)을 나타낸다.
★★ ③ 선택적 환원제로는 NH_3, H_2S 등이 있다.

④ 선택적인 접촉환원법에서 Al₂O₃계의 촉매는 SO₂, SO₃, O₂와 반응하여 황산염이 되기 쉽고, 촉매의 활성이 저하된다.
⑤ H₂S를 사용하는 선택적 촉매환원법은 Claus 반응에 따라 아황산가스 제거도 가능한 NO$_X$, SO$_X$ 동시제거법으로 제안되기도 하였다.
⑥ 선택적 촉매환원법에서 NH₃를 환원제로 사용하는 탈질법은 산소존재에 의해 반응속도가 증대하는 특이한 반응이고, 2차 공해의 문제도 적은 편이므로 광범위하게 적용된다.
★★ ⑦ 선택적 촉매환원법의 최적온도범위는 300~400℃ 정도이며, 보통 80% 정도의 NO$_X$를 저감시킬 수 있다.

Question 12

배출가스 중에 함유된 질소산화물 처리를 위한 건식법 중 선택적 촉매환원법(SCR)에 대한 설명으로 틀린 것은 어느 것인가?

㉮ 환원제로는 NH₃가 사용된다.
㉯ 질소산화물 전환율은 반응온도에 따라 종모양(bell-shape)을 나타낸다.
㉰ 질소산화물이 촉매에 의하여 선택적으로 환원되어 질소분자와 물로 전환된다.
㉱ 촉매 선택성에 의해 NO의 환원반응만 있고, 기타 산화반응 등의 부반응은 없다.

풀이 ㉱ 촉매 선택성에 의해 NO의 환원반응과 기타 산화반응 등의 부반응이 일어난다.

★★ 2. 비선택적 접촉환원법(NCR)

배기가스중의 산소를 환원제로 소비한 다음 NO$_X$를 접촉환원시키는 방법이다.

① 촉매로는 Pt 뿐만아니라 Co, Ni, Cu, Cr 등의 산화물도 이용 가능하다.
★★ ② 비선택적 촉매환원법에서 NO 환원제는 아세틸렌계 > 올레핀계 > 방향족계 > 파라핀계 순으로 불포화도가 높은만큼 반응성이 좋다.
★★ ③ 비선택적 촉매환원법에서 NO$_X$와 환원제의 반응서열은 CH₄ < H₂ < CO이며, 탄화수소의 경우 탄소수의 증가에 따라 일반적으로 반응성이 개선된다고 볼 수 있다.

3. 무촉매환원법

① NO의 암모니아에 의한 환원에는 보통 산소의 공존이 필요하다.
② 1000℃ 정도의 고온과 NH₃/NO가 2 이상의 암모니아의 첨가가 필요하다.
★★ ③ NO$_X$의 제거율은 30~70%로 대체로 낮은 편이다.

④ 반응기 등의 설비가 필요하지 않아 설비비는 작고, 특히 더러운 NO_x의 제거에 적합하다.

> **Question 13**
>
> 무촉매환원법에 의한 배출가스 중 NO_x를 제거하는 방법에 관한 설명으로 가장 거리가 먼 것은?
>
> ㉮ NO_x의 제거율은 비교적 높아 95% 이상이다.
> ㉯ 제거율을 높이기 위해서는 보통 1000℃ 정도의 고온과 NH_3/NO가 2 이상의 암모니아의 첨가가 필요하다.
> ㉰ NO의 암모니아에 의한 환원에는 보통 산소의 공존이 필요하다.
> ㉱ 반응기 등의 설비가 필요하지 않아 설비비는 작고, 특히 더러운 가스의 NO_x의 제거에 적합하다.
>
> **풀이** ㉮ NO_x의 제거율은 30~70%로 대체로 낮은 편이다.

4. NO_x 처리방법 중 촉매환원법

선택적으로 환원반응에서는 첨가된 반응물이 NO_x만 환원시키고, 비선택적 환원반응에서는 배출가스중의 과잉의 O_2가 소모된다.

★★ 5. 선택적 환원제의 특징

① CO를 환원제로 사용하는 경우 반응에 소모되지 않고 남는 것은 대기오염을 일으킬 수 있다.
② H_2를 사용하는 경우 촉매에 따라 연소반응에서 생기는 CO에 의해서 효력이 줄어들 수 있다.
③ NH_3를 환원제로 사용하는 경우에는 온도를 통제하여야 한다.
④ CH_4를 환원제로 사용하는 경우에는 공기를 가능한 낮게 공급하여야 한다.

★★★ 6. NH_3에 의한 선택적 접촉환원법에서 반응식 및 계산방법

① $6NO + 4NH_3 \rightarrow 5N_2 + 6H_2O$
② $6NO_2 + 8NH_3 \rightarrow 7N_2 + 12H_2O$

> **TIP**
>
> NH_3(Kg/hr) 계산 방법
>
> ① $\underline{6NO} + \underline{4NH_3} \rightarrow 5N_2 + 6H_2O$
> $6 \times 22.4 Sm^3 : 4 \times 17 kg$
>   가스량(Sm^3/hr)×NO(ppm)×10^{-6} : X_1(kg/hr)
>
> ② $\underline{6NO_2} + \underline{8NH_3} \rightarrow 7N_2 + 12H_2O$
> $6 \times 22.4 Sm^3 : 8 \times 17 kg$
>   가스량(Sm^3/hr)×NO_2(ppm)×10^{-6} : X_2(kg/hr)
>
> ③ NH_3량(kg/hr) = $X_1 + X_2$

Question 14

NO 460ppm, NO_2 46.0ppm을 함유한 배기가스 100,000Nm^3/h를 NH_3에 의해 선택적 접촉환원법에서 처리할 경우 NO_x를 제거하기 위한 NH_3의 이론양(kg/hr)은? (단, 반응에 산소는 고려하지 않음)

풀이

① $\underline{6NO} + \underline{4NH_3} \rightarrow 5N_2 + 6H_2O$
  $6 \times 22.4 Nm^3 : 4 \times 17 kg$
  $100,000 Nm^3/hr \times 460 ppm \times 10^{-6} : x_1$

$$\therefore x_1 = \frac{4 \times 17 kg \times 100,000 Nm^3/hr \times 460 ppm \times 10^{-6}}{6 \times 22.4 Nm^3} = 23.27 kg/hr$$

② $\underline{6NO_2} + \underline{8NH_3} \rightarrow 7N_2 + 12H_2O$
  $6 \times 22.4 Nm^3 : 8 \times 17 kg$
  $100,000 Nm^3/hr \times 46.0 ppm \times 10^{-6} : x_2$

$$\therefore x_2 = \frac{8 \times 17 kg \times 100,000 Nm^3/hr \times 46.0 ppm \times 10^{-6}}{6 \times 22.4 Nm^3} = 4.65 kg/hr$$

③ NH_3의 양 = $x_1 + x_2$ = 23.27kg/hr + 4.65kg/hr = 27.92kg/hr

7. 선택적 접촉환원법의 배연탈질법의 반응식 및 계산방법

$4NO + 4NH_3 + O_2 \rightarrow 4N_2 + 6H_2O$

> **TIP**
>
> NH_3(Sm^3/hr) 계산 방법
>
> $\underline{4NO} + \underline{4NH_3} + O_2 \rightarrow 4N_2 + 6H_2O$
> $4 \times 22.4 Sm^3 : 4 \times 22.4 Sm^3$
> 가스량(Sm^3/hr)×NOppm×10^{-6} : X(Sm^3/hr)

Question 15

600ppm의 NO를 함유하는 배기가스 500,000Nm³/hr를 암모니아 선택적 접촉환원법으로 배연탈질할 때 요구되는 암모니아의 양(Nm³/hr)은? (단, 산소가 공존하는 상태 기준임)

[풀이] $4NO + 4NH_3 + O_2 \rightarrow 4N_2 + 6H_2O$

$4 \times 22.4 Nm^3 : 4 \times 22.4 Nm^3$

$500,000 Nm^3/hr \times 600 ppm \times 10^{-6} : x$

$\therefore x = \dfrac{4 \times 22.4 Nm^3 \times 500,000 Nm^3/hr \times 600 ppm \times 10^{-6}}{4 \times 22.4 Nm^3} = 300 Nm^3/hr$

★★★ 8. NOx(질소산화물)의 발생억제법

★★ ① 저온도연소 : 주입하는 공기의 예열온도를 조절하여 질소산화물 발생을 줄인다.
② 배기가스재순환법 : 불꽃의 최고온도가 낮아져 질소산화물의 생성량이 줄어든다.
③ 수증기 분무 : 화로내에 물이나 수증기를 분무하여 산소와 수소를 분해시키면 흡열반응을 일으키는 동시에 둥근 화염을 형성시켜 NOx발생을 방지한다.
★★ ④ 연소용 공기의 과잉 공급량을 약 10% 이내로 줄임으로써 질소산화물의 생성을 억제할 수 있다.
⑤ 연소로에서 주위 표면으로부터 열전달을 효과적으로 촉진시켜 화염온도를 낮춤으로써 질소산화물을 줄일 수 있다.

★★ 9. NOx(질소산화물) 제거법

① 배기가스 재순환법
② 연소부분 냉각법
③ 2단 연소법
★★ ④ 연소온도 낮게
⑤ NOx 함량이 적은 연료 사용
★★ ⑥ 연소영역에서의 산소농도 낮게
⑦ 연소영역에서 연소가스의 체류시간을 짧게

Question 16

질소산화물(NO_X) 저감기술로 틀린 것은 어느 것인가?

㉮ 유기질소화합물을 함유하지 않는 연료를 사용할 것
㉯ 연소영역에서 산소의 농도를 높일 것
㉰ 고온영역에서 연소가스의 체류시간을 짧게할 것
㉱ 부분적인 고온영역을 없게 할 것

풀이 ㉯ 연소영역에서 산소의 농도를 낮출 것

03 불화수소(플루오린화수소산)(HF) 처리법

1. 반응식

★★ $2HF + Ca(OH)_2 \rightarrow CaF_2 + 2H_2O$

$2HF + SiF_4 \rightarrow H_2SiF_6$

Question 17

연도의 배출가스는 22,400Sm³/hr이고, 그 중 HF 3,000ppm, SiF_4 1,500ppm이 함유되고 있다. 배출가스를 물에 흡수시켜 규불산으로 회수하고자 할 때 흡수율을 100%라 하면 매시 몇 kmol의 규불산을 회수할 수 있는지 계산하시오.

풀이 $2HF + SiF_4 \rightarrow H_2SiF_6$으로 반응한다.

HF량 = $22,400 Sm^3/hr \times 3,000 ppm \times 10^{-6} \times \dfrac{1kmol}{22.4Sm^3}$ = 3kmol/hr

SiF_4량 = $22,400 Sm^3/hr \times 1,500 ppm \times 10^{-6} \times \dfrac{1kmol}{22.4Sm^3}$ = 1.5kmol/hr

따라서 2 : 1 : 1로 반응하므로 4불화규소의 양이 규불산의 양이 된다.
따라서 회수되는 규불산의 양은 1.5kmol/hr

Question 18

불화수소 0.5%(V/V)를 함유하는 배출가스 2,000 Sm³/h를 Ca(OH)₂의 현탁액으로 처리할 때 이론적으로 필요한 시간당 Ca(OH)₂의 양(kg/hr)은? (단, 원자량은 Ca = 40, F = 19)

풀이 $\underline{2HF} + \underline{Ca(OH)_2} \rightarrow CaF_2 + 2H_2O$

$2 \times 22.4 \text{Sm}^3 : 74 \text{kg}$

$2,000 \text{Sm}^3/\text{hr} \times 0.5\% \times 10^{-2} : x$

$\therefore x = \dfrac{74 \text{kg} \times 2,000 \text{Sm}^3/\text{hr} \times 0.5\% \times 10^{-2}}{2 \times 22.4 \text{Sm}^3} = 16.52 \text{kg/hr}$

2. 불소화합물(플루오린화합물) 처리

★★ ① 물에 대한 용해도가 비교적 크므로 수세에 의한 처리가 적당하다.
② 스프레이탑을 사용할때에 분무노즐의 막힘이 없도록 보수관리에 주의가 필요하다.
③ 처리중 고형물을 생성하는 경우가 많다.
★★ ④ 세정장치 중 충전탑은 부적합하고 분무탑이나 제트 스트러버가 적합하다.

Question 19

불소화합물의 흡수처리에 관한 설명으로 가장 거리가 먼 것은?
㉮ 세정장치 중 충전탑이 가장 적합하다.
㉯ 물에 대한 용해도가 비교적 크므로 수세에 의한 처리가 적당하다.
㉰ 스프레이탑을 사용할 때에 분무 노즐의 막힘이 없도록 보수관리에 주의가 필요하다.
㉱ 처리 중 고형물을 생성하는 경우가 많다.

풀이 ㉮ 세정장치 중 분무탑이나 제트스크러버가 가장 적합하다.

04 기타 가스상 물질의 처리반응식

★★ ① $2HCl + Ca(OH)_2 \rightarrow CaCl_2 + 2H_2O$
★★ ② $2Cl_2 + 2Ca(OH)_2 \rightarrow CaCl_2 + Ca(OCl)_2 + 2H_2O$
③ $HCl + NaOH \rightarrow NaCl + H_2O$
④ $Cl_2 + 2NaOH \rightarrow NaCl + NaOCl + H_2O$

⑤ 2HF+Ca(OH)$_2$ → CaF$_2$+2H$_2$O

Question 20

부피비로 염화수소 0.7%인 배출가스 5,000Sm^3/hr를 수산화칼슘으로 처리하여 염화수소를 완전히 제거하기 위한 수산화칼슘의 시간당 필요량(kg/hr)은? (단, Ca : 40)

풀이 2HCl + Ca(OH)$_2$ → CaCl$_2$ + 2H$_2$O

2×22.4Sm^3 : 74kg

5,000Sm^3/hr×0.7%×10^{-2} : x

∴ x = $\dfrac{74\text{kg} \times 5{,}000\text{Sm}^3/\text{hr} \times 0.7\% \times 10^{-2}}{2 \times 22.4\text{Sm}^3}$ = 57.81kg/hr

Question 21

염소가스농도가 0.1%인 배기가스 10,000 Sm^3/hr를 Ca(OH)$_2$의 현탁액으로 세정처리하여 염소를 처리할 때 이론적으로 소요되는 Ca(OH)$_2$양(kg/hr)은? (단, Ca원자량 : 40)

풀이 2Cl$_2$ + 2Ca(OH)$_2$ → CaCl$_2$ + Ca(OCl)$_2$ + 2H$_2$O

2×22.4Sm^3 : 2×74kg

10,000Sm^3/hr×0.1%×10^{-2} : x

∴ x = $\dfrac{2 \times 74\text{kg} \times 10{,}000\text{Sm}^3/\text{hr} \times 0.1\% \times 10^{-2}}{2 \times 22.4\text{Sm}^3}$ = 33.04kg/hr

05 배출가스와 처리방법 정리

① 염화수소(HCl)
  ㉠ 알칼리를 사용한 분무탑식 흡수장치
  ㉡ 수세법
② 비소(As) : 알칼리액에 의한 세정
③ 크롬산 미스트 : 충전탑에 의한 수세시설
④ 불소화합물 : 제트스크러버
⑤ 불소(F$_2$) : 가성소다에 의한 흡수법
⑥ 시안화수소(HCN) : 세정법, 연소법
⑦ SO$_2$: 충전탑, 석회석주입법

⑧ Cl_2 : 흡수법
⑨ Dust gas : 사이클론스크러버
⑩ 황화수소(H_2S)
　㉠ 중화법 및 산화법(알칼리 흡수법)
　㉡ 알칼리를 사용한 충전탑식 흡수장치
⑪ 질소산화물 : 충전탑을 사용한 가스세정장치
⑫ 분무 도장 먼지 : 습식(수세식) 또는 건식(여과식) 처리시설과 배기통
⑬ 벤젠(C_6H_6) : 촉매연소법, 활성탄 흡착법
⑭ VOC_s(휘발성유기화합물)의 종류 중 지방족 HC의 제거기술
　㉠ 촉매소각
　㉡ 생물막
　㉢ UV 산화
⑮ VOC_s(휘발성유기화합물)을 제어하기 위한 막기술의 주요설계인자는 침투속도이다.
⑯ VOC_s(휘발성유기화합물)을 98% 이상 제어하기 위한 전형적인 VOC_s 제어기술
　㉠ 후연소
　㉡ 회복(recuperative) 열산화
　㉢ 저온(cryogenic) 응축
　㉣ 재생(regenerative) 열산화
　㉤ 오존분해법은 염기성 조건일수록, 온도는 높을수록 분해속도가 커진다.
　㉥ 집진장치의 온도는 200℃ 이하로 내리는 것이 바람직하다.

★★ ⑰ VOC_s(휘발성유기화합물)의 제거기술
　㉠ 직접소각(연소)
　㉡ 활성탄흡착
　㉢ 생물여과법
　㉣ 흡수법
　㉤ 응축법

Question 22

휘발성유기화합물(VOC_s) 제어 기술로 틀린 것은 어느 것인가?

㉮ 활성탄 흡착(Activated carbon adsorption)　㉯ 응축(Condensation)
㉰ 수은환원(Mercury reduction)　㉱ 흡수(Absorption)

풀이 휘발성유기화합물(VOC_s) 제어 기술로는 흡착법, 연소법, 응축법, 흡수법이 있다.

★★ ⑱ 다이옥신 처리법
    ㉠ 촉매분해법 : 금속산화물(V_2O_5, TiO_2 등), 귀금속(Pt, Pd) 이 사용된다.
    ㉡ 고온광분해법 : 자외선파장(250~340nm)이 가장 효과적인 것으로 알려져 있다.
    ㉢ 초임계 유체분해법 : 초임계유체의 극대 용해도를 이용한다.
    ㉣ 오존산화법 : 수중에 함유된 다이옥신을 처리한다.
    ㉤ 열분해방법 : 산소가 아주 적은 환원성 분위기에서 탈염소화, 수소첨가반응 등에 의해 분해시킨다.

Question 23

다이옥신의 처리대책으로 틀린 것은 어느 것인가?

㉮ 촉매분해법 : 촉매로는 금속산화물(V_2O_5, TiO_2 등), 귀금속(Pt, Pd)이 사용된다.
㉯ 광분해법 : 자외선파장(250~340nm)이 가장 효과적인 것으로 알려져 있다.
㉰ 열분해방법 : 산소가 아주 적은 환원성 분위기에서 탈염소화, 수소첨가반응 등에 의해 분해시킨다.
㉱ 오존분해법 : 수중 분해시 순수의 경우는 산성일수록, 온도는 20℃ 전후에서 분해속도가 커지는 것으로 알려져 있다.

풀이 ㉱ 오존분해법 : 염기성 조건일수록, 온도가 높을수록 분해속도가 커진다.

⑲ CO 제거법
    백금계 촉매를 사용하여 무해한 이산화탄소로 산화시켜 제거

⑳ 케톤류 : 직접소각법, 응축법, 흡수법

㉑ 아크로레인 : 그대로 흡수가 불가능하며 NaClO 등의 산화제를 혼입한 가성소다 용액으로 흡수제거한다.

㉒ 이산화셀렌 : 코트렐집진기로 포집, 결정으로 석출, 물에 잘 용해되는 성질을 이용해 스크러버에 의해 세정하는 방법 등이 이용된다.

★★ ㉓ 염화인
    ㉠ 충전물을 채운 흡수탑을 이용하여 알칼리성 용액에 흡수시켜 제거한다.
    ㉡ 물에 흡수시켜 제거한다.

TIP

유해가스 종류별 처리제 및 생성물질

유해가스	처리제	생성물
Cl_2	$Ca(OH)_2$	$Ca(OCl)_2$
F_2	NaOH	NaF
HF	$Ca(OH)_2$	CaF_2
SiF_4	H_2O	SiO_2

Question 24

다음 유해가스 처리에 관한 설명 중 가장 거리가 먼 것은?

㉮ 염화인(PCl_3)은 물에 대한 용해도가 낮아 암모니아를 불어넣어 병류식 충전탑에서 흡수처리한다.
㉯ 시안화수소는 물에 대한 용해도가 매우 크므로 가스를 물로 세정하여 처리한다.
㉰ 아크로레인은 그대로 흡수가 불가능하며 NaClO 등의 산화제를 혼입한 가성소다 용액으로 흡수 제거한다.
㉱ 이산화셀렌은 코트럴집진기로 포집, 결정으로 석출, 물에 잘 용해되는 성질을 이용해 스크러버에 의해 세정하는 방법 등이 이용된다.

풀이 ㉮ 염화인(PCl_3)는 물에 대한 용해도가 높아 물에 흡수시켜 제거한다.

Question 25

각종 유해가스 처리방법으로 틀린 것은 어느 것인가?

㉮ 아크로레인은 NaClO 등의 산화제를 혼입한 가성소다 용액으로 흡수 제거한다.
㉯ CO는 백금계의 촉매를 사용하여 연소시켜 제거한다.
㉰ 이황화탄소는 암모니아를 불어넣는 방법으로 제거한다.
㉱ Br_2는 산성수용액에 의한 선정법으로 제거한다.

풀이 ㉱ Br_2는 가성소다 수용액에 의한 선정법으로 제거한다.

CHAPTER 04 흡착법과 연소법 및 악취물질

01 흡착법

1. 흡착법의 특징

① 공기나 다른 기체중에 함유된 습기를 제거하는 것 외에도 산업공정에서 배출되는 악취나 오염물질들을 제거하는데 유효하며 공기나 다른 기체로부터 유용한 용매의 증기를 회수할 수 있는 유해가스의 처리기술이다.
② 유체로부터 기체(또는 액체) 성분을 어떤 고체상 물질에 의해 선택적으로 제거할 수 있는 분리공정이다.
③ 표면적이라 함은 흡착제 내부의 기공에서의 면적을 말한다.
④ 흡착제의 비표면적과 흡착물질에 대한 친화력이 크면 클수록 흡착효과가 커진다.

★★★ 2. 흡착제의 종류별 사용용도

★★ ① 활성탄(Activated carbon)
   ㉠ 용제회수, 가스정제, 악취제거
   ㉡ 각종 방향족 유기용제, 할로겐화된 지방족 유기용제, 에스테르류
   ㉢ 알코올류 등의 비극성류의 유기용제 흡착
   ㉣ 표면적은 600~1400 m^2/g 이다.
   ㉤ 소수성(비극성) 흡착제이다.

Question 01

흡착제를 친수성(극성)과 소수성(비극성)으로 구분 할 때, 다음 중 친수성 흡착제에 해당하지 않는 것은?

㉮ 활성탄
㉯ 실리카겔
㉰ 활성 알루미나
㉱ 합성 지올라이트

풀이 ㉮ 활성탄은 소수성(비극성) 흡착제이다.

② 분자체
  ㉠ 탄화수소로부터 오염물질제거

★★ ③ 활성알루미나
  ㉠ 습한 가스의 건조
  ㉡ 물과 유기물을 잘 흡착하며 175~325℃로 가열하여 재생시킬 수 있다.
  ㉢ 친수성(극성) 흡착제이다.

★★ ④ 실리카겔(Sillicagel)
  ㉠ 가스건조, 황분제거
  ㉡ NaOH 용액 중 불순물 제거
  ㉢ 250℃ 이하에서 물과 유기물을 잘 흡착
  ㉣ 친수성(극성) 흡착제이다.

⑤ 보오크사이트
  ㉠ 석유분류물 처리
  ㉡ 석유중의 유분제거
  ㉢ 가스 및 용액건조
  ㉣ 친수성(극성) 흡착제이다.

⑥ 합성제올라이트(Synthetic Zeolite)
  ㉠ 특정한 물질을 선택적으로 흡착시키거나 흡착속도를 다르게 할 수 있다.
  ㉡ 극성이 다른 물질이나 포화정도가 다른 탄화수소의 분리가 가능
  ㉢ 합성제올라이트는 분자체로 알려져 있다.
  ㉣ 친수성(극성) 흡착제이다.

⑦ 마그네시아(Magnesia)
  ㉠ 기름(휘발유)용제 정제
  ㉡ 표면적은 200m^2/g 정도
  ㉢ 소수성(비극성) 흡착제이다.

Question 02

다음 중 표면적이 200m²/g 정도로서, 주로 휘발유 및 용제정제 등으로 사용되는 흡착제는?

㉮ 실리카겔(Silica Gel) ㉯ 본차(Bone char)
㉰ 폴링(Pall ring) ㉱ 마그네시아(Magnesia)

정답 ㉱

★★ 3. 흡착의 종류

(1) 화학적 흡착

① 대부분의 흡착제가 고체이다.
② 흡착제의 재생성이 낮다.
③ 흡착열이 물리적 흡착에 비하여 높다.
★ ④ 여러층의 흡착층이 불가능하다.
★ ⑤ 단분자를 흡착하며 비가역적 반응이다.

Question 03

화학적 흡착에 대한 설명으로 틀린 것은 어느 것인가?

㉮ 흡착제는 대부분이 고체이다. ㉯ 여러층의 흡착층이 가능하다.
㉰ 흡착제의 재생성이 낮다. ㉱ 흡착열이 물리적 흡착에 비하여 높다.

풀이 ㉯ 여러층의 흡착층이 불가능하다.

(2) 물리적 흡착

① Van der Waals 힘과 같은 약한 힘으로 결합된다.
★★ ② 가역적 과정이며 흡착열이 화학적 흡착보다 작다.
③ 기체와 흡착제 분자간의 인력이 작용
★★ ④ 흡착온도를 증가시키면 평형 흡착량은 감소한다.
⑤ 결합에너지는 액체분자사이의 인력과 비슷하다.
★★ ⑥ 다분자 흡착이며 흡착제의 재생이나 오염가스의 회수에 용이하다.
⑦ 처리할 가스의 분압이 낮아지면 흡착량은 감소한다.
⑧ 압력을 감소시키면 흡착물질이 흡착제로부터 분리되는 가역적 반응이다.

Question 04

유해가스의 물리적 흡착에 관한 설명으로 옳지 않은 것은?

㉮ 처리가스의 온도가 낮을수록 잘 흡착된다.
㉯ 흡착제에 대한 용질의 분압이 높을수록 흡착량이 증가한다.
㉰ 가역성이 높고 여러 층의 흡착이 가능하다.
㉱ 분자량이 작을수록 잘 흡착된다.

풀이 ㉱ 분자량이 클수록 잘 흡착된다

★★ 4. 흡착법을 가장 유용하게 적용할 수 있는 경우

① 기체상 오염물질이 비연소성이거나 태우기 어려운 경우
② 오염물질의 회수가치가 충분한 경우
③ 배기내 오염물 농도가 대단히 낮은 경우

Question 05

흡착은 유체로부터 기체(또는 액체)성분을 어떤 고체상 물질에 의해 선택적으로 제거할 수 있는 분리공정이다. 다음 중 흡착법이 유용한 경우와 가장 거리가 먼 것은?

㉮ 기체상 오염물질이 비연소성이거나 태우기 어려운 경우
㉯ 오염물질의 회수가치가 충분한 경우
㉰ 분자량이 큰 고분자 입자로서 용해도가 높은 경우
㉱ 배기내의 오염물 농도가 대단히 낮은 경우

풀이 ㉰ 분자량이 큰 고분자 입자로서 용해도가 낮을 경우

★★ 5. 파과점(break point)

흡착탑 출구에서 오염물질농도가 급격히 증가되기 시작하는 점을 파과점 또는 돌파현상이라 한다.

> **Question 06**
>
> 흡착에 의한 유해가스의 처리에 있어 돌파현상이 일어날 때 발생하는 현상에 대한 내용으로 알맞은 것은 어느 것인가?
>
> ㉮ 배출가스의 양이 갑자기 감소한다.
> ㉯ 배출가스의 양이 갑자기 증가한다.
> ㉰ 배출가스 중 오염물질 농도가 갑자기 감소한다.
> ㉱ 배출가스 중 오염물질 농도가 갑자기 증가한다.
>
> **정답** ㉱

6. 흡착제의 재생방법

① 수증기를 불어 넣는다.
② 물로 세척한다.
③ 고온의 불활성 기체를 가한다.

> **TIP**
>
> 물리적흡착과 화학적흡착의 비교
>
> | 구 분 | 물리적 흡착 | 화학적 흡착 |
> |---|---|---|
> | 흡착과정 | 가역성이 높음 | 가역성이 낮음 |
> | 오염가스의 회수 | 용이 | 어려움 |
> | 온도범위 | 대체로 낮은 온도 | 대체로 높은 온도 |
> | 흡착열 | 낮음 | 높음 |

★★ 7. 흡착과정

★★ ① 흡착제층 전체가 포화되어 배출가스 중에 오염가스의 일부가 남게 되는 점을 파괴(파과)점이라 하고 이점 이후부터는 오염가스의 농도가 급격히 증가한다.

★★ ② 주어진 온도와 압력조건에서는 파괴(파과)점에서 흡착제가 가장 많은 양의 흡착질을 흡착하게 된다.

★★ ③ 흡착질의 처리량을 시간의 함수로 나타내면 S자형 곡선이 되는데 이것을 돌파곡선이라 한다.

④ 포화점(Saturation point)에서는 주어진 온도와 압력조건에서 흡착제가 가장 많은 양의 흡착질을 흡착하는 점이다.

⑤ 파괴(파과)곡선의 형태는 흡착탑의 경우에 따라서 비교적 기울기가 큰 것이 바람직

하다.
⑥ 실제의 흡착은 비정상상태에서 진행되므로 흡착의 초기에는 흡착이 빠르게 진행되다가 어느정도 흡착이 진행되면 천천히 흡착이 이루어진다.

8. 흡착시설의 조건

① 기체흐름에 대한 저항이 작아야 한다.
② 흡착제의 사용기간이 길수록 좋다.
③ 가스와 흡착제의 접촉시간이 긴 것이 요구된다.
④ 흡착제의 재생능력이 클수록 좋다.

9. 흡착장치의 종류

★★ **(1) 유동상 흡착장치**

① 가스의 유속을 크게 할 수 있다.
② 고체와 기체의 접촉을 좋게 할 수 있다.
③ 고정층과 이동층 흡착장치의 장점만을 이용한 복합형이다.
④ 흡착제의 유동에 의한 마모가 크게 일어나고, 조업조건에 따른 주어진 조건의 변동이 어렵다.

> **Question 07**
>
> 다음 흡착장치 중 가스의 유속을 크게 할 수 있고, 고체와 기체의 접촉을 크게 할 수 있으며, 가스와 흡착제를 향류로 접촉할 수 있는 장점은 있으나, 주어진 조업조건에 따른 조건 변동이 어려운 것은?
>
> ㉮ 유동층 흡착장치 ㉯ 이동층 흡착장치
> ㉰ 고정층 흡착장치 ㉱ 원통형 흡착장치
>
> **정답** ㉮

(2) 고정상 흡착장치

① 처리가스를 연속적으로 처리하고자 할 경우에는 회분식(batch type) 흡착장치 2개를 병렬로 연결하여 흡착과 재생을 교대로 한다.
② 활성탄의 재생은 흡착된 오염물질의 탈착, 활성탄 냉각 및 재사용의 3단계로 구분할 수 있다.

③ 보통 수직으로 된 것은 소규모에 적합하고, 수평으로 된 것은 대규모에 적합하다.

(3) 이동상 흡착장치

① 유동상 흡착장치에 비해 가스의 유속을 크게 유지할 수 없다.
② 흡착제가 적게 소요된다.
③ 흡착제의 마모손실이 매우 크다.

Question 08

흡착장치에 대한 내용으로 틀린 것은 어느 것인가?

㉮ 고정층 흡착장치에서 보통 수직으로 된 것은 대규모에 적합하고, 수평으로 된 것은 소규모에 적합하다.
㉯ 일반적으로 이동층 흡착장치는 유동층 흡착장치에 비해 가스의 유속을 크게 유지할 수 없는 단점이 있다.
㉰ 유동층 흡착장치는 고정층과 이동층 흡착장치의 장점만을 이용한 복합형으로 고체와 기체의 접촉을 좋게 할 수 있다.
㉱ 유동층 흡착장치는 흡착제의 유동에 의한 마모가 크게 일어나고, 조업조건에 따른 주어진 조건의 변동이 어렵다.

풀이 ㉮ 고정층 흡착장치에서 보통 수직으로 된 것은 소규모에 적합하고, 수평으로 된 것은 대규모에 적합하다.

02 연소법과 산화법

1. 연소법의 특징

① 가스유량이 많고 유해가스의 농도가 낮은 경우에 주로 사용한다.
② 주용도는 악취물질이나 매연의 제거이다.
③ 연소장치의 설계 및 조업을 적절하게 함으로써 가연성 오염물질을 거의 완전히 제거할 수 있다.
④ 촉매에 바람직하지 않은 원소는 납, 비소, 수은 등이다.

2. 연소법의 종류

★★ **(1) 가열 연소법(가열 소각법)**

★★ ① 배출가스내 가연성 물질의 농도가 매우 낮아 직접 연소가 어려울 경우에 주로 사용한다.

② After burner법이라고도 하며, hydrocarbons, H_2, NH_3, HCN 등의 제거가 유용하다.
③ 오염기체의 농도가 낮을 경우 보조연료가 필요하며, 보통 경제적으로 오염가스의 농도가 연소하한치(LEL)의 50% 이상이 적합하다.
④ 그을음은 연료중의 C/H비가 3 이상일 때 주로 발생되므로 수증기 주입으로 C/H비를 낮추면 해결 가능하다.
★★ ⑤ 보통 연소실의 온도는 500~800℃, 체류시간은 0.2~0.8초 정도로 설계하고 있다.

★★ **(2) 촉매 연소법**
① 낮은 온도에서 반응이 가능하며 분자량이 작은 탄화수소가 큰 탄화수소보다 쉽게 산화되지 않는다.
★★ ② 반응속도가 빠르고 온도를 낮출 수 있어 NO_x 발생이 가장 적게 발생한다.
★★ ③ 촉매는 백금, 코발트, 니켈 등이 있으나, 고가이지만 성능이 우수한 백금계의 것이 많이 사용된다.
④ 활성도가 높은 촉매를 사용하는 것이 바람직하지만 내열성과 촉매독의 문제가 있다.
⑤ 촉매연소법은 직접 연소법과 비교하여 연료 소비량이 적기 때문에 운전비가 절감되지만 촉매의 수명이 문제가 된다.
★★ ⑥ 촉매연소법은 약 250~450℃의 온도에서 산화분해시킨다.
⑦ 일산화탄소를 백금계의 촉매를 사용하여 연소시켜 처리하고자 할때 촉매독으로 작용하는 물질은 Pb, As, S, Zn 등이다.
⑧ 유해가스를 촉매연소법으로 처리할 때 촉매의 수명을 단축시키거나 효율을 감소시킬 수 있는 물질은 Fe, Si, P이다.

(3) 직접연소법
★★ ① 직접연소법은 700~800℃에서 0.5초 정도가 일반적이다.
② 직접연소법은 경우에 따라 보조연료나 보조공기가 필요하며 대체로 오염물질의 발열량이 연소에 필요한 전체 열량의 50% 이상일 때 경제적으로 타당하다.
③ 직접연소법은 after burner법이라고도 하며 HC, H_2, NH_3, HCN 및 유독가스 제거법으로 사용된다.

Question 09

유해가스의 연소처리에 관한 설명으로 가장 거리가 먼 것은?

㉮ 직접연소법은 경우에 따라 보조연료나 보조공기가 필요하며 대체로 오염물질의 발열량이 연소에 필요한 전체열량의 50% 이상일 때 경제적으로 타당하다.
㉯ 직접연소법은 after burner법이라고도 하며, HC, H_2, NH_3, HCN 및 유독가스 제거법으로 사용된다.
㉰ 가열연소법은 배기가스 중 가연성 오염물질의 농도가 매우 높아 직접연소법으로 불가능할 경우에 주로 사용되고 조업의 유동성이 적어 NO_X 발생이 많다.
㉱ 가열연소법에서 연소로 내의 체류시간은 0.2~0.8초 정도이다.

풀이 ㉰ 가열연소법은 배기가스 중 가연성 오염물질의 농도가 매우 낮아 직접연소법으로 불가능할 경우에 주로 사용된다.

★★ 3. 처리효율

① Los Angeles Country Rule 66

$$\eta = \frac{HC_{in} - [HC_{out} + (CO_{out} - CO_{in})]}{HC_{in}} \times 100(\%)$$

② 탄화수소만 고려

$$\eta = \left\{1 - \frac{HC_{out}}{HC_{in}}\right\} \times 100(\%)$$

Question 10

450K의 배기가스가 1,250ppm의 탄화수소와 95ppm의 일산화탄소를 함유할 때, 재연소기로 900K에서 처리한 후 탄화수소와 일산화탄소가 각각 85ppm, 250ppm이 되었다. 탄화수소만 고려할 경우와 Los Angeles Country Rule 66에 의한 처리효율(%)은 각각 얼마인가? (단, Rule 66의 공식은 아래표와 같다.)

$$\frac{HC_{in} - [HC_{out} + (CO_{out} - CO_{in})]}{HC_{in}} \times 100$$

풀이

$\underrightarrow{HC_{in}\ 1,250ppm \atop CO_{in}\ 95ppm}$ 재연소기 $\underrightarrow{HC_{out}\ 85ppm \atop CO_{out}\ 250ppm}$

① 탄화수소만 고려할 경우

$$\eta = \left\{1 - \frac{HC_{out}}{HC_{in}}\right\} \times 100 = \left\{1 - \frac{85ppm}{1,250ppm}\right\} \times 100 = 93.2\%$$

② Rule 66공식

$$\eta = \frac{HC_{in} - [HC_{out} + (CO_{out} - CO_{in})]}{HC_{in}} \times 100 = \frac{1,250ppm - [85ppm + (250ppm - 95ppm)]}{1,250ppm} \times 100 = 80.8\%$$

03 악취(냄새) 유발물질

★1. 악취상 물질

① 아크로레인(CH_2CHCHO)은 불쾌한 냄새가 나며 호흡기에 심한 자극성 물질로 석유화학, 글리세롤제조, 의약품 제조시에 발생한다.
② 황화수소(H_2S)는 썩은 달걀냄새의 강한 부식성 물질로 석유정제나 약품제조시에 발생한다.
③ 메르캅탄류(RSH)는 불쾌한 냄새로 물에 불용성이며 주발생원은 석유정제, 가스제조, 분뇨, 축산 등이다.
④ 페놀(C_6H_5OH)은 화학공장에서 발생하며 감지농도가 약 0.047ppm인 의약품 냄새가 나는 악취물질이다.
⑤ 메틸메르캅탄(CH_3SH)은 양파, 양배추 썩는 냄새가 나고 석유정제, 가스제조, 약품 제조시에 발생한다.
⑥ 메틸아민(CH_3NH_2)은 질소화합물로서 생선썩는 냄새가 난다.
⑦ 황화메틸($(CH_3)_2S$)은 황화합물로 양파, 양배추 썩는 냄새가 난다.
⑧ 암모니아(NH_3)는 질소화합물로서 분뇨 냄새가 난다.
⑨ 톨루엔($C_6H_6CH_3$)은 탄화수소류 화합물로 가솔린 냄새가 난다.
⑩ 자일렌(C_8H_{10})은 탄화수소류 화합물로 가솔린 냄새가 난다.

Question 11

악취물질의 성질과 발생원에 대한 내용으로 틀린 것은 어느 것인가?
㉮ 아크로레인(CH_2CHCHO)은 자극취 물질로 석유화학, 약품제조시에 발생한다.
㉯ 메틸메르캅탄(CH_3SH)은 부패양파취 물질로 석유정제, 가스제조, 약품제조시에 발생한다.
㉰ 황화수소(H_2S)는 썩은 계란취 물질로 석유정제나 약품제조시에 발생한다.
㉱ 에틸아민($C_2H_5NH_2$)은 마늘취 물질로 석유정제, 인쇄작업장에서 발생한다.

풀이 ㉱ 에틸아민($C_2H_5NH_2$)은 질소화합물로서 생선 썩는 냄새가 난다.

2. 탈취방법 중 수세법

① 알데하이드류, 저급유기산류, 페놀, 암모니아, 케톤류, 저급아민류 등 친수성의 극성기를 가지는 성분을 제거할 수 있다.
② 수온변화에 따라 탈취효과가 변동되고 압력손실이 큰것이 단점이다.

③ 분뇨처리장, 계란건조장, 주물공장 등의 악취제거에 적용될 수 있다.
 ④ 장치가 간단하고 조작이 용이하며 탈취효율이 낮은 편이며, 다른 방법과 병용해서 사용한다.

3. 악취물질의 처리방법

① 통풍 및 희석법은 높은 굴뚝을 통해 방출시켜 대기중에 분산 희석시키는 방법이다.
② 흡착에 의한 악취물질의 처리에는 주로 물리적 흡착이 이용되며 용량이 비교적 적은 경우 활성탄 등 흡착제를 이용하여 냄새를 제거하는 방식이다.
③ 응축법에 의한 처리는 냄새를 가진 가스를 냉각 응축시키는 처리법으로 유기용제를 비교적 고농도 함유한 배기가스에 적용된다.
④ 촉매산화법은 백금이나 금속산화물 등의 산화촉매를 이용하여 250~450℃의 저온에서 산화처리하며, 촉매에 바람직하지 않은 원소로는 할로겐원소, 납, 아연, 수은 등이다.
⑤ 화학적 산화법은 화학적 산화제인 O_3, $KMnO_4$, $NaOCl$, ClO_2, H_2O_2 등을 이용해 악취상물질을 처리하는 방법이다.
⑥ 산·알칼리·약액 세정법에 의해 제거 가능한 대표적인 성분으로서는 무기산(염산, 황산)의 희박 수용액에 의한 아민류 등의 염기성 성분이다.
⑦ 직접연소법은 악취성분을 함유하는 가스를 고온(600~800℃)에서 산화분해하여 탄산 가스와 물(수증기)로 변화시킨다.

 Question 12

악취물질을 직접불꽃소각 방식에 의해 제거할 경우 다음 중 가장 적합한 연소온도 범위는 어느 것인가?

㉮ 100~200℃   ㉯ 200~300℃   ㉰ 300~450℃   ㉱ 600~800℃

정답 ㉱

Question 13

화학산화법으로 악취를 처리할 때 산화제로 적합하지 않은 것은?

㉮ $KMnO_4$ ㉯ ClO_2 ㉰ O_3 ㉱ CH_3SHO_2

정답 ㉱

★★★ 4. 악취(냄새)물질의 화학구조 및 특성

★★ ① 골격이 되는 탄소수는 저분자일수록 관능기 특유의 냄새가 강하고 자극적이나 8~13에서 가장 향기가 강하다.
★★ ② 불포화도(2중결합 및 3중결합의 수)가 높으면 냄새가 보다 강하게 난다.
③ 락톤 및 케톤 화합물은 환상이 크게 되면 냄새가 강해진다.
④ 냄새분자를 구성하는 원소로는 C, H, O, N, S, Cl 등이다.
⑤ 냄새물질은 화학반응성이 풍부하다.
⑥ 화학물질이 냄새물질로 되기 위해서는 친유성기와 친수성기의 양기를 가져야 한다.
★★ ⑦ 분자내 수산기의 수는 1개일 때 가장 강하고 수가 증가하면 약해져서 무취에 이른다.
★★ ⑧ 냄새는 화학적 구성보다는 구성 그룹배열에 의해 나타나는 물리적 차이에 의해 결정된다는 견해가 지배적이다.
⑨ 냄새를 일으키는 물질은 적외선을 강하게 흡수한다.
⑩ 냄새는 통상 분자내부진동에 의존한다고 가정되므로 라만변이와 냄새는 서로 관련이 있다.
★★ ⑪ 냄새물질로 분자량이 가장 작은 것은 암모니아이며, 분자량이 큰 물질은 냄새강도가 분자량에 반비례하여 약해지는 경향이 있다.
★★ ⑫ 물리화학적 자극량과 인간의 감각강도 관계는 웨버-페히너(Weber-Fechner)법칙과 잘 맞고 후각에도 잘 적용된다.
⑬ 악취유발물질들의 paraffin과 CS_2를 제외하고는 일반적으로 적외선을 강하게 흡수한다.
⑭ 냄새물질이 비교적 저분자인 것은 휘발성이 높은 것을 의미한다.
⑮ 냄새물질은 화학반응성이 풍부한 편이다.
⑯ 냄새물질은 실온에서 대다수 액상이다.
⑰ 냄새물질은 산화, 환원반응, 중합·분해반응, 에스테르화·가수분해 반응이 잘 일어난다.
⑱ 냄새물질은 불쾌감과 작업능률 저하를 가져온다.
⑲ 냄새물질은 대부분 흡수, 흡착에 의해 제거된다.

Question 14

냄새물질의 화학구조에 대한 설명으로 가장 거리가 먼 것은?

㉮ 골격이 되는 탄소수는 저분자일수록 관능기 특유의 냄새가 강하고 자극적이나 8~13에서 가장 향기가 강하다.
㉯ 불포화도(2중결합 및 3중결합의 수)가 높으면 냄새가 보다 강하게 난다.
㉰ 분자내 수산기의 수가 증가할수록 냄새가 강하다.
㉱ 락톤 및 케톤화합물은 환상이 크게 되면 냄새가 강해진다.

풀이 ㉰ 분자내 수산기의 수가 1개일 때 가장 강하고 수가 증가하면 약해져서 무취에 이른다.

CHAPTER 05 환기법

01 유체역학의 기초

1. 베르누이의 정리에 적용되는 조건

$$\frac{P}{\rho g} + \frac{V^2}{2g} + z = \text{constant}$$

① 정상상태의 흐름이다.
② 같은 유선상에 있는 흐름이다.
③ 마찰이 없는 흐름이다.

★★ 2. 정압(Static Pressure)

① 정압은 동압과 관계없이 독립적으로 발생한다.
② 정압은 단위체적의 유체에 모든 방향으로 동일한 크기로 작용하여 유체를 압축시키거나 팽창시키려 한다.
③ 정압은 유체를 정지시키는데 필요한 에너지로 표현할 수 있으며 흐름에 대하여 양압 또는 음압으로 나타낸다.
④ 유동상태의 공기의 정압은 기류의 수직방향으로만 작용한다.
⑤ 대기압에 대하여 정압은 송풍기(fan)의 상류(upstream)에서 "-"(negative)이다.

★★ 3. 동압 또는 속도압(Velocity Pressure)

① 동압은 유동방향으로 작용하는 단위체적의 유체를 갖고 있는 운동에너지를 말한다.
② 공기의 속도압은 기류(air flow)의 방향으로만 작용한다.

③ 공기의 속도압은 항상 "+"(Positive)이다.
④ 환기장치에서 동압은 공기밀도에 비례한다.

4. 유량계산

(1) 원형에서 유량(Q) 구하는 공식

★★ $Q = A \times V = \dfrac{\pi D^2}{4} \times V$

[Q : 가스량(m^3/sec)   A : 단면적(m^2)   V : 유속(m/sec)   D : 관의 직경(m)]

Question 01

유량이 2,500m^3/hr인 배출가스를 흡수탑을 이용하여 제거하고자 한다. 흡수탑의 통과유속을 0.5m/sec로 할 경우 흡수탑의 직경(m)은 얼마로 설계하여야 하는가?

풀이

$Q = A \times V = \dfrac{\pi D^2}{4} \times V$

따라서 $2{,}500 m^3/hr \times 1hr/3600sec = \dfrac{\pi D^2}{4} \times 0.5 m/sec$

$\therefore D = \sqrt{\dfrac{4 \times 2{,}500 m^3/hr \times 1hr/3600sec}{\pi \times 0.5 m/sec}} = 1.33m$

(2) 장방형(직사각형)에서 유량(Q) 구하는 공식

$Q = A \times V = (B \times H) \times V$

[Q : 가스량(m^3/sec)   A : 단면적(m^2)   V : 유속(m/sec)
  B : 폭(m)   H : 높이(m)]

★ 5. 유속과 속도압(동압)

(1) 유속(V) = $\sqrt{\dfrac{2 \times g \times h}{r}}$ (m/sec)

동압(h) = $\dfrac{rV^2}{2g}$ (mmH$_2$O)

[g : 중력가속도(9.8m/sec^2)   r : 밀도(kg/Sm^3)]

(2) 공기의 유속(21℃, 1atm, 밀도 1.2kg/m³)

★★ $V(m/min) = 242.2\sqrt{V_p}$

　　　　$\left[V_p : 속도압(동압)(mmH_2O) \right.$

$$242.2 = \sqrt{\frac{2 \times 9.8}{1.2}} \times 60$$

★★ $\therefore V_p = \left[\dfrac{V}{242.2}\right]^2 (mmH_2O)$

(3) 공기의 유속(0℃, 760mmHg, 밀도가 1.3kg/Sm³)

$\therefore V_p = \left[\dfrac{V}{228.5}\right]^2 (mmH_2O)$

　　　　$\left[V : 평균유속(m/min) \right.$

★★★ 6. 압력손실 계산

★★ ① $\triangle P = F \times H (= V_p)$

　　　　$\left[F : 압력손실계수 \quad H : 동압(mmH_2O) \quad V_p : 속도압(mmH_2O) \right.$

② $F = \dfrac{1 - C_e^2}{C_e^2}$

$H = \dfrac{rv^2}{2g}$

　　　　$\left[C_e : 유입계수 \quad r : 공기의 밀도(kg/m^3) \quad v : 유속(m/sec) \quad g : 중력가속도(9.8m/sec^2) \right.$

📢 Question 02

유입계수와 속도압이 각각 0.82, 8mmH₂O일 때 후드의 압력손실(mmH₂O)은?

풀이 $\triangle P = F \times V_p = \dfrac{1 - C_e^2}{C_e^2} \times V_p = \dfrac{1 - (0.82)^2}{(0.82)^2} \times 8 mmH_2O = 3.90 mmH_2O$

③ $\triangle P = \lambda \times \dfrac{L}{D} \times \dfrac{rv^2}{2g}$

$\begin{bmatrix} \triangle P : 압력손실(mmH_2O) & \lambda : 관마찰계수(0.02) & D : 관의 직경(m) \\ L : 관의 길이(m) & r : 공기의 밀도(kg/m^3) & v : 유속(m/sec) \\ g : 중력가속도(9.8m/sec^2) & & \end{bmatrix}$

$V(m/sec) = \dfrac{Q}{A} = \dfrac{Q(m^3/sec)}{\dfrac{\pi D^2}{4}(m^2)}$

Question 04

안지름이 500mm의 얇은 양철판의 직관을 통하여 15m/sec의 표준공기로 송풍할 때 길이 10m 당 관마찰손실(mmH_2O)을 계산하시오. (단, λ = 0.02)

풀이 $\triangle p = \lambda \times \dfrac{L}{D} \times \dfrac{rv^2}{2g}(mmH_2O) = 0.02 \times \dfrac{10m}{0.5m} \times \dfrac{1.3kg/m^3 \times (15m/sec)^2}{2 \times 9.8m/sec^2} = 5.97 mmH_2O$

④ $\triangle P = 4f \times \dfrac{L}{D} \times \dfrac{rv^2}{2g}$

$\begin{bmatrix} \triangle P : 압력손실(mmH_2O) & f : 마찰계수 & D : 관의 직경(m) \\ L : 관의 길이(m) & r : 공기의 밀도(kg/m^3) & v : 유속(m/sec) \\ g : 중력가속도(9.8m/sec^2) & & \end{bmatrix}$

$V(m/sec) = \dfrac{Q}{A} = \dfrac{Q(m^3/sec)}{\dfrac{\pi D^2}{4}(m^2)}$

Question 05

안지름이 460mm의 얇은 양철판의 직관을 통하여 유속 18m/sec의 표준공기로 송풍할 때 길이 8m 당 관마찰손실(mmH_2O)을 계산하시오. (단, f = 0.003)

풀이 $\triangle p = 4f \times \dfrac{L}{D} \times \dfrac{rv^2}{2g}(mmH_2O) = 4 \times 0.003 \times \dfrac{8m}{0.46m} \times \dfrac{1.3kg/m^3 \times (18m/sec)^2}{2 \times 9.8m/sec^2} = 4.48 mmH_2O$

⑤ $\triangle P = f \times \dfrac{L}{D_o} \times \dfrac{rv^2}{2g}$

$\begin{bmatrix} \triangle P : 압력손실(mmH_2O) & f : 마찰계수 & D_o : 상당직경(m) & L : 관의 길이(m) \\ r : 공기의 밀도(kg/m^3) & v : 유속(m/sec) & g : 중력가속도(9.8m/sec^2) & \end{bmatrix}$

$$V(m/sec) = \frac{Q}{A} = \frac{Q(m^3/sec)}{장변 \times 단변(m^2)}$$

$$D_o(상당직경) = \frac{단면적(A)}{평균둘레길이} = \frac{a \times b}{\frac{2(a+b)}{4}} = \frac{2ab}{a+b} \ (m)$$

$\begin{bmatrix} a : 장변(m) & b : 단변(m) \end{bmatrix}$

Question 06

폭 380mm, 길이 760mm의 각관내를 유량 280m³/min의 표준공기가 흐르고 있을 때 길이 10m 당의 마찰손실을 구하시오. (mmH₂O) (단, 마찰계수 = 0.019)

풀이

$$\triangle p = f \times \frac{L}{D_o} \times \frac{rv^2}{2g} (mmH_2O)$$

① $D_o = \frac{2 \times (폭 \times 길이)}{폭 + 길이} = \frac{2 \times (0.38m \times 0.76m)}{0.38m + 0.76m} = 0.507m$

② $V = \frac{Q}{A} = \frac{Q}{폭 \times 길이} = \frac{280m^3/min \times 1min/60sec}{0.38m \times 0.76m} = 16.159 m/sec$

③ $\triangle p = 0.019 \times \frac{10m}{0.507m} \times \frac{1.3kg/m^3 \times (16.159m/sec)^2}{2 \times 9.8m/sec^2} = 6.49 mmH_2O$

TIP

$$\triangle P = \lambda \times \frac{L}{D} \times \frac{rv^2}{2g}$$

$$\triangle P = \frac{V^2}{D} = \frac{1}{D} \times V^2 = \frac{1}{D} \times \left(\frac{1}{D^2}\right)^2 = \frac{1}{D^5}$$

여기서 $V = \frac{Q}{A} = \frac{Q}{\frac{\pi D^2}{4}}$ 에서 $V = \frac{1}{D^2}$ 이 된다.

⑥ 유체가 관로를 흐를때 발생되는 압력손실(△P)

압력손실(△P)는 ┌ 관의 길이에 비례한다.
　　　　　　　│ 유속의 제곱에 비례한다.
　　　　　　　┤ 관의 직경에 반비례한다.
　　　　　　　│ 중력가속도에 반비례한다.
　　　　　　　└ 유체의 밀도에 비례한다.

Question 07

원형 Duct의 기류에 의한 압력손실에 대한 내용으로 틀린 것은 어느 것인가?

㉮ 길이가 길수록 압력손실은 커진다. ㉯ 유속이 클수록 압력손실은 커진다.
㉰ 직경이 클수록 압력손실은 작아진다. ㉱ 곡관이 많을수록 압력손실은 작아진다.

풀이 ㉱ 곡관이 많을수록 압력손실은 커진다.

★★ 7. 레이놀드 수 : 유체의 상태를 층류와 난류로 판별하는 척도

① $Re = \dfrac{관성력}{점성력} = \dfrac{D \cdot V \cdot \rho}{\mu} = \dfrac{D \cdot V}{\nu}$

　　[D : 직경(m)　　V : 유속(m/sec)　　μ : 점성도(kg/m·sec)　　ν : 동점도(m²/sec)

② $\nu(동점도) = \dfrac{점성력(\mu)}{밀도(\rho)} = \dfrac{\mu(kg/m \cdot sec)}{\rho(kg/m^3)}$

③ 상태판별

　(층류) Re < 2,100

　(난류) Re > 4,000

　(천이구역) 2,100 < Re < 4,000

TIP

단위환산

CP(센티포이즈) $= \dfrac{1}{100}$ P $= 10^{-2}$ poise

P(포이즈) = g/cm · sec

CPoise $\xrightarrow{\times 10^{-2}}$ Poise(g/cm · sec) $\xrightarrow{\times 10^{-1}}$ kg/m · sec

Question 08

덕트 직경 30cm, 공기유속 15m/sec 일 때, 레이놀즈수는? (단, 공기점성계수 1.85× 10⁻⁵kg/m·sec, 공기밀도 1.2kg/m³이다.)

풀이 $Re = \dfrac{D \cdot V \cdot \rho}{\mu} = \dfrac{0.3m \times 15m/sec \times 1.2kg/m^3}{1.85 \times 10^{-5} kg/m \cdot sec} = 291,891.89$

레이놀드 수(Reynold Number)에 관한 설명으로 옳지 않은 것은? (단, 유체 흐름 기준)

㉮ $\dfrac{관성력}{점성력}$ 로 나타낼 수 있다.

㉯ 무차원의 수이다.

㉰ $\dfrac{(유체밀도 \times 유속 \times 유체흐름관직경)}{유체점도}$ 로 나타낼 수 있다.

㉱ $\dfrac{점성계수}{밀도}$ 로 나타낼 수 있다.

[풀이] ㉱ 동점성계수 = $\dfrac{점성계수}{밀도}$

8. 프라우드 수(Froude Number)

$$Fr = \dfrac{V}{\sqrt{g \cdot L}}$$

 ⎡ Fr : 프라우드 수   g : 중력가속도(9.8m/sec²)   L : 길이(m)   V : 유속(m/sec)

★★ 9. 점도(Viscosity)

① 점도는 유체의 이동에 따라 발생하는 일종의 저항이다.

★★ ② 기체의 점도는 온도가 상승하면 증가한다.

★★ ③ 액체의 점도는 온도가 상승하면 낮아진다.

④ 액체인 경우 분자간 응력이 점도의 원인이다.

⑤ 기체의 경우 점도의 원인은 분자의 수직이동 운동량이다.

⑥ 액체의 점도는 기체에 비해 아주 크며, 대개 분자량이 증가하면 증가한다.

10. 환기시설 설계에 사용되는 보충용 공기의 특징

① 보충용 공기가 배기용 공기보다 약 10~15% 정도 많도록 조절해서 실내를 약간 양압으로 하는 것이 좋다.

② 여름에는 보통 외부공기를 그대로 공급을 하지만 공정내의 열부하가 커서 제어해야 하는 경우에는 보충용 공기를 냉각하여 공급한다.

③ 보충용 공기는 환기시설에 의해 작업장 내에 배기된 만큼의 공기를 작업장 내로 재공급해야 하는 공기의 양을 말한다.

02 후드 및 덕트

★★★ 1. 후드의 흡인요령

① 후드를 발생원에 가깝게 한다.
② 국부적인 흡인방식을 취한다.
★★ ③ 후드의 개구면적을 작게한다.
④ 에어커텐을 이용한다.
⑤ 충분한 포착속도를 유지한다.

> **Question 10**
>
> 다음은 후드를 사용하여 가스를 포집하려고 할 때 후드의 흡인요령으로 틀린 것은?
> ㉮ 후드를 발생원에 가깝게 한다.   ㉯ 국부적인 흡인 방식을 취한다.
> ㉰ 후드의 개구 면적을 크게한다.   ㉱ 충분한 포착 속도를 유지한다.
>
> **풀이** ㉰ 후드의 개구 면적을 작게한다.

★★ 2. 후드의 종류

(1) 캐노피형(Canopy Type)

발생원의 상방에 덮은 자립형 후드로 열부력에 의한 상승기류를 동반한 발생원에 쓰이는 국소배기후드이다.

(2) 포위식(Enclosure Type)

유독한 오염물질의 발생원을 포위할 수 있는 경우에 이용된다.

(3) 리시버식(Receiving Type)

고열을 내는 발생원에서 열부력에 의한 상승기류나 회전체에 의한 관성기류와 같이 일정한 방향으로 기체가 발생하는 경우에 이용된다.

(4) 부스형(Booth Type)

작업을 위한 하나의 개구면을 제외하고 발생원 주위를 전부 에워싼 것으로 그 안에서 오염물질이 발산된다. 이 방식은 오염물질의 송풍시 낭비되는 부분이 적은데 이는 개구면 주변의 벽이 라운지 역할을 하고, 측벽은 외부로부터의 분기류에 의한 방해에 대하여 방해판 역할을 하기 때문이다.

(5) 슬롯형(Slot Type)

① 작업의 성질상 포위식이나 Booth Type으로 할 수 없을때 부득이 발생원에서 격리시켜 설치하는 형태로 도금세척, 분무도장등에서 이용되며 외부의 난기류에 의해 그 효과가 많이 감소된다.
② 폭이 좁고 긴 직사각형의 슬로트후드는 전기도금 공정과 같은 상부개방형 탱크에서 방출되는 유해물질을 포집하는데 효율적이다.

★★ 3. 후드의 포착속도(Capture Velocity)

제어속도라고도 하며, 국소배기장치 설치시 기본설계를 위해 발생원에서 오염물질의 비산방향, 비산거리 및 후드의 형식을 고려하여 오염물질의 포착점에서의 적정한 흡입속도를 말한다.

① 포착속도는 확산조건, 오염원의 주변기류에 영향을 크게 받는다.
② 오염물질의 발생속도를 이겨내고 오염물질을 후드내로 흡인하는데 필요한 최소의 기류속도를 말한다.
③ 후드개구에 바깥주변에 플랜지를 부착하면 오염물질의 제어에 필요하지 않은 후드 뒤쪽의 공기흡입을 방지할 수 있고, 그 결과 포착속도가 커지는 이점이 있다.
④ 유해물질의 발생조건이 빠른 공기의 움직임이 있는 곳에서 활발히 비산하는 경우(분쇄기 등)의 제어속도 범위는 1~3m/sec 정도이다.
⑤ 유해물질의 발생조건이 조용한 대기중 거의 속도가 없는 상태로 비산하는 경우(가스, 흄 등)의 제어속도 범위는 0.3~0.5m/sec 이다.
⑥ 유해물질의 발생조건이 비교적 조용한 대기중에 저속도로 비산하는 경우(용접작업, 도금작업 등)의 제어속도 범위는 0.5~1.0m/sec 이다.

> **TIP**
>
> **Nullpoint(무효점)**
> 대기오염물은 발생점에서 상당한 속도를 가지고 주위의 대기로 방출되는데, 보통 질량이 대단히 적으므로 관성이 곧 줄어들고 후드에 의해서 쉽게 포획된다. 입자의 속도가 대략 0으로 줄어드는 위치를 Nullpoint(무효점)이라 한다.

4. 후드 개구의 바깥주변에 플랜지(flange) 부착시 발생하는 현상

① 포착속도가 커진다.
② 동일한 오염물질제거에 있어서 압력손실은 감소한다.
③ 후드 뒤쪽의 공기흡입을 방지할 수 있다.

> **TIP**
>
> 송풍관(Duct)에서 흄(Fume) 및 매우 가벼운 건조 먼지(예 : 나무 등의 미세한 먼지와 산화아연, 산화알루미늄 등의 흄)의 반응속도는 10m/sec 이다.

5. 덕트 설치시 주요원칙

① 덕트는 가능한 한 짧게 배치하도록 한다.
② 공기가 아래로 흐르도록 하향구배를 만든다.
③ 밴드수는 가능한 한 적게 하도록 한다.
④ 밴드는 가능하면 완만하게 되도록 한다.

📢 Question 11

덕트 설치시 주요원칙과 거리가 먼 것은?

㉮ 밴드는 가급적 90°가 되도록 한다.
㉯ 공기는 아래로 흐르도록 하향구배를 만든다.
㉰ 구부러짐 전후에는 청소구를 만든다.
㉱ 밴드수는 가능한 한 적게 하도록 한다.

풀이 ㉮ 밴드는 가급적 완만하게 되도록 한다.

03 송풍기

1. 송풍기의 종류

★★ (1) 다익송풍기

같은 주속도에서 가장 높은 풍압(최고 750mmH$_2$O)을 발생시키나, 효율은 3종류의 송풍기 중 가장 낮아서 약 40~70% 정도, 여유율은 1.15~1.25 정도이고 제한된 장소나 저압에서 대풍량(20,000m^3/min 이하)을 요하는 시설에 이용된다.

(2) 비행기날개형(airfoil blade) 송풍기

표준형 평판 날개형보다 비교적 고속에서 가동되고, 후향 날개형을 정밀하게 변형시킨 것으로써 원심력 송풍기 중 효율이 가장 좋아 대형 냉난방 공기조화장치, 산업용 공기 청정장치 등에 주로 이용되며, 에너지 절감효과가 뛰어나다.

★★ (3) 프로펠러형

① 축류송풍기이다.
② 축차는 두 개 이상의 두꺼운 날개를 틀속에 가지고 있고, 효율은 낮으며 저압응용시 사용된다.
③ 덕트가 없는 벽에 부착되어, 공간 내 공기의 순환에 응용되고, 대용량 공기 운송에 이용된다.

Question 12

다음 설명하는 축류송풍기의 유형은?

축차는 두 개 이상의 두꺼운 날개를 틀 속에 가지고 있고, 효율은 낮으며 저압 응용 시 사용된다. 덕트가 없는 벽에 부착되어, 공간내 공기의 순환에 응용되고, 대용량 공기 운송에 이용된다.

㉮ 후향날개형
㉯ 방사경사형
㉰ 프로펠러형
㉱ 고정날개축류형

 ㉰

★★ (4) 고정날개 축류형 송풍기

① 축류형 중 가장 효율이 높다.
② 효율과 압력상승 효과를 얻기 위해 직선형 고정날개를 사용하나 날개의 모양과 간격은 변형되기도 한다.
③ 중·고압을 얻을 수 있다.
④ 직선류 및 아담한 공간이 요구되는 HVAC 설비에 응용되며, 공기의 분포가 양호하여 많은 산업현장에서 응용한다.

Question 13

다음은 송풍기의 유형에 관한 설명이다. (   ) 안에 가장 적합한 것은?

(   )는 축류형 중 가장 효율이 높다. 효율과 압력상승효과를 얻기 위해 직선형 고정날개를 사용하나, 날개의 모양과 간격은 변형되기도 한다. 중-고압을 얻을 수 있으며, 일반적으로 직선류 및 아담한 공간이 요구되는 HVAC 설비에 응용되며, 공기의 분포가 양호하여 많은 산업현장에서 응용되고 있다.

㉮ 원통 축류형 송풍기　　　　　　㉯ 원심장치 내장형 축류형 송풍기
㉰ 고정날개 축류형 송풍기　　　　㉱ 비행기 낱개형 송풍기

정답 ㉰

★★ 2. 송풍기 유량 조절방법

① 회전수 조절
② 안내익 조절(Vane control)
③ 댐퍼(Damper) 설치

Question 14

송풍기를 운전할 때 필요유량에 과부족을 일으켰을 때 송풍기의 유량조절 방법으로 틀린 것은 어느 것인가?

㉮ 회전수 조절법　　㉯ 안내익 조절법　　㉰ Damper 부착법　　㉱ 체걸름 조절법

정답 ㉱

★★ 3. 송풍기의 상사법칙

① 송풍기의 풍량은 송풍기 회전수에 비례한다.

$$Q(m^3/min) = Q'(m^3/min) \times \left(\frac{r_2}{r_1}\right)^1$$

② 송풍기의 속도는 송풍기 회전수에 비례한다.

$$V(m/min) = V'(m/min) \times \left(\frac{r_2}{r_1}\right)^1$$

③ 송풍기의 풍압은 송풍기 회전수의 제곱에 비례한다.

$$Ps(mmH_2O) = Ps' \times \left(\frac{r_2}{r_1}\right)^2$$

④ 송풍기의 동력은 송풍기 회전수의 3승에 비례한다.

$$Hp = Hp' \times \left(\frac{r_2}{r_1}\right)^3$$

Question 15

송풍기의 크기와 유체의 밀도가 일정(상사 제1법칙)할 때 풍압과 회전속도에 관한 설명으로 옳은 것은?

㉮ 풍압은 송풍기의 회전속도의 3승에 비례한다.
㉯ 풍압은 송풍기의 회전속도의 2승에 비례한다.
㉰ 풍압은 송풍기의 회전속도에 정비례한다.
㉱ 풍압은 송풍기의 회전속도에 반비례한다.

정답 ㉯

★★★ 4. 송풍기의 소요동력

★★ $kW = \dfrac{Ps \times Q}{102 \times \eta} \times \alpha$

$Hp = \dfrac{Ps \times Q}{75 \times \eta} \times \alpha$

$\begin{bmatrix} Ps : 전압력손실(mmH_2O) \quad Q : 가스량(m^3/sec) \quad \eta : 효율 \quad \alpha : 여유율 \\ 1kW = 102kg \cdot m/sec, \ 1Hp = 76kg \cdot m/sec, \ 1Ps = 75kg \cdot m/sec \end{bmatrix}$

TIP

HP 또는 Ps를 계산할 때 사용되는 계수값은 $75kg \cdot m/sec$를 사용

Question 16

압력손실이 300mmH₂O 이고, 처리가스량 45,000m³/h 인 집진장치의 송풍기 소요동력(kW)은? (단, 송풍기의 효율은 65%, 여유율은 1.3이다.)

풀이
$$kW = \frac{Ps \times Q}{102 \times \eta} \times \alpha = \frac{300mmH_2O \times 45,000m^3/hr \times 1hr/3600sec}{102 \times 0.65} \times 1.3 = 73.53kW$$

★★ 5. 통풍방식의 종류

★★ (1) 압입통풍

① 연소실 공기를 예열할 수 있다.
② 송풍기의 고장이 적고 점검 및 보수가 용이하다.
③ 내압이 정압(+)으로 연소효율이 좋다.
④ 역화의 위험성이 있다.
⑤ 흡인통풍식보다 송풍기의 동력소모가 적다.
⑥ 압입통풍은 노안에 설치된 가압송풍기에 의해 연소용 공기를 연소로 안으로 압입한다.

Question 17

통풍방식 중 압입통풍에 대한 내용으로 잘못된 것은 어느 것인가?
㉮ 연소용 공기를 예열할 수 있다.
㉯ 송풍기의 고장이 적고 점검 및 보수가 용이하다.
㉰ 흡인통풍식보다 송풍기의 동력소모가 적다.
㉱ 노내압이 부(-)압으로 역화의 우려가 없다.

풀이 ㉱ 노내압이 정(+)압으로 역화의 우려가 있다.

★★ (2) 흡인통풍

① 굴뚝의 통풍저항이 큰 경우에 적합하다.
② 노내압이 부압으로 역화의 우려가 없다.
③ 이젝트를 사용할 경우 동력이 불필요하다.
④ 송풍기의 점검 및 보수가 어렵다.
⑤ 통풍력이 크다.

★★ (3) 평형통풍

① 대용량의 연소설비에 적합하다.
② 통풍 및 노내압 조절이 용이하다.
③ 열가스의 누설 및 냉기의 침입이 없다.
④ 통풍손실이 큰 연소설비에 사용된다.
⑤ 동력소모가 크고, 설비비 및 유지비가 많이 든다.
⑥ 소음발생이 심하다.

Question 18

아래 표와 같은 특성을 갖는 통풍방식은?

- 통풍 및 노내압 조절이 용이하다.
- 열가스의 누설 및 냉기의 침입이 없다.
- 통풍손실이 큰 연소설비에 사용된다.
- 동력소모가 크고, 설비비 및 유지비가 많이 든다.
- 소음발생이 심하다.

㉮ 자연통풍   ㉯ 평형통풍   ㉰ 압입통풍   ㉱ 흡인통풍

정답 ㉯

Question 19

송풍기의 입구정압이 68mmH$_2$O, 출구정압이 28mmH$_2$O이다. 입구측 평균유속이 1,100m/min일 때 마찰손실(mmH$_2$O)을 계산하시오.

풀이 마찰손실 = | 입구정압 | + | 출구정압 | - 속도압

여기서 속도압 = $\left(\dfrac{V}{242.2}\right)^2$ (mmH$_2$O)

따라서 마찰손실 = | 68mmH$_2$O | + | 28mmH$_2$O | - $\left(\dfrac{1{,}100\text{m/min}}{242.2}\right)^2$ = 75.37mmH$_2$O

04 기타내용

1. 유해가스 사고시 조치사항

★★① 액체염소나 클로로슬폰산이 누출되었을 경우에 기화속도가 촉진되기 때문에 물을 가해서는 안된다.
★★② H_2S가 노출되면 공기보다 무겁기 때문에 낮은 곳으로 모이게 되므로 환기를 잘 시키고 산소마스크를 착용하고 누출부위를 찾는다.
③ 황산이 누출되었을 때 다량의 물을 사용하여 씻어낸다.
④ HF, HCl, Cl_2 등은 소석회나 소다회로 중화 또는 흡수시킨다.
⑤ HCN은 NaOH 용액으로 중화시킨다.
★★⑥ 가스상 물질이나 휘발성 물질 중에 증기밀도가 공기보다 큰 것은 빨리 확산되도록 조치한다.

Question 20

특정대기오염물질에 의한 사고가 발생하였을 때 취할 수 있는 조치로 틀린 것은 어느 것인가?

㉮ HCN, PH_3, $COCl_2$ 등 맹독성 가스에 대해서는 위험표시와 출입금지 표시를 설치한다.
㉯ 용해도가 큰 클로로슬폰산(HSO_3Cl)은 보통 많은 양의 물을 사용하여 희석한다.
㉰ Cl_2의 흡수제로는 소석회 이외에 차아염소산소다 220, 탄산소다 175, 물 100 정도의 비율로 섞은 것을 사용한다.
㉱ 상온에서는 액상인 물질이나 비점이 상온에 가까운 물질의 증기는 활성탄으로 흡착하는 방법도 효과적이다.

풀이 ㉯ 클로로슬폰산(HSO_3Cl)은 물과 접촉되면 기화속도가 빨라지므로 물과 접촉해서는 안된다.

★★ 2. 라울의 법칙

휘발성인 에탄올을 물에 녹인 용액의 증기압은 물의 증기압보다 높다. 그러나 비휘발성인 설탕을 물에 녹인 용액인 설탕물의 증기압은 물보다 낮아진다.

PART

실전문제

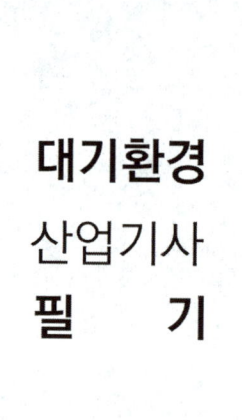

대기환경
산업기사
필 기

2012 1회 기출문제

| 제1과목 | 대기환경관리

01 다음은 탄화수소가 관여하지 않을 때, 이산화질소의 광화학 반응을 나타낸 것이다. ①과 ②에 들어갈 물질을 바르게 짝지은 것은?

$$NO_2 + h\nu \rightarrow (\text{①}) + O$$
$$O + O_2 \rightarrow (\text{②}) + M$$
$$(\text{①}) + (\text{②}) \rightarrow NO_2 + O_2$$

㉮ ① NO_2, ② NO_3 ㉯ ① NO, ② NO_3
㉰ ① O_3, ② NO ㉱ ① NO, ② O_3

02 역전에 대한 설명으로 가장 거리가 먼 것은?

㉮ 난류역전은 지표역전에 해당하며, 다른 역전에 비해 대기오염이 심각한 편이다.
㉯ 전선역전은 따뜻한 공기와 차가운 공기가 부딪쳐 따뜻한 공기는 찬 공기 위를 타고 상승하면서 전선을 이루는 것으로 공중역전에 해당한다.
㉰ 침강역전은 고기압 중심부분에서 기층이 서서히 침강하면서 기온이 단열변화로 승온되어 발생하는 현상이다.
㉱ 복사역전은 지면에 접해있기 때문에 접지역전이라고도 한다.

▶ 풀이 ㉮ 난류역전은 공중역전에 해당한다.

03 다음 중 리차드슨 수에 대한 설명으로 가장 적합한 것은?

㉮ 리차드슨 수가 큰 음의 값을 가지면 대기는 안정한 상태이며, 수직방향의 혼합은 없다.
㉯ 리차드슨 수가 0에 접근할수록 분산이 커진다.
㉰ 리차드슨 수는 무차원수로서 대류난류를 기계적인 난류로 전환시키는 율을 측정한 것이다.
㉱ 리차드슨 수가 0.25보다 크면 수직방향의 혼합이 커진다.

▶ 풀이 ㉮ 리차드슨 수가 큰 음의 값을 가지면 대류가 지배적이어서 바람이 약하게 되어 강한 수직운동이 일어난다.
㉯ 리차드슨 수가 0에 접근할수록 분산은 줄어든다.
㉱ 리차드슨 수가 0.25보다 크면 수직방향의 혼합이 없어진다.

answer 01 ㉱ 02 ㉮ 03 ㉰

04 오존 전량이 330DU이라는 것은 오존의 양을 두께로 표시하였을 때 어느 정도인가?

㉮ 3.3mm ㉯ 3.3cm
㉰ 330mm ㉱ 330cm

풀이 오존층의 두께를 표시하는 단위는 돕슨이며 1mm는 100돕슨이다.
1mm : 100돕슨 = Xmm : 330돕슨
$$\therefore X = \frac{330돕슨 \times 1mm}{100돕슨} = 3.3mm$$

TIP
330DU = 330돕슨

05 다음 역사적인 대기오염 사건 중 가장 먼저 발생한 사건은?

㉮ 도노라사건
㉯ 뮤즈계곡사건
㉰ 런던스모그사건
㉱ 포자리카사건

풀이 ㉮ 도노라사건 : 1948년
㉯ 뮤즈계곡사건 : 1930년
㉰ 런던스모그사건 : 1952년
㉱ 포자리카사건 : 1950년

06 다음 오염물질에 관한 설명으로 가장 적합한 것은?

> 이 물질의 직업성 폭로는 철강제조에서 매우 많다. 생물의 필수금속으로서 동·식물에서는 종종 결핍이 보고되고 있으며 인체에 급성으로 과다폭로되면 화학성 폐렴, 간독성 등을 나타내며, 만성 폭로 시 파킨슨 증후군과 거의 비슷한 증후군으로 진전되어 말이 느리고 단조로워진다.

㉮ 납   ㉯ 플루오르
㉰ 구리   ㉱ 망간

풀이 ㉱ 망간(Mn)에 대한 설명이며, 핵심 내용은 "파킨슨증후군과 유사"임을 숙지하시면 됩니다.

07 다음 중 염화수소 배출관련 업종으로 가장 거리가 먼 것은?

㉮ 염산제조   ㉯ 활성탄제조
㉰ 소오다공업 ㉱ 유리공업

풀이 ㉱ 유리공업은 HF 발생공업이다.

08 광화학반응에 관한 설명으로 가장 거리가 먼 것은?

㉮ NO_2는 420nm 이상의 가시광선에 의해 NO와 O로 광분해 된다.
㉯ O_3는 200~320nm에서 강한 흡수가 450~700nm에서 약한 흡수가 있다.
㉰ SO_2는 550~580nm에서 강한 흡수를 보이고, 대류권에서 쉽게 광분해 된다.
㉱ RCHO(알데히드)는 파장 313nm에서 광분해 된다.

풀이 ㉰ SO_2는 200~290nm에서 강한 흡수를 보이고, 대류권에서 쉽게 광분해가 일어나지 않는다.

answer 04 ㉮ 05 ㉯ 06 ㉱ 07 ㉱ 08 ㉰

09 다음 특정물질 중 오존파괴지수가 가장 낮은 것은?

㉮ CF_2Cl_2 ㉯ CCl_4
㉰ C_2F_5Cl ㉱ CF_2BrCl

풀이 오존층 파괴지수
㉮ CF_2Cl_2 : 1.0
㉯ CCl_4 : 1.1
㉰ C_2F_5Cl : 0.6
㉱ CF_2BrCl : 3.0

10 다음 물질의 지구온난화지수(GWP)를 크기순으로 옳게 배열한 것은? (단, 큰 순서 > 작은 순서)

㉮ $N_2O > CH_4 > CO_2 > SF_6$
㉯ $CO_2 > SF_6 > N_2O > CH_4$
㉰ $SF_6 > N_2O > CH_4 > CO_2$
㉱ $CH_4 > CO_2 > SF_6 > N_2O$

풀이 지구온난화지수(GWP) 크기 순서는 SF_6(23,900) > N_2O(310) > CH_4(21) > CO_2(1.0) 순이다.

11 실제 굴뚝높이 120m에서 배출가스의 수직 토출속도가 20m/s, 굴뚝 높이에서의 풍속은 5m/s 이다. 굴뚝의 유효고도가 150m가 되기 위해서 필요한 굴뚝의 직경은?(단, $\triangle H = \{(1.5 \times V_s) \cdot D\}/U$를 이용할 것)

㉮ 2.5m ㉯ 5m
㉰ 20m ㉱ 25m

풀이 $\triangle H = \dfrac{(1.5 \times V_s) \times D}{U}$

⎡ $\triangle H$: 연기의 상승고(m)
⎢ V_s : 배출가스의 토출속도(m/sec)
⎢ U : 풍속(m/sec)
⎣ D : 직경(m)

따라서 $30m = \dfrac{(1.5 \times 20 m/sec) \times D}{5 m/sec}$

∴ $D = \dfrac{30m \times 5m/sec}{(1.5 \times 20m/sec)} = 5.0$

TIP
연기의 상승고($\triangle H$)
= 유효굴뚝높이(He) - 실제굴뚝높이(H)
= 150m - 120m = 30m

12 다음 대기오염물질의 분류 중 2차 오염물질에 해당하지 않는 것은?

㉮ NOCl ㉯ O_3
㉰ H_2O_2 ㉱ SiO_2

풀이 ㉱ SiO_2는 1차성 오염물질이다.

13 지상 25m에서의 풍속이 10m/s일 때 지상 50m에서의 풍속은? (단, Deacon식을 이용하고, 풍속지수는 0.2를 적용)

㉮ 16.8m/s ㉯ 13.2m/s
㉰ 11.5m/s ㉱ 10.8m/s

풀이 $U_2 = U_1 \times \left(\dfrac{H_2}{H_1}\right)^P$

⎡ U_2 : H_2에서의 풍속(m/sec)
⎢ U_1 : H_1에서의 풍속(m/sec)
⎣ P : 풍속지수

따라서 $U_2 = 10 m/sec \times \left(\dfrac{50m}{25m}\right)^{0.2} = 11.49 m/sec$

answer 09 ㉰ 10 ㉰ 11 ㉯ 12 ㉱ 13 ㉰

14 대기내 질소산화물(NO_X)이 LA 스모그와 같이 광화학반응을 할 때, 다음 중 어떤 탄화수소가 주된 역할을 하는가?

㉮ 파라핀계 탄화수소
㉯ 메탄계 탄화수소
㉰ 올레핀계 탄화수소
㉱ 프로판계 탄화수소

풀이 대기내 질소산화물(NO_X)이 LA 스모그와 같이 광화학반응을 할 때 올레핀계 탄화수소가 주된 역할을 한다.

15 대기오염물질이 식물에 미치는 영향으로 가장 거리가 먼 것은?

㉮ SO_2는 보통 백화현상에 의하여 맥간반점을 형성한다.
㉯ CO는 이상낙엽과 새 나뭇가지의 성장저해 및 생장억제를 유발하며, 스위트피는 CO에 가장 민감한 식물로서 보통 0.1ppm에서 그 피해가 인정된다.
㉰ H_2S는 어린잎과 새싹에 피해가 많으며, 지표식물은 코스모스, 무, 크로바 등이다.
㉱ HF는 매우 적은 농도에서도 피해를 주며, 특히 어린잎에 현저하며 지표식물은 글라디올러스, 메밀 등이다.

풀이 ㉯ 일산화탄소(CO)는 식물에 미치는 피해는 거의 없고, 동물에 미치는 영향이 크다.

16 아황산가스에 약한 지표식물과 가장 거리가 먼 것은?

㉮ 대맥   ㉯ 담배
㉰ 자주개나리   ㉱ 옥수수

풀이 ① 아황산가스에 약한 지표식물은 대맥, 담배, 자주개나리(알팔파), 목화, 보리 등이다.
② 아황산가스에 강한 식물은 양배추, 까치밤나무, 쥐당나무, 셀러리, 소나무, 옥수수 등이 있다.

17 다음 중 일반적으로 건조대기 내 체류시간이 가장 긴 것은?

㉮ N_2 ㉯ O_2
㉰ CH_4 ㉱ CO_2

풀이 건조대기 내 체류시간은 N_2(4×10^8년) > O_2(6,000년) > CH_4(3~8년) > CO_2(2~4년) 순서이다.

18 다음 중 바람과 관련한 설명으로 옳은 것은?

㉮ 푄은 육지의 경사면을 따라 하강하는 바람의 일종으로 록키 산맥의 동쪽 경사면을 따라 흐르는 것을 치누크라 한다.
㉯ 곡풍은 경사면 → 계곡 → 주계곡으로 수렴하면서 풍속이 가속되기 때문에 낮에 산 위쪽으로 부는 산풍보다 일반적으로 더 강하다.
㉰ 해륙풍 중 육풍은 주로 여름에 빈발하고 육지로 보통 15~20km 까지 분다.
㉱ 전향력은 속력만 변화시킬 뿐, 운동방향에는 아무런 영향을 미치지 않는다.

풀이 ㉯ 산풍은 경사면 → 계곡 → 주계곡으로 수렴하면서 풍속이 가속되기 때문에 낮에 산위쪽으로 부는 곡풍보다 더 강하다.
㉰ 해륙풍 중 육풍은 주로 겨울에 주로 발생한다.
㉱ 전향력은 운동의 방향만을 변화시키고 속도에는 아무런 영향을 미치지 않는다.

answer 14 ㉰ 15 ㉯ 16 ㉱ 17 ㉮ 18 ㉮

19 다음 중 침강역전층에 관한 설명으로 가장 적합한 것은?

㉮ 고기압 중심 부근의 높은 고도(보통 1000~2000m)에서 발생하며 오염물질의 장기 축적에 기여할 수 있다.
㉯ 일몰 후 지표면 냉각이 시작될 때, 지표면 근처 공기가 빠르게 냉각되면서 발생한다.
㉰ 하강하여 생성되므로 접지역전(surface inversion)이라고도 한다.
㉱ 주로 일출 직전에 하늘이 맑고 바람이 적을 때 강하게 형성된다.

풀이 ㉯ 복사성 역전 설명
㉰ 공중역전 설명
㉱ 복사성 역전 설명

20 A산업체에서 기기고장으로 염소(Cl_2)가스가 누출되었다. 이에 대한 사고대책을 수립하기 위하여 일차적으로 염소가스의 특성을 이해하고자 한다. 이 염소가스는 동일한 체적의 공기보다 얼마나 더 무거운가?

㉮ 약 1.5배 ㉯ 약 2.0배
㉰ 약 2.5배 ㉱ 약 4.0배

풀이 Cl_2의 분자량 = 71kg
공기의 분자량 = 29kg
따라서 $\frac{71kg}{29kg}$ = 2.45배

| 제2과목 | 대기오염공정시험기준

21 다음은 환경대기 중 옥시단트(오존으로서) 농도측정을 위한 화학발광법의 측정원리이다. ( )안에 알맞은 것은?

시료대기 중에 오존과 (①)가 반응할 때 생기는 발광도가 오존농도와 비례관계가 있다는 것을 이용하여 오존농도를 측정한다. 이 측정방법의 최저감지농도는 (②)ppm이며, 방해물질로는 수분에 대해 약간 영향을 받는다.

㉮ ① 메탄가스, ② 0.003
㉯ ① 메탄가스, ② 0.05
㉰ ① 에틸렌가스, ② 0.003
㉱ ① 에틸렌가스, ② 0.05

22 다음 중 따로 규정이 없는 한 각 시약별 사용하는 규정시약으로 적합하지 않는 것은?

㉮ HI : 농도 55.0~58.0%, 비중(약) 1.70
㉯ $HClO_4$: 농도 60.0~62.0%, 비중(약) 1.54
㉰ HNO_3 : 농도 28~30%, 비중(약) 1.28
㉱ H_3PO_4 : 농도 85.0% 이상, 비중(약) 1.69

풀이 ㉰ HNO_3 : 농도 60.0~62.0%, 비중(약) 1.38

answer 19 ㉮ 20 ㉰ 21 ㉰ 22 ㉰ 23 ㉮

23 환경대기 중 아황산가스 측정을 위한 파라로자닐린법(Pararosaniline Method)의 장치구성에 관한 설명으로 옳지 않은 것은?

㉮ 흡광광도계는 376nm에서 흡광도를 측정할 수 있어야 하고, 측정에 사용되는 스펙트럼 폭은 50nm이어야 한다.
㉯ 시료분산기는 외경 8mm, 내경 6mm 및 길이 152mm의 유리관으로서 끝은 외경 0.3~0.8mm로 가늘게 만든 것을 사용한다.
㉰ 흡입펌프는 유량조절기와 펌프사이에 적어도 0.7기압의 압력차이를 유지하여야 한다.
㉱ 여과기는 0.8~2.0μm의 다공질막 또는 유리솜 여과기를 사용한다.

풀이 ㉮ 흡광광도계는 548nm에서 흡광도를 측정할 수 있어야 하고, 측정에 사용되는 스펙트럼 폭은 15nm이어야 한다.

24 배출가스 중 플루오린화합물을 분석하는 방법으로 틀린 것은?

㉮ 자외선/가시선분광법
㉯ 이온크로마토그래피
㉰ 이온선택전극법
㉱ 기체크로마토그래피

풀이 플루오린화합물을 분석하는 방법에는 자외선/가시선분광법-란타넘-알리자린콤플렉손법, 이온크로마토그래피, 이온선택전극법, 연속흐름법이 있다.

25 배출가스 중 카드뮴(Cd)을 원자흡수분광광도법으로 분석할때 측정파장(nm)은?

㉮ 228.8   ㉯ 217.0
㉰ 357.9   ㉱ 324.7

풀이 측정파장(nm)
㉮ 228.8 - Cd
㉯ 217.0 - Pb
㉰ 357.9 - Cr
㉱ 324.7 - Cu

26 기체-액체 크로마토그래피법에서 사용하는 고정상액체의 분류 중 탄화수소계에 해당하는 것은?

㉮ 인산트라이크레실
㉯ 스쿠아란
㉰ 다이에틸폼아미드
㉱ 플루오린화규소

풀이 ㉮ 인산트리크레실 : 기타
㉯ 스쿠아란 : 탄화수소계
㉰ 다이에틸폼아미드 : 기타
㉱ 플루오린화규소 : 실리콘계

27 배출가스 중 황화수소를 자외선/가시선분광법-메틸렌블루법으로 분석할 때 시료채취량이 20L이고 분석용 시료용액의 양이 200mL인 경우 정량범위는?

㉮ 1.5ppm 이상   ㉯ 0.5ppm 이상
㉰ 1.7ppm 이상   ㉱ 0.7ppm 이상

풀이 황화수소의 분석방법별 정량범위
① 자외선/가시선분광법-메틸렌블루법 : 1.7ppm 이상
② 기체크로마토그래피 : 0.5ppm 이상

answer 24 ㉱ 25 ㉮ 26 ㉯ 27 ㉰

28 A공장 굴뚝 배출가스 중 페놀류를 기체 크로마토그래피법(내표준법)으로 분석하였더니 아래 표와 같은 결과와 식이 제시되었을 때, 시료 중 페놀류의 농도는?

- 건조시료가스량 : 10L
- 정량에 사용된 분석용 시료용액의 양 : 8μL
- 분석용 시료용액의 제조량 : 5mL
- 검량선으로부터 구한 정량에 사용된 분석용 시료용액 중 페놀류의 양 : 6μg
- 페놀류의 농도 산출식 :
  $C = \dfrac{0.238 \times a \times V_1}{S_L \times V_s} \times 1{,}000$ 를 이용할 것

㉮ 약 89 V/Vppm
㉯ 약 159 V/Vppm
㉰ 약 229 V/Vppm
㉱ 약 357 V/Vppm

풀이 $C = \dfrac{0.238 \times a \times V_1}{S_L \times V_s} \times 1{,}000$

C : 페놀류의 농도(ppm)
S_L : 정량에 사용되는 분석용 시료용액의 양(μL)
V_S : 건조시료가스량(L)
V_1 : 분석용 시료용액의 제조량(mL)
a : 검량선으로부터 구한 정량에 사용된 분석용 시료용액 중 페놀류의 양(μg)

따라서 $C = \dfrac{0.238 \times 6\mu g \times 5mL}{8\mu L \times 10L} \times 1{,}000 = 89.25\,ppm$

29 굴뚝 배출가스 내 질소산화물의 분석방법 중 자외선/가시선분광법 아연환원나프틸에틸렌다이아민법에서의 흡수액으로 옳은 것은?

㉮ 황산용액
㉯ 크로모트로핀산 + 황산
㉰ 페놀디슬폰산용액
㉱ 나프틸에틸렌다이아민용액

풀이 자외선/가시선분광법 아연환원나프틸에틸렌다이아민법의 흡수액은 0.005mol/L 황산용액이다.

30 굴뚝 배출가스 중 CS_2의 자외선 가시선 분광법(흡광광도법)에 관한 설명으로 옳은 것은?

㉮ 다이에틸다이싸이오카밤산구리의 흡광도를 435nm 부근의 파장에서 측정한다.
㉯ 아미노디메틸아닐린의 흡광도를 670nm 부근의 파장에서 측정한다.
㉰ 피리딘-피라졸론의 흡광도를 620nm 부근의 파장에서 측정한다.
㉱ 다이페닐카바자이드의 흡광도를 540nm 부근의 파장에서 측정한다.

풀이 굴뚝 배출가스 중 CS_2의 자외선 가시선 분광법(흡광광도법)은 흡수액 다이에틸아민구리용액이며, 측정파장은 435nm 그리고 시료가스 채취량이 10L인 경우 이황화탄소의 정량범위는 (4.0~60.0)ppm이다.

answer 28 ㉮ 29 ㉮ 30 ㉮

31 굴뚝 배출가스 중 일산화탄소 분석방법과 가장 거리가 먼 것은?

㉮ 자외선/가시선분광법
㉯ 비분산적외선분광분석법
㉰ 정전위전해법
㉱ 기체크로마토그래피법

> 풀이 굴뚝 배출가스 중 일산화탄소 분석방법에는 비분산적외선분광분석법, 정전위전해법(전기화학식), 기체크로마토그래피법이 있다.

32 굴뚝단면이 원형일 경우, 굴뚝반경이 1.1m일 때 먼지를 측정하기 위한 측정점 수로 적합한 것은?

㉮ 4 ㉯ 8
㉰ 12 ㉱ 16

> 풀이 굴뚝반경이 1.1m이면 직경은 2.2m가 된다. 따라서 굴뚝직경이 2.2m일때 반경구분수 3, 측정점수 12이다.

TIP
원형 단면의 측정점

굴뚝직경(m)	반경구분수	측정점수
1 이하	1	4
1 초과 2 이하	2	8
2 초과 4 이하	3	12
4 초과 4.5 이하	4	16
4.5 초과	5	20

33 다음은 이온크로마토그래피법(Ion Chromatography)의 장치에 관한 설명이다. ( )안에 알맞은 것은?

> ( )(이)란 용리액에 사용되는 전해질 성분을 제거하기 위하여 분리관 뒤에 직렬로 접속시킨 것으로써 전해질을 물 또는 저 전도도의 용매로 바꿔줌으로써 전기 전도도 셀에서 목적이온 성분과 전기 전도도만을 고감도로 검출할 수 있게 해주는 것이다.

㉮ 용리액조   ㉯ 송액펌프
㉰ 분리관   ㉱ 써프렛서

> 풀이 ㉱ 써프렛서에 대한 설명이다.

34 0.04M의 황산용액 50mL를 중화하는데 요구되는 N/10 수산화소듐용액의 양은 몇 mL인가?

㉮ 5mL   ㉯ 10mL
㉰ 20mL ㉱ 40mL

> 풀이 $N_1V_1 = N_2V_2$
> $(0.04 \times 2)N \times 50mL = 0.1N \times V_2$
> $\therefore V_2 = \dfrac{(0.04 \times 2)N \times 50mL}{0.1N} = 40mL$

TIP
① H_2SO_4는 2가이므로 N농도 = (0.04M×2) = 0.08N
② N농도 = M농도×가수

answer 31 ㉮ 32 ㉰ 33 ㉱ 34 ㉱

35 황산 25mL를 물로 희석하여 전량을 1L로 만들었다. 희석후 황산용액의 농도는? (단, 황산순도는 95%, 비중은 1.84이다.)

㉮ 약 0.3N ㉯ 약 0.6N
㉰ 약 0.9N ㉱ 약 1.3N

풀이 N농도 = 규정농도 = eq/L

황산(H_2SO_4)의 1당량(eq) = $\dfrac{98g}{2}$ = 49g이다.

① eq/L = $\dfrac{비중(g)}{(mL)} \times \dfrac{10^3 mL}{1L} \times \dfrac{1eq}{1당량g} \times \dfrac{순도(\%)}{100}$

= $\dfrac{1.84g}{mL} \times \dfrac{10^3 mL}{1L} \times \dfrac{1eq}{49g} \times \dfrac{95\%}{100}$

= 35.673 eq/L

② 희석배수치 = $\dfrac{1,000mL}{25mL}$ = 40

③ 35.673N × $\dfrac{1}{40}$ = 0.89N

36 다음 중 굴뚝 배출가스 내 비소화합물의 분석방법으로 가장 적합한 것은?

㉮ 기체크로마토그래피법
㉯ 원자흡수분광광도법
㉰ 비분산 적외선분광분석법
㉱ 이온전극법

풀이 비소화합물의 분석방법에는 수소화물생성 원자흡수분광광도법, 흑연로 원자흡수분광광도법, 유도결합플라스마/원자발광분광법이 있다.

37 자외선 가시선 분광법에 관한 설명으로 옳지 않은 것은?

㉮ 파장선택부에서 단색장치로는 프리즘, 회절격자 또는 이 두 가지를 조합시킨 것을 사용하여 단색광을 내기위하여 슬릿(slit)을 부속시킨다.
㉯ 광원부에서 가시부와 근적외부의 광원으로는 주로 중수소 방전관을 사용하고 자외부의 광원으로는 주로 텅스텐램프를 사용한다.
㉰ 측광부에서 광전관, 광전자증배관은 주로 자외 내지 가시파장 범위에서 광전도셀은 근적외파장범위에서, 광전지는 주로 가시파장 범위 내에서의 광전측광에 사용된다.
㉱ 광전광도계는 파장선택부에 필터를 사용한 장치로 단광속형이 많고 비교적 구조가 간단하여 작업분석용에 적당하다.

풀이 ㉯ 광원부에서 가시부와 근적외부의 광원으로는 주로 텅스텐램프를 사용하고 자외부의 광원으로는 주로 중수소방전관을 사용한다.

38 배출가스 중 휘발성유기화합물(VOCs) 시료채취방법 중 흡착관법에서 채취관의 재질로 틀린 것은?

㉮ 플루오로 수지   ㉯ 유리
㉰ 보통 강철   ㉱ 석영

풀이 흡착관법에서 채취관의 재질에는 플루오로 수지, 유리, 석영 등이 있다.

answer 35 ㉰ 36 ㉯ 37 ㉯ 38 ㉰

39 중금속류를 분석할 때 시료 성상에 따른 전처리방법으로 옳지 않은 것은?

㉮ 소량의 유기물을 함유하는 것은 질산-과산화수소수법으로 전처리한다.
㉯ 유기물을 함유하지 않은 것은 질산법으로 전처리한다.
㉰ 다량의 유기물 유리탄소를 함유하는 것은 염산법으로 전처리한다.
㉱ 타르를 함유하는 것은 질산-염산법으로 전처리한다.

풀이 ㉰ 다량의 유기물 유리탄소를 함유하는 것은 저온회화법으로 전처리한다.

40 공정시험기준의 화학분석 일반사항에 대한 표시로 옳지 않은 것은?

㉮ 10억분율(Parts Per Hundred Million)은 pphm, 1억분율(Parts Per Billion)은 ppb로 표시한다.
㉯ 실온은 1~35℃로 하고, 찬곳(冷所)은 따로 규정이 없는 한 0~15℃의 곳을 뜻한다.
㉰ "냉후"(식힌 후)라 표시되어 있을 때는 보온또는 가열후 실온까지 냉각된 상태를 뜻한다.
㉱ 황산(1+2) 또는 황산 (1 : 2)라 표시한 것은 황산 1용량에 물 2용량을 혼합한 것이다.

풀이 ㉮ 10억분율(Parts Per Hundred Million)은 ppb, 1억분율(Parts Per Billion)은 pphm으로 표시한다.

| 제3과목 | 대기오염방지기술

41 다음 후드 중 가열된 상부개방 오염원에서 배출되는 오염물질을 채취하는데 일반적으로 사용되며, 주로 고온의 오염공기를 배출하고 과잉습도를 제거할 때 제한적으로 사용되며, 오염원이 고온이 아닐 때는 사용되지 않는 것은?

㉮ 방사형 후드(radiation hood)
㉯ 포위형 후드(enclosure hood)
㉰ 포착형 후드(capturing hood)
㉱ 천개형 후드(canopy hood)

풀이 오염원이 고온인 경우는 천개형 후드를 사용한다.

42 악취방지에 사용되는 첨착활성탄에 관한 설명으로 옳지 않은 것은?

㉮ 대부분의 경우 재생이 불가능하며, 암모니아나 아민류의 경우는 흡착효과가 거의 없다.
㉯ 산성가스 탈취용 첨착활성탄인 경우 수분의 공존에 의한 탈황효과에 양호한 영향을 주는 경우가 많다.
㉰ 악취성분은 흡입된 세공의 공간부에서 첨착물질과 화학적으로 반응한다.
㉱ 첨착물질과 악취성분은 비가역적인 화학반응을 일으키면서 그 다음 무취 물질로 변한다.

풀이 ㉮ 대부분의 경우 재생이 가능하며, 암모니아나 아민류의 경우에도 흡착효과가 있다.

answer 39 ㉰ 40 ㉮ 41 ㉱ 42 ㉮

43 합판공장의 배기가스량은 400m³/min, 먼지부하는 4.6g/m³이라면 직경 40cm, 길이 400cm의 여과백을 사용할 경우 이 가스를 제진하기 위해서 필요한 여과백의 수는? (단, 여과속도: 0.6m/min)

㉮ 133개 ㉯ 198개
㉰ 236개 ㉱ 265개

풀이 $Q = \pi \cdot D \cdot L \cdot n \cdot V_f$

- Q : 배기가스량(m/sec)
- D : 직경(m)
- L : 길이(m)
- V_f : 여과속도(m/sec)
- n : 여과백의 수

따라서

$n = \dfrac{Q}{\pi \cdot D \cdot L \cdot V_f} = \dfrac{400m^3/min}{\pi \times 0.4m \times 4m \times 0.6m/min}$

= 132.63개 ≒ 133개

44 탄소 50kg과 수소 50kg을 완전 연소시키는데 필요한 이론적인 산소의 양은?

㉮ 321kg ㉯ 386kg
㉰ 432kg ㉱ 533kg

풀이 ① $C + O_2 \rightarrow CO_2$
12kg : 32kg
50kg : X_1
∴ $X_1 = \dfrac{50kg \times 32kg}{12kg} = 133.33kg$

② $H_2 + 0.5O_2 \rightarrow H_2O$
2kg : 0.5×32kg
50kg : X_2
∴ $X_2 = \dfrac{50kg \times 0.5 \times 32kg}{2kg} = 400kg$

③ 산소량 = $X_1 + X_2$ = 133.33kg + 400kg
= 533.33kg

45 다음 기체연료의 완전연소 반응식으로 옳지 않은 것은?

㉮ 메탄 : $CH_4 + O_2 \rightarrow CO_2 + 2H_2$
㉯ 일산화탄소 : $2CO + O_2 \rightarrow 2CO_2$
㉰ 수소 : $2H_2 + O_2 \rightarrow 2H_2O$
㉱ 프로판 : $C_3H_8 + 5O_2 \rightarrow 3CO_2 + 4H_2O$

풀이 ㉮ $CH_4 + 2O_2 \rightarrow CO_2 + 2H_2O$

46 집진효율이 각각 80%인 사이클론(cyclone) 2개를 직렬로 연결하여 입자를 제거할 경우, 총집진효율은?

㉮ 80% ㉯ 86%
㉰ 90% ㉱ 96%

풀이 $\eta_T = 1-(1-\eta_1) \times (1-\eta_2) = 1-(1-0.8) \times (1-0.8) = 0.96$
∴ 96%

47 A굴뚝 배출가스 중 염소가스의 농도가 150mL/Sm³이다. 이 염소가스의 농도를 25mg/Sm³로 저하시키기 위하여 제거해야 할 양(mL/Sm³)은?

㉮ 95 ㉯ 111
㉰ 125 ㉱ 142

풀이 제거해야 할 양(mL/Sm³)
$= 150mL/Sm^3 - \left(\dfrac{25mg}{Sm^3} \times \dfrac{22.4mL}{71mg} \right)$
= 142.11 mL/Sm³

48 A공장의 백필터의 입구가스량은 35.8 Sm^3/h, 유입먼지농도는 4.56g/Sm^3, 출구의 가스량은 42.6Sm^3/h, 배출먼지농도는 4.1mg/Sm^3이었다면 이 백필터의 집진율은?

㉮ 87.55% ㉯ 89.03%
㉰ 97.19% ㉱ 99.89%

풀이
$$집진율(\%) = \left\{1 - \frac{C_o \times Q_o}{C_i \times Q_i}\right\} \times 100$$
$$= \left\{1 - \frac{4.1 \times 10^{-3} g/Sm^3 \times 42.6 Sm^3/hr}{4.56 g/Sm^3 \times 35.8 Sm^3/hr}\right\} \times 100$$
$$= 99.89\%$$

TIP
$C_o = 4.1 mg/Sm^3 = 4.1 \times 10^{-3} g/Sm^3$

49 과잉공기가 지나칠 때 나타나는 현상으로 옳지 않은 것은?

㉮ 연소실 내 온도 저하
㉯ 배출가스에 의한 열손실의 증가
㉰ 배출가스의 온도가 높아지고 매연이 증가
㉱ 배출가스 중 NO_x량 증가

풀이 ㉰ 배출가스의 온도가 낮아지고 매연이 감소

50 세정집진장치의 장점이라 볼 수 없는 것은?

㉮ 입자상 물질과 가스의 동시제거가 가능하다.
㉯ 친수성, 부착성이 높은 먼지에 의한 폐쇄염려가 없다.
㉰ 제진된 먼지의 재비산 염려가 없다.
㉱ 연소성 및 폭발성 가스의 처리가 가능하다.

풀이 ㉯ 비친수성, 부착성이 높은 먼지에 의한 폐쇄염려가 있다.

51 관성력 집진장치의 일반적인 효율 향상 조건에 관한 설명으로 옳지 않은 것은?

㉮ 기류의 방향전환 시 곡률반경이 작을수록 미립자의 채취가 가능하다.
㉯ 기류의 방향전환 각도가 작고, 방향전환 횟수가 많을수록 압력손실은 커지지만 집진은 잘 된다.
㉰ 충돌직전의 처리가스의 속도는 작고, 처리 후 출구 가스속도는 클수록 미립자의 제거가 쉽다.
㉱ 적당한 모양과 크기의 dust box가 필요하다.

풀이 ㉰ 충돌직전의 처리가스의 속도는 크고, 처리 후 출구 가스속도는 느릴수록 미립자의 제거가 쉽다.

52 전기집진장치에서 방전극과 집진극 사이의 거리가 10cm, 처리가스의 유입속도가 2m/sec, 입자의 분리속도가 5cm/sec일 때, 100% 집진 가능한 이론적인 집진극의 길이(m)는? (단, 배출가스의 흐름은 층류이다.)

㉮ 2 ㉯ 4
㉰ 6 ㉱ 8

풀이 $L = \frac{U \times S}{We}$

answer 48 ㉱ 49 ㉰ 50 ㉯ 51 ㉰ 52 ㉯

```
L : 집진극의 길이(m)
u : 유입속도(m/sec)
S : 집진극과 방전극간 거리(m)
We : 입자의 분리속도(m/sec)
```

따라서 $L = \dfrac{2\text{m/sec} \times 0.1\text{m}}{0.05\text{m/sec}} = 4.0\text{m}$

53 다음 중 착화성이 좋은 경유의 세탄값의 범위로 가장 적합한 것은?

㉮ 0.1~1　　㉯ 1~5
㉰ 5~10　　㉱ 40~60

[풀이] 경유(light oil)의 착화성을 나타내는 척도는 세탄가이며, 경유의 세탄값은 40~60 정도로 우수하다.

54 다음 중 탄화도가 가장 작은 것은?

㉮ 역청탄　　㉯ 이탄
㉰ 갈탄　　㉱ 무연탄

[풀이] 탄화도란 석탄으로 변화된 정도를 나타내며, 가장 작은 것은 이탄이며, 가장 큰 것은 무연탄이다.

55 송풍기의 크기와 유체의 밀도가 일정할 때 송풍기 회전속도를 2배로 증가시켰을 때 다음 중 옳은 것은?

㉮ 유량은 2배 증가한다.
㉯ 동력은 4배 증가한다.
㉰ 배출속도는 4배 증가한다.
㉱ 정압은 8배 증가한다.

[풀이] ㉮ 유량 = (회전속도)^1 = (2배)^1 = 2배
㉯ 동력 = (회전속도)^3 = (2배)^3 = 8배
㉰ 배출속도 = (회전속도)^1 = (2배)^1 = 2배
㉱ 정압 = (회전속도)^2 = (2배)^2 = 4배

56 다음 흡착제 중 표면적이 200m³/g 정도로서 휘발유 및 용제정제를 위해 사용되는 것은?

㉮ 활성탄　　㉯ 본 차(bone char)
㉰ 마그네시아　　㉱ 실리카겔

[풀이] 소수성 흡착제인 마그네시아에 대한 설명이며, 핵심 내용은 "표면적 200m²/g 정도"이다.

57 집진장치의 원형직선 송풍관내에 기류의 압력손실에 관한 설명으로 옳은 것은?

㉮ 관의 직경에 비례한다.
㉯ 기체의 밀도에 비례한다.
㉰ 관의 길이에 반비례한다.
㉱ 기체의 유속에 반비례한다.

[풀이] ㉮ 관의 직경에 반비례한다.
㉰ 관의 길이에 비례한다.
㉱ 기체의 유속의 제곱에 비례한다.

58 유량 40,715m³/hr의 공기를 원형 흡습탑을 거쳐 정화하려고 한다. 흡습탑의 접근유속을 2.5m/sec로 유지하려면 소요되는 흡습탑의 지름(m)은?

㉮ 약 2.8　　㉯ 약 2.4
㉰ 약 1.7　　㉱ 약 1.2

[풀이] $Q = \dfrac{\pi \cdot D^2}{4} \times V$

$\therefore D = \sqrt{\dfrac{4Q}{\pi \cdot V}}$

$= \sqrt{\dfrac{4 \times 41,715\text{m}^3/\text{hr} \times 1\text{hr}/3,600\text{sec}}{\pi \times 2.5\text{m/sec}}} = 2.43\text{m}$

answer 53 ㉱　54 ㉯　55 ㉮　56 ㉰　57 ㉯　58 ㉯

59 유압분무식 버너에 관한 설명으로 옳지 않은 것은?

㉮ 구조가 간단하여 유지 및 보수가 용이하다.
㉯ 유량조절 범위가 좁아 부하변동에 적응하기 어렵다.
㉰ 연료분사 범위는 15~2,000kL/hr 정도이다.
㉱ 분무각도가 40~90° 정도로 크다.

풀이 ㉰ 연료분사 범위는 15~2,000L/hr 정도이다.

60 97% 집진효율을 갖는 전기집진장치로 가스의 유효 표류속도가 0.1m/sec인 오염공기 180m³/sec를 처리하고자 한다. 이 때 필요한 총집진판 면적(m²)은? (단, deutsch식에 의함)

㉮ 6,456   ㉯ 6,312
㉰ 6,029   ㉱ 5,873

풀이
$\eta = 1 - \exp\dfrac{-A \cdot W_e}{Q}$

$\therefore A = \dfrac{LN(1-\eta)}{-\dfrac{W_e}{Q}} = \dfrac{LN(1-0.97)}{-\dfrac{0.1 m/sec}{180 m^3/sec}} = 6,311.80 m^2$

answer 59 ㉰   60 ㉯

2012 2회 기출문제

| 제1과목 | 대기환경관리

01 다음 중 일반적으로 하루 중에서 최고 농도를 나타내는 시간이 가장 빠른 것은?

㉮ NO ㉯ NO_2
㉰ O_3 ㉱ HNO_3

▶ 풀이 │ 일반적으로 하루중에서 최고 농도를 나타내는 시간이 가장 빠른 것은 1차성 물질이므로 NO(일산화질소)이다.

02 가시도(Visibility)에 관한 설명으로 옳지 않은 것은?

㉮ 빛의 흡수와 분산으로 가시도는 감소한다.
㉯ 가시거리는 습도에 의하여 크게 영향을 받는다.
㉰ COH(coefficient of haze)는 깨끗한 여과지에 먼지를 모은 다음 빛 전달율의 감소를 측정함으로써 결정된다.
㉱ 강도가 I인 빛으로 X거리에서 조명하여 dx거리를 통과하는 동안 흡수와 분산으로 빛의 강도가 dI만큼 감소할 때 $dI = \sigma(I)^2/(dx)^2$이다. (σ : 소광계수)

▶ 풀이 │ ㉱ 강도가 I인 빛으로 X거리에서 조명하여 dx거리를 통과하는 동안 흡수와 분산으로 빛의 거리가 dI만큼 감소할 때 $dI = -\sigma \cdot I \cdot dx$이다. ($\sigma$: 소광계수)

03 유효높이 60m인 굴뚝으로부터 SO_2가 160g/s의 질량속도로 배출되고 있다. 굴뚝높이에서의 풍속은 6m/s, 풍하거리 500m에서 대기안정조건에 따른 편차 σ_y는 28m, σ_z는 18.5m이었다. 가우시안모델에서 지표반사를 고려할 때, 이 굴뚝으로부터 풍하거리 500m의 중심선상의 지표농도는?

㉮ 약 $34\mu g/m^3$ ㉯ 약 $66\mu g/m^3$
㉰ 약 $85\mu g/m^3$ ㉱ 약 $101\mu g/m^3$

▶ 풀이 │
$$C = \frac{Q}{\pi \cdot u \cdot \sigma_y \cdot \sigma_z} \exp\left[-\frac{He^2}{2\sigma_z^2}\right]$$

- C : 농도($\mu g/m^3$)
- Q : 오염물질 배출량($\mu g/sec$)
- σ_y : 수평방향의 표준편차(m)
- σ_z : 수직방향의 표준편차(m)
- u : 풍속(m/sec)
- He : 유효굴뚝높이(m)

따라서
$$C = \frac{160g/sec \times 10^6 \mu g/g}{\pi \times 6m/sec \times 28m \times 18.5m} \exp\left[-\frac{(60m)^2}{2\times(18.5m)^2}\right]$$
$$= 85.19\mu g/m^3$$

answer 01 ㉮ 02 ㉱ 03 ㉰

04 다음 대기오염의 역사적 사건에 대한 주오염물질의 연결로 옳은 것은?

㉮ 보팔시 사건 : SO_2, H_2SO_4-mist
㉯ 포자리카 사건 : H_2S
㉰ 체르노빌 사건 : PCB_S
㉱ 뮤즈계곡사건 : methylisocyanate

풀이 ㉮ 보팔시 사건 : methylisocyanate(CH_3CNO)
㉰ 체르노빌 사건 : 방사능 물질
㉱ 뮤즈계곡사건 : SO_2, H_2SO_4-mist

05 다음 설명하는 오염물질로 가장 적합한 것은?

> 부식성이 강하며 주로 상기도에 대하여 급성 흡입효과를 나타내고 고농도 하에서는 일정기간이 지나면 폐부종을 유발하기도 한다. 만성 폭로 시 구강과 혀가 갈색으로 변색되며, 호흡 시 독특한 냄새가 나고, 피부반점이 생긴다는 보고도 있다.

㉮ acryl amides   ㉯ NO_2
㉰ Br_2 ㉱ MEK

풀이 ㉰ 브로민(Br_2)에 대한 설명이다.

06 London형 스모그 사건과 비교한 Los Angeles형 스모그 사건에 관한 설명으로 옳은 것은?

㉮ 주오염물질은 SO_2, smoke, H_2SO_4, 미스트 등이다.
㉯ 주오염원은 공장, 가정난방이다.
㉰ 침강성 역전이다.
㉱ 주로 아침, 저녁에 발생하고, 환원반응이다.

풀이 ㉮ 주오염물질은 광화학산화물(오존, PAN)이다.
㉯ 주오염원은 자동차에 사용되는 석유계 연료이다.
㉱ 주로 한낮에 발생하고, 산화반응이다.

07 다음 오염물질의 재료와 구조물에 대한 영향 중 특히 타이어와 같은 고무제품에 접촉하여 균열 및 노화를 일으키며, 착색된 각종 섬유를 탈색시키는 것으로 가장 적합한 것은?

㉮ 불화수소   ㉯ 아황산가스
㉰ 일산화탄소   ㉱ 오존

풀이 ㉱ 오존(O_3)에 대한 설명이며, 핵심 내용은 "고무제품 부식"임을 숙지하시면 됩니다.

08 다음 특정물질 중 오존파괴지수가 가장 낮은 것은?

㉮ CFC-115   ㉯ 사염화탄소
㉰ Halon-2402   ㉱ Halon-1301

풀이 오존층 파괴지수
㉮ CFC-115 : 0.6
㉯ 사염화탄소 : 1.1
㉰ Halon-2402 : 6.0
㉱ Halon-1301 : 10.0

TIP
오존층 파괴지수(ODP)가 가장 큰 물질은 Halon-1301(CF_3Br)로 10.0임을 반드시 숙지하시기 바랍니다.

answer 04 ㉯ 05 ㉰ 06 ㉰ 07 ㉱ 08 ㉮

09 다음 중 실내공기오염의 일반적인 지표가 되는 오염물질로서 다중이용시설에서 실내공기질 유지기준이 1,000ppm 이하인 것은?

㉮ N_2
㉯ CO
㉰ CO_2
㉱ H_2S

풀이 다중이용시설에서 실내공기질 유지기준이 1,000ppm 이하인 것은 이산화탄소(CO_2)이며, 실내공기오염의 지표로 사용된다.

10 다음의 대기오염물질 중 2차 오염물질과 가장 거리가 먼 것은?

㉮ N_2O_3
㉯ PAN
㉰ O_3
㉱ NOCl

풀이 ㉮ N_2O_3는 1차성 물질이다.

11 다음 중 교외지역에 비해 온도가 높게 나타나는 도시열섬효과(heat island effect)를 가져오는 원인과 가장 거리가 먼 것은?

㉮ 기온역전
㉯ 건물 등 구조물에 의한 거칠기 길이의 변화
㉰ 지표면의 열적 성질 차이
㉱ 인구 집중에 따른 인공열 발생의 증가

풀이 ㉮ 기온역전은 대기오염과 관계있다.

12 연소과정에서 방출되는 NO_x 배출가스 중 NO : NO_2의 개략적인 비는 얼마 정도인가?

㉮ 5 : 95
㉯ 20 : 80
㉰ 50 : 50
㉱ 90 : 10

풀이 연소과정에서 방출되는 NO_x 배출가스 중 NO : NO_2의 개략적인 비는 90 : 10 이다.

13 다음 대기분산모델 중 미국에서 개발되었으며, 적용 배출원의 형태는 점, 면이며, 도시 지역에서 광화학반응을 고려하여 오염물질의 이동을 계산하는 광화학 모델에 해당하는 것은?

㉮ ADMS
㉯ RAMS
㉰ UAM
㉱ TCM

풀이
㉮ ADMS : 가우시안모델이며, 점, 면, 선에 적용하고, 영국에서 개발되었으며, 도시지역 오염물질의 이동을 계산하는데 이용된다.
㉯ RAMS : 3차원 바람장모델이며, 미국에서 개발되었고, 바람장과 오염물질의 분산을 동시에 계산한다.
㉱ TCM : 가우시안모델이며, 점, 면에 적용하고, 미국에서 개발되었고, 장기모델로서 한국에서 많이 사용되었다.

answer 09 ㉰ 10 ㉮ 11 ㉮ 12 ㉱ 13 ㉰

14 지상 10m에서의 풍속이 5m/s라면 지상 50m에서의 풍속은? (단, Deacon식 적용, 대기는 심한 역전상태(P = 0.4)임)

㉮ 8.5m/s   ㉯ 9.5m/s
㉰ 10.5m/s ㉱ 11.5m/s

풀이 Decon의 식 $U_2 = U_1 \times \left(\dfrac{H_2}{H_1}\right)^P$

- U_2 : H_2에서의 풍속(m/sec)
- U_1 : H_1에서의 풍속(m/sec)
- P : 매개변수

따라서 $U_2 = 5\text{m/sec} \times \left(\dfrac{50\text{m}}{10\text{m}}\right)^{0.4} = 9.52\text{m/sec}$

15 다음 중 온실가스 감축, 오존층 보호를 위한 국제협약(의정서) 등으로 가장 거리가 먼 것은?

㉮ 바젤 협약
㉯ 교토 의정서
㉰ 몬트리올 의정서
㉱ 비엔나 협약

풀이 ㉮ 바젤 협약은 유해 폐기물의 국제적 이동의 통제와 규제를 골자로 하는 국제협약이다.

16 B-C유 보일러 배출가스 중 SO_2가 표준상태에서 1,120ppm으로 측정되었다면 같은 조건에서는 몇 mg/Sm^3인가?

㉮ 392   ㉯ 689
㉰ 3,200 ㉱ 3,870

풀이 $mg/Sm^3 = \dfrac{1{,}120\text{mL}}{Sm^3} \times \dfrac{64\text{mg}}{22.4\text{mL}} = 3{,}200\text{mg}/Sm^3$

TIP
① SO_2 1mol $\begin{cases} 64\text{mg} \\ 22.4\text{mL} \end{cases}$
② $ppm = mL/Sm^3$

17 대기오염물질이 인체에 미치는 영향에 관한 설명으로 가장 적합한 것은?

㉮ 석면, 니켈, 크로뮴, 비소화합물은 인체의 영향을 미치는 형태로 분류할 때 발열물질에 해당한다.
㉯ 황화수소는 고농도에서 주로 다발성 신경염, 이따이이따이병 등을 일으킨다.
㉰ 오존에 반복 노출되면 가슴 통증, 기관지염, 심장질환, 천식 등을 일으킨다.
㉱ 일산화탄소는 피부조직에 수분이 존재하면 산으로 작용하며, 100ppm에 10분 정도의 노출도 인체에 격렬한 두통을 유발한다.

풀이 ㉮ 석면, 니켈, 크로뮴, 비소화합물은 인체의 영향을 미치는 형태로 분류할 때 발암물질에 해당한다.
㉯ 황화수소는 고농도에서 중추신경에 영향을 주며, 이따이이따이병은 카드뮴 중독에 의한 질환이다.
㉱ 일산화탄소는 헤모글로빈과의 결합으로 카복시헤모글로빈을 형성하여 중추신경계 장애를 초래한다.

answer 14 ㉯ 15 ㉮ 16 ㉰ 17 ㉰

18 다음 설명과 관련된 복사법칙으로 가장 적합한 것은?

> 흑체표면의 단위면적으로부터 단위시간에 방출되는 전파장의 복사에너지의 양(흑체의 전복사도) E는 흑체의 절대온도 4승에 비례한다.

㉮ 플랑크의 법칙
㉯ 빈의 법칙
㉰ 스테판-볼쯔만의 법칙
㉱ 알베도의 법칙

풀이 ㉰ 스테판-볼쯔만의 법칙에 대한 설명으로 복사에너지(E) = σT^4으로 나타낸다.

19 대기권의 구조에 관한 설명으로 가장 거리가 먼 것은?

㉮ 대기의 수직온도 분포에 따라 대류권, 성층권, 중간권, 열권으로 구분할 수 있다.
㉯ 대류권 기상요소의 수평분포는 위도, 해륙분포 등에 의해 다르지만 연직방향에 따른 변화는 더욱 크다.
㉰ 대류권의 높이는 통상적으로 여름철에 낮고, 겨울철에 높으며, 고위도 지방이 저위도 지방에 비해 높다.
㉱ 대류권의 하부 1~2km까지를 대기경계층이라고 하며, 지표면의 영향을 직접 받아서 기상요소의 일변화가 일어나는 층이다.

풀이 ㉰ 대류권의 높이는 통상적으로 겨울철에 낮고, 여름철에 높으며, 저위도 지방이 고위도지방에 비해 높다.

20 다음 중 레일리 산란(Rayleigh scattering) 효과가 가장 뚜렷이 나타나는 조건은?

㉮ 입자의 반경이 입사광선의 파장보다 훨씬 큰 경우
㉯ 입자의 반경이 입사광선의 파장보다 훨씬 작은 경우
㉰ 입자의 반경과 입사광선의 파장이 비슷한 크기인 경우
㉱ 입자의 반경과 입사광선 파장의 크기가 정확히 일치하는 경우

풀이 레일리 산란효과가 뚜렷이 나타나는 조건은 입자의 반경이 입사광선의 파장보다 훨씬 작은 경우이며, 레일리 산란의 경우 그 세기는 파장의 4승에 반비례한다.

| 제2과목 | 대기오염공정시험기준

21 굴뚝 배출가스 중 질소산화물을 자외선/가시선분광법 아연환원나프틸에틸렌다이아민법으로 분석할 경우 흡수액으로 알맞은 것은?

㉮ 황산용액   ㉯ 질산용액
㉰ 붕산용액   ㉱ 수산화소듐용액

풀이 질소산화물을 자외선/가시선분광법 아연환원나프틸에틸렌다이아민법으로 분석시 흡수액은 0.005 mol/L 황산용액이다.

answer 18 ㉰ 19 ㉰ 20 ㉯ 21 ㉮

22 환경대기 중 아황산가스의 농도를 측정하고자 산정량수동법으로 측정하여 다음과 같은 결과를 얻었다. 이 때 아황산가스의 농도는?

- 적정에 사용한 0.01N-알칼리 용액의 소비량 0.2mL
- 시료가스 채취량 1.5m³

㉮ 43μg/m³ ㉯ 58μg/m³
㉰ 65μg/m³ ㉱ 72μg/m³

풀이

$$S = \frac{32{,}000 \times N \times v}{V}$$

- S : 아황산가스의 농도(μg/m³)
- N : 알칼리의 규정농도(N)
- v : 적정에 사용한 알칼리의 양(mL)
- V : 시료가스 채취량(m³)

따라서 $S = \dfrac{32{,}000 \times 0.01N \times 0.2mL}{1.5m^3}$

$= 42.67(μg/m^3)$

23 환경대기 중 다환방향족탄화수소류(PAH$_s$)의 기체크로마토그래피/질량분석법에서 사용되는 용어 정의 중 "추출과 분석 전에 각 시료, 공 시료, 매체시료에 더해지는 화학적으로 반응성이 없는 환경 시료 중에 없는 물질"을 의미하는 것은?

㉮ 내부표준물질 ㉯ 대체표준물질
㉰ 외부표준물질 ㉱ 냉매

풀이 ㉯ 대체표준물질에 대한 설명이다.

24 대기오염공정시험기준상 시험에 사용하는 시약이 따로 규정이 없이 단순히 보기와 같이 표시되었을 때 다음 중 그 규정한 농도(%)가 일반적으로 가장 높은 값을 나타내는 것은?

㉮ HNO₃ ㉯ HCl
㉰ CH₃COOH ㉱ HF

풀이 ㉮ HNO₃ : 60.0~62.0%
㉯ HCl : 35.0~37.0%
㉰ CH₃COOH : 99.0% 이상
㉱ HF : 46.0~48.0%

TIP
규정한 농도가 가장 높은 시약은 CH₃COOH(99.0% 이상), H₂SO₄(95% 이상)임을 숙지하시기 바랍니다.

25 화학분석시 온도의 표시에 관한 설명으로 옳지 않은 것은?

㉮ 냉수는 15℃ 이하이다.
㉯ 온수는 60~70℃, 열수는 약 100℃를 말한다.
㉰ 찬 곳은 따로 규정이 없는 한 4℃ 이하를 뜻한다.
㉱ 냉후(식힌후)라 표시되어 있을 때는 보온 또는 가열 후 실온까지 냉각된 상태를 뜻한다.

풀이 ㉰ 찬 곳은 따로 규정이 없는 한 0~15℃를 뜻한다.

answer 22 ㉮ 23 ㉯ 24 ㉰ 25 ㉰

26 피토우관을 사용하여 가스 유속을 측정하여 다음과 같은 결과를 얻었다고 할 때, 유속(m/s)은?

> - 피토우관 계수 : 1.1
> - 피토우관에 의한 동압 : 14.4mmH₂O
> - 연도내 습윤 배출가스의 단위체적당 질량 : 1.3kg/m³

㉮ 12.3 m/s ㉯ 13.5 m/s
㉰ 14.8 m/s ㉱ 16.2 m/s

풀이
$$V = C \times \sqrt{\frac{2gh}{r}}$$

V : 피토우관에서의 유속(m/sec)
C : 피토우관 계수
g : 중력가속도(9.8m/sec²)
h : 동압(mmH₂O)
r : 밀도(kg/m³)

따라서 $V = 1.1 \times \sqrt{\dfrac{2 \times 9.8 m/sec^2 \times 14.4 mmH_2O}{1.3 kg/m^3}}$

= 16.21m/sec

27 용기채취법으로 환경대기 중의 시료 채취를 위해 사용하는 주머니의 재질 중 '비닐주머니'는 어떤 항목의 시료채취 외에는 사용해서는 안되는가?

㉮ SO_2 ㉯ CO
㉰ NO_X ㉱ Oxidants

풀이 비닐주머니는 일산화탄소의 채취이외에는 사용해선 안된다.

28 0.2N-H₂SO₄ 용액 500mL를 만들기 위해서 95% H₂SO₄(비중 1.84) 약 몇 mL를 취하여야 하는가?

㉮ 약 2.8 ㉯ 약 4.8
㉰ 약 6.0 ㉱ 약 8.0

풀이
① $eq/L = \dfrac{비중(g)}{(mL)} \times \dfrac{10^3 mL}{1L} \times \dfrac{1eq}{1당량g} \times \dfrac{농도(\%)}{100}$

$= \dfrac{1.84g}{mL} \times \dfrac{10^3 mL}{1L} \times \dfrac{1eq}{49g} \times \dfrac{95\%}{100} = 35.67N$

② 적정공식 $N_1V_1 = N_2V_2$를 이용한다.
0.2N×500mL = 35.67N×V₂

∴ $V_2 = \dfrac{0.2N \times 500mL}{35.67N} = 2.80mL$

TIP
① N농도 = eq/L
② H₂SO₄ 1mol = 98g
③ $1eq = \dfrac{분자량(g)}{가수} = \dfrac{98g}{2} = 49g$

29 굴뚝 배출가스 중 황산화물의 분석방법인 침전적정법-아르세나죠Ⅲ법에서 종말점으로 알맞은 것은?

㉮ 녹색이 1분간 지속되는 점
㉯ 청색이 1분간 지속되는 점
㉰ 황색이 1분간 지속되는 점
㉱ 적색이 1분간 지속되는 점

풀이 황산화물을 침전적정법-아르세나죠Ⅲ법으로 분석 시 종말점은 청색이 1분간 지속되는 점이다.

answer 26 ㉱ 27 ㉯ 28 ㉮ 29 ㉯

30 다음 각 장치 중 이온크로마토그래피법의 주요 장치구성과 거리가 먼 것은?

㉮ 용리액조   ㉯ 송액펌프
㉰ 써프렛서   ㉱ 회전섹터

풀이 이온크로마토그래피법의 분석장치의 구성순서는 용리액조-송액펌프-시료주입장치-분리관-써프렛서-검출기-기록계로 구성되어 있다.

31 이온크로마토그래피의 분리관에 관한 설명으로 옳지 않은 것은?

㉮ 이온교환체의 구조면에서는 표층피복형(表層被覆型), 표층박막형(表層薄膜型), 전다공성 미립자형(全多孔性 微粒子型)이 있다.
㉯ 분리관 내에 충전된 양이온 교환체는 표면에 슬폰산기를 보유하고 있다.
㉰ 분리관의 재질로 용리액 및 시료액과 반응성이 적은 것을 선택하며, 에폭시 수지관이 사용된다.
㉱ 금속이온 분리용 분리관의 재질로 스테인레스관이 사용된다.

풀이 ㉱ 금속이온 분리용 분리관의 재질로 스테인레스관은 좋지 않다.

32 단면 모양이 4각형인 어느 굴뚝을 4개의 같은 면적으로 구분하여 수동식 채취기로 각 측정점에서의 유속과 먼지농도를 측정한 결과, 유속은 각각 4.2, 4.5, 4.8, 5.0m/sec, 먼지 농도는 각각 0.5, 0.55, 0.58, 0.60g/Sm³이었다. 전체 평균 먼지농도는?

㉮ 0.56g/Sm³   ㉯ 0.63g/Sm³
㉰ 0.76g/Sm³   ㉱ 0.83g/Sm³

풀이 먼지농도(g/Sm³) = $\frac{합(먼지농도 \times 유속)}{합(유속)}$

$= \frac{0.5 \times 4.2 + 0.55 \times 4.5 + 0.58 \times 4.8 + 0.60 \times 5.0}{4.2 + 4.5 + 4.8 + 5.0}$

$= 0.56 \text{g/Sm}^3$

33 다음 중 환경대기 내의 탄화수소 농도를 측정하기 위한 시험방법으로 옳지 않은 것은?

㉮ 용융 탄화수소 측정법
㉯ 활성 탄화수소 측정법
㉰ 비메탄 탄화수소 측정법
㉱ 총탄화수소 측정법

풀이 환경대기 내의 탄화수소 농도를 측정하기 위한 시험방법으로는 활성 탄화수소 측정법, 비메탄 탄화수소 측정법(주시험방법), 총탄화수소 측정법이 있다.

34 다음 중 원자흡수분광광도법에서 사용되는 용어와 거리가 먼 것은?

㉮ 중공음극램프(Hollow Cathode Lamp)
㉯ 제로 가스(Zero Gas)
㉰ 멀티 패스(Multi-path)
㉱ 공명선(Resonance Line)

풀이 ㉯ 제로 가스(Zero Gas)는 비분산적외선분광분석법에서 사용하는 용어이다.

answer 30 ㉱ 31 ㉱ 32 ㉮ 33 ㉮ 34 ㉯

35 굴뚝 배출가스 중 먼지측정을 위해 시료채취 시 등속흡입 정도를 보기 위한 등속흡입계수와 범위로 가장 적합한 것은?

㉮ 85~105% ㉯ 90~110%
㉰ 95~115% ㉱ 95~110%

[풀이] 등속흡입계수 값이 90%~110% 범위 내에 들지 않을 경우에는 다시 시료채취를 행한다.

36 자외선/가시선분광법에 관한 설명으로 옳은 것은?

㉮ 흡광광도 분석장치는 광원부, 시료원자화부, 단색화부 등으로 구성되어 있다.
㉯ 광원부에서 자외부 광원으로는 주로 중수소 방전관을 사용한다.
㉰ 흡광도 눈금의 보정에 사용되는 것은 과망간산포타슘용액이다.
㉱ 광전광도계는 단색화부의 필터를 사용한 장치로 복광속형이 많고 구조가 복잡하다.

[풀이] ㉮ 흡광광도 분석장치는 광원부, 파장선택부, 시료부, 측광부로 구성되어 있다.
㉰ 흡광도 눈금의 보정에 사용되는 것은 다이크로뮴산포타슘용액이다.
㉱ 광전광도계는 파장선택부에 필터를 사용한 장치로 단광속형이 많고 비교적 구조가 간단하여 작업분석용에 적당하다.

37 저용량공기시료채취기법으로 환경대기 중에 부유하고 있는 입자상 물질을 채취하기 위한 장치의 기본구성 중 흡입펌프 조건으로 옳지 않은 것은?

㉮ 운반이 용이할 것
㉯ 유량이 큰 것
㉰ 진공도가 높을 것
㉱ 맥동이 있고 고르게 작동될 것

[풀이] ㉱ 맥동이 없고 고르게 작동될 것

38 배출가스 중 플루오린화합물을 측정하는 방법에 대한 내용으로 틀린 것은?

㉮ 자외선/가시선분광법 – 란타넘-알리자린콤플렉손법은 복합 착화합물의 흡광도를 파장 520nm에서 측정한다.
㉯ 이온크로마토그래피는 시료채취량이 40L이고 분석용 시료용액의 양이 100mL인 경우, 정량범위는 0.30ppm 이상이다.
㉰ 이온선택전극법은 굴뚝에서 적절한 시료채취장치를 이용하여 얻은 시료 흡수액을 플루오린화 이온전극을 이용하여 전기전도도를 측정하는 방법이다.
㉱ 연속흐름법에서 사용하는 흡수액은 수산화소듐 용액 (4g/L)이다.

[풀이] ㉮ 자외선/가시선분광법 – 란타넘-알리자린콤플렉손법은 복합 착화합물의 흡광도를 파장 620nm에서 측정한다.

answer 35 ㉯ 36 ㉯ 37 ㉱ 38 ㉮

39 원형 단면의 굴뚝에서 먼지를 측정하기 위한 측정점수로 옳은 것은? (단, 굴뚝의 반경 1.9m임)

㉮ 4 ㉯ 8
㉰ 12 ㉱ 16

풀이 굴뚝의 반경 1.9m이면 직경은 3.8m 이므로 반경 구분수는 3, 측정점수는 12이다.

TIP 원형 단면의 측정점

굴뚝직경(m)	반경구분수	측정점수
1 이하	1	4
1 초과 2 이하	2	8
2 초과 4 이하	3	12
4 초과 4.5 이하	4	16
4.5 초과	5	20

40 다음 조건을 이용한 기체크로마토그래피법에서 분리관의 HETP는?

- 머무름시간 : 5분
- 봉우리 좌우의 변곡점에서 접선이 자르는 바탕선의 길이 : 5mm
- 기록지 이동속도 : 5mm/분
- 분리관의 길이 : 2m

㉮ 0.125cm ㉯ 0.25cm
㉰ 0.5cm ㉱ 0.65cm

풀이 ① $n = 16 \times \left(\dfrac{t_R}{W}\right)^2$

$\begin{bmatrix} n : \text{이론단수} \\ t_R : \text{기록지 이동속도(mm)} \\ W : \text{봉우리의 폭(mm)} \end{bmatrix}$

따라서 $n = 16 \times \left(\dfrac{5mm/min \times 5min}{5mm}\right)^2 = 400$

② $HETP = \dfrac{L}{n}$

$\begin{bmatrix} L : \text{분리관의 길이(m)} \\ n : \text{이론단수} \end{bmatrix}$

따라서, $HETP = \dfrac{2m \times 10^2 cm/m}{400} = 0.5cm$

| 제3과목 | 대기오염방지기술

41 먼지의 입경 $d_p(\mu m)$을 Rosin-Rammler 분포에 의해 체상분포 $R(\%) = 100\exp(-\beta d_p^n)$으로 나타낸다. 이 먼지의 입경 35μm 이하가 전체의 약 몇 %를 차지하는가? (여기서, $\beta = 0.063$, $n = 1$)

㉮ 11% ㉯ 21%
㉰ 79% ㉱ 89%

풀이 $R(\%) = 100\exp(-\beta \cdot d_p^n)$

$\begin{bmatrix} dp : \text{먼지의 입경} \\ \beta : \text{입경계수} \\ n : \text{입경지수} \end{bmatrix}$

① $R(\%) = 100\exp(-0.063 \times (35\mu m)^1) = 11.025\%$
② 35μm 이하의 입경 = 100% - 11.025% = 88.98%

42 다음 기체를 각각 $1Sm^3$씩 완전연소 하기 위하여 필요한 이론공기량(Sm^3)이 많은 순서부터 차례로 나열된 것은? (단, 모두 표준상태 기준)

㉮ $C_3H_4 > C_2H_6 > C_4H_6 > C_3H_6$
㉯ $C_4H_6 > C_3H_6 > C_3H_4 > C_2H_5$
㉰ $C_4H_6 > C_3H_4 > C_2H_6 > C_3H_6$
㉱ $C_3H_6 > C_3H_4 > C_4H_6 > C_2H_5$

answer 39 ㉰ 40 ㉰ 41 ㉱ 42 ㉯

풀이 이론공기량이 큰 기체는 산소의 개수가 가장 많은 기체이다. 따라서 완전연소반응식을 완성하여 정답을 찾는다.
$C_4H_6 + 5.5O_2 \rightarrow 4CO_2 + 3H_2O$
$C_3H_6 + 4.5O_2 \rightarrow 3CO_2 + 3H_2O$
$C_3H_4 + 4O_2 \rightarrow 3CO_2 + 2H_2O$
$C_2H_6 + 3.5O_2 \rightarrow 2CO_2 + 3H_2O$

43 송풍기의 크기와 유체의 밀도가 일정할 때 송풍기 회전속도를 2배로 증가시켰을 때 다음 설명 중 옳은 것은?

㉮ 정압은 원래의 8배가 된다.
㉯ 동력은 원래의 4배가 된다.
㉰ 배출속도는 원래의 16배가 된다.
㉱ 유량은 원래의 2배가 된다.

풀이
㉮ 정압 = (회전속도)² = (2배)² = 4배
㉯ 동력 = (회전속도)³ = (2배)³ = 8배
㉰ 배출속도 = (회전속도)¹ = (2배)¹ = 2배
㉱ 유량 = (회전속도)¹ = (2배)¹ = 2배

44 Freundlich 등온흡착식으로 가장 적합한 것은? (단, X : 흡착된 용질량(제거가스 농도 : $C_i - C_o$), M : 흡착제량, C_o : 출구가스 농도, C_i : 입구가스농도, K, n : 상수)

㉮ $\dfrac{X}{M} = KC_o^{\frac{1}{n}}$ ㉯ $\dfrac{X}{M} = (KC_o)^{\frac{1}{n}}$

㉰ $\dfrac{M}{X} = KC_o^{\frac{1}{n}}$ ㉱ $\dfrac{M}{X} = (KC_o)^{\frac{1}{n}}$

풀이 Freundlich의 등온흡착식
$\dfrac{X}{M} = K \cdot C_o^{\frac{1}{n}}$
$\Rightarrow \dfrac{C_i - C_o}{M} = K \cdot C_o^{\frac{1}{n}}$

45 물에 의한 염화수소 제거방법으로 가장 거리가 먼 것은?

㉮ 염화수소는 용해열이 크고, 온도가 상승하면 염화수소 분압이 상승하므로 완전 제거를 목적으로 할 경우 충분한 냉각이 필요하다.
㉯ 염화수소 농도가 높은 배기가스 처리 시 충전탑이 사용되고, 농도가 낮을 때는 관외 냉각형을 주로 사용한다.
㉰ 염산은 부식성이 있으므로 장치는 유리라이닝, 폴리에틸렌 등을 사용하고, 회전부를 갖는 접촉장치는 재질, 보수상의 문제가 있다.
㉱ 충전탑, 스크러버를 사용할 때는 반드시 mist catcher를 설치하여 미스트 발산을 방지해야 한다.

풀이 ㉯ 염화수소 농도가 높은 배기가스 처리시 관외 냉각형이 사용되고, 농도가 낮을 때는 충전탑을 주로 사용한다.

46 어떤 0차 반응에서 반응을 시작하고 반응물의 1/2이 반응하는데 40분이 걸렸다. 반응물의 90%가 반응하는데 걸리는 시간은?

㉮ 66분   ㉯ 72분
㉰ 133분   ㉱ 185분

풀이 0차반응식 $C_t - C_o = -k \times t$를 이용한다.

$\begin{cases} C_o : \text{초기농도} \\ C_t : t\text{시간 후 농도} \\ k : \text{상수} \\ t : \text{시간} \end{cases}$

① $\dfrac{1}{2}C_o - 1C_o = -k \times 40\text{min}$
∴ k = 0.0125/min
② $0.1C_o - 1C_o = -0.0125/\text{min} \times t$
∴ t = 72min

answer 43 ㉱   44 ㉮   45 ㉯   46 ㉯

> **TIP**
> 반응식
> ① 0차 반응식 : $C_t - C_o = -k \times t$
> ② 1차 반응식 : $\ln \dfrac{C_t}{C_o} = -k \times t$
> ③ 2차 반응식 : $\dfrac{1}{C_o} - \dfrac{1}{C_t} = -k \times t$
> 여기서 C_o : 초기농도 C_t : t시간 후의 농도
>   k : 반응속도상수   t : 시간

47 A집진장치의 압력손실은 500mmH₂O, 처리가스량은 300m³/min, 송풍기의 효율은 70%일 때 소요동력은?

㉮ 35kW ㉯ 155kW
㉰ 525kW ㉱ 2,100kW

> **풀이**
> $kW = \dfrac{P_s \times Q}{102 \times \eta} \times \alpha$
> $\begin{bmatrix} P_s : 압력손실(mmH_2O) \\ Q : 처리가스량 m^3/sec \\ \eta : 효율 \end{bmatrix}$
> 따라서
> $kW = \dfrac{500mmH_2O \times 300m^3/min \times 1min/60sec}{102 \times 0.7}$
> $= 35.01 kW$

> **TIP**
> 1Kw = 102kg/m·sec이므로 가스량(Q)의 시간단위는 반드시 sec임을 숙지하셔야 합니다.

48 다음 중 전기집진장치에서 전기집진이 가장 잘 이루어질 수 있는 먼지의 비저항 영역으로 가장 적합한 것은?

㉮ $10^2 \sim 10^4 \Omega \cdot cm$
㉯ $10^7 \sim 10^{10} \Omega \cdot cm$
㉰ $10^{12} \sim 10^{15} \Omega \cdot cm$
㉱ $10^{14} \sim 10^{18} \Omega \cdot cm$

> **풀이** 전기집진장치에서 효율이 가장 우수한 범위는 $10^4 \sim 10^{11} \Omega \cdot cm$이므로 ㉯번이 정답이다.

49 다음 중 연소조절에 의해 질소산화물 발생을 억제시키는 방법으로 가장 적합한 것은?

㉮ 이온화연소법 ㉯ 고산소연소법
㉰ 고온연소법   ㉱ 수증기분무

> **풀이** ㉮ 이단연소법
> ㉯ 저산소연소법
> ㉰ 저온연소법

50 물리적 흡착법과 화학적 흡착법의 일반적인 특성비교로 옳지 않은 것은?

구분	물리흡착	화학흡착
① 온도범위	낮은 온도	대체로 높은 온도
② 흡착층	단일 분자층	여러층이 가능
③ 가역정도	가역성이 높음	가역성이 낮음
④ 흡착열	낮음	높음 (반응열 정도)

㉮ ① ㉯ ②
㉰ ③ ㉱ ④

> **풀이** 물리적 흡착은 다분자 흡착이며, 화학적 흡착은 단분자 흡착이다.

answer 47 ㉮ 48 ㉯ 49 ㉱ 50 ㉯

51 Butane $2Sm^3$를 완전한 이론연소 할 때 필요한 산소량은?

㉮ $6.5Sm^3$ ㉯ $13.0Sm^3$
㉰ $31.0Sm^3$ ㉱ $61.9Sm^3$

풀이
$C_4H_{10} + 6.5O_2 \rightarrow 4CO_2 + 5H_2O$
$22.4Sm^3 : 6.5 \times 22.4Sm^3$
$2Sm^3 : x$
$\therefore x = \dfrac{2Sm^3 \times 6.5 \times 22.4Sm^3}{22.4Sm^3} = 13.0Sm^3$

52 탄소 85%, 수소 14%, 황 1% 조성을 가진 중유 2.5kg을 완전연소 시 필요한 이론 공기량은?

㉮ 약 $11.3Sm^3$ ㉯ 약 $22.6Sm^3$
㉰ 약 $28.3Sm^3$ ㉱ 약 $32.4Sm^3$

풀이 ① 이론공기량(A_o)
= $8.89C + 26.67(H - \dfrac{O}{8}) + 3.33S$ (Sm^3/kg)
= $8.89 \times 0.85 + 26.67 \times 0.14 + 3.33 \times 0.01$
= $11.3236 Sm^3/kg$
② 따라서, $11.3236 Sm^3/kg \times 2.5kg = 28.31 Sm^3$

53 흡수법에 관한 다음 설명 중 옳지 않은 것은?

㉮ 흡수제는 휘발성이 커야한다.
㉯ 충전탑은 액분산형 흡수장치에 해당한다.
㉰ 재생가치가 있는 물질이나 흡수제의 재사용은 탈착이나 stripping을 통해 회수 또는 재생한다.
㉱ 흡수제의 빙점은 낮고, 비점은 높아야 한다.

풀이 ㉮ 흡수제는 휘발성이 작아야 한다.

54 다음은 액체연료의 연소방식에 관한 설명이다. ( )안에 알맞은 것은?

( )는 기름을 접시모양의 용기에 넣어 점화하면 연소열로 인해 액면이 가열되어 발생되는 증기가 외부에서 공급되는 공기와 혼합연소하는 방식으로 휘발성이 좋은 경질유의 연소에 효과적이다.

㉮ 이류체 분무화식 연소
㉯ 증기 분무식 연소
㉰ 부분 예혼합 연소
㉱ 포트식 연소

풀이 ㉱ 포트식 연소에 대한 설명이다.

answer 51 ㉯ 52 ㉰ 53 ㉮ 54 ㉱

55 황성분 1.86%가 함유된 중유 1kg을 연소하는 시설에서의 굴뚝 배출가스 중 황산화물의 농도는? (단, 표준상태를 기준하고, 중유 1kg당 굴뚝 배출가스량은 13Sm³, 황성분은 연소하여 전량 이산화황으로 산화된다.)

㉮ 약 130ppm ㉯ 약 330ppm
㉰ 약 538ppm ㉱ 약 1,000ppm

▶ 풀이

SO_X의 농도(ppm) $= \dfrac{0.7S}{가스량} \times 10^6$

$= \dfrac{0.7 \times 0.0186 Sm^3/kg}{13 Sm^3/kg} \times 10^6 = 1,001.54 ppm$

56 벤츄리 스크러버에 관한 설명으로 옳지 않은 것은?

㉮ 가압수식 중에서 집진율이 매우 높아 광범위하게 사용된다.
㉯ 액가스비는 일반적으로 먼지의 입경이 작고, 친수성이 아닐수록 작아진다.
㉰ 먼지와 가스의 동시제거가 가능하고, 점착성 먼지제거가 용이하나 압력손실이 크다.
㉱ 먼지부하 및 가스유동에 민감하고 대량의 세정액이 요구된다.

▶ 풀이 ㉯ 액가스비는 일반적으로 먼지의 입경이 크고, 친수성 일수록 작아진다.

57 A배출시설의 배출량은 200,000Sm³/h, 이 배출가스에 함유된 질소산화물은 280ppm이었다. 이 질소산화물을 암모니아에 의한 선택적 촉매환원법(산소 공존없이)으로 처리할 경우 암모니아의 이론소요량(kg/h)은? (단, 배출가스 중 질소산화물은 모두 NO로 계산하고, 표준상태를 기준으로 한다.)

㉮ 약 28 ㉯ 약 38
㉰ 약 43 ㉱ 약 48

▶ 풀이 $6NO + 4NH_3 \rightarrow 5N_2 + 6H_2O$
$6 \times 22.4 Sm^3 : 4 \times 17 kg$
$200,000 Sm^3/hr \times 280 ppm \times 10^{-6} : X$
∴ $X = 28.33 kg/hr$

58 다음 유해가스 처리를 위한 연소법에 관한 설명으로 가장 거리가 먼 것은?

㉮ 직접연소법은 대체적으로 오염물의 발열량이 연소에 필요한 전체 열량의 약 50% 이상일 때 경제적으로 타당하다.
㉯ 가열연소법은 황화수소, 메르캅탄, 가솔린 등을 연소하는데 사용하며 비교적 농도가 낮은 오염물의 제거에 적합하다.
㉰ 촉매연소법에서는 촉매의 노화를 방지하기 위해 촉매량을 증가시키고, 예열온도를 높인다.
㉱ 촉매연소법은 500~800℃에서 조업하므로 직접연소법에 비해 질소산화물 발생이 쉽다.

▶ 풀이 ㉱ 촉매연소법은 250~450℃에서 조업하므로 직접연소법에 비해 질소산화물이 적게 발생한다.

answer 55 ㉱ 56 ㉯ 57 ㉮ 58 ㉱

59 화학산화법으로 악취를 처리할 때 산화제로 적합하지 않은 것은?

㉮ $KMnO_4$ ㉯ ClO_2
㉰ O_3 ㉱ CH_3SHO_2

풀이 화학적 산화법에서 화학적 산화제로는 O_3, $KMnO_4$, $NaOCl$, ClO_2, H_2O_2 등이 있다.

60 세정 집진장치에 관한 설명으로 옳지 않은 것은?

㉮ 고온다습한 가스나 연소성 및 폭발성 가스의 처리가 가능하다.
㉯ 점착성 및 조해성 먼지의 처리가 가능하다.
㉰ 소수성 입자의 집진율은 낮다.
㉱ 입자상 물질과 가스의 동시 제거는 불가능하나, 타 집진장치와 비교 시 장기 운전이나 휴식 후의 운전재개시 장애는 거의 없다.

풀이 ㉱ 입자상 물질과 가스상 물질의 동시 제거가 가능하며, 타 집진장치와 비교 시 장기 운전이나 휴식 후의 운전재개 시 장애가 발생한다.

answer 59 ㉱ 60 ㉱

2012 4회 기출문제

| 제1과목 | 대기환경관리

01 분산모델 및 수용모델의 특성에 관한 설명으로 옳지 않은 것은?

㉮ 수용모델을 통하여 미래의 대기질을 쉽게 예측할 수 있다.
㉯ 수용모델을 통하여 새로운 오염원, 불확실한 오염원과 불법배출 오염원을 정량적으로 확인 평가할 수 있다.
㉰ 분산모델은 오염물의 단기간 분석시 문제가 된다.
㉱ 분산모델은 지형 및 오염원의 조업조건에 영향을 받는다.

풀이 ㉮ 수용모델을 통하여 미래의 대기질을 예측하기가 어렵다.

02 실내공기 오염물질에 관한 설명으로 옳은 것은?

㉮ 이산화질소는 일산화질소보다 독성이 대략 10배 정도 강하고, 물에 잘 녹아서 인체 폐포까지 쉽게 침투할 수 있다.
㉯ 일산화탄소는 무색, 무미의 기체로 인체 혈액 중 헤모글로빈과 쉽게 결합하고, 산소보다 약 10~15배 정도의 결합력을 가지고 있다.
㉰ 라돈은 화학적으로 반응이 활발하며, 흙 속에서 방사선 붕괴에 관여한다.
㉱ 석면이나 광물섬유들은 장력강도와 열 및 전기적인 절연성이 크고, 화학적으로 분해가 잘 되지 않는다.

풀이 ㉮ 이산화질소는 일산화질소보다 독성이 대략 5~7배 정도 강하고, 물에는 난용성이다.
㉯ 일산화탄소는 무색, 무미, 무취의 기체로 인체 혈액 중 헤모글로빈과 쉽게 결합하고, 산소보다 약 200~300배 정도의 결합력을 가지고 있다.
㉰ 라돈은 화학적으로 거의 반응을 일으키지 않는다.

03 공업지역의 먼지 농도 측정을 위해 여과지를 이용하여 0.45m/sec 속도로 3시간 여과시킨 결과, 깨끗한 여과지에 비해 사용한 여과지의 빛전달율이 66%였다면 1,000m 당 Coh는?

㉮ 3.0　　㉯ 3.2
㉰ 3.7　　㉱ 3.9

풀이
$$Coh = \frac{\log\frac{1}{빛전달율} \times 100}{여과속도(m/sec) \times 여과시간(hr) \times 3,600} \times 1,000m$$

$$= \frac{\log\frac{1}{0.66} \times 100}{0.45m/sec \times 3hr \times 3,600} \times 1,000m = 3.71$$

answer 01 ㉮　02 ㉱　03 ㉰

04 다음 대기상태에 해당되는 연기의 형태는?

> 굴뚝의 높이보다 더 낮게 지표 가까이에 역전층이 이루어져 있고, 그 상공에는 대기가 불안정한 상태일 때 주로 발생하며, 고기압 지역에서 하늘이 맑고 바람이 약한 오후나 이른 밤에 주로 발생하기 쉽다.

㉮ Looping ㉯ Lofting
㉰ Fanning ㉱ Coning

풀이
㉮ Looping(파상형) : 안정도는 과단열 조건
㉯ Lofting(상승형, 지붕형) : 안정도는 지표-역전, 고공-과단열 조건
㉰ Fanning(부채형) : 안정도는 역전 조건
㉱ Coning(원추형) : 안정도는 중립, 등온, 미단열 조건

05 다음 설명하는 복사법칙으로 가장 적합한 것은?

> 열역학평형 상태 하에서는 어떤 주어진 온도에서 매질의 방출계수와 흡수계수의 비는 매질의 종류에 관계없이 온도에 의해서만 결정된다는 법칙이다. 복사를 흡수하는 성질이 있는 물체에는 반드시 복사를 방출하는 성질이 있다는 것과, 또 복사를 완전히 흡수하는 물체는 그 온도에서 가능한 최대의 복사를 방출하는 물체라는 것을 나타낸다.

㉮ 플랑크의 법칙
㉯ 빈의 법칙
㉰ 스테판-볼쯔만의 법칙
㉱ 키르히호프의 법칙

풀이 ㉱ 키르히호프의 법칙에 대한 설명이며, 핵심 내용은 "매질의 방출계수와 흡수계수의 비는 온도에 의해 결정"된다는 법칙임을 숙지하시면 됩니다.

06 대기오염물질의 특성에 관한 설명으로 가장 거리가 먼 것은?

㉮ 염화비닐(vinyl chloride)에 만성폭로되면 레이노증후군, 말단 골연화증, 간·비장의 섬유화가 일어난다.
㉯ 삼염화에틸렌(trichloroethylene)은 중추신경계를 억제하며 간과 신장에 미치는 독성은 사염화탄소에 비해 낮은 편이다.
㉰ 아크릴아마이드(acryl amide)는 주로 피부를 통해 흡수되며 다발성 신경염을 일으킨다.
㉱ 이황화탄소는 하기도를 통해서 흡수되기도 하지만 대부분 피부를 통해서 체내 흡수되며 폐부종을 일으킨다.

풀이 ㉱ 이황화탄소는 주로 호흡기를 통해 흡수되며, 중추신경계에 영향을 준다.

07 다음 중 2차 대기오염물질과 가장 거리가 먼 것은?

㉮ H_2O_2 ㉯ NaCl
㉰ SO_2 ㉱ SO_3

풀이
㉮ H_2O_2 : 2차성 오염물질
㉯ NaCl : 1차성 오염물질
㉰ SO_2 : 광분해반응에서 생성된 2차성 오염물질
㉱ SO_3 : 1, 2차성 오염물질

answer 04 ㉯ 05 ㉱ 06 ㉱ 07 ㉯

08 다음 설명하는 오염물질로 가장 적합한 것은?

> 석유, 알루미늄, 플라스틱, 염료 등의 산업현장에서 촉매제로 널리 이용되며, 비점은 19℃ 정도이고, 코를 찌르는 자극성 취기를 나타내며, 온도에 따라 액체나 기체로 존재하는 무색의 부식성 독성물질이다.

㉮ Copper
㉯ Cytochrome
㉰ Ozone
㉱ Hydrogen fluoride

풀이 ㉱ Hydrogen fluorlde(HF)에 대한 설명이며, 핵심내용은 "비점이 19℃ = HF"임을 숙지하시면 됩니다.

09 어떤 혼합기체의 부피조성이 질소가스 80%와 이산화탄소가스 20%로 이루어졌다. 이 혼합기체의 평균분자량은?

㉮ 31.2 ㉯ 38.9
㉰ 44.0 ㉱ 49.3

풀이 N_2(질소)의 분자량은 28
CO_2(이산화탄소)의 분자량은 44
따라서 평균분자량 = 28×0.8+44×0.2 = 31.2

10 바람에 관한 설명으로 옳지 않은 것은?

㉮ 해륙풍 중 육풍은 육지에서 바다로 향해 5~6km까지 바람이 불며 겨울철에 빈발한다.
㉯ 산곡풍 중 산풍은 밤에 경사면이 빨리 냉각되어 경사면 위의 공기 온도가 같은 고도의 경사면에서 떨어져 있는 공기의 온도보다 차가워져 경사면 위의 공기전체가 아래로 침강하게 되어 부는 바람이다.
㉰ 전원풍은 열섬효과 때문에 도시의 중심부에서 하강기류가 발생하여 부는 바람이다.
㉱ 휀풍은 산맥의 정상을 기준으로 풍상쪽 경사면을 따라 공기가 상승하면서 건조단열 변화를 하기 때문에 평지에서보다 기온이 약 1℃/100m의 율로 하강하게 된다.

풀이 ㉰ 전원풍은 전원지역에서 발생하여 대도시로 부는 바람이다.

11 Aerodynamic diameter의 정의로 가장 적합한 것은?

㉮ 본래의 먼지보다 침강속도가 작은 구형입자의 직경
㉯ 본래의 먼지와 침강속도가 동일하며, 밀도 1g/cm³인 구형입자의 직경
㉰ 본래의 먼지와 밀도 및 침강속도가 동일한 구형입자의 직경
㉱ 본래의 먼지보다 침강속도가 큰 구형입자의 직경

풀이 공기역학적 직경(Aerodynamic diameter)의 정의는 ㉯번이며, 스토크스 직경(stoke's diameter)의 정의는 ㉰번이다.

answer　08 ㉱　09 ㉮　10 ㉰　11 ㉯

12 지구 지표면의 열수지를 표현하기 위해 복사수지식을 적용하는데 다음 중 대기과학에서 사용하는 용어로서 지표의 반사율을 나타내는 지표는? (단, 입사에너지에 대하여 반사되는 에너지의 비)

㉮ 유효율 ㉯ 알베도
㉰ 복사도 ㉱ 일사도

풀이 ㉯ 알베도에 대한 설명으로 "지표의 반사율 = 알베도"임을 숙지하시면 됩니다.

13 벨기에의 뮤즈계곡사건, 미국의 도노라사건 및 런던 대기오염사건의 공통적인 주요 대기오염 원인물질로 가장 적합한 것은?

㉮ SO_2 ㉯ O_3
㉰ CS_2 ㉱ NO_2

풀이 연료 연료시 발생된 SO_2가 주원인 물질이다.

14 표준상태(0℃, 1기압)에서 448ppm으로 측정되었다. 표준상태에서 몇 mg/m³ 인가?

㉮ $\dfrac{1}{20M}$ ㉯ $\dfrac{M}{20}$
㉰ $20M$ ㉱ $\dfrac{20}{M}$

풀이 $mg/Sm^3 = \dfrac{448mL}{Sm^3} \times \dfrac{Mmg}{22.4mL} = 20Mmg/Sm^3$

TIP
① $ppm = mL/Sm^3$
② 가스 1mol $\begin{cases} Mmg \\ 22.4mL \end{cases}$

15 대기의 특성과 관련된 설명으로 옳지 않은 것은?

㉮ 공기는 물에 비해 탄성이 약하며, 약 0~50℃의 온도범위 내에서 공기는 보통 이상기체의 법칙을 따른다.
㉯ 공기의 절대습도란 이론적으로 함유된 수증기 또는 물의 함량을 말하며 단위는 %이다.
㉰ 행성경계층(PBL)보다 높은 고도에서 기압경도력과 전향력의 평형에 의하여 이루어지는 바람을 지균풍이라고 한다.
㉱ 대기안정도와 난류는 대기경계층내에서 오염물질의 확산정도를 결정하는 중요한 인자이다.

풀이 ㉯ 공기의 절대습도란 이론적으로 함유된 수증기 또는 물의 함량을 말하며 단위는 g/m³ 이다.

16 역전현상에 관한 설명으로 거리가 먼 것은?

㉮ 기온역전은 접지역전과 공통역전으로 나눌 수 있다.
㉯ 침강성 역전과 전선형 역전은 공중역전에 속한다.
㉰ 복사역전은 주로 밤부터 이른 아침 사이에 일어난다.
㉱ 굴뚝의 높이 상하에서 각각 침강역전과 복사역전이 동시에 발생하는 경우 플룸(Plume)의 형태는 훈증형(fumigation)으로 된다.

풀이 ㉱ 굴뚝의 높이 상하에서 각각 침강역전과 복사역전이 동시에 발생하는 경우 플룸(Plume)의 형태는 구속형(Trapping형)으로 된다.

answer 12 ㉯ 13 ㉮ 14 ㉰ 15 ㉯ 16 ㉱

17 다음 특정물질 중 펜타클로로플루오르에탄(CFC-111)의 화학식으로 옳은 것은?

㉮ $C_3H_2FCl_5$
㉯ $C_3HF_2Cl_5$
㉰ $C_3F_3Cl_5$
㉱ C_2FCl_5

▶풀이 ㉮ $C_3H_2FCl_5$: HCFC-231
㉯ $C_3HF_2Cl_5$: HCFC-222
㉰ $C_3F_3Cl_5$: CFC-213
㉱ C_2FCl_5 : CFC-111

18 대표적인 증상으로 인체 혈액 헤모글로빈의 기본요소인 포르피린 고리의 형성을 방해함으로써 헤모글로빈의 형성을 억제하므로, 중독에 걸렸을 경우 만성 빈혈이 발생할 수 있는 대기오염물질에 해당하는 것은?

㉮ 납
㉯ 아연
㉰ 안티몬
㉱ 비소

▶풀이 ㉮ 납(Pb)에 대한 설명이며, 핵심 내용은 "헤모글로빈 형성 방해 = 납"임을 숙지하시면 됩니다.

19 다음은 레일리산란에 관한 설명이다. ( )안에 알맞은 것은?

> 레일리산란은 산란을 일으키는 입자의 크기가 전자파 파장보다 훨씬 (①) 경우에 일어난다. 산란강도는 파장의 (②) 한다.

㉮ ① 큰, ② 4승에 비례
㉯ ① 큰, ② 4승에 반비례
㉰ ① 작은, ② 4승에 비례
㉱ ① 작은, ② 4승에 반비례

20 굴뚝에서 배출되는 연기 형태 중 환상형(looping)에 관한 설명으로 옳지 않은 것은?

㉮ 과단열감률 상태의 대기일 때 발생하는 형태이다.
㉯ 상·하층 공기의 혼합이 왕성하여 오염물질을 잘 확산시킨다.
㉰ 굴뚝 가까운 곳의 지표농도가 높게 될 수 있다.
㉱ 바람이 다소 강하고, 구름이 많이 낀 날에 주로 관찰된다.

▶풀이 ㉱번은 원추형에 대한 설명이다.

| 제2과목 | 대기오염공정시험기준

21 대기오염공정시험법상 다음 분석가스별 시험방법에 대한 흡수액으로 틀린 것은?

㉮ 암모니아 - 붕산용액(5g/L)
㉯ 브로민화합물 - 수산화소듐용액(4g/L)
㉰ 황산화물 - 과산화수소용액(1+9)
㉱ 황화수소 - 수산화소듐용액(4g/L)

▶풀이 ㉱ 황화수소 - 아연아민착염용액

answer 17 ㉱ 18 ㉮ 19 ㉱ 20 ㉱ 21 ㉱

22 굴뚝 배출가스 내의 일산화탄소 분석방법 중 정전위전해법 장치성능기준에 관한 설명으로 옳지 않은 것은?

㉮ 적용범위는 최고 5%로 한다.
㉯ 재현성은 측정범위 최대 눈금값의 ±2% 이내로 한다.
㉰ 전압 변동에 대한 안정성은 최대 눈금값의 ±1% 이내로 한다.
㉱ 시료가스 유량 변화에 따른 안정성은 최대 눈금값의 ±2% 이내로 한다.

풀이 ㉮ 적용범위는 최고 3%로 한다.

23 굴뚝 배출가스 중 베릴륨 분석방법으로 옳은 것은?

㉮ 용액전도율법
㉯ 아세틸아세톤법
㉰ 원자흡수분광광도법
㉱ 다이에틸아민법

풀이 굴뚝 배출가스 중 베릴륨화합물을 분석하는 방법에는 원자흡수분광광도법과 유도결합플라스마/원자발광분광법이 있다.

24 다음 중 분석대상가스가 플루오린화합물인 경우 사용 여과재의 재질로 가장 적합한 것은?

㉮ 알칼리 성분이 없는 유리솜
㉯ 알칼리 성분이 없는 실리카솜
㉰ 소결유리
㉱ 카보런덤

풀이 플루오린화합물의 여과재 재질은 카보런덤이다.

25 배출가스 중 폼알데하이드 및 알데하이드류를 분석하는 방법이 아닌 것은?

㉮ 고성능 액체크로마토그래피
㉯ 자외선/가시선분광법 - 크로모트로핀산법
㉰ 자외선/가시선분광법 - 아세틸아세톤법
㉱ 이온크로마토그래피

풀이 폼알데하이드 및 알데하이드류의 분석방법에는 고성능 액체크로마토그래피, 자외선/가시선분광법 - 크로모트로핀산법, 자외선/가시선분광법 - 아세틸아세톤법이 있다.

26 굴뚝 배출가스 중 사이안화수소를 분석하는 자외선/가시선분광법-4-피리딘카복실산-피라졸론법에 대한 설명으로 틀린 것은?

㉮ 시료채취량이 10L인 경우 정량범위는 0.05ppm 이상이다.
㉯ 538nm 부근의 흡광도를 측정한다.
㉰ 배출가스 중 염소 등의 산화성가스가 공존하면 영향을 받는다.
㉱ 흡수액은 수산화소듐용액(20g/L)이다.

풀이 ㉯ 638nm 부근의 흡광도를 측정한다.

answer 22 ㉮ 23 ㉰ 24 ㉱ 25 ㉱ 26 ㉯

27 굴뚝 배출가스 중 먼지 채취시 배출구(굴뚝)의 직경이 2.2m의 원형 단면일 때, 필요한 측정점의 반경구분수와 측정점수는?

㉮ 반경구분수 1, 측정점수 4
㉯ 반경구분수 2, 측정점수 8
㉰ 반경구분수 3, 측정점수 12
㉱ 반경구분수 4, 측정점수 16

풀이

굴뚝직경(m)	반경구분수	측정점수
1 이하	1	4
1 초과 2 이하	2	8
2 초과 4 이하	3	12
4 초과 4.5 이하	4	16
4.5 초과	5	20

28 시험의 기재 및 용어에 대한 정의로 옳지 않은 것은?

㉮ 용액의 액성표시는 따로 규정이 없는 한 유리전극법에 의한 pH미터로 측정한 것을 뜻한다.
㉯ 액체성분의 양을 정확히 취한다 함은 홀피펫, 부피플라스크 또는 이와 동등 이상의 정도를 갖는 용량계를 사용하여 조작하는 것을 뜻한다.
㉰ 항량이 될 때까지 건조한다 함은 따로 규정이 없는 한 보통의 건조방법으로 1시간 더 건조할 때 전후무게의 차가 0.5mg 이하일 때를 뜻한다.
㉱ 바탕시험을 하여 보정한다 함은 시료에 대한 처리 및 측정을 할 때 시료를 사용하지 않고 같은 방법으로 조작한 측정치를 빼는 것을 뜻한다.

풀이 ㉰ 항량이 될 때까지 건조한다 함은 따로 규정이 없는 한 보통의 건조방법으로 1시간 더 건조할 때 전후 무게의 차가 매 g당 0.3mg 이하일 때를 뜻한다.

29 굴뚝 배출가스 중의 유량, 유속 측정방법에 사용되는 피토우관에 관한 설명으로 옳지 않은 것은?

㉮ 스테인리스와 같은 재질의 금속관이 사용된다.
㉯ 피토우관의 각 분기관 사이의 거리는 같아야 한다.
㉰ 관의 바깥지름의 범위는 50~100mm 정도이어야 한다.
㉱ 각 분기관과 오리피스 평면과의 거리는 바깥지름의 1.05~1.50배 사이에 있어야 한다.

풀이 ㉰ 관의 바깥지름의 범위는 4~10mm 정도이어야 한다.

30 굴뚝 배출가스 중 황산화물을 측정하는 자동측정법에 대한 설명으로 틀린 것은?

㉮ 측정범위(적용범위)는 0ppm~2,000ppm이다.
㉯ 적외선흡수법은 7,300nm 부근에서 적외선가스분석계를 이용한다.
㉰ 자외선흡수법의 간섭물질은 이산화질소이다.
㉱ 수분에 의한 영향을 최소화하기 위해 시료채취관을 가열하거나, 응축기 및 응축수트랩을 연결하여 사용한다.

풀이 ㉮ 측정범위(적용범위)는 0ppm~1,000ppm이다.

answer 27 ㉰ 28 ㉰ 29 ㉰ 30 ㉮

31 배출가스 중 황화수소를 자외선/가시선 분광법-메틸렌블루법으로 분석할 때 내용으로 틀린 것은?

㉮ 시료채취량이 20L인 경우 정량범위는 1.7 ppm이다.
㉯ 방법검출한계는 0.5ppm이다.
㉰ 흡수액은 수산화소듐 용액이다.
㉱ 메틸렌블루의 흡광도를 670nm 부근에서 측정한다.

풀이 ㉰ 흡수액은 아연아민착염용액이다.

32 환경대기 중의 먼지측정법 중 장치구성은 유량계, 공기흡입부, 광전자증배관, 광전류적분기, 타이머, 광원부 등으로 구성되어 있으며, 습도, 비, 안개 등의 영향으로 상대습도가 70% 이상이면 측정치의 신뢰도가 낮아지는 측정방법은?

㉮ 광투과법
㉯ 광산란법
㉰ 고용량공기시료채취기법
㉱ 저용량공기시료채취기법

풀이 ㉯ 광산란법에 대한 설명이며, 핵심 내용은 "광전류적분기 = 광산란법"임을 숙지하시면 됩니다.

33 단면모양이 정사각형인 어떤 굴뚝을 동일한 면적으로 n개의 등분할 면적으로 각각 구분하여 각 측정점마다 유속과 먼지의 농도를 측정하였더니 다음과 같은 값을 얻었다. 이 전체 먼지의 평균농도는?

	1	2	3	4	5	6	7
유속 (m/s)	4.3	4.7	5.0	5.2	4.5	4.6	5.0
농도 (g/Sm³)	0.54	0.50	0.48	0.45	0.40	0.42	0.39

㉮ $0.48 g/Sm^3$
㉯ $0.45 g/Sm^3$
㉰ $0.42 g/Sm^3$
㉱ $0.40 g/Sm^3$

풀이 먼지의 평균농도(g/Sm^3)

$= \dfrac{\text{합(유속×먼지농도)}}{\text{합(유속)}}$

$= \dfrac{4.3×0.54+4.7×0.50+5.0×0.48+5.2×0.45+4.5×0.40+4.6×0.42+5.0×0.39}{4.3+4.7+5.0+5.2+4.5+4.6+5.0}$

$= 0.45 g/Sm^3$

34 연료용 유류중의 황 함유량을 측정하기 위한 분석방법 중 연소관식 공기법에 관한 설명으로 옳지 않은 것은?

㉮ 연소되어 산을 발생시키는 원소(P, N, Cl 등)가 들어있는 시료에는 사용할 수 없다.
㉯ 생성된 황산화물을 과산화수소(3%)에 흡수시켜 황산으로 만든 다음, 수산화소듐표준액으로 중화적정한다.
㉰ 950~1,100℃로 가열한 석영재질 연소관 중에 공기를 불어넣어 시료를 연소시킨다.
㉱ 불용성 황산염을 만드는 금속(Ba, Ca 등) 등의 분석에 유효하다.

풀이 ㉱ 불용성 황산염을 만드는 금속(Ba, Ca 등) 등의 분석에는 적용할 수 없다.

answer 31 ㉰ 32 ㉯ 33 ㉯ 34 ㉱

35 자외선/가시선분광법에서 램버어트 비어(Lambert −Beer)의 법칙에 따른 흡광도 식의 표현으로 옳은 것은? (단, I_o : 입사광의 강도, I_t : 투사광의 강도, $t = \dfrac{I_t}{I_o}$ 이다.)

㉮ 10^t ㉯ $t \times 100$
㉰ $\log\left(\dfrac{1}{t}\right)$ ㉱ $\log t$

▶풀이 **자외선/가시선분광법**
① 램버어트-비어 법칙 : $I_t = I_o \cdot 10^{-\epsilon \cdot C \cdot L}$
② 흡광도(A) = $\log \dfrac{1}{t(투과도)} = \log \dfrac{1}{I_t/I_o}$
  = $\log \dfrac{I_o}{I_t}$

36 다음은 굴뚝 배출가스 내의 먼지측정방법 중 반자동식 채취기에 의한 사항이다. ( ) 안에 가장 적합한 것은?

> 배연탈황시설과 황산미스트에 의해서 먼지농도가 영향을 받은 경우에는 여과지를 (　) 먼지농도를 계산한다.

㉮ 110±5℃에서 2시간 이상 건조시킨 후
㉯ 160℃ 이상에서 2시간 이상 건조시킨 후
㉰ 110±5℃에서 4시간 이상 건조시킨 후
㉱ 160℃ 이상에서 4시간 이상 건조시킨 후

▶풀이 **배연탈황시설과 황산미스트의 영향**
① 영향 없는 경우 : 110±5℃, 1~3시간 건조
② 영향 있는 경우 : 160℃ 이상, 4시간 이상 건조

37 배출가스 중 크로뮴화합물을 분석하는 방법에 대한 내용으로 틀린 것은?

㉮ 원자흡수분광광도법의 정량범위는 시료채취량이 $1\,Sm^3$일 때 $0.100\,mg/Sm^3$ 이상이다.
㉯ 원자흡수분광광도법의 측정파장은 220.35nm이다.
㉰ 유도결합플라스마/원자발광분광법의 정량범위는 시료채취량이 $1\,Sm^3$일 때 $0.050\,mg/Sm^3$ 이상이다.
㉱ 유도결합플라스마/원자발광분광법의 방법검출한계는 $0.016\,mg/Sm^3$이다.

▶풀이 ㉯ 원자흡수분광광도법의 측정파장은 357.9nm이다.

38 비분산적외선분광분석법에 관한 설명으로 가장 거리가 먼 것은?

㉮ 비분산 검출기(Nondispersive Detector)를 이용하여 적외선의 분산 변화량을 측정하여 시료 중 목적 성분을 구하는 방법이다.
㉯ 회전섹타는 시료광속과 비교광속을 일정주기로 단속시켜, 광학적으로 변조시킨 것이다.
㉰ 광학필터에는 가스필터와 고체필터가 있다.
㉱ 광원은 원칙적으로 니크로뮴선 또는 탄화규소의 저항체에 전류를 흘려 가열한 것을 사용한다.

▶풀이 ㉮ 비분산 검출기(Nondispersive Detector)를 이용하여 적외선의 흡수량 변화를 측정하여 시료 중에 들어있는 특정성분의 농도를 구하는 방법이다.

🔑 answer　35 ㉰　36 ㉱　37 ㉯　38 ㉮

39 다음은 이온크로마토그래피에 사용되는 머무름치에 관한 설명이다. ( )안에 가장 적합한 것은?

> 머무름값의 종류로는 머무름 시간(Retention time), 머무름 부피(Retention Volume), 비머무름 부피, 머무름비, 머무름 지표 등이 있으며, 머무름 시간을 측정할 때는 (①)회 측정하여 그 평균치를 구한다. 일반적으로 (②)분 정도에서 측정하는 봉우리의 머무름 시간을 반복시험을 할 때 (③)% 오차범위 이내이어야 한다.

㉮ ① 10, ② 30~60, ③ ±10
㉯ ① 10, ② 30~60, ③ ±3
㉰ ① 3, ② 5~30, ③ ±10
㉱ ① 3, ② 5~30, ③ ±3

풀이 머무름시간
① 측정횟수 : 3회   ② 측정시간 : 5분~30분
③ 오차범위 : ±3%

40 NaOH 20g을 물에 용해시켜 800mL로 하였다. 이 용액은 몇 N인가?

㉮ 0.0625N   ㉯ 0.625N
㉰ 6.25N   ㉱ 62.5N

풀이 N농도 = eq/L

$$eq/L = \frac{20g}{0.8L} \times \frac{1eq}{40g} = 0.625N$$

TIP
① $1eq = \frac{분자량(g)}{가수} = \frac{40g}{1} = 40g$
② $V = 800mL = 0.8L$

| 제3과목 | 대기오염방지기술

41 다음 중 시판되고 있는 액화석유가스의 구성으로 가장 적합한 것은?

㉮ methane 10%, propane 90% 의 혼합물
㉯ methane 70%, propane 30% 의 혼합물
㉰ propane 10%, butane 90% 의 혼합물
㉱ propane 70%, butane 30% 의 혼합물

풀이 액화석유가스는 LPG를 의미하며, 주성분은 프로판(70%)과 부탄(30%)이다.

42 A 연료가스가 부피로 H_2 9%, CO 24%, CH_4 2%, CO_2 6%, O_2 3%, N_2 56%의 구성비를 갖는다. 이 기체 연료를 1기압하에서 20%의 과잉공기로 연소시킬 경우 연료 $1Sm^3$당 요구되는 실제 공기량은?

㉮ $0.83Sm^3$ ㉯ $1Sm^3$
㉰ $1.68Sm^3$ ㉱ $1.98Sm^3$

풀이 $H_2 + 0.5O_2 \rightarrow H_2O$: 9%
$CO + 0.5O_2 \rightarrow CO_2$: 24%
$CH_4 + 2O_2 \rightarrow CO_2 + 2H_2O$: 2%
O_2 : 3%
① 이론공기량(A_o)
$= \dfrac{가연성분 연소시 필요한 산소량 - 연료의 산소량}{0.21}$
$= \dfrac{0.5 \times 0.09 + 0.5 \times 0.24 + 2 \times 0.02 - 0.03}{0.21}$
$= 0.8333 Sm^3/Sm^3$
② 실제공기량(A) = 공기비(m) × 이론공기량(A_o)
$= 1.2 \times 0.8333 Sm^3/Sm^3 = 1.0 Sm^3/Sm^3$

TIP
과잉공기량이 20%이면 공기비(m) = 1.2

answer 39 ㉱   40 ㉯   41 ㉱   42 ㉯

43 연료 연소중에 생성되는 NO_x를 저감시키기 위한 대책으로 가장 거리가 먼 것은?

㉮ 연소 영역에서의 산소의 농도를 높게 한다.
㉯ NO_x 함량이 적은 연료를 사용한다.
㉰ 연소온도를 낮게 한다.
㉱ 연소 영역에서 연소 가스의 체류시간을 짧게 한다.

풀이 ㉮ 연소 영역에서의 산소의 농도를 낮게 한다.

44 다음 중 SO_x와 NO_x를 동시에 제어하는 기술로 거리가 먼 것은?

㉮ Filter cage 공정 ㉯ 활성탄 공정
㉰ NOXSO 공정 ㉱ CuO 공정

풀이 SO_x와 NO_x를 동시에 제어하는 기술로는 활성탄 공정, NOXSO 공정, CuO 공정이 있다.

45 굴뚝에서 배출되는 가스를 분석하였더니 부피비로 질소 86%, 산소 4%, 이산화탄소 10%의 결과치를 얻었다면 이 때 공기비는 약 얼마인가?

㉮ 1.2 ㉯ 1.5
㉰ 1.7 ㉱ 1.9

풀이 공기비(m) = $\dfrac{N_2\%}{N_2\% - 3.76 \times O_2\%}$
= $\dfrac{86}{86 - 3.76 \times 4}$ = 1.21

46 전기집진장치에서 코로나 방전 시 정(+)코로나 보다 부(−)코로나 방전을 이용하는 이유에 관한 설명으로 옳은 것은?

㉮ 코로나 방전개시 전압이 낮기 때문에
㉯ 불꽃 방전개시 전압이 낮기 때문에
㉰ 보다 적은 양의 코로나 전류를 흘릴 수 있기 때문에
㉱ 보다 적은 전계강도를 얻을 수 있기 때문에

풀이 정(+)코로나 보다 부(-)코로나 방전을 이용하는 이유는 코로나개시 전압이 낮기 때문이다.

47 여과집진장치를 이용한 먼지 또는 훈연 처리에서 다음 중 최대여과속도가 가장 큰 것은?

㉮ 합성세제 ㉯ 밀가루
㉰ 금속훈연 ㉱ 산화아연

풀이 이 문제는 재출제 시 동일하게 출제되는 문제이므로 정답만 숙지하시면 됩니다.

48 세정식 집진장치의 특성으로 가장 거리가 먼 것은?

㉮ 조해성, 점착성의 먼지 제거가 가능하다.
㉯ 소수성 입자의 집진효과가 크다.
㉰ 한번 제거된 입자는 보통 처리가스 속으로 재비산 되지 않는다.
㉱ 고온가스 및 연소, 폭발성 가스의 처리가 가능하다.

풀이 ㉯ 소수성 입자의 집진효과가 낮다.

answer 43 ㉮ 44 ㉮ 45 ㉮ 46 ㉮ 47 ㉯ 48 ㉯

49 3.2% S을 함유한 석탄 5ton을 이론적으로 완전연소 시킬 경우 표준상태에서의 SO_2 발생량은? (단, 석탄 중의 S는 모두 SO_2 형태로 발생된다.)

㉮ $112Sm^3$ ㉯ $128Sm^3$
㉰ $135Sm^3$ ㉱ $160Sm^3$

풀이 $S + O_2 \rightarrow SO_2$
32kg : $22.4Sm^3$
5×10^3kg$\times0.032$: X
$\therefore X = \dfrac{5\times10^3 kg \times 0.032 \times 22.4Sm^3}{32kg} = 112Sm^3$

50 다음 흡수장치 중 기체분산형에 해당하는 것은?

㉮ spray tower
㉯ plate tower
㉰ venturi scrubber
㉱ spray chamber

풀이 ㉮, ㉰, ㉱는 액분산형 흡수장치이다.

51 형상비가 3.0이고, 반경비가 2.0인 장방형 곡관의 속도압 백분율은 10% 이다. 속도압이 $20mmH_2O$라면 이 관의 압력손실(mmH_2O)은?

㉮ 2   ㉯ 10
㉰ 20   ㉱ 30

풀이 압력손실(mmH_2O)
= 속도압(mmH_2O)$\times\dfrac{속도압\ 백분율(\%)}{100}$
= $20mmH_2O \times \dfrac{10\%}{100} = 2mmH_2O$

52 여과집진장치에 관한 설명으로 옳지 않은 것은?

㉮ 진동형, 역기류형, 역기류 진동형은 간헐식 탈진방법에 해당한다.
㉯ 진동형은 점성이 있는 조대먼지 탈진 시에는 여포 손상을 일으킨다.
㉰ 송풍기의 위치에 따른 분류로 가압식은 여과집진장치에 부(-)압이 작용하며, 송풍기 부식의 염려는 거의 없다.
㉱ 연속식 탈진방법은 간헐식에 비해 집진율이 낮은 편이며, 탈진 시 먼지의 재비산이 일어난다.

풀이 ㉰ 송풍기의 위치에 따른 분류로 가압식은 여과집진장치에 정(+)압이 작용한다.

53 벤츄리 스크러버에 관한 설명으로 옳지 않은 것은?

㉮ 슬로트부의 가스 유속은 60~90m/s 정도이다.
㉯ 액가스비는 $10~50L/m^3$ 정도로 다른 가압수식에 비해 크다.
㉰ 압력손실은 $300~800mmH_2O$ 정도이다.
㉱ 가스 입구에 벤츄리관을 삽입하고 세정액을 슬로트부 주변에 있는 분사노즐을 통하여 가스 중으로 분무하는 방식이다.

풀이 ㉯ 액가스비는 $0.3~1.5L/m^3$ 정도이다.

answer 49 ㉮ 50 ㉯ 51 ㉮ 52 ㉰ 53 ㉯

54 먼지(dust)에 관한 설명으로 옳지 않은 것은?

㉮ 입경 10μm 이하의 부유입자는 비교적 대기 중에 장시간 체류한다.
㉯ 진밀도가 작을수록 침강속도가 느리다.
㉰ 입경이 클수록 동종입자 간에 부착력이 작아진다.
㉱ 입경이 작을수록 비표면적이 작다.

풀이 ㉱ 입경이 작을수록 비표면적이 커진다.

55 $250Sm^3/h$의 배출가스를 배출하는 보일러에서 발생하는 SO_2를 탄산칼슘으로 이론적으로 완전제거 하고자 한다. 이 때 필요한 탄산칼슘의 양(kg/h)은? (단, 배출가스 중의 SO_2 농도는 2,500ppm이고, 이론적으로 100% 반응하며, 표준상태기준)

㉮ 0.28   ㉯ 2.8
㉰ 28   ㉱ 280

풀이 $S+O_2 \rightarrow SO_2+CaCO_3+\frac{1}{2}O_2 \rightarrow CaSO_4+CO_2$

$22.4Sm^3 : 100kg$
$250Sm^3/hr \times 2,500ppm \times 10^{-6} : X$

$\therefore X = \dfrac{250Sm^3/hr \times 2,500ppm \times 10^{-6} \times 100kg}{22.4Sm^3}$

$= 2.79 kg/hr$

56 propane $1Sm^3$을 공기비 1.2로 완전연소시킬 때 습배출가스 중 CO_2 농도(%)는?

㉮ 7.2   ㉯ 9.8
㉰ 12.9   ㉱ 17.2

풀이 $C_3H_8+5O_2 \rightarrow 3CO_2+4H_2O$

$CO_2\% = \dfrac{CO_2량}{Gw} \times 100$

$Gw = (m-0.21)A_o+CO_2량+H_2O량$

$= (1.2-0.21) \times \dfrac{5}{0.21} + 3+4 = 30.5714 Sm^3/Sm^3$

따라서 $CO_2\% = \dfrac{3Sm^3/Sm^3}{30.5714Sm^3/Sm^3} \times 100 = 9.81\%$

57 옥탄(Octane)을 이론적으로 완전연소시킬 때 부피 및 질량에 의한 공기연료비(AFR)로 옳은 것은?

㉮ 부피 : 39.5, 질량 : 13.1
㉯ 부피 : 49.5, 질량 : 14.1
㉰ 부피 : 59.5, 질량 : 15.1
㉱ 부피 : 69.5, 질량 : 16.1

풀이 $C_8H_{18}+12.5O_2 \rightarrow 8CO_2+9H_2O$

$AFR(공연비) = \dfrac{공기량}{연료량}$

① $AFR(Sm^3/Sm^3)$

$= \dfrac{산소갯수 \times 22.4Sm^3 \times \dfrac{1}{0.21}}{연료갯수 \times 22.4Sm^3}$

$= \dfrac{12.5 \times 22.4Sm^3 \times \dfrac{1}{0.21}}{1 \times 22.4Sm^3} = \dfrac{12.5}{0.21} = 59.52$

② $AFR(kg/kg)$

$= \dfrac{산소갯수 \times 32kg \times \dfrac{1}{0.232}}{연료갯수 \times 연료의 분자량(kg)}$

$= \dfrac{12.5 \times 32kg \times \dfrac{1}{0.232}}{1 \times 114kg} = 15.12$

answer 54 ㉱ 55 ㉯ 56 ㉯ 57 ㉰

58 A연마시설에서 배출되는 먼지를 제거하기 위해 사이클론을 이용하고자 한다. 처리가스의 점도가 2.0×10^{-4} poise, 입구농도가 $7g/m^3$ 일 때 입자의 cut size diameter(μm)는? (단, 유효회전수 5, 사이클론의 입구폭 90cm, 입자의 밀도 2,000 kg/m^3, 배출가스의 밀도 $1.2 kg/m^3$, 입구 가스속도 12.5m/s)

㉮ 8 ㉯ 10
㉰ 14 ㉱ 17

풀이
$$dp_{50} = \sqrt{\frac{9 \cdot \mu \cdot B}{2 \cdot \pi \cdot V \cdot (\rho_s - \rho) \cdot N}} \times 10^6 (\mu m)$$

dp_{50} = cut size diameter : 50% 제거입경
μ : 처리가스의 점도(kg/m·sec)
B : 입구폭(m)
V : 가스속도(m/sec)
ρ_s : 입자의 밀도(kg/m^3)
ρ : 가스의 밀도(kg/m^3)
N : 유효회전수

따라서
$$dp_{50} = \sqrt{\frac{9 \times 2.0 \times 10^{-5} kg/m \cdot sec \times 0.9m}{2 \times \pi \times 12.5 m/sec \times (2,000-1.2) kg/m^3 \times 5}} \times 10^6$$
$= 14.37 \mu m$

59 다음 중 후드(hood)를 사용하여 가스를 포획하는 방법에 관한 설명으로 가장 거리가 먼 것은?

㉮ 후드는 발생원에 접근할수록 유리하다.
㉯ 개구면적을 좁게 하여 흡입속도를 크게 한다.
㉰ 국부적인 흡입방식으로 취한다.
㉱ 통제속도는 후드가 취급할 공기양을 최대로 하고, 최소의 먼지부하를 얻도록 결정한다.

풀이 ㉱ 통제속도는 후드가 취급할 공기양을 최소로 하고, 최대의 먼지부하를 얻도록 결정한다.

60 $1.4m \times 2.0m \times 2.0m$인 연소실에서 저위발열량이 10,000kcal/kg인 중유를 150kg/h로 연소시키고 있다. 이 때 연소실의 열발생률($kcal/m^3 \cdot h$)은?

㉮ 2.7×10^5 ㉯ 3.6×10^5
㉰ 5.6×10^5 ㉱ 7.2×10^5

풀이 열발생률($kcal/m^3 \cdot hr$)
$= \frac{저위발열량(kcal/kg) \times 연료량(kg/hr)}{가로 \times 세로 \times 높이(m^3)}$
$= \frac{10,000 kcal/kg \times 150 kg/hr}{1.4m \times 2.0m \times 2.0m}$
$= 2.7 \times 10^5 kcal/m^3 \cdot hr$

answer   58 ㉰   59 ㉱   60 ㉮

2013년 1회 기출문제

제1과목 | 대기환경관리

01 Coh(Coefficient of haze)를 나타낸 식으로 옳은 것은?

㉮ $\log\left(\dfrac{1}{t}\right) \times 0.01$ ㉯ $\log\left(\dfrac{1}{t}\right) / 0.01$

㉰ $\log\left(\dfrac{1}{t}\right) \times 0.001$ ㉱ $\log\left(\dfrac{1}{t}\right) / 0.001$

풀이 Coh(Coefficient of haze)는 빛전달율을 측정했을 때 광화학적 밀도가 0.01이 되도록 하는 여과지상의 빛을 분산시키는 고형물의 양을 뜻한다.

02 굴뚝 유효고도가 75m에서 100m로 높아졌다면 굴뚝의 풍하측 중심축상 지상 최대 오염농도는 75m 일 때의 것과 비교하면 몇 % 가 되겠는가? (단, sutton의 확산 관련식을 이용)

㉮ 약 25%   ㉯ 약 56%
㉰ 약 75%   ㉱ 약 88%

풀이 $C_{max} = \dfrac{1}{He^2}$ 이므로

$C_1 : \dfrac{1}{(75m)^2} = C_2 : \dfrac{1}{(100m)^2}$

∴ $C_2 = 0.5625 C_1$
따라서 C_2는 C_1의 56.25% 이다.

03 굴뚝높이가 50m, 배기가스의 평균온도가 120℃ 일 때, 통풍력은 15.41mmH₂O 이다. 배기가스 온도를 200℃로 증가시키면 통풍력(mmH₂O)은 얼마가 되는가? (단, 외기온도는 20℃이며, 대기 비중량과 가스의 비중량은 표준상태에서 $1.3kg/Sm^3$ 이다.)

㉮ 약 $8mmH_2O$ ㉯ 약 $18mmH_2O$
㉰ 약 $23mmH_2O$ ㉱ 약 $29mmH_2O$

풀이 $Z = 355 \times H \times \left(\dfrac{1}{273+t_a℃} - \dfrac{1}{273+t_g℃}\right)$

$\begin{bmatrix} Z : 통풍력(mmH_2O) \\ H : 굴뚝의 높이(m) \\ t_a : 외기의 온도(℃) \\ t_g : 가스의 온도(℃) \end{bmatrix}$

따라서 $Z = 355 \times 50m \times \left(\dfrac{1}{273+20} - \dfrac{1}{273+200}\right)$

$= 23.05 mmH_2O$

answer 01 ㉯   02 ㉯   03 ㉰

04 굴뚝상층에서 역전이 발생하여 굴뚝에서 배출되는 연기가 아래쪽으로만 확산되는 형태로서 보통 30분 이상 지속되지 않는 것은?

㉮ looping ㉯ fanning
㉰ fumigation ㉱ lofting

풀이 연기의 안정도
㉮ looping : 과단열(매우 불안정)조건
㉯ fanning : 역전(매우 안정)조건
㉰ fumigation : 지표-과단열(매우 불안정), 고공-역전(매우 안정)조건
㉱ lofting : 지표-역전(매우 안정), 고공-과단열(매우 불안정)조건

05 지구 여러 곳에서는 돌발적 대기오염과 관련된 물질의 누출사고로 많은 사상자를 내었다. 다음 중 발생도시와 그 누출오염물질의 연결로 가장 거리가 먼 것은?

㉮ 포자리카(Pozarica) : H_2S
㉯ 세베소(Seveso) : Dioxins
㉰ 체르노빌(Chernobyl) : 방사능
㉱ 보팔(Bhopal) : PCB

풀이 ㉱ 보팔(Bhopal) : 메틸이소시아네이트(CH_3CNO)

06 지상 10m의 풍속이 5m/s일 때 지상 50m의 풍속은? (단, Deacon식 이용, 풍속지수 p는 0.15로 한다.)

㉮ 3.3m/s ㉯ 6.4m/s
㉰ 8.5m/s ㉱ 9.5m/s

풀이 $U_2 = U_1 \times \left(\dfrac{H_2}{H_1}\right)^P$

U_2 : 고도 H_2에서의 풍속(m/sec)
U_1 : 고도 H_1에서의 풍속(m/sec)
P : 풍속지수

따라서 $U_2 = 5\text{m/sec} \times \left(\dfrac{50\text{m}}{10\text{m}}\right)^{0.15} = 6.37\text{m/sec}$

07 다음 오토엔진과 디젤엔진의 성능비교로 옳지 않은 것은?

	성능	오토엔진	디젤엔진
①	점화방식	스파크점화	자동점화
②	사이클	정적 사이클	정압 사이클
③	연료	휘발유	경유
④	압축온도	506℃	280℃

㉮ ① ㉯ ②
㉰ ③ ㉱ ④

풀이 오토엔진의 압축온도는 280℃이고, 디젤엔진의 압축온도는 506℃이다.

08 다음 국제적인 환경관련 협약 중 오존층 파괴물질인 염화불화탄소의 생산과 사용을 규제하려는 목적에서 제정된 것은?

㉮ 람사협약 ㉯ 몬트리올의정서
㉰ 바젤협약 ㉱ 런던협약

풀이 ㉯ 몬트리올의정서는 1987년 오존층 보호를 위한 오존층파괴물질(염화불화탄소)의 생산 및 소비삭감에 관한 내용의 국제협약이다.

answer 04 ㉯ 05 ㉱ 06 ㉯ 07 ㉱ 08 ㉯

09 다음 중 SO_2에 가장 강한 식물은?

㉮ 옥수수   ㉯ 양상추
㉰ 콩   ㉱ 사루비아

> **풀이**
> ① SO_2에 강한 식물로는 양배추, 까치밤나무, 쥐당나무, 셀러리, 소나무, 옥수수 등이 있다.
> ② SO_2에 약한 식물(지표식물)에는 대맥, 담배, 자주개나리(알팔파), 목화, 보리 등이 있다.

10 대류권에서의 광화학반응에 관한 설명으로 옳지 않은 것은?

㉮ SO_2는 파장 450~700nm에서 강한 흡수가 일어나 대류권에서 광분해한다.
㉯ 케톤은 파장 300~700nm에서 약한 흡수를 하여 광분해한다.
㉰ 알데히드(RCHO)는 파장 313nm 이하에서 광분해한다.
㉱ 성층권의 오존층이 대부분의 자외선을 차단한 후 대류권으로 들어오는 태양빛의 파장은 280nm 이상의 파장이다.

> **풀이** ㉮ SO_2는 파장 280~290nm에서 강한 흡수가 일어나지만 대류권에서는 광분해반응이 일어나지 않는다.

11 바람에 관한 설명으로 옳지 않은 것은?

㉮ 전향력은 지구의 자전에 의해 운동하는 물체에 작용하는 힘이다.
㉯ 마찰력의 크기는 지표의 조도와 풍속에 비례한다.
㉰ 지균풍은 마찰력, 기압경도력, 전향력에 의해 등압선을 가로지르는 바람이다.
㉱ 해륙풍은 임해지역의 바다와 육지의 비열차 또는 비열용량차에 의해 발달한다.

> **풀이** ㉰ 지균풍은 마찰이 작용하지 않는 자유 대기층에서 기압경도력과 전향력만으로 등압선과 평행하게 직선운동을 하며 부는 바람이다.

12 다음 각 대기오염물질과 지표식물과의 연결로 가장 적합한 것은?

㉮ 오존 - 목화
㉯ 아황산가스 - 장미
㉰ 불화수소 - 목화
㉱ 암모니아 - 토마토

> **풀이** 지표식물(약한식물)
> ㉮ 오존 : 담배(연초), 시금치, 자주개나리(알팔파), 토마토, 백송
> ㉯ 아황산가스 : 대맥, 담배, 자주개나리(알팔파), 목화, 보리
> ㉰ 불화수소 : 옥수수, 자두, 메밀, 글라디올러스
> ㉱ 암모니아 : 토마토, 해바라기, 메밀

answer 09 ㉮　10 ㉮　11 ㉰　12 ㉱

13 대기의 구조에 관한 설명으로 옳지 않은 것은?

㉮ 자외선 복사에너지는 성층권을 통과할수록 서서히 증가하고, 가장 낮은 온도는 성층권 상부에서 나타난다.
㉯ 대류권은 평균 11km(위도 45도의 경우) 정도이며, 극지방으로 갈수록 낮아진다.
㉰ 오존층에서는 오존의 생성과 소멸이 계속적으로 일어나면서 오존의 농도를 유지한다.
㉱ 대류권에서는 고도가 높아짐에 따라 단열팽창에 의해 약 6.5℃/km 씩 낮아지는 기온감률 때문에 공기의 수직혼합이 일어난다.

풀이 ㉮ 자외선 복사에너지는 성층권을 통과할수록 서서히 감소하고, 가장 낮은 온도는 중간권 상부에서 나타난다.

14 다음 중 온위(θ(K) : Potential Temperature)를 표시한 식으로 옳은 것은? (단, R 및 C는 상수, T는 기온(K), Po : 기준이 되는 고도에서의 기압(1,000mb), P : 기온측정 고도에서의 기압(mb)를 나타냄.)

㉮ $\theta = T\left(\dfrac{P_o}{P}\right)^{R/C}$ ㉯ $\theta = \dfrac{1}{T}\left(\dfrac{P_o}{P}\right)^{R/C}$

㉰ $\theta = T\left(\dfrac{P}{P_o}\right)^{C/TR}$ ㉱ $\theta = T\left(\dfrac{P_o}{P}\right)^{C/TR}$

15 SO_2의 식물 피해에 관한 설명으로 가장 거리가 먼 것은?

㉮ 낮보다는 밤에 피해가 심하다.
㉯ 식물잎 뒤쪽 표피 밑의 parenchyma가 피해를 입기 시작한다.
㉰ 반점 발생경향은 맥간반점을 띤다.
㉱ SO_2에 강한 식물은 협죽도, 수랍목 등이다.

풀이 ㉮ 밤보다는 낮에 피해가 심하다.

TIP
parenchyma(유조직)은 식물의 기본조직 대부분을 차지하고 있는 유세포로 된 조직이다.

16 대기안정도 또는 혼합층에 관한 설명으로 옳지 않은 것은? (단, Ri : 리차드슨 수)

㉮ 환경체감율이 건조단열체감율보다 적다면 대기는 과단열적(superadiabatic)이라 한다.
㉯ 풍속의 수직분포가 대수적 분포를 보이는 때의 Ri의 범위는 -0.01 < Ri < 0.01 정도이다.
㉰ 최대혼합깊이 자료는 통상 1개월간의 평균치로서 가용한다.
㉱ 최대혼합깊이는 통상 밤에 가장 적고, 낮시간을 통하여 점차 증가한다.

풀이 ㉮ 환경체감율(r)이 건조단열체감율(rd)보다 적다면 대기는 역전이라 한다.

answer   13 ㉮   14 ㉮   15 ㉮   16 ㉮

17 다음 중 대기예측모델과 거리가 먼 것은?

㉮ Gaussian 모델
㉯ Box모델
㉰ Vollenweider 모델
㉱ Lagrangian 모델

풀이 ㉰ Vollenweider 모델은 호소의 부영양화 예측모델이다.

18 다음 설명에 해당하는 대기오염물질은?

> 비가연성인 폭발성이 있는 무색의 자극성 기체로서 융점은 -75.5℃, 비점은 -10℃ 정도이며, 환원성이 있으며, 표백현상도 나타낸다.

㉮ 아황산가스   ㉯ 이황화탄소
㉰ 황화수소   ㉱ 삼산화황

풀이 ㉮ 아황산가스(SO_2)에 대한 설명이다.

19 다음 중 "석유정제, 석탄건류, 가스공업, 형광물질의 원료 제조" 등과 가장 관련이 깊은 대기배출오염물질은?

㉮ 브로민   ㉯ 폼알데하이드
㉰ 암모니아   ㉱ 황화수소

풀이 ㉮ 브로민 : 염료, 의약품, 농약제조
㉯ 폼알데하이드 : 합성수지, 포르말린 제조공업, 피혁공장
㉰ 암모니아 : 도금공업, 냉동공업

20 질소가스와 오존의 반응으로 형성되거나 미생물 활동에 의해 발생되고, 대류권에서는 온실가스로 성층권에서는 오존층 파괴물질로 알려져 있는 것은?

㉮ NO   ㉯ NO_2
㉰ N_2O ㉱ NH_3

풀이 대류권에서는 온실가스로 성층권에서는 오존층 파괴물질로 알려져 있는 물질은 아산화질소(N_2O)이다.

| 제2과목 | 대기오염공정시험기준

21 배출가스 중 베릴륨화합물을 분석방법인 원자흡수분광광도법에 대한 설명으로 틀린 것은?

㉮ 정량범위는 시료채취량이 1 Sm^3일 때 0.008 mg/Sm^3 이상이다.
㉯ 측정파장은 234.9nm이다.
㉰ 정밀도는 10% 이내이다.
㉱ 방법검출한계는 0.013 mg/Sm^3이다.

풀이 ㉮ 정량범위는 시료채취량이 1 Sm^3일 때 0.040 mg/Sm^3 이상이다.

answer 17 ㉰ 18 ㉮ 19 ㉱ 20 ㉰ 21 ㉮

22 화학분석 일반사항에 관한 설명으로 옳지 않은 것은?

㉮ 10억분율은 pphm로 표시하고 따로 표시가 없는 한 기체일 때는 용량 대 용량(부피분율), 액체일 때는 중량 대 중량(질량분율)을 표시한 것을 뜻한다.
㉯ 냉수(冷水)는 15℃ 이하, 온수(溫水)는 60~70℃를 말한다.
㉰ 각조의 시험은 따로 규정이 없는 한 상온에서 조작하고 조작직후 그 결과를 관찰한다.
㉱ 황산(1 : 2)라 표시한 것은 황산 1용량에 물 2용량을 혼합한 것이다.

풀이 ㉮ 10억분율은 ppb로 표시하고 따로 표시가 없는 한 기체일 때는 용량 대 용량(부피분율), 액체일 때는 중량 대 중량(질량분율)을 표시한 것을 뜻한다.

23 흡광광도 측정에서 최초광의 75%가 흡수되었을 때 흡광도는?

㉮ 0.25 ㉯ 0.3
㉰ 0.6   ㉱ 0.75

풀이 흡광도$(A) = \log \dfrac{1}{투과도} = \log \dfrac{1}{0.25} = 0.60$

TIP
투과율 = 100-흡수% = 100-75% = 25%

24 굴뚝 배출가스 중의 브로민화합물을 자외선/가시선분광법으로 분석시 추출용매로 가장 적합한 것은?

㉮ n-Hexane   ㉯ 클로로폼
㉰ Ethylbenzene ㉱ TCE

풀이 브로민화합물을 자외선/가시선분광법으로 분석시 추출용매는 클로로폼이다.

25 4-아미노안티피린 용액과 헥사사이아노철(Ⅲ)산 포타슘 용액을 순서대로 가하여 얻어진 적색(赤色)액의 흡광도 측정은 어떤 항목의 분석방법에 해당하는가?

㉮ 페놀화합물   ㉯ 퓨란류
㉰ 플루오린화합물 ㉱ 벤젠

풀이 4-아미노안티피린 용액과 헥사사이아노철(Ⅲ)산 포타슘 용액을 순서대로 가하여 얻어진 적색액을 510nm의 가시부에서 흡광도를 측정하여 페놀화합물의 농도를 계산한다.

answer 22 ㉮ 23 ㉰ 24 ㉯ 25 ㉮

26 배출가스 중 비소화합물을 수소화물생성 원자흡수분광광도법으로 분석할 때의 내용으로 틀린 것은?

㉮ 시료용액 중의 비소를 수소화비소로 하여 아르곤-수소 불꽃 중에 도입하고 비소에 의한 원자흡수를 파장 228.8nm에서 측정한다.
㉯ 정량범위는 0.003ppm 이상(시료용액 250mL, 건조시료가스량 1 Sm^3인 경우)이다.
㉰ 방법검출한계는 0.001ppm이며, 정밀도는 10% 이하이다.
㉱ 비소화합물 중 일부는 휘발성이 있어 채취 시료를 전처리하는 동안 비소의 손실 가능성이 있으므로 주의하여야 한다.

풀이 ㉮ 시료용액 중의 비소를 수소화비소로 하여 아르곤-수소 불꽃 중에 도입하고 비소에 의한 원자흡수를 파장 193.7nm에서 측정한다.

27 다음은 링겔만 매연농도법에 관한 설명이다. ( )안에 알맞은 것은?

> 보통 가로 14cm 세로 20cm의 백상지에 각각 ( )전폭의 격자형 흑선(格子型 黑線)을 그려 백상지의 흑선부분이 전체의 0%, 20%, 40%, 60%, 80%, 100%를 차지하도록 하여 이 흑선과 굴뚝에서 배출하는 매연의 검은 정도를 비교하여 각각 0에서 5도까지 6종으로 분류한다.

㉮ 0, 2, 4, 6, 8mm
㉯ 0, 1.0, 2.3, 3.7, 5.5mm
㉰ 0, 1.5, 3.2, 6.8, 8.6mm
㉱ 0, 1.8, 3.6, 5.4, 7.2mm

28 굴뚝 배출가스 중 질소산화물을 측정하는 자동측정법에 대한 설명으로 틀린 것은?

㉮ 측정범위(적용범위)는 0ppm~2,000ppm이다.
㉯ 적외선흡수법은 5,300nm 적외선 영역에서 광흡수를 이용한다.
㉰ 화학발광법의 간섭물질은 이산화탄소이다.
㉱ 수분에 의한 영향을 최소화하기 위해 시료채취관을 가열하거나, 응축기 및 응축수트랩을 연결하여 사용한다.

풀이 ㉮ 측정범위(적용범위)는 0ppm~1,000ppm이다.

29 굴뚝 배출가스 중 질소산화물을 자외선/가시선분광법 아연환원나프틸에틸렌다이아민법으로 분석할 경우 흡수액으로 알맞은 것은?

㉮ 황산용액   ㉯ 질산용액
㉰ 붕산용액   ㉱ 수산화소듐용액

풀이 질소산화물을 자외선/가시선분광법 아연환원나프틸에틸렌다이아민법으로 분석 시 흡수액은 0.005 mol/L 황산용액이다.

30 기체크로마토그래피의 충전물에서 고정상 액체의 구비조건에 대한 설명으로 옳지 않은 것은?

㉮ 분석대상 성분을 완전히 분리할 수 있는 것이어야 한다.
㉯ 사용온도에서 증기압이 높은 것이어야 한다.

answer 26 ㉮ 27 ㉯ 28 ㉮ 29 ㉮ 30 ㉯

㉰ 화학적으로 안정된 것이어야 한다.
㉱ 화학적 성분이 일정한 것이어야 한다.

풀이 ㉯ 사용온도에서 증기압이 낮은 것이어야 한다.

31
환경대기 중 일산화탄소를 불꽃 이온화 검출기법으로 측정하고자 할 때, 그 원리로 옳은 것은?

㉮ 시료를 수소 불꽃 중에서 연소시켜 수산화포타슘-에탄올 용액이 함유된 정제 칼럼을 통과한 후 그 농도를 측정한다.
㉯ 시료를 산화시켜 탄산가스로하고, 이를 적외선 분석법에 의해 측정한다.
㉰ 시료를 수소 불꽃 중에서 연소시키면 탄화수소가 발생하며, 이를 백금촉매를 첨가한 활성탄칼럼을 통과하여 생성된 일산화탄소를 FID법으로 측정한다.
㉱ 시료를 운반가스인 수소와 함께 니켈 촉매가 채워진 분리관을 통과시키면 메탄이 생성되며 이를 FID법으로 측정한다.

풀이 일산화탄소의 불꽃 이온화 검출기법
① 운반가스 : 수소   ② 촉매 : 니켈

32
굴뚝에서의 먼지측정위치 기준에 대한 내용이다. ( )안에 알맞은 것은?

수직굴뚝 (①) 끝단으로부터 (②)를 향하여 그 곳의 굴뚝내경의 (③) 이상이 되고, (④) 끝단으로부터 (⑤)를 향하여 그 곳의 굴뚝내경의 (⑥)이상이 되는 지점에 측정공 위치를 선정함을 원칙으로 한다.

㉮ ①상부, ②아래, ③2배, ④하부,
　⑤위, ⑥1배
㉯ ①하부, ②위, ③8배, ④상부,
　⑤아래, ⑥2배
㉰ ①하부, ②위, ③2배, ④상부,
　⑤아래, ⑥1배
㉱ ①상부, ②아래, ③4배, ④하부,
　⑤위, ⑥2배

33
비분산 적외선 분광분석법에서 사용되는 분석계의 성능기준으로 옳은 것은?

㉮ 동일 측정조건에서 제로가스와 스팬가스를 번갈아 3회 도입하여 각각의 측정값의 평균으로부터 구한 편차는 전체 눈금의 ±5% 이내이어야 한다.
㉯ 측정가스의 유량이 표시한 기준유량에 대하여 ±2% 이내에서 변동하여도 성능에 지장이 있어서는 안된다.
㉰ 감도는 최대눈금범위의 ±2% 이하에 해당하는 농도변화를 검출할 수 있는 것이어야 한다.
㉱ 전원전압이 설정 전압의 ±10% 이내로 변화하였을 때 지시값 변화는 전체눈금의 ±5% 이내여야 하고, 주파수가 설정 주파수의 ±5%에서 변동해도 성능에 지장이 있어서는 안된다.

풀이 ㉮ 동일 측정조건에서 제로가스와 스팬가스를 번갈아 3회 도입하여 각각의 측정값의 평균으로부터 구한 편차는 전체 눈금의 ±2% 이내이어야 한다.
㉰ 감도는 최대눈금범위의 ±1% 이하에 해당하는 농도변화를 검출할 수 있는 것이어야 한다.
㉱ 전원전압이 설정 전압의 ±10% 이내로 변화하였을 때 지시값 변화는 전체눈금의 ±1% 이내여야 하고, 주파수가 설정 주파수의 ±2%에서 변동해도 성능에 지장이 있어서는 안된다.

answer 31 ㉱　32 ㉯　33 ㉯

34 다음은 환경대기 중 아황산가스를 산정량 수동법으로 측정하는 방법이다. ( ) 안에 알맞은 것은?

> 시료용액 지시용액 두 방울을 가하고 0.01N 알칼리 용액으로 적정하여 ( )이 될 때를 종말점으로 한다.

㉮ 적색　　㉯ 황색
㉰ 회색　　㉱ 녹색

풀이 아황산가스 산정량 수동법
① 적정 용액 : 0.01N 알칼리 용액
② 종말점 : 회색

35 비분산형 적외선분석기의 장치구성에 관한 설명으로 옳지 않은 것은?

㉮ 광원은 원칙적으로 중수소방전관 또는 저압수은등을 사용한다.
㉯ 회전섹타는 시료광속과 비교광속을 일정주기로 단속시켜, 광학적으로 변조시킨 것이다.
㉰ 비교셀은 시료셀과 동일한 모양을 갖고, 아르곤 또는 질소와 같은 불활성 기체를 봉입하여 사용한다.
㉱ 광학필터는 가스필터와 고체필터가 있는데, 이것은 단독 또는 적절히 조합하여 사용한다.

풀이 ㉮ 광원은 원칙적으로 니크로뮴선 또는 탄화규소의 저항체에 전류를 흘려 가열한 것을 사용한다.

36 다음 중 환경대기 중의 아황산가스 측정을 위한 시험방법이 아닌 것은?

㉮ 불꽃광도법
㉯ 용액전도율법
㉰ 파라로자닐린법
㉱ 나프틸에틸렌다이아민법

풀이 환경대기 중의 아황산가스 측정방법 중 수동 및 반자동측정법에는 파라로자닐린법, 산정량수동법, 산정량반자동법이 있고 자동연속측정법에는 용액전도율법, 불꽃광도법, 자외선형광법(주시험법), 흡광차분광법이 있다.

37 굴뚝 배출가스 중 이산화황을 연속적으로 분석하기 위한 시험방법에 사용되는 정전위전해분석계의 구성에 관한 설명으로 옳지 않은 것은?

㉮ 가스투과성격막은 전해셀 안에 들어 있는 전해질의 유출이나 증발을 막고 가스투과성 성질을 이용하여 간섭성분의 영향을 저감시킬 목적으로 사용하는 폴리에틸렌 고분자격막이다.
㉯ 작업전극은 전해셀 안에서 산화전극과 한쌍으로 전기회로를 이루며 이산화황을 정전위전해 하는데 필요한 산화전극을 대전극에 가할 때 기준으로 삼는 전극으로서 백금전극, 니켈 또는 니켈화합물선극, 납 또는 납화합물전극 등이 사용된다.
㉰ 전해액은 가스투과성 격막을 통과한 가스를 흡수하기 위한 용액으로 약 0.5M 황산용액으로 사용한다.
㉱ 정전위전원은 작업전극에 일정한 전위의 전기에너지를 부가하기 위한 직류전원으로 수은전지가 이용된다.

answer 34 ㉰　35 ㉮　36 ㉱　37 ㉯

풀이 ㉰ 작업전극은 전해질안으로 확산 흡수된 이산화황이 전기에너지에 의해 산화될 때 그 농도에 대응하는 전해전류가 발생하는 전극으로 백금전극, 금전극, 팔라듐전극 또는 인듐전극 등이 있다.

38 굴뚝 배출가스 중 사이안화수소를 자외선/가시선분광법-4-피리딘카복실산-피라졸론법에 의해 분석할 때 다음 중 방해성분에 해당하지 않는 것은?

㉮ 염소 ㉯ 이산화탄소
㉰ 황화수소 ㉱ 이산화황

풀이 방해성분(간섭물질)은 염소 등의 산화성가스와 알데하이드류, 황화수소, 이산화황 등의 환원성가스이다.

39 고용량공기시료채취기를 사용하여 외부로 비산배출되는 먼지농도를 측정하고자 한다. 풍속의 범위가 0.5m/sec미만 또는 10m/sec 이상되는 시간이 전 채취시간의 50% 이상일 때 풍속에 대한 보정계수는?

㉮ 1.0 ㉯ 1.2
㉰ 1.4 ㉱ 1.5

풀이 ① 풍속에 대한 보정계수
　전 채취시간의 50% 미만 : 1.0
　전 채취시간의 50%이상 : 1.2
② 풍향에 대한 보정계수
　주풍량이 90°이상 : 1.5
　주풍량이 45°~90° : 1.2
　주풍량이 45° 미만 : 1.0

40 분석대상가스가 암모니아일 때 사용할 수 있는 채취관, 연결관의 재질로 가장 거리가 먼 것은?

㉮ 보통강철 ㉯ 염화비닐수지
㉰ 경질유리 ㉱ 석영

풀이 암모니아의 채취관 및 연결관의 재질로는 경질유리, 석영, 보통강철, 스테인리스강, 세라믹, 플루오로수지가 있다.

| 제3과목 | 대기오염방지기술

41 메탄올 5kg을 완전연소 시키는데 필요한 실제공기량(Sm^3)은? (단, 과잉공기계수 m = 1.3)

㉮ 22.5Sm^3 ㉯ 25.0Sm^3
㉰ 32.5Sm^3 ㉱ 37.5Sm^3

풀이 ① $CH_3OH + 1.5O_2 \rightarrow CO_2 + 2H_2O$
　32kg : 1.5×22.4Sm^3
　5kg : O_o(이론산소량)
　∴ $O_o = \dfrac{5kg \times 1.5 \times 22.4 Sm^3}{32kg} = 5.25 Sm^3$
② A_o(이론공기량)
　$= \dfrac{O_o(이론산소량)}{0.21} = \dfrac{5.25 Sm^3}{0.21} = 25 Sm^3$
③ A(실제공기량) = 공기비(m)×이론공기량(A_o)
　$= 1.3 \times 25 Sm^3 = 32.5 Sm^3$

TIP
① 메탄올 = 메틸알콜 = CH_3OH
② CH_3OH의 분자량 = 12+(3×1)+16+1 = 32kg
③ 체적(Sm^3) = 계수×22.4(Sm^3)
④ 질량(kg) = 계수×분자량(kg)

answer 38 ㉰ 39 ㉯ 40 ㉯ 41 ㉰

42 흡착제에 관한 설명으로 가장 거리가 먼 것은?

㉮ 활성탄은 혼합가스 내의 유기성 가스의 흡착에 주로 사용된다.
㉯ 알루미나와 보오크사이트는 주로 탈수에 사용된다.
㉰ 마그네시아는 표면적이 200m²/g 정도로 휘발유 및 용제정제 등에 사용된다.
㉱ 활성탄은 극성물질을 잘 흡착하며, 실리카겔은 표면적이 600~1400m²/g 정도로 용액건조에 주로 사용한다.

▶ 풀이 ㉱ 활성탄은 비극성(소수성)물질을 잘 흡착하며, 실리카겔은 극성(친수성)물질을 잘 흡착한다.

43 같은 화학적 조성을 갖는 먼지가 입경이 작아질 때 변하는 입자의 특성에 관한 설명으로 가장 적합한 것은?

㉮ stokes식에 따른 입자의 침강속도는 커진다.
㉯ 입자의 비표면적은 커진다.
㉰ 입자의 원심력은 커진다.
㉱ 중력집진장치에서 집진효율과는 무관하다.

▶ 풀이 ㉮ stokes식에 따른 입자의 침강속도는 작아진다.
㉰ 입자의 원심력은 작아진다.
㉱ 중력집진장치에서 집진효율은 작아진다.

44 전기집진장치에서 먼지의 비저항이 비정상적으로 높은 경우 투입하는 물질과 거리가 먼 것은?

㉮ H_2SO_4 ㉯ NH_3
㉰ NaCl ㉱ Soda lime

▶ 풀이 ㉯ NH_3는 먼지의 비저항이 비정상적으로 낮은 경우 투입하는 물질이다.

45 여과집진장치 중 간헐식에 관한 설명으로 옳지 않은 것은?

㉮ 먼지의 재비산이 적고, 높은 집진율을 얻을 수 있다.
㉯ 역기류형은 그 역기류가 강할 경우에는 초자섬유(glass fiber)와 같은 여과재가 효과적으로 사용된다.
㉰ 연속식에 비해 대량의 가스처리에는 부적합한 편이다.
㉱ 진동형의 경우 여과속도는 1~2cm/sec 정도이다.

▶ 풀이 ㉯ 초자섬유(glass fiber) 여과재는 200℃ 정도의 고온배출가스를 처리하는데 효과적으로 사용된다.

46 유압식과 공기분무식을 합한 것으로 유압은 보통 7kg/cm² 이상이며, 연소가 양호하고 소형이며, 전자동 연소가 가능한 액체연료의 연소장치는?

㉮ 저압분무식 버너
㉯ 건(gun)타입 버너
㉰ 선회 버너
㉱ 송풍 버너

▶ 풀이 ㉯ 건(gun)타입 버너에 대한 설명이며, 핵심 내용은 "소형이며 전자동연소 = 건타입 버너"임을 숙지하시면 됩니다.

answer 42 ㉱ 43 ㉯ 44 ㉯ 45 ㉯ 46 ㉯

47 A보일러에 사용하고 있는 중유의 고위발열량이 10,500kcal/kg일 때, 이 연료의 저위발열량은? (단, 연료 중의 수소함량은 12%, 수분함량은 0.3%이다.)

㉮ 9,850kcal/kg ㉯ 9,350kcal/kg
㉰ 9,160kcal/kg ㉱ 9,010kcal/kg

풀이 Hl = Hh-600(9H+W)(kcal/kg)
- Hl : 저위발열량(kcal/kg)
- Hh : 고위발열량(kcal/kg)
- H : 수소의 함량
- W : 수분의 함량

따라서 Hl = 10,500kcal/kg-600×(9×0.12+0.003)
= 9850.2kcal/kg

TIP
고위발열량(Hh) 구하는 공식
고위발열량(Hh)
= 저위발열량(Hl)+600(9H+W)(kcal/kg)

48 다음 중 VOCs 처리방법으로 가장 거리가 먼 것은?

㉮ 흡착 ㉯ 마스킹
㉰ 연소 ㉱ 응축

풀이 VOCs(휘발성유기화합물)의 처리방법으로는 활성탄흡착, 직접연소, 응축, 생물여과법 등이 있다.

49 유해물질 처리방법에 관한 설명으로 옳지 않은 것은?

㉮ 이황화탄소를 처리 시 암모니아를 불어 넣는 방법이 이용된다.
㉯ 시안화수소는 물에 거의 녹지 않으므로 촉매연소법으로 처리한다.
㉰ 브로민은 가성소다 수용액에 의한 선정법이 이용된다

㉱ 수은은 온도차에 따른 공기 중 수은 포화량의 차이를 이용하여 제거한다.

풀이 ㉯ 시안화수소는 물에 잘 녹으므로 세정법과 가연성분으로 구성되어 있으므로 연소법으로 처리한다.

50 황분 2.5%의 중유를 4ton/hr로 연소하고 있는 열설비에서 발생하는 SO_2을 탄산칼슘으로 완전히 탈황할 경우 필요한 이론적 탄산칼슘의 양은? (단, 중유 중 황은 모두 SO_2로 된다고 가정한다.)

㉮ 5.2kg/min ㉯ 3.6kg/min
㉰ 2.4kg/min ㉱ 1.5kg/min

풀이 $S+O_2 \rightarrow SO_2+CaCO_3+0.5O_2 \rightarrow CaSO_4+CO_2$
32kg : 100kg
4×10^3kg/hr×0.025×1hr/60min : X

∴ X = $\dfrac{100kg \times 4\times10^3 kg/hr \times 0.025 \times 1hr/60min}{32kg}$

= 5.21kg/min

51 집진장치 설계시 측정해야 될 집진입자 특성으로 거리가 먼 것은?

㉮ 발화온도 ㉯ 입도분포
㉰ 진밀도   ㉱ 농도

풀이 ㉮ 발화온도는 연소장치 설계시 측정해야 할 연료의 특성이다.

answer 47 ㉮ 48 ㉯ 49 ㉯ 50 ㉮ 51 ㉮

52 A집진장치에서 처음에는 99.5%의 먼지를 제거하였는데 성능이 떨어져 현재 98% 밖에 제거하지 못한다고 하면 현재 먼지의 배출농도는 처음 배출농도의 몇 배로 되겠는가?

㉮ 1.5배 ㉯ 2배
㉰ 3배 ㉱ 4배

풀이 배출농도의 변화 $= \dfrac{(1-0.98)}{(1-0.995)} = 4$배

TIP 배출농도의 변화는 통과율의 변화이다.

53 불화수소 0.5%(V/V)를 포함하는 배출가스 6,660 Sm^3/h를 $Ca(OH)_2$ 현탁액으로 처리할 때 이론적으로 필요한 시간당 $Ca(OH)_2$의 양은?

㉮ 55kg/hr ㉯ 45kg/hr
㉰ 35kg/hr ㉱ 25kg/hr

풀이 $2HF + Ca(OH)_2 \rightarrow CaF_2 + 2H_2O$
$2 \times 22.4 Sm^3$: 74kg
$6,660 Sm^3/hr \times 0.5\% \times 10^{-2}$: X

$\therefore X = \dfrac{74kg \times 6,660 Sm^3/hr \times 0.5\% \times 10^{-2}}{2 \times 22.4 Sm^3}$

   $= 55.0 kg/hr$

TIP
① $Ca(OH)_2$의 분자량 $= 40+(2 \times 16)+(2 \times 1) = 74kg$
② 체적(Sm^3) = 계수×22.4(Sm^3)
③ 질량(kg) = 계수×분자량(kg)

54 Propane gas 1Sm^3을 공기비 1.21로 완전연소할 때 생성되는 건조 연소가스량은? (단, 표준상태 기준)

㉮ 26.8Sm^3 ㉯ 24.2Sm^3
㉰ 22.3Sm^3 ㉱ 21.8Sm^3

풀이 $C_3H_8 + 5O_2 \rightarrow 3CO_2 + 4H_2O$
실제건연소가스량(Gd)
$= (m-0.21)A_o + CO_2$량 $= (1.21-0.21) \times \dfrac{5}{0.21} + 3$
$= 26.81 Sm^3/Sm^3$

TIP 이론공기량(A_o : Sm^3/Sm^3)
$= \dfrac{이론산소량(Sm^3/Sm^3)}{0.21} = \dfrac{산소의 개수(Sm^3/Sm^3)}{0.21}$

55 크기가 1.2m×2.0m×1.5m인 연소실에서 저위발열량이 10,000kcal/kg인 중유를 1.5시간에 100kg씩 연소시키고 있다. 이 연소실의 열발생율은?

㉮ 약 165,246kcal/m^3hr
㉯ 약 185,185kcal/m^3hr
㉰ 약 277,778kcal/m^3hr
㉱ 약 416,667kcal/m^3hr

풀이 열발생율(kcal/$m^3 \cdot$ hr)
$= \dfrac{저위발열량(kcal/kg) \times 연료량(kg/hr)}{연소실 크기(m^3)}$
$= \dfrac{10,000kcal/kg \times 100kg/1.5hr}{1.2 \times 2.0 \times 1.5 m}$
$= 185,185.19 kcal/m^3 \cdot hr$

answer 52 ㉱ 53 ㉮ 54 ㉮ 55 ㉯

56 여과백에 사용되는 다음 여재 중 가장 고온에 견디는 것은?

㉮ 오올론
㉯ 비닐론
㉰ 폴리아미드계 나일론
㉱ 글라스화이버

▶풀이 여재의 사용온도
㉮ 오올론 : 150℃
㉯ 비닐론 : 100℃
㉰ 폴리아미드계 나일론 : 110℃
㉱ 글라스화이버 : 250℃

57 다음 흡수장치 중 압력손실이 가장 큰 것은?

㉮ 충전탑
㉯ 분무탑
㉰ 벤츄리 스크러버
㉱ 사이클론 스크러버

▶풀이 압력손실
㉮ 충전탑 : 100~250mmH$_2$O
㉯ 분무탑 : 2~20mmH$_2$O
㉰ 벤츄리 스크러버 : 300~800mmH$_2$O
㉱ 사이클론 스크러버 : 100~200mmH$_2$O

58 Stokes의 침강속도식에서 침강속도에 관한 설명으로 옳지 않은 것은?

㉮ 중력가속도에 비례한다.
㉯ 입자의 직경의 제곱에 비례한다.
㉰ 공기의 점도에 반비례한다.
㉱ 입자밀도와 공기의 밀도의 차에 반비례한다.

▶풀이 $V_g = \dfrac{d^2(\rho_s - \rho)g}{18\mu}$

V_g : 침강속도(m/sec)
d : 직경(m)
ρ_s : 입자의 밀도(kg/m^3)
ρ : 가스의 밀도(kg/m^3)
g : 중력가속도(9.8m/sec^2)
μ : 점성도(kg/m·sec)

따라서 침강속도(V_g)는
입자의직경(d)의 제곱에 비례한다.
밀도차($\rho_s - \rho$)에 비례한다.
중력가속도(g)에 비례한다.
점성도(μ)에 비례한다.

59 LNG와 LPG에 관한 설명으로 가장 거리가 먼 것은?

㉮ LNG는 천연가스를 1기압하에서 -168℃ 정도로 냉각하여 액화시킨 연료이다.
㉯ LPG는 상온에서 적은 압력을 주면 용이하게 액화되는 석유계의 탄화수소를 말한다.
㉰ 발열량은 LPG보다 LNG가 높다.
㉱ LPG의 대부분은 석유정제시 부산물로 얻어진다.

▶풀이 ㉰ 발열량은 LNG보다 LPG가 2배 이상 높다.

60 충전탑에 관한 설명으로 옳지 않은 것은?

㉮ 액가스비는 0.05~0.1L/m^3 정도이며, 포종탑류에 비해 압력손실이 크다.
㉯ 흡수액에 고형성분이 함유되면 침전물이 생겨 성능이 저하될 수 있다.
㉰ 급수량이 적절하면 효과가 좋다.
㉱ 처리가스 유량의 변화에도 비교적 적응성이 있다.

▶풀이 ㉮ 액가스비는 2~3L/m^3 정도이고 압력손실은 100~250mmH$_2$O이다.

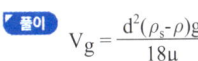 56 ㉱ 57 ㉰ 58 ㉱ 59 ㉰ 60 ㉮

2013년 2회 기출문제

| 제1과목 | 대기환경관리

01 다음 중 광부나 석탄연료 배출구 주위에 거주하는 사람들의 폐중 농도가 증대되고, 배설은 주로 신장을 통해 이루어지며, 뼈에 소량 축적될 수 있으며, 만성폭로시 설태가 끼이며, 혈장 콜레스테롤치가 저하될 수 있는 오염물질은?

㉮ 구리   ㉯ 카드뮴
㉰ 바나듐   ㉱ 비소

풀이 ㉰ 바나듐(V)에 대한 설명이며, 핵심 내용은 "설태, 혈장콜레스테롤치 저하 = 바나듐"임을 숙지하시면 됩니다.

02 대기오염물의 확산모델 중 상자모델(Box Model)의 기본적인 가정에 관한 설명으로 가장 거리가 먼 것은?

㉮ 오염물의 분해는 2차 반응에 의한다.
㉯ 오염원은 방출과 동시에 균등하게 혼합된다.
㉰ 고려되는 공간에서 오염물의 농도는 균일하다.
㉱ 고려되는 공간의 수직단면에 직각방향으로 부는 바람의 속도가 일정하여 환기량이 일정하다.

풀이 ㉮ 오염물의 분해는 1차 반응에 의한다.

03 비스코스 섬유제조시 주로 발생하며, 불쾌한 자극성 냄새를 유발하는 액체이며, 끓는점은 약 46℃정도이고, 햇빛에 파괴될 정도로 불안정하지만 부식성은 비교적 약한 대기오염물질은?

㉮ Hydrogen sulfide
㉯ Carbon disulfide
㉰ Formaldehyde
㉱ Bromine

풀이 ㉯ Carbon disulfide(이황화탄소)에 대한 설명이며, 핵심 내용은 "비스코스섬유공업 = 이황화탄소"임을 숙지하시면 됩니다.

04 오존(O_3)에 관한 설명으로 옳지 않은 것은?

㉮ 인체에 미치는 영향으로 유전인자에 변화를 일으키며, 염색체 이상이나 적혈구 노화를 초래한다.
㉯ 2차 대기오염물질에 해당하고, 온실가스로 작용한다.
㉰ 대기 중 오존의 배경농도는 0.01~0.02ppb으로 알려져 있다.
㉱ 산화력이 강하여 인체의 눈을 자극하고 폐수종 등을 유발시킨다.

풀이 ㉰ 대기 중 오존의 배경농도는 0.01~0.02ppm으로 알려져 있다.

answer 01 ㉰ 02 ㉮ 03 ㉯ 04 ㉰

05 다음 대기오염물질 중 혈관내 용혈을 일으키며, 3대 증상으로는 복통, 황달, 빈뇨이며, 급성중독일 경우 활성탄과 하제를 투여하고 구토를 유발시켜야 하는 것은?

㉮ 석면 ㉯ 비소
㉰ 벤조(a)파이렌 ㉱ 플루오린화합물

풀이 ㉯ 비소(As)에 대한 설명이며, 핵심 내용은 "복통, 황달, 빈뇨의 3대 증상 = 비소"임을 숙지하시면 됩니다.

06 다음 중 2차 대기오염물질에만 해당하는 것은?

㉮ NaCl, NO_2 ㉯ NH_3, CO
㉰ HC, Pb ㉱ NOCl, H_2O_2

풀이 ㉮ 1차성물질-1,2차성 물질
㉯ 1차성 물질-1차성 물질
㉰ 1차성 물질-1차성 물질
㉱ 2차성 물질-2차성 물질

07 다음은 오존의 생성원에 관한 설명이다. ( )안에 알맞은 것은?

> 대류권에서 자연적 오존은 질소산화물과 식물에서 방출된 탄화수소의 광화학 반응으로 생성된다. 식물로부터 배출되는 탄화수소의 한 예로서 ( )는(은) 소나무에서 생기며, 소나무향을 가진다.

㉮ 사이토카닌 ㉯ 에틸렌
㉰ ABA ㉱ 테르펜

풀이 ㉱ 테르펜에 대한 설명이며, 핵심 내용은 "식물에서 방출된 탄화수소 = 테르펜"임을 숙지하시면 됩니다.

08 대기 중 질소산화물에 관한 설명으로 거리가 먼 것은?

㉮ 대기 중 체류시간은 NO와 NO_2가 2~5일 정도이다.
㉯ N_2O는 대류권에서 태양에너지에 대해 불안정하고, 대류권에서의 체류시간이 짧은 편이다.
㉰ N_2O의 발생원으로서는 특히 토양에 공급되는 과잉비료 사용에 의한 것이 문제가 되고 있다.
㉱ 광화학반응과 관련해서는 도시지역의 경우 교통량이 많은 이른 아침시간대에 NO 농도가 매우 높은 편이다.

풀이 ㉯ N_2O는 대류권에서 태양에너지에 대해 안정하고, 대류권에서의 체류시간이 20~100년 정도로 긴 편이다.

09 오존 파괴와 관련된 특정물질 중 CFC-111의 화학식으로 옳은 것은?

㉮ $CFCl_3$ ㉯ CF_2Cl_2
㉰ C_2FCl_5 ㉱ C_2F_5Cl

풀이 ㉮ $CFCl_3$: CFC-11
㉯ CF_2Cl_2 : CFC-12
㉰ C_2FCl_5 : CFC-111
㉱ C_2F_5Cl : CFC-115

answer 05 ㉯ 06 ㉱ 07 ㉱ 08 ㉯ 09 ㉰

10 이산화탄소에 관한 설명으로 가장 거리가 먼 것은?

㉮ 미생물의 분해 작용과 화석연료의 연소 및 산림파괴에 의하여 발생된다.
㉯ 실외에서는 온실가스로 작용하며, 실내에서는 실내공기질 오염의 지표로 삼고 있다.
㉰ 대기 중의 이산화탄소는 봄~여름에 걸쳐 증가하고, 겨울에 감소하는 주된 경향을 보인다.
㉱ 고층대기에서 광화학적인 분해반응을 일으키는 경우를 제외하고는 대류권 내에서는 화학적으로 극히 안정한 편이다.

풀이 ㉰ 대기 중의 이산화탄소는 봄~여름에 걸쳐 감소하고, 겨울에 증가하는 주된 경향을 보인다.

> **TIP**
> 대기 중 이산화탄소 농도
> ① 광합성 작용이 왕성한 봄과 여름에 최소
> ② 광합성 작용이 거의 없는 가을과 겨울에 최대

11 다음 중 NO_x의 피해에 관한 설명으로 가장 적합한 것은?

㉮ 식물에는 별로 심각한 영향을 주지 않으나, 주 지표식물은 아스파라거스, 명아주 등이다.
㉯ 잎가장자리에 주로 흰색 또는 은백색 반점을 유발하고, 인체독성보다 식물의 고목에 민감한 편이다.
㉰ 저항성이 약한 식물로는 담배, 해바라기 등이 있다.
㉱ 스위트피가 주 지표식물이며, 인체독성보다 식물의 고엽, 성숙한 잎에 민감한 편이며, 0.2ppb 정도에서 큰 영향을 미친다.

12 대류권내 정상공기의 화학적 조성 분류와 그 조성에 관한 설명으로 옳지 않은 것은?

㉮ Ar은 농도가 안정된 물질에 속하며, 그 농도는 0.934% 정도이다.
㉯ 쉽게 농도가 변하지 않는 물질로서 농도 크기순은 Ne > He > Kr > Xe 이다.
㉰ CH_4는 쉽게 농도가 변하지 않는 물질에 해당한다.
㉱ H_2는 쉽게 농도가 변하는 물질에 해당하며, 대류권에서의 농도는 10~50ppm 정도이다.

풀이 ㉱ 대류권에서 H_2농도는 0.55ppm 정도이다.

13 유해가스상 대기오염물질이 식물에 미치는 영향에 관한 설명으로 가장 거리가 먼 것은?

㉮ 고등식물에 대한 피해를 주는 대기오염물질 중에서 독성성분 순으로 나열하면 $Cl_2 > SO_2 > HF > O_3 > NO_2$ 순이다.
㉯ 아황산가스는 특히 소나무과, 콩과 맥류 등이 피해를 많이 입는다.
㉰ 황화수소에 강한식물로는 복숭아, 딸기, 사과 등이다.
㉱ 일산화탄소는 식물에는 별로 심각한 영향을 주지 않으나 500ppm 정도에서 토마토 잎에 피해를 나타낸다.

answer 10 ㉰ 11 ㉰ 12 ㉱ 13 ㉮

풀이 ㉮ 고등식물에 대한 피해를 주는 대기오염물질 중에서 독성성분 순으로 나열하면 HF > Cl_2 > SO_2 > NO_2 순이다.

14 체적이 100m³인 복사실의 공간에서 오존(O_3)의 배출량이 분당 0.4mg인 복사기를 연속사용하고 있다. 복사기 사용전의 실내오존(O_3)의 농도가 0.2ppm이라고 할 때 3시간 사용 후 오존농도는 몇 ppb 인가? (단, 환기가 되지 않음, 0℃, 1기압 기준으로 하며, 기타조건은 고려하지 않음)

㉮ 260 ㉯ 380
㉰ 420 ㉱ 536

풀이 ① 복사기 사용 후 오존농도(ppm)
ppm(mL/Sm³)
$= \dfrac{0.4\text{mg/min}}{1{,}000\text{m}^3} \times \dfrac{60\text{min}}{1\text{hr}} \times \dfrac{22.4\text{mL}}{48\text{mg}} \times 3\text{hr}$
= 0.336ppm
② 복사기 사용 전 오존농도 = 0.2ppm
③ 총 오존농도 = 0.336ppm + 0.2ppm = 0.536ppm
④ 0.536ppm × 10^3 = 536ppb

TIP
① ppm = mL/Sm³
② ppb = μL/Sm³
③ ppm $\xrightarrow{\times 10^3}$ ppb
④ 오존(O_3)의 분자량 = 3 × 16 = 48
⑤ O_3 1mol $\begin{cases} 48\text{mg} \\ 22.4\text{mL} \end{cases}$

15 가솔린기관의 특성으로 거리가 먼 것은?

㉮ 연료를 공기와 혼합시켜 실린더에 흡입, 압축시킨 후 점화플러그에 의해 강제로 연소폭발시킨다.
㉯ 정지가동시에는 CO농도가, 가속시에는 NO_X가, 감속시에는 HC 농도가 높은 편이다.
㉰ 압축비가 0.5~2 정도로 낮고, 연비가 디젤기관에 비해 높다.
㉱ 연소하는 혼합기는 시간적으로 공간적으로 거의 일정한 공연비를 갖는다.

풀이 ㉰ 압축비가 8~9 정도로 낮고, 연비가 디젤기관에 비해 낮다.

16 다음 중 오존파괴지수(ODP)가 가장 큰 것은?

㉮ CCl_4 ㉯ Halon-1301
㉰ Halon-1211 ㉱ Halon-2402

풀이 오존파괴지수(ODP)
㉮ CCl_4 : 1.1
㉯ Halon-1301 : 10.0
㉰ Halon-1211 : 3.0
㉱ Halon-2402 : 6.0

TIP
오존층 파괴지수(ODP)가 가장 큰 물질은 Halon-1301 (CF_3Br)이 10.0과 Halon-2402($C_2F_4Br_2$)가 6.0임을 숙지하시면 됩니다.

answer 14 ㉱ 15 ㉰ 16 ㉯

17 다음 중 강우에 의해 잘 제거되는 오염 물질은?

㉮ NO ㉯ NO_2
㉰ NH_3 ㉱ CO

풀이 ① 강우에 쉽게 제거되는 물질 = 수용성 물질
= NH_3
② 강우에 쉽게 제거되지 않는 물질 = 난용성물질
= NO, NO_2, CO

18 대류권에 관한 설명으로 옳지 않은 것은?

㉮ 대류권에서는 평균기온감률이 -6.5℃/km 정도로 감소하므로 기층이 불안정하여 대류현상이 일어나기 쉽다.
㉯ 구름, 비 등의 기상현상은 대류권에 국한된다.
㉰ 대류권의 자유대기는 행성경계층의 상층으로 지표면의 영향을 직접 받지 않는 층이다.
㉱ 행성경계층은 지표면의 마찰 영향을 거의 받지 않으며, 풍속이 지표에서 멀어질수록 약하게 분다.

풀이 ㉱ 행성경계층(대기경계층)은 지표면의 마찰의 영향을 받기 때문에 풍속이 지표에서 멀어질수록 강하게 분다.

19 대기 중 환경감률이 -2.5℃/km인 경우의 대기 상태는?

㉮ 미단열 ㉯ 등온
㉰ 과단열 ㉱ 역전

풀이 건조단열감율선(rd) = $\frac{-0.98}{100m}$ 이며
환경감율선(r) = $\frac{-0.25}{100m}$ 이다.

따라서 rd > r이므로 미단열 조건인 약한 안정상태가 된다.

TIP
(-)는 기온이 낮아진다는 의미임을 숙지하셔야 합니다.

20 다음 역사적인 대기오염사건 중 methyl isocyanate가 주된 오염원인 것은?

㉮ Donora 사건
㉯ Meuse valley 사건
㉰ Bhopal 사건
㉱ Poza Rica 사건

풀이 주 원인물질
㉮ Donora 사건 : 아황산가스, 황산미스트
㉯ Meuse valley 사건 : 아황산가스, 황산미스트, 플루오린화합물
㉰ Bhopal 사건 : 메틸이소시아네이트(CH_3CNO)
㉱ Poza Rica 사건 : 황화수소(H_2S)

| 제2과목 | 대기오염공정시험기준

21 비분산적외선분광분석법을 적용하기 위한 분석기에 관한 설명으로 옳지 않은 것은?

㉮ 적외선 가스분석기는 단광속 비분산 분석기와 복광속 비분산분석기로 분류한다.
㉯ 광원은 원칙적으로 니크롬선 또는 탄화규소의 저항체에 전류를 흘려 가열한 것을 사용한다.
㉰ 회전섹타는 시료광속과 비교광속을 일정주기로 단속시켜 광학적으로 변

answer 17 ㉰ 18 ㉱ 19 ㉮ 20 ㉰ 21 ㉱

조시키는 것이다.

㉣ 광학필터는 액체필터와 복합형 필터가 있는데 이를 적절히 조합하여 사용한다.

> **풀이** ㉣ 광학필터는 가스필터와 고체필터가 있는데, 이것은 단독 또는 적절히 조합하여 사용한다.

22 배출가스 중 휘발성유기화합물(VOCs) 시료채취방법인 흡착관법에 대한 내용으로 틀린 것은?

㉮ 채취관의 재질은 플루오로 수지, 유리, 석영 등을 사용한다.
㉯ 밸브는 밀봉 윤활유를 사용하여 가스의 누출이 없는 구조이어야 한다.
㉰ 응축기는 가스가 흡착관을 통과하기 전 가스를 20℃ 이하로 낮출 수 있는 부피가 되어야 한다.
㉱ 흡착관은 사용하기 전에 반드시 안정화(컨디셔닝) 단계를 거쳐야 한다.

> **풀이** ㉯ 밸브는 밀봉 윤활유를 사용하지 않고 가스의 누출이 없는 구조이어야 한다.

23 배출가스 중 금속화합물을 원자흡수분광광도법으로 분석할 때 간섭물질에 대한 내용으로 틀린 것은?

㉮ 광학적 간섭은 분석하고자 하는 금속과 근접한 파장에서 발광하는 물질이 존재할 때 발생할 수 있다.
㉯ 화학적 간섭은 이온과 원자의 재결합으로 연속 발광할 때 발생할 수 있다.
㉰ 물리적 간섭은 표준물질과 분석용 시료용액의 매질(matrix) 차이에 의해 발생할 수 있다.
㉱ 크로뮴 분석 시 아세틸렌-공기 불꽃에서는 철, 니켈 등에 의한 방해를 받는다.

> **풀이** ㉯번은 광학적 간섭에 대한 내용이다.

24 자외선/가시선분광법(Absorptiometric Analysis)에서 램버어트 비어(Lambert-Beer) 법칙에 의한 흡광도 A를 구하는 식으로 옳은 것은? (단, 입사광의 강도를 I_o, 투사광의 강도를 I_t라 한다.)

㉮ $A = \dfrac{I_t}{I_o} \times 100$ ㉯ $A = \dfrac{I_o}{I_t} \times 100$

㉰ $A = \log \dfrac{I_t}{I_o}$ ㉱ $A = \log \dfrac{I_o}{I_t}$

> **풀이** $A(흡광도) = \log \dfrac{1}{t(투과퍼센트)}$
> 여기서 $t = \dfrac{I_t}{I_o}$ 이므로 $A = \log \dfrac{1}{\frac{I_t}{I_o}} = \log \dfrac{I_o}{I_t}$

answer 22 ㉯   23 ㉯   24 ㉱

25 시험에 사용하는 시약의 농도는 따로 규정이 없는 한 별도 규정된 농도의 것을 사용하는데, 이에 관한 사항으로 옳지 않은 것은?

	명칭	화학식	농도	비중(약)
①	플루오린화수소산	HF	46.0~48.0	1.14
②	브로민화수소산	HBr	47.0~49.0	1.48
③	과염소산	$HClO_4$	60.0~62.0	1.54
④	아이오딘화수소산	HI	42.0~44.0	1.46

㉮ ① ㉯ ②
㉰ ③ ㉱ ④

> **풀이** ㉱ 아이오딘화수소산의 농도는 55.0 ~ 58.0이고 비중은 1.70이다.

26 배출가스 중 황화수소을 분석하는 자외선/가시선분광법-메틸렌블루법에 대한 설명으로 틀린 것은?

㉮ 배출가스 중의 황화수소를 아연아민착염용액에 흡수시킨다.
㉯ 메틸렌블루의 흡광도를 540nm에서 측정한다.
㉰ 시료채취량이 20L인 경우 정량범위는 1.7ppm 이상이다.
㉱ 시료채취관에서 흡수병까지의 연결관은 가능한 짧게 한다.

> **풀이** ㉯ 메틸렌블루의 흡광도를 670nm에서 측정한다.

27 특정 발생원에서 일정한 굴뚝을 거치지 않고 외부로 비산배출되는 먼지의 측정방법에 관한 설명으로 가장 거리가 먼 것은?

㉮ 시료채취장소는 원칙적으로 측정하려고 하는 발생원의 부지경계선상에 선정하여 풍향을 고려하여 그 발생원의 비산먼지 농도가 가장 높을 것으로 예상되는 지점 3개소 이상을 선정한다.
㉯ 풍속이 0.5m/초 미만 또는 10m/초 이상 되는 시간이 전 채취시간의 50% 이상일 때는 풍속보정계수는 1.2로 한다.
㉰ 전 시료채취 기간 중 주풍향이 변동 없을 때(45° 미만)는 풍향보정계수는 1.5로 한다.
㉱ 각 측정지점의 채취먼지량과 풍향풍속의 측정결과로부터 비산먼지 농도를 구할 때 대조위치를 선정할 수 없는 경우에는 $0.15mg/Sm^3$를 대조위치의 먼지농도로 한다.

> **풀이** ㉰ 전 시료채취 기간 중 주풍향이 변동 없을 때(45° 미만)는 풍향보정계수는 1.0으로 한다.

answer 25 ㉱ 26 ㉯ 27 ㉰

28 "항량이 될 때까지 건조한다"에서 "항량"의 범위를 벗어나지 않는 것은?

㉮ 검체 8g을 1시간 더 건조하여 무게를 달아보니 7.9975g 이었다.
㉯ 검체 4g을 1시간 더 건조하여 무게를 달아보니 3.9989g 이었다.
㉰ 검체 1g을 1시간 더 건조하여 무게를 달아 보니 0.999g 이었다.
㉱ 검체 100mg을 1시간 더 건조하여 무게를 달아보니 99.9mg 이었다.

풀이
㉮ 8g : (8-7.9975)g = 1g : x
∴ x = 0.0003125g = 0.3125mg
㉯ 4g : (4-3.9989)g = 1g : x
∴ x = 0.000275g = 0.275mg
㉰ 1g : (1-0.999)g = 1g : x
∴ x = 0.001g = 1mg
㉱ 100mg : (100-99.9)mg = 1g : x
∴ x = 0.001g = 1mg

29 화학분석일반사항에서 규정한 사항으로 옳지 않은 것은?

㉮ "냉후"(식힌 후)라 표시되어 있을 때는 보온 또는 가열후 실온까지 냉각된 상태를 뜻한다.
㉯ 액의 농도를 (1→2), (1→5) 등으로 표시한 것은 그 용질의 성분이 고체일 때는 1g을, 액체일 때는 1mL를 용매에 녹여 전량을 각각 2mL 또는 5mL로 하는 비율을 뜻한다.
㉰ "약"이란 그 무게 또는 부피에 대하여 ±10% 이상의 차가 있어서는 안된다.
㉱ 방울수라 함은 10℃에서 정제수 10방울을 떨어뜨릴 때 그 부피가 약 10mL 되는 것을 뜻한다.

풀이 ㉱ 방울수라 함은 20℃에서 정제수 20방울을 떨어뜨릴 때 그 부피가 약 1mL 되는 것을 뜻한다.

30 휘발성 유기화합물질(VOCs) 누출확인 방법에서 사용하는 용어정의에서 "응답시간"은 VOCs가 시료채취장치로 들어가 농도 변화를 일으키기 시작하여 기기계기판의 최종값이 얼마를 나타내는데 걸리는 시간을 의미하는가? (단, VOCs 측정기기 및 관련장비는 사양과 성능기준을 만족한다.)

㉮ 80%   ㉯ 85%
㉰ 90%   ㉱ 95%

풀이 응답시간은 VOCs가 시료채취장치로 들어가 농도 변화를 일으키기 시작하여 기기계기판의 최종값이 90%를 나타내는데 걸리는 시간이다.

31 배출가스 중 플루오린화합물을 측정하는 방법에 대한 내용으로 틀린 것은?

㉮ 자외선/가시선분광법 - 란타넘-알리자린콤플렉손법은 복합 착화합물의 흡광도를 파장 620nm에서 측정한다.
㉯ 이온크로마토그래피는 시료채취량이 40L인 경우 정량범위는 0.30ppm 이상이다.
㉰ 이온선택전극법은 시료가스 중에 알루미늄(III), 철(II) 등의 중금속 이온이 공존하면 영향을 받는다.
㉱ 흡수액은 아황산수소소듐 용액(10g/L)을 사용한다.

풀이 ㉱ 흡수액은 0.1 mol/L 수산화소듐 용액을 사용한다.

answer 28 ㉯ 29 ㉱ 30 ㉰ 31 ㉱

32 자외선 가시선 분광법의 장치에 관한 설명으로 거리가 먼 것은?

㉮ 자외부의 광원으로는 주로 중수소 방전관을 사용하고, 가시부와 근적외부의 광원으로는 주로 텅스텐램프를 사용한다.
㉯ 측광부에는 광전관, 광전자증배관은 주로 자외 내지 가시파장 범위에서 사용된다.
㉰ 단색화장치로는 프리즘, 회절격자 또는 이 두 가지를 조합시킨 것을 사용한다.
㉱ 광전광도계는 파장선택부에 단색화장치를 사용한 장치로 복광속형이 많다.

▶ 풀이 ㉱ 광전광도계는 파장선택부에 필터를 사용한 장치로 단광속형이 많고 비교적 구조가 간단하여 작업분석용에 적당하다.

33 굴뚝 배출가스 중 먼지를 수동식 시료채취기를 사용하여 측정 시 시료채취의 등속흡입 정도를 보기 위해 등속흡입계수를 구할 때 다시 시료채취를 하지 않고 인정될 수 있는 등속계수 I(%)값의 범위 기준은? (단, $I(\%) = \dfrac{V_m}{q_m \times t} \times 100$, I : 등속계수, V_m : 흡입가스량(습식가스미터에서 읽은 값)(L), q_m : 가스미터에 있어서의 등속 흡입 유량(L/분), t : 가스 흡입시간(분))

㉮ 90%~105% ㉯ 90%~115%
㉰ 95%~115% ㉱ 90%~110%

▶ 풀이 등속흡입 정보를 보기위해 공식이나 계산기에 의해서 등속계수를 구하고 그 값이 90%~110% 범위에 들지 않는 경우에는 다시 시료채취를 행한다.

34 배출가스 중 납화합물을 분석하는 원자흡수분광광도법에 대한 설명으로 틀린 것은?

㉮ 측정파장은 217.0nm 또는 283.3nm이다.
㉯ 정량범위는 0.050 mg/Sm³ 이상이다.
㉰ 방법검출한계는 0.016 mg/Sm³ 이다.
㉱ 정밀도는 20% 이하이다.

▶ 풀이 ㉱ 정밀도는 10% 이하이다.

35 화학반응 등에 따라 굴뚝 등에서 배출되는 가스 중의 염소를 분석하는 방법 중 자외선/가시선분광법–오르토톨리딘법에 대한 설명으로 옳지 않은 것은?

㉮ 정량범위는 0.02~1ppm이다.
㉯ 시료 채취관의 재질로는 유리관, 석영관, PTFE(Polytetra fluoroethylene) 등을 사용한다.
㉰ 시료 채취관은 굴뚝에 직각이고 끝이 중앙부에 오도록 넣는다.
㉱ 오르토톨리딘 염산용액은 갈색병에 보관하며 보관 가능기간은 약 6개월이다.

▶ 풀이 ㉮ 정량범위는 (0.2 ~ 5.0)ppm이다.

answer 32 ㉱ 33 ㉱ 34 ㉱ 35 ㉮

36 다음은 연료용 유류중의 황함유량을 측정하기 위한 분석방법 중 연소관식 공기법에 관한 설명이다. ( )안에 알맞은 것은?

> 950~1,100℃로 가열한 석영재질 연소관 중에 공기를 불어넣어 시료를 연소시킨다. 생성된 황산화물을 ( )에 흡수시켜 황산으로 만든 다음, 수산화소듐표준액으로 중화적정하여 황함유량을 구한다.

㉮ 과산화수소(3%)
㉯ 질산암모늄용액
㉰ 아연아민착염용액
㉱ 크로모트로핀산용액

풀이 생성된 황화합물을 과산화수소(3%)에 흡수시켜 황산으로 만든다.

37 HCl 배출허용기준이 30ppm인 소각시설에서의 측정결과가 다음과 같았다. 이 때 표준산소농도로 보정한 HCl의 농도는?

> • HCl의 실측농도 : 20ppm
> • O_2 실측농도 : 9.1%
> • O_2 표준농도 : 4%

㉮ 14ppm
㉯ 21ppm
㉰ 28.6ppm
㉱ 42.9ppm

풀이
$$C = C_a \times \frac{21-O_s}{21-O_a}$$

- C : 오염물질 농도(ppm)
- C_a : 실측오염물질 농도(ppm)
- O_s : 표준산소농도(%)
- O_a : 실측산소농도(%)

따라서 $C = 20ppm \times \frac{21-4\%}{21-9.1\%} = 28.57ppm$

TIP
배출가스 유량 보정식
$$Q = Q_a \div \frac{21-O_s}{21-O_a}$$

- Q : 배출가스유량(Sm^3/day)
- Q_a : 실측배출가스유량(Sm^3/day)
- O_s : 표준산소농도(%)
- O_a : 실측산소농도(%)

38 이론단수가 1,600인 분리관이 있다. 머무름시간이 10분인 봉우리의 좌우 변곡점에서 접선이 자르는 바탕선의 길이는? (단, 기록지 이동속도는 5mm/min, 이론단수는 모든 성분에 대하여 같다.)

㉮ 1mm
㉯ 2mm
㉰ 5mm
㉱ 10mm

풀이
$$n = 16 \times \left(\frac{tR}{w}\right)^2$$

- n : 이론단수
- tR : 기록지 이동속도(mm/min)
- w : 봉우리 폭(mm)

따라서 $1,600 = 16 \times \left(\frac{5mm/min \times 10min}{w}\right)^2$

$\therefore w = \frac{5mm/min \times 10min}{\sqrt{\frac{1,600}{16}}} = 5mm$

TIP
tR = 기록지이동속도(mm/min)×머무름시간(min)

answer 36 ㉮ 37 ㉰ 38 ㉰

39 굴뚝 배출가스 중의 SO_2량이 2,286mg/Sm^3일 때, ppm으로 환산한 값은? (단, 표준상태 기준)

㉮ 약 300ppm ㉯ 약 800ppm
㉰ 약 1,200ppm ㉱ 약 6,530ppm

풀이

$$ppm(mL/Sm^3) = \frac{2,286mg}{Sm^3} \times \frac{22.4mL}{64mg}$$
$$= 800.1ppm$$

TIP

① $ppm = mL/Sm^3$
② SO_2 1mol $\begin{cases} 64mg \\ 22.4mL \end{cases}$

40 굴뚝배출가스의 차압을 경사마노미터로 측정하기 위하여 압력을 걸었더니 경사마노미터 액주의 길이가 10cm 늘어났다. 이 경우 압력차는 얼마인가? (단, 사용한 봉입액으로 비중 0.85의 톨루엔을 사용하였고, 액주계의 경사각은 수평과 10°를 이루고 있다.)

㉮ 1.0mmH_2O ㉯ 1.50mmH_2O
㉰ 14.76mmH_2O ㉱ 17.99mmH_2O

풀이 압력차(동압)
= 액주길이(mm)×톨루엔비중×$Sin\theta$
= 100mm×0.85×Sin 10°
= 14.76mmH_2O

TIP

동압(h) = 액주길이(mm)×톨루엔비중×$\frac{1}{확대율}$

| 제3과목 | 대기오염방지기술

41 질소산화물(NO_X)의 억제방법으로 가장 거리가 먼 것은?

㉮ 저산소 연소
㉯ 배출가스 재순환
㉰ 화로내 물 또는 수증기 분무
㉱ 고온영역 생성촉진 및 간불꽃연소를 통한 화염온도 증가

풀이 ㉱ 고온영역 생성감소 및 화염온도 감소

42 세정식 집진장치의 특성과 가장 거리가 먼 것은?

㉮ 미립자 제거가 가능하고 가스와 입자를 동시에 제거할 수 있다.
㉯ 한 번 제거된 입자는 다시 처리가스 속으로 거의 재비산 되지 않는다.
㉰ 소수성 먼지의 집진효과가 높다.
㉱ 처리가스의 확산이 어렵다.

풀이 ㉰ 소수성 먼지의 집진효과가 낮다.

---

answer 39 ㉯ 40 ㉰ 41 ㉱ 42 ㉰

43 탄소 85%, 수소 13%, 황 2%인 중유를 공기비 1.4로 연소시킬 때 건연소 가스 중의 SO_2 부피분율(%)은?

㉮ 약 0.09 ㉯ 약 0.18
㉰ 약 0.25 ㉱ 약 0.32

풀이
① 공기비(m) = 1.4
② 이론공기량(A_o)
  $= 8.89C + 26.67\left(H - \dfrac{O}{8}\right) + 3.33S (Sm^3/kg)$
  $= 8.89 \times 0.85 + 26.67 \times 0.13 + 3.33 \times 0.02$
  $= 11.0902 \, Sm^3/kg$
③ 실제건연소가스량(Gd)
  $= mA_o - 5.6H + 0.7O + 0.8N (Sm^3/kg)$
  $= 1.4 \times 11.0902 \, Sm^3/kg - 5.6 \times 0.13$
  $= 14.7983 \, Sm^3/kg$
④ SO_2%
  $= \dfrac{0.7S(Sm^3/kg)}{Gd(Sm^3/kg)} \times 100 = \dfrac{0.7 \times 0.02 \, Sm^3/kg}{14.7983 \, Sm^3/kg} \times 100$
  $= 0.09\%$

44 다음은 송풍기의 유형에 관한 설명이다. ( )안에 가장 적합한 것은?

> ( )는 축류형 중 가장 효율이 높다. 효율과 압력상승효과를 얻기 위해 직선형 고정날개를 사용하나, 날개의 모양과 간격은 변형되기도 한다. 중-고압을 얻을 수 있으며, 일반적으로 직선류 및 아담한 공간이 요구되는 HVAC 설비에 응용되며, 공기의 분포가 양호하여 많은 산업현장에서 응용되고 있다.

㉮ 원통 축류형 송풍기
㉯ 원심장치 내장형 축류형 송풍기
㉰ 고정날개 축류형 송풍기
㉱ 비행기 날개형 송풍기

풀이 ㉰ 고정날개 축류형 송풍기에 대한 설명이며, 핵심 내용은 "중-고압과 HVAC 설비"임을 숙지하시면 됩니다.

45 연료의 성질에 관한 설명 중 옳지 않은 것은?

㉮ 휘발분의 조성은 고탄화도 역청탄에서는 탄화수소가스 및 타르 성분이 많아 발열량이 높다.
㉯ 석탄의 탄화도가 저하하면 탄화수소가 감소하며 수분과 이산화탄소가 증가하여 발열량은 낮아진다.
㉰ 고정탄소는 수분과 이산화탄소의 합을 100에서 제외한 값이다.
㉱ 고정탄소와 휘발분의 비를 연료비라 한다.

풀이 ㉰ 고정탄소는 휘발분, 수분, 회분의 합을 100에서 제외한 값이다.

46 먼지의 입경 분포식 R–R[R(%) = 100exp$(-\beta d_p^n)$]에 관한 설명으로 옳지 않은 것은? (단, n : 입경지수, β : 입경계수)

㉮ 위 식을 Rosin Rammler 식이라 한다.
㉯ 위 식에서 R(%)은 체상누적분포(%)를 나타낸다.
㉰ n이 클수록 입경분포 폭은 넓어진다.
㉱ β가 커지면 임의의 누적분포를 갖는 입경 dp는 작아져서 미세한 먼지가 많다는 것을 의미한다.

풀이 ㉰ n이 클수록 입경분포 폭은 좁아진다.

answer 43 ㉮ 44 ㉰ 45 ㉰ 46 ㉰

47 평판형 전기집진장치에서 방전극과 집진극과의 거리가 6cm, 배출가스의 유속이 1.5m/sec, 입자가 집진극으로 이동하는 속도(겉보기 이동속도)가 8cm/sec 일 때 이 입자를 100% 제거하기 위한 집진장치의 이론적인 길이는?(단, 층류영역 기준)

㉮ 0.815m ㉯ 0.925m
㉰ 1.125m ㉱ 1.250m

풀이 $L = \dfrac{u \times S}{We}$

$\begin{cases} L : 길이(m) \\ We : 겉보기이동속도(m/sec) \\ u : 유속(m/sec) \\ S : 집진극과 방전극간 거리(m) \end{cases}$

따라서 $L = \dfrac{1.5\text{m/sec} \times 0.06\text{m}}{0.08\text{m/sec}} = 1.125\text{m}$

48 흡착에 관한 다음 설명 중 옳은 것은?

㉮ 물리적 흡착에서 흡착물질은 임계온도 이상에서 잘 흡착된다.
㉯ 물리적 흡착량은 온도가 상승하면 줄어든다.
㉰ 물리적 흡착은 흡착과정의 발열량이 화학적 흡착보다 많다.
㉱ 물리적 흡착은 가역성이 낮다.

풀이 ㉮ 물리적 흡착에서 흡착물질은 임계온도 이상에서는 흡착이 잘 안된다.
㉰ 물리적 흡착은 흡착과정의 발열량이 화학적 흡착보다 적다.
㉱ 물리적 흡착은 가역성이 높다.

TIP
온도 및 압력과 흡착량과의 관계
① 온도는 흡착량과 반비례 관계
② 압력은 흡착량과 비례 관계

49 굴뚝 배출가스 중 염화수소의 농도는 250ppm이었다. 배출허용기준은 82mg/Sm³ 이하로 하기 위해서는 현재 값의 몇 % 이하로 하여야 하는가?(단, 표준상태 기준)

㉮ 약 10% 이하 ㉯ 약 20% 이하
㉰ 약 40% 이하 ㉱ 약 80% 이하

풀이 ① 배출농도 250ppm을 mg/Sm³으로 전환한다.

$\text{mg/Sm}^3 = \dfrac{250\text{mL}}{\text{Sm}^3} \times \dfrac{36.5\text{mg}}{22.4\text{mL}} = 407.366\text{mg/Sm}^3$

② 배출허용기준 = 82mg/Sm³
③ 현재값의 농도 = $\dfrac{배출허용기준}{배출농도} \times 100$

$= \dfrac{82\text{mg/Sm}^3}{407.366\text{mg/Sm}^3} \times 100 = 20.13\%$

TIP
① 염화수소 = HCl
② HCl의 분자량 = 1+35.5 = 36.5
③ HCl 1mol $\begin{cases} 36.5\text{mg} \\ 22.4\text{mL} \end{cases}$

50 수소가스 3.33Sm³를 완전연소 시키기 위해 필요한 이론공기량(Sm³)은?

㉮ 약 32 ㉯ 약 24
㉰ 약 12 ㉱ 약 8

풀이 ① $H_2 + 0.5O_2 \rightarrow H_2O$
22.4Sm³ : 0.5×22.4Sm³
3.33Sm³ : O_o(이론산소량)
∴ O_o(이론산소량)
$= \dfrac{3.33\text{Sm}^3 \times 0.5 \times 22.4\text{Sm}^3}{22.4\text{Sm}^3} = 1.665\text{Sm}^3$

② A_o(이론공기량)
$= \dfrac{O_o(이론산소량)}{0.21} = \dfrac{1.665\text{Sm}^3}{0.21} = 7.93\text{Sm}^3$

answer 47 ㉰ 48 ㉯ 49 ㉯ 50 ㉱

51 황 2kg을 공기중에서 이론적으로 완전 연소 시킬 때 발생되는 열량은? (단, 황은 모두 SO_2로 전환된다.)

㉮ 1,250kcal ㉯ 2,500kcal
㉰ 5,000kcal ㉱ 80,000kcal

풀이 황(S) 1kg에 해당하는 발열량은 2,500kcal/kg이다. 따라서 2kg에 해당하는 발열량은 5,000kcal가 된다.

TIP
Dulong식의 고위발열량(Hh) 구하는 공식
$$Hh = 8,100C + 34,000\left(H - \frac{O}{8}\right) + 2,500S \text{(kcal/kg)}$$

52 여과집진장치의 특성으로 가장 거리가 먼 것은?

㉮ 다양한 여재의 사용으로 인하여 설계 시 융통성이 있다.
㉯ 여과재의 교환으로 유지비가 고가이다.
㉰ 여과속도는 1~10m/sec 정도이다.
㉱ 압력손실은 100~200mmH₂O 정도이다.

풀이 ㉰ 여과속도는 0.3~0.5 m/sec 정도이다.

53 A집진장치에서 처리가스량이 12,000 Sm³/hr, 압력손실이 200mmH₂O일 때 효율이 75%인 송풍기를 사용하고자 한다. 이 송풍기의 축동력은?

㉮ 5.2kW ㉯ 8.7kW
㉰ 10.8kW ㉱ 18.3kW

풀이
$$kW = \frac{P_s \times Q}{102 \times \eta} \times \alpha$$

- P_s : 압력손실(mmH₂O)
- Q : 처리가스량(Sm³/sec)
- η : 효율
- α : 여유율

따라서
$$kW = \frac{200\text{mmH}_2\text{O} \times 12,000\text{Sm}^3/\text{hr} \times 1\text{hr}/3,600\text{sec}}{102 \times 0.75}$$
$$= 8.72\text{kW}$$

TIP
1Kw = 102kg·m/sec의 단위를 가지므로 처리가스량(Q)의 시간단위는 반드시 "sec"임을 숙지하셔야 합니다.

54 packed tower에 관한 설명으로 가장 거리가 먼 것은?

㉮ 원통형의 탑 내에 여러 가지 충전재를 넣어 함진가스(가스 유입속도 1m/sec 이하)와 세정액을 접촉시켜 세정하는 장치이다.
㉯ 1~5μm 크기의 입자를 제거할 경우 장치 내 처리가스의 속도는 대략 25cm/sec 이하가 되어야 한다.
㉰ 충전재는 액의 홀드업이 커야 한다.
㉱ 충전재는 내식성이 큰 플라스틱과 같이 가벼운 물질이어야 한다.

풀이 ㉰ 충전재는 액의 홀드업이 작아야 한다.

answer 51 ㉰ 52 ㉰ 53 ㉯ 54 ㉰

55 다음 중 석탄의 탄화도 증가에 따라 감소되는 것은?

㉮ 고정탄소 ㉯ 착화온도
㉰ 휘발분   ㉱ 발열량

풀이 석탄의 탄화도
① 탄화도 증가: 고정탄소, 발열량, 착화온도, 연료비는 증가
② 탄화도 증가: 매연발생량, 비열, 휘발분, 수분, 산소의 양, 연소속도는 감소

56 유체가 원형관 속을 흐를 때 발생되는 압력손실에 영향을 미치는 인자에 관한 설명으로 옳지 않은 것은?

㉮ 관의 길이에 비례한다.
㉯ 관의 직경에 반비례한다.
㉰ 유체의 밀도에 비례한다.
㉱ 유체의 속도의 제곱에 반비례한다.

풀이 ㉱ 유체의 속도의 제곱에 비례한다.

TIP
$$\triangle P = \lambda \times \frac{L}{D} \times \frac{rv^2}{2g} (mmH_2O)$$

57 다음 중 흡수장치에 관한 설명으로 옳지 않은 것은?

㉮ 충전탑은 포말성 흡수액에도 적응성이 좋으나 충전층의 공극이 폐쇄되기 쉬우며, 희석열이 심한 곳에는 부적합하다.
㉯ 분무탑은 가스의 흐름이 균일하지 못하고, 분무액과 가스의 접촉이 균일하지 못하여 효율이 낮은 편이다.
㉰ 벤츄리 스크러버는 압력손실이 높으며, 소형으로 대용량의 가스처리가 가능하고, mist의 발생이 적고, 흡수효율도 낮은 편이다.
㉱ 제트 스크러버는 가스의 저항이 적고, 수량이 많아 동력비가 많이 소요되며, 처리가스량이 많을 때에는 효과가 낮은 편이다.

풀이 ㉰ 벤츄리 스크러버는 압력손실이 높으며, 소형으로 대용량의 가스처리가 가능하고, 흡수효율도 아주 높은 편이다.

58 A집진장치의 입구와 출구에서의 먼지농도가 각각 11mg/Sm³와 0.2×10⁻³g/Sm³이라면 집진율(%)은?

㉮ 96.2% ㉯ 97.2%
㉰ 98.2% ㉱ 99.4%

풀이
$$집진율(\%) = \left(1 - \frac{출구의\ 먼지농도}{입구의\ 먼지농도}\right) \times 100$$
$$= \left(1 - \frac{0.2mg/Sm^3}{11mg/Sm^3}\right) \times 100 = 98.18\%$$

TIP
출구의 먼지농도 = $0.2 \times 10^{-3} g/Sm^3 = 0.2 mg/Sm^3$

answer 55 ㉰ 56 ㉱ 57 ㉰ 58 ㉰

59 유해물질 처리방법으로 가장 거리가 먼 것은?

㉮ 플루오로 : 가성소다에 의한 흡수제거
㉯ 아크로레인 : 염산용액에 의한 흡수제거
㉰ 염화인 : 물에 흡수시켜 제거
㉱ 벤젠 : 촉매연소에 의한 제거

풀이 ㉯ 아크로레인 : NaOCl등의 산화제를 혼입한 가성소다용액으로 흡수제거

60 액체연료의 연소방식인 기화 연소방식과 분무화 연소방식에 관한 설명으로 옳지 않은 것은?

㉮ 심지식, 증발식 연소는 기화 연소방식에 해당한다.
㉯ 증발식 연소는 경질유의 연소에 적합하다.
㉰ 충돌 분무화식에서 분무화 입경을 작게 하기 위한 연료 예열온도는 35±5℃ 정도이다.
㉱ 충돌 분무화식에서 분무화 입경은 연료의 점도와 표면장력이 클수록 커진다.

풀이 ㉰ 충돌 분무화식에서 분무화 입경을 작게 하기 위한 연료 예열온도는 85±5℃ 정도이다.

answer 59 ㉯ 60 ㉰

2013 4회 기출문제

| 제1과목 | 대기환경관리

01 굴뚝 유효높이에 관련된 인자 및 그 영향에 관한 설명으로 옳지 않은 것은?

㉮ 연도 배출가스의 열배출율이 클수록 증가한다.
㉯ 배출가스의 유속이 작을수록 증가한다.
㉰ 외기와의 온도차가 클수록 증가한다.
㉱ 굴뚝의 통풍력이 클수록 증가한다.

풀이 ㉯ 배출가스의 유속이 클수록 증가한다.

02 열섬(Heat island) 현상에 관한 설명으로 옳지 않은 것은?

㉮ 통상 비가 많이 오며 안개가 자주 생긴다.
㉯ 도시가 시골에 비해서 공기의 이동은 적으나, 열방출량이 크기 때문에 발생하는 현상이다.
㉰ 이 현상으로 인해 도시의 중심부가 주위보다 고온이 되어 상승기류가 발생하고 도시주위의 시골에서 도시로 바람이 부는 것을 전원풍이라 한다.
㉱ 저기압의 영향으로 흐린 하늘에 바람이 거의 없는 낮에 잘 발생한다.

풀이 ㉱ 고기압의 영향으로 맑은 하늘에 바람이 거의 없는 밤에 잘 발생한다.

03 다음 대기 조성물질의 월별 농도변화 양상 중 약간의 불규칙성을 제외하고서는 광화학반응에 의해 대도시에서 뚜렷하게 하고동저(夏高冬低)형의 분포를 나타내는 것은?

㉮ O_3
㉯ SO_2
㉰ NO_2
㉱ CO_2

풀이 하고동저(夏高冬低)형은 여름에 농도가 높고 겨울에 농도가 낮다는 의미이므로 오존(O_3)이 된다.

04 다음 중 대기내에서 금속의 부식속도가 일반적으로 빠른것부터 순서대로 연결된 것은?

㉮ 철 > 아연 > 구리 > 알루미늄
㉯ 구리 > 아연 > 철 > 알루미늄
㉰ 알루미늄 > 철 > 아연 > 구리
㉱ 철 > 알루미늄 > 아연 > 구리

풀이 금속의 부식속도는 철 > 아연 > 구리 > 알루미늄 순서이다.

answer 01 ㉯ 02 ㉱ 03 ㉮ 04 ㉮

05 어느 도시지역이 대기오염으로 인하여 시골지역보다 태양의 복사열량이 10% 감소한다고 한다. 도시지역의 지상온도가 255K일 때 시골지역의 지상온도는 얼마가 되겠는가? (단, 스테판 볼츠만의 법칙을 이용한다.)

㉮ 약 288K　　㉯ 약 275K
㉰ 약 269K　　㉱ 약 262K

풀이 스테판 볼츠만 법칙
$E = \sigma T^4$

- E : 복사에너지
- σ : 상수($5.67 \times 10^{-8} W/m^2$)
- T : 물체의 표면온도(K)

① 도시지역의 복사에너지
$= 5.67 \times 10^{-8} W/m^2 \times (255k)^4$
$= 239.74 \left(\dfrac{W}{m^2} \cdot k^4 \right)$

② 시골지역의 복사에너지
$= 239.74 \left(\dfrac{W}{m^2} \cdot k^4 \right) \times 1.1 = 263.71 \left(\dfrac{W}{m^2} \cdot k^4 \right)$

③ 시골지역의 지상온도
$263.71 \left(\dfrac{W}{m^2} \cdot k^4 \right) = 5.67 \times 10^{-8} \left(\dfrac{W}{m^2} \right) \times T^4$

$\therefore T = \left\{ \dfrac{263.71 \left(\dfrac{W}{m^2} \cdot k^4 \right)}{5.67 \times 10^{-8} \left(\dfrac{W}{m^2} \right)} \right\}^{\frac{1}{4}} = 261.15k$

06 다음은 어떤 물질에 폭로되었을 때에 관한 설명인가?

- 급성폭로 시 다량의 눈물이 나는 등의 증상을 일으키며 폐렴이 생길 수 있다.
- 만성폭로 시 설태가 끼이며, 혈장 콜레스테롤치가 저하된다.
- 폐기능 검사상 폐쇄성 양상을 나타낸다.

㉮ 셀레늄　　㉯ 바나듐
㉰ 수은　　　㉱ 비소

풀이 ㉯ 바나듐(V)에 대한 설명이며, 핵심 내용은 "설태와 혈장 콜레스테롤치 저하 = 바나듐"임을 숙지하시면 됩니다.

07 다음 중 대기오염물질의 밀도가 큰 순서대로 옳게 나열된 것은? (단, 기타 조건은 동일)

㉮ $SO_2 > NO_2 > CO_2 > CH_4$
㉯ $SO_2 > NO_2 > NH_3 > H_2S$
㉰ $SO_2 > CS_2 > HCHO > H_2S$
㉱ $SO_2 > HCHO > H_2S > CS_2$

풀이 대기오염물질의 밀도 $= \dfrac{\text{기체의 분자량(kg)}}{22.4 Sm^3}$ 이므로 밀도가 큰 순서는 분자량이 큰 순서가 된다.
따라서 $SO_2(64) > NO_2(46) > CO_2(44) > CH_4(16)$ 순서이다.

answer　05 ㉱　06 ㉯　07 ㉮

08 다음 특정물질의 종류와 그 화학식의 연결로 옳지 않은 것은?

㉮ CFC-214 : $C_3F_4Cl_4$
㉯ Halon-2402 : $C_2F_4Br_2$
㉰ HCFC-133 : CH_3F_3Cl
㉱ HCFC-222 : $C_3HF_2Cl_5$

풀이 ㉰ HCFC-133 : $C_2H_2F_3Cl$

09 다음 대기오염물질을 분류했을 때, 1차 오염물질로만 옳게 짝지어진 것은?

㉮ N_2O_3, O_3
㉯ H_2S, H_2O_2
㉰ HCl, $CH_3COOONO_2$
㉱ SiO_2, CO

풀이 오염물질의 종류
㉮ N_2O_3-O_3 : 1차성물질 - 2차성물질
㉯ H_2S-H_2O_2 : 1차성물질 - 1, 2차성물질
㉰ HCl-$CH_3COOONO_2$: 1차성물질 - 2차성물질
㉱ SiO_2-CO : 1차성물질 - 1차성물질

10 입자크기 측정법 중 현미경을 이용하는 방법으로 투영된 입자의 모양이 원형이 아닐 때 입자의 최장 또는 최단 크기로 정의하거나 여러 방향으로 나누어 크기를 측정하여 산술 평균한 값으로 정의하기도 하는 직경은?

㉮ Optical diameter
㉯ Equivalent diameter
㉰ Stokes diameter
㉱ Aerodynamic diameter

풀이 ㉮ Optical diameter(광학적 직경)에 대한 설명이며, 핵심 내용은 "입자의 최장 또는 최단 크기 = 광학적 직경"임을 숙지하시면 됩니다.

11 연돌 내의 배출가스 평균온도는 320℃, 배출가스 속도는 7m/s, 대기온도는 25℃이다. 굴뚝의 지름이 600cm, 풍속이 5m/s 일 때, 통풍력을 80mmH₂O로 하기 위한 연돌의 높이는? (단, 공기와 배출가스의 비중량은 1.3kg/Sm³, 연돌내의 압력손실은 무시한다.)

㉮ 약 85m   ㉯ 약 95m
㉰ 약 110m   ㉱ 약 135m

풀이
$$Z = 355 \times H \times \left(\frac{1}{273+t_a℃} - \frac{1}{273+t_g℃}\right) (mmH_2O)$$

Z : 통풍력(mmH₂O)
H : 굴뚝의 높이(m)
t_a : 외기의 온도(℃)
t_g : 가스의 온도(℃)

따라서
$$80 mmH_2O = 355 \times H \times \left(\frac{1}{273+25} - \frac{1}{273+320}\right)$$
∴ H = 134.99m

12 무차원수로서 근본적으로 대류난류를 기계적인 난류로 전환시키는 율을 측정한 것으로, 지구경계층에서의 기류안정도를 나타내는 척도로 이용하고 있는 것은?

㉮ Reynold's number
㉯ Richardson's number
㉰ Radiation number
㉱ Cunningham number

풀이 ㉯ Richardson's number(리챠든슨수)에 대한 설명이다.

answer 08 ㉰ 09 ㉱ 10 ㉮ 11 ㉱ 12 ㉯

13 온실효과에 관한 설명으로 옳지 않은 것은?

㉮ 가시광선은 통과시키고 적외선을 흡수해서 열을 밖으로 나가지 못하게 함으로써 보온작용을 하는 것을 대기의 온실효과라 한다.
㉯ CO_2의 주요 흡수파장영역은 35~40 μm 정도이다.
㉰ O_3의 주요 흡수파장영역은 9~10μm 정도이다.
㉱ 온실효과에 대한 기여도(%)는 CH_4 > N_2O 이다.

[풀이] ㉯ CO_2의 주요 흡수파장영역은 13~17μm 정도이다.

14 대기안정도와 연기형태에 관한 설명으로 옳지 않은 것은?

㉮ Looping형은 대기가 매우 불안정한 경우, 맑은 날 오후에 발생하기 쉽다.
㉯ Lofting형은 굴뚝의 높이보다 낮은 지표에 역전층이 존재한다.
㉰ Fumigation형은 상층은 불안정, 하층은 안정한 경우에 발생하며, 오염물질의 농도가 하루동안 지속적으로 높아진다.
㉱ Coning형은 대기가 중립조건일 때 발생하며, 오염의 단면분포는 가우시안 분포를 갖는다.

[풀이] ㉰ Fumigation형은 상층은 안정, 하층은 불안정한 경우에 발생하며, 30분 이상 지속되지 않는다.

15 대기의 상태가 약한 역전일 때 풍속은 3m/s이고, 유효굴뚝 높이는 78m이다. 이때, 지상의 오염물질이 최대농도가 될 때의 착지거리는 얼마인가? (단, sutton의 최대착지거리의 관계식을 이용하여 계산하고, C_y, C_z는 각각 0.13, 안정도계수(n)는 0.33을 적용할 것)

㉮ 2123.9m   ㉯ 2546.8m
㉰ 2793.2m   ㉱ 3013.8m

[풀이] $X_{max} = \left(\dfrac{He}{C_z}\right)^{\frac{2}{2-n}}$

$\begin{bmatrix} X_{max} : 최대착지거리(m) \\ He : 유효굴뚝높이(m) \\ C_z : 수직확산계수 \\ n : 대기안정도 상수 \end{bmatrix}$

따라서 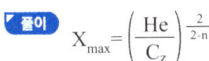 $= 2,123.87m$

16 다음 대기오염과 관련된 역사적 사건 중 주로 자동차 등에서 배출되는 오염물질로 인한 광화학 반응에 기인한 것은?

㉮ 뮤즈(Meuse) 계곡 사건
㉯ 런던(London) 사건
㉰ 로스엔젤레스(Los Angeles) 사건
㉱ 포자리카(Pozarica) 사건

[풀이] 주로 자동차 등에서 배출되는 오염물질로 인한 광화학 반응에 기인한 사건은 로스엔젤레스(Los Angeles) 사건이다.

answer 13 ㉯ 14 ㉰ 15 ㉮ 16 ㉰

17 다음 가솔린 자동차 운전조건(Mode) 중 일산화탄소를 가장 적게 배출하는 것은?

㉮ 감속 ㉯ 정속
㉰ 공회전 ㉱ 심한 가속

▶ 풀이 ◀ 일산화탄소(CO)가 가장 적게 배출되는 경우는 정속운행 상태이고, 가장 많이 배출되는 경우는 공회전(아이드링)상태이다.

TIP
가솔린 자동차의 배기가스

	NO_x	CO, HC
많이	가속, 운행	공전, 감속
적게	공전, 감속	가속, 운행

18 표준상태에서 일산화질소 6.5ppm은 20℃, 1기압하에서 몇 mg/m^3인가?

㉮ 7.3 ㉯ 8.1
㉰ 9.6 ㉱ 12.4

▶ 풀이 ◀
$$mg/m^3 = \frac{6.5mL}{Sm^3} \times \frac{273}{273+20℃} \times \frac{30mg}{22.4mL}$$
$$= 8.11 mg/m^3$$

TIP
① ppm = mL/Sm^3
② NO 1mol $\begin{cases} 30mg \\ 22.4mL \end{cases}$

19 산성비와 관련된 토양성질에 관한 설명 중 가장 거리가 먼 것은?

㉮ 토양의 성질 중 결정성의 점토광물은 강산적이고, 결정도가 낮은 점토광물은 약산적이다.
㉯ 토양과 흡착되어 있는 양이온을 교환성 양이온이라 하고, 이 중 양적으로 많은 것은 Ca^{2+}, Mg^{2+}, Na^+, K^+, Al^{3+}, H^+ 등 6종이다.
㉰ Ca^{2+}와 Mg^{2+}이외의 양이온을 교환성 염기라 하며, 토양의 pH는 흡착되어 있는 교환성 음이온에 의해 결정된다.
㉱ 토양입자는 일반적으로 θ 하전으로 대전되어 각종 양이온을 정전기적으로 흡착하고 있다.

▶ 풀이 ◀ ㉰ Ca^{2+}와 Mg^{2+}이외의 양이온을 교환성 산성이라 하며, 토양의 pH는 흡착되어 있는 교환성 양이온에 의해 결정된다.

20 다음 4종류의 고도에 따른 기온분포도 중 plume의 상하 확산폭이 가장 적어 최대착지거리가 큰 것은?

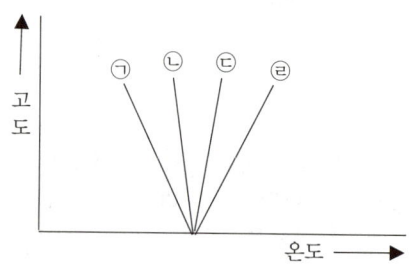

㉮ ㉠ ㉯ ㉡
㉰ ㉢ ㉱ ㉣

▶ 풀이 ◀ 그림에서 확산폭이 가장 큰 것은 ㉠이고, 확산의 폭이 가장 작은 것은 ㉣이다.

answer 17 ㉯ 18 ㉯ 19 ㉰ 20 ㉱

| 제2과목 | 대기오염공정시험기준

21 굴뚝 배출가스 유속 및 유량 측정에 사용되는 장치에 관한 설명으로 옳지 않은 것은?

㉮ 피토우관은 스테인리스와 같은 재질의 금속관으로, 관의 바깥지름의 범위는 4~10mm 정도이어야 한다.
㉯ 차압계로는 경사마노미터, 전자마노미터 등을 사용하여 굴뚝배출가스의 차압을 측정할 수 있도록 하며, 최소 0.5mmHg 눈금을 읽을 수 있는 마노미터를 사용한다.
㉰ 피토우관 계수는 사전에 확인되어야 하며, 고유번호가 부여되고 이 번호는 지워지지 않도록 관 몸체에 새겨야 한다.
㉱ 피토우관의 각 분기관과 오리피스 평면과의 거리는 바깥지름의 1.05~1.50배 사이에 있어야 한다.

[풀이] ㉯ 차압계로는 경사마노미터, 전자마노미터 등을 사용하여 굴뚝배출가스의 차압을 측정할 수 있도록 하며, 최소 0.3mmH$_2$O눈금을 읽을 수 있는 마노미터를 사용한다.

22 다음은 고용량공기시료채취기법에 의한 각 측정지점의 채취먼지량과 풍향, 풍속의 측정결과로부터 비산먼지의 농도(C)를 구하는 식이다. 이 식에 관한 설명으로 옳지 않은 것은?

$$C = (C_H - C_B) \times W_D \times W_S$$

㉮ C_H는 채취먼지량이 가장 많은 위치에서의 먼지농도(mg/Sm^3)를 나타낸다.
㉯ C_B는 대조위치에서의 먼지농도(mg/Sm^3)로서 대조위치를 선정할 수 없을 때는 보통 0.15 mg/Sm^{3}로 한다.
㉰ W_D는 풍향 측정결과로부터 구한 보정계수로 전 시료채취기간 중 주풍향이 90°이상 변할 때는 2.0으로 한다.
㉱ W_S는 풍속 측정결과로부터 구한 보정계수로 풍속이 0.5m/s 미만 또는 10m/s 이상 되는 시간이 전 채취시간의 50% 이상일 때 1.2로 한다.

[풀이] ㉰ W_D는 풍향 측정결과로부터 구한 보정계수로 전 시료채취기간 중 주풍향이 90° 이상 변할 때는 1.5로 한다.

answer 21 ㉯ 22 ㉰

23 A보일러 굴뚝 배출가스 온도는 240℃, 피토우관에 의한 동압은 7.5mmH₂O 이었다. 이 굴뚝 배출가스 유속은? (단, 대기압 1atm, 피토우관계수는 1.2로 한다.)

㉮ 약 11.5m/s   ㉯ 약 13.5m/s
㉰ 약 15.5m/s   ㉱ 약 17.5m/s

풀이

$$V = C \times \sqrt{\frac{2gh}{r}}$$

- V : 배출가스 유속(m/sec)
- C : 피토우관 계수
- g : 중력가속도(9.8m/sec²)
- h : 동압(mmH₂O)
- r : 밀도(kg/m³)

① $r(kg/m^3) = 1.3kg/Sm^3 \times \dfrac{273}{273+240℃}$
  $= 0.6918 kg/m^3$

② $V = 1.2 \times \sqrt{\dfrac{2 \times 9.8m/sec^2 \times 7.5mmH_2O}{0.6918kg/m^3}}$
  $= 17.49 m/sec$

24 자외선 가시선 분광법(흡광광도법)에서 장치 및 장치보정에 관한 설명으로 옳지 않은 것은?

㉮ 가시부와 근적외부의 광원으로는 주로 텅스텐램프를 사용하고 자외부의 광원으로는 주로 중수소 방전관을 사용한다.
㉯ 일반적으로 흡광도 눈금의 보정은 110℃에서 3시간 이상 건조한 과망간산포타슘(1급 이상)을 N/10 수산화소듐 용액에 녹인 과망간산소듐용액으로 보정한다.
㉰ 광전관, 광전자증배관은 주로 자외 내지 가시파장 범위에서 광전도셀은 근적외 파장범위에서, 광전지는 주로 가시파장 범위 내에서의 광전측광에 사용된다.
㉱ 광전광도계는 파장선택부에 필터를 사용한 장치로 단광속형이 많고 비교적 구조가 간단하여 작업분석용에 적당하다.

풀이 ㉯ 일반적으로 흡광도 눈금의 보정은 110℃에서 3시간 이상 건조한 다이크로뮴산포타슘(1급 이상)을 N/20 수산화포타슘 용액에 녹인 다이크로뮴산포타슘용액으로 보정한다.

25 배출가스 중 금속화합물을 원자흡수분광광도법으로 분석할 때 간섭물질에 대한 내용으로 틀린 것은?

㉮ 광학적 간섭은 분석하고자 하는 금속과 근접한 파장에서 발광하는 물질이 존재할 때 발생할 수 있다.
㉯ 화학적 간섭은 이온과 원자의 재결합으로 연속 발광할 때 발생할 수 있다.
㉰ 물리적 간섭은 표준물질과 분석용 시료용액의 매질(matrix) 차이에 의해 발생할 수 있다.
㉱ 크로뮴 분석 시 아세틸렌-공기 불꽃에서는 철, 니켈 등에 의한 방해를 받는다.

풀이 ㉯번은 광학적 간섭에 대한 내용이다.

answer 23 ㉱ 24 ㉯ 25 ㉯

26 다음은 굴뚝에서 배출되는 먼지측정방법에 관한 설명이다. ( )안에 알맞은 말을 순서대로 옳게 나열한 것은?

> 수동식 채취기를 사용하여 굴뚝에서 배출되는 기체중의 먼지를 측정할 때 흡입가스량은 원칙적으로 (①)여과지 사용시 채취면적 $1cm^2$ 당 (②)mg 정도이고, (③)여과지 사용시 전체 먼지채취량이 (④)mg 이상이 되도록 한다.

㉮ ① 원통형, ② 0.5, ③ 원형, ④ 1
㉯ ① 원통형, ② 1, ③ 원형, ④ 5
㉰ ① 원형, ② 0.5, ③ 원통형, ④ 1
㉱ ① 원형, ② 1, ③ 원통형, ④ 5

27 이온크로마토그래피에서 검출한계는 각 분석방법에서 규정하는 조건에서 출력신호를 기록할 때 잡음신호의 몇 배에 해당하는 목적성분의 농도를 검출한계로 하는가?

㉮ 1/2배 ㉯ 2배
㉰ 10배   ㉱ 100배

[풀이] 검출한계는 각 분석방법에서 규정하는 조건에서 출력신호를 기록할 때 잡음신호의 2배에 해당하는 목적성분의 농도를 검출한계로 한다.

28 다음 중 원자흡수분광광도법에서 광원부로 가장 적합한 장치는?

㉮ 텅스텐램프   ㉯ 플라즈마젯
㉰ 중공음극램프 ㉱ 수소방전관

[풀이] 원자흡수분광광도법의 광원으로는 중공음극램프이다.

29 다음 분석가스 중 흡수액이 서로 다른 것은?

㉮ 페놀화합물   ㉯ 황화수소
㉰ 브로민화합물 ㉱ 사이안화수소

[풀이] 흡수액
㉮ 페놀화합물 : 수산화소듐용액(4g/L)
㉯ 이황화탄소 : 아연아민착염용액
㉰ 브로민화합물 : 수산화소듐용액(4g/L)
㉱ 사이안화수소 : 수산화소듐용액(20g/L)

30 배출가스 중 일산화탄소를 분석하는 방법이 아닌 것은?

㉮ 비분산적외선분광분석법
㉯ 전기화학식
㉰ 기체크로마토그래피
㉱ 자외선/가시선분광법

[풀이] 일산화탄소의 분석방법에는 비분산적외선분광분석법, 전기화학식(정전위전해법), 기체크로마토그래피가 있다.

---

answer 26 ㉱ 27 ㉯ 28 ㉰ 29 ㉯ 30 ㉱

31 굴뚝 배출가스 중의 먼지시료를 보통형(1형) 흡입노즐을 가진 수동식 채취기를 사용하여 채취하는 경우에 다음의 조건에서의 등속흡입 유량은? (단, 대기압 : 765mmHg, 건식가스미터온도 : 20℃, 가스미터게이지압 : 1mmHg, 배출가스온도 : 125℃, 배출가스유속 : 7.5m/s, 배출가스 중 수증기의 부피백분율 : 10%, 흡입노즐내경 : 6mm, 측정점에서의 정압 : -1.5 mmHg)

㉮ 2.4L/min ㉯ 4.5L/min
㉰ 8.4L/min ㉱ 14.5L/min

풀이

$$q_m = \frac{\pi d^2}{4} \times v \times \left(1 - \frac{X_w}{100}\right) \times \frac{273+\theta_m}{273+\theta_s}$$

$$\times \frac{P_a + P_s}{P_a + P_m} \times 60 \times 10^{-3}$$

- q_m : 등속 흡입유량(L/min)
- d : 노즐의 직경(mm)
- v : 배출가스 유속(m/sec)
- X_w : 수증기의 부피 백분율(%)
- θ_m : 가스미터의 흡입가스온도(℃)
- θ_s : 배출가스 온도(℃)
- P_a : 대기압(mmHg)
- P_s : 측정점에서의 정압(mmHg)
- P_m : 가스미터의 흡입가스 게이지압(mmHg)

따라서

$$q_m = \frac{\pi \times (6mm)^2}{4} \times 7.5m/sec \times (1-0.1) \times \frac{273+20℃}{273+125℃}$$

$$\times \frac{765mmHg-1.5mmHg}{765mmHg+1mmHg} \times 60 \times 10^{-3}$$

$$= 8.40 L/min$$

32 환경대기 중의 시료채취방법 중 고용량 공기시료채취기의 채취용 여과지에 관한 설명으로 가장 거리가 먼 것은?

㉮ 흡수성은 작고, 가스상 물질의 흡착도 적은 것이어야 한다.
㉯ 입자상 물질의 채취에 사용하는 여과지는 0.5μm되는 입자를 95% 이상 채취할 수 있어야 한다.
㉰ 분석에 방해되는 물질은 함유되지 않은 것이어야 한다.
㉱ 사용되는 여과지의 재질은 일반적으로 유리섬유, 석영 섬유, 폴리스틸렌, 플루오로수지 등이다.

풀이 ㉯ 입자상 물질의 채취에 사용하는 여과지는 0.3μm 되는 입자를 99% 이상 채취할 수 있어야 한다.

33 자외선 가시선 분광법(흡광광도법)에서 자동기록식 광전분광광도계의 파장교정에 이용되는 것은?

㉮ 다이크로뮴산포타슘용액의 흡광도
㉯ 간섭필터의 흡광도
㉰ 커트필터의 미광
㉱ 홀뮴유리의 흡수스펙트럼

풀이 자동기록식 광전분광광도계의 파장교정에 이용되는 것은 홀뮴유리의 흡수스펙트럼이다.

answer 31 ㉰ 32 ㉯ 33 ㉱

34 자외선 가시선 분광법(흡광광도법)으로 굴뚝 배출가스 중 이황화탄소를 측정할 때 사용하는 흡수액으로 옳은 것은?

㉮ 다이에틸아민구리용액
㉯ 다이에틸다이싸이오카밤산소듐 용액
㉰ 다이에틸아민염산염용액
㉱ 다이에틸아민황산염용액

풀이 이황화탄소의 흡수액은 다이에틸아민구리용액이다.

35 다음 중 원자흡수분광광도법에서 분석오차를 유발하는 일반적인 요인으로 가장 거리가 먼 것은?

㉮ 표준시료와 분석시료의 조성이나 물리적 화학적 성질의 차이
㉯ 분무기 또는 버너의 열화
㉰ 측광부의 불안정 또는 조절 불량
㉱ 불꽃을 투과하는 광속의 위치의 조정 불량

풀이 ㉯ 분무기 또는 버너의 오염이나 폐색

36 환경대기 내 질소산화물 농도 측정방법 중 자동연속측정방법이 아닌 것은?

㉮ 화학발광법
 (Chemiluminescent method)
㉯ 야곱스호흐하이저법
 (Jacobs-Hochheiser)
㉰ 살츠만(Saltzman)법
㉱ 흡광차분광법(DOAS)

풀이 환경대기 내 질소산화물 농도 측정방법 중 자동연속측정방법에는 화학발광법, 살츠만법, 흡광차분광법이 있다.

37 기체크로마토그래피법에서 장치의 기본 구성에 관한 설명으로 옳지 않은 것은?

㉮ 기록계는 스트립 차아트(Strip Chart)식 자동평형 기록계로 스팬(Span) 전압 1mV, 펜 응답시간(Pen Response Time) 2초 이내, 기록지 이동속도(Chart Speed)는 10mm/분을 포함한 다단변속(多段變速)이 가능한 것이어야 한다.
㉯ 분리관오븐(Column Oven)의 온도조절 정밀도는 ±0.5℃의 범위이내 전원 전압변동 10%에 대하여 온도변화 ±0.5℃의 범위이내(오븐의 온도가 150℃ 부근일 때)이어야 한다.
㉰ 가스를 연소시키는 검출기를 수용하는 검출기 오븐은 검출 효율을 높이기 위하여 오븐 내에 가스가 오래동안 체류되는 구조이어야 한다.
㉱ 방사성 동위원소를 사용하는 검출기에 대하여는 별도로 과열방지기구, 누출방지기구 등을 설치해야 한다.

풀이 ㉰ 가스를 연소시키는 검출기를 수용하는 검출기 오븐은 그 가스가 오래동안 체류하지 않도록 된 구조이어야 한다.

answer 34 ㉮ 35 ㉯ 36 ㉯ 37 ㉰

38 사업장의 최종배출구인 굴뚝에서 A물질의 실측농도값이 150ppm이었고, 이때 실측산소 농도는 5.5%이었다. 표준산소로 보정한 A물질의 농도(ppm)는?
(단, A물질은 표준산소농도를 적용받는 물질이며, 표준산소농도 : 4% 이다.)

㉮ 130.4   ㉯ 157.5
㉰ 164.5   ㉱ 186.4

풀이 오염물질의 농도보정

$$C = C_a \times \frac{21-O_s}{21-O_a} = 150\text{ppm} \times \frac{21-4\%}{21-5.5\%}$$
$$= 164.52\text{ppm}$$

39 배출가스 중 폼알데하이드 및 알데하이드류를 고성능 액체크로마토그래피로 분석할 때 내용으로 틀린 것은?

㉮ 하이드라존(hydrazone)은 UV 영역, 특히 350nm~380nm에서 최대 흡광도를 나타낸다.
㉯ 시료채취량이 10L인 경우 정량범위는 0.001ppm 이상이다.
㉰ 방법검출한계는 0.030ppm이다.
㉱ 흡수액은 DNPH(dinitrophenylhydrazine)을 사용한다.

풀이 ㉯ 시료채취량이 10L인 경우 정량범위는 0.010ppm 이상이다.

40 대기오염공정시험기준상 '시험의 기재 및 용어'에 관한 설명으로 옳지 않은 것은?

㉮ 용액의 액성(液性) 표시는 따로 규정이 없는 한 유리전극법에 의한 pH미터로 측정한 것을 뜻한다.
㉯ 시험조작중 "즉시"란 30초 이내에 표시된 조작을 하는 것을 뜻한다.
㉰ "정량적으로 씻는다(洗滌)" 함은 어떤 조작으로부터 다음 조작으로 넘어갈 때 사용한 비이커, 플라스크 등의 용기 및 여과막 등에 부착한 정량대상 성분을 사용한 용매로 씻어 그 세액(洗液)을 합하고 먼저 사용한 같은 용매를 채워 일정용량으로 하는 것을 뜻한다.
㉱ "항량이 될 때까지 건조한다 또는 강열한다"라 함은 따로 규정이 없는 한 보통의 건조 방법으로 1시간 더 건조 또는 강열할 때 전후 무게의 차가 매 g당 0.5mg 이하일 때를 뜻한다.

풀이 ㉱ "항량이 될 때까지 건조한다 또는 강열한다"라 함은 따로 규정이 없는 한 보통의 건조방법으로 1시간 더 건조 또는 강열할 때 전후 무게의 차가 매 g당 0.3mg 이하일 때를 뜻한다.

answer 38 ㉰   39 ㉯   40 ㉱

| 제3과목 | 대기오염방지기술

41 현재 500mg/m³의 먼지가 배출되고 있는 시설에 50% 효율을 가진 전처리 장치를 설치하였다. 이 시설의 먼지 배출허용기준은 10mg/m³인데, 집진효율이 몇 % 이상인 2차 처리장치를 설치하면 배출허용기준을 맞출 수 있겠는가?

㉮ 89%   ㉯ 91%
㉰ 94%   ㉱ 96%

풀이 ① 2차 처리장치의 입구농도
= 500mg/m³ × (1-0.5) = 250mg/m³
② 2차 처리장치의 출구농도 = 10mg/m³
③ 2차 처리장치의 처리효율(%)
$= \left(1 - \dfrac{출구농도}{입구농도}\right) \times 100 = \left(1 - \dfrac{10\text{mg/m}^3}{250\text{mg/m}^3}\right) \times 100$
= 96%

42 다음 중 석탄의 탄화도가 클수록 증가하지 않는 것은?

㉮ 고정탄소   ㉯ 착화온도
㉰ 휘발분   ㉱ 연료비

풀이 석탄의 탄화도
① 탄화도가 증가하면 고정탄소, 발열량, 착화온도, 연료비는 증가
② 탄화도가 증가하면 매연발생량, 비열, 휘발분, 수분, 산소의 양, 연소속도는 감소

43 다음 중 액화석유가스(LPG)에 관한 설명으로 옳지 않은 것은?

㉮ 천연가스에서 회수되기도 하지만 대부분은 석유정제시 부산물로 얻어진다.
㉯ 보통 LNG보다 발열량이 낮으며, 착화온도는 200~250℃ 이다.
㉰ 비중이 공기보다 무거워 누출될 경우, 인화·폭발성의 위험이 있다.
㉱ 액체에서 기체로 될 때, 증발열이 있으므로 사용하는데 유의할 필요가 있다.

풀이 ㉯ LPG는 LNG보다 발열량이 2배 이상 높다.

44 세정집진장치에서 관성충돌계수를 크게 하는 조건이 아닌 것은?

㉮ 처리가스와 액적의 상대속도가 커야 한다.
㉯ 먼지의 밀도가 커야 한다.
㉰ 액적의 직경이 커야 한다.
㉱ 먼지의 입경이 커야 한다.

풀이 ㉰ 액적의 직경이 작아야 한다.

45 다음 중 흡착제의 흡착능과 가장 관련이 먼 것은?

㉮ 포화(saturation)
㉯ 보전력(retentivity)
㉰ 파괴점(break point)
㉱ 유전력(dielectric force)

풀이 흡착제의 흡착능은 포화(saturation), 보전력(retentivity), 파괴점(break point)과 관련이 있다.

answer 41 ㉱   42 ㉰   43 ㉯   44 ㉰   45 ㉱

46 탄소 70kg과 수소 20kg을 완전연소 시키는데 필요한 이론적인 산소의 양은?

㉮ 227kg   ㉯ 286kg
㉰ 320kg   ㉱ 347kg

풀이
① $C + O_2 \rightarrow CO_2$
 12kg : 32g
 70kg : X_1
 ∴ X_1 = 186.6667kg
② $H_2 + 0.5O_2 \rightarrow H_2O$
 2kg : 0.5×32g
 20kg : X_2
 ∴ X_2 = 160kg
③ 이론산소량 = $X_1 + X_2$
  = 186.6667kg + 160kg
  = 346.67kg

47 공기가 과잉인 경우로 열손실이 많아지는 때의 등가비(ϕ) 상태는?

㉮ $\phi = 1$ ㉯ $\phi < 1$
㉰ $\phi > 1$ ㉱ $\phi = 0$

풀이
① $\phi = 1$: 완전연소
② $\phi < 1$: 공기과잉
③ $\phi > 1$: 연료과잉

48 A석유의 원소조성(질량)비가 탄소 78%, 수소 21%, 황 1%이다. 이 석유 1.5kg을 완전연소 시키는데 필요한 이론공기량은?

㉮ 12.6Sm³   ㉯ 18.9Sm³
㉰ 25.6Sm³   ㉱ 47.3Sm³

풀이
① 이론공기량(A_o)
 = $8.89C + 26.67 \times \left(H - \dfrac{O}{8}\right) + 3.33S$ (Sm³/kg)
 = 8.89×0.78 + 26.67×0.21 + 3.33×0.01
 = 12.5682 Sm³/kg

② 12.5682 Sm³/kg × 1.5kg = 18.85 Sm³

49 A여과집진장치에서 99%의 집진효율로 먼지를 제거하였는데 성능저하로 인해서 96%의 집진효율을 갖게 되었다면 먼지의 배출농도는 처음보다 몇 배 증가하겠는가?

㉮ 1.5배   ㉯ 2배
㉰ 3배   ㉱ 4배

풀이
배출농도 = $\dfrac{(1-\eta_2)}{(1-\eta_1)} = \dfrac{(1-0.96)}{(1-0.99)} = 4$배

50 처리가스량 36,000 Sm³/hr, 압력손실이 200mmH₂O, 송풍기 효율 70%, 여유율 1.8일 때 송풍기의 소요동력은?

㉮ 40kW   ㉯ 50kW
㉰ 60kW   ㉱ 70kW

풀이
$kW = \dfrac{P_s \times Q}{102 \times \eta} \times \alpha$

P_s : 압력손실(mmH₂O)
Q : 가스량(m³/sec)
η : 처리효율
α : 여유율

따라서
$kW = \dfrac{200\text{mmH}_2\text{O} \times 36{,}000\text{Sm}^3/\text{hr} \times 1\text{hr}/3{,}600\text{sec}}{102 \times 0.7} \times 1.8$
 = 50.42 kW

TIP
102의 단위가 kg·m/sec이므로 가스량(Q)의 시간단위는 반드시 "sec"임에 주의하여야 한다.

answer 46 ㉱ 47 ㉯ 48 ㉯ 49 ㉱ 50 ㉯

51 유해가스 처리장치에 사용되는 흡수제에 관한 설명으로 옳은 것은?

㉮ 흡수제가 화학적으로 유해가스의 성분과 비슷할 때 일반적으로 용해도가 크다.
㉯ 흡수제 손실을 줄이기 위해서는 휘발성이 커야 한다.
㉰ 흡수율을 높이고 flooding을 줄이기 위해서는 흡수제의 점도가 커야 한다.
㉱ 흡수제의 빙점은 높고, 비점은 낮아야 한다.

풀이 ㉯ 흡수제 손실을 줄이기 위해서는 휘발성이 작아야 한다.
㉰ 흡수율을 높이고 flooding을 줄이기 위해서는 흡수제의 점도가 작아야 한다.
㉱ 흡수제의 빙점은 낮고, 비점은 높아야 한다.

52 프로판과 부탄의 용적비가 1 : 1의 비율로 된 연료가 있다. 이 연료를 완전연소시킨 후 건조연소가스 중의 CO_2는 20%이였다. 이 연료 $1Sm^3$당 건조 연소가스량은?

㉮ $1.75Sm^3$ ㉯ $17.5Sm^3$
㉰ $3.5Sm^3$ ㉱ $35Sm^3$

풀이 $C_3H_8 + 5O_2 \rightarrow 3CO_2 + 4H_2O$: 50%
$C_4H_{10} + 6.5O_2 \rightarrow 4CO_2 + 5H_2O$: 50%

$CO_2\% = \dfrac{CO_2량(Sm^3/Sm^3)}{건조연소가스량(Sm^3/Sm^3)} \times 100$

따라서 $20\% = \dfrac{(3 \times 0.5 + 4 \times 0.5)(Sm^3/Sm^3)}{건조연소가스량(Sm^3/Sm^3)} \times 100$

∴ 건조연소가스량 = $17.5Sm^3/Sm^3$

53 입자의 비표면적(단위 체적당 표면적)에 관한 설명으로 옳은 것은?

㉮ 입자의 비표면적이 작으면 원심력집진장치의 경우 입자가 장치의 벽면에 부착하여 장치벽면을 폐색시킨다.
㉯ 입자의 입경이 작아질수록 비표면적은 커진다.
㉰ 입자의 비표면적이 작으면 전기집진장치에서는 주로 먼지가 집진극에 퇴적되어 역전리 현상이 초래된다.
㉱ 입자의 비표면적이 커지면 응집성과 흡착력이 작아진다.

풀이 비표면적(SV) = $\dfrac{6}{직경(d)}$ 이므로 입경이 작아질수록 비표면적은 커진다.

54 여과집진장치의 탈진에 관한 설명으로 옳지 않은 것은?

㉮ 간헐식 집진 중 진동형 탈진방식은 접착성 먼지의 집진에는 사용할 수 없다.
㉯ 간헐식 집진은 탈진 시 대량의 가스처리에는 부적합하다.
㉰ 연속식 집진 중 충격제트기류 분사형 탈진방식은 집진장치내 운동장치가 많아 탈진주기에 비해 소요되는 시간이 길다.
㉱ 연속식 집진은 탈진 시 먼지의 재비산이 일어나 간헐식에 비해 집진율이 낮고 여과자루의 수명이 짧다.

풀이 ㉰ 연속식 집진 중 충격제트기류 분사형 탈진방식은 집진장치내 운동장치가 없어 탈진주기에 비해 소요되는 시간이 짧다.

answer 51 ㉮ 52 ㉯ 53 ㉯ 54 ㉰

55 다음 중 가스상 오염물질과 그 처리방법의 연결로 적합하지 않은 것은?

㉮ SO_2 - 석회수 세정법
㉯ NO_x - 촉매 환원법
㉰ HCl - $CaCO_3$에 의한 흡수법
㉱ CO - 촉매 연소법

풀이 ㉰ HCl - 수세법

56 다음 중 전기집진장치의 집진실을 독립된 하전설비를 가진 단위 집진실로 전기적 구획을 하는 주된 이유로 가장 적합한 것은?

㉮ 순간 정전을 대비하고, 전기안전 사고를 예방하기 위함이다.
㉯ 집진효율을 높이고, 효율적인 전력사용을 하기 위함이다.
㉰ 처리가스의 유량분포를 균일하게 하고, 먼지입자의 충분한 체류시간을 확보하게 하기 위함이다.
㉱ 집진실 청소를 효과적으로 하기 위함이다.

풀이 전기집진장치의 집진실을 독립된 하전설비를 가진 단위 집진실로 전기적 구획을 하는 주된 이유는 집진효율을 높이고, 효율적인 전력사용을 하기 위함이다.

57 전기집진장치의 전기저항이 높거나 낮을 때 주입하는 물질로 거리가 먼 것은?

㉮ silica gel   ㉯ 트리에틸아민
㉰ NH_3 ㉱ 물

풀이 ㉮ silica gel(실리카겔)은 흡착제이다.

58 저위발열량 5,000kcal/Sm^3의 기체연료 연소시 이론연소온도는? (단, 이론 연소 가스량은 20Sm^3/Sm^3, 연소가스의 평균정압 비열은 0.35kcal/$Sm^3 \cdot ℃$이며, 기준온도는 실온이며, 공기는 예열되지 않고, 연소가스는 해리되지 않는다.)

㉮ 약 560℃   ㉯ 약 650℃
㉰ 약 730℃   ㉱ 약 890℃

풀이 $t_2 = \dfrac{Hl}{G \times C} + t_1$

t_2 : 이론연소온도(℃)
Hl : 저위발열량(kcal/Sm^3)
G : 가스량(Sm^3/Sm^3)
C : 비열(kcal/$Sm^3 \cdot ℃$)
t_1 : 기준온도(℃)

따라서

$t_2 = \dfrac{5,000kcal/Sm^3}{20Sm^3/Sm^3 \times 0.35kcal/Sm^3 \cdot ℃} + 10℃$

$= 724.29℃$

TIP 기준온도가 실온이므로 1~35℃의 온도를 기준온도로 사용하시면 됩니다.

59 세정집진장치의 단점으로 거리가 먼 것은?

㉮ 세정수가 다량 필요하며, 한냉기에는 동결방지에 유의해야 한다.
㉯ 소수성 입자나 가스의 집진효과는 낮다.
㉰ 처리가스의 확산이 어렵고, 굴뚝으로 최종배출되기 전에 기액분리기를 사용해 제거해 주어야 한다.
㉱ 다른 고효율 집진장치에 비해 설비비가 비싸고, 전기, 여과집진장치보다 설치면적이 큰 편이다.

풀이 ㉱ 다른 고효율 집진장치에 비해 설비비가 싸고, 전기, 여과집진장치보다 설치면적이 작은 편이다.

answer 55 ㉰   56 ㉯   57 ㉮   58 ㉰   59 ㉱

60 탄화수소비(C/H)에 관한 설명으로 옳지 않은 것은?

㉮ 중질연료일수록 C/H비는 크다.
㉯ C/H비가 클수록 이론 공연비는 감소된다.
㉰ C/H비는 휘발유 > 등유 > 경유 > 중유 순으로 감소한다.
㉱ C/H비가 클수록 휘도가 높고, 방사율이 크다.

[풀이] ㉰ C/H비는 중유 > 경유 > 등유 > 휘발유 순으로 감소한다.

answer 60 ㉰

2014 1회 기출문제

| 제1과목 | 대기환경관리

01 확산계수 $K_y = K_z = 0.11$, 풍속 $U = 15m/sec$, 굴뚝의 유효고는 100m, 오염물질의 배출율 $Q = 30,000Sm^3/h$이고, 가스 중 황산화물 농도가 1,500ppm이라고 할 때, 지상에 나타나는 황산화물의 최대 지표농도(ppm)는 얼마인가? (단, Sutton의 확산식 이용.)

㉮ 약 0.01　　㉯ 약 0.02
㉰ 약 0.03　　㉱ 약 0.04

풀이
$$C_{max} = \frac{2Q}{\pi \cdot e \cdot u \cdot He^2}\left(\frac{k_z}{k_y}\right)$$
$$= \frac{2 \times 30,000Sm^3/hr \times 1hr/3,600sec \times 1,500ppm}{\pi \times 2.72 \times 15m/sec \times (100m)^2}\left(\frac{0.11}{0.11}\right)$$
$$= 0.02ppm$$

02 황화합물에 관한 설명으로 틀린 것은 어느 것인가?

㉮ 황화합물은 산화상태가 클수록 증기압은 커지고, 용해성은 감소한다.
㉯ 해양을 통해 자연적 발생원 중 아주 많은 양의 황화합물이 $DMS[(CH_3)_2S]$의 형태로 배출된다.
㉰ 대기 중 유입된 SO_2는 입자상 물질의 표면이나 물방울에 흡착된 후 비균질 반응에 의해 대부분 황산염(SO_4^{2-})으로 산화되어 제거된다.
㉱ 카르보닐황(OCS)은 대류권에서 매우 안정하기 때문에 거의 화학적인 반응을 하지 않는다.

풀이 ㉮ 황화합물은 산화상태가 클수록 증기압은 낮아지고, 용해성은 증가한다.

03 다음 대기분산모델 중 벨기에서 개발되었으며, 통계모델로서 도시지역의 오존농도를 계산하는데 이용했던 것은 어느 것인가?

㉮ ADMS(atmospheric dispersion ozone model system)
㉯ OCD(offshore and coastal ozone dispersion model)
㉰ SMOGSTOP(statistical models of groundlevel short term ozone pollution)
㉱ RAMS(regional atmospheric ozone model system)

풀이 ㉮ ADMS : 영국에서 개발된 가우시안 모델이며, 도시지역 오염물질의 이동을 계산하는데 이용된다.
㉯ OCD : 미국에서 개발된 가우시안 모델이며, 해안지역 오염물질의 이동을 계산하는데 이용된다.
㉱ RAMS : 미국에서 개발된 3차원 바람장 모델이며, 바람장과 오염물질의 분산을 동시에 계산한다.

answer 01 ㉯　02 ㉮　03 ㉰

04 냄새물질의 특성에 대한 내용으로 틀린 것은 어느 것인가?

㉮ 화학물질이 냄새물질로 되기 위한 조건으로 친유성기와 친수성기의 양기를 가져야 한다.
㉯ 냄새물질이 비교적 저분자인 것은 휘발성이 높은 것을 의미한다.
㉰ 냄새물질의 골격이 되는 탄소수는 고분자일수록 관능기 특유의 냄새가 강하고 자극적이며 20~25에서 가장 향기가 강하다.
㉱ 분자내 수산기의 수는 1개 일 때 가장 강하고 그 수가 증가하면 약해져서 무취에 이른다.

풀이 ㉰ 냄새물질의 골격이 되는 탄소수는 저분자일수록 관능기 특유의 냄새가 강하고 자극적이며 8~13에서 가장 향기가 강하다.

05 오염원 영향평가 방법 중 분산모델에 대한 내용으로 틀린 것은 어느 것인가?

㉮ 점, 선, 면 오염원의 영향을 평가할 수 있다.
㉯ 2차 오염원의 확인이 가능하다.
㉰ 새로운 오염원이 지역 내에 신설될 때 매번 재평가하여야 한다.
㉱ 지형 및 오염원의 조업조건에 영향을 받지 않는다.

풀이 ㉱ 지형 및 오염원의 조업조건에 영향을 받는다.

06 각 오염물질이 식물에 미치는 영향에 관한 내용으로 틀린 것은 어느 것인가?

㉮ 불화수소는 어린 잎에 현저하며 지표식물로는 글라디올러스, 메밀 등이 있다.
㉯ 일산화탄소의 중독증상으로 엽록체를 파괴시키고, 잎 전체를 갈변시키며, 토마토, 해바라기, 메밀 등은 25ppm 정도에서 1시간 접촉시 현저한 피해증상을 보인다.
㉰ 에틸렌은 이상낙엽, 새 나무 가지의 성장저해 및 생장억제를 일으킨다.
㉱ 황화수소는 일반적으로 독성은 약하나 어린 잎과 새싹에 피해가 많은 편이며, 지표식물로는 코스모스, 크로바 등이 있다.

풀이 ㉯ 일산화탄소는 식물에 미치는 피해가 약하다.

07 최대혼합고(MMD)에 관한 내용으로 틀린 것은 어느 것인가?

㉮ 오후 2시를 전후로 해서 일중 최대치를 나타낸다.
㉯ 실제 최대혼합고는 지표위 수 km까지의 실제 공기의 온도종단도를 작성함으로써 결정된다.
㉰ 과단열감률이 생기면 반드시 대류현상이 있게 되고, 이때 대류가 이루어지는 최대고도를 최대혼합고라 한다.
㉱ 최대혼합고가 높으면 높을수록 오염물질이 넓게 퍼져서 더 많은 피해를 입힌다.

풀이 ㉱ 최대혼합고가 높으면 높을수록 대기오염이 약하여 피해가 작다.

answer 04 ㉰ 05 ㉱ 06 ㉯ 07 ㉱

08 코리올리힘(C, 전향력)의 크기를 나타낸 식으로 알맞은 것은 어느 것인가? (단, Ω : 지구자전 각속도, θ : 위도, U : 물체의 속도)

㉮ $2\Omega\cos\theta U$
㉯ $2\Omega\sin\theta U$
㉰ $2\Omega\tan\theta U$
㉱ $2\Omega\cotan\theta U$

풀이 전향력(코리올리힘)은 전향인자($2\Omega\sin\theta$)에 속도(U)를 곱한 것이다.

09 다음에서 설명하는 오염물질은 무엇인가?

이 오염물의 만성 폭로의 가장 흔한 증상은 단백뇨이다. 신피질에서 이 물질이 임계농도에 이르면 처음에는 저분자량의 단백질의 배설이 증가하는데, 계속적으로 폭로되면 아미노산뇨, 당뇨, 고칼슘뇨증, 인산뇨 등의 증상을 가지는 Fanconi씨 증후군으로 진행된다.

㉮ As
㉯ Hg
㉰ Cr
㉱ Cd

풀이 ㉱ 카드뮴(Cd)에 대한 설명이며, 핵심 내용은 "단백뇨와 Fanconi씨 증후군 = 카드뮴"임을 숙지하시면 됩니다.

10 파장 5,320Å인 빛 속에서 밀도가 0.95 g/cm³, 직경 0.42μm인 기름방울의 분산면적비가 4.5일 때 먼지 농도가 0.4 mg/m³이라면, 가시거리(km)는 얼마인가? (단, 가시거리(V) = [(5.2×ρ×r)/(KC)]식 적용)

㉮ 0.33 km
㉯ 0.38 km
㉰ 0.58 km
㉱ 0.82 km

풀이
$$V = \frac{5.2 \times \rho \times r}{K \times C} = \frac{5.2 \times 0.95 \text{g/cm}^3 \times \left(\frac{0.42\mu m}{2}\right)}{4.5 \times 0.4 \times 10^{-3} \text{g/m}^3}$$
$= 576.33\text{m} = 0.58\text{km}$

TIP 이 문제 풀이의 핵심은 밀도의 질량단위(g)와 먼지농도의 질량단위(g)을 일치시키는 것임을 숙지하셔야 합니다.

11 다음 광화학 스모그(photochemical smog)에 대한 내용으로 알맞은 것은 어느 것인가?

㉮ 태양광선 중 주로 적외선에 의해 강한 광화학 반응을 일으켜 광화학 스모그를 생성한다.
㉯ 대기 중의 PBN(peroxybutyl nitrate)의 농도는 PAN과 비슷하며, PPN (peroxy propionyl nitrate)은 PAN의 약 2배 정도이다.
㉰ 과산화기가 산소와 반응하여 오존이 생성될 수도 있다.
㉱ PAN은 안정한 화합물이므로 광화학 반응에 의해 분해되지 않는다.

풀이 ㉮ 태양광선 중 주로 자외선에 의해 강한 광화학 반응을 일으켜 광화학 스모그를 생성한다.
㉯ PPN은 PAN보다 눈에 자극성이 100배정도 크다.
㉱ PAN은 불안정한 화합물이므로 광화학반응에 의해 분해된다.

answer 08 ㉯ 09 ㉱ 10 ㉰ 11 ㉰

12 A공장에서 배출되는 아황산가스의 농도가 500ppm이고, 시간당 배출가스량이 80m³이라면 하루에 총 배출되는 아황산가스량(kg/day)은 얼마인가? (단, 표준상태 기준이며 24시간 연속가동 기준이다.)

㉮ 1.26kg/day ㉯ 2.74kg/day
㉰ 3.77kg/day ㉱ 4.52kg/day

풀이
$$SO_2(kg/day) = \frac{500mL}{Sm^3} \times \frac{64mg}{22.4mL} \times \frac{1kg}{10^6 mg} \times \frac{80m^3}{hr} \times \frac{24hr}{1day}$$
$$= 2.74 kg/day$$

TIP
① $ppm = mL/Sm^3$
② SO_2 1mol $\begin{cases} 64mg \\ 22.4mL \end{cases}$

13 대기압력이 870mb인 높이에서의 온도가 17℃이었다. 온위(potential temperature, K)는 얼마가 되는가?

㉮ 267.54 ㉯ 280.15
㉰ 301.87 ㉱ 311.62

풀이
$$온위(\theta) = T \times \left(\frac{1000}{P}\right)^{0.288}$$
$$= (273+17) \times \left(\frac{1000}{870mbar}\right)^{0.288}$$
$$= 301.87 K$$

14 다음 물질 중 보통 자동차 운행 때와 비교하여 감속할 경우 특징적으로 가장 크게 증가하는 물질은 어느 것인가?

㉮ NO_X ㉯ CO_2
㉰ H_2O ㉱ HC

풀이 휘발유 자동차 기준으로 NO_X은 가속시, CO는 공회전시(아이드링시), HC는 감속시에 많이 배출된다.

TIP
휘발유 자동차의 배출가스

	NO_X	CO, HC
많이	가속, 운행	공전, 감속
적게	공전, 감속	가속, 운행

15 굴뚝의 현재 유효고가 55m 일 때, 최대 지표농도를 절반으로 감소시키기 위해서는 유효고도(m)를 얼마만큼 더 증가시켜야 하는가? (단, Sutton식을 적용하고, 기타 조건은 동일함)

㉮ 77.8m ㉯ 32.0m
㉰ 22.8m ㉱ 11.4m

풀이
① $C_{max} = \frac{2Q}{\pi \cdot e \cdot u \cdot He^2}\left(\frac{C_z}{C_y}\right)$ 에서
$C_{max} = \frac{1}{He^2}$ 이므로
$1C_1 : \frac{1}{(55m)^2} = \frac{1}{2}C_1 : \frac{1}{He^2}$
∴ $He = \sqrt{(55m)^2 \times 2} = 77.78m$
② $\triangle H = 77.78m - 55m = 22.78m$

answer 12 ㉯ 13 ㉰ 14 ㉱ 15 ㉰

16 다음 대기분산모델 중 미국에서 개발되었으며, 바람장모델로 주로 바람장을 계산, 기상예측에 사용되는 모델은 어느 것인가?

㉮ ADMS ㉯ AUSPLUME
㉰ MM5   ㉱ SMOGSTOP

풀이 ㉰ MM5에 대한 설명이며, 핵심 내용은 "바람장모델이며, 기상예측 = MM5"임을 숙지하시면 됩니다.

17 다음 중 광화학 반응에 의해 생성된 2차 오염물질로만 바르게 된 것은 어느 것인가?

㉮ SO_3-NH_3 ㉯ H_2O_2-O_3
㉰ NO_2-HCl   ㉱ NaCl-SO_3

풀이 오염 물질의 종류
㉮ 1, 2차성 - 1차성
㉯ 2차성 - 2차성
㉰ 1, 2차성 - 1차성
㉱ 1차성 - 1, 2차성

18 SO_2의 착지농도를 감소시키기 위한 방법으로 틀린 것은 어느 것인가?

㉮ 배출가스 온도를 가능한 한 낮춘다.
㉯ 굴뚝 배출가스의 배출속도를 높인다.
㉰ 저유황유를 사용한다.
㉱ 굴뚝 높이를 높게 한다.

풀이 ㉮ 배출가스 온도를 가능한 한 높인다.

19 연기형태에 관한 내용으로 틀린 것은 어느 것인가?

㉮ Lofting형은 주로 고기압 지역에서 하늘이 맑고 바람이 약한 경우에 초저녁으로부터 아침에 걸쳐 발생하기 쉽다.
㉯ Coning형은 대기가 중립조건 일 때 발생하며, 이 연기내에서는 오염의 단면분포가 전형적인 가우시안 분포를 이루고 있다.
㉰ Fumigation형은 보통 고기압 지역에서 상공이 침강역전층이 있고, 지표 부근에 복사역전이 있는 경우 영역 전층 사이에서 오염물질이 배출될 때 발생한다.
㉱ Looping형은 맑은 날 오후에 발생하기 쉽고, 풍속이 매우 강하여 상하층간에 혼합이 크게 일어날 때 발생하게 된다.

풀이 ㉰ Fumigation형은 고공 역전, 지표 과단열 조건이며, 30분 이상 지속되지 않는다.

20 대기의 연직구조에 대한 내용으로 틀린 것은 어느 것인가?

㉮ 대류권은 보통 저위도 지방이 고위도 지방에 비하여 높다.
㉯ 대류권은 지표에서부터 약 11km까지의 높이로서 구름이 끼고 비가 오는 등의 기상현상은 대류권에 국한되어 나타난다.
㉰ 기상요소의 수평분포는 위도, 해륙분포 등에 의하며 지역에 따라 다르게 나타나지만 연직방향에 따른 변화가 더욱 크다.
㉱ 성층권의 고도는 약 11km에서 50km

answer 16 ㉰ 17 ㉯ 18 ㉮ 19 ㉰ 20 ㉱

까지이고, 이 권역에서는 고도에 따라 온도가 증가하고, 하층부의 밀도가 작아서 불안정한 상태를 나타낸다.

풀이 ㉣ 성층권의 고도는 약 11km에서 50km까지이고, 이 권역에서는 고도에 따라 온도가 증가하고, 하층부의 밀도가 커서 안정한 상태를 나타낸다.

| 제2과목 | 대기오염공정시험기준

21 휘발성 유기화합물질(VOCs) 누출확인 방법에 사용되는 측정기기의 규격, 성능기준 요구사항으로 틀린 것은 어느 것인가?

㉮ 기기의 응답시간은 30초보다 작거나 같아야 한다.
㉯ 교정정밀도는 교정용 가스값의 10% 보다 작거나 같아야 한다.
㉰ 기기의 계기눈금은 최소한 표시된 누출농도의 ±10%를 읽을 수 있어야 한다.
㉱ 기기는 펌프를 내장하고 있어야 하고 일반적으로 시료 유량은 0.5~3L/min 이다.

풀이 ㉰ 기기의 계기눈금은 최소한 표시된 누출농도의 ±5%를 읽을 수 있어야 한다.

22 공사장에서 발생되는 비산먼지를 고용량공기시료채취기를 이용하여 측정하고자 한다. 이 때 측정을 위한 대조지점이 1개소 일 때 원칙적으로 농도가 가장 높을 것으로 예상되는 측정지점 몇 개소 이상을 선정하여야 하는가?

㉮ 1개소 이상 ㉯ 2개소 이상
㉰ 3개소 이상 ㉱ 5개소 이상

23 굴뚝 배출가스 내의 염화비닐을 채취한 흡착관에 흡착된 염화비닐을 추출한 후 이 추출액 중 일정량을 기체크로마토그래피에 주입하여 분석할 경우 사용하는 용매는 어느 것인가?

㉮ 벤젠(C_6H_6)
㉯ 이황화탄소(CS_2)
㉰ 톨루엔($C_6H_5CH_3$)
㉱ 클로로폼($CHCl_3$)

풀이 ㉯ 이황화탄소(CS_2)에 대한 설명이다.

24 다음은 환경대기 중 시료 채취방법에 관한 설명이다. 알맞은 방법은 어느 것인가?

- 측정대상 가스를 선택적으로 채취할 수 있다.
- 그 구성은 채취관 - 여과재 - 채취부 - 흡입펌프 - 유량계(가스미터) 이다.
- 채취부는 주로 흡수병(흡수관)과 세척병(공병)으로 구성된다.

㉮ 용기채취법 ㉯ 여지채취법
㉰ 고체채취법 ㉱ 용매채취법

풀이 ㉱ 용매채취법에 대한 설명이며, 핵심 내용은 "가스 선택 채취 = 용매채취법"임을 숙지하시면 됩니다.

answer 21 ㉰ 22 ㉰ 23 ㉯ 24 ㉱

25 굴뚝 배출가스 내의 질소산화물을 아연환원나프틸에틸렌다이아민법으로 분석할 때 사용하는 시료가스의 흡수액은 어느 것인가?

㉮ 암모니아수
㉯ 수산화소듐 용액
㉰ 황산용액
㉱ 황산+과산화수소수

▶ 풀이   질소산화물을 자외선/가시선분광법 아연환원나프틸에틸렌다이아민법으로 분석시 흡수액은 0.005 mol/L 황산용액이다.

26 굴뚝 배출가스 중 페놀화합물을 분석하는 4-아미노안티피린 자외선/가시선분광법에 대한 설명으로 틀린 것은?

㉮ 배출가스를 수산화소듐용액(4g/L)에 흡수 시킨다.
㉯ 인산을 가해 pH를 4이하로 조절한다.
㉰ 적색액을 510nm의 파장에서 흡광도를 측정한다.
㉱ 염소, 브로민 등의 산화성기체 및 황화수소, 이산화황 등의 환원성기체가 공존하면 음의 오차를 나타낸다.

▶ 풀이   ㉯ 염산(1+1)을 가해 pH를 10.0±0.2로 조절한다.

27 굴뚝 배출가스 중의 산소를 자동으로 측정하는 방법으로 원리면에서 자기식과 전기화학식으로 분류할 수 있다. 다음 중 자기식(자기력) 방식으로 알맞은 것은 어느 것인가?

㉮ 정전위전해형   ㉯ 덤벨형
㉰ 폴라로그래프형   ㉱ 갈바니전지형

▶ 풀이   자기식(자기력) 방식의 종류에는 덤벨형방식과 압력검출형 방식이 있다.

28 환경대기 중의 아황산가스농도를 측정하기 위한 시험방법으로서 주시험방법으로 알맞은 것은?

㉮ 파라로자닐린법   ㉯ 흡광차분광법
㉰ 자외선형광법   ㉱ 불꽃광도법

▶ 풀이   환경대기 중의 아황산가스의 측정방법에는 파라로자닐린법(수동법), 용액전도율법, 불꽃광도법, 자외선형광법(주시험방법), 흡광차분광법이 있다.

29 원형 굴뚝 단면의 반경이 2.2m인 경우 측정점수는 얼마인가?

㉮ 8   ㉯ 12
㉰ 16   ㉱ 20

▶ 풀이   반경이 2.2m이므로 직경은 4.4m, 반경구분수는 4, 측정점수는 16이다.

TIP 측정점수

굴뚝직경(m)	반경구분수	측정점수
1 이하	1	4
1 초과 2 이하	2	8
2 초과 4 이하	3	12
4 초과 4.5 이하	4	16
4.5 초과	5	20

answer   25 ㉰   26 ㉯   27 ㉯   28 ㉰   29 ㉰

30 환경대기 중의 탄화수소 농도를 자동연속(불꽃 이온화검출기법)으로 측정하는 방법으로 틀린 것은 어느 것인가?

㉮ 총탄화수소 측정법
㉯ 비메탄 탄화수소 측정법
㉰ 광산란 탄화수소 측정법
㉱ 활성 탄화수소 측정법

풀이 탄화수소의 측정방법은 총탄화수소 측정법, 비메탄 탄화수소 측정법(주시험방법), 활성 탄화수소 측정법이 있다.

31 아황산가스(SO_2) 25.6g을 포함하는 2L 용액의 몰농도(M)는 얼마인가?

㉮ 0.01M ㉯ 0.02M
㉰ 0.1M   ㉱ 0.2M

풀이
$$mol/L = \frac{질량(g)}{체적(L)} \times \frac{1mol}{분자량(g)}$$
$$= \frac{25.6g}{2L} \times \frac{1mol}{64g} = 0.2mol/L$$

TIP
① M농도 = mol/L
② SO_2 1mol $\begin{cases} 64g \\ 22.4L \end{cases}$

32 환경대기 중의 시료채취를 위한 고용량 공기시료채취기법의 장치구성에 관한 설명으로 맞는 것은 어느 것인가?

㉮ 유량측정부 : 공기흡입부에 붙어있고, 장착 및 탈착이 쉬운 부자식 유량계를 사용
㉯ 공기흡입부 : 무부하일 때 흡입유량이 약 0.2m³/분이고, 48시간 이상 연속측정 가능
㉰ 여과지홀더 : 구성요소 중 팩킹은 연성플라스틱으로 만들어진 것으로 크기는 프레임보다 커야함
㉱ 채취용 여과지 : 0.1μm되는 입자를 99% 이상 채취할 수 있으며 압력손실이 적고 흡수성이 좋아야 하며, 네오프렌 수지가 사용됨

풀이 ㉯ 공기흡입부 : 무부하일 때 흡입유량이 약 2m³/분이고, 24시간 이상 연속측정 가능하다.
㉰ 여과지홀더 : 구성요소 중 팩킹은 독립기포로 발포시킨 합성고무로 만들어진 것으로 그 크기는 프레임에 합치시킨다.
㉱ 채취용 여과지 : 0.3μm되는 입자를 99% 이상 채취할 수 있으며 압력손실과 흡수성이 적고, 플루오로수지가 사용된다.

33 굴뚝 배출가스 중 금속화합물을 원자흡수분광광도법으로 분석할 때 측정파장이 가장 큰 것은?

㉮ 구리   ㉯ 카드뮴
㉰ 니켈   ㉱ 아연

풀이 ㉮ 구리 : 324.7
㉯ 카드뮴 : 228.8
㉱ 아연 : 213.9

answer 30 ㉰ 31 ㉱ 32 ㉮ 33 ㉮

34 굴뚝 내를 흐르는 배출가스 평균유속을 피토우관으로 동압을 측정하여 계산한 결과 12.8m/s였다. 이때 측정된 동압은 얼마인가? (단, 피토우관 계수는 1.0이며, 굴뚝 내의 습한 배출가스의 밀도는 1.2kg/m³이다.)

㉮ 8mmH₂O ㉯ 10mmH₂O
㉰ 12mmH₂O ㉱ 14mmH₂O

[풀이]

$V = C \times \sqrt{\dfrac{2gh}{r}}$ (m/sec)

$12.8\text{m/sec} = 1.0 \times \sqrt{\dfrac{2 \times 9.8\text{m/sec}^2 \times h}{1.2\text{kg/m}^3}}$

$(12.8\text{m/sec})^2 = \dfrac{2 \times 9.8\text{m/sec}^2 \times h}{1.2\text{kg/m}^3}$

$\therefore h = \dfrac{(12.8\text{m/sec})^2 \times 1.2\text{kg/m}^3}{2 \times 9.8\text{m/sec}^2} = 10.03\text{mmH}_2\text{O}$

35 굴뚝 배출가스 중 벤젠을 분석하는 방법으로 알맞은 것은?

㉮ 원자흡수분광광도법
㉯ 자외선/가시선분광법
㉰ 이온크로마토그리피
㉱ 기체크로마토그래피

[풀이] 벤젠을 기체크로마토그래피로 분석할 때 흡착관을 이용하는 방법과 시료채취 주머니를 이용하는 방법이 있다.

36 굴뚝 배출가스 중 알데하이드 및 알데하이드류의 분석방법에 대한 내용으로 틀린 것은?

㉮ 고성능 액체크로마토그래피의 시료채취량이 10L 인 경우 정량범위는 0.010ppm 이상이다.
㉯ 자외선/가시선분광법 - 크로모트로핀산법에서 이산화황, 이산화질소 등의 물질이나 다른 알데하이드가 공존하면 영향을 받을 수 있다.
㉰ 자외선/가시선분광법 - 아세틸아세톤법은 폼알데하이드를 포함하고 있는 배출가스를 정제수로 채취하고 아세틸아세톤 용액으로 발색시켜 얻은 흡광도를 측정한다.
㉱ 자외선/가시선분광법 - 크로모트로핀산법에서 사용하는 흡수액은 수산화소듐 용액(4g/L)이다.

[풀이] ㉱ 자외선/가시선분광법 - 크로모트로핀산법에서 사용하는 흡수액은 아황산수소소듐용액(10g/L)이다.

37 원자흡광광도법에서 사용되는 가연성 가스와 조연성 가스의 조합으로 틀린 것은 어느 것인가?

㉮ 수소 - 공기
㉯ 아세틸렌 - 공기
㉰ 아세틸렌 - 아산화질소
㉱ 헬륨 - 산소

[풀이] ㉱ 헬륨(비활성 가스) - 산소(조연성 가스)이므로 가연성 가스와 조연성 가스의 조합이 아니다.

answer 34 ㉯ 35 ㉱ 36 ㉱ 37 ㉱

38 자외선/가시선분광법에 이용되는 램버어트 비어(Lambert-Beer)의 법칙을 바르게 나타낸 식은 어느 것인가? (단, I_o : 입사광 강도, I_t : 투사광 강도, c : 농도, L : 빛의 투사거리, ϵ : 흡광계수)

㉮ $I_o = I_t \cdot 10^{-\epsilon cL}$ ㉯ $I_o = I_t \cdot 100^{-\epsilon cL}$
㉰ $I_t = I_o \cdot 10^{-\epsilon cL}$ ㉱ $I_t = I_o \cdot 100^{-\epsilon cL}$

풀이 램비어트-비어 법칙
① $I_t = I_o \cdot 10^{-\epsilon CL}$
② $I_o = I_t \cdot 10^{\epsilon CL}$

39 분석대상가스가 이황화탄소(CS_2)인 경우 다음 보기에서 사용되는 채취관, 연결관의 재질로 알맞은 것은 어느 것인가?

㉮ 보통강철 ㉯ 석영
㉰ 염화비닐수지 ㉱ 네오프렌

풀이 이황화탄소의 채취관, 연결관의 재질은 경질유리, 석영, 플루오르수지를 사용한다.

40 배출가스 중 금속화합물을 유도결합플라스마 원자발광분광법(Inductively Coupled Plasma-AtomicEmission Spectrometry)으로 분석하기 위한 시료 성상에 따른 전처리 방법으로 가장 거리가 먼 것은?

	시료 성상	처리방법
①	타르 기타 소량의 유기물을 함유하는 시료	마이크로파 산분해법
②	셀룰로스 섬유제 여과지를 사용한 시료	저온 회화법
③	유기물을 함유하지 않는 시료	질산 - 염산법
④	다량의 유기물 유리탄소를 함유하는 시료	저온 회화법

㉮ ① ㉯ ②
㉰ ③ ㉱ ④

풀이 ③ 유기물을 함유하지 않는 시료는 질산법, 마이크로파 산분해법으로 전처리한다.

| 제3과목 | 대기오염방지기술

41 아래 표는 전기로에 부설된 Bag filter의 유입구 및 유출구의 가스량과 먼지농도를 측정한 것이다. 먼지 통과율(%)은 얼마인가?

	유입구	유출구
가스량(Sm^3/h)	11.4	16.2
먼지농도(g/Sm^3)	13.25	1.24

㉮ 3.32% ㉯ 6.65%
㉰ 10.3% ㉱ 13.3%

풀이 통과율(P) = $\dfrac{C_o \times Q_o}{C_i \times Q_i} \times 100$

$= \dfrac{1.24 g/Sm^3 \times 16.2 Sm^3/hr}{13.25 g/Sm^3 \times 11.4 Sm^3/hr} \times 100$

$= 13.30\%$

answer 38 ㉰ 39 ㉯ 40 ㉰ 41 ㉱

42 탄소, 수소의 질량조성이 각각 90%, 10%인 액체연료가 매시 20kg 연소되고, 공기비는 1.2라면 매시 필요한 공기량(Sm³/hr)은 얼마인가?

㉮ 약 215Sm³/hr ㉯ 약 256Sm³/hr
㉰ 약 278Sm³/hr ㉱ 약 292Sm³/hr

풀이
① 공기비(m) = 1.2
② 이론공기량(A_o)
  $= 8.89C + 26.67 \times \left(H - \dfrac{O}{8}\right) + 3.33S$ (Sm³/kg)
  $= 8.89 \times 0.90 + 26.67 \times 0.10 = 10.668$ Sm³/kg
③ 공급공기량(Sm³/hr)
  $= A_o$(Sm³/kg) × 연료량(kg/hr)
  $= 1.2 \times 10.668$ Sm³/kg × 20 kg/hr
  $= 256.03$ Sm³/hr

43 송풍기의 유효정압(P_s)을 나타내는 식으로 알맞은 것은 어느 것인가? (단, P_{si} : 입구정압, P_{so} : 출구정압, P_{vi} : 동압)

㉮ $P_s = P_{si} + P_{so} - P_{vi}$
㉯ $P_s = P_{si} - P_{so} - P_{vi}$
㉰ $P_s = P_{si} - P_{so} + P_{vi}$
㉱ $P_s = P_{si} + P_{so} + P_{vi}$

44 다음 유해가스 처리법 중 염화수소 제거에 알맞은 방법은 어느 것인가?

㉮ 흡착법 ㉯ 수세흡수법
㉰ 연소법 ㉱ 촉매연소법

풀이 염화수소는 수용성물질이므로 처리는 수세흡수법을 이용한다.

45 원형 덕트에서 길이 L, 마찰계수 f, 직경 D, 유속 v 일 때 압력손실(H_f)의 비례관계 표현으로 알맞은 것은 어느 것인가? (단, g : 중력가속도)

㉮ $H_f \propto f \dfrac{DLv^2}{g}$ ㉯ $H_f \propto f \dfrac{gLv^2}{D}$
㉰ $H_f \propto f \dfrac{Lv^2}{gD}$ ㉱ $H_f \propto f \dfrac{Dv^2}{gL}$

풀이 압력손실(H_f) $= f \times \dfrac{L}{D} \times \dfrac{rv^2}{2g}$ (mmH₂O)

46 액체연료의 버너 중 그 유량의 조절 범위가 가장 큰 것은 어느 것인가?

㉮ 유압식 버너 ㉯ 회전식 버너
㉰ 로터리식 버너 ㉱ 고압공기식 버너

풀이 고압공기식 버너의 유량조절범위는 1:10 정도로 가장 크다.

47 전형적인 자동차 배기가스를 구성하는 다음 물질 중 가장 많은 양(부피%)을 차지하고 있는 것은? (단, 공전상태 기준)

㉮ HC ㉯ CO
㉰ NO_X ㉱ SO_X

풀이 전형적인 자동차(휘발유 자동차)의 경우 NO_X는 가속시, CO는 공회전시(아이드링시), HC는 감속시에 가장 많이 배출된다.

TIP

휘발유 자동차의 배기가스

	NO_X	CO, HC
많이	가속, 운행	공전, 감속
적게	공전, 감속	가속, 운행

answer 42 ㉯ 43 ㉮ 44 ㉯ 45 ㉰ 46 ㉱ 47 ㉯

48 송풍관(duct)에서 흄(fume) 및 매우 가벼운 건조 먼지(예 : 나무 등의 미세한 먼지와 산화아연, 산화알루미늄 등의 흄)의 반응속도로 알맞은 것은 어느 것인가?

㉮ 2m/s ㉯ 10m/s
㉰ 25m/s ㉱ 50m/s

풀이 흄 및 매우 가벼운 건조 먼지의 반응속도는 10m/sec 이며, 제어속도는 0.3~0.5m/sec이다.

49 연료 중 탄수소비(C/H비)에 관한 설명으로 틀린 것은 어느 것인가?

㉮ 액체연료의 경우 중유 > 경유 > 등유 > 휘발유 순이다.
㉯ C/H비가 작을수록 비점이 높은 연료는 매연이 발생되기 쉽다.
㉰ C/H비는 공기량, 발열량 등에 큰 영향을 미친다.
㉱ C/H비가 클수록 휘도는 높다.

풀이 ㉯ C/H비가 클수록 비점이 높은 연료는 매연이 발생되기 쉽다.

50 원추하부 지름이 20cm인 Cyclone에서 가스접선 속도가 5m/sec이면 분리계수는 얼마인가?

㉮ 25.5 ㉯ 18.5
㉰ 12.8 ㉱ 9.7

풀이 분리계수(S) $= \dfrac{v^2}{Rg} = \dfrac{(5m/sec)^2}{0.1m \times 9.8m/sec^2} = 25.51$

TIP
반경(R) $= \dfrac{직경(D)}{2} = \dfrac{0.2m}{2} = 0.1m$

51 황성분이 1.6%인 벙커C유를 매시 1,000kg이 완전연소할 때 이론적으로 생성되는 SO_2의 양은 얼마인가? (단, 벙커C유의 황성분은 전부 SO_2로 전환된다.)

㉮ 45.0Sm³/hr ㉯ 32.4Sm³/hr
㉰ 22.4Sm³/hr ㉱ 11.2Sm³/hr

풀이 $S + O_2 \rightarrow SO_2$
32kg   : 22.4Sm³
1,000kg/hr×0.016 : X
∴ X $= \dfrac{1,000kg/hr \times 0.016 \times 22.4Sm^3}{32kg} = 11.2Sm^3/hr$

52 다음 유압식 Burner의 특징으로 알맞은 것은 어느 것인가?

㉮ 분무각도는 40~90° 정도이다.
㉯ 유량조절범위는 1 : 10 정도이다.
㉰ 소형가열로의 열처리용으로 주로 쓰이며, 유압은 1~2kg/cm² 정도이다.
㉱ 연소용량은 2~5L/h 정도이다.

풀이 ㉯ 유량조절범위는(환류식 1:3, 비환류식 1:2) 좁다.
㉰ 유압은 5kg/cm² 이하이다.
㉱ 연소용량(연료분사범위)은 15~2,000L/h 정도이다.

answer 48 ㉯ 49 ㉯ 50 ㉮ 51 ㉱ 52 ㉮

53 나이트로글리세린과 같은 물질의 연소형태로써 공기 중의 산소 공급없이 연소하는 연소형태는 어느 것인가?

㉮ 자기연소   ㉯ 분해연소
㉰ 증발연소   ㉱ 표면연소

풀이 ㉮ 자기연소(내부연소)에 대한 설명이다.

54 다음 중 전기집진장치에서 입자에 작용하는 전기력의 종류에 해당하지 않는 것은 어느 것인가?

㉮ 대전입자의 하전에 의한 쿨롱력
㉯ 전계강도에 의한 힘
㉰ 브라운 운동에 의한 확산력
㉱ 전기풍에 의한 힘

풀이 입자에 작용하는 전기력의 종류에는 대전입자의 하전에 의한 쿨롱력, 전계강도에 의한 힘, 입자간의 흡입력, 전기풍에 의한 힘이 있다.

55 A집진장치의 입구농도 6,000mg/m³, 입구 유입가스량 10m³이며, 출구농도 0.3g/m³, 출구 배출가스량이 11m³일 때 이 집진장치의 효율(%)은 얼마인가?

㉮ 94.5%   ㉯ 93.7%
㉰ 92.4%   ㉱ 91.7%

풀이 효율(η) = $\left(1 - \dfrac{C_o \times Q_o}{C_i \times Q_i}\right) \times 100$

= $\left(1 - \dfrac{0.3\text{g/m}^3 \times 11\text{m}^3}{6\text{g/m}^3 \times 10\text{m}^3}\right) \times 100 = 94.5\%$

56 다음 중 석탄의 탄화도 증가에 따라 증가하지 않는 것은 어느 것인가?

㉮ 고정탄소   ㉯ 비열
㉰ 발열량   ㉱ 착화온도

풀이 탄화도
① 탄화도가 증가하면 고정탄소, 발열량, 착화온도, 연료비는 증가한다.
② 탄화도가 증가하면 매연 발생량, 비열, 휘발분, 수분, 산소의 양, 연소속도가 작아진다.

57 다음은 중질유의 탈황방법이다. ( ) 안에 알맞은 것은 어느 것인가?

> ( )은 상압잔유를 감압증류에 의하여 증류하고 얻어진 감압경유를 수소화 탈황에 의해 탈황화하며, 이 탈황된 경유와 감압잔유를 혼합하여 황이 적은 제품을 생산하는 방법이다.

㉮ 직접탈황법   ㉯ 간접탈황법
㉰ 중간탈황법   ㉱ 다단탈황법

풀이 ㉯ 간접탈황법에 대한 설명이다.

58 필요한 총 여과면적이 371m²일 때 직경 10cm, 길이 5m인 여과백을 사용할 때 필요한 여과백의 개수는 몇 개인가?

㉮ 26   ㉯ 48
㉰ 237   ㉱ 474

풀이 ① 여과백 1개의 면적
= $\pi \cdot D \cdot L = \pi \times 0.1\text{m} \times 5\text{m} = 1.57\text{m}^2$
② 여과백의 개수 = $\dfrac{371\text{m}^2}{1.57\text{m}^2}$ = 237개

answer 53 ㉮ 54 ㉰ 55 ㉮ 56 ㉯ 57 ㉯ 58 ㉰

59 다음 흡수장치 중 기체분산형 흡수장치에 해당하는 것은 어느 것인가?

㉮ 벤츄리 스크러버   ㉯ 기포탑
㉰ 젖은 벽탑   ㉱ 분무탑

풀이 흡수장치
① 기체분산형 흡수장치 : 다공판탑, 종탑, 기포탑
② 액분산형 흡수장치 : 충전탑, 분무탑, 벤츄리스크러버

60 배기가스 탈질기술 중 습식법에 관한 설명으로 틀린 것은 어느 것인가?

㉮ 배가스 중에 있는 먼지의 영향이 적고 SO_2와 동시에 제거할 수 있다.
㉯ 질산염 등의 부산물 생성이 적어 2차 처리가 불필요하다.
㉰ 고가의 산화제 및 환원제가 다량 소모된다.
㉱ 흡수산화법은 NO_X제거에 $KMnO_4$, H_2O_2나 $NaClO_2$ 등과 같은 산화제를 포함하는 흡수액에 흡수시켜 산화제거한다.

풀이 ㉯ 질산염 등의 부산물 생성이 많아 2차 처리가 필요하다.

answer   59 ㉯   60 ㉯

2014 2회 기출문제

| 제1과목 | 대기환경관리

01 A지역에서 빗물의 pH를 측정한 결과 5.1 이었다. 빗물의 산성우 판정기준이 pH 5.6 이라고 할 때 A지역에서 측정한 빗물의 수소이온농도의 비는 산성우 판정기준의 경우에 비해 어떻게 되겠는가?

㉮ 약 2.3배 높다. ㉯ 약 2.3배 낮다.
㉰ 약 3.2배 높다. ㉱ 약 3.2배 낮다.

풀이 $pH = -\log[H^+] \Rightarrow [H^+] = 10^{-pH}$ mol/L
pH 5.1 $\Rightarrow [H^+] = 10^{-5.1}$ mol/L
pH 5.6 $\Rightarrow [H^+] = 10^{-5.6}$ mol/L
따라서 $\dfrac{10^{-5.1} \text{mol/L}}{10^{-5.6} \text{mol/L}} = 3.16$배

02 다음 중 오존층 보호를 위한 국제협약은 어느 것인가?

㉮ 바젤 협약   ㉯ 비엔나 협약
㉰ 람사 협약   ㉱ 오슬로 협약

풀이 오존층 보호를 위한 국제협약은 비엔나협약, 몬트리올의정서, 런던회의가 있다.

03 파장이 5,240Å인 빛 속에서 밀도가 0.85g/cm³이고, 지름이 0.8μm인 기름 방울의 분산면적비 K가 4.1이라면 가시도가 2,414m 되기 위해서는 먼지의 농도는 약 얼마가 되어야 하는가?

㉮ 1.23×10^{-4} g/m³   ㉯ 1.44×10^{-4} g/m³
㉰ 1.62×10^{-4} g/m³   ㉱ 1.79×10^{-4} g/m³

풀이 $V = \dfrac{5.2 \times \rho \times r}{K \times C}$

$2,414\text{m} = \dfrac{5.2 \times 0.85 \text{g/cm}^3 \times 0.4 \mu\text{m}}{4.1 \times C}$

$\therefore C = \dfrac{5.2 \times 0.85 \text{g/cm}^3 \times 0.4 \mu\text{m}}{4.1 \times 2,414\text{m}} = 1.79 \times 10^{-4}$ g/m³

04 코리올리 힘에 대한 설명으로 틀린 것은 어느 것인가?

㉮ 지구의 자전운동에 의하여 생긴다.
㉯ 운동의 방향만 변화시키고 속도에는 영향을 미치지 않는다.
㉰ 지구의 극지방에서 최소가 된다.
㉱ 힘의 방향은 경도력과 반대이다.

풀이 ㉰ 코리올리 힘(전향력)은 지구의 극지방에서 최대가 되고, 적도지방에서 최소가 된다.

answer 01 ㉰ 02 ㉯ 03 ㉱ 04 ㉰

05 대기 구조에 대한 설명으로 틀린 것은 어느 것인가?

㉮ 행성경계층(planetary boundary layer)에서는 지표면의 마찰의 영향을 받기 때문에 풍속이 지표에서 멀어질수록 강하게 분다.
㉯ 고도 80km 이상을 열권이라고 하며, 이 권역에서는 분자들이 전리상태에 있기 때문에 전리층이라고도 한다.
㉰ 성층권은 고도 증가에 따라 온도가 상승하는 구간이며, 고도 약 50km 부근에서 오존의 밀도가 최대로 된다.
㉱ 중간권은 기층은 불안하지만 기상현상은 생기지 않는다.

풀이 ㉰ 성층권은 고도 증가에 따라 온도가 상승하는 구간이며, 고도 약 20~30km 부근에서 오존의 밀도가 최대로 된다.

06 다음 중 "내연기관, 폭약, 비료, 필름제조, 금속의 부식, 아크 등"이 주된 배출 관련 업종인 오염물질은 어느 것인가?

㉮ NO_X ㉯ Zn
㉰ $HCHO$ ㉱ CS_2

풀이 ㉮ NO_X(질소산화물)에 대한 설명이며, 핵심 내용은 "내연기관과 비료 = NO_X"임을 숙지하시면 됩니다.

07 다음 중 가장 낮은 농도의 불화수소(HF)에 쉽게 피해를 받는 지표식물은 어느 것인가?

㉮ 장미 ㉯ 라일락
㉰ 글라디올러스 ㉱ 양배추

풀이 불화수소(HF)
① 지표식물(약한 식물) : 옥수수, 자두, 메밀, 글라디올러스 등
② 강한식물 : 담배, 목화, 고추 등

08 입자상 오염물질 측정방법을 질량농도법과 개수농도법으로 분류할 때, 다음 중 개수농도법에 해당하는 것은 어느 것인가?

㉮ 정전식 분급법
㉯ β-ray 흡수법
㉰ 다단식 충돌판 측정법
㉱ Piezobalance

풀이 ㉮ 정전식 분급법이 개수농도법이다.

09 포스겐에 대한 설명으로 알맞은 것은 어느 것인가?

㉮ 분자량 98.9 정도, 비등점은 8.2℃ 정도이며, 수분 존재시 금속을 부식시킨다.
㉯ 물에 쉽게 용해되는 기체이며, 인체에 대한 유독성은 약한 편이다.
㉰ 시안색의 수용성 기체이며, 인체에 대한 급성 중독으로는 과혈당과 소화기관 및 중추신경계의 이상 등이 있다.
㉱ 비점은 120℃, 융점은 -58℃ 정도로서 공기중에서 쉽게 가수분해 되는 성질을 가진다.

풀이 ㉯ 물에 쉽게 용해되지 않는 기체이며, 인체에 대한 유독성은 강한 편이다.
㉰ 최루, 흡입에 의한 재채기, 호흡 곤란 등의 급성 증상을 나타내며, 몇 시간 후에 폐수종을 일으켜 사망한다.
㉱ 비점은 8℃, 융점은 -128℃ 정도로서 공기중에서 수분 존재시 쉽게 가수분해 되는 성질을 가진다.

answer 05 ㉰ 06 ㉮ 07 ㉰ 08 ㉮ 09 ㉮

10 이황화탄소에 대한 설명으로 틀린 것은 어느 것인가?

㉮ 상온에서 무색, 투명하며 일반적으로 불쾌한 자극성 냄새를 내는 물질이다.
㉯ 이황화탄소는 보통 목탄 또는 메탄과 증기상태의 황을 750~1,000℃에서 반응시켜 제조 한다.
㉰ 상온에서도 빛에 의해 서서히 분해되며, 인화되기 쉽다.
㉱ 전도성 및 부식성이 큰 편이다.

▶ 풀이 ㉱ 전도성 및 부식성이 약한 편이다.

11 지상 10m에서의 풍속이 5m/sec라고 한다면 지상 50m에서의 풍속(m/sec)은 얼마인가? (단, Deacon의 power law 적용, 풍속지수는 0.14 이다.)

㉮ 5.24m/sec ㉯ 6.26m/sec
㉰ 7.23m/sec ㉱ 8.45m/sec

▶ 풀이
$$u_2 = u_1 \times \left(\frac{H_2}{H_1}\right)^n = 5\text{m/sec} \times \left(\frac{50\text{m}}{10\text{m}}\right)^{0.14}$$
$$= 6.26\text{m/sec}$$

12 층류의 항력을 구할 때 입경(dp)에 따른 커닝험 계수(C_f)의 적용으로 알맞은 것은 어느 것인가?

㉮ dp < 3μm인 경우 $C_f = 1$
㉯ dp ≫ 3μm인 경우 $C_f = 1$
㉰ 1μm < dp < 3μm인 경우 $C_f = 1$
㉱ dp = 1μm인 경우 $C_f = 1$

▶ 풀이 이 문제는 재출제 시 동일하게 출제되는 문제이므로 정답만 숙지하시면 됩니다.

13 대기오염의 역사적 사건에 대한 설명으로 틀린 것은 어느 것인가?

㉮ 뮤즈계곡사건 - 벨기에 뮤즈계곡에서 발생한 사건으로 금속, 유리, 아연, 제철, 황산공장 및 비료공장 등에서 배출되는 SO_2, H_2SO_4 등이 계곡에서 무풍상태에서 기온역전 조건에서 발생했다.
㉯ 포자리카 사건 - 멕시코 공업지역에서 발생한 오염사건으로 H_2S가 대량으로 인근 마을로 누출되어 기온역전으로 피해를 일으켰다.
㉰ 보팔시 사건 - 인도에서 일어난 사건으로 비료공장 저장탱크에서 MIC 가스가 유출되어 발생한 사건이다.
㉱ 크라카타우 사건 - 인도네시아에서 발생한 산화티타늄 공장에서 발생한 질산미스트 및 황산미스트에 의한 사건으로 이 지역에 주둔하던 미군과 가족들에게 큰 피해를 준 사건이다.

▶ 풀이 ㉱ 크라카타우 사건 - 인도네시아 크라카타우섬에서 화산폭발에 의한 화산재, 유황, 유해가스에 의해 발생되었다.

14 과거의 역사적으로 발생한 대기오염사건 중 London형 smog의 기상 및 안정도 조건으로 틀린 것은 어느 것인가?

㉮ 무풍상태   ㉯ 습도는 85% 이상
㉰ 침강성 역전   ㉱ 접지 역전

▶ 풀이 ㉰ 복사성 역전

answer 10 ㉱ 11 ㉯ 12 ㉯ 13 ㉱ 14 ㉰

15 "수용모델"에 대한 설명으로 틀린 것은 어느 것인가?

㉮ 새로운 오염원, 불확실한 오염원과 불법 배출 오염원을 정량적으로 확인 평가할 수 있다.
㉯ 지형, 기상학적 정보 없이도 사용 가능하다.
㉰ 측정자료를 입력자료로 사용하므로 시나리오 작성이 용이하다.
㉱ 현재나 과거에 일어났던 일을 추정하여 미래를 위한 계획을 세울 수 있으나 미래 예측은 어렵다.

풀이 ㉰ 측정자료를 입력자료로 사용하므로 시나리오 작성이 곤란하다.

16 굴뚝연기의 분산형태 중 환상형(Looping)의 설명으로 알맞은 것은 어느 것인가?

㉮ 바람이 약하고 대기가 안정할 때 생긴다.
㉯ 복사역전이 발달하는 초저녁부터 이른 아침사이에 많이 발생한다.
㉰ 풍속이 매우 강하여 상하층 혼합이 크게 일어날 때 발생한다.
㉱ 상층에는 침강역전, 하층에는 복사역전이 형성되었을 때 발생한다.

풀이 ㉮ 부채형에 대한 설명
㉯ 상승형에 대한 설명
㉱ 구속형에 대한 설명

17 DME(Dimethyl Ether) 연료에 대한 설명으로 틀린 것은 어느 것인가?

㉮ 산소함유율이 34.8% 정도로 높아 연소시 매연이 적은 편이다.
㉯ 점도가 경유에 비해 높으며, 금속의 부식성이 문제가 된다.
㉰ 고무류와 반응하므로 재질에 주의해야 하며, 세탄가가 55 이상으로 높아 경유를 대체할 수 있다.
㉱ 물성이 LPG와 유사한 특성이 있으며, 발열량은 경유에 비해 낮은 편이다.

풀이 ㉯ 점도가 경유에 비해 낮다.

18 프로판가스 120kg을 액화시켜 만든 LPG가 기화될 때 표준상태에서의 용적(Sm^3)은 얼마인가?

㉮ $46Sm^3$ ㉯ $61Sm^3$
㉰ $86Sm^3$ ㉱ $102Sm^3$

풀이 프로판(C_3H_8) 1kmol $\begin{cases} 44kg \\ 22.4Sm^3 \end{cases}$

따라서 $120kg \times \dfrac{22.4Sm^3}{44kg} = 61.09Sm^3$

answer 15 ㉰ 16 ㉰ 17 ㉯ 18 ㉯

19 휘발유를 사용하는 가솔린 기관에서 배출되는 오염물질에 대한 설명으로 틀린 것은 어느 것인가? (단, 휘발유의 대표적인 화학식은 옥탄(Octene)으로 가정하고, AFR은 질량비 기준이다.)

㉮ AFR을 10에서 14로 증가시키면 CO 농도는 감소한다.
㉯ AFR이 16까지는 HC 농도가 증가하나, 16이 지나면 HC 농도는 감소한다.
㉰ CO와 HC는 불완전연소시에 배출비율이 높고, NO_X는 이론 AFR 부근에서 농도가 높다.
㉱ AFR이 18 이상 정도의 높은 영역은 일반 연소기관에 적용하기는 곤란하다.

풀이 ㉯ AFR이 16까지는 NO_X 농도가 증가하나, 16이 지나면 NO_X 농도는 감소한다.

20 휘발성유기화합물질(VOC_S)은 다양한 배출원에서 배출되는데 우리나라의 경우 최근 가장 큰 부분(총배출량)을 차지하는 배출원은 어느 것인가?

㉮ 유기용제 사용
㉯ 자동차 등 도로이동 오염원
㉰ 폐기물처리
㉱ 에너지 수송 및 저장

풀이 우리나라에서 휘발성유기화합물질(VOC_S) 경우 최근 가장 큰 부분(총배출량)을 차지하는 배출원은 유기용제 사용이다.

| 제2과목 | 대기오염공정시험기준

21 다음 계산식은 브로민화합물을 적정법 (차아염소산법)으로 분석하여 나타낸 것이다. 이 농도값(C)을 알맞게 표현한 것은 어느 것인가?

$$C = \frac{0.133 \times (a-b)}{V_S} \times 0.140 \times 1,000$$

a : 적정에 소비된 N/100 싸이오황산소듐 용액량(mL)
b : 바탕시험에 소비된 N/100 싸이오황산소듐용액량(mL)
V_S : 건조시료 가스량(L)

㉮ 분석시료 중의 총브로민(Br_2로 환산)의 농도(mg/m^3)
㉯ 분석시료 중의 총브로민(Br_2로 환산)의 농도(V/V ppm)
㉰ 분석시료 중의 총브로민(HBr로 환산)의 농도(mg/m^3)
㉱ 분석시료 중의 총브로민(HBr로 환산)의 농도(V/V ppm)

22 환경대기 내의 아황산가스 농도의 자동연속 측정방법 중 주 시험방법으로 알맞은 것은 어느 것인가?

㉮ 용액전도율법 ㉯ 불꽃광도법
㉰ 자외선형광법 ㉱ 화학발광법

풀이 아황산가스의 자동연속측정방법에는 용액전도율법, 불꽃광도법, 자외선형광법(주시험방법), 흡광차분광법이 있다.

answer 19 ㉯ 20 ㉮ 21 ㉯ 22 ㉰

23 황성분 1.6% 이하 함유한 액체연료를 사용하는 연소시설에서 배출되는 황산화물(표준산소농도를 적용받는 항목)의 실측농도측정 결과 710ppm이었다. 배출가스 중의 실측산소 농도는 7%, 표준산소농도는 4%이다. 황산화물의 농도(ppm)는 약 얼마인가?

㉮ 584ppm ㉯ 635ppm
㉰ 862ppm ㉱ 926ppm

풀이 $C = C_a \times \dfrac{21-O_s}{21-O_a} = 710\text{ppm} \times \dfrac{21-4\%}{21-7\%}$
= 862.14ppm

24 원형굴뚝단면의 반경이 0.5m인 경우 측정점수는 얼마인가?

㉮ 1   ㉯ 4
㉰ 8   ㉱ 12

풀이 원형단면의 측정점수

굴뚝직경(m)	반경구분수	측정점수
1 이하	1	4
1 초과 2 이하	2	8
2 초과 4 이하	3	12
4 초과 4.5 이하	4	16
4.5 초과	5	20

25 배출가스 중 휘발성유기화합물(VOCs) 시료채취방법인 흡착관법에 의한 시료채취장치에 대한 내용으로 틀린 것은?

㉮ 채취관의 재질은 플루오로 수지, 유리, 석영 등을 사용한다.
㉯ 밸브는 밀봉 윤활유를 사용하여 가스의 누출이 없는 구조이어야 한다.
㉰ 응축기 및 응축수 트랩은 유리 등의 재질로 응축기는 가스가 흡착관을 통과하기 전 가스를 20℃ 이하로 낮출 수 있는 부피가 되어야 한다.
㉱ 각 흡착제는 반드시 지정된 최고 온도 범위와 가스유량을 고려하여 사용하여야 한다.

풀이 ㉯ 밸브는 밀봉 윤활유를 사용하지 않고 가스의 누출이 없는 구조이어야 한다.

26 다음은 굴뚝 배출가스 중 다이옥신류 분석을 위한 원통형여지의 사용 전 조치사항이다. ( )안에 알맞은 것은?

> 원통형여지는 사용에 앞서 (①)℃에서 2시간 작열시킨 후, (②)으로 각각 30분간 초음파 세정을 한 다음 진공건조시킨다.

㉮ ① 600, ② 에탄올 및 노멀헥산
㉯ ① 850, ② 에탄올 및 노멀헥산
㉰ ① 600, ② 아세톤 및 톨루엔
㉱ ① 850, ② 아세톤 및 톨루엔

answer 23 ㉰ 24 ㉯ 25 ㉯ 26 ㉱

27 다음은 환경대기 중 알데하이드류-고성능액체크로마토그래피법에서 적용되는 내부정도 관리방법 중 방법검출한계에 관한 설명이다. ( )안에 알맞은 것은?

> 방법검출한계(MDL, method detection limit)는 알데하이드류 표준용액을 측정하며 i-발레르알데하이드로서 1 ppb 이하이어야 한다. 방법검출한계를 결정하기 위해서는 검출한계에 다다를 것으로 생각되는 농도의 표준시료를 (①) 반복 측정한 후 이 농도 값을 바탕으로 하여 얻은 표준편차에 (②)를 곱한다.

㉮ ① 5번, ② 3   ㉯ ① 5번, ② 3.14
㉰ ① 7번, ② 3   ㉱ ① 7번, ② 3.14

28 원자흡수분광광도법으로 Zn을 분석할 때의 측정파장으로 알맞은 것은 어느 것인가?

㉮ 213.9nm   ㉯ 228.8nm
㉰ 324.7nm   ㉱ 357.9nm

[풀이] ㉮ Zn, ㉯ Cd, ㉰ Cu, ㉱ Cr

29 분석대상가스가 이황화탄소인 경우 사용할 수 있는 채취관 및 연결관의 재질로 부적당한 것은 어느 것인가?

㉮ 경질유리   ㉯ 석영
㉰ 플루오로수지 ㉱ 스테인리스강

[풀이] 이황화탄소인 경우 사용할 수 있는 채취관 및 연결관의 재질로는 경질유리, 석영, 플루오로수지가 있다.

30 자동기록식 광전분광 광도계의 파장교정에 사용되는 흡수 스펙트럼은 어느 것인가?

㉮ 홀뮴유리   ㉯ 석영유리
㉰ 플라스틱   ㉱ 방전유리

31 굴뚝 배출가스 중 사이안화수소를 자외선/가시선분광법-4-피리딘카복실산-피라졸론법으로 분석하는 방법에 대한 설명으로 틀린 것은?

㉮ 시료채취량이 10L인 경우 정량범위는 0.05ppm 이상이다.
㉯ 638nm 부근의 흡광도를 측정한다.
㉰ 배출가스 중 염소 등의 산화성가스가 공존하면 영향을 받는다.
㉱ 흡수액은 황산용액(20g/L)이다.

[풀이] ㉱ 흡수액은 수산화소듐용액(20g/L)이다.

answer 27 ㉱ 28 ㉮ 29 ㉱ 30 ㉮ 31 ㉱

32 굴뚝, 덕트 등을 통하여 대기중으로 배출되는 가스상 물질을 분석하기 위한 시료채취방법에 대한 설명으로 틀린 것은 어느 것인가?

㉮ 채취관은 흡입가스의 유량, 채취관의 기계적 강도, 청소의 용이성 등을 고려하여 안지름 6~25mm정도의 것을 쓴다.
㉯ 연결관은 가능한 한 수직으로 연결해야 하고, 부득이 구부러진 관을 쓸 경우에는 응축수가 흘러나오기 쉽도록 경사지게(5° 이상) 한다.
㉰ 연결관의 안지름은 연결관의 길이, 흡입가스의 유량, 응축수에 의한 막힘, 또는 흡입펌프의 능력 등을 고려하여 4~25mm로 한다.
㉱ 채취부의 수은마노미터는 대기와 압력차가 150mmHg 이하인 것을 쓴다.

풀이 ㉱ 채취부의 수은마노미터는 대기와 압력차가 100mmHg 이상인 것을 쓴다.

33 기체크로마토그래피법의 정량법 중 정량하려는 성분으로 된 순물질을 단계적으로 취하여 크로마토그램을 기록하고 봉우리의 넓이 또는 높이를 구하는 방법으로써 성분량을 횡축에, 봉우리 넓이 또는 봉우리 높이를 종축으로 하는 것은 어느 것인가?

㉮ 보정넓이백분율법
㉯ 절대검정곡선법
㉰ 넓이백분율법
㉱ 상대검정곡선법

풀이 ㉯ 절대검정곡선법에 대한 설명이다.

34 굴뚝 배출가스 중 페놀화합물을 자외선/가시선분광법으로 측정할 때 시료액에 4-아미노 안티피린용액과 헥사사이아노철(Ⅲ)산 포타슘용액을 가한 경우 발색된 색은 어느 것인가?

㉮ 황색   ㉯ 황록색
㉰ 적색   ㉱ 청색

풀이 페놀화합물을 4-아미노 안티피린 자외선/가시선분광법으로 측정 시 적색액을 510nm 파장에서 흡광도를 측정한다.

35 환경대기 중 일산화탄소를 비분산 적외선분광분석법(자동연속측정)으로 분석할 경우 측정기의 성능기준으로 틀린 것은 어느 것인가?

㉮ 스팬가스를 흘려 보냈을 때 정상적인 지시 변동의 범위는 최대눈금치의 ±2% 이내여야 한다.
㉯ 제로교정 및 스팬교정을 한 후 중간눈금부근의 교정용 가스를 주입시켰을 때 이에 대응하는 일산화탄소 농도에 대한 지시오차는 최대눈금치의 ±5% 이내여야 한다.
㉰ 시료대기의 유량이 표시된 설정유량에 대하여 ±5% 이내로 변동해도 지시변화는 최대눈금치의 ±2% 이어야 한다.
㉱ 대기압변화에 대한 안정성은 대기압의 1% 변화에 대하여 동일시료농도의 측정치의 차가 5% 이내여야 한다.

풀이 ㉱ 대기압변화에 대한 안정성은 대기압의 1% 변화에 대하여 동일시료농도의 측정치의 차가 1% 이내여야 한다.

answer 32 ㉱ 33 ㉯ 34 ㉰ 35 ㉱

36 대기오염공정시험기준에서 따로 규정이 없는 한 시약의 조건으로 틀린 것은 어느 것인가?

㉮ HCl : 농도 35.0~37.0%, 비중 1.18
㉯ H$_2$SO$_4$: 농도 85.0%, 비중 1.80
㉰ HNO$_3$: 농도 60.0~62.0%, 비중 1.38
㉱ H$_3$PO$_4$: 농도 85.0% 이상, 비중 1.69

풀이 ㉯ H$_2$SO$_4$: 농도 95.0% 이상, 비중 1.84

37 환경대기 중 가스상 물질의 시료채취 방법으로 틀린 것은 어느 것인가?

㉮ 용매채취법 ㉯ 용기채취법
㉰ 고체흡착법 ㉱ 고온흡수법

풀이 환경대기 중 가스상 물질의 시료채취방법으로는 직접채취법, 용기채취법, 용매채취법, 고체흡착법, 저온농축법, 채취용 여과지에 의한 방법이 있다.

38 배출가스 중의 총탄화수소(THC)의 분석을 위한 장치구성에 대한 설명으로 틀린 것은 어느 것인가?

㉮ 시료연결관은 스테인리스강 또는 테플론 재질로 시료의 응축방지를 위해 가열할 수 있어야 한다.
㉯ 시료채취관은 스테인리스강 또는 이와 동등한 재질의 것으로 하고 굴뚝중심 부분의 30% 범위 내에 위치할 정도의 길이의 것을 사용한다.
㉰ 기록계를 사용하는 경우에는 최소 4회/분이 되는 기록계를 사용한다.
㉱ 영점 및 교정가스를 주입하기 위해서는 삼방밸브나 순간연결장치를 사용한다.

풀이 ㉯ 시료채취관은 스테인리스강 또는 이와 동등한 재질의 것으로 하고 굴뚝중심 부분의 10% 범위내에 위치할 정도의 길이의 것을 사용한다.

39 흡광광도계에서 빛의 강도가 Io의 단색광이 어떤 시료용액을 통과할 때 그 빛의 90%가 흡수될 경우 흡광도는 얼마인가?

㉮ 0.05   ㉯ 0.2
㉰ 0.5   ㉱ 1.0

풀이
흡광도(A) = $\log \dfrac{1}{투과도}$ = $\log \dfrac{1}{0.1}$ = 1.0

TIP
① 투과율(%) = 100-흡수율(%)
② 투과율(%) = 투과퍼센트

40 연료용 유류 중의 황함유량을 측정하기 위한 분석방법으로 알맞은 것은 어느 것인가?

㉮ 전기화학식 분석법
㉯ 광산란법
㉰ 연소관식 공기법
㉱ 광투과율법

풀이 연료용 유류 중의 황함유량을 측정하기 위한 분석방법으로는 연소관식 공기법, 방사선식 여기법이 있다.

answer 36 ㉯ 37 ㉱ 38 ㉯ 39 ㉱ 40 ㉰

| 제3과목 | 대기오염방지기술

41 입자가 미세할수록 표면에너지는 커지게 되어 다른 입자간에 부착하거나 혹은 동종 입자간에 응집이 이루어지는데 이러한 현상이 생기게 하는 결합력 중 거리가 먼 것은 어느 것인가?

㉮ 분자간의 인력
㉯ 정전기적 인력
㉰ 브라운 운동에 의한 확산력
㉱ 입자에 작용하는 항력

42 760mmHg, 20℃이고, 공기 동점성계수 $1.5 \times 10^{-5} m^2/sec$일 때 관지름을 50mm로 하면 그 관로의 풍속(m/sec)은 얼마인가? (단, 레이놀즈수는 21,667)

㉮ 1.2m/sec ㉯ 4.5m/sec
㉰ 6.5m/sec ㉱ 9.0m/sec

$$Re = \frac{DV}{\nu}$$

$$21,667 = \frac{50 \times 10^{-3}m \times V}{1.5 \times 10^{-5}m^2/sec}$$

$$\therefore V = \frac{21,667 \times 1.5 \times 10^{-5} m^2/sec}{50 \times 10^{-3}m} = 6.5 m/sec$$

43 중력 집진장치를 사용하여 배출가스 중의 입자를 제거하려고 한다. 침전실의 길이 L, 침전실의 높이 H, 가스의 평균 유속 V, 스톡스 법칙에 의한 입자의 침강속도를 Vg라 할 때 성립하는 관계식으로 알맞은 것은 어느 것인가?

㉮ Vg = (V×H)/L   ㉯ H = (V×Vg)/L
㉰ V = (L×H)/Vg   ㉱ L = (Vg×H)/V

$$L = \frac{V \times H}{Vg} \text{ 에서 } Vg = \frac{V \times H}{L}$$

44 여과집진장치에 대한 설명으로 틀린 것은 어느 것인가?

㉮ 유지비용이 많이 드는 단점이 있으며, 수분과 여과 속도에 대한 적응성이 낮은 편이다.
㉯ 폭발 및 점착성의 먼지제거가 힘들다.
㉰ 간헐식은 하나의 방에서 처리가스를 차단하는 방법으로 연속식에 비해 효율은 높으나, 재비산의 우려가 크다.
㉱ 진동형, 역기류형, 역기류 진동형 등은 간헐식에 해당한다.

㉰ 간헐식은 여러개의 방으로 구분하여 방 하나씩 처리가스의 흐름을 차단하여 순차적으로 탈진하는 방식으로 연속식에 비해 효율은 높고, 재비산의 우려도 적다.

answer 41 ㉱ 42 ㉰ 43 ㉮ 44 ㉰

45 다음 중 후드의 형식에 해당되지 않는 것은 어느 것인가?

㉮ diffusion type ㉯ enclosure type
㉰ booth type ㉱ receiving type

풀이 후드의 형식에는 캐노피형(Canopy Type), 슬롯형(Slot Type), 포위식(Enclosure Type), 부스형(Booth Type), 리시버식(Receiving Type)이 있다.

46 20℃, 1기압에서 충전탑으로 혼합가스 중의 암모니아를 제거하려고 한다. stripping factor가 0.8 이고, 평형선의 기울기가 0.8일 경우 흡수액의 양(kg-mol/h)은 얼마인가? (단, 흡수액은 암모니아를 포함하지 않고, 재순환되지 않으며, 등온상태라 가정, 혼합가스량은 20℃, 1기압에서 40kg-mol/h 이다.)

㉮ 약 28kg-mol/h ㉯ 약 40kg-mol/h
㉰ 약 57kg-mol/h ㉱ 약 89kg-mol/h

풀이 흡수액의 양(kg-mol/hr)
= 혼합가스량(kg-mol/hr) × $\frac{평형선의 기울기}{\text{Stripping factor}}$
= 40kg-mol/hr × $\frac{0.8}{0.8}$ = 40kg-mol/hr

47 다음 석탄의 특성에 대한 설명으로 알맞은 것은 어느 것인가?

㉮ 고정탄소의 함량이 큰 연료는 발열량이 높다.
㉯ 회분이 많은 연료는 발열량이 높다.
㉰ 탄화도가 높을수록 착화온도는 낮아진다.
㉱ 휘발분 함량이 큰 연료는 매연을 적게 발생시킨다.

㉯ 회분이 많은 연료는 발열량이 낮다.
㉰ 탄화도가 높을수록 착화온도는 높아진다.
㉱ 휘발분 함량이 큰 연료는 매연을 많이 발생시킨다.

48 상온상압의 함진공기 100m³/min을 지름 26cm, 유효길이 3m 되는 원통형 Bag filter로 처리하고자 한다. 가스처리속도를 1.5m/min 할 때 소요되는 Bag의 수는 얼마인가?

㉮ 21개 ㉯ 28개
㉰ 33개 ㉱ 41개

풀이 $n = \frac{Q}{\pi \times D \times L \times V_f} = \frac{100\text{m}^3/\text{min}}{\pi \times 0.26\text{m} \times 3\text{m} \times 1.5\text{m/min}}$
= 28개

49 배출가스 중의 HF를 충전탑에서 수산화소듐 수용액과 향류로 접촉시켜 흡수시킬 때 효율이 90%였다. 동일조건에서 95%의 효율을 얻기 위해서는 이론적으로 충전층의 높이를 원래의 몇 배로 하면 되겠는가? (단, 기타 조건은 변동사항 없다.)

㉮ 1.1배 ㉯ 1.3배
㉰ 2.3배 ㉱ 3배

풀이 H = NOG × HOG
H ∝ NOG이므로
$NOG = \ln\left(\frac{1}{1-\eta}\right)$

$\frac{NOG_2}{NOG_1} = \frac{\ln\left(\frac{1}{1-0.95}\right)}{\ln\left(\frac{1}{1-0.90}\right)} = 1.30$배

answer 45 ㉮ 46 ㉯ 47 ㉮ 48 ㉯ 49 ㉯

50 후드의 유입계수가 0.79, 속도압이 20 mmH₂O일 때 후드의 압력손실(mmH₂O)은 얼마인가?

㉮ 8.5mmH₂O ㉯ 12mmH₂O
㉰ 15.8mmH₂O ㉱ 18mmH₂O

풀이
$\triangle P = \dfrac{1-Ce^2}{Ce^2} \times Vp$

- △P : 압력손실(mmH₂O)
- Ce : 유입계수
- Vp : 속도압(mmH₂O)

따라서
$\triangle P = \dfrac{1-0.79^2}{0.79^2} \times 20\text{mmH}_2\text{O} = 12.05\text{mmH}_2\text{O}$

51 다음 질소화합물 중 일반적으로 공기중에서의 최소감지농도(ppm)가 가장 낮은 것은 어느 것인가?

㉮ 삼메틸아민 ㉯ 피리딘
㉰ 아닐린 ㉱ 암모니아

풀이 공기 중에서 최소감지농도가 가장 낮은 것은 냄새가 강한 물질을 찾는 문제이므로 보기 중에서는 ㉮ 삼메틸아민이 정답이 된다.

52 스토크(Stokes)의 법칙을 만족하는 입자의 침강속도에 관한 설명으로 틀린 것은 어느 것인가?

㉮ 입자와 유체의 밀도차에 비례한다.
㉯ 입자 직경의 제곱에 비례한다.
㉰ 가스의 점도에 비례한다.
㉱ 중력가속도에 비례한다.

풀이 ㉰ 가스의 점도에 반비례한다.

TIP
스토크스 법칙
$Vg = \dfrac{d^2(\rho_s - \rho)g}{18\mu}$

53 휘발성유기화합물(VOCs) 제어 기술로 틀린 것은 어느 것인가?

㉮ 활성탄 흡착(Activated carbon adsorption)
㉯ 응축(Condensation)
㉰ 수은환원(Mercury reduction)
㉱ 흡수(Absorption)

풀이 휘발성유기화합물(VOCs) 제어 기술로는 흡착법, 연소법, 응축법, 흡수법이 있다.

54 다음 중 원심형 송풍기에 해당하지 않는 것은 어느 것인가?

㉮ 터보형 ㉯ 평판형
㉰ 다익형 ㉱ 프로펠라형

풀이 ㉱ 프로펠라형은 축류형 송풍기이다.

---

answer 50 ㉯ 51 ㉮ 52 ㉰ 53 ㉰ 54 ㉱

55 악취에 대한 설명으로 틀린 것은 어느 것인가?

㉮ 악취의 공기중에서의 최소감지농도 (ppm)는 아세톤이 염소보다 더 높다.
㉯ 악취처리방법 중 응축법은 유기용매 증기를 고농도($200g/Sm^3$ 이상)로 함유하고 있는 배출가스에 주로 적용한다.
㉰ 악취처리방법 중 불꽃소각법의 경우 보조연료가 필요없으며, 연소온도는 보통 850~1,100℃ 정도이다.
㉱ 악취처리방법 중 화학적산화법은 주로 알데하이드, 케톤, 페놀, 스티렌 등의 유기물 제거에 이용된다.

풀이 ㉰ 악취처리방법 중 불꽃소각법의 경우 보조연료가 필요하며, 연소온도는 보통 700~800℃ 정도이다.

56 유해물질의 처리방법으로 틀린 것은 어느 것인가?

㉮ 아크로레인은 NaClO등의 산화제를 혼입한 가성소다 용액으로 흡수시켜 제거한다.
㉯ 이황화탄소는 암모니아를 불어넣는 방법이 이용된다.
㉰ 이산화셀렌은 코트렐집진기로 채취하는 방법이 이용된다.
㉱ 일산화탄소는 증기회수법으로 회수 후 산소주입하여 오존형태로 제거한다.

풀이 ㉱ 일산화탄소는 백금계 촉매를 사용하여 무해한 이산화탄소로 산화시켜 제거한다.

57 화학적 흡착에 대한 설명으로 틀린 것은 어느 것인가?

㉮ 흡착제는 대부분이 고체이다.
㉯ 여러층의 흡착층이 가능하다.
㉰ 흡착제의 재생성이 낮다.
㉱ 흡착열이 물리적 흡착에 비하여 높다.

풀이 ㉯ 여러층의 흡착층이 불가능하다.

58 CH_4 95%, CO_2 2%, O_2 1%, N_2 2%인 연료가스 $1Sm^3$에 대하여 $10.8Sm^3$의 공기를 사용하여 연소하였다. 이때의 공기비는 얼마인가?

㉮ 1.6   ㉯ 1.4
㉰ 1.2   ㉱ 1.0

풀이

공기비(m) = $\dfrac{실제공기량(A)}{이론공기량(A_o)}$

① 이론공기량(A_o)을 계산한다.
   $CH_4 + 2O_2 \rightarrow CO_2 + 2H_2O$: 95%
   O_2 : 1%

   $A_o = \dfrac{가연성분\ 연소시\ 필요한\ 산소량 - 연료\ 중\ 산소량}{0.21}$

   $= \dfrac{2 \times 0.95 - 0.01}{0.21} = 9.0 Sm^3/Sm^3$

② 실제공기량(A) = $10.8 Sm^3/Sm^3$

③ 공기비(m) = $\dfrac{10.8 Sm^3/Sm^3}{9.0 Sm^3/Sm^3} = 1.2$

answer 55 ㉰ 56 ㉱ 57 ㉯ 58 ㉰

59 50m³/min의 공기를 직경 28cm의 원형 관을 사용하여 수송하고자 할 때 관내의 속도압(mmH₂O)은 얼마인가? (단, 공기의 비중은 1.2 기준이다.)

㉮ 8.6mmH₂O ㉯ 9.6mmH₂O
㉰ 11.2mmH₂O ㉱ 15.6mmH₂O

풀이

속도압$(Vp) = \left(\dfrac{V}{242.2}\right)^2$ (mmH₂O)

① $V(m/min) = \dfrac{Q(mm^3/min)}{A(m^2)} = \dfrac{Q(m^3/min)}{\dfrac{\pi D^2}{4}(m^2)}$

$= \dfrac{50 m^3/min}{\dfrac{\pi}{4} \times (0.28m)^2} = 812.015 m/min$

② 속도압$(Vp) = \left(\dfrac{812.015 m/min}{242.2}\right)^2$

$= 11.24 mmH_2O$

60 유량 210,000m³/day의 공기를 흡수탑을 거쳐 정화하려고 한다. 흡수탑 접근 유속을 0.8m/sec로 유지하기 위해 소요되는 흡수탑의 직경(m)은 얼마인가?

㉮ 3.21m ㉯ 2.75m
㉰ 2.18m ㉱ 1.97m

풀이

유량(Q) = 단면적(A)×유속(v)

여기서 단면적$(A) = \dfrac{\pi D^2}{4}(m^2)$

따라서 $Q = \dfrac{\pi D^2}{4} \times V$

$210,000 m^3/day \times 1day/24hr \times 1hr/3,600sec$

$= \dfrac{\pi D^2}{4}(m^2) \times 0.8 m/sec$

$\therefore D = \sqrt{\dfrac{4 \times 210,000 m^3/day \times 1day/24hr \times 1hr/3,600sec}{\pi \times 0.8 m/sec}}$

$= 1.97m$

answer 59 ㉰ 60 ㉱

| 제1과목 | 대기환경관리

01 다음 중 인체내에서 콜레스테롤, 인지질 및 지방분의 합성을 저해하거나 기타 다른 영양 물질의 대사장애를 일으키며, 만성폭로시 설태가 끼는 대기오염물질은 어느 것인가?

㉮ Se ㉯ Ti
㉰ V ㉱ Al

▶풀이 ㉰ V(바나듐)에 대한 설명이며, 핵심 내용은 "설태 = 바나듐"임을 숙지하시면 됩니다.

02 실제굴뚝높이가 70m, 굴뚝내경 6m, 굴뚝가스 배출속도 15m/s, 굴뚝주위의 풍속이 5m/s 이라면 유효굴뚝높이(m)는 얼마인가? (단, △H = (1.5Vs×D)/U를 이용하시오.)

㉮ 27m ㉯ 97m
㉰ 127m ㉱ 147m

▶풀이 ① $\triangle H = \dfrac{(1.5 \times V_s) \times D}{U}$

$\triangle H$: 연기의 상승고(m)
V_s : 배출가스속도(m/sec)
U : 풍속(m/sec)
D : 내경(m)

따라서 $\triangle H = \dfrac{1.5 \times 15\text{m/sec} \times 6\text{m}}{5\text{m/sec}} = 27\text{m}$

② $H_e = H + \triangle H$

H_e : 유효굴뚝높이(m)
H : 실제굴뚝높이(m)
$\triangle H$: 연기의 상승고(m)

따라서 H_e = 70m+27m = 97m

03 대기안정도와 관련된 연기모양에 대한 내용으로 틀린 것은 어느 것인가?

㉮ Looping형은 과단열감률 상태의 대기일 때 발생하기 쉽다.
㉯ Coning형은 오염의 단면분포가 전형적인 가우시안 분포를 이룬다.
㉰ Fumigation형은 오염물질 배출구 바로 주위에서 오염정도가 심하며, 이 때 지표의 오염농도는 가장 높다.
㉱ Trapping형은 보통 고기압지역에서 상공에 복사역전층이 있고, 지표 부근에 침강역전 층이 있는 경우 발생한다.

▶풀이 ㉱ Trapping형은 보통 고기압지역에서 자주 발생하며, 지표에 복사역전층이 있고, 상공 부근에 침강역전층이 있는 경우 발생한다.

answer 01 ㉰ 02 ㉯ 03 ㉱

04 다음 중 염화수소 배출관련 업종으로 틀린 것은 어느 것인가?

㉮ 염산제조 ㉯ 활성탄제조
㉰ 소오다공업 ㉱ 유리공업

풀이 ㉱ 유리공업에서는 불화수소(HF)가 발생된다.

05 라돈에 대한 내용으로 틀린 것은 어느 것인가?

㉮ 지구상에서 발견된 약 70여 가지의 자연방사능 물질중의 하나이다.
㉯ 사람이 매우 흡입하기 쉬운 가스성 물질이다.
㉰ 반감기는 3.8일이며, 라듐의 핵분열 때 생성되는 물질이다.
㉱ 액화되면 푸른색을 띠며, 공기보다 1.2배 무거워 지표에 가깝게 존재하며, 화학적으로 반응을 나타낸다.

풀이 ㉱ 액화되어도 색을 띠지 않으며, 공기보다 9배 무거워 지표에 가깝게 존재하며, 화학적으로 반응을 하지 않는 안정한 물질이다.

06 다음 특정물질 중 오존 파괴지수가 가장 큰 물질은 어느 것인가?

㉮ CF_3Br ㉯ CCl_4
㉰ CF_2BrCl ㉱ CH_2FBr

풀이 오존 파괴지수
㉮ CF_3Br : 10.0
㉯ CCl_4 : 1.1
㉰ CF_2BrCl : 3.0
㉱ CH_2FBr : 0.73

TIP 오존층 파괴지수가 가장 큰 물질은 Halon-1301(CF_3Br)이 10.0이며, Halon-2402($C_2F_4Br_2$)가 6.0임을 숙지하면 됩니다.

07 다음 온실가스 중 동일한 부피에서 가장 무거운 물질은 어느 것인가?

㉮ CO_2 ㉯ CH_4
㉰ N_2O ㉱ O_3

풀이 기체에서는 분자량이 가장 큰 물질이 가장 무거운 물질이다.
㉮ CO_2(44) ㉯ CH_4(16) ㉰ N_2O(44) ㉱ O_3(48)
따라서 오존(O_3)이 정답이 된다.

08 자동차에서 배출되는 배기가스에 대한 내용으로 틀린 것은 어느 것인가?

㉮ 일반적으로 자동차의 주요 배출 유해가스는 CO, NO_X, HC 등이다.
㉯ 휘발유 자동차의 경우, CO는 가속시, HC는 정속시, NO_X는 감속시에 상대적으로 많이 발생한다.
㉰ CO는 연료량에 비하여 공기량이 부족할 경우에 발생하고, NO_X는 높은 연소온도에서 많이 발생하며, 매연은 연료가 미연소하여 발생한다.
㉱ 디젤 자동차의 경우, CO 및 HC가 휘발유 자동차에 비해서 상대적으로 적게 배출된다.

풀이 ㉯ 휘발유 자동차의 경우, CO는 공전(공회전)시, HC는 감속시, NO_X는 가속시에 상대적으로 많이 발생한다.

answer 04 ㉱ 05 ㉱ 06 ㉮ 07 ㉱ 08 ㉯

09 다음 식물 중 오존에 대해 가장 예민하고 피해가 커서 지표식물로 이용되는 것은 어느 것인가?

㉮ 목화   ㉯ 상추
㉰ 담배   ㉱ 블루그래스

풀이 오존의 지표식물(기준식물)은 담배(연초), 시금치, 자주개나리(알팔파), 토마토, 백송 등이 있다.

10 입자에 의한 빛산란에 대한 내용이다. ( )안에 알맞은 말은 어느 것인가?

(①)의 결과는 모든 입경에 대하여 적용되나, (②)의 결과는 입사 빛의 파장에 대하여 입자가 대단히 작은 경우에만 적용된다.

㉮ ① Maxwell, ② tyndall
㉯ ① tyndall, ② Maxwell
㉰ ① Mie, ② Rayleigh
㉱ ① Rayleigh, ② Mie

11 다음 국제적인 환경오염사건 중 MIC(메틸이소시아네이트)가스의 유출로 발생한 사건은 어느 것인가?

㉮ 도노라(Donora) 사건
㉯ 보팔(Bhopal) 사건
㉰ 크라카타우(Krakatau)섬 사건
㉱ 도쿄-요코하마(Tokyo-Yokohama) 사건

풀이 인도 보팔시 사건의 주 원인물질은 메틸이소시아네이트(CH_3CNO)로 누설에 의해 발생한 대표적인 시건이다.

12 아래의 설명 중 ( )안에 들어갈 말을 순서대로 바르게 나열한 것은 어느 것인가?

풍향별로 관측된 바람의 발생빈도와 ( )을/를 동심원상에 그린 것을 ( )(이)라고 한다. 이때 풍향에서 가장 빈도수가 많은 것을 ( )(이)라고 한다.

㉮ 풍속 - 바람장미 - 주풍
㉯ 풍향 - 바람분포도 - 지균풍
㉰ 난류도 - 연기형태 - 경도풍
㉱ 기온역전도 - 환경감율 - 확산풍

풀이 풍향은 막대기의 길이, 풍속은 막대기의 굵기로 표시하며, 주풍은 막대기의 길이를 가장 길게 표현한다.

13 대기압력이 950mb인 높이에서의 온도가 11.6℃이었다. 온위(K)는 얼마인가?

(단, $\theta = T\left(\dfrac{1,000}{P}\right)^{0.288}$)

㉮ 288.8K   ㉯ 297.4K
㉰ 309.5K   ㉱ 320.3K

풀이
$\theta = T \times \left(\dfrac{1,000}{P}\right)^{0.288}$
$= (273+11.6℃)K \times \left(\dfrac{1,000}{950mb}\right)^{0.288} = 288.84K$

answer 09 ㉰   10 ㉰   11 ㉯   12 ㉮   13 ㉮

14 각 오염물질의 특성 및 영향에 대한 내용으로 틀린 것은 어느 것인가?

㉮ 염소는 암모니아에 비해 훨씬 수용성이 강하고, 호흡기 전체에 영향을 미치기보다는 후두에 부종을 주로 유발한다.
㉯ 포스겐 자체는 자극성이 경미하지만 수중에서 재빨리 염산으로 분해되어 거의 급성 전구증상이 없이 치사량을 흡입할 수 있기 때문에 매우 위험하다.
㉰ 브로민화합물은 부식성이 강하며 주로 상기도에 대하여 급성 흡입효과를 지니고, 고농도에서 일정기간이 지나면 폐부종을 유발하기도 한다.
㉱ 질소산화물은 유기물의 분해 시 생성되기도 하며, 마초 저장고에 일하는 농부들에 silo fillers disease를 일으키기도 한다.

풀이 ㉮ 염소는 암모니아에 비해 훨씬 수용성이 약하며, 후두에 부종만을 일으키기 보다는 호흡기계 전체에 영향을 미친다.

TIP
silo fillers disease는 사일로우 중독 또는 사일로 농부병 또는 마초 저장고 농부병이라고 한다.

15 굴뚝의 유효고도가 40m 이다. 일반적인 조건이 같을 때 최대지표농도를 절반으로 감소시키기 위해서는 유효고도를 얼마만큼 더 증가시켜야 하는가?

㉮ 약 11m ㉯ 약 17m
㉰ 약 20m ㉱ 약 24m

풀이
① $C_{max} = \dfrac{1}{He^2}$

$1C_1 : \dfrac{1}{(40m)^2} = \dfrac{1}{2} C_1 : \dfrac{1}{He^2}$

∴ $He = \sqrt{(40m)^2 \times 2} = 56.57m$

② $\triangle H = 56.57m - 40m = 16.57m$

16 다음 중 일반적으로 건조대기 내 체류시간이 가장 긴 물질은 어느 것인가?

㉮ N_2 ㉯ O_2
㉰ CH_4 ㉱ CO_2

풀이 건조대기 내 체류시간
㉮ N_2 : 4×10^8년
㉯ O_2 : 6,000년
㉰ CH_4 : 3~8년
㉱ CO_2 : 2~4년

17 최대에너지가 복사될 때 이용되는 파장(λ_m : μm)과 흑체의 표면온도(T : 절대온도 단위)와의 관계를 나타내는 복사이론에 대한 법칙은 어느 것인가?

$$\lambda_m = a/T$$
(단, 비례상수 a = 0.2898cmK)

㉮ 스테판-볼츠만의 법칙
㉯ 비인의 변위법칙
㉰ 플랑크의 법칙
㉱ 알베도의 법칙

풀이 ㉯ 비인의 변위법칙을 나타낸 식이다.

answer 14 ㉮ 15 ㉯ 16 ㉮ 17 ㉯

18 다음 중 폼알데하이드가 주된 배출관련 업종인 것은 어느 것인가?

㉮ 금속제련, 쓰레기소각로, 냉동공장
㉯ 석탄화력발전소, 펄프제조
㉰ 염색공업, 나일론 및 암모니아 제조공장
㉱ 피혁공장, 합성수지공장, 포르말린 제조업

> **풀이** 폼알데하이드의 배출공업은 피혁공장, 합성수지공장, 포르말린 제조업이다.

19 경도모델(또는 K-이론모델)을 적용하기 위한 가정으로 틀린 것은 어느 것인가?

㉮ 연기의 축에 직각인 단면에서 오염의 농도분포는 가우시안 분포(정규분포)이다.
㉯ 오염물질은 지표를 침투하지 못하고 반사한다.
㉰ 배출원에서 오염물질의 농도는 무한하다.
㉱ 배출원에서 배출된 오염물질은 그 후 소멸하고, 확산계수는 시간에 따라 변한다.

> **풀이** ㉱ 확산계수는 시간에 따라 변하지 않는다.

20 다음 대기오염물질의 분류 중 2차 오염물질로 틀린 것은 어느 것인가?

㉮ NOCl ㉯ H_2O_2
㉰ NO_2 ㉱ CO_2

> **풀이** ㉱ 이산화탄소(CO_2)는 1차성 오염물질이다.

| 제2과목 | 대기오염공정시험기준

21 굴뚝반경이 2.2m인 원형 굴뚝에서 먼지를 채취하고자 할 때의 측정점수는 얼마인가?

㉮ 8 ㉯ 12
㉰ 16 ㉱ 20

> **풀이** 원형단면의 측정점
>
> | 굴뚝직경(m) | 반경구분수 | 측정점수 |
> |---|---|---|
> | 1이하 | 1 | 4 |
> | 1초과 2이하 | 2 | 8 |
> | 2초과 4이하 | 3 | 12 |
> | 4초과 4.5이하 | 4 | 16 |
> | 4.5초과 | 5 | 20 |

22 기체-액체 크로마토그래피법에서 분배형 충전물질로 사용되는 내화벽돌에 대한 내용으로 알맞은 것은 어느 것인가?

㉮ 일반적인 내화점토를 사용한 것이 아니고, 흑토를 주성분으로 한 내화온도 1,100℃ 정도의 단열벽돌을 뜻한다.
㉯ 일반적인 내화점토를 사용한 것이 아니고, 규조토를 주성분으로 한 내화온도 1,100℃ 정도의 단열벽돌을 뜻한다.
㉰ 일반적인 내화점토를 사용한 내화온도 1,100℃ 정도의 단열벽돌을 뜻한다.
㉱ 일반적인 내화점토를 사용한 내화온도 1,800℃ 정도의 단열벽돌을 뜻한다.

> **풀이** 내화벽돌의 핵심 내용은 주성분이 규조토이며, 내화온도는 1,100℃이다.

answer 18 ㉱ 19 ㉱ 20 ㉱ 21 ㉰ 22 ㉯

23 대기오염공정시험기준상 굴뚝 배출가스 중의 일산화탄소 분석방법으로 틀린 것은 어느 것인가?

㉮ 비분산적외선분광분석법
㉯ 정전위 전해법
㉰ 음이온 전극법
㉱ 기체크로마토그래피법

풀이 일산화탄소 분석방법으로는 비분산적외선분광분석법, 정전위전해법(전기화학식), 기체크로마토그래피법이 있다.

24 시료 중 중금속을 원자흡수분광광도법(원자흡광광도법)으로 분석하기 위하여 회화법으로 전처리 할 경우 사용하는 용융제로 알맞은 것은 어느 것인가?

㉮ $HCl + H_2SO_4$
㉯ $Na_2CO_3 + NaNO_3$
㉰ $(NH_4)_2SO_4 + HBr$
㉱ $HBr + NH_4OH$

풀이 회화법에서 용융제는 탄산소듐(Na_2CO_3)과 질산소듐($NaNO_3$)으로 핵심은 "소듐"임을 숙지하시면 됩니다.

25 흡광도 눈금 보정을 위한 용액 제조방법으로 알맞은 것은 어느 것인가?

㉮ 100℃에서 2시간 이상 건조한 과망간산 포타슘(1급 이상)을 N/10 수산화소듐 용액에 녹여 과망간산 포타슘용액을 만들어 그 농도는 $KMnO_4$으로서 0.0125 g/L가 되도록 한다.
㉯ 110℃에서 3시간 이상 건조한 과망간산 포타슘(1급 이상)을 N/20 수산화칼륨 용액에 녹여 과망간산 포타슘용액을 만들어 그 농도는 $KMnO_4$으로서 0.0155/L가 되도록 한다.
㉰ 100℃에서 2시간 이상 건조한 다이크로뮴산 포타슘(1급 이상)을 N/10 수산화소듐 용액에 녹여 다이크로뮴산 포타슘용액을 만들어 그 농도는 $K_2Cr_2O_7$으로서 0.0153 g/L가 되도록 한다.
㉱ 110℃에서 3시간 이상 건조한 다이크로뮴산 포타슘(1급 이상)을 N/20 수산화포타슘 용액에 녹여 다이크로뮴산 포타슘용액을 만들어 그 농도는 $K_2Cr_2O_7$으로서 0.0303 g/L가 되도록 한다

26 물질의 파쇄, 선별, 퇴적, 이적, 기타 기계적 처리 또는 연소, 합성분해시 굴뚝에서 배출되는 먼지를 측정하는 방법에 대한 설명으로 틀린 것은 어느 것인가?

㉮ 반자동식 채취기에 의한 방법으로써 먼지가 채취된 여과지를 110±5℃(배출가스 온도가 110±5℃)이상일 경우 배출가스 온도와 동일하게 건조)에서 충분히 (1~3시간) 건조시켜 부착수분을 제거한 후 먼지의 중량농도를 계산한다.
㉯ 반자동식 채취기에 의한 방법으로써 배연탈황시설과 황산미스트에 의해서 먼지농도가 영향을 받은 경우에는 여과지를 135℃ 이상에서 3시간 이상 건조시킨 후 먼지농도를 계산한다.
㉰ 측정공은 측정위치로 선정된 굴뚝 벽면에 내경 100~150mm 정도로 설치하고 측정시 이외에는 마개를 막아 밀폐하고 측정시에도 흡입관 삽입 이외의 공간은 공기가 새지 않도록 밀폐되어야 한다.

answer 23 ㉰ 24 ㉯ 25 ㉱ 26 ㉯

㉺ 굴뚝 단면적이 0.25m² 이하로 소규모인 원형굴뚝인 경우에는 그 굴뚝 단면의 중심을 대표점으로 하여 1점만 측정한다.

풀이 ㉯ 반자동식 채취기에 의한 방법으로써 배연탈황시설과 황산미스트에 의해서 먼지농도가 영향을 받은 경우에는 여과지를 160℃ 이상에서 4시간 이상 건조시킨후 먼지농도를 계산한다.

27 굴뚝 배출가스 중 사이안화수소를 자외선/가시선분광법-4-피리딘카복실산-피라졸론법으로 분석하는 방법에 대한 설명으로 틀린 것은?

㉮ 시료채취량이 10L인 경우 정량범위는 0.05ppm 이상이다.
㉯ 538nm 부근의 흡광도를 측정한다.
㉰ 배출가스 중 염소 등의 산화성가스가 공존하면 영향을 받는다.
㉱ 흡수액은 수산화소듐용액(20g/L)이다.

풀이 ㉯ 638nm 부근의 흡광도를 측정한다.

28 환경대기 중의 아황산가스 농도를 측정함에 있어 파라로자닐린법을 사용할 경우 알려진 주요 방해물질로 틀린 것은 어느 것인가?

㉮ Cr ㉯ O_3
㉰ NO_X ㉱ NH_3

풀이 주요 방해물질은 질소산화물(NO_X), 오존(O_3), 망간(Mn), 철(Fe), 크로뮴(Cr)이다.

29 환경대기 내의 옥시단트(오존으로서) 측정방법 중 중성아이오딘화 포타슘법(수동)에 대한 내용으로 틀린 것은 어느 것인가?

㉮ 시료를 채취한 후 1시간이내에 분석할 수 있을 때 사용할 수 있으며 1시간이내에 측정 할 수 없을 때는 알칼리성 아이오드화 포타슘법을 사용하여야 한다.
㉯ 대기중에 존재하는 오존과 다른 옥시단트가 pH 6.8의 아이오드화 포타슘 용액에 흡수되면 옥시단트 농도에 해당하는 아이오딘이 유리되며 이 유리된 아이오딘를 파장 217nm에서 흡광도를 측정하여 정량한다.
㉰ 산화성 가스로는 아황산가스 및 황화수소가 있으며 이들은 부(-)의 영향을 미친다.
㉱ PAN은 오존의 당량, 몰, 농도의 약 50%의 영향을 미친다.

풀이 ㉯ 대기중에 존재하는 오존과 다른 옥시단트가 pH 6.8의 아이오드화 포타슘 용액에 흡수되면 옥시단트 농도에 해당하는 아이오딘이 유리되며 이 유리된 아이오딘를 파장 352nm에서 흡광도를 측정하여 정량한다.

30 굴뚝 배출가스 중 벤젠을 측정하는 기체크로마토그래피에 대한 설명으로 틀린 것은?

㉮ 시료채취방법에는 흡착관을 이용하는 방법과 시료주머니를 이용하는 방법이 있다.
㉯ 정량범위는 0.10ppm ~ 2,500ppm이다.
㉰ 운반기체로는 99.999% 이상의 수소 혹은 헬륨을 사용한다.

answer 27 ㉯ 28 ㉱ 29 ㉯ 30 ㉰

㉣ 검출기는 불꽃이온화검출기를 사용한다.

풀이 ㉣ 운반기체로는 99.999% 이상의 질소 혹은 헬륨을 사용한다.

31 원자흡광광도법(원자흡수분광광도법)에서 사용되는 용어에 대한 내용으로 틀린 것은 어느 것인가?

㉮ 슬롯버너 : 가스의 분출구가 세극상으로 된 버너
㉯ 선프로파일 : 불꽃중에서의 광로를 길게 하고 흡수를 증대시키기 위하여 반사를 이용하여 불꽃중에 빛을 여러번 투과시키는 것
㉰ 공명선 : 원자가 외부로부터 빛을 흡수했다가 다시 먼저 상태로 돌아갈 때 방사하는 스펙트럼선
㉱ 역화 : 불꽃의 연소속도가 크고 혼합기체의 분출속도가 작을 때 연소현상이 내부로 옮겨지는 것

풀이 ㉯ 선프로파일 : 파장에 대한 스펙트럼선의 강도를 나타내는 곡선

32 500mmH₂O는 몇 mmHg인가?

㉮ 19 mmHg   ㉯ 28 mmHg
㉰ 37 mmHg   ㉱ 45 mmHg

풀이 수은주 비중
$= \dfrac{10,332\,mmH_2O}{760\,mmHg} = 13.6(mmH_2O/mmHg)$

$\begin{cases} mmH_2O \xrightarrow{\div 13.6} mmHg \\ mmHg \xrightarrow{\times 13.6} mmH_2O \end{cases}$

따라서 500mmH₂O ÷ 13.6 ≒ 36.77mmHg

33 폐기물 소각로 등에서 배출되는 다이옥신류의 측정 및 분석에 사용되는 증류수를 세정할 때 사용하는 시약은 어느 것인가?

㉮ 노말헥세인   ㉯ 디클로로메탄
㉰ 톨루엔   ㉱ 아세톤

풀이 증류수는 노말헥세인으로 세정한 증류수를 사용한다.

34 실험의 기재 및 용어에 대한 내용으로 틀린 것은 어느 것인가?

㉮ "감압 또는 진공"이라 함은 따로 규정이 없는 한 15mmHg 이하를 뜻한다.
㉯ 용액의 액성표시는 따로 규정이 없는 한 유리전극법에 의한 pH미터로 측정한 것을 뜻한다.
㉰ 시료의 시험, 바탕시험 및 표준액에 대한 시험을 일련의 동일시험으로 행할 때 사용하는 시약 또는 시액은 동일롯트로 조제된 것을 사용한다.
㉱ "항량이 될 때까지 건조한다 또는 강열한다"라 함은 따로 규정이 없는 한 보통의 건조 방법으로 1시간 더 건조 또는 강열할 때 전후 무게의 차가 매 g당 0.5mg 이하일 때를 뜻한다.

풀이 ㉱ "항량이 될 때까지 건조한다 또는 강열한다"라 함은 따로 규정이 없는 한 보통의 건조방법으로 1시간 더 건조 또는 강열할 때 전후 무게의 차가 매 g당 0.3mg 이하일 때를 뜻한다.

answer 31 ㉯ 32 ㉰ 33 ㉮ 34 ㉱

35 굴뚝 배출가스 중 이황화탄소 분석방법으로 틀린 것은 어느 것인가?

㉮ 자외선/가시선분광법은 다이에틸아민구리 용액에서 시료가스를 흡수시켜 생성된 다이에틸다이싸이오카밤산구리의 흡광도를 535nm의 파장에서 측정하여 이황화탄소를 정량한다.
㉯ 기체크로마토그래피법은 불꽃광도검출기(Flame Photometric Detector)를 구비한 기체크로마토그래피를 사용하여 정량하며, 이 방법은 이황화탄소정량범위는 0.5ppm 이상이다.
㉰ 배출가스 중에 포함된 황화합물의 대부분이 이황화탄소이어서 전황화합물로 측정해도 지장이 없는 경우에는 기체크로마토그래피법에서 분리관을 생략한 불꽃광도검출방식 연속분석계를 사용해도 좋다.
㉱ 채취관, 연결관 등에는 경질유리, 테플론관 등을 사용한다.

풀이 ㉮ 자외선/가시선분광법은 다이에틸아민구리 용액에서 시료가스를 흡수시켜 생성된 다이에틸다이싸이오카밤산구리의 흡광도를 435nm의 파장에서 측정하여 이황화탄소를 정량한다.

36 배출가스 중 플루오린화합물을 측정하는 방법에 대한 내용으로 틀린 것은?

㉮ 자외선/가시선분광법 – 란타넘-알리자린콤플렉손법은 복합 착화합물의 흡광도를 파장 620nm에서 측정한다.
㉯ 이온크로마토그래피는 시료채취량이 40L인 경우 정량범위는 0.30ppm 이상이다.
㉰ 이온선택전극법은 시료가스 중에 알루미늄(III), 철(II) 등의 중금속 이온이 공존하면 영향을 받는다.
㉱ 흡수액은 아황산수소소듐 용액(10g/L)을 사용한다.

풀이 ㉱ 흡수액은 0.1 mol/L 수산화소듐 용액을 사용한다.

37 다음은 용기에 대한 내용이다. ( )안에 알맞은 말은 어느 것인가?

( )라 함은 물질을 취급 또는 보관하는 동안에 기체 또는 미생물이 침입하지 않도록 내용물을 보호하는 용기를 뜻한다.

㉮ 밀봉용기   ㉯ 밀폐용기
㉰ 기밀용기   ㉱ 차광용기

풀이 용기
㉮ 밀봉용기 : 미생물
㉯ 밀폐용기 : 이물질
㉰ 기밀용기 : 공기
㉱ 차광용기 : 광선

answer 35 ㉮ 36 ㉱ 37 ㉮

38 굴뚝내의 배출가스 유속을 피토우관으로 측정한 결과 그 동압이 2.2mmHg 이었다면 굴뚝내의 배출가스의 평균유속(m/sec)은 얼마인가? (단, 배출가스 온도 250℃, 공기의 비중량 1.3kg/Sm³, 피토우관계수 1.2 이다.)

㉮ 8.6m/sec ㉯ 16.9m/sec
㉰ 25.5m/sec ㉱ 35.5m/sec

 풀이

$$V = C \times \sqrt{\frac{2gh}{r}}$$

$\left[\begin{array}{l} V : 유속(m/sec) \\ C : 피토우관 계수 \\ g : 중력가속도(9.8m/sec^2) \\ h : 동압(mmH_2O) \\ r : 밀도(kg/m^3) \end{array}\right.$

① 동압(h) = 2.2mmHg×13.6 = 29.92mmH₂O

② $r(kg/m^3) = 1.3kg/Sm^3 \times \dfrac{273}{273+250}$
  $= 0.6786 kg/m^3$

③ $V = 1.2 \times \sqrt{\dfrac{2 \times 9.8 m/sec^2 \times 29.92 mmH_2O}{0.6786 kg/m^3}}$
  $= 35.28 m/sec$

39 이온크로마토그래피법에 사용되는 장치에 대한 내용으로 틀린 것은 어느 것인가?

㉮ 용리액조는 일반적으로 폴리에틸렌이나 경질 유리제를 사용한다.
㉯ 분리관의 경우 일부는 스테인레스관이 사용되지만 금속이온 분리용으로는 좋지 않다.
㉰ 써프렛서란 전해질을 고전도도의 용매로 바꿔줌으로써 전기전도도 셀에서 목적이온 성분과 전기전도도만을 고감도로 검출할 수 있게 해주는 것으로써, 관형은 음이온에는 스티롤계 강염기형(OH⁻)의 수지가 충진된 것을 사용한다.
㉱ 검출기는 분리관 용리액 중의 시료성분의 유무와 량을 검출하는 부분으로 일반적으로 전도도 검출기를 많이 사용하고, 그외 자외선, 가시선 흡수검출기(UV, VIS 검출기), 전기화학적 검출기 등이 사용된다.

풀이 ㉰ 써프렛서란 전해질을 저전도도의 용매로 바꿔줌으로써 전기전도도셀에서 목적이온 성분과 전기전도도만을 고감도로 검출할 수 있게 해주는 것으로써, 관형은 음이온에는 스티롤계 강산형(H⁺)의 수지가 충진된 것을 사용한다.

40 기체크로마토그래피법에 사용되는 장치에 대한 내용으로 틀린 것은 어느 것인가?

㉮ 불꽃 이온화 검출기는 수소연소노즐, 이온수집기와 함께 대극 및 배기구로 구성되는 본체와 이 전극 사이에 직류전압을 주어 흐르는 이온전류를 측정하기 위한 직류전압 변환회로, 감도조절부, 신호감쇠부 등으로 구성된다.
㉯ 방사성 동위원소를 사용하는 검출기에 대하여는 별도로 과열방지기구, 누출방지기구 등을 설치해야 한다.
㉰ 온도조절 정밀도는 ±0.5℃의 범위이내 전원 전압변동 10%에 대하여 온도변화 ±0.5℃ 범위이내(오븐의 온도가 150℃ 부근일 때)이어야 한다.
㉱ 기록계는 스트립 차아트식 자동평형 기록계로 스팬전압 10mV, 펜 응답시간 5초 이내, 기록지 이동속도는 1mm/분을 포함한 다단변속이 가능한 것이어야 한다.

answer 38 ㉱ 39 ㉰ 40 ㉱

풀이 ㉣ 기록계는 스트립 차아트식 자동평형 기록계로 스팬전압 1mV, 펜 응답시간 2초 이내, 기록지 이동속도는 10mm/분을 포함한 다단변속이 가능한 것이어야 한다.

| 제3과목 | 대기오염방지기술

41 먼지 농도가 $10g/Sm^3$인 매연을 집진율 80%인 집진장치로 1차 처리하고 다시 2차 집진장치로 처리한 결과 배출가스 중 먼지 농도가 $0.2g/Sm^3$이 되었다. 이 때 2차 집진장치의 집진율(%)은 얼마인 가? (단, 직렬 기준)

㉮ 70% ㉯ 80%
㉰ 85% ㉱ 90%

풀이 $\eta_T = 1-(1-\eta_1)\times(1-\eta_2)$
$\begin{bmatrix} \eta_T : 총집진율 \\ \eta_1 : 1차 집진장치의 효율 \\ \eta_2 : 2차 집진장치의 효율 \end{bmatrix}$

① $\eta_T = \left\{1- \dfrac{출구농도(C_o)}{입구농도(C_i)}\right\} \times 100$

$= \left\{1- \dfrac{0.2g/Sm^3}{10g/Sm^3}\right\} \times 100 = 98\%$

② $\eta_T = 1-(1-\eta_1)\times(1-\eta_2)$
$0.98 = 1-(1-0.80)\times(1-\eta_2)$
$\therefore \eta_2 = 1 - (\dfrac{1-0.98}{1-0.80}) = 0.90$ 따라서 90%

42 CH_4 $0.5Sm^3$, C_2H_6 $0.5Sm^3$를 m = 1.3으로 완전 연소시킬 경우 습연소가스량 (Sm^3/Sm^3)은 얼마인가?

㉮ 약 $18Sm^3/Sm^3$ ㉯ 약 $22Sm^3/Sm^3$
㉰ 약 $25Sm^3/Sm^3$ ㉱ 약 $28Sm^3/Sm^3$

풀이 $CH_4 + 2O_2 \rightarrow CO_2 + 2H_2O : 0.5Sm^3$
$C_2H_6 + 3.5O_2 \rightarrow 2CO_2 + 3H_2O : 0.5Sm^3$
실제습연소가스량(Gw)
= (m-0.21)A_o+CO_2량+H_2O량(Sm^3/Sm^3)
= $(1.3-0.21)\times \dfrac{2\times0.5Sm^3+3.5\times0.5Sm^3}{0.21}$
$+1\times0.5Sm^3+2\times0.5Sm^3+2\times0.5Sm^3+3\times0.5Sm^3$
= $18.27Sm^3/Sm$

43 입경측정방법 중 Cascade impactor법에 대한 내용으로 틀린 것은 어느 것인가?

㉮ 액상 침강법과 함께 직접 측정법에 해당한다.
㉯ 널리 이용되는 방법으로 관성충돌을 이용하여 입경을 측정하는 방법이다.
㉰ 측정된 입경은 stokes경을 의미하며, 입자의 밀도를 보정하면 공기동력학 경으로 나타낼 수 있다.
㉱ Cascade impactor의 단수는 임의로 설계, 제작할 수 있으나 보통 9단이 많이 사용된다.

풀이 ㉮ 액상 침강법과 함께 간접 측정법에 해당된다.

answer 41 ㉱ 42 ㉮ 43 ㉮

44 어떤 2차 반응에서 반응물질의 농도를 같게 했을 때 그 10%가 반응하는데 300초가 걸렸다면 88%가 반응하는데는 얼마가 걸리겠는가?

㉮ 17,000초　　㉯ 18,500초
㉰ 19,800초　　㉱ 24,500초

풀이

2차반응식 : $\dfrac{1}{C_o} - \dfrac{1}{C_t} = -k \times t$

$\begin{cases} C_o : 초기농도(100\%) \\ C_t : t시간 후 농도 \\ k : 상수 \\ t : 시간 \end{cases}$

① $\dfrac{1}{1} - \dfrac{1}{0.90} = -k \times 300\,\text{sec}$

∴ $k = 3.7 \times 10^{-4}/\text{sec}$

② $\dfrac{1}{1} - \dfrac{1}{0.12} = -3.7 \times 10^{-4}/\text{sec} \times t$

∴ $t = 19,819.82\,\text{sec}$

TIP

① 2차반응식 사용에 주의하세요.
② 10%가 반응하면 $C_t = 100-10\% = 90\% = 0.90$
③ 88%가 반응하면 $C_t = 100-88\% = 12\% = 0.12$

45 반지름 200mm, 유효높이 12m인 원통형 filter bag을 사용하여 농도 6g/m³인 배출가스를 20m³/sec로 처리하고자 한다. 겉보기 여과속도를 1.2cm/sec로 할 때 필요한 filter bag의 수는 얼마인가?

㉮ 111개　　㉯ 115개
㉰ 121개　　㉱ 125개

풀이 $Q = \pi \cdot D \cdot L \cdot Vf \cdot n$

∴ $n = \dfrac{Q}{\pi \cdot D \cdot L \cdot Vf} = \dfrac{20\text{m}^3/\text{sec}}{\pi \times 0.4\text{m} \times 12\text{m} \times 0.012\text{m/sec}}$

$= 110.52 = 111$개

TIP

① D는 직경이므로 D = 200mm×2 = 400mm = 0.4m
② L = 유효높이 = 길이(m)
③ Vf = 1.2cm/sec = 0.012m/sec

46 100Sm³/hr의 배출가스를 방출하는 연소로를 건식석회석법으로 SO_2를 처리하고자 한다. 이 때 배출가스의 SO_2 농도가 2,500ppm 일 때 SO_2를 100% 제거하기 위한 필요한 $CaCO_3$의 양(kg/hr)은 얼마인가?

㉮ 0.84kg/hr　　㉯ 1.12kg/hr
㉰ 1.58kg/hr　　㉱ 2.17kg/hr

풀이 $S + O_2 \rightarrow SO_2 \ + \ CaCO_3 + 0.5O_2 \rightarrow CaSO_4 + CO_2$
　　　　22.4Sm³ : 100kg
100Sm³/hr×2,500ppm×10⁻⁶ : X

∴ $X = \dfrac{100\text{Sm}^3/\text{hr} \times 2,500\text{ppm} \times 10^{-6} \times 100\text{kg}}{22.4\text{Sm}^3}$

$= 1.12\,\text{kg/hr}$

TIP

SO_2의 농도와 가스량이 주어져 있으므로 SO_2와 $CaCO_3$를 비로 놓고 문제를 풀이해야 함에 주의하세요.

47 여과집진장치에서 여과포가 마멸되어 집진율이 99.9%에서 99.5%로 낮아졌을 때 출구에서 배출되는 먼지 농도는 어떻게 변화 되겠는가? (단, 기타 조건은 변경이 없다고 가정한다.)

㉮ 원래의 1/2　　㉯ 원래의 4배
㉰ 원래의 5배　　㉱ 원래의 10배

풀이 통과율의 변화 = $\dfrac{(100-99.5\%)}{(100-99.9\%)} = \dfrac{0.5\%}{0.1\%} = 5$배

answer 44 ㉰　45 ㉮　46 ㉯　47 ㉰

48 다음 중 각종 발생원에서 배출되는 먼지 입자의 진비중(S)과 겉보기 비중(S_B)의 비(S/S_B)가 가장 큰 것은 어느 것인가?

㉮ 시멘트킬른 발생먼지
㉯ 카본블랙 먼지
㉰ 골재건조기 먼지
㉱ 미분탄보일러 발생먼지

풀이 진비중(S)과 겉보기 비중(S_B)의 비(S/S_B)

㉮ 시멘트킬른 발생먼지 : $\dfrac{S}{S_B} = \dfrac{3.0}{0.6} = 5.0$

㉯ 카본블랙 먼지 : $\dfrac{S}{S_B} = \dfrac{1.9}{0.025} = 76.0$

㉰ 골재건조기 먼지 : $\dfrac{S}{S_B} = \dfrac{2.9}{1.06} = 2.73$

㉱ 미분탄보일러 발생먼지 : $\dfrac{S}{S_B} = \dfrac{2.1}{0.55} = 4.04$

TIP 진비중(S)과 겉보기비중(Sb)의 비(S/Sb)가 클수록 재비산현상을 유발할 가능성이 높다.

49 여과집진장치의 먼지부하가 $360g/m^2$에 달할 때 먼지를 탈락시키고자 한다. 이 때 탈락 시간 간격(min)은 얼마인가? (단, 여과집진장치에 유입되는 함진농도는 $10g/m^3$, 여과속도는 7,200cm/hr 이고, 집진효율은 100%로 본다.)

㉮ 25min   ㉯ 30min
㉰ 35min   ㉱ 40min

풀이 $L_d = C_i \times V_f \times t$

$\begin{bmatrix} L_d : 먼지부하(g/m^2) \\ C_i : 유입농도(g/m^3) \\ V_f : 여과속도(m/min) \\ t : 탈락시간(min) \end{bmatrix}$

① $V_f(m/min) = \dfrac{7,200cm}{hr} \times \dfrac{1m}{10^2 cm} \times \dfrac{1hr}{60min}$
$= 1.2 m/min$

② $360g/m^2 = 10g/m^3 \times 1.2m/min \times t$

∴ $t = \dfrac{360g/m^2}{10g/m^3 \times 1.2m/min} = 30min$

50 다음 연료 중 검댕의 발생이 가장 적은 연료는 어느 것인가?

㉮ 저휘발분 역청탄
㉯ 코오크스
㉰ 중유
㉱ 고휘발분 역청탄

풀이 ㉯ 코오크스는 휘발분이 거의 함유되어 있지 않아 연소시에 매연(검댕)이 발생하지 않는다.

51 충전탑에 사용되는 충진물의 구비조건으로 틀린 것은 어느 것인가?

㉮ 압력손실이 작고 충진밀도가 클 것
㉯ 공극률이 작을 것
㉰ 단위용적에 대한 표면적이 클 것
㉱ 액가스 분포를 균일하게 유지할 수 있을 것

풀이 ㉯ 공극률이 클 것

52 연료에 있어 매연 발생에 대한 내용으로 틀린 것은 어느 것인가?

㉮ 연료중의 C/H비가 클수록 발생하기 쉽다.
㉯ 탄소결합을 절단하는 것보다 탈수소가 쉬운 쪽이 매연이 생기기 쉽다.
㉰ 탈수소, 중합 및 고리화합물 등과 같이 반응이 일어나기 쉬운 탄화수소 일수록 잘 생긴다.

answer 48 ㉯ 49 ㉯ 50 ㉯ 51 ㉯ 52 ㉱

㉣ 분해나 산화되기 쉬운 탄화수소 일수록 발생량은 많다.

풀이 ㉣ 분해나 산화되기 쉬운 탄화수소 일수록 발생량은 적다.

53 다음 연료 중 황(S)성분의 함량 순서로 알맞은 것은 어느 것인가?

㉮ 중유 > 경유 > 등유 > 휘발유 > LPG
㉯ 중유 > 등유 > 경유 > 휘발유 > LPG
㉰ 중유 > 석탄 > 등유 > 경유 > 휘발유
㉱ 석탄 > 중유 > 등유 > 경유 > 휘발유

풀이 연료의 질이 높을수록 황(S) 성분이 적게 포함되어 있으므로 중유 > 경유 > 등유 > 휘발유 > LPG 순이다.

54 세정식 집진장치에 대한 내용으로 틀린 것은 어느 것인가?

㉮ 제트스크러버는 분사장치를 이용하여 세정액을 고압분무시켜 발생하는 승압효과에 의해 10~20m/sec 속도로 흡입되는 함진가스 중의 먼지를 액적에 채취한다.
㉯ 제트스크러버의 액가스비는 10~50L/m³ 정도로 다른 가압수식 세정집진장치에 비해 10배 이상이다.
㉰ 충전탑에서 1~5µm정도 크기의 입자를 제거할 경우 장치내 처리가스의 속도는 대략 25cm/sec 이하 정도이어야 한다.
㉱ 분무탑 또는 살수탑은 장치 내에 살수노즐을 통하여 분무한 세정액과 배출가스(유입속도 10~15m/sec)를 향류 접촉시키며, 액가스비는 0.1~0.5L/m³ 정도이다.

풀이 ㉱ 분무탑 또는 살수탑의 가스 겉보기 속도는 0.2~1m/sec, 액가스비는 0.5~1.5L/m³ 정도이다.

55 다음 중 공기비가 작을 경우 연소실내에서 발생될 수 있는 경우로 알맞은 것은 어느 것인가?

㉮ 가스의 폭발위험과 매연발생이 크다.
㉯ 배기가스 중 NO_2 량이 증가한다.
㉰ 부식이 촉진된다.
㉱ 연소온도가 낮아진다.

풀이 ㉯, ㉰, ㉱는 공기비가 큰 경우이다.

56 유입계수가 0.78, 속도압이 22.5mmH₂O일 때 후드의 압력손실(mmH₂O)은 얼마인가?

㉮ 9.5mmH₂O   ㉯ 10.5mmH₂O
㉰ 14.5mmH₂O   ㉱ 18.5mmH₂O

풀이
$$\triangle P = \frac{1-Ce^2}{Ce^2} \times Vp(mmH_2O)$$

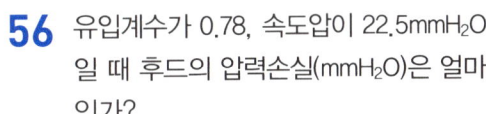

따라서
$$\triangle P = \frac{1-(0.78)^2}{(0.78)^2} \times 22.5mmH_2O = 14.48mmH_2O$$

---

answer 53 ㉮ 54 ㉱ 55 ㉮ 56 ㉰

57 순수한 Propane 500kg을 액화시켜 만든 LPG가 기화될 때 이 기체의 용적(Sm^3)은 얼마인가? (단, 표준상태 기준이다.)

㉮ 약 329Sm^3 ㉯ 약 255Sm^3
㉰ 약 205Sm^3 ㉱ 약 191Sm^3

■ 풀이
C_3H_8(프로판) 1kmol $\begin{cases} 44kg \\ 22.4Sm^3 \end{cases}$

용적(Sm^3) = $500kg \times \dfrac{22.4Sm^3}{44kg}$ = 254.55Sm^3

58 전기집진장치의 분리속도(이동속도)는 커닝햄 보정계수(stokes Cunningham) Km에 비례한다. 다음 조건 중 Km이 커지는 조건으로 알맞은 것은 어느 것인가? (단, km ≥ 1)

㉮ 먼지의 입자가 작을수록, 가스압력이 낮을수록
㉯ 먼지의 입자가 작을수록, 가스압력이 높을수록
㉰ 먼지의 입자가 클수록, 가스압력이 낮을수록
㉱ 먼지의 입자가 클수록, 가스압력이 높을수록

■ 풀이 커닝햄 보정계수는 온도에 비례하고, 입자크기와 압력과 점성저항에 반비례한다.

59 석탄을 공업분석하여 다음과 같은 연료분석치를 얻었다. 이 석탄의 연료비는 얼마인가?

> 수분 : 1.8%, 회분 : 17.2%
> 휘발분 : 40%

㉮ 0.8 ㉯ 1.0
㉰ 1.3 ㉱ 1.5

■ 풀이
연료비 = $\dfrac{\text{고정탄소(\%)}}{\text{휘발분(\%)}}$

① 고정탄소(%)
= 100%−(휘발분+수분+회분)(%)
= 100%−(40%+1.8%+17.2%) = 41%

② 연료비 = $\dfrac{41\%}{40\%}$ = 1.03

60 전기집진장치에서 2차 전류가 많이 흐를 때의 원인으로 틀린 것은 어느 것인가?

㉮ 방전극이 너무 굵을 때
㉯ 먼지의 농도가 너무 낮을 때
㉰ 이온이동도가 큰 가스를 처리할 때
㉱ 공기 부하시험을 행할 때

■ 풀이 ㉮ 방전극이 너무 가늘 때

answer 57 ㉯ 58 ㉮ 59 ㉯ 60 ㉮

2015 1회 기출문제

| 제1과목 | 대기환경관리

01 대류권에서 광화학 대기오염에 영향을 미치는 중요한 태양빛 흡수기체의 흡수성에 대한 내용으로 틀린 것은 어느 것인가?

㉮ 오존은 200~320nm의 파장에서 강한 흡수가, 450~700nm에서는 약한 흡수가 있다.
㉯ 이산화황은 파장 340nm 이하와 470~550nm에 강한 흡수를 보이며, 대류권에서 쉽게 광분해된다.
㉰ 알데하이드는 313nm 이하에서 광분해한다.
㉱ 케톤은 300~700nm에서 약한 흡수를 하여 광분해한다.

▶풀이 ㉯ 이산화황은 파장 280~290nm에 강한 흡수를 보이며, 대류권에서는 광분해반응이 일어나지 않는다.

02 다음이 설명하는 굴뚝 연기 형태는 어느 것인가?

> 굴뚝의 높이보다도 더 낮게 지표 가까이에 역전층이 이루어져 있고, 그 상공에는 대기가 비교적 불안정 상태일 때 발생한다. 따라서 이러한 조건은 주로 고기압 지역에서 하늘이 맑고 바람이 약한 경우에 발생하기 쉽다.

㉮ Looping　　㉯ Lofting
㉰ Fumigation　㉱ Coning

▶풀이 ㉯ Lofting형(상승형, 지붕형)에 대한 설명으로 "고공-불안정, 지표-역전은 상승형"임을 숙지하시면 됩니다.

03 경도모델(또는 K-이론모델)의 가정으로 틀린 것은 어느 것인가?

㉮ 오염물질은 지표를 침투하며 반사되지 않는다.
㉯ 배출원에서 오염물질의 농도는 무한하다.
㉰ 풍하 측으로 지표면은 평평하고 균등하다.
㉱ 풍하쪽으로 가면서 대기의 안정도는 일정하고 확산계수는 변하지 않는다.

▶풀이 ㉮ 오염물질은 지표를 침투하지 못하고 반사한다.

answer　01 ㉯　02 ㉯　03 ㉮

04 1985년 채택된 오존층 보호를 위한 국제협약은 어느 것인가?

㉮ 제네바 협약 ㉯ 비엔나 협약
㉰ 기후변화 협약 ㉱ 리우 협약

> **풀이** ㉯ 비엔나 협약에 대한 설명이며, 오존층보호 국제협약에는 비엔나 협약, 모트리올의정서, 런던회의가 있다.

05 다음 특정물질 중 오존파괴지수가 가장 낮은 것은 어느 것인가?

㉮ CFC-115 ㉯ 사염화탄소
㉰ Halon-2402 ㉱ Halon-1301

> **풀이** 오존층 파괴지수
> ㉮ CFC-115 : 0.6
> ㉯ 사염화탄소 : 1.1
> ㉰ Halon-2402 : 6.0
> ㉱ Halon-1301 : 10.0

> **TIP**
> 오존층 파괴지수(ODP)가 가장 큰 물질은 Halon-1301(CF_3Br)로 10.0이다.

06 B-C유 보일러 배출가스 중 SO_2 농도가 표준상태에서 560ppm으로 측정되었다면 같은 조건에서는 몇 mg/Sm^3인가?

㉮ 392 ㉯ 1,600
㉰ 3,200 ㉱ 3,870

> **풀이** $mg/Sm^3 = \dfrac{560mL}{Sm^3} \times \dfrac{64mg}{22.4mL} = 1,600 mg/Sm^3$

> **TIP**
> ① ppm = mL/Sm^3
> ② SO_2 1mol $\begin{cases} 64mg \\ 22.4mL \end{cases}$
> ③ 표준상태의 체적 : $Sm^3 = Nm^3$

07 다음 역사적 대기오염사건 중 주로 자동차 배출가스의 광화학반응으로 생긴 사건은 어느 것인가?

㉮ 런던사건
㉯ 도노라사건
㉰ 보팔사건
㉱ 로스앤젤레스사건

> **풀이** ㉱ 로스앤젤레스사건에 대한 설명이며, 런던사건과 비교해서 내용을 숙지하셔야 실전시험에 대비할 수 있습니다.

08 다음 중 분산모델의 특징으로 틀린 것은 어느 것인가?

㉮ 지형 및 오염원의 조업조건에 영향을 받는다.
㉯ 2차 오염원의 확인이 가능하다.
㉰ 점, 선, 면 오염원의 영향을 평가할 수 있다.
㉱ 지형, 기상학적 정보 없이도 사용 가능하다.

> **풀이** ㉱번에 대한 설명은 수용모델의 설명이다.

answer 04 ㉯ 05 ㉮ 06 ㉯ 07 ㉱ 08 ㉱

09 다음 중 방사역전(radiation inversion)이 가장 잘 발생하는 계절과 시기로 알맞은 것은 어느 것인가?

㉮ 여름철 맑은 날 정오
㉯ 여름철 흐린 날 오후
㉰ 겨울철 맑은 날 이른아침
㉱ 겨울철 흐린 날 오후

풀이 방사역전은 복사역전으로 겨울철 맑은 날 이른 아침에 주로 발생한다.

10 Aerodynamic diameter의 정의로 알맞은 것은 어느 것인가?

㉮ 본래의 먼지보다 침강속도가 작은 구형 입자의 직경
㉯ 본래의 먼지와 침강속도가 동일하며, 밀도 $1g/cm^3$인 구형입자의 직경
㉰ 본래의 먼지와 밀도 및 침강속도가 동일한 구형입자의 직경
㉱ 본래의 먼지보다 침강속도가 큰 구형 입자의 직경

풀이 Aerodynamic diameter는 공기역학적직경으로 ㉯번 설명이며, ㉰번의 설명은 스토크스 직경(Stoke's diameter)이다.

11 지구상에 분포하는 오존에 대한 내용으로 틀린 것은 어느 것인가?

㉮ 오존량은 돕슨(Dobson) 단위로 나타내는데, 1Dobson은 지구 대기 중 오존의 총량을 0℃, 1기압의 표준상태에서 두께로 환산하였을 때 0.01cm에 상당하는 양이다.
㉯ 몬트리올 의정서는 오존층 파괴물질의 규제와 관련한 국제협약이다.
㉰ 오존의 생성 및 분해반응에 의해 자연 상태의 성층권 영역에는 일정 수준의 오존량이 평형을 이루게 되고, 다른 대기권역에 비해 오존의 농도가 높은 오존층이 생긴다.
㉱ 지구 전체의 평균오존전량은 약 300 Dobson이지만, 지리적 또는 계절적으로 그 평균값의 ±50% 정도까지 변화하고 있다.

풀이 ㉮ 오존량은 돕슨(Dobson) 단위로 나타내는데, 1Dobson은 지구 대기 중 오존의 총량을 0℃, 1기압의 표준상태에서 두께로 환산하였을 때 0.001cm에 상당하는 양이다.

TIP
100돕슨 : 1mm = 1돕슨 : x
∴ x = 0.01mm = 0.001cm

12 1984년 인도의 보팔시에서 발생한 대기 오염사건의 주원인물질은 어느 것인가?

㉮ H_2S ㉯ SO_X
㉰ CH_3CNO ㉱ CH_3SH

풀이 보팔시 사건의 주원인물질은 메틸이소시아네이트(CH_3CNO)이며, 누설사건의 대표적인 사건이다.

answer 09 ㉰ 10 ㉯ 11 ㉮ 12 ㉰

13 실제 굴뚝높이가 100m이고, 안지름이 1.2m인 굴뚝에서 아황산가스를 포함하는 연기가 12m/s의 속도로 배출되고 있다. 배출가스 중 아황산가스의 농도가 3,000ppm일 때, 유효굴뚝높이(m)는 얼마인가? (단, 풍속은 2m/s, 수직 및 수평 확산계수는 모두 0.1, $\triangle H = D\left(\dfrac{Vs}{U}\right)^{1.4}$를 이용하며, 연기와 대기의 온도차는 무시한다.)

㉮ 약 15m   ㉯ 약 55m
㉰ 약 115m   ㉱ 약 155m

풀이
① $\triangle H = D \times \left(\dfrac{Vs}{u}\right)^{1.4}$

따라서 $\triangle H = 1.2m \times \left(\dfrac{12m/sec}{2m/sec}\right)^{1.4} = 14.74m$

② 유효굴뚝높이(He)
= 실제굴뚝높이(H)+연기의 상승고($\triangle H$)
= 100m+14.74m = 114.74m

14 A공장에서 배출되는 이산화질소의 농도가 770ppm이다. 이 공장에서 시간당 배출가스량이 108.2Sm³이라면 하루에 발생되는 이산화질소의 양(kg)은 얼마인가? (단, 표준상태 기준, 공장은 연속 가동된다.)

㉮ 1.89kg   ㉯ 2.58kg
㉰ 4.11kg   ㉱ 4.56kg

풀이 NO_2(kg/day)

$= \dfrac{770mL}{Sm^3} \times \dfrac{46mg}{22.4mL} \times \dfrac{1kg}{10^6 mg} \times \dfrac{108.2Sm^3}{hr} \times \dfrac{24hr}{1day}$

= 4.11kg/day

TIP
NO_2 1mol $\begin{cases} 46mg \\ 22.4mL \end{cases}$

15 체적이 100m³인 지하 복사실의 공간에서 오존의 배출량이 0.2mg/min인 복사기를 연속으로 작동하고 있다. 복사기를 사용하기 전의 실내 오존의 농도가 0.05ppm이라고 할 때 6시간 사용 후 오존농도(ppb)는 얼마인가? (단, 표준상태 기준이다.)

㉮ 283ppb   ㉯ 386ppb
㉰ 430ppb   ㉱ 520ppb

풀이 ① 복사기 사용 후 오존농도(ppm)
ppm(mL/Sm³)

$= \dfrac{0.2mg/min}{100m^3} \times \dfrac{60min}{1hr} \times \dfrac{22.4mL}{48mg} \times 6hr$

= 0.336ppm
② 오존농도
= 복사기 사용 전 농도+복사기 사용 후 농도
= 0.05ppm+0.336ppm = 0.386ppm
③ ppb = 0.386ppm×10³ = 386ppb

16 역전현상에 대한 내용으로 틀린 것은 어느 것인가?

㉮ 기온역전은 접지역전과 공중역전으로 나눌 수 있다.
㉯ 침강성 역전과 전선형 역전은 공중역전에 속한다.
㉰ 복사역전은 주로 밤부터 이른 아침 사이에 일어난다.
㉱ 굴뚝의 높이 상하에서 각각 침강역전과 복사역전이 동시에 발생하는 경우 플룸(plume)의 형태는 훈증형(fumigation)으로 된다.

풀이 ㉱ 굴뚝의 높이 상하에서 각각 침강역전과 복사역전이 동시에 발생하는 경우 플룸(plume)의 형태는 구속형(Trapping)이 된다.

answer 13 ㉰   14 ㉰   15 ㉯   16 ㉱

17 다음 그림에서 "가"쪽으로 부는 바람은 어느 것인가?

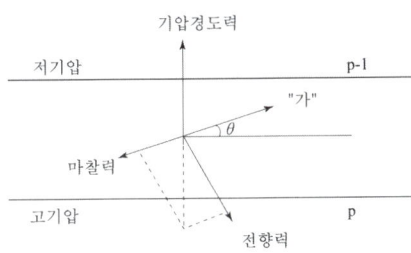

㉮ geostropic wind   ㉯ Fohn wind
㉰ surface wind   ㉱ gradient wind

▶ 풀이 ㉰ 지상풍(surface wind)이다.

18 원형굴뚝의 반경이 1.5m, 배출속도가 7m/sec, 평균풍속은 3.5m/sec일 때, 다음 식을 이용하여 △h(유효상승고)를 계산하시오.

$$\triangle h = 1.5 \times \left(\frac{Vs}{u}\right) \times D$$

㉮ 18.0m   ㉯ 9.0m
㉰ 6.0m   ㉱ 4.5m

▶ 풀이 $\triangle h = 1.5 \times \left(\frac{Vs}{u}\right) \times D$

 ⎡ △h : 연기의 상승고(m)
 ⎢ Vs : 배출가스 속도(m/sec)
 ⎢ u : 풍속(m/sec)
 ⎣ D : 직경(m)

따라서 $\triangle h = 1.5 \times \left(\frac{7m/sec}{3.5m/sec}\right) \times 3m = 9.0m$

TIP
직경(D) = 반경(R)×2 = 1.5m×2 = 3m

19 다음 배출오염물질 중 '석유정제, 포르말린 제조, 도장공업'이 주된 배출관련 업종인 것은 어느 것인가?

㉮ NO_X ㉯ Pb
㉰ C_6H_6 ㉱ NH_3

▶ 풀이 ㉰ 벤젠(C_6H_6)에 대한 내용이다.

20 다음은 라돈에 대한 내용이다. ( ) 안에 알맞은 말은 어느 것인가?

> 라돈은 (①)의 기체이며, 그 반감기는 (②)으로 라듐의 핵분열 시 생성되는 물질이다.

㉮ ① 무색, 무취   ② 2.5일간
㉯ ① 무색, 무취   ② 3.8일간
㉰ ① 적갈색, 자극성   ② 2.5일간
㉱ ① 적갈색, 자극성   ② 3.8일간

▶ 풀이 라돈은 무색, 무취기체로 공기보다 9배 무겁고, 반감기는 3.8일간이며, 화학적으로 안정한 불활성 물질이다.

answer   17 ㉰   18 ㉯   19 ㉰   20 ㉯

| 제2과목 | 대기오염공정시험기준

21 굴뚝 배출가스 중 먼지를 반자동식 채취기에 의한 방법으로 측정하고자 할 경우 채취장치 구성에 대한 내용으로 틀린 것은 어느 것인가?

㉮ 흡입노즐은 스테인리스강, 경질유리, 또는 석영 유리제로 만들어진 것으로써 흡입노즐의 안과 밖의 가스흐름이 흐트러지지 않도록 흡입노즐 내경(d)은 4mm 이상으로 한다.
㉯ 여과지 홀더장치는 플라스틱제로써 여과지 탈착이 되지 않아야 한다.
㉰ 여과부 가열장치로는 시료채취 시 여과지 홀더 주위를 120±14℃의 온도를 유지할 수 있고 주위온도를 3℃ 이내까지 측정할 수 있는 온도계를 모니터 할 수 있도록 설치하여야 한다.
㉱ 피토우관은 피토우관 계수가 정해진 L형 피토우관(C : 1.0 전후) 또는 S형(웨스턴형 C : 0.85 전후) 피토우관으로서 배출가스 유속의 계속적인 측정을 위해 흡입관에 부착하여 사용한다.

풀이 ㉯ 여과지 홀더장치는 유리제 또는 스테인리스강 등으로 만들어진 것으로 내식성이 강하고 여과지 탈착이 쉬워야 한다.

22 다음은 환경대기 내의 석면 시험방법 중 시료채취 및 시간기준이다. ( ) 안에 알맞은 말은 어느 것인가?

> 주간시간대에(오전8시~오후7시)
> ( )L/min으로 ( )시간 측정

㉮ ① 10, ② 1   ㉯ ① 10, ② 2
㉰ ① 0.1, ② 1   ㉱ ① 0.1, ② 2

풀이 석면농도 측정을 위한 위상차현미경법
① 시료채취량 : 10L/min
② 유량계 부자 : 10L/min
③ 시간 : 1시간

23 농도 0.02mol/L의 H_2SO_4 25mL를 중화하는데 필요한 N/10 NaOH의 부피(mL)는 얼마인가?

㉮ 1mL   ㉯ 5mL
㉰ 10mL   ㉱ 25mL

풀이 중화적정공식 : $N_1V_1 = N_2V_2$
따라서 0.04N×25mL = 0.1N×V_2
$\therefore V_2 = \frac{0.04N \times 25mL}{0.1N} = 10mL$

TIP
① M농도×가수 = N농도
② H_2SO_4 0.02M은 (0.02M×2)N = 0.04N

24 원형 굴뚝의 반경이 1.8m인 경우 먼지 측정을 위한 측정점수는 얼마인가?

㉮ 8   ㉯ 12
㉰ 16   ㉱ 20

풀이 반경이 1.8m, 직경이 3.6m이므로 반경구분수 3, 측정점수 12이다.

TIP

굴뚝직경(m)	반경구분수	측정점수
1 이하	1	4
1 초과 2 이하	2	8
2 초과 4 이하	3	12
4 초과 4.5 이하	4	16
4.5 초과	5	20

answer 21 ㉯ 22 ㉮ 23 ㉰ 24 ㉯

25 배출가스 중 크로뮴을 분석하는 방법으로 틀린 것은?

㉮ 기체크로마토그래피
㉯ 원자흡수분광광도법
㉰ 유도결합플라스마분광법
㉱ 자외선/가시선분광법

풀이 크로뮴의 분석방법에는 원자흡수분광광도법과 유도결합플라스마/원자발광분광법이 있다.

26 기체크로마토그래피법의 정량분석방법 중 도입한 시료의 전 성분이 용출하며 또한 전 용출 성분의 상대감도를 구하여 역수를 취한 후 각 성분의 봉우리 넓이에 곱하여 각 성분의 정확한 함유율을 알 수 있는 정량법으로 알맞은 것은 어느 것인가?

㉮ 표준물첨가법
㉯ 상대검정곡선법
㉰ 내부넓이 백분율법
㉱ 보정넓이 백분율법

풀이 ㉱ 보정넓이 백분율법에 대한 설명이다.

27 배출가스 중 니켈화합물의 분석방법인 원자흡수분광광도법에 대한 내용으로 틀린 것은?

㉮ 정량범위는 시료채취량이 $1\,Sm^3$일 때 $0.002\,mg/Sm^3$ 이상이다.
㉯ 측정파장은 357.9nm이다.
㉰ 정밀도는 10% 이내이다.
㉱ 방법검출한계는 $0.003\,mg/Sm^3$이다.

풀이 ㉯ 측정파장은 232.0nm이다.

28 비분산형적외선분석기의 성능기준으로 틀린 것은 어느 것인가?

㉮ 재현성은 동일 측정조건에서 제로가스와 스팬가스를 번갈아 3회 도입하여 각각의 측정값의 평균으로부터 편차를 구하고, 이 편차는 전체 눈금의 ±2% 이내이어야 한다.
㉯ 응답시간(response time)은 제로 조정용 가스를 도입하여 안정된 후 유로를 스팬가스로 바꾸어 기준유량으로 분석기에 도입하여 그 농도를 눈금 범위 내의 어느 일정한 값으로부터 다른 일정한 값으로 갑자기 변화시켰을 때 스텝(step) 응답에 대한 소비시간이 1초 이내이어야 한다.
㉰ 제로드리프트(zero drift)는 동일 조건에서 제로가스를 연속적으로 도입하여 고정형은 8시간, 이동형은 4시간 연속 측정하는 동안에 전체 눈금의 ±1% 이상의 지시변화가 없어야 한다.
㉱ 감도는 최대 눈금범위의 ±1% 이하에 해당하는 농도변화를 검출할 수 있는 것이어야 한다.

풀이 ㉰ 제로드리프트(zero drift)는 동일 조건에서 제로가스를 연속적으로 도입하여 고정형은 24시간, 이동형은 4시간 연속 측정하는 동안에 전체 눈금의 ±2% 이상의 지시변화가 없어야 한다.

answer 25 ㉮ 26 ㉱ 27 ㉯ 28 ㉰

29 단면모양이 정사각형인 어떤 굴뚝을 동일한 면적으로 n개의 등분할 면적으로 각각 구분하여 각 측정점마다 유속과 먼지의 농도를 측정하였더니 다음과 같은 값을 얻었다. 이 전체 먼지의 평균농도(g/Sm^3)는 얼마인가?

	유속(m/s)	농도(g/Sm^3)
1	4.3	0.54
2	4.7	0.50
3	5.0	0.48
4	5.2	0.45
5	4.5	0.40
6	4.6	0.42
7	5.0	0.39

㉮ $0.48g/Sm^3$ ㉯ $0.45g/Sm^3$
㉰ $0.42g/Sm^3$ ㉱ $0.40g/Sm^3$

풀이 먼지의 평균농도(g/Sm^3)

$= \dfrac{합(유속 \times 먼지농도)}{합(유속)}$

$= \dfrac{4.3 \times 0.54 + 4.7 \times 0.50 + 5.0 \times 0.48 + 5.2 \times 0.45 + 4.5 \times 0.40 + 4.6 \times 0.42 + 5.0 \times 0.39}{4.3 + 4.7 + 5.0 + 5.2 + 4.5 + 4.6 + 5.0}$

$= 0.45 g/Sm^3$

30 다음 중 굴뚝배출가스 내 베릴륨 시험방법에 해당하는 것은 어느 것인가?

㉮ 디티존 법
㉯ 고체흡착 용매추출법
㉰ 원자흡수분광광도법
㉱ 하이포아염소산염법

풀이 굴뚝 배출가스 중 베릴륨화합물을 분석하는 방법은 원자흡수분광광도법과 유도결합플라스마/원자발광분광법이다.

31 배출가스 중 채취관의 재질로 보통 강철을 사용할 수 있는 것은?

㉮ 이황화탄소 ㉯ 황화수소
㉰ 일산화탄소 ㉱ 염화수소

풀이 일산화탄소와 암모니아는 채취관의 재질로 보통 강철을 사용할 수 있다.

32 굴뚝 배출가스 중 이황화탄소를 기체크로마토그래피법으로 분석할 때 장치구성에 대한 내용으로 틀린 것은 어느 것인가?

㉮ 운반가스는 순도 99.8% 이상의 질소 또는 순도 99.9% 이상의 네온을 사용한다.
㉯ 불꽃광도검출기(Flame Photometric Detector)를 구비한 기체크로마토그래피를 사용하여 정량한다.
㉰ 연료가스는 수소(1급 또는 2급)를 사용한다.
㉱ 분리관은 유리관(사용 전에 산으로 세척함) 또는 플루오로수지관(가스누출이 없도록 한 것)을 사용한다.

풀이 ㉮ 운반가스는 순도 99.999% 이상의 질소 또는 순도 99.999% 이상의 헬륨을 사용한다.

answer 29 ㉯ 30 ㉰ 31 ㉰ 32 ㉮

33 A공장 굴뚝 배출가스 중 페놀화합물을 기체크로마토그래피법(내표준법)으로 분석하였더니 아래 표와 같은 결과와 식이 제시되었을 때, 시료 중 페놀화합물의 농도(V/V ppm)는 얼마인가?

- 건조시료가스량 : 10L
- 정량에 사용된 분석용 시료용액의 양 : 10μL
- 분석용 시료용액의 제조량 : 5mL
- 검량선으로부터 구한 정량에 사용된 분석용 시료용액 중 페놀류의 양 : 6μg
- 페놀류의 농도 산출식 :
  $C = \dfrac{0.238 \times a \times V_1}{S_L \times V_S} \times 1,000$ 을 이용할 것

㉮ 약 71V/V ppm ㉯ 약 89V/V ppm
㉰ 약 159V/V ppm ㉱ 약 229V/V ppm

풀이
$C = \dfrac{0.238 \times a \times V_1}{S_L \times V_S} \times 1,000$
$= \dfrac{0.238 \times 6\mu g \times 5mL}{10\mu L \times 10L} \times 1,000 = 71.4ppm$

34 공정시험기준의 일반화학분석에 대한 사항으로 틀린 것은 어느 것인가?

㉮ 각조의 시험은 따로 규정이 없는 한 상온에서 조작하고 조작 직후 그 결과를 관찰한다.
㉯ 시약, 시액, 표준물질의 경우 사용하는 "약"이란 그 무게 또는 부피에 대하여 ±10% 이상의 차가 있어서는 안된다.
㉰ 백만분율은 ppm의 기호를 사용하며, 1억분율은 ppb기호로 표시한다.
㉱ 찬곳은 따로 규정이 없는 한 0~15℃의 곳을 뜻한다.

풀이 ㉰ 백만분율은 ppm의 기호를 사용하며, 1억분율은 pphm기호로 표시한다.

35 굴뚝 배출 가스상물질 시료채취장치에 대한 내용으로 틀린 것은 어느 것인가?

㉮ 연결관은 가능한 한 수직으로 연결해야 한다.
㉯ 채취관은 안지름 6~25mm 정도의 것을 쓴다.
㉰ 연결관의 안지름은 4~25mm로 한다.
㉱ 연결관의 길이는 되도록 길게 하되, 10m를 넘지 않도록 한다.

풀이 ㉱ 연결관의 길이는 되도록 짧게 하고, 부득이 길게 해서 쓰는 경우에는 이음매가 없는 배관을 써서 접속 부분을 적게 하고 받침기구로 고정해서 사용해야 한다.

36 환경대기 중의 질소산화물 농도 측정방법 중 자동연속측정방법으로 틀린 것은 어느 것인가?

㉮ 화학발광법
㉯ 흡광차분광법
㉰ 살츠만법
㉱ 야콥스호흐하이저법

풀이 ㉱ 야콥스호흐하이저법은 수동법에 해당한다.

TIP
환경대기 중의 질소산화물의 자동연속측정방법에는 화학발광법(주시험방법), 살츠만법, 흡광차분광법이 있다.

answer 33 ㉮ 34 ㉰ 35 ㉱ 36 ㉱

37 배출가스 중 휘발성유기화합물(VOCs) 시료채취방법인 흡착관법에 의한 시료채취장치에 대한 내용으로 틀린 것은?

㉮ 채취관의 재질은 플루오로 수지, 유리, 석영 등을 사용한다.
㉯ 밸브는 밀봉 윤활유를 사용하여 가스의 누출이 없는 구조이어야 한다.
㉰ 응축기는 가스가 흡착관을 통과하기 전 가스를 20℃ 이하로 낮출 수 있는 부피가 되어야 한다.
㉱ 각 흡착제는 반드시 지정된 최고 온도 범위와 가스유량을 고려하여 사용하여야 한다.

풀이 ㉯ 밸브는 밀봉 윤활유를 사용하지 않고 가스의 누출이 없는 구조이어야 한다.

38 굴뚝 배출가스 중 비소화합물의 분석방법인 흑연로 원자흡수분광광도법에 대한 내용으로 틀린 것은?

㉮ 비소 속빈음극램프를 점등하여 안정화시킨다.
㉯ 파장 228.8nm에서 시료용액의 흡광도를 측정한다.
㉰ 정량범위는 건조시료가스량 $1\ Sm^3$인 경우 0.003ppm 이상이다.
㉱ 비소화합물 중 일부는 휘발성이 있어 채취 시료를 전처리하는 동안 비소의 손실 가능성이 있으므로 주의하여야 한다.

풀이 ㉯ 파장 193.7nm에서 시료용액의 흡광도를 측정한다.

39 이온크로마토그래피에 대한 내용으로 틀린 것은 어느 것인가?

㉮ 써프렛서에서 관형은 음이온인 경우 스티롤계 강산형(H^+) 수지가 충진된 것을 사용한다.
㉯ 가시선흡수검출기(VIS 검출기)는 고성능 액체크로마토그래피 분야 및 분석화학 분야에 가장 널리 사용되는 검출기이다.
㉰ 송액펌프는 맥동이 적은 것을 사용한다.
㉱ 용리액조는 이온성분이 용출되지 않는 재질로써 일반적으로 폴리에틸렌이나 경질 유리제를 사용한다.

풀이 ㉯ 자외선흡수검출기(UV 검출기)는 고성능 액체크로마토그래피 분야에서 가장 널리 사용되는 검출기이다.

40 환경대기 중 다환방향족탄화수소류(PAH_S)의 기체크로마토그래피/질량분석법에서 사용되는 용어 정의 중 "추출과 분석 전에 각 시료, 공 시료, 매체시료에 더해지는 화학적으로 반응성이 없는 환경 시료 중에 없는 물질"을 의미하는 것은 어느 것인가?

㉮ 내부표준물질 ㉯ 대체표준물질
㉰ 외부표준물질 ㉱ 냉매

풀이 ㉯ 대체표준물질에 대한 설명이다.

answer 37 ㉯ 38 ㉯ 39 ㉯ 40 ㉯

| 제3과목 | 대기오염방지기술

41 직경 400mm, 유효높이 12m인 원통형 백필터를 사용하여 먼지농도 6g/m³인 배출가스를 20m³/sec으로 처리하고자 한다. 겉보기 여과속도를 1.2cm/sec로 할 때 필요한 백필터의 수는 얼마인가?

㉮ 105개　　㉯ 111개
㉰ 116개　　㉱ 121개

풀이 $Q = \pi \cdot D \cdot L \cdot V_f \cdot n$

$\therefore n = \dfrac{Q}{\pi \cdot D \cdot L \cdot V_f}$

$= \dfrac{20\text{m}^3/\text{sec}}{\pi \times 0.4\text{m} \times 12\text{m} \times 0.012\text{m}/\text{sec}}$

$= 111$개

42 다음 중 유해가스 처리에 사용되는 세정액 선택 시 고려할 사항으로 그 정도가 높을수록 좋은 것은 어느 것인가?

㉮ 점도　　㉯ 휘발성
㉰ 용해도　　㉱ 압력손실

풀이 세정액 선택 시 고려사항
① 용해도와 비점(끓는점)은 높아야 한다.
② 휘발성, 점성, 어는점, 부식성, 독성, 가격은 낮아야 한다.

43 흡수에 대한 내용으로 틀린 것은 어느 것인가?

㉮ O_2, NO, NO_2 등은 물에 대한 용해도가 적은 가스에 해당한다.
㉯ 용해도가 적은 기체의 경우에는 헨리의 법칙이 성립한다.
㉰ 물에 대한 헨리정수값($atm \cdot m^3/kmol$)은 30℃ 기준으로 CH_4 > $HCHO$이다.
㉱ 세정흡수효율은 세정수량이 클수록, 또 가스의 용해도가 적을수록 또 헨리정수가 클수록 커진다.

풀이 ㉱ 세정흡수효율은 세정수량이 적을수록, 또 가스의 용해도가 클수록 또 헨리정수가 작을수록 커진다.

44 집진장치의 압력손실 240mmH₂O, 처리가스량이 36,500m³/h이면 송풍기 소요동력(kW)은 얼마인가? (단, 송풍기 효율 70%, 여유율 1.2이다.)

㉮ 30.6kW　　㉯ 35.2kW
㉰ 40.9kW　　㉱ 44.5kW

풀이 $kW = \dfrac{Ps \times Q}{102 \times \eta} \times \alpha$

$\begin{cases} Ps : 압력손실(mmH_2O) \\ Q : 처리가스량(m^3/sec) \\ \eta : 처리효율 \\ \alpha : 여유율 \end{cases}$

따라서

$kW = \dfrac{240\text{mmH}_2\text{O} \times 36,500\text{m}^3/\text{hr} \times 1\text{hr}/3,600\text{sec}}{102 \times 0.7} \times 1.2$

$= 40.90\text{kW}$

TIP
102kg·m/sec이므로 가스량(Q)의 시간 단위는 반드시 "sec"임을 숙지하셔야 합니다.

---

answer 41 ㉯　42 ㉰　43 ㉱　44 ㉰

45 전기집진장치의 방전극과 집진극과의 거리가 0.06m, 공기의 유속이 3.5m/s, 입자의 집진극으로 이동속도가 5cm/s일 때, 이 입자를 100% 제거하기 위한 집진극의 길이(m)는 얼마인가?

㉮ 0.042m　㉯ 0.42m
㉰ 4.2m　㉱ 42m

[풀이] $L = \dfrac{u \times S}{We}$

- L : 집진기 길이(m)
- u : 유속(m/sec)
- S : 집진극과 방전극 간 거리(m)
- We : 이동속도(m/sec)

따라서 $L = \dfrac{3.5\text{m/sec} \times 0.06\text{m}}{0.05\text{m/sec}} = 4.2\text{m}^2$

46 다음 중 탄화도가 가장 큰 것은 어느 것인가?

㉮ 이탄　㉯ 갈탄
㉰ 역청탄　㉱ 무연탄

[풀이] 탄화도란 석탄화, 즉 석탄이 되어가는 정도를 의미하며, 탄화도가 가장 작은 것은 이탄이고 가장 큰 것은 무연탄이다.

47 다음 연료 중 일반적으로 착화온도가 가장 높은 것은 어느 것인가?

㉮ 목탄　㉯ 무연탄
㉰ 갈탄(건조)　㉱ 역청탄

[풀이] 연료별 착화온도
㉮ 목탄 : 320~370℃
㉯ 무연탄 : 440~500℃
㉰ 갈탄(건조) : 250~400℃
㉱ 역청탄 : 320~400℃

48 배출가스량 3,000m³/min인 함진가스를 여과속도 4cm/sec로 여과하는 백필터의 소요 여과면적(m²)은 얼마인가?

㉮ 1,000m²　㉯ 1,250m²
㉰ 1,500m²　㉱ 2,000m²

[풀이] 배출가스량(Q) = 여과면적(A)×여과속도(V)

$\therefore A = \dfrac{Q}{V} = \dfrac{3{,}000\text{m}^3/\text{min} \times 1\text{min}/60\text{sec}}{0.04\text{m/sec}} = 1{,}250\text{m}^2$

49 촉매를 사용하여 공기 중의 오염물질을 산화 제거하는 촉매연소법에 대한 내용으로 틀린 것은 어느 것인가?

㉮ 악취성분을 촉매에 의해 약 500~650℃ 정도의 저온에 의해 산화분해하고, 메탄과 물로 변화시켜 무취화하는 방법이다.
㉯ 적용 가능한 성분으로는 가연악취성분, 황화수소, 암모니아 등이 있다.
㉰ 직접연소법에 비해 질소산화물 발생량이 적고, 낮은 농도로 배출된다.
㉱ 할로겐 원소, 납, 아연, 비소 등은 촉매에 바람직하지 않은 성분이다.

[풀이] ㉮ 촉매연소법은 약 250~450℃ 정도의 저온에서 산화분해시키는 방법이다.

50 Venturi Scrubber의 액가스비 범위로 알맞은 것은 어느 것인가?

㉮ 0.3~1.5L/m³　㉯ 3.0~4.5L/m³
㉰ 5.0~10.0L/m³　㉱ 10.0~20.0L/m³

[풀이] 벤츄리스크러버의 액가스비는 0.3~1.5L/m³이며, 목부의 함진가스 유속은 60~90m/sec이며, 압력손실은 300~800mmH₂O이다.

answer　45 ㉰　46 ㉱　47 ㉯　48 ㉯　49 ㉮　50 ㉮

51 배연탈황을 하지 않는 시설에서 중유 중의 황성분이 질량비로 S(%), 중유사용량이 매시 W(L)이다. 하루 8시간씩 가동한다고 할 때 황산화물의 배출량(Sm^3/day)은 얼마인가? (단, 중유의 비중은 0.9, 표준상태를 기준으로 하며, 황산화물은 전량 SO_2로 계산한다.)

㉮ $0.0063 \times S \times W$ ㉯ $0.0504 \times S \times W$
㉰ $0.12 \times S \times W$ ㉱ $0.224 \times S \times W$

풀이
$S + O_2 \rightarrow SO_2$
32kg : $22.4Sm^3$
$W(L/hr) \times 0.90kg/L \times 8hr/day \times \dfrac{S(\%)}{100}$: X

$\therefore X = \dfrac{W(L/hr) \times 0.90kg/L \times 8hr/day \times \dfrac{S(\%)}{100} \times 22.4Sm^3}{32kg}$

$= 0.0504 \times W \times S (Sm^3/day)$

TIP
비중의 단위
$g/mL = g/cm^3 = kg/L = ton/m^3$

52 통풍방식 중 압입통풍에 대한 내용으로 잘못된 것은 어느 것인가?

㉮ 연소용 공기를 예열할 수 있다.
㉯ 송풍기의 고장이 적고 점검 및 보수가 용이하다.
㉰ 흡입통풍식보다 송풍기의 동력소모가 적다.
㉱ 노내압이 부(-)압으로 역화의 우려가 없다.

풀이 ㉱ 노내압이 정(+)압으로 역화의 우려가 있다.

53 연소조절에 의한 질소산화물(NO_X) 저감대책으로 틀린 것은 어느 것인가?

㉮ 과잉공기량을 크게 한다.
㉯ 배출가스를 재순환시킨다.
㉰ 연소용 공기의 예열온도를 낮춘다.
㉱ 2단연소법을 사용한다.

풀이 ㉮ 과잉공기량을 작게 한다.

54 Methane과 Propane이 용적비 1 : 1의 비율로 조성된 혼합가스 1Sm^3를 완전연소 시키는데 20Sm^3의 실제공기가 사용되었다면 이 경우 공기비는 얼마인가?

㉮ 1.05 ㉯ 1.20
㉰ 1.34 ㉱ 1.46

풀이 $CH_4 + 2O_2 \rightarrow CO_2 + 2H_2O$: 50%
$C_3H_8 + 5O_2 \rightarrow 3CO_2 + 4H_2O$: 50%

① 이론공기량(A_o)
$= \dfrac{2 \times 0.50 + 5 \times 0.50}{0.21} = 16.67 Sm^3/Sm^3$

② 공기비(m) = $\dfrac{\text{실제공기량(A)}}{\text{이론공기량}(A_o)}$

$= \dfrac{20 Sm^3/Sm^3}{16.67 Sm^3/Sm^3} = 1.20$

answer 51 ㉯ 52 ㉱ 53 ㉮ 54 ㉯

55 사이클론 원추하부의 반경이 25cm, 배출가스의 접선속도가 6m/sec일 때 분리계수는 얼마인가?

㉮ 14.7 ㉯ 16.9
㉰ 21.3 ㉱ 24.0

풀이 $S = \dfrac{V^2}{R \times g}$

S : 분리계수
V : 유속(m/sec)
R : 반지름(m)
g : 중력가속도(9.8m/sec^2)

따라서 $S = \dfrac{(6m/sec)^2}{0.25m \times 9.8m/sec^2} = 14.69$

56 흡착에 의한 유해가스의 처리에 있어 돌파현상이 일어날 때 발생하는 현상에 대한 내용으로 알맞은 것은 어느 것인가?

㉮ 배출가스의 양이 갑자기 감소한다.
㉯ 배출가스의 양이 갑자기 증가한다.
㉰ 배출가스 중 오염물질 농도가 갑자기 감소한다.
㉱ 배출가스 중 오염물질 농도가 갑자기 증가한다.

풀이 돌파현상(파괴점)은 흡착탑 출구에서 오염물질 농도가 급격히 증가되기 시작하는 점이다.

57 다음 악취 중 공기 중에서의 최소감지농도(ppm)가 가장 높은 것은 어느 것인가?

㉮ 페놀 ㉯ 아세톤
㉰ 아세트산 ㉱ 염소

풀이 공기 중에서 최소감지농도가 가장 높다는 것은 악취가 가장 심하다는 의미이므로 보기 중 최소감지농도가 가장 높은 것은 아세톤이다.

58 다음 연료의 상부 주입식(over feed type) 소각로에서 용적 구성비(%) 중 CO에 해당하는 곡선은 어느 것인가?

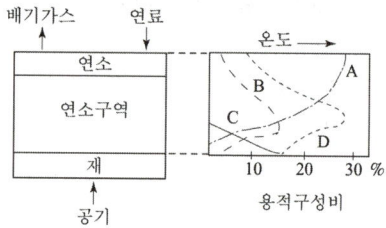

㉮ A ㉯ B
㉰ C ㉱ D

풀이 ㉮ A : CO
㉯ B : CO_2
㉰ C : O_2
㉱ D : NO_X

59 C, H, S의 질량분율이 각각 85%, 12%, 3%인 중유를 공기비 1.2로 완전연소시킬 때 습윤연소가스 중의 SO_2의 부피(%)는 얼마인가?

㉮ 0.10% ㉯ 0.15%
㉰ 0.25% ㉱ 0.30%

풀이 ① 이론공기량(A_o)
$= 8.89C + 26.67 \times \left(H - \dfrac{O}{8}\right) + 3.33S(Sm^3/kg)$
$= 8.89 \times 0.85 + 26.67 \times 0.12 + 3.33 \times 0.03$
$= 10.8568 Sm^3/kg$

② 실제습윤연소가스량(G_w)
$= mA_o + 5.6H + 0.7O + 0.8N + 1.244W(Sm^3/kg)$
$= 1.2 \times 10.8568 Sm^3/kg + 5.6 \times 0.12$
$= 13.70 Sm^3/kg$

③ SO_2의 부피(%) $= \dfrac{0.7S}{G_w} \times 100$

$= \dfrac{0.7 \times 0.03 Sm^3/kg}{13.70 Sm^3/kg} \times 100 = 0.15\%$

answer 55 ㉮ 56 ㉱ 57 ㉯ 58 ㉮ 59 ㉯

60 전기집진장치에서 처음에는 99.6%의 먼지를 제거하였는데 성능이 떨어져 98% 밖에 제거하지 못한다면 먼지의 배출농도는 처음의 몇 배가 되는가?

㉮ 1.6배   ㉯ 3.2배
㉰ 5배   ㉱ 162배

풀이 배출농도 = $\dfrac{(100-98)}{(100-99.6)}$ = 5배

answer 60 ㉰

2015 2회 기출문제

| 제1과목 | 대기환경관리

01 일산화탄소에 대한 내용으로 틀린 것은 어느 것인가?

㉮ 난용성이므로 강우에 의한 영향을 거의 받지 않는다.
㉯ 대기 중에서 일산화탄소의 평균 체류시간은 발생량과 대기 중 평균농도로부터 5~10년 정도로 추정된다.
㉰ 위도별로 보면 북위 50도 부근에서 최대치를 보이는 경향이 있다.
㉱ 토양박테리아의 활동에 의해 이산화탄소로 산화됨으로써 대기 중에서 제거된다.

풀이 ㉯ 대기 중에서 일산화탄소의 평균 체류시간은 발생량과 대기 중 평균농도로부터 1~3개월 정도로 추정된다.

02 대기오염물질의 확산과 관련된 스모그 현상과 기온역전에 대한 내용으로 틀린 것은 어느 것인가?

㉮ 로스앤젤레스 스모그사건은 광화학스모그에 의한 침강성역전이다.
㉯ 런던스모그 사건은 산화반응에 의한 것으로 습도는 70% 이하 조건에서 발생하였다.
㉰ 침강성역전은 고기압권 내에서 공기가 하강하여 생기며, 주·야 구분없이 발생할 수 있다.
㉱ 방사성역전은 밤과 아침 사이에 지표면이 냉각되어 공기온도가 낮아지기 때문에 발생한다.

풀이 ㉯ 런던스모그 사건은 환원반응에 의한 것으로 습도는 90% 이상에서 발생하였다.

answer 01 ㉯ 02 ㉯

03 열섬효과(heat island effect)에 대한 내용으로 틀린 것은 어느 것인가?

㉮ 도시 외곽지역에서는 도시중심지역에 비하여 고온의 공기층을 형성하게 되는데 이를 열섬(heat island)현상이라 한다.
㉯ 도시지역과 교외지역은 풍속이나 대기안정도의 특성이 서로 다르고, 열섬의 규모와 현상은 시공간적으로 다양하게 나타난다.
㉰ 열섬현상의 원인으로서는 인공열 발생 증가, 건물 등 구조물에 의한 거칠기 변화, 지표면에서의 증발잠열 차이 등이다.
㉱ 도시지역에서의 풍속은 교외지역에 비하여 평균적으로 25~30% 감소하며, 대기오염물질이 응결핵으로 작용하여 운량과 강우량의 증가현상이 나타날 수 있다.

풀이 ㉮ 도시 외곽지역에 비해 도시중심지역에서 고온의 공기층을 형성하게 되는데 이를 열섬(heat island)현상이라 한다.

04 다음 대기오염물질 중 2차 오염물질은 어느 것인가?

㉮ SiO_2
㉯ H_2O_2
㉰ 방향족 탄화수소
㉱ CO_2

풀이 ㉮·㉰·㉱는 1차 오염물질에 해당한다.

05 다음 중 기후·생태계 변화유발물질로 틀린 것은 어느 것인가?

㉮ 육불화황
㉯ 메탄
㉰ 수소염화불화탄소
㉱ 염화나트륨

풀이 기후·생태계 변화유발물질로는 이산화탄소, 메탄, 아산화질소, 수소불화탄소, 과불화탄소, 육불화황, 염화불화탄소, 수소염화불화탄소가 있다.

06 바람에 대한 내용으로 틀린 것은 어느 것인가?

㉮ 북반구의 경도풍은 저기압에서는 시계바늘 진행방향으로 회전하면서 아래로 침강하면서 분다.
㉯ 낮에 바다에서 육지로 부는 해풍은 밤에 육지에서 바다로 부는 육풍보다 보통 강하다.
㉰ 산풍은 보통 곡풍보다 더 강하다.
㉱ 휀풍은 산맥의 정상을 기준으로 풍상쪽 경사면을 따라 공기가 상승하면서 건조단열변화를 하기 때문에 평지에서보다 기온이 약 1℃/100m의 율로 하강한다.

풀이 ㉮ 북반구의 경도풍은 저기압에서는 시계바늘 반대방향으로 회전하면서 위쪽으로 상승하면서 분다.

answer 03 ㉮ 04 ㉯ 05 ㉱ 06 ㉮

07 파장 5,210Å인 빛 속에서 밀도가 1.25 g/cm³이고, 직경 0.3μm인 기름 방울의 분산면적비가 4일 때 먼지농도가 0.4 mg/m³이라면 가시거리(m)는 얼마인가?

(단, 가시거리(V) = $\dfrac{5.2\rho r}{KC}$ 를 이용)

㉮ 609m ㉯ 805m
㉰ 1,000m ㉱ 1,230m

풀이 $V = \dfrac{5.2 \times \rho \times r}{K \times C}$

- V : 가시거리(m)
- ρ : 밀도(g/cm³)
- r : 반경(μm)
- K : 분산면적비
- C : 농도(g/m³)

따라서 $V = \dfrac{5.2 \times 1.25 g/cm^3 \times 0.15\mu m}{4 \times 0.4 \times 10^{-3} g/m^3} = 609.38m$

TIP 가시거리를 m로 계산 시 밀도의 질량단위와 먼지농도의 질량단위를 g으로 일치시켜야 함을 숙지하시면 됩니다.

08 흑체에서 복사되는 에너지 중 파장 λ와 λ+△λ 사이에 들어있는 에너지양(E_λ)을 아래식으로 표현한 법칙은 어느 것인가?

$$E_\lambda = C_1 \lambda^{-5} [\exp(C_2/\lambda T)-1]^{-1}$$
(단, T는 흑체의 온도, C_1, C_2는 상수)

㉮ 스테판볼츠만의 법칙
㉯ 비인의 변위법칙
㉰ 플랑크의 법칙
㉱ 웨버훼이너의 법칙

풀이 ㉰ 플랑크의 법칙에 대한 설명이다.

09 염소를 배출하는 공장이 있다. 이 공장에서 배출하는 염소농도가 0℃, 1기압에서 0.75ppm일 때 μg/m³ 농도로 환산하면 얼마인가?

㉮ 2,254μg/m³ ㉯ 2,377μg/m³
㉰ 2,438μg/m³ ㉱ 2,536μg/m³

풀이 Cl_2 1mol $\begin{cases} 71mg \\ 22.4mL \end{cases}$

$\mu g/Sm^3 = \dfrac{0.75mL}{Sm^3} \times \dfrac{71mg}{22.4mL} \times \dfrac{10^3 \mu g}{1mg}$

$= 2,377.23 \mu g/Sm^3$

10 굴뚝의 유효고도가 40m이다. 일반적인 조건이 같을 때 최대 지표농도를 절반으로 감소시키려면 유효고도를 얼마만큼 증가시켜야 하는가?

㉮ 약 10m ㉯ 약 17m
㉰ 약 22m ㉱ 약 28m

풀이 ① $C_{max} = \dfrac{2Q}{\pi \cdot e \cdot u \cdot He^2}\left(\dfrac{C_z}{C_y}\right)$에서

$C_{max} = \dfrac{1}{He^2}$ 이므로

$1C_1 : \dfrac{1}{(40m)^2} = \dfrac{1}{2}C_1 : \dfrac{1}{He^2}$

∴ $He = \sqrt{(40m)^2 \times 2} = 56.57m$

② △H = 56.57m - 40m = 16.57m

answer 07 ㉮ 08 ㉰ 09 ㉯ 10 ㉯

11 A사업장 굴뚝에서의 암모니아 배출가스가 30mg/m³로 일정하게 배출되고 있는데, 향후 이 지역 암모니아 배출허용기준이 20ppm으로 강화될 예정이다. 방지시설을 설치하여 강화된 배출허용기준치의 70%로 유지하고자 할 때, 이 굴뚝에서 방지시설을 설치하여 저감해야 할 암모니아의 농도(ppm)는 얼마인가? (단, 모든 농도조건은 표준상태 기준)

㉮ 11.5ppm ㉯ 16.8ppm
㉰ 20.8ppm ㉱ 25.5ppm

풀이 ① 배출농도(ppm = mL/Sm³)

$$= \frac{30mg}{Sm^3} \times \frac{22.4mL}{17mg} = 39.53ppm$$

② 강화된 배출허용 기준치
= 20ppm×0.70 = 14ppm
③ 저감해야 할 농도
= 39.53ppm-14ppm = 25.53ppm

TIP
NH_3 1mol $\begin{cases} 17mg \\ 22.4mL \end{cases}$

12 다음의 내용은 오염물질에 대한 피해이다. 알맞은 물질은 어느 것인가?

- 섬유의 인장강도를 아주 크게 떨어뜨리는 물질로 알려져 있다.
- 이 물질의 미세한 액적이 나일론 섬유에 침적하여 섬유의 강도를 약화시킨다.
- 셀룰로우즈 섬유, 면(cotton), 레이온 등에 피해를 입힌다.

㉮ 라돈 ㉯ 오존
㉰ 황산화물 ㉱ 이산화질소

풀이 ㉰ 황산화물에 대한 설명이며, 핵심 내용은 "섬유 강도 약화 = 황산화물"임을 숙지하시면 됩니다.

13 다음 가스상 대기오염물질 중 식물에 영향이 가장 크며, 잎의 끝 또는 가장자리가 타거나 발육부진 등 특히 식물의 어린잎에 피해가 큰 물질은 어느 것인가?

㉮ 오존 ㉯ 아황산가스
㉰ 질소산화물 ㉱ 플루오르화수소

풀이 ㉱ 플루오르화수소(HF)에 대한 설명이며, 핵심 내용은 "어린잎에 피해 = HF"임을 숙지하시면 됩니다.

14 대체연료 자동차에 대한 내용으로 틀린 것은 어느 것인가?

㉮ 전기자동차는 1회 충전당 주행거리가 휘발유 자동차의 10배 정도이다.
㉯ 메탄올자동차는 발열량이 휘발유의 절반 정도이므로 연료탱크의 크기를 2배로 하면 1회 충전당 얻을 수 있는 항속거리를 휘발유자동차와 유사하게 할 수 있다.
㉰ 메탄올자동차는 메탄올의 윤활기능이 휘발유에 비해 매우 약하므로 금속이나 플라스틱 재료 모두를 침식시킨다.
㉱ 수소자동차는 다른 에너지원에 비해 밀도가 낮으므로 생산된 단위에너지당 연료 무게가 작고, 연소에 의해 배출되는 가스상 오염물질의 양이 매우 적은 장점을 가지고 있다.

풀이 ㉮ 전기자동차는 1회 충전당 주행거리가 휘발유 자동차의 $\frac{1}{10}$배 정도이다.

answer 11 ㉱ 12 ㉰ 13 ㉱ 14 ㉮

15 다이옥신의 특징 중 ( ) 안에 알맞은 것은 어느 것인가?

- 수용성은 (①)
- 증기압은 (②)
- 완전분해 후 연소가스 배출 시 (③)℃ 정도의 범위에서 재생성이 활발

㉮ ① 높다 ② 낮다 ③ 1200~1300
㉯ ① 높다 ② 높다 ③ 300~400
㉰ ① 낮다 ② 낮다 ③ 300~400
㉱ ① 낮다 ② 높다 ③ 1200~1300

16 경도풍은 다음의 3가지 힘이 평형을 이루면서 부는 바람을 말한다. 이에 해당하지 않는 것은 어느 것인가?

㉮ 마찰력   ㉯ 기압경도력
㉰ 원심력   ㉱ 전향력

풀이 경도풍은 기압경도력, 원심력, 전향력의 3가지 힘이 평형을 이루면서 부는 바람을 말한다.

17 대기오염물질의 확산에 대한 내용으로 알맞은 것은 어느 것인가?

㉮ 굴뚝에서 연기가 나올 때 굴뚝연기 배출속도가 바람의 속도보다 크면 다운드래프트 현상을 일으킨다.
㉯ 굴뚝높이를 주변의 건물보다 1.5배 높게 하여 다운드래프트 현상을 방지한다.
㉰ 유효굴뚝 높이는 굴뚝높이에 연기의 수직상승 높이를 뺀 것이다.
㉱ 다운와시 현상을 없애려면 굴뚝에서의 수직배출속도를 굴뚝 높이 풍속의 2배 이상이 되도록 토출속도를 높인다.

풀이 ㉮ 굴뚝에서 연기가 나올 때 굴뚝연기 배출속도가 바람의 속도보다 작으면 다운와쉬 현상을 일으킨다.
㉯ 굴뚝높이를 주변의 건물보다 2.5배 높게 하여 다운드래프트 현상을 방지한다.
㉰ 유효굴뚝 높이는 굴뚝높이에 연기의 수직상승 높이를 더한 것이다.

18 대류권 내 공기의 구성물질을 「농도가 가장 안정된 물질, 쉽게 농도가 변하지 않는 물질, 쉽게 농도가 변하는 물질」의 3가지로 분류할 때, 다음 중 "쉽게 농도가 변하는 물질"에 해당하는 것은 어느 것인가?

㉮ Ne   ㉯ NO_2
㉰ Ar   ㉱ CO_2

풀이 ① 쉽게 농도가 변하는 물질은 반응성이 큰 물질이므로 ㉯ NO_2이다.
② 농도가 가장 안정된 물질은 비활성물질인 ㉮ Ne, ㉰ Ar이다.
③ 쉽게 농도가 변하지 않는 물질은 ㉱ CO_2이다.

19 CFC-12의 화학식으로 알맞은 것은 어느 것인가?

㉮ $CHFCl_2$ ㉯ CF_3Br
㉰ CF_3Cl ㉱ CF_2Cl_2

풀이 ㉮ $CHFCl_2$: HCFC-21
㉯ CF_3Br : Halon-1301
㉰ CF_3Cl : CFC-13

answer 15 ㉰ 16 ㉮ 17 ㉱ 18 ㉯ 19 ㉱

20 다음 오염물질 중 사지 감각이상, 구음장애, 청력장애, 구심성 시야협착, 소뇌성 운동질환 등의 주요증상이 특징적이고, Hunter-Russel 증후군으로도 일컬어지고 있는 오염물질은 어느 것인가?

㉮ 메틸수은 ㉯ 납
㉰ 크로뮴 ㉱ 카드뮴

풀이 ㉮ 메틸수은에 대한 설명이며, 핵심 내용은 "헌터루셀증후군 = 메틸수은"임을 숙지하시면 됩니다.

| 제2과목 | 대기오염공정시험기준

21 배출가스 중 비소화합물의 분석방법인 유도결합플라스마/원자발광분광법에 대한 내용으로 틀린 것은?

㉮ 파장 193.696nm에서 발광세기를 측정하여 비소를 정량한다.
㉯ 정량범위는 건조시료가스량 1 Sm^3인 경우 0.003ppm 이상이다.
㉰ 방법검출한계는 0.001ppm이며, 정밀도는 10% 이하이다.
㉱ 비소는 흡수액 중에 함유되어 있는 다량의 포타슘(K) 등에 의해 간섭을 받을 수 있다.

풀이 ㉱ 비소는 흡수액 중에 함유되어 있는 다량의 소듐(Na) 등에 의해 간섭을 받을 수 있다.

22 배출가스 중 금속화합물 분석을 위한 시료가 "셀룰로스 섬유제 여과지를 사용한 것"일 때의 처리방법으로 알맞은 것은 어느 것인가?

㉮ 저온회화법
㉯ 마이크로파 산분해법
㉰ 질산-과산화수소수법
㉱ 질산법

풀이 다량의 유기물 유리탄소를 함유하는 것, 셀룰로스 섬유제 여과지를 사용한 것의 처리 방법은 저온회화법이다.

23 굴뚝 배출가스상 물질 시료채취를 위한 연결관에 대한 내용으로 틀린 것은 어느 것인가?

㉮ 연결관은 가능한 한 수평으로 연결해야 하고, 하나의 연결관으로 여러 개의 측정기를 사용할 경우 각 측정기 앞에서 연결관을 직렬로 연결하여 사용한다.
㉯ 연결관의 안지름은 연결관의 길이, 흡입가스의 유량, 응축수에 의한 막힘 또는 흡입펌프의 능력 등을 고려해서 4~25mm로 한다.
㉰ 연결관의 길이는 되도록 짧게 하고, 부득이 길게 해서 쓰는 경우에는 이음매가 없는 배관을 써서 접속 부분을 적게 한다.
㉱ 연결관으로 부득이 구부러진 관을 쓸 경우에는 응축수가 흘러나오기 쉽도록 경사지게(5° 이상)하고 시료가스는 아래로 향하게 한다.

풀이 ㉮ 연결관은 가능한 한 수직으로 연결해야 하고, 하나의 연결관으로 여러 개의 측정기를 사용할 경우 각 측정기 앞에서 연결관을 병렬로 연결하여 사용한다.

answer 20 ㉮ 21 ㉱ 22 ㉮ 23 ㉮

24 굴뚝 배출가스 중 폼알데하이드를 측정하기 위해 적용되는 분석방법은 어느 것인가?

㉮ 페놀디슬폰산법
㉯ 중화법
㉰ 오르토톨리딘법
㉱ 크로모트로핀산법

풀이 폼알데하이드의 분석방법으로는 고성능 액체크로마토그래피법, 자외선/가시선분광법(크로모트로핀산법, 아세틸아세톤법)이 있다.

25 환경대기 중의 질소산화물 농도를 측정하기 위한 야콥스호흐하이저법에 대한 내용으로 틀린 것은 어느 것인가?

㉮ 채취시료는 적어도 6주간은 안전하다.
㉯ 방해물질인 아황산가스는 분석전에 과산화수소를 첨가하여 황산으로 변화시키는데 따라 제거된다.
㉰ 수산화포타슘용액에 시료대기를 흡수시키면 대기 중의 이산화질소가 아질산포타슘용액으로 변화될 때 생성된 아질산이온을 발색시켜 740nm에서 측정된다.
㉱ $0.04\mu gNO_2^-/mL$의 농도는 1cm셀을 사용했을 때 0.02의 흡광도에 해당된다.

풀이 ㉰ 수산화소듐용액에 시료대기를 흡수시키면 대기 중의 이산화질소가 아질산소듐 용액으로 변화될 때 생성된 아질산이온을 발색시켜 540nm에서 측정된다.

26 다음 중 굴뚝 배출가스 내 비소화합물의 분석방법으로 알맞은 것은 어느 것인가?

㉮ 기체크로마토그래피법
㉯ 원자흡수분광광도법
㉰ 비분산 적외선 분석법
㉱ 이온전극법

풀이 비소화합물의 분석방법으로는 수소화물생성 원자흡수분광광도법, 흑연로 원자흡수분광광도법, 유도결합플라스마/원자발광분광법이 있다.

27 일정한 굴뚝을 거치지 않고 외부로 비산 배출되는 먼지 측정을 위한 고용량공기시료채취기법에 대한 내용으로 틀린 것은 어느 것인가?

㉮ 풍속이 0.5m/초 미만 또는 10m/초 이상 되는 시간이 전 채취시간의 50% 미만일 때 풍속보정계수는 1.0을 적용한다.
㉯ 전 시료채취 기간 중 주 풍향이 45°~90° 변할 때 풍향보정계수는 1.2를 적용한다.
㉰ 따로 시료채취를 하는 동안에 따로 그 지역을 대표할 수 있는 지점에 풍향풍속계를 설치하여 전 채취시간 동안의 풍향풍속을 기록하지만, 연속기록 장치가 없을 경우에는 적어도 1시간 간격으로 같은 지점에서의 3회 이상 풍향풍속을 측정하여 기록한다.
㉱ 시료채취장소는 원칙적으로 측정하려고 하는 발생원의 부지경계선상에 선정하며 풍향을 고려하여 그 발생원의 비산먼지 농도가 가장 높을 것으로 예상되는 지점 3개소 이상을 선정한다.

풀이 ㉰ 따로 시료채취를 하는 동안에 따로 그 지역을 대표할 수 있는 지점에 풍향풍속계를 설치하여 전 채취시간 동안의 풍향풍속을 기록하지만, 연속

answer 24 ㉱ 25 ㉰ 26 ㉯ 27 ㉰

기록 장치가 없을 경우에는 적어도 10분 간격으로 같은 지점에서의 3회 이상 풍향풍속을 측정하여 기록한다.

28 환경대기 중 휘발성유기화합물(VOCs)의 시험방법 중 흡착관의 안정화(Conditioning)방법으로 알맞은 것은 어느 것인가?

㉮ 흡착관을 사용하기 전에 열탈착기에 의해서 보통 350℃에서 질소가스(50~100)mL/min으로 적어도 2hr 동안 안정화시킨 후 사용한다.

㉯ 흡착관을 사용하기 전에 열탈착기에 의해서 보통 350℃에서 헬륨가스(50~100)mL/min으로 적어도 2hr 동안 안정화시킨 후 사용한다.

㉰ 흡착관을 사용하기 전에 열탈착기에 의해서 보통 850℃에서 헬륨가스(50~100)mL/min으로 적어도 1hr 동안 안정화시킨 후 사용한다.

㉱ 흡착관을 사용하기 전에 열탈착기에 의해서 보통 850℃에서 질소가스(50~100)mL/min으로 적어도 1hr 동안 안정화시킨 후 사용한다.

풀이 흡착관의 안정화 방법 핵심 내용
① 안정화 온도 : 350℃
② 사용기체 : 헬륨가스 (50~100)mL/min
③ 안정화 시간 : 2시간

29 다음은 지하공간 및 환경대기 중의 벤조(a)피렌 농도 측정을 위한 형광분광광도법이다. ( ) 안에 알맞은 것은 어느 것인가?

> 표준물질과 시료의 진한 황산용액을 무형광셀에 넣고 여기광파장을 (①)nm에 설정하여 (②)nm의 형광강도를 구한다.

㉮ ① 340, ② 450
㉯ ① 470, ② 540
㉰ ① 560, ② 620
㉱ ① 650, ② 710

30 0.02M의 황산 30mL를 중화시키는데 필요한 0.1N 수산화소듐 용액의 양(mL)은 얼마인가?

㉮ 3mL   ㉯ 6mL
㉰ 12mL ㉱ 20mL

풀이 $N_1V_1 = N_2V_2$
$0.04N \times 30mL = 0.1N \times V_2$
$\therefore V_2 = \dfrac{0.04N \times 30mL}{0.1N} = 12mL$

TIP
① M 농도×가수 = N 농도
② 황산(H_2SO_4)은 2가이므로 0.02M×2 = 0.04N

answer 28 ㉯ 29 ㉯ 30 ㉰

31 굴뚝 배출가스 중 납화합물의 분석방법인 유도결합플라스마/원자발광분광법에 대한 내용으로 틀린 것은?

㉮ 시료채취량이 1 Sm³인 경우 정량범위는 0.250 mg/Sm³ 이상이다.
㉯ 방법검출한계는 0.008 mg/Sm³이다.
㉰ 정밀도는 10% 이내이다.
㉱ 측정파장은 220.35nm이다.

풀이 ㉮ 시료채취량이 1 Sm³인 경우 정량범위는 0.025 mg/Sm³ 이상이다.

32 다음은 이온크로마토그래피법 중 써프렛서에 대한 내용이다. ( ) 안에 알맞은 것은?

> 써프렛서는 (①)과 이온교환막형이 있으며, (①)은 음이온에는 스티롤계 (②) 수지가, 양이온에는 스티롤계 강염기형의 수지가 충진된 것을 사용한다.

㉮ ① 덤벨형, ② 강산형
㉯ ① 덤벨형, ② 약산형
㉰ ① 관형, ② 강산형
㉱ ① 관형, ② 약산형

33 배출가스상 물질시료채취 방법 중 채취부에 대한 내용으로 틀린 것은 어느 것인가?

㉮ 수은마노미터는 대기와 압력차가 50 mmHg 이상인 것을 쓴다.
㉯ 유리로 만든 가스건조탑을 쓰며, 건조제로는 입자상태의 실리카겔, 염화칼슘 등을 쓴다.
㉰ 펌프는 배기능력 0.5~5L/분인 밀폐형인 것을 쓴다.
㉱ 가스미터는 일회전 1L의 습식 또는 건식 가스미터로 온도계와 압력계가 붙어 있는 것을 쓴다.

풀이 ㉮ 수은마노미터는 대기와 압력차가 100mmHg 이상인 것을 쓴다.

34 다음 중 4-아미노 안티피린 용액과 헥사사이아노철(Ⅲ)산포타슘용액을 가하여 얻어진 적색액의 흡광도를 측정하여 정량하는 오염물질은 어느 것인가?

㉮ 폼알데하이드   ㉯ 페놀화합물
㉰ 클로로폼   ㉱ 벤젠

풀이 배출가스 중 페놀화합물을 분석하는 4-아미노 안티피린 자외선/가시선분광법에 대한 설멸이다.

answer 31 ㉮ 32 ㉰ 33 ㉮ 34 ㉯

35 철강공장의 아크로와 연결된 개방형 여과집진시설에서 배출되는 먼지채취방법에 대한 규정으로 틀린 것은 어느 것인가?

㉮ 등속흡입할 필요가 없으며 채취관은 대구경 흡입노즐(보통 10mm 정도)이 연결된 흡입관을 사용한다.
㉯ 흡입관을 측정점까지 밀어넣고 출강에서 다음 출강 개시 전까지를 먼지 배출상태를 고려하여 적당한 시간간격으로 나누어 시료를 채취하여 구한 먼지농도를 출강에서 다음 출강 개시 전까지의 평균먼지농도로 간주한다.
㉰ 시료채취 시 측정공을 헝겊 등으로 밀폐할 필요는 없으며 건옥백하우스의 경우는 장입 및 출강 시 20±5L/min의 유속으로 배출가스를 흡입한다.
㉱ 한 개의 원통형 여과지에 채취된 1회 먼지채취량은 20mg 이상 50mg 이하로 함을 원칙으로 한다.

풀이 ㉱ 한 개의 원통형 여과지에 채취된 1회 먼지채취량은 2mg 이상 20mg 이하로 함을 원칙으로 한다.

36 상온 상압의 공기유속을 피토우관으로 측정한 결과, 그 동압이 6mmH$_2$O이었다. 공기유속(m/sec)은 얼마인가? (단, 피토우관계수는 1.5, 중력가속도는 9.8m/sec^2, 습배기가스 단위 체적당 무게는 1.3kg/m^{3}이다.)

㉮ 13.2m/sec ㉯ 14.3m/sec
㉰ 15.2m/sec ㉱ 16.5m/sec

풀이
$$V = C \times \sqrt{\frac{2gh}{r}}$$

- V : 공기의 유속(m/sec)
- C : 피토우관 계수
- g : 중력가속도(9.8m/sec^2)
- h : 동압(mmH$_2$O)
- r : 밀도(kg/m^3)

따라서 $V = 1.5 \times \sqrt{\dfrac{2 \times 9.8\text{m/sec}^2 \times 6\text{mmH}_2\text{O}}{1.3\text{kg/m}^3}}$

= 14.27m/sec

37 굴뚝 배출가스 중 총탄화수소의 측정방법에 관한 설명으로 틀린 것은 어느 것인가?

㉮ 교정가스는 농도를 알고 있는 희석가스를 사용한다.
㉯ 반응시간은 오염물질 농도의 단계변화에 따라 최종값의 90%에 도달하는 시간으로 한다.
㉰ 스팬값으로 측정기기의 측정범위는 보통 배출허용기준의 0.5~1.2배를 적용한다.
㉱ 스팬값으로 측정범위가 없는 경우에는 예상농도의 1.2~3배의 값을 사용한다.

풀이 ㉰ 측정기기의 측정범위는 배출허용기준 이상으로 하며, 보통 기준의 1.2~3배를 적용한다.

answer 35 ㉱ 36 ㉯ 37 ㉰

38 연도 배출가스 중 오염물질의 연속 측정에 사용하는 비분산형 적외선 분석기의 구성에 대한 내용으로 틀린 것은 어느 것인가?

㉮ 광원은 원칙적으로 니크로뮴선 또는 탄화규소의 저항체에 전류를 흘려 가열한 것을 사용한다.
㉯ 회전섹터는 시료가스 중에 포함되어 있는 간섭성분가스의 흡수파장역의 적외선을 흡수 제거하기 위하여 사용한다.
㉰ 광학필터에는 가스필터와 고체필터가 있으며, 단독 또는 적절히 조합하여 사용한다.
㉱ 비교셀을 아르곤과 같은 불활성 기체를 봉입하여 사용한다.

풀이 ㉯ 회전섹터는 시료광속과 비교광속을 일정주기로 단속시켜, 광학적으로 변조시키는 것으로 측정광신호의 증폭에 유효하고, 잡신호 영향을 줄일 수 있다.

39 기체크로마토그래피법에서 분리관 내경이 4mm일 경우 사용되는 흡착제 및 담체의 입경 범위로 알맞은 것은 어느 것인가? (단, 기체-고체 크로마토그래피법 기준)

㉮ 110~125μm ㉯ 149~177μm
㉰ 177~250μm ㉱ 280~350μm

풀이

분리관내경(mm)	흡착제 및 담체의 입경범위(μm)
3	149~177(100~80mesh)
4	177~250(80~60mesh)
5~6	250~590(60~28mesh)

40 굴뚝 반경 1.3m인 원형굴뚝에서 먼지를 채취하고자 할 때 측정점수는 얼마인가?

㉮ 4   ㉯ 8
㉰ 12 ㉱ 16

풀이

굴뚝직경(m)	반경구분수	측정점수
1 이하	1	4
1 초과 2 이하	2	8
2 초과 4 이하	3	12
4 초과 4.5 이하	4	16
4.5 초과	5	20

| 제3과목 | 대기오염방지기술

41 다음 중 석회석 주입에 의한 황산화물 제거방법으로 틀린 것은 어느 것인가?

㉮ 대형보일러에 주로 사용되며, 배기가스의 온도가 떨어지는 단점이 있다.
㉯ 연소로 내에서 아주 짧은 접촉시간과 아황산가스가 석회분말의 표면 안으로 침투되기 어려우므로 아황산가스 제거효율이 낮은 편이다.
㉰ 석회석 값이 저렴하므로 재생하여 쓸 필요가 없고 석회석의 분쇄와 주입에 필요한 장비 외에 별도의 부대시설이 크게 필요없다.
㉱ 배기가스 중 재와 석회석이 반응하여 연소로 내에 달라붙어 압력손실을 증가시키고, 열전달을 낮춘다.

풀이 ㉮ 소형보일러에 주로 사용되며, 배기가스의 온도는 떨어지지 않는다.

answer 38 ㉯ 39 ㉰ 40 ㉰ 41 ㉮

42 배출가스 중의 HCl을 충전탑에서 수산화칼슘 수용액과 향류로 접촉시켜 흡수 제거시킨다. 충전탑의 높이가 2.5m일 때 90%의 흡수효율을 얻었다면 높이를 4m로 높이면 흡수효율(%)은 얼마인가?

(단, 이동단위수 $NOG = \ln\left(\dfrac{1}{1-E/100}\right)$로 계산되고, E는 효율이며, HOG는 일정하다.)

㉮ 92.5% ㉯ 94.5%
㉰ 95.3% ㉱ 97.5%

풀이 H = NOG×HOG

- H : 충전탑의 높이(m)
- HOG : 총괄이동단위높이(m)
- NOG : 총괄이동단위수 $\left[NOG = \ln\left(\dfrac{1}{1-E/100}\right)\right]$

① $2.5m = HOG \times \ln\left(\dfrac{1}{1-0.90}\right)$

∴ HOG = 1.0857m

② $4m = 1.0857m \times \ln\left(\dfrac{1}{1-E}\right)$

∴ E = 97.48%

43 세정식 집진장치에서 회전원판에 의해 분무액이 미립화 될 경우 원심력과 표면장력에 의해 물방울 직경을 측정할 수 있다. 회전원판의 반경 4cm, 회전수 3,600rpm일 때 물방울 직경(μm)은 얼마인가?

㉮ 약 123μm ㉯ 약 186μm
㉰ 약 278μm ㉱ 약 396μm

풀이 $dw = \dfrac{200}{N \times \sqrt{R}} \times 10^4$

- dw : 물방울 직경(μm)
- N : 회전수(rpm = 회/min)
- R : 반경(cm)

따라서 $dw = \dfrac{200}{3,600rpm \times \sqrt{4cm}} \times 10^4 = 277.78μm$

44 흡착에 관한 내용으로 알맞은 것은 어느 것인가?

㉮ 화학적 흡착은 흡착과정이 가역적이므로 흡착제의 재생이나 오염가스의 회수에 매우 편리하다.
㉯ 물리적 흡착은 흡착과정에서의 발열량이 화학적 흡착보다 많다.
㉰ 일반적으로 물리적 흡착에서 흡착되는 양은 온도가 낮을수록 많다.
㉱ 물리적 흡착은 분자 간의 결합이 화학적 흡착에서보다 더 강하다.

풀이 ㉮ 화학적 흡착은 흡착과정이 비가역적이므로 흡착제의 재생이나 오염가스의 회수에 용이하지 못하다.
㉯ 물리적 흡착은 흡착과정에서의 발열량이 화학적 흡착보다 적다.
㉱ 물리적 흡착은 분자 간의 결합이 화학적 흡착에서보다 더 약하다.

45 배출가스 중 황산화물을 처리하기 위해 물을 사용하는 충전탑으로 처리한 결과 순환수의 황산함량은 0.049g/L이었다. 이 순환수의 pH는 얼마인가?

㉮ 1   ㉯ 2
㉰ 2.7 ㉱ 3

풀이 ① 황산(H_2SO_4)mol/L

$= \dfrac{0.049g}{L} \times \dfrac{1mol}{98g} = 5.0 \times 10^{-4} mol/L$

② $H_2SO_4 \rightarrow 2H^+ + SO_4^{2-}$
　XM　2XM　XM

pH = $-\log[H^+]$ = $-\log[2 \times 5.0 \times 10^{-4} mol/L]$ = 3.0

answer 42 ㉱ 43 ㉰ 44 ㉰ 45 ㉱

46 배출가스 0.4m³/s를 폭 5m, 높이 0.2m, 길이 10m의 중력식 침강집진장치로 집진 제거한다면 처리가스 내의 입경 10 μm 먼지의 집진효율(%)은 얼마인가? (단, 먼지밀도 1.10g/cm³, 배출가스밀도 1.2 kg/m³, 처리가스점도 1.8×10^{-4}g/cm·s, 단수 1,

집진효율 $\eta_f = \dfrac{g(\rho_p-\rho_s)nWLd_p^2}{18\mu Q}$)

㉮ 약 22%   ㉯ 약 42%
㉰ 약 63%   ㉱ 약 81%

풀이 $\eta_f = \dfrac{g(\rho_p-\rho_s)nWLd_p^2}{18\mu Q}$

$= \dfrac{9.8\text{m/sec}^2\times(1,100-1.2)\text{kg/m}^3\times1\times5\text{m}\times10\text{m}\times(10\times10^{-6}\text{m})^2}{18\times1.8\times10^{-5}\text{kg/m}\cdot\text{sec}\times0.4\text{m}^3/\text{sec}}$

= 0.4154
따라서 집진효율은 41.54% 이다.

47 액체연료 1kg을 완전연소 하는데 필요한 이론공기량 A_o(Sm³/kg)의 계산식으로 알맞은 것은 어느 것인가? (단, C, H, O, S는 연료 1kg 중 각 성분원소의 중량분율임.)

㉮ $A_o = \dfrac{1}{0.21}\left(\dfrac{22.4}{12}C + \dfrac{11.2}{2}\left(H-\dfrac{O}{8}\right) + \dfrac{22.4}{32}S\right)$

㉯ $A_o = 0.21\left(\dfrac{22.4}{12}C + \dfrac{22.4}{2}\left(H-\dfrac{O}{8}\right) + \dfrac{22.4}{32}S\right)$

㉰ $A_o = \dfrac{1}{0.21}\left(\dfrac{22.4}{12}C + \dfrac{22.4}{2}\left(H-\dfrac{O}{8}\right) + \dfrac{22.4}{32}S\right)$

㉱ $A_o = 0.21\left(\dfrac{22.4}{12}C + \dfrac{11.2}{2}\left(H-\dfrac{O}{8}\right) + \dfrac{22.4}{32}S\right)$

48 다음은 배가스 탈황, 탈질공정에 대한 내용이다. ( ) 안에 알맞은 것은?

( )은 덴마크의 Haldor Topsoe사가 개발한 것으로, 305MW 규모의 발전소에 시험되었으며, 탈황과 탈질이 별도의 반응기에서 독립적으로 일어난다. 먼저 배가스에 있는 먼지를 완전히 제거한 다음 배가스에 암모니아를 주입시킨 후 SCR 촉매반응기를 통과시키며, 이 공정은 SO_2와 NO_X를 95% 이상 제거할 수 있으며, 부산물로 판매 가능한 황산을 얻을 수 있고, 폐기물이 배출되지 않는 장점이 있다.

㉮ 전자빔공정
㉯ 산화구리공정
㉰ DESONOX 공정
㉱ WSA-SNOX 공정

풀이 ㉱ WSA-SNOX 공정에 대한 설명이다.

49 세정식 집진장치에서 입자가 채취되는 원리로 틀린 것은 어느 것인가?

㉮ 가스의 증습에 의하여 입자가 서로 응집하는 원리
㉯ 가스의 선회운동으로 입자를 분리채취하는 원리
㉰ 액적 등에 입자가 관성 충돌하여 부착하는 원리
㉱ 미립자의 확산에 의하여 액적과의 접촉을 양호하게 하는 원리

풀이 ㉯번은 원심력 집진장치의 원리이다.

answer 46 ㉯ 47 ㉮ 48 ㉱ 49 ㉯

50 다음 설명하는 연소장치로 알맞은 것은 어느 것인가?

> 기체연료의 연소장치로서 천연가스와 같은 고발열량 연료를 연소시키는데 사용되는 버너

㉮ 선회 버너
㉯ 방사형 버너
㉰ 유압분무식 버너
㉱ 건식 버너

풀이 ㉯ 방사형 버너에 대한 설명이다.

51 입경측정방법 중 간접측정방법으로 틀린 것은 어느 것인가?

㉮ 표준체측정법   ㉯ 관성충돌법
㉰ 액상침강법   ㉱ 광산란법

풀이 간접측정방법에는 관성충돌법, 액상침강법, 공기투과법, 광산란법이 있다.

52 유해가스를 처리하기 위한 흡수액의 구비요건으로 틀린 것은 어느 것인가?

㉮ 용해도가 높아야 한다.
㉯ 휘발성이 커야 한다.
㉰ 점성이 비교적 작아야 한다.
㉱ 용매의 화학적 성질과 비슷해야 한다.

풀이 ㉯ 휘발성이 작아야 한다.

53 A공장의 전기집진장치에서 원통형 집진극의 반경이 8cm이고, 길이가 1.5m이다. 처리가스의 유속을 1.5m/sec로 하고 먼지입자가 집진극을 향하여 이동하는 이동분리 속도가 10cm/sec라면 먼지제거 효율(%)은 얼마인가?

㉮ 약 92%   ㉯ 약 94%
㉰ 약 96%   ㉱ 약 98%

풀이
$$\eta = \left\{1-\exp\left(\frac{-2 \cdot We \cdot L}{R \cdot U}\right)\right\} \times 100$$
$$= \left\{1-\exp\left(\frac{-2 \times 0.1 m/sec \times 1.5m}{0.08m \times 1.5m/sec}\right)\right\} \times 100 = 91.79\%$$

54 탄소 87%, 수소 13%의 연료를 완전연소 시 배기가스를 분석한 결과 O_2는 5%이었다. 이 때 과잉공기량(Sm^3/kg)은 얼마인가?

㉮ $1.3Sm^3/kg$ ㉯ $3.5Sm^3/kg$
㉰ $4.6Sm^3/kg$ ㉱ $6.9Sm^3/kg$

풀이 ① $O_2\%$ 존재 시
$$공기비(m) = \frac{21}{21-O_2\%} = \frac{21}{21-5} = 1.3125$$
② 이론공기량(A_o)
$$= 8.89C+26.67\times\left(H-\frac{O}{8}\right)+3.33S(Sm^3/kg)$$
$$= 8.89\times0.87+26.67\times0.13 = 11.2014 Sm^3/kg$$
③ 실제공기량 = $m \times A_o$ = A
$$= 1.3125 \times 11.2014 Sm^3/kg = 14.70 Sm^3/kg$$
④ 과잉공기량 = $A-A_o$
$$= 14.70 Sm^3/kg - 11.2014 Sm^3/kg$$
$$= 3.50 Sm^3/kg$$

TIP
과잉공기량의 다른 풀이 방법
공기량 = $(m-1) \times A_o$
 = $(1.3125-1) \times 11.2014 Sm^3/kg$
 = $3.50 Sm^3/kg$

answer 50 ㉯ 51 ㉮ 52 ㉯ 53 ㉮ 54 ㉯

55 다음 각종 먼지 중 진비중/겉보기 비중이 가장 큰 것은 어느 것인가?

㉮ 카본블랙   ㉯ 미분탄보일러
㉰ 시멘트 원료분   ㉱ 골재 드라이어

풀이 진비중/겉보기비중
㉮ 카본블랙 : 76
㉯ 미분탄보일러 : 4.04
㉰ 시멘트 원료분 : 5.0
㉱ 골재 드라이어 : 2.73

TIP
진비중(S)과 겉보기비중(Sb)의 비(S/Sb)가 클수록 재비산현상을 유발할 가능성이 높다.

56 흡수장치의 총괄이동단위높이(HOG)가 1.0m이고 제거율이 95%라면, 이 흡수장치의 높이(m)는 얼마인가?

㉮ 1.2m   ㉯ 3.0m
㉰ 3.5m   ㉱ 4.2m

풀이 H = NOG×HOG

H : 충전탑의 높이(m)
HOG : 총괄이동단위높이(m)
NOG : 총괄이동단위수 $\left[NOG = \ln\left(\frac{1}{1-\eta}\right) \right]$

따라서 H = 1.0m × $\ln\left(\frac{1}{1-0.95}\right)$ = 3.0m

57 탄소 1kg 연소 시 이론적으로 30,000 kcal의 열이 발생하고, 수소 1kg 연소 시 이론적으로 34,100kcal의 열이 발생된다면, 에탄 2kg 연소 시 이론적으로 발생되는 열량(kcal)은 얼마인가?

㉮ 30,820kcal   ㉯ 55,600kcal
㉰ 61,640kcal   ㉱ 74,100kcal

풀이 에탄(C_2H_6)은 분자량 = 30, C = $\frac{24}{30}$, H = $\frac{6}{30}$

이므로 열량(kcal)
= $\left(\frac{24}{30} \times 30,000 \text{kcal/kg} + \frac{6}{30} \times 34,100 \text{kcal/kg}\right) \times 2\text{kg}$
= 61,640kcal

58 염소농도가 0.68%인 배기가스 2,500 Sm^3/hr을 $Ca(OH)_2$의 현탁액으로 세정 처리하여 염소를 제거하려 한다. 이론적으로 필요한 $Ca(OH)_2$ 양(kg/hr)은 얼마인가?

㉮ 약 56kg/hr   ㉯ 약 66kg/hr
㉰ 약 76kg/hr   ㉱ 약 86kg/hr

풀이 $2Cl_2 + 2Ca(OH)_2 \rightarrow CaCl_2 + Ca(OCl)_2 + 2H_2O$
$2 \times 22.4 Sm^3 : 2 \times 74 kg$
$2,500 Sm^3/hr \times 0.68\% \times 10^{-2} : X$

∴ X = $\frac{2,500 Sm^3/hr \times 0.68\% \times 10^{-2} \times 2 \times 74kg}{2 \times 22.4 Sm^3}$
= 56.16kg/hr

TIP
$Ca(OH)_2$의 분자량 = 40+2×16+2×1 = 74kg
Cl_2의 분자량 = 2×35.5 = 71kg

answer 55 ㉮   56 ㉯   57 ㉰   58 ㉮

59 액화프로판 440kg을 기화시켜 8Sm³/hr로 연소시킨다면 약 몇 시간 사용할 수 있는가? (단, 표준상태 기준)

㉮ 10시간   ㉯ 18시간
㉰ 24시간   ㉱ 28시간

풀이 ① 프로판(C_3H_8) 1kmol $\begin{cases} 44kg \\ 22.4Sm^3 \end{cases}$

따라서 $Sm^3 = 440kg \times \dfrac{22.4Sm^3}{44kg} = 224Sm^3$

② 시간(hr) $= \dfrac{224Sm^3}{8Sm^3/hr} = 28hr$

60 다음 중 C/H의 크기순으로 알맞게 나타낸 것은 어느 것인가?

㉮ 올레핀계 > 나프텐계 > 아세틸렌 > 프로필렌 > 프로판
㉯ 나프텐계 > 올레핀계 > 아세틸렌 > 프로판 > 프로필렌
㉰ 올레핀계 > 나프텐계 > 프로필렌 > 프로판 > 아세틸렌
㉱ 나프텐계 > 아세틸렌 > 올레핀계 > 프로판 > 프로필렌

풀이 탄수소비(C/H)의 크기 순서
① 기체연료는 올레핀계 > 나프텐계 > 아세틸렌 > 프로필렌 > 프로판 > 메탄 순이다.
② 액체연료는 중유 > 경유 > 등유 > 휘발유 순이다.

answer 59 ㉱   60 ㉮

2015 4회 기출문제

| 제1과목 | 대기환경관리

01 대기오염물질인 Mn, Zn 및 그 화합물이 인체에 미치는 영향으로 가장 알맞은 것은 어느 것인가?

㉮ 기형　　㉯ 비중격천공
㉰ 발열　　㉱ 간암

풀이 Mn, Zn 및 그 화합물은 발열물질이다.

02 입자상물질에 대한 내용으로 틀린 것은 어느 것인가?

㉮ 미스트(mist)는 미립자 등의 핵 주위에 증기가 응축하여 생기는 경우와 큰 물체로부터 분산하여 생기기도 하는 입자로서 통상적인 입경범위는 0.01~10 μm 정도이다.
㉯ 헤이즈(haze)는 박무라고도 하며, 아주 작은 다수의 건조입자(습도 70% 이하)가 대기 중에 떠 있는 현상으로 시정을 나쁘게 하며, 색깔로써 안개와 구별한다.
㉰ 훈연(fume)은 일반적으로 직경이 10 μm 이하의 것으로, 그 크기가 비균질성을 가지며, 활발한 브라운운동에 의해 상호 충돌하여 응집하기도 하고, 응집 후 재분리가 용이한 편이다.
㉱ 안개(fog)는 분산질이 액체인 눈에 보이는 입자상물질을 주로 뜻하며, 통상 응축에 의해 생긴다.

풀이 ㉰ 훈연(fume)은 일반적으로 직경이 1μm 이하의 고체상 입자로 활발한 브라운운동을 한다.

03 자동차 배출가스가 발생되는 가솔린 기관의 작동 원리 중 4행정사이클의 기본동작에 해당되지 않는 것은 어느 것인가?

㉮ 흡입행정　　㉯ 압축행정
㉰ 폭발행정　　㉱ 누출행정

풀이 ㉱ 배기행정

04 다음의 대기오염물질 중 2차 오염물질이 아닌 것은 어느 것인가?

㉮ N_2O_3　　㉯ PAN
㉰ O_3　　㉱ NOCl

풀이 ㉮ N_2O_3는 1차성 오염물질이다.

05 고온의 연소과정 시 화염 속에서 주로 생성되는 질소산화물은 어느 것인가?

㉮ NO　　㉯ NO_2
㉰ NO_3　　㉱ N_2O_5

answer 01 ㉰　02 ㉰　03 ㉱　04 ㉮　05 ㉮

풀이 고온의 연소과정에서 생성되는 NO : NO_2의 비는 90% : 10%로 NO가 절대적으로 많이 생성된다.

06 유효 굴뚝높이가 50m이다. 동일한 기상조건에서 최대지표농도를 1/4로 감소시키기 위해서는 유효굴뚝높이를 얼마만큼 더 증가시켜야 하는가? (단, 중심축 기준)

㉮ 25m ㉯ 50m
㉰ 75m ㉱ 100m

풀이
① $C_{max} = \dfrac{2Q}{\pi \cdot e \cdot u \cdot He^2}\left(\dfrac{C_z}{C_y}\right)$ 에서

$C_{max} = \dfrac{1}{He^2}$ 이므로

$1C_1 : \dfrac{1}{(50m)^2} = \dfrac{1}{4} C_1 : \dfrac{1}{He^2}$

∴ $He = \sqrt{(50m)^2 \times 4} = 100m$

② △H = 100m - 50m = 50m

07 다음 (   ) 안에 알맞은 현상은 어느 것인가?

> (   )이란 적도무역풍이 평년보다 강해지며, 서태평양의 해수면과 수온이 평년보다 상승하게 되고, 찬 해수의 용승현상 때문에 적도 동태평양에서 저수온 현상이 강화되어 나타나는 현상으로, 해수면의 온도가 6개월 이상 0.5℃ 이상 낮은 현상이 지속되는 것을 말한다.

㉮ 엘니뇨 현상 ㉯ 사헬 현상
㉰ 라니냐 현상 ㉱ 헤들리셀 현상

풀이 ㉰ 라니냐에 대한 설명이며, 핵심 내용은 "6개월 이상 0.5℃ 이상 낮은 현상 = 라니냐현상"임을 숙지하시면 됩니다.

08 다음 그림은 탄화수소가 존재하지 않는 경우 NO_2의 광화학사이클(photolytic cycle)이다. 그림의 A가 O_2일 때 B에 해당되는 물질은 어느 것인가?

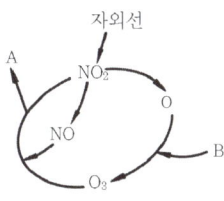

㉮ NO ㉯ CO_2
㉰ NO_2 ㉱ O_2

09 다음 중 지구온난화의 주 원인물질로 가장 적합하게 짝지어진 것은 어느 것인가?

㉮ CH_4-CO_2 ㉯ SO_2-NH_3
㉰ CO_2-HF ㉱ NH_3-HF

풀이 지구온난화의 주 원인물질에는 이산화탄소, 메탄, 아산화질소, 수소불화탄소, 과불화탄소, 육불화황, 염화불화탄소, 수소염화불화탄소가 있다.

10 대류권에 대한 내용으로 틀린 것은 어느 것인가?

㉮ 대기의 4개층 중 가장 얇지만, 질량의 80% 정도가 이 곳에 존재한다.
㉯ 대류권의 두께는 2~5km 범위로 변화하며, 열대지역은 극지역보다 그 두께가 얇다.
㉰ 대류권의 상부에서 다른 층으로 전이되는 영역을 대류권계면이라 부르며, 이 지역에서는 고도에 따른 온도감소가 나타나지 않는다.
㉱ 대류권에서 고도에 따라 온도가 감소

answer 06 ㉯ 07 ㉰ 08 ㉱ 09 ㉮ 10 ㉯

함에도 불구하고 때로는 온도가 고도에 따라 증가하는 역전층이 나타나는 경우도 있다.

> **풀이** ④ 대류권의 두께는 약 11km 정도이며, 적도지방은 약 16km 이하이고, 극지방은 약 9km 정도이다.

11 광화학적 스모그(smog)의 3대 주요 원인 요소로 틀린 것은 어느 것인가?

㉮ 아황산가스
㉯ 자외선
㉰ 올레핀계 탄화수소
㉱ 질소산화물

> **풀이** 광화학적 스모그(smog)의 3대 주요 원인요소로는 질소산화물(NO_X), 올레핀계 탄화수소, 자외선이다.

12 대기오염원의 영향평가시 분산모델을 이용하기 위해 일반적으로 요구되는 입력자료로서 가장 거리가 먼 것은 어느 것인가?

㉮ 오염물질의 배출속도
㉯ 굴뚝의 직경 및 높이
㉰ 오염원의 가동시간 및 방지시설의 효율
㉱ 오염물질 배출측정망 설치시기

> **풀이** 분산모델 이용 시 입력자료는 ㉮, ㉯, ㉰이다.

13 소용돌이 확산모델(Eddy diffusion model)의 기본방정식으로 적합한 것은 어느 것인가?

㉮ Hook의 방정식
㉯ Fick의 방정식
㉰ Plank의 방정식
㉱ Kelvin의 방정식

> **풀이** 소용돌이 확산모델의 기본방정식은 Fick의 방정식이다.

14 다음 중 실내 건축재료에서 배출되고 있는 실내공간오염물질로 틀린 것은 어느 것인가?

㉮ 석면
㉯ 안티몬
㉰ 폼알데하이드
㉱ 휘발성유기화합물

> **풀이** 실내 건축재료에서 배출되고 있는 실내공간오염물질로는 석면, 라돈, 포름알데하이드, 휘발성유기화합물이 있다.

15 오존(O_3)에 대한 내용으로 틀린 것은 어느 것인가?

㉮ 폐수종과 폐충혈 등을 유발시키며, 섬모운동의 기능장애를 일으킨다.
㉯ 식물의 경우 주로 어린잎에 피해를 일으키며, 오존에 강한 식물로는 시금치, 파 등이 있다.
㉰ 오존에 약한 식물로는 담배, 자주개나리 등이 있다.
㉱ 인체의 DNA와 RNA에 작용하여 유전인자에 변화를 일으킬 수 있다.

answer 11 ㉮ 12 ㉱ 13 ㉯ 14 ㉯ 15 ㉯

풀이 ㉯ 식물의 경우 주로 성장한 잎에 피해를 일으키며, 시금치는 오존에 약한 식물이다.

TIP
오존(O_3)
① 약한(지표) 식물 : 담배(연초), 시금치, 자주개나리(알팔파), 토마토, 백송 등
② 강한 식물 : 사과, 해바라기, 양배추, 국화 등

16 다음의 기온역전 중 공중역전에 해당하지 않는 것은 어느 것인가?

㉮ 침강역전 ㉯ 전선역전
㉰ 해풍역전 ㉱ 이류성역전

풀이 역전의 종류
① 접지(지표)역전 : 복사성(방사성)역전, 이류성역전
② 공중역전 : 침강성역전, 전선성역전, 해풍역전, 난류성역전

17 시골지역의 먼지에 의한 빛 흡수율을 조사하기 위하여 직경 120mm인 여과지에 500L/분의 속도로 10시간 동안 채취하여 빛전달률을 측정하니 60%이었다. 1,000m당 Coh는 얼마인가?

㉮ 0.84 ㉯ 1.42
㉰ 2.43 ㉱ 3.68

풀이 ① 여과속도(m/min) = $\dfrac{\text{가스량}(m^3/min)}{\text{단면적}(m^2)}$

$= \dfrac{Q(m^3/min)}{\dfrac{\pi}{4} \times (Dm)^2} = \dfrac{500 \times 10^{-3} m^3/min}{\dfrac{\pi}{4} \times (0.12m)^2}$

$= 44.21 m/min$

② Coh를 계산한다.

$Coh = \dfrac{\log \dfrac{1}{\text{빛전달률}} \times 100}{\text{여과속도}(m/min) \times \text{채취시간}(hr) \times 60} \times 1,000m$

$= \dfrac{\log \dfrac{1}{0.60} \times 100}{44.21 m/min \times 10hr \times 60} \times 1,000m$

$= 0.84$

TIP
① 여과속도(m/min)×채취시간(hr)×60min/hr
② 여과속도(m/sec)×채취시간(hr)×3,600sec/hr

18 어떤 공장의 배출가스 중 아황산가스(SO_2) 농도는 400ppm이다. 이 공장의 시간당 배출가스량이 $80m^3$라면 하루에 배출되는 SO_2의 양(kg)은 얼마인가? (단, 표준상태 기준)

㉮ 1.1kg ㉯ 2.2kg
㉰ 3.5kg ㉱ 4.2kg

풀이 SO_2(kg/day)

$= \dfrac{80m^3}{hr} \times \dfrac{400mL}{Sm^3} \times \dfrac{64mg}{22.4mL} \times \dfrac{1kg}{10^6 mg}$

$\times \dfrac{24hr}{1day}$

$= 2.19 kg/day$

TIP
① SO_2 1mol $\begin{cases} 64mg \\ 22.4mL \end{cases}$
② ppm = mL/Sm^3
③ 400ppm = $400mL/Sm^3$

answer 16 ㉱ 17 ㉮ 18 ㉯ 19 ㉯

19 다음에서 설명하는 연기의 형태는 어느 것인가?

> 굴뚝의 높이보다 더 낮게 지표 가까이에 역전층이 이루어져 있고, 그 상공에는 대기가 불안정한 상태일 때 주로 발생하며, 고기압 지역에서 하늘이 맑고 바람이 약한 늦은 오후나 이른 밤에 주로 발생하기 쉽다.

㉮ Looping ㉯ Lofting
㉰ Fanning ㉱ Coning

풀이 ㉯ Lofting(상승형, 지붕형)에 대한 설명이며, 핵심 내용은 "지표 : 역전, 고공 : 불안정 = 상승형" 임을 숙지하시면 됩니다.

20 직경이 25cm인 관에서 유체의 점도가 1.75×10^{-5} kg/m·sec이고, 유체의 흐름속도가 2.5m/sec라고 할 때 이 유체의 레이놀드수(N_{Re})와 흐름특성은 어느 것인가? (단, 유체밀도는 $1.15kg/m^3$이다.)

㉮ 2,245, 층류   ㉯ 2,350, 층류
㉰ 41,071, 난류 ㉱ 114,703, 난류

풀이 ① 레이놀드수(N_{Re})를 계산한다.

$$N_{Re} = \frac{D \times V \times \rho}{\mu}$$

D : 관경(m)
V : 속도(m/sec)
ρ : 유체의 밀도(kg/m^3)
μ : 유체의 점도(kg/m·sec)

따라서

$$N_{Re} = \frac{0.25m \times 2.5m/sec \times 1.15kg/m^3}{1.75 \times 10^{-5} kg/m \cdot sec} = 41,071.43$$

② 흐름특성은 난류이다.

TIP
판정기준
(층류) $N_{Re} < 2,100$
(난류) $N_{Re} > 4,000$
(천이구역) $2,100 < N_{Re} < 4,000$

| 제2과목 | 대기오염공정시험기준

21 어느 굴뚝 배출가스 중의 황산화물을 침전적정법(아르세나조 Ⅲ법)으로 측정하여 다음과 같은 결과를 얻었다. 이 때 황산화물의 농도(ppm)는 얼마인가?

- 건조시료가스 채취량 : 30L(25℃)
- 분석용 시료용액 전량 : 250mL
- 분석용 시료용액 분취량 : 10mL
- 적정에 소요된 0.005mol/L 아세트산바륨양 : 5.2mL(f = 1.00)
- 공시험에 소요된 0.005mol/L 아세트산바륨양 : 0.1mL
- 0.005mol/L 아세트산바륨 1mL는 황산화물 0.112 mL에 상당한다. (표준상태)

㉮ 621.5ppm ㉯ 601.3ppm
㉰ 554.3ppm ㉱ 519.6ppm

풀이

$$C = \frac{0.112 \times (a-b) \times f \times 250/v}{Vs(L)} \times 10^3 (ppm)$$

C : 황산화물의 농도(ppm)
a : 적정에 소요된 0.005mol/L 아세트산바륨용액의 양(mL)
b : 공시험에 소요된 0.005mol/L 아세트산바륨용액의 양(mL)
f : 역가
V : 분석용 시료용액의 분취량(mL)
V_S : 표준상태에서 건조시료 가스량(L)

따라서 $C = \dfrac{0.112 \times (5.2-0.1) \times 1.00 \times 250/10}{30L \times \dfrac{273}{273+25}} \times 10^3$

= 519.59ppm

answer 20 ㉰ 21 ㉱

22 특정 발생원에서 일정한 굴뚝을 거치지 않고 외부로 비산 배출되는 먼지를 고용량공기시료채취기법으로 분석하여 농도계산을 하고자 할 때, "전 시료채취 기간 중 주 풍향이 90° 이상 변할 때" 풍향보정계수는 얼마인가?

㉮ 1.0 ㉯ 1.2
㉰ 1.5 ㉱ 2.0

풀이 ① 풍향에 대한 보정계수
  - 주풍량이 90° 이상 : 1.5
  - 주풍량이 45°~90° : 1.2
  - 주풍량이 45° 미만 : 1.0
② 풍속에 대한 보정계수
  - 전 채취시간의 50% 미만 : 1.0
  - 전 채취시간의 50% 이상 : 1.2

23 연료용 유류 중의 황함유량을 측정하기 위한 분석방법 중 연소관식 공기법에 대한 내용으로 틀린 것은 어느 것인가?

㉮ 연소되어 산을 발생시키는 원소(P, N, Cl 등)가 들어있는 시료에는 사용할 수 없다.
㉯ 생성된 황산화물을 과산화수소(3%)에 흡수시켜 황산으로 만든 다음, 수산화소듐표준액으로 중화적정한다.
㉰ 950~1,100℃로 가열한 석영재질 연소관 중에 공기를 불어넣어 시료를 연소시킨다.
㉱ 불용성 황산염을 만드는 금속(Ba, Ca 등) 등의 분석에 유효하다.

풀이 ㉱ 불용성 황산염을 만드는 금속(Ba, Ca 등) 등의 분석에는 적용할 수 없다.

24 휘발성 유기화합물질(VOCs) 누출 확인을 위한 휴대용 측정기기의 규격 및 성능기준으로 틀린 것은 어느 것인가?

㉮ 기기의 계기눈금은 최소한 표시된 누출농도의 ±5%를 읽을 수 있어야 한다.
㉯ 기기의 응답시간은 30초보다 작거나 같아야 한다.
㉰ VOCs 측정기기의 검출기는 시료와 반응하지 않아야 한다.
㉱ 교정 정밀도는 교정용 가스값의 10%보다 작거나 같아야 한다.

풀이 ㉰ VOC 측정기기의 검출기는 시료와 반응하여야 한다.

25 다음 괄호에 들어갈 내용으로 알맞게 짝지어진 것은 어느 것인가?

> 굴뚝 배출가스 중 사이안화수소를 자외선/가시선분광법-4-피리딘카복실산-피라졸론법으로 분석할 때에는 (   ), (   ) 등의 영향을 무시할 수 있는 경우에 적용한다.

㉮ 철, 구리
㉯ 염소, 황화수소
㉰ 알루미늄, 철
㉱ 인산염, 황산염

풀이 배출가스 중의 염소 등의 산화성가스 또는 알데하이드류, 황화수소, 이산화황 등의 환원성가스가 공존하면 영향을 받는다.

answer 22 ㉰ 23 ㉱ 24 ㉰ 25 ㉯

26 분석대상가스가 플루오린화합물인 경우, 시료채취를 위한 채취관 및 연결관의 재질 (㉠)과 여과재의 재질 (㉡)로 알맞은 것은 어느 것인가?

㉮ ㉠ 경질유리, ㉡ 소결유리
㉯ ㉠ 석영, ㉡ 실리카솜
㉰ ㉠ 스테인리스강, ㉡ 카보런덤
㉱ ㉠ 플루오린수지,
㉡ 알칼리 성분이 없는 유리솜

풀이 플루오린화합물
① 채취관과 연결관의 재질 : 스테인레스강, 플루오로수지
② 여과재의 재질 : 카보런덤

27 배출가스 중 플루오린화합물을 측정하는 방법에 대한 내용으로 틀린 것은?

㉮ 자외선/가시선분광법 – 란타넘-알리자린콤플렉손법은 복합 착화합물의 흡광도를 파장 620nm에서 측정한다.
㉯ 이온크로마토그래피는 시료채취량이 40L인 경우 정량범위는 0.30ppm 이상이다.
㉰ 이온선택전극법은 시료가스 중에 알루미늄(III), 철(II) 등의 중금속 이온이 공존하면 영향을 받는다.
㉱ 흡수액은 아황산수소소듐 용액(10g/L)을 사용한다.

풀이 ㉱ 흡수액은 0.1 mol/L 수산화소듐 용액을 사용한다.

28 다음은 기체크로마토그래피법에서 정량분석에 사용되는 용어에 대한 내용이다. ( ) 안에 알맞은 말은 어느 것인가?

> 검출한계는 각 분석방법에서 규정하는 조건에서 출력신호를 기록할 때, ( )를 검출한계로 한다.

㉮ 잡음신호(Noise)의 2배의 신호
㉯ 잡음신호(Noise)의 3배의 신호
㉰ 잡음신호(Noise)의 5배의 신호
㉱ 잡음신호(Noise)의 10배의 신호

풀이 기체크로마토그래피법에서 정량분석 시 검출한계는 잡음신호의 2배의 신호이다.

29 기체크로마토그래피법과 관계가 있는 것만으로 옳게 나열된 것은 어느 것인가?

㉮ 머무름시간, 분리관오븐, 불꽃 이온화 검출기
㉯ 머무름용량, 열전도도검출기, 단색화 장치
㉰ 운반가스, 중공음극램프, 검출기오븐
㉱ 시료도입부, 회전섹터, 감도조정부

answer 26 ㉰ 27 ㉱ 28 ㉮ 29 ㉮

30 굴뚝 배출가스 중 먼지 채취 시 배출구(굴뚝)의 직경이 2.2m의 원형 단면일 때, 필요한 측정점의 반경구분수와 측정점수로 알맞은 것은 어느 것인가?

㉮ 반경구분수 1, 측정점수 4
㉯ 반경구분수 2, 측정점수 8
㉰ 반경구분수 3, 측정점수 12
㉱ 반경구분수 4, 측정점수 16

풀이 원형단면의 측정점

굴뚝직경(m)	반경구분수	측정점수
1 이하	1	4
1 초과 2 이하	2	8
2 초과 4 이하	3	12
4 초과 4.5 이하	4	16
4.5 초과	5	20

31 일정한 굴뚝을 거치지 않고 외부로 비산되는 먼지를 고용량공기시료채취기법으로 측정할 때의 시료채취기준에 관한 설명으로 틀린 것은 어느 것인가?

㉮ 발생원의 비산먼지 농도가 가장 높을 것으로 예상되는 지점 3개소 이상을 측정점으로 선정한다.
㉯ 시료채취 위치는 부근에 장애물이 없고 바람에 의하여 지상의 흙모래가 날리지 않아야 한다.
㉰ 풍속이 0.5m/초 미만으로 바람이 거의 없을 때는 원칙적으로 시료채취를 하지 않는다.
㉱ 시료채취는 1회 2시간 이상 연속 채취하며, 풍하방향에 대상 발생원의 영향이 없을 것으로 추측되는 곳에 대조위치를 선정한다.

풀이 ㉱ 시료채취는 1회 1시간 이상 연속 채취하며, 풍상방향에 대상 발생원의 영향이 없을 것으로 추측되는 곳에 대조위치를 선정한다.

32 환경대기 내의 탄화수소 농도측정방법 중 총탄화수소 측정법에서의 성능기준으로 틀린 것은 어느 것인가?

㉮ 응답시간 : 스팬가스를 도입시켜 측정치가 일정한 값으로 급격히 변화되어 스팬가스 농도의 90% 변화할 때까지의 시간은 2분 이하여야 한다.
㉯ 지시의 변동 : 제로가스 및 스팬가스를 흘려보냈을 때 정상적인 측정치의 변동은 각 측정단계(Range)마다 최대 눈금치의 ±1%의 범위 내에 있어야 한다.
㉰ 예열시간 : 전원을 넣고 나서 정상으로 작동할 때까지의 시간은 6시간 이하여야 한다.
㉱ 재현성 : 동일조건에서 제로가스와 스팬가스를 번갈아 3회 도입해서 각각의 측정치의 평균치로부터 구한 편차는 각 측정단계(Range)마다 최대 눈금치의 ±1%의 범위 내에 있어야 한다.

풀이 ㉰ 예열시간 : 전원을 넣고 나서 정상으로 작동할 때까지의 시간은 4시간 이하여야 한다.

answer 30 ㉰ 31 ㉱ 32 ㉰

33 A굴뚝에서 배출되는 매연을 링겔만 매연농도표를 사용하여 측정한 결과가 다음과 같았다. 이 때 매연의 농도(%)는 얼마인가?

> 5도 : 8회, 4도 : 12회, 3도 : 35회,
> 2도 : 45회, 1도 : 66회, 0도 : 154회

㉮ 1.1% ㉯ 10.9%
㉰ 21.8% ㉱ 42.0%

풀이
매연의 농도(%) = $\dfrac{\text{합(도수×회수)}}{\text{총 횟수}} \times 20(\%)$

$= \dfrac{5\times8+4\times12+3\times35+2\times45+1\times66+0\times154}{8+12+35+45+66+154} \times 20$

$= 21.81\%$

34 배출가스 중 휘발성유기화합물(VOCs) 시료채취방법인 흡착관법에 의한 시료채취장치에 대한 내용으로 틀린 것은?

㉮ 채취관의 재질은 플루오로 수지, 유리, 석영 등을 사용한다.
㉯ 밸브는 밀봉 윤활유를 사용하여 가스의 누출이 없는 구조이어야 한다.
㉰ 응축기 및 응축수 트랩은 유리 등의 재질로 응축기는 가스가 흡착관을 통과하기 전 가스를 20℃ 이하로 낮출 수 있는 부피가 되어야 한다.
㉱ 각 흡착제는 반드시 지정된 최고 온도 범위와 가스유량을 고려하여 사용하여야 한다.

풀이 ㉯ 밸브는 밀봉 윤활유를 사용하지 않고 가스의 누출이 없는 구조이어야 한다.

35 굴뚝 배출가스 중 황화수소를 자외선/가시선분광법-메틸렌블루법으로 분석할 때 흡수액으로 알맞은 것은?

㉮ 붕산용액
㉯ 아연아민착염용액
㉰ 수산화소듐용액
㉱ 황산용액

풀이 황화수소의 흡수액은 아연아민착염용액이다.

36 비분산 적외선분광분석법(Nondispersive Infrared Analysis)에 대한 내용으로 틀린 것은 어느 것인가?

㉮ 비분산 검출기(Nondispersive Detector)를 이용하여 적외선의 분산 변화량을 측정하여 시료 중 목적 성분을 구하는 방법이다.
㉯ 회전섹타는 시료광속과 비교광속을 일정 주기로 단속시켜, 광학적으로 변조시키는 것이다.
㉰ 광학필터에는 가스필터와 고체필터가 있다.
㉱ 광원은 원칙적으로 니크롬선 또는 탄화규소의 저항체에 전류를 흘려 가열한 것을 사용한다.

풀이 ㉮ 비분산 검출기(Nondispersive Detector)를 이용하여 적외선의 흡수량 변화를 측정하여 시료 중 목적 성분을 구하는 방법이다.

answer 33 ㉰ 34 ㉯ 35 ㉯ 36 ㉮

37 배출가스 중 페놀화합물의 분석방법인 자외선/가시선분광법 – 4-아미노안티피린법에 대한 내용으로 틀린 것은?

㉮ 배출가스 중 페놀화합물을 수산화소듐 용액으로 흡수한다.
㉯ 안티피린계 색소의 흡광도를 파장 510nm에서 측정한다.
㉰ 시료채취량이 20L 경우 정량범위는 1.00ppm 이상이다.
㉱ 배출가스 중 염소, 브로민 등이 공존하여도 영향을 받지 않는다.

풀이 ㉱ 배출가스 중 염소, 브로민 등이 공존하면 영향을 받는다.

38 멤브레인필터에 채취한 대기부유먼지 중의 석면섬유를 위상차현미경을 사용하여 계수하고자 하는 분석방법에서 "시료채취 및 시간" 기준으로 알맞은 것은 어느 것인가?

㉮ 주간시간대에(오전 8시~오후 7시) 1L/min으로 2시간 측정
㉯ 주간시간대에(오전 8시~오후 7시) 10L/min으로 2시간 측정
㉰ 주간시간대에(오전 8시~오후 7시) 1L/min으로 1시간 측정
㉱ 주간시간대에(오전 8시~오후 7시) 10L/min으로 1시간 측정

풀이 석면농도를 위상차현미경으로 계수하는 방법
① 시료채취량 : 10L/min
② 측정시간 : 1시간
③ 유량계의 부자 : 10L/min

39 다음 각 장치 중 이온크로마토그래피법의 주요장치 구성요소로 틀린 것은 어느 것인가?

㉮ 용리액조   ㉯ 송액펌프
㉰ 써프렛서   ㉱ 회전섹터

풀이 이온크로마토그래피법의 주요장치 구성순서는 용리액조-송액펌프-시료주입장치-분리관-써프렛서-검출기-기록계 순이다.

40 환경대기 중의 벤조(a)피렌 측정을 위한 주 시험방법은 어느 것인가?

㉮ 기체크로마토그래피법
㉯ 이온전극법
㉰ 형광분광광도법
㉱ 열탈착분광법

풀이 환경대기 중 벤조(a)피렌 분석방법에는 기체크로마토그래피법(주시험방법), 형광분광광도법이 있다.

answer 37 ㉱ 38 ㉱ 39 ㉱ 40 ㉮

| 제3과목 | 대기오염방지기술

41 A배출시설의 배출가스량은 200,000 Sm³/h이고, 이 배출가스에 함유된 질소산화물(NO)은 280ppm이었다. 이 질소산화물을 암모니아에 의한 선택적 촉매환원법(산소 공존 없이)으로 처리할 경우 암모니아의 이론소요량(kg/h)은 얼마인가? (단, 배출가스 중 질소산화물은 모두 NO로 계산하고, 표준상태를 기준으로 한다.)

㉮ 약 28kg/h ㉯ 약 38kg/h
㉰ 약 43kg/h ㉱ 약 48kg/h

풀이 $6NO + 4NH_3 \rightarrow 5N_2 + 6H_2O$
$6 \times 22.4 Sm^3 : 4 \times 17 kg$
$200,000 Sm^3/hr \times 280ppm \times 10^{-6} : X$

$\therefore X = \dfrac{200,000 Sm^3/hr \times 280ppm \times 10^{-6} \times 4 \times 17kg}{6 \times 22.4 Sm^3}$

$= 28.33 kg/hr$

42 다음 중 전기집진장치의 방전극의 재질로 틀린 것은 어느 것인가?

㉮ 폴로늄 ㉯ 티타늄 합금
㉰ 고탄소강 ㉱ 스테인리스

풀이 전기집진장치의 방전극의 재질로는 티타늄 합금, 고탄소강, 스테인리스가 있다.

43 다음 중 LPG의 주성분으로 알맞게 나열된 것은 어느 것인가?

㉮ C_3H_8, C_4H_{10} ㉯ C_2H_6, C_3H_6
㉰ CH_4, C_3H_6 ㉱ CH_4, C_2H_6

풀이 LPG의 주성분으로는 프로판(C_3H_8), 부탄(C_4H_{10})이며, LNG의 주성분은 메탄(CH_4)이다.

44 국소환기에 있어서 후드를 설계할 때 고려사항으로 틀린 것은 어느 것인가?

㉮ 후드는 난기류의 영향을 고려하여 외부식으로 한다.
㉯ 후드는 가급적 발생원에 가까이 설치한다.
㉰ 충분한 제어속도를 유지한다.
㉱ 후드의 개구면적을 가능한 작게 한다.

풀이 ㉮ 후드는 난기류의 영향을 고려하여 포위식으로 한다.

45 표준상태에서 염화수소 함량이 0.1%인 배출가스 1,000m³/hr를 수산화칼슘(Ca(OH)₂) 액으로 처리하고자 한다. 염화수소가 100% 제거된다고 할 때, 1시간당 필요한 수산화칼슘의 이론적인 양(kg)은 얼마인가?

㉮ 0.42kg ㉯ 0.83kg
㉰ 1.24kg ㉱ 1.65kg

풀이 $2HCl + Ca(OH)_2 \rightarrow CaCl_2 + 2H_2O$
$2 \times 22.4 Sm^3 : 74 kg$
$1,000 m^3/hr \times 0.1\% \times 10^{-2} : X$

$\therefore X = \dfrac{1,000 m^3/hr \times 0.1\% \times 10^{-2} \times 74kg}{2 \times 22.4 Sm^3}$

$= 1.65 kg/hr$

answer 41 ㉮ 42 ㉮ 43 ㉮ 44 ㉮ 45 ㉱

46 다음 중 충전탑의 액가스비의 범위로 알맞은 것은 어느 것인가?

㉮ 0.5~1.5L/m³ ㉯ 2~3L/m³
㉰ 10~20L/m³   ㉱ 20~30L/m³

풀이 충전탑의 액가스비는 2~3L/m³, 가스속도는 0.5~1.5 m/sec, 압력손실은 100~250mmH₂O이다.

47 다음은 원심력송풍기의 유형 중 어떤 유형에 대한 내용인가?

> 축차의 날개는 작고 회전축차의 회전방향쪽으로 굽어있다. 이 송풍기는 비교적 느린 속도로 가동되며, 이 축차는 때로 '다람쥐축차'라고도 불린다. 주로 가정용 화로, 중앙난방장치 및 에어컨과 같이 저압 난방 및 환기 등에 이용된다.

㉮ 방사 날개형   ㉯ 전향 날개형
㉰ 방사 경사형   ㉱ 프로펠러형

풀이 ㉯ 전향 날개형에 대한 설명이며, 핵심 내용은 "다람쥐축차 = 전향날개형"임을 숙지하시면 됩니다.

48 A액체연료를 완전연소한 결과 습배출 연소가스량이 15Sm³/kg이었다. 이 연료의 이론공기량이 12Sm³/kg일 때 이론 습배출가스량이 13Sm³/kg이었다면 공기비(m)는?

㉮ 약 1.01   ㉯ 약 1.17
㉰ 약 1.29   ㉱ 약 1.57

풀이 $G_w = G_{ow} + (m-1)A_o$
15Sm³/kg = 13Sm³/kg + (m-1)×12Sm³/kg
∴ m = 1.17

49 다음에서 설명하는 흡수장치는 어느 것인가?

> 고압의 노즐로부터 분무되는 세정액과 오염가스를 접촉시키는 방식으로, 송풍기가 불필요하고 효율은 좋으나 소요액량이 10~100L/m³로 많다. 세정액의 분무에 필요한 동력소비가 많아 가스량이 많을 때는 사용하기가 곤란하다.

㉮ 분무탑   ㉯ 벤츄리스크러버
㉰ 제트스크러버 ㉱ 포종탑

풀이 ㉰ 제트스크러버에 대한 설명이며, 핵심 내용은 "액가스비 10~100L/m³ = 제트스크러버"임을 숙지하시면 됩니다.

50 악취물질을 직접불꽃소각 방식에 의해 제거할 경우 다음 중 가장 적합한 연소 온도 범위는 어느 것인가?

㉮ 100~200℃   ㉯ 200~300℃
㉰ 300~450℃   ㉱ 600~800℃

풀이 직접소각법 : 600~800℃
촉매소각법 : 250~450℃

51 유체 내를 입자가 자유낙하할 때 입자의 종말침강속도(terminal settling velocity) 계산 시 관계되는 힘과 가장 거리가 먼 것은 어느 것인가?

㉮ 항력   ㉯ 관성력
㉰ 부력   ㉱ 중력

풀이 입자의 종말침강속도 계산 시 관계되는 힘은 항력, 부력, 중력이다.

answer 46 ㉯ 47 ㉯ 48 ㉯ 49 ㉰ 50 ㉱ 51 ㉯

52 부피비로 CH_4 80%, O_2 10%, N_2 10%인 연료가스 $1.5Sm^3$를 완전연소시키기 위해 필요한 이론공기량(Sm^3)은 얼마인가?

㉮ 약 $7.1Sm^3$ ㉯ 약 $9.0Sm^3$
㉰ 약 $10.7Sm^3$ ㉱ 약 $14.2Sm^3$

[풀이] $CH_4 + 2O_2 \rightarrow CO_2 + 2H_2O$: 80%
O_2 : 10%
이론공기량(A_o)
$= \dfrac{\text{가연성분 연소시 필요한 산소량-연료의 산소량}}{0.21} (Sm^3/Sm^3)$
$\times$ 연료량(Sm^3/Sm^3)
$= \dfrac{2 \times 0.80 - 0.10}{0.21} (Sm^3/Sm^3) \times 1.5Sm^3 = 10.71Sm^3$

53 다음 중 석탄의 탄화도가 증가할수록 가지는 성질로 틀린 것은 어느 것인가?

㉮ 수분 및 휘발분이 감소한다.
㉯ 고정탄소 및 산소의 양이 증가한다.
㉰ 발열량이 증가하고, 착화온도가 높아진다.
㉱ 연료비가 증가한다.

[풀이] 석탄의 탄화도
① 탄화도가 증가하면 고정탄소, 발열량, 착화온도, 연료비 증가
② 탄화도가 감소하면 매연발생량, 비열, 휘발분, 수분, 산소의 양, 연소속도 감소

54 다음에서 설명하는 실내오염물질은 어느 것인가?

> VOC_s의 한 종류이며 가장 일반적인 오염물질 중 하나이고, 건물 내부에서 발견되는 오염물질 중 가장 심각한 오염물질이다. 각종 광택제와 풀, 발포성 단열재, 카펫, 합판틀, 파티클보드 선반 및 가구 등의 새 자재에서 주로 방출된다.

㉮ HCHO
㉯ Carbon Tetrachloride
㉰ Trimethylbenzene
㉱ Styrene

[풀이] ㉮ 포름알데하이드(HCHO)에 대한 설명이다.

55 프로판과 부탄이 부피비 2 : 1로 혼합된 가스 $1Sm^3$을 이론적으로 완전연소시킬 때 발생되는 예상 CO_2의 양(Sm^3)은 얼마인가?

㉮ 약 $2.0Sm^3$ ㉯ 약 $3.3Sm^3$
㉰ 약 $4.4Sm^3$ ㉱ 약 $5.6Sm^3$

[풀이] $C_3H_8 + 5O_2 \rightarrow 3CO_2 + 4H_2O : \dfrac{2}{3}$

$C_4H_{10} + 6.5O_2 \rightarrow 4CO_2 + 5H_2O : \dfrac{1}{3}$

CO_2량 $= 3 \times \dfrac{2}{3} + 4 \times \dfrac{1}{3} = 3.33 Sm^3/Sm^3$

answer 52 ㉰   53 ㉯   54 ㉮   55 ㉯

56 석회석을 사용하는 배연탈황법의 특성으로 틀린 것은 어느 것인가?

㉮ 석회석을 가루로 만들어 연소로에 직접 주입하는 방법으로 초기 투자비가 적다.
㉯ 아주 짧은 시간에 아황산가스와 반응해야하므로 흡수효율은 낮으며, 연소로 내에서 scale을 생성한다.
㉰ 이 반응은 pH의 영향을 많이 받으므로 흡수액의 pH는 9로 지정하고, SO_3의 산화는 pH 10 이상에서 진행한다.
㉱ 소규모 보일러나 노후된 보일러에 추가로 설치할 때 사용된다.

57 흡착에 의한 탈취방법에서 활성탄을 흡착제로 사용할 경우 효과가 거의 없는 물질은 어느 것인가?

㉮ 페놀류   ㉯ 유기염소화합물
㉰ 메탄   ㉱ 에스테르류

풀이 ㉰ 메탄은 무색, 무취이므로 효과가 거의 없다.

58 다음 먼지의 입경측정방법 중 간접 측정법에 해당하지 않는 것은 어느 것인가?

㉮ 관성충돌법   ㉯ 액상침강법
㉰ 표준체측정법   ㉱ 공기투과법

풀이 ① 간접측정법에는 관성충돌법, 액상침강법, 공기투과법, 광산란법이 있다.
② 직접측정법에는 표준체 측정법, 현미경측정법이 있다.

59 메탄의 고위발열량이 9,340kcal/Sm^3일 때, 저위발열량(kcal/Sm^3)은 얼마인가?

㉮ 8,140kcal/Sm^3 ㉯ 8,380kcal/Sm^3
㉰ 8,670kcal/Sm^3 ㉱ 8,810kcal/Sm^3

풀이 $CH_4 + 2O_2 \rightarrow CO_2 + 2H_2O$
Hl = Hh − 480 × H_2O량(kcal/Sm^3)
   = 9,340kcal/Sm^3 − 480×2
   = 8,380kcal/Sm^3

60 여과집진장치에서 배출가스 중 먼지의 유입농도는 8g/m^3이고 유출농도는 0.5g/m^3이며, 백필터의 여과속도를 1.0cm/sec로 운전하고 있다. 먼지부하가 160g/m^2에 도달할 때 먼지를 탈락시킨다면 먼지층을 몇 분마다 털어야 하는가?

㉮ 21.2분   ㉯ 26.5분
㉰ 30.4분   ㉱ 35.6분

풀이 Ld = (C_i − C_o) × Vf × t

Ld : 먼지부하(g/m^2)
C_i : 먼지의 유입농도(g/m^3)
C_o : 먼지의 유출농도(g/m^3)
Vf : 여과속도(m/sec)
t : 탈락시간(sec)

① 160g/m^2 = (8−0.5)g/m^3 × 0.01m/sec × t

∴ t = $\dfrac{160\text{g/m}^2}{(8-0.5)\text{g/m}^3 \times 0.01\text{m/sec}}$ = 2,133.33sec

② t(min) = 2,133.33sec × $\dfrac{1\text{min}}{60\text{sec}}$ = 35.56min

answer 56 ㉰   57 ㉰   58 ㉰   59 ㉯   60 ㉱

2016 1회 기출문제

| 제1과목 | 대기환경관리

01 대기 중 광화학반응에 대한 내용으로 틀린 것은 어느 것인가?

㉮ NO광산화율이란 탄화수소에 의하여 NO가 NO_2로 산화되는 율을 뜻한다.
㉯ 일반적으로 대기에서의 오존농도는 NO_2로 산화된 NO의 양에 비례하여 증가한다.
㉰ 과산화기가 산소와 반응하여 오존이 생성될 수도 있다.
㉱ 광화학반응에 영향을 미치는 빛은 파장이 짧은 적외선이다.

풀이 ㉱ 광화학반응에 영향을 미치는 빛은 주로 자외선이다.

02 지상 44m에서 풍속이 7.5m/s일 때, 지상 11m 높이에서의 풍속(m/sec)은 얼마인가? (단, Deacon식 적용, 풍속지수 p는 0.25)

㉮ 5.3m/s ㉯ 5.7m/s
㉰ 6.2m/s ㉱ 6.9m/s

풀이
$u_2 = u_1 \times \left(\dfrac{H_2}{H_1}\right)^P$

$7.5 \text{m/sec} = u_1 \times \left(\dfrac{44\text{m}}{11\text{m}}\right)^{0.25}$

∴ $u_1 = 5.30$m/sec

03 대기 중 환경감률이 −2.5℃/km인 경우의 대기상태로 알맞은 것은 어느 것인가?

㉮ 미단열 ㉯ 등온
㉰ 과단열 ㉱ 역전

풀이 건조단열감율선(rd) = $\dfrac{-0.98℃}{100\text{m}}$ 이고

실측기온감율선(r) = $\dfrac{-0.25℃}{100\text{m}}$ 이다.

따라서 rd > r이므로 미단열 조건이다.

04 레일리(Rayleigh)산란에 대한 내용으로 ( )에 알맞은 말은 어느 것인가?

> 레일리산란은 입사되는 파장이 산란되는 입자의 크기보다 (①) 경우에 일어나며, (②)에 효과적이다.

㉮ ① 큰, ② 자외선
㉯ ① 큰, ② 가시광선
㉰ ① 작은, ② 자외선
㉱ ① 작은, ② 가시광선

풀이 레일리 산란
① 발생조건 : 입사 파장이 산란 입자크기보다 큰 경우
② 효과적인 파장 : 가시광선

answer 01 ㉱ 02 ㉮ 03 ㉮ 04 ㉯

05 오존층 보호를 위한 파괴물질의 생산 및 소비감축에 관한 내용의 국제협약으로 알맞은 것은 어느 것인가?

㉮ 바젤협약 ㉯ 리우선언
㉰ 기후변화협약 ㉱ 몬트리올의정서

풀이 오존층 보호를 위한 국제협약은 비엔나 협약, 몬트리올 의정서, 런던회의가 있다.

06 대기오염물질에 대한 지표식물로 틀린 것은 어느 것인가?

㉮ SO_2 - 자주개나리
㉯ H_2S - 사과
㉰ 오존 - 담배
㉱ 플루오린화합물 - 글라디올러스

풀이 지표(약한)식물
㉮ SO_2 : 대맥, 담배, 자주개나리(알팔파), 목화, 보리 등
㉯ H_2S : 코스모스, 오이, 토마토, 담배 등
㉰ 오존 : 담배, 시금치, 자주개나리(알팔파), 토마토, 백송 등
㉱ 불소화합물 : 옥수수, 자두, 메밀, 글라디올러스 등

07 대기 중 오존에 대한 내용으로 틀린 것은 어느 것인가?

㉮ 대류권의 오존은 국지적인 광화학스모그로 생성된 옥시단트의 지표물질이다.
㉯ 대류권의 오존은 온실가스로 작용한다.
㉰ 청정지역 대기 중의 오존농도는 0.2~0.3ppm으로 거의 일정하다.
㉱ 오염된 대기 중의 오존은 로스엔젤레스 스모그 사건에서 처음 확인되었다.

풀이 ㉰ 청정지역 대기중의 오존농도는 0.01~0.02ppm으로 거의 일정하다.

08 냄새물질의 특성에 대한 내용으로 틀린 것은 어느 것인가?

㉮ 냄새물질은 비교적 휘발성이 낮다.
㉯ 냄새물질은 화학반응성이 강한 편이다.
㉰ 냄새물질은 불쾌감과 작업능률 저하를 가져온다.
㉱ 냄새물질은 대부분 흡수, 흡착에 의해 제거가 가능하다.

풀이 ㉮ 냄새물질은 비교적 휘발성이 높다.

09 굴뚝에서 배출되는 연기 형태 중 환상형(looping)에 대한 내용으로 틀린 것은 어느 것인가?

㉮ 과단열감률 상태에서 발생한다.
㉯ 상·하층 공기의 혼합이 활발하여 오염물질이 잘 확산된다.
㉰ 굴뚝 가까운 곳에 지표농도가 높게 나타날 수 있다.
㉱ 바람이 다소 강하고, 구름이 많이 낀 날에 주로 관찰된다.

풀이 ㉱번에 대한 설명은 원추형에 해당한다.

answer 05 ㉱ 06 ㉯ 07 ㉰ 08 ㉮ 09 ㉱

10 가솔린 자동차 운전조건 중 일산화탄소를 가장 많이 배출하는 조건으로 알맞은 것은 어느 것인가?

㉮ 감속   ㉯ 정속
㉰ 공회전   ㉱ 급가속

풀이 일산화탄소를 가장 많이 배출하는 조건은 공회전(아이드링) 상태이다.

TIP

가솔린 자동차의 배기가스

	NO_x	CO, HC
많이	가속, 운행	공전, 감속
적게	공전, 감속	가속, 운행

11 Sutton의 확산 방정식에서 최대 지표농도는 $C_{max} = \dfrac{2Q}{\pi euHe^2}$ 이다. 현재 He가 40m일 때 최대 지표농도를 1/4로 낮추려면 He(m)는 얼마인가? (단, 다른 모든 조건은 같다.)

㉮ 80m   ㉯ 100m
㉰ 120m   ㉱ 160m

풀이 $C_{max} = \dfrac{1}{He^2}$ 의 관계식에서

$1C_1 : \dfrac{1}{(40m)^2} = \dfrac{1}{4} C_1 : \dfrac{1}{He^2}$

∴ $He = \sqrt{(40m)^2 \times 4} = 80m$

12 입자크기 측정법 중 현미경을 이용하는 방법으로 투영된 입자의 모양이 원형이 아닐 때, 입자의 최장 또는 최단 크기로 정의하거나 여러 방향으로 나누어 측정한 크기를 산술평균한 값으로 정의하는 직경은 어느 것인가?

㉮ 등가직경   ㉯ 광학직경
㉰ Stokes직경   ㉱ 공기역학직경

풀이 ㉯ 광학직경에 대한 설명이며, 핵심 내용은 "입자의 최장 또는 최단 크기 = 광학직경"임을 숙지하시면 됩니다.

13 상온에서 녹황색이고, 강한 자극성 냄새를 내는 기체로서 비중이 2.49(공기 = 1)인 오염 물질은 어느 것인가?

㉮ 염소   ㉯ 이산화황
㉰ 황화수소   ㉱ 폼알데하이드

풀이 기체의 비중 = $\dfrac{\text{기체의 분자량(kg)}}{\text{공기의 분자량(29kg)}}$

따라서 $2.49 = \dfrac{\text{기체의 분자량(kg)}}{29kg}$

∴ 기체의 분자량 = 2.49×29kg = 72.21
보기중에서 분자량이 비슷한 값이 정답이므로 Cl_2(71)가 정답이다.

14 혼합기체의 부피조성이 질소(N_2) 80%와 이산화탄소(CO_2) 20%로 이루어졌을 때 평균 분자량은 얼마인가?

㉮ 31.2   ㉯ 38.9
㉰ 44.0   ㉱ 49.3

풀이 평균분자량 = 28kg×0.8+44kg×0.2 = 31.2kg

answer 10 ㉰ 11 ㉮ 12 ㉯ 13 ㉮ 14 ㉮

15 열섬현상에 관한 설명으로 틀린 것은 어느 것인가?

㉮ 도시에서 대기오염의 확산을 조사할 경우에는 도시열섬효과를 고려하여야 한다.
㉯ 열섬현상의 원인으로는 인구집중에 따른 인공열 발생 증가, 지표면에서의 증발잠열 차이 등이 있다.
㉰ 인구, 건물, 산업시설이 많을수록 열섬현상이 일어날 확률이 높다.
㉱ 열섬현상이 일어나면 도심에서는 하강기류가 나타나 주변 지역과의 대류가 활발해진다.

풀이 ㉱ 열섬현상이 일어나면 도심에서는 상승기류가 나타나 주변 지역과의 대류가 불활발해진다.

16 실내공기오염의 일반적인 지표가 되는 오염물질로서 다중이용시설에서 실내공기질 유지 기준이 1,000ppm 이하인 물질은 어느 것인가?

㉮ N_2
㉯ CO_2
㉰ CO
㉱ H_2S

풀이 ㉯ 이산화탄소(CO_2)에 대한 설명이며, 핵심 내용은 "실내공기오염의 지표 = CO_2"임을 숙지하시면 됩니다.

17 대기오염물질과 주요 배출원의 연결이 틀린 것은 어느 것인가?

㉮ 일산화탄소 - 자동차
㉯ 이산화황 - 용광로
㉰ 질소산화물 - 보일러
㉱ 벤젠 - 펄프제조

풀이 ㉱ 벤젠 - 석유정제, 피혁제조, 도장공업, 살충제, 수지공업, 포르말린 제조

18 다음 설명에 해당하는 대기오염물질은 어느 것인가?

> 비가연성이며 폭발성이 있는 무색의 자극성 기체로서 산성비의 원인이 되기도 하고, 환원성이 있으며, 표백현상도 나타낸다.

㉮ 이황화탄소   ㉯ 황화수소
㉰ 이산화황   ㉱ 일산화탄소

풀이 ㉰ 이산화황(SO_2)에 대한 설명이며, 핵심 내용은 "산성비원인, 환원성물질 = 이산화황"임을 숙지하시면 됩니다.

answer 15 ㉱ 16 ㉯ 17 ㉱ 18 ㉰

19 대기의 특성과 관련된 설명으로 틀린 것은 어느 것인가?

㉮ 공기는 약 0~50℃의 온도범위 내에서 보통 이상기체의 법칙을 따른다.
㉯ 공기의 절대습도란 이론적으로 함유된 수증기 또는 물의 함량을 말하며 단위는 %이다.
㉰ 행성경계층(PBL)보다 높은 고도에서 기압경도력과 전향력의 평형에 의하여 이루어지는 바람을 지균풍이라고 한다.
㉱ 대기안정도와 난류는 대기경계층(ABL) 내에서 오염물질의 확산정도를 결정하는 중요한 인자이다.

풀이 ㉯ 공기의 절대습도란 실제 함유된 수증기 또는 물의 함량을 말하며 단위는 g/m^3이다.

20 아황산가스의 재산상 피해를 설명한 것으로 알맞은 것은 어느 것인가?

㉮ 고무제품을 균열, 노화시킨다.
㉯ Al_2O_3를 형성하여 부식을 가속시킨다.
㉰ 금속구조물에서 SO_2가 일정습도 이상일 때 피해가 크다.
㉱ 비용해성인 황산염에서 용해도가 높은 탄산염으로 바뀌면서 빗물에 씻겨 건축재료를 약화시킨다.

풀이 ㉮ 섬유의 인장강도를 떨어뜨린다.
㉯ H_2SO_4을 형성하여 부식을 가속화시킨다.
㉱ 용해성인 황산염에 의해서 건축재료를 약화시킨다.

| 제2과목 | 대기오염공정시험기준

21 원자흡수광광도법으로 대기오염물질의 농도를 정량할 때, 3종류 이상의 농도의 표준시료용액에 대하여 흡광도를 측정하여 표준물질의 농도를 가로대에, 흡광도를 세로대에 취하여 그래프를 그린 후 시료용액의 흡광도 결과를 대입하여 시료의 농도를 구하는 방법은 어느 것인가?

㉮ 절대검정곡선법
㉯ 표준물첨가법
㉰ 상대검정곡선법
㉱ 외부표준법

풀이 ㉮ 절대검정곡선법에 대한 설명이다.

22 분석대상가스가 페놀인 경우 채취관 및 연결관의 재질로 틀린 것은 어느 것인가?

㉮ 석영   ㉯ 실리콘수지
㉰ 플루오로수지   ㉱ 스테인리스강

풀이 페놀의 채취관 및 연결관의 재질은 경질유리, 석영, 스테인리스강, 플루오로수지이다.

answer 19 ㉯ 20 ㉰ 21 ㉮ 22 ㉯

23 표준산소농도 적용을 받은 A성분의 실측농도가 200mg/Sm³이고, 실측산소농도가 3.5%이다. 표준산소농도로 보정한 A성분의 농도(mg/Sm³)는 얼마인가? (단, 표준산소농도는 3.05%이다.)

㉮ 195mg/Sm³ ㉯ 205mg/Sm³
㉰ 212mg/Sm³ ㉱ 221mg/Sm³

풀이
$$C = C_a \times \frac{21-O_s}{21-O_a} = 200\text{mg/Sm}^3 \times \frac{21-3.05\%}{21-3.5\%}$$
$$= 205.14\text{mg/Sm}^3$$

TIP
배출가스유량 보정식
$$Q = Q_a \div \frac{21-O_s}{21-O_a}$$

24 환경대기 중의 탄화수소 농도를 측정하기 위한 시험방법 중 주 시험법으로 알맞은 것은 어느 것인가?

㉮ 총탄화수소 측정법
㉯ 활성 탄화수소 측정법
㉰ 비메탄 탄화수소 측정법
㉱ 이온성 탄화수소 측정법

풀이 탄화수소의 시험방법에는 총탄화수소 측정법, 활성 탄화수소 측정법, 비메탄 탄화수소 측정법(주 시험방법)이 있다.

25 배출가스상 물질 시료채취 시 흡수병을 사용할 경우 채취관은 배출가스의 흐르는 방향에 대하여 어떻게 설치하여야 하는가?

㉮ 45°로 연결한다.
㉯ 60°로 연결한다.
㉰ 90°로 연결한다.
㉱ 120°로 연결한다.

26 굴뚝단면적이 원형이고 굴뚝반경이 1.1m일 때 먼지를 측정하기 위한 측정점수로 적합한 것은 어느 것인가?

㉮ 4   ㉯ 8
㉰ 12 ㉱ 16

풀이 원형단면의 측정점

굴뚝직경(m)	반경구분수	측정점수
1 이하	1	4
1 초과 2 이하	2	8
2 초과 4 이하	3	12
4 초과 4.5 이하	4	16
4.5 초과	5	20

27 환경대기 중 일산화탄소를 불꽃 이온화 검출기법으로 측정하고자 할 때, 그 원리로 알맞은 것은 어느 것인가?

㉮ 시료를 산화시켜 탄산가스로 하고, 이를 적외선 분석법에 의해 측정한다.
㉯ 시료를 수소불꽃 중에서 연소시켜 수산화포타슘-에탄올 용액이 함유된 정제 칼럼을 통과한 후 그 농도를 측정한다.
㉰ 시료를 수소불꽃 중에서 연소시키면 탄화수소가 발생하며, 이를 백금촉매를 첨가한 활성탄 칼럼을 통과하여 생성된 일산화탄소를 FID법으로 측정한다.
㉱ 시료를 운반가스인 수소와 함께 니켈촉매가 채워진 분리관을 통과시키면 메탄이 생성되며 이를 FID법으로 측정한다.

answer 23 ㉯ 24 ㉰ 25 ㉰ 26 ㉰ 27 ㉱

풀이 일산화탄소의 불꽃이온화검출기법
① 운반가스 : 수소(H_2)
② 촉매 : 니켈(Ni)
③ 검출기 : 불꽃이온화검출기(FID)

28 굴뚝의 150℃인 배출가스를 피토우관으로 측정한 결과 동압이 20mmH₂O였을 때 유속(m/sec)은 얼마인가? (단, 습한 배출가스 밀도는 1.3kg/Sm³, 피토우관 계수는 0.8790 이다.)

㉮ 1.48m/sec ㉯ 17.4m/sec
㉰ 19.0m/sec ㉱ 21.6m/sec

풀이
$$V = C \times \sqrt{\frac{2gh}{r}}$$
$$= 0.8790 \times \sqrt{\frac{2 \times 9.8 \text{m/sec}^2 \times 20 \text{mmH}_2\text{O}}{1.3 \text{kg/Sm}^3 \times \frac{273}{273+150℃}}}$$
$$= 19.0 \text{m/sec}$$

29 흡광광도 분석장치 중 광원부에서 자외부의 광원으로 주로 사용되는 것은 무엇인가?

㉮ 중공음극램프 ㉯ 텅스텐램프
㉰ 광전자증배관 ㉱ 중수소방전관

풀이 ① 가시부와 근적외부의 광원 : 텅스텐램프
② 자외부의 광원 : 중수소방전관

30 배출가스 중의 중금속류를 분석할 때 시료 채취 시 사용한 여과지의 전처리로서 저온회화법을 이용한다. 저온회화법의 회화온도 기준으로 알맞은 것은 어느 것인가?

㉮ 100℃ 이하 ㉯ 150℃ 이하
㉰ 200℃ 이하 ㉱ 250℃ 이하

풀이 ① 저온회화법의 회화온도 기준 : 200℃ 이하
② 회화법의 회화온도 기준 : 500℃ 이상

31 굴뚝 배출가스 중 황화수소를 자외선/가시선분광법-메틸렌블루법으로 분석할 때 흡수액으로 알맞은 것은?

㉮ 아연아민착염용액
㉯ 붕산용액
㉰ 수산화소듐용액
㉱ 황산용액

풀이 황화수소의 흡수액은 아연아민착염용액이다.

32 비분산형 적외선 분석기의 장치구성에 대한 내용으로 틀린 것은 어느 것인가?

㉮ 광원은 원칙적으로 니크로뮴선 또는 탄화규소의 저항체에 전류를 흘려 가열한 것을 사용한다.
㉯ 비교셀은 시료셀과 동일한 모양을 갖으며 수소 또는 헬륨 기체를 봉입하여 사용한다.
㉰ 검출기는 광속을 받아들여 시료가스 중 측정성분 농도에 대응하는 신호를 발생시키는 선택적 검출기 혹은 광학필터와 비선택적 검출기를 조합하여

answer 28 ㉰ 29 ㉱ 30 ㉰ 31 ㉮ 32 ㉯

사용한다.

㉣ 광학필터는 시료가스 중에 포함되어 있는 간섭성분가스의 흡수파장역의 적외선을 흡수 제거하기 위하여 사용한다.

풀이 ㉰ 비교셀은 시료셀과 동일한 모양을 갖으며 아르곤 또는 질소와 같은 불활성기체를 봉입하여 사용한다.

33 시험의 기재 및 용어에 관한 내용으로 틀린 것은 어느 것인가?

㉮ 시험조작 중 "즉시"란 10초 이내 표시된 조작을 하는 것을 뜻한다.

㉯ "감압 또는 진공"이라 함은 따로 규정이 없는 한 15mmHg 이하를 뜻한다.

㉰ 액체성분의 양을 "정확히 취한다"함은 홀피펫, 부피플라스크 또는 이와 동등 이상의 정확도를 갖는 용량계를 사용하여 조작하는 것을 뜻한다.

㉱ "정확히 단다"라 함은 규정한 양의 검체를 취하여 분석용 저울로 0.1mg까지 다는 것을 뜻한다.

풀이 ㉮ 시험조작 중 "즉시"란 30초 이내 표시된 조작을 하는 것을 뜻한다.

34 환경대기 중의 시료채취방법 중 고용량 공기시료채취기법의 채취용 여과지에 대한 내용으로 틀린 것은 어느 것인가?

㉮ 흡수성이 적고, 가스상 물질의 흡착도 적은 것이어야 한다.

㉯ 입자상 물질의 채취에 사용하는 여과지는 0.5μm되는 입자를 95% 이상 채취할 수 있어야 한다.

㉰ 분석에 방해되는 물질을 함유하지 않은 것이어야 한다.

㉱ 사용되는 여과지의 재질은 일반적으로 유리섬유, 석영섬유, 폴리스틸렌, 플루오로수지 등이다.

풀이 ㉯ 입자상 물질의 채취에 사용하는 여과지는 0.3μm되는 입자를 99% 이상 채취할 수 있어야 한다.

35 이온크로마토그래피법에서 장치구성에 대한 내용으로 틀린 것은 어느 것인가?

㉮ 송액펌프는 맥동(脈動)이 적은 것, 필요한 압력을 얻을 수 있는 것, 유량조절이 가능한 것, 용리액 교환이 가능한 것을 사용한다.

㉯ 용리액조는 이온성분이 용출되지 않는 재질로써 용리액을 직접공기와 접촉시키지 않는 밀폐된 것을 선택하며, 일반적으로 폴리에틸렌이나 경질 유리제를 사용한다.

㉰ 써프렛서는 관형과 이온교환막형이 있으며, 관형은 음이온에는 스티롤계 강산형(H^+) 수지가, 양이온에는 스티롤계 강염기형(OH^-)의 수지가 충진된 것을 사용한다.

㉱ 자외선흡수검출기(UV 검출기)는 전이금속 성분의 발색반응을 이용하는 경우에 주로 사용되며, 염전도도 검출기와 병행하여 사용하기도 한다.

풀이 ㉱ 가시선흡수검출기(VIS 검출기)는 전이금속 성분의 발색반응을 이용하는 경우에 주로 사용되며, 전기 전도도 검출기와 병행하여 사용하기도 한다.

answer 33 ㉮ 34 ㉯ 35 ㉱ 36 ㉮

36 굴뚝 배출가스 중 질소산화물을 자외선/가시선분광법 아연환원나프틸에틸렌다이아민법으로 분석할 경우 흡수액으로 알맞은 것은?

㉮ 황산용액 ㉯ 질산용액
㉰ 붕산용액 ㉱ 수산화소듐용액

> **풀이** 질소산화물을 자외선/가시선분광법 아연환원나프틸에틸렌다이아민법으로 분석 시 흡수액은 0.005 mol/L 황산용액이다.

37 연료용 유류 중의 황함유량을 측정하기 위한 분석방법 중 연소관식 공기법에 대한 내용으로 ( )에 알맞은 말은 어느 것인가?

> 950~1,100℃로 가열한 석영재질 연소관 중에 공기를 불어넣어 시료를 연소시킨다. 생성된 황산화물을 ( )에 흡수시켜 황산으로 만든 다음, 수산화소듐표준액으로 중화적정하여 황함유량을 구한다.

㉮ 과산화수소(3%)
㉯ 질산암모늄용액
㉰ 아연아민착염용액
㉱ 크로모트로핀산용액

38 배출원에서 등속으로 흡입된 입자상 및 가스상 수은을 냉증기-원자흡수분광광도법으로 분석 시 측정파장은?

㉮ 553.7nm ㉯ 453.7n
㉰ 353.7nm ㉱ 253.7nm

> **풀이** 수은을 냉증기-원자흡수분광광도법으로 분석 시 측정파장은 253.7nm이다.

39 배출가스 중의 먼지 측정에 사용되는 흡입노즐에 대한 내용으로 틀린 것은 어느 것인가?

㉮ 흡입노즐 내경은 3mm 이상이어야 한다.
㉯ 흡입노즐은 경질유리제 재질로도 측정할 수 있다.
㉰ 흡입노즐의 꼭지점은 30˚ 이하의 예각으로 매끈한 반구 모양으로 한다.
㉱ 흡입노즐의 선택은 오리피스 압차(△H)를 결정하나 등속흡입과는 무관하다.

> **풀이** ㉱ 흡입노즐 내외면은 매끄럽게 되어야 하며 흡입노즐에서 먼지 채취부까지의 흡입관은 내부면이 매끄럽고 급격한 단면의 변화와 굴곡이 없어야 한다.

40 굴뚝 배출가스 중의 유량, 유속 측정방법에 사용되는 피토우관에 대한 내용으로 틀린 것은 어느 것인가?

㉮ 스텐인리스와 같은 재질의 금속관이 사용된다.
㉯ 피토우관의 각 분기관 사이의 거리는 같아야 한다.
㉰ 관의 바깥지름의 범위는 50~100mm 정도이어야 한다.
㉱ 각 분기관과 오리피스 평면과의 거리는 바깥지름의 1.05~1.50배 사이에 있어야 한다.

> **풀이** ㉰ 관의 바깥지름의 범위는 4~10mm 정도이어야 한다.

answer 37 ㉮ 38 ㉱ 39 ㉱ 40 ㉰

| 제3과목 | 대기오염방지기술

41 보일러의 배출가스 조성이 CO_2 = 12%, O_2 = 8%, N_2 = 80%일 때 공기비는 얼마인가?

㉮ 1.6 ㉯ 1.8
㉰ 2.0 ㉱ 3.4

풀이 공기비(m) = $\dfrac{N_2\%}{N_2\%-3.76\times O_2\%}$ = $\dfrac{80\%}{80\%-3.76\times 8\%}$ = 1.60

42 여과포(bag filter)의 기능에 관한 내용으로 틀린 것은 어느 것인가?

㉮ 겉보기 여과속도가 작을수록 미세입자의 채취가 가능하다.
㉯ 간헐식 털어내기 방식은 비교적 낮은 집진율을 얻는 경우에 적합하다.
㉰ 연속식 털어내기 방식은 고농도의 함진가스 처리에 적합하다.
㉱ 필요에 따라 유리섬유의 실리콘처리, 합성섬유의 열처리 등을 한다.

풀이 ㉯ 간헐식 털어내기 방식은 비교적 높은 집진율을 얻는 경우에 적합하다.

43 기상농도와 액상농도의 평형관계를 나타내는 헨리법칙이 적용되지 않는 기체는 어느 것인가?

㉮ O_2 ㉯ N_2
㉰ CO_2 ㉱ NH_3

풀이 헨리법칙에 적용되는 기체는 난용성기체이고, 비적용 기체는 수용성기체이므로 정답은 물에 잘 녹는 암모니아(NH_3)이다.

44 천연가스에 관한 내용으로 틀린 것은 어느 것인가?

㉮ 주성분은 프로판이다.
㉯ 도시가스용으로 많이 사용한다.
㉰ 냉각하여 액화시킨 것을 LNG라 한다.
㉱ 압축하여 자동차의 연료로도 사용한다.

풀이 ㉮ LNG의 주성분은 메탄(CH_4)이며, LPG의 주성분은 프로판(C_3H_8)과 부탄(C_4H_{10})이다.

45 석탄 연소 후 배출가스 성분분석 결과 CO_2 = 15%, O_2 = 5%, N_2 = 80%일 때 $CO_{2max}(\%)$는 얼마인가?

㉮ 약 15% ㉯ 약 20%
㉰ 약 25% ㉱ 약 30%

풀이 $CO_{2max}(\%) = \dfrac{21\times CO_2\%}{21-O_2\%} = \dfrac{21\times 15\%}{21-5\%} = 19.69\%$

TIP
최대탄산가스량($CO_{2max}(\%)$)
$CO_{2max}(\%) = \dfrac{21\times(CO_2\%+CO\%)}{21-O_2\%+0.395\times CO\%}$
$= \dfrac{21\times CO_2\%}{21-O_2\%}$

answer 41 ㉮ 42 ㉯ 43 ㉱ 44 ㉮ 45 ㉯

46 다이옥신 처리대책으로 틀린 것은 어느 것인가?

㉮ 촉매분해법
㉯ 오존산화법
㉰ 생물학적 분해법
㉱ 선택적 접촉환원법

풀이 ㉱ 선택적 접촉환원법은 질소산화물(NO_X)처리법이다.

47 충전탑에 대한 내용으로 틀린 것은 어느 것인가?

㉮ 액가스비는 0.05~0.1L/m³ 정도이며, 포종탑류에 비해 압력손실이 크다.
㉯ 흡수액에 고형성분이 함유되면 침전물이 생겨 성능이 저하될 수 있다.
㉰ 급수량이 적절하면 효과가 좋다.
㉱ 처리가스 유량의 변화에도 비교적 적응성이 있다.

풀이 충전탑의 액가스비는 2~3L/m³ 정도이며, 가스의 속도는 0.5~1.5m/sec, 압력손실은 100~250mmH₂O이다.

48 물리적 흡착과 화학적 흡착의 일반적인 특성을 상대 비교한 내용으로 틀린 것은 어느 것인가?

구분		물리적 흡착	화학적 흡착
①	흡착과정	가역성이 높음	가역성이 낮음
②	오염가스의 회수	용이	어려움
③	온도범위	대체로 높은 온도	낮은 온도
④	흡착열	낮음	높음

㉮ ① ㉯ ②
㉰ ③ ㉱ ④

풀이 온도범위
① 물리적 흡착 : 낮은 온도
② 화학적 흡착 : 대체로 높은 온도

49 프라우드 수(Froude number)에 해당하는 식은 어느 것인가? (단, g는 중력가속도, v는 속도, L은 길이)

㉮ $\dfrac{v^2}{\sqrt{gL}}$ ㉯ $\dfrac{\sqrt{gL}}{v^2}$

㉰ $\dfrac{v}{\sqrt{gL}}$ ㉱ $\dfrac{\sqrt{gL}}{v}$

answer 46 ㉱ 47 ㉮ 48 ㉰ 49 ㉰

50 황화수소(H_2S) $1.0Sm^3$를 완전 연소할 때 소요되는 이론연소공기량(Sm^3)은 얼마인가?

㉮ 약 $2.4Sm^3$ ㉯ 약 $7.1Sm^3$
㉰ 약 $9.6Sm^3$ ㉱ 약 $12.3Sm^3$

풀이 $H_2S + 1.5O_2 \rightarrow SO_2 + H_2O$

이론연소공기량(A_o) = $\dfrac{\text{산소량}}{0.21} = \dfrac{1.5}{0.21}$
$= 7.14 Sm^3/Sm^3$

51 충전탑에서 충전물의 구비조건에 대한 내용으로 틀린 것은 어느 것인가?

㉮ 단위용적에 대한 표면적이 커야 한다.
㉯ 내열성과 내식성이 커야 한다.
㉰ 압력손실과 충전밀도가 적어야 한다.
㉱ 액가스 분포를 균일하게 유지할 수 있어야 한다.

풀이 ㉰ 압력손실은 적고 충전밀도는 커야 한다.

52 여과포(bag filter)에 사용되는 여재 중 고온에 가장 잘 견디는 것은 어느 것인가?

㉮ 오올론
㉯ 비닐론
㉰ 글라스화이버
㉱ 폴리아미드계 나일론

풀이 여재의 사용온도
 ㉮ 오올론 : 150℃
 ㉯ 비닐론 : 100℃
 ㉰ 글라스화이버 : 250℃
 ㉱ 폴리아미드계 나일론 : 110℃

53 벤츄리스크러버의 액가스비 범위로 가장 알맞은 것은 어느 것인가?

㉮ $0.05 \sim 0.1 L/m^3$ ㉯ $0.3 \sim 1.5 L/m^3$
㉰ $3 \sim 10 L/m^3$ ㉱ $10 \sim 50 L/m^3$

풀이 벤츄리스크러버의 액가스비는 $0.3 \sim 1.5 L/m^3$이며, 압력손실은 $300 \sim 800 mmH_2O$이며, 목부의 유속은 $60 \sim 90 m/sec$이다.

54 황 2kg을 공기 중에서 이론적으로 완전 연소시킬 때 발생되는 열량(kcal)은 얼마인가? (단, 황은 모두 SO_2로 전환되며, 열량은 80,000kcal/mol)

㉮ 1,250kcal ㉯ 2,500kcal
㉰ 5,000kcal ㉱ 80,000kcal

풀이 $S + O_2 \rightarrow SO_2$
32kg : 80,000kcal
2kg : X
$\therefore X = \dfrac{2kg \times 80,000kcal}{32kg} = 5,000kcal$

55 세정집진장치의 입자 채취원리에 대한 내용으로 틀린 것은 어느 것인가?

㉮ 액적에 입자가 충돌하여 부착한다.
㉯ 배기 증습에 의해 입자가 서로 응집한다.
㉰ 미립자의 확산에 의하여 액적과의 접촉을 쉽게 한다.
㉱ 입자를 핵으로 한 증기의 응결에 따라 응집성을 감소시킨다.

풀이 ㉱ 입자를 핵으로 한 증기의 응결에 따라 응집성을 증가시킨다.

answer 50 ㉯   51 ㉰   52 ㉰   53 ㉯   54 ㉰   55 ㉱

56 직경 0.3m인 덕트로 공기가 1m/s로 흐를 때 이 공기의 레이놀즈 수(N_{Re})는 얼마인가? (단, 공기밀도는 1.3kg/m³, 점도는 1.8×10^{-4}kg/m·s이다.)

㉮ 약 1,083 ㉯ 약 2,167
㉰ 약 3,251 ㉱ 약 4,334

풀이

$$Re = \frac{D \times V \times \rho}{\mu}$$

$\begin{bmatrix} Re : 레이놀드\ 수 \\ D : 직경(m) \\ V : 속도(m/sec) \\ \rho : 밀도(kg/m^3) \\ \mu : 점성도(kg/m \cdot sec) \end{bmatrix}$

따라서 $Re = \dfrac{0.3m \times 1m/sec \times 1.3kg/m^3}{1.8 \times 10^{-4} kg/m \cdot sec} = 2,166.67$

TIP
① 층류 : Re < 2,100
② 난류 : Re > 4,000

57 다음 악취 중 공기 중에서 최소감지농도가 가장 큰 물질은 어느 것인가?

㉮ 아세톤 ㉯ 식초
㉰ 폼알데하이드 ㉱ 페놀

풀이 공기 중에서 최소감지농도가 가장 큰 물질은 악취가 가장 심한 물질이므로 보기 중에서는 ㉮ 아세톤이 정답이다.

58 기체연료에 대한 내용으로 틀린 것은 어느 것인가?

㉮ 고로가스는 용광로에서 선철을 제조할 때 발생한다.
㉯ 오일가스는 석탄의 건류 및 가스화에 의하여 발생된 가스로서 주요 가연성 분은 메탄 및 프로판이다.
㉰ 발생로가스는 가열된 석탄 또는 코크스에 공기와 수증기를 연속적으로 공급하여 부분적으로 산화반응시킴으로써 얻어진다.
㉱ 전로가스는 선철을 제강과정에서 강철로 만드는 과정에서 발생하는 가스로서 주성분은 일산화탄소이다.

풀이 ㉯ 오일가스는 석유원유나 석탄유분을 700~800℃으로 열분해하여 얻어지는 연료이다.

59 하부의 더스트 박스(dust box)에서 처리가스량의 5~10%를 처리하여 사이클론 내 난류현상을 억제시켜 먼지의 재비산을 막아주고 장치 내벽에 먼지가 부착되는 것을 방지하는 효과를 무엇이라 하는가?

㉮ 에디(eddy)
㉯ 브라인딩(blinding)
㉰ 먼지 폐색(dust plugging)
㉱ 블로우 다운(blow down)

풀이 ㉱ 사이클론에서 효율향상책인 블로우 다운에 대한 설명이다.

answer   56 ㉯   57 ㉮   58 ㉯   59 ㉱

60 지름 40μm 입자의 최종 침전속도가 15cm/s라고 할 때 중력침전실의 높이가 1.25m이면 입자를 완전히 제거하기 위해 소요되는 이론적인 중력침전실의 길이(m)는 얼마인가? (단, 가스의 유속은 1.8m/s이다.)

㉮ 12m ㉯ 15m
㉰ 18m ㉱ 20m

풀이 $L(m) = \dfrac{u \times H}{V_g} = \dfrac{1.8\text{m/sec} \times 1.25\text{m}}{0.15\text{m/sec}} = 15\text{m}$

answer 60 ㉯

2016 2회 기출문제

| 제1과목 | 대기환경관리

01 도시지역의 열섬효과의 원인으로 틀린 것은 어느 것인가?

㉮ 도로 포장률이 높기 때문에
㉯ 단위 면적당 연료 소모가 많기 때문에
㉰ 바람에 의한 오염물질의 확산 때문에
㉱ 건물이 많아서 태양열의 흡수가 많기 때문에

풀이 ㉰ 바람이 약해서 오염물질의 확산이 잘 안 되기 때문에

02 대기오염물질 중 2차 오염물질로만 나열된 것은 어느 것인가?

㉮ NO, SO_2, HCl
㉯ $PAN, NOCl, O_3$
㉰ PAN, NO, HCl
㉱ O_3, H_2S, 금속염

풀이 오염물질
① 1차 오염물질 : NO, SO_2, HCl, H_2S, 금속염
② 2차 오염물질 : $PAN, NOCl, O_3$

03 어느 도시지역은 대기오염으로 인하여 주변 시골지역에 비해 태양의 복사열량이 10% 감소한다고 한다. 이 때, 도시지역의 지상온도가 255K이라면 시골지역의 지상온도(K)는 얼마인가? (단, 스테판-볼츠만의 법칙을 이용한다.)

㉮ 약 288K ㉯ 약 275K
㉰ 약 269K ㉱ 약 261K

풀이 스테판-볼츠만 법칙
$E = \sigma T^4$

- E : 복사에너지
- σ : 상수($5.67 \times 10^{-8} W/m^2$)
- T : 물체의 표면온도(k)

① 도시지역의 복사에너지
$= 5.67 \times 10^{-8} W/m^2 \times (255k)^4$
$= 239.74 \left(\dfrac{W}{m^2} \cdot k^4\right)$

② 시골지역의 복사에너지
$= 239.74 \left(\dfrac{W}{m^2} \cdot k^4\right) \times 1.1$
$= 263.71 \left(\dfrac{W}{m^2} \cdot k^4\right)$

③ 시골지역의 지상온도
$263.71 \left(\dfrac{W}{m^2} \cdot k^4\right) = 5.67 \times 10^{-8} \left(\dfrac{W}{m^2}\right) \times T^4$

$\therefore T = \left\{ \dfrac{263.71 \left(\dfrac{W}{m^2} \cdot k^4\right)}{5.67 \times 10^{-8} \left(\dfrac{W}{m^2}\right)} \right\}^{\frac{1}{4}} = 261.15k$

answer 01 ㉰ 02 ㉯ 03 ㉱

04 대기오염과 연관된 내용으로 틀린 것은 어느 것인가?

㉮ 환경대기 중 미세먼지는 황산화물과 공존하면 더 큰 피해를 준다.
㉯ 도노라 사건은 포자리카 사건 이후에 발생하였으며 1차 오염물질에 의한 사건이다.
㉰ 카보닐황은 대류권에서 매우 안정하기 때문에 거의 화학반응을 하지 않고 성층권으로 유입된다.
㉱ 멕시코의 포자리카 사건은 황화수소의 누출에 의해 발생한 것이다.

풀이 ㉯ 도노라 사건(1948년)은 포자리카 사건(1950년) 이전에 발생하였으며 1차 오염물질에 의한 사건이다.

05 CFCs 중 오존 파괴지수가 가장 높은 물질은 어느 것인가?

㉮ $C_2H_2F_3Cl$ ㉯ $C_2H_2FCl_3$
㉰ CH_2FBr ㉱ $CHFBr_2$

풀이 오존층 파괴지수
㉮ $C_2H_2F_3Cl$: 0.2~0.6
㉯ $C_2H_2FCl_3$: 0.007~0.05
㉰ CH_2FBr : 0.73
㉱ $CHFBr_2$: 1.0

TIP
오존층 파괴지수(ODP)가 가장 큰 물질은 Halon-1301(CF_3Br)로 10.0이며, 그 다음으로 Halon-2402($C_2F_4Br_2$)로 6.0이다.

06 아연 광석의 채광이나 제련 과정에서 부산물로 생성되고, 만성중독증상으로 단백뇨와 골연화증을 수반하는 오염물질은 어느 것인가?

㉮ 카드뮴 ㉯ 납
㉰ 수은 ㉱ 석면

풀이 ㉮ 카드뮴(Cd)에 대한 설명이며, 핵심 내용은 "단백뇨와 골연화증, 이따이이따이병 = 카드뮴" 임을 숙지하시면 됩니다.

07 대기오염물질 중 비중이 가장 큰 물질은 어느 것인가?

㉮ CS_2 ㉯ CO
㉰ SO_2 ㉱ NO_2

풀이 비중이 가장 큰 물질은 분자량이 가장 큰 물질이다. 따라서 이황화탄소(CS_2)가 분자량이 76으로 가장 큰 물질이다.

08 지구온난화를 일으키는 온실가스로 틀린 것은 어느 것인가?

㉮ CO ㉯ CO_2
㉰ CH_4 ㉱ N_2O

풀이 온실가스로는 이산화탄소(CO_2), 메탄(CH_4), 아산화질소(N_2O), 수소불화탄소(HFCs), 과불화탄소, 육불화황, 염화불화탄소, 수소염화불화탄소가 있다.

answer 04 ㉯ 05 ㉱ 06 ㉮ 07 ㉮ 08 ㉮

09 고속도로상의 교통밀도가 20,000대/hr이고, 차량의 평균속도가 100km/hr이다. 차량 한 대의 탄화수소의 배출량이 0.05g/s·대일 때, 고속도로에서 방출되는 탄화수소의 총량 (g/s·m)은 얼마인가?

㉮ 10^{-1}　　㉯ 10^{-2}
㉰ 10^{-3}　　㉱ 10^{-4}

풀이 탄화수소의 총량(g/sec·m)

$= \dfrac{0.05g}{sec \cdot 대} \times \dfrac{20,000대}{hr} \times \dfrac{1hr}{100km} \times \dfrac{1km}{10^3 m}$

$= 0.01 g/sec \cdot m = 10^{-2} g/sec \cdot m$

10 공업지역의 먼지 농도 측정을 위해 여과지를 이용하여 0.45m/s 속도로 3시간 채취한 결과, 깨끗한 여과지에 비해 채취한 여과지의 빛전달률이 66%였다면 1,000m당 COH는 얼마인가?

㉮ 3.0　　㉯ 3.2
㉰ 3.7　　㉱ 3.9

풀이

$Coh = \dfrac{\log\left(\dfrac{1}{빛전달률}\right) \times 100}{속도(m/sec) \times 여과시간(hr) \times 3,600} \times 1,000m$

$= \dfrac{\log\dfrac{1}{0.66} \times 100}{0.45m/sec \times 3hr \times 3,600} \times 1,000m = 3.71$

11 대기 중 이산화탄소에 관한 내용으로 틀린 것은 어느 것인가?

㉮ 고층 대기에서 광화학적인 분해반응을 일으키는 경우를 제외하면 대류권 내에서는 화학적으로 극히 안정한 편이다.
㉯ 수증기와 함께 지구온난화에 영향을 미치는 기체이다.
㉰ 전지구적인 배출량은 자연적인 배출량보다 화석연료 연소 등에 의한 인위적인 배출량이 훨씬 많다.
㉱ 미국 하와이 마우나로아에서 측정한 이산화탄소의 계절별 농도는 1년을 주기로 봄·여름에는 감소하는 경향을 나타낸다.

풀이 ㉰ 전지구적인 배출량은 자연적인 배출량이 화석연료 연소 등에 의한 인위적인 배출량보다 훨씬 많다.

12 바람에 대한 내용으로 틀린 것은 어느 것인가?

㉮ 전향력은 지구의 자전에 의해 운동하는 물체에 작용하는 힘이다.
㉯ 마찰력의 크기는 지표의 거칠기와 풍속에 비례한다.
㉰ 지균풍은 마찰력, 기압경도력, 전향력에 의해 등압선을 가로지르는 바람이다.
㉱ 해륙풍은 해안지역에서 바다와 육지의 비열차 또는 비열용량차에 의해 발생한다.

풀이 ㉰ 지균풍은 마찰이 작용하지 않는 자유 대기층에서 기압경도력과 전향력만으로 등압선과 평행하게 직선운동을 하며 부는 바람이다.

answer 09 ㉯　10 ㉰　11 ㉰　12 ㉰　13 ㉱

13 풍하방향에 가까이 있는 건물 높이가 60m라고 할 때, 다운드래프트 현상을 방지하기 위한 굴뚝의 최소 높이(m)는 얼마인가?

㉮ 60 ㉯ 90
㉰ 120 ㉱ 150

풀이 다운드래프트현상의 방지책은 주위 건물 높이에 비해 굴뚝의 높이를 2.5배 이상 유지를 해야하므로 60m×2.5 = 150m가 된다.

14 런던형 스모그에 대한 내용으로 틀린 것은 어느 것인가?

㉮ 주 오염물질은 먼지, SO_2이다.
㉯ 역전의 종류는 침강성 역전(하강형)이다.
㉰ 시정거리는 100m 이하이며 주된 화학반응은 환원반응이다.
㉱ 호흡기 자극, 폐렴 등에 의한 심각한 사망률을 나타내었다.

풀이 ㉯ 역전의 종류는 복사성 역전(복사형)이다.

15 환경감률이 −0.1 ~ −0.5℃/100m 범위의 값을 가질 때 대기의 상태는 어느 것인가?

㉮ 약한 불안정 ㉯ 불안정
㉰ 중립 ㉱ 안정

풀이 건조단열감률이 환경감률보다 큰 조건이므로 대기상태는 약한 안정이다.

16 [보기]의 피해현상을 일으키는 대기오염물질은 어느 것인가?

[보기]
- 잎맥 사이의 표백현상이 나타난다.
- 성숙한 잎에서 가장 민감하다.
- 식물의 피해한계는 290μg/m³(2hr 노출) 정도이다.

㉮ 오존 ㉯ 염소
㉰ 아황산가스 ㉱ 이산화질소

풀이 ㉯ 염소에 대한 설명이며, 이황산가스와 식물에 미치는 피해가 유사하므로 주의해야 합니다.

17 가솔린 자동차의 엔진작동상태에 따라 주로 배출되는 배기가스가 알맞게 연결된 것은 어느 것인가?

㉮ 공전 - NO_X ㉯ 정속 - HC
㉰ 가속 - NO_X ㉱ 감속 - NO_X

풀이 많이 발생하는 조건
① 일산화탄소(CO) - 공전
② 탄화수소(HC) - 감속
③ 질소산화물(NO_X) - 가속

answer 14 ㉯ 15 ㉱ 16 ㉯ 17 ㉰

18 탄화수소가 관여하지 않을 때, 이산화질소의 광화학 반응을 나타낸 것이다. ①과 ②에 들어갈 물질로 알맞게 연결된 것은 어느 것인가?

$$NO_2 + hv \rightarrow ① + O^*$$
$$O^* + O_2 + M \rightarrow ② + M$$
$$① + ② \rightarrow NO_2 + O_2$$

㉮ ① NO_3 ② NO
㉯ ① NO ② NO_3
㉰ ① O_3 ② NO
㉱ ① NO ② O_3

19 대기의 구조에 대한 내용으로 틀린 것은 어느 것인가?

㉮ 자외선은 성층권을 통과할수록 서서히 증가하고, 가장 낮은 온도는 성층권 상부에서 나타난다.
㉯ 대류권의 높이는 위도 45도의 경우 평균 11km 정도이며, 극지방으로 갈수록 낮아진다.
㉰ 오존층에서는 오존의 생성과 소멸이 계속적으로 일어나면서 오존의 농도를 유지한다.
㉱ 대류권에서는 고도가 높아짐에 따라 단열팽창에 의해 약 6.5℃/km씩 낮아지는 기온감률 때문에 공기의 수직혼합이 일어난다.

▶ 풀이 ㉮ 자외선은 성층권을 통과할수록 서서히 감소하고, 가장 낮은 온도는 중간권에서 나타난다.

20 수직 온도 경사가 과단열적이고 난류가 심할 때 일어나며 날씨가 맑아서 태양 복사열이 강한 경우 주로 발생하는 연기의 분산 형태인 연기의 모양은 어느 것인가?

㉮ looping ㉯ conning
㉰ fanning ㉱ trapping

▶ 풀이 ㉮ 파상형(looping)에 대한 설명이며, 핵심 내용은 "과단열 조건 = looping형"임을 숙지하시면 됩니다.

| 제2과목 | 대기오염공정시험기준

21 굴뚝 배출가스 중의 아황산가스를 연속적으로 자동측정하는 방법으로 틀린 것은 어느 것인가?

㉮ 용액전도율법 ㉯ 적외선흡수법
㉰ 불꽃광도법   ㉱ 광투과법

▶ 풀이 연속적으로 자동측정하는 방법으로는 용액전도율법, 적외선흡수법, 자외선흡수법, 불꽃광도법, 전기화학식(정전위전해법)이 있다.

22 굴뚝 단면이 상·하 동일 단면적인 직사각형 굴뚝의 직경 산출방법으로 알맞은 것은 어느 것인가? (단, 가로 : 굴뚝 내부 단면 가로치수, 세로 : 굴뚝 내부 단면 세로치수)

㉮ 환산직경 = {(가로×세로)/(가로+세로)}
㉯ 환산직경 = 2×{(가로×세로)/(가로+세로)}
㉰ 환산직경 = 4×{(가로×세로)/(가로+

---

answer 18 ㉱ 19 ㉮ 20 ㉮ 21 ㉱ 22 ㉯

세로)}
㉣ 환산직경 = 8×{(가로×세로)/(가로+세로)}

23 이온크로마토그래피의 장치 구성 순서 중 써프렛서가 위치할 곳으로 알맞은 것은 어느 것인가?

㉮ 분리관과 검출기 사이
㉯ 시료주입장치와 분리관 사이
㉰ 송액펌프와 시료주입장치 사이
㉱ 검출기와 기록계 사이

[풀이] 이온크로마토그래피의 장치 구성 순서는 용리액조-송액펌프-시료주입장치-분리관-써프렛서-검출기-기록계로 되어 있다.

TIP
이온크로마토그래피 장치의 구성 순서 암기법
이온용은 펌시료분을 써 검출기록하네.

24 굴뚝 배출가스의 유속을 피토우관으로 측정하였을 때 측정조건이 다음과 같았다. 이 배출가스의 평균유속(m/s)은 얼마인가? (단, 동압 : 1.5mmH₂O, 피토우관계수 : 0.8584, 굴뚝내의 습한 배출가스 밀도 : 0.9kg/Sm³, 기타 조건은 동일하다.)

㉮ 약 2.9m/s   ㉯ 약 3.2m/s
㉰ 약 4.5m/s   ㉱ 약 4.9m/s

[풀이]
$$V = C \times \sqrt{\frac{2gh}{r}}$$
$$= 0.8584 \times \sqrt{\frac{2 \times 9.8 \text{m/sec}^2 \times 1.5 \text{mmH}_2\text{O}}{0.9 \text{kg/Sm}^3}}$$
$$= 4.91 \text{m/sec}$$

25 배출가스 중 비소화합물의 분석방법인 수소화물생성 원자흡수분광광도법에 대한 내용으로 틀린 것은?

㉮ 아르곤-수소 불꽃을 사용한다.
㉯ 원자흡수를 파장 228.8nm에서 측정한다.
㉰ 정량범위는 건조시료가스량 1 Sm³인 경우 0.003ppm 이상이다.
㉱ 비소화합물 중 일부는 휘발성이 있어 채취 시료를 전처리하는 동안 비소의 손실 가능성이 있으므로 주의하여야 한다.

[풀이] ㉯ 원자흡수를 파장 193.7nm에서 측정한다.

26 다음 내용 중 ( )에 알맞은 말은 어느 것인가? (단, 고용량 공기시료채취기법 사용)

환경대기 중 입자상 물질의 채취에 사용하는 여과지는 (①)되는 입자를 (②)% 이상 채취할 수 있으며 압력손실과 흡수성이 적은 것이어야 한다.

㉮ ① 0.5μm ② 99   ㉯ ① 0.5μm ② 95
㉰ ① 0.3μm ② 99   ㉱ ① 0.3μm ② 95

answer 23 ㉮   24 ㉱   25 ㉯   26 ㉰

27 염산(1+2)라고 되어 있을 때 실제 조제할 경우 어떻게 하는가?

㉮ 염산 1mL에 물 1mL를 혼합한다.
㉯ 물 1g에 염산 2g을 혼합한다.
㉰ 염산 1mL에 물 2mL를 혼합한다.
㉱ 물 1mL에 염산 2mL를 혼합한다.

풀이 염산(1+2) = 염산(1:2) : 염산 1mL에 물 2mL를 혼합하여 총 3mL로 만든다.

28 굴뚝 배출가스 중 황산화물의 침전적정법인 아르세나조Ⅲ법에 관한 설명으로 틀린 것은?

㉮ 시료를 수산화소듐용액에 흡수시켜 황산화물을 황산으로 만든다.
㉯ 아이소프로필 알콜과 아세트산을 가하고 아르세나조Ⅲ을 지시약으로 한다.
㉰ 아세트산바륨용액으로 적정한다.
㉱ 시료 20L를 흡수액에 통과시키고 이 액을 250mL로 묽게 하여 분석용 시료용액으로할 때 전 황산화물의 농도가 (140~700)ppm의 시료에 적용된다.

풀이 ㉮ 시료를 과산화수소수에 흡수시켜 황산화물을 황산으로 만든다.

29 굴뚝배출가스 중 암모니아의 자외선/가시선분광법인 인도페놀법에 대한 설명으로 틀린 것은?

㉮ 시료채취량이 20L인 경우 정량범위는 1.2ppm 이상이다.
㉯ 분석용 시료용액 10mL를 취하여 여기에 페놀 - 나이트로프루시드소듐 용액 10mL를 가한 후 하이포아염소산암모늄용액 5mL를 가한 다음 마개를 하고 조용히 섞는다.
㉰ (25~30)℃의 물중탕에서 약 1시간 방치한 다음 10mm셀에 옮겨 광전분광광도계 또는 광전광도계를 분석한다.
㉱ 분석을 위한 광전광도계의 측정파장은 640nm 부근이다.

풀이 ㉯ 분석용 시료용액 10mL를 취하여 여기에 페놀-나이트로프루시드소듐 용액 5mL를 가한 후 하이포아염소산소듐용액 5mL를 가한 다음 마개를 하고 조용히 섞는다.

30 배출가스 중 폼알데하이드 및 알데하이드류를 측정하기 위해 적용되는 분석방법으로 틀린 것은 어느 것인가?

㉮ 피리딘피라졸론법
㉯ 고성능액체크로마토그래피법
㉰ 자외선/가시선분광법 - 크로모트로핀산법
㉱ 자외선/가시선분광법 - 아세틸아세톤법

풀이 분석방법으로는 고성능액체크로마토그래피, 자외선/가시선분광법 - 크로모트로핀산법, 자외선/가시선분광법 - 아세틸아세톤법이 있다.

answer 27 ㉰ 28 ㉮ 29 ㉯ 30 ㉮

31 배출가스 중 굴뚝 배출 시료 채취 시 안전을 위하여 필요한 조치사항으로 틀린 것은 어느 것인가?

㉮ 채취에 종사하는 사람은 보통 2인 이상을 1조로 한다.
㉯ 굴뚝 배출가스의 조성, 온도 및 압력과 작업환경 등을 잘 알아둔다.
㉰ 옥외에서 작업하는 경우에는 바람의 방향을 확인하여 바람이 부는 반대쪽에서 작업하는 것이 좋다.
㉱ 작업환경이 고온인 경우에는 드라이아이스 자켓 등을 입는다.

풀이 ㉰ 옥외에서 작업하는 경우에는 바람의 방향을 확인하여 바람이 부는 쪽에서 작업하는 것이 좋다.

32 굴뚝 배출가스 중 염화수소를 자외선/가시선분광법-싸이오사이안산제이수은법으로 분석하기 위해 사용되는 시료채취관의 재질과 흡수액이 알맞게 연결된 것은 어느 것인가?

㉮ 경질유리 - 붕산 용액
㉯ 석영 - 수산화소듐 용액
㉰ 보통강철 - 과산화수소수 용액
㉱ 스테인리스강 - 다이에틸아민구리 용액

풀이 시료채취관의 재질 및 흡수액
① 시료채취관 및 연결관의 재질 : 경질유리, 석영, 세라믹, 플루오로 수지, 염화바이닐수지
② 흡수액 : 0.1mol/L 수산화소듐용액

33 자외선/가시선 분광법에서 램버어트 비어(Lambert-Beer) 법칙에 의한 흡광도 A를 구하는 식으로 알맞은 것은 어느 것인가? (단, 입사광의 강도는 I_o, 투사광의 강도는 I_t)

㉮ $A = \dfrac{I_t}{I_o} \times 100$ ㉯ $A = \dfrac{I_o}{I_t} \times 100$

㉰ $A = \log \dfrac{I_t}{I_o}$ ㉱ $A = \log \dfrac{I_o}{I_t}$

풀이 흡광도(A) = $\log \dfrac{1}{t} = \log \dfrac{1}{I_t/I_o} = \log \dfrac{I_o}{I_t}$

34 대기오염공정시험기준상 화학분석 일반사항에서 규정한 시험의 기재 및 용어의 의미로 틀린 것은 어느 것인가?

㉮ "정확히 단다"라 함은 규정한 량의 검체를 취하여 분석용 저울로 0.1mg까지 다는 것을 뜻한다.
㉯ "항량이 될 때까지 건조한다 또는 강열한다"라 함은 따로 규정이 없는 한 보통의 건조 방법으로 1시간 더 건조 또는 강열할 때 전후 무게의 차가 매 g당 0.3mg 이하일 때를 뜻한다.
㉰ 시험조작 중 "즉시"란 10초 이내에 표시된 조작을 하는 것을 뜻한다.
㉱ 시료의 시험, 바탕시험 및 표준액에 대한 시험을 일련의 동일시험으로 행할 때 사용하는 시약 또는 시액은 동일 롯트(Lot)로 조제된 것을 사용한다.

풀이 ㉰ 시험조작 중 "즉시"란 30초 이내에 표시된 조작을 하는 것을 뜻한다.

answer 31 ㉰ 32 ㉯ 33 ㉱ 34 ㉰

35 환경대기 시료채취방법에서 시료 채취 지점수 및 채취 장소의 결정 방법으로 틀린 것은 어느 것인가?

㉮ 인구비례에 의한 방법
㉯ TM 좌표에 의한 방법(Grid System)
㉰ 중심점에 의한 동심원을 이용하는 방법
㉱ 대상지역 채취점 배열표에서 구하는 방법

▶ 풀이 ㉱ 대상지역의 오염 정도에 따라 공식을 이용하는 방법

36 다음은 링겔만 매연농도법에 대한 내용이다. ( ) 안에 알맞은 말은 어느 것인가?

> 보통 가로 14cm, 세로 20cm의 백상지에 각각 ( )전폭의 격자형 흑선을 그려 백상지의 흑선부분이 전체의 0%, 20%, 40%, 60%, 80%, 100%를 차지하도록 하여 이 흑선과 굴뚝에서 배출하는 매연의 검은 정도를 비교하여 각각 0에서 5도까지 6종으로 분류한다.

㉮ 0, 2. 4, 6, 8mm
㉯ 0, 1.0, 2.3, 3.7, 5.5mm
㉰ 0, 1.5, 3.2, 6.8, 8.6mm
㉱ 0, 1.8, 3.6, 5.4, 7.2mm

37 기체크로마토그래피법에 사용되는 검출기 중 탄화수소를 분석하는데 알맞은 검출기는 어느 것인가?

㉮ 불꽃이온검출기(FID)
㉯ 불꽃광도검출기(FPD)
㉰ 열전도도검출기(TCD)
㉱ 전자포획형검출기(ECD)

▶ 풀이 ㉮ 불꽃이온검출기(FID)에 대한 설명이다.

38 굴뚝 배출가스 중 질소산화물을 자외선/가시선분광법 아연환원나프틸에틸렌다이아민법으로 분석할 경우 흡수액으로 알맞은 것은?

㉮ 황산용액   ㉯ 질산용액
㉰ 붕산용액   ㉱ 수산화소듐용액

▶ 풀이 질소산화물을 자외선/가시선분광법 아연환원나프틸에틸렌다이아민법으로 분석 시 흡수액은 0.005 mol/L 황산용액이다.

39 굴뚝 배출가스 중의 먼지 측정 시 수동식 채취기에 의한 방법에서 흡입가스 유량의 측정을 위하여 원칙적으로 사용하는 유량계는 어느 것인가?

㉮ 적산유량계   ㉯ 벤츄리 유량계
㉰ L자형 피토우관 ㉱ 오리피스 유량계

▶ 풀이 ㉮ 적산 유량계에 대한 설명이다.

answer 35 ㉱ 36 ㉯ 37 ㉮ 38 ㉮ 39 ㉮

40 굴뚝 배출가스 중 수은화합물의 주 시험방법은 어느 것인가?

㉮ 자외선/가시선분광법
㉯ 이온전극법
㉰ 기체크로마토그래피법
㉱ 냉증기-원자흡수분광광도법

풀이 배출가스 중 수은화합물의 분석방법은 냉증기-원자흡수분광광도법이다.

| 제3과목 | 대기오염방지기술

41 전기집진장치에서 2차 전류가 주기적으로 변하거나 불규칙적으로 흐르는 장애현상이 발생할 때의 대책으로 가장 거리가 먼 것은?

㉮ 조습용 스프레이의 수량을 늘린다.
㉯ 먼지를 충분하게 탈리시킨다.
㉰ 방전극과 집진극을 점검한다.
㉱ 1차 전압을 스파크와 전류의 흐름이 안정될 때까지 낮추어 준다.

풀이 ㉮번에 대한 설명은 2차 전류가 현저하게 떨어질 때 대책이다.

42 검댕의 발생에 관한 내용으로 틀린 것은 어느 것인가?

㉮ 연료중 C/H비가 클수록 검댕의 발생이 많다.
㉯ 중유를 연소시킬 때 연소실 열 발생률 이상으로 중유를 주입하면 검댕이 발생한다.
㉰ 공기비를 크게 하여 완전 연소시키면 검댕이 많이 발생한다.
㉱ 석탄 중에 휘발분이 많고 점성이 클수록 검댕이 많이 발생한다.

풀이 ㉰ 공기비를 크게 하여 완전 연소시키면 검댕이 적게 발생한다.

43 연료의 착화온도에 대한 내용으로 틀린 것은 어느 것인가?

㉮ 분자구조가 복잡할수록 낮아진다.
㉯ 활성화에너지가 클수록 낮아진다.
㉰ 발열량이 높을수록 낮아진다.
㉱ 화학결합의 활성도가 클수록 낮아진다.

풀이 ㉯ 활성화에너지가 작을수록 낮아진다.

TIP
① 착화온도는 활성화에너지, 탄화도와 비례관계
② 착화온도는 화학결합의 활성도, 산소와의 친화성, 분자구조의 복잡성, 발열량, 산소농도, 화학반응성, 압력, 착화온도, 비표면적과 반비례 관계

answer 40 ㉱ 41 ㉮ 42 ㉰ 43 ㉯

44 프로판 $2Sm^3$를 공기비 1.1로 완전연소시켰을 때, 건조 연소가스량(Sm^3)은 얼마인가?

㉮ 약 $42Sm^3$ ㉯ 약 $48Sm^3$
㉰ 약 $54Sm^3$ ㉱ 약 $60Sm^3$

풀이 ① $C_3H_8 + 5O_2 \rightarrow 3CO_2 + 4H_2O$
실제건조연소가스량(Gd)
$= (m-0.21)A_o + CO_2$량
$= (1.1-0.21) \times \dfrac{5}{0.21} + 3$
$= 24.1905 Sm^3/Sm^3$
② $Gd = 24.1905 Sm^3/Sm^3 \times 2Sm^3 = 48.38 Sm^3$

45 원소구성비(질량)가 C=75%, O=9%, H=13%, S=3%인 석탄 1kg을 완전연소 시킬 때 필요한 이론산소량(kg)은 얼마인가?

㉮ 1.94kg ㉯ 2.09kg
㉰ 2.66kg ㉱ 2.98kg

풀이 이론산소량(kg/kg)
$= \dfrac{32kg}{12kg}C + \dfrac{16kg}{2kg}\left(H - \dfrac{O}{8}\right) + \dfrac{32kg}{32kg}S$
$= \dfrac{32kg}{12kg} \times 0.75 + \dfrac{16kg}{2kg} \times \left(0.13 - \dfrac{0.09}{8}\right) + \dfrac{32kg}{32kg} \times 0.03$
$= 2.98 kg/kg$

46 연소 시 질소산화물(NO_X)의 발생을 감소시키는 방법으로 틀린 것은 어느 것인가?

㉮ 2단 연소
㉯ 연소부분 냉각
㉰ 배기가스 재순환
㉱ 높은 과잉공기사용

풀이 ㉱ 저 과잉공기량 사용

47 먼지에 대한 내용으로 틀린 것은 어느 것인가?

㉮ 입경이 작을수록 비표면적이 작다.
㉯ 진밀도가 작을수록 침강속도가 느리다.
㉰ 입경이 클수록 동종입자 간에 부착력이 작아진다.
㉱ 입경 10㎛ 이하의 부유입자는 대기 중에 비교적 장시간 체류한다.

풀이 ㉮ 입경이 작을수록 비표면적이 커진다.

TIP
비표면적(SV) = $\dfrac{6}{직경(d)}$

48 과잉공기가 클 때 나타나는 현상으로 틀린 것은 어느 것인가?

㉮ 연소실 내 온도 저하
㉯ 배출가스 중 NO_X량 증가
㉰ 배출가스에 의한 열손실의 증가
㉱ 배출가스의 온도가 높아지고 매연이 증가

풀이 ㉱ 매연 감소

49 사이클론의 특징으로 틀린 것은 어느 것인가?

㉮ 먼지량이 많아도 처리가 가능하다.
㉯ 미세입자에 대한 집진효율이 낮다.
㉰ 설치비와 유지비가 많이 요구되지 않는 편이다.
㉱ 압력손실(10~30mmH₂O)이 낮아 동력소비량이 적은 편이다.

answer 44 ㉯ 45 ㉱ 46 ㉱ 47 ㉮ 48 ㉱ 49 ㉱

풀이 ㉣ 압력손실이 100mmH$_2$O 전후이다.

50 여과집진장치에서 여재(filter)를 선정할 때 고려할 사항으로 틀린 것은 어느 것인가?

㉮ 가격 ㉯ 전기저항
㉰ 기계적 강도 ㉱ 처리가스 온도

풀이 ㉯ 전기저항은 전기집진장치에서 고려사항이다.

51 기체 분산형 흡수장치는 어느 것인가?

㉮ 단탑(plate tower)
㉯ 충전탑(packed tower)
㉰ 분무탑(spray tower)
㉱ 벤츄리 스크러버(venturi scrubber)

풀이 기체 분산형 흡수장치에 해당하는 것은 단탑이며 나머지는 액분산형 흡수장치이다.

52 관성력 집진장치에서 집진율을 높이는 방법으로 틀린 것은 어느 것인가?

㉮ 충돌식의 경우 장치 출구의 가스속도가 클수록 집진율이 높아진다.
㉯ 충돌식의 경우 충돌 직전의 각속도가 클수록 집진율이 높아진다.
㉰ 반전식의 경우 방향전환을 하는 곡률반경이 작을수록 집진율이 높아진다.
㉱ 함진가스의 방향 전환횟수는 많을수록 압력손실은 커지고, 집진율은 높아진다.

풀이 ㉮ 충돌식의 경우 장치 출구의 가스속도가 느릴수록 집진율이 높아진다.

53 메탄올 5kg을 완전연소하려고 할 때 필요한 실제공기량(Sm^3)은 얼마인가? (단, 과잉공기계수 m = 1.3)

㉮ 22.5Sm^3 ㉯ 25.0Sm^3
㉰ 32.5Sm^3 ㉱ 37.5Sm^3

풀이 ① 이론산소량(Sm^3) 계산
$CH_3OH + 1.5O_2 \rightarrow CO_2 + 2H_2O$
32kg : 1.5×22.4Sm^3
5kg : 산소량

∴ 산소량 = $\dfrac{5kg \times 1.5 \times 22.4Sm^3}{32kg}$ = 5.25Sm^3

② 이론공기량(Sm^3) 계산
이론공기량(Sm^3) = 이론산소량(Sm^3) × $\dfrac{1}{0.21}$
= 25Sm^3

③ 실제공기량 = 과잉공기계수 × 이론공기량
= 1.3 × 25Sm^3 = 32.5Sm^3

54 다음은 액체연료의 연소방식에 관한 설명이다. ( )에 알맞은 말은 어느 것인가?

( )는 기름을 접시모양의 용기에 넣어 점화하면 연소열로 인해 액면이 가열되어 발생되는 증기가 외부에서 공급되는 공기와 혼합 연소하는 방식으로 휘발성이 좋은 경질유의 연소에 효과적이다.

㉮ 포트식 연소
㉯ 증기 분무식 연소
㉰ 부분 예혼합 연소
㉱ 이류체 분무화식 연소

풀이 ㉮ 포트식 연소에 대한 설명이며, 핵심 내용은 "경질유의 연소 = 포트식 연소"임을 숙지하시면 됩니다.

answer 50 ㉯ 51 ㉮ 52 ㉮ 53 ㉰ 54 ㉮

55 먼지입자와 유해가스를 동시에 제거할 수 있는 집진장치는 어느 것인가?

㉮ 여과집진장치 ㉯ 중력집진장치
㉰ 전기집진장치 ㉱ 세정집진장치

풀이 ㉱ 세정집진장치는 가스상 물질과 입자상 물질을 동시에 처리할 수 있다.

56 원형 덕트에서 길이 L, 마찰계수 f, 직경 D, 유속 v일 때 압력손실(H_f)의 비례관계 표현으로 옳은 것은? (단, g : 중력가속도)

㉮ $H_f \propto f \dfrac{DLv^2}{g}$ ㉯ $H_f \propto f \dfrac{gLv^2}{D}$

㉰ $H_f \propto f \dfrac{Lv^2}{gD}$ ㉱ $H_f \propto f \dfrac{Dv^2}{gL}$

풀이 원형덕트의 압력손실(H_f) = $f \times \dfrac{L}{D} \times \dfrac{rv^2}{2g}$ (mmH$_2$O)

57 입경이 50μm인 입자의 비표면적(표면적/부피)은 얼마인가? (단, 구형입자 기준)

㉮ 1,200cm^{-1} ㉯ 900cm^{-1}
㉰ 600cm^{-1} ㉱ 300cm^{-1}

풀이 비표면적(S_v) = $\dfrac{6}{d} = \dfrac{6}{50 \times 10^{-4} \text{cm}} = 1{,}200$cm^{-1}

58 집진기 입구와 출구의 먼지농도가 각각 10g/Sm^3, 0.5g/Sm^{3}일 때, 집진기의 효율(%)은 얼마인가?

㉮ 85%   ㉯ 90%
㉰ 95%   ㉱ 99%

풀이 집진기 효율(%)
= $\left(1 - \dfrac{C_o}{C_i}\right) \times 100 = \left(1 - \dfrac{0.5\text{g/Sm}^3}{10\text{g/Sm}^3}\right) \times 100 = 95\%$

59 전기집진장치에서 먼지의 비저항이 비정상적으로 높은 경우 투입하는 물질로 틀린 것은 어느 것인가?

㉮ NaCl   ㉯ NH$_3$
㉰ H$_2$SO$_4$ ㉱ Soda lime

풀이 ㉯ 암모니아(NH$_3$)는 먼지의 비저항이 비정상적으로 낮은 경우 투입하는 물질이다.

60 다음 중 연료비(고정탄소/휘발분)가 가장 높은 석탄은 어느 것인가?

㉮ 무연탄   ㉯ 갈색갈탄
㉰ 흑색갈탄   ㉱ 고도역청탄

풀이 연료비는 탄화도의 정도를 나타내는 지수이며, 연료비가 가장 큰 연료는 무연탄이다.

> **TIP**
> **연료비**
> ㉮ 무연탄 : 12 이상
> ㉯ 갈색갈탄 : 1 이하
> ㉰ 흑색갈탄 : 1 이하
> ㉱ 고도역청탄 : 1.8~4

answer 55 ㉱ 56 ㉰ 57 ㉮ 58 ㉰ 59 ㉯ 60 ㉮

2016 4회 기출문제

| 제1과목 | 대기환경관리

01 휘발유를 사용하는 가솔린 기관에서 배출되는 오염물질에 대한 내용으로 틀린 것은 어느 것인가? (단, 휘발유의 대표적인 화학식은 octane으로 가정하고, AFR은 질량비 기준)

㉮ AFR을 10에서 14로 증가시키면 CO 농도는 감소한다.
㉯ AFR이 16까지는 HC 농도가 증가하나, 16이 지나면 HC 농도는 감소한다.
㉰ CO와 HC는 불완전연소 시에 배출비율이 높고, NO_X는 이론 AFR 부근에서 농도가 높다.
㉱ AFR이 18 이상 정도의 높은 영역은 일반연소기관에 적용하기가 곤란하다.

풀이 ㉯ AFR이 16까지는 NO_X 농도가 증가하나, 16이 지나면 NO_X 농도는 감소한다.

02 대기오염물의 확산모델 중 상자모델(Box Model)의 기본적인 가정에 대한 내용으로 틀린 것은 어느 것인가?

㉮ 오염물의 분해는 2차 반응에 의한다.
㉯ 오염원은 방출과 동시에 균등하게 혼합된다.
㉰ 고려되는 공간에서 오염물의 농도는 균일하다.
㉱ 고려되는 공간의 수직단면에 직각방향으로 부는 바람의 속도가 일정하여 환기량이 일정하다.

풀이 ㉮ 오염물의 분해는 1차 반응에 의한다.

03 다음 대기오염물질을 분류했을 때, 1차 오염물질로만 알맞게 짝지어진 것은?

㉮ N_2O_3, O_3
㉯ H_2S, H_2O_2
㉰ HCl, $CH_3COOONO_2$
㉱ SiO_2, CO

풀이 오염물질의 종류
① 1차성 오염물질 : N_2O_3, H_2S, HCl, SiO_2, CO
② 2차성 물질 : O_3, H_2O_2, $CH_3COOONO_2$

04 코리올리힘에 대한 내용으로 틀린 것은 어느 것인가?

㉮ 지구의 자전운동에 의하여 생긴다.
㉯ 운동의 방향만 변화시키고 속도에는 영향을 미치지 않는다.
㉰ 지구의 극지방에서 최소가 된다.
㉱ 힘의 방향은 경도력과 반대이다.

풀이 ㉰ 코리올리힘(전향력)은 지구의 극지방에서 최대가 되고, 적도지방에서 최소가 된다.

answer 01 ㉯ 02 ㉮ 03 ㉱ 04 ㉰

05 다음 중 1, 2차 대기오염물질 모두에 해당하는 것은?

㉮ O_3
㉯ PAN
㉰ CO
㉱ Aldehydes

풀이 ㉮ O_3 : 2차성 오염물
㉯ PAN : 2차성 오염물
㉰ CO : 1차성 오염물

06 황화합물에 대한 내용으로 틀린 것은 어느 것인가?

㉮ 황화합물은 산화상태가 클수록 증기압은 커지고, 용해성은 감소한다.
㉯ 해양을 통해 자연적 발생원 중 아주 많은 양의 황화합물이 DMS[$(CH_3)_2S$] 형태로 배출된다.
㉰ 대기 중 유입된 SO_2는 입자상 물질의 표면이나 물방울에 흡착된 후 비균질 반응에 의해 대부분 황산염(SO_4^{2-})으로 산화되어 제거된다.
㉱ 카르보닐황(OCS)은 대류권에서 매우 안정하기 때문에 거의 화학적인 반응을 하지 않는다.

풀이 ㉮ 황화합물은 산화상태가 작을수록 증기압은 커지고, 용해성은 감소한다.

07 다음에서 설명하는 대기오염물질로 알맞은 것은 어느 것인가?

> 상온에서는 무색 투명하며, 일반적으로 자극성 냄새를 내는 액체이다. 햇빛에 파괴될 정도로 불안정하지만, 부식성은 비교적 약하다. 끓는점은 46℃(760mmHg), 인화점은 -30℃이다.

㉮ CS_2
㉯ $COCl_2$
㉰ Br_2
㉱ HCN

풀이 ㉮ 이황화탄소(CS_2)에 대한 설명으로, 핵심 내용은 "끓는점 46℃, 인화점 -30℃ = CS_2"임을 숙지하시면 됩니다.

08 광화학반응에 의해 생성되는 오존(O_3)에 대한 내용으로 알맞은 것은 어느 것인가?

㉮ 오전 7~8시경에 하루 중 최고 농도를 나타낸다.
㉯ 대기 중에 NO가 공존하면 O_3은 NO_2와 O_2로 되돌아가므로 O_3은 축적되지 않고 대기 중 O_3은 증가하지 않는다.
㉰ 상대습도가 높고, 풍속이 큰 지역(10m/s 이상)이 광화학반응에 의한 고농도 O_3 생성에 유리하다.
㉱ 지표대기 중 O_3의 배경농도는 0.1~0.2ppm 정도이다.

풀이 ㉮ 오전 7~8시경에 하루 중 최저 농도를 나타낸다.
㉰ 상대습도가 높고, 풍속이 큰 지역(10m/s 이상)이 광화학반응에 의한 고농도 O_3 생성에 불리하다.
㉱ 지표대기 중 O_3의 배경농도는 0.01~0.02ppm 정도이다.

answer 05 ㉱ 06 ㉮ 07 ㉮ 08 ㉯

09 비스코스 섬유제조 시 주로 발생하는 무색의 유독한 휘발성 액체이며, 그 불순물은 불쾌한 냄새를 나타내는 대기오염물질은 어느 것인가?

㉮ 폼알데하이드(HCHO)
㉯ 이황화탄소(CS_2)
㉰ 암모니아(NH_3)
㉱ 일산화탄소(CO)

풀이 ㉯ 이황화탄소(CS_2)에 대한 설명이며, 핵심 내용은 "비스코스 섬유공업 = CS_2"임을 숙지하시면 됩니다.

10 바람에 대한 내용으로 틀린 것은 어느 것인가?

㉮ 해륙풍 중 육풍은 육지에서 바다로 향해 5~6km까지 바람이 불며 겨울철에 빈발한다.
㉯ 산곡풍 중 산풍은 밤에 경사면이 빨리 냉각되어 경사면 위의 공기 온도가 같은 고도의 경사면에서 떨어져 있는 공기의 온도보다 차가워져 경사면 위의 공기 전체가 아래로 침강하게 되어 부는 바람이다.
㉰ 전원풍은 열섬효과 때문에 도시의 중심부에서 하강기류가 발생하여 부는 바람이다.
㉱ 휀풍은 산맥의 정상을 기준으로 풍상쪽 경사면을 따라 공기가 상승하면서 건조단열 변화를 하기 때문에 평지에서보다 기온이 약 1℃/100m의 율로 하강하게 된다.

풀이 ㉰ 전원풍은 교외지역에서 대도시의 중심부로 부는 바람이다.

11 A지역에서 빗물의 pH를 측정한 결과 5.1이었다. 빗물의 산성우 판정기준이 pH 5.6이라고 할 때 A지역에서 측정한 빗물의 수소이온농도의 비는 산성우 판정기준의 경우에 비해 어떻게 되겠는가?

㉮ 약 2.3배 높다.　㉯ 약 2.3배 낮다.
㉰ 약 3.2배 높다.　㉱ 약 3.2배 낮다.

풀이 pH = -log[H^+] ⇒ [H^+] = 10^{-pH}mol/L
pH 5.1 ⇒ [H^+] = $10^{-5.1}$mol/L
pH 5.6 ⇒ [H^+] = $10^{-5.6}$mol/L

따라서 $\dfrac{10^{-5.1}\text{mol/L}}{10^{-5.6}\text{mol/L}}$ = 3.16배

12 복사역전에 대한 내용으로 틀린 것은 어느 것인가?

㉮ 구름과 바람이 없는 경우에 주로 발생함
㉯ 지역적으로 상층공기층이 단열적으로 하강하여 발생함
㉰ 대기오염물이 강우에 의하여 감소될 가능성이 적음
㉱ 대기오염물이 바람에 의하여 분산될 가능성이 적음

풀이 ㉯ 복사성역전은 복사열에 의한 지표면 냉각에 의해 발생된다.

answer　09 ㉯　10 ㉰　11 ㉰　12 ㉯

13 다음은 대기의 동적 안정도를 나타내는 리차드슨수에 관한 설명이다. ( ) 안에 알맞은 말은 어느 것인가?

> 리차드슨수(Ri)를 구하기 위해서는 두 층(보통 지표에서 수 m와 10m 내외의 고도)에서 (①)과 (②)을 동시에 측정하여야 하고, 이 값은 (③)에 반비례한다.

㉮ ① 기압, ② 기온, ③ 기온차의 제곱
㉯ ① 기온, ② 풍속, ③ 풍속차의 제곱
㉰ ① 기압, ② 기온, ③ 풍속차의 제곱
㉱ ① 기온, ② 풍속, ③ 기온차의 제곱

풀이 리차드슨수(Ri) = $\dfrac{g}{T_m} \times \left(\dfrac{\Delta t / \Delta H}{(\Delta u / \Delta H)^2} \right)$

14 굴뚝높이가 50m, 배기가스의 평균온도가 120℃일 때, 통풍력은 15.41mmH₂O이다. 배기가스 온도를 200℃로 증가시키면 통풍력(mmH₂O)은 얼마가 되는가? (단, 외기온도는 20℃이며, 대기 비중량과 가스의 비중량은 표준상태에서 1.3kg/Sm³이다.)

㉮ 약 8mmH₂O   ㉯ 약 18mmH₂O
㉰ 약 23mmH₂O   ㉱ 약 29mmH₂O

풀이 $Z = 355 \times H \times \left(\dfrac{1}{273 + t_a \text{℃}} - \dfrac{1}{273 + t_g \text{℃}} \right)$

- Z : 통풍력(mmH₂O)
- H : 굴뚝의 높이(m)
- t_a : 대기의 온도(℃)
- t_g : 가스의 온도(℃)

따라서 $Z = 355 \times 50\text{m} \times \left(\dfrac{1}{273+20} - \dfrac{1}{273+200} \right)$
$= 23.05 \text{mmH}_2\text{O}$

15 다음 대기오염물질 중 대기 내의 평균 체류시간이 1~4일 정도로 짧고, 지구규모보다는 산성비와 같은 국지적인 환경오염에의 기여가 큰 물질은 어느 것인가?

㉮ SO₂   ㉯ O₃
㉰ CO₂   ㉱ N₂O

풀이 ㉮ 아황산가스(SO₂)에 대한 설명이며, 핵심 내용은 "체류시간 1~4일, 산성비 원인물질 = SO₂"임을 숙지하시면 됩니다.

16 다음 중 2차 오염물질로 볼 수 없는 것은 어느 것인가?

㉮ 이산화황이 대기 중에서 산화하여 생성된 삼산화황
㉯ 이산화질소의 광화학반응에 의하여 생성된 일산화질소
㉰ 질소산화물의 광화학반응에 의한 원자상 산소와 대기 중의 산소가 결합하여 생성된 오존
㉱ 석유정제 시 수소첨가에 의하여 생성된 황화수소

풀이 ㉱번의 황화수소는 환원반응에 의해서 생성된 물질이므로 1차 오염물질이다.

17 광화학적 스모그(smog)의 3대 생성요소로 틀린 것은 어느 것인가?

㉮ 질소산화물(NO_X)
㉯ 올레핀(Olefin)계 탄화수소
㉰ 아황산가스(SO₂)
㉱ 자외선

풀이 광화학적 스모그의 3대 생성요소는 질소산화물(NO_X), 올레핀계 탄화수소, 자외선이다.

answer 13 ㉯   14 ㉰   15 ㉮   16 ㉱   17 ㉰

18 유효굴뚝높이 60m에서 유량 980,000 m³/day, SO₂ 1,200ppm으로 배출되고 있다. 이 때 최대 지표농도(ppb)는 얼마인가? (단, sutton의 확산식을 사용하고, 풍속은 6m/s, 이 조건에서 확산계수 $k_y = 0.15$, $k_z = 0.18$이다.)

㉮ 485ppb ㉯ 361ppb
㉰ 177ppb ㉱ 96ppb

[풀이]

$$C_{max} = \frac{2Q}{\pi \cdot e \cdot u \cdot He^2}\left(\frac{k_z}{k_y}\right)$$

- C_{max} : 최대지표농도(ppb)
- e : 자연대수(2.72)
- u : 풍속(m/sec)
- He : 유효굴뚝높이(m)
- k_z : 수직확산계수
- k_y : 수평확산계수

① $C_{max} = \dfrac{2 \times 980,000 m^3/day \times 1day/24hr \times 1hr/3,600sec \times 1,200ppm}{\pi \times 2.72 \times 6m/sec \times (60m)^2}$

$\times \left(\dfrac{0.18}{0.15}\right) = 0.17698\text{ppm}$

② $C_{max}(\text{ppb}) = 0.17698\text{ppm} \times \dfrac{10^3 \text{ppb}}{1\text{ppm}} = 176.98\text{ppb}$

19 악취(냄새)의 물리적·화학적 특성에 대한 내용으로 틀린 것은 어느 것인가?

㉮ 예외는 있으나 일반적으로 증기압이 높을수록 냄새는 더 강하다.
㉯ 악취유발물질들은 paraffin과 CS₂를 제외하고는 일반적으로 적외선을 강하게 흡수한다.
㉰ 악취유발가스는 통상 활성탄과 같은 표면흡착제에 잘 흡수된다.
㉱ 악취는 물리적 차이보다는 화학적 구성에 의해서 결정된다는 주장이 더 지배적이다.

[풀이] ㉱ 악취는 화학적 구성보다는 구성 그룹배열에 의해 나타나는 물리적 차이에 의해 결정된다.

20 다음 역사적인 대기오염사건 중 methyl isocyanate가 주된 오염원인 사건은 어느 것인가?

㉮ Donora 사건
㉯ Meuse valley 사건
㉰ Bhopal시 사건
㉱ Poza Rica 사건

[풀이] ㉰ Bhopal시 사건은 누설사건의 대표적인 사건으로 원인물질은 메틸이소시아네이트(CH₃CNO)이다.

| 제2과목 | 대기오염공정시험기준

21 연료용 유류 중의 황함유량을 측정하기 위한 분석방법으로 알맞은 것은 어느 것인가?

㉮ 전기화학식 분석법
㉯ 광산란법
㉰ 연소관식 공기법
㉱ 광투과율법

[풀이] 연료용 유류 중의 황함유량을 측정하기 위한 분석방법으로는 연소관식 공기법과 방사선식 여기법이 있다.

answer 18 ㉰ 19 ㉱ 20 ㉰ 21 ㉰

22 황분 1.6% 이하를 함유한 액체연료를 사용하는 연소시설에서 배출되는 황산화물(표준산소 농도를 적용받는 항목)을 측정한 결과 710ppm이었다. 배출가스 중 산소농도는 7%, 표준 산소농도는 4%이다. 시험성적서에 명시해야 할 황산화물의 농도(ppm)는 얼마인가?

㉮ 584ppm   ㉯ 635ppm
㉰ 862ppm   ㉱ 926ppm

풀이
$$C = C_a \times \frac{21-O_s}{21-O_a} = 710\text{ppm} \times \frac{21-4\%}{21-7\%}$$
$$= 862.14\text{ppm}$$

TIP
유량(Q) 보정식
$$Q = Q_a \div \frac{21-O_s}{21-O_a}$$

23 환경대기 시료채취기준으로 옳지 않은 것은?

㉮ 시료채취 위치는 주위에 건물이나 수목 등이 없는 곳을 원칙적으로 한다.
㉯ 장애물이 있을 경우에는 채취위치로부터 장애물까지의 거리가 그 장애물 높이의 2배 이상 되는 곳을 선정한다.
㉰ 주위에 건물 등이 밀집되어 있을 때는 건물 바깥벽으로부터 적어도 1m 이상 떨어진 곳을 채취점으로 선정한다.
㉱ 시료채취의 높이는 그 부근의 평균오염도를 나타낼 수 있는 곳으로서 가능한 한 1.5~30m 범위로 한다.

풀이 ㉰ 주위에 건물 등이 밀집되어 있을 때는 건물 바깥벽으로부터 적어도 1.5m 이상 떨어진 곳을 채취점으로 선정한다.

24 굴뚝 배출가스 중의 플루오린화합물 측정방법에 대한 내용으로 틀린 것은 어느 것인가?

㉮ 적용가능한 시험방법은 자외선/가시선분광법, 이온크로마토그래피, 이온선택전극법, 연속흐름법이 있다.
㉯ 자외선/가시선분광법의 정량범위는 시료채취량이 80L인 경우 0.05ppm 이상이다.
㉰ 자외선/가시선 분광법을 사용할 때 시료가스 중에 알루미늄(Ⅲ), 철(Ⅱ), 구리(Ⅱ), 아연(Ⅱ) 등의 중금속 이온이나 인산 이온이 존재하면 방해 효과를 나타낸다.
㉱ 자외선/가시선분광법은 흡수파장 450nm에서 측정한다.

풀이 ㉱ 자외선/가시선분광법은 흡수파장 620nm에서 측정한다.

25 배출가스 중 납화합물을 분석하기 위한 원자흡수분광광도법에 대한 설명으로 틀린 것은?

㉮ 측정파장은 217.0nm 또는 283.3nm를 이용한다.
㉯ 정량범위는 0.050 mg/Sm³ 이상이다.
㉰ 시료 내 납의 양이 미량으로 존재하거나 방해물질이 존재할 경우, 용매추출법을 적용하여 정량할 수 있다.
㉱ 방법검출한계는 0.16 mg/Sm³ 이다.

풀이 ㉱ 방법검출한계는 0.016 mg/Sm³ 이다.

answer 22 ㉰   23 ㉰   24 ㉱   25 ㉱

26 고용량공기시료채취기법으로 비산먼지 측정 시 시료채취 장소 및 위치선정으로 알맞은 것은 어느 것인가?

㉮ 별도로 발생원의 아래인 바람의 방향을 따라 대상 발생원의 영향이 없을 것으로 추측 되는 곳에 대조위치를 3개소 이상 선정한다.
㉯ 발생원의 비산먼지 농도가 가장 낮을 것으로 예상되는 지점 2개소 이상을 선정한다.
㉰ 시료채취장소는 원칙적으로 측정하려고 하는 발생원의 부지경계선상에 선정한다.
㉱ 풍향은 고려하지 않아도 된다.

풀이 ㉮ 풍상방향에 대상 발생원의 영향이 없는 것으로 추측되는 곳에 대조위치를 선정한다.
㉯ 발생원의 비산먼지 농도가 가장 높을 것으로 예상되는 지점 3개소 이상을 선정한다.
㉱ 풍향을 고려한다.

27 원형 굴뚝 단면의 반경이 2.2m인 경우 측정점수는 얼마인가?

㉮ 8 ㉯ 12
㉰ 16 ㉱ 20

풀이 반경이 2.2m이면 직경은 4.4m이므로 반경구분수 4, 측정점수 16

TIP
원형 단면의 측정점

굴뚝직경(m)	반경구분수	측정점수
1 이하	1	4
1 초과 2 이하	2	8
2 초과 4 이하	3	12
4 초과 4.5 이하	4	16
4.5 초과	5	20

28 시료의 흡수액을 일정량으로 묽게 한 다음 완충액을 가하여 pH를 조절하고 란탄과 알리자린 콤플렉손을 가하여 흡광도를 측정, 분석하는 화합물은 어느 것인가?

㉮ 황화수소 ㉯ 플루오린화합물
㉰ 납 ㉱ 폼알데하이드

풀이 ㉯ 플루오린화합물에 대한 설명이며, 핵심 내용은 "란탄과 알리자린 콤플렉손 = 플루오린화합물"임을 숙지하시면 됩니다.

29 굴뚝 배출가스 중 일산화탄소 분석을 위한 정전위 전해법(전기화학식)에 대한 내용으로 틀린 것은 어느 것인가?

㉮ 90% 응답시간은 5분 이내로 한다.
㉯ 정전위 전해법을 이용한 계측기는 소형 경량으로서 이동 측정에 적합하다.
㉰ 프로페인 100ppm의 간섭영향 시험용 가스를 도입하였을 때 그 영향이 1ppm 이하이어야 한다.
㉱ 시료가스 유량 변화에 따른 안정성은 최대 눈금값의 ±2% 이내로 한다.

풀이 ㉮ 90% 응답시간은 2분 30초 이내로 한다.

30 대기오염공정시험기준에 사용되는 용어 중 물질을 취급 또는 보관하는 동안에 기체 또는 미생물이 침입하지 않도록 내용물을 보호하는 용기는 어느 것인가?

㉮ 밀폐용기 ㉯ 기밀용기
㉰ 밀봉용기 ㉱ 차광용기

풀이 ㉰ 밀봉용기에 대한 설명이며, 핵심 내용은 "기체 또는 미생물 = 밀봉용기"임을 숙지하시면 됩니다.

answer   26 ㉰   27 ㉰   28 ㉯   29 ㉮   30 ㉰

31 다음은 굴뚝 배출가스 내의 먼지측정방법 중 반자동식 채취기에 의한 사항이다. ( ) 안에 알맞은 것은 어느 것인가?

> 배연탈황시설과 황산미스트에 의해서 먼지농도가 영향을 받은 경우에는 여과지를 ( ) 먼지농도를 계산한다.

㉮ 110±5℃에서 2시간 이상 건조시킨 후
㉯ 160℃ 이상에서 2시간 이상 건조시킨 후
㉰ 110±5℃에서 4시간 이상 건조시킨 후
㉱ 160℃ 이상에서 4시간 이상 건조시킨 후

풀이 배연탈황시설과 황산미스트의 영향
① 영향이 없는 경우 : 110±5℃, 1~3시간 건조
② 영향이 있는 경우 : 160℃ 이상, 4시간 이상 건조

32 굴뚝, 덕트 등을 통하여 대기 중으로 배출되는 가스상 물질을 분석하기 위한 시료채취방법에 대한 내용으로 틀린 것은 어느 것인가?

㉮ 채취관은 흡입가스의 유량, 채취관의 기계적 강도, 청소의 용이성 등을 고려하여 안지름 6~25mm 정도의 것을 쓴다.
㉯ 연결관은 가능한 한 수직으로 연결해야 하고, 부득이 구부러진 관을 쓸 경우에는 응축수가 흘러나오기 쉽도록 경사지게(5° 이상) 한다.
㉰ 연결관의 안지름은 연결관의 길이, 흡입가스의 유량, 응축수에 의한 막힘, 또는 흡입펌프의 능력 등을 고려하여 4~25mm로 한다.
㉱ 채취부의 수은마노미터는 대기와 압력차가 150mmHg 이하인 것을 쓴다.

풀이 ㉱ 채취부의 수은마노미터는 대기와 압력차가 100mmHg 이하인 것을 쓴다.

33 철강공장의 아크로와 연결된 개방형 여과집진시설에서 배출되는 먼지농도 측정방법에 대한 내용으로 틀린 것은 어느 것인가?

㉮ 건옥백하우스의 경우는 장입 및 출강 시는 20±5L/min, 용해정련기는 10±3 L/min로 배출가스를 흡입한다.
㉯ 직인백하우스의 경우는 장입 및 출강 시는 10±3L/min, 용해정련기는 20±5 L/min로 배출가스를 흡입한다.
㉰ 먼지측정은 규정에 따라 등속흡입 해야 하며, 시료 채취 시 측정공은 반드시 헝겊 등으로 밀폐하여야 한다.
㉱ 한 개의 원통형 여과지에 채취된 1회 먼지채취량은 2mg 이상 20mg 이하로 함을 원칙으로 한다.

풀이 ㉰ 먼지측정은 규정에 따라 등속흡입할 필요가 없으며, 시료 채취 시 측정공을 헝겊 등으로 밀폐할 필요가 없다.

34 굴뚝에서 배출되는 가스 중 베릴륨화합물을 분석하는 방법은?

㉮ 유도결합플라스마-질량분석법
㉯ 자외선/가시선분광법
㉰ 원자흡수분광광도법
㉱ 냉증기-원자흡수분광광도법

풀이 베릴륨화합물의 분석방법은 원자흡수분광광도법과 유도결합플라스마/원자발광분광법이다.

answer 31 ㉱ 32 ㉱ 33 ㉰ 34 ㉰

35 기체크로마토그래피에서 A, B 성분의 머무름시간이 각각 2분, 3분이었으며, 봉우리폭은 32초, 38초이었다면 이 때 분리도는?

㉮ 1.2
㉯ 1.5
㉰ 1.7
㉱ 1.9

[풀이] 분리도(R) = $\dfrac{2\times(tR_2-tR_1)}{(W_1+W_2)}$ = $\dfrac{2\times(180\text{sec}-120\text{sec})}{(32+38)\text{sec}}$
= 1.71

36 굴뚝 배출가스 중 가스상 물질 시료채취 방법 중 연결관에 관한 설명으로 틀린 것은 어느 것인가?

㉮ 연결관은 가능한 한 수직으로 연결해야 한다.
㉯ 가열 연결관은 시료연결관, 퍼지라인(purge line), 교정가스관, 열원(선), 열전대 등으로 구성되어야 한다.
㉰ 하나의 연결관으로 여러 개의 측정기를 사용할 경우 각 측정기 앞에서 연결관을 병렬로 연결하여 사용한다.
㉱ 연결관의 길이는 되도록 짧게 하고, 부득이 길게 해서 쓰는 경우에는 이음매가 없는 배관을 써서 접속 부분을 적게 하고 받침없이 쉽게 이동토록 사용해야 하며, 15m를 넘지 않도록 한다.

[풀이] ㉱ 연결관의 길이는 되도록 짧게 하고, 부득이 길게 해서 쓰는 경우에는 이음매가 없는 배관을 써서 접속 부분을 적게 하고 받침 기구로 고정해서 사용해야 한다.

37 환경대기 중 가스상 물질의 시료채취 방법으로 틀린 것은 어느 것인가?

㉮ 용매채취법   ㉯ 용기채취법
㉰ 고체흡착법   ㉱ 고온흡수법

[풀이] 가스상 물질의 시료채취방법으로는 직접채취법, 용기채취법, 용매채취법, 고체흡착법, 저온농축법, 채취용 여과지에 의한 방법이 있다.

38 환경대기 중의 옥시단트 측정방법에서 사용되는 용어의 설명으로 알맞은 것은 어느 것인가?

㉮ 옥시단트 농도는 산소농도를 기준으로 나타내며, 산성아이오드화포타슘법을 주시험방법으로 한다.
㉯ 옥시단트란 전옥시단트, 광화학옥시단트, 오존 등의 산화성물질의 총칭이다.
㉰ 전옥시단트란 광화학옥시단트에서 이산화질소를 제외한 물질의 총칭이다.
㉱ 광화학옥시단트란 중성아이오드화포타슘용액에 의해 아이오딘을 유리시키는 물질을 말한다.

[풀이] ㉮ 옥시단트 농도는 오존농도를 기준으로 나타내며, 자외선광도법(자동)을 주시험방법으로 한다.
㉰ 전옥시단트란 중성아이오드화포타슘용액에 의해 아이오딘을 유리시키는 물질의 총칭이다.
㉱ 광화학옥시단트란 전옥시단트에서 이산화질소를 제외한 물질이다.

answer 35 ㉰   36 ㉱   37 ㉱   38 ㉯

39 다음 중 분석 대상가스가 폼알데하이드일 경우 분석방법으로 알맞은 것은 어느 것인가?

㉮ 침전적정법
㉯ 질산은법
㉰ 기체크로마토그래피법
㉱ 크로모트로핀산법

풀이 폼알데하이드일 경우 분석방법으로는 고성능액체크로마토그래피법, 자외선/가시선분광법(크로모트로핀산법, 아세틸아세톤법)이 있다.

40 배출가스별 흡수액의 연결로 틀린 것은?

㉮ 암모니아 - 황산용액
㉯ 황산화물 - 과산화수소
㉰ 황화수소 - 아연아민착염용액
㉱ 페놀화합물 - 수산화소듐용액

풀이 ㉮ 암모니아 - 붕산용액

| 제3과목 | 대기오염방지기술

41 다음 중 흡수장치에 대한 내용으로 틀린 것은 어느 것인가?

㉮ 충전탑은 포말성 흡수액에도 적응성이 좋으나 충전층의 공극이 폐쇄되기 쉬우며, 희석열이 심한 곳에서 부적합하다.
㉯ 분무탑은 가스의 흐름이 균일하지 못하고 분무액과 가스의 접촉이 균일하지 못하여, 효율이 낮은 편이다.
㉰ 벤츄리 스크러버는 압력손실이 높으며, 소형으로 대용량의 가스처리가 가능하고, mist의 발생이 적고 흡수효율도 낮은 편이다.
㉱ 제트 스크러버는 가스의 저항이 적고, 수량이 많아 동력비가 많이 소요되며, 처리가스량이 많을 때에는 효과가 낮은 편이다.

풀이 ㉰ 벤츄리 스크러버는 압력손실이 높으며, 소형으로 대용량의 가스처리가 가능하고, 흡수효율이 높은 편이다.

42 연료 중 탄수소비(C/H비)에 대한 내용으로 틀린 것은 어느 것인가?

㉮ 액체연료의 경우 중유 > 경유 > 등유 > 휘발유 순이다.
㉯ C/H비가 작을수록 비점이 높은 연료는 매연이 발생되기 쉽다.
㉰ C/H비는 공기량, 발열량 등에 큰 영향을 미친다.
㉱ C/H비가 클수록 휘도는 높다.

풀이 ㉯ C/H비가 클수록 비점이 높은 연료는 매연 발생이 쉽다.

answer 39 ㉱ 40 ㉮ 41 ㉰ 42 ㉯

43 두 종류의 집진장치를 직렬로 연결하였다. 1차 집진장치의 입구먼지농도는 13g/m³, 2차 집진장치의 출구먼지농도는 0.4g/m³이다. 2차 집진장치의 처리효율을 90%라 할 때, 1차 집진장치의 집진효율(%)은 얼마인가? (단, 기타 조건은 같다.)

㉮ 약 56% ㉯ 약 69%
㉰ 약 74% ㉱ 약 76%

풀이 ① $\eta_t = \left(1 - \dfrac{C_o}{C_i}\right) \times 100 = \left(1 - \dfrac{0.4\text{g/m}^3}{13\text{g/m}^3}\right) \times 100$
$= 96.92\%$
② $\eta_T = 1 - (1-\eta_1) \times (1-\eta_2)$
$0.9692 = 1 - (1-\eta_1) \times (1-0.90)$
∴ $\eta_1 = 1 - \left(\dfrac{1-0.9692}{1-0.90}\right) = 0.692$ 따라서 69.2%

44 다음 중 다공성 흡착제인 활성탄으로 제거하기에 가장 효과가 낮은 유해가스는 어느 것인가?

㉮ 알콜류 ㉯ 일산화탄소
㉰ 담배연기 ㉱ 벤젠

풀이 활성탄은 알콜류 등의 비극성류의 유기용제 흡착에 용이하므로 일산화탄소 처리가 어려우며, 일산화탄소는 연소법으로 처리한다.

45 다음 중 전기집진장치의 특징으로 틀린 것은 어느 것인가?

㉮ 고온가스 처리가 가능하다.
㉯ 부식성 가스가 함유된 먼지도 처리가 가능하다.
㉰ 압력손실이 높다.
㉱ 전력소비가 적다.

풀이 ㉰ 압력손실이 10~20mmH₂O로 작다.

46 packed tower에 대한 내용으로 틀린 것은 어느 것인가?

㉮ 원통형의 탑 내에 여러 가지 충전재를 넣어 함진가스(가스 유입속도 1m/sec 이하)와 세정액을 접촉시켜 세정하는 장치이다.
㉯ 1~5μm 크기의 입자를 제거할 경우 장치 내 처리가스의 속도는 대략 25cm/sec 이하가 되어야 한다.
㉰ 충전재는 액의 홀드업이 커야 한다.
㉱ 충전재는 내식성이 큰 플라스틱과 같이 가벼운 물질이어야 한다.

풀이 ㉰ 충전재는 액의 홀드업이 작아야 한다.

47 액체염소 1.5kg을 완전 기화시키면 약 몇 Sm³가 되는가? (단, 표준상태 기준)

㉮ 약 0.23Sm³ ㉯ 약 0.47Sm³
㉰ 약 0.63Sm³ ㉱ 약 0.87

풀이 염소(Cl₂) 1kmol $\begin{cases} 71\text{kg} \\ 22.4\text{Sm}^3 \end{cases}$
체적(Sm³) = $1.5\text{kg} \times \dfrac{22.4\text{Sm}^3}{71\text{kg}} = 0.47\text{Sm}^3$

48 다음 중 석탄의 탄화도 증가에 따라 증가하지 않는 것은 어느 것인가?

㉮ 고정탄소 ㉯ 비열
㉰ 발열량 ㉱ 착화온도

answer 43 ㉯ 44 ㉯ 45 ㉰ 46 ㉰ 47 ㉯ 48 ㉯

풀이 석탄의 탄화도
① 탄화도 증가 : 고정탄소, 발열량, 착화온도, 연료비는 증가
② 탄화도 증가 : 매연발생량, 비열, 휘발분, 수분, 산소의 양, 연소속도는 감소

49 길이 4.0m, 폭 1.2m, 높이 1.5m 되는 연소실에서 저발열량이 5,000kcal/kg의 중유를 1시간에 200kg씩 연소하고 있는 연소실의 열발생률은 얼마인가?

㉮ 약 11×10^4 kcal/m³h
㉯ 약 14×10^4 kcal/m³h
㉰ 약 18×10^4 kcal/m³h
㉱ 약 22×10^4 kcal/m³h

풀이 연소실의 열발생률(kcal/m³·hr)

$$= \frac{저위발열량(kcal/kg) \times 연료량(kg/hr)}{길이 \times 폭 \times 높이(m^3)}$$

$$= \frac{5,000 kcal/kg \times 200 kg/hr}{(4.0 \times 1.2 \times 1.5) m^3}$$

$$= 13.89 \times 10^4 kcal/m^3 \cdot hr$$

50 유량 500,000m³/day의 공기를 흡수탑을 거쳐 정화하려고 한다. 흡수탑의 접근 유속을 2.0m/sec로 유지하려면 소요되는 흡수탑의 지름(m)은 얼마인가?

㉮ 1.2m ㉯ 1.7m
㉰ 1.9m ㉱ 2.5m

풀이 유량(Q) = 단면적(A) × 유속(v) = $\frac{\pi D^2}{4} \times V$

따라서 500,000m³/day × 1day/24hr × 1hr/3,600sec

$= \frac{\pi D^2}{4}(m^2) \times 2.0$m/sec

$\therefore D = \sqrt{\frac{4 \times 500,000 m^3/day \times 1day/24hr \times 1hr/3,600sec}{\pi \times 2.0 m/sec}}$

= 1.92m

51 다음 흡수장치 중 기체분산형은 어느 것인가?

㉮ plate tower ㉯ spray tower
㉰ spray chamber ㉱ venturi scrubber

풀이 기체분산형은 plate tower(판탑)이며, 나머지 장치는 액분산형 흡수장치이다.

52 반경 4.5cm, 길이 1.2m인 원통형 전기집진장치에서 가스 유속이 2.2m/sec이고, 먼지입자의 분리속도가 22m/sec일 때 집진율(%)은 얼마인가?

㉮ 98.% ㉯ 99.1%
㉰ 99.5% ㉱ 99.9%

풀이 $\eta = \left\{ 1 - \exp \frac{-2 \times We \times L}{R \times u} \right\} \times 100$

$\begin{bmatrix} \eta : 집진율(\%) \\ We : 먼지 분리속도(m/sec) \\ L : 길이(m) \\ R : 반경(m) \\ u : 가스의 유속(m/sec) \end{bmatrix}$

따라서 $\eta = \left\{ 1 - e^{\frac{-2 \times 0.22 m/sec \times 1.2 m}{0.045 m \times 2.2 m/sec}} \right\} \times 100 = 99.52\%$

answer 49 ㉯ 50 ㉰ 51 ㉮ 52 ㉰

53 아래 표는 전기로에 부설된 Bag filter의 유입구 및 유출구의 가스량과 먼지농도를 측정한 것이다. 먼지 통과율(%)은 얼마인가?

구분	유입구	유출구
가스량(Sm^3/h)	11.4	16.2
먼지농도(g/Sm^3)	13.25	1.24

㉮ 3.32% ㉯ 6.65%
㉰ 10.3% ㉱ 13.3%

풀이 통과율$(P) = \left\{\dfrac{C_o \times Q_o}{C_i \times Q_i}\right\} \times 100$

$= \left\{\dfrac{1.24g/Sm^3 \times 16.2Sm^3/hr}{13.25g/Sm^3 \times 11.4Sm^3/hr}\right\} \times 100$

$= 13.30\%$

54 유해가스 처리를 위한 가열소각법에 대한 내용으로 틀린 것은 어느 것인가?

㉮ After burner법이라고도 하며, hydrocarbons, H_2, NH_3, HCN 등의 제거에 유용하다.
㉯ 오염기체의 농도가 낮을 경우 보조연료가 필요하며, 보통 경제적으로 오염가스의 농도가 연소하한치(LEL)의 50% 이상일 때 적합하다.
㉰ 보통 연소실 내의 온도는 1,200~1,500°C, 체류시간은 5~10초 정도로 설계하고 있다.
㉱ 그을음은 연료 중의 C/H비가 3 이상일 때 주로 발생되므로 수증기 주입으로 C/H비를 낮추면 해결 가능하다.

풀이 ㉰ 보통 연소실 내의 온도는 500~800°C, 체류시간은 0.2~0.8초 정도로 설계하고 있다.

55 프로판 $1Sm^3$을 공기비 1.1로 완전연소시켰을 때의 건연소가스량(Sm^3)은 얼마인가?

㉮ $18Sm^3$ ㉯ $21Sm^3$
㉰ $24Sm^3$ ㉱ $27Sm^3$

풀이 $C_3H_8 + 5O_2 \rightarrow 3CO_2 + 4H_2O$

$Gd = (m-0.21)A_o + CO_2량 = (1.1-0.21) \times \dfrac{5}{0.21} + 3$

$= 24.19 Sm^3/Sm^3$

TIP 공기비(m)가 주어졌으므로 실제건연소가스량(Gd)이 된다.

56 다음 중 후드의 형식에 해당되지 않는 것은 어느 것인가?

㉮ diffusion type ㉯ enclosure type
㉰ booth type   ㉱ receiving type

풀이 후드의 형식은 캐노피형(Canopy Type), 포위식(Enclosure Type), 리시버식(Receiving Type), 부스형(Booth Type), 슬롯형(Slot Type)이 있다.

57 후드의 형식 및 설치 위치의 결정에 대한 내용으로 틀린 것은 어느 것인가?

㉮ 후드 개구의 바깥주변에 플랜지를 부착하면 후드 뒤쪽의 공기흡입을 유도할 수 있고, 그 결과 포착속도를 높일 수 있다.
㉯ 가능한 한 발생원을 모두 포위할 수 있는 포위식 또는 부스식을 선택한다.
㉰ 작업 또는 공정상 발생원을 포위할 수 없는 경우 외부식을 선택한다.
㉱ 오염물질의 발생상태를 조사한 결과

answer 53 ㉱ 54 ㉰ 55 ㉰ 56 ㉮ 57 ㉮

오염기류가 공정 또는 작업자체에 의해 일정방향으로 발생하고 있을 경우 레시버식을 선택한다.

> **풀이** ㉮ 후드 개구의 바깥주변에 플랜지를 부착하면 후드 뒤쪽의 공기흡입을 방지할 수 있고, 그 결과 포착속도를 높일 수 있다.

TIP
이론공기량(A_o)
$$= \frac{\text{연소성분 연소시 필요한 산소량-연료의 산소량}}{0.21}$$

58 질소산화물(NO_X)의 억제방법으로 틀린 것은 어느 것인가?

㉮ 저산소 연소
㉯ 배출가스 재순환
㉰ 화로 내 물 또는 수증기 분무
㉱ 고온영역 생성촉진 및 긴불꽃연소를 통한 화염온도 증가

> **풀이** ㉱ 고온영역 감소 및 화염온도 감소

59 A 연료가스가 부피로 H_2 9%, CO 24%, CH_4 2%, CO_2 6%, O_2 3%, N_2 56%의 구성비를 갖는다. 이 기체 연료를 1기압하에서 20%의 과잉공기로 연소시킬 경우 연료 $1Sm^3$당 요구되는 실제공기량(Sm^3)은 얼마인가?

㉮ $0.83Sm^3$　　㉯ $1Sm^3$
㉰ $1.68Sm^3$　　㉱ $1.98Sm^3$

> **풀이** $H_2 + 0.5O_2 \rightarrow H_2O$: 9%
> $CO + 0.5O_2 \rightarrow CO_2$: 24%
> $CH_4 + 2O_2 \rightarrow CO_2 + 2H_2O$: 2%
> O_2 : 3%
> 실제공기량(A) = 공기비(m)×이론공기량(A_o)
> $= 1.2 \times \dfrac{0.5 \times 0.09 + 0.5 \times 0.24 + 2 \times 0.02 - 0.03}{0.21}$
> $= 1.0 Sm^3/Sm^3$

60 자동차 배기가스 후처리기술 중 CO, HC, NO_X를 동시에 저감시키는 삼원촉매시스템에 대한 내용으로 틀린 것은 어느 것인가?

㉮ 실제 이론공연비를 중심으로 삼원촉매의 전환효율이 유지되는 공연비폭(window)이 있으며, 이 폭은 과잉공기율(λ)로는 1.5(λ = 1.0±0.25) 정도이며, A/F비로는 약 1.0(14.05~15.05) 범위이다.
㉯ 3성분을 동시에 저감시키기 위해서는 엔진이 공급되는 공기연료비가 이론공연비로 공급되어야 한다.
㉰ 촉매는 주로 백금과 로듐의 비가 5 : 1 정도로 사용된다.
㉱ Rh은 NO반응을, Pt은 주로 CO와 HC를 저감시키는 산화반응을 촉진시킨다.

> **풀이** 이 문제는 재출제시 동일하게 출제되는 문제이므로 정답만 숙지하시면 됩니다.

answer 58 ㉱　59 ㉯　60 ㉮

2017 1회 기출문제

| 제1과목 | 대기환경관리

01 다음 중 2차 대기오염물질로 틀린 것은 어느 것인가?

㉮ NaCl
㉯ H_2O_2
㉰ PAN
㉱ SO_3

풀이 ㉮ NaCl(염화나트륨)은 1차 대기오염물질이다.

02 지상 10m에서의 풍속이 5m/s라면 지상 50m에서의 풍속(m/s)은 얼마인가?
(단, Deacon식 적용, 대기는 심한 역전상태이며, P = 0.4이다.)

㉮ 8.5
㉯ 9.5
㉰ 10.5
㉱ 11.5

풀이
$$u_2 \text{ m/sec} = u_1 \text{ m/sec} \times \left(\frac{H_2}{H_1}\right)^P$$
$$= 5\text{m/sec} \times \left(\frac{50\text{m}}{10\text{m}}\right)^{0.4}$$
$$= 9.52\text{m/sec}$$

03 최근 문제시 되고 있는 석면에 대한 내용으로 틀린 것은 어느 것인가?

㉮ 석면은 자연계에서 산출되는 길고, 가늘고, 강한 섬유상 물질이다.
㉯ 석면에 폭로되어 중피종이 발생되기까지의 기간은 일반적으로 폐암보다는 긴 편이나 20년 이하에서 발생하는 예도 있다.
㉰ 석면은 절연성의 성질을 가지고, 화학적 불활성이 요구되는 곳에 사용될 수 있다.
㉱ 석면의 유해성은 백석면이 청석면보다 강하다.

풀이 ㉱ 석면의 유해성은 청석면 > 갈석면(황석면) > 온석면(백석면) 순서이다.

answer 01 ㉮ 02 ㉯ 03 ㉱

04 다음 역전현상에 관한 내용으로 틀린 것은 어느 것인가?

㉮ 대류권 내에서 온도는 높이에 따라 감소하는 것이 보통이나 경우에 따라 역으로 높이에 따라 온도가 높아지는 층을 역전층이라고 한다.
㉯ 침강역전은 저기압의 중심부분에서 기층이 서서히 침강하면서 발생하는 현상으로 좁은 범위에 걸쳐서 단기간 지속된다.
㉰ 복사역전은 일출직전에 하늘이 맑고 바람이 적을 때 가장 강하게 형성된다.
㉱ LA스모그는 침강역전, 런던스모그는 복사역전과 관계가 있다.

풀이 ㉯ 침강역전은 고기압의 중심부분에서 기층이 서서히 침강하면서 발생하는 현상으로 넓은 범위에 걸쳐서 장기간 지속된다.

05 염화수소의 주요 배출관련 업종으로 틀린 것은 어느 것인가?

㉮ 냉동공장   ㉯ 금속제련
㉰ 쓰레기소각장   ㉱ 플라스틱 공장

풀이 ㉮ 냉동공장에서는 암모니아(NH_3)가 발생한다.

06 다음 국제협약 중 질소산화물 배출량 또는 국가간 이동량의 최저 30% 삭감에 관한 국가간 장거리 이동 대기오염조약의 의정서(협약)에 해당하는 것은 어느 것인가?

㉮ 몬트리올의정서   ㉯ 런던협약
㉰ 오슬로협약   ㉱ 소피아의정서

풀이 ㉱ 소피아의정서에 대한 설명이다.

07 지상으로부터 500m까지의 평균 기온감률은 -1.3℃/100m이다. 100m 고도의 기온이 20℃라 하면 고도 300m에서의 기온(℃)은 얼마인가?

㉮ 14.7℃   ㉯ 15.8℃
㉰ 16.2℃   ㉱ 17.4℃

풀이 기온(℃) = 20℃ - $\left\{\dfrac{1.3℃}{100m} \times (300m - 100m)\right\}$
= 17.4℃

08 다음 ( )안에 알맞은 것은 어느 것인가?

( )이란 적도무역풍이 평년보다 강해지며, 서태평양의 해수면과 수온이 평년보다 상승하게 되고, 찬해수의 용승현상 때문에 적도 동태평양에서 저수온 현상이 강화되어 나타나는 현상으로, 해수면의 온도가 6개월 이상 0.5℃ 이상 낮은 현상이 지속되는 것을 말한다.

㉮ 엘니뇨 현상   ㉯ 사헬 현상
㉰ 라니냐 현상   ㉱ 헤들리셀 현상

풀이 ㉰ 라니냐 현상에 대한 설명이며, 핵심 내용은 "해수면의 온도 5℃ 이상 낮아지는 현상 = 라니냐 현상"임을 숙지하시면 됩니다.

answer 04 ㉯ 05 ㉮ 06 ㉱ 07 ㉱ 08 ㉰

09 다음 설명과 관련된 복사법칙으로 알맞은 것은 어느 것인가?

> 흑체표면의 단위면적으로부터 단위시간에 방출되는 전파장의 복사에너지의 양 (흑체의 전복사도) E는 흑체의 절대온도 4승에 비례한다.

㉮ 플랑크의 법칙
㉯ 비인의 법칙
㉰ 스테판 - 볼쯔만의 법칙
㉱ 알베도의 법칙

풀이 ㉰ 스테판 - 볼쯔만의 법칙에 대한 설명으로 복사에너지(E) $=\sigma T^4$로 나타낸다.

10 가시도(Visibility)에 대한 내용으로 틀린 것은 어느 것인가?

㉮ 빛의 흡수와 분산으로 가시도가 감소한다.
㉯ 가시거리는 습도에 의하여 크게 영향을 받는다.
㉰ COH(coefficient of haze)는 깨끗한 여과지에 먼지를 모아 빛전달율의 감소를 측정함으로써 결정된다.
㉱ 강도가 I인 빛으로 X거리에서 조명하여 dx 거리를 통과하는 동안 흡수와 분산으로 빛의 강도가 dI만큼 감소할 때 dI $= \sigma(I)^2/(dx)^2$ 이다.(σ : 소광계수)

풀이 ㉱ 강도가 I인 빛으로 X거리에서 조명하여 dx 거리를 통과하는 동안 흡수와 분산으로 빛의 거리가 dI만큼 감소할 때 dI $= -\sigma \cdot I \cdot dx$이다. ($\sigma$: 소광계수)

11 특정물질의 종류와 그 화학식의 연결로 옳지 않은 것은?

㉮ CFC-214 : $C_3F_4Cl_4$
㉯ Halon-2402 : $C_2F_4Cl_4$
㉰ HCFC-133 : CH_3F_3Cl
㉱ HCFC-222 : $C_3HF_2Cl_5$

풀이 ㉰ HCFC-133 : $C_2H_2F_3Cl$

12 도시대기에서 하루 중 최고 농도가 가장 빠른 시간에 나타나는 물질은 어느 것인가?

㉮ NO   ㉯ NO_2
㉰ O_3 ㉱ HNO_3

풀이 도시대기에서 하루 중 최고 농도가 가장 빠른 시간에 나타나는 물질은 1차성 물질인 일산화질소(NO)이다.

13 바람장미(wind rose)에 기록되는 내용으로 틀린 것은 어느 것인가?

㉮ 풍향   ㉯ 풍속
㉰ 풍압   ㉱ 무풍률

풀이 바람장미(풍배도)에 기록되는 내용으로는 풍향, 풍속, 무풍률, 지속도 등이다.

answer 09 ㉰ 10 ㉱ 11 ㉰ 12 ㉮ 13 ㉰

14 연소과정에서 방출되는 NO_X 배출가스 중 $NO : NO_2$의 개략적인 비는 얼마 정도인가?

㉮ 5 : 95 ㉯ 20 : 80
㉰ 50 : 50 ㉱ 90 : 10

풀이 $NO : NO_2$의 개략적인 비는 90 : 10 정도이다.

15 다음 중 인체의 폐포 침착율이 가장 큰 입경 범위는 어느 것인가?

㉮ 0.001~0.01μm ㉯ 0.01~0.1μm
㉰ 0.1~1.0μm ㉱ 10~50μm

풀이 인체의 폐포 침착율이 가장 큰 입경 범위는 0.1~1.0μm이다.

16 굴뚝 유효고도가 75m에서 100m로 높아졌다면 굴뚝의 풍하측 중심축상 지상 최대 오염농도는 75m일 때의 것과 비교하면 몇 %가 되겠는가? (단, sutton의 확산 관련식을 이용하시오.)

㉮ 약 25% ㉯ 약 56%
㉰ 약 75% ㉱ 약 88%

풀이 지상최대오염농도(C_{max}) = $\dfrac{1}{He^2}$

따라서, 지상최대오염농도(%) = $\dfrac{\dfrac{1}{(100m)^2}}{\dfrac{1}{(75m)^2}} \times 100$

= 56.25%

17 다음 특정물질 중 오존 파괴지수가 가장 큰 물질은 어느 것인가?

㉮ $CHFCl_2$ ㉯ CF_2BrCl
㉰ $CHFClCF_3$ ㉱ CHF_2Br

풀이 오존 파괴지수(ODP)
㉮ $CHFCl_2$: 0.04
㉯ CF_2BrCl : 3.0
㉰ $CHFClCF_3$: 0.022

TIP
오존층 파괴지수(ODP)가 가장 큰 물질은 Halon-1301 (CF_3Br)이 10.0이며, 그 다음이 Halon-2402($C_2F_4Br_2$)가 6.0이다.

18 공기역학직경(aerodynamic diameter)의 정의로 알맞은 것은 어느 것인가?

㉮ 원래의 먼지와 침강속도가 동일하며, 밀도가 $1g/cm^3$인 구형입자의 직경
㉯ 원래의 먼지와 밀도 및 침강속도가 동일한 구형입자의 직경
㉰ 먼지의 한쪽 끝 가장자리와 다른 쪽 끝 가장자리 사이의 거리
㉱ 먼지의 면적과 동일한 면적을 갖는 원의 직경

풀이 ㉮번은 공기역학직경에 대한 설명이고, ㉯번은 스토크스직경에 대한 설명이다.

19 대기오염 물질과 지표식물의 연결로 틀린 것은 어느 것인가?

㉮ SO_2 - 알팔파
㉯ HF - 글라디올러스
㉰ O_3 - 담배
㉱ CO - 강낭콩

answer 14 ㉱ 15 ㉰ 16 ㉯ 17 ㉯ 18 ㉮ 19 ㉱

풀이 ㉣ CO는 지표식물은 존재하지 않고, 지표동물로 카나리아가 있다.

TIP
지표(약한)식물
㉮ SO_2 : 대맥, 담배, 자주개나리(알팔파), 목화, 보리 등
㉯ HF : 옥수수, 자두, 메밀, 글라디올러스 등
㉰ O_3 : 담배, 시금치, 자주개나리, 토마토, 백송 등

20 인위적인 원인에 의한 시정장애와 관련된 현상과 물질에 관한 내용으로 틀린 것은 어느 것인가?

㉮ 시정장애현상의 직접적인 원인은 주로 미세먼지 때문이다.
㉯ 시정장애는 특히 0.01~0.1㎛ 크기의 미세먼지들에 의한 빛의 산란 및 흡수현상이다.
㉰ 대부분 대기 중에서 1차 오염물질들이 서로 반응, 응축, 응집하여 생성, 성장하기 때문에 2차 오염물질이라고 불린다.
㉣ 이들 2차 오염물질의 입경분포, 화학성분, 수분함량 등의 여러 인자들이 시정장애 현상에 영향을 미친다.

풀이 ㉯ 시정장애는 특히 0.1~1.0㎛ 크기의 미세먼지들에 의한 빛의 산란 및 흡수현상이다.

제2과목 | 대기오염공정시험기준

21 이론단수가 1,600인 분리관이 있다. 머무름시간이 10분인 봉우리의 좌우 변곡점에서 접선이 자르는 바탕선의 길이(mm)는 얼마인가? (단, 기록지 이동속도는 5mm/min, 이론단수는 모든 성분에 대하여 같다.)

㉮ 1mm ㉯ 2mm
㉰ 5mm ㉣ 10mm

풀이
$n = 16 \times \left(\dfrac{tR}{w}\right)^2$

n : 이론단수
tR : 기록지의 이동속도(mm/min)
w : 봉우리의 폭(mm)

따라서 $1,600 = 16 \times \left(\dfrac{5mm/min \times 10min}{w}\right)^2$

∴ W = 5mm

TIP
tR = 기록지 이동속도(mm/min)×머무름시간(min)

22 대기오염공정시험기준상 환경대기 중의 먼지 측정에 적용 가능한 시험방법으로 틀린 것은 어느 것인가?

㉮ 고용량 공기시료채취기법
㉯ 저용량 공기시료채취기법
㉰ 오존전구물질-자동측정법
㉣ 베타선법

풀이 환경대기 중의 먼지 측정에 적용 가능한 시험방법으로는 고용량 공기시료채취기법, 저용량 공기시료채취기법, 베타선법이 있다.

answer 20 ㉯ 21 ㉰ 22 ㉰

23 반자동식 측정법으로 굴뚝 배출가스 중 먼지측정 시 굴뚝의 지름이 2.5m의 원형굴뚝의 측정점수는 얼마인가?

㉮ 4   ㉯ 8
㉰ 12   ㉱ 16

풀이 직경이 2.5m이면 반경구분수는 3이고 측정점수는 12이다.

TIP

굴뚝직경(m)	반경구분수	측정점수
1 이하	1	4
1 초과 2 이하	2	8
2 초과 4 이하	3	12
4 초과 4.5 이하	4	16
4.5 초과	5	20

24 A 굴뚝내 배출가스의 유속을 피토관으로 측정한 결과 동압이 25mmH₂O였고, 온도가 211℃였다면 이 때 굴뚝내 배출가스의 유속(m/sec)은 얼마인가? (단, 표준상태에서 배출가스의 밀도 : 1.3kg/Sm³, 피토관 계수 : 0.98, 기타 조건은 같다고 가정함.)

㉮ 18.6m/s   ㉯ 20.4m/s
㉰ 22.8m/s   ㉱ 25.3m/s

풀이
$$V = C \times \sqrt{\frac{2gh}{r}}$$

- V : 유속(m/sec)
- C : 피토관계수
- g : 중력가속도(9.8m/sec²)
- h : 동압(mmH₂O)
- r : 밀도(kg/m³)

따라서 $V = 0.98 \times \sqrt{\dfrac{2 \times 9.8 \text{m/sec}^2 \times 25 \text{mmH}_2\text{O}}{1.3 \text{kg/Sm}^3 \times \dfrac{273}{273+211\,℃}}}$

$= 25.33 \text{m/sec}$

25 대기오염공정시험기준상 따로 규정이 없을 경우 사용하는 시약의 규격으로 틀린 것은 어느 것인가?

	명칭	농도(%)	비중(약)
①	아세트산	99.0 이상	1.05
②	과산화수소	30.0~35.0	1.11
③	아이오딘화수소산	28.0~30.0	0.90
④	과염소산	60.0~62.0	1.54

㉮ ①   ㉯ ②
㉰ ③   ㉱ ④

풀이 ㉰ ③ 아이오딘화수소산 - 농도 : 55.0~58.0
　　　　　　　　　　　　　　 - 비중 : 1.70

26 굴뚝 배출가스 중 사이안화수소를 자외선/가시선분광법-4-피리딘카복실산-피라졸론법으로 분석하는 방법에 대한 설명으로 틀린 것은?

㉮ 정량범위는 시료채취량이 10L인 경우 0.05ppm 이상이다.
㉯ 538nm 부근의 흡광도를 측정한다.
㉰ 배출가스 중 염소 등의 산화성가스가 공존하면 영향을 받는다.
㉱ 흡수액은 수산화소듐용액(20g/L)이다.

풀이 ㉯ 638nm 부근의 흡광도를 측정한다.

answer 23 ㉰　24 ㉱　25 ㉰　26 ㉯

27 기체크로마토그래피에서 1, 2 시료의 분석치가 다음과 같을 때 분리계수는 얼마인가?

- 봉우리 1의 머무름시간 : 3분
- 봉우리 2의 머무름시간 : 5분
- 봉우리 1의 폭 : 35초
- 봉우리 2의 폭 : 44초

㉮ 1.7　　㉯ 2.5
㉰ 3.0　　㉱ 4.4

풀이 $d = \dfrac{tR_2}{tR_1}$

$\begin{bmatrix} d : \text{분리계수} \\ tR_1 : \text{봉우리 1의 머무름시간} \\ tR_2 : \text{봉우리 2의 머무름시간} \end{bmatrix}$

따라서 $d = \dfrac{5분}{3분} = 1.67$

28 다음 중 냉증기-원자흡수분광광도법을 사용하여 분석하는 오염물질은 어느 것인가?

㉮ 카드뮴화합물　㉯ 플루오린화합물
㉰ 수은화합물　　㉱ 페놀화합물

풀이 냉증기-원자흡수분광광도법을 사용하여 분석하는 오염물질은 수은화합물이다.

29 굴뚝 배출가스 중 산소를 자기식(자기력)으로 측정하는 방법에 대한 설명으로 틀린 것은?

㉮ 체적자화율이 큰 가스(일산화질소, NO)의 영향을 무시할 수 있는 경우에 적용한다.
㉯ 상자성체인 산소분자가 자계 내에서 자기화 될 때 생기는 흡인력을 이용한다.
㉰ 측정범위는 1% ~ 15.0% 이하로 한다.
㉱ 덤벨형 방식과 압력검출형 방식이 있다.

풀이 ㉰ 측정범위는 0% ~ 10.0% 이하로 한다.

30 굴뚝 배출가스 내의 산소측정방법 중 덤벨형(Dumb-Bell)자기력 분석계의 구성장치에 대한 내용으로 틀린 것은 어느 것인가?

㉮ 측정셀은 시료 유통실로서 자극사이에 배치하여 덤벨 및 불균형 자계발생 자극편을 내장한 것이다.
㉯ 덤벨은 자기화율이 큰 석영 등으로 만들어진 중공의 구체를 막대 양 끝에 부착한 것으로 알곤을 봉입한 것이다.
㉰ 자극편은 외부로부터 영구자석에 의하여 자기화되어 불균등 자장을 발생하는 것이다.
㉱ 피드백코일은 편위량을 없애기 위하여 전류에 의하여 자기를 발생시키는 것으로 일반적으로 백금선이 이용된다.

풀이 ㉯ 덤벨은 자기화율이 적은 석영 등으로 만들어진 중공의 구체를 막대 양 끝에 부착한 것으로 질소 또는 공기를 봉입한 것이다.

answer 27 ㉮　28 ㉰　29 ㉰　30 ㉯

31 아래의 시료가스 채취장치에서 B와 C의 명칭으로 가장 알맞은 것은 어느 것인가?

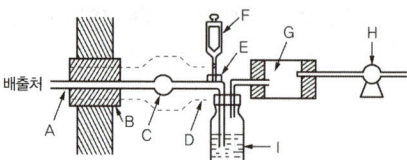

㉮ B : 보온재, C : 건조재
㉯ B : 보온재, C : 여과지
㉰ B : 여과지, C : 보온재
㉱ B : 여과지, C : 건조재

32 굴뚝 배출가스 내의 브로민화합물 분석방법 중 자외선가시선분광법에서 사용되는 흡수액으로 알맞은 것은 어느 것인가?

㉮ 수산화소듐용액(4g/L)
㉯ 과망간산포타슘(질량분율 0.4%)용액
㉰ 염산(1+1)용액
㉱ 과산화수소수(3%)용액

풀이 브로민화합물의 흡수액은 수산화소듐용액(4g/L)이다.

TIP
수산화소듐 = 수산화나트륨 = NaOH

33 굴뚝 배출가스 중의 SO_2 량이 2,286 mg/Sm^3 일 때, ppm으로 환산한 값은 얼마인가? (단, 표준상태 기준)

㉮ 약 300ppm   ㉯ 약 800ppm
㉰ 약 1,200ppm ㉱ 약 6,530ppm

풀이 $SO_2 ppm = \dfrac{2,286mg}{Sm^3} \times \dfrac{22.4mL}{64mg} = 800.1ppm$

TIP
① $ppm = mL/Sm^3$
② SO_2 1mol $\begin{cases} 64mg \\ 22.4mL \end{cases}$

34 굴뚝 배출가스 중 벤젠을 측정하는 기체크로마토그래피에 대한 설명으로 틀린 것은?

㉮ 시료채취방법에는 흡착관을 이용하는 방법과 시료주머니를 이용하는 방법이 있다.
㉯ 정량범위는 0.10ppm~2,500ppm이다.
㉰ 운반기체로는 99.999% 이상의 수소 혹은 헬륨을 사용한다.
㉱ 검출기는 불꽃이온화검출기를 사용한다.

풀이 ㉰ 운반기체로는 99.999% 이상의 질소 혹은 헬륨을 사용한다.

35 배출가스 중 불꽃이온화기를 이용한 총탄화수소 분석에 사용되는 용어 및 설명으로 틀린 것은 어느 것인가?

㉮ 배출 가스 중 이산화탄소(CO_2), 수분이 존재한다면 양의 오차를 가져올 수 있다. 단, 이산화탄소(CO_2), 수분의 퍼센트(%) 농도의 곱이 100을 초과하지 않는다면 간섭은 없는 것으로 간주한다.
㉯ 총탄화수소 분석부는 총탄화수소 농도를 감지하고, 농도에 비례하는 출력을 발생하는 부분을 말한다.
㉰ 반응시간은 오염물질 농도의 단계변

answer 31 ㉯ 32 ㉮ 33 ㉯ 34 ㉰ 35 ㉰

화에 따라 최종값의 100%에 도달하는 시간으로 한다.
㉘ 수분트랩 안에 유기성 입자상 물질이 존재한다면 양의 오차를 가져올 수 있다.

풀이 ㉠ 반응시간은 오염물질 농도의 단계변화에 따라 최종값의 90%에 도달하는 시간으로 한다.

36 기체–액체 크로마토그래피에서 고정상 액체의 구비조건으로 알맞은 것은 어느 것인가?

㉮ 사용온도에서 증기압이 낮고, 점성이 작은 것이어야 한다.
㉯ 사용온도에서 증기압이 낮고, 점성이 큰 것이어야 한다.
㉰ 사용온도에서 증기압이 높고, 점성이 작은 것이어야 한다.
㉱ 사용온도에서 증기압이 높고, 점성이 큰 것이어야 한다.

풀이 시료의 검출이 용이하기 위해서는 증기압이 낮고, 점성이 작아야 한다.

37 휘발성 유기화합물(VOCs) 누출확인방법에 사용 되는 측정기기의 규격, 성능기준 요구 사항으로 틀린 것은 어느 것인가?

㉮ 기기의 응답시간은 30초보다 작거나 같아야 한다.
㉯ 교정정밀도는 교정용 가스값의 10% 보다 작거나 같아야 한다.
㉰ 기기의 계기눈금은 최소한 표시된 누출농도의 ±10%를 읽을 수 있어야 한다.
㉱ 기기는 펌프를 내장하고 있어야 하고 일반적으로 시료유량은 0.5~3L/min 이다.

풀이 ㉰ 기기의 계기눈금은 최소한 표시된 누출농도의 ±5%를 읽을 수 있어야 한다.

38 물질의 파쇄, 선별, 퇴적, 이적, 기타 기계적 처리 또는 연소, 합성분해 시 굴뚝에서 배출되는 먼지를 측정하는 방법에 관한 설명으로 틀린 것은 어느 것인가?

㉮ 반자동식 채취기에 의한 방법으로써 먼지가 채취된 여과지를 110±5℃에서 충분히 (1-3시간) 건조시켜 부착수분을 제거한 후 먼지의 질량농도를 계산한다.
㉯ 반자동식 채취기에 의한 방법으로써 배연탈황시설과 황산미스트에 의해서 먼지농도가 영향을 받은 경우에는 여과지를 135℃ 이상에서 3시간 이상 건조시킨 후 먼지농도를 계산한다.
㉰ 측정공은 측정위치로 선정된 굴뚝 벽면에 내경 100~150mm 정도로 설치하고 측정시 이외에는 마개를 막아 밀폐하고 측정시에도 흡입관 삽입 이외의 공간은 공기가 새지 않도록 밀폐되어야 한다.
㉱ 굴뚝 단면적이 0.25m² 이하로 소규모 원형 굴뚝인 경우에는 그 굴뚝 단면의 중심을 대표점으로 하여 1점만 측정한다.

풀이 ㉯ 반자동식 채취기에 의한 방법으로써 배연탈황시설과 황산미스트에 의해서 먼지농도가 영향을 받은 경우에는 여과지를 160℃ 이상에서 4시간 이상 건조시킨 후 먼지농도를 계산한다.

answer 36 ㉮ 37 ㉰ 38 ㉯

39 굴뚝 배출가스 중 폼알데하이드 및 알데하이드류의 분석방법으로 틀린 것은 어느 것인가?

㉮ Methyl Ethyl Ketone법
㉯ 고성능액체크로마토크래피법
㉰ 자외선/가시선분광법-크로모트로핀산법
㉱ 자외선/가시선분광법-아세틸아세톤법

풀이 폼알데하이드 및 알데하이드류의 분석방법으로는 고성능액체크로마토그래피, 자외선/가시선분광법-크로모트로핀산법, 자외선/가시선분광법-아세틸아세톤법이 있다.

40 다음 오염물질과 그 측정방법의 연결이 틀린 것은?

㉮ 플루오린화합물 : 이온선택전극법
㉯ 질소산화물 : 아연환원나프틸에틸렌다이아민법
㉰ 브로민화합물 : 질산토륨-네오트린법
㉱ 벤젠 : 기체크로마토그래피

풀이 브로민화합물의 분석방법으로는 자외선/가시선분광법과 적정법이 있다.

제3과목 | 대기오염방지기술

41 아래 그림은 다음 중 어떤 집진장치에 해당하는가?

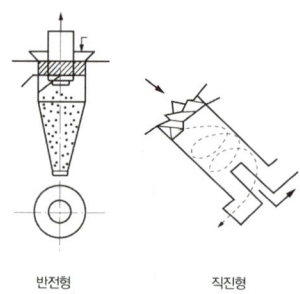

반전형   직진형

㉮ 중력집진장치
㉯ 관성력집진장치
㉰ 원심력집진장치
㉱ 전기집진장치

풀이 ㉰ 원심력집진장치의 그림이다.

42 질량조성이 탄소 85%, 수소 15%인 액체연료를 매시 100kg 연소한 후 배출가스를 분석하였더니 분석치가 CO_2 12.5%, CO 3%, O_2 3.5%, N_2 81%이었다. 이 때 매시간당 필요한 공기량(Sm^3/hr)은 얼마인가?

㉮ 약 13   ㉯ 약 157
㉰ 약 657 ㉱ 약 1,271

풀이 ① 공기비(m)

$$= \frac{N_2(\%)}{N_2(\%)-3.76\times(O_2(\%)-0.5\times CO(\%))}$$

$$= \frac{81\%}{81\%-3.76\times(3.5\%-0.5\times 3\%)} = 1.1023$$

answer 39 ㉮ 40 ㉰ 41 ㉰ 42 ㉱

② 이론공기량(A_o)

　= $8.89C+26.67(H - \dfrac{O}{8})+3.33S$ (Sm³/kg)

　= 8.89×0.85+26.67×0.15

　= 11.557 Sm³/kg

③ 필요한 공기량(Sm³/hr)

　= 공기비(m)×이론공기량(A_o)×연료량(kg/hr)

　= 1.1023×11.557Sm³/kg×100kg/hr

　= 1,273.93 Sm³/hr

43 연료의 성질에 대한 내용 중 틀린 것은 어느 것인가?

㉮ 휘발분의 조성은 고탄화도 역청탄에서는 탄화수소가스 및 타르 성분이 많아 발열량이 높다.
㉯ 석탄의 탄화도가 저하하면 탄화수소가 감소하며 수분과 이산화탄소가 증가하여 발열량은 낮아진다.
㉰ 고정탄소는 수분과 이산화탄소의 합을 100에서 제외한 값이다.
㉱ 고정탄소와 휘발분의 비를 연료비라 한다.

풀이 ㉰ 고정탄소는 수분과 회분과 휘발분의 합을 100에서 제외한 값이다.

44 총집진효율 90%를 요구하는 A 공장에서 50% 효율을 가진 1차 집진장치를 이미 설치하였다. 이 때 2차 집진장치는 몇 % 효율을 가진 것이어야 하는가?

(단, 장치 연결은 직렬 조합 기준)

㉮ 70%　　㉯ 75%
㉰ 80%　　㉱ 85%

풀이 $\eta_T = 1-(1-\eta_1)\times(1-\eta_2)$
0.90 = 1-(1-0.50)×(1-η_2)

∴ $\eta_2 = 1 - \left(\dfrac{1-0.90}{1-0.50}\right) = 0.80$ 따라서 80%

45 집진장치에서 후드(Hood)의 일반적인 흡입요령으로 틀린 것은 어느 것인가?

㉮ 후드를 발생원에 근접시킨다.
㉯ 국부적인 흡입 방식을 택한다.
㉰ 충분한 포착속도를 유지한다.
㉱ 후드의 개구면적을 크게 한다.

풀이 ㉱ 후드의 개구면적을 작게 한다.

46 공기비가 작을 경우 연소실 내에서 발생될 수 있는 상황으로 알맞은 것은 어느 것인가?

㉮ 가스의 폭발위험과 매연발생이 크다.
㉯ 배기가스 중 NO_2 양이 증가한다.
㉰ 부식이 촉진된다.
㉱ 연소온도가 낮아진다.

풀이 ㉯·㉰·㉱번은 공기비가 큰 경우에 해당한다.

47 다음 연료 중 황(S)성분의 함량 순서로 알맞은 것은 어느 것인가?

㉮ 중유 > 경유 > 등유 > 휘발유 > LPG
㉯ 중유 > 등유 > 경유 > 휘발유 > LPG
㉰ 중유 > 석탄 > 등유 > 경유 > 휘발유
㉱ 석탄 > 중유 > 등유 > 경유 > 휘발유

풀이 황(S)성분의 함량 순서는 중유 > 경유 > 등유 > 휘발유 > LPG 순이다.

answer 43 ㉰　44 ㉰　45 ㉱　46 ㉮　47 ㉮

48 다음 악취물질 중 양파, 양배추 썩는 냄새가 나고 석유정제, 가스제조, 약품제조 시 주로 발생되는 물질은?

㉮ 황화수소 ㉯ 메틸메르캅탄
㉰ 황화메틸 ㉱ 아크로레인

풀이 ㉯ 메틸메르캅탄(CH_3SH)에 대한 설명이다.

49 다음 중 액화석유가스(LPG)에 대한 내용으로 틀린 것은 어느 것인가?

㉮ 천연가스에서 회수되기도 하지만 대부분은 석유정제시 부산물로 얻어진다.
㉯ 보통 LNG보다 발열량이 낮으며, 착화온도는 200~250℃ 이다.
㉰ 비중이 공기보다 무거워 누출될 경우, 인화·폭발성의 위험이 있다.
㉱ 액체에서 기체로 될 때, 증발열이 있으므로 사용하는데 유의할 필요가 있다.

풀이 ㉯ LNG(액화천연가스)의 발열량은 10,000kcal/Sm^3이고, LPG(액화석유가스)의 발열량은 26,000kcal/Sm^3이다.

50 연소배출가스가 4,000Sm^3/h인 굴뚝에서 정압을 측정하였더니 20mmH_2O였다. 여유율 20%인 송풍기를 사용할 경우 필요한 소요동력(kW)은 얼마인가? (단, 송풍기 정압효율은 80%, 전동기 효율은 70%이다.)

㉮ 0.38 ㉯ 0.47
㉰ 0.58 ㉱ 0.66

풀이 $kW = \dfrac{Ps \times Q}{102 \times \eta_1 \times \eta_2} \times \alpha$

$\begin{bmatrix} Ps : 정압(mmH_2O) \\ Q : 배출가스량(m^3/sec) \\ \eta_1 : 송풍기 정압효율 \\ \eta_2 : 전동기 효율 \\ \alpha : 여유율 \end{bmatrix}$

따라서

$kW = \dfrac{20mmH_2O \times 4,000Sm^3/hr \times 1hr/3,600sec}{102 \times 0.80 \times 0.70} \times 1.2$

$= 0.47kW$

51 휘발성유기화합물(VOCs) 제어 기술로 틀린 것은 어느 것인가?

㉮ 활성탄 흡착(Activated carbon adsorption)
㉯ 응축(Condensation)
㉰ 수은환원(Mercury reduction)
㉱ 흡수(Absorption)

풀이 휘발성유기화합물(VOCs) 제어 기술로는 활성탄 흡착, 응축, 흡수, 직접소각, 생물여과법이 있다.

52 흡수법에 대한 내용으로 틀린 것은 어느 것인가?

㉮ 흡수제는 휘발성이 커야한다.
㉯ 충전탑은 액분산형 흡수장치에 해당한다.
㉰ 재생가치가 있는 물질이나 흡수제의 재사용은 탈착이나 stripping을 통해 회수 또는 재생한다.
㉱ 흡수제의 빙점은 낮고, 비점은 높아야 한다.

풀이 ㉮ 흡수제는 휘발성이 작아야 한다.

answer 48 ㉯ 49 ㉯ 50 ㉯ 51 ㉰ 52 ㉮

53 중력침강실 내의 함진가스의 유속이 2m/sec 인 경우, 바닥면으로부터 1m 높이(H)로 유입된 먼지는 수평으로 몇 m 떨어진 지점에 착지하겠는가? (단, 층류기준, 먼지의 침강속도는 0.4m/sec)

㉮ 2.5　　㉯ 3.5
㉰ 4.5　　㉱ 5.0

풀이 $L = \dfrac{u \times H}{Vg}$

- L : 길이(m)
- u : 유속(m/sec)
- H : 높이(m)
- Vg : 침강속도(m/sec)

따라서 $L = \dfrac{2\text{m/sec} \times 1\text{m}}{0.4\text{m/sec}} = 5.0\text{m}$

54 유체가 흐르는 관의 직경을 2배로 하면 나중 속도는 처음 속도 대비 어떻게 변화되는가? (단, 유량변화 등 다른 조건은 변화 없다고 가정한다.)

㉮ 처음의 1/8로 된다.
㉯ 처음의 1/4로 된다.
㉰ 처음의 1/2로 된다.
㉱ 처음과 같다.

풀이 유량(Q) = 단면적(A) × 유속(V) = $\dfrac{\pi D^2}{4} \times V$

따라서 $V = \dfrac{Q}{\dfrac{\pi D^2}{4}}$ 이므로 $V \propto \dfrac{1}{D^2}$ 이다.

∴ $V = \dfrac{1}{2^2} = \dfrac{1}{4}$ 배

55 송풍관에 송풍량 40m³/min을 통과시켰을 때 20mmH₂O의 압력손실이 생겼다. 송풍량이 60m³/min로 증가된다면 압력손실(mmH₂O)은 얼마인가?

㉮ 20mmH₂O　㉯ 30mmH₂O
㉰ 35mmH₂O　㉱ 45mmH₂O

풀이 정압(Ps) = $\text{PsmmH}_2\text{O} \times \left(\dfrac{Q_2}{Q_1}\right)^2$

$= 20\text{mmH}_2\text{O} \times \left(\dfrac{60\text{m}^3/\text{min}}{40\text{m}^3/\text{min}}\right)^2$

$= 45\text{mmH}_2\text{O}$

56 원추하부반경이 30cm인 사이클론에서 배출가스의 접선속도가 600m/min 일 때 분리계수는 얼마인가?

㉮ 3.0　　㉯ 3.4
㉰ 30　　㉱ 34

풀이 분리계수(S) = $\dfrac{V^2}{Rg} = \dfrac{(600\text{m/min} \times 1\text{min}/60\text{sec})^2}{0.3\text{m} \times 9.8\text{m/sec}^2}$

$= 34.01$

57 다음 중 SOₓ와 NOₓ를 동시에 제어하는 기술로 틀린 것은 어느 것인가?

㉮ Filter cage 공정　㉯ 활성탄 공정
㉰ NOXSO 공정　㉱ CuO 공정

풀이 SOₓ와 NOₓ를 동시에 제어하는 기술로는 활성탄 공정, NOXSO 공정, CuO 공정이 있다.

answer 53 ㉱　54 ㉯　55 ㉱　56 ㉱　57 ㉮

58 세정집진장치에서 입자와 액적 간의 충돌 횟수가 많을수록 집진효율은 증가되는데 관성충돌계수(효과)를 크게 하기 위한 조건으로 틀린 것은 어느 것인가?

㉮ 먼지의 입경이 커야 한다.
㉯ 먼지의 밀도가 커야 한다.
㉰ 액적의 직경이 커야 한다.
㉱ 처리가스의 점도가 낮아야 한다.

풀이 ㉰ 액적의 직경이 작아야 한다.

59 $50m^3/min$의 공기를 직경 28cm의 원형관을 사용하여 수송하고자 할 때 관내의 속도압(mmH_2O)은 얼마인가? (단, 공기의 비중은 1.2기준임.)

㉮ $8.6mmH_2O$ ㉯ $9.6mmH_2O$
㉰ $11.2mmH_2O$ ㉱ $15.6mmH_2O$

풀이
① $V(m/min) = \dfrac{Q}{\dfrac{\pi D^2}{4}} = \dfrac{50m^3/min}{\dfrac{\pi}{4} \times (0.28m)^2}$
　　　　　$= 812.015 m/min$
② 속도압$(Vp) = \left(\dfrac{V}{242.2}\right)^2 = \left(\dfrac{812.015m/min}{242.2}\right)^2$
　　　　　$= 11.24 mmH_2O$

60 다음 중 다이옥신의 광분해에 가장 효과적인 파장범위는 얼마인가?

㉮ 150~220nm ㉯ 250~340nm
㉰ 360~540nm ㉱ 600~850nm

풀이 다이옥신의 광분해에 가장 효과적인 파장범위는 250~340nm이다.

answer 58 ㉰　59 ㉰　60 ㉯

2017 2회 기출문제

| 제1과목 | 대기환경관리

01 다음 중 불화수소에 대한 저항성이 가장 큰 것은 어느 것인가?

㉮ 옥수수 ㉯ 글라디올러스
㉰ 메밀   ㉱ 목화

풀이 불화수소
① 지표(약한)식물: 옥수수, 자두, 메밀, 글라디올러스 등
② 강한식물: 담배, 목화, 고추 등

02 분자량이 M인 대기오염 물질의 농도가 표준상태(0℃, 1기압)에서 448ppm으로 측정되었다. 표준상태에서 mg/m³로 환산하면 얼마인가?

㉮ $\dfrac{1}{20M}$ ㉯ $\dfrac{M}{20}$

㉰ 20M   ㉱ $\dfrac{20}{M}$

풀이 $mg/Sm^3 = \dfrac{448mL}{Sm^3} \times \dfrac{Mmg}{22.4mL} = 20M\,mg/Sm^3$

03 London형 스모그 사건과 비교한 Los Angeles형 스모그 사건에 대한 내용으로 알맞은 것은 어느 것인가?

㉮ 주오염물질은 SO_2, smoke, H_2SO_4, 미스트 등이다.
㉯ 주오염원은 공장, 가정난방이다.
㉰ 침강성 역전이다.
㉱ 주로 아침, 저녁에 발생하고, 환원반응이다.

풀이 ㉮·㉯·㉱는 런던스모그사건에 대한 설명이다.

04 다음 중 지표부근 건조대기의 일반적인 부피농도를 크기순으로 알맞게 배열한 것은?

㉮ $Ne > CO_2 > CO$
㉯ $CO_2 > CO > Ne$
㉰ $Ne > CO > CO_2$
㉱ $CO_2 > Ne > CO$

풀이 건조공기일 경우 부피농도 크기는 $N_2 > O_2 > Ar > CO_2 > Ne > He > CH_4 > Kr > Xe > H_2 > CO > N_2O > NO$ 순서이다.

answer 01 ㉱ 02 ㉰ 03 ㉰ 04 ㉱

05 지구대기 중의 오존총량을 표준상태 (0℃, 1기압)에서 두께로 환산했을 때, 100Dobson으로 정하는 수치로 옳은 것은?

㉮ 1cm ㉯ 0.1cm
㉰ 0.01mm ㉱ 0.001mm

풀이 100Dobson이 1mm이므로 0.1cm가 된다.

06 상대습도가 70%일 때 먼지의 농도가 0.04mg/m³인 지역이 있다. 이 지역의 가시거리(km)는 얼마인가? (단, 상수 A = 1.2이다.)

㉮ 4km ㉯ 16km
㉰ 30km ㉱ 42km

풀이 $V = \dfrac{10^3 \times A}{G} = \dfrac{10^3 \times 1.2}{0.04 \times 10^3 \mu g/m^3} = 30km$

07 다음 중 대기내에서 금속의 부식속도가 일반적으로 빠른 것부터 순서대로 연결된 것은 어느 것인가?

㉮ 철 > 아연 > 구리 > 알루미늄
㉯ 구리 > 아연 > 철 > 알루미늄
㉰ 알루미늄 > 철 > 아연 > 구리
㉱ 철 > 알루미늄 > 아연 > 구리

풀이 부식속도 순서는 철 > 아연 > 구리 > 알루미늄 순이다.

08 최대에너지가 복사될 때 이용되는 파장(λm : μm)과 흑체의 표면온도(T : 절대온도 단위)와의 관계를 나타내는 복사이론에 관한 법칙은 어느 것인가?

$$\lambda_m = a/T$$
(단, 비례상수 a = 0.2898cm·K)

㉮ 스테판 - 볼츠만의 법칙
㉯ 비인의 변위법칙
㉰ 플랑크의 법칙
㉱ 알베도의 법칙

풀이 ㉯ 비인의 변위법칙에 대한 설명이다.

09 대기권의 구조에 대한 내용으로 틀린 것은 어느 것인가?

㉮ 대기의 수직온도 분포에 따라 대류권, 성층권, 중간권, 열권으로 구분할 수 있다.
㉯ 대류권 기상요소의 수평분포는 위도, 해륙분포 등에 의해 다르지만 연직방향에 따른 변화는 더욱 크다.
㉰ 대류권의 높이는 통상적으로 여름철에 낮고 겨울철에 높으며, 고위도 지방이 저위도 지방에 비해 높다.
㉱ 대류권의 하부 1~2km까지를 대기경계층이라고 하며, 지표면의 영향을 직접 받아서 기상요소의 일변화가 일어나는 층이다.

풀이 ㉰ 대류권의 높이는 통상적으로 여름철에 높고 겨울철에 낮으며, 저위도 지방이 고위도 지방에 비해 높다.

answer 05 ㉯ 06 ㉰ 07 ㉮ 08 ㉯ 09 ㉰

10 Chloro Fluoro Carbon-11(CFC-11)의 화학식으로 알맞은 것은 어느 것인가?

㉮ CCl_3F ㉯ CCl_2F_2
㉰ CCl_2FCClF_2 ㉱ CH_3CCl_3

풀이 CFC-11의 화학식은 $CFCl_3$이다.

11 보통 가을로부터 봄에 걸쳐 날씨가 좋고, 바람이 약하며, 습도가 적을 때 자정 이후 아침까지 잘 발생하고, 낮이 되면 일사로 인해 지면이 가열되면 곧 소멸되는 역전의 형태는 어느 것인가?

㉮ Radiative inversion
㉯ Subsidence inversion
㉰ Lofting inversion
㉱ Coning inversion

풀이 ㉮ 복사성역전(Radiative inversion)에 대한 설명이다.

12 대기가 매우 불안정할 때 주로 나타나며, 맑은 날 오후에 주로 발생하기 쉽고, 또한 풍속이 매우 강하여 혼합이 크게 일어날 때 발생하게 되며, 굴뚝이 낮은 경우에는 풍하쪽 지상에 강한 오염이 생기며, 저·고기압에 상관없이 발생하는 연기의 형태는 어느 것인가?

㉮ 원추형 ㉯ 환상형
㉰ 부채형 ㉱ 구속형

풀이 ㉯ 환상형(Looping)에 대한 설명이며, 핵심 내용은 "불안정 조건 = 환상형"임을 숙지하시면 됩니다.

13 분산모델에 대한 내용으로 틀린 것은 어느 것인가?

㉮ 미래의 대기질을 예측할 수 있다.
㉯ 2차 오염원의 확인이 가능하다.
㉰ 지형 및 오염원의 조업조건에 영향을 받지 않는다.
㉱ 새로운 오염원이 지역내에 생길 때, 매번 재평가를 해야 한다.

풀이 ㉰ 지형 및 오염원의 조업조건에 영향을 받는다.

14 다음 중 주로 O_3에 의한 피해로 알맞은 것은 어느 것인가?

㉮ 고무의 노화
㉯ 석회석의 손상
㉰ 금속의 부식
㉱ 유리 제조품의 부식

풀이 오존(O_3)에 의한 피해는 고무의 노화현상이다.

15 다음은 오존층 파괴물질에 대한 설명으로 틀린 것은 어느 것인가?

- 용도 : 냉각, 거품크림 안정제
- ODP(오존파괴지수) : 0.6
- 대류권 잔류기간 : 약 500년

㉮ CFC-115 ㉯ Halon-1301
㉰ Halon-1211 ㉱ CCl_4

풀이 ㉮ CFC-115(C_2F_5Cl)에 대한 설명이다.

answer 10 ㉮ 11 ㉮ 12 ㉯ 13 ㉰ 14 ㉮ 15 ㉮

16 대기압력이 950mb인 높이에서의 온도가 11.6℃이었다. 온위는 얼마인가?

(단, $\theta = T\left(\dfrac{1,000}{P}\right)^{0.288}$)

㉮ 288.8K ㉯ 297.4K
㉰ 309.5K ㉱ 320.3K

풀이
$\theta = T \times \left(\dfrac{1,000}{P}\right)^{0.288}$
$= (273+11.6℃) \times \left(\dfrac{1,000}{950\text{mbar}}\right)^{0.288} = 288.84K$

17 다음 특정물질의 오존파괴지수를 크기 순으로 알맞은 것은 어느 것인가?

㉮ $C_2F_3Cl_3 < CF_2BrCl < C_2HF_4Cl < CCl_4$
㉯ $CCl_4 < CF_2BrCl < C_2HF_4Cl < C_2F_3Cl_3$
㉰ $C_2HF_4Cl < C_2F_3Cl_3 < CCl_4 < CF_2BrCl$
㉱ $C_2F_3Cl_3 < CCl_4 < CF_2BrCl < C_2HF_4Cl$

풀이 오존층 파괴지수 크기는 $C_2HF_4Cl(0.02\sim0.04) < C_2F_3Cl_3(0.8) < CCl_4(1.1) < CF_2BrCl(3.0)$이다.

18 다음 중 PPN(Peroxy propionyl nitrate)의 화학식으로 알맞은 것은 어느 것인가?

㉮ $C_6H_5COOONO_2$
㉯ $C_2H_5COOONO_2$
㉰ $CH_3COOONO_2$
㉱ $C_4H_9COOONO_2$

풀이 PPN(Peroxy propionyl nitrate)의 화학식은 $C_2H_5COOONO_2$다.

19 도시지역에서 입자상 물질을 여과지에 0.5m/sec의 속도로 6시간 동안 여과시킨 후의 여과지의 빛전달율이 초기상태에 비하여 40%이었다. 1,000m당 Coh 값은 얼마인가?

㉮ 2.4 ㉯ 2.8
㉰ 3.2 ㉱ 3.7

풀이
$Coh = \dfrac{\log\dfrac{1}{\text{빛전달율}} \times 100}{\text{속도(m/sec)} \times \text{여과시간(hr)} \times 3,600} \times 1,000m$

$= \dfrac{\log\dfrac{1}{0.40} \times 100}{0.5\text{m/sec} \times 6\text{hr} \times 3,600} \times 1,000m = 3.69$

20 다음 대기오염물질의 분류 중 2차 오염물질에 해당하지 않는 것은 어느 것인가?

㉮ NOCl ㉯ H_2O_2
㉰ NO_2 ㉱ CO_2

풀이 ㉱ 이산화탄소(CO_2)는 1차성물질이다.

| 제2과목 | 대기오염공정시험기준

21 4-아미노안티피린 용액과 헥사사이아노철(Ⅲ)산포타슘 용액을 순서대로 가하여 얻어진 적색(赤色)액의 흡광도 측정은 어떤 항목의 분석방법에 해당하는가?

㉮ 페놀화합물 ㉯ 퓨란류
㉰ 플루오린화합물 ㉱ 벤젠

풀이 ㉮ 페놀화합물에 대한 설명이며, 적색액의 흡광도를 510nm 부근에서 측정한다.

answer 16 ㉮ 17 ㉰ 18 ㉯ 19 ㉱ 20 ㉱ 21 ㉮

22 흡광도 눈금 보정을 위한 용액 제조방법으로 알맞은 것은 어느 것인가?

㉮ 100℃에서 2시간 이상 건조한 과망간산포타슘(1급이상)을 N/10 수산화소듐 용액에 녹여 과망간산포타슘용액을 만들어 그 농도는 KMnO₄으로서 0.0125g/L가 되도록 한다.

㉯ 110℃에서 3시간 이상 건조한 과망간산포타슘(1급이상)을 N/20 수산화포타슘 용액에 녹여 과망간산포타슘용액을 만들어 그 농도는 KMnO₄으로서 0.0155g/L가 되도록 한다.

㉰ 100℃에서 2시간 이상 건조한 다이크로뮴산포타슘(1급이상)을 N/10 수산화소듐 용액에 녹여 다이크로뮴산포타슘(K₂Cr₂O₇)용액을 만들어 그 농도는 K₂Cr₂O₇으로서 0.0153g/L가 되도록 한다.

㉱ 110℃에서 3시간 이상 건조한 다이크로뮴산포타슘(1급이상)을 N/20 수산화포타슘(KOH) 용액에 녹여 다이크로뮴산포타슘(K₂Cr₂O₇)용액을 만들어 그 농도는 K₂Cr₂O₇으로서 0.0303g/L가 되도록 한다.

23 굴뚝 배출가스 내의 산소농도 측정을 위한 자기식 산소측정기인 덤벨형(Dumb-Bell) 자기력 분석계의 구성 중 "덤벨"에 관한 설명으로 알맞은 것은 어느 것인가?

㉮ 편위량을 없애기 위하여 전류에 의하여 자기를 발생시키는 것

㉯ 자기화율이 적은 재질로 만들어진 시료가스의 유통실로 그 일부를 자극 사이에 배치한 것

㉰ 자기화율이 적은 석영 등으로 봉의 양 끝에 부착한 것

㉱ 전기저항이 크고 가는 금속선으로 일정전류에 의하여 시료를 가열하여 시료기류의 빠른 속도를 검출하는 것

24 반자동식 측정법으로 반경 1.8m인 원형 굴뚝에서 먼지를 채취하고자 할 때 측정점수로 옳은 것은?

㉮ 4 ㉯ 8
㉰ 12 ㉱ 16

풀이 반경이 1.8m이므로 직경은 3.6m 따라서 측정점수는 12이다.

TIP

굴뚝직경(m)	반경구분수	측정점수
1 이하	1	4
1 초과 2 이하	2	8
2 초과 4 이하	3	12
4 초과 4.5 이하	4	16
4.5 초과	5	20

25 자외선/가시선분광법에서 자동기록식 광전분광광도계의 파장교정에 사용하는 것은 어느 것인가?

㉮ 다이크로뮴산포타슘용액의 흡광도
㉯ 간섭필터의 흡광도
㉰ 커트필터의 미광
㉱ 홀뮴유리의 흡수스펙트럼

풀이 파장교정에 사용하는 것은 홀뮴유리의 흡수스펙트럼이다.

answer 22 ㉱ 23 ㉰ 24 ㉰ 25 ㉱

26 흡광광도계에서 빛의 흡수율이 85%일 때 흡광도는 얼마인가?

㉮ 약 0.07
㉯ 약 0.18
㉰ 약 0.46
㉱ 약 0.82

풀이 흡광도(A) = $\log \dfrac{1}{투과도} = \log \dfrac{1}{0.15} = 0.82$

27 이온크로마토그래피에 사용되는 장치에 대한 내용으로 틀린 것은 어느 것인가?

㉮ 용리액조는 일반적으로 폴리에틸렌이나 경질유리제를 사용한다.
㉯ 분리관의 경우 일부는 스테인리스관이 사용되지만 금속이온 분리용으로는 좋지 않다.
㉰ 써프렛서란 전해질을 고전도도의 용매로 바꿔줌으로써 전기전도도셀에서 목적이온 성분과 전기전도도만을 고감도로 검출할 수 있게 해주는 것으로서, 관형은 음이온에는 스티롤계 강염기형(OH^-)의 수지가 충진된 것을 사용한다.
㉱ 검출기는 분리관 용리액 중의 시료성분의 유무와 양을 검출하는 부분으로 일반적으로 전도도검출기를 많이 사용하고, 그 외 자외선, 가시선 흡수검출기(UV, VIS 검출기), 전기화학적 검출기 등이 사용된다.)

풀이 ㉰ 써프렛서란 전해질을 저전도도의 용매로 바꿔줌으로써 전기전도도셀에서 목적이온 성분과 전기전도도만을 고감도로 검출할 수 있게 해주는 것으로서, 관형은 음이온에는 스티롤계 강산형(H^+)의 수지가 충진된 것을 사용한다.

28 굴뚝 배출가스 중의 플루오린화합물을 자외선가시선분광법에 의해 흡광도를 측정할 때 어떤 용액을 가하는가?

㉮ 설파닐아마이드 및 나프틸에틸렌다이아민
㉯ 산화흡수제와 페놀디설폰산
㉰ 란탄과 알리자린콤플렉손
㉱ 황산제이철암모늄 용액 및 싸이오시안산제이수은 용액

29 굴뚝내를 흐르는 배출가스 평균유속을 피토관으로 동압을 측정하여 계산한 결과 12.8m/s였다. 이 때 측정된 동압(mmH₂O)은 얼마인가? (단, 피토관 계수는 1.0이며, 굴뚝 내의 습한 배출가스의 밀도는 1.2kg/m³)

㉮ 8mmH₂O ㉯ 10mmH₂O
㉰ 12mmH₂O ㉱ 14mmH₂O

풀이
$V = C \times \sqrt{\dfrac{2gh}{r}}$ (m/sec)

∴ 12.8m/sec = $1.0 \times \sqrt{\dfrac{2 \times 9.8 m/sec^2 \times h}{1.2 kg/m^3}}$

$(12.8 m/sec)^2 = \dfrac{2 \times 9.8 m/sec^2 \times h}{1.2 kg/m^3}$

∴ h = $\dfrac{(12.8 m/sec)^2 \times 1.2 kg/m^3}{2 \times 9.8 m/sec^2}$ = 10.03 mmH₂O

answer 26 ㉱ 27 ㉰ 28 ㉰ 29 ㉯

30 환경대기 중의 아황산가스 농도 측정시 주 시험방법은 어느 것인가?

㉮ 흡광차분광법 ㉯ 산정량반자동법
㉰ 용액전도율법 ㉱ 자외선형광법

풀이 환경대기 중의 아황산가스 측정방법에는 파라로자닐린법, 용액전도율법, 불꽃광도법, 자외선형광법(주시험방법), 흡광차분광법이 있다.

31 이온크로마토그래피에서 검출한계는 각 분석방법에서 규정하는 조건에서 출력신호를 기록할 때 잡음신호의 얼마에 해당하는 목적성분의 농도를 검출한계로 하는가?

㉮ 1/2 ㉯ 2배
㉰ 10배 ㉱ 100배

32 굴뚝 배출가스 분석대상 성분과 그 분석방법 및 흡수액의 연결로 틀린 것은?

㉮ 질소산화물 - 아연환원나프틸에틸렌다이아민법 - 수산화소듐용액
㉯ 브로민화합물 - 자외선/가시선분광법 - 수산화소듐용액
㉰ 페놀화합물 - 4-아미노안티피린자외선가시선/분광법 - 수산화소듐용액
㉱ 플루오린화합물 - 자외선/가시선분광법 - 수산화소듐용액

풀이 ㉮ 질소산화물 - 아연환원나프틸에틸렌다이아민법 - 황산용액

33 굴뚝 배출가스 중 사이안화수소를 자외선/가시선분광법으로 분석할 때, 사용되는 시약으로 알맞은 것은 어느 것인가?

㉮ 아르세나조Ⅲ
㉯ 나프틸에틸렌디아민
㉰ 아세틸아세톤
㉱ 피리딘피라졸론

풀이 ㉱번의 피리딘피라졸론 시약은 사이안화수소의 분석방법 중 자외선/가시선분광법-4-피리딘카복실산-피라졸론법에서 사용하는 시약이다.

34 가스상물질 시료채취방법에 대한 내용으로 틀린 것은 어느 것인가?

㉮ 연결관의 길이는 되도록 길게 하고, 접속부분의 면적을 되도록 크게 하도록 한다.
㉯ 일반적으로 사용되는 플루오로수지 연결관(녹는점 260℃)은 250℃ 이상에서는 사용할 수 없다.
㉰ 하나의 연결관으로 여러개의 측정기를 사용할 경우 각 측정기 앞에서 연결관을 병렬로 연결하여 사용한다.
㉱ 보온재료는 암면, 유리섬유제 등을 쓰고 가열은 전기가열, 수증기 가열 등의 방법을 쓴다.

풀이 ㉮ 연결관의 길이는 되도록 짧게 하고, 접속부분의 면적을 되도록 작게 하도록 한다.

answer 30 ㉱ 31 ㉯ 32 ㉮ 33 ㉱ 34 ㉮

35 흡광차분광법에서 사용하는 발광부의 광원으로 알맞은 것은 어느 것인가?

㉮ 중공음극램프
㉯ 텅스텐램프
㉰ 자외선램프
㉱ 제논램프

풀이 흡광차분광법에서 사용하는 발광부의 광원은 180nm~2,580nm 파장을 갖는 제논램프이다.

36 굴뚝 배출가스 중 총탄화수소 측정장치 시스템과 교정 및 연소시에 사용되는 가스에 관한 설명으로 틀린 것은 어느 것인가?

㉮ 기록계를 사용하는 경우에는 최소 2회/분이 되는 기록계를 사용한다.
㉯ 시료채취관은 굴뚝중심 부분의 10% 범위내에 위치할 정도의 길이의 것을 사용한다.
㉰ 불꽃이온화분석기를 사용하는 경우에 연소가스는 수소(40%)/헬륨(60%) 또는 수소(40%)/질소(60%) 가스를 사용한다.
㉱ 영점가스는 총탄화수소농도(프로판 또는 탄소등가 농도)가 $0.1mL/m^3$ 이하 또는 스팬값의 0.1% 이하인 고순도 공기를 사용한다.

풀이 ㉮ 기록계를 사용하는 경우에는 최소 4회/분이 되는 기록계를 사용한다.

37 굴뚝 배출가스 중 일산화탄소(CO) 분석방법으로 틀린 것은 어느 것인가?

㉮ 비분산적외선분광분석법
㉯ 이온전극법
㉰ 정전위전해법
㉱ 기체크로마토그래피

풀이 굴뚝 배출가스 중 일산화탄소(CO) 분석방법은 비분산적외선분광분석법, 전기화학식(정전위전해법), 기체크로마토그래피이다.

38 저용량공기시료채취기법으로 환경대기 중에 부유하고 있는 입자상 물질을 채취하기 위한 장치의 기본구성 중 흡입펌프 조건으로 틀린 것은 어느 것인가?

㉮ 운반이 용이할 것
㉯ 유량이 큰 것
㉰ 진공도가 높을 것
㉱ 맥동이 있고 고르게 작동될 것

풀이 ㉱ 맥동이 없고 고르게 작동될 것

39 특정 발생원에서 일정한 굴뚝을 거치지 않고 외부로 비산배출되는 먼지를 고용량공기시료채취기법으로 측정하고자 할 때, 측정방법에 관한 설명으로 틀린 것은 어느 것인가?

㉮ 시료채취장소는 원칙적으로 측정하려고 하는 발생원의 부지경계선상에 선정하며 풍향을 고려하여 그 발생원의 비산먼지 농도가 가장 높을 것으로 예상되는 지점 3개소 이상을 선정한다.
㉯ 풍속이 0.5m/초 미만 또는 10m/초 이

answer 35 ㉱ 36 ㉮ 37 ㉯ 38 ㉱ 39 ㉰

상 되는 시간이 전 채취시간의 50% 이상일 때는 풍속보정계수는 1.2로 한다.
㉰ 전 시료채취 기간 중 주풍향이 변동 없을 때(45° 미만)는 풍향보정계수는 1.5로 한다.
㉱ 각 측정지점의 채취먼지량과 풍향풍속의 측정결과로부터 비산먼지농도를 구할 때 대조위치를 선정할 수 없는 경우에는 $0.15mg/Sm^3$를 대조위치의 먼지농도로 한다.

[풀이] ㉰ 전 시료채취 기간 중 주풍향이 변동 없을 때(45° 미만)는 풍향보정계수는 1.0으로 한다.

40 자외선가시선분광법에서 램버어트비어(Lambert-Beer)의 법칙에 따른 흡광도 식으로 알맞은 것은 어느 것인가? (단, I_o : 입사광의 강도, I_t : 투사광의 강도, $t = \dfrac{I_t}{I_o}$이다.)

㉮ 10^t
㉯ $t \times 100$
㉰ $\log \dfrac{1}{t}$
㉱ $\log t$

[풀이] 흡광도$(A) = \log \dfrac{1}{t(투과도)} = \log \dfrac{1}{I_t/I_o}$
$= \log \dfrac{I_o}{I_t}$

| 제3과목 | 대기오염방지기술

41 여과집진장치에서 처리가스 중 SO_2, HCl 등을 함유한 200℃ 정도의 고온 배출가스를 처리하는데 알맞은 여재는 어느 것인가?

㉮ 목면(cotton)
㉯ 유리섬유(glass fiber)
㉰ 나일론(nylon)
㉱ 양모(wool)

[풀이] ㉯ 유리섬유(glass fiber)에 대한 설명이다.

42 연소계산에서 연소 후 배출가스 중 산소 농도가 6.2%라면 완전연소 시 공기비는 얼마인가?

㉮ 1.15
㉯ 1.23
㉰ 1.31
㉱ 1.42

[풀이] 공기비$(m) = \dfrac{21}{21-O_2\%} = \dfrac{21}{21-6.2\%} = 1.42$

answer 40 ㉰ 41 ㉯ 42 ㉱

43 전기집진기의 집진율 향상에 대한 내용으로 틀린 것은 어느 것인가?

㉮ 먼지의 겉보기 고유저항이 낮을 경우는 NH_3 가스를 주입한다.
㉯ 먼지의 비저항이 $10^5 \sim 10^{10} \Omega \cdot cm$ 정도의 범위이면 입자의 대전과 집진된 먼지의 탈진이 정상적으로 진행된다.
㉰ 처리가스내 수분은 그 함유량이 증가하면 비저항이 감소하므로, 고비저항의 먼지는 수증기를 분사하거나 물을 뿌려 비저항을 낮출 수 있다.
㉱ 온도조절시 장치의 부식을 방지하기 위해서는 노점온도 이하로 유지해야 한다.

풀이 ㉱ 온도조절시 장치의 부식을 방지하기 위해서는 노점온도(150℃) 이상으로 유지해야 한다.

44 다음은 기체연료에 대한 내용이다. ( )안에 들어갈 알맞은 말은?

( )는 가열된 석탄 또는 코크스에 공기와 수증기를 연속적으로 주입하여 부분적으로 산화반응시킴으로써 얻어지는 기체연료로서 가연성분은 CO(25~30%), 수소(10~15%) 및 약간의 메탄이다. 또한 이 가스는 제조상 공기공급에 의해 다량의 질소를 함유하고 있다.

㉮ 발생로가스
㉯ 수성가스
㉰ 도시가스
㉱ 합성천연가스(SNG)

풀이 ㉮ 발생로가스에 대한 설명이며, 핵심 내용은 "CO와 수소가 주성분 = 발생로가스"임을 숙지하시면 됩니다.

45 저위발열량 11,000kcal/kg의 중유를 연소시키는데 필요한 공기량(Sm^3/kg)은 얼마인가? (단, Rosin식 적용)

㉮ 약 8.5   ㉯ 약 11.4
㉰ 약 13.5 ㉱ 약 19.6

풀이
$A_o = 0.85 \times \dfrac{Hl}{1,000} + 2.0$

$= 0.85 \times \dfrac{11,000 \text{kcal/kg}}{1,000} + 2.0$

$= 11.35 Sm^3/kg$

46 유해가스 성분을 제거하기 위한 흡수제의 구비조건으로 틀린 것은 어느 것인가?

㉮ 흡수제는 화학적으로 안정해야 하며, 빙점은 높고, 비점은 낮아야 한다.
㉯ 흡수제의 손실을 줄이기 위하여 휘발성이 적어야 한다.
㉰ 적은 양의 흡수제로 많은 오염물을 제거하기 위해서는 유해가스의 용해도가 큰 흡수제를 선정한다.
㉱ 흡수율을 높이고 범람(flooding)을 줄이기 위해서는 흡수제의 점도가 낮아야 한다.

풀이 ㉮ 흡수제는 화학적으로 안정해야 하며, 빙점은 낮고, 비점은 높아야 한다.

answer 43 ㉱ 44 ㉮ 45 ㉯ 46 ㉮

47 CO를 백금계 촉매를 사용하여 CO_2로 완전산화시켜 처리할 때 촉매의 수명을 단축시키는 물질로 틀린 것은 어느 것인가?

㉮ Zn ㉯ Pb
㉰ S ㉱ NO_X

풀이 질소산화물(NO_X)은 촉매의 수명을 단축시키는 물질이 아니다.

48 비중 0.9, 황성분 1.6%인 중유를 1,400 L/h로 연소시키는 보일러에서 황산화물의 시간당 발생량은 얼마인가? (단, 표준상태 기준, 황성분은 전량 SO_2로 전환된다.)

㉮ $14Sm^3/h$ ㉯ $21Sm^3/h$
㉰ $27Sm^3/h$ ㉱ $32Sm^3/h$

풀이 $S + O_2 \rightarrow SO_2$
$32kg : 22.4Sm^3$
$1,400L/hr \times 0.90kg/L \times 0.016 : X$
$\therefore X = \dfrac{1,400L/hr \times 0.90kg/L \times 0.016 \times 22.4Sm^3}{32kg}$
$= 14.11 Sm^3/hr$

TIP
비중의 단위
$g/mL = g/cm^3 = kg/L = ton/m^3$

49 벤츄리스크러버에 대한 내용으로 틀린 것은 어느 것인가?

㉮ 가압수식 중에서 집진율이 매우 높아 광범위하게 사용된다.
㉯ 액가스비는 일반적으로 먼지의 입경이 작고, 친수성이 아닐수록 작아진다.
㉰ 먼지와 가스의 동시제거가 가능하고, 점착성 먼지제거가 용이하나 압력손실이 크다.
㉱ 먼지부하 및 가스유동에 민감하고 대량의 세정액이 요구된다.

풀이 ㉯ 액가스비는 일반적으로 먼지의 입경이 크고, 친수성일수록 작아진다.

50 유해물질 처리방법에 대한 내용으로 틀린 것은 어느 것인가?

㉮ 이황화탄소를 처리 시 암모니아를 불어 넣는 방법이 이용된다.
㉯ 시안화수소는 물에 거의 녹지 않으므로 촉매연소법으로 처리한다.
㉰ 브로민은 가성소다 수용액과 반응시켜 처리한다.
㉱ 수은은 온도차에 따른 공기 중 수은 포화량의 차이를 이용하여 제거한다.

풀이 ㉯ 시안화수소는 물에 잘 녹으므로 세정법을 이용하며, 가연성분이므로 연소법으로도 처리할 수 있다.

51 유입계수 0.75, 속도압 25mmH_2O일 때, 후드의 압력손실(mmH_2O)은 얼마인가?

㉮ 16.5 ㉯ 17.6
㉰ 18.8 ㉱ 19.4

풀이 $\triangle p = \dfrac{1-Ce^2}{Ce^2} \times V_p (mmH_2O)$

$\begin{bmatrix} \triangle p : 압력손실(mmH_2O) \\ Ce : 유입계수 \\ V_p : 속도압(mmH_2O) \end{bmatrix}$

따라서
$\triangle p = \dfrac{1-(0.75)^2}{(0.75)^2} \times 25mmH_2O = 19.44 mmH_2O$

answer 47 ㉱ 48 ㉮ 49 ㉯ 50 ㉯ 51 ㉱

52 평판형 전기집진장치에서 입자의 이동 속도가 5cm/sec, 방전극과 집진극 사이의 거리가 4.5cm, 배출가스의 유속이 3m/sec인 경우 층류영역에서 집진율이 100%가 되는 집진극의 길이는 얼마인가?

㉮ 1.9m
㉯ 2.7m
㉰ 3.3m
㉱ 5.4m

풀이 $L = \dfrac{u \times S}{We}$

L : 집진기 길이(m)
u : 유속(m/sec)
S : 집진극과 방전극간 거리(m)
We : 이동속도(m/sec)

따라서 $L = \dfrac{3m/sec \times 0.045m}{0.05m/sec} = 2.7m$

53 연료에 있어 매연의 발생에 관한 내용으로 틀린 것은 어느 것인가?

㉮ 연료중의 C/H비가 클수록 발생하기 쉽다.
㉯ 탄소결합을 절단하는 것보다 탈수소가 쉬운 쪽이 매연이 생기기 쉽다.
㉰ 탈수소, 중합 및 고리화합물 등과 같이 반응이 일어나기 쉬운 탄화수소 일수록 잘 생긴다.
㉱ 분해나 산화되기 쉬운 탄화수소 일수록 발생량은 많다.

풀이 ㉱ 분해나 산화되기 쉬운 탄화수소 일수록 발생량은 적게 발생한다.

54 A석유의 원소조성(질량)비가 탄소 78%, 수소 21%, 황 1% 이다. 이 석유 1.5kg을 완전 연소 시키는데 필요한 이론공기량은 얼마인가?

㉮ $12.6 Sm^3$
㉯ $18.9 Sm^3$
㉰ $25.6 Sm^3$
㉱ $47.3 Sm^3$

풀이 ① 이론공기량(A_o)

$= 8.89C + 26.67\left(H - \dfrac{O}{8}\right) + 3.33S (Sm^3/kg)$

$= 8.89 \times 0.78 + 26.67 \times 0.21 + 3.33 \times 0.01$
$= 12.5682 Sm^3/kg$

② $12.5682 Sm^3/kg \times 1.5kg = 18.85 Sm^3$

55 후드 개구의 바깥주변에 플랜지(flange) 부착시 발생하는 현상으로 틀린 것은 어느 것인가?

㉮ 포착속도가 커진다.
㉯ 동일한 오염물질 제거에 있어 압력손실은 감소한다.
㉰ 후드 뒤쪽의 공기 흡입을 방지할 수 있다.
㉱ 동일한 오염물질 제거에 있어 송풍량은 증가한다.

풀이 ㉱ 동일한 오염물질 제거에 있어 송풍량은 감소한다.

56 다음 중 탄화도가 가장 작은 것은 어느 것인가?

㉮ 역청탄
㉯ 이탄
㉰ 갈탄
㉱ 무연탄

풀이 탄화도가 가장 작은 것은 이탄이며, 가장 큰 것은 무연탄이다.

answer 52 ㉯ 53 ㉱ 54 ㉯ 55 ㉱ 56 ㉯

57 다음 질소화합물 중 일반적으로 공기중에서의 최소감지농도(ppm)가 가장 낮은 물질은 어느 것인가?

㉮ 삼메틸아민 ㉯ 피리딘
㉰ 아닐린 ㉱ 암모니아

풀이 공기 중 최소감지농도가 가장 낮은 것은 냄새가 가장 약한 물질을 찾으면 되므로 보기 중에서는 ㉮ 삼메틸아민이 된다.

58 다음 기체 중 물에 대한 헨리상수(atm·m³/kmol) 값이 가장 큰 물질은 어느 것인가? (단, 온도는 30℃, 기타 조건은 동일하다고 본다.)

㉮ HF ㉯ HCl
㉰ H_2S ㉱ SO_2

풀이 헨리상수가 크면 용해율이 낮으므로 보기에서 황화수소(H_2S)가 정답이 된다.

59 760mmHg, 20℃이고, 공기 동점성계수 $1.5 \times 10^{-5} m^2/sec$일 때 관지름을 50mm로 하면 그 관로의 풍속(m/sec)은 얼마인가? (단, 레이놀즈수는 21,667)

㉮ 1.2m/sec ㉯ 4.5m/sec
㉰ 6.5m/sec ㉱ 9.0m/sec

풀이 $Re = \dfrac{D \times V}{\nu}$

$21,667 = \dfrac{50 \times 10^{-3}m \times V}{1.5 \times 10^{-5}m^2/sec}$

$\therefore V = \dfrac{21,667 \times 1.5 \times 10^{-5}m^2/sec}{50 \times 10^{-3}m} = 6.5m/sec$

60 어떤 0차반응에서 반응을 시작하고 반응물의 1/2이 반응하는데 40분이 걸렸다. 반응물의 90%가 반응하는데 걸리는 시간은?

㉮ 66분 ㉯ 72분
㉰ 133분 ㉱ 185분

풀이 ① 0차 반응식 : $C_t - C_o = -k \times t$
  $0.5 - 1 = -k \times 40min$
  $\therefore k = 0.0125/min$
② $0.1 - 1 = -0.0125/min \times t$
  $\therefore t = 72min$

TIP
반응식
① 0차 반응식 : $C_t - C_o = -k \times t$
② 1차 반응식 : $\ln \dfrac{C_t}{C_o} = -k \times t$
③ 2차 반응식 : $\dfrac{1}{C_o} - \dfrac{1}{C_t} = -k \times t$

answer 57 ㉮ 58 ㉰ 59 ㉰ 60 ㉯

2017 4회 기출문제

| 제1과목 | 대기환경관리

01 대기 중 오존(O_3)에 대한 내용으로 틀린 것은 어느 것인가?

㉮ 인체에 미치는 영향으로 유전인자에 변화를 일으키며, 염색체 이상이나 적혈구 노화를 초래한다.
㉯ 2차 대기오염물질에 해당하고, 온실가스로 작용한다.
㉰ 대기 중 오존의 배경농도는 0.01~0.02 ppb 정도로 알려져 있다.
㉱ 산화력이 강하여 인체의 눈을 자극하고 폐수종 등을 유발시킨다.

풀이 ㉰ 대기 중 오존의 배경농도는 0.01~0.02 ppm 정도로 알려져 있다.

02 다음 중 대기오염물질의 밀도가 큰 순서부터 차례대로 알맞게 나열된 것은 어느 것인가? (단, 기타 조건은 동일)

㉮ $SO_2 > NO_2 > CO_2 > CH_4$
㉯ $SO_2 > NO_2 > NH_3 > H_2S$
㉰ $SO_2 > CS_2 > HCHO > H_2S$
㉱ $SO_2 > HCHO > H_2S > CS_2$

풀이 밀도가 큰 물질은 분자량이 큰 물질이므로 $SO_2(64) > NO_2(46) > CO_2(44) > CH_4(16)$ 순이다.

03 London smog 사건의 기온역전층의 종류는 어느 것인가?

㉮ 복사성 역전 ㉯ 침강성 역전
㉰ 난류성 역전 ㉱ 전선성 역전

풀이 London smog 사건의 기온역전층의 종류는 복사성(방사성)역전이다.

04 Daecon법칙을 이용하여 지표높이 10m에서의 풍속이 4m/s일 때, 상공의 풍속이 12m/s인 경우의 높이는 얼마인가? (단, P = 0.4)

㉮ 약 156m   ㉯ 약 217m
㉰ 약 258m   ㉱ 약 324m

풀이
$$u_2 = u_1 \times \left(\frac{H_2}{H_1}\right)^P$$

$$12\text{m/sec} = 4\text{m/sec} \times \left(\frac{H_2}{10\text{m}}\right)^{0.4}$$

$$\therefore H_2 = 10\text{m} \times \left(\frac{12\text{m/sec}}{4\text{m/sec}}\right)^{\frac{1}{0.4}} = 155.89\text{m}$$

05 코리올리힘(C, 전향력)의 크기를 알맞게 나타낸 것은 어느 것인가? (단, Ω : 지구자전 각속도, θ : 위도, ν : 물체의 속도)

㉮ $2\Omega\cos\theta\nu$ ㉯ $2\Omega\sin\theta\nu$
㉰ $2\Omega\tan\theta\nu$ ㉱ $2\Omega\cot\theta\nu$

answer 01 ㉰ 02 ㉮ 03 ㉮ 04 ㉮ 05 ㉯

풀이 전향력 = 전향인자×속도 = $2\Omega \sin\theta \nu$가 된다.

06 다음 중 O_3에 대한 반응이 가장 예민하고, 그 피해가 쉽게 나타나는 식물은 어느 것인가?

㉮ 목화 ㉯ 아카시아
㉰ 시금치 ㉱ 사과

풀이 오존(O_3)의 지표식물은 담배(연초), 시금치, 자주개나리(알팔파), 토마토, 백송 등이 있다.

07 대기오염의 역사적 사건에 대한 내용으로 틀린 것은 어느 것인가?

㉮ 뮤즈계곡사건 - 벨기에 뮤즈계곡에서 발생한 사건으로 금속, 유리, 아연, 제철, 황산공장 및 비료공장 등에서 배출되는 SO_2, H_2SO_4 등이 계곡에서 무풍상태의 기온역전 조건에서 발생했다.
㉯ 포자리카 사건 - 멕시코 공업지역에서 발생한 오염사건으로 H_2S가 대량으로 인근 마을로 누출되어 기온역전으로 피해를 일으켰다.
㉰ 보팔시 사건 - 인도에서 일어난 사건으로 비료공장 저장탱크에서 MIC 가스가 유출되어 발생한 사건이다.
㉱ 크라카타우 사건 - 인도네시아에서 발생한 산화티타늄공장에서 발생한 질산미스트 및 황산미스트에 의한 사건으로 이 지역에 주둔하던 미군과 가족들에게 큰 피해를 준 사건이다.

풀이 ㉱ 크라카타우섬사건은 1883년 인도네시아 크라카타우섬에서 발생한 화산폭발에 의해 발생한 사건이다.

08 Propane gas 100kg을 액화시켜 만든 연료가 완전 기화될 때 그 용적은 얼마인가? (단, 표준상태 기준)

㉮ $25.4Sm^3$ ㉯ $50.9Sm^3$
㉰ $75.2Sm^3$ ㉱ $102.1Sm^3$

풀이 프로판(C_3H_8)1kmol $\begin{cases} 44kg \\ 22.4Sm^3 \end{cases}$

따라서 용적(Sm^3) = $100kg \times \dfrac{22.4Sm^3}{44kg}$

= $50.91Sm^3$

09 다음 그림은 고도에 따른 기온구배를 나타낸 것이다. 이 중 굴뚝에서 배출되는 연기의 확산폭이 가장 큰 기온구배는 어느 것인가?

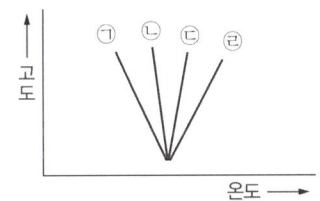

㉮ ㉠ ㉯ ㉡
㉰ ㉢ ㉱ ㉣

풀이 연기의 확산폭이 가장 큰 기온 구배는 ㉠이고 가장 작은 것은 ㉣이다.

10 환기량 산정을 위한 실내공기 오염의 지표가 되는 물질은 어느 것인가?

㉮ SO_2 ㉯ NOx
㉰ CO_2 ㉱ CO

풀이 실내 공기오염의 지표물질은 이산화탄소(CO_2)이다.

answer 06 ㉰ 07 ㉱ 08 ㉯ 09 ㉮ 10 ㉰

11 상대습도가 70%일 때 가시거리 계산식으로 알맞은 것은 어느 것인가? (단, L : 가시거리(km), G : 입자상물질의 농도(μg/m³), A : 상수)

㉮ $L = \dfrac{\dfrac{70}{100} \times A}{G}$ ㉯ $L = \dfrac{1{,}000 \times A}{G}$

㉰ $L = \dfrac{1{,}000 \times G}{A}$ ㉱ $L = \dfrac{G}{\dfrac{70}{100} \times A}$

12 대기 중 질소산화물이 광화학반응을 하여 광화학 스모그를 형성할 때 일반적으로 어떤 종류의 탄화수소가 가장 유리한가?

㉮ Methane계 HC ㉯ Trans계 HC
㉰ Olefin계 HC ㉱ Saturated계 HC

▶ 풀이 ㉰ Olefin계 HC에 대한 설명이다.

13 다음 중 질소산화물의 광화학반응에서 가장 늦게 생성되는 물질은 어느 것인가?

㉮ 오존   ㉯ 알데히드
㉰ 아질산 ㉱ PAN

▶ 풀이 질소산화물의 광화학반응에서 가장 늦게 생성되는 물질은 2차성 물질인 PAN($CH_3COOONO_2$)이다.

14 상온 25°C에서 가스의 체적이 400m³이었다. 이때 기온이 35°C로 상승되었다면 가스의 체적은 얼마로 되는가?

㉮ 408.2m³   ㉯ 410.1m³
㉰ 413.4m³   ㉱ 424.8m³

▶ 풀이 $\dfrac{V_1}{T_1} = \dfrac{V_2}{T_2}$

$\dfrac{400 m^3}{273+25} = \dfrac{V_2}{273+35}$

∴ $V_2 = 413.43 m^3$

15 대기오염원의 영향평가 방법 중 분산모델에 대한 내용으로 틀린 것은 어느 것인가?

㉮ 점, 선, 면 오염원의 영향을 평가할 수 있다.
㉯ 2차 오염원의 확인이 가능하다.
㉰ 새로운 오염원이 지역 내에 신설될 때 매번 평가하여야 한다.
㉱ 지형 및 오염원의 조업조건에 영향을 받지 않는다.

▶ 풀이 ㉱ 지형 및 오염원의 조업조건에 영향을 받는다.

answer 11 ㉯ 12 ㉰ 13 ㉱ 14 ㉰ 15 ㉱

16 할로겐화 탄화수소류에 대한 내용으로 틀린 것은 어느 것인가?

㉮ 할로겐화 탄화수소는 탄화수소 화합물 중 수소원소가 할로겐원소로 치환된 것으로 가연성과 폭발성이 강하고, 비점이 200℃ 이상으로 높아 상온에서는 안정하다.

㉯ 대부분의 할로겐화 탄화수소 화합물은 중추신경계 억제작용과 점막에 대한 중등도의 자극효과를 가진다.

㉰ 사염화탄소는 가열하면 포스겐이나 염소로 분해되며, 신장장애를 유발하며, 간에 대한 독작용이 심하다.

㉱ 할로겐화 탄화수소의 독성은 화합물에 따라 차이는 있으나, 다발성이며 중독성이다.

풀이 ㉮ 할로겐화 탄화수소는 탄화수소 화합물 중 수소원소가 할로겐원소로 치환된 것으로 불연성과 폭발성이 약하고, 상온에서는 안정하다.

17 실내공기 오염에 대한 내용으로 틀린 것은 어느 것인가?

㉮ 일산화질소는 일산화탄소에 비해 헤모글로빈과의 결합력이 수백 배 높기 때문에 산소의 체내 유입을 저해하고 경련과 마비를 일으킬 수 있다.

㉯ 실내공기오염의 지표라는 관점에서 볼 때 세균의 위해성은 그 자체의 병원성보다 오히려 세균의 수가 문제시 되는 경우가 많다.

㉰ 혈중 CO-Hb(%)가 10% 정도까지는 인체에 대한 특이사항은 거의 없다고 볼 수 있다.

㉱ 건물이 낡은 경우나 해체공사 시에는 석면먼지가 공기 중에 부유하므로 노동재해의 중요한 요인으로 간주되기도 한다.

풀이 ㉰ 혈중 CO-Hb(%)가 10% 정도에서도 인체에 대한 특이사항이 나타난다.

18 어느 사업장내 굴뚝 TMS에서의 이산화질소 배출량을 계산하려고 한다. 굴뚝에서의 이산화질소 배출농도가 표준상태에서 224ppm이고, 배출유량이 10,000 Sm^3/hr일 때 단위시간당 배출량(kg/hr)으로 환산하면 얼마인가? (단, 표준상태)

㉮ 3.2kg/hr   ㉯ 3.8kg/hr
㉰ 4.6kg/hr   ㉱ 5.2kg/hr

풀이 NO_2 배출량(kg/hr)
= 배출유량(Sm^3/hr)×배출농도(kg/m^3)
= $10,000 Sm^3/hr \times 224 mL/Sm^3 \times \dfrac{46mg}{22.4mL} \times 10^{-6} kg/mg$
= 4.6kg/hr

TIP
① NO_2 1mol $\begin{cases} 46mg \\ 22.4mL \end{cases}$
② ppm = mL/Sm^3

answer   16 ㉮   17 ㉰   18 ㉰

19 대기압력이 870mb인 높이에서의 온도가 17℃이었다. 온위(potential temperature, K)는 얼마인가?

㉮ 약 268   ㉯ 약 280
㉰ 약 302   ㉱ 약 312

풀이
$$\theta = T \times \left(\frac{1,000}{P}\right)^{0.288} = (273+17℃) \times \left(\frac{1,000}{870mb}\right)^{0.288}$$
$$= 301.87K$$

20 지구 지표면의 열수지를 표현하기 위해 복사수지식을 적용하는데 다음 중 대기과학에서 사용하는 용어로서 지표의 반사율을 나타내는 지표는 무엇인가? (단, 입사에너지에 비하여 반사되는 에너지의 비)

㉮ 유효율   ㉯ 알베도
㉰ 복사도   ㉱ 일사도

풀이 ㉯ 알베도에 대한 설명이며, 핵심 내용은 "지표의 반사율 = 알베도"임을 숙지하시면 됩니다.

| 제2과목 | 대기오염공정시험기준

21 먼지측정을 위해 굴뚝배출가스 중 수분량을 측정하였다. 측정결과가 다음과 같을 때 배출가스 중 수분량은 얼마인가?
(단, 16℃의 포화 수증기압은 14.1mmHg)

[측정결과]
- 대기압 : 758mmHg
- 흡입가스 온도 : 16℃
- 흡입 습배기가스량 : 10L
- 흡습 전 흡습관 질량 : 71.607g
- 흡습 후 흡습관 질량 : 72.327g
- 습식가스미터 게이지압력 : 0mmHg

㉮ 약 6%   ㉯ 약 9%
㉰ 약 13%   ㉱ 약 22%

풀이 $X_w(\%)$
$$= \frac{1.244 \times ma(g)}{V(L) \times \frac{273}{273+tg℃} \times \frac{(Pa+Pm-Pv)mmHg}{760mmHg} + 1.244 \times mg(g)} \times 100(\%)$$

- V : 현재의 건조가스량(L)
- tg : 가스미터의 흡입가스온도(℃)
- Pa : 대기압(mmHg)
- Pa : 대기압(mmHg)
- Pv : 포화 수증기압(mmHg)
- ma : 수분의 질량(g)

따라서 $X_w(\%)$
$$= \frac{1.244 \times 0.72g}{10L \times \frac{273}{273+16℃} \times \frac{(758+0-14.1)mmHg}{760mmHg} + 1.244 \times 0.72g} \times 100$$
$$= 8.83\%$$

answer 19 ㉰   20 ㉯   21 ㉯

22 굴뚝 배출가스 중 먼지측정을 위해 시료채취를 실시할 경우 등속흡입 정도를 보기 위한 등속흡입계수의 범위로 알맞은 것은 어느 것인가?

㉮ 85~105% ㉯ 90~110%
㉰ 95~110% ㉱ 95~115%

풀이 등속흡입계수의 값이 90%~110% 범위 내에 들지 않을 경우에는 다시 시료채취를 한다.

23 암모니아 시료 채취 시 채취관의 재질로 알맞은 것은 어느 것인가?

㉮ 보통강철 ㉯ 네오프렌
㉰ 실리콘수지 ㉱ 염화비닐수지

풀이 암모니아 시료 채취 시 채취관의 재질로는 경질유리, 석영, 보통강철, 스테인리스강, 세라믹, 플루오로수지를 사용한다.

24 화학분석 시 온도의 표시에 대한 내용으로 틀린 것은 어느 것인가?

㉮ 냉수는 15℃ 이하이다.
㉯ 온수는 60~70℃, 열수는 약 100℃를 말한다.
㉰ 찬 곳은 따로 규정이 없는 한 4℃ 이하를 뜻한다.
㉱ 냉후(식힌 후)라 표시되어 있을 때는 보온 또는 가열 후 실온까지 냉각된 상태를 뜻한다.

풀이 ㉰ 찬 곳은 따로 규정이 없는 한 0~15℃ 이하를 뜻한다.

25 고용량공기시료채취기법으로 외부로 비산배출되는 먼지농도를 측정하고자 한다. 풍속의 범위가 0.5m/sec 미만 또는 10m/sec 이상 되는 시간이 전 채취시간의 50% 이상일 때 풍속에 대한 보정계수는 얼마인가?

㉮ 1.0 ㉯ 1.2
㉰ 1.4 ㉱ 1.5

풀이 풍속에 대한 보정계수
① 전 채취시간의 50% 미만 : 1.0
② 전 채취시간의 50% 이상 : 1.2

26 액의 농도를 (1 → 5)로 표시한 것으로 알맞은 것은 어느 것인가?

㉮ 고체 1mg을 용매 5mL에 녹인 정도
㉯ 액체 1g을 용매 5mL에 녹인 정도
㉰ 액체 1용량에 물 5용량을 혼합한 것
㉱ 고체 1g을 용매에 녹여 전량을 5mL로 하는 비율

풀이 액의 농도(1 → 5)는 시약 1용량에 용매를 가해 총 5용량으로 만든다.

27 기체크로마토그래피를 이용하여 분석실험을 할 때, 분리관의 이론단수가 1,600이고, 머무름시간이 10분인 봉우리의 좌우 변곡점에서 접선이 자르는 바탕선의 길이(mm)는 얼마인가? (단, 기록지 속도는 10mm/분이고, 이론단수는 모든 성분에 대하여 같다.)

㉮ 6 ㉯ 10
㉰ 18 ㉱ 24

answer 22 ㉯ 23 ㉮ 24 ㉰ 25 ㉯ 26 ㉱ 27 ㉯

풀이 이론단수(n)

$$= 16 \times \left\{ \frac{기록지의 이동속도(mm/min) \times 머무름시간(min)}{봉우리 폭(mm)} \right\}^2$$

따라서 $1,600 = 16 \times \left\{ \dfrac{10mm/min \times 10min}{W} \right\}^2$

∴ W = 10mm

28 배출가스 중 니켈화합물의 분석방법인 원자흡수분광광도법에 대한 내용으로 틀린 것은?

㉮ 정량범위는 시료채취량이 1 Sm³일 때 0.020 mg/Sm³ 이상이다.
㉯ 측정파장은 232.0nm이다.
㉰ 정밀도는 10% 이내이다.
㉱ 방법검출한계는 0.003 mg/Sm³ 이다.

풀이 ㉮ 정량범위는 시료채취량이 1 Sm³일 때 0.010 mg/Sm³ 이상이다.

29 다음 중 환경대기 중의 탄화수소 농도를 측정하기 위한 시험방법으로 틀린 것은 어느 것인가?

㉮ 용융 탄화수소 측정법
㉯ 활성 탄화수소 측정법
㉰ 비메탄 탄화수소 측정법
㉱ 총탄화수소 측정법

풀이 환경대기 중의 탄화수소 농도를 측정하기 위한 시험방법으로는 활성 탄화수소 측정법, 비메탄 탄화수소 측정법(주시험방법), 총탄화수소 측정법이 있다.

30 환경대기 중 유해휘발성 유기화합물(VOCs)의 고체흡착법에 사용되는 용어의 정의에서 ( )안에 들어갈 알맞은 말은?

> 시료채취 안전부피(SSV, safe sampling volume)는 파과부피의 2/3배를 취하거나 (직접적인 방법) 머무름 부피의 ( ) 정도를 취한다(간접적인 방법)

㉮ 1/2배   ㉯ 2배
㉰ 5배   ㉱ 10배

31 굴뚝 배출가스 중 사이안화수소를 자외선/가시선분광법-4-피리딘카복실산-피라졸론법으로 분석하는 방법에 대한 설명으로 틀린 것은?

㉮ 정량범위는 시료채취량이 10L인 경우 0.05ppm 이상이다.
㉯ 538nm 부근의 흡광도를 측정한다.
㉰ 배출가스 중 염소 등의 산화성가스가 공존하면 영향을 받는다.
㉱ 흡수액은 수산화소듐용액(20g/L)이다.

풀이 ㉯ 638nm 부근의 흡광도를 측정한다.

32 다음 분석대상가스 중 수산화소듐용액을 흡수액으로 사용하지 않는 물질은 어느 것인가?

㉮ 플루오린화합물
㉯ 브로민화합물
㉰ 벤젠
㉱ 페놀

answer 28 ㉮ 29 ㉮ 30 ㉮ 31 ㉯ 32 ㉰

풀이 벤젠은 기체크로마토그래피로 분석하므로 흡수액이 없다.

33 환경대기 중 질소산화물 측정방법에서 수동측정방법인 것은 어느 것인가?

㉮ 살츠만법
㉯ 흡광차분광법(DOAS)
㉰ 화학발광법(Chemiluminescence method)
㉱ 야곱스호흐하이저(Jacobs-Hochheiser)법

풀이 ㉱ 야곱스호흐하이저법은 수동측정방법이다.

34 환경대기 중 납을 분석하기 위한 시험방법에서 대기오염물질공정시험기준상 주시험방법은 어느 것인가?

㉮ 유도결합 플라즈마 분광법
㉯ 원자흡수분광광도법
㉰ X선 형광법
㉱ 이온크로마토그래피

풀이 납의 주시험방법은 원자흡수분광광도법이다.

35 분석시험에 관한 기재 및 용어설명 중 알맞은 것은 어느 것인가?

㉮ 용액의 액성표시는 따로 규정이 없는 한 유리전극법에 의한 pH 미터로 측정한 것을 뜻한다.
㉯ "정확히 단다"라 함은 규정한 양의 검체를 취하여 분석용 저울로 1mg까지 다는 것을 뜻한다.
㉰ 시험조작 중 "즉시"란 10초 이내에 표시된 조작을 하는 것을 뜻한다.
㉱ "감압 또는 진공"이라 함은 따로 규정이 없는 한 1.5mmHg 이하를 뜻한다.

풀이 ㉯ "정확히 단다"라 함은 규정한 양의 검체를 취하여 분석용 저울로 0.1mg까지 다는 것을 뜻한다.
㉰ 시험조작 중 "즉시"란 30초 이내에 표시된 조작을 하는 것을 뜻한다.
㉱ "감압 또는 진공"이라 함은 따로 규정이 없는 한 15mmHg 이하를 뜻한다.

36 분석대상가스가 페놀인 경우, 채취관과 연결관의 재질로 틀린 것은 어느 것인가?

㉮ 석영   ㉯ 경질유리
㉰ 보통강철   ㉱ 플루오린수지

풀이 페놀의 채취관과 연결관의 재질로는 경질유리, 석영, 스테인리스강, 플루오로수지를 사용한다.

37 굴뚝에서 배출되는 매연을 링겔만 매연농도표에 의해 비교 측정하고자 할 때 측정방법으로 틀린 것은 어느 것인가?

㉮ 굴뚝 배경은 검은 장해물은 피한다.
㉯ 될 수 있는 한 바람이 불지 않을 때 측정한다.
㉰ 굴뚝 배출구에서 30~45cm 떨어진 곳의 농도를 관측 비교한다.
㉱ 연기의 흐름에 직각인 위치에 태양광선을 정면으로 받는 방향을 선정한다.

풀이 ㉱ 연기의 흐름에 직각인 위치에 태양광선을 측면으로 받는 방향을 선정한다.

answer 33 ㉱ 34 ㉯ 35 ㉮ 36 ㉰ 37 ㉱

38 이온크로마토그래피법의 장치에 대한 내용 중 ( ) 안에 들어갈 알맞은 말은?

> ( )(이)란 용리액에 사용되는 전해질 성분을 제거하기 위하여 분리관 뒤에 직렬로 접속시킨 것으로써 전해질을 물 또는 저전도도의 용매로 바꿔줌으로써 전기 전도도 셀에서 목적이온 성분과 전기 전도도만을 고감도로 검출할 수 있게 해주는 것이다.

㉮ 분리관   ㉯ 용리액조
㉰ 송액펌프 ㉱ 써프렛서

풀이 ㉱ 써프렛서에 대한 설명이다.

39 비분산 적외선 분광분석에서 복광속 비분산분석계 적용시 사용하는 분석계의 광원으로 알맞은 것은 어느 것인가?

㉮ 적외선 광원인 중수소방전관
㉯ 근적외부의 광원인 텅스텐램프
㉰ 좁은 선폭을 갖고 휘도가 높은 스펙트럼을 방사하는 중공음극램프
㉱ 니크로뮴선 또는 탄화규소의 저항체에 전류를 흘려 가열한 것

40 배출가스 중의 수분량 측정에 사용되는 흡습제로 알맞은 것은 어느 것인가?

㉮ 탄산칼슘   ㉯ 탄산나트륨
㉰ 무수염화칼슘 ㉱ 염화마그네슘

풀이 수분량 측정에 사용되는 흡습제는 무수염화칼슘이다.

| 제3과목 | 대기오염방지기술

41 원심력 집진장치에 관한 내용으로 틀린 것은 어느 것인가?

㉮ 압력손실과 집진율 등을 고려하여 접선유입식 사이클론의 경우 입구 가스 속도는 통상 7~15m/sec 범위로 한다.
㉯ Cut size(D_{pc})란 사이클론에서 50%의 집진효율로 제거되는 입자의 크기를 말한다.
㉰ 블로우 다운 효과가 있으면 집진율이 좋아진다.
㉱ 사이클론의 직경이 클수록 집진율은 좋아진다.

풀이 ㉱ 사이클론의 직경이 클수록 집진율을 낮아진다.

42 매시간 5ton의 중유를 연소하는 보일러의 배연탈황에 수산화나트륨을 흡수제로 하여 부산물로서 아황산나트륨을 회수한다. 중유의 황분은 2.56%, 탈황을 90%로 하면 필요한 수산화나트륨의 이론적인 양은 얼마인가?

㉮ 288kg/h   ㉯ 324kg/h
㉰ 386kg/h   ㉱ 460kg/h

풀이 $S + O_2 \rightarrow SO_2 + 2NaOH \rightarrow Na_2SO_3 + H_2O$
32kg : 2×40kg
5×10³kg/hr×0.0256×0.90 : X

$\therefore X = \dfrac{5 \times 10^3 \text{kg/hr} \times 0.0256 \times 0.90 \times 2 \times 40\text{kg}}{32\text{kg}}$

= 288kg/hr

answer 38 ㉱ 39 ㉱ 40 ㉰ 41 ㉱ 42 ㉮

43 전기집진장치에 대한 내용으로 틀린 것은 어느 것인가?

㉮ 성능이 우수하여 0.1μm 이하의 미세 입자까지 채취가 가능하다.
㉯ 고온가스 처리가 가능(약 500℃ 전후)하다.
㉰ 압력손실의 경우 건식은 10mmH$_2$O, 습식은 20mmH$_2$O로 낮은 편이다.
㉱ 조건 변동이 용이하여, 가스처리 용량 변화에도 적응하기 유리하다.

[풀이] ㉱ 조건 변동이 용이하지 못하여, 가스처리 용량 변화에 적응이 어렵다.

44 유해가스 처리방법으로 틀린 것은 어느 것인가?

㉮ 시안화수소 - 물에 의한 세정
㉯ 아크로레인 - 물에 의한 세정
㉰ 벤젠 - 촉매연소
㉱ 비소 - 알칼리액에 의한 세정

[풀이] ㉯ 아크로레인은 그대로 흡수가 불가능하며 NaClO등의 산화제를 혼입한 가성소다 용액으로 흡수 제거한다.

45 황분이 질량비로 S%인 벙커유의 사용량이 분당 W kg이라고 하면 황산화물(SO$_2$) 배출량(Sm^3/hr)은 얼마인가? (단, 벙커유의 비중은 0.9)

㉮ $22.4 \times S \times W$
㉯ $\dfrac{0.42}{S \times W}$
㉰ $\dfrac{22.4}{S \times W}$
㉱ $0.42 \times S \times W$

[풀이]
$$S + O_2 \rightarrow SO_2$$
$$32\text{kg} : 22.4\text{Sm}^3$$
$$W(\text{kg/min}) \times 60\text{min/1hr} \times \dfrac{S(\%)}{100} : X$$

$$\therefore X = \dfrac{W(\text{kg/min}) \times 60\text{min/hr} \times \dfrac{S(\%)}{100} \times 22.4\text{Sm}^3}{32\text{kg}}$$
$$= 0.42 \times S \times W (\text{Sm}^3/\text{hr})$$

46 화학적 흡착과 비교한 물리적 흡착의 특성에 대한 설명으로 틀린 것은 어느 것인가?

㉮ 흡착제의 재생이나 오염가스의 회수에 용이하다.
㉯ 온도가 낮을수록 흡착량이 많다.
㉰ 표면에 단분자막을 형성하며, 발열량이 크다.
㉱ 압력을 감소시키면 흡착물질이 흡착제로부터 분리되는 가역적 흡착이다.

[풀이] ㉰ 물리적 흡착은 발열량이 작다.

47 유량 210,000m^3/day의 공기를 흡수탑을 거쳐 정화하려고 한다. 흡수탑 접근 유속을 0.8m/sec로 유지하기 위해 소요되는 흡수탑의 직경은 얼마인가?

㉮ 3.21m   ㉯ 2.75m
㉰ 2.18m   ㉱ 1.97m

[풀이] 유량(Q) = 단면적(A)×유속(V)

따라서 $Q = \dfrac{\pi D^2}{4} \times V$

$$210,000\text{m}^3/\text{day} \times 1\text{day}/24\text{hr} \times 1\text{hr}/3,600\text{sec} = \dfrac{\pi D^2}{4}(\text{m}^2) \times 0.8\text{m/sec}$$

answer 43 ㉱ 44 ㉯ 45 ㉱ 46 ㉰ 47 ㉱

$$\therefore D = \sqrt{\frac{4 \times 210{,}000\,\text{m}^3/\text{day} \times 1\,\text{day}/24\,\text{hr} \times 1\,\text{hr}/3{,}600\,\text{sec}}{\pi \times 0.8\,\text{m/sec}}}$$
$$= 1.97\,\text{m}$$

48 집진장치의 입구와 출구에서 가스의 함진농도가 각각 22.6g/m³, 1.076g/m³일 때, 이 집진장치의 집진율은 얼마인가?

㉮ 95.3% ㉯ 97.5%
㉰ 98.3% ㉱ 99.2%

풀이 효율$(\eta) = \left(1 - \dfrac{C_o}{C_i}\right) \times 100(\%)$
$= \left(1 - \dfrac{1.076\,\text{g/m}^3}{22.6\,\text{g/m}^3}\right) \times 100 = 95.24\%$

49 가스 흡수법의 효율을 높이기 위한 흡수액의 구비요건으로 알맞은 것은 어느 것인가?

㉮ 용해도가 낮아야 한다.
㉯ 용매의 화학적 성질과 비슷해야 한다.
㉰ 흡수액의 점성이 비교적 높아야 한다.
㉱ 휘발성이 높아야 한다.

풀이 ㉮ 용해도가 높아야 한다.
㉰ 흡수액의 점성이 비교적 낮아야 한다.
㉱ 휘발성이 낮아야 한다.

50 전기집진장치의 운전요령에 관한 내용으로 틀린 것은 어느 것인가?

㉮ 시동 시에는 애자, 애관 등의 표면을 깨끗이 닦아 고압회로의 절연저항이 1000mΩ 이하가 되도록 한다.
㉯ 운전 중 2차 전류가 현저하게 적을 때는 조습용 스프레이 수량을 증가시켜 전기저항을 떨어뜨려 준다.
㉰ 운전 종료 시 전극의 구부러짐, 먼지의 부착여부 등을 점검 보수한다.
㉱ 접지저항은 적어도 10Ω 이하가 되도록 유지한다.

풀이 ㉮ 시동 시에는 애자, 애관 등의 표면을 깨끗이 닦아 고압회로의 절연저항이 100mΩ 이상이 되도록 한다.

51 악취제거 시 화학적 산화법에 사용하는 산화제로 틀린 것은 어느 것인가?

㉮ O_3 ㉯ $Fe_2(SO_4)_3$
㉰ $KMnO_4$ ㉱ $NaOCl$

풀이 화학적 산화제로는 O_3, $KMnO_4$, $NaOCl$, ClO_2, H_2O_2이다.

52 다음 흡수장치 중 기체분산형 흡수장치에 해당하는 것은 어느 것인가?

㉮ 벤츄리 스크러버
㉯ 기포탑
㉰ 젖은 벽탑
㉱ 분무탑

풀이 ㉮·㉰·㉱는 액분산형 흡수장치이다.

answer 48 ㉮ 49 ㉯ 50 ㉮ 51 ㉯ 52 ㉯

Industrial Engineer Air pollution Environmental

53 관경 35cm인 관으로 50m³/min의 배기가스를 처리할 때 관내 속도압은 얼마인가? (단, 가스밀도 1.2kg/m³, 마찰 손실은 무시한다.)

㉮ 10.2mmH₂O ㉯ 9.7mmH₂O
㉰ 8.4mmH₂O   ㉱ 4.6mmH₂O

풀이 속도압(Vp) = $\left(\dfrac{V}{242.2}\right)^2$ (mmH₂O)

ㄷ V : 평균유속(m/min)

① V(m/min) = $\dfrac{Q(m^3/min)}{A(m^2)} = \dfrac{Q(m^3/min)}{\dfrac{\pi D^2}{4}(m^2)}$

= $\dfrac{50m^3/min}{\dfrac{\pi}{4} \times (0.35m)^2}$ = 519.6896 m/min

② 속도압(Vp) = $\left(\dfrac{519.6896 m/min}{242.2}\right)^2$

= 4.60 mmH₂O

54 20℃, 1기압에서 충전탑으로 혼합가스 중의 암모니아를 제거하려고 한다. stripping factor가 0.8이고, 평형선의 기울기가 0.8일 경우 흡수액의 양(kg-mol/hr)은 얼마인가? (단, 흡수액은 암모니아를 포함하지 않고, 재순환되지 않으며, 등온상태라 가정, 혼합가스 량은 20℃, 1기압에서 40kg-mol/hr이다.)

㉮ 약 28 ㉯ 약 40
㉰ 약 57 ㉱ 약 89

풀이 흡수액의 양(kg-mol/hr)

= 혼합가스량(kg-mol/hr) × $\dfrac{\text{평형선의 기울기}}{\text{Stripping factor}}$

= 40kg-mol/hr × $\dfrac{0.8}{0.8}$

= 40kg-mol/hr

55 다음에서 설명하는 탈취방법으로 알맞은 것은 어느 것인가?

> 직접연소법에서 과다한 열사용으로 인한 운영비가 문제되는 점을 보완하기 위한 기술로서, 유량이 작은 가스의 경우에는 유지관리비에서 장점이 있다. 이 방법에서는 고정층 내의 온도를 일정하게 유지시키기 위해 자동 전환밸브를 서로 번갈아 바꿔주고 흐름을 전환시킴으로써 발생된 열을 고정층 내에서 서로 번갈아 공급한다. 그리고 악취농도가 낮을 경우에는 자동적으로 프로세스 가스팬과 가스취입 장치와 가스흡입장치가 작동하여 전기히터를 작동시키지 않고 고정층 내 온도를 유지시키는 방식도 있다.

㉮ 축열 연소법
㉯ 촉매 산화 탈취법
㉰ 코로나를 이용한 탈취법
㉱ 기존 시설의 연소실을 이용하는 방법

풀이 ㉮ 축열 연소법에 대한 설명이다.

56 연소 조절에서 NOx의 생성을 억제하는 방법으로 알맞은 것은 어느 것인가?

㉮ 공연비를 높게 한다.
㉯ 화로 내에서 수소와 산소의 합성반응을 증진시켜 발열반응을 유도한다.
㉰ 연소용 공기의 예열 온도를 높인다.
㉱ 배기가스를 재순환하여 연소한다.

풀이 ㉮ 공연비를 낮게 한다.
㉯ 화로 내에서 수소와 산소의 합성반응을 억제시켜 발열반응을 억제한다.
㉰ 연소용 공기의 예열 온도를 낮춘다.

answer 53 ㉱ 54 ㉯ 55 ㉮ 56 ㉱

57 전기집진장치에서 집진면의 간격이 14cm, 공기의 유속이 2.4m/s일 때 층류 영역에서 입자를 100%제거하기 위한 이론적인 집진극의 길이는 얼마인가?
(단, 겉보기 이동속도는 6cm/s)

㉮ 1.6m ㉯ 2.8m
㉰ 3.2m ㉱ 5.6m

풀이 $L = \dfrac{u \times S}{We}$

- L : 집진기 길이(m)
- u : 유속(m/sec)
- S : 집진극과 방전극간 거리(m)
- We : 이동속도(m/sec)

따라서 $L = \dfrac{2.4\text{m/sec} \times (0.14/2)\text{m}}{0.06\text{m/sec}} = 2.80\text{m}$

58 액체연료 연소장치에 사용되는 버너의 종류 중 분무각도는 30~60° 정도, 유량조절범위는 1 : 5 정도로 비교적 큰 편이며, 연료분사범위는 200L/hr 정도로 소형설비에 주로 사용, 분무에 필요한 공기량은 이론연소 공기량의 30~50% 정도인 것은 어느 것인가?

㉮ 고압기류 분무식
㉯ 회전식
㉰ 저압기류 분무식
㉱ 유압분무식

풀이 ㉰ 저압기류 분무식에 대한 설명이며, 핵심 내용은 "유량조절비 1:5와 소형설비 = 저압기류 분무식"임을 숙지하시면 됩니다.

59 천연가스의 이론공기량으로 알맞은 것은 어느 것인가?

㉮ $8.5 \sim 10 \text{m}^3/\text{Sm}^3$ ㉯ $10 \sim 15 \text{m}^3/\text{Sm}^3$
㉰ $20 \sim 25 \text{m}^3/\text{Sm}^3$ ㉱ $25 \sim 35 \text{m}^3/\text{Sm}^3$

풀이 천연가스의 이론공기량은 $8.5 \sim 10 \text{Sm}^3/\text{Sm}^3$이다.

60 석탄의 탄화도가 클수록 증가하지 않는 것은 어느 것인가?

㉮ 고정탄소 ㉯ 착화온도
㉰ 휘발분   ㉱ 연료비

풀이 석탄의 탄화도가 증가하면
① 증가 : 고정탄소, 발열량, 착화온도, 연료비
② 감소 : 매연발생량, 비열, 휘발분, 수분, 산소의 양, 연소속도

answer 57 ㉯ 58 ㉰ 59 ㉮ 60 ㉰

2018 1회 기출문제

제1과목 | 대기오염개론

01 불활성 기체로 일명 웃음의 기체라고도 하며, 대류권에서는 온실가스로, 성층권에서는 오존층 파괴물질로 알려진 것은?

㉮ NO
㉯ NO_2
㉰ N_2O
㉱ N_2O_5

풀이 ㉰ 아산화질소(N_2O)에 대한 설명이다.

TIP
N_2O = 아산화질소 = 일산화이질소

02 대기 중 탄화수소(HC)에 대한 설명으로 틀린 것은?

㉮ 지구규모의 발생량으로 볼 때 자연적 발생량이 인위적 발생량보다 많다.
㉯ 탄화수소는 대기 중에서 산소, 질소, 염소 및 황과 반응하여 여러 종류의 탄화수소 유도체를 생성한다.
㉰ 탄화수소류 중에서 이중결합을 가진 올레핀 화합물은 포화탄화수소나 방향족 탄화수소보다 대기중에서의 반응성이 크다.
㉱ 대기환경 중 탄화수소는 기체, 액체, 고체로 존재하며 탄소원자 1~12개인 탄화수소는 상온, 상압에서 기체로, 12개를 초과하는 것은 액체 또는 고체로 존재한다.

풀이 ㉱ 대기환경 중 탄화수소는 기체, 액체, 고체로 존재하며 탄소원자 1~4개인 탄화수소는 상온, 상압에서 기체로, 5개를 초과하는 것은 액체 또는 고체로 존재한다.

03 다음 대기오염과 관련된 역사적 사건 중 주로 자동차 등에서 배출되는 오염물질로 인한 광화학 반응에 기인한 것은?

㉮ 뮤즈(Meuse) 계곡 사건
㉯ 런던(London) 사건
㉰ 로스엔젤레스(Los Angeles) 사건
㉱ 포자리카(Pozarica) 사건

풀이 자동차 등에서 배출되는 오염물질로 인한 광화학 반응에 의해서 발생되는 사건은 2차성 스모그인 LA 사건이다.

TIP
누설사건 암기사항
① 포자리카 사건 : 황화수소(H_2S)
② 보팔시 사건 : 메틸이소시아네이트(CH_3CNO)

answer 01 ㉰ 02 ㉱ 03 ㉰

04 자동차 배출가스 발생에 관한 설명으로 틀린 것은?

㉮ 일반적으로 자동차의 주요 유해배출가스는 CO, NO_X, HC 등이다.
㉯ 휘발유 자동차의 경우 CO는 가속시, HC는 정속시, NO_X는 감속시에 상대적으로 많이 발생한다.
㉰ CO는 연료량에 비하여 공기량이 부족할 경우에 발생한다.
㉱ NO_X는 높은 연소온도에서 많이 발생하며, 매연은 연료가 미연소하여 발생한다.

풀이 ㉯ 휘발유 자동차의 경우 CO는 공전시, HC는 감속시, NO_X는 가속시에 상대적으로 많이 발생한다.

05 A공장에서 배출되는 가스량이 480m³/min (아황산가스 0.20%(V/V)를 포함)이다. 연간 25%(부피기준)가 같은 방향으로 유출되어 인근 지역의 식물생육에 피해를 주었다고 할 때, 향후 8년 동안 이 지역에 피해를 줄 아황산가스 총량은 얼마인가? (단, 표준상태 기준, 공장은 24시간 및 365일 연속가동 된다고 본다.)

㉮ 약 2,548톤 ㉯ 약 2,883톤
㉰ 약 3,252톤 ㉱ 약 3,604톤

풀이 SO_2량(톤) = $\frac{480m^3}{min} \times \frac{64kg}{22.4Sm^3} \times \frac{1톤}{10^3kg} \times \frac{0.2\%}{100}$

$\times \frac{25\%}{100} \times \frac{60min}{1hr} \times \frac{24hr}{1day} \times \frac{365day}{1년} \times 8년$

= 2,883.29톤

TIP
① SO_2 1kmol $\begin{cases} 64kg \\ 22.4Sm^3 \end{cases}$

② SO_2의 분자량 = 32+16×2 = 64

06 SO_2의 식물 피해에 관한 설명으로 틀린 것은?

㉮ 낮보다는 밤에 피해가 심하다.
㉯ 식물잎 뒤쪽 표피 밑의 세포가 피해를 입기 시작한다.
㉰ 반점 발생경향은 맥간반점을 띤다.
㉱ 협죽도, 양배추 등이 SO_2에 강한 식물이다.

풀이 ㉮ 밤보다는 낮에 피해가 심하다.

TIP
밤보다 낮에 피해가 심한 이유는 식물들의 다양한 활동이 기공을 통해서 이루어지는데 낮에 기공이 완전히 열려있어 오염물질의 침투가 용이하기 때문이다.

07 다음 중 인체 내에서 콜레스테롤, 인지질 및 지방분의 합성을 저해하거나 기타 다른 영양물질의 대사장애를 일으키며, 만성폭로 시 설태가 끼는 대기오염물질의 원소기호로 가장 적합한 것은?

㉮ Se ㉯ TI
㉰ V   ㉱ Al

풀이 ㉰ 바나듐(V)에 대한 설명이다.

TIP
문제의 핵심은 "만성폭로 시 설태 형성 = 바나듐"임을 숙지하시기 바랍니다.

answer 04 ㉯ 05 ㉯ 06 ㉮ 07 ㉰

08 다음 국제적인 환경관련 협약 중 오존층 파괴 물질인 염화불화탄소의 생산과 사용을 규제하려는 목적에서 제정된 것은?

㉮ 람사협약
㉯ 몬트리올의정서
㉰ 바젤협약
㉱ 런던협약

풀이 ㉯ 몬트리올의정서에 대한 설명이다.

TIP
㉮ 람사협약은 습지에 관한 협약이고, ㉯ 몬트리올의정서와, ㉱ 런던협약은 오존층 보호에 관한 협약이고, ㉰ 바젤협약은 국가간 대기오염물질 이동 규제에 관한 협약이다.

09 경도모델(또는 K-이론모델)을 적용하기 위한 가정으로 거리가 먼 것은?

㉮ 연기의 축에 직각인 단면에서 오염의 농도분포는 가우스 분포(정규분포)이다.
㉯ 오염물질은 지표를 침투하지 못하고 반사한다.
㉰ 배출원에서 오염물질의 농도는 무한하다.
㉱ 배출원에서 배출된 오염물질은 그 후 소멸하고, 확산계수는 시간에 따라 변한다.

풀이 ㉱ 확산계수는 시간에 따라 변하지 않는다.

10 라디오존데(radiosonde)는 주로 무엇을 측정하는데 사용되는 장비인가?

㉮ 고층대기의 초고주파의 주파수(20kHz 이상) 이동 상태를 측정하는 장비
㉯ 고층대기의 입자상 물질의 농도를 측정하는 장비
㉰ 고층대기의 가스상 물질의 농도를 측정하는 장비
㉱ 고층대기의 온도, 기압, 습도, 풍속 등의 기상요소를 측정하는 장비

풀이 라디오존데는 고층대기의 온도, 기압, 습도, 풍속 등의 기상요소를 측정하는 장비이다.

11 체적이 $100m^3$인 복사실의 공간에서 오존(O_3)의 배출량이 분당 0.4mg인 복사기를 연속 사용하고 있다. 복사기 사용 전의 실내오존(O_3)의 농도가 0.2ppm이라고 할 때 3시간 사용 후 오존농도는 몇 ppb인가? (단, 환기가 되지 않음, 0℃, 1기압 기준으로 하며, 기타 조건은 고려하지 않음)

㉮ 268
㉯ 383
㉰ 424
㉱ 536

풀이 ① 복사기 사용 후 오존농도(ppm)
$$= \frac{0.4mg}{min} \times \frac{60min}{1hr} \times \frac{1}{100m^3} \times \frac{22.4mL}{48mg} \times 3hr$$
$$= 0.336ppm$$
② 복사기 사용 전 오존농도 = 0.2ppm
③ 총 오존농도 = 0.336ppm + 0.2ppm = 0.536ppm
④ $0.536ppm \times \frac{10^3 ppb}{1ppm} = 536ppb$

TIP
① ppm = mL/Sm^3
② ppb = $\mu L/Sm^3$
③ ppm $\xrightarrow{\times 10^3}$ ppb
④ 오존(O_3)의 분자량 = $3 \times 16 = 48$
⑤ O_3 1mol $\begin{cases} 48mg \\ 22.4mL \end{cases}$

answer 08 ㉯ 09 ㉱ 10 ㉱ 11 ㉱

⑥ mg/Sm³ × $\frac{22.4\text{mL}}{\text{분자량(mg)}}$ = mL/Sm³(ppm)

12 대기오염현상 중 광화학스모그에 대한 설명으로 틀린 것은?

㉮ 미국 로스엔젤레스에서 시작되어 자동차 운행이 많은 대도시지역에서도 관측되고 있다.
㉯ 일사량이 크고 대기가 안정되어 있을 때 잘 발생된다.
㉰ 주된 원인물질은 자동차 배기가스 내 포함된 SO_2, CO 화합물의 대기확산이다.
㉱ 광화학산화물인 오존의 농도는 아침에 서서히 증가하기 시작하여 일사량이 최대인 오후에 최대의 경향을 나타내고 다시 감소한다.

풀이 ㉰ 주된 원인물질은 자동차 배기가스 내 포함된 NO_X, 올레핀계 HC이다.

13 공기 중에서 직경 2μm의 구형 매연입자가 스토크스 법칙을 만족하며 침강할 때, 종말침강속도는 얼마인가? (단, 매연입자의 밀도는 2.5g/cm³, 공기의 밀도는 무시하며, 공기의 점도는 $1.81×10^{-4}$g/cm·sec)

㉮ 0.015cm/s   ㉯ 0.03cm/s
㉰ 0.055cm/s   ㉱ 0.075cm/s

풀이 $Vg = \frac{d^2(\rho_s - \rho)g}{18\mu}$

여기서
- Vg : 침강속도(m/sec)
- d : 직경(m)
- ρ_s : 입자의 밀도(kg/m³)
- ρ : 가스의 밀도(kg/m³)
- g : 중력가속도(9.8m/sec²)
- μ : 점성도(kg/m·sec)

따라서
$Vg = \frac{(2×10^{-6}\text{m})^2 × 2,500\text{kg/m}^3 × 9.8\text{m/sec}^2}{18 × 1.81×10^{-5}\text{kg/m·sec}}$
= $3.0×10^{-4}$m/sec = 0.03cm/sec

TIP

① 밀도(g/cm³) $\xrightarrow{×10^3}$ kg/m³

② 점성계수(μ)의 단위
Centipoise $\xrightarrow{×10^{-2}}$ poise(g/cm·sec) $\xrightarrow{×10^{-1}}$ kg/m·sec

③ $1.81×10^{-4}$g/cm·sec $\xrightarrow{×10^{-1}}$ $1.81×10^{-5}$kg/m·sec

14 포스겐에 관한 설명으로 가장 적합한 것은?

㉮ 분자량 98.9이고, 수분 존재 시 금속을 부식시킨다.
㉯ 물에 쉽게 용해되는 기체이며, 인체에 대한 유독성은 약한 편이다.
㉰ 황색의 수용성 기체이며, 인체에 대한 급성 중독으로는 과혈당과 소화기관 및 중추신경계의 이상 등이 있다.
㉱ 비점은 120℃, 융점은 -58℃ 정도로서 공기 중에서 쉽게 가수분해 되는 성질을 가진다.

풀이 ㉯ 물에 쉽게 용해되지 않는 기체이며, 인체에 대한 유독성이 강한 편이다.
㉰ 최루, 흡입에 의한 재채기, 호흡곤란 등의 급성 증상을 나타내며, 몇 시간 후에 폐수종을 일으켜 사망한다.
㉱ 비점은 8℃, 융점은 -128℃ 정도로서 공기 중에서 수분 존재시 쉽게 가수분해 되는 성질을 가진다.

answer 12 ㉰ 13 ㉯ 14 ㉮

TIP
포스젠($COCl_2$)은 독특한 풀냄새가 나는 무색(시판용은 담황녹색)의 기체이다.

15 광화학적 스모그(smog)의 3대 주요 원인요소로 틀린 것은?

㉮ 아황산 가스
㉯ 자외선
㉰ 올레핀계 탄화수소
㉱ 질소산화물

풀이 광화학적 스모그의 3대 주요 원인요소
① 질소산화물(NO_X)
② 올레핀계 HC
③ 자외선

16 대기구조를 대기의 분자 조성에 따라 균질층(homosphere)과 이질층(hererosphere)으로 구분할 때 다음 중 균질층의 범위로 가장 적절한 것은?

㉮ 지상 0~50km   ㉯ 지상 0~88km
㉰ 지상 0~155km ㉱ 지상 0~200km

풀이 균질층은 지상 0~88km이다.

TIP
① 균질층 : 지상 0~88km까지로 수분을 제외하고는 질소 및 산소 등 분자 조성비가 어느 정도 일정하다.
② 이질층 : 질소층(0~120km), 산소층(120~1,000km), 헬륨층(1,000~2,000km), 수소층(2,000km 이상)으로 보통 4개층으로 분류한다.

17 유효굴뚝높이가 130m인 굴뚝으로부터 SO_2가 30g/sec로 배출되고 있고, 유효고 높이에서 바람이 6m/sec로 불고 있다고 할 때, 다음 조건에 따른 지표면 중심선의 농도는? (단, 가우시안형의 대기오염 확산방정식 적용하고, σ_y = 220m, σ_z = 40m)

㉮ $0.92\mu g/m^3$ ㉯ $0.73\mu g/m^3$
㉰ $0.56\mu g/m^3$ ㉱ $0.33\mu g/m^3$

풀이
$$C = \frac{Q}{\pi \cdot \sigma_y \cdot \sigma_z \cdot u} \exp\left[-\frac{1}{2}\left(\frac{He}{\sigma_z}\right)^2\right]$$

여기서
- C : 농도($\mu g/m^3$)
- Q : 오염물질 배출량($\mu g/sec$)
- σ_y : 수평방향의 표준편차(m)
- σ_z : 수직방향의 표준편차(m)
- u : 풍속(m/sec)
- He : 유효굴뚝높이(m)

따라서
$$C = \frac{30 \times 10^6 \mu g/sec}{\pi \times 220m \times 40m \times 6m/sec} \exp\left[-\frac{1}{2}\left(\frac{130m}{40m}\right)^2\right]$$
$$= 0.92\mu g/m^3$$

18 기본적으로 다이옥신을 이루고 있는 원소 구성으로 가장 옳게 연결된 것은? (단, 산소는 2개이다.)

㉮ 1개의 벤젠고리, 2개 이상의 염소
㉯ 2개의 벤젠고리, 2개 이상의 불소
㉰ 1개의 벤젠고리, 2개 이상의 불소
㉱ 2개의 벤젠고리, 2개 이상의 염소

풀이 다이옥신은 두 개의 산소, 두 개의 벤젠, 두 개 이상의 염소로 구성되어 있다.

실전문제

과년도 기출문제

answer 15 ㉮ 16 ㉯ 17 ㉮ 18 ㉱

19 다음 중 복사역전(radiation inversion)이 가장 잘 발생하는 계절과 시기는?

㉮ 여름철 맑은 날 정오
㉯ 여름철 흐린 날 오후
㉰ 겨울철 맑은 날 이른 아침
㉱ 겨울철 흐린 날 오후

풀이 복사성 역전은 겨울철 맑은 날 이른 아침에 잘 발생한다.

TIP
침강성 역전은 여름철에 고기압이 정체하고 있는 범위에 걸쳐서 시간에 무관하게 장기적으로 지속되는 역전이다.

20 악취처리방법 중 특히 인체에 독성이 있는 악취 유발물질이 포함된 경우의 처리방법으로 가장 부적합한 것은?

㉮ 국소환기(local ventilation)
㉯ 흡착(adsorption)
㉰ 흡수(absorption)
㉱ 위장(masking)

풀이 ㉱ 위장(masking)은 악취 유발물질을 궁극적으로 처리하는 방법이 아니다.

| 제2과목 | 대기오염공정시험기준

21 자외선가시선분광법에서 장치 및 장치 보정에 관한 설명으로 틀린 것은?

㉮ 가시부와 근적외부의 광원으로는 주로 텅스텐램프를 사용하고 자외부의 광원으로는 주로 중수소 방전관을 사용한다.
㉯ 일반적으로 흡광도 눈금의 보정은 110℃에서 3시간 이상 건조한 과망간산칼륨(1급 이상)을 N/10 수산화소듐 용액에 녹인 과망간산소듐 용액으로 보정한다.
㉰ 광전관·광전자증배관은 주로 자외 내지 가시파장 범위에서 광전도셀은 근적외 파장범위에서, 광전지는 주로 가시파장 범위 내에서의 광전측광에 사용된다.
㉱ 광전광도계는 파장 선택부에 필터를 사용한 장치로 단광속형이 많고 비교적 구조가 간단하여 작업분석용에 적당하다.

풀이 ㉯ 일반적으로 흡광도 눈금의 보정은 110℃에서 3시간 이상 건조한 다이크로뮴산포타슘(1급 이상)을 N/20 수산화포타슘 용액에 녹인 다이크로뮴산포타슘 용액으로 보정한다.

TIP
① 자동기록식 광전분광광도계의 파장 교정 : 홀륨유리
② 흡광도의 눈금보정 : 다이크로뮴산포타슘용액

22 굴뚝 내의 배출가스 유속을 피토우관으로 측정한 결과 그 동압이 2.2mmHg이었다면 굴뚝내의 배출가스의 평균유속(m/sec)은? (단, 배출가스 온도 250℃, 공기의 비중량 1.3kg/Sm^3, 피토우관계수 1.2이다.)

㉮ 8.6 ㉯ 16.9
㉰ 25.5 ㉱ 35.3

풀이 $V = C \times \sqrt{\dfrac{2gh}{r}}$

여기서

answer 19 ㉰ 20 ㉱ 21 ㉯ 22 ㉱

$$\begin{bmatrix} V : 유속(m/sec) \\ C : 피토우관 계수 \\ g : 중력가속도(9.8m/sec^2) \\ h : 동압(mmH_2O) \\ r : 밀도(kg/m^3) \end{bmatrix}$$

① 동압(h) = 2.2mmHg×13.6 = 29.92mmH_2O

② $r(kg/m^3) = 1.3kg/Sm^3 \times \dfrac{273}{273+250℃}$
   $= 0.6786 kg/m^3$

③ $V = 1.2 \times \sqrt{\dfrac{2 \times 9.8 m/sec^2 \times 29.92 mmH_2O}{0.6786 kg/m^3}}$
   $= 35.28 m/sec$

TIP

$r(kg/m^3) = r_o(kg/Sm^3) \times \dfrac{273}{273+tg℃}$

23 링겔만 매연 농도표를 이용한 방법에서 매연 측정에 관한 설명으로 틀린 것은?

㉮ 농도표는 측정자의 앞 16cm에 놓는다.
㉯ 농도표는 굴뚝배출구로부터 30~45cm 떨어진 곳의 농도를 관측 비교한다.
㉰ 측정자의 눈높이에 수직이 되게 관측 비교한다.
㉱ 매연의 검은 정도를 6종으로 분류한다.

풀이 ㉮ 농도표는 측정자의 앞 16m에 놓는다.

24 어느 지역에 환경기준시험을 위한 시료채취 지점수(측정점수)는 약 몇 개소 인가?

- 그 지역 가주지 면적 = 80km²
- 그 지역 인구밀도 = 1,500명/km²
- 전국평균인구밀도 = 450명/km²
  (단, 인구비례에 의한 방법기준)

㉮ 6개소 ㉯ 11개소
㉰ 18개소 ㉱ 23개소

풀이 측정점수 = $\dfrac{그\ 지역\ 가주지\ 면적(km^2)}{25km^2}$
$\times \dfrac{그\ 지역\ 인구밀도}{전국\ 평균\ 인구밀도}$
$= \dfrac{80km^2}{25km^2} \times \dfrac{1,500}{450} = 10.67 = 11$

TIP
측정점수 계산은 소수점첫째자리에서 완전올림한다.

25 배출가스 중 크로뮴화합물을 분석하는 방법에 대한 설명으로 틀린 것은?

㉮ 원자흡수분광광도법의 정량범위는 시료채취량이 $1 Sm^3$일 때 $0.100 mg/Sm^3$ 이상이다.
㉯ 원자흡수분광광도법의 측정파장은 220.35nm이다.
㉰ 유도결합플라스마/원자발광분광법의 정량범위는 시료채취량이 $1 Sm^3$일 때 $0.050 mg/Sm^3$ 이상이다.
㉱ 유도결합플라스마/원자발광분광법의 방법검출한계는 $0.016 mg/Sm^3$ 이다.

풀이 ㉯ 원자흡수분광광도법의 측정파장은 357.9nm 이다.

answer 23 ㉮ 24 ㉯ 25 ㉯

26 대기오염공정시험기준에서 정하고 있는 온도에 대한 설명으로 틀린 것은?

㉮ 냉수 : 15℃ 이하
㉯ 찬 곳은 따로 규정이 없는 한 (0~15)℃ 의 곳
㉰ 온수 : (35~50)℃
㉱ 실온 : (1~35)℃

풀이 ㉰ 온수 : (60~70)℃

27 굴뚝 배출가스 중의 이산화황 측정방법 중 연속자동측정법으로 틀린 것은?

㉮ 용액전도율법
㉯ 적외선형광법
㉰ 정전위전해법
㉱ 불꽃광도법

풀이 굴뚝 배출가스 중의 이산화황 측정방법 중 연속자동측정법에는 용액전도율법, 적외선흡수법, 자외선흡수법, 정전위전해법, 불꽃광도법이 있다.

28 비분산적외선분광분석법에서 분석계의 최저 눈금값을 교정하기 위하여 사용하는 가스는 무엇인가?

㉮ 비교가스   ㉯ 제로가스
㉰ 스팬가스   ㉱ 혼합가스

풀이 ㉯ 제로가스에 대한 설명이다.

TIP
스팬가스 : 분석계의 최고눈금값을 교정하기 위하여 사용하는 가스

29 다음은 굴뚝에서 배출되는 먼지측정방법에 관한 설명이다. ( )안에 알맞은 말을 순서대로 옳게 나열한 것은?

"수동식 채취기를 사용하여 굴뚝에서 배출되는 기체 중의 먼지를 측정할 때 흡입가스량은 원칙적으로 (㉠)여과지 사용시 채취면적 1cm² 당 (㉡)mg 정도이고, (㉢)여과지 사용시 전체 먼지채취량이 (㉣)mg 이상이 되도록 한다."

㉮ ㉠ 원통형, ㉡ 0.5, ㉢ 원형, ㉣ 1
㉯ ㉠ 원통형, ㉡ 1, ㉢ 원형, ㉣ 5
㉰ ㉠ 원형, ㉡ 0.5, ㉢ 원통형, ㉣ 1
㉱ ㉠ 원형, ㉡ 1, ㉢ 원통형, ㉣ 5

풀이 수동식 채취기 사용시 흡입가스량
① 원형여과지 사용시 채취면적 1cm²당 1mg 정도이다.
② 원통형여과지 사용시 전체 먼지채취량이 5mg 이상이 되도록 한다.

30 비분산적외선분광분석법에 관한 설명으로 틀린 것은?

㉮ 선택성 검출기를 이용하여 적외선의 흡수량 변화를 측정하여 시료중 성분의 농도를 구하는 방법이다.
㉯ 광원은 원칙적으로 니크로뮴선 또는 탄화규소의 저항체에 전류를 흘려 가열한 것을 사용한다.
㉰ 대기중 오염물질을 연속적으로 측정하는 비분산 정필터형 적외선 가스분석계에 대하여 적용한다.
㉱ 비분산(Nondispersive)은 빛을 프리즘이나 회절격자와 같은 분산소자에 의해 충분히 분산되는 것을 말한다.

  answer   26 ㉰   27 ㉯   28 ㉯   29 ㉱   30 ㉱

풀이 ㉣ 비분산은 빛을 프리즘이나 회절격자와 같은 분산소자에 의해 분산하지 않는 것을 말한다.

31 대기오염공정시험기준상 용기에 관한 용어 정의로 틀린 것은?

㉮ 용기라 함은 시험용액 또는 시험에 관계된 물질을 보존, 운반 또는 조작하기 위하여 넣어두는 것으로 시험에 지장을 주지 않도록 깨끗한 것을 뜻한다.
㉯ 밀폐용기라 함은 물질을 취급 또는 보관하는 동안에 이물이 들어가거나 내용물이 손실되지 않도록 보호하는 용기를 뜻한다.
㉰ 기밀용기라 함은 광선을 투과하지 않은 용기 또는 투과하지 않게 포장을 한 용기로 취급 또는 보관하는 동안에 내용물의 광화학적 변화를 방지할 수 있는 용기를 뜻한다.
㉱ 밀봉용기라 함은 물질을 취급 또는 보관하는 동안에 기체 또는 미생물이 침입하지 않도록 내용물을 보호하는 용기를 뜻한다.

풀이 ㉰ 기밀용기라 함은 물질을 취급 또는 보관하는 동안에 외부로부터의 공기 또는 다른 가스가 침입하지 않도록 내용물을 보호하는 용기를 뜻한다.

TIP
용기 암기사항
① 밀폐용기 : 이물질
② 기밀용기 : 공기
③ 밀봉용기 : 미생물
④ 차광용기 : 광선

32 굴뚝에서 배출되는 염소가스를 분석하는 오르토톨리딘법에서 분석용 시료의 흡광도 측정 파장은?

㉮ 220nm   ㉯ 620nm
㉰ 435nm   ㉱ 530nm

풀이 염소가스를 분석하는 오르토톨리딘법에서 분석용 시료의 흡광도 측정파장은 435nm 부근이다.

33 배출가스 중 납화합물을 분석하는 방법으로 알맞게 연결된 것은?

㉮ 원자흡수분광광도법-자외선/가시선분광법
㉯ 자외선/가시선분광법-기체크로마토그래피
㉰ 원자흡수분광광도법-유도결합플라스마/원자발광분광법
㉱ 원자흡수분광광도법-이온크로마토그래피

풀이 납화합물의 분석방법에는 원자흡수분광광도법과 유도결합플라스마/원자발광분광법이 있다.

34 다음은 환경대기 시료 채취방법에 관한 설명이다. 가장 적합한 것은?

이 방법은 측정대상 기체와 선택적으로 흡수 또는 반응하는 용매에 시료가스를 일정유량으로 통과시켜 채취하는 방법으로 채취관 - 여과재 - 채취부 - 흡입펌프 - 유량계(가스미터)로 구성된다.

㉮ 용기채취법
㉯ 채취용 여과지에 의한 방법

answer 31 ㉰ 32 ㉰ 33 ㉰ 34 ㉱

㉰ 고체흡착법
㉱ 용매채취법

풀이 ㉱ 용매채취법에 대한 설명이다.

TIP
이 문제의 핵심포인트는 "선택적 흡수 = 용매채취법"임을 숙지하시면 됩니다.

35 아황산가스(SO_2) 25.6g을 포함하는 2L 용액의 몰농도(M)는 얼마인가?

㉮ 0.02M ㉯ 0.1M
㉰ 0.2M ㉱ 0.4M

풀이
$$mol/L = \frac{질량(g)}{체적(L)} \times \frac{1mol}{분자량(g)}$$
$$= \frac{25.6g}{2L} \times \frac{1mol}{64g} = 0.2 mol/L$$

TIP
① M농도 = mol/L
② SO_2 1mol $\begin{cases} 64g \\ 22.4L \end{cases}$
③ SO_2의 분자량 = 23+16×2 = 64

36 다음 중 배출가스량 보정식으로 옳은 것은?

단, Q : 배출가스유량(Sm^3/일)
O_s : 표준산소농도(%)
O_a : 실측산소농도(%)
Q_a : 실측배출가스유량(Sm^3/일)

㉮ $Q = Q_a \div \dfrac{21-O_s}{21-O_a}$

㉯ $Q = Q_a \times \dfrac{21-O_s}{21-O_a}$

㉰ $Q = Q_a \div \dfrac{21+O_s}{21+O_a}$

㉱ $Q = Q_a \times \dfrac{21+O_s}{21+O_a}$

TIP
오염물질의 농도 보정
$C = C_a \times \dfrac{21-O_s}{21-O_a}$

37 환경대기 중 먼지 측정방법으로 틀린 것은?

㉮ 고용량공기시료채취기법
㉯ 베타선법
㉰ 자외선/가시선분광법
㉱ 저용량공기시료채취기법

풀이 환경대기 중 먼지 측정방법으로는 고용량공기시료채취기법, 베타선법, 저용량공기시료채취기법이 있다.

38 환경대기 중 아황산가스 농도를 측정함에 있어 파라로자닐린법을 사용할 경우 알려진 주요 방해물질과 거리가 먼 것은?

㉮ Cr ㉯ O_3
㉰ NO_X ㉱ NH_3

풀이 파라로자닐린법을 사용할 경우 알려진 주요 방해물질은 질소산화물(NO_X), 오존(O_3), 망간(Mn), 철(Fe), 크로뮴(Cr)이다.

answer 35 ㉰ 36 ㉮ 37 ㉰ 38 ㉱

39 굴뚝 배출가스 중 먼지 채취시 배출구(굴뚝)의 직경이 2.2m의 원형 단면일 때, 필요한 측정점의 반경구분수와 측정점수는?

㉮ 반경구분수 1, 측정점수 4
㉯ 반경구분수 2, 측정점수 8
㉰ 반경구분수 3, 측정점수 12
㉱ 반경구분수 4, 측정점수 16

풀이 측정점의 반경구분수와 측정점수

굴뚝직경(m)	반경구분수	측정점수
1 이하	1	4
1 초과 2 이하	2	8
2 초과 4 이하	3	12
4 초과 5 이하	4	16
4.5 초과	5	20

40 다음은 굴뚝 배출가스 중의 질소산화물을 아연환원 나프틸에틸렌다이아민법으로 분석 시 시약과 장치의 구비조건이다. ( )안에 들어갈 알맞은 말은?

> 질소산화물분석용 아연분말은 시약 1급의 아연분말로서 질산이온의 아질산이온으로의 환원율이 (㉠) 이상인 것을 사용하고, 오존발생장치는 오존이 (㉡) 정도의 오존농도를 얻을 수 있는 것을 사용한다.

㉮ ㉠ 65 %, ㉡ 부피분율 0.1%
㉯ ㉠ 90 %, ㉡ 부피분율 0.1%
㉰ ㉠ 65 %, ㉡ 부피분율 1%
㉱ ㉠ 90 %, ㉡ 부피분율 1%

풀이 ① 환원제 : 환원율이 90%이상인 아연분말
② 오존의 농도 : 부피분율 1%정도

| 제3과목 | 대기오염방지기술

41 흡수탑을 이용하여 배출가스 중의 염화수소를 수산화나트륨 수용액으로 제거하려고 한다. 기상 총괄이동단위높이(HOG)가 1m인 흡수탑을 이용하여 99%의 흡수효율을 얻기 위한 이론적 흡수탑의 충전높이는?

㉮ 4.6m   ㉯ 5.2m
㉰ 5.6m   ㉱ 6.2m

풀이 $H = NOG \times HOG$
여기서
H : 충전탑의 높이(m)
HOG : 총괄이동단위높이(m)
NOG : 총괄이동단위수 $\left[NOG = \ln\left(\frac{1}{1-\eta}\right) \right]$

따라서 $H = 1m \times \ln\left(\frac{1}{1-0.99}\right) = 4.61m$

42 분자식이 C_mH_n인 탄화수소가스 $1Sm^3$의 완전연소에 필요한 이론산소량(Sm^3)은 얼마인가?

㉮ 4.8m+1.2n   ㉯ 0.21m+0.79n
㉰ m+0.56n   ㉱ m+0.25n

풀이 $C_mH_n + \left(m + \frac{n}{4}\right)O_2 \rightarrow mCO_2 + \frac{n}{2}H_2O$

이론산소량 $= m + \frac{n}{4}(Sm^3/Sm^3)$
$= m + 0.25n(Sm^3/Sm^3)$

TIP
이론공기량(Sm^3/Sm^3)
$=$ 이론산소량(Sm^3/Sm^3) $\times \frac{1}{0.21}$

answer 39 ㉰ 40 ㉱ 41 ㉮ 42 ㉱

$$= (m+\frac{n}{4}) \times \frac{1}{0.21}$$
$$= 4.76m + 1.19n$$

43 미분탄연소의 장점으로 틀린 것은?

㉮ 연소량의 조절이 용이하다.
㉯ 비산먼지의 배출량이 적다.
㉰ 부하변동에 쉽게 응할 수 있다.
㉱ 과잉공기에 의한 열손실이 적다.

풀이 ㉯ 비산먼지의 배출량이 많다.

TIP
미분탄은 석탄을 분쇄하여 가루상태(미분상태)로 만든 연료로 고체입자이므로 비산먼지 배출이 많다.

44 배출가스 중 질소산화물의 처리방법인 촉매환원법에 적용하고 있는 일반적인 환원가스와 거리가 먼 것은?

㉮ H_2S ㉯ NH_3
㉰ CO_2 ㉱ CH_4

풀이 질소산화물의 처리방법인 촉매환원법에서 환원가스는 황화수소(H_2S), 암모니아(NH_3), 메탄(CH_4)이다.

TIP
환원가스를 찾는 포인트는 화학식에서 수소(H)가 있는 것을 찾으면 된다.

45 다음은 무엇에 관한 설명인가?

> 굵은 입자는 주로 관성충돌작용에 의해 부착되고, 미세한 분진은 확산작용 및 차단작용에 의해 부착되고 섬유의 올과 올 사이에 가교를 형성하게 된다.

㉮ 브리지(bridge) 현상
㉯ 블라인딩(blinding) 현상
㉰ 블로다운(blow down) 효과
㉱ 디퓨저 튜브(diffuser tube) 현상

풀이 ㉮ 브리지현상에 대한 설명이다.

TIP
문제의 내용에서 "가교형성 = 브리지"에서 정답을 찾으면 된다.

46 흡착에 관한 다음 설명 중 옳은 것은?

㉮ 물리적 흡착은 가역성이 낮다.
㉯ 물리적 흡착량은 온도가 상승하면 줄어든다.
㉰ 물리적 흡착은 흡착과정의 발열량이 화학적 흡착보다 많다.
㉱ 물리적 흡착에서 흡착물질은 임계온도 이상에서 잘 흡착된다.

풀이 ㉮ 물리적 흡착은 가역성이 높다.
㉰ 물리적 흡착은 흡착과정의 발열량이 화학적 흡착보다 적다.
㉱ 물리적 흡착에서 흡착물질은 임계온도 이상에서 잘 흡착되지 않는다.

TIP
① 임계온도 : 기체상, 액체상, 고체상에서 상의 전이 현상에서 나타나는 특이점인 임계점의 온도를 말한다.
② 임계압력 : 임계온도에서 기체가 액화하는 최소의 압력을 말한다.

answer 43 ㉯ 44 ㉰ 45 ㉮ 46 ㉯

47 배기가스 중에 부유하는 먼지의 응집성에 관한 설명으로 틀린 것은?

㉮ 미세 먼지입자는 브라운 운동에 의해 응집이 일어난다.
㉯ 먼지의 입경이 작을수록 확산운동의 영향을 받고 응집이 된다.
㉰ 먼지의 입경분포 폭이 작을수록 응집하기 쉽다.
㉱ 입자의 크기에 따라 분리속도가 다르기 때문에 응집한다.

풀이 ㉰ 먼지의 입경분포 폭이 작을수록 응집하기 어렵다.

48 원형관에서 유체의 흐름을 파악하는데 레이놀드수(N_{Re})가 사용되는데, 다음 중 레이놀드수와 거리가 먼 것은?

㉮ 관의 직경 ㉯ 유체 점도
㉰ 입자의 밀도 ㉱ 유체 평균유속

풀이 $N_{Re} = \dfrac{D \times V \times \rho}{\mu} = \dfrac{D \times V}{\nu}$

여기서
- D : 관의 직경
- V : 유체 평균유속
- ρ : 유체의 밀도
- μ : 유체점도
- ν : 유체 동점도

49 전기집진장치에서 방전극과 집진극 사이의 거리가 10cm, 처리가스의 유입속도가 2m/sec, 입자의 분리속도가 5cm/sec일 때, 100% 집진 가능한 이론적인 집진극의 길이(m)는 얼마인가? (단, 배출가스의 흐름은 층류이다.)

㉮ 2 ㉯ 4
㉰ 6 ㉱ 8

풀이 $L = \dfrac{u \times S}{We}$

여기서
- L : 집진기 길이(m)
- u : 유속(m/sec)
- S : 집진극과 방전극간 거리(m)
- We : 이동속도(m/sec)

따라서 $L = \dfrac{2m/sec \times 0.1m}{0.05m/sec} = 4m$

TIP
S = 집진극과 방전극간 거리 = $\dfrac{\text{집진극과 집진극간 거리}}{2}$

50 벤젠을 함유한 유해가스의 일반적 처리방법은 무엇인가?

㉮ 세정법 ㉯ 선택환원법
㉰ 접촉산화법 ㉱ 촉매연소법

풀이 벤젠을 함유한 유해가스의 일반적 처리방법에는 촉매연소법, 활성탄 흡착법이 있다.

TIP
벤젠(C_6H_6)은 C와 H의 가연성 물질로 구성되어 있으므로 연소법과 기체상태이므로 흡착법을 이용해 제거한다.

51 연료에 관한 다음 설명 중 틀린 것은?

㉮ 중유는 인화점을 기준으로 하여 주로 A, B, C 중유로 분류된다.
㉯ 인화점이 낮을수록 연소는 잘되나 위험하며, C 중유의 인화점은 보통 70℃ 이상이다.
㉰ 기체연료는 연소시 공급연료 및 공기량을 밸브를 이용하여 간단하게 임의로 조

answer 47 ㉰ 48 ㉰ 49 ㉯ 50 ㉱ 51 ㉮

절할 수 있어 부하변동범위가 넓다.
㉣ 4℃ 물에 대한 15℃ 중유의 중량비를 비중이라고 하며, 중유 비중은 보통 0.92~0.97 정도이다.

풀이 ㉮ 중유는 점도를 기준으로 하여 주로 A, B, C 중유로 분류된다.

TIP
① 인화점 : 점화원이 있는 상태에서 불이 붙는 최저온도
② 착화점 : 점화원이 없는 상태에서 불이 붙는 최저온도

52 원심력 집진장치에 대한 설명으로 틀린 것은?

㉮ 사이클론의 배기관경이 클수록 집진율은 좋아진다.
㉯ 블로다운(blow down) 효과가 있으면 집진율이 좋아진다.
㉰ 처리 가스량이 많아질수록 내통경이 커져 미세한 입자의 분리가 안된다.
㉱ 입구 가스속도가 클수록 압력손실은 커지나 집진율은 높아진다.

풀이 ㉮ 사이클론의 배기관경이 클수록 집진율은 낮아진다.

53 세정집진장치에서 관성충돌계수를 크게 하는 조건으로 틀린 것은?

㉮ 먼지의 밀도가 커야 한다.
㉯ 먼지의 입경이 커야 한다.
㉰ 액적의 직경이 커야 한다.
㉱ 처리가스와 액적의 상대속도가 커야 한다.

풀이 ㉰ 액적의 직경이 작아야 한다.

TIP 관성충돌계수를 크게 하는 조건은 집진율이 증가되는 조건으로 생각해서 문제를 풀이하면 됩니다.

54 같은 화학적 조성을 갖는 먼지의 입경이 작아질 때 입자의 특성변화에 관한 설명으로 가장 적합한 것은?

㉮ stokes식에 따른 입자의 침강속도는 커진다.
㉯ 중력집진장치에서 집진효율과는 무관하다.
㉰ 입자의 원심력은 커진다.
㉱ 입자의 비표면적은 커진다.

풀이 ㉮ stokes식에 따른 입자의 침강속도는 작아진다.
㉯ 중력집진장치에서 집진효율과 밀접한 관계가 있다.
㉰ 입자의 원심력은 작아진다.

TIP 입자의 비표면적(SV) = $\dfrac{6}{직경(d)}$

55 자동차 배출가스에서 질소산화물(NOx)의 생성을 억제시키거나 저감시킬 수 있는 방법으로 틀린 것은?

㉮ 배기가스 재순환장치(EGR)
㉯ De-NOx 촉매장치
㉰ 터보차저 및 인터쿨러 사용
㉱ 외관 도장실시

풀이 ㉱ 외관 도장실시는 질소산화물(NOx)의 생성을 억제 및 감소에 영향을 미치지 않는다.

answer 52 ㉮ 53 ㉰ 54 ㉱ 55 ㉱

TIP
① 터보차저는 슈퍼차저(과급기)와 그것을 구동하는 터빈을 조합한 장치로서 배기가스로 구동되는 엔진의 과급기를 말한다.
② 인터쿨러는 흡입공기를 냉각하는 장치를 말한다.

56 여과집진장치의 간헐식 탈진방식에 관한 설명으로 틀린 것은?

㉮ 분진의 재비산이 적다.
㉯ 높은 집진율을 얻을 수 있다.
㉰ 고농도, 대용량의 처리가 용이하다.
㉱ 진동형과 역기류형, 역기류 진동형이 있다.

풀이 ㉰번은 연속식 탈진방식에 해당한다.

TIP
탈진방식
① 간헐식 : 저농도, 소용량, 고집진율, 재비산 적다.
② 연속식 : 고농도, 대용량, 저집진율, 재비산 높다.

57 두 개의 집진장치를 직렬로 연결하여 배출가스 중의 먼지를 제거하고자 한다. 입구 농도는 $14g/m^3$이고, 첫 번째와 두 번째 집진장치의 집진효율이 각각 75%, 95%라면 출구농도는 몇 mg/m^3인가?

㉮ 175   ㉯ 211
㉰ 236   ㉱ 241

풀이
① $\eta_T = 1-(1-\eta_1)\times(1-\eta_2)$
  $= 1-(1-0.75)\times(1-0.95) = 0.9875$
  따라서 $\eta_T = 98.75\%$
② $\eta_T = \left(1-\dfrac{C_o}{C_i}\right)\times 100$

$98.75\% = \left(1-\dfrac{C_o}{14g/m^3}\right)\times 100$

∴ $C_o = 14g/m^3 \times (1-0.9875) = 0.175g/m^3$
  $= 175 mg/m^3$

TIP
① $g/m^3 \xrightarrow{\times 10^3} mg/m^3$
② $0.175 g/m^3 \xrightarrow{\times 10^3} 175 mg/m^3$

58 공극률이 20%인 분진의 밀도가 $1,700kg/m^3$이라면, 이 분진의 겉보기 밀도(kg/m^3)는?

㉮ 1,280   ㉯ 1,360
㉰ 1,680   ㉱ 2,040

풀이 분진의 겉보기 밀도(kg/m^3)
= 분진의 밀도(kg/m^3)$\times\left(1-\dfrac{공극률}{100}\right)$
= $1,700kg/m^3 \times (1-0.20) = 1,360kg/m^3$

59 중유 1kg에 수소 0.15kg, 수분 0.002kg이 포함되어 있고, 고위발열량이 10,000kcal/kg 일 때, 이 중유 3kg의 저위발열량(kcal) 얼마인가?

㉮ 29,990   ㉯ 27,560
㉰ 10,000   ㉱ 9,200

풀이 저위발열량 = 고위발열량-600(9H+W)
  = 10,000kcal/kg-600×(9×0.15+0.002)
  = 9,188.8kcal/kg
따라서 9,188.8kcal/kg×3kg = 27,566.4kcal/kg

과년도 기출문제

answer 56 ㉰ 57 ㉮ 58 ㉯ 59 ㉯

60 다음 연소장치 중 대용량 버너제작이 용이하나, 유량조절범위가 좁아(환류식 1 : 3, 비환류식 1 : 2 정도) 부하변동에 적응하기 어려우며, 연료 분사범위가 15~2,000L/hr 정도인 것은 어느 것인가?

㉮ 회전식 버너
㉯ 건타입 버너
㉰ 유압분무식 버너
㉱ 고압기류 분무식 버너

풀이 ㉰ 유압분무식 버너에 대한 설명이다.

answer 60 ㉰

2018 2회 기출문제

| 제1과목 | 대기오염개론

01 어떤 대기오염 배출원에서 아황산가스를 0.7%(V/V)포함한 물질이 47m³/s로 배출되고 있다. 1년 동안 이 지역에서 배출되는 아황산가스의 배출량은 얼마인가? (단, 표준상태를 기준으로 하며, 배출원은 연속가동 된다고 한다.)

㉮ 약 29,644톤 ㉯ 약 48,398톤
㉰ 약 57,983톤 ㉱ 약 68,000톤

풀이
$$SO_2량(톤) = \frac{47m^3}{s} \times \frac{64kg}{22.4Sm^3} \times \frac{1톤}{10^3kg} \times \frac{0.7\%}{100}$$
$$\times \frac{3,600s}{1hr} \times \frac{24hr}{1day} \times \frac{365day}{1년} \times 1년$$
$$= 29,643.84톤$$

TIP
① SO_2 1kmol $\begin{cases} 64kg \\ 22.4Sm^3 \end{cases}$
② SO_2의 분자량 = 32+16×2 = 64

02 다음 중 "CFC-114"의 화학식 표현으로 옳은 것은?

㉮ CCl_3F ㉯ $CClF_2 \cdot CClF_2$
㉰ $CCl_2F \cdot CClF_2$ ㉱ $CCl_2F \cdot CCl_2F$

풀이 CFC-114의 화학식은 $CClF_2 \cdot CClF_2$이다. 즉 $C_2Cl_2F_4$이다.

03 A공장에서 배출되는 이산화질소의 농도가 770ppm이다. 이 공장에서 시간당 배출가스량이 108.2Sm³라면 하루에 발생되는 이산화질소는 몇 kg인가? (단, 표준상태 기준, 공장은 연속 가동됨)

㉮ 1.71 ㉯ 2.58
㉰ 4.11 ㉱ 4.56

풀이
$NO_2(kg/day)$
$$= \frac{770mL}{Sm^3} \times \frac{46mg}{22.4mL} \times \frac{1kg}{10^6mg} \times \frac{108.2Sm^3}{hr} \times \frac{24hr}{1day}$$
$$= 4.11kg/day$$

TIP
① NO_2 1mol $\begin{cases} 46mg \\ 22.4mL \end{cases}$
② ppm = mL/Sm^3 = mL/Nm^3
③ NO_2의 분자량 = 14+2×16 = 46

04 정상적인 대기의 성분을 농도(V/V%)순으로 표시하였다. 올바른 것은?

㉮ $N_2 > O_2 > Ne > CO_2 > Ar$
㉯ $N_2 > O_2 > Ar > CO_2 > Ne$
㉰ $N_2 > O_2 > CO_2 > Ar > Ne$
㉱ $N_2 > O_2 > CO_2 > Ne > Ar$

풀이 정상적인 대기의 성분을 농도(V/V%)순서는 $N_2 > O_2 > Ar > CO_2 > Ne > He > CH_4$이다.

answer 01 ㉮ 02 ㉯ 03 ㉰ 04 ㉯

05 대기의 상태가 약한 역전일 때 풍속은 3m/s이고, 유효 굴뚝 높이는 78m이다. 이때 지상의 오염물질이 최대 농도가 될 때의 착지거리는 얼마인가? (단, sutton의 최대착지거리의 관계식을 이용하여 계산하고, K_y, K_z는 모두 0.13, 안정도계수(n)는 0.33을 적용할 것)

㉮ 2123.9m ㉯ 2546.8m
㉰ 2793.2m ㉱ 3013.8m

풀이

$$X_{max} = \left(\frac{He}{K_z}\right)^{\frac{2}{2-n}}$$

여기서
- X_{max} : 최대지상거리(m)
- He : 유효굴뚝높이(m)
- k_z : 수직확산계수
- n : 대기안정도 상수

따라서 $X_{max} = \left(\frac{78m}{0.13}\right)^{\frac{2}{2-0.33}}$
= 2,123.87m

06 다음 ( )안에 공통으로 들어갈 물질은 어느 것인가?

( )은 금속양원소로서 화성암, 퇴적암, 황과 구리를 함유한 무기질 광석에 많이 분포되어 있으며, 상업용 ( )은 주로 구리의 전기분해 정련 시 찌꺼기로부터 추출된다. 또한 인체에 필수적인 원소로서 적혈구가 산화됨으로써 일어나는 손상을 예방하는 글루타티온 과산화 효소의 보조인자 역할을 한다.

㉮ Ca ㉯ Ti
㉰ V ㉱ Se

풀이 ㉱ 셀레늄(Se)에 대한 설명이다.

TIP
문제에서 정답을 찾는 핵심은 "셀레늄 = 금속양원소"임을 숙지하시기 바랍니다.

07 다음 대기오염물질 중 아래 표와 같이 식물에 대한 특성을 나타내는 것으로 가장 적합한 것은?

- 피해증상 - 잎의 선단부나 엽록부에 피해를 주는 방식으로 나타남
- 피해성숙도 - 매우 적은 농도에서도 피해를 주며, 어린 잎에 현저하게 나타나는 편임
- 저항력이 약한 것 - 글라디올러스
- 저항력이 강한 것 - 명아주, 질경이 등

㉮ SO_2 ㉯ O_3
㉰ PAN ㉱ 불소화합물

풀이 ㉱ 불소화합물에 대한 설명이다.

TIP
이 문제에서 핵심은 지표식물이 글라디올러스인 물질을 찾는 것입니다.

08 다음 중 리차드슨 수에 대한 설명으로 가장 적합한 것은?

㉮ 리차드슨 수가 큰 음의 값을 가지면 대기는 안정한 상태이며, 수직방향의 혼합은 없다.
㉯ 리차드슨 수가 0에 접근할수록 분산이 커진다.
㉰ 리차드슨 수는 무차원수로서 대류난류를 기계적인 난류로 전환시키는 율

answer 05 ㉮ 06 ㉱ 07 ㉱ 08 ㉰

을 측정한 것이다.
㉣ 리차드슨 수가 0.25보다 크면 수직방향의 혼합이 커진다.

풀이 ㉮ 리차드슨 수가 큰 음의 값을 가지면 대기는 불안정한 상태이며, 수직방향의 혼합(대류)이 지배적이다.
㉯ 리차드슨 수가 0에 접근할수록 분산이 작아진다.
㉣ 리차드슨 수가 0.25보다 크면 수직방향의 혼합이 없다.

09 2차 대기오염물질로만 옳게 나열한 것은?

㉮ O_3, NH_3 ㉯ SiO_2, NO_2
㉰ HCl, PAN   ㉣ H_2O_2, NOCl

풀이 ① 1차성 대기오염물질 : NH_3, SiO_2, HCl
② 1, 2차성 대기오염물질 : NO_2
③ 2차성 대기오염물질 : O_3, PAN, H_2O_2, NOCl

10 주변환경 조건이 동일하다고 할 때, 굴뚝의 유효고도가 1/2로 감소한다면 하류 중심선의 최대지표농도는 어떻게 변화하는가? (단, sutton의 확산식을 이용)

㉮ 원래의 1/4   ㉯ 원래의 1/2
㉰ 원래의 4배   ㉣ 원래의 2배

풀이 $C_{max} = \dfrac{2Q}{\pi \cdot e \cdot u \cdot He^2}\left(\dfrac{C_z}{C_y}\right)$

따라서 $C_{max} = \dfrac{1}{He^2}$ 이므로

∴ $C_{max} = \dfrac{1}{(1/2)^2} = 4$배

11 입자의 커닝험(Cunningham) 보정계수(C_f)에 관한 설명으로 가장 적합한 것은?

㉮ 커닝험계수 보정은 입경 d ≫ 3μm 일 때, $C_f > 1$ 이다.
㉯ 커닝험계수 보정은 입경 d ≪ 3μm 일 때, $C_f = 1$ 이다.
㉰ 유체 내를 운동하는 입자직경이 항력계수에 어떻게 영향을 미치는가를 설명하는 것이다.
㉣ 커닝험계수 보정은 입경 d ≫ 3μm 일 때, $C_f < 1$ 이다.

12 경도모델(K-이론모델)의 가정으로 옳지 않은 것은?

㉮ 오염물질은 지표를 침투하며 반사되지 않는다.
㉯ 배출원에서 오염물질의 농도는 무한하다.
㉰ 풍하측으로 지표면은 평평하고 균등하다.
㉣ 풍하쪽으로 가면서 대기의 안정도는 일정하고 확산계수는 변하지 않는다.

풀이 ㉮ 오염물질은 지표를 침투 못하고 반사한다.

13 대기권의 성질에 대한 설명 중 틀린 것은?

㉮ 대류권의 높이는 보통 여름철보다는 겨울철에, 저위도보다는 고위도에서 낮게 나타난다.
㉯ 대기의 밀도는 기온이 낮을수록 높아지므로 고도에 따른 기온분포로부터

answer 09 ㉣ 10 ㉰ 11 ㉰ 12 ㉮ 13 ㉰

밀도분포가 결정된다.
ⓒ 대류권에서의 대기 기온체감률은 -1℃/100m이며, 기온변화에 따라 비교적 비균질한 기층(hererogeneous layer)이 형성된다.
ⓓ 대기의 상하운동이 활발한 정도를 난류강도라 하고, 이는 열적인 난류와 역학적인 난류가 있으며, 이들을 고려한 안정도로서 리차드슨 수가 있다.

풀이 ⓒ 대류권에서의 대기 기온체감률은 -0.65℃/100m이며, 기온변화에 따라 비교적 균질한 기층이 형성된다.

14 교토의정서상 온실효과에 기여하는 6대 물질로 틀린 것은?

ⓐ 이산화탄소 ⓑ 메탄
ⓒ 과불화규소 ⓓ 아산화질소

풀이 온실효과에 기여하는 물질은 이산화탄소, 메탄, 아산화질소, 수소불화탄소, 과불화탄소, 육불화황이다.

TIP 온실효과란 가시광선을 통과시키고 적외선을 흡수해서 열을 밖으로 나가지 못하게 함으로써 보온작용을 하는 것을 말한다.

15 다음 중 이산화황에 약한 식물과 가장 거리가 먼 것은?

ⓐ 보리 ⓑ 담배
ⓒ 옥수수 ⓓ 자주개나리

풀이 ① SO_2에 약한 식물 : 대맥, 담배, 자주개나리(알팔파), 목화, 보리
② SO_2에 강한 식물 : 양배추, 까치밤나무, 쥐당나무, 셀러리, 소나무, 옥수수

16 다음은 대기오염물질이 인체에 미치는 영향에 관한 설명이다. ( )안에 들어갈 알맞은 말은?

( )은(는) 혈관 내 용혈을 일으키며, 두통, 오심, 흉부 압박감을 호소하기도 한다. 10ppm 정도에 폭로 되면 혼미, 혼수, 사망에 이른다. 대표적 3대 증상으로는 복통, 황달, 빈뇨 등이며, 만성적인 폭로에 의한 국소 증상으로는 손·발바닥에 나타나는 각화증, 각막궤양, 비중격천공, 탈모 등을 들 수 있다.

ⓐ 납 ⓑ 수은
ⓒ 비소 ⓓ 망간

풀이 ⓒ 비소(As)에 대한 설명이다.

TIP 이 문제에서 핵심 내용은 "복통, 황달, 빈뇨"이며 이를 유발하는 물질은 비소임을 숙지하셔야 합니다.

17 다음 대기오염물질과 주요 배출관련 업종의 연결이 잘못 짝지어진 것은?

ⓐ 염화수소 - 소다공업, 활성탄 제조
ⓑ 질소산화물 - 비료, 폭약, 필름제조
ⓒ 불화수소 - 인산비료공업, 유리공업, 요업
ⓓ 염소 - 용광로, 식품가공

풀이 ⓓ 염소 - 농약제조, 화학공업, 소오다공업

answer 14 ⓒ 15 ⓒ 16 ⓒ 17 ⓓ

18 "수용모델"에 관한 설명으로 틀린 것은?

㉮ 새로운 오염원, 불확실한 오염원과 불법 배출 오염원을 정량적으로 확인 평가할 수 있다.
㉯ 지형, 기상학적 정보 없이도 사용 가능하다.
㉰ 측정자료를 입력자료로 사용하므로 시나리오 작성이 용이하다.
㉱ 현재나 과거에 일어났던 일을 추정하여 미래를 위한 계획을 세울 수 있으나 미래 예측은 어렵다.

풀이 ㉰ 측정자료를 입력자료로 사용하므로 시나리오 작성이 곤란하다.

TIP
수용모델과 분산모델의 특징을 반드시 비교하여 숙지하셔야 합니다.

19 오존, 전량이 330DU이라는 것은 오존의 양을 두께로 표시하였을 때 어느 정도인가?

㉮ 3.3mm ㉯ 3.3cm
㉰ 330mm ㉱ 330cm

풀이 오존층의 두께를 표시하는 단위는 돕슨이며 1mm는 100돕슨이다.
1mm : 100돕슨 = Xmm : 330돕슨
∴ $X = \dfrac{330돕슨 \times 1mm}{100돕슨} = 3.3mm$

TIP
330 DU = 330돕슨

20 다음 중 메탄의 지표부근 배경농도 값으로 가장 적합한 것은?

㉮ 약 0.15ppm ㉯ 약 1.5ppm
㉰ 약 30ppm ㉱ 약 300ppm

풀이 메탄의 지표부근 배경농도는 약 1.5ppm이다.

| 제2과목 | 대기오염공정시험기준

21 자외선가시선분광법 분석장치 구성에 관한 설명으로 틀린 것은?

㉮ 일반적인 장치 구성순서는 시료부 - 광원부 - 파장선택부 - 측광부 순이다.
㉯ 단색장치로는 프리즘, 회절격자 또는 이 두 가지를 조합시킨 것을 사용하며 단색광을 내기 위하여 슬릿(slit)을 부속시킨다.
㉰ 광전관, 광전자증배관은 주로 자외 내지 가시파장 범위에서, 광전도셀은 근적외 파장범위에서 사용한다.
㉱ 광전분광광도계에는 미분측광, 2파장 측광, 시차측광이 가능한 것도 있다.

풀이 ㉮ 일반적인 장치 구성순서는 광원부 - 파장선택부 - 시료부 - 측광부 순이다.

22 시료 전처리 방법 중 산분해(acid digestion)에 관한 설명으로 틀린 것은?

㉮ 극미량원소의 분석이나 휘발성 원소의 정량분석에는 적합하지 않은 편이다.
㉯ 질산이나 과염소산의 강한 산화력으로 인한 폭발 등의 안전문제 및 플루오

answer 18 ㉰ 19 ㉮ 20 ㉯ 21 ㉮ 22 ㉰

르화수소산의 접촉으로 인한 화상 등을 주의해야 한다.
㉰ 분해 속도가 빠르고 시료 오염이 적은 편이다.
㉱ 염산과 질산을 매우 많이 사용하며, 휘발성 원소들의 손실 가능성이 있다.

풀이 ㉰ 분해 속도가 느리고 시료 오염이 많은 편이다.

23 환경대기 중 시료채취 방법에서 인구비례에 의한 방법으로 시료채취 지점수를 결정하고자 한다. 그 지역의 인구밀도가 4,000명/km², 그 지역 가주지 면적이 5,000km², 전국 평균 인구밀도가 5,000명/km²일 때, 시료채취 지점수는 얼마인가?

㉮ 110개
㉯ 160개
㉰ 250개
㉱ 320개

풀이 측정점수
$= \dfrac{\text{그 지역 가주지 면적(km}^2)}{25\text{km}^2} \times \dfrac{\text{그 지역 인구밀도}}{\text{전국 평균인구밀도}}$
$= \dfrac{5,000\text{km}^2}{25\text{km}^2} \times \dfrac{4,000}{5,000} = 160$

TIP
측정점수 계산 시 소수점첫째자리까지 완전올림한다.

24 대기오염공정시험기준상 시험의 기재 및 용어의 의미로 옳은 것은?

㉮ "정확히 단다"라 함은 규정한 양의 검체를 취하여 분석용 저울로 0.1mg까지 다는 것을 뜻한다.
㉯ 고체성분의 양을 "정확히 취한다"라 함은 홀피펫, 메스플라스크 등으로 0.1mL까지 취하는 것을 뜻한다.
㉰ "감압 또는 진공"이라 함은 따로 규정이 없는 한 15mmH₂O 이하를 뜻한다.
㉱ 시험조작 중 "즉시"라 함은 10초 이내에 표시된 조작을 하는 것을 뜻한다.

풀이 ㉯ 액체성분의 양을 "정확히 취한다"라 함은 홀피펫, 부피플라스크 또는 이와 동등이상의 정도를 갖는 용량계를 사용하여 조작하는 것을 뜻한다.
㉰ "감압 또는 진공"이라 함은 따로 규정이 없는 한 15mmHg 이하를 뜻한다.
㉱ 시험조작 중 "즉시"라 함은 30초 이내에 표시된 조작을 하는 것을 뜻한다.

25 기체크로마토그래피 정량법 중 정량하려는 성분으로 된 순물질을 단계적으로 취하여 크로마토그램을 기록하고 봉우리 넓이 또는 봉우리 높이를 구하는 방법으로서 성분량을 횡축에, 봉우리 넓이 또는 봉우리 높이를 종축으로 하는 것은?

㉮ 보정넓이백분율법
㉯ 절대검정곡선법
㉰ 넓이백분율법
㉱ 표준물첨가법

풀이 ㉯ 절대검정곡선법에 대한 설명이다.

TIP
기체크로마토그래피에서 정량분석의 방법에는 절대검정곡선법, 넓이백분율법, 보정넓이백분율법, 상대검정곡선법, 표준물첨가법이 있다.

answer 23 ㉯ 24 ㉮ 25 ㉯

26 다음은 방울수에 관한 정의이다. ( ) 안에 알맞은 것은?

> 방울수라 함은(㉠) ℃에서 정제수 (㉡) 방울을 떨어뜨릴 때 그 부피가 약 (㉢)mL가 되는 것을 말한다.

㉮ ㉠ 10, ㉡ 10, ㉢ 1
㉯ ㉠ 10, ㉡ 20, ㉢ 1
㉰ ㉠ 20, ㉡ 10, ㉢ 1
㉱ ㉠ 20, ㉡ 20, ㉢ 1

풀이 방울수라 함은 20℃에서 정제수 20방울을 떨어뜨릴 때 그 부피가 약 1mL가 되는 것을 말한다.

27 자외선/가시선분광법에서 흡수셀의 세척방법에 관한 설명으로 틀린 것은?

㉮ 탄산소듐(Na_2CO_3) 용액(20g/L)에 소량의 음이온 계면활성제(보기 : 액상 합성세제)를 가한 용액에 흡수셀을 담가 놓고 필요하면 40℃~50℃로 약 10분간 가열한다.
㉯ 흡수셀을 꺼내 물로 씻은 후 질산(1+5)에 소량의 과산화수소를 가한 용액에 약 30분간 담궈 둔다.
㉰ 흡수셀을 새로 만든 크롬산과 황산용액에 약 1시간 담근 다음 흡수셀을 꺼내어 물로 충분히 씻어내어 사용해도 된다.
㉱ 빈번하게 사용할 때는 물로 잘 씻은 다음 식염수(9%)에 담궈 두고 사용한다.

풀이 ㉱ 빈번하게 사용할 때는 물로 잘 씻은 다음 증류수를 넣은 용기에 담궈 두고 사용한다.

28 대기오염물질의 시료 채취에 사용되는 그림과 같은 기구를 무엇이라 하는가?

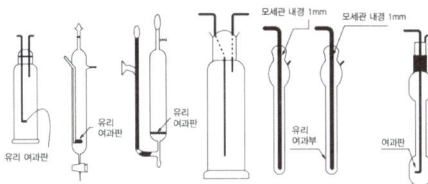

㉮ 흡수병   ㉯ 진공병
㉰ 채취병   ㉱ 채취관

풀이 ㉮ 흡수병에 대한 그림이다.

29 굴뚝 배출 가스상물질 시료채취장치 중 연결관에 관한 설명으로 틀린 것은?

㉮ 연결관은 가능한 한 수직으로 연결해야 하고 부득이 구부러진 관을 쓸 경우에는 응축수가 흘러나오기 쉽도록 경사지게(5° 이상)한다.
㉯ 연결관의 안지름은 연결관의 길이, 흡입가스의 유량, 응축수에 의한 막힘 또는 흡입펌프의 능력 등을 고려해서 4mm~25mm로 한다.
㉰ 하나의 연결관으로 여러 개의 측정기를 사용할 경우 각 측정기 앞에서 연결관을 병렬로 연결하여 사용한다.
㉱ 연결관의 길이는 되도록 길게 하되, 10m를 넘지 않도록 한다.

풀이 ㉱ 연결관의 길이는 되도록 짧게 하되, 부득이 길게 해서 쓰는 경우에는 이음매가 없는 배관을 써서 접속부분을 적게 하고 받침기구로 고정해서 사용해야 한다.

answer   26 ㉱   27 ㉱   28 ㉮   29 ㉱

30 다음 분석대상물질과 그 측정법과의 연결이 잘못 짝지어진 것은?

㉮ 사이안화수소 - 자외선/가시선/4-피리딘카복실산-피라졸론법
㉯ 폼알데하이드 - 자외선/가시선분광법(크로모트로핀산법)
㉰ 황화수소 - 자외선/가시선분광법(메틸렌블루법)
㉱ 플루오린화합물 - 페놀디설폰산법

풀이 ㉱ 플루오린화합물을 분석하는 방법에는 자외선/가시선분광법-란타넘-알리자린콤플렉손법, 이온크로마토그래피, 이온선택전극법, 연속흐름법이 있다.

31 배출가스 중의 총탄화수소를 불꽃이온화검출기로 분석하기 위한 장치구성에 관한 설명으로 틀린 것은?

㉮ 시료연결관은 스테인리스강 또는 플루오로수지 재질로 시료의 응축방지를 위해 검출기까지의 모든 라인이 150~180℃를 유지해야 한다.
㉯ 시료채취관은 유리관 재질의 것으로 하고 굴뚝 중심 부분의 30%범위 내에 위치할 정도의 길이인 것을 사용한다.
㉰ 기록계를 사용하는 경우에는 최소 4회/min이 되는 기록계를 사용한다.
㉱ 영점 및 교정가스를 주입하기 위해서는 3 방콕이나 순간연결장치(quick connector)를 사용한다.

풀이 ㉯ 시료채취관은 스테인리스강 또는 이와 동등한 재질의 것으로 하고 굴뚝 중심 부분의 10%범위 내에 위치할 정도의 것을 사용한다.

32 배출허용기준 시험방법에 준하여 질소산화물(표준산소 농도를 적용받음) 실측농도를 측정한 결과 280ppm이었고, 실측 산소농도가 3.7%이다. 표준산소 농도로 보정한 질소산화물 농도는 얼마인가? (단, 표준산소 농도 : 4%)

㉮ 265ppm ㉯ 270ppm
㉰ 275ppm ㉱ 285ppm

풀이
$$C = Ca \times \frac{21-O_s}{21-O_a}$$

여기서
- C : 오염물질 농도(ppm)
- Ca : 실측오염물질 농도(ppm)
- O_s : 표준산소농도(%)
- O_a : 실측산소농도(%)

따라서 $C = 280\text{ppm} \times \frac{21-4\%}{21-3.7\%}$
       $= 275.15\text{ppm}$

33 흡광광도 측정에서 최초광의 75%가 흡수되었을 때 흡광도는 약 얼마인가?

㉮ 0.25 ㉯ 0.3
㉰ 0.6   ㉱ 0.75

풀이 흡광도$(A) = \log \frac{1}{\text{투과도}} = \log \frac{1}{0.25} = 0.60$

TIP
① 투과율(%) = 100-흡수율(%)
② 투과율(%) = 투과퍼센트
③ 투과율(%) = 100-75% = 25%

answer 30 ㉱ 31 ㉯ 32 ㉰ 33 ㉰

34 굴뚝 배출가스 중 금속화합물을 원자흡수분광광도법으로 분석할 때, 다음 중 측정 파장값(nm)이 가장 큰 금속화합물은 어느 것인가?

㉮ 아연   ㉯ 카드뮴
㉰ 구리   ㉱ 니켈

풀이 측정파장
㉮ 아연 : 213.9nm
㉯ 카드뮴 : 228.8nm
㉰ 구리 : 324.7nm
㉱ 니켈 : 232.0nm

35 굴뚝 배출가스 중의 산소를 자동으로 측정하는 방법으로 원리면에서 자기식과 전기화학식 등으로 분류할 수 있다. 다음 중 전기화학식 방식에 해당하지 않는 것은?

㉮ 정전위 전해형
㉯ 덤벨형
㉰ 폴라로그래프형
㉱ 갈바니전지형

풀이 ㉯ 덤벨형은 자기식에 해당한다.

36 자동연속측정기에 의한 이산화황의 불꽃광도측정법에서 시료를 공기 또는 질소로 묽힌 후 수소불꽃 중에 도입하여 발광광도를 측정하여야 하는 파장은?

㉮ 265nm 부근   ㉯ 394nm 부근
㉰ 470nm 부근   ㉱ 560nm 부근

풀이 이산화황의 불꽃광도측정법에서 시료를 공기 또는 질소로 묽힌 후 수소불꽃 중에 도입하여 발광광도를 394nm 부근에서 측정한다.

37 시험에 사용하는 시약이 따로 규정 없이 단순히 보기와 같이 표시되었을 때 다음 중 그 규정한 농도(%)가 일반적으로 가장 높은 값을 나타내는 것은?

㉮ HNO_3 ㉯ HCl
㉰ CH_3COOH ㉱ HF

풀이 규정 농도(%)
㉮ HNO_3 : 60.0~62.0
㉯ HCl : 35.0~37.0
㉰ CH_3COOH : 99.0%이상
㉱ HF : 46.0~48.0

38 굴뚝 배출가스 중의 먼지측정 시 등속흡입 정도를 알기 위한 등속흡입계수 I (%) 범위기준은? (단, 다시 시료채취를 행하지 않는 범위기준)

㉮ 90~110%   ㉯ 95~115%
㉰ 95~110%   ㉱ 90~105%

풀이 등속흡입계수의 범위기준은 90~110%이다.

39 이온크로마토그래피 구성장치에 관한 설명으로 틀린 것은?

㉮ 써프렛서는 관형과 이온교환막형이 있으며, 관형은 음이온에는 스티롤계 강산형(H^+)수지가 사용된다.
㉯ 분리관의 재질은 내압성, 내부식성으로 용리액 및 시료액과 반응성이 큰 것을 선택하며 주로 스테인리스관이 사용된다.
㉰ 용리액조는 용출되지 않는 재질로서 용리액을 직접공기와 접촉시키지 않는 밀폐된 것을 선택한다.

answer 34 ㉰ 35 ㉯ 36 ㉯ 37 ㉰ 38 ㉮ 39 ㉯

㉑ 검출기는 분리관 용리액 중의 시료성분의 유무와 양을 검출하는 부분으로 일반적으로 전도도 검출기를 많이 사용하는 편이다.

풀이 ㉓ 분리관의 재질은 내압성, 내부식성으로 용리액 및 시료액과 반응성이 적은 것을 선택하며 에폭시수지관 또는 유리관이 사용된다.

40 냉증기 원자흡수분광광도법으로 굴뚝 배출가스 중 수은을 측정하기 위해 사용하는 흡수액으로 옳은 것은? (단, 질량분율)

㉑ 4 % 과망간산포타슘 + 10 % 질산
㉓ 4 % 과망간산포타슘 + 10 % 황산
㉔ 10 % 과망간산포타슘 + 6 % 질산
㉕ 6% 과망간산포타슘 + 10 % 질산

| 제3과목 | 대기오염방지기술

41 배출가스 중 황산화물 처리방법으로 틀린 것은?

㉑ 석회석 주입법
㉓ 석회수 세정법
㉔ 암모니아 흡수법
㉕ 2단 연소법

풀이 ㉕ 2단 연소법은 질소산화물(NO_X)을 저감하는 방법이다.

TIP
황산화물(SO_X) 처리방법
① 습식 탈황법 : 석회세정법, 아황산소다법, 암모니아법, 가성소다흡수법, 산화마그네슘세정법
② 건식 탈황법 : 건식석회석주입법, 활성산화망간법, 활성탄흡착법, 알칼리성알루미나흡수법

42 세정집진장치의 장점으로 틀린 것은?

㉑ 입자상 물질과 가스의 동시제거가 가능하다.
㉓ 친수성, 부착성이 높은 먼지에 의한 폐쇄염려가 없다.
㉔ 집진된 먼지의 재비산 염려가 없다.
㉕ 연소성 및 폭발성 가스의 처리가 가능하다.

풀이 ㉓ 친수성, 부착성이 높은 먼지에 의한 폐쇄염려가 높다.

43 원심력 집진장치(cyclone)에 관한 설명으로 틀린 것은?

㉑ 저효율 집진장치 중 압력손실은 작고, 고집진율을 얻기 위한 전문적 기술이 요구되지 않는다.
㉓ 구조가 간단하고, 취급이 용이한 편이다.
㉔ 집진효율을 높이는 방법으로 blow down 방법이 있다.
㉕ 고농도 함진가스 처리에 유리한 편이다.

풀이 ㉑ 저효율 집진장치 중 압력손실은 크고, 고집진율을 얻기 위한 전문적 기술이 요구된다.

TIP
저효율 집진장치는 1차(전처리) 장치를 의미하며, 원심력집진장치는 전처리장치 중 압력손실이 가장 크다.

answer 40 ㉓ 41 ㉕ 42 ㉓ 43 ㉑

44 직경 20cm, 길이 1m인 원통형 전기집진장치에서 가스유속이 1m/s이고, 먼지입자의 분리속도가 30cm/s라면 집진율은 얼마인가?

㉮ 93.63% ㉯ 94.24%
㉰ 96.02% ㉱ 99.75%

풀이 $\eta = \left\{1-\exp\left(\frac{-2 \cdot We \cdot L}{R \cdot U}\right)\right\} \times 100$

$= \left\{1-\exp\left(\frac{-2 \times 0.3 m/sec \times 1m}{0.1m \times 1m/sec}\right)\right\} \times 100 = 99.75\%$

TIP
① $We = 30cm/sec = 0.03 m/sec$
② $R = \frac{D}{2} = \frac{20cm}{2} = 10cm = 0.1m$

45 어떤 가스가 부피로 H_2 9%, CO 24%, CH_4 2%, CO_2 6%, O_2 3%, N_2 56%의 구성비를 갖는다. 이 기체를 50%의 과잉공기로 연소시킬 경우 연료 $1Sm^3$당 요구되는 공기량은?

㉮ 약 $1.00Sm^3$ ㉯ 약 $1.25Sm^3$
㉰ 약 $1.70Sm^3$ ㉱ 약 $2.55Sm^3$

풀이 $H_2 + 0.5O_2 \rightarrow H_2O$: 9%
$CO + 0.5O_2 \rightarrow CO_2$: 24%
$CH_4 + 2O_2 \rightarrow CO_2 + 2H_2O$: 2%
O_2 : 3%
① 이론공기량(A_o)
$= \frac{\text{가연성분 연소시 필요한 산소량-연료의 산소량}}{0.21}$
$= \frac{0.5 \times 0.09 + 0.5 \times 0.24 + 2 \times 0.02 - 0.03}{0.21}$
$= 0.8333 Sm^3/Sm^3$
② 실제공기량(A) = 공기비(m) × 이론공기량(A_o)
$= 1.5 \times 0.8333 Sm^3/Sm^3$
$= 1.25 Sm^3/Sm^3$

TIP
과잉공기량 = (m-1) × 100
50% = (m-1) × 100
∴ m = 1.5

46 여과집진장치에 사용되는 여과재에 관한 설명으로 틀린 것은?

㉮ 여과재의 형상은 원통형, 평판형, 봉투형 등이 있으나 원통형을 많이 사용한다.
㉯ 여과재는 내열성이 약하므로 가스온도 250℃를 넘지 않도록 주의한다.
㉰ 고온가스를 냉각시킬 때에는 산노점(dew point) 이하로 유지하도록 하여 여과재의 눈막힘을 방지한다.
㉱ 여과재 재질 중 유리섬유는 최고사용온도가 250℃ 정도이며, 내산성이 양호한 편이다.

풀이 ㉰ 고온가스를 냉각시킬 때에는 산노점 이상으로 유지하여 여과재의 눈 막힘을 방지한다.

TIP
산노점온도(150℃) 이하가 되면 황산(H_2SO_4)이 증가하면서 저온부식이 발생하여 부식된 찌꺼기에 의해 여과재의 눈막힘이 발생한다.

47 시간당 $10,000 Sm^3$의 배출가스를 방출하는 보일러에 먼지 50%를 제거하는 집진장치가 설치되어 있다. 이 보일러를 24시간 가동했을 때 집진되는 먼지량은 얼마인가? (단, 배출가스 중 먼지농도는 $0.5 g/Sm^3$이다.)

㉮ 50kg ㉯ 60kg
㉰ 100kg ㉱ 120kg

answer 44 ㉱ 45 ㉯ 46 ㉰ 47 ㉯

풀이 집진되는 먼지량
= 먼지농도(kg/Sm³)×배출가스량(Sm³/hr)×가동시간(hr)×$\frac{제거율(\%)}{100}$
= $0.5×10^{-3}$kg/Sm³×10,000Sm³/hr×24hr×0.5
= 60kg

풀이 연소실의 열발생율(kcal/m³·hr)
= $\frac{저위발열량(kcal/kg)×중유량(kg/hr)}{가로×세로×높이(m³)}$
= $\frac{8,000kcal/kg×10kg/hr}{0.5m×1.0m×0.8m}$
= $2.0×10^5$kcal/h·m³

48 다음 중 연소조절에 의해 질소산화물 발생을 억제시키는 방법으로 가장 적합한 것은?

㉮ 이온화연소법
㉯ 고산소연소법
㉰ 고온연소법
㉱ 배출가스 재순환법

풀이 질소산화물 발생을 억제시키는 방법
① 저과잉공기 연소법
② 배기가스 재순환법
③ 이단 연소법
④ 저온도 연소법
⑤ 저질소 연료 사용

TIP
질소산화물(NO_X) 발생을 억제시키는 핵심은 연소온도를 낮게 유지하는 것이며, 정답을 찾는 핵심은 저과잉공기 연소와 저온도연소임을 숙지하셔야 합니다.

50 분쇄된 석탄의 입경 분포식[R(%) = 100 exp($-\beta d_p^n$)]에 관한 설명으로 틀린 것은? (단, n : 입경지수, β : 입경계수)

㉮ 위 식을 Rosin Rammler식이라 한다.
㉯ 위 식에서 R(%)은 체상누적분포(%)를 나타낸다.
㉰ n이 클수록 입경분포 폭은 넓어진다.
㉱ β가 커지면 임의의 누적분포를 갖는 입경 d_p는 작아져서 미세한 분진이 많다는 것을 의미한다.

풀이 ㉰ n이 클수록 입경분포 폭은 좁아진다.

51 충전탑의 액가스비 범위로 가장 적합한 것은?

㉮ 0.1~0.3L/m³   ㉯ 2~3L/m³
㉰ 5~10L/m³   ㉱ 10~30L/m³

풀이 충전탑(흡수탑)에서 암기사항
① 가스의 속도 : 0.5~1.5m/s
② 액가스비 : 2~3L/m³
③ 압력손실 : 100~250mmH₂O

49 가로, 세로, 높이가 각 0.5m, 1.0m, 0.8m인 연소실에서 저발열량이 8,000kcal/kg인 중유를 1시간에 10kg 연소시키고 있다면 연소실 열발생률은 얼마인가?

㉮ $2.0×10^5$kcal/h·m³
㉯ $4.0×10^5$kcal/h·m³
㉰ $5.0×10^5$kcal/h·m³
㉱ $6.0×10^5$kcal/h·m³

answer 48 ㉱   49 ㉮   50 ㉰   51 ㉯

52 후드의 유입계수와 속도압이 각각 0.87, 16mmH$_2$O일 때 후두의 압력 손실은?

㉮ 약 3.5mmH$_2$O
㉯ 약 5mmH$_2$O
㉰ 약 6.5mmH$_2$O
㉱ 약 8mmH$_2$O

풀이 $\triangle P = \dfrac{1-Ce^2}{Ce^2} \times V_p (mmH_2O)$

여기서
- $\triangle P$: 압력손실(mmH$_2$O)
- Ce : 유입계수
- Vp : 속도압(mmH$_2$O)

따라서
$\triangle P = \dfrac{1-(0.87)^2}{(0.87)^2} \times 16mmH_2O = 5.14mmH_2O$

53 전기집진장치의 집진극에 대한 설명으로 틀린 것은?

㉮ 집진극의 모양은 여러 가지가 있으나 평판형과 관(管)형이 많이 사용된다.
㉯ 처리가스량이 많고 고집진효율을 위해서는 관형집진극이 사용된다.
㉰ 보통 방전극의 재료와 비슷한 탄소함량이 많은 스테인레스강 및 합금을 사용한다.
㉱ 집진극면이 항상 깨끗하여야 강한 전계(電界)를 얻을 수 있다.

풀이 ㉯ 처리가스량이 많고 고집진효율을 위해서는 평판형 집진극이 사용된다.

TIP
전기집진장치
① 평판형 : 건식, 대용량, 고집진율
② 관형 : 습식, 소용량, 고집진율

54 97% 집진효율을 갖는 전기집진장치로 가스의 유효 표류속도가 0.1m/sec인 오염공기 180m^3/sec를 처리하고자 한다. 이때 필요한 총집진판 면적(m^2)은 얼마인가? (단, Deutsch-Anderson 식에 의함)

㉮ 6,456   ㉯ 6,312
㉰ 6,029   ㉱ 5,873

풀이 $\eta = 1 - \exp\dfrac{-A \times We}{Q}$

$\therefore A = \dfrac{LN(1-\eta)}{-\dfrac{We}{Q}} = \dfrac{LN(1-0.97)}{-\dfrac{0.1m/sec}{180m^3/sec}} = 6,311.80m^2$

55 직경이 203.2mm인 관에 35m^3/min의 공기를 이동시키면 이때 관내 이동 공기의 속도는 약 몇 m/min인가?

㉮ 18m/min   ㉯ 72m/min
㉰ 980m/min   ㉱ 1080m/min

풀이 $V(m/min) = \dfrac{Q(m^3/min)}{A(m^2)} = \dfrac{Q(m^3/min)}{\dfrac{\pi D^2}{4}(m^2)}$

$= \dfrac{35m^3/min}{\dfrac{\pi}{4} \times (0.2032m)^2}$

$= 1,079.27 m/min$

56 Methane과 Propane이 용적비 1 : 1의 비율로 조성된 혼합가스 1Sm^{3}를 완전연소 시키는데 20Sm^{3}의 실제공기가 사용되었다면 이 경우 공기비는 얼마인가?

㉮ 1.05   ㉯ 1.20
㉰ 1.34   ㉱ 1.46

answer 52 ㉯ 53 ㉯ 54 ㉰ 55 ㉱ 56 ㉯

풀이
$CH_4 + 2O_2 \rightarrow CO_2 + 2H_2O$: 50%
$C_3H_8 + 5O_2 \rightarrow 3CO_2 + 4H_2O$: 50%

① 이론공기량$(A_o) = \dfrac{2 \times 0.50 + 5 \times 0.50}{0.21} = 16.67 Sm^3/Sm^3$

② 공기비(m)
$= \dfrac{실제공기량(A)}{이론공기량(A_o)} = \dfrac{20(Sm^3/Sm^3)}{16.67(Sm^3/Sm^3)} = 1.20$

TIP
① 메탄(CH_4), 프로판(C_3H_8)
② 이론공기량$(Sm^3/Sm^3) = \dfrac{이론산소량(Sm^3/Sm^3)}{0.21}$
③ Sm^3/Sm^3 = 체적비 = 갯수비

57 비중 0.95, 황성분 3.0%의 중유를 매시간 1,000L씩 연소시키는 공장 배출가스 중 $SO_2(m^3/h)$량은 얼마인가? (단, 중유 중 황성분의 90%가 SO_2로 되며, 온도변화 등 기타 변화는 무시한다.)

㉮ 12 ㉯ 18
㉰ 24 ㉱ 36

풀이
$S + O_2 \rightarrow SO_2$
32kg : 22.4Sm^3
1,000L/hr×0.95kg/L×0.03×0.90 : X

$\therefore X = \dfrac{1,000L/hr \times 0.95kg/L \times 0.03 \times 0.90 \times 22.4Sm^3}{32kg}$

$= 17.96 Sm^3/hr$

TIP
① 비중의 단위 : $g/cm^3 = g/mL = kg/L = ton/m^3$
② L/hr×비중(kg/L) = kg/hr
③ 1,000L/hr×0.95kg/L = 950kg/hr

58 흡수법에 의한 유해가스 처리 시 흡수이론에 관한 설명으로 틀린 것은?

㉮ 두 상(phase)이 접할 때 두 상이 접한 경계면의 양측에 경막이 존재한다는 가정을 Lewis-Whitman의 이중경막설이라 한다.
㉯ 확산을 일으키는 추진력은 두 상(phase)에서의 확산물질의 농도차 또는 분압차가 주원인이다.
㉰ 액상으로의 가스흡수는 기-액 두 상(phase)의 본체에서 확산물질의 농도 기울기는 큰 반면, 기-액의 각 경막 내에서는 농도 기울기가 거의 없는데, 이것은 두 상의 경계면에서 효과적인 평형을 이루기 위함이다.
㉱ 주어진 온도, 압력에서 평형상태가 되면 물질의 이동은 정지한다.

풀이 ㉰ 액상으로의 가스흡수는 기-액 두 상(phase)의 본체에서 확산물질의 농도 기울기는 거의 없는 반면, 기-액의 각 경막 내에서는 농도 기울기가 크다. 이것은 두 상의 경계면에서 효과적인 평형을 이루기 위함이다.

answer 57 ㉯ 58 ㉰ 59 ㉰

59 집진장치의 압력손실 240mmH$_2$O, 처리가스량이 36,500m^3/h이면 송풍기 소요 동력(kw)은 얼마인가? (단, 송풍기 효율 70%, 여유율 1.2)

㉮ 30.6 ㉯ 35.2
㉰ 40.9 ㉱ 44.5

풀이

$kW = \dfrac{Ps \times Q}{102 \times \eta} \times \alpha$

여기서
- Ps : 압력손실(mmH$_2$O)
- Q : 처리가스량(m^3/sec)
- η : 처리효율
- α : 여유율

따라서

$kW = \dfrac{240mmH_2O \times 36,500m^3/hr \times 1hr/3,600sec}{102 \times 0.70} \times 1.2$

$= 40.90kW$

TIP
① 1kW = 102kg · m/sec
② 102의 시간단위가 "sec"이므로 가스량(Q)의 시간단위는 반드시 "sec"임을 숙지하시고 풀이를 하여야 합니다.
③ ∝(여유율) 값이 없으면 생략하시면 됩니다.

60 여과집진장치의 먼지부하가 360g/m^{2}에 달할 때 먼지를 탈락시키고자 한다. 이때 탈락시간 간격은 얼마인가? (단, 여과집진장치에 유입되는 함진농도는 10g/m^3, 여과속도는 7,200cm/hr이고, 집진효율은 100%로 본다.)

㉮ 25min ㉯ 30min
㉰ 35min ㉱ 40min

풀이 $Ld = Ci \times Vf \times t$

여기서
- Ld : 먼지부하(g/m^2)
- Ci : 입구농도(g/m^3)
- Vf : 여과속도(m/min)
- t : 탈락시간(min)

① $Vf(m/min) = \dfrac{7,200cm}{hr} \times \dfrac{1m}{10^2cm} \times \dfrac{1hr}{60min} = 1.2m/min$

② $360g/m^2 = 10g/m^3 \times 1.2m/min \times t$

∴ $t = \dfrac{360g/m^2}{10g/m^3 \times 1.2m/min} = 30min$

answer 60 ㉯

2018 4회 기출문제

| 제1과목 | 대기오염개론

01 상대습도가 70%이고, 상수를 1.2로 정의할 때, 가시거리가 10km라면 먼지 농도는 대략 얼마인가?

㉮ $50\mu g/m^3$
㉯ $120\mu g/m^3$
㉰ $200\mu g/m^3$
㉱ $280\mu g/m^3$

▶풀이

$$V = \frac{10^3 \times A}{G}$$

따라서 $10km = \frac{10^3 \times 1.2}{G}$

∴ $G = 120\mu g/m^3$

▶TIP
농도(G)의 단위가 $\mu g/m^3$일 때 가시거리(V)의 단위는 km이다.

02 실제 굴뚝높이 120m에서 배출가스의 수직 토출속도가 20m/s, 굴뚝 높이에서의 풍속은 5m/s이다. 굴뚝의 유효고도가 150m가 되기 위해서 필요한 굴뚝의 직경은 얼마인가? (단, $\triangle H = \{(1.5 \times V_S) \cdot D\}/U$를 이용할 것)

㉮ 2.5m
㉯ 5m
㉰ 20m
㉱ 25m

▶풀이

$$\triangle H = \frac{(1.5 \times V_S) \times D}{U}$$

여기서
$\triangle H$: 연기의 상승고(m)
V_S : 배출가스의 토출속도(m/sec)
U : 풍속(m/sec)
D : 직경(m)

따라서 $30m = \frac{(1.5 \times 20m/sec) \times D}{5m/sec}$

∴ $D = \frac{30m \times 5m/sec}{(1.5 \times 20m/sec)} = 5.0m$

▶TIP
연기의 상승고($\triangle H$)
= 유효굴뚝높이(He) - 실제굴뚝높이(H)
= 150m - 120m = 30m

03 다음 그림은 탄화수소가 존재하지 않는 경우 NO_2의 광화학싸이클(Photolytic cycle)이다. 그림의 A가 O_2일 때 B에 해당되는 물질은 무엇인가?

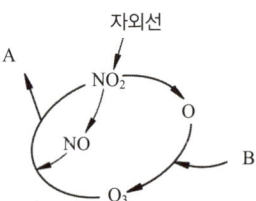

㉮ NO
㉯ CO_2
㉰ NO_2
㉱ O_2

▶풀이 A : O_2, B : O_2

answer 01 ㉯ 02 ㉯ 03 ㉱

TIP

① $NO_2 + 자외선 \xrightarrow{광분해반응} NO + O$
② $O + O_2(B) \rightarrow O_3$
③ $O_3 + NO \rightarrow NO_2 + O_2(A)$

04 연소과정 중 고온에서 발생하는 주된 질소화합물의 형태로 가장 적합한 것은?

㉮ N_2
㉯ NO
㉰ NO_2
㉱ NO_3

풀이 고온에서 발생하는 질소화합물 중 90% 이상이 NO이다.

TIP
고온에서 발생되는 NO : NO_2의 비는 90% : 10%이다.

05 다음에서 설명하는 오염물질로 가장 적합한 것은?

> 광부나 석탄연료 배출구 주위에 거주하는 사람들의 폐중(폐안)의 농도가 증대되고, 배설은 주로 신장을 통해 이루어진다. 뼈에 소량 축적될 수 있고, 만성 폭로 시 설태가 끼며, 혈장 콜레스테롤치가 저하될 수 있다.

㉮ 구리
㉯ 카드뮴
㉰ 바나듐
㉱ 비소

풀이 ㉰ 바나듐(V)에 대한 설명이다.

TIP
이 문제의 핵심은 "만성폭로 시 설태와 콜레스테롤치 저하 = 바나듐"임을 숙지하시기 바랍니다.

06 다이옥신에 관한 설명으로 틀린 것은?

㉮ PCB의 불완전연소에 의해서 발생한다.
㉯ 저온에서 촉매화 반응에 의해 먼지와 결합하여 생성된다.
㉰ 수용성이 커서 토양오염 및 하천오염의 주원인으로 작용한다.
㉱ 다이옥신은 두 개의 산소, 두 개의 벤젠, 그 외에 염소가 결합된 방향족 화합물이다.

풀이 ㉰ 수용성은 낮지만 벤젠 등에는 용해되는 지용성으로 토양 등에 흡수된다.

07 다음 오염물질에 관한 설명으로 가장 적합한 것은?

> 이 물질의 직업성 폭로는 철강제조에서 매우 많다. 생물의 필수금속으로서 동·식물에서는 종종 결핍이 보고되고 있으며 인체에 급성으로 과다폭로되면 화학성 폐렴, 간독성 등을 나타내며, 만성 폭로 시 파킨슨 증후군과 거의 비슷한 증후군으로 진전되어 말이 느리고 단조로워진다.

㉮ 납
㉯ 불소
㉰ 구리
㉱ 망간

풀이 ㉱ 망간(Mn)에 대한 설명이다.

TIP
이 문제의 핵심은 "화학성 폐렴과 간독성 = 망간"임을 숙지하시기 바랍니다.

answer 04 ㉯ 05 ㉰ 06 ㉰ 07 ㉱

08 대기오염물질이 인체에 미치는 영향으로 틀린 것은?

㉮ 이산화질소의 유독성은 일산화질소의 독성보다 강하여 인체에 영향을 끼친다.
㉯ 3,4-벤조피렌 같은 탄화수소 화합물은 발암성 물질로 알려져 있다.
㉰ SO_2는 고농도일수록 비강 또는 인후에서 많이 흡수되며 저농도인 경우에는 극히 저율로 흡수된다.
㉱ 일산화탄소는 인체 혈액 중의 헤모글로빈과 결합하기 매우 용이하나, 산소보다 낮은 결합력을 가지고 있다.

풀이 ㉱ 일산화탄소는 인체 혈액 중의 헤모글로빈과 결합하기 매우 용이하며, 산소보다 높은 결합력을 가지고 있다.

TIP
헤모글로빈(Hb)와의 결합력 순서
NHb > COHb > O_2Hb

09 대기내 질소산화물(NO_X)이 LA 스모그와 같이 광화학 반응을 할 때, 다음 중 어떤 탄화수소가 주된 역할을 하는가?

㉮ 파라핀계 탄화수소
㉯ 메탄계 탄화수소
㉰ 올레핀계 탄화수소
㉱ 프로판계 탄화수소

풀이 광화학반응에 참여하는 탄화수소는 올리핀계 탄화수소이다.

10 다음 반사영역이 고려된 가우시안 확산 모델에서 각 항에 대한 설명으로 틀린 것은?

$$C(x, y, z) = \frac{Q}{2\pi u \sigma_y \sigma_z} \left[\exp\left(\frac{-y^2}{2\sigma_y^2}\right) \right] \times \left[\exp\left\{\frac{-(z-H)^2}{2\sigma_z^2}\right\} + \exp\left\{\frac{-(z+H)^2}{2\sigma_z^2}\right\} \right]$$

㉮ y : 수직방향의 확산폭이다.
㉯ z : 농도를 구하려는 지점의 높이로서 농도 지점과 지표면으로부터의 수직거리이다.
㉰ u : 굴뚝높이의 풍속을 말한다.
㉱ H : 유효굴뚝높이다.

풀이 ㉮ y : 수평방향의 확산폭이다.

11 1984년 인도의 보팔시에서 발생한 대기오염사건의 주원인 물질은?

㉮ 황화수소
㉯ 황산화물
㉰ 멀캡탄
㉱ 메틸이소시아네이트

풀이 누설사건
① 인도 보팔시 사건 : 메틸이소시아네이트 (CH_3CNO)
② 멕시코 포자리카 사건 : 황화수소(H_2S)

answer 08 ㉱ 09 ㉰ 10 ㉮ 11 ㉱

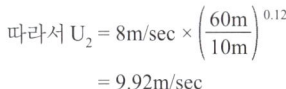

12 가솔린 자동차의 엔진작동상태에 따른 일반적인 배기가스 조성 중 감속시에 가장 큰 농도 증가를 나타내는 물질은?
(단, 정상운행 조건 대비)

㉮ NO_2 ㉯ H_2O
㉰ CO_2 ㉱ HC

풀이 많이 배출되는 조건(가솔린 자동차 기준)
① NO_X : 가속시
② HC : 감속시
③ CO : 공회전시(아이드링시)

13 굴뚝에서 배출되는 연기의 형태가 Lofting형 일 때의 대기의 상태로 옳은 것은? (단, 보기중 상과 하의 구분은 굴뚝높이 기준)

㉮ 상 : 불안정 , 하 : 불안정
㉯ 상 : 안정 , 하 : 안정
㉰ 상 : 안정 , 하 : 불안정
㉱ 상 : 불안정 , 하 : 안정

풀이 Lofting형(상승형, 지붕형)의 안정도는 지표 역전(안정), 고공은 과단열(불안정)이다.

14 지상 10m에서의 풍속이 8m/s이라면 지상 60m에서의 풍속(m/s)은 얼마인가?
(단, P = 0.12, Deacon식을 적용)

㉮ 약 8.0 ㉯ 약 9.9
㉰ 약 12.5 ㉱ 약 14.8

풀이 $U_2 = U_1 \times \left(\dfrac{H_2}{H_1}\right)^P$

여기서
- U_2 : 고도 H_2에서의 풍속(m/sec)
- U_1 : 고도 H_1에서의 풍속(m/sec)
- P : 풍속지수

따라서 $U_2 = 8\text{m/sec} \times \left(\dfrac{60\text{m}}{10\text{m}}\right)^{0.12}$
= 9.92m/sec

15 다음 중 기후·생태계 변화유발물질과 가장 거리가 먼 것은?

㉮ 육불화황
㉯ 메탄
㉰ 수소염화불화탄소
㉱ 염화나트륨

풀이 기후·생태계 변화유발물질은 이산화탄소, 메탄, 아산화질소, 수소불화탄소, 과불화탄소, 육불화황, 염화불화탄소, 수소염화불화탄소이다.

16 PAN(Peroxyacetyl nitrate)의 생성반응식으로 옳은 것은?

㉮ $CH_3COOO+NO_2 \rightarrow CH_3COOONO_2$
㉯ $C_6H_5COOO+NO_2 \rightarrow C_6H_5COOONO_2$
㉰ $RCOO+O_2 \rightarrow RO_2+CO_2$
㉱ $RO+NO_2 \rightarrow RONO_2$

풀이 PAN은 2차성물질로 화학식은 $CH_3COOONO_2$이다.

TIP
① PAN(Peroxy Acetyl Nitrate) : $CH_3COOONO_2$
② PBzN(Peroxy Benzonyl Nitrate) : $C_6H_5COOONO_2$
③ PPN(Peroxy Propionyl Nitrate) : $C_2H_5COOONO_2$

answer 12 ㉱ 13 ㉱ 14 ㉯ 15 ㉱ 16 ㉮

17 단열압축에 의하여 가열되어 하층의 온도가 낮은 공기와의 경계에 역전층을 형성하고 매우 안정하며 대기오염물질의 연직확산을 억제하는 역전현상은 무엇인가?

㉮ 전선역전 ㉯ 이류역전
㉰ 복사역전 ㉱ 침강역전

풀이 ㉱ 침강역전에 대한 설명이다.

TIP
단열압축이란 공기덩어리가 외부와 열교환이 없이 부피가 줄어들고 기온이 상승하는 현상을 의미한다.

18 다음 수용모델과 분산모델에 관한 설명으로 틀린 것은?

㉮ 분산모델은 지형 및 오염원의 조업조건에 영향을 받으며 미래의 대기질 예측을 할 수 있다.
㉯ 수용모델은 수용체에서 오염물질의 특성을 분석한 후 오염원의 기여도를 평가하는 것이다.
㉰ 분산모델은 특정오염원의 영향을 평가할 수 있는 잠재력을 가지고 있으며, 기상과 관련하여 대기 중의 특성을 적절하게 묘사할 수 있어 정확한 결과를 도출할 수 있다.
㉱ 분산모델은 특정한 오염원의 배출속도와 바람에 의한 분산요인을 입력자료로 하여 수용체 위치에서의 영향을 계산한다.

풀이 ㉰ 분산모델은 특정오염원의 영향을 평가할 수 있는 잠재력을 가지고 있으며, 기상과 관련하여 대기 중의 특성을 적절하게 묘사할 수 없기 때문에 정확한 결과를 도출할 수 없다.

TIP
수용모델과 분산모델의 특징은 출제빈도가 높으므로 잘 비교하여 숙지하시기 바랍니다.

19 A공장의 현재 유효연돌고가 44m이다. 이때의 농도에 비해 유효연돌고를 높여 최대 지표농도를 1/2로 감소시키고자 한다. 다른 조건이 모두 같다고 가정할 때 sutton식에 의한 유효연돌고는 얼마인가?

㉮ 약 62m ㉯ 약 66m
㉰ 약 71 m ㉱ 약 75m

풀이 $C_{max} = \dfrac{2Q}{\pi \cdot e \cdot u \cdot He^2}\left(\dfrac{C_z}{C_y}\right)$ 에서

$C_{max} = \dfrac{1}{He^2}$ 이므로

$1C_1 : \dfrac{1}{(44m)^2} = \dfrac{1}{2}C_1 : \dfrac{1}{He^2}$

∴ $He = \sqrt{(44m)^2 \times 2} = 62.23m$

20 다음 특정물질 중 오존 파괴지수가 가장 큰 것은?

㉮ HCFC-124 ㉯ HCFC-123
㉰ CFC-115 ㉱ CCl_4

풀이 ㉱ CCl_4의 오존 파괴지수는 1.1이다.

TIP
오존층 파괴지수(ODP)
㉮ HCFC-124 : 0.022
㉯ HCFC-123 : 0.02
㉰ CFC-115 : 0.6
㉱ CCl_4 : 1.1

answer   17 ㉱   18 ㉰   19 ㉮   20 ㉱

| 제2과목 | 대기오염공정시험기준

21 다음은 원자흡수분광광도법에서 검량선 작성과 정량법에 관한 설명이다. (   ) 안에 가장 적합한 것은?

> (   )은 목적원소에 의한 흡광도 A_S와 표준원소에 의한 흡광도 A_R의 비를 구하고 A_S/A_R 값과 표준물질 농도와의 관계를 그래프에 작성하여 검량선을 만드는 방법이다. 이 방법은 측정치가 흩어져 상쇄하기 쉬우므로 분석값의 재현성이 높아지고 정밀도가 향상된다.

㉮ 상대검정곡선법
㉯ 외부표준물질법
㉰ 표준물첨가법
㉱ 절대검정곡선법

풀이 ㉮ 상대검정곡선법에 대한 설명이다.

22 환경대기 내의 옥시던트(오존으로서) 측정방법 중 중성아이오딘화포타슘법(수동)에 관한 설명으로 틀린 것은?

㉮ 시료를 채취한 후 1시간 이내에 분석할 수 있을 때 사용할 수 있으며 1시간 이내에 측정할 수 없을 때는 알칼리성 아이오딘화포타슘법을 사용하여야 한다.
㉯ 대기 중에 존재하는 오존과 다른 옥시던트가 pH 6.8의 아이오딘화포타슘용액에 흡수되면 옥시던트 농도에 해당하는 아이오드가 유리되며 이 유리된 아이오드를 파장 217nm에서 흡광도를 측정하여 정량한다.
㉰ 산화성 가스로는 아황산가스 및 황화수소가 있으며 이들은 부(-)의 영향을 미친다.
㉱ PAN은 오존의 당량, 몰, 농도의 약 50%의 영향을 미친다.

풀이 ㉯ 대기중에 존재하는 오존과 다른 옥시던트가 pH 6.8의 아이오딘화포타슘 용액에 흡수되면 옥시던트 농도에 해당하는 아이오드가 유리되며 이 유리된 아이오드를 파장 352nm에서 흡광도를 측정하여 정량한다.

23 다음 각 장치 중 이온크로마토그래피의 주요 장치 구성과 거리가 먼 것은?

㉮ 용리액조   ㉯ 송액펌프
㉰ 써프렛서   ㉱ 회전섹터

풀이 이온크로마토그래피의 장치 구성 순서는 용리액조-송액펌프-시료주입장치-분리관-써프렛서-검출기-기록계이다.

TIP
(암기법) 이온용은 펌 시료분을 써 검출 기록하네

24 화학분석 일반사항에 관한 설명으로 틀린 것은?

㉮ 표준품을 채취할 때 표준액이 정수로 기재되어 있어도 실험자가 환산하여 기재수치에 "약"자를 붙여 사용할 수 있다.
㉯ "방울수"라 함은 20 ℃에서 정제수 20방울을 떨어뜨릴 때 그 부피가 약 1mL 되는 것을 뜻한다.
㉰ 실온은 (1~35)℃로 하고, 찬 곳은 따로 규정이 없는 한 (0~15)℃의 곳을 뜻한다.

answer 21 ㉮ 22 ㉯ 23 ㉱ 24 ㉱

㉣ "밀봉용기"라 함은 물질을 취급 또는 보관하는 동안에 외부로부터의 공기 또는 다른 가스가 침입하지 않도록 내용물을 보호하는 용기를 뜻한다.

풀이 ㉣ "밀봉용기"라 함은 물질을 취급 또는 보관하는 동안에 기체 또는 미생물이 침입 하지 않도록 내용물을 보호하는 용기를 뜻한다.

TIP
용기
① 밀폐용기 : 이물질 ② 기밀용기 : 공기
③ 밀봉용기 : 미생물 ④ 차광용기 : 광선

25 자외선/가시선 분광법에 이용되는 램비어트비어(Lambert-Beer)의 법칙을 옳게 나타낸 식은? (단, I_o : 입사광 강도, I_t : 투사광 강도, c : 농도, l : 빛의 투사거리, ϵ : 흡광계수)

㉮ $I_o = I_t \cdot 10^{-\epsilon cl}$

㉯ $I_o = I_t \cdot 100^{-\epsilon cl}$

㉰ $I_t = I_o \cdot 10^{-\epsilon cl}$

㉱ $I_t = I_{to} \cdot 100^{-\epsilon cl}$

풀이 램비어트비어 법칙
① $I_t = I_o \cdot 10^{-\epsilon cl}$
② $I_o = I_t \cdot 10^{\epsilon cl}$

26 현행 대기오염공정시험기준에서 환경대기 중 탄화수소 측정방법(불꽃이온화검출기법)으로 규정되지 않은 것은?

㉮ 총탄화수소 측정법
㉯ 램프식 탄화수소 측정법
㉰ 비메탄 탄화수소 측정법
㉱ 활성 탄화수소 측정법

풀이 환경대기 중 탄화수소 측정방법(불꽃이온화검출기법)은 총탄화수소 측정법, 비메탄탄화수소 측정법, 활성 탄화수소 측정법이 있다.

TIP
불꽃이온화검출기 = 수소염이온화검출기

27 환경대기 중의 먼지 측정에 사용되는 저용량 공기 시료채취기 장치 중 흡입펌프가 갖추어야 하는 조건으로 틀린 것은?

㉮ 연속해서 30일 이상 사용할 수 있어야 한다.
㉯ 진공도가 높아야 한다.
㉰ 맥동이 순차적으로 발생되어야 한다.
㉱ 유량이 크고 운반이 용이하여야 한다.

풀이 ㉰ 맥동이 없이 고르게 작동하여야 한다.

28 굴뚝을 통하여 대기 중으로 배출되는 가스상 물질의 시료 채취방법 중 채취부에 관한기준으로 옳은 것은?

㉮ 수은 마노미터는 대기와 압력차가 50 mmHg 이상인 것을 쓴다.
㉯ 펌프보호를 위해 실리콘 재질의 가스 건조탑을 쓰며, 건조제는 주로 활성알루미나를 쓴다.
㉰ 펌프는 배기능력 10L∼20L/분인 개방형인 것을 쓴다.
㉱ 가스미터는 일회전 1L의 습식 또는 건식 가스미터로 온도계와 압력계가 붙어 있는 것을 쓴다.

answer 25 ㉰ 26 ㉯ 27 ㉰ 28 ㉱

풀이 ㉮ 수은 마노미터는 대기와 압력차가 100mmHg 이상인 것을 쓴다.
㉯ 펌프보호를 위해 유리 재질의 가스건조탑을 쓰며, 건조제는 주로 입자상태의 실리카겔, 염화칼슘을 쓴다.
㉰ 펌프는 배기능력 0.5L~5L/분인 밀폐형인 것을 쓴다.

29 굴뚝 배출가스 중 먼지 측정을 위해 수동식측정법으로 측정하고자 할 때 사용되는 분석기기에 관한 설명으로 틀린 것은?

㉮ 흡입노즐은 안과 밖의 가스 흐름이 흐트러지지 않도록 흡입노즐 안지름(d)은 1mm 이상으로 한다.
㉯ 흡입노즐의 꼭지점은 30° 이하의 예각이 되도록 하고 매끈한 반구 모양으로 한다.
㉰ 분석용 저울은 0.1mg까지 정확하게 측정할 수 있는 저울을 사용하여야 하며 측정표준 소급성이 유지된 표준기에 의해 교정되어야 한다.
㉱ 건조용기는 시료채취 여과지의 수분 평형을 유지하기 위한 용기로서 20 ± 5.6℃ 대기압력에서 적어도 24시간을 건조시킬 수 있어야 한다.

풀이 ㉮ 흡입노즐은 안과 밖의 가스 흐름이 흐트러지지 않도록 흡입노즐 안지름(d)은 3mm 이상으로 한다.

30 화학분석 일반사항에 관한 설명으로 틀린 것은?

㉮ 10억분율은 pphm로 표시하고 따로 표시가 없는 한 기체일 때는 용량 대 용량(부피분율), 액체 일 때는 중량 대 중량(질량분율)을 표시한 것을 뜻한다.
㉯ 냉수(冷水)는 15℃ 이하, 온수(溫水)는 (60~70)℃를 말한다.
㉰ 각조의 시험은 따로 규정이 없는 한 상온에서 조작하고 조작 직후 그 결과를 관찰한다.
㉱ 황산(1 : 2)이라고 표시한 것은 황산 1 용량에 물 2용량을 혼합한 것이다.

풀이 ㉮ 1억분율은 pphm로 표시하고 따로 표시가 없는 한 기체일 때는 용량 대 용량(부피분율), 액체일 때는 중량 대 중량(질량분율)을 표시한 것을 뜻한다.

31 굴뚝 배출가스 중 황산화물 측정시 사용하는 아르세나조 III법에서 사용되는 시약이 아닌 것은?

㉮ 과산화수소수
㉯ 아이소프로필알코올
㉰ 아세트산바륨
㉱ 수산화소듐

풀이 ㉱ 아르세나죠III 지시약

TIP
아르세나죠 III법 = 침전적정법

answer 29 ㉮ 30 ㉮ 31 ㉱

32 배출가스 중 비소화합물의 분석방법인 수소화물생성 원자흡수분광도에 대한 내용으로 틀린 것은?

㉮ 시료용액 중의 비소를 수소화비소로 하여 아르곤-수소 불꽃 중에 도입한다.
㉯ 비소에 의한 원자흡수를 파장 228.8nm 에서 측정한다.
㉰ 정량범위는 0.003ppm 이상(시료용액 250mL, 건조시료가스량 1 Sm³인 경우)이다.
㉱ 비소화합물 중 일부는 휘발성이 있어 채취 시료를 전처리하는 동안 비소의 손실 가능성이 있으므로 주의하여야 한다.

풀이 ㉯ 비소에 의한 원자흡수를 파장 193.7nm에서 측정한다.

33 굴뚝 배출가스 중 황화수소를 자외선/가시선분광법(메틸런블루법)으로 분석 시 흡수액으로 알맞은 것은?

㉮ 붕산용액
㉯ 아연아민착염용액
㉰ 수산화소듐용액
㉱ 다이에틸아민구리용액

풀이 황화수소를 자외선/가시선분광법(메틸런블루법)으로 분석 시 흡수액은 아연아민착염용액이다.

34 이온크로마토그래피의 설치조건으로 틀린 것은?

㉮ 대형변압기, 고주파가열등으로부터 전자유도를 받지 않아야 한다.
㉯ 부식성 가스 및 먼지발생이 적고, 환기가 잘 되어야 한다.
㉰ 실험실 온도 15℃~25℃, 상대습도 30%~85% 범위로 급격한 온도변화가 없어야 한다.
㉱ 공급전원은 기기의 사양에 지정된 전압 전기용량 및 주파수로 전압변동은 15% 이하여야 한다.

풀이 ㉱ 공급전원은 기기의 사양에 지정된 전압 전기용량 및 주파수로 전압변동은 10% 이하여야 한다.

35 A농황산의 비중은 약 1.84이며, 농도는 약 95%이다. 이것을 몰 농도로 환산하면?

㉮ 35.6mol/L
㉯ 22.4mol/L
㉰ 17.8mol/L
㉱ 11.2mol/L

풀이

$$M\text{농도} = \frac{\text{비중}(g)}{(mL)} \times \frac{10^3 mL}{1L} \times \frac{1mol}{\text{분자량}(g)} \times \frac{\%}{100}$$

$$= \frac{1.84g}{mL} \times \frac{10^3 mL}{1L} \times \frac{1mol}{98g} \times \frac{95\%}{100}$$

$$= 17.84 mol/L$$

TIP
① M농도의 단위는 mol/L이다.
② 1mol = 분자량(g)
③ 황산(H_2SO_4)의 분자량 = 1×2+32+16×4 = 98

answer 32 ㉯ 33 ㉯ 34 ㉱ 35 ㉰

36 비분산형 적외선 분석기의 측정기기 성능 유지기준으로 틀린 것은?

㉮ 재현성 : 동일 측정조건에서 제로가스와 스팬가스를 번갈아 10회 도입하여 각각의 측정값의 평균으로부터 편차를 구하며 이 편차는 전체 눈금의 ±1% 이내이어야 한다.

㉯ 감도 : 최대눈금범위의 ±1% 이하에 해당하는 농도변화를 검출할 수 있는 것이어야 한다.

㉰ 유량변화에 대한 안정성 : 측정가스의 유량이 표시한 기준유량에 대하여 ±2% 이내에서 변동하여도 성능에 지장이 있어서는 안된다.

㉱ 전압 변동에 대한 안정성 : 전원전압이 설정 전압의 ±10% 이내로 변화하였을 때 지시값 변화는 전체 눈금의 ±1% 이내이어야 하고, 주파수가 설정 주파수의 ±2%에서 변동해도 성능에 지장이 있어서는 안된다.

풀이 ㉮ 재현성 : 동일 측정조건에서 제로가스와 스팬가스를 번갈아 3회 도입하여 각각의 측정값의 평균으로부터 편차를 구하며 이 편차는 전체 눈금의 ±2% 이내이어야 한다.

37 굴뚝으로 배출되는 온도 150℃, 상압의 배출가스를 피토우관으로 측정한 결과 동압이 12mmH₂O였다. 가스 유속(m/sec)은 약 얼마인가? (단, 피토우관계수 = 1, 공기밀도 1.3kg/Sm³)

㉮ 9m/sec   ㉯ 11m/sec
㉰ 13m/sec   ㉱ 17m/sec

풀이
$$V = C \times \sqrt{\frac{2gh}{r}}$$

여기서
- V : 유속(m/sec)
- C : 피토우관 계수
- g : 중력가속도(9.8m/sec²)
- h : 동압(mmH₂O)
- r : 밀도(kg/m³)

따라서 $V = 0.1 \times \sqrt{\dfrac{2 \times 9.8\text{m/sec}^2 \times 12\text{mmH}_2\text{O}}{1.3\text{kg/Sm}^3 \times \dfrac{273}{273+150℃}}}$

= 16.73m/sec

TIP
① 밀도가 표준상태이고, 온도가 주어지면 보정해야 합니다.
② $r(kg/m^3) = r_o(kg/Sm^3) \times \dfrac{273}{273 + t℃}$

38 굴뚝직경 1.7m인 원형단면 굴뚝에서 배출가스 중 먼지(반자동식 측정)를 측정하기 위한 측정점수로 적절한 것은?

㉮ 4   ㉯ 8
㉰ 12   ㉱ 16

풀이 직경이 1.7m이면 반경구분수 2, 측정점수 8이다.

TIP

굴뚝직경(m)	반경구분수	측정점수
1 이하	1	4
1 초과 2 이하	2	8
2 초과 4 이하	3	12
4 초과 4.5 이하	4	16
4.5 초과	5	20

answer 36 ㉮ 37 ㉱ 38 ㉯

39 A사업장의 굴뚝에서 실측한 SO_2 농도가 600ppm이었다. 이 때 표준산소 농도는 6%, 실측산소농도는 8% 이었다면 오염물질의 농도는 얼마인가?

㉮ 962.3ppm ㉯ 692.3ppm
㉰ 520ppm   ㉱ 425ppm

[풀이] 오염물질의 농도보정

$$C = C_a \times \frac{21-O_s}{21-O_a}$$

$$= 600ppm \times \frac{21-6\%}{21-8\%}$$

$$= 692.31ppm$$

[TIP] 오염물질의 유량보정식

$$Q = Q_a \div \frac{21-O_s}{21-O_a}$$

40 원자흡수분광광도법에서 사용되는 용어에 관한 설명으로 옳지 않은 것은?

㉮ 슬롯버너(Slot Burner, Fish Tail Burner) : 가스의 분출구가 세극상으로 된 버너
㉯ 선프로파일(Line Profile) : 불꽃중에서의 광로를 길게 하고 흡수를 증대시키기 위하여 반사를 이용하여 불꽃중에 빛을 여러번 투과시키는 것
㉰ 공명선(Resonance Line) : 원자가 외부로부터 빛을 흡수했다가 다시 먼저 상태로 돌아갈 때 방사하는 스펙트럼선
㉱ 역화(Flame Back) : 불꽃의 연소속도가 크고 혼합기체의 분출속도가 작을 때 연소현상이 내부로 옮겨지는 것

[풀이] ㉯ 선프로파일(Line Profile) : 파장에 대한 스펙트럼선의 강도를 나타내는 곡선

| 제3과목 | 대기오염방지기술

41 프로판(C_3H_8)과 부탄(C_4H_{10})이 용적비로 4 : 1로 혼합된 가스 $1Sm^3$를 연소할 때 발생하는 CO_2량(Sm^3)은 얼마인가? (단, 완전연소 기준)

㉮ 2.6 ㉯ 2.8
㉰ 3.0 ㉱ 3.2

[풀이]
$C_3H_8 + 5O_2 \rightarrow 3CO_2 + 4H_2O : \frac{4}{5}$

$C_4H_{10} + 6.5O_2 \rightarrow 4CO_2 + 5H_2O : \frac{1}{5}$

따라서 CO_2량 $= 3 \times \frac{4}{5} + 4 \times \frac{1}{5} = 3.2 Sm^3/Sm^3$

[TIP]
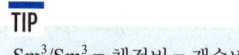
Sm^3/Sm^3 = 체적비 = 갯수비

42 승용차 1대당 1일 평균 50km를 운행하며 1km 운행에 26g의 CO를 방출한다고 하면 승용차 1대가 1일 배출하는 CO의 부피는 얼마인가? (단, 표준상태 기준)

㉮ 1,625L/day ㉯ 1,300L/day
㉰ 1,180L/day ㉱ 1,040L/day

[풀이] CO의 부피(L/1대·1일)

$= \frac{26 \times 10^3 mg}{1km} \times \frac{50km}{1대 \cdot 1일} \times \frac{22.4mL}{28mg} \times \frac{1L}{10^3 mL}$

$= 1,040 L/1대 \cdot 1일$

[TIP]
① CO 1mol $\begin{cases} 28mg \\ 22.4mL \end{cases}$

② g/km $\xrightarrow{\times 10^3}$ mg/km

③ CO의 분자량 = 12+16 = 28

answer 39 ㉯ 40 ㉯ 41 ㉱ 42 ㉱

43. 흡수제의 구비조건과 관련된 설명으로 틀린 것은?

㉮ 흡수제의 손실을 줄이기 위하여 휘발성이 커야 한다.
㉯ 흡수제가 화학적으로 유해가스 성분과 비슷할 때 일반적으로 용해도가 크다.
㉰ 흡수율을 높이고 범람을 줄이기 위해서는 흡수제의 점도가 낮아야 한다.
㉱ 빙점은 낮고, 비점은 높아야 한다.

풀이 ㉮ 흡수제의 손실을 줄이기 위하여 휘발성이 작아야 한다.

TIP 흡수액의 구비조건 중 가장 핵심 내용이 높은 용해도와 낮은 휘발성임을 숙지하시기 바랍니다.

44. 일산화탄소 $1Sm^3$를 연소시킬 경우 배출된 건연소가스량 중 $(CO_2)max(\%)$는 얼마인가? (단, 완전연소 기준)

㉮ 약 28% ㉯ 약 35%
㉰ 약 52% ㉱ 약 57%

풀이 $CO + 0.5O_2 \rightarrow CO_2$

$CO_{2max} = \dfrac{CO_2량}{God} \times 100(\%)$

① 이론건연소가스량(God)
  $= (1-0.21)A_o + CO_2량(Sm^3/Sm^3)$
  $= (1-0.21) \times \dfrac{0.5}{0.21} + 1$
  $= 2.881 Sm^3/Sm^3$

② $CO_2량 = 1Sm^3/Sm^3$

③ $CO_{2max} = \dfrac{1Sm^3/Sm^3}{2.881Sm^3/Sm^3} \times 100$
  $= 34.71\%$

TIP ① Sm^3/Sm^3 = 체적비 = 갯수비

② 이론산소량(Sm^3/Sm^3)은 연소반응식에서 산소(O_2)의 갯수이다.

③ 이론공기량$(Sm^3/Sm^3) = \dfrac{이론산소량(Sm^3/Sm^3)}{0.21}$

45. 원심력 집진장치에 관한 설명으로 틀린 것은?

㉮ 처리 가능 입자는 $3 \sim 100\mu m$이며, 저효율 집진장치 중 집진율이 우수한 편이다.
㉯ 구조가 간단하고 보수관리가 용이한 편이다.
㉰ 고농도의 함진가스 처리에 적당하다.
㉱ 점(흡)착성이 있거나 딱딱한 입자가 함유된 배출가스 처리에 적합하다.

풀이 ㉱ 점(흡)착성이 있거나 딱딱한 입자가 함유된 배출가스 처리에 부적합하다.

TIP 점(흡)착성이 있는 입자는 습식(세정)집진장치를 이용하여 처리하는 것이 경제적이다.

46. 가스겉보기 속도가 $1 \sim 2m/sec$, 액가스비는 $0.5 \sim 1.5L/m^3$, 압력손실이 $10 \sim 50mmH_2O$ 정도인 처리장치는 어느 것인가?

㉮ 제트스크러버   ㉯ 분무탑
㉰ 벤츄리스크러버 ㉱ 충전탑

풀이 ㉯ 분무탑에 대한 설명이다.

TIP 세정집진장치에서는 각 장치의 가스겉보기 속도, 액가스비, 압력손실을 숙지하는 것이 정답을 쉽게 찾는 방법입니다.

---

answer 43 ㉮ 44 ㉯ 45 ㉱ 46 ㉯ 47 ㉰

47 전기집진장치의 장점으로 틀린 것은?

㉮ 집진 효율이 높다.
㉯ 압력손실이 낮은 편이다.
㉰ 전압변동과 같은 조건변동에 적용하기 쉽다.
㉱ 고온(약 500℃ 정도) 가스 처리가 가능하다.

풀이 ㉰ 전압변동과 같은 조건변동에 적용하기 어렵다.

TIP
전기집진장치에서 전압변동과 같은 조건변동에 적용하기 어려운 이유는 효율이 가장 우수할 때의 먼지의 전기저항이 $10^4 \sim 10^{11} \Omega \cdot cm$로 정해져 있기 때문입니다.

48 에탄(C_2H_6) 5kg을 연소시켰더니 154,000 kcal의 열이 발생하였다. 탄소 1kg을 연소할 때 30,000kcal 열이 생긴다면, 수소 1kg을 연소시킬 때 발생하는 열량은 얼마인가?

㉮ 28,000kcal   ㉯ 30,000kcal
㉰ 32,000kcal   ㉱ 34,000kcal

풀이 $154,000 kcal = \left\{ \dfrac{24}{30} \times 30,000 kcal + \dfrac{6}{30} \times Xkcal \right\} \times 5kg$

∴ X = 34,000kcal

TIP
① C_2H_6 1mol $\begin{cases} 30mg \\ 22.4mL \end{cases}$
② C_2H_6의 분자량 = 12×2+1×6 = 30
③ C_2H_6 1kg 중 탄소(C)는 $\dfrac{24}{30}$
④ C_2H_6 1kg 중 수소(H)는 $\dfrac{6}{30}$

49 중량비가 C = 75%, H = 17%, O = 8%인 연료 2kg을 완전연소 시키는데 필요한 이론공기량(Sm^3)은 얼마인가? (단, 표준상태 기준)

㉮ 약 9.7   ㉯ 약 12.5
㉰ 약 21.9   ㉱ 약 24.7

풀이 이론공기량(A_o)
$= 8.89C + 26.67 \left(H - \dfrac{O}{8} \right) + 3.33S (Sm^3/kg)$

따라서
$8.89 \times 0.75 + 26.67 \times \left(0.17 - \dfrac{0.08}{8} \right)(Sm^3/kg) \times 2kg$
$= 21.87 Sm^3$

TIP
① 이론공기량(A_o) 구하는 공식은 반드시 암기를 하고 계셔야 합니다.
② 이론공기량(A_o) 공식은 고체와 액체연료일 때와 기체연료일 때 서로 다르므로 주의해야 합니다.

50 직경 21.2cm 원형관으로 $34m^3$/min의 공기를 이동시킬 때 관내유속은 얼마인가?

㉮ 약 1,248m/min   ㉯ 약 963m/min
㉰ 약 524m/min   ㉱ 약 482m/min

풀이 $V(m/min) = \dfrac{Q(mm^3/min)}{A(m^2)} = \dfrac{Q(m^3/min)}{\dfrac{\pi D^2}{4}(m^2)}$

$= \dfrac{34 m^3/min}{\dfrac{\pi}{4} \times (0.212m)^2}$

$= 963.20 m/min$

answer 48 ㉱ 49 ㉰ 50 ㉯

51 염소가스 제거효율이 80%인 흡수탑 3개를 직렬로 연결했을 때, 유입공기 중 염소가스농도가 75,000ppm이라면 유출공기 중 염소가스 농도는 얼마인가?

㉮ 500ppm ㉯ 600ppm
㉰ 1,000ppm ㉱ 1,200ppm

풀이
$\eta_T = 1-(1-\eta_1)\times(1-\eta_2)\times(1-\eta_3)$

$\left(1-\dfrac{C_o}{C_i}\right) = 1-(1-\eta_1)\times(1-\eta_2)\times(1-\eta_3)$

$\left(1-\dfrac{C_o}{C_i}\right) = 1-(1-\eta)^3$

$\dfrac{C_o}{C_i} = (1-\eta)^3$

따라서 $C_o = C_i \times (1-\eta)^3$
$= 75,000\text{ppm} \times (1-0.80)^3$
$= 600\text{ppm}$

52 점도에 관한 설명으로 틀린 것은?

㉮ 유체이동에 따라 발생하는 일종의 저항이다.
㉯ 단위는 P(poise) 또는 cP를 사용하며, 20℃ 물의 점도는 약 1cP이다.
㉰ 순물질의 기체나 액체에서 점도는 온도와 압력의 함수이다.
㉱ 물질 특유의 성질에 해당한다.

풀이 ㉯ 단위는 P(poise) 또는 cP를 사용하며, 4℃ 물의 점도는 약 1cP이다.

53 A중유 보일러의 배출가스를 분석한 결과, 부피비로 CO 3%, O_2 7%, N_2 90%일 때, 공기비는 얼마인가?

㉮ 1.3 ㉯ 1.65
㉰ 1.82 ㉱ 2.19

풀이
공기비$(m) = \dfrac{N_2\%}{N_2\% - 3.76\times(O_2\% - 0.5\times CO\%)}$

$= \dfrac{90\%}{90\% - 3.76\times(7\% - 0.5\times 3\%)}$

$= 1.30$

54 황 함유량이 5%이고, 비중이 0.95인 중유를 300L/hr로 태울 경우 SO_2의 이론 발생량(Sm^3/hr)은 약 얼마인가? (단, 표준상태 기준)

㉮ 8 ㉯ 10
㉰ 12 ㉱ 15

풀이
$S + O_2 \rightarrow SO_2$
32kg : 22.4Sm^3
300L/hr×0.95kg/L×0.05 : X

$\therefore X = \dfrac{300\text{L/hr} \times 0.95\text{kg/L} \times 0.05 \times 22.4Sm^3}{32\text{kg}}$

$= 9.98 Sm^3/hr$

TIP
① 질량(kg) = 계수×분자량(kg)
② 체적(Sm^3) = 계수×22.4(Sm^3)
③ 비중의 단위 : $g/cm^3 = g/mL = kg/L = ton/m^3$
④ L/hr×비중(kg/L) = kg/hr

55 헨리법칙이 적용되는 가스가 물속에 2.0kg-mol/m^3로 용해되어 있고 이 가스의 분압은 19mmHg이다. 이 유해가스의 분압이 48mmHg가 되었다면 이때 물속의 가스농도(kg-mol/m^3)는 얼마인가?

㉮ 1.9 ㉯ 2.8
㉰ 3.6 ㉱ 5.1

풀이 $P = H \times C$에서 $P \propto C$ 관계이므로
2.0kg-mol/m^3 : 19mmHg = C : 48mmHg

answer 51 ㉯ 52 ㉯ 53 ㉮ 54 ㉯ 55 ㉱

$$\therefore C = \frac{2.0\text{kg-mol/m}^3 \times 48\text{mmHg}}{19\text{mmHg}}$$
$$= 5.05\text{kg-mol/m}^3$$

56 공기 중의 산소를 필요로 하지 않고 분자 내의 산소에 의해서 내부연소하는 물질은 어느 것인가?

㉮ LNG
㉯ 알콜
㉰ 코크스
㉱ 나이트로글리세린

풀이 내부연소에 해당하는 물질은 ㉱ 나이트로글리세린이다.

57 연료에 대한 설명으로 틀린 것은?

㉮ 액체연료는 대체로 저장과 운반이 용이한 편이다.
㉯ 기체연료는 연소효율이 높고 검댕이 거의 발생하지 않는다.
㉰ 고체연료는 연소 시 다량의 과잉 공기를 필요로 한다.
㉱ 액체연료는 황분이 거의 없는 청정연료이며, 가격이 싼 편이다.

풀이 ㉱ 액체연료는 황분이 많이 포함되어 있고, 가격이 비싼 편이다.

TIP
① 황분이 거의 없고, 검댕이 발생하지 않으며, 연소 효율이 높은 연료는 기체연료이다.
② 검댕은 연료의 불완전 연소 시 발생한다.

58 연소가스를 함유하는 배출가스를 45kg의 수산화나트륨이 포함된 수용액으로 처리할 때 제거할 수 있는 염소가스의 최대 양은 얼마인가?

㉮ 약 20kg
㉯ 약 30kg
㉰ 약 40kg
㉱ 약 50kg

풀이 $Cl_2 + 2NaOH \rightarrow NaCl + NaOCl + H_2O$
71kg : 2×40kg
X : 45kg
∴ X = 39.94kg

TIP
① Cl_2의 분자량 = 35.5×2 = 71
② NaOH의 분자량 = 23+16+1 = 40

59 연소에 있어서 등가비(∅)와 공기비(m)에 관한 설명으로 틀린 것은?

㉮ 공기비가 너무 큰 경우에는 연소실 내의 온도가 저하되고, 배가스에 의한 열손실이 증가한다.
㉯ 등가비(∅) < 1 인 경우, 연료가 과잉인 경우로 불완전연소가 된다.
㉰ 공기비가 너무 적을 경우 불완전연소로 연소효율이 저하된다.
㉱ 가스버너에 비해 수평수동화격자의 공기비가 큰 편이다.

풀이 ㉯ 등가비(∅) < 1 인 경우, 공기가 과잉, 완전연소가 기대되며 CO가 최소가 된다.

answer 56 ㉱ 57 ㉱ 58 ㉰ 59 ㉯

60 유해가스 처리를 위한 장치 중 흡수장치와 거리가 먼 것은?

㉮ 충전탑 ㉯ 흡착탑
㉰ 다공판탑 ㉱ 벤츄리스크러버

풀이 ㉯ 흡착탑은 흡착장치이다.

TIP
① 흡수장치는 흡수제를 이용하는 세정 장치로 습식 장치이다.
② 흡착장치는 흡착제를 이용하는 건식 장치이다.

answer 60 ㉯

2019 1회 기출문제

| 제1과목 | 대기오염개론

01 대표적인 증상으로 인체 혈액 헤모글로빈의 기본요소인 포르피린 고리의 형성을 방해함으로써 헤모글로빈의 형성을 억제하므로, 중독에 걸렸을 경우 만성 빈혈이 발생할 수 있는 대기오염물질은?

㉮ 납   ㉯ 아연
㉰ 안티몬   ㉱ 비소

풀이 ㉮ 납(Pb)에 대한 설명이다.

TIP
이 문제의 핵심포인트는 "헤모글로빈 형성 억제 물질은 납"임을 숙지하셔야 합니다.

02 아래 그림에서 D 상태에 해당되는 연기의 형태는? (단, 점선은 건조단열감율선)

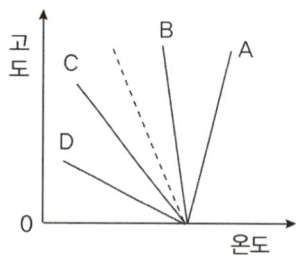

㉮ fumigation   ㉯ lofting
㉰ fanning   ㉱ looping

풀이 ① D 그래프는 ㉱ looping(파상)형
② A 그래프는 ㉰ fanning(부채)형

TIP
① D 그래프로 갈수록 대기가 불안정하여 확산이 잘 일어난다.
② A 그래프로 갈수록 대기가 안정하여 확산이 잘 일어나지 않는다.

03 다음 설명하는 대기오염물질로 옳은 것은?

> 석유정제, 포르말린 제조 등에서 발생되며, 휘발성이 높은 물질로서 인체에는 급성 중독 시 마취증상이 강하고, 두통, 운동 실조 등을 일으킬 수 있다.
> 원유에서 콜타르를 분류하고 경유의 부분을 재증류하여 얻어지며, 석유의 접촉분해와 접촉개질에 의해서도 얻어진다.

㉮ 벤젠   ㉯ 이황화탄소
㉰ 불소   ㉱ 카드뮴

풀이 ㉮ 벤젠(C_6H_6)에 대한 설명이다.

TIP
이 문제의 핵심포인트는 "마취 = 벤젠"임을 숙지하시면 됩니다.

answer 01 ㉮   02 ㉱   03 ㉮

04 원형굴뚝의 반경이 1.5m, 배출속도가 7m/s, 평균풍속은 3.5m/s 일 때, 다음식을 이용하여 △h(유효상승고)를 계산하면?

$$\triangle H = 1.5 \times \left(\frac{V_s}{u}\right) \times D$$

㉮ 18m ㉯ 9m
㉰ 6m   ㉱ 4.5m

풀이
$\triangle H = 1.5 \times \dfrac{V_s}{U} \times D$

여기서 △H : 연기의 상승고(m)
V_s : 배출가스속도(m/sec)
U : 풍속(m/sec)
D : 내경(m)

따라서 $\triangle H = 1.5 \times \left(\dfrac{7m/s}{3.5m/s}\right) \times 3m = 9m$

TIP
직경(D) = 반경×2 = 1.5m×2 = 3m

05 다음 대기오염의 역사적 사건에 대한 주 오염물질의 연결로 옳은 것은?

㉮ 보팔시 사건 : SO_2, H_2SO_4-mist
㉯ 포자리카 사건 : H_2S
㉰ 체르노빌 사건 : PCB_s
㉱ 뮤즈계곡 사건 : methylisocynate

풀이 ㉮ 보팔시 사건 : methylisocynate(CH_3CNO)
㉰ 체르노빌 사건 : 방사능물질
㉱ 뮤즈계곡 사건 : SO_2, H_2SO_4-mist

06 오존층 보호를 위한 국제 협약으로만 연결된 것은?

㉮ 헬싱키 의정서 - 소피아 의정서 - 람사르 협약
㉯ 소피아 의정서 - 비엔나 협약 - 바젤협약
㉰ 런던 회의 - 비엔나협약 - 바젤협약
㉱ 비엔나 협약 - 몬트리올 의정서 - 코펜하겐 회의

풀이 오존층 보호를 위한 국제협약
① 비엔나 협약
② 몬트리올 의정서
③ 코펜하겐 회의
④ 런던회의

TIP
① 헬싱키 의정서 : 산성비에 관한 협약(SO_X)
② 소피아 의정서 : 산성비에 관한 협약(NO_X)
③ 바젤협약 : 국가간 대기오염물질 이동 규제에 관한 협약

07 유해가스상 대기오염물질이 식물에 미치는 영향에 관한 설명으로 틀린 것은?

㉮ 고등식물에 대한 피해를 주는 대기오염물질 중에서 독성성분 순으로 나열하면 $Cl_2 > SO_2 > HF > O_3 > NO_2$ 순이다.
㉯ 아황산가스는 특히 소나무과, 콩과, 맥류 등이 피해를 많이 입는다.
㉰ 황화수소에 강한식물로는 복숭아, 딸기, 사과 등이다.
㉱ 일산화탄소는 식물에는 별로 심각한 영향을 주지 않으나 500ppm 정도에서 토마토 잎에 피해를 나타낸다.

풀이 ㉮ 고등식물에 대한 피해를 주는 대기오염물질 중에서 독성성분 순으로 나열하면 $HF > Cl_2 > SO_2 > NO_2$ 순이다.

answer 04 ㉯ 05 ㉯ 06 ㉱ 07 ㉮

08 다음 중 온실효과의 기여도가 가장 높은 것은?

㉮ N_2O ㉯ CFC 11&12
㉰ CO_2 ㉱ CH_4

풀이 온실효과의 기여도가 가장 높은 물질은 이산화탄소(CO_2)로 50%를 차지한다.

TIP

지구온난화 기여도
CO_2(50%) > CFC(18%) > CH_4(14%) > N_2O(6%)

09 어떤 굴뚝의 배출가스 중 SO_2 농도가 240ppm이었다. SO_2의 배출허용기준이 400mg/m³ 이하라면 기준 준수를 위하여 이 배출시설에서 줄여야 할 아황산가스의 최소농도는 약 몇 mg/m³인가?
(단, 표준상태 기준)

㉮ 286 ㉯ 325
㉰ 452 ㉱ 571

풀이
① 배출농도 = $\dfrac{240mL}{Sm^3} \times \dfrac{64mg}{22.4mL}$ = 685.71mg/Sm³
② 줄여야 할 농도 = 685.71mg/Sm³ − 400mg/m³
  = 285.71mg/m³

TIP

① ppm = mL/Sm³
② SO_2 1mol $\begin{cases} 64mg \\ 22.4mL \end{cases}$
③ 표준상태의 체적 : Sm³ = Nm³
④ SO_2의 분자량 = 32+16×2 = 64

10 Aerodynamic diameter의 정의로 가장 적합한 것은?

㉮ 본래의 먼지보다 침강속도가 작은 구형입자의 직경
㉯ 본래의 먼지와 침강속도가 동일하며, 밀도 1g/cm³ 인 구형입자의 직경
㉰ 본래의 먼지와 밀도 및 침강속도가 동일한 구형입자의 직경
㉱ 본래의 먼지보다 침강속도가 큰 구형입자의 직경

풀이 공기동역학적직경(Aerodynamic diameter)은 본래의 먼지와 침강속도가 동일하며, 밀도 1g/cm³ 인 구형입자의 직경이다.

TIP

㉰번은 스토크스직경에 대한 설명이다.

11 일산화탄소에 대한 설명으로 틀린 것은?

㉮ 연료의 불완전연소에 의해 발생한다.
㉯ 인체내 호흡기관을 통해 들어오며 곧바로 배출되며, 축적성이 없다.
㉰ 비흡연자보다 흡연자의 체내 일산화탄소 농도가 높다.
㉱ 헤모글로빈의 일산화탄소에 대한 친화력은 산소보다 더 크다.

풀이 ㉯ 인체내 호흡기관을 통해 들어오며 축적성으로 인해 곧바로 배출되지 않는다.

TIP

① 일산화탄소(CO)는 무색, 무취, 무미, 난용성물질이다.
② 일산화탄소(CO)는 강우속에서 쉽게 제거되지 않는다.

answer 08 ㉰ 09 ㉮ 10 ㉯ 11 ㉯

12 대기권의 오존층과 관련된 설명으로 틀린 것은?

㉮ 290nm 이하의 단파장인 UV-C는 대기 중의 산소와 오존분자 등의 가스 성분에 의해 대부분이 흡수되므로 지표면에 거의 도달하지 않는다.
㉯ 오존의 생성 및 분해반응에 의해 자연 상태의 성층권 영역에서는 일정한 수준의 오존량이 평형을 이루고, 다른 대기권 영역에 비해 오존 농도가 높은 오존층이 생긴다.
㉰ 오존농도의 고도분포는 지상 약 25km에서 평균적으로 약 10ppb의 최대농도를 나타낸다.
㉱ 지구전체의 평균 오존량은 약 300Dobson 전후이지만, 지리적 또는 계절적으로 평균치의 ±50% 정도까지도 변화한다.

풀이 ㉰ 오존농도의 고도분포는 지상 약 25km에서 평균적으로 약 10ppm의 최대농도를 나타낸다.

13 다음 특정물질 중 오존 파괴지수가 가장 큰 것은?

㉮ CF_3Br ㉯ CCl_4
㉰ CH_2BrCl ㉱ CH_2FBr

풀이 오존 파괴지수(ODP)
㉮ CF_3Br : 10.0
㉯ CCl_4 : 1.1
㉰ CH_2BrCl : 0.12
㉱ CH_2FBr : 0.73

14 라돈에 관한 설명으로 틀린 것은?

㉮ 지구상에서 발견된 자연방사능 물질 중의 하나이다.
㉯ 사람이 매우 흡입하기 쉬운 가스상 물질이다.
㉰ 반감기는 3.8일이며, 라듐의 핵분열 시 생성되는 물질이다.
㉱ 액화되면 푸른색을 띠며, 공기보다 1.2배 무거워 지표에 가깝게 존재하며, 화학적으로 반응을 나타낸다.

풀이 ㉱ 액화되어도 색을 띠지 않으며, 공기보다 9배 무거워 지표에 가깝게 존재하며, 화학적으로 안정한 물질이다.

15 대기 중에 존재하는 기체상의 질소산화물 중 대류권에서는 온실가스로 알려져 있고 일명 웃음기체라고도 하며, 성층권에서는 오존층 파괴물질로 알려져 있는 것은?

㉮ N_2O ㉯ NO_2
㉰ NO_3 ㉱ N_2O_5

풀이 아산화질소(N_2O)에 대한 설명이다.

TIP
N_2O = 이산화질소 = 일산화이질소

answer 12 ㉰ 13 ㉮ 14 ㉱ 15 ㉮

16 로스앤젤레스형 대기오염의 특성으로 틀린 것은?

㉮ 광화학적 산화물(photochemical oxidants)을 형성하였다.
㉯ 질소산화물과 올레핀계 탄화수소 등이 원인물질로 작용했다.
㉰ 자동차 연료인 석유계 연료 등이 주원인물질로 작용했다.
㉱ 초저녁에 주로 발생하였고, 복사역전층과 무풍상태가 계속되었다.

풀이 ㉱ 한낮에 주로 발생하였고, 침강역전층과 무풍상태가 계속되었다.

TIP
㉱번의 설명은 런던형 대기오염에 해당한다.

17 대기오염물질과 그 영향에 대한 설명 중 틀린 것은?

㉮ CO : 혈액내 Hb(헤모글로빈)과의 친화력이 산소의 약 21배에 달해 산소운반 능력을 저하시킨다.
㉯ NO : 무색의 기체로 혈액내 Hb과의 결합력이 CO보다 수백 배 더 강하다.
㉰ O_3 및 기타 광화학적 옥시던트 : DNA, RNA에도 작용하여 유전인자에 변화를 일으킨다.
㉱ HC : 올레핀계 탄화수소는 광화학적 스모그에 적극 반응하는 물질이다.

풀이 ㉮ CO : 혈액내 Hb(헤모글로빈)과의 친화력이 산소의 약 210배에 달해 산소운반 능력을 저하시킨다.

TIP
헤모글로빈(Hb)과의 결합력 순서
NHb > COHb > O_2Hb

18 다음은 어떤 대기오염물질에 대한 설명인가?

- 독특한 풀냄새가 나는 무색(시판용품은 담황녹색)의 기체(액화가스)로 끓는점은 약 8℃이다.
- 건조상태에서는 부식성이 없으나, 수분이 존재하면 가수분해되어 금속을 부식 시킨다.

㉮ $Pb(C_2H_5)_4$ ㉯ H_2S
㉰ HCN   ㉱ $COCl_2$

풀이 ㉱ 포스겐($COCl_2$)에 대한 설명이다.

TIP
이 문제의 핵심은 풀냄새, 무색, 끓는점 8℃이며 포스겐임을 숙지하셔야 합니다.

19 지상 20m에서의 풍속이 3.9m/s라면 60m에서의 풍속은? (단, Deacon법칙 적용, p = 0.4)

㉮ 약 4.7m/s   ㉯ 약 5.1m/s
㉰ 약 5.8m/s   ㉱ 약 6.1m/s

풀이
$$U_2 = U_1 \times \left(\frac{H_2}{H_1}\right)^p$$
$$= 3.9 \text{m/sec} \times \left(\frac{60\text{m}}{20\text{m}}\right)^{0.4} = 6.05 \text{m/sec}$$

answer 16 ㉱   17 ㉮   18 ㉱   19 ㉱

20 대류권에서 광화학 대기오염에 영향을 미치는 중요한 태양빛 흡수기체의 흡수성에 관한 설명으로 틀린 것은?

㉮ 오존은 200~320nm의 파장에서 강한 흡수가, 450~700nm에서는 약한 흡수가 있다.
㉯ 이산화황은 파장 340nm 이하와 470~550nm에 강한 흡수를 보이며, 대류권에서 쉽게 광분해된다.
㉰ 알데하이드는 313nm 이하에서 광분해된다.
㉱ 케톤은 300~700nm에서 약한 흡수를 하여 광분해된다.

풀이 ㉯ 이산화황은 파장 280~290nm에서 강한 흡수가 일어나지만 대류권에서는 광분해반응이 일어나지 않는다.

| 제2과목 | 대기오염공정시험기준

21 다음 중 대기오염공정시험기준에서 〈아래〉의 조건에 해당하는 규정농도 이상의 것을 사용해야 하는 시약은? (단, 따로 규정이 없는 상태)

- 농도 : 85% 이상
- 비중(약) : 1.69

㉮ $HClO_4$
㉯ H_3PO_4
㉰ HCl
㉱ HNO_3

풀이 ㉮ $HClO_4$(과염소산): 농도 : 60.0~62.0%, 비중(약) : 1.54
㉰ HCl(염산) : 농도 : 35.0~37.0%, 비중(약) : 1.18
㉱ HNO_3(질산) : 농도 : 60.0~62.0% 이상, 비중(약) : 1.38

22 배출가스 중 플루오린화합물을 측정하는 방법에 대한 내용으로 틀린 것은?

㉮ 자외선/가시선분광법 - 란타넘-알리자린콤플렉손법은 복합 착화합물의 흡광도를 파장 520nm에서 측정한다.
㉯ 이온크로마토그래피는 시료채취량이 40L이고 분석용 시료용액의 양이 100mL인 경우, 정량범위는 0.30ppm 이상이다.
㉰ 이온선택전극법은 굴뚝에서 적절한 시료채취장치를 이용하여 얻은 시료 흡수액을 플루오린화 이온전극을 이용하여 전기전도도를 측정하는 방법이다.
㉱ 연속흐름법에서 사용하는 흡수액은 수산화소듐 용액(4g/L)이다.

풀이 ㉮ 자외선/가시선분광법 - 란타넘-알리자린콤플렉손법은 복합 착화합물의 흡광도를 파장 620nm에서 측정한다.

23 다음은 배출가스 중의 페놀화합물의 기체크로마토그래프 분석방법을 설명한 것이다. ( )안에 알맞은 것은?

배출가스를 (㉠)에 흡수시켜 이 용액을 산성으로 한 후 (㉡)(으)로 추출한 다음 기체크로마토그래프로 정량하여 페놀화합물의 농도를 산출한다.

㉮ ㉠ 증류수, ㉡ 과망간산칼륨
㉯ ㉠ 수산화소듐용액, ㉡ 과망간산칼륨
㉰ ㉠ 증류수, ㉡ 아세트산에틸
㉱ ㉠ 수산화소듐용액, ㉡ 아세트산에틸

answer 20 ㉯ 21 ㉮ 22 ㉮ 23 ㉱

> **TIP**
> **페놀화합물의 기체크로마토그래피법**
> 배출가스를 수산화소듐용액에 흡수시켜 이 용액을 산성으로 한 후 아세트산에틸로 추출한 다음 기체크로마토그래프로 정량하여 페놀화합물의 농도를 산출한다.

24 램버어트 비어(Lambert−Beer)의 법칙에 대한 설명으로 틀린 것은?

(단, I_o = 입사광의 강도, I_t = 투사광의 강도, C = 농도, L = 빛의 투사거리, ϵ = 흡광계수, t = 투과도)

㉮ $I_t = I_o \cdot 10^{-\epsilon CL}$ 로 표현한다.

㉯ $\log\left(\dfrac{1}{t}\right) = A$ 를 흡광도라 한다.

㉰ ϵ 는 비례상수로서 흡광계수라 하고, C = 1mmol, L = 1mm일 때의 ϵ 의 값을 몰흡광계수라 한다.

㉱ $\left(\dfrac{I_t}{I_o}\right) = t$ 를 투과도라 한다.

풀이 ㉰ ϵ 는 비례상수로서 흡광계수라 하고, C = 1mol, L = 10mm 일 때의 ϵ 의 값을 몰흡광계수라 한다.

25 기체크로마토그래피의 충전물에서 고정상 액체의 구비조건에 대한 설명으로 틀린 것은?

㉮ 분석대상 성분을 완전히 분리할 수 있는 것이어야 한다.
㉯ 사용온도에서 증기압이 높은 것이어야 한다.
㉰ 화학적 성분이 일정한 것이어야 한다.
㉱ 사용온도에서 점성이 작은 것이어야 한다.

풀이 ㉯ 사용온도에서 증기압이 낮은 것이어야 한다.

26 휘발성 유기화합물(VOCs) 누출확인방법에서 사용하는 용어 정의 중 "응답시간"은 VOCs가 시료채취장치로 들어가 농도 변화를 일으키기 시작하여 기기계기판의 최종값이 얼마를 나타내는데 걸리는 시간을 의미하는가? (단, VOCs 측정기기 및 관련장비는 사양과 성능기준을 만족한다.)

㉮ 80% ㉯ 85%
㉰ 90% ㉱ 95%

풀이 응답시간은 VOCs가 시료채취장치로 들어가 농도 변화를 일으키기 시작하여 기기계기판의 최종값이 90%를 나타내는데 걸리는 시간이다.

27 화학분석 일반사항에 관한 설명으로 틀린 것은?

㉮ "약"이란 그 무게 또는 부피에 대하여 ±5 % 이상의 차가 있어서는 안 된다.
㉯ 표준품을 채취할 때 정수로 기재되어 있어도 실험자가 환산하여 기재수치에 "약"자를 붙여 사용할 수 있다.
㉰ "방울수"라 함은 20℃에서 정제수 20방울을 떨어뜨릴 때 그 부피가 약 1mL 되는 것을 뜻한다.
㉱ 시험에 사용하는 표준품은 원칙적으로 특급시약을 사용하며 표준액을 조제하기 위한 표준용시약은 따로 규정이 없는 한 데시케이터에 보존된 것을 사용한다.

풀이 ㉮ "약"이란 그 무게 또는 부피에 대하여 ± 10 % 이상의 차가 있어서는 안 된다.

answer 24 ㉰ 25 ㉯ 26 ㉰ 27 ㉮

28 환경대기 중의 탄화수소 농도를 측정하기 위한 주 시험법은?

㉮ 총탄화수소 측정법
㉯ 비메탄 탄화수소 측정법
㉰ 활성 탄화수소 측정법
㉱ 비활성 탄화수소 측정법

[풀이] 환경대기 중의 탄화수소 측정방법
① 총탄화수소 측정법
② 비메탄 탄화수소 측정법(주 시험방법)
③ 활성 탄화수소 측정법

29 다음은 측정용어의 정의이다. ( )안에 가장 적합한 용어는?

> (㉠)은/는 측정결과에 관련하여 측정량을 합리적으로 추정한 값의 산포 특성을 나타내는 인자를 말한다. (㉡)은/는 측정의 결과 또는 측정의 값이 모든 비교의 단계에서 명시된 불확도를 갖는 끊어지지 않는 비교의 사슬을 통하여 보통 국가표준 또는 국제표준에 정해진 기준에 관련시켜 질 수 있는 특성을 말한다. 시험분석 분야에서 (㉡)의 유지는 교정 및 검정곡선 작성과정의 표준물질 및 순수물질을 적절히 사용함으로써 달성할 수 있다.

㉮ ㉠ 대수정규분포도, ㉡ (측정의) 유효성
㉯ ㉠ (측정)불확도, ㉡ (측정의) 유효성
㉰ ㉠ 대수정규분포도, ㉡ (측정의) 소급성
㉱ ㉠ (측정)불확도, ㉡ (측정의) 소급성

[풀이] ① 측정 불확도는 측정결과에 관련하여 측정량을 합리적으로 추정한 값의 산포 특성을 나타내는 인자를 말한다.
② 측정의 소급성은 측정의 결과 또는 측정의 값이 모든 비교의 단계에서 명시된 불확도를 갖는 끊어지지 않는 비교의 사슬을 통하여 보통 국가표준 또는 국제표준에 정해진 기준에 관련시켜 질 수 있는 특성을 말한다.

30 배출가스 중 납화합물을 원자흡수분광광도법으로 분석할 때 측정파장으로 알맞은 것은?

㉮ 517.0nm ㉯ 417.0nm
㉰ 317.0nm ㉱ 217.0nm

[풀이] 원자흡수분광광도법으로 납화합물을 분석할 때 측정파장은 217.0nm 또는 283.3nm이다.

31 배출가스 중 입자상 물질 시료채취를 위한 분석기기 및 기구에 관한 설명으로 틀린 것은?

㉮ 흡입노즐은 스테인리스강 재질, 경질유리, 또는 석영 유리제로 만들어진 것으로 사용한다.
㉯ 흡입노즐의 안과 밖의 가스흐름이 흐트러지지 않도록 흡입노즐 안지름(d)은 3mm 이상으로 한다.
㉰ 흡입관은 수분응축 방지를 위해 시료가스 온도를 120±14℃를 유지할 수 있는 가열기를 갖춘 보로실리케이트, 스테인리스강 재질 또는 석영 유리관을 사용한다.
㉱ 흡입노즐은 꼭지점은 60° 이하의 예각이 되도록 하고 매끈한 반구모양으로 한다.

[풀이] ㉱ 흡입노즐은 꼭지점은 30° 이하의 예각이 되도록 하고 매끈한 반구모양으로 한다.

answer 28 ㉯ 29 ㉱ 30 ㉱ 31 ㉱

32 기체크로마토그래피에서 A, B 성분이 머무름시간이 각각 2분, 3분이었으며, 봉우리폭은 32초, 38초이었다면 이 때 분리도(R)는?

㉮ 1.1 ㉯ 1.4
㉰ 1.7 ㉱ 2.2

풀이
분리도(R) = $\dfrac{2(tR_2 - tR_1)}{W_1 + W_2}$

여기서 tR : 머무름시간(sec)
W : 봉우리 폭(sec)

따라서 분리도(R) = $\dfrac{2 \times (3 \times 60\text{sec} - 2 \times 60\text{sec})}{(32+38)\text{sec}}$
= 1.71

TIP
① 머무름시간 = 보유시간
② 봉우리 폭 = 피크 폭

33 자동기록식 광전분광광도계의 파장교정에 사용되는 흡수 스펙트럼은?

㉮ 홀뮴유리 ㉯ 석영유리
㉰ 플라스틱 ㉱ 방전유리

풀이
① 자동기록식 광전분광광도계의 파장교정 : 홀뮴유리의 흡수스펙트럼을 이용
② 흡광도 눈금의 보정 : 다이크롬산포타슘 용액

34 환경대기 시료채취방법에 관한 설명으로 틀린 것은?

㉮ 용기채취법은 시료를 일단 일정한 용기에 채취한 다음 분석에 이용하는 방법으로 채취관 - 용기, 또는 채취관 - 유량조절기 - 흡입펌프 - 용기로 구성된다.
㉯ 용기채취법에서 용기는 일반적으로 진공병 또는 공기주머니(air bag)를 사용한다.
㉰ 용매채취법은 측정대상 기체와 선택적으로 흡수 또는 반응하는 용매에 시료가스를 일정유량으로 통과시켜 채취하는 방법으로 채취관 - 여과재 - 채취부 - 흡입펌프 - 유량계(가스미터)로 구성된다.
㉱ 직접채취법에서 채취관은 PVC관을 사용하며, 채취관의 길이는 10m 이내로 한다.

풀이 ㉱ 직접채취법에서 채취관은 4플루오린화에틸렌수지(테프론), 경질유리, 스테인리스강 등으로 된 것을 사용하며, 채취관의 길이는 5m 이내로 한다.

35 다음은 유류 중의 황함유량 분석방법 중 연소관식 공기법에 관한 설명이다. ( )안에 알맞은 것은?

이 시험기준은 원유, 경유, 중유의 황함유량을 측정하는 방법을 규정하며 유류 중 황함유량이 질량분율 0.01% 이상의 경우에 적용한다. (㉠)로 가열한 석영재질 연소관 중에 공기를 불어넣어 시료를 연소시킨다. 생성된 황산화물을 과산화수소 (3%)에 흡수시켜 황산으로 만든 다음, (㉡)표준액으로 중화적정하여 황함유량을 구한다.

㉮ ㉠ (450~550)℃, ㉡ 질산칼륨
㉯ ㉠ (450~550)℃, ㉡ 수산화소듐
㉰ ㉠ (950~1,100)℃, ㉡ 질산칼륨
㉱ ㉠ (950~1,100)℃, ㉡ 수산화소듐

풀이 황함유 분석방법 중 연소관식 공기법
(950~1,100)℃로 가열한 석영 재질 연소관 중에 공기를 불어넣어 시료를 연소시킨다. 생성된 황산

answer 32 ㉰ 33 ㉮ 34 ㉱ 35 ㉱

화물을 과산화수소(3%)에 흡수시켜 황산으로 만든 다음, 수산화소듐표준액으로 중화적정하여 황 함유량을 구한다.

36 다음은 배출가스 중 황화수소를 분석하는 자외선/가시선분광법(메틸렌블루법)에 대한 설명이다. ( )안에 알맞은 것은?

> 배출가스의 황화수소를 (①)에 흡수시켜 P-아미노디메틸아닐린 용액과 염화철(Ⅲ) 용액을 가하여 생성되는 메틸렌블루의 흡광도를 (②) 부근에서 측정한다.

㉮ ① 붕산용액, ② 570nm
㉯ ① 아연아민착염용액, ② 670nm
㉰ ① 다이에틸아민구리용액, ② 470nm
㉱ ① 수산화소듐용액, ② 370nm

풀이 황화수소의 자외선/가시선분광법(메틸렌블루법)
① 흡수액 : 아연아민착염용액
② 흡광도 측정파장 : 670nm

37 굴뚝 배출가스 중 질소산화물의 연속자동측정방법으로 가장 거리가 먼 것은?

㉮ 화학발광법   ㉯ 이온전극법
㉰ 적외선흡수법 ㉱ 자외선흡수법

풀이 질소산화물의 연속자동측정방법
① 화학발광법
② 적외선흡수법
③ 자외선흡수법
④ 정전위전해법

38 환경대기 중의 아황산가스 측정을 위한 시험방법이 아닌 것은?

㉮ 불꽃광도법
㉯ 용액전도율법
㉰ 파라로자닐린법
㉱ 나프틸에틸렌디아민법

풀이 환경대기 중의 아황산가스 측정방법
① 불꽃광도법
② 용액전도율법
③ 자외선형광법(주 시험방법)
④ 흡광차분광법
⑤ 파라로자닐린법
⑥ 산정량수동법

39 일반적으로 환경대기 중에 부유하고 있는 총부유먼지와 10μm 이하의 입자상 물질을 여과지 위에 채취하여 질량농도를 구하거나 금속 등의 성분분석에 이용되며, 흡입펌프, 분립장치, 여과지홀더 및 유량측정부의 구성을 갖는 분석방법으로 가장 적합한 것은?

㉮ 고용량 공기시료채취기법
㉯ 저용량 공기시료채취기법
㉰ 광산란법
㉱ 광투과법

풀이 ㉯ 저용량 공기시료채취기법에 대한 설명이다.

40 굴뚝반경이 3.2m인 원형 굴뚝에서 먼지를 채취하고자 할 때의 측정점수는?

㉮ 8   ㉯ 12
㉰ 16   ㉱ 20

---

answer 36 ㉯ 37 ㉯ 38 ㉱ 39 ㉯ 40 ㉱

풀이 반경이 3.2m이므로 직경이 6.4m이므로 반경구분수 5, 측정점수 20이다.

TIP

굴뚝직경(m)	반경구분수	측정점수
1 이하	1	4
1 초과 2 이하	2	8
2 초과 4 이하	3	12
4 초과 4.5 이하	4	16
4.5 초과	5	20

| 제3목 | 대기오염방지기술

41 탄소 85%, 수소 11.5%, 황 2.0% 들어 있는 중유 1kg당 12Sm³의 공기를 넣어 완전 연소시킨다면 표준상태에서 습윤 배출가스 중의 SO_2 농도는? (단, 중유 중의 S성분은 모두 SO_2로 된다.)

㉮ 708ppm ㉯ 808ppm
㉰ 1,107ppm ㉱ 1,408ppm

풀이 ① 실제습배기가스량(Gw)
= A+5.6H+0.7O+0.8N+1.244W(Sm³/kg)
= 12Sm³/kg+5.6×0.115
= 12.644Sm³/kg

② SO_2 ppm = $\frac{0.7S(Sm^3/kg)}{Gw(Sm^3/kg)} \times 10^6$

= $\frac{0.7 \times 0.02 Sm^3/kg}{12.644 Sm^3/kg} \times 10^6$

= 1,107.24ppm

TIP
① 실제공기량(A) = 12Sm³/kg
② SO_2량 = $\frac{22.4Sm^3}{32kg} \times S$ = 0.7S(Sm³/kg)

42 다음 집진장치 중 관성충돌, 확산, 증습, 응집, 부착성 등이 주 채취원리인 것은?

㉮ 원심력집진장치 ㉯ 세정집진장치
㉰ 여과집진장치 ㉱ 중력집진장치

풀이 ㉯ 세정집진장치에 대한 설명이다.

TIP 세정집진장치는 습식장치에 해당한다.

43 전기집진장치의 유지관리에 관한 설명으로 틀린 것은?

㉮ 시동시에는 배출가스를 도입하기 최소 1시간 전에 애관용 히터를 가열하여 애자관 표면에 수분이나 먼지의 부착을 방지한다.
㉯ 시동시에는 고전압 회로의 절연저항이 100MΩ 이상이 되어야 한다.
㉰ 운전 시 2차 전류가 매우 적을 때에는 먼지농도가 높거나 먼지의 겉보기 저항이 이상적으로 높은 경우이므로 조습용 스프레이의 수량을 늘려 겉보기 저항을 낮추어야 한다.
㉱ 정지시에는 접지저항을 적어도 연1회 이상 점검하고 10Ω 이하로 유지한다.

풀이 ㉮ 시동시에는 배출가스를 도입하기 최소 6시간 전에 애관용 히터를 가열하여 애자관 표면에 수분이나 먼지의 부착을 방지한다.

answer 41 ㉰ 42 ㉯ 43 ㉮

44 관성력 집진장치의 일반적인 효율 향상 조건에 관한 설명으로 틀린 것은?

㉮ 기류의 방향전환 시 곡률반경이 작을수록 미립자의 채취가 가능하다.
㉯ 기류의 방향전환 각도가 작고, 방향전환 횟수가 많을수록 압력손실은 커지지만 집진은 잘 된다.
㉰ 충돌직전의 처리가스의 속도는 작고, 처리 후 출구 가스속도는 클수록 미립자의 제거가 쉽다.
㉱ 적당한 모양과 크기의 dust box가 필요하다.

풀이 ㉰ 충돌직전의 처리가스의 속도는 크고, 처리 후 출구 가스속도는 작을수록 미립자의 제거가 쉽다.

TIP
전처리 장치별 효율 증가를 위한 가스속도

장치명	입구 가스속도	출구 가스속도
중력 집진장치	느릴수록	느릴수록
관성력 집진장치	빠를수록	느릴수록
원심력 집진장치	빠를수록	빠를수록

45 다음 중 일반적으로 착화온도가 가장 높은 것은?

㉮ 메탄   ㉯ 수소
㉰ 목탄   ㉱ 중유

풀이 연료의 착화온도
㉮ 메탄 : 650~750℃
㉯ 수소 : 580~600℃
㉰ 목탄 : 320~370℃
㉱ 중유 : 550~580℃

TIP
① 착화온도 : 점화원이 없는 상태에서 불이 붙는 최저온도
② 인화온도 : 점화원이 있는 상태에서 불이 붙는 최저온도

46 메탄의 치환 염소화 반응에서 C_2Cl_4를 만들 경우 메탄 1kg당 부생되는 HCl의 이론량은? (단, 표준상태 기준)

㉮ $4.2Sm^3$ ㉯ $5.6Sm^3$
㉰ $6.4Sm^3$ ㉱ $7.8Sm^3$

풀이 $2CH_4 + 6Cl_2 \rightarrow C_2Cl_4 + 8HCl$
$2 \times 16kg$: $8 \times 22.4Sm^3$
$1kg$: X

$\therefore X = \dfrac{1kg \times 8 \times 22.4Sm^3}{2 \times 16kg} = 5.6Sm^3$

TIP
① 질량(kg) = 계수×분자량(kg)
② 체적(Sm^3) = 계수×$22.4Sm^3$
③ 표준상태 = 0℃, 760mmHg = Sm^3 = Nm^3
④ 메탄(CH_4)의 분자량 = 12+1×4 = 16

47 유압분무식 버너에 관한 설명으로 틀린 것은?

㉮ 구조가 간단하여 유지 및 보수가 용이하다.
㉯ 유량조절 범위가 좁아 부하변동에 적응하기 어렵다.
㉰ 연료분사 범위는 15~2,000kL/hr 정도이다.
㉱ 분무각도가 40~90°정도로 크다.

풀이 ㉰ 연료분사 범위는 15~2,000L/hr 정도이다.

answer   44 ㉰   45 ㉮   46 ㉯   47 ㉰

48 A굴뚝 배출가스 중 염소가스의 농도가 150mL/Sm³이다. 이 염소가스의 농도를 25mg/Sm³로 저하시키기 위하여 제거해야 할 양(mL/Sm³)은 약 얼마인가?

㉮ 95 ㉯ 111
㉰ 125 ㉱ 142

풀이 제거해야 할 양(mL/Sm³)
= 배출농도 - 기준치농도
= 150mL/Sm³ - $\left(25mg/Sm^3 \times \dfrac{22.4mL}{71mg}\right)$
= 142.11mL/Sm³

TIP
① ppm = mL/Sm³
② Cl_2 1mol $\begin{cases} 71mg \\ 22.4mL \end{cases}$
③ Cl_2의 분자량 = 35.5×2 = 71

49 어떤 유해가스와 물이 일정 온도에서 평형상태에 있다. 유해가스의 분압이 기상에서 60mmHg일 때 수중 유해가스의 농도가 2.7kmol/m³이면 이 때 헨리상수(atm·m³/kmol)는? (단, 전압은 1atm이다.)

㉮ 0.01 ㉯ 0.02
㉰ 0.03 ㉱ 0.04

풀이 헨리상수(atm·m³/kmol) = $\dfrac{분압(atm)}{농도(kmol/m^3)}$
= $\dfrac{60mmHg/760}{2.7kmol/m^3}$
= 0.03 atm·m³/kmol

TIP
① 표준기압 : 1atm = 760mmHg = 10,332mmH₂O
② 헨리상수(atm·m³/kmol) = $\dfrac{분압(mmHg)/760}{농도(kmol/m^3)}$
③ 헨리상수(atm·m³/kmol) = $\dfrac{분압(mmH_2O)/10,332}{농도(kmol/m^3)}$

50 유량 40,715m³/h의 공기를 원형 흡수탑을 거쳐 정화하려고 한다. 흡수탑의 접근유속을 2.5m/s로 유지하려면 소요되는 흡수탑의 지름(m)은?

㉮ 약 2.8 ㉯ 약 2.4
㉰ 약 1.7 ㉱ 약 1.2

풀이 유량(Q) = 단면적(A) × 유속(V)
여기서 단면적(A) = $\dfrac{\pi D^2}{4}$ (m²)
따라서 Q = $\dfrac{\pi D^2}{4} \times V$
40,715m³/hr × 1hr/3,600sec = $\dfrac{\pi D^2}{4}$(m²) × 2.5m/sec
∴ D = $\sqrt{\dfrac{4 \times 40,715 m^3/hr \times 1hr/3,600sec}{\pi \times 2.5 m/sec}}$
= 2.40m

51 초기에 98%의 집진율로 운전되고 있던 집진장치가 성능의 저하로 집진율이 96%로 떨어졌다. 집진장치 입구의 함진농도는 일정하다고 할 때 출구의 함진농도는 초기에 비해 어떻게 변화하겠는가?

㉮ $\dfrac{1}{4}$로 감소한다.

㉯ $\dfrac{1}{2}$로 감소한다.

㉰ 2배로 증가한다.

㉱ 4배로 증가한다.

풀이 출구의 함진농도변화는 통과율의 변화이므로

---

answer 48 ㉱ 49 ㉰ 50 ㉯ 51 ㉰

$$\frac{(100-96\%)}{(100-98\%)} = \frac{4\%}{2\%} = 2배$$
따라서 2배 증가한다.

52 먼지 농도가 10g/Sm³ 인 매연을 집진율 80%인 집진장치로 1차 처리하고 다시 2차 집진장치로 처리한 결과 배출가스 중 먼지 농도가 0.2g/Sm³이 되었다. 이때 2차 집진장치의 집진율은?
(단, 직렬기준)

㉮ 70% ㉯ 80%
㉰ 85% ㉱ 90%

풀이 $\eta_T = 1-(1-\eta_1)\times(1-\eta_2)$
여기서 η_T : 총합효율
　　　η_1 : 1차 집진장치의 효율
　　　η_2 : 2차 집진장치의 효율
① $\eta_T = \left\{1 - \frac{출구농도(C_o)}{입구농도(C_i)}\right\}\times 100$
　　$= \left\{1 - \frac{0.2g/Sm^3}{10g/Sm^3}\right\}\times 100 = 98\%$
② $\eta_T = 1-(1-\eta_1)\times(1-\eta_2)$
　　$0.98 = 1-(1-0.80)\times(1-\eta_2)$
　　$\therefore \eta_2 = 1 - \left(\frac{1-0.98}{1-0.80}\right) = 0.90$ 따라서 90%

53 다음 집진장치 중 일반적으로 압력손실이 가장 큰 것은?

㉮ 여과집진장치 ㉯ 원심력집진장치
㉰ 전기집진장치 ㉱ 벤츄리스크러버

풀이 집진장치의 압력손실
㉮ 여과집진장치 : 100~200mmH₂O
㉯ 원심력집진장치 : 100mmH₂O 전후
㉰ 전기집진장치 : 10~20mmH₂O
㉱ 벤츄리스크러버 : 300~800mmH₂O

TIP 압력손실이 가장 큰 장치를 찾는 문제에서는 무조건 벤츄리스크러버가 있으면 정답이므로 꼭 숙지하시기 바랍니다.

54 중력집진장치의 효율을 향상시키기 위한 조건에 관한 설명으로 틀린 것은?

㉮ 침강실 내의 처리가스의 속도가 작을수록 미립자가 채취된다.
㉯ 침강실 내의 배기가스의 기류는 균일해야 한다.
㉰ 침강실의 높이는 작고 길이는 길수록 집진율이 높아진다.
㉱ 유입부의 유속이 클수록 처리 효율이 높다.

풀이 ㉱ 유입부의 유속이 작을수록 처리 효율이 높다.

TIP 중력집진장치는 유입부와 유출부의 유속을 작게하여 장치내 체류시간을 길게 해야 처리효율이 증가한다.

55 Butane 1Sm³을 공기비 1.05로 완전연소시키면, 연소가스(건조) 부피는 얼마인가?

㉮ 10Sm³ ㉯ 20Sm³
㉰ 30Sm³ ㉱ 40Sm³

풀이 $C_4H_{10} + 6.5O_2 \rightarrow 4CO_2 + 5H_2O$
실제건조연소가스량(Gd)
$= (m-0.21)A_o + CO_2량(Sm^3/Sm^3)$
$= (1.05-0.21)\times\frac{6.5}{0.21} + 4$
$= 30Sm^3/Sm^3$

answer　52 ㉱　53 ㉱　54 ㉱　55 ㉰

TIP
① Sm^3/Sm^3 = 부피비 = 체적비 = 갯수비
② 공기비(m)을 사용하면 실제건연소가스량(Gd) 기준
③ 공기비(m)을 사용하지 않으면 이론건연소가스량(God) 기준
④ 이론공기량(Sm^3/Sm^3) = $\dfrac{\text{이론산소량}(Sm^3/Sm^3)}{0.21}$
⑤ 이론산소량(Sm^3/Sm^3) = 반응식에서 산소의 갯수

56 유해가스 제거를 위한 흡수제의 구비조건으로 틀린 것은?

㉮ 용해도가 크고, 무독성이어야 한다.
㉯ 액가스비가 작으며, 점성은 커야 한다.
㉰ 착화성이 없으며, 비점은 높아야 한다.
㉱ 휘발성이 적어야 한다.

풀이 ㉯ 액가스비가 작고 점성도 작아야 한다.

TIP
흡수제의 구비조건 중 가장 핵심은 높은 용해도와 낮은 휘발성임을 숙지하셔야 합니다.

57 세정 집진장치에 관한 설명으로 틀린 것은?

㉮ 고온다습한 가스나 연소성 및 폭발성 가스의 처리가 가능하다.
㉯ 접착성 및 조해성 먼지의 처리가 가능하다.
㉰ 소수성 입자의 집진율은 낮다.
㉱ 입자성 물질과 가스의 동시 제거는 불가능하나, 타 집진장치와 비교 시 장기운전이나 휴식 후의 운전재개 시 장애는 거의 없다.

풀이 ㉱ 입자성 물질과 가스의 동시 제거가 가능하고, 타 집진장치와 비교 시 장기운전이나 휴식 후의 운전재개 시 장애가 발생한다.

58 송풍관(duct)에서 흄(fume) 및 매우 가벼운 건조 먼지 (예: 나무 등의 미세한 먼지와 산화아연, 산화알루미늄 등의 흄)의 반송속도로 가장 적합한 것은?

㉮ 1~2m/s ㉯ 10m/s
㉰ 25m/s   ㉱ 50m/s

풀이 흄(fume) 및 매우 가벼운 건조 먼지의 반송속도는 10m/s 이다.

59 Propane 432kg을 기화시킨다면 표준상태에서 기체의 용적은?

㉮ $560Sm^3$ ㉯ $540Sm^3$
㉰ $280Sm^3$ ㉱ $220Sm^3$

풀이 $432kg \times \dfrac{22.4Sm^3}{44kg} = 219.93Sm^3$

TIP
① 프로판 가스 = C_3H_8
② C_3H_8 1kmol $\begin{cases} 44kg \\ 22.4Sm^3 \end{cases}$
③ 표준상태 = 0℃, 760mmHg = Sm^3 = Nm^3
④ C_3H_8의 분자량 = 12×3+1×8 = 44

answer 56 ㉯ 57 ㉱ 58 ㉯ 59 ㉱

60 먼지의 진비중(S)과 겉보기 비중(S_B)이 다음과 같을 때 다음 중 재비산 현상을 유발할 가능성이 가장 큰 것은?

구분	먼지의 배출원	진비중(S)	겉보기 비중(S_B)
㉠	미분탄보일러	2.10	0.52
㉡	시멘트킬른	3.00	0.60
㉢	산소제강로	4.75	0.65
㉣	황동용전기로	5.40	0.36

㉮ ㉠   ㉯ ㉡
㉰ ㉢   ㉱ ㉣

 풀이

㉠ 미분탄보일러 $= \dfrac{2.10}{0.52} = 4.04$

㉡ 시멘트킬른 $= \dfrac{3.00}{0.60} = 5.0$

㉢ 산소제강로 $= \dfrac{4.75}{0.65} = 7.31$

㉣ 황동용전기로 $= \dfrac{5.40}{0.36} = 15.0$

따라서 $= \dfrac{진비중(S)}{겉보기비중(S_B)}$ 가 클수록 재비산현상이 잘 발생되므로 정답은 ㉱ 황동용전기로이다.

answer 60 ㉱

2019 2회 기출문제

| 제1과목 | 대기오염개론

01 1985년 채택된 협약으로, 오존층 파괴 원인 물질의 규제에 대한 것을 주 내용으로 하는 국제협약은?

㉮ 제네바 협약　㉯ 비엔나 협약
㉰ 기후변화 협약　㉱ 리우 협약

풀이 오존층 보호를 위한 국제협약
① 비엔나 협약 : 1985년
② 몬트리올 의정서 : 1987년
③ 런던 회의 : 1990년

TIP
국제협약
① 제네바 협약 : 전쟁에서의 인도적 대우에 관한 기준을 정립한 협약
② 기후변화 협약 : 대기 중 온실가스 안정화에 관한 협약
③ 리우 협약 : 지구정상회담에서 환경과 개발에 관한 협약

02 가우시안 연기모델에 도입된 가정으로 옳지 않은 것은?

㉮ 연기의 분산은 시간에 따라 농도와 기상 조건이 변하는 비정상상태이다.
㉯ x방향을 주 바람방향으로 고려하면, y방향(풍횡방향)의 풍속은 0이다.
㉰ 난류확산계수는 일정하다.
㉱ 연기 내 대기반응은 무시한다.

풀이 ㉮ 연기의 분산은 시간에 따라 농도와 기상조건이 변하지 않는 정상상태이다.

03 다음 중 인체에 대한 피해로서 "발열"을 일으킬 수 있는 물질로 가장 적합한 것은?

㉮ 바륨, 철화합물
㉯ 황화수소, 일산화탄소
㉰ 망간화합물, 아연화합물
㉱ 벤젠, 나프탈렌

풀이 발열을 일으키는 대표적인 물질은 망간화합물과 아연화합물이다.

04 다음 중 공중역전에 해당하지 않는 것은?

㉮ 복사역전　㉯ 전선역전
㉰ 해풍역전　㉱ 난류역전

풀이 ㉮ 복사성 역전은 접지역전에 해당된다.

TIP
역전의 종류
(1) 접지(지표) 역전의 종류
　① 복사성(방사성) 역전
　② 이류성 역전
(2) 공중 역전의 종류
　① 침강성 역전
　② 전선성 역전
　③ 해풍 역전
　④ 난류성 역전

answer 01 ㉯　02 ㉮　03 ㉰　04 ㉮

05 직경이 25cm인 관에서 유체의 점도가 1.75×10^{-5} kg/m·sec이고, 유체의 흐름속도가 2.5m/sec라고 할 때 이 유체의 레이놀즈수(N_{Re})와 흐름특성은? (단, 유체밀도는 1.15kg/m³이다.)

㉮ 2,245, 층류 ㉯ 2,350, 층류
㉰ 41,071, 난류 ㉱ 114,703, 난류

풀이
① $N_{Re} = \dfrac{D \times V \times \rho}{\mu}$
$= \dfrac{0.25 \text{m} \times 2.5 \text{m/sec} \times 1.15 \text{kg/m}^3}{1.75 \times 10^{-5} \text{kg/m·sec}}$
$= 41,071.43$
② 흐름상태는 난류이다.

TIP
상태판별
① 상태판별의 척도 : 레이놀즈 수(N_{Re})
② 층류 : $N_{Re} < 2,100$
③ 난류 : $N_{Re} > 4,000$
④ 천이구역 : $2,100 < N_{Re} < 4,000$

06 다음 중 온실효과에 대한 기여도가 가장 큰 것은?

㉮ CH_4 ㉯ CFC 11&12
㉰ N_2O ㉱ CO_2

풀이 온실효과에 대한 기여도가 가장 큰 것은 이산화탄소(CO_2)이며, 50% 정도를 차지한다.

TIP
지구온난화 기여도
① CO_2 : 50%
② CFC : 18%
③ CH_4 : 14%
④ N_2O : 6%

07 2,000m에서의 대기압력이 820mbar이고, 온도가 15℃이며 비열비가 1.4일 때 온위는? (단, 표준압력은 1,000mbar)

㉮ 약 189K ㉯ 약 236K
㉰ 약 305K ㉱ 약 371K

풀이
온위(θ) = $T \times \left(\dfrac{1,000}{P}\right)^{0.288}$
$= (273+15℃)k \times \left(\dfrac{1,000\text{mbar}}{820\text{mbar}}\right)^{0.288}$
$= 304.94K$

08 유효굴뚝의 높이가 3배로 증가하면 최대착지농도는 어떻게 변화되는가? (단, Sutton의 확산식에 의한다.)

㉮ 1/3로 감소한다.
㉯ 1/9로 감소한다.
㉰ 1/27로 감소한다.
㉱ 1/81로 감소한다.

풀이
$C_{max} = \dfrac{2Q}{\pi \cdot e \cdot u \cdot He^2}\left(\dfrac{C_z}{C_y}\right)$

따라서 $C_{max} = \dfrac{1}{He^2}$ 이므로

∴ $C_{max} = \dfrac{1}{3^2} = \dfrac{1}{9}$ 배

09 "석유정제, 석탄건류, 가스공업, 형광물질의 원료 제조"등과 가장 관련이 깊은 대기배출오염물질은?

㉮ Br_2 ㉯ HCHO
㉰ NH_3 ㉱ H_2S

풀이 석유정제, 석탄건류, 가스공업, 형광물질의 원료 제조업에서는 황화수소(H_2S)가 발생한다.

answer 05 ㉰ 06 ㉱ 07 ㉰ 08 ㉯ 09 ㉱

> **TIP**
> 황화수소(H_2S)는 무색의 기체이며, 계란 썩는 냄새가 나는 유독성이며 가연성 물질이다.

화학식	물질명	GWP
CO_2	이산화탄소	1.0
CH_4	메탄	21
N_2O	아산화질소	310
HFC_S	수소불화탄소	1,300
PFC_S	과불화탄소	7,000
SF_6	육불화황	23,900

> **TIP**
> 지구온난화지수의 기준물질인 CO_2와 가장 큰 값을 가지는 SF_6의 값은 반드시 암기해야 합니다.

10 실내오염물질에 관한 설명으로 옳지 않은 것은?

㉮ 라돈은 자연계의 물질 중에 함유된 우라늄이 연속 붕괴하면서 생성되는 라듐이 붕괴할 때 생성되는 것으로서 무색, 무취이다.
㉯ 폼알데하이드는 자극성 냄새를 갖는 무색기체로 폭발의 위험성이 있으며, 살균방부제로도 이용된다.
㉰ VOCs 중 하나인 벤젠은 피부를 통해 약 50% 정도 침투되며, 체내에 흡수된 벤젠은 주로 근육조직에 분포하게 된다.
㉱ 석면은 자연계에서 산출되는 가늘고 긴 섬유상 물질로서 내열성, 불활성, 절연성의 성질을 갖는다.

▶ **풀이** ㉰ 휘발성유기화합물(VOCs) 중 하나인 벤젠은 대부분 호흡기를 통해 침투되며, 체내에 흡수된 벤젠은 주로 피하조직과 골수에 분포하게 된다.

11 다음 물질의 지구온난화지수(GWP)를 크기순으로 옳게 배열한 것은? (단, 큰 순서 > 작은 순서)

㉮ $N_2O > CH_4 > CO_2 > SF_6$
㉯ $CO_2 > SF_6 > N_2O > CH_4$
㉰ $SF_6 > N_2O > CH_4 > CO_2$
㉱ $CH_4 > CO_2 > SF_6 > N_2O$

▶ **풀이** 지구온난화지수(GWP)

12 엘니뇨(El Nino) 현상에 관한 설명으로 틀린 것은?

㉮ 스페인어로 여자아이(the girl)라는 뜻으로, 엘니뇨가 발생하면 동남아시아, 호주 북부 등에서는 홍수가 주로 발생한다.
㉯ 열대태평양 남미해안으로부터 중태평양에 이르는 넓은 범위에서 해수면의 온도가 평년보다 보통 0.5℃ 이상 높은 상태가 6개월 이상 지속되는 현상을 의미한다.
㉰ 엘니뇨가 발생하는 이유는 태평양 적도 부근에서 동태평양의 따뜻한 바닷물을 서쪽으로 밀어내는 무역풍이 불지 않거나 불어도 약하게 불기 때문이다.
㉱ 엘니뇨로 인한 피해가 주요 농산물 생산지역인 태평양 연안국에 집중되어 있어 농산물생산이 크게 감축되고 있다.

▶ **풀이** ㉮ 라니냐 현상에 대한 설명이다.

> **TIP**
> ① 라니냐 현상은 여자아이라는 뜻으로 6개월 이상 0.5℃ 이상 낮게 지속되는 현상
> ② 엘리뇨 현상은 귀여운 소년이라는 뜻으로 6개월 이상 0.5℃ 이상 높게 지속되는 현상

answer 10 ㉰ 11 ㉰ 12 ㉮

13 다음은 바람과 관련된 설명이다. ( )안에 순서대로 들어갈 말로 옳은 것은?

> 풍향별로 관측된 바람의 발생빈도와 ( )을/를 동심원상에 그린 것을 ( )(이)라고 한다. 이때 풍향에서 가장 빈도수가 많은 것을 ( )(이)라고 한다.

㉮ 풍속 - 바람장미 - 주풍
㉯ 풍향 - 바람분포도 - 지균풍
㉰ 난류도 - 연기형태 - 경도풍
㉱ 기온역전도 - 환경감률 - 확산풍

풀이 바람장미(풍배도)
① 바람장미 : 바람의 발생빈도와 풍속을 동심원상에 그린 것
② 주풍 : 풍향 중 빈도수가 가장 많은 것
③ 풍속 : 막대의 굵기로 표시
④ 풍향 : 막대의 길이로 표시

TIP
바람장미 = 풍배도 = 풍화도

14 오존(O_3)에 관한 설명으로 옳지 않은 것은?

㉮ 폐수종과 폐충혈 등을 유발시키며, 섬모운동의 기능장애를 일으킨다.
㉯ 식물의 경우 고엽이나 성숙한 잎보다는 어린잎에 주로 피해를 일으키며, 오존에 강한식물로는 시금치, 파 등이 있다.
㉰ 오존에 약한 식물로는 담배, 자주개나리 등이 있다.
㉱ 인체의 DNA와 RNA에 작용하며 유전인자에 변화를 일으킬 수 있다.

풀이 ㉯ 식물의 경우 주로 성장한 잎에 주로 피해를 일으키며, 오존에 약한 식물로는 시금치, 담배(연초), 자주개나리(알팔파), 토마토, 백송 등이 있다.

15 다음 중 자동차 운행 때와 비교하여 감속할 경우 특징적으로 가장 크게 증가하는 것은?

㉮ NO_X ㉯ CO_2
㉰ H_2O ㉱ HC

풀이 가솔린 엔진에서 많이 발생하는 조건
① 질소산화물(NO_X) : 가속시
② 탄화수소(HC) : 감속시
③ 일산화탄소(CO) : 공회전시

16 악취(냄새)의 물리적, 화학적 특성에 관한 설명으로 옳지 않은 것은?

㉮ 일반적으로 증기압이 높을수록 냄새는 더 강하다고 볼 수 있다.
㉯ 악취유발물질들은 paraffin과 CS_2를 제외하고는 일반적으로 적외선을 강하게 흡수한다.
㉰ 악취유발가스는 통상 활성탄과 같은 표면 흡착제에 잘 흡착된다.
㉱ 악취는 물리적 차이보다는 화학적 구성에 의해서 결정된다는 주장이 더 지배적이다.

풀이 ㉱ 악취는 화학적 차이보다는 물리적 구성에 의해서 결정된다는 주장이 더 지배적이다.

17 다음 광화학반응에 관한 설명 중 가장 거리가 먼 것은?

㉮ NO광산화율이란 탄화수소에 의하여 NO가 NO_2로 산화되는 율을 뜻하며, ppb/min의 단위로 표현된다.
㉯ 일반적으로 대기에서의 오존농도는 NO_2로 산화된 NO의 양에 비례하여 증가한다.

answer 13 ㉮ 14 ㉯ 15 ㉱ 16 ㉱ 17 ㉱

㉰ 과산화기가 산소와 반응하여 오존이 생성될 수도 있다.
㉱ 오존의 탄화수소 산화(반응)율은 원자상태의 산소에 의한 탄화수소의 산화에 비해 빠르게 진행된다.

풀이 ㉱ 오존의 탄화수소 산화(반응)율은 원자상태의 산소에 의한 탄화수소의 산화에 비해 느리게 진행된다.

TIP
휘발성유기화합물(VOCs)중 독성이 강한 순서는 톨루엔 > 크실렌 > 에틸벤젠 순이다.

18 황화수소(H_2S)에 비교적 강한 식물이 아닌 것은?

㉮ 복숭아   ㉯ 토마토
㉰ 딸기   ㉱ 사과

풀이 황화수소(H_2S)
① 약한식물 : 코스모스, 오이, 토마토, 담배
② 강한식물 : 복숭아, 딸기, 사과나무

TIP
황화수소(H_2S)는 무색의 기체이며, 계란 썩는 냄새가 나는 유독성이며 가연성 물질이다.

19 휘발성유기화합물질(VOCs)은 다양한 배출원에서 배출되는데 우리나라의 경우 최근 가장 큰 부분 (총배출량)을 차지하는 배출원은?

㉮ 유기용제 사용
㉯ 자동차 등 도로이동 오염원
㉰ 폐기물처리
㉱ 에너지 수송 및 저장

풀이 우리나라의 경우 최근 가장 큰 부분을 차지하는 배출원은 유기용제 사용이다.

20 다음 역사적인 대기오염 사건 중 가장 먼저 발생한 사건은?

㉮ 도노라사건   ㉯ 뮤즈계곡사건
㉰ 런던스모그사건   ㉱ 포자리카사건

풀이 발생연도
㉮ 도노라사건 : 1948년
㉯ 뮤즈계곡사건 : 1930년
㉰ 런던스모그사건 : 1952년
㉱ 포자리카사건 : 1950년

TIP
대기오염 사건 중 가장 먼저 발생한 사건은 뮤즈계곡사건이며 그 다음이 횡빈(Tokyo-Yokohama)사건임을 숙지하시면 정답을 찾을 수 있게 됩니다.

| 제2과목 | 대기오염공정시험기준

21 원자흡수분광광도법에 사용하는 불꽃 조합 중 불꽃의 온도가 높기 때문에 불꽃 중에서 해리하기 어려운 내화성산화물(Refractory Oxide)을 만들기 쉬운 원소의 분석에 가장 적합한 것은?

㉮ 아세틸렌-공기 불꽃
㉯ 수소-공기 불꽃
㉰ 아세틸렌-아산화질소 불꽃
㉱ 프로판-공기 불꽃

풀이 ㉰ 아세틸렌-아산화질소 불꽃에 대한 설명이다.

answer 18 ㉱   19 ㉮   20 ㉯   21 ㉰

> **TIP**
>
> **불꽃의 종류**
> ㉮ 아세틸렌-공기 불꽃 : 거의 대부분의 원소분석
> ㉯ 수소-공기 불꽃 : 원자외 영역
> ㉰ 아세틸렌-아산화질소 불꽃 : 해리하기 어려운 내화성 산화물
> ㉱ 프로판-공기 불꽃 : 불꽃온도가 낮고, 높은 감도

22 배출가스 중 황화수소의 분석방법인 자외선/가시선분광법-메틸렌블루법에 대한 내용으로 틀린 것은?

㉮ 시료채취량이 20L인 경우, 정량범위는 1.7 ppm 이상이다.
㉯ 채취관의 재질은 스테인레스강, 유리, 석영, PTFE(polytetrafluoroethylene) 수지 등을 사용한다.
㉰ 수분이 응축될 우려가 있는 경우에는 채취관에서 흡수병 사이를 약 120℃로 가열한다.
㉱ 흡수액은 수산화소듐 용액(4g/L)을 사용한다.

▶**풀이** ㉱ 흡수액은 아연아민착염 용액을 사용한다.

23 굴뚝 배출가스 중 가스상 물질 시료채취 시 주의사항에 관한 설명으로 옳지 않은 것은?

㉮ 습식가스미터를 이동 또는 운반할 때에는 반드시 물을 빼고, 오랫동안 쓰지 않을 때에도 그와 같이 배수한다.
㉯ 가스미터는 250mmH$_2$O 이내에서 사용한다.
㉰ 시료가스의 양을 재기 위하여 쓰는 채취병은 미리 0℃ 때의 참부피를 구해둔다.
㉱ 시료채취장치의 조립에 있어서는 채취부의 조작을 쉽게 하기 위하여 흡수병, 마노미터, 흡입펌프 및 가스미터는 가까운 곳에 놓는다.

▶**풀이** ㉯ 가스미터는 100mmH$_2$O 이내에서 사용한다.

24 휘발성유기화합물(VOCs) 누출확인을 위한 휴대용 측정기기의 규격 및 성능기준으로 옳지 않은 것은?

㉮ 기기의 계기눈금은 최소한 표시된 누출 농도의 ±5%를 읽을 수 있어야 한다.
㉯ 기기의 응답시간은 30초보다 작거나 같아야 한다.
㉰ VOCs 측정기기의 검출기는 시료와 반응하지 않아야 한다.
㉱ 교정 정밀도는 교정용 가스값의 10%보다 작거나 같아야 한다.

▶**풀이** ㉰ VOCs 측정기기의 검출기는 시료와 반응하여야 한다.

25 굴뚝 배출가스 내 폼알데하이드 및 알데하이드류의 분석방법 중 고성능액체크로마토그래피(HPLC)에 관한 설명으로 옳지 않은 것은?

㉮ 배출가스 중의 알데하이드류를 흡수액 2,4-다이나이트로페닐하이드라진(DNPH, dinitrophenylhydrazine)과 반응하여 하이드라존 유도체(hydrazone derivative)를 생성한다.
㉯ 흡입노즐은 석영제로 만들어진 것으로 흡입노즐의 꼭짓점은 45° 이하의 예각이 되도록 하고 매끈한 반구모양으로 한다.
㉰ 하이드라존(Hydrazone)은 UV영역, 특

answer 22 ㉱ 23 ㉯ 24 ㉰ 25 ㉯

히 350nm~380nm에서 최대 흡광도를 나타낸다.
㉑ 흡입관은 수분응축 방지를 위해 시료가스 온도를 100℃ 이상으로 유지할 수 있는 가열기를 갖춘 보로실리케이트 또는 석영 유리관을 사용한다.

풀이 ㉯ 흡입노즐은 유리제로 만들어진 것으로 흡입노즐의 꼭짓점은 30°이하의 예각이 되도록 하고 매끈한 반구모양으로 한다.

26 굴뚝연속자동측정기 설치방법 중 연결관 부착방법으로 가장 거리가 먼 것은?

㉮ 냉각 연결관 부분에는 반드시 기체-액체 분리관과 그 아래쪽에 응축수 트랩을 연결한다.
㉯ 응축수의 배출에 쓰는 펌프는 충분히 내구성이 있는 것을 쓰며, 이때 응축수 트랩은 사용하지 않아도 좋다.
㉰ 냉각연결관은 될 수 있는 대로 수평으로 연결한다.
㉱ 기체-액체 분리관은 연결관의 부착위치 중 가장 낮은 부분 또는 최저 온도의 부분에 부착하여 응축수를 급속히 냉각시키고 배관계의 밖으로 빨리 방출시킨다.

풀이 ㉰ 냉각연결관은 될 수 있는 대로 수직으로 연결한다.

TIP
연결관 = 도관

27 흡광차분광법에서 측정에 필요한 광원으로 적합한 것은?

㉮ 200~900nm 파장을 갖는 중공음극램프
㉯ 200~900nm 파장을 갖는 텅스텐램프
㉰ 180~2,850nm 파장을 갖는 중공음극램프
㉱ 180~2,850nm 파장을 갖는 제논램프

풀이 흡광차분광법 암기사항
① 파장 : 180nm~2,850nm
② 램프 : 제논램프
③ 분석물질 : SO_2, NO_X, O_3

28 자외선/가시선분광법에 관한 설명으로 거리가 먼 것은?

㉮ 흡수셀의 재질 중 유리제는 주로 가시 및 근적외부 파장범위, 석영제는 자외부 파장범위를 측정할 때 사용한다.
㉯ 광전광도계는 파장 선택부에 필터를 사용한 장치로 단광속형이 많고 비교적 구조가 간단하여 작업 분석용에 적당하다.
㉰ 파장의 선택에는 일반적으로 단색화장치(monochrometer) 또는 필터(filter)를 사용하고, 필터에는 색유리필터, 젤라틴 필터, 간접필터 등을 사용한다.
㉱ 광원부의 광원에는 중공음극램프를 사용하고, 가시부와 근적외부의 광원으로는 주로 중수소방전관을 사용한다.

풀이 ㉱ 광원부의 광원에는 텅스텐램프나 중수소방전관을 사용하고, 가시부와 근적외부의 광원으로는 주로 텅스텐램프, 자외부의 광원으로는 중수소방전관을 사용한다.

answer 26 ㉰ 27 ㉱ 28 ㉱

29 다음은 자외선/가시선분광법을 사용한 브로민화합물 정량방법이다. ( )안에 알맞은 것은?

> 배출가스 중 브로민화합물을 수산화소듐 용액에 흡수시킨 후 일부를 분취해서 산성으로 하여 (㉠)을 사용하여 브로민으로 산화시켜 (㉡)으로 추출한다.

㉮ ㉠ 중성요오드화포타슘 용액, ㉡ 헥산
㉯ ㉠ 중성요오드화포타슘 용액, ㉡ 클로로폼
㉰ ㉠ 과망간산포타슘 용액, ㉡ 헥산
㉱ ㉠ 과망간산포타슘 용액, ㉡ 클로로폼

풀이 브로민의 자외선/가시선분광법에서 암기사항
① 흡수액 : 수산화소듐용액(4g/L)
② 산화제 : 과망간산포타슘용액
③ 추출용매 : 클로로폼
④ 흡광도 측정파장 : 460nm

30 환경대기 중 먼지 측정방법 중 저용량 공기시료채취기법에 관한 설명으로 가장 거리가 먼 것은?

㉮ 유량계는 여과지홀더와 흡입펌프의 사이에 설치하고, 이 유량계에 새겨진 눈금은 20℃, 1기압에서 10~30L/min 범위를 0.5L/min까지 측정할 수 있도록 되어 있는 것을 사용한다.
㉯ 흡입펌프는 연속해서 10일 이상 사용할 수 있고, 진공도가 낮은 것을 사용한다.
㉰ 여과지 홀더의 충전물질은 플루오로수지로 만들어진 것을 사용한다.
㉱ 멤브레인필터와 같이 압력 손실이 큰 여과지를 사용하는 진공계는 유량의 눈금값에 대한 보정이 필요하기 때문에 압력계를 부착한다.

풀이 ㉯ 흡입펌프는 연속해서 30일 이상 사용할 수 있고, 진공도가 높은 것을 사용한다.

31 배출가스 중 수은화합물을 냉증기-원자흡수분광광도법으로 분석 시 흡수액으로 알맞은 것은?

㉮ 질산암모늄 + 황산용액
㉯ 과망간산포타슘 + 황산용액
㉰ 염산하이드록실아민용액
㉱ 사이안화포타슘 + 디티존용액

풀이 수은화합물의 흡수액은 4% 과망간산포타슘 + 10% 황산이다.

32 다음 중 원자흡수분광광도법에서 광원부로 가장 적합한 장치는?

㉮ 텅스텐램프   ㉯ 플라즈마켓
㉰ 중공음극램프   ㉱ 수소방전관

풀이 원자흡수분광광도법에서 광원은 중공음극램프이다.

TIP
자외선/가시선분광법의 광원
① 가시부와 근적외부 : 텅스텐램프
② 자외부 : 중수소방전관

answer 29 ㉱ 30 ㉯ 31 ㉯ 32 ㉰

33 다음은 환경대기 내의 유해 휘발성유기화합물(VOCs)시험방법 중 고체흡착법에 사용되는 용어의 정의이다. ( )안에 알맞은 것은?

> 일정농도의 VOCs가 흡착관에 흡착되는 초기 시점부터 일정시간이 흐르게 되면 흡착관 내부에 상당량의 VOCs가 포화되기 시작하고 전체 VOCs양의 ( )가 흡착관을 통과 하게 되는데, 이 시점에서 흡착관 내부로 흘러간 총 부피를 파과부피라 한다.

㉮ 0.1% ㉯ 5%
㉰ 30% ㉱ 50%

▎풀이 ▎파과부피 용어에 대한 설명으로 전체 VOCs양의 5%가 흡착관을 통과하게 된다.

34 배출가스 중 크로뮴을 원자흡수분광광도법으로 정량할 때 측정파장은?

㉮ 217.0nm ㉯ 228.8nm
㉰ 232.0nm ㉱ 357.9nm

▎풀이 ▎크로뮴을 원자흡수분광광도법으로 정량할 때 측정파장은 357.9nm이다.

35 NaOH 20g을 물에 용해시켜 800mL로 하였다. 이 용액은 몇 N인가?

㉮ 0.0625N ㉯ 0.625N
㉰ 0.25N ㉱ 62.5N

▎풀이 ▎N농도 = $\dfrac{질량(g)}{부피(L)} \times \dfrac{1eq}{1당량g}$

$N = \dfrac{20g}{0.8L} \times \dfrac{1eq}{40g}$

$= 0.625N$

TIP
① N농도의 단위 : eq/L
② $1eq = \dfrac{분자량(g)}{가수} = \dfrac{40g}{1}$
③ 가수 = OH^- 갯수
④ NaOH = 수산화나트륨 = 가성소다
⑤ NaOH의 분자량 = 23+16+1 = 40

36 다음은 형광분광광도법을 이용한 환경대기 내의 벤조(a)피렌 분석을 위한 박층판 만드는 방법이다. ( )안에 알맞은 것은?

> 알루미나의 적당량의 물을 넣고 Slurry로 만들고 이것을 Applicator에 넣고 유리판 위에 약 250μm의 두께로 피복하여 방치한다. 이 Plate를 100℃에서 (㉠) 가열 활성하여 보통 황산수용액에서 상대습도를 약 45%로 조성시킨 진공 데시케이터안에 넣고 (㉡) 보존시킨 것을 사용한다.

㉮ ㉠30분간, ㉡2시간 이상
㉯ ㉠30분간, ㉡3주 이상
㉰ ㉠2시간, ㉡2시간 이상
㉱ ㉠2시간, ㉡3주 이상

▎풀이 ▎박층판 만드는 방법에서 암기사항
① 100℃에서 30분간 가열 활성
② 진공 데시케이터안에 넣고 3주 이상 보존시킨 것을 사용

TIP
Applicator : 도포용 도구

▎answer ▎ 33 ㉯ 34 ㉱ 35 ㉯ 36 ㉯

37 환경대기 내의 탄화수소 농도 측정방법 중 총탄화수소 측정법에서의 성능기준으로 옳지 않은 것은?

㉮ 응답시간 : 스팬가스를 도입시켜 측정치가 일정한 값으로 급격히 변화되어 스팬가스농도의 90% 변화할 때까지의 시간은 2분이하여야 한다.
㉯ 지시의 변동 : 제로가스 및 스팬가스를 흘려보냈을 때 정상적인 측정치의 변동은 각 측정단계(Range)마다 최대 눈금치의 ±1%의 범위 내에 있어야 한다.
㉰ 예열시간 : 전원을 넣고 나서 정상으로 작동할 때까지의 시간은 6시간 이하여야 한다.
㉱ 재현성 : 동일조건에서 제로가스와 스팬가스를 번갈아 3회 도입해서 각각의 측정치의 평균치로부터 구한 편차는 각 측정단계(Range)마다 최대 눈금치의 ±1%의 범위 내에 있어야 한다.

풀이 ㉰ 예열시간 : 전원을 넣고 나서 정상으로 작동할 때까지의 시간은 4시간 이하여야 한다.

38 다음 중 분석대상가스가 이황화탄소(CS_2)인 경우 사용되는 채취관, 연결관의 재질로 가장 적합한 것은?

㉮ 보통강철 ㉯ 석영
㉰ 염화비닐수지 ㉱ 네오프렌

풀이 이황화탄소의 채취관이나 도관(연결관)의 재질로는 경질유리, 석영, 플루오로수지를 사용한다.

39 "항량이 될 때까지 건조한다"에서 "항량"의 범위를 벗어나지 않는 것은?

㉮ 검체 8g을 1시간 더 건조하여 무게를 달아 보니 7.9975g이었다.
㉯ 검체 4g을 1시간 더 건조하여 무게를 달아 보니 3.9989g이었다.
㉰ 검체 1g을 1시간 더 건조하여 무게를 달아 보니 0.999g이었다.
㉱ 검체 100mg을 1시간 더 건조하여 무게를 달아 보니 99.9mg이었다.

풀이 ㉮ 8g : (8-7.9975)g = 1g : x
∴ x = 0.0003125g = 0.3125mg
㉯ 4g : (4-3.9989)g = 1g : x
∴ x = 0.000275g = 0.275mg
㉰ 1g : (1-0.999)g = 1g : x
∴ x = 0.001g = 1mg
㉱ 100mg : (100-99.9)mg = 1g : x
∴ x = 0.001g = 1mg

TIP 항량이 될 때까지 건조한다라 함은 따로 규정이 없는 한 보통의 건조 방법으로 1시간 더 건조 또는 강열할 때 전후 무게의 차가 매 g당 0.3mg 이하일 때를 뜻한다.

40 원형굴뚝 단면의 반경이 0.5m인 경우 측정점수는?

㉮ 1 ㉯ 4
㉰ 8 ㉱ 12

풀이 반경이 0.5m이므로 직경이 1.0m이므로 (tip)의 표에서 1m 이하에 해당하므로 반경구분수 1, 측정점수 4 이다.

TIP
원형단면의 측정점

굴뚝직경(m)	반경구분수	측정점수
1 이하	1	4
1 초과 2 이하	2	8
2 초과 4 이하	3	12
4 초과 4.5 이하	4	16
4.5 초과	5	20

answer 37 ㉰ 38 ㉯ 39 ㉯ 40 ㉯

| 제3과목 | 대기오염방지기술

41 다음 각종 먼지 중 진비중/겉보기 비중이 가장 큰 것은?

㉮ 카본블랙   ㉯ 미분탄보일러
㉰ 시멘트 원료분   ㉱ 골재 드라이어

풀이 진비중/겉보기비중

㉮ 카본블랙 = $\frac{1.9}{0.025}$ = 76.0

㉯ 미분탄보일러 = $\frac{2.10}{0.52}$ = 4.03

㉰ 시멘트 원료분 = $\frac{3.0}{0.6}$ = 5.0

㉱ 골재 드라이어 = $\frac{2.9}{1.06}$ = 2.73

TIP 이 문제에서는 진비중과 겉보기 비중의 값이 주어지지 않았으므로 정답을 숙지해 두셔야 합니다.

42 250Sm³/h의 배출가스를 배출하는 보일러에서 발생하는 SO_2를 탄산칼슘을 사용하여 이론적으로 완전제거하고자 한다. 이때 필요한 탄산칼슘의 양(kg/h)은? (단, 배출가스 중의 SO_2농도는 2,500ppm이고, 이론적으로 100% 반응하며, 표준상태 기준)

㉮ 0.28   ㉯ 2.8
㉰ 28   ㉱ 280

풀이 $SO_2 + CaCO_3 + 0.5O_2 \rightarrow CaSO_4 + CO_2$

22.4Sm³ : 100kg
250Sm³/hr×2,500ppm×10⁻⁶ : X

∴ X = $\frac{250Sm^3/hr \times 2,500ppm \times 10^{-6} \times 100kg}{22.4Sm^3}$

= 2.79kg/hr

TIP
① 질량(kg) = 계수×분자량(kg)
② 체적(Sm³) = 계수×22.4(Sm³)
③ $CaCO_3$의 분자량 = 40+12+16×3 = 100

43 수소가스 3.33Sm³를 완전연소 시키기 위해 필요한 이론공기량(Sm³)은?

㉮ 약 32   ㉯ 약 24
㉰ 약 12   ㉱ 약 8

풀이 ① $H_2 + 0.5O_2 \rightarrow H_2O$

22.4Sm³ : 0.5×22.4Sm³
3.33Sm³ : O_o(산소량)

∴ O_o(이론산소량) = $\frac{3.33Sm^3 \times 0.5 \times 22.4Sm^3}{22.4Sm^3}$

= 1.665Sm³

② A_o(이론공기량) = $\frac{O_o(이론산소량)}{0.21}$

= $\frac{1.665Sm^3}{0.21}$

= 7.93Sm³

TIP
① Sm³/Sm³ = 체적비 = 갯수비
② 체적(Sm³) = 계수×22.4Sm³

44 A 집진장치의 압력손실 25.75mmHg, 처리용량 42m³/sec, 송풍기 효율 80%이다. 이 장치의 소요동력은?

㉮ 13kW   ㉯ 75kW
㉰ 180kW   ㉱ 240kW

풀이 kW = $\frac{Ps \times Q}{102 \times \eta} \times \alpha$

여기서

answer 41 ㉮   42 ㉯   43 ㉱   44 ㉰

- Ps : 압력손실(mmH$_2$O)
- Q : 처리가스량(m^3/sec)
- η : 처리효율
- α : 여유율

따라서

$$kW = \frac{(25.75mmHg \times 13.6)mmH_2O \times 42m^3/sec}{102 \times 0.80}$$

= 180.25kW

TIP

① 1kW = 102kg · m/sec이므로 가스량(Q)의 시간단위는 반드시 sec임에 주의해야 합니다.
② 여유율이 없으면 생략하시면 됩니다.
③ $13.6 = \frac{10,332mmH_2O}{760mmHg}$
④ mmHg $\xrightarrow{\times 13.6}$ mmH$_2$O
⑤ mmH$_2$O $\xrightarrow{\div 13.6}$ mmHg

45 석회석을 연소로에 주입하여 SO$_2$를 제거하는 건식탈황방법의 특징으로 옳지 않은 것은?

㉮ 연소로 내에서 긴 접촉시간과 아황산가스가 석회분말의 표면 안으로 쉽게 침투되므로 아황산가스의 제거효율이 비교적 높다.
㉯ 석회석과 배출가스 중 재가 반응하여 연소로 내에 달라붙어 열전달을 낮춘다.
㉰ 연소로 내에서의 화학반응은 주로 소성, 흡수, 산화의 3가지로 나눌 수 있다.
㉱ 석회석을 재생하여 쓸 필요가 없어 부대시설이 거의 필요 없다.

풀이 ㉮ 연소로 내에서 짧은 접촉시간과 아황산가스가 반응해야 하므로 석회분말의 표면 안으로 침투가 어려워 아황산가스의 제거효율이 비교적 낮다.

46 다음 중 벤츄리 스크러버(Venturi scrubber)에서 물방울 입경과 먼지 입경의 비는 충돌 효율면에서는 어느 정도의 비가 가장 좋은가?

㉮ 10 : 1   ㉯ 25 : 1
㉰ 150 : 1 ㉱ 500 : 1

풀이 벤츄리 스크러버에서 물방울 입경과 먼지 입경의 비는 충돌 효율면에서는 150 : 1이 가장 적당하다.

TIP

벤츄리스크러버 암기사항
① 압력손실이 300~800mmH$_2$O로 가장 크다.
② 입구(목부)유속이 60~90m/sec로 가장 빠르다.
③ 액가스비는 0.3~1.5L/m^{3}이다.

47 입자가 미세할수록 표면에너지는 커지게 되어 다른 입자 간에 부착하거나 혹은 동종 입자 간에 응집이 이루어지는데 이러한 현상이 생기게 하는 결합력 중 거리가 먼 것은?

㉮ 분자 간의 인력
㉯ 정전기적 인력
㉰ 브라운 운동에 의한 확산력
㉱ 입자에 작용하는 항력

풀이 응집현상이 생기게 하는 결합력
① 분자 간의 인력
② 정전기적 인력
③ 브라운 운동에 의한 확산력

answer 45 ㉮ 46 ㉰ 47 ㉱

48 처리가스량 1,200m³/min, 처리속도 2cm/sec인 함진가스를 직경 25cm, 길이 3m의 원통형 여과포를 사용하여 집진하고자 할 때 필요한 원통형 여과포의 수는?

㉮ 524개 ㉯ 425개
㉰ 323개 ㉱ 223개

풀이 $Q = \pi \cdot D \cdot L \cdot Vf \cdot n$

$$\therefore n = \frac{Q}{\pi \cdot D \cdot L \cdot Vf} = \frac{1,200m^3/min \times 1min/60sec}{\pi \times 0.25m \times 3m \times 0.02m/sec}$$

$$= 424.41 ≒ 425개$$

TIP 여과포수의 계산은 소수점 첫째자리에서 완전 올림 한다.

49 C = 82%, H = 14%, S = 3%, N = 1%로 조성된 중유를 12Sm³ 공기/kg중유로 완전 연소했을 때 습윤 배출가스중의 SO_2 농도는 약 몇 ppm인가? (단, 중유의 황성분은 모두 SO_2로 된다.)

㉮ 1,784ppm ㉯ 1,642ppm
㉰ 1,538ppm ㉱ 1,420ppm

풀이 ① 실제습윤가스량(G_w)
= A+5.6H+0.7O+0.8N+1.244W(Sm³/kg)
= 12Sm³/kg+5.6×0.14+0.8×0.01
= 12.792Sm³/kg

② $SO_2(ppm) = \frac{0.7S}{G_w} \times 10^6$

$$= \frac{0.7 \times 0.03 Sm^3/kg}{12.792 Sm^3/kg} \times 10^6$$

$$= 1,641.65ppm$$

TIP
① 실제공기량(A) = m×A_o = 12Sm³/kg
② SO_2량 = $\frac{22.4Sm^3}{32kg}$ ×S = 0.7S(Sm³/kg)

③ 실제공기량이 주어져 있으므로 실제습윤가스량을 사용한다.

50 전기집진장치의 유지관리 사항 중 가장 거리가 먼 것은?

㉮ 조습용 spray 노즐은 운전 중 막히기 쉽기 때문에 운전 중에도 점검, 교환이 가능해야 한다.
㉯ 운전 중 2차 전류가 매우 적을 때에는 조습용 spray의 수량을 증가시켜 겉보기 저항을 낮춘다.
㉰ 시동시 애자 등의 표면을 깨끗이 닦아 고전압회로의 절연저항이 50Ω 이하가 되도록 한다.
㉱ 접지저항은 적어도 연 1회 이상 점검하여 10Ω 이하가 되도록 유지한다.

풀이 ㉰ 시동시 애자 등의 표면을 깨끗이 닦아 고전압회로의 절연저항이 100MΩ 이상이 되도록 한다.

51 다음 유압식 Burner의 특징으로 옳은 것은?

㉮ 분무각도는 40~90° 정도이다.
㉯ 유량조절범위는 1 : 10 정도이다.
㉰ 소형가열로의 열처리용으로 주로 쓰이며, 유압은 1~2kg/cm² 정도이다.
㉱ 연소용량은 2~5L/h 정도이다.

풀이 ㉯ 유량조절범위는 환류식은 1 : 3, 비환류식은 1 : 2 정도이다.
㉰ 대용량 가열로의 열처리용으로 주로 쓰이며, 유압은 5~20kg/cm² 정도이다.
㉱ 연소용량은 15~2,000L/h 정도이다.

answer 48 ㉯ 49 ㉯ 50 ㉰ 51 ㉮

52 입자를 크기별로 구분할 때 평균입자 지름이 0.1μm 이하인 핵영역, 0.1~2.5μm인 집적영역, 2.5μm보다 큰 조대영역으로 나눌 수 있다. 각 영역 입자의 특성에 대한 설명으로 가장 거리가 먼 것은?

㉮ 조대영역 입자는 대부분 기계적 작용에 의해 생성된다.
㉯ 핵영역 입자는 연소 등 화학반응에 의해 핵으로 형성된 부분이다.
㉰ 집적영역의 입자는 핵영역이나 조대영역의 입자에 비해 대기에서 잘 제거되므로 체류시간이 짧다.
㉱ 핵영역과 집적영역의 미세입자는 입자에 의한 여러 대기오염 현상을 일으키는 데 큰 역할을 한다.

풀이 ㉰ 집적영역의 입자는 핵영역이나 조대영역의 입자에 비해 대기에서 잘 제거되지 않으므로 체류시간이 길다.

53 다음 중 흡착제의 흡착능과 가장 관련이 먼 것은?

㉮ 포화(saturation)
㉯ 보전력(retentivity)
㉰ 파과점(break point)
㉱ 유전력(dielectric force)

풀이 흡착제의 흡착능은 포화, 보전력, 파과점과 관련이 있다.

TIP
흡착능 = 흡착능력

54 90° 곡관의 반경비가 2.25일 때 압력 손실계수는 0.260이다. 속도압이 50mmH₂O 라면 곡관의 압력손실은?

㉮ 0.6mmH$_2$O ㉯ 13mmH$_2$O
㉰ 22.2mmH$_2$O ㉱ 112.5mmH$_2$O

풀이 압력손실(△P) = 압력손실계수(F)×속도압(Vp)
= 0.26×50mmH$_2$O
= 13mmH$_2$O

TIP
45° 곡관의 반경비가 주어지면 압력손실 계산시 반경비를 보정해야 합니다.

55 집진장치의 집진효율이 99.5%에서 98%로 낮아지는 경우 출구에서 배출되는 먼지의 농도는 몇 배로 증가하게 되는가?

㉮ 1.5배 ㉯ 2배
㉰ 4배   ㉱ 8배

풀이 통과율의 변화 = $\frac{(100-98\%)}{(100-99.5\%)} = \frac{2\%}{0.5\%} = 4$배

56 충전물이 갖추어야 할 조건으로 가장 거리가 먼 것은?

㉮ 단위 부피 내의 표면적이 클 것
㉯ 가스와 액체가 전체에 균일하게 분포될 것
㉰ 간격의 단면적이 작을 것
㉱ 가스 및 액체에 대하여 내식성이 있을 것

풀이 ㉰ 간격의 단면적이 클 것

---

answer 52 ㉰ 53 ㉱ 54 ㉯ 55 ㉰ 56 ㉰

57 층류 영역에서 Stokes의 법칙을 만족하는 입자의 침강속도에 관한 설명으로 옳지 않은 것은?

㉮ 입자와 유체의 밀도차에 비례한다.
㉯ 입자 직경의 제곱에 비례한다.
㉰ 가스의 점도에 비례한다.
㉱ 중력가속도에 비례한다.

풀이 ㉰ 가스의 점도에 반비례한다.

TIP

$$V_g = \frac{d^2(\rho_s - \rho)g}{18 \times \mu}$$

여기서 V_g : 침강속도(m/sec)
d : 입자의 직경(m)
ρ_s : 입자의 밀도(kg/m³)
ρ : 가스의 밀도(kg/m³)
g : 중력가속도(9.8m/sec²)
μ : 점성도(kg/m·sec)

58 다음 중 전기집진장치의 집진실을 독립된 하전설비를 가진 단위 집진실로 전기적 구획을 하는 주된 이유로 가장 적합한 것은?

㉮ 순간 정전을 대비하고, 전기안전 사고를 예방하기 위함이다.
㉯ 집진효율을 높이고, 효율적으로 전력을 사용하기 위함이다.
㉰ 처리가스의 유량분포를 균일하게 하고, 먼지입자의 충분한 체류시간을 확보하게 하기 위함이다.
㉱ 집진실 청소를 효과적으로 하기 위함이다.

풀이 전기집진장치의 집진실을 독립된 하전설비를 가진 단위 집진실로 전기적 구획을 하는 주된 이유는 집진효율을 높이고, 효율적으로 전력을 사용하기 위함이다.

59 A집진장치의 입구와 출구에서의 먼지 농도가 각각 11mg/Sm³와 0.2×10⁻³g/Sm³이라면 집진율(%)은?

㉮ 96.2% ㉯ 97.2%
㉰ 98.2% ㉱ 99.4%

풀이
$$집진율(\%) = \left(1 - \frac{출구의\ 먼지농도}{입구의\ 먼지농도}\right) \times 100$$
$$= \left(1 - \frac{0.2\text{mg/Sm}^3}{11\text{mg/Sm}^3}\right) \times 100$$
$$= 98.18\%$$

TIP
출구의 먼지농도 = 0.2×10^{-3}g/Sm³
= 0.2mg/Sm³

60 화합물별 주요 원인물질 및 냄새특징을 나타낸 것으로 가장 거리가 먼 것은?

	화합물	원인물질	냄새특징
㉠	황화합물	황화메틸	양파, 양배추 썩는 냄새
㉡	질소화합물	암모니아	분뇨냄새
㉢	지방산류	에틸아민	새콤한 냄새
㉣	탄화수소류	톨루엔	가솔린 냄새

㉮ ㉠ ㉯ ㉡
㉰ ㉢ ㉱ ㉣

풀이 ㉢ 에틸아민($C_2H_5NH_2$)는 질소화합물로서 생선 썩는 냄새가 난다.

answer 57 ㉰ 58 ㉯ 59 ㉰ 60 ㉰

2019 4회 기출문제

| 제1과목 | 대기오염개론

01 굴뚝 직경 2m, 굴뚝 배출가스 속도 5m/sec, 굴뚝 배출가스온도 400K, 대기온도 300K, 풍속 3m/sec일 때 연기 상승높이(m)는?

(단, $F = g \times \left(\dfrac{D}{2}\right)^2 \times V_s \times \left(\dfrac{T_s-T_a}{T_a}\right)$,

$\triangle H = \dfrac{114 \times C \times F^{\frac{1}{3}}}{u}$, C = 1.58)

㉮ 142.6m ㉯ 152.3m
㉰ 168.5m ㉱ 198.2m

풀이

① $F = g \times \left(\dfrac{D}{2}\right)^2 \times V_S \times \left(\dfrac{T_s-T_a}{T_a}\right)$ (m⁴/sec³)

$= 9.8\text{m/sec}^2 \times \left(\dfrac{2\text{m}}{2}\right)^2 \times 5\text{m/sec}$

$\times \left(\dfrac{400\text{K}-300\text{K}}{300\text{K}}\right)$

$= 16.3333 \text{m}^4/\text{sec}^3$

② $\triangle H = \dfrac{114 \times C \times F^{1/3}}{u}$

$= \dfrac{114 \times 1.58 \times (16.3333 \text{m}^4/\text{sec}^3)^{\frac{1}{3}}}{3\text{m/sec}}$

$= 152.33\text{m}$

02 다음 오염물질 중 수산기를 포함하는 것은?

㉮ chloroform
㉯ benzene
㉰ methyl mercaptan
㉱ phenol

풀이 화학식
㉮ chloroform : $CHCl_3$
㉯ benzene : C_6H_6
㉰ methyl mercaptan : CH_3SH
㉱ phenol : C_6H_5OH

TIP 수산기는 OH⁻를 의미하므로 화학식에서 OH를 가지는 화합물을 찾으면 됩니다.

03 먼지농도가 160μg/m³이고, 상대습도가 70%인 상태의 대도시에서의 가시거리는 몇 km인가? (단, A = 1.2)

㉮ 4.2km ㉯ 5.8km
㉰ 7.5km ㉱ 11.2km

풀이 $V = \dfrac{10^3 \times A}{G}$

여기서
- V : 가시거리(km)
- A : 상수
- G : 농도(μg/m³)

따라서 $V = \dfrac{10^3 \times 1.2}{160\mu g/m^3} = 7.5\text{km}$

answer 01 ㉯ 02 ㉱ 03 ㉰

> **TIP**
> 농도(G)의 단위가 $\mu g/m^3$일 때 가시거리(V)의 단위는 km이다.

04 일반적으로 냄새의 강도와 농도 사이에 성립하는 법칙으로 가장 적합한 것은?

㉮ Nernst-Planck의 법칙
㉯ Weber Fechner의 법칙
㉰ Albedo의 법칙
㉱ Wien의 변위법칙

> **풀이** 냄새의 강도와 농도 사이에 성립하는 법칙은 웨버 페히너(Weber Fechner)의 법칙이다.

05 교토의정서의 2020년까지 연장 및 한국의 녹색기후기금(GCF) 유치를 인준한 당사국 회의 개최장소는?

㉮ 모로코 마라케쉬
㉯ 케냐 나이로비
㉰ 멕시코 칸쿤
㉱ 카타르 도하

> **풀이** 교토의정서의 2020년까지 연장 및 한국의 녹색기후기금(GCF) 유치를 인준한 당사국 회의 개최 장소는 카타르 도하이다.

06 다음 중 "무색의 기체로 자극성이 강하며, 물에 잘 녹고, 살균 방부제로도 이용되고, 단열재, 피혁 제조, 합성수지 제조 등에서 발생하며, 실내공기를 오염시키는 물질"에 해당하는 것은?

㉮ HCHO
㉯ C_6H_5OH
㉰ HCl
㉱ NH_3

> **풀이** ㉮ 폼알데하이드(HCHO)에 대한 설명이다.

> **TIP**
> 이 문제의 핵심포인트는 "살균방부제 = HCHO"임을 숙지하시기 바랍니다.

07 오존층 보호를 위한 오존층 파괴물질의 생산 및 소비감축에 관한 내용의 국제협약으로 가장 적절한 것은?

㉮ 바젤협약
㉯ 리우선언
㉰ 그린피스협약
㉱ 몬트리올 의정서

> **풀이** ㉱ 몬트리올 의정서에 대한 설명이다.

> **TIP**
> ① 바젤협약 : 국가간 대기오염물질 이동 규제 협약
> ② 리우선언 : 지구정상회담에서 환경과 개발에 관한 협약(선언)
> ③ 그린피스협약 : 해양보호관련 국제 협약

08 다음 중 2차 오염물질로 볼 수 없는 것은?

㉮ 이산화황이 대기중에서 산화하여 생성된 삼산화황
㉯ 이산화질소의 광화학반응에 의하여 생성된 일산화질소
㉰ 질소산화물의 광화학반응에 의한 원자상 산소와 대기중의 산소가 결합하여 생성된 오존
㉱ 석유정제시 수소첨가에 의하여 생성된 황화수소

> **풀이** 산화반응, 광화학반응, 광분해 반응에 의해 발생된 물질은 2차성 물질이 된다. 따라서 수소첨가에 의해 생성된 황화수소(H_2S)는 1차성 물질이다.

answer 04 ㉯ 05 ㉱ 06 ㉮ 07 ㉱ 08 ㉱

09 Panofsky에 따른 Richardson수(Ri)의 크기와 대기의 혼합 간의 관계로 옳지 않은 것은?

㉮ Richardson수가 0에 접근하면 분산은 줄어든다.
㉯ 0.25 < Ri : 수직방향의 혼합은 없다.
㉰ Ri가 0.2보다 크게 되면 수직혼합이 최대가 되고, 수평혼합은 없다.
㉱ Ri = 0 : 기계적 난류만 존재한다.

풀이 ㉰ Ri가 0.2보다 크게 되면 수평혼합이 최소가 되고, 수직혼합은 없다.

10 다음 대기오염물질 중 혈관내 용혈을 일으키며, 3대 증상으로는 복통, 황달, 빈뇨이며, 급성중독일 경우 활성탄과 하제를 투여하고 구토를 유발시켜야 하는 것은?

㉮ Asbestos   ㉯ Arsenic(As)
㉰ Benzo[a]pyrene   ㉱ Bromine(Br)

풀이 ㉯ 비소(As)에 대한 설명이다.

TIP
이 문제의 핵심포인트는 "복통, 황달, 빈뇨 유발물질 = 비소"임을 숙지하시기 바랍니다.

11 로스앤젤레스 스모그 사건에서 시간에 따른 광화학 스모그 구성 성분변화 추이 중 가장 늦은 시간에 하루 중 최고치를 나타내는 물질은?

㉮ NO_2 ㉯ 알데하이드
㉰ 탄화수소   ㉱ NO

풀이 가장 늦은 시간에 하루 중 최고치를 나타내는 물질은 2차성 물질이므로 ㉯ 알데하이드가 정답이 된다.

TIP
하루 중 가장 이른 시간(출근시간)에 나타나는 물질은 1차성 물질이고 한낮에 가장 많이 생성되는 물질은 2차성 물질로 대표적인 물질은 오존(O_3)이다.

12 다음 대기오염물질 중 비중이 가장 큰 것은?

㉮ 폼알데하이드   ㉯ 이황화탄소
㉰ 일산화질소   ㉱ 이산화질소

풀이 비중이 가장 큰 물질은 분자량이 가장 큰 물질이므로 ㉯ 이황화탄소(CS_2)가 정답이 된다.

TIP
① 기체의 비중 = $\dfrac{기체의\ 분자량}{공기의\ 분자량(29)}$
② 분자량
㉮ 폼알데하이드(HCHO) = 1+12+1+16 = 30
㉯ 이황화탄소(CS_2) = 12+32×2 = 76
㉰ 일산화질소(NO) = 14+16 = 30
㉱ 이산화질소(NO_2) = 14+16×2 = 46
③ 분자량이 큰 물질은 비중이 큰 물질이다.
④ 분자량이 작은 물질은 비중이 작은 물질이다.

13 지구상에 분포하는 오존에 관한 설명으로 옳지 않은 것은?

㉮ 오존량은 돕슨(Dobson) 단위로 나타내는데, 1Dobson은 지구 대기중 오존의 총량을 0℃, 1기압의 표준상태에서 두께로 환산하였을 때 0.01cm에 상당하는 양이다.
㉯ 오존층 파괴로 인해 피부암, 백내장, 결막염 등 질병유발과 인간의 면역기능의 저하를 유발할 수 있다.
㉰ 오존의 생성 및 분해반응에 의해 자연상태의 성층권 영역에서는 일정 수준의 오

answer 09 ㉰ 10 ㉯ 11 ㉯ 12 ㉯ 13 ㉮

존량이 평형을 이루게 되고, 다른 대기권 영역에 비해 오존의 농도가 높은 오존층이 생성된다.

㉣ 지구 전체의 평균 오존 전량은 약 300 Dobson이지만, 지리적 또는 계절적으로 그 평균값의 ±50% 정도까지 변화하고 있다.

풀이 ㉮ 오존량은 돕슨(Dobson) 단위로 나타내는데, 1Dobson은 지구 대기중 오존의 총량을 0℃, 1기압의 표준상태에서 두께로 환산하였을 때 0.01mm에 상당하는 양이다.

TIP
100돕슨 : 1mm = 1돕슨 : X
∴ X = 0.01mm = 0.001cm

14 분자량이 M인 대기오염물질의 농도가 표준상태(0℃, 1기압)에서 448ppm으로 측정되었다. 표준상태에서 mg/m^3로 환산하면?

㉮ $\dfrac{1}{20M}$ ㉯ $\dfrac{M}{20}$

㉰ $20M$ ㉱ $\dfrac{20}{M}$

풀이 $mg/Sm^3 = \dfrac{448mL}{Sm^3} \times \dfrac{Mmg}{22.4mL} = 20 \times Mmg/Sm^3$

TIP
① $ppm = mL/Sm^3$
② 가스 $1mol \begin{cases} Mmg \\ 22.4mL \end{cases}$
③ $mg/Sm^3 = mL/Sm^3 \times \dfrac{분자량(mg)}{22.4mL}$

15 다음 그림에서 "가"쪽으로 부는 바람은?

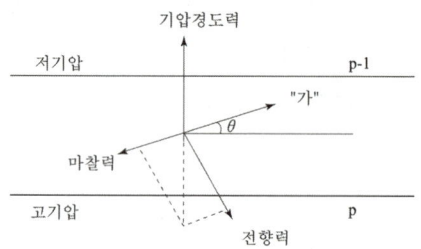

㉮ geostropic wind   ㉯ Föhn wind
㉰ surface wind   ㉱ gradient wind

풀이 지상풍(surface wind)이다.

TIP
㉮ 지균풍 ㉯ 휀풍 ㉰ 지상풍 ㉱ 경도풍

16 대기오염사건과 관련된 설명 중 ( )안에 가장 알맞은 것은?

> 런던 스모그 사건은 (㉠)이 형성되고 거의 무풍상태가 계속되었으며, 로스엔젤레스 스모그사건은 (㉡)이 형성되고 해안성 안개가 낀 상태에서 발생하였다.

㉮ ㉠ 복사역전, ㉡ 이류성역전
㉯ ㉠ 이류성역전, ㉡ 침강역전
㉰ ㉠ 침강역전, ㉡ 복사역전
㉱ ㉠ 복사역전, ㉡ 침강역전

풀이 스모그사건
① 런던 스모그 사건 : 복사성(방사성) 역전
② 로스엔젤레스 스모그사건 : 침강성 역전

answer 14 ㉰ 15 ㉰ 16 ㉱

17 수은에 관한 설명으로 옳지 않은 것은?

㉮ 원자량 200.61, 비중 6.92이며, 염산에 용해된다.
㉯ 만성중독의 경우 전형적인 증상은 특수한 구내염, 눈, 입술, 혀, 손발 등이 빠르고 엷게 떨린다.
㉰ 만성중독의 경우 손과 팔의 근력이 저하되며, 다발성 신경염도 일어난다고도 보고된다.
㉱ 일본의 미나마따지방에서 발생한 미나마따병은 유기수은으로 인한 공해병이며, 구심성 시야협착, 난청, 언어장애 등이 나타난다.

풀이 ㉮ 원자량 200.6, 비중 3.55이며, 질산에 용해되고 염산에는 용해되지 않는다.

TIP
공해병
① 수은(Hg) : 미나마타이병, 헌터-루셀증후군
② 카드뮴(Cd) : 이따이이따이병
③ 폴리클로리네이티드비페닐(PCB) : 카네미유증

18 통상적으로 대기오염물질의 농도와 혼합고간의 관계로 가장 적합한 것은?

㉮ 혼합고에 비례한다.
㉯ 혼합고의 2승에 비례한다.
㉰ 혼합고의 3승에 비례한다.
㉱ 혼합고의 3승에 반비례한다.

풀이 실제오염농도(ppm)
= 예상오염농도(ppm) × $\left(\dfrac{예상최대혼합고}{실제최대혼합고}\right)^3$

예상오염농도(ppm)
= 실제오염농도(ppm) = $\dfrac{1}{\left(\dfrac{예상최대혼합고}{실제최대혼합고}\right)^3}$

따라서 예상오염농도(ppm) = $\dfrac{1}{(예상최대혼합고)^3}$

19 연기의 배출속도 50m/sec, 평균풍속 300m/min, 유효굴뚝높이 55m, 실제굴뚝높이 24m인 경우 굴뚝의 직경(m)은?

(단, $\triangle H = 1.5 \times \left(\dfrac{V_s}{U}\right) \times D$)

㉮ 0.3   ㉯ 1.6
㉰ 2.1   ㉱ 3.7

풀이 $\triangle H = 1.5 \times \left(\dfrac{V_s}{U}\right) \times D$

여기서
$\triangle H$: 연기의 상승고(m)
V_s : 배출가스의 토출속도(m/sec)
U : 풍속(m/sec)
D : 직경(m)

$31m = 1.5 \times \left(\dfrac{50m/sec}{300m/min \times 1min/60sec}\right) \times D$

∴ $D = 2.07m$

TIP
연기의 상승고($\triangle H$)
= 유효굴뚝높이(He) - 실제굴뚝높이(H)
= 55m - 24m = 31m

20 다음 대기분산모델 중 벨기에에서 개발되었으며, 통계모델로서 도시지역의 오존농도를 계산하는데 이용했던 것은?

㉮ ADMS(atmospheric dispersion ozone model system)
㉯ OCD(offshore and coastal ozone dispersion model)
㉰ SMOGSTOP(statistical models of groundlevel short term ozone pollution)
㉱ RAMS(regional atmospheric ozone model system)

풀이 ㉮ ADMS : 영국에서 개발된 가우시안 모델이며, 도

answer 17 ㉮   18 ㉱   19 ㉰   20 ㉰

시지역 오염물질의 이동을 계산하는데 이용된다.
㉰ OCD : 미국에서 개발된 가우시안 모델이며, 해안 지역 오염물질의 이동을 계산하는데 이용된다.
㉱ RAMS : 미국에서 개발된 3차원 바람장 모델이며, 바람장과 오염물질의 분산을 동시에 계산한다.

| 제2과목 | 대기오염공정시험기준

21 대기오염공정시험기준에서 정의하는 기밀용기에 관한 설명으로 옳은 것은?

㉮ 물질을 취급 또는 보관하는 동안에 이물이 들어가거나 내용물이 손실되지 않도록 보호하는 용기
㉯ 물질을 취급 또는 보관하는 동안에 외부로부터의 공기 또는 다른 가스가 침입하지 않도록 내용물을 보호하는 용기
㉰ 물질을 취급 또는 보관하는 동안에 내용물이 광화학적 변화를 일으키지 않도록 보호하는 용기
㉱ 물질을 취급 또는 보관하는 동안에 기체 또는 미생물이 침입하지 않도록 내용물을 보호하는 용기

풀이 용기
㉮ 밀폐용기
㉯ 기밀용기
㉰ 차광용기
㉱ 밀봉용기

TIP
용기
① 밀폐용기 : 이물질
② 기밀용기 : 공기
③ 밀봉용기 : 미생물
④ 차광용기 : 광선

22 대기오염공정시험기준 중 원자흡수분광광도법에서 사용되는 용어의 정의로 옳지 않은 것은?

㉮ 슬롯버너 : 가스의 분출구가 세극상으로 된 버너
㉯ 충전가스 : 중공음극램프에 채우는 가스
㉰ 선프로파일 : 파장에 대한 스펙트럼선의 강도를 나타내는 곡선
㉱ 근접선 : 목적하는 스펙트럼선과 동일한 파장을 갖는 같은 스펙트럼선

풀이 ㉱ 근접선 : 목적하는 스펙트럼선에 가까운 파장을 갖는 다른 스펙트럼선

23 0.1N H_2SO_4 용액 1,000mL를 제조하기 위해서는 95% H_2SO_4를 약 몇 mL 취하여야 하는가? (단, H_2SO_4의 비중은 1.84)

㉮ 약 1.2mL ㉯ 약 3mL
㉰ 약 4.8mL ㉱ 약 6mL

풀이
① $eq/L = \dfrac{비중(g)}{(mL)} \times \dfrac{10^3 mL}{1L} \times \dfrac{1eq}{1당량g} \times \dfrac{농도(\%)}{100}$

$= \dfrac{1.84g}{mL} \times \dfrac{10^3 mL}{1L} \times \dfrac{1eq}{49g} \times \dfrac{95\%}{100}$

$= 35.6735N$

② 적정공식 $N_1 \times V_1 = N_2 \times V_2$를 이용한다.
$0.1N \times 1,000mL = 35.6735N \times V_2$

$\therefore V_2 = \dfrac{0.1N \times 1,000mL}{35.6735N}$

$= 2.8mL$

TIP
① N농도 = eq/L
② 1mol = 분자량(g)
③ H_2SO_4의 분자량 = $1 \times 2 + 32 + 16 \times 4 = 98$
④ $1eq = \dfrac{분자량(g)}{가수}$

answer 21 ㉯ 22 ㉱ 23 ㉯

⑤ H_2SO_4는 2 당량이므로 $1eq = \dfrac{98g}{2} = 49g$

24
환경대기 중 아황산가스의 농도를 산정량수동법으로 측정하여 다음과 같은 결과를 얻었다. 이때 아황산가스의 농도는?

- 적정에 사용한 0.01N-알칼리 용액의 소비량 0.2mL
- 시료가스 채취량 1.5m³

㉮ 43μg/m³ ㉯ 58μg/m³
㉰ 65μg/m³ ㉱ 72μg/m³

풀이
$S = \dfrac{32{,}000 \times N \times v}{V}$

여기서
- S : 아황산가스의 농도(μg/m³)
- N : 알칼리의 규정농도(N)
- v : 적정에 사용한 알칼리의 양(mL)
- V : 시료가스 채취량(m³)

따라서 $S = \dfrac{32{,}000 \times 0.01N \times 0.2mL}{1.5m^3} = 42.67μg/m^3$

25
배출가스 중 휘발성유기화합물(VOCs) 시료채취방법인 흡착관법에 의한 시료채취장치에 대한 내용으로 틀린 것은?

㉮ 채취관의 재질은 플루오로 수지, 유리, 석영 등을 사용한다.
㉯ 밸브는 밀봉 윤활유를 사용하여 가스의 누출이 없는 구조이어야 한다.
㉰ 응축기는 가스가 흡착관을 통과하기 전 가스를 20℃ 이하로 낮출 수 있는 부피가 되어야 한다.
㉱ 각 흡착제는 반드시 지정된 최고 온도 범위와 가스유량을 고려하여 사용하여야 한다.

풀이 ㉯ 밸브는 밀봉 윤활유를 사용하지 않고 가스의 누출이 없는 구조이어야 한다.

26
굴뚝반경이 2.2m인 원형 굴뚝에서 먼지를 채취하고자 할 때 측정점수는?

㉮ 8 ㉯ 12
㉰ 16 ㉱ 20

풀이 반경이 2.2m이므로 직경이 4.4m이므로 반경구분수 4, 측정점수 16이다.

TIP

굴뚝직경(m)	반경구분수	측정점수
1 이하	1	4
1 초과 2 이하	2	8
2 초과 4 이하	3	12
4 초과 4.5 이하	4	16
4.5 초과	5	20

27
원자흡수분광광도법으로 배출가스 중 Zn을 분석할 때의 측정파장으로 적합한 것은?

㉮ 213.9nm ㉯ 248.3nm
㉰ 324.8nm ㉱ 357.9nm

풀이 아연(Zn)의 원자흡수분광광도법
① 측정파장 : 213.9nm
② 정량범위 : 0.100 mg/Sm³ 이상
③ 정밀도 : 10%
④ 방법검출한계 : 0.031 mg/Sm³

answer 24 ㉮ 25 ㉯ 26 ㉰ 27 ㉮

28 굴뚝 배출가스 중 이황화탄소를 자외선/가시선 분광법으로 측정 시 분석파장으로 가장 적합한 것은?

㉮ 560nm   ㉯ 490nm
㉰ 435nm   ㉱ 235nm

풀이 이황화탄소(CS_2)의 자외선/가시선 분광법 암기사항
① 흡수액 : 다이에틸아민구리 용액
② 흡광도 측정파장 : 435nm
③ 정량범위 : (4.0~60.0)ppm
④ 방법검출한계 : 1.3ppm

29 분석대상가스가 질소산화물인 경우 흡수액으로 가장 적합한 것은? (단, 아연환원나프틸에틸렌다이아민법 기준)

㉮ 황산용액(0.005mol/L)
㉯ 수산화소듐(0.5g/L)용액
㉰ 아연아민착염용액
㉱ 아세틸아세톤 함유 흡수액

30 500mmH_2O는 약 몇 mmHg인가?

㉮ 19mmHg   ㉯ 28mmHg
㉰ 37mmHg   ㉱ 45mmHg

풀이 500mmH_2O ÷ 13.6 = 36.77mmHg

TIP

수은주 비중 = $\frac{10,332 mmH_2O}{760 mmHg}$ = 13.6(mmH_2O/mmHg)

mmH_2O $\xrightarrow{\div 13.6}$ mmHg
mmHg $\xrightarrow{\times 13.6}$ mmH_2O

31 기체크로마토그래피에 관한 설명으로 옳지 않은 것은?

㉮ 일정유량으로 유지되는 운반가스(carrier gas)는 시료도입부로부터 분리관내를 흘러서 검출기를 통하여 외부로 방출된다.
㉯ 시료의 각 성분이 분리되는 것은 분리관을 통과하는 성분의 흡광성에 의한 속도변화 차이 때문이다.
㉰ 일반적으로 무기물 또는 유기물의 대기오염물질에 대한 정성, 정량 분석에 이용된다.
㉱ 기체시료 또는 기화한 액체나 고체시료를 운반가스(carrier gas)에 의하여 분리, 관내에 전개시켜 기체상태에서 분리되는 각 성분을 크로마토그래피적으로 분석하는 방법이다.

풀이 ㉯ 시료의 각 성분이 분리되는 것은 분리관을 통과하는 성분의 흡착성과 용해성에 의한 속도변화 차이 때문이다.

32 환경대기 내의 옥시던트(오존으로서) 측정방법 중 알칼리성 아이오딘화포타슘법에 관한 설명으로 가장 거리가 먼 것은?

㉮ 대기중에 존재하는 저농도의 옥시던트(오존)를 측정하는데 사용된다.
㉯ 이 방법에 의한 오존 검출한계는 0.1~65μg이며, 더 높은 농도의 시료는 중성 아이오딘화포타슘법으로 측정한다.
㉰ 대기중에 존재하는 미량의 옥시던트를 알칼리성 아이오딘화포타슘 용액에 흡수시키고 아세트산으로 pH 3.8의 산성으로 하면 산화제의 당량에 해당하는 아이오드가 유리된다.
㉱ 유리된 아이오드를 파장 352nm에서 흡

answer 28 ㉰   29 ㉮   30 ㉰   31 ㉯   32 ㉯

광도를 측정하여 정량한다.

풀이 ④ 이 방법에 의한 오존 검출한계는 1~16μg이며, 더 높은 농도의 시료는 흡수액으로 적당히 묽혀 사용할 수 있다.

TIP
용어
① 요오드 = 아이오드
② 칼륨 = 포타슘
③ 중성요오드화칼륨법 = 중성아이오딘화포타슘법

33 황산 25mL를 물로 희석하여 전량을 1L로 만들었다. 희석 후 황산용액의 농도는? (단, 황산순도는 95%, 비중은 1.84이다.)

㉮ 약 0.3N ㉯ 약 0.6N
㉰ 약 0.9N ㉱ 약 1.5N

풀이
① $eq/L = \dfrac{비중(g)}{(mL)} \times \dfrac{10^3 mL}{1L} \times \dfrac{1eq}{1당량g} \times \dfrac{농도(\%)}{100}$

$= \dfrac{1.84g}{mL} \times \dfrac{10^3 mL}{1L} \times \dfrac{1eq}{49g} \times \dfrac{95\%}{100}$

$= 35.6735N$

② $35.6735N \times \dfrac{25mL}{1,000mL} = 0.89N$

TIP
① N농도의 = eq/L
② 1mol = 분자량(g)
③ $1eq = \dfrac{분자량(g)}{가수}$
④ H_2SO_4는 2 당량이므로 $1eq = \dfrac{98g}{2} = 49g$

34 굴뚝 배출가스 중 페놀화합물을 자외선/가시선 분광법으로 측정할 때 시료액에 4-아미노안티피린용액과 헥사사이아노철(Ⅲ)산포타슘 용액을 가한 경우 발색된 색은?

㉮ 황색 ㉯ 황록색
㉰ 적색 ㉱ 청색

풀이 페놀화합물을 자외선/가시선 분광법
① 흡수액 : 수산화소듐용액(4g/L)
② pH : 10 ± 0.2로 조절
③ 발색 및 파장 측정 : 적색, 510nm
④ 방법검출한계 : 0.32ppm
⑤ 정량범위 : 1.00ppm 이상

35 다음 중 특정 발생원에서 일정한 굴뚝을 거치지 않고 외부로 비산 배출되는 먼지를 고용량공기시료채취법으로 측정하여 농도계산시 "전 시료채취 기간 중 주풍향이 45°~90° 변할 때"의 풍향 보정계수로 옳은 것은?

㉮ 1.0 ㉯ 1.2
㉰ 1.5 ㉱ 1.8

풀이 풍향에 대한 보정계수

풍향변화범위	보정계수
주풍향이 90°이상	1.5
주풍향이 45°~90°	1.2
주풍향이 45°미만	1.0

answer 33 ㉰ 34 ㉰ 35 ㉯ 36 ㉰ 37 ㉯

36 외부로 비산 배출되는 먼지를 고용량공기시료채취법으로 측정한 조건이 다음과 같을 때 비산먼지의 농도는?

- 대조위치의 먼지농도 : 0.15mg/Sm³
- 채취먼지량이 가장 많은 위치의 먼지 농도 : 4.69mg/Sm³
- 전 시료채취 기간 중 주 풍향이 90°이상 변했으며, 풍속이 0.5m/sec 미만 또는 10m/sec 이상되는 시간이 전 채취시간의 50% 미만이었다.

㉮ 4.54mg/Sm³ ㉯ 5.45mg/Sm³
㉰ 6.81mg/Sm³ ㉱ 8.17mg/Sm³

풀이 비산먼지농도(C)
= $(C_H - C_B) \times W_D \times W_S$
= (4.69-0.15)mg/Sm³ × 1.5 × 1.0
= 6.81mg/Sm³

TIP
보정계수
(1) 풍향에 대한 보정계수

풍향변화범위	보정계수
주풍향이 90°이상	1.5
주풍향이 45°~90°	1.2
주풍향이 45°미만	1.0

(2) 풍속에 대한 보정계수

풍속계수	보정계수
전 채취시간의 50% 미만	1.0
전 채취시간의 50% 이상	1.2

37 굴뚝 배출가스 중 이산화황을 연속적으로 분석하기 위한 시험방법에 사용되는 정전위전해분석계의 구성에 관한 설명으로 옳지 않은 것은?

㉮ 가스투과성 격막은 전해셀 안에 들어있는 전해질의 유출이나 증발을 막고 가스 투과성 성질을 이용하여 간섭성분의 영향을 저감시킬 목적으로 사용하는 폴리에틸렌 고분자격막이다.
㉯ 작업전극은 전해셀 안에서 산화전극과 한쌍으로 전기회로를 이루며 이산화황을 정전위전해 하는데 필요한 산화전극을 대전극에 가할 때 기준으로 삼는 전극으로서 백금전극, 니켈 또는 니켈화합물전극, 납 또는 납화합물전극 등이 사용된다.
㉰ 전해액은 가스투과성 격막을 통과한 가스를 흡수하기 위한 용액으로 약 0.5mol/L 황산용액으로 사용한다.
㉱ 정전위전원은 작업전극에 일정한 전위의 전기에너지를 부가하기 위한 직류전원으로 수은전지가 이용된다.

풀이 ㉯ 산화전극은 전해셀안에서 작업전극과 한쌍으로 전기회로를 이루며 이산화황을 정전위 전해 하는데 필요한 산화전극을 작업전극에 가할 때 기준으로 삼는 전극이다. 백금전극, 니켈 또는 니켈화합물 전극, 납 또는 납화합물 전극 등이 사용된다.

38 자외선 가시선 분광법에 관한 설명으로 옳지 않은 것은? (단, I_o = 입사광의 강도, I_t = 투사광의 강도, C : 용액의 농도, L : 빛의 투사길이, ϵ : 비례상수(흡광계수))

㉮ 램비어트 비어의 법칙을 응용한 것이다.
㉯ $\dfrac{I_t}{I_o}$ = 투과도라 한다.
㉰ 투과도 $\left(t = \dfrac{I_t}{I_o}\right)$를 백분율로 표시한 것을 투과퍼센트라 한다.
㉱ 투과도 $\left(t = \dfrac{I_t}{I_o}\right)$의 자연대수를 흡광도라 한다.

answer 36 ㉰ 37 ㉯ 38 ㉱

풀이 ㉣ 투과도 $\left(t = \dfrac{I_1}{I_0}\right)$ 역수의 상용대수를 흡광도라 한다.

39 배출가스 중 황화수소의 분석방법인 자외선/가시선분광법-메틸렌블루법에 대한 내용으로 틀린 것은?

㉮ 시료채취량이 20L인 경우 정량범위는 1.7ppm 이상이다.
㉯ 메틸렌블루의 흡광도를 670nm 부근에서 측정한다
㉰ 채취관의 재질은 스테인레스강, 유리, 석영, PTFE(polytetrafluoroethylene) 수지 등을 사용한다.
㉱ 흡수액은 수산화소듐 용액(4g/L)을 사용한다.

풀이 ㉱ 흡수액은 아연아민착염 용액을 사용한다.

40 시험의 기재 및 용어에 대한 정의로 옳지 않은 것은?

㉮ 용액의 액성표시는 따로 규정이 없는 한 유리전극법에 의한 pH미터로 측정한 것을 말한다.
㉯ 액체성분의 양을 정확히 취한다 함은 홀피펫, 부피플라스크 또는 이와 동등 이상의 정도를 갖는 용량계를 사용하여 조작하는 것을 뜻한다.
㉰ 항량이 될 때까지 건조한다 함은 따로 규정이 없는 한 보통의 건조방법으로 1시간 더 건조할 때 전후 무게의 차가 매 g당 0.5mg 이하일 때를 뜻한다.
㉱ 바탕시험을 하여 보정한다 함은 시료에 대한 처리 및 측정을 할 때 시료를 사용하지 않고 같은 방법으로 조작한 측정치를 빼는 것을 뜻한다.

풀이 ㉰ 항량이 될 때까지 건조한다 함은 따로 규정이 없는 한 보통의 건조방법으로 1시간 더 건조할 때 전후 무게의 차가 매 g당 0.3mg 이하일 때를 뜻한다.

| 제3과목 | 대기오염방지기술

41 다음 연료 중 검댕의 발생이 가장 적은 것은?

㉮ 저휘발분 역청탄
㉯ 코크스
㉰ 이탄
㉱ 고휘발분 역청탄

풀이 검댕의 발생이 가장 적은 연료는 휘발분이 가장 적은 코크스이다.

TIP
검댕의 발생 조건
① 연료에 휘발분이 포함되어 있는 경우
② 연료가 불완전연소가 되는 경우

42 유압식과 공기분무식을 합한 것으로서 유압은 보통 7kg/cm² 이상이며, 연소가 양호하고, 소형이며, 전자동 연소가 가능한 연소장치는?

㉮ 증기분무식버너
㉯ 방사형버너
㉰ 건타입버너
㉱ 저압기류분무버너

풀이 ㉰ 건타입버너에 대한 설명이다.

answer 39 ㉱ 40 ㉰ 41 ㉯ 42 ㉰

43 다음 중 사이크론 집진장치에서 50%의 효율로 집진되는 입자의 크기를 나타내는 것으로 가장 적합한 용어는?

㉮ 임계입경 ㉯ 한계입경
㉰ 절단입경 ㉱ 분배입경

풀이 50%의 효율로 집진되는 입자의 크기는 절단입경이다.

TIP
사이크론 집진장치에서 입경
① dp : 100% 제거입경 = 임계입경 = 한계입경
  = 최소제거입경
② dp_{50} : 50% 제거입경 = 절단입경 = Cut size

44 기체연료의 연소방식 중 확산연소에 관한 설명으로 옳지 않은 것은?

㉮ 확산연소 시 연료류와 공기류의 경계에서 확산과 혼합이 일어난다.
㉯ 연소 가능한 혼합비가 먼저 형성된 곳부터 연소가 시작되므로 연소형태는 연소기의 위치에 따라 달라진다.
㉰ 화염이 길고 그을음이 발생되기 쉽다.
㉱ 역화의 위험이 있으며 가스와 공기를 예열할 수 없는 단점이 있다.

풀이 ㉱ 역화의 위험이 없으며 가스와 공기를 예열할 수 있는 장점이 있다.

TIP
기체연료 연소형태에서 확산연소와 반대되는 연소형태가 예혼합연소이다.

45 탄소 89%, 수소 11%로 된 경유 1kg을 공기과잉계수 1.2로 연소 시 탄소 2%가 그을음으로 된다면 실제 건조 연소가스 1Sm³ 중 그을음의 농도(g/Sm³)는 약 얼마인가?

㉮ 0.8 ㉯ 1.4
㉰ 2.9 ㉱ 3.7

풀이 ① 이론공기량(A_o)
$= 8.89C + 26.67\left(H - \dfrac{O}{8}\right) + 3.33S (Sm^3/kg)$
$= 8.89 \times 0.89 + 26.67 \times 0.11 = 10.8458 Sm^3/kg$
② 실제건조연소가스량(Gd)
$= mA_o - 5.6H + 0.7O + 0.8N (Sm^3/kg)$
$= 1.2 \times 10.8458 Sm^3/kg - 5.6 \times 0.11$
$= 12.399 Sm^3/kg$
③ 그을음의 농도(g/Sm³)
$= \dfrac{0.89 \times 0.02 kg/kg}{12.399 Sm^3/kg} \times 10^3 g/kg = 1.44 g/Sm^3$

TIP
① 그을음의 량 = 탄소의 2% = 0.89×0.02kg/kg
② 공기비(m)가 주어져 있으므로 실제건조연소가스량 기준

46 후드를 포위식, 외부식, 레시버식으로 분류할 때, 다음 중 레시버식 후드에 해당하는 것은?

㉮ Canopy type ㉯ Cover type
㉰ Glove box type ㉱ Booth type

TIP
국소배기후드의 형식분류
1. 포위식
  ① 포위형(Cover)
  ② 장갑부착상자형(Globe box)
  ③ 건축부스형(Booth)
  ④ 드래프트 챔버형(Draft chamber)
2. 외부식

answer 43 ㉰ 44 ㉱ 45 ㉯ 46 ㉮

① 슬롯트형(Slot)
② 루버형(Louver)
③ 그리드형(Grid)
④ 자립형(Free standing hood)
3. 레시버식
① 캐노피형(Canopy)
② 포위형(Grinder cover)
③ 자립형(Free standing receiving hood)

47 통풍에 관한 설명 중 옳지 않은 것은?

㉮ 압입통풍은 역화의 위험성이 있다.
㉯ 압입통풍은 로앞에 설치된 가압송풍기에 의해 연소용 공기를 연소로 안으로 압입하며 내압은 정압(+)이다.
㉰ 흡인통풍은 연소용 공기를 예열할 수 있다.
㉱ 평형통풍은 2대의 송풍기를 설치, 운용하므로 설비비가 많이 소요되는 단점이 있다.

풀이 ㉰ 흡인통풍은 연소용 공기를 예열할 수 없다.

TIP
압입통풍은 버너에 설치하고, 흡입통풍은 연돌(굴뚝)에 설치한다.

48 연소 시 발생되는 질소산화물(NO_x)의 발생을 감소시키는 방법으로 옳지 않은 것은?

㉮ 2단 연소
㉯ 연소부분 냉각
㉰ 배기가스 재순환
㉱ 높은 과잉공기 사용

풀이 ㉱ 적은 과잉공기 사용

TIP
질소산화물(NOX) 저감법에서 핵심은 온도를 낮게 유지하는 것이므로 공급공기량 적게, 연소온도 낮게 초점을 맞춰 문제풀이를 하시면 됩니다.

49 불화수소를 함유하는 배기가스를 충전흡수탑을 이용하여 흡수율 92.5%로 기대하고 처리하고자 한다. 기상총괄이동단위높이(HOG)가 0.44m일 때 이론적인 충전탑의 높이는? (단, 흡수액상 불화수소의 평형분압은 0이다.)

㉮ 0.91m ㉯ 1.14m
㉰ 1.41m ㉱ 1.63m

풀이 $H = NOG \times HOG$
여기서
$\begin{bmatrix} H : 충전탑의 높이(m) \\ HOG : 총괄이동단위높이(m) \\ NOG : 총괄이동단위수 \left[NOG = \ln\left(\dfrac{1}{1-\eta}\right) \right] \end{bmatrix}$

따라서 $H = 0.44m \times \ln\left(\dfrac{1}{1-0.925}\right) = 1.14m$

50 관성충돌, 확산, 증습, 응집, 부착원리를 이용하여 먼지입자와 유해가스를 동시에 제거할 수 있는 장점을 지닌 집진장치로 가장 적합한 것은?

㉮ 음파집진장치   ㉯ 중력집진장치
㉰ 전기집진장치   ㉱ 세정집진장치

풀이 ㉱ 세정집진장치에 대한 설명이다.

TIP
입자와 가스를 동시에 처리할 수 있는 장치는 습식장치이므로 세정집진장치가 정답이 된다.

answer 47 ㉰ 48 ㉱ 49 ㉯ 50 ㉱

51 적정조건에서 전기집진장치의 분리속도(이동속도)는 커닝햄(Stokes Cunningham) 보정계수 Km에 비례한다. 다음 중 Km이 커지는 조건으로 알맞게 짝지은 것은?

(단, Km ≥ 1)

㉮ 먼지의 입자가 작을수록, 가스압력이 낮을수록
㉯ 먼지의 입자가 작을수록, 가스압력이 높을수록
㉰ 먼지의 입자가 클수록, 가스압력이 낮을수록
㉱ 먼지의 입자가 클수록, 가스압력이 높을수록

풀이 커닝햄 보정계수가 커지는 조건
① 가스의 온도가 높을수록
② 먼지의 입자가 미세할수록
③ 가스분자의 직경이 작을수록
④ 가스의 압력이 낮을수록
⑤ 가스의 점성저항이 작을수록

TIP
커닝햄 보정계수가 커지는 조건에서 가스의 온도만 증가하고 나머지 조건은 작을(낮을)수록을 숙지해서 정답을 찾으면 됩니다.

52 다음 석탄의 특성에 대한 설명으로 옳은 것은?

㉮ 고정탄소의 함량이 큰 연료는 발열량이 높다.
㉯ 회분이 많은 연료는 발열량이 높다.
㉰ 탄화도가 높을수록 착화온도는 낮아진다.
㉱ 휘발분 함량과 매연발생량은 무관하다.

풀이 ㉯ 회분이 많은 연료는 발열량이 낮다.
㉰ 탄화도가 높을수록 착화온도는 높아진다.
㉱ 휘발분 함량과 매연발생량은 비례한다.

53 공기가 과잉인 경우로 열손실이 많아지는 때의 등가비(∅) 상태는?

㉮ ∅ = 1   ㉯ ∅ < 1
㉰ ∅ > 1   ㉱ ∅ = 0

풀이 ㉮ ∅ = 1 : 완전연소
㉯ ∅ < 1 : 공기과잉
㉰ ∅ > 1 : 연료과잉

54 다음 집진장치 중 통상적으로 압력손실이 가장 큰 것은?

㉮ 충전탑   ㉯ 벤츄리 스크러버
㉰ 사이클론   ㉱ 임펄스 스크러버

풀이 압력손실이 가장 큰 것은 벤츄리 스크러버로 300~800mmH$_2$O이다.

TIP
보기 중 벤츄리 스크러버가 있는 경우 압력손실이 큰 것을 찾는 문제는 무조건 벤츄리 스크러버가 정답이다.

55 VOC$_S$ 제어를 위한 촉매소각에 관한 설명으로 가장 거리가 먼 것은?

㉮ 촉매를 사용하여 연소실의 온도를 300~400℃ 정도로 낮출 수 있다.
㉯ 고농도의 VOC$_S$ 및 열용량이 높은 물질을 함유한 가스는 연소열을 낮춰 촉매활성화를 촉신시키므로 유용하게 사용할 수 있다.
㉰ 백금, 팔라듐 등이 촉매로 사용된다.
㉱ Pb, As, P, Hg 등은 촉매의 활성을 저하시킨다.

풀이 ㉯ 고농도의 VOC$_S$ 및 열용량이 높은 물질을 함유한 가스는 연소열을 높여 촉매활성화를 촉진시키므로 유용하게 사용할 수 있다.

answer 51 ㉮ 52 ㉮ 53 ㉯ 54 ㉯ 55 ㉯

TIP
VOC$_S$ = 휘발성유기화합물

56 다음 중 각종 발생원에서 배출되는 먼지 입자의 진비중(S)과 겉보기 비중(S_B)의 비(S/S_B)가 가장 큰 것은?

㉮ 시멘트킬른 ㉯ 카본블랙
㉰ 골재건조기 ㉱ 미분탄보일러

풀이 진비중(S)과 겉보기 비중(S_B)의 비(S/S_B)
㉮ 시멘트킬른 : 5.0
㉯ 카본블랙 : 76
㉰ 골재건조기 : 2.73
㉱ 미분탄보일러 : 4.04

TIP
56번처럼 진비중과 겉보기 비중이 주어지지 않을 경우는 카본블랙이 정답임을 숙지해야 합니다.

57 Propane gas 1Sm³을 공기비 1.21로 완전연소 시켰을 때 생성되는 건조 배출가스량은? (단, 표준상태 기준)

㉮ 26.8Sm³ ㉯ 24.2Sm³
㉰ 22.3Sm³ ㉱ 20.8Sm³

풀이 $C_3H_8 + 5O_2 \rightarrow 3CO_2 + 4H_2O$
실제건조가스량(Gd)
= (m-0.21)A$_o$ + CO$_2$량
= (1.21-0.21) × $\frac{5}{0.21}$ + 3
= 26.81 Sm³/Sm³

TIP
① 이론공기량(A$_o$: Sm³/Sm³) = $\frac{이론산소량}{0.21}$
 = $\frac{산소의 개수}{0.21}$
② 프로판 = C_3H_8
③ 공기비(m)가 주어지면 실제가스량 기준

58 유해가스와 물이 일정온도 하에서 평형상태를 이루고 있을 때, 가스의 분압이 60mmHg, 물중의 가스농도가 2.4kg·mol/m³이면, 이 때 헨리정수는? (단, 전압은 1기압, 헨리정수의 단위는 atm·m³/kg·mol이다.)

㉮ 0.014 ㉯ 0.023
㉰ 0.033 ㉱ 0.417

풀이 헨리상수(atm·m³/kg·mol)
= $\frac{분압(atm)}{농도(kg·mol/m³)}$
= $\frac{60mmHg/760}{2.4 kg·mol/m³}$
= 0.033 atm·m³/kg·mol

59 송풍기에 관한 설명으로 거리가 먼 것은?

㉮ 원심력 송풍기 중 전향날개형은 송풍량이 적으나, 압력손실이 비교적 큰 공기조화용 및 특수 배기용 송풍기로 사용한다.
㉯ 축류 송풍기는 축 방향으로 흘러 들어온 공기가 축 방향으로 흘러 나갈때의 임펠러의 양력을 이용한 것이다.
㉰ 원심력 송풍기 중 방사날개형은 자체 정화기능을 가지기 때문에 분진이 많은 작업장에 사용한다.
㉱ 원심력 송풍기 중 후향날개형은 비교적 큰 압력손실에도 잘 견디기 때문에 공기 정화장치가 있는 국소배기 시스템에 사용한다.

실전문제

answer 56 ㉯ 57 ㉮ 58 ㉰ 59 ㉮

풀이 ㉮ 원심력 송풍기 중 전향날개형은 비교적 느린 속도로 가동되며, 주로 가정용 화로, 중앙난방장치 및 에어컨과 같이 저압 난방 및 환기 등에 이용된다.

60 사이클론과 전기집진장치를 순서대로 직렬로 연결한 어느 집진장치에서 포집되는 먼지량이 각각 300kg/hr, 195kg/hr이고, 최종 배출구로부터 유출되는 먼지량이 5kg/hr이면 이 집진장치의 총집진효율은? (단, 기타 조건은 동일하며, 처리과정 중 소실되는 먼지는 없다.)

㉮ 98.5% ㉯ 99.0%
㉰ 99.5% ㉱ 99.9%

풀이 총집진효율(%) = $\left(1 - \dfrac{출구의\ 먼지농도}{입구의\ 먼지농도}\right) \times 100$

① 입구의 먼지농도
  = 300kg/hr+195kg/hr+5kg/hr = 500kg/hr
② 출구의 먼지농도 = 5kg/hr
③ 총집진효율(%) = $\left(1 - \dfrac{5kg/hr}{500kg/hr}\right) \times 100$
  = 99.0%

answer 60 ㉯

2020 1·2회 기출문제

| 제1과목 | 대기오염개론

01 다음 [보기]가 설명하는 대기오염물질로 옳은 것은?

[보기]
① 석탄, 석유 등 화석연료의 연소에 의해서 주로 발생하는 입자상 물질에 함유되어 있는 물질
② 촉매제, 합금제조, 잉크와 도자기 제조공정 등에서도 발생
③ 대기 중 $0.1 \sim 1\mu g/m^3$ 정도 존재하며 코, 눈 기도를 자극하는 물질

㉮ 비소 ㉯ 아연
㉰ 바나듐 ㉱ 다이옥신

풀이 ㉰ 바나듐(V)에 대한 설명이다.

02 대기의 특성과 관련된 설명으로 옳지 않은 것은?

㉮ 공기는 약 0~50℃의 온도범위 내에서 보통 이상기체의 법칙을 따른다.
㉯ 공기의 절대습도란 이론적으로 함유된 수증기 또는 물의 함량을 말하며 단위는 %이다.
㉰ 대기안정도와 난류는 대기경계층에서 오염물질의 확산정도를 결정하는 중요한 인자이다.
㉱ 지표면으로부터의 마찰효과가 무시될 수 있는 층에서 기압경도력과 전향력의 평형에 의하여 이루어지는 바람을 지균풍이라고 한다.

풀이 ㉯ 공기의 절대습도란 이론적으로 함유된 수증기 또는 물의 함량을 말하며 단위는 g이다.

03 다음 4종류의 고도에 따른 기온분포도 중 plume의 상하 확산폭이 가장 적어 최대착지거리가 큰 것은?

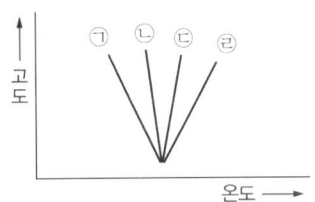

㉮ ㉠ ㉯ ㉡
㉰ ㉢ ㉱ ㉣

풀이 ① 확산의 폭이 가장 큰 것 : ㉠
② 확산의 폭이 가장 적은 것 : ㉣

answer 01 ㉰ 02 ㉯ 03 ㉱

04 다음은 입자 빛산란의 적용 결과에 대한 설명이다. ( )안에 알맞은 것은?

> (㉠)의 결과는 모든 입경에 대하여 적용되되, (㉡)의 결과는 입사 빛의 파장에 대하여 입자가 대단히 작은 경우에만 적용된다.

㉮ ㉠ Mie, ㉡ Rayleigh
㉯ ㉠ Rayleigh, ㉡ Mie
㉰ ㉠ Maxwell, ㉡ tyndall
㉱ ㉠ tyndall, ㉡ Maxwell

풀이 ① Mie의 결과는 모든 입경에 대하여 적용
② Rayleigh의 결과는 입사 빛의 파장에 대하여 입자가 대단히 작은 경우에만 적용

05 다음 [보기]의 설명에 적합한 입자상 오염물질은?

> [보기]
> 금속 산화물과 같이 가스상 물질이 승화, 증류, 및 화학반응 과정에서 응축될 때 주로 생성되는 고체 입자이다.

㉮ 훈연(fume)   ㉯ 먼지(dust)
㉰ 검댕(soot)   ㉱ 미스트(mist)

풀이 ㉮ 훈연(fume)에 대한 설명이다.

TIP
훈연(fume)은 입자의 지름이 1µm 이하이고, 활발한 브라운운동을 한다.

06 지상 25m에서의 풍속이 10m/s일 때 지상 50m에서의 풍속(m/s)은? (단, Deacon 식을 이용하고, 풍속지수는 0.2를 적용한다.)

㉮ 약 10.8   ㉯ 약 11.5
㉰ 약 13.2   ㉱ 약 16.8

풀이
$u_2 = u_1 \times \left(\dfrac{H_2}{H_1}\right)^n$
$= 10\text{m/sec} \times \left(\dfrac{50\text{m}}{25\text{m}}\right)^{0.2}$
$= 11.49\text{m/sec}$

07 다음 물질 중 오존파괴지수가 가장 낮은 것은?

㉮ CCl_4 ㉯ CFC-115
㉰ Halon-2402   ㉱ Halon-1301

풀이 오존파괴지수
㉮ CCl_4 : 1.1
㉯ CFC-115 : 0.6
㉰ Halon-2402 : 6.0
㉱ Halon-1301 : 10.0

08 다음 가스성분 중 일반적으로 대기 내의 체류시간이 가장 짧은 것은? (단, 표준상태 0℃, 760mmHg 건조공기)

㉮ CO   ㉯ CO_2
㉰ N_2O ㉱ CH_4

풀이 체류시간
㉮ CO : 1~3개월
㉯ CO_2 : 2~4년
㉰ N_2O : 20~100년
㉱ CH_4 : 3~8년

answer   04 ㉮   05 ㉮   06 ㉯   07 ㉯   08 ㉮

09 다음 대기분산모델 중 가우시안모델식을 적용하지 않는 것은?

㉮ RAMS ㉯ ISCST
㉰ ADMS ㉱ AUSPLUME

풀이 ㉮ RAMS는 3차원 바람장 모델이다.

10 대기오염과 관련된 설명으로 옳지 않은 것은?

㉮ 멕시코의 포자리카 사건은 황화수소의 누출에 의해 발생한 것이다.
㉯ 카보닐황은 대류권에서 매우 안정하기 때문에 거의 화학적인 반응을 하지 않는다.
㉰ 대기 중의 황화수소(H_2S)는 거의 대부분 OH에 의해 산화 제거되며, 그 결과 SO_2를 생성한다.
㉱ 도노라 사건은 포자리카 사건 이후에 발생하였으며 1차 오염물질에 의한 사건이다.

풀이 ㉱ 도노라 사건은 포자리카 사건 이전에 발생하였으며 1차 오염물질에 의한 사건이다.

TIP
① 도노라 사건 : 1948년, 아황산가스(SO_2)가 원인
② 포자리카 사건 : 1950년, 황화수소(H_2S)가 원인

11 NO_x의 피해에 관한 설명으로 옳은 것은?

㉮ 저항성이 약한 식물로는 담배, 해바라기 등이 있다.
㉯ 식물에는 별로 심각한 영향을 주지 않으나, 주 지표식물로는 아스파라거스, 명아주 등이 있다.
㉰ 잎 가장자리에 주로 흰색 또는 은백색 반점을 유발하고, 인체독성보다 식물의 고목에 민감한 편이다.
㉱ 스위트피가 주 지표식물이며, 인체독성보다 식물의 고엽, 성숙한 잎에 민감한 편이며, 0.2ppb 정도에서 큰 영향을 끼친다.

TIP
NO_x은 인체와 식물에 피해를 주는 물질이며, 헤모글로빈(Hb)과의 결합력이 커 인체의 피해가 큰 편이다.

12 [보기]와 같은 연기의 형태로 가장 적합한 것은?

[보기]
① 이 연기 내에서는 오염의 단면분포가 전형적인 가우시안 분포를 이룬다.
② 대기가 중립조건일 때 발생한다. 즉 날씨가 흐리고 바람이 비교적 약하면 약한 난류가 발생하여 생긴다.
③ 지면 가까이에는 거의 오염의 영향이 미치지 않는다.

㉮ 부채형 ㉯ 원추형
㉰ 환상형 ㉱ 지붕형

풀이 ㉯ 원추형에 대한 설명이다.

TIP
이 문제의 핵심포인트는 가우시안분포(정규분포)이며, "가우시안분포 = 원추형"임을 숙지하셔야 합니다.

answer 09 ㉮ 10 ㉱ 11 ㉮ 12 ㉯

13 유효 굴뚝높이 120m인 굴뚝으로부터 배출되는 SO_2가 지상 최대의 농도를 나타내는 지점(m)은? (단, sutton의 식 적용, 수평 및 수직 확산계수는 0.05, 안정도계수(n)는 0.25)

㉮ 약 4,457 ㉯ 약 5,647
㉰ 약 6,824 ㉱ 약 7,296

풀이
$$X_{max} = \left(\frac{He}{C_z}\right)^{\frac{2}{2-n}}$$

여기서
- X_{max} : 최대지상거리(m)
- He : 유효굴뚝높이(m)
- C_z : 수직확산계수
- n : 대기안정도 상수

따라서 $X_{max} = \left(\frac{120m}{0.05}\right)^{\frac{2}{2-0.25}}$
$= 7,296.23m$

14 다음 대기오염물질 중 2차 오염물질이 아닌 것은?

㉮ O_3 ㉯ NOCl
㉰ H_2O_2 ㉱ CO_2

풀이 ㉱ 이산화탄소(CO_2)는 1차 오염물질이다.

TIP
2차성 오염물질은 1차성오염물질이 광화학반응, 산화반응에 의해서 형성되는 물질이다.

15 비스코스 섬유제조 시 주로 발생하는 무색의 유독한 휘발성 액체이며, 그 불순물은 불쾌한 냄새를 갖고 있는 대기오염물질은?

㉮ 암모니아(NH_3)
㉯ 일산화탄소(CO)
㉰ 이황화탄소(CS_2)
㉱ 폼알데하이드(HCHO)

풀이 ㉰ 이황화탄소(CS_2)에 대한 설명이다.

TIP
이 문제의 핵심포인트는 "비스코스섬유공업 = 이황화탄소"임을 숙지하시면 됩니다.

16 R.W Moncrieff와 J.E Ammore가 지적한 냄새물질의 특성과 거리가 먼 것은?

㉮ 아민은 농도가 높으면 암모니아 냄새, 낮으면 생선냄새를 나타낸다.
㉯ 냄새가 강한 물질은 휘발성이 높고, 또 화학반응성이 강한 것이 많다.
㉰ 동족체에서는 분자량이 클수록 강하지만 어느 한계 이상이 되면 약해진다.
㉱ 원자가가 낮고, 금속성물질이 냄새가 강하고, 비금속물질이 냄새는 약하다.

풀이 ㉱ 원자가가 낮고, 금속성물질이 냄새가 약하고, 비금속물질이 냄새는 강하다.

17 다음 설명과 관련된 복사법칙으로 가장 적합한 것은?

> 흑체의 단위($1cm^2$)표면적에서 복사되는 에너지(E)의 양은 그 흑체 표면의 절대온도(K)의 4승에 비례한다.

㉮ 비인의 법칙
㉯ 알베도의 법칙
㉰ 플랑크의 법칙
㉱ 스테판-볼츠만의 법칙

풀이 ㉱ 스테판-볼츠만의 법칙에 대한 설명이다.

18 지구대기의 연직구조에 관한 설명으로 옳지 않은 것은?

㉮ 중간권은 고도증가에 따라 온도가 감소한다.
㉯ 성층권 상부의 열은 대부분 오존에 의해 흡수된 자외선 복사의 결과이다.
㉰ 성층권은 라디오파의 송수신에 중요한 역할을 하며, 오로라가 형성되는 층이다.
㉱ 대류권은 대기의 4개층(대류권, 성층권, 중간권, 열권) 중 가장 얇은 층이다.

풀이 ㉰ 열권은 라디오파의 송수신에 중요한 역할을 하며, 오로라가 형성되는 층이다.

19 온실효과에 관한 설명으로 옳지 않은 것은?

㉮ 온실효과에 대한 기여도(%)는 $CH_4 > N_2O$이다.
㉯ CO_2의 주요 흡수파장영역은 35~40μm 정도이다.
㉰ O_3의 주요 흡수파장영역은 9~10μm 정도이다.
㉱ 가시광선은 통과시키고 적외선을 흡수해서 열을 밖으로 나가지 못하게 함으로써 보온작용을 하는 것을 대기의 온실효과라고 한다.

풀이 ㉯ CO_2의 주요 흡수파장영역은 13~17μm 정도이다.

20 광화학적 스모그(smog)의 3대 생성요소와 가장 거리가 먼 것은?

㉮ 자외선
㉯ 염소(Cl_2)
㉰ 질소산화물(NO_X)
㉱ 올레핀(Olefin)계 탄화수소

풀이 광화학적 스모그의 3대 생성요소는 질소산화물(NO_X), 올레핀(Olefin)계 탄화수소, 햇빛(자외선)이다.

| 제2과목 | 대기오염공정시험기준

21 대기오염공정시험기준상 굴뚝에서 배출되는 가스와 분석방법의 연결이 옳지 않은 것은?

㉮ 암모니아 - 자외선/가시선분광법(인도페놀법)
㉯ 염화수소 - 오르토톨리딘법
㉰ 페놀 - 자외선/가시선분광법(4-아미노안티피린법)
㉱ 폼알데하이드 - 자외선/가시선분광법(크로모트로핀산법)

풀이 ㉯ 염화수소 - 자외선/가시선분광법(싸이오사이안산제이수은법), 이온크로마토그래피

answer 18 ㉰ 19 ㉯ 20 ㉯ 21 ㉯

22 다음은 배출가스 중 벤젠의 분석방법이다. ( )안에 알맞은 것은?

> 흡착관을 이용한 방법, 시료채취 주머니를 이용한 방법을 시료채취방법으로 하고 열탈착장치를 통하여 (㉠)방법으로 분석한다. 배출가스 중에 존재하는 벤젠의 정량범위는 0.10ppm∼2,500ppm이며, 방법검출한계는 (㉡)이다.

㉮ ㉠ 원자흡수분광광도, ㉡ 0.03ppm
㉯ ㉠ 원자흡수분광광도, ㉡ 0.07ppm
㉰ ㉠ 기체크로마토그래피, ㉡ 0.03ppm
㉱ ㉠ 기체크로마토그래피, ㉡ 0.07ppm

풀이 ① 벤젠의 분석방법 : 기체크로마토그래피
② 정량범위 : 0.10ppm∼2,500ppm
③ 방법검출한계 : 0.03ppm

23 대기오염공정시험기준에서 정하고 있는 온도에 대한 설명으로 옳지 않은 것은?

㉮ 실온 : (1∼35)℃
㉯ 온수 : (35∼50)℃
㉰ 냉수 : 15℃ 이하
㉱ 찬 곳 : 따로 규정이 없는 한 (0∼15)℃의 곳

풀이 ㉯ 온수 : (60∼70)℃

24 배출가스 중 크로뮴화합물을 분석하는 방법에 대한 설명으로 틀린 것은?

㉮ 원자흡수분광광도법의 정량범위는 시료채취량이 1 Sm³ 일 때 0.100 mg/Sm³ 이상이다.
㉯ 원자흡수분광광도법의 측정파장은 220.35nm이다.
㉰ 유도결합플라스마/원자발광분광법의 정량범위는 시료채취량이 1 Sm³ 일 때 0.050 mg/Sm³ 이상이다.
㉱ 유도결합플라스마/원자발광분광법의 방법검출한계는 0.016 mg/Sm³ 이다.

풀이 ㉯ 원자흡수분광광도법의 측정파장은 357.9nm이다.

25 흡광광도계에서 빛의 강도가 I_0인 단색광이 어떤 시료용액을 통과할 때 그 빛의 90%가 흡수될 경우 흡광도는?

㉮ 0.05   ㉯ 0.2
㉰ 0.5   ㉱ 1.0

풀이 흡광도(A) = $\log \frac{1}{투과도} = \log \frac{1}{0.1} = 1.0$

TIP
① 흡수율+투과율 = 100%
② 투과율 = 100-흡수율(%) = 100-90% = 10%

26 대기오염공정시험기준상 링겔만 매연 농도표를 이용한 배출가스 중 매연 측정에 관한 설명으로 옳지 않은 것은?

㉮ 농도표는 측정자의 앞 16cm에 놓는다.
㉯ 매연의 검은 정도를 6종으로 분류한다.
㉰ 링겔만 매연 농도표는 매연의 정도에 따라 색이 진하고 연하게 나타난다.
㉱ 굴뚝배출구에서 30∼45cm 떨어진 곳의 농도를 측정자의 눈높이의 수직이 되게 관측 비교한다.

풀이 ㉮ 농도표는 측정자의 앞 16m에 놓는다.

answer 22 ㉰ 23 ㉯ 24 ㉯ 25 ㉱ 26 ㉮

27 기체크로마토그래피에 사용되는 검출기 중 미량의 유기물을 분석할 때 유용한 것은?

㉮ 질소인 검출기(NPD)
㉯ 불꽃이온화 검출기(FID)
㉰ 불꽃 광도 검출기(FPD)
㉱ 전자 포획 검출기(ECD)

풀이 검출기
㉮ 질소인 검출기(NPD) : 유기질소 및 유기인 화합물
㉯ 불꽃이온화 검출기(FID) : 미량의 유기물
㉰ 불꽃 광도 검출기(FPD) : 황 화합물, 인 화합물
㉱ 전자 포획 검출기(ECD) : 유기할로겐 화합물, 나이트로 화합물, 유기금속 화합물

28 굴뚝 배출가스 중 산소를 자기식(자기력)으로 측정하는 방법에 대한 설명으로 틀린 것은?

㉮ 체적자화율이 큰 가스(일산화질소, NO)의 영향을 무시할 수 있는 경우에 적용한다.
㉯ 상자성체인 산소분자가 자계 내에서 자기화 될 때 생기는 흡인력을 이용한다.
㉰ 측정범위는 1%~15.0% 이하로 한다.
㉱ 덤벨형 방식과 압력검출형 방식이 있다.

풀이 ㉰ 측정범위는 0%~10.0% 이하로 한다.

29 대기오염공정시험기준상 이온크로마토그래피의 장치에 관한 설명 중 ( )안에 알맞은 것은?

( )(이)란 용리액에 사용되는 전해질 성분을 제거하기 위하여 분리관 뒤에 직렬로 접속시킨 것으로써 전해질을 물 또는 저 전도도의 용매로 바꿔줌으로써 전기 전도도 셀에서 목적이온 성분과 전기 전도도만을 고감도로 검출할 수 있게 해주는 것이다.

㉮ 분리관 ㉯ 용리액조
㉰ 송액펌프 ㉱ 써프렛서

풀이 ㉱ 써프렛서에 대한 설명이다.

30 대기오염공정시험기준상 다음 [보기]가 설명하는 것은?

[보기]
물질을 취급 또는 보관하는 동안에 기체 또는 미생물이 침입하지 않도록 내용물을 보호하는 용기를 뜻한다.

㉮ 밀폐용기 ㉯ 기밀용기
㉰ 밀봉용기 ㉱ 차광용기

풀이 용기
㉮ 밀폐용기 : 이물질
㉯ 기밀용기 : 공기
㉰ 밀봉용기 : 미생물
㉱ 차광용기 : 광선

answer 27 ㉯ 28 ㉰ 29 ㉱ 30 ㉰

31 수산화소듐 20g을 물에 용해시켜 750mL로 제조하였을 때 이용액의 농도(M)는?

㉮ 0.33 ㉯ 0.67
㉰ 0.99 ㉱ 1.33

풀이

$$M농도(mol/L) = \frac{질량(g)}{부피(L)} \times \frac{1mol}{분자량(g)}$$

$$= \frac{20g}{0.75L} \times \frac{1mol}{40g} = 0.67M$$

TIP
① NaOH = 수산화소듐 = 수산화나트륨
② 1mol = 분자량(g)
③ NaOH의 분자량 = 23+16+1 = 40g

---

32 냉증기 원자흡수분광광도법으로 굴뚝 배출가스 중 수은을 측정하기 위해 사용하는 흡수액으로 옳은 것은? (단, 흡수액의 농도는 질량분율이다.)

㉮ 4% 과망간산포타슘, 10% 질산
㉯ 4% 과망간산포타슘, 10% 황산
㉰ 10% 과망간산포타슘, 4% 질산
㉱ 10% 과망간산포타슘, 4% 황산

풀이 냉증기 원자흡수분광광도법으로 수은 측정 시 흡수액은 4% 과망간산포타슘+10% 황산이다.

---

33 연료용 유류(원유, 경유, 중유)중의 황함유량을 측정하기 위한 분석방법으로 옳은 것은? (단, 황함유량은 질량분율 0.010% 이상이다.)

㉮ 광산란법
㉯ 광투과율법
㉰ 연소관식 공기법
㉱ 전기화학식 분석법

풀이

분석방법	적용 황함유량
연소관식 공기법	질량분율 0.010% 이상
방사선식 여기법	질량분율 (0.030~5.00)%

---

34 농도 7%(w/v)의 H_2O_2 100mL가 이론상 흡수할 수 있는 SO_2의 양(L)으로 옳은 것은?

㉮ 약 0.1 ㉯ 약 0.5
㉰ 약 1.2 ㉱ 약 4.6

풀이
$H_2O_2 + SO_2 \rightarrow H_2SO_4$
34g : 22.4L
$\frac{7g}{100mL} \times 100mL$: X

$\therefore X = 4.61mL$

TIP
① 체적 = 계수×22.4L
② 질량 = 계수×분자량(g)
③ 농도 7%(w/v) = $\frac{7g}{100mL}$
④ H_2O_2의 분자량 = 1×2+16×2 = 34

---

answer 31 ㉯ 32 ㉯ 33 ㉰ 34 ㉱

35 굴뚝에서 배출되는 배출가스 중 암모니아를 자외선/가시선분광법(인도페놀법)으로 분석하기 위하여 사용하는 흡수액으로 옳은 것은?

㉮ 질산용액
㉯ 붕산용액
㉰ 염화칼슘용액
㉱ 수산화소듐용액

[풀이] 암모니아의 흡수액
① 방해물질이 분석결과에 영향을 미치지 않는 경우 : 붕산용액(5g/L)
② 황산화물 등의 방해물질이 분석결과에 영향을 미치는 경우 : 과산화수소(1+9)

36 대기오염공정시험기준상 원자흡수분광광도법에 대한 원리를 설명한 것으로 옳은 것은?

㉮ 여기상태의 원자가 기저상태로 될 때 특유의 파장의 빛을 투과하는 현상 이용
㉯ 여기상태의 원자가 이 원자 증기층을 투과하는 특유 파장의 빛을 흡수하는 현상 이용
㉰ 기저상태에의 원자가 여기상태로 될 때 특유 파장의 빛을 투과하는 현상 이용
㉱ 기저상태의 원자가 이 원자 증기층을 투과하는 특유 파장의 빛을 흡수하는 현상 이용

[풀이] 원자흡수분광광도법의 원리는 기저상태(바닥상태)의 원자가 이 원자 증기층을 투과하는 특유 파장의 빛을 흡수하는 현상 이용한다.

37 굴뚝 단면이 상·하 동일 단면적의 직사각형 굴뚝의 직경 산출방법으로 옳은 것은? (단, 가로 : 굴뚝내부 단면 가로치수, 세로 : 굴뚝내부 단면 세로치수)

㉮ 환산직경 $= \left(\dfrac{가로 \times 세로}{가로 + 세로}\right)$

㉯ 환산직경 $= 2 \times \left(\dfrac{가로 \times 세로}{가로 + 세로}\right)$

㉰ 환산직경 $= 4 \times \left(\dfrac{가로 \times 세로}{가로 + 세로}\right)$

㉱ 환산직경 $= 8 \times \left(\dfrac{가로 \times 세로}{가로 + 세로}\right)$

[풀이] 직사각형의 환산직경

$= \dfrac{단면적}{평균둘레길이} = \dfrac{가로 \times 세로}{\dfrac{2 \times (가로 + 세로)}{4}}$

$= \dfrac{4 \times 가로 \times 세로}{2 \times (가로 + 세로)} = 2 \times \left(\dfrac{가로 \times 세로}{가로 + 세로}\right)$

38 다음 중 환경대기 중의 탄화수소 농도를 측정하기 위한 시험방법과 가장 거리가 먼 것은?

㉮ 총탄화수소 측정법
㉯ 용융 탄화수소 측정법
㉰ 활성 탄화수소 측정법
㉱ 비메탄 탄화수소 측정법

[풀이] 환경대기중의 탄화수소 측정방법
① 총탄화수소 측정법
② 활성 탄화수소 측정법
③ 비메탄 탄화수소 측정법(주 시험방법)

answer 35 ㉯ 36 ㉱ 37 ㉯ 38 ㉯

39 대기오염공정시험기준상 굴뚝 배출가스 중의 일산화탄소 분석방법으로 가장 거리가 먼 것은?

㉮ 전기화학식
㉯ 음이온 전극법
㉰ 기체크로마토그래피
㉱ 비분산적외선분광분석법

풀이 일산화탄소의 분석방법
① 비분산적외선분광분석법
② 전기화학식(정전위전해법)
③ 기체크로마토그래피

40 배출가스 중 황화수소를 자외선/가시선 분광법(4-피리딘카복실산-피라졸론법)으로 분석할 때 간섭물질(방해물질)이 아닌 것은?

㉮ 염소
㉯ 황화수소
㉰ 알데하이드류
㉱ 철

풀이 배출가스 중 염소 등의 산화성 가스 또는 알데하이드류, 황화수소, 이산화황 등의 환원성가스가 공존하면 영향을 받는다.

| 제3과목 | 대기오염방지기술

41 다음 [보기]가 설명하는 송풍기의 종류로 가장 적합한 것은?

[보기]
① 타 기종에 비해 대풍량, 저정압 구조로서 설치면적이 작다.
② 날개의 형상에 따라 저속운전으로 저소음 및 운전상태가 정숙하다.
③ 풍량변동에 따른 풍압의 변화가 적다.
④ 베인댐퍼(Vane damper)의 설치로 풍량 및 정압 조정이 용이해 position에 따라 정압조정이 용이하다.

㉮ 터보팬
㉯ 다익 송풍기
㉰ 레이디얼 팬
㉱ 익형 송풍기

풀이 ㉯ 다익 송풍기에 대한 설명이다.

42 염소농도가 200ppm인 배출가스를 처리하여 15mg/Sm³로 배출한다고 할 때, 염소의 제거율(%)은? (단, 온도는 표준상태로 가정한다.)

㉮ 95.7
㉯ 97.6
㉰ 98.4
㉱ 99.6

풀이 제거해야 할 농도(%)=$\left(1-\dfrac{기준치\ 농도}{배출농도}\right)\times100$

① 기준치 농도 = 15mg/Sm³
② 배출농도 = $\dfrac{200mL}{Sm^3}\times\dfrac{71mg}{22.4mL}$ = 633.93mg/Sm³
③ 제거해야 할 농도(%)
 = $\left\{1-\dfrac{15mg/Sm^3}{633.93mg/Sm^3}\right\}\times100$ = 97.63%

answer 39 ㉯ 40 ㉱ 41 ㉯ 42 ㉯

TIP
① ppm = mL/Sm³
② Cl_2(염소)의 분자량 = 35.5×2 = 71
③ mL/Sm³ × $\dfrac{분자량(mg)}{22.4mL}$ = mg/Sm³

43 먼지의 입경(d_p, μm)을 Rosin-Rammler 분포에 의해 체상분포 R(%) = 100exp($-\beta d_p^n$)으로 나타낸다. 이 먼지는 입경 35μm 이하가 전체의 약 몇 %를 차지하는가? (단, β = 0.063, n = 1)

㉮ 11   ㉯ 21
㉰ 79   ㉱ 89

풀이 R(%) = 100exp($-\beta \cdot d_p^n$)
여기서
- d_p : 먼지의 입경
- β : 입경계수
- n : 입경지수

① R(%) = 100exp($-0.063 \times (35\mu m)^1$) = 11.025%
② 32μm 이하의 입경 = 100% - 11.025% = 88.98%

TIP
① ln(자연대수) ⟷역수⟷ exp(e^x)
② log(상용대수) ⟷역수⟷ 10^x

44 다음 연료 중 일반적으로 착화온도가 가장 높은 것은?

㉮ 목탄   ㉯ 무연탄
㉰ 역청탄 ㉱ 갈탄(건조)

풀이 ㉮ 목탄 : 320~370℃
㉯ 무연탄 : 440~500℃
㉰ 역청탄 : 320~400℃
㉱ 갈탄(건조) : 250~400℃

TIP
착화온도 : 점화원이 없어도 불이 붙는 최저온도

45 사이클론의 운전조건이 집진율에 미치는 영향으로 옳지 않은 것은?

㉮ 출구의 직경이 작을수록 집진율은 감소하고, 동시에 압력손실도 감소한다.
㉯ 가스의 온도가 높아지면 가스의 점도가 커져 집진율은 저하되나 그 영향은 크지 않다.
㉰ 원통의 길이가 길어지면 선회류 수가 증가하여 집진율은 증가하나 큰 영향은 미치지 않는다.
㉱ 가스의 유입속도가 클수록 집진율은 증가하나, 10m/s 이상에서는 거의 영향을 미치지 않는다.

풀이 ㉮ 출구의 직경이 작을수록 집진율은 증가하고, 동시에 압력손실도 증가한다.

TIP
전처리 장치별 효율 증가를 위한 가스속도

장치명	입구 가스속도	출구 가스속도
중력 집진장치	느릴수록	느릴수록
관성력 집진장치	빠를수록	느릴수록
원심력 집진장치	빠를수록	빠를수록

answer 43 ㉱   44 ㉯   45 ㉮

46 관성력 집진장치에 관한 설명으로 옳지 않은 것은?

㉮ 충돌식과 반전식이 있으며, 고온가스의 처리가 가능하다.
㉯ 관성력에 의한 분리속도는 회전기류반경에 비례하고, 입경의 제곱에 반비례한다.
㉰ 집진 가능한 입자는 주로 $10\mu m$ 이상의 조대입자이며, 일반적으로 집진율은 50~70% 정도이다.
㉱ 기류의 방향전환 각도가 작고, 방향전환 횟수가 많을수록 압력손실은 커지나 집진은 잘된다.

풀이 ㉯ 관성력에 의한 분리속도는 회전기류반경에 반비례하고, 입경의 제곱에 비례한다.

47 중량조성이 탄소 85%, 수소 15%인 액체 연료를 매시 100kg 연소한 후 배출가스를 분석하였더니 분석치가 CO_2 12.5%, CO 3%, O_2 3.5%, N_2 81%이었다. 이 때 매 시간당 필요한 공기량(Sm^3/h)은?

㉮ 약 13 ㉯ 약 157
㉰ 약 657 ㉱ 약 1,271

풀이 ① CO_2%, O_2%, N_2%가 주어진 경우
공기비(m)
$= \dfrac{N_2\%}{N_2\% - 3.76 \times (O_2\% - 0.5CO\%)}$
$= \dfrac{81\%}{81\% - 3.76 \times (3.5\% - 0.5 \times 3\%)} = 1.1023$

② 이론공기량(A_o)
$= 8.89C + 26.67\left(H - \dfrac{O}{8}\right) + 3.33S (Sm^3/kg)$
$= 8.89 \times 0.85 + 26.67 \times 0.15 = 11.557 Sm^3/kg$

③ 필요한 공기량(Sm^3/hr)
$=$ 공기비(m)$\times$이론공기량(Sm^3/kg)$\times$연료량(kg/hr)
$= 1.1023 \times 11.557 Sm^3/kg \times 100 kg/hr$
$= 1,273.93 Sm^3/hr$

48 입자상 물질에 대한 설명으로 옳지 않은 것은?

㉮ 입경이 작을수록 집진이 어렵다.
㉯ 단위 체적당 입자의 표면적은 입경이 작을수록 작아진다.
㉰ 입자는 반드시 구형만은 아니고 선형, 부정형 등이 있다.
㉱ 비중은 항상 일정한 값을 취하는 진비중과 입자의 집합 상태에 따라 달라지는 겉보기 비중으로 구별할 수 있다.

풀이 ㉯ 단위 체적당 입자의 표면적은 입경이 작을수록 커진다.

TIP
비표면적(SV) $= \dfrac{\text{표면적}}{\text{체적}} = \dfrac{\pi \times d^2}{\dfrac{\pi}{6} \times d^3} = \dfrac{6}{d}$

49 점도(Viscosity)에 관한 설명으로 옳지 않은 것은?

㉮ 기체의 점도는 온도가 상승하면 낮아진다.
㉯ 점도는 유체 이동에 따라 발생하는 일종의 저항이다.
㉰ 액체인 경우 분자간 응집력이 점도의 원인이다.
㉱ 일반적으로 액체의 점도는 온도가 상승함에 따라 낮아진다.

풀이 ㉮ 기체의 점도는 온도가 상승하면 증가한다.

answer 46 ㉯ 47 ㉱ 48 ㉯ 49 ㉮

TIP
① 기체의 점도는 온도에 비례관계
② 액체의 점도는 온도에 반비례관계

50 세정식 집진장치 중 가압수식에 해당하는 것은?

㉮ 충전탑   ㉯ 로터형
㉰ 분수형   ㉱ S형 임펠러

풀이 세정집진장치의 종류
① 유수식 : 가스선회형, 임펠라형, 로타형, 분수형
② 가압수식 : 벤츄리스크러버, 분무탑, 제트스크러버, 충전탑
③ 회전식 : 타이젠와셔, 임펄스스크러버

51 아래 표는 전기로에 부설된 Bag filter의 유입구 및 유출구의 가스량과 먼지농도를 측정한 것이다. 먼지 통과율(%)로 옳은 것은?

구분	유입구	유출구
가스량(Sm^3/h)	11.4	16.2
먼지농도(g/Sm^3)	13.25	1.24

㉮ 약 3.3%   ㉯ 약 6.6%
㉰ 약 10.3%   ㉱ 약 13.3%

풀이 통과율(P) = $\dfrac{C_o \times Q_o}{C_i \times Q_i} \times 100$

$= \dfrac{1.24 g/Sm^3 \times 16.2 Sm^3/hr}{13.25 g/Sm^3 \times 11.4 Sm^3/hr} \times 100$

$= 13.30\%$

52 다음 [보기]가 설명하는 연소장치로 가장 적합한 것은?

[보기]
기체연료의 연소장치로서 천연가스와 같은 고발열량 연료를 연소시키는데 사용되는 버너이다.

㉮ 선회버너   ㉯ 건식버너
㉰ 방사형버너   ㉱ 유압분무식 버너

풀이 ㉰ 방사형버너에 대한 설명이다.

53 저위발열량 5,000kcal/Sm^3의 기체연료 연소 시 이론 연소온도(℃)는? (단, 이론 연소가스량은 20Sm^3/Sm^3, 연소가스의 평균정압비열은 0.35kcal/Sm^3·℃이며, 기준온도는 실온(15℃)이며, 공기는 예열되지 않고, 연소가스는 해리되지 않는다.)

㉮ 약 560   ㉯ 약 610
㉰ 약 730   ㉱ 약 890

풀이 이론연소온도(℃)

$= \dfrac{\text{저위발열량(kcal/}Sm^3\text{)}}{\text{가스량(}Sm^3/Sm^3\text{)} \times \text{평균정압비열(kcal/}Sm^3 \cdot ℃\text{)}} + \text{기준온도(℃)}$

$= \dfrac{5,000 kcal/Sm^3}{20 Sm^3/Sm^3 \times 0.35 kcal/Sm^3 \cdot ℃} + 15℃$

$= 729.29℃$

answer 50 ㉮ 51 ㉱ 52 ㉰ 53 ㉰

54 세정집진장치에 관한 설명으로 옳지 않은 것은?

㉮ 타이젠와셔는 회전식에 해당한다.
㉯ 입자포집원리로 관성충돌, 확산작용이 있다.
㉰ 벤츄리스크러버에서 물방울 입경과 먼지 입경의 비는 5 : 1 정도가 좋다.
㉱ 사용하는 액체는 보통 물이지만 특수한 경우에는 표면활성제를 혼합하는 경우도 있다.

풀이 ㉰ 벤츄리스크러버에서 물방울 입경과 먼지 입경의 비는 150 : 1 정도가 좋다.

TIP
벤츄리스크러버의 암기사항
① 압력손실이 300~800mmH₂O로 가장 크다.
② 목부의 유속이 60~90m/sec로 가장 빠르다.
③ 액가스비는 0.3~1.5L/m³이다.

55 흡수장치의 총괄이동 단위높이(HOG)가 1.0m이고, 제거율이 95%라면, 이 흡수장치의 높이(m)는 약 얼마인가?

㉮ 1.2m ㉯ 3.0m
㉰ 3.5m ㉱ 4.2m

풀이 H = NOG×HOG
여기서
 H : 충전탑의 높이(m)
 HOG : 총괄이동단위높이(m)
 NOG : 총괄이동단위수 $\left[NOG = \ln\left(\dfrac{1}{1-\eta}\right) \right]$

따라서 H = 1.0m×ln$\left(\dfrac{1}{1-0.95}\right)$ = 3.0m

56 먼지의 입경측정방법 중 주로 $1\mu m$ 이상인 먼지의 입경측정에 이용되고, 그 측정 장치로는 앤더슨피펫, 침강천칭, 광투과장치 등이 있는 것은?

㉮ 관성충돌법
㉯ 액상 침강법
㉰ 표준체 측정법
㉱ Bacho 원심기체 침강법

풀이 ㉯ 액상 침강법에 대한 설명이다.

TIP
이문제에서 답을 찾는 핵심포인트는 문제내용의 피펫과 정답의 액상을 연관시켜 숙지하시면 됩니다.

57 연소조절에 의한 질소산화물(NO_X)저감 대책으로 가장 거리가 먼 것은?

㉮ 과잉공기량을 크게 한다.
㉯ 2단 연소법을 사용한다.
㉰ 배출가스를 재순환시킨다.
㉱ 연소용 공기의 예열온도를 낮춘다.

풀이 ㉮ 과잉공기량을 작게 한다.

TIP
질소산화물(NO_X)을 저감하는 문제에서 핵심포인트는 공기량 적게 공급과 저온도연소임을 숙지하시면 됩니다.

---

answer 54 ㉰ 55 ㉯ 56 ㉯ 57 ㉮

58 하루에 5톤의 유비철광을 사용하는 아비산제조 공장에서 배출되는 SO_2를 NaOH 용액으로 흡수하여 Na_2SO_3로 제거하려 한다. NaOH 용액의 흡수효율을 100%라 하면 이론적으로 필요한 NaOH의 양(톤)은? (단, 유비철광 중의 유황분 함유량은 20%이고, 유비철광 중 유황분은 모두 산화되어 배출된다.)

㉮ 0.5 ㉯ 1.5
㉰ 2.5 ㉱ 3.5

풀이
$S + O_2 \rightarrow SO_2 + 2NaOH \rightarrow Na_2SO_3 + H_2O$
32kg : 2×40kg
5톤/일×0.20 : X

$\therefore X = \dfrac{5톤/일 \times 0.20 \times 2 \times 40kg}{32kg} = 2.5톤/일$

TIP
① 수산화나트륨 = 가성소다 = NaOH
② 황(S)의 원자량 또는 분자량 = 32
③ NaOH의 분자량 = 23+16+1 = 40
④ Na_2SO_3의 명칭은 아황산나트륨

59 화학적 흡착과 비교한 물리적 흡착의 특성에 관한 설명으로 옳지 않은 것은?

㉮ 흡착제의 재생이나 오염가스의 회수에 용이하다.
㉯ 일반적으로 온도가 낮을수록 흡착량이 많다.
㉰ 표면에 단분자막을 형성하며, 발열량이 크다.
㉱ 압력을 감소시키면 흡착물질이 흡착제로부터 분리되는 가역적 흡착이다.

풀이 ㉰번의 설명은 화학적 흡착이다.

60 크기가 가로 1.2m, 세로 2.0m, 높이 1.5m인 연소실에서 저위발열량이 10,000kcal/kg인 중유를 1.5시간에 100kg씩 연소시키고 있다. 이 연소실의 열 발생률($kcal/m^3 \cdot h$)은? (단, 연료는 완전연소하며, 연료 및 공기의 예열이 없고 연소실 벽면을 통한 열손실도 전혀 없다고 가정한다.)

㉮ 약 165,246 ㉯ 약 185,185
㉰ 약 277,778 ㉱ 약 416,667

풀이 연소실의 열발생율($kcal/m^3 \cdot hr$)
$= \dfrac{저위발열량(kcal/kg) \times 중유량(kg/hr)}{가로 \times 세로 \times 높이(m^3)}$

$= \dfrac{10,000kcal/kg \times 100kg/1.5hr}{1.2m \times 2.0m \times 1.5m}$

$= 185,185.185 kcal/m^3 \cdot hr$

TIP
공식설명
① 저위발열량(kcal/kg)×중유량(kg/hr) = kcal/hr
② 연소실 용적(m^3) = 가로×세로×높이
③ 연소실의 열발생율($kcal/m^3 \cdot hr$)
$= \dfrac{저위발열량 \times 중유량}{연소실 용적}$

answer 58 ㉰ 59 ㉰ 60 ㉯

2020 3회 기출문제

| 제1과목 | 대기오염개론

01 다음 [보기]가 설명하는 오염물질로 옳은 것은?

[보기]
- 급성 중독증상은 구토, 복통, 이질 등이 나타나며 기관지 염증을 일으키는 경우도 있다.
- 만성적인 경우에는 후각신경의 마비와 폐기종 등을 일으키는 한편 이로 인한 동맥경화증이나 고혈압증의 유발요인이 되기도 한다.
- 이것에 의한 질환은 수질오염으로 인하여 발생한 이따이이따이병이 있다.

㉮ As ㉯ Hg
㉰ Cr ㉱ Cd

풀이 ㉱ 카드뮴(Cd)에 대한 설명이다.

TIP
이 문제의 핵심포인트는 "이따이이따이병 = 카드뮴"임을 숙지하시면 됩니다.

02 실내공기오염물질인 라돈에 관한 설명으로 옳지 않은 것은?

㉮ 무색, 무취의 기체로 폐암을 유발한다.
㉯ 반감기는 3.8일 정도이고 호흡기로의 흡입이 현저하다.
㉰ 토양, 콘크리트, 벽돌 등으로부터 공기 중에 방출된다.
㉱ 자연계에는 존재하지 않으며, 공기에 비해 약 3배 정도 무겁다.

풀이 ㉱ 자연계에 존재하며, 공기에 비해 약 9배 정도 무겁다.

TIP
라돈(Rn)의 핵심 암기사항
① 무색(액화되어도 색을 띠지 않음)
② 공기보다 9배 무거운 물질
③ 화학적으로 안정한 불활성물질
④ 호흡기 질환, 폐암유발
⑤ 반감기는 3.8일

03 대류권내 공기의 구성 물질을 [보기]와 같이 분류할 때 다음 중 "쉽게 농도가 변하는 물질"에 해당하는 것은?

[보기]
- 농도가 가장 안정된 물질
- 쉽게 농도가 변하지 않는 물질
- 쉽게 농도가 변하는 물질

㉮ Ne ㉯ Ar
㉰ NO_2 ㉱ CO_2

풀이 ① 농도가 가장 안정된 물질 : 불활성기체로 Ne, Ar
② 쉽게 농도가 변하지 않는 물질 : 이산화탄소 (CO_2)
③ 쉽게 농도가 변하는 물질 : 이산화질소(NO_2)

answer 01 ㉱ 02 ㉱ 03 ㉰

TIP
농도가 쉽게 변한다는 것은 반응을 한다는 의미입니다.

04 과거의 역사적으로 발생한 대기오염사건 중 런던형 스모그의 기상 및 안정도 조건으로 옳지 않은 것은?

㉮ 침강성 역전 ㉯ 바람은 무풍상태
㉰ 기온은 4℃ 이하 ㉱ 습도는 85% 이상

풀이 ㉮ 복사성(방사성) 역전

TIP
런던형 스모그사건과 LA 스모그사건은 반드시 비교해서 숙지하셔서 시험에 대비하시기 바랍니다.

05 벨기에의 뮤즈계곡사건, 미국의 도노라사건 및 런던 스모그사건의 공통적인 주요 대기오염원인물질로 가장 적합한 것은?

㉮ SO_2 ㉯ O_3
㉰ CS_2 ㉱ NO_2

풀이 벨기에의 뮤즈계곡사건, 미국의 도노라사건 및 런던 스모그사건의 공통적인 주요 대기오염원인물질은 아황산가스(SO_2)이다.

TIP
주요 원인물질이 SO_2인 이유는 석탄계 연료를 공통으로 사용했기 때문입니다.

06 오존 및 오존층에 관한 설명으로 옳지 않은 것은?

㉮ 오존은 약 90% 이상이 고도 10~50km 범위의 성층권에 존재하고 있다.
㉯ 오존층에서는 오존의 생성과 소멸이 계속적으로 일어나며 지표면의 생물체에 유해한 자외선을 흡수한다.
㉰ 지구 전체의 평균 오존량은 약 300Dobson 정도이고, 지리적 또는 계절적으로 평균치의 ±50% 정도까지 변화한다.
㉱ CFCs는 독성과 활성이 강한 물질로서 대기중으로 배출될 경우 빠르게 오존층에 도달한다.

풀이 ㉱ CFCs는 무독성과 비활성 물질이며, 대기 중으로 배출될 경우 빠르게 오존층에 도달해 오존층을 파괴한다.

07 유효굴뚝높이 60m에서 SO_2가 980,000 m^3/day, 1,200ppm으로 배출되고 있다. 이 때 최고 지표농도(ppb)는? (단, sutton의 확산식을 사용하고, 풍속은 6m/s, 이 조건에서 확산계수 k_y = 0.15, k_z = 0.18이다.)

㉮ 96 ㉯ 177
㉰ 361 ㉱ 485

풀이
$$C_{max} = \frac{2Q}{\pi \cdot e \cdot U \cdot He^2}\left(\frac{k_z}{k_y}\right)$$

여기서
- Q : 배출가스량(m^3/sec)
- u : 풍속(m/sec)
- He : 유효굴뚝높이(m)
- k_z : 수직확산계수
- k_y : 수평확산계수
- e : 자연대수(2.72)

C_{max}
$$= \frac{2 \times 980,000 m^3/day \times 1day/24hr \times 1hr/3,600sec \times 1,200ppm}{\pi \times 2.72 \times 6m/sec \times (60m)^2}$$
$$\times \left(\frac{0.18}{0.15}\right)$$
$= 0.17698ppm = 176.98ppb$

TIP
ppm $\xrightarrow{\times 10^3}$ ppb

answer 04 ㉮ 05 ㉮ 06 ㉱ 07 ㉯

08 공업지역의 먼지농도 측정을 위해 여과지를 이용하여 0.45m/s 속도로 3시간 포집한 결과 깨끗한 여과지에 비해 사용한 여과지의 빛 전달율이 66%인 경우 1,000m당 Coh는 약 얼마인가?

㉮ 3.0 ㉯ 3.2
㉰ 3.7 ㉱ 4.0

풀이

$$Coh = \frac{\log\frac{1}{빛전달률}\times 100}{여과속도(m/sec)\times 포집시간(hr)\times 3,600}\times 1,000m$$

$$= \frac{\log\frac{1}{0.66}\times 100}{0.45m/sec\times 3hr\times 3,600}\times 1,000m = 3.71$$

TIP
공식에서 여과속도(m/sec)와 포집시간(hr)의 시간 단위를 일치시키기 위해서 3,600을 곱한다.

09 다음 중 지구온난화의 주 원인물질로 가장 적합하게 짝지어진 것은?

㉮ CH_4-CO_2 ㉯ SO_2-NH_3
㉰ CO_2-HF ㉱ NH_3-HF

풀이 지구온난화의 주 원인물질은 CH_4-CO_2이다.

TIP
대표적인 지구온난화 물질
이산화탄소(CO_2), 메탄(CH_4), 이산화질소(NO_2), 수소불화탄소(HFC_s), 과불화탄소(PFC_s), 육불화황(SF_6)

10 다음 중 SO_2에 대한 저항력이 가장 강한 식물은?

㉮ 콩 ㉯ 옥수수
㉰ 양상추 ㉱ 사루비아

풀이 SO_2에 대한 저항력이 가장 강한 식물은 양배추, 까치밤나무, 쥐당나무, 셀러리, 소나무, 옥수수이다.

TIP
SO_2의 지표식물(약한식물)
대맥, 담배, 자주개나리(알팔파), 목화, 보리

11 다음 각 대기오염물질의 영향에 관한 설명으로 옳지 않은 것은?

㉮ O_3는 DNA, RNA에 작용하여 유전인자에 변화를 일으키며, 염색체 이상이나 적혈구의 노화를 가져온다.
㉯ 바나듐은 인체에 콜레스테롤, 인지질 및 지방분의 합성을 저해하거나 다른 영향물질의 대사 장해를 일으키기도 한다.
㉰ 유기수은은 무기수은과 달리 창자로부터의 배출은 적고, 주로 신장으로 배출되며, 혈압강하가 주된 증상이다.
㉱ 납중독은 조혈 기능 장애로 인한 빈혈을 수반하고, 신경계통을 침해하며, 더 나아가 시신경 위축에 의한 실명, 사지의 경련도 일으킬 수 있다.

풀이 ㉰ 유기수은은 호흡기와 피부를 통해서 인체로 흡수되며 신체의 신경계통에 피해를 준다.

12 다음 중 2차 대기오염물질과 가장 거리가 먼 것은?

㉮ NOCl ㉯ H_2O_2
㉰ PAN ㉱ NaCl

풀이 ㉱ NaCl은 1차 대기오염물질이다.

TIP
2차 대기오염물질은 1차 대기오염물질이 광화학반응이나 산화반응을 통해서 형성된 물질을 말한다.

answer 08 ㉰ 09 ㉮ 10 ㉯ 11 ㉰ 12 ㉱

13 다음 각 오염물질에 대한 지표식물로 가장 거리가 먼 것은?

㉮ PAN : 시금치
㉯ 황화수소 : 토마토
㉰ 아황산가스 : 무궁화
㉱ 불소화합물 : 글라디올러스

풀이 ㉰ 아황산가스 : 대맥, 담배, 자주개나리(알팔파), 목화, 보리

14 국지풍에 관한 설명으로 옳지 않은 것은?

㉮ 낮에 바다에서 육지로 부는 해풍은 밤에 육지에서 바다로 부는 육풍보다 보통 더 강하다.
㉯ 열섬효과로 인해 도시의 중심부가 주위보다 고온이 되므로 도시 중심부에서는 상승기류가 발생하고 도시 주위의 시골(전원)에서 도시로 부는 바람을 전원풍이라 한다.
㉰ 고도가 높은 산맥에 직각으로 강한 바람이 부는 경우에는 산맥의 풍하쪽으로 건조한 바람이 불어내리는데 이러한 바람을 휀풍이라 한다.
㉱ 곡풍은 경사면→계곡→주계곡으로 수렴하면서 풍속이 가속화되므로 낮에 산 위쪽으로부는 산풍보다 보통 더 강하다.

풀이 ㉱ 산풍은 경사면→계곡→주계곡으로 수렴하면서 풍속이 가속화되므로 낮에 산 위쪽으로 부는 곡풍보다 더 강하다.

TIP 이 문제는 ㉱번의 보기가 동일하게 자주 출제되므로 반드시 숙지하셔서 시험에 대비하시기 바랍니다.

15 연소과정에서 방출되는 NOx 배출가스 중 NO : NO_2의 계략적인 비는 얼마 정도인가?

㉮ 5 : 95
㉯ 20 : 80
㉰ 50 : 50
㉱ 90 : 10

풀이 연소과정에서 방출되는 NOx 배출가스 중 NO : NO_2의 계략적인 비는 90 : 10이다.

16 다음은 풍향과 풍속의 빈도 분포를 나타낸 바람장미(wind rose)이다. 여기서 주풍은?

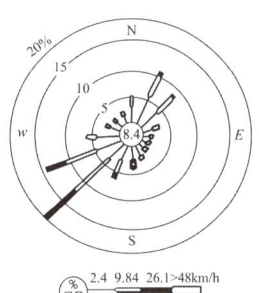

㉮ 서풍
㉯ 북동풍
㉰ 남동풍
㉱ 남서풍

풀이 주풍은 막대기의 길이가 가장 긴 방향이므로 남서풍이다.

TIP 풍향은 막대기의 길이로 나타내고, 풍속은 막대기의 굵기로 표시한다.

answer 13 ㉰ 14 ㉱ 15 ㉱ 16 ㉱

17 다음 [보기]가 설명하는 연기 모양으로 옳은 것은?

> 보통 30분 이상 지속되지 않으며, 일단 발생해 있던 복사역전층이 지표온도가 증가하면서 하층에서부터 해소되는 과정에서 상층은 역전상태로 안전층이 되고, 하층에는 불안정층이 되어 굴뚝에서 배출된 오염물질이 아래로 지표면에까지 영향을 미치면서 발생하는 연기 모양

㉮ Looping형 ㉯ Fanning형
㉰ Trapping형 ㉱ Fumigation형

▶ 풀이 ㉱ 훈증형(Fumigation형)에 대한 설명이다.

TIP
하층은 불안정, 상층은 안정한 상태를 나타내는 연기 모양은 훈증형이며, 지속시간은 30분 이내이다.

18 다음 중 레일라이 산란(Rayleigh scattering) 효과가 가장 뚜렷이 나타나는 조건은?

㉮ 입자의 반경이 입사광선의 파장보다 훨씬 큰 경우
㉯ 입자의 반경이 입사광선의 파장보다 훨씬 작은 경우
㉰ 입자의 반경과 입사광선의 파장이 비슷한 크기인 경우
㉱ 입자의 반경과 입사광선 파장의 크기가 정확히 일치하는 경우

▶ 풀이 레일라이 산란(Rayleigh scattering)효과가 가장 뚜렷이 나타나는 조건은 입자의 반경이 입사광선의 파장보다 훨씬 작은 경우이다.

19 흑체의 최대에너지가 복사될 때 이용되는 파장(λ_m : μm) 흑체의 표면온도(T : 절대온도)와의 관계를 나타내는 다음 복사이론에 관한 법칙은?

> $\lambda_m = a/T$ (단, 비례상수 a : 0.2898 cm·K)

㉮ 알베도의 법칙
㉯ 플랑크의 법칙
㉰ 비인의 변위법칙
㉱ 스테판-볼츠만의 법칙

▶ 풀이 ㉰ 비인의 변위법칙에 대한 설명이다.

20 보통 가을부터 봄에 걸쳐 날씨가 좋고, 바람이 약하며, 습도가 적을 때 자정 이후부터 아침까지 잘 발생하고, 낮이 되면 일사로 인해 지면이 가열되면 곧 소멸되는 역전의 형태는?

㉮ Lofting inversion
㉯ Coning inversion
㉰ Radiative inversion
㉱ Subsidence inversion

▶ 풀이 ㉰ 복사성 역전(Radiative inversion)에 대한 설명이다.

TIP
복사성(방사성) 역전은 지표역전으로 런던 스모그사건의 원인으로 작용했다.

answer 17 ㉱ 18 ㉯ 19 ㉰ 20 ㉰

| 제2과목 | 대기오염공정시험기준

21 다음은 환경대기 중 옥시던트 측정방법-중성아이오딘화 포타슘(Determination of Oxidants-Neutral Buffered Potassium Iodide Method)의 적용범위이다. ( )안에 가장 적합한 것은?

> 이 방법은 오존으로써 ( )범위에 있는 전체 옥시던트를 측정하는데 사용되며 산화성물질이나 환원성물질이 결과에 영향을 미치므로 오존만을 측정하는 방법은 아니다.

㉮ (0.0001~0.001)μmol/mol
㉯ (0.001~0.01)μmol/mol
㉰ (0.01~10)μmol/mol
㉱ (100~1000)μmol/mol

TIP
① 중성요오드화칼륨법 = 중성아이오딘화포타슘법
② 요오드 = 아이오드

22 굴뚝 배출가스 중 수은화합물을 냉증기 원자흡수분광광도법으로 분석할 때 측정파장(nm)으로 옳은 것은?

㉮ 193.7　　㉯ 253.7
㉰ 324.8　　㉱ 357.9

풀이 수은화합물의 냉증기-원자흡수분광광도법 암기사항
① 흡수액 : 4% 과망간산포타슘 + 10% 황산
② 환원제 : 염화제일주석용액
③ 측정파장 : 253.7nm
④ 정량범위 : 0.0005 mg/Sm^3 이상
⑤ 방법검출한계 : 0.0002mg/Sm^3

23 비분산적외선분광분석법에 관한 설명으로 옳지 않은 것은?

㉮ 광원은 원칙적으로 중공음극램프를 사용하며 감도를 높이기 위하여 텅스텐램프를 사용하기도 한다.
㉯ 대기 및 굴뚝 배출기체 중의 오염물질을 연속적으로 측정하는 비분산 정필터형 적외선가스 분석계에 대하여 적용한다.
㉰ 선택형 검출기를 이용하여 시료 중 특성 성분에 의한 적외선의 흡수량 변화를 측정하여 시료 중 들어있는 특정 성분의 농도를 측정한다.
㉱ 광학필터는 시료가스 중에 간섭 물질가스의 흡수파장역의 적외선을 흡수제거하기 위하여 사용하며, 가스필터와 고체필터가 있는데 이것은 단독 또는 적절히 조합하여 사용한다.

풀이 ㉮ 광원은 니크로뮴선 또는 탄화규소의 저항체에 전류를 흘려 가열한 것을 사용한다.

24 단면의 모양이 4각형인 어느 연도를 6개의 등면적으로 구분하여 각 측정점에서 유속과 굴뚝 건조 배출가스 중 먼지 농도를 수동식으로 측정한 결과가 다음과 같았다. 이 때 전체 단면의 평균 먼지 농도(g/Sm^3)는?

측정점	먼지농도 (g/Sm^3)	유속 (m/s)
1	0.48	8.2
2	0.45	7.8
3	0.51	8.4
4	0.47	8.0
5	0.45	8.0
6	0.46	7.9

answer 21 ㉰　22 ㉯　23 ㉮　24 ㉯

㉮ 0.45　　㉯ 0.47
㉰ 0.49　　㉱ 0.50

풀이 평균 먼지농도(g/Sm³)
$$= \frac{0.48 \times 8.2 + 0.45 \times 7.8 + 0.51 \times 8.4 + 0.47 \times 8.0 + 0.45 \times 8.0 + 0.46 \times 7.9}{8.2 + 7.8 + 8.4 + 8.0 + 8.0 + 7.9}$$
$= 0.47 \text{g/Sm}^3$

25 대기오염공정시험기준상 시약, 표준물질, 표준용액에 관한 설명으로 옳지 않은 것은?

㉮ 시험에 사용하는 표준물질은 원칙적으로 특급시약을 사용한다.
㉯ 표준용액을 조제하기 위한 표준용 시약은 따로 규정이 없는 한 데시케이터에 보존된 것을 사용한다.
㉰ 시험시약 중 따로 규정이 없고, 단순히 질산으로 표시했을 때는, 그 비중은 약 1.38, 농도는 60.0~62.0(%) 이상의 것을 뜻한다.
㉱ 표준물질을 채취할 때 표준액이 정수로 기재되어 있는 경우에는 실험자가 환산하여 기재한 수치에 "약"자를 붙여 사용할 수 없다.

풀이 ㉱ 표준물질을 채취할 때 표준액이 정수로 기재되어 있는 경우에는 실험자가 환산하여 기재한 수치에 "약"자를 붙여 사용할 수 있다.

26 굴뚝 배출가스 중 먼지를 연속적으로 자동 측정하는 방법에서 사용되는 용어의 의미로 옳지 않은 것은?

㉮ 검출한계 : 제로드리프트의 5배에 해당하는 지시치가 갖는 교정용입자의 먼지농도를 말한다.
㉯ 균일계 단분산 입자 : 입자의 크기가 모두 같은 것으로 간주할 수 있는 시험용입자로서 실험실에서 만들어진다.
㉰ 교정용입자 : 실내에서 감도 및 교정오차를 구할 때 사용하는 균일계 단분산 입자로서 기하평균 입경이 (0.3~3)μm인 인공입자로 한다.
㉱ 응답시간 : 표준교정판(필름)을 끼우고 측정을 시작했을 때 그 보정치의 95%에 해당하는 지시치를 나타낼 때까지 걸린 시간을 말한다.

풀이 ㉮ 검출한계 : 제로드리프트의 2배에 해당하는 지시치가 갖는 교정용 입자의 먼지농도를 말한다.

27 배출가스 중 질소산화물을 자외선/가시선분광법(아연환원나프틸에틸렌다이아민법)으로 측정할 경우 흡수액으로 알맞은 것은?

㉮ 질산용액(0.005mol/L)
㉯ 염산용액(0.005mol/L)
㉰ 과염소산용액(0.005mol/L)
㉱ 황산용액(0.005mol/L)

풀이 질소산화물을 자외선/가시선분광법(아연환원나프틸에틸렌다이아민법) 암기사항
① 흡수액 : 황산용액(0.005mol/L)
② 질산이온을 아질산이온으로 환원 : 아연분말
③ 오존발생장치 : 부피분율 1% 정도의 오존농도를 얻을 수 있는 것
④ 흡광도 측정파장 : 545nm
⑤ 정량범위 : (6.7~230)ppm

answer 25 ㉱　26 ㉮　27 ㉱

28 환경대기 중 아황산가스 측정을 위한 파라로자닐린법(Pararosaniline Method)의 장치구성에 관한 설명으로 옳지 않은 것은?

㉮ 필터는 (0.8~2.0)μm의 다공질막 또는 유리솜필터를 사용한다.
㉯ 흡입펌프는 유량조절기와 펌프사이에 적어도 0.7 기압의 압력 차이를 유지하여야 한다.
㉰ 분광광도계로 376nm에서 흡광도를 측정하고, 측정에 사용되는 스펙트럼폭은 50nm이어야 한다.
㉱ 시료분산기는 외경 8mm, 내경 6mm 및 길이 152mm이 유리관으로서 끝은 외경 (0.3~0.8)mm로 가늘게 만든 것을 사용한다.

▸ 풀이 ㉰ 분광광도계로 548nm에서 흡광도를 측정하고, 측정에 사용되는 스펙트럼폭은 15nm이어야 한다.

29 배출가스를 피토관으로 측정한 결과, 동압이 6mmH₂O일 때 배출가스 평균 유속(m/s)은? (단, 피토관계수 = 1.5, 중력가속도 = 9.8m/s², 굴뚝 내 습한 배출가스 밀도 = 1.3kg/m³)

㉮ 12.8   ㉯ 14.3
㉰ 15.8   ㉱ 16.5

▸ 풀이
$V = C \times \sqrt{\dfrac{2gh}{r}}$

여기서
- V : 공기의 유속(m/sec)
- C : 피토관 계수
- g : 중력가속도(9.8m/sec²)
- h : 동압(mmH₂O)
- r : 밀도(kg/m³)

따라서 $V = 1.5 \times \sqrt{\dfrac{2 \times 9.8 \text{m/sec}^2 \times 6 \text{mmH}_2\text{O}}{1.3 \text{kg/m}^3}}$
= 14.27m/sec

30 다음은 굴뚝 배출가스 중 사이안화수소의 자외선/가시선 분광법(4-피리딘카복실산-피라졸론법)에 관한 설명이다. ( )안에 알맞은 것은?

> 이 방법은 사이안화수소를 흡수액에 흡수시킨 다음 발색시켜서 얻은 발색액에 대하여 흡광도를 측정하여 사이안화수소를 정량하는 방법으로써, 이 방법의 방법검출한계는 ( )이다.

㉮ 0.005ppm   ㉯ 0.010ppm
㉰ 0.02ppm   ㉱ 0.032ppm

▸ 풀이 사이안화수소의 자외선/가시선 분광법(4-피리딘카복실산-피라졸론법)
① 정량범위 : 0.05ppm 이상
② 방법검출한계 : 0.02ppm
③ 간섭물질(방해성분) : 염소 등의 산화성가스 또는 알데하이드, 황화수소, 이산화황 등의 환원성 가스

31 환경대기 중 위상차현미경법에 의한 석면먼지의 농도표시에 관한 설명으로 옳은 것은?

㉮ 0℃, 1기압 상태의 기체 1mL 중에 함유된 석면섬유의 개수(개/mL)로 표시한다.
㉯ 0℃, 1기압 상태의 기체 1μl 중에 함유된 석면섬유의 개수(개/μl)로 표시한다.
㉰ 20℃, 1기압 상태의 기체 1mL 중에 함유된 석면섬유의 개수(개/mL)로 표시한다.
㉱ 20℃, 1기압 상태의 기체 1μl 중에 함유

answer 28 ㉰ 29 ㉯ 30 ㉰ 31 ㉰

된 석면섬유의 개수(개/μl)로 표시한다.

풀이 위상차현미경법에 의한 석면먼지의 농도표시는 20℃, 1기압 상태의 기체 1mL 중에 함유된 석면섬유의 개수(개/mL)로 표시한다.

32 대기오염공정시험기준 총칙에 관한 사항으로 옳지 않은 것은?

㉮ 냉수는 15℃ 이하, 온수는 (60~70)℃, 열수는 약 100℃를 말한다.
㉯ 기체 중의 농도를 mg/m^3로 표시했을 때는 m^3은 표준상태(0℃, 1기압)의 기체용적을 뜻하고 Sm^3로 표시한 것과 같다.
㉰ "냉후"(식힌 후)라 표시되어 있을 때는 보온 또는 가열 후 표준상태 온도까지 냉각된 상태를 뜻한다.
㉱ 시험에 사용하는 물은 따로 규정이 없는 한 정제수 또는 이온교환수지로 정제한 탈염수를 사용한다.

풀이 ㉰ "냉후"(식힌 후)라 표시되어 있을 때는 보온 또는 가열 후 실온까지 냉각된 상태를 뜻한다.

33 굴뚝 배출가스 중 일산화탄소 분석방법으로 옳지 않은 것은?

㉮ 전기화학식
㉯ 이온선택적정법
㉰ 비분신적외선분광분석법
㉱ 기체크로마토그래피

풀이 일산화탄소 분석방법
① 전기화학식(정전위전해법)
② 비분산적외선광분석법
③ 기체크로마토그래피법

34 이온크로마토그래피의 장치 요건으로 옳지 않은 것은?

㉮ 송액펌프는 맥동이 적은 것을 사용한다.
㉯ 검출기는 분리관 용리액 중의 시료성분의 유무와 량을 검출하는 부분으로 일반적으로 전도도 검출기를 많이 사용한다.
㉰ 써프렛서는 관형과 이온교환막형이 있으며, 관형은 음이온에는 스티롤계 강산형(H^+) 수지가, 양이온에는 스티롤계 강염기형(OH^-)의 수지가 충진된 것을 사용한다.
㉱ 용리액조는 이온성분이 잘 용출되는 재질로써 용리액과 공기와의 접촉이 효과적으로 되는 것을 선택하며, 일반적으로 실리카 재질의 것을 사용한다.

풀이 ㉱ 용리액조는 이온성분이 잘 용출되지 않는 재질로써 용리액을 직접 공기와 접촉시키지 않는 밀폐된 것을 선택하며, 일반적으로 폴리에틸렌이나 경질 유리제를 사용한다.

35 비분산형적외선분석기의 장치구성에 관한 설명으로 옳지 않은 것은?

㉮ 비교셀은 시료셀과 동일한 모양을 가지며 수소 또는 헬륨 기체를 봉입하여 사용한다.
㉯ 시료셀은 시료가스가 흐르는 상태에서 양단의 창을 통해 시료광속이 통과하는 구조를 갖는다.
㉰ 광학필터는 시료가스 중에 간섭 물질가스의 흡수파장역의 적외선을 흡수제거하기 위하여 사용한다.
㉱ 검출기는 광속을 받아들여 시료가스 중 측정성분 농도에 대응하는 신호를 발생시키는 선택적 검출기 혹은 광학필터와 비선택적 검출기를 조합하여 사용한다.

answer 32 ㉰ 33 ㉯ 34 ㉱ 35 ㉮

풀이 ㉮ 비교셀은 시료셀과 동일한 모양을 가지며 아르곤 또는 질소와 같은 불활성 기체를 봉입하여 사용한다.

36 배출가스 중 금속화합물을 원자흡수분광광도법으로 분석할 때 전처리법으로 산분해법인 질산-과산화수소법을 이용할 때 적용 가능한 금속에 해당하지 않는 것은?

㉮ 구리 ㉯ 수은
㉰ 납   ㉱ 니켈

풀이 질산-과산화수소법을 이용할 때 적용 가능한 금속은 구리, 납, 니켈, 비소, 아연, 철, 카드뮴, 크로뮴이다.

37 가스상 물질 시료채취장치에 대한 주의사항으로 옳지 않은 것은?

㉮ 가스미터는 100mmH₂O 이내에서 사용한다.
㉯ 습식가스미터를 이동 또는 운반할 때에는 반드시 물을 뺀다.
㉰ 시료가스의 양을 재기 위하여 쓰는 채취병은 미리 0℃ 때의 참부피를 구해둔다.
㉱ 흡수병은 각 분석법에 공용 사용을 원칙으로 하고, 대상 성분이 달라질 때마다 메틸 알콜로 3회 정도 씻은 후 사용한다.

풀이 ㉱ 흡수병은 각 분석법에 공용할 수가 있는 것도 있으나, 대상 성분마다 전용으로 하는 것을 원칙으로 하고, 대상 성분이 달라질 때마다 묽은 산 또는 알칼리용액과 물로 깨끗이 씻은 다음 다시 흡수액으로 3회 정도 씻은 후 사용한다.

38 원자흡수분광광도법(Atomic Absorption Spectrophotometry)에서 사용되는 용어로 옳지 않은 것은?

㉮ 제로 가스(Zero Gas)
㉯ 멀티 패스(Multi-path)
㉰ 공명선(Resonance Line)
㉱ 선프로파일(Line Profile)

풀이 ㉮ 제로가스는 비분산 적외선 분광분석법에서 사용하는 용어이다.

39 배출가스 중 사이안화수소를 자외선/가시선분광법(4-피리딘카복실산-피라졸론법)으로 분석하고자 할 때 흡수액으로 알맞은 것은?

㉮ 수산화소듐용액(20g/L)
㉯ 다이에틸아민구리용액
㉰ 황산용액(0.005mol/L)
㉱ 아연아민착염용액

풀이 각 가스별 흡수액
㉯ 다이에틸아민구리용액 : 이황화탄소
㉰ 황산용액(0.005mol/L) : 질소산화물
㉱ 아연아민착염용액 : 황화수소

40 원자흡수분광광도법의 장치에 관한 설명으로 옳지 않은 것은?

㉮ 아세틸렌-아산화질소 불꽃은 불꽃온도가 낮고 일부 원소에 대하여 높은 감도를 나타낸다.
㉯ 램프점등장치 중 교류점등 방식은 광원의 빛 자체가 변조되어 있기 때문에 빛의 단속기(Chopper)는 필요하지 않다.
㉰ 원자흡광분석용 광원은 원자흡광 스펙

answer 36 ㉯ 37 ㉱ 38 ㉮ 39 ㉮ 40 ㉮

트럼선의 선폭보다 좁은 선폭을 갖고 휘도가 높은 스펙트럼을 방사하는 중공음극램프가 많이 사용된다.
㉰ 분광기(파장선택부)는 광원램프에서 방사되는 휘선스펙트럼 가운데서 필요한 분석선만을 골라내기 위하여 사용되는데 일반적으로 회절격자나 프리즘(Prism)을 이용한 분광기가 사용된다.

풀이 ㉮ 아세틸렌-아산화질소(C_2H_2-N_2O) 불꽃은 불꽃 온도가 높기 때문에 불꽃 중에서 해리하기 어려운 내화성 산화물을 만들기 쉬운 원소의 분석에 적당하다.

| 제3과목 | 대기오염방지기술

41 다음 [보기]가 설명하는 원심력송풍기의 유형으로 옳은 것은?

[보기]
축차의 날개는 작고 회전축차의 회전방향 쪽으로 굽어있다. 이 송풍기는 비교적 느린 속도로 가동되며, 이 축차는 때로는 '다람쥐축차'라고 불린다. 주로 가정용 화로, 중앙난방장치 및 에어컨과 같이 저압 난방 및 환기 등에 이용된다.

㉮ 프로펠러형 ㉯ 방사 날개형
㉰ 전향 날개형 ㉱ 방사 경사형

풀이 ㉰ 전향 날개형에 대한 설명이다.

TIP
문제조건 중에서 "날개와 회전방향"의 단어에서 전향날개형을 유추해서 정답을 찾으면 됩니다.

42 오염가스의 처리를 위한 소각법에 관한 설명으로 옳지 않은 것은?

㉮ 가열소각법의 연소실 내의 온도는 850~1,100℃, 체류시간 3~5초로 설계하고 있다.
㉯ 촉매소각은 Pt, Co, Ni 등의 촉매를 사용하며 400~500℃ 정도에서 수백분의 1초 동안에 소각시키는 방법이다.
㉰ 가열소각법은 오염기체의 농도가 낮을 경우 보조연료가 필요하며, 보통 경제적으로 오염가스의 농도가 연소하한치의 50% 이상일 때 적합한 방법이다.
㉱ 촉매소각은 소각효율도 높고, 압력손실도 작다는 장점이 있으나 Zn, Pb, Hg 및 분진과 같은 촉매독 때문에 촉매의 수명이 짧아지는 단점도 있다.

풀이 ㉮ 가열소각법의 연소실 내의 온도는 500~800℃, 체류시간 0.2~0.8초로 설계하고 있다.

43 A굴뚝 배출가스 중 염소농도를 측정하였더니 100ppm이었다. 이 때 염소농도를 50mg/Sm³로 저하시키기 위하여 제거해야 할 염소농도(mg/Sm³)는?

㉮ 약 32   ㉯ 약 50
㉰ 약 267 ㉱ 약 317

풀이 제거해야 할 염소농도(mg/Sm³)
$= \left(100\text{mL/Sm}^3 \times \dfrac{71\text{mg}}{22.4\text{mL}}\right) - 50\text{mg/Sm}^3$
$= 266.96\text{mg/Sm}^3$

TIP
① ppm = mL/Sm³
② Cl_2 1mol $\begin{cases} 71\text{mg} \\ 22.4\text{mL} \end{cases}$
③ 염소(Cl_2)의 분자량 = 35.5×2 = 71
④ mL/Sm³ × $\dfrac{\text{분자량(mg)}}{22.4\text{mL}}$ = mg/Sm³

answer 41 ㉰ 42 ㉮ 43 ㉰

44 전기집진장치의 집진율이 98%이고 집진시설에서 배출되는 먼지농도가 0.25g/m³일 때 유입되는 먼지농도(g/m³)는?

㉮ 12.5 ㉯ 15.0
㉰ 17.5 ㉱ 20.0

풀이 집진율(%) = $\left(1 - \dfrac{\text{배출되는 먼지농도}}{\text{유입되는 먼지농도}}\right) \times 100$

$98\% = \left(1 - \dfrac{0.25\text{g/Sm}^3}{\text{유입되는 먼지농도}}\right) \times 100$

따라서 유입되는 먼지농도 $= \dfrac{0.25\text{g/Sm}^3}{(1-0.98)}$
$= 12.5\text{g/m}^3$

45 다음 중 착화성이 좋은 경유의 세탄값 범위로 가장 적합한 것은?

㉮ 0.1 ~ 1 ㉯ 1 ~ 5
㉰ 5 ~ 10   ㉱ 40 ~ 60

풀이 착화성이 좋은 경유의 세탄값의 범위는 40 ~ 60이다.

TIP
세탄가 : 경유의 착화성을 나타내는 척도이다.
옥탄가 : 휘발유 성능 특성을 나타내는 수치로서, 노킹에 대한 저항성을 의미한다.

46 다음 가스연료의 완전연소 반응식으로 옳지 않은 것은?

㉮ 수소 : $2H_2 + O_2 \rightarrow 2H_2O$
㉯ 메탄 : $CH_4 + O_2 \rightarrow CO_2 + 2H_2$
㉰ 일산화탄소 : $2CO + O_2 \rightarrow 2CO_2$
㉱ 프로판 : $C_3H_8 + 5O_2 \rightarrow 3CO_2 + 4H_2O$

풀이 ㉯ 메탄 : $CH_4 + 2O_2 \rightarrow CO_2 + 2H_2O$

47 여과집진장치에서 처리가스 중 SO_2, HCl 등을 함유한 200℃ 정도의 고온 배출가스를 처리하는데 가장 적합한 여포재는?

㉮ 양모(wool)
㉯ 목면(cotton)
㉰ 나일론(nylon)
㉱ 유리섬유(glass fiber)

풀이 처리가스 중 SO_2, HCl 등을 함유한 200℃ 정도의 고온 배출가스를 처리하는데 사용되는 여포재는 유리섬유(glass fiber)이다.

TIP
여과재의 사용 온도
㉮ 양모 : 80℃ ㉯ 목면 : 80℃ ㉰ 나일론 : 110℃

48 사이클론의 직경이 56cm, 유입가스의 속도가 5.5m/s일 때 분리계수는?

㉮ 약 11.0 ㉯ 약 23.3
㉰ 약 46.5 ㉱ 약 55.2

풀이 분리계수(S) $= \dfrac{V^2}{Rg} = \dfrac{(5.5\text{m/sec})^2}{\dfrac{0.56\text{m}}{2} \times 9.8\text{m/sec}^2}$
$= 11.02$

TIP
① R(반경) $= \dfrac{\text{직경(D)}}{2} = \dfrac{0.56\text{m}}{2}$
② 분리계수의 단위는 없다.

49 옥탄(C_8H_{18})이 완전연소 될 때 부피기준의 AFR(air fuel ratio)은?

㉮ 약 15.0 ㉯ 약 59.5
㉰ 약 69.6 ㉱ 약 71.2

answer 44 ㉮ 45 ㉱ 46 ㉯ 47 ㉱ 48 ㉮ 49 ㉯

풀이 $C_8H_{18} + 12.5O_2 \rightarrow 8CO_2 + 9H_2O$

$$AFR\ (Sm^3/Sm^3) = \frac{12.5 \times 22.4 Sm^3 \times \frac{1}{0.21}}{1 \times 22.4 Sm^3}$$

$$= 59.52$$

TIP

① 완전연소반응식 : $C_mH_m + (m + \frac{n}{4})O_2 \rightarrow mCO_2 + \frac{n}{2}H_2O$

② 질량(kg) = 계수×분자량(kg)

③ 체적(Sm^3) = 계수×22.4(Sm^3)

④ 공연비(Sm^3/Sm^3) = $\frac{공기량}{연료량}$

$$= \frac{산소갯수 \times 22.4Sm^3 \times \frac{1}{0.21}}{연료갯수 \times 22.4Sm^3}$$

50
기상농도와 액상농도의 평형관계를 나타내는 헨리법칙이 잘 적용되지 않는 기체는?

㉮ O_2　　㉯ N_2
㉰ CO　　㉱ Cl_2

풀이 헨리법칙이 잘 적용되지 않는 기체는 수용성기체로 염소(Cl_2)가 정답이다.

TIP
① 헨리법칙 적용기체 : 난용성기체
② 헨리법칙 비적용기체 : 수용성기체

51
유해가스 성분을 제거하기 위한 흡수제의 구비조건 중 옳지 않은 것은?

㉮ 흡수제의 손실을 줄이기 위하여 휘발성이 적어야 한다.
㉯ 흡수제는 화학적으로 안정해야 하며, 빙점은 높고, 비점은 낮아야 한다.
㉰ 흡수율을 높이고 범람(flooding)을 줄이기 위해서는 흡수제의 점도가 낮아야 한다.
㉱ 적은 양의 흡수제로 많은 오염물을 제거하기 위해서는 유해가스의 용해도가 큰 흡수제를 선정한다.

풀이 ㉯ 흡수제는 화학적으로 안정해야 하며, 빙점은 낮고, 비점은 높아야 한다.

TIP
① 비점 = 끓는점
② 빙점 = 어는점

52
직경 0.3m인 덕트로 공기가 1m/s로 흐를 때 이 공기의 레이놀즈 수(N_{Re})는? (단, 공기밀도는 $1.3kg/m^3$, 점도는 $1.8 \times 10^{-4} kg/m \cdot s$이다.)

㉮ 약 1,083　　㉯ 약 2,167
㉰ 약 3,251　　㉱ 약 4,334

풀이
$$N_{Re} = \frac{D \times V \times \rho}{\mu}$$

$$= \frac{0.3m \times 1m/sec \times 1.3kg/m^3}{1.8 \times 10^{-4} kg/m \cdot sec}$$

$$= 2,166.67$$

상태판별
① 층류 : $N_{Re} < 2,100$
② 천이구역 : $2,100 < N_{Re} < 4,000$
③ 난류 : $N_{Re} > 4,000$

answer 50 ㉱　51 ㉯　52 ㉯

53 악취처리기술에 관한 설명으로 옳지 않은 것은?

㉮ 흡수에 의한 방법 중 단탑은 충전탑에서 가스액의 분리가 문제될 때 유용하다.
㉯ 흡착에 의한 방법에서 흡착제를 재생하기 위해서는 증기를 사용하여 충전층을 340℃ 정도로 가열하여 준다.
㉰ 통풍 및 희석에 의한 방법을 사용할 경우 가스토출속도는 50cm/s 정도로 하고 그 이하가 되면 다운워시(down wash) 현상을 일으킨다.
㉱ 흡수에 의한 처리방법을 사용할 경우 흡수에 의해 제거되는 가스상 오염물질은 세정액에 대해 가용성이어야 하고, H_2S의 경우는 에탄올과 아민 등에 흡수된다.

> **풀이** ㉰ 통풍 및 희석에 의한 방법을 사용할 경우 높은 굴뚝을 통해 방출시켜 대기중에 분산 희석시키는 방법이다.

54 휘발성 유기화합물과 냄새를 생물학적으로 제거하기 위해 사용하는 생물여과의 일반적 특성으로 가장 거리가 먼 것은?

㉮ 설치에 넓은 면적을 요한다.
㉯ 습도제어에 각별한 주의가 필요하다.
㉰ 고농도 오염물질의 처리에는 부적합한 편이다.
㉱ 입자상 물질 및 생체량이 감소하며 장치 막힘의 우려가 없다.

> **풀이** ㉱ 입자상 물질 및 생체량이 증가하며 장치막힘의 우려가 있다.

55 중력침강실 내 함진가스의 유속이 2m/s인 경우, 바닥면으로부터 1m 높이(H)로 유입된 먼지는 수평으로 몇 m 떨어진 지점에 착지하겠는가? (단, 층류기준, 먼지의 침강속도는 0.4m/s)

㉮ 2.5 ㉯ 3.0
㉰ 4.5 ㉱ 5.0

> **풀이** 길이(L) = $\dfrac{U \times H}{V_g}$ = $\dfrac{2\text{m/sec} \times 1\text{m}}{0.4\text{m/sec}}$ = 5.0m

> **TIP** 길이(L) = $\left(\dfrac{작은입자}{큰입자}\right)^2 \times \dfrac{U \times H}{V_g}$

56 입자의 비표면적(단위 체적당 표면적)에 관한 설명으로 옳은 것은?

㉮ 입자의 직경이 작아질수록 비표면적은 커진다.
㉯ 입자의 비표면적이 커지면 응집성과 흡착력이 작아진다.
㉰ 입자의 비표면적이 작으면 원심력집진장치의 경우 입자가 장치의 벽면에 부착하여 장치벽면을 폐색시킨다.
㉱ 입자의 비표면적이 작으면 전기집진장치에서는 주로 먼지가 집진극에 퇴적되어 역전리현상이 초래된다.

> **풀이** ㉯ 입자의 비표면적이 커지면 응집성과 흡착력이 커진다.
> ㉰ 입자의 비표면적이 크면 원심력집진장치의 경우 입자가 장치의 벽면에 부착하여 장치 벽면을 폐색시킨다.
> ㉱ 입자의 비표면적이 크면 전기집진장치에서는 주로 먼지가 집진극에 퇴적되어 역전리 현상이 초래된다.

answer 53 ㉰ 54 ㉱ 55 ㉱ 56 ㉮

57 습식세정장치의 특징으로 옳지 않은 것은?

㉮ 가연성, 폭발성 먼지를 처리할 수 있다.
㉯ 부식성 가스와 먼지를 중화시킬 수 있다.
㉰ 단일장치에서 가스흡수와 먼지포집이 동시에 가능하다.
㉱ 배출가스는 가시적인 연기를 피하기 위해 별도의 재 가열이 불필요하고, 집진된 먼지는 회수가 용이하다.

풀이 ㉱ 배출가스는 가시적인 연기를 피하기 위해 별도의 재 가열이 필요하고, 집진된 먼지는 회수가 용이하지 못하다.

58 유입공기 중 염소가스의 농도가 80,000ppm 이고, 흡수탑의 염소가스 제거효율은 80%이다. 이 흡수탑 3개를 직렬로 연결했을 때 유출공기 중 염소가스의 농도(ppm)는?

㉮ 460   ㉯ 540
㉰ 640   ㉱ 720

풀이 유출공기 중 염소가스의 농도(ppm)
$= 80,000 \text{ppm} \times (1-0.80)^3$
$= 640 \text{ppm}$

59 선택적 촉매환원법(SCR)에서 질소산화물을 N_2로 환원시키는데 가장 적당한 반응제는?

㉮ 오존   ㉯ 염소
㉰ 암모니아   ㉱ 이산화탄소

풀이 선택적 촉매환원법(SCR) : $NO_X + NH_3 \rightarrow N_2 + H_2O$

60 연소계산에서 연소 후 배출가스 중 산소농도가 6.2%일 때 완전연소 시 공기비는?

㉮ 1.15   ㉯ 1.23
㉰ 1.31   ㉱ 1.42

풀이 공기비(m) $= \dfrac{21}{21-O_2\%} = \dfrac{21}{21-6.2\%}$
$= 1.42$

answer 57 ㉱   58 ㉰   59 ㉰   60 ㉱

CBT 모의고사

| 제1과목 | 대기오염개론

01 다음 역전현상에 관한 내용으로 틀린 것은?

㉮ 대류권 내에서 온도는 높이에 따라 감소하는 것이 보통이나 경우에 따라 역으로 높이에 따라 온도가 높아지는 층을 역전층이라고 한다.
㉯ 침강역전은 저기압의 중심부분에서 기층이 서서히 침강하면서 발생하는 현상으로 좁은 범위에 걸쳐서 단기간 지속된다.
㉰ 복사역전은 일출직전에 하늘이 맑고 바람이 적을 때 가장 강하게 형성된다.
㉱ LA스모그는 침강역전, 런던스모그는 복사역전과 관계가 있다.

풀이 ㉯ 침강역전은 고기압의 중심부분에서 기층이 서서히 침강하면서 발생하는 현상으로 넓은 범위에 걸쳐서 장기간 지속된다.

02 염화수소의 주요 배출 관련 업종으로 틀린 것은?

㉮ 냉동공장 ㉯ 금속제련
㉰ 쓰레기소각장 ㉱ 플라스틱 공장

풀이 ㉮ 냉동공장에서는 암모니아(NH_3)가 발생한다.

03 코리올리힘(C, 전향력)의 크기를 나타낸 식으로 알맞은 것은? (단, Ω : 지구자전 각속도, θ : 위도, U : 물체의 속도)

㉮ $2\Omega\cos\theta U$ ㉯ $2\Omega\sin\theta U$
㉰ $2\Omega\tan\theta U$ ㉱ $3\Omega\tan\theta U$

04 다음에서 설명하는 오염물질은 무엇인가?

> 이 오염물의 만성 폭로의 가장 흔한 증상은 단백뇨이다. 신피질에서 이 물질이 임계농도에 이르면 처음에는 저분자량의 단백질의 배설이 증가하는데, 계속적으로 폭로되면 아미노산뇨, 당뇨, 고칼슘뇨증, 인산뇨 등의 증상을 가지는 Fanconi씨 증후군으로 진행된다.

㉮ As ㉯ Hg
㉰ Cr ㉱ Cd

풀이 ㉱ 카드뮴(Cd)에 대한 설명이다.

answer 01 ㉯ 02 ㉮ 03 ㉯ 04 ㉱

05 파장 5,320Å 인 빛 속에서 밀도가 0.95g/cm³, 직경 0.42μm인 기름방울이 분산면적비가 4.5일 때 먼지 농도가 0.4mg/m³이라면, 가시거리(km)는 얼마인가? (단, $V = [(5.2 \times \rho \times r)/(K \times C)]$ 식 적용)

㉮ 0.33km   ㉯ 0.38km
㉰ 0.58km   ㉱ 0.82km

풀이
$$V = \frac{5.2 \times \rho \times r}{K \times C}$$

$$= \frac{5.2 \times 0.95 \text{g/cm}^3 \times \left(\frac{0.42 \mu m}{2}\right)}{4.5 \times 0.4 \times 10^{-3} \text{g/m}^3}$$

$$= 576.33 \text{m} = 0.58 \text{km}$$

06 A사업장 굴뚝에서의 암모니아 배출가스가 30mg/m³로 일정하게 배출되고 있는데, 향후 이 지역 암모니아 배출허용 기준이 20ppm으로 강화될 예정이다. 방지시설을 설치하여 강화된 배출허용 기준치의 70%로 유지하고자 할 때, 이 굴뚝에서 방지시설을 설치하여 저감해야 할 암모니아의 농도(ppm)는 얼마인가? (단, 모든 농도조건은 표준상태 기준)

㉮ 11.5ppm   ㉯ 16.8ppm
㉰ 20.8ppm   ㉱ 25.5ppm

풀이
① 배출농도($\text{ppm} = \text{mL/Sm}^3$)
$$= \frac{30\text{mg}}{\text{Sm}^3} \times \frac{22.4\text{mL}}{17\text{mg}} = 39.53\text{ppm}$$
② 유지농도 = 강화된 배출허용 기준치 × 0.70
$$= 20\text{ppm} \times 0.70 = 14\text{ppm}$$
③ 저감해야 할 농도
$$= 39.53\text{ppm} - 14\text{ppm} = 25.53\text{ppm}$$

TIP
$NH_3 \quad 1\text{mol} \begin{cases} 17\text{mg} \\ 22.4\text{mL} \end{cases}$

07 다음의 내용은 오염물질에 대한 피해이다. 알맞은 물질은?

- 섬유의 인장강도를 아주 크게 떨어뜨리는 물질로 알려져 있다.
- 이 물질의 미세한 액적이 나일론 섬유에 침적하여 섬유의 강도를 약화시킨다.
- 셀룰로우즈 섬유, 면(cotton), 레이온 등에 피해를 입힌다.

㉮ 라돈   ㉯ 오존
㉰ 황산화물   ㉱ 이산화질소

풀이 섬유재질에 부식성이 가장 큰 물질은 황산화물이다.

08 다이옥신의 특징 중 ( )안에 알맞은 것은?

- 수용성은 (①)
- 증기압은 (②)
- 완전분해 후 연소가스 배출시 (③)℃ 정도의 범위에서 재생성이 활발

㉮ ① 높다 ② 낮다 ③ 1,200 ~ 1,300
㉯ ① 높다 ② 높다 ③ 300 ~ 400
㉰ ① 낮다 ② 낮다 ③ 300 ~ 400
㉱ ① 낮다 ② 높다 ③ 1,200 ~ 1,300

answer 05 ㉰   06 ㉱   07 ㉰   08 ㉰

09 다음 중 2차 오염물질로 볼 수 없는 것은?

㉮ 이산화황이 대기 중에서 산화하여 생성된 삼산화황
㉯ 이산화질소의 광화학반응에 의하여 생성된 일산화질소
㉰ 질소산화물의 광화학반응에 의한 원자상 산소와 대기중의 산소가 결합하여 생성된 오존
㉱ 석유정제시 수소첨가에 의하여 생성된 황화수소

풀이 ㉱번은 환원반응에 의해 생성된 1차 오염물질이다.

TIP
2차 오염물질은 산화반응, 광화학반응, 광분해반응에 의해서 생성되는 물질이다.

10 악취(냄새)의 물리적, 화학적 특성에 대한 내용으로 틀린 것은?

㉮ 예외는 있으나 일반적으로 증기압이 높을수록 냄새는 더 강하다.
㉯ 악취유발물질들은 paraffin과 CS_2를 제외하고는 일반적으로 적외선을 강하게 흡수한다.
㉰ 악취유발가스는 통상 활성탄과 같은 표면흡착제에 잘 흡수된다.
㉱ 악취는 물리적 차이보다는 화학적 구성에 의해서 결정된다는 주장이 더 지배적이다.

풀이 ㉱ 악취는 화학적 구성보다는 구성 그룹배열에 의해 나타나는 물리적 차이에 의해 결정된다.

11 다음 역사적인 대기오염사건 중 Methyl isocyanate가 주된 오염원인 사건은 어느 것인가?

㉮ Donora 사건
㉯ Meuse valley 사건
㉰ Bhopal시 사건
㉱ Poza Rica 사건

풀이 ㉰ Bhopal시 사건에 대한 설명이다.

TIP
Methyl isocyanate = MIC = CH_3CNO

12 다음 중 2차 대기오염물질로 틀린 것은?

㉮ NaCl   ㉯ H_2O_2
㉰ PAN   ㉱ SO_3

풀이 ㉮ NaCl(염화나트륨)은 1차 대기오염물질이다.

13 지상 10m에서의 풍속이 5m/s라면 지상 50m에서의 풍속(m/s)은 얼마인가?
(단, Deacon식 적용, 대기는 심한 역전상태이며, P = 0.4이다.)

㉮ 8.5   ㉯ 9.5
㉰ 10.5   ㉱ 11.5

풀이
$$u_2 \, m/sec = u_1 \, m/sec \times \left(\frac{H_2}{H_1}\right)^P$$
$$= 5 \, m/sec \times \left(\frac{50m}{10m}\right)^{0.4} = 9.52 \, m/sec$$

answer 09 ㉱ 10 ㉱ 11 ㉰ 12 ㉮ 13 ㉯

14 최근 문제시 되고 있는 석면에 대한 내용으로 틀린 것은?

㉮ 석면은 자연계에서 산출되는 길고, 가늘고, 강한 섬유상 물질이다.
㉯ 석면에 폭로되어 중피종이 발생되기까지의 기간은 일반적으로 폐암보다는 긴 편이나 20년 이하에서 발생하는 예도 있다.
㉰ 석면은 절연성의 성질을 가지고, 화학적 불활성이 요구되는 곳에 사용될 수 있다.
㉱ 석면의 유해성은 백석면이 청석면보다 강하다.

풀이 ㉱ 석면의 유해성은 청석면이 백석면보다 강하다.

TIP
석면의 독성은 원색에 가까울수록 독성이 강하다. 따라서 독성순서는 청석면>황석면>백석면 순이다.

15 오염물질이 식물에 미치는 영향에 관한 내용으로 틀린 것은?

㉮ 불화수소는 어린 잎에 현저하며 지표식물로는 글라디올러스, 메밀 등이 있다.
㉯ 일산화탄소의 중독증상으로 엽록체를 파괴시키고, 잎 전체를 갈변시키며, 토마토, 해바라기, 메밀 등은 25ppm 정도에서 1시간 접촉시 현저한 피해증상을 보인다.
㉰ 에틸렌은 이상낙엽, 새 나무 가지의 성장저해 및 생장억제를 일으킨다.
㉱ 황화수소는 일반적으로 독성은 약하나 어린 잎과 새싹에 피해가 많은 편이며, 지표식물로는 코스모스, 크로바 등이 있다.

풀이 ㉯ 일산화탄소(CO)는 식물에 미치는 피해가 거의 없고, 지표동물로 카나리아가 있다.

16 최대혼합고(MMD)에 관한 내용으로 틀린 것은?

㉮ 오후 2시를 전후로 해서 일중 최대치를 나타낸다.
㉯ 실제 최대혼합고는 지표위 수km까지의 실제 공기의 온도종단도를 작성함으로써 결정된다.
㉰ 과단열감률이 생기면 반드시 대류현상이 있게 되고, 이때 대류가 이루어지는 최대고도를 최대혼합고라 한다.
㉱ 최대혼합고가 높으면 높을수록 오염물질이 넓게 퍼져서 더 많은 피해를 입힌다.

풀이 ㉱ 최대혼합고가 높으면 높을수록 대기오염이 약하여 피해가 작다.

17 다음 가스상 대기오염물질 중 식물에 영향이 가장 크며, 잎의 끝 또는 가장자리가 타거나 발육부진 등 특히 식물의 어린잎에 피해가 큰 물질은 어느 것인가?

㉮ 오존   ㉯ 아황산가스
㉰ 질소산화물   ㉱ 플루오린화수소

풀이 ㉱ 플루오린화수소(HF)에 대한 설명이다.

TIP
HF = 불소수소 = 플루오린화수소

answer 14 ㉱   15 ㉯   16 ㉱   17 ㉱

18 대체연료 자동차에 대한 내용으로 틀린 것은?

㉮ 전기자동차는 1회 충전당 주행거리가 휘발유 자동차의 10배 정도이다.
㉯ 메탄올자동차는 발열량이 휘발유의 절반 정도이므로 연료탱크의 크기를 2배로 하면 1회 충전당 얻을 수 있는 항속거리를 휘발유자동차와 유사하게 할 수 있다.
㉰ 메탄올자동차는 메탄올의 윤활기능이 휘발유에 비해 매우 약하므로 금속이나 플라스틱재료 모두를 침식시킨다.
㉱ 수소자동차는 다른 에너지원에 비해 밀도가 낮으므로 생산된 단위에너지당 연료 무게가 작고, 연소에 의해 배출되는 가스상 오염물질의 양이 매우 적은 장점을 가지고 있다.

[풀이] ㉮ 전기자동차는 1회 충전당 주행거리가 휘발유 자동차의 $\frac{1}{2}$배 정도이다.

19 광화학적 스모그(smog)의 3대 생성요소로 틀린 것은?

㉮ 질소산화물(NO_X)
㉯ 올레핀(Olefin)계 탄화수소
㉰ 아황산가스(SO_2)
㉱ 자외선

[풀이] 광화학적 스모그의 3대 생성요소는 질소산화물(NO_X), 올레핀계 탄화수소, 자외선이다.

20 유효굴뚝높이가 60m에서 유량 980,000 m³/day, SO_2 1,200ppm으로 배출되고 있다. 이 때 최대 지표농도(ppb)는 얼마인가? (단, sutton의 확산식을 사용하고, 풍속은 6m/s, 이 조건에서 확산계수 k_y = 0.15, k_z = 0.18이다.)

㉮ 485ppb ㉯ 361ppb
㉰ 177ppb ㉱ 96ppb

[풀이] $C_{max} = \frac{2Q}{\pi \cdot e \cdot U \cdot He^2}\left(\frac{k_z}{k_y}\right)$

여기서 C_{max} : 최대지표농도
  e : 자연대수(2.72)
  u : 풍속(m/sec)
  He : 유효굴뚝높이(m)
  k_z : 수직확산계수
  k_y : 수평확산계수

① C_{max}

$= \dfrac{2 \times 980,000 m^3/day \times \frac{1day}{24hr} \times \frac{1hr}{3,600sec} \times 1,200ppm}{\pi \times 2.72 \times 6m/sec \times (60m)^2}$

$\times \left(\dfrac{0.18}{0.15}\right)$

$= 0.17698ppm$

② $0.17698ppm \times \dfrac{10^3 ppb}{1ppm} = 176.98ppb$

answer 18 ㉮ 19 ㉰ 20 ㉰

제2과목 | 대기오염공정시험기준

21 배출가스 중 페놀화합물의 분석방법인 자외선/가시선분광법 - 4-아미노안티피린법에 대한내용으로 틀린 것은?

㉮ 배출가스 중 페놀화합물을 수산화소듐 용액으로 흡수한다.
㉯ 생성하는 안티피린계 색소의 흡광도를 파장 510nm에서 측정한다.
㉰ 시료채취량이 20L인 경우 정량범위는 1.00ppm 이상이다.
㉱ 배출가스 중 염소, 브로민 등의 산화성 가스가 공존하여도 영향을 받지 않는다.

〔풀이〕 ㉱ 배출가스 중 염소, 브로민 등의 산화성가스 또는 이산화황 등의 환원성가스가 공존하면 영향을 받으므로 그 영향을 무시하거나 제거할 수 있는 경우에 적용한다.

22 환경대기 중의 아황산가스 농도를 측정하기 위한 시험방법으로서 주 시험방법은 어느 것인가?

㉮ 파라로자닐린법(수동)
㉯ 불꽃광도법(자동)
㉰ 자외선형광법(자동)
㉱ 흡광차분광법(자동)

〔풀이〕 환경대기 중의 아황산가스 농도를 측정하기 위한 주 시험방법은 자외선형광법(자동)이다.

23 배출가스 중 납화합물의 분석방법에 대한 내용으로 틀린 것은?

㉮ 원자흡수분광광도법의 정량범위는 시료채취량이 $1\,Sm^3$일 때 $0.050\,mg/Sm^3$ 이상이다.
㉯ 원자흡수분광광도법의 측정파장은 217.0nm이다.
㉰ 유도결합플라스마/원자발광분광법의 정량범위는 시료채취량이 $1\,Sm^3$일 때 $0.025\,mg/Sm^3$ 이상이다.
㉱ 유도결합플라스마/원자발광분광법의 방법검출한계는 $0.016\,mg/Sm^3$이다.

〔풀이〕 ㉱ 유도결합플라스마/원자발광분광법의 방법검출한계는 $0.008\,mg/Sm^3$이다.

24 환경대기 중의 탄화수소 농도를 자동연속(불꽃이온화검출기법)으로 측정하는 방법으로 틀린 것은 어느 것인가?

㉮ 총탄화수소 측정법
㉯ 비메탄 탄화수소 측정법
㉰ 광산란 탄화수소 측정법
㉱ 활성 탄화수소 측정법

〔풀이〕 탄화수소의 측정방법은 총탄화수소 측정법, 비메탄 탄화수소 측정법(주시험방법), 활성 탄화수소 측정법이 있다.

---

answer   21 ㉱   22 ㉰   23 ㉱   24 ㉰

25 원형 굴뚝 단면의 반경이 2.2m인 경우 측정점수는 얼마인가?

㉮ 8 ㉯ 12
㉰ 16 ㉱ 20

풀이 반경이 2.2m이므로 직경은 4.4m, 반경구분수는 4, 측정점수는 16이다.

TIP

굴뚝직경(m)	반경구분수	측정점수
1 이하	1	4
1 초과 2 이하	2	8
2 초과 4 이하	3	12
4 초과 4.5 이하	4	16
4.5 초과	5	20

26 굴뚝 배출가스 중의 산소를 측정하는 방법 중 자동측정법에 해당하지 않는 것은?

㉮ 자기식(자기풍) ㉯ 오르쟈트분석법
㉰ 자기식(자기력) ㉱ 전기화학식

풀이 ㉯ 오르쟈트분석법은 측정방법에 해당하지 않는다.

27 다음은 이온크로마토그래피법 중 써프렛서에 대한 내용이다. ( )안에 알맞은 것은?

써프렛서는 (①)과 이온교환막형이 있으며, (①)은 음이온에는 스티롤계 (②)수지가, 양이온에는 스티롤계 강염기형의 수지가 충진된 것을 사용한다.

㉮ ① 덤벨형, ② 강산형
㉯ ① 덤벨형, ② 약산형
㉰ ① 관형, ② 강산형
㉱ ① 관형, ② 약산형

28 다음 중 4-아미노 안티피린 용액과 헥사사이아노철(Ⅲ)산포타슘 용액을 가하여 얻어진 적색액의 흡광도를 측정하여 정량하는 오염물질은?

㉮ 폼알데하이드 ㉯ 페놀화합물
㉰ 클로로폼 ㉱ 벤젠

풀이 ㉯ 페놀화합물에 대한 설명이다.

29 배출가스상 물질시료채취 방법 중 채취부에 대한 내용으로 틀린 것은?

㉮ 수은마노미터는 대기와 압력차가 50 mmHg 이상인 것을 쓴다.
㉯ 유리로 만든 가스건조탑을 쓰며, 건조제로는 입자상태의 실리카겔, 염화칼슘 등을 쓴다.
㉰ 펌프는 배기능력 0.5L/분 ~ 5L/분인 밀폐형인 것을 쓴다.
㉱ 가스미터는 일회전 1L의 습식 또는 건식 가스미터로 온도계와 압력계가 붙어 있는 것을 쓴다.

풀이 ㉮ 수은마노미터는 대기와 압력차가 100 mmHg 이상인 것을 쓴다.

30 철강공장의 아크로와 연결된 개방형 여과집진시설에서 배출되는 먼지채취방법에 대한 규정으로 틀린 것은?

㉮ 등속흡인할 필요가 없으며 채취관은 대구경 흡인노즐(보통 10mm정도)이 연결된 흡인관을 사용한다.
㉯ 흡인관을 측정점까지 밀어넣고 출강에서 다음 출강 개시전까지를 먼지 배

answer 25 ㉰ 26 ㉯ 27 ㉰ 28 ㉯ 29 ㉮ 30 ㉱

출상태를 고려하여 적당한 시간간격으로 나누어 시료를 채취하여 구한 먼지농도를 출강에서 다음 출강개시전까지의 평균먼지농도로 간주한다.
ⓒ 시료채취시 측정공을 헝겊 등으로 밀폐할 필요는 없으며 건옥백하우스의 경우는 장입 및 출강시 20±5L/min의 유속으로 배출가스를 흡인한다.
ⓓ 한 개의 원통형 여과지에 포집된 1회 먼지포집량은 20mg 이상 50mg 이하로 함을 원칙으로 한다.

풀이 ⓓ 한 개의 원통형 여과지에 포집된 1회 먼지포집량은 2mg 이상 20mg 이하로 함을 원칙으로 한다.

31 대기오염공정시험기준에 사용되는 용어 중 물질을 취급 또는 보관하는 동안에 기체 또는 미생물이 침입하지 않도록 내용물을 보호하는 용기는 어느 것인가?

㉮ 밀폐용기　　㉯ 기밀용기
㉰ 밀봉용기　　㉱ 차광용기

풀이 ㉰ 밀봉용기에 대한 설명이다.

TIP 밀폐용기의 "미"와 미생물의 "미"를 연관지어 기억하시면 됩니다.

32 환경대기 중 가스상 물질의 시료채취 방법으로 틀린 것은?

㉮ 용매채취법　　㉯ 용기채취법
㉰ 고체흡착법　　㉱ 고온흡수법

풀이 가스상 물질의 시료채취 방법으로는 직접채취법, 용기채취법, 용매채취법, 고체흡착법, 저온농축법, 채취용 여과지에 의한 방법이 있다.

33 굴뚝 배출가스 중 가스상 물질 시료채취 방법 중 연결관(도관)에 관한 설명으로 틀린 것은?

㉮ 연결관은 가능한 한 수직으로 연결해야 한다.
㉯ 가열 연결관은 시료연결관, 퍼지라인, 교정가스관, 열원(선), 열전대 등으로 구성되어야 한다.
㉰ 하나의 연결관으로 여러개의 측정기를 사용할 경우 각 측정기 앞에서 연결관을 병렬로 연결하여 사용한다.
㉱ 연결관의 안지름은 연결관의 길이, 흡입가스의 유량, 응축수에 의한 막힘 또는 흡입펌프의 능력 등을 고려해서 40mm ~ 250mm로 한다.

풀이 ㉱ 연결관의 안지름은 연결관의 길이, 흡입가스의 유량, 응축수에 의한 막힘 또는 흡입펌프의 능력 등을 고려해서 4mm ~ 25mm로 한다.

answer 31 ㉰　32 ㉱　33 ㉱

34 환경대기 중의 옥시단트 측정방법에서 사용되는 용어의 설명으로 알맞은 것은?

㉮ 옥시단트 농도는 산소농도를 기준으로 나타내며, 산성아이오드화포타슘법을 주시험방법으로 한다.
㉯ 옥시단트란 전옥시단트, 광화학옥시단트, 오존등의 산화성물질의 총칭이다.
㉰ 전옥시단트란 광화학옥시단트에서 이산화질소를 제외한 물질의 총칭이다.
㉱ 광화학옥시단트란 중성아이오드화포타슘용액에 의해 아이오드를 유리시키는 물질을 말한다.

> **풀이** ㉮ 옥시단트 농도는 오존농도를 기준으로 나타내며, 자외선광도법(자동)을 주시험방법으로 한다.
> ㉰ 전옥시단트란 중성아이오드화포타슘용액에 의해 아이오드를 유리시키는 물질의 총칭이다.
> ㉱ 광화학옥시단트란 전옥시단트에서 이산화질소를 제외한 물질이다.

35 다음 중 분석 대상가스가 폼알데하이드일 경우 분석방법으로 알맞은 것은?

㉮ 침전적정법
㉯ 질산은법
㉰ 기체크로마토그래피법
㉱ 크로모트로핀산법

> **풀이** 폼알데하이드의 분석방법으로는 고성능 액체크로마토그래피법, 자외선/가시선분광법(크로모트로핀산법, 아세틸아세톤법)이 있다.

36 굴뚝 배출가스 분석대상 성분과 그 분석방법 및 흡수액의 연결로 틀린 것은?

㉮ 질소산화물 - 아연환원나프틸에틸렌다이아민법 - 수산화소듐용액
㉯ 브로민화합물 - 자외선/가시선분광법 - 수산화소듐용액
㉰ 페놀화합물 - 4-아미노안티피린법 - 수산화소듐용액
㉱ 플루오린화합물 - 자외선/가시선분광법 - 수산화소듐용액

> **풀이** ㉮ 질소산화물 - 아연환원나프틸에틸렌다이아민법 - 황산용액

37 이론단수가 1,600인 분리관이 있다. 보유시간이 10분인 봉우리의 좌우 변곡점에서 접선이 자르는 바탕선의 길이(mm)는 얼마인가? (단, 기록지 이동속도는 5mm/min, 이론단수는 모든 성분에 대하여 같다.)

㉮ 1mm ㉯ 2mm
㉰ 5mm ㉱ 10mm

> **풀이** $n = 16 \times \left(\dfrac{tR}{w}\right)^2$
> 여기서 n : 이론단수
> tR : 기록지 이동속도(mm/min)
> w : 봉우리의 폭(mm)
> 따라서 $1,600 = 16 \times \left(\dfrac{5mm/min \times 10min}{w}\right)^2$
> ∴ w = 5mm

TIP
tR = 기록지 이동속도(mm/min) × 보유시간(min)

answer 34 ㉯ 35 ㉱ 36 ㉮ 37 ㉰

38 대기오염공정시험기준상 환경대기 중의 먼지 측정에 적용 가능한 시험방법으로 틀린 것은?

㉮ 고용량 공기시료채취기법
㉯ 저용량 공기시료채취기법
㉰ 오존전구물질-자동측정법
㉱ 베타선법

풀이 환경대기 중의 먼지 측정에 적용 가능한 시험방법으로는 고용량 공기시료채취기법, 저용량 공기시료채취기법, 베타선법, 광학기법이 있다.

39 다음은 환경대기내의 석면 시험방법 중 시료채취위치 및 시간에 대한 설명이다. ( )안에 알맞은 것은?

> 주간 시간대에 (①)의 흡인유량으로 (②) 측정한다.

㉮ ① 5L/min, ② 1시간
㉯ ① 5L/min, ② 2시간
㉰ ① 10L/min, ② 1시간
㉱ ① 10L/min, ② 2시간

풀이 시료채취 및 측정시간은 주간 시간대(오전 8시~오후 7시) 10L/min으로 1시간 측정한다.

40 대기오염공정시험기준상 따로 규정이 없을 경우 사용하는 시약의 규격으로 틀린 것은 어느 것인가?

	명칭	농도(%)	비중(약)
①	아세트산	99.0% 이상	1.05
②	과산화수소	30.0 ~ 35.0	1.11
③	아이오딘화수소산	28.0 ~ 30.0	0.90
④	과염소산	60.0 ~ 62.0	1.54

㉮ ① ㉯ ②
㉰ ③ ㉱ ④

풀이 ③ 아이오딘화수소산의 농도는 55.0 ~ 58.0이며, 비중은 1.70이다.

| 제3과목 | 대기오염방지기술

41 송풍관(duct)에서 흄(fume) 및 매우 가벼운 건조 먼지(예 : 나무 등의 미세한 먼지와 산화아연, 산화알루미늄 등의 흄)의 반응속도로 알맞은 것은?

㉮ 2m/s ㉯ 10m/s
㉰ 25m/s ㉱ 50m/s

answer 38 ㉰ 39 ㉰ 40 ㉰ 41 ㉯

42 연료 중 탄수소비(C/H비)에 관한 설명으로 틀린 것은?

㉮ 액체연료의 경우 중유 > 경유 > 등유 > 휘발유 순이다.
㉯ C/H비가 작을수록 비점이 높은 연료는 매연이 발생되기 쉽다.
㉰ C/H비는 공기량, 발열량 등에 큰 영향을 미친다.
㉱ C/H비가 클수록 휘도는 높다.

풀이 ㉯ C/H비가 클수록 비점이 높은 연료는 매연이 발생되기 쉽다.

43 총집진효율 90%를 요구하는 A 공장에서 50% 효율을 가진 1차 집진장치를 이미 설치하였다. 이때 2차 집진장치는 몇 % 효율을 가진 것이어야 하는가? (단, 장치 연결은 직렬 조합 기준)

㉮ 70%   ㉯ 75%
㉰ 80%   ㉱ 85%

풀이 $\eta_T = 1 - (1-\eta_1) \times (1-\eta_2)$
$0.90 = 1 - (1-0.50) \times (1-\eta_2)$
$\therefore \eta_2 = 0.80$ 따라서 80%

44 집진장치에서 후드(Hood)의 일반적인 흡인요령으로 틀린 것은?

㉮ 후드를 발생원에 근접시킨다.
㉯ 국부적인 흡인 방식을 택한다.
㉰ 충분한 포착속도를 유지한다.
㉱ 후드의 개구면적을 크게 한다.

풀이 ㉱ 후드의 개구면적을 작게 한다.

TIP 후드의 개구면을 작게하면 흡입속도를 크게 할 수 있다.

45 원추하부 지름이 20cm인 Cyclone에서 가스접선 속도가 5m/sec이면 분리계수는 얼마인가?

㉮ 25.5   ㉯ 18.5
㉰ 12.8   ㉱ 9.7

풀이 분리계수(S) $= \dfrac{v^2}{Rg} = \dfrac{(5\text{m/sec})^2}{0.1\text{m} \times 9.8\text{m/sec}^2}$
$= 25.51$

TIP 반경(R) $= \dfrac{직경(D)}{2} = \dfrac{0.2\text{m}}{2} = 0.1\text{m}$

46 A공장의 전기집진장치에서 원통형 집진극의 반경이 8cm이고, 길이가 1.5m이다. 처리가스의 유속을 1.5m/sec로 하고 먼지입자가 집진극을 향하여 이동하는 이동분리 속도가 10cm/sec라면 먼지제거 효율(%)은 얼마인가?

㉮ 약 92%   ㉯ 약 94%
㉰ 약 96%   ㉱ 약 98%

풀이 $\eta = \left\{1 - \exp\left(\dfrac{-2 \cdot W \cdot L}{R \cdot U}\right)\right\} \times 100$
$= \left\{1 - \exp\left(\dfrac{-2 \times 0.1\text{m/sec} \times 1.5\text{m}}{0.08\text{m} \times 1.5\text{m/sec}}\right)\right\} \times 100$
$= 91.79\%$

answer 42 ㉯ 43 ㉰ 44 ㉱ 45 ㉮ 46 ㉮

47 탄소 87%, 수소 13%의 연료를 완전연소 시 배기가스를 분석한 결과 O_2는 5%이었다. 이 때 과잉공기량(Sm^3/kg)은 얼마인가?

㉮ $1.3Sm^3/kg$ ㉯ $3.5Sm^3/kg$
㉰ $4.6Sm^3/kg$ ㉱ $6.9Sm^3/kg$

풀이
① O_2% 존재시 공기비 (m)
$$= \frac{21}{21-O_2\%} = \frac{21}{21-5\%} = 1.3125$$
② 이론공기량 (A_o)
$$= 8.89C + 26.67\left(H - \frac{O}{8}\right) + 3.33S (Sm^3/kg)$$
$$= 8.89 \times 0.87 + 26.67 \times 0.13$$
$$= 11.2014 Sm^3/kg$$
③ 실제공기량 $= m \times A_o = A$
$$= 1.3125 \times 11.2014 Sm^3/kg$$
$$= 14.70 Sm^3/kg$$
④ 과잉공기량 $= A - A_o$
$$= 14.70 Sm^3/kg - 11.2014 Sm^3/kg$$
$$= 3.50 Sm^3/kg$$

48 다음 각종 먼지 중 진비중/겉보기 비중이 가장 큰 것은 어느 것인가?

㉮ 카본블랙 ㉯ 미분탄보일러
㉰ 시멘트 원료분 ㉱ 골재 드라이어

풀이 진비중/겉보기비중
㉮ 카본블랙 : 76
㉯ 미분탄보일러 : 4.04
㉰ 시멘트 원료분 : 5.0
㉱ 골재 드라이어 : 2.73

TIP
이 문제에서 (진비중/겉보기비중)이 가장 큰 먼지는 카본블랙임을 기억하시면 됩니다.

49 다음 중 배출가스 중의 NO_x의 제거방법으로 틀린 것은?

㉮ 석회석주입법
㉯ 선택적촉매환원법
㉰ 선택적비촉매환원법
㉱ 황산흡수법

풀이 ㉮ 석회석주입법은 황산화물(SO_X)을 제거하는 방법에 해당한다.

50 아래 그림은 다음 중 어떤 집진장치에 해당하는가?

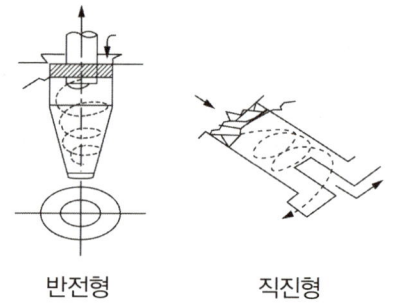

반전형   직진형

㉮ 중력집진장치 ㉯ 관성력집진장치
㉰ 원심력집진장치 ㉱ 전기집진장치

풀이 ㉰ 원심력집진장치의 그림이다.

answer 47 ㉯ 48 ㉮ 49 ㉮ 50 ㉰

51 휘발유 자동차의 배출가스를 감소시키기 위해 적용되는 삼원촉매장치의 촉매 물질 중 환원촉매로 사용되는 물질은?

㉮ Rh   ㉯ Ni
㉰ Pt   ㉱ Pd

풀이 로듐(Rh)은 NO_X를 저감하는 환원촉매이며, 백금(Pt)과 팔라듐(Pd)는 CO와 HC를 저감하는 산화촉매이다.

TIP
① CO, HC $\xrightarrow{Pt, Pd}$ $CO_2 + H_2O$
② NO_X $\xrightarrow{Rh}$ N_2

52 후드의 형식 및 설치 위치의 결정에 대한 내용으로 틀린 것은?

㉮ 후드 개구면이 바깥주변에 플랜지를 부착하면 후드 뒤쪽의 공기흡입을 유도할 수 있고, 그 결과 포착속도를 높일 수 있다.
㉯ 가능한 한 발생원을 모두 포위할 수 있는 포위식 또는 부스식을 선택한다.
㉰ 작업 또는 공정상 발생원을 포위할 수 없는 경우 외부식을 선택한다.
㉱ 오염물질의 발생상태를 조사한 결과 오염기류가 공정 또는 작업자체에 의해 일정방향으로 발생하고 있을 경우 레시버식을 선택한다.

풀이 ㉮ 후드 개구면이 바깥주변에 플랜지를 부착하면 후드 뒤쪽의 공기흡입을 방지할 수 있고, 그 결과 포착속도를 높일 수 있다.

53 A 연료가스가 부피로 H_2 9%, CO 24%, CH_4 2%, CO_2 6%, O_2 3%, N_2 56%의 구성비를 갖는다. 이 기체 연료를 1기압 하에서 20%의 과잉공기로 연소시킬 경우 연료 $1Sm^3$당 요구되는 실제공기량(Sm^3)은 얼마인가?

㉮ $0.83Sm^3$ ㉯ $1Sm^3$
㉰ $1.68Sm^3$ ㉱ $1.98Sm^3$

풀이
$H_2 + 0.5O_2 \to H_2O : 9\%$
$CO + 0.5O_2 \to CO_2 : 24\%$
$CH_4 + 2O_2 \to CO_2 + 2H_2O : 2\%$
$O_2 : 3\%$
실제공기량(A)
= 공기비(m) × 이론공기량(A_o)
$= 1.2 \times \dfrac{0.5 \times 0.09 + 0.5 \times 0.24 + 2 \times 0.02 - 0.03}{0.21}$
$= 1.0 Sm^3/Sm^3$

TIP
① 이론공기량(A_o)
$\dfrac{\text{연소성분 연소시 필요한 산소량-연료의 산소량}}{0.21}$
② 100%+20% = 120% ∴ m = 1.2

54 중량조성이 탄소 85%, 수소 15%인 액체연료를 매시 100kg 연소한 후 배출가스를 분석 하였더니 분석치가 CO_2 12.5%, CO 3%, O_2 3.5%, N_2 81%이었다. 이 때 매시간당 필요한 공기량(Sm^3/hr)은 얼마인가?

㉮ 약 13   ㉯ 약 157
㉰ 약 657   ㉱ 약 1,271

풀이 ① 공기비(m)
$= \dfrac{N_2\%}{N_2\% - 3.76(O_2\% - 0.5CO\%)}$

answer 51 ㉮ 52 ㉮ 53 ㉯ 54 ㉱

$$= \frac{81\%}{81\% - 3.76 \times (3.5\% - 0.5 \times 3\%)}$$
$$= 1.1023$$

② 이론공기량(A_o)
$$= 8.89C + 26.67\left(H - \frac{O}{8}\right) + 3.33S \,(Sm^3/kg)$$
$$= 8.89 \times 0.85 + 26.67 \times 0.15$$
$$= 11.557 \,Sm^3/kg$$

③ 필요한 공기량
= 공기비(m)×이론공기량(A_o)×연료량(kg/hr)
$$= 1.1023 \times 11.557 \,Sm^3/kg \times 100 \,kg/hr$$
$$= 1,273.93 \,Sm^3/hr$$

55 질소산화물(NO_X)의 억제방법으로 틀린 것은?

㉮ 저산소 연소
㉯ 배출가스 재순환
㉰ 화로내 물 또는 수증기 분무
㉱ 고온영역 생성촉진 및 긴불꽃연소를 통한 화염온도 증가

▶풀이 ㉱ 고온영역 감소 및 화염온도 감소

56 연료의 성질에 대한 내용 중 틀린 것은?

㉮ 휘발분의 조성은 고탄화도 역청탄에서는 탄화수소가스 및 타르 성분이 많아 발열량이 높다.
㉯ 석탄의 탄화도가 저하하면 탄화수소가 감소하며 수분과 이산화탄소가 증가하여 발열량은 낮아진다.
㉰ 고정탄소는 수분과 이산화탄소의 합을 100에서 제외한 값이다.
㉱ 고정탄소와 휘발분의 비를 연료비라 한다.

▶풀이 ㉰ 고정탄소는 수분과 회분과 휘발분의 합을 100에서 제외한 값이다.

57 액체연료의 버너 중 그 유량의 조절 범위가 가장 큰 것은?

㉮ 유압식 버너 ㉯ 회전식 버너
㉰ 로터리식 버너 ㉱ 고압공기식 버너

▶풀이 고압공기식 버너의 유량조절범위는 1:10 정도로 가장 크다.

58 전형적인 자동차 배기가스를 구성하는 다음 물질 중 가장 많은 양(부피%)을 차지하고 있는 것은? (단, 공전상태 기준)

㉮ HC ㉯ CO
㉰ NO_X ㉱ SO_X

▶풀이 전형적인 자동차(휘발유 자동차)의 경우 NO_X는 가속시, CO는 공회전시(아이드링시), HC는 감속시에 가장 많이 배출된다.

59 입경측정방법 중 간접측정방법으로 틀린 것은?

㉮ 표준체측정법 ㉯ 관성충돌법
㉰ 액상침강법 ㉱ 광산란법

▶풀이 ① 직접측정방법 : 표준체측정법, 현미경측정법
② 간접측정방법 : 관성충돌법, 액상침강법, 공기투과법, 광산란법

60 유해가스를 처리하기 위한 흡수액의 구비요건으로 틀린 것은?

㉮ 용해도가 높아야 한다.
㉯ 휘발성이 커야 한다.
㉰ 점성이 비교적 작아야 한다.
㉱ 용매의 화학적 성질과 비슷해야 한다.

▶풀이 ㉯ 휘발성이 작아야 한다.

---

answer 55 ㉱ 56 ㉰ 57 ㉱ 58 ㉯ 59 ㉮ 60 ㉯

2021년 1회 CBT 복원문제

| 제1과목 | 대기환경관리

01 다음 중 수용모델에 대한 설명으로 틀린 것은?

㉮ 미래의 대기질을 예측하기가 어렵다.
㉯ 측정자료를 입력자료로 사용하므로 시나리오 작성이 곤란하다.
㉰ 지형, 기상학적 정보없이도 사용이 가능하다.
㉱ 새로운 오염원이 지역내에 생길 때 매번 재평가를 하여야 한다.

풀이 ㉱번의 설명은 분산모델에 대한 설명이며, 분산모델과 수용모델의 특징을 반드시 비교해서 숙지하셔야 합니다.

02 다음 중 통풍력에 대한 설명으로 틀린 것은?

㉮ 굴뚝 내의 굴곡이 없을수록 통풍력이 커진다.
㉯ 배출가스의 온도가 낮을수록 통풍력이 작아진다.
㉰ 계절별로 여름보다 겨울에 통풍력이 작아진다.
㉱ 외기주입이 없을수록 통풍력이 커진다.

풀이 ㉰ 계절별로 여름보다 겨울에 통풍력이 커진다.

03 기온역전의 종류 중 공중역전에 해당하지 않는 것은?

㉮ 침강성역전 ㉯ 복사성역전
㉰ 전선성역전 ㉱ 해풍역전

풀이 기온역전의 종류
① 지표(접지)역전 : 복사성(방사성)역전, 이류성역전
② 공중역전 : 침강성역전, 전선성역전, 해풍역전, 난류성역전

04 다음 중 경도풍에 관계없는 힘은?

㉮ 기압경도력 ㉯ 전향력
㉰ 원심력   ㉱ 마찰력

풀이 경도풍은 마찰이 작용하지 않는 자유대기층에서 등압선이 곡선일 때 기압경도력과 전향력, 원심력이 평형을 이루어 부는 바람이다.

05 다음 중 오존층보호를 위한 국제협약이 아닌 것은?

㉮ 비엔나협약   ㉯ 몬트리올의정서
㉰ 런던회의   ㉱ 헬싱키의정서

풀이 국제협약
① 오존층보호 협약 : 비엔나협약(1985년), 몬트리올의정서(1987년), 런던회의(1990년)
② 산성비 협약 : 헬싱키의정서(1985년), 소피아의정서(1989년)

---

answer 01 ㉱ 02 ㉰ 03 ㉯ 04 ㉱ 05 ㉱

06 다음 중 다운드래프트(Down Draft)현상의 방지책으로 알맞은 것은?

㉮ 굴뚝의 높이를 주위 건물높이의 1.5배 이상 유지한다.
㉯ 굴뚝의 높이를 주위 건물높이의 2.0배 이상 유지한다.
㉰ 굴뚝의 높이를 주위 건물높이의 2.5배 이상 유지한다.
㉱ 굴뚝의 높이를 주위 건물높이의 3.0배 이상 유지한다.

풀이 ① 다운와쉬현상의 방지책 : 배출가스의 속도를 풍속의 2배 이상
② 다운드래프트현상의 방지책 : 굴뚝의 높이를 주위 건물높이의 2.5배 이상 유지

07 다음 중 일산화탄소에 대한 설명으로 틀린 것은?

㉮ 혈액 내의 헤모글로빈과 친화력이 산소의 210배에 달해 산소운반 능력을 저해시킨다.
㉯ 가연성분의 불완전연소시나 자동차에서 많이 발생한다.
㉰ 대기 중에서 이산화탄소로 산화되기 어려우며 다른 물질에 흡착현상도 거의 나타나지 않는다.
㉱ 물에 수용성이므로 비에 의해 쉽게 제거된다.

풀이 ㉱ 물에 난용성이므로 비에 의한 영향은 거의 받지 않는다.

08 다음 중 아황산가스(SO_2)에 약한식물로 틀린 것은?

㉮ 담배   ㉯ 자주개나리
㉰ 목화   ㉱ 양배추

풀이 ① 아황산가스의 지표(약한)식물 : 대맥, 담배(연초), 자주개나리(알팔파), 목화, 보리 등
② 아황산가스의 강한식물 : 양배추, 까치밤나무, 쥐당나무, 셀러리, 소나무, 옥수수 등

09 다음 중 납 화합물의 주요 배출원으로 틀린 것은?

㉮ 고무가공공장
㉯ 디젤자동차 배출가스
㉰ 축전지 제조공장
㉱ 도가니 제조공장

풀이 납 화합물의 주요 배출원은 고무가공공장, 가솔린자동차, 축전지 제조공장, 도가니 제조공장, 인쇄공장 등이다.

10 대류권에서의 광화학반응에 대한 설명으로 틀린 것은?

㉮ 성층권의 오존층이 대부분 자외선을 차단한 후 대류권으로 들어오는 태양빛의 파장은 280nm이상의 파장이다.
㉯ 케톤은 파장 300~700nm서 약한 흡수를 하여, 광분해 한다.
㉰ 알데하이드(RCHO)는 파장 313nm이하에서 광분해 한다.
㉱ SO_2는 파장 450~700nm에서 강한 흡수가 일어나 대류권에서 광분해 한다.

풀이 ㉱ SO_2는 파장 280~290nm에서 강한 흡수를 보이지만 대류권에서는 광분해 되지 않는다.

answer 06 ㉰ 07 ㉱ 08 ㉱ 09 ㉯ 10 ㉱

11 지구온난화 원인으로 주목되는 온실효과를 유발하는 물질로 틀린 것은?

㉮ 아산화질소(N_2O)
㉯ 암모니아(NH_3)
㉰ 이산화탄소(CO_2)
㉱ 메탄(CH_4)

▶ 풀이 온실기체의 종류에는 이산화탄소, 메탄, 아산화질소, 수소불화탄소, 과불화탄소, 육불화황, 염화불화탄소, 수소염화불화탄소이다.

12 대기 중에서 최고농도가 나타나는 시간이 가장 이른 것은? (단, 하루 중 일변화)

㉮ O_3
㉯ NO_2
㉰ NO
㉱ PAN

▶ 풀이
㉮ O_3 : 2차성물질이므로 한낮(오전 10시~오후 4시)에 최대
㉯ NO_2 : NO가 발생 후 2시간 후(오전 8시~오전 10시)에 최대
㉰ NO : 1차성물질이며, 출근시간대(오전 6시~오전 8시)에 최대
㉱ PAN : 2차성물질이므로 한낮(오전 10시~오후 4시)에 최대

13 다음 용어에 대한 설명으로 틀린 것은?

㉮ 대류권 : 지표면에서 평균 11km까지로 구름, 비 등의 기상현상이 발생한다.
㉯ down wash : 바람이 불어오는 쪽의 반대로 부압 영역이 생겨 연기가 말려 들어가는 현상이다.
㉰ 열섬효과 : 교외지역에 비해 도시지역에 고온의 공기층을 형성하여 발생되는 현상이다.
㉱ 복사역전 : 시간에 무관하게 장기간으로 지속되어 지표에서 발생한 오염물질에 의해 발생한다.

▶ 풀이 ㉱ 복사역전 : 겨울철 맑은날 아침시간대에 단기간 오염물질의 축적으로 발생한다.

14 지상 44m에서 풍속이 7.5m/s일 때, 지상 11m 높이에서의 풍속은? (단, Deacon 식 적용, 풍속지수 p는 0.25)

㉮ 5.3m/s
㉯ 5.7m/s
㉰ 6.2m/s
㉱ 6.9m/s

▶ 풀이
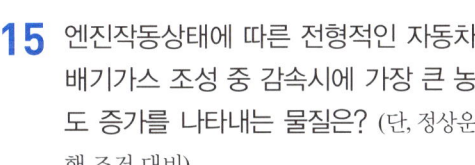

$$U_2 = U_1 \times \left(\frac{H_2}{H_1}\right)^p$$

$$7.5\text{m/sec} = U_1 \text{m/sec} \times \left(\frac{44\text{m}}{11\text{m}}\right)^{0.25}$$

따라서 $U_1 = \dfrac{7.5\text{m/sec}}{\left(\frac{44\text{m}}{11\text{m}}\right)^{0.25}} = 5.30\text{m/sec}$

15 엔진작동상태에 따른 전형적인 자동차 배기가스 조성 중 감속시에 가장 큰 농도 증가를 나타내는 물질은? (단, 정상운행 조건 대비)

㉮ NO_2
㉯ H_2O
㉰ CO_2
㉱ HC

▶ 풀이 전형적인 자동차(가솔린 자동차)에서 가장 많이 배출되는 조건
① 질소산화물(NO_X) : 가속 시
② 일산화탄소(CO) : 공회전(아이드링) 시
③ 탄화수소(HC) : 감속 시

answer 11 ㉯ 12 ㉰ 13 ㉱ 14 ㉮ 15 ㉱

16 연기의 배출속도 50m/s, 평균풍속 300m/min, 유효굴뚝높이 55m, 실제굴뚝높이 24m인 경우 굴뚝의 직경(m)은?
(단, $\Delta H = 1.5 \times (V_s/U) \times D$ 식 적용)

㉮ 0.3 ㉯ 1.6
㉰ 2.1 ㉱ 3.7

풀이 $\Delta H = He - H = 55m - 24m = 31m$

$31m = 1.5 \times \left(\dfrac{50\,m/sec}{300\,m/min \times \dfrac{1\,min}{60\,sec}} \right) \times D$

$\therefore D = 2.07m$

17 다음 중 탄화수소류에 대한 설명으로 틀린 것은?

㉮ 탄화수소류 중 2중결합을 가진 올레핀계 화합물은 방향족 탄화수소보다 보통 대기 중에서의 반응성이 크다.
㉯ 불포화탄화수소는 2중결합 또는 3중결합을 갖고 있으며 반응성이 높아 광화학반응을 일으킨다.
㉰ 대기환경 중 탄화수소는 기체, 액체 및 고체로 존재하는데, 탄소수가 5개 이상인 것은 액체 또는 고체로 존재한다.
㉱ 탄화수소는 자연적인 발생량에 비해 인위적인 발생량이 많은 편이다.

풀이 ㉱ 탄화수소는 인위적인 발생량에 비해 자연적인 발생량이 많은 편이며, 인위적인 발생량은 전체의 1% 정도이다.

18 대기의 연직구조에 대한 설명으로 틀린 것은?

㉮ 대류권은 보통 저위도 지방이 고위도 지방에 비하여 높다.
㉯ 대류권은 지표면에서부터 약 11km까지의 높이로서 구름이 끼고 비가 오는 등의 기상현상은 대류권에 국한되어 나타난다.
㉰ 기상요소의 수평분포는 위도, 해륙분포 등에 의하여 지역에 따라 다르게 나타나지만 연직방향에 따른 변화가 더욱 크다.
㉱ 성층권의 고도는 약 11km에서 50km까지이고, 그 권역에서는 고도에 따라 온도가 증가하고 하층부의 밀도가 작아서 불안정한 상태를 나타낸다.

풀이 ㉱ 성층권의 고도는 약 11km에서 50km까지이고, 그 권역에서는 고도에 따라 온도가 증가하고 하층부의 밀도가 커서 매우 안정한 상태를 나타낸다.

19 자동차 배출가스가 발생되는 가솔린 기관의 작동 원리 중 4행정사이클의 기본 동작에 해당되지 않는 것은?

㉮ 흡입행정 ㉯ 압축행정
㉰ 폭발행정 ㉱ 누출행정

풀이 가솔린 기관의 작동 원리 중 4행정사이클의 기본 동작은 흡입행정 → 압축행정 → 폭발행정 → 배기행정 순이다.

answer 16 ㉰ 17 ㉱ 18 ㉱ 19 ㉱

20 라돈에 대한 설명으로 틀린 것은?

㉮ 일반적으로 인체의 조혈기능 및 중추신경계통에 영향을 미치는 것으로 알려져 있다.
㉯ 무색, 무취의 기체로 액화되어도 색을 띠지 않는 물질이다.
㉰ 공기보다 9배나 무거워 지표에 가깝게 존재한다.
㉱ 주로 건축자재를 통하여 인체에 영향을 미치고 있으며 화학적으로 거의 반응을 일으키지 않는다.

풀이 ㉮ 일반적으로 호흡기계통의 질환과 폐암을 유발시킨다.

제2과목 | 대기오염공정시험기준

21 자외선/가시선분광법-아연환원나프틸에틸렌다이아민법에 의해 배출가스 중의 질소산화물을 분석할 경우 질산이온의 환원에 사용되는 시약은?

㉮ 분말질산아연　㉯ 분말금속아연
㉰ 분말황산아연　㉱ 분말산화아연

풀이 질산이온의 환원에 사용되는 시약은 ㉯ 분말금속아연이다.

22 배출가스 중 수은 화합물을 분석하는 방법은?

㉮ 냉증기-원자흡수분광광도법
㉯ 기체크로마토그래피
㉰ 유도결합플라스마 분광법
㉱ 자외선/가시선분광법

풀이 수은 화합물을 분석하는 방법은 냉증기-원자흡수분광광도법이다.

23 환경대기 중 탄화수소를 측정하는 방법으로 틀린 것은?

㉮ 총탄화수소 측정법
㉯ 비메탄 탄화수소 측정법
㉰ 활성 탄화수소 측정법
㉱ 용융 탄화수소 측정법

풀이 환경대기 중 탄화수소를 측정하는 방법에는 총탄화수소 측정법, 비메탄 탄화수소 측정법(주시험방법), 활성 탄화수소 측정법이 있다.

24 대기오염공정시험기준에서 정하는 환경대기 중 아황산가스의 측정방법이 아닌 것은?

㉮ 산정량 수동법　㉯ 용액 전도율법
㉰ 적외선 분석법　㉱ 자외선 형광법

풀이 환경대기 중 아황산가스의 측정방법
① 수동 및 반자동법 : 파라로자닐린법, 산정량수동법, 산정량반자동법
② 자동연속 측정법 : 용액전도율법, 불꽃광도법, 자외선형광법(주시험방법), 흡광차분광법

---

answer 20 ㉮　21 ㉯　22 ㉮　23 ㉱　24 ㉰

25 어떤 사업장의 굴뚝에서 배출되는 오염물질의 농도가 600ppm이고 표준산소농도가 6%, 실측산소농도가 8%일 때, 보정된 오염물질의 농도(ppm)는?

㉮ 692.3 ㉯ 722.3
㉰ 832.3 ㉱ 862.3

풀이
$$C = C_a \times \frac{21-O_s}{21-O_a} = 600\text{ppm} \times \frac{21-6\%}{21-8\%}$$
$$= 692.31 \text{ ppm}$$

TIP
배출가스 유량 보정식 : $Q = Q_a \div \frac{21-O_s}{21-O_a}$

26 고용량공기시료채취법에 의해 포집된 비산먼지의 농도를 계산하려고 한다. 풍속이 0.5m/sec 미만 또는 10m/sec 이상되는 시간이 전 채취시간의 50% 이상일 때 풍속의 보정계수는?

㉮ 1.0 ㉯ 1.2
㉰ 1.4 ㉱ 1.5

풀이 (1) 풍향에 대한 보정계수
① 주풍향이 90° 이상 : 1.5
② 주풍향이 45°~90° : 1.2
③ 주풍향이 45°미만 : 1.0
(2) 풍속에 대한 보정계수
① 전 채취시간의 50% 이상 : 1.2
② 전 채취시간의 50% 미만 : 1.0

27 연료용 유류 중의 황 함유량을 측정하기 위한 분석법은?

㉮ 방사선식 여기법
㉯ 자동 연속 열탈착 분석법
㉰ 테들라 백-열 탈착법
㉱ 몰린형광광도법

풀이 유류 중의 황 함유량 분석방법에는 연소관식 공기법과 방사선식 여기법이 있다.

28 자외선/가시선분광법에서 자외부의 광원으로 주로 사용되는 것은?

㉮ 텅스텐램프 ㉯ 중공음극램프
㉰ 열음극램프 ㉱ 중수소방전관

풀이 자외선/가시선분광법의 광원
① 가시부와 근적외부 : 텅스텐램프
② 자외부 : 중수소방전관

29 원자흡수분광광도법에서 사용되는 불꽃을 만들기 위한 조연성 가스와 가연성 가스의 조합으로 틀린 것은?

㉮ 아세틸렌-일산화질소
㉯ 수소-공기-알곤
㉰ 아세틸렌-공기
㉱ 프로페인-공기

풀이 ㉮ 아세틸렌-아산화질소(일산화이질소)

answer 25 ㉮ 26 ㉯ 27 ㉮ 28 ㉱ 29 ㉮

30 분석대상가스가 플루오린화합물인 경우, 시료채취를 위한 채취관 및 연결관의 재질(①)과 여과재의 재질 (②)로 알맞은 것은?

㉮ ① 경질유리, ② 소결유리
㉯ ① 석영, ② 실리카솜
㉰ ① 스테인리스강, ② 카보런덤
㉱ ① 플루오로수지, ② 알칼리성분이 없는 유리솜

풀이 플루오린화합물
① 채취관 및 연결관의 재질 : 스테인리스강, 플루오로수지
② 여과재의 재질 : 카보런덤

31 배출가스 중 암모니아 분석방법인 자외선/가시선분광법-인도페놀법에 대한 내용으로 틀린 것은?

㉮ 시료채취량이 20L인 경우 정량범위는 100ppm 이상이다.
㉯ 배출가스 중 이산화질소는 100배 이상 공존하지 않는 경우 영향을 받지 않는다.
㉰ 인도페놀류의 흡광도를 640nm 파장에서 측정한다.
㉱ 채취관의 재질은 스테인레스강, 유리, 석영, PTFE(polytetrafluoroethylene) 수지 등을 사용한다.

풀이 ㉮ 시료채취량이 20L인 경우 정량범위는 1.2ppm 이상이다.

32 기체-액체 크로마토그래피에서 분배형 충전물질로 사용되는 내화벽돌에 대한 설명으로 알맞은 것은?

㉮ 일반적인 내화점토를 사용한 것이 아니고, 흑토를 주성분으로 한 내화온도 1,100℃ 정도의 단열벽돌을 뜻한다.
㉯ 일반적인 내화점토를 사용한 것이 아니고, 규조토를 주성분으로 한 내화온도 1,100℃ 정도의 단열벽돌을 뜻한다.
㉰ 일반적인 내화점토를 사용한 내화온도 1,100℃ 정도의 단열벽돌을 뜻한다.
㉱ 일반적인 내화점토를 사용한 내화온도 1,800℃ 정도의 단열벽돌을 뜻한다.

풀이 내화벽돌에서는 핵심 내용인 "주성분은 규조토, 내화온도는 1,100℃"임을 숙지하시면 됩니다.

33 분석대상가스가 페놀화합물인 경우 채취관 및 연결관의 재질로 틀린 것은?

㉮ 석영
㉯ 스테인리스강
㉰ 실리콘수지
㉱ 플루오로수지

풀이 페놀화합물의 채취관 및 연결관의 재질은 경질유리, 석영, 스테인리스강, 플루오로수지이다.

34 배출가스 중 폼알데하이드 및 알데하이드류를 자외선/가시선분광법 - 크로모트로핀산법으로 분석할때 흡수액은?

㉮ 수산화소듐 용액
㉯ 아황산수소소듐 용액
㉰ 황산 용액
㉱ 붕산 용액

풀이 흡수액은 아황산수소소듐 용액(10g/L)을 사용한다.

answer 30 ㉰ 31 ㉮ 32 ㉯ 33 ㉰ 34 ㉯

35 대기오염공정시험기준에서 정의하는 기밀용기에 대한 설명으로 옳은 것은?

㉮ 물질을 취급 또는 보관하는 동안에 이물이 들어가거나 내용물이 손실되지 않도록 보호하는 용기이다.
㉯ 물질을 취급 또는 보관하는 동안에 외부로부터의 공기 또는 다른 가스가 침입하지 않도록 내용물을 보호하는 용기이다.
㉰ 물질을 취급 또는 보관하는 동안에 내용물의 광화학적 변화를 방지할 수 있는 용기이다.
㉱ 물질을 취급 또는 보관하는 동안에 기체 또는 미생물이 침입하지 않도록 내용물을 보호하는 용기이다.

풀이 ㉮ 밀폐용기 ㉯ 기밀용기
㉰ 차광용기 ㉱ 밀봉용기

36 배출가스 중 비소화합물의 분석방법인 수소화물생성 원자흡수분광광도에 대한 내용으로 틀린 것은?

㉮ 시료용액 중의 비소를 수소화비소로 하여 아르곤-수소 불꽃 중에 도입한다.
㉯ 비소에 의한 원자흡수를 파장 228.8nm에서 측정한다.
㉰ 건조시료가스량 1 Sm³인 경우 정량범위는 0.003ppm 이상이다.
㉱ 비소화합물 중 일부는 휘발성이 있어 채취 시료를 전처리하는 동안 비소의 손실 가능성이 있으므로 주의하여야 한다.

풀이 ㉯ 비소에 의한 원자흡수를 파장 193.7nm에서 측정한다.

37 대기오염공정시험방법상 시약, 시액, 표준물질에 대한 규정으로 틀린 것은?

㉮ 시험시약 중 따로 규정이 없고, 단순한 질산으로 표시했을 때는, 그 비중은 약 1.38, 농도는 60.0~62.0(%) 이상의 것을 뜻한다.
㉯ 시험에 사용하는 표준품은 원칙적으로 특급시약을 사용한다.
㉰ 표준액을 조제하기 위한 표준용 시약은 따로 규정이 없는 한 데시케이터에 보존된 것을 사용한다.
㉱ 표준품을 채취할 때 표준액이 정수로 기재되어 있는 경우에는 기재수치에 '약'자를 붙여 사용할 수 없다.

풀이 ㉱ 표준품을 채취할 때 표준액이 정수로 기재되어 있는 경우에는 기재수치에 '약'자를 붙여 사용할 수 있다.

38 40.8mmH$_2$O는 몇 mmHg인가?

㉮ 15.1 mmHg ㉯ 12.8 mmHg
㉰ 7.5 mmHg   ㉱ 3.0 mmHg

풀이 40.8 mmH$_2$O ÷ 13.6 = 3.0 mmHg

TIP
① 수은주의 비중
$= \dfrac{10,332 \text{ mmH}_2\text{O}}{760 \text{ mmHg}} = 13.6 \dfrac{\text{mmH}_2\text{O}}{\text{mmHg}}$

② mmH$_2$O $\xrightarrow{\div 13.6}$ mmHg

③ mmHg $\xrightarrow{\times 13.6}$ mmH$_2$O

answer 35 ㉯ 36 ㉯ 37 ㉱ 38 ㉱

39 배출가스 중 수은화합물을 분석할 때 사용하는 흡수액은?

㉮ 다이크롬산포타슘+황산
㉯ 다이크롬산포타슘+질산
㉰ 과망간산포타슘+황산
㉱ 과망간산포타슘+질산

풀이 수은화합물의 흡수액은 4% 과망간산포타슘+10% 황산이다.

40 다음 중 수산화소듐용액을 흡수액으로 사용하지 않는 것은?

㉮ 이황화탄소   ㉯ 페놀 화합물
㉰ 사이안화수소 ㉱ 플루오린 화합물

풀이 ㉮ 이황화탄소(CS_2)의 흡수액은 다이에틸아민 구리용액이다.

| 제3과목 | 대기오염방지기술

41 다음 중 석탄의 탄화도가 증가할 때 감소하는 것으로 틀린 것은?

㉮ 고정탄소   ㉯ 휘발분
㉰ 비열   ㉱ 매연 발생량

풀이 석탄의 탄화도 증가하면
① 고정탄소, 발열량, 착화온도, 연료비는 증가
② 매연 발생량, 비열, 휘발분, 수분, 산소의 양, 연소속도는 감소

42 그을음 발생에 대한 설명으로 틀린 것은?

㉮ 분해나 산화하기 쉬운 탄화수소는 그을음 발생이 적다.
㉯ C/H비가 큰 연료일수록 그을음이 잘 발생된다.
㉰ 탈수소 보다 -C-C-의 탄소결합을 절단하는 것이 용이한 연료일수록 잘 발생된다.
㉱ 발생빈도의 순서는 천연가스〈 LPG 〈 제조가스 〈 석탄가스 〈 코크스 이다.

풀이 ㉰ -C-C-의 탄소결합을 절단하기 보다 탈수소가 용이한 연료일수록 잘 발생된다.

43 액화석유가스(LPG)에 대한 설명으로 틀린 것은?

㉮ 상온에서 10~20기압을 가하거나 또는 -49℃로 냉각시킬 때 용이하게 액화되는 석유계의 탄화수소 가스를 말한다.
㉯ 탄소수가 3~4개까지 포함되는 탄화수소류가 주성분으로 되어있다.
㉰ 석유정제시 부산물로 얻어지기도 하지만 대부분은 천연가스에서 회수되고 있다.
㉱ 비중이 공기보다 무거워 인화, 폭발위험성이 높다.

풀이 ㉰ 석유정제시 부산물로 생산되는 것과 천연가스에 회수되는 것이 있으나, 전자의 것이 대부분이다.

answer 39 ㉰ 40 ㉮ 41 ㉮ 42 ㉰ 43 ㉰

44 연료의 착화온도에 대한 설명으로 틀린 것은?

㉮ 공기의 산소농도 및 압력이 높을수록 낮아진다.
㉯ 활성화에너지는 작을수록 낮아진다.
㉰ 비표면적이 클수록 낮아진다.
㉱ 발열량이 작을수록 낮아진다.

풀이 착화온도와의 상관관계
① 착화온도는 활성화에너지, 석탄의 탄화도와는 비례 관계
② 착화온도는 화학결합의 활성도, 산소와의 친화성, 분자구조, 발열량, 산소농도, 화학반응성, 압력, 분자량, 비표면적과는 반비례 관계

45 다음 중 흡수액 선정 시 고려할 사항으로 틀린 것은?

㉮ 어는점이 낮아야 한다.
㉯ 용매의 화학적 성질과 비슷해야 한다.
㉰ 휘발성이 높아야 한다.
㉱ 용해성이 높아야 한다.

풀이 ㉰ 휘발성이 낮아야 한다.

46 다음 중 관성력집진장치에 대한 설명으로 틀린 것은?

㉮ 집진 가능한 입자는 주로 50 μm 이상의 조대입자이며, 집진율은 50~70%이다.
㉯ 반전식은 방향전환횟수가 많을수록 집진효율은 증가한다.
㉰ 반전식은 기류의 방향 전환시 곡률반경이 작을수록 집진효율이 증가한다.
㉱ 충돌식은 충돌직전의 처리가스 속도가 작고, 처리 후 출구 가스속도는 느릴수록 집진효율이 증가한다.

풀이 ㉱ 충돌식은 충돌직전의 처리가스 속도가 크고, 처리 후 출구 가스속도는 느릴수록 집진효율이 증가한다.

47 벤츄리 스크러버의 액가스비를 크게 하는 요인으로 틀린 것은?

㉮ 먼지 입자의 점착성이 클 때
㉯ 먼지 입자의 친수성이 클 때
㉰ 먼지의 농도가 높을 때
㉱ 처리가스의 온도가 높을 때

풀이 ㉯ 먼지 입자의 친수성이 작을 때

48 다음 중 저온부식에 대한 설명으로 틀린 것은?

㉮ 연료를 전처리하여 유황분을 제거한다.
㉯ 연소가스온도를 산노점 온도보다 낮게 유지해야 한다.
㉰ 예열공기를 사용하거나 보온시공을 한다.
㉱ 과잉공기를 줄여서 연소한다.

풀이 ㉯ 연소가스온도를 산노점 온도(150℃)보다 높게 유지해야 한다.

answer 44 ㉱ 45 ㉰ 46 ㉱ 47 ㉯ 48 ㉯

49 다음 중 세정집진장치의 특징으로 틀린 것은?

㉮ 친수성 더스트의 집진효과가 높다.
㉯ 처리가스량에 대한 고정된 면적이 작다.
㉰ 입자상 물질과 가스상 물질을 동시에 처리할 수 있다.
㉱ 고온가스 및 연소성 및 폭발성 가스의 처리가 불가능하다.

풀이 ㉱ 고온가스 및 연소성 및 폭발성 가스의 처리가 가능하다.

50 다음 중 유수식 세정집진장치에 해당하지 않는 것은?

㉮ 가스선회형　　㉯ 로타형
㉰ 분수형　　㉱ 벤츄리스크러버

풀이 ㉱ 벤츄리스크러버는 가압수식에 해당한다.

TIP
세정집진장치의 종류
① 유수식 : 가스선회형, 임펠라형, 로타형, 분수형
② 가압수식 : 벤츄리 스크러버, 분무탑, 제트 스크러버, 충전탑
③ 회전식 : 타이젠와셔, 임펄스 스크러버

51 처리가스량이 30,000m³/h, 압력손실이 300mmH₂O인 집진장치를 효율이 47%인 송풍기로 운전할 때, 송풍기의 소요동력(kw)은?

㉮ 38　　㉯ 43
㉰ 49　　㉱ 52

풀이 $kw = \dfrac{Ps \times Q}{102 \times \eta} \times \alpha$

여기서 Ps : 압력손실(mmH₂O)
　　　 Q : 가스량(m³/sec)
　　　 η : 효율
　　　 α : 여유율

따라서

$kw = \dfrac{300mmH_2O \times 30,000m^3/hr \times 1hr/3,600sec}{102 \times 0.47}$

$= 52.15 kw$

TIP
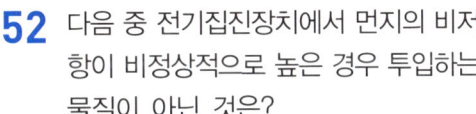
1kw = 102kg·m/sec이므로 가스량(Q)의 시간단위는 반드시 "sec"임을 숙지하셔야 합니다.

52 다음 중 전기집진장치에서 먼지의 비저항이 비정상적으로 높은 경우 투입하는 물질이 아닌 것은?

㉮ H₂SO₄　　㉯ NaCl
㉰ Soda lime　　㉱ NH₃

풀이 ㉱ 암모니아(NH₃)는 먼지의 비저항이 비정상적으로 낮은 경우 주입하는 물질이다.

answer　49 ㉱　50 ㉱　51 ㉱　52 ㉱

53 가스가 덕트를 통과할 때 발생하는 압력 손실에 대한 다음 설명 중 맞는 것은?

㉮ 덕트의 길이에 반비례한다.
㉯ 덕트의 직경에 반비례한다.
㉰ 가스 통과유속의 제곱에 반비례한다.
㉱ 가스의 밀도에 반비례한다.

> **풀이** ㉮ 덕트의 길이에 비례한다.
> ㉰ 가스 통과유속의 제곱에 비례한다.
> ㉱ 가스의 밀도에 비례한다.

TIP

$$\Delta P = \lambda \times \frac{L}{D} \times \frac{r \times V^2}{2 \times g} \quad (mmH_2O)$$

54 다음 중 흡착에 대한 설명으로 알맞은 것은?

㉮ 화학적 흡착은 흡착과정이 가역적이므로 흡착제의 재생이나 오염가스의 회수에 매우 편리하다.
㉯ 물리적 흡착은 흡착과정에서의 발열량이 화학적 흡착보다 많다.
㉰ 일반적으로 물리적 흡착에서 흡착되는 양은 온도가 낮을수록 많다.
㉱ 물리적 흡착은 분자 간의 결합이 화학적 흡착에서보다 더 강하다.

> **풀이** ㉮ 화학적 흡착은 흡착과정이 비역적이므로 흡착제의 재생이나 오염가스의 회수가 어렵다.
> ㉯ 물리적 흡착은 흡착과정에서의 발열량이 화학적 흡착보다 작다.
> ㉱ 물리적 흡착은 분자 간의 결합이 화학적 흡착에서보다 더 약하다.

55 평판형 전기집진기에서 집진극과 방전극의 간격 4cm, 가스유속 2.4m/sec로서 먼지 입자를 100%제거하기 위해 요구되는 이론적인 전기집진극의 길이는? (단, 입자의 집진극으로 표류(분리)속도는 0.045m/sec이다.)

㉮ 0.8m   ㉯ 1.6m
㉰ 2.1m   ㉱ 7.5m

> **풀이** 길이(L) = $\dfrac{\text{유속} \times \text{집진극과 방전극간 거리}}{\text{분리속도}}$
> = $\dfrac{2.4\,\text{m/sec} \times 0.04\,\text{m}}{0.045\,\text{m/sec}}$ = 2.13m

56 여과집진장치에 사용되는 여포(여과재)에 대한 설명으로 틀린 것은?

㉮ 여포의 형상은 원통형, 평판형, 봉투형 등이 있으나 주로 원통형을 사용한다.
㉯ 여포는 내열성이 약하므로 가스온도가 250℃를 넘지 않도록 주의한다.
㉰ 고온가스를 냉각시킬 때에는 산노점(dew point) 이하로 유지하도록 하여 여포의 눈막힘을 방지한다.
㉱ 여포재질 중 유리섬유는 최고사용온도가 250℃ 정도이며, 내산성이 양호한 편이다.

> **풀이** ㉰ 고온가스를 냉각시킬 때에는 산노점이상을 유지하도록 하여 여포의 눈막힘을 방지한다.

answer 53 ㉯ 54 ㉰ 55 ㉰ 56 ㉰

57 원추하부의 반지름이 40cm인 사이클론에서 배출가스의 접선속도가 5m/sec일 경우 분리계수는?

㉮ 3.2 ㉯ 6.4
㉰ 8.5 ㉱ 12.8

풀이
분리계수(S) $= \dfrac{V^2}{R \times g}$

$= \dfrac{(5\,\text{m/sec})^2}{0.4\,\text{m} \times 9.8\,\text{m/sec}^2} = 6.38$

58 다음 중 SO_X와 NO_X를 동시에 제어하는 기술로 틀린 것은?

㉮ Filter cage 공정 ㉯ 활성탄 공정
㉰ NOXSO 공정 ㉱ CuO 공정

풀이 SO_X와 NO_X를 동시에 제어하는 기술에는 활성탄 공정, NOXSO 공정, CuO 공정이다.

59 다음 중 분무탑에 대한 설명으로 틀린 것은?

㉮ 분무노즐이 막히기 쉽고 많은 동력이 필요하다.
㉯ 구조가 간단하고 압력손실이 200~300 mmH_2O 정도이다.
㉰ 편류현상이 발생되기 쉽다.
㉱ 액분산형 흡수장치에 해당한다.

풀이 ㉯ 구조가 간단하고 압력손실이 2~20 mmH_2O 정도이다.

60 다음 중 중력집진장치에 대한 설명으로 틀린 것은?

㉮ 함진가스의 먼지부하나 유량변동에 적응성이 낮다.
㉯ 유지비 및 설치비가 적게 들며 신뢰도가 높은 편이다.
㉰ 침강실의 높이가 낮고 길이가 길수록 미립자가 잘 포집된다.
㉱ 침강실내의 처리가스 속도가 작을수록 미립자가 잘 포집된다.

풀이 ㉯ 유지비 및 설치비가 적게 드나 신뢰도가 낮은 편이다.

answer 57 ㉯ 58 ㉮ 59 ㉯ 60 ㉯

2021년 4회 CBT 복원문제

| 제1과목 | 대기환경관리

01 1984년 인도의 보팔시에서 발생한 대기 오염사건의 주원인 물질은?

㉮ 황화수소
㉯ 황산화물
㉰ 멀캡탄
㉱ 메틸이소시아네이트

풀이 인도의 보팔시사건은 메틸이소시아네이트(CH_3CNO)가 누설되어 발생한 사건이다.

02 다음 ( )안에 알맞은 것은?

( )이란 적도무역풍이 평년보다 강해지며 서태평양의 해수면과 수온이 평년보다 상승하게 되고, 찬해수의 용승현상 때문에 적도 동태평양에서 저수온 현상이 강화되어 나타나는 현상으로, 해수면의 온도가 6개월이상 0.5℃ 이상 낮은 현상이 지속되는 것을 말한다.

㉮ 엘니뇨 현상　㉯ 사헬현상
㉰ 라니냐 현상　㉱ 헤들리셀 현상

풀이
① 라니냐 현상 : 해수면의 온도가 6개월이상 0.5℃ 이상 낮게 지속되는 현상
② 엘니뇨 현상 : 해수면의 온도가 6개월이상 0.5℃ 이상 높게 지속되는 현상

03 다음 지표면 상태 중 일반적으로 알베도(%)가 가장 큰 것은?

㉮ 삼림　㉯ 사막
㉰ 수면　㉱ 얼음

풀이 알베도란 지구 지표면의 열수지를 표현하기 위해 복사 수지식을 적용하는데 지표의 반사율을 나타내는 지표이며, 알베도 즉, 반사율이 가장 큰 것은 보기 중에서 ㉱ 얼음이다.

04 다음 중 최대지표농도에 대한 설명으로 틀린 것은?

㉮ 최대지표농도는 오염물질 배출량에 비례한다.
㉯ 최대지표농도는 평균풍속에 반비례한다.
㉰ 최대지표농도는 유효굴뚝높이에 비례한다.
㉱ 최대지표농도는 대기가 불안정할수록 증가한다.

풀이 ㉰ 최대지표농도는 유효굴뚝높이의 제곱에 반비례한다.

TIP
최대지표농도(C_{max})
$$C_{max} = \frac{2Q}{\pi \cdot e \cdot u \cdot He^2}\left(\frac{C_z}{C_y}\right)$$

answer 01 ㉱　02 ㉰　03 ㉱　04 ㉰

05 전체대기층이 불안정할 경우 나타나며, 연기모양이 상하로 요동이 심하며, 순간적으로 지상에 고농도가 될 수 있는 연기의 모양은?

㉮ 파상형 ㉯ 원추형
㉰ 부채형 ㉱ 상승형

[풀이] ㉮ 파상형(Looping)형에 대한 설명이며, 핵심 내용인 "불안정(과단열)조건=파상형"임을 숙지하시면 됩니다.

06 다음 중 최대혼합고(MMD)에 대한 설명으로 틀린 것은?

㉮ 최대혼합깊이의 자료는 통상 1개월 간의 평균치로서 가용한다.
㉯ 환기량은 혼합층의 높이에 풍속을 곱한 값으로 정의다.
㉰ 최대혼합깊이는 하루 중 밤에 최대이고 한낮에 최소이다.
㉱ 최대혼합깊이는 여름에 최대이고, 겨울에 최소이다.

[풀이] ㉰ 최대혼합깊이는 하루 중 밤에 가장 적고 한낮에 최대이다.

07 다음 중 CFC-111의 화학식으로 알맞은 것은?

㉮ C_2FCl_5 ㉯ $C_2F_2Cl_4$
㉰ $C_2F_3Cl_3$ ㉱ $C_2F_4Cl_2$

[풀이] 물질의 화학식
㉮ CFC-111 ㉯ CFC-112
㉰ CFC-113 ㉱ CFC-114

08 다음 중 성층권에 대한 설명으로 틀린 것은?

㉮ 성층권은 오존의 생성과 분해가 가장 활발하게 일어나는 층이다.
㉯ 오존의 두께는 극지방이 400돕슨이고 적도지방이 200돕슨이다.
㉰ 오존층은 지상 20~30km 구간을 말하며, 오존의 최대농도는 100ppm이다.
㉱ 오존총량은 표준상태에서 두께로 환산했을 때 1mm는 100돕슨에 해당한다.

[풀이] ㉰ 오존층은 지상 20~30km 구간을 말하며, 오존의 최대농도는 10ppm이다.

09 다음 중 오존(O_3)에 대한 설명으로 틀린 것은?

㉮ 대기 중 오존은 야간에 NO_2와 반응하여 소멸된다.
㉯ 오염된 대기중의 오존은 LA스모그 사건에서 처음 확인되었다.
㉰ 대기 중에서 오존의 배경농도는 0.01~0.02ppm이다.
㉱ 오존의 일변화는 대도시지역에 비해 청정지역에서 매우 크다.

[풀이] ㉱ 오존의 일변화는 1차성오염물질이 많은 대도시지역이 청정지역에 비해 매우 크다.

answer 05 ㉮ 06 ㉰ 07 ㉮ 08 ㉰ 09 ㉱

10 다음 중 라돈에 대한 설명으로 틀린 것은?

㉮ 일반적으로 흙, 시멘트, 콘크리트, 대리석 등에 존재하며 공기 중으로 방출된다.
㉯ 공기보다 9배 무거워 환기시설이 불량한 지하실에서 높은 농도를 나타낸다.
㉰ 무색, 무취의 기체이며 액화되면 파란색을 띤다.
㉱ 반감기는 3.8일간으로 라듐의 핵분열 시 생성되는 물질이다.

풀이 ㉰ 무색, 무취의 기체이며 액화되어도 색을 띠지 않는다.

11 다이옥신에 대한 설명으로 틀린 것은?

㉮ PCB의 불완전연소에 의해서 발생한다.
㉯ 저온에서 촉매화 반응에 의해 먼지와 결합하여 생성된다.
㉰ 수용성이 커서 토양오염 및 하천오염의 주원인으로 작용한다.
㉱ 다이옥신의 주요 구성요소는 두 개의 산소, 두 개의 벤젠, 두 개 이상의 염소이다.

풀이 ㉰ 다이옥신은 열적 안정, 낮은 증기압, 낮은 수용성을 갖는 고형화합물로 토양에 흡수된다.

12 대기오염물질이 인체에 미치는 영향에 대한 설명으로 틀린 것은?

㉮ 광화학반응으로 생성된 옥시던트(Oxidant)는 눈을 자극한다.
㉯ 3,4-벤조피렌 같은 탄화수소 화합물은 발암성 물질로 알려져 있다.
㉰ 황산화물은 미세먼지와 더불어 상승작용을 일으켜 인체에 미치는 영향이 크다.
㉱ 일산화질소의 유독성은 이산화질소의 독성보다 약 5~7배 강하다.

풀이 ㉱ 이산화질소의 유독성은 일산화질소의 독성보다 약 5~7배 강하다.

13 다음은 대기의 동적 안정도를 나타내는 '리차드슨 수'에 관한 설명이다. ( )안에 가장 적합한 것은?

> 리차드슨 수(Ri)를 구하기 위해서는 두 층(보통 지표에서 수 m와 10m 내외의 고도)에서 (①)와 (②)을 동시에 측정하여야 하고, 이 값은 (③)에 반비례한다.

㉮ ① 기압, ② 기온, ③ 기온차의 제곱
㉯ ① 기온, ② 풍속, ③ 풍속차의 제곱
㉰ ① 기압, ② 기온, ③ 풍속차의 제곱
㉱ ① 기온, ② 풍속, ③ 기온차의 제곱

풀이 리차드슨 수$(Ri) = \dfrac{g}{T_m} \times \left\{ \dfrac{\Delta t / \Delta z}{(\Delta u / \Delta z)^2} \right\}$

14 연소과정 중 고온에서 발생하는 주된 질소화합물의 형태로 가장 적합한 것은?

㉮ N_2
㉯ NO
㉰ NO_2
㉱ NO_3

풀이 고온의 연소과정에서 화염속에서 주로 생성되는 질소산화물의 90% 이상이 NO이다.

answer 10 ㉰ 11 ㉰ 12 ㉱ 13 ㉯ 14 ㉯

15 교통밀도가 6,000대/h, 차량평균속도가 95km/h인 고속도로상에서 차량 1대의 탄화수소 방출량이 2×10^{-2} g/sec·대 일 때, 고속도로에서 방출되는 탄화수소의 총량(g/sec·m)은?

㉮ 1.26
㉯ 1.26×10^{-1}
㉰ 1.26×10^{-2}
㉱ 1.26×10^{-3}

풀이 탄화수소의 총량(g/sec·m)

$= 2 \times 10^{-2} \text{g/sec·대} \times \dfrac{6,000\text{대}}{\text{hr}} \times \dfrac{1\text{hr}}{95\text{km}} \times \dfrac{1\text{km}}{10^3 \text{m}}$

$= 1.26 \times 10^{-3} \text{g/sec·m}$

16 광화학반응에 대한 설명으로 틀린 것은?

㉮ 광화학 반응에 의한 생성물로는 PAN, 케톤, 아크로레인, 질산 등이 있다.
㉯ 대기 중에서의 오존 농도는 보통 NO_2로 산화되는 NO의 양에 비례하여 증가한다.
㉰ 알데하이드는 NO_2 생성에 앞서 반응이 초기부터 생성되며 탄화소수의 감소에 대응한다.
㉱ NO에서 NO_2로의 산화가 거의 완료되고, NO_2가 최고 농도에 달하면서 O_3가 증가되기 시작한다.

풀이 ㉰ 알데하이드는 NO_2 생성 후 반응후기에 생성되며 탄화소수의 감소에 대응한다.

17 다음 대기오염물질 중 비중이 가장 큰 것은?

㉮ CO
㉯ SO_2
㉰ CS_2
㉱ NO_2

풀이 기체의 비중 $= \dfrac{\text{기체의 분자량}}{\text{공기의 분자량}}$ 에서 기체의 비중과 기체의 분자량은 비례관계이므로 비중이 가장 큰 물질은 분자량이 가장 큰 물질이므로 보기 중 정답은 ㉰ 이황화탄소(CS_2)이다.

TIP 기체의 분자량
㉮ CO : 28
㉯ SO_2 : 64
㉰ CS_2 : 76
㉱ NO_2 : 46

18 연돌내의 배기가스의 평균온도가 325℃, 대기의 온도는 25℃이다. 이 때 통풍력을 $40 \text{mmH}_2\text{O}$로 하기 위한 연돌의 높이는? (단, 연소가스와 공기의 표준상태에서의 밀도는 1.3kg/Sm^3이고, 연돌내의 압력손실은 무시한다.)

㉮ 약 79m
㉯ 약 72m
㉰ 약 70m
㉱ 약 67m

풀이 $Z = 355 \times H \times \left(\dfrac{1}{273+\text{ta}} - \dfrac{1}{273+\text{tg}} \right) (\text{mmH}_2\text{O})$

$40 \text{mmH}_2\text{O} = 355 \times H \times \left(\dfrac{1}{273+25℃} - \dfrac{1}{273+325℃} \right)$

$\therefore H = \dfrac{40 \text{mmH}_2\text{O}}{355 \times \left(\dfrac{1}{273+25℃} - \dfrac{1}{273+325℃} \right)} = 66.93 \text{m}$

answer 15 ㉱ 16 ㉰ 17 ㉰ 18 ㉱

19 가솔린기관과 디젤기관을 상대 비교할 때, 디젤기관의 특성으로 옳은 것은?

㉮ 압축비가 8~9 정도로 낮다.
㉯ 연료를 공기와 혼합시켜 실린더에 흡입, 압축시킨 후 점화플러그에 의해 강제연소를 시킨다.
㉰ 소음진동이 적다.
㉱ 정체가 심한 도심 주행에 있어서는 연료 소비가 적은 편이다.

[풀이] ㉮, ㉯, ㉰번에 대한 설명은 가솔린기관이다.

20 대기의 구조에 대한 설명으로 틀린 것은?

㉮ 대류권에서는 고도가 높아짐에 따라 단열팽창에 의해 약 6.5℃/km씩 낮아지는 기온감률 때문에 공기의 수직 혼합이 일어난다.
㉯ 대류권은 평균 11km(위도 45도의 경우) 정도이며, 극지방으로 갈수록 낮아진다.
㉰ 오존층에서는 오존의 생성과 소멸이 계속적으로 일어나면서 오존의 농도를 유지한다.
㉱ 자외선 복사에너지는 성층권을 통과할수록 서서히 증가하고, 가장 낮은 온도는 성층권 상부에서 나타난다.

[풀이] ㉱ 자외선 복사에너지는 성층권을 통과할수록 서서히 감소하고, 가장 낮은 온도는 중간권 상부(지상 80km 부근에서 -90℃)에서 나타난다.

| 제2과목 | 대기오염공정시험기준

21 정도보정/정도관리에서 정량한계를 바르게 나타낸 것은?

㉮ 표준편차 × 3.14   ㉯ 표준편차 × 2.624
㉰ 표준편차 × 5   ㉱ 표준편차 × 10

[풀이] ㉮ 방법검출한계에 대한 공식
㉯ 기기검출한계에 대한 공식
㉱ 정량한계에 대한 공식

22 대기오염공정시험기준상 온도표시에 대한 설명으로 틀린 것은?

㉮ 표준온도 : 0℃
㉯ 상온 : (15~25)℃
㉰ 온수 : (50~60)℃
㉱ 찬곳 : 따로규정이 없는 한 (0~15)℃

[풀이] ㉰ 온수 : (60~70)℃

23 다음 중 대기오염공정시험법상 방울수를 바르게 표현한 것은?

㉮ 20℃에서 정제수 10방울을 떨어뜨릴 때 그 부피가 약 1mL가 되는 것.
㉯ 0℃에서 정제수 10방울을 떨어뜨릴 때 그 부피가 약 1mL가 되는 것.
㉰ 20℃에서 정제수 20방울을 떨어뜨릴 때 그 부피가 약 1mL가 되는 것.
㉱ 0℃에서 정제수 20방울을 떨어뜨릴 때 그 부피가 약 1mL가 되는 것.

[풀이] 방울수에서 핵심 내용은 "20℃, 20방울, 1mL=방울수"임을 숙지하시면 됩니다.

answer 19 ㉱ 20 ㉱ 21 ㉱ 22 ㉰ 23 ㉰

24 다음 중 기체크로마토그래피에서 사용하는 운반가스(Carrier gas)에 대한 설명으로 틀린 것은?

㉮ 충전물이나 시료에 대해서 활성인 것이어야 한다.
㉯ 사용하는 검출기의 작동에 적합한 것이어야 한다.
㉰ 열전도도 검출기(TCD)에서는 순도 99.8% 이상의 수소 또는 헬륨을 사용한다.
㉱ 불꽃이온화 검출기(FID)에서는 순도 99.8% 이상의 질소 또는 헬륨을 사용한다.

▸풀이 ㉮ 충전물이나 시료에 대해서 비활성(불활성)인 것

25 자외선/가시선분광법 장치 중 광원부에서 자외부의 광원으로 사용되는 것은?

㉮ 텅스텐램프
㉯ 중공음극램프
㉰ 중수소방전관
㉱ 열음극램프

▸풀이 광원부의 광원
① 가시부와 근적외부 : 텅스텐램프
② 자외부 : 중수소방전관

26 비분산적외선분광분석법에서 사용하는 용어로 틀린 것은?

㉮ 정필터형 : 측정성분이 흡수되는 적외선을 그 흡수파장에서 측정하는 방식
㉯ 스팬가스 : 분석계의 최고 눈금값을 교정하기 위하여 사용하는 가스
㉰ 비교가스 : 시료셀에서 적외선 흡수를 측정하는 경우 대조가스로 사용하는 것으로 적외선을 흡수하지 않는 가스
㉱ 반복성 : 동일한 분석계를 이용하여 동일한 측정대상을 동일한 방법과 조건으로 비교적 장시간에 반복적으로 측정하는 경우로서 개개의 측정치가 일치하는 정도

▸풀이 ㉱ 반복성 : 동일한 분석계를 이용하여 동일한 측정대상을 동일한 방법과 조건으로 비교적 단시간에 반복적으로 측정하는 경우로서 개개의 측정치가 일치하는 정도

27 흡광광도계에서 빛의 강도가 I_0인 단색광이 어떤 시료용액을 통과할 때 그 빛의 90%가 흡수될 경우 흡광도는?

㉮ 0.05
㉯ 0.2
㉰ 0.5
㉱ 1.0

▸풀이 흡광도(A) = $\log \frac{1}{투과도} = \log \frac{1}{0.1} = 1.0$

TIP
① 흡수율 + 투과율 = 100%
② 투과율 = 100 - 흡수율(%)
③ 투과율 = 100 - 90% = 10%

28 다음의 조건을 이용하여 기체크로마토그래피에서 계산된 머무름시간(분)은 얼마인가?

• 이론단수 : 1,600
• 기록지 이동속도 : 5mm/분
• 봉우리의 좌우변곡점에서 접선이 자르는 바탕선 길이 : 10mm

㉮ 5분
㉯ 10분

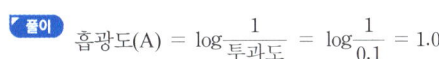

answer 24 ㉮ 25 ㉰ 26 ㉱ 27 ㉱ 28 ㉱

㉰ 15분　　㉱ 20분

[풀이] $n = 16 \times \left(\dfrac{tR}{W}\right)^2$

여기서 n : 이론단수
　　　　W : 봉우리의 폭(mm)
　　　　tR : 기록지의 이동속도(mm/min)

따라서

$1,600 = 16 \times \left(\dfrac{5mm/min \times 머무름시간(min)}{10mm}\right)^2$

∴ 머무름시간 $= 20\,min$

TIP
tR = 기록지의 이동속도(mm/min)×머무름시간(min)

29 다음 자외선/가시선 분광법의 장치구성에서 각 장치에 사용되는 구성요소의 연결로 틀린 것은?

㉮ 광원부 : 텅스텐램프, 중수소방전관
㉯ 파장선택부 : 단색화장치, 필터
㉰ 측광부 : 광전도셀, 증폭기
㉱ 시료부 : 셀홀더, 대수변환기

[풀이] ㉱ 시료부는 흡수셀, 셀홀더, 시료실로 구성되어 있으며, 대수변환기는 측광부에 해당한다.

30 굴뚝을 통하여 대기중으로 배출되는 가스상 물질의 시료채취방법 중 채취부에 대한 기준으로 옳은 것은?

㉮ 수은 마노미터는 대기와 압력차가 50mmHg 이상인 것을 쓴다.
㉯ 펌프보호를 위해 실리콘 재질의 가스건조탑을 쓰며, 건조제는 주로 활성알루미나를 쓴다.
㉰ 펌프는 배기능력 10L/min~20L/min인 개방형인 것을 쓴다.
㉱ 가스미터는 일회전 1L의 습식 또는 건식 가스미터로 온도계와 압력계가 붙여 있는 것을 쓴다.

[풀이] ㉮ 수은 마노미터는 대기와 압력차가 100mmHg 이상인 것을 쓴다.
㉯ 펌프보호를 위해 유리 재질의 가스건조탑을 쓰며, 건조제는 주로 입자상태의 실리카젤, 염화칼슘 등을 쓴다.
㉰ 펌프는 배기능력 0.5 L/min~5L/min인 밀폐형인 것을 쓴다.

31 A 굴뚝내 배출가스의 유속을 피토우관으로 측정한 결과 동압이 25 mmH$_2$O였고, 배출가스의 온도가 211℃였다면 이 때 굴뚝내 배출가스의 유속은?
(단, 배출가스의 표준상태에서의 밀도 : 1.3 kg/Sm^3, 피토우관 계수 : 0.98, 기타 조건은 같다고 가정 함)

㉮ 18.6m/s　　㉯ 20.4m/s
㉰ 22.8m/s　　㉱ 25.3m/s

[풀이] $V = C \times \sqrt{\dfrac{2gh}{r}}$

여기서 V : 공기의 유속(m/sec)
　　　　C : 피토우관 계수
　　　　g : 중력가속도(9.8m/sec^2)
　　　　h : 동압(mmH$_2$O)
　　　　r : 밀도(kg/m^3)

따라서

$V = 0.98 \times \sqrt{\dfrac{2 \times 9.8m/sec^2 \times 25mmH_2O}{1.3kg/Sm^3 \times \dfrac{273}{273+211℃}}}$

$= 25.33\,m/sec$

answer 29 ㉱　30 ㉱　31 ㉱

32 배출가스 중 사이안화수소를 자외선/가시선분광법-4-피리딘카복실산-피라졸론법에 의해 분석할 때 다음 중 간섭물질로 가장 적합한 것은?

㉮ 철 및 구리
㉯ 염소 및 황화수소
㉰ 알루미늄 및 철
㉱ 인산염 및 황산염

풀이 간섭물질은 산화성 가스(염소 등)와 환원성 가스(알데하이드류, 황화수소, 이산화황등)이다.

33 다음은 굴뚝배출가스 내의 질소산화물 분석방법 중 자외선/가시선분광법-아연환원나프틸에틸렌다이아민법에 대한 설명이다. ( )안에 알맞은 것은?

> 시료 중의 질소산화물을 오존 존재하에서 (①)에 흡수시켜 (②)으로 만들고 분말금속아연을 사용하여 (③)으로 환원 후 설파닐아마이드 및 나프틸에틸렌다이아민을 반응시켜 얻어진 착색의 흡광도로부터 질소산화물을 정량한다.

㉮ ① NaOH 용액, ② 질산이온, ③ 아질산이온
㉯ ① H_2SO_4 용액, ② 아질산이온, ③ 질산이온
㉰ ① NaOH 용액, ② 아질산이온, ③ 질산이온
㉱ ① H_2SO_4 용액, ② 질산이온, ③ 아질산이온

풀이 ① 흡수액 : 0.005mol/L 황산(H_2SO_4)용액
② 질산이온(NO_3^-) $\xrightarrow[\text{환원제}]{\text{금속분말 아연}}$ 아질산이온(NO_2^-)

34 환경대기 중 질소산화물 측정방법에서 수동측정방법인 것은?

㉮ 야곱스호흐하이저법
㉯ 화학발광법
㉰ 살츠만법
㉱ 흡광차분광법

풀이 환경대기 중 질소산화물 측정방법
① 수동법 : 야곱스호흐하이저법, 수동살츠만법
② 자동법 : 화학발광법(주시험방법), 살츠만법, 흡광차분광법

35 배출가스 중 황화수소를 자외선/가시선분광법-메틸렌블루법으로 분석할 때 사용되는 흡수액은?

㉮ 수산화소듐용액
㉯ 다이에틸아민구리용액
㉰ 아연아민착염용액
㉱ 황산용액

풀이 황화수소의 흡수액은 아연아민착염용액이다.

36 이온크로마토그래피에서 사용되는 써프렛서에 대한 설명으로 틀린 것은?

㉮ 관형과 이온교환막형이 있다.
㉯ 전해질을 물 또는 저전도도의 용매로 바꿔줌으로써 전기 전도도 셀에서 목적이온성분과 전기 전도도만을 고감도로 검출할 수 있게 해 준다.
㉰ 관형 써프렛서 중 음이온에는 스티롤계 강산형(H^+) 수지가, 양이온에는 스티롤계 강염기형(OH^-) 수지가 충진된 것을 사용한다

answer 32 ㉯ 33 ㉱ 34 ㉮ 35 ㉰ 36 ㉱

㉱ 용리액에 사용되는 전해질 성분을 제거하기 위하여 분리관 앞에 병렬로 접속시킨다.

풀이 ㉱ 용리액에 사용되는 전해질 성분을 제거하기 위하여 분리관 뒤에 직렬로 접속시킨다.

37 굴뚝 배출가스 중 일산화탄소의 분석방법으로 틀린 것은?

㉮ 비분산적외선분광분석법
㉯ 기체크로마토그래피
㉰ 전기화학식
㉱ 화학발광법

풀이 일산화탄소의 분석방법에는 비분산적외선분광분석법, 기체크로마토그래피, 전기화학식(정전위전해법)이 있다.

38 배출가스 중 폼알데하이드의 분석방법이 아닌 것은?

㉮ 고성능 액체크로마토그래피
㉯ 자외선/가시선분광법-크로모트로핀산법
㉰ 자외선/가시선분광법-아세틸아세톤법
㉱ 이온크로마토그래피

풀이 배출가스 중 폼알데하이드를 분석방법에는 고성능 액체크로마토그래피, 자외선/가시선분광법-크로모트로핀산법, 자외선/가시선분광법-아세틸아세톤법이 있다.

39 다음 중 이온크로마토그래피의 구성으로 옳은 것은?

㉮ 광원부 - 시료원자화부 - 단색화부 - 측광부
㉯ 광원부 - 파장선택부 - 시료부 - 측광부
㉰ 용리액조 - 송액펌프 - 시료주입장치 - 분리관 - 써프렛서 - 검출기 - 기록계
㉱ 가스유로계 - 시료도입부 - 가열오븐 - 검출기 - 기록계

풀이 분석방법별 장치구성 순서
㉮ 원자흡수분광광도법
㉯ 자외선/가시선분광법
㉰ 이온크로마토그래피
㉱ 기체크로마토그래피

40 링겔만 농도표에 의한 매연의 농도를 측정시 연도 배출구에서 몇 cm 떨어진 곳의 농도와 비교하는가?

㉮ 10∼30cm   ㉯ 15∼30cm
㉰ 30∼45cm   ㉱ 45∼60cm

풀이 매연의 농도를 측정시 연도 배출구에서 30∼45cm 떨어진 곳의 농도와 비교한다.

| 제3과목 | 대기오염방지기술

41 다음 중 석탄의 탄화도가 증가하면 감소하는 것은?

㉮ 매연발생량   ㉯ 착화온도
㉰ 발열량   ㉱ 고정탄소

풀이 석탄의 탄화도가 증가하면
① 고정탄소, 발열량, 착화온도, 연료비는 증가
② 매연발생량, 비열, 휘발분, 수분, 산소의 양, 연소속도는 감소

answer 37 ㉱ 38 ㉱ 39 ㉰ 40 ㉰ 41 ㉮

42 다음 중 액화천연가스(LNG)의 주성분은?

㉮ CH_4 ㉯ C_2H_6
㉰ C_3H_8 ㉱ C_4H_{10}

풀이 ① 액화천연가스(LNG)의 주성분 : 메탄(CH_4)
② 액화석유가스(LPG)의 주성분 : 프로판(C_3H_8), 부탄(C_4H_{10})

43 다음 중 미분탄 연소장치의 특징으로 틀린 것은?

㉮ 과잉공기가 적어도 완전연소가 가능하다.
㉯ 연소조절이 쉽고 점화 및 소화 시 손실이 적다.
㉰ 부하의 변동에 쉽게 적용할 수 있으므로 대형과 대용량 설비에 적합하다.
㉱ 비산먼지의 배출량이 거의 없어, 집진장치가 별도로 필요없다.

풀이 ㉱ 비산먼지의 배출량이 많아, 집진장치가 별도로 필요있다.

44 후드의 일반적인 흡인방법과 설치요령에 대한 내용으로 틀린 것은?

㉮ 충분한 포착속도를 유지한다.
㉯ 국부적인 흡인방식을 채택한다.
㉰ 후드의 개구면적은 가능한 크게 한다.
㉱ 후드를 가능하면 발생원에 근접시킨다.

풀이 ㉰ 후드의 개구면적은 가능한 작게 한다.

45 다음 중 물리적 흡착에 대한 설명으로 틀린 것은?

㉮ 결합에너지는 액체분자 사이의 인력과 비슷하다.
㉯ 다분자흡착이며 흡착제의 재생이나 오염가스의 회수에 용이하다.
㉰ 흡착온도를 증가시키면 평형 흡착량은 증가한다.
㉱ 압력을 감소시키면 흡착물질이 흡착제로부터 분리되는 가역적 반응이다.

풀이 ㉰ 흡착온도를 증가시키면 평형 흡착량은 감소한다.

46 다음 중 전기집진장치에서 발생하는 역전리현상의 원인이 아닌 것은?

㉮ 미분탄 연소 시
㉯ 배기가스의 점성이 클 때
㉰ 먼지 비저항이 너무 클 때
㉱ 입구의 유속이 클 때

풀이 ㉱번의 설명은 재비산현상의 원인이다.

47 CO_2 14.5%, N_2 79%, O_2 6%, CO 0.5%일 때의 공기비(m)는?

㉮ 1.18 ㉯ 1.38
㉰ 1.58 ㉱ 1.78

풀이
$$공기비(m) = \frac{N_2\%}{N_2\% - 3.76 \times (O_2\% - 0.5CO\%)}$$
$$= \frac{79\%}{79\% - 3.76 \times (6\% - 0.5 \times 0.5\%)}$$
$$= 1.38$$

answer 42 ㉮ 43 ㉱ 44 ㉰ 45 ㉰ 46 ㉱ 47 ㉯

48 원심력집진장치(cyclone)의 집진효율에 대한 내용으로 알맞은 것은?

㉮ 원통의 직경이 작을수록 집진효율이 증가한다.
㉯ 입자의 밀도가 클수록 집진효율이 감소한다.
㉰ Dust Box의 모양과 크기는 효율에 영향이 없다.
㉱ 가스의 유입속도가 작을수록 집진효율이 증가한다.

풀이 ㉯ 입자의 밀도가 클수록 집진효율이 증가한다.
㉰ Dust Box의 모양과 크기도 효율에 영향을 미친다.
㉱ 가스의 유입속도가 작을수록 집진효율이 감소한다.

49 다음 중 공기비(m)가 클 경우 발생하는 현상으로 틀린 것은?

㉮ 연소실내 연소온도 감소
㉯ 방지시설의 용량이 커지고 에너지 손실 증가
㉰ 매연이나 검댕량의 증가
㉱ 희석효과가 높아져 연소 생성물의 농도 감소

풀이 ㉰번에 대한 설명은 공기비가 작을 경우 발생하는 현상이다.

50 세정 집진장치의 입자포집 원리에 대한 설명으로 틀린 것은?

㉮ 미립자 확산에 의하여 액적과의 접촉을 쉽게 한다.
㉯ 배기의 습도 감소에 의하여 입자가 서로 응집한다.
㉰ 입자를 핵으로 한 증기의 응결에 따라 응집성을 촉진시킨다.
㉱ 액적에 입자가 충돌하여 부착한다.

풀이 ㉯ 배기의 습도 증가(증습)에 의하여 입자가 서로 응집한다.

51 다음 중 헨리법칙에 적용되는 기체가 아닌 것은?

㉮ H_2 ㉯ Cl_2
㉰ O_2 ㉱ NO

풀이 헨리법칙에 적용기체와 비적용기체
① 적용기체 : 난용성 기체로 N_2, NO, NO_2, O_2, H_2, CO 등
② 비적용기체 : 수용성 기체로 HCl, SO_2, NH_3, HF, Cl_2 등

answer 48 ㉮ 49 ㉰ 50 ㉯ 51 ㉯

52 다음 중 흡수장치에 대한 설명으로 틀린 것은?

㉮ 충전탑은 포말성 흡수액에도 적응성이 좋으나 충전층의 공극이 폐쇄되기 쉬우며, 희석열이 심한 곳에는 부적합하다.
㉯ 분무탑은 가스의 흐름이 균일하지 못하고, 분무액과 가스의 접촉이 균일하지 못하여 효율이 낮은 편이다.
㉰ 벤츄리 스크러버는 압력손실이 높으며, 소형으로 대용량의 가스처리가 가능하지만 흡수효율이 낮은 편이다.
㉱ 제트스크러버는 가스의 저항이 적고, 수량이 많아 동력비가 많이 소요되며, 처리가스량이 많을 때에는 효과가 낮은 편이다.

풀이 ㉰ 벤츄리 스크러버는 압력손실이 높으며, 소형으로 대용량의 가스처리가 가능하고 흡수효율도 높은 편이다.

53 원심력 집진장치 중 분리계수에 대한 설명으로 틀린 것은?

㉮ 분리계수는 중력가속도에 반비례한다.
㉯ 분리계수는 입자에 작용되는 원심력과 중력과의 관계이다.
㉰ 사이클론 원추하부의 반경이 클수록 분리계수는 커진다.
㉱ 원심력이 클수록 분리계수 커지며 집진율도 증가한다.

풀이 ㉰ 사이클론 원추하부의 반경이 클수록 분리계수는 작아진다.

54 배출가스 흡착과정에서 파과점(break point)을 가장 잘 설명한 것은?

㉮ 주어진 온도가 압력조건에서 흡착제가 가장 많은 양의 흡착질을 흡착하는 점이다.
㉯ 흡착탑 출구에서 오염물질 농도가 급격히 증가되기 시작하는 점이다.
㉰ 처리가스 중 오염물질이 최대가 되는 점이다.
㉱ 흡착탑 출구에서 오염물질 농도가 급격히 감소되기 시작하는 점이다.

풀이 파과점(파괴점)은 흡착탑 출구에서 오염물질의 농도가 급격히 증가되기 시작하는 점이다.

55 전기집진장치의 유지관리에 대한 설명으로 틀린 것은?

㉮ 조습용 spray 노즐은 운전중 막히기 쉽기 때문에 운전 중에도 점검, 교환이 가능해야 한다.
㉯ 운전 중 2차 전류가 매우 적을 때에는 조습용 spray의 수량을 증가시켜 겉보기 저항을 낮춘다.
㉰ 시동 시 애자 등의 표면을 깨끗이 닦아 고전압회로의 절연저항이 100Ω 이하가 되도록 한다.
㉱ 접지저항은 적어도 년 1회 이상 점검하여 10Ω 이하가 되도록 유지한다.

풀이 ㉰ 시동 시 애자 등의 표면을 깨끗이 닦아 고전압회로의 절연저항이 $100M\Omega$ 이상이 되도록 한다.

answer 52 ㉰ 53 ㉰ 54 ㉯ 55 ㉰

56 황성분이 2.4%인 중유를 2,000kg/hr 연소하는 보일러 배기가스를 NaOH 용액으로 처리할 때, 시간당 필요한 NaOH의 양(kg/hr)은? (단, 탈황율은 95%)

㉮ 72 kg/h ㉯ 92 kg/h
㉰ 114 kg/h ㉱ 139 kg/h

풀이 $S + O_2 \rightarrow SO_2 + 2NaOH \rightarrow Na_2SO_3 + H_2O$
32 kg 　　　　　　　2×40 kg
2,000 kg/hr $\times$ 0.024 $\times$ 0.95 : X

$\therefore X = \dfrac{2,000 \text{ kg/hr} \times 0.024 \times 0.95 \times 2 \times 40 \text{ kg}}{32 \text{ kg}}$
　　$= 114$ kg/hr

57 액화 프로판 660kg를 기화시켜 8Sm³/hr로 연소시킨다면 몇 시간 사용할 수 있는가? (단, 표준상태 기준)

㉮ 34시간 ㉯ 42시간
㉰ 46시간 ㉱ 49시간

풀이 프로판(C_3H_8) 1 kmol $\begin{cases} 44 \text{ kg} \\ 22.4 \text{ Sm}^3 \end{cases}$

$660 \text{ kg} \times \dfrac{22.4 \text{ Sm}^3}{44 \text{ kg}} = 336 \text{ Sm}^3$

따라서 $\dfrac{336 \text{ Sm}^3}{8 \text{ Sm}^3/\text{hr}} = 42 \text{ hr}$

58 세정집진장치에서 관성충돌계수를 크게 하는 조건으로 틀린 것은?

㉮ 액적의 직경이 커야 한다.
㉯ 먼지의 밀도가 커야 한다.
㉰ 처리가스의 액적의 상대속도가 커야 한다.
㉱ 먼지의 입경이 커야 한다.

풀이 ㉮ 액적의 직경이 작아야 한다.

59 석탄연소 후 배출가스의 성분분석 결과가 $CO_2 = 15\%$, $O_2 = 5\%$, $N_2 = 80\%$일 때, CO_{2max} (%)는?

㉮ 약 15% ㉯ 약 20%
㉰ 약 25% ㉱ 약 30%

풀이 $CO_{2max} (\%) = \dfrac{21 \times (CO_2\% + CO\%)}{21 - O_2\% + 0.395 \times CO\%}$

$= \dfrac{21 \times 15\%}{21 - 5\%} = 19.69\%$

60 연료 연소 중에서 생성되는 NO_X를 저감시키기 위한 대책으로 틀린 것은?

㉮ 연소온도를 낮게 한다.
㉯ NO_X 함량이 적은 연료를 사용한다.
㉰ 연소 영역에서의 산소의 농도를 높게 한다.
㉱ 연소 영역에서의 연소 가스의 체류시간을 짧게 한다.

풀이 ㉰ 연소 영역에서의 산소의 농도를 낮게 한다.

answer 56 ㉰　57 ㉯　58 ㉮　59 ㉯　60 ㉰

2022 1회 CBT 복원문제

| 제1과목 | 대기환경관리

01 다음 중 공중역전에 해당하지 않는 것은?

㉮ 침강성역전   ㉯ 전선성역전
㉰ 해풍역전   ㉱ 복사성역전

풀이 역전의 종류
① 접지(지표)역전 : 복사성(방사성)역전, 이류성역전
② 공중역전 : 침강성역전, 전선성역전, 해풍역전, 난류성역전

02 다음 중 라돈에 대한 설명으로 틀린 것은?

㉮ 공기보다 9배 무거워 환기시설이 불량한 지하실 등에서 높은 농도를 나타낸다.
㉯ 일반적으로 흙, 시멘트, 콘크리트, 대리석 등에 존재하며 공기 중으로 방출된다.
㉰ 반감기는 3.8일간으로 라듐의 핵분열 시 생성되는 물질이다.
㉱ 자연계에 널리 존재하며 무색, 무취의 기체이며, 액화되면 청색을 띤다.

풀이 ㉱ 자연계에 널리 존재하며 무색, 무취의 기체이며, 액화되어도 색을 띠지 않는다.

03 매년 계절적으로 감소를 거듭하는 이유는 식물 및 토양의 광합성 작용과 호흡작용 때문이며, 대기 중에서 여름에 감소하고 겨울에 증가하며, 북반구에서 남반구보다 상대적으로 높다. 어떤 물질에 대한 설명인가?

㉮ 일산화탄소(CO)
㉯ 일산화질소(NO)
㉰ 이산화탄소(CO_2)
㉱ 이산화질소(NO_2)

풀이 ㉰ 이산화탄소(CO_2)에 대한 설명이며, 핵심 내용은 "광합성=이산화탄소"임을 숙지하시면 됩니다.

04 최대혼합고(MMD)에 대한 내용으로 틀린 것은?

㉮ 역전이 심할수록 최대혼합고는 작은 값을 가진다.
㉯ 최대혼합고는 하루 중 밤에 가장 작다.
㉰ 최대혼합고는 계절적으로 여름에 최대이다.
㉱ 일반적으로 대단히 안정된 대기에서의 MMD는 불안정한 대기에서 보다 MMD가 크다.

풀이 ㉱ 일반적으로 대단히 안정된 대기에서의 MMD는 불안정한 대기에서 보다 MMD가 작다.

answer 01 ㉱ 02 ㉱ 03 ㉰ 04 ㉱

05 염화수소의 주요 배출관련 업종과 가장 거리가 먼 것은?

㉮ 금속제련 ㉯ 플라스틱 공장
㉰ 유리공업 ㉱ 소다 공업

풀이 염화수소의 배출원은 소다공업, 활성탄제조, 금속제련, 플라스틱공업, 염산제조이다.

06 체적이 100 m³ 인 복사실의 공간에서 오존(O_3)의 배출량이 분당 0.4mg인 복사기를 연속 사용하고 있다. 복사기 사용 전의 실내오존(O_3)의 농도가 0.2ppm라고 할 때 3시간 사용 후 오존농도(ppb)는? (단, 환기가 되지 않음, 0℃, 1기압 기준으로 하며, 기타 조건은 고려하지 않음)

㉮ 268 ㉯ 383
㉰ 424 ㉱ 536

풀이 ① 복사기 사용 후 오존농도(ppm = mL/Sm³)
$= \frac{0.4\,\text{mg/min}}{100\,\text{m}^3} \times \frac{60\,\text{min}}{1\,\text{hr}} \times \frac{22.4\,\text{mL}}{48\,\text{mg}} \times 3\,\text{hr}$
$= 0.336\,\text{ppm}$
② 복사기 사용 전 오존농도 $= 0.2\,\text{ppm}$
③ 총 오존농도
$= 0.336\,\text{ppm} + 0.2\,\text{ppm} = 0.536\,\text{ppm}$
④ $0.536\,\text{ppm} \times 10^3 = 536\,\text{ppb}$

TIP
① $\text{ppm} = \text{mL/Sm}^3$
② $\text{ppb} = \mu\text{L/Sm}^3$
③ $\text{ppm} \xrightarrow{\times 10^3} \text{ppb}$
④ 오존(O_3)의 분자량 $= 3 \times 16 = 48$
⑤ O_3 1mol $\begin{cases} 48\text{mg} \\ 22.4\text{mL} \end{cases}$

07 다음 중 온실효과를 유발하는 원인물질로 틀린 것은?

㉮ CH_4 ㉯ CO
㉰ CO_2 ㉱ N_2O

풀이 온실기체의 종류에는 이산화탄소, 메탄, 아산화질소, 수소불화탄소, 과불화탄소, 육불화황, 염화불화탄소, 수소염화불화탄소이다.

08 서울시에 산성비가 내리고 있다. 이때 산성비의 기준이 되는 pH는?

㉮ 7.0 이하 ㉯ 6.5 이하
㉰ 5.6 이하 ㉱ 4.5 이하

풀이 산성비의 pH는 5.6 이하이며, 원인물질은 황산(H_2SO_4), 질산(HNO_3), 염산(HCl)이다.

09 지상으로부터 500m까지의 평균 기온감률은 1.18℃/100m이다. 100m 고도에서의 기온이 16.2℃라 하면 고도 440m에서의 기온은?

㉮ 10.6℃ ㉯ 11.8℃
㉰ 12.2℃ ㉱ 13.4℃

풀이 $16.2℃ - \left\{ \frac{1.18℃}{100\,\text{m}} \times (440\,\text{m} - 100\,\text{m}) \right\}$
$= 12.19℃$

answer 05 ㉰ 06 ㉱ 07 ㉯ 08 ㉰ 09 ㉰

10 대기권의 오존층과 관련된 설명으로 틀린 것은?

㉮ 오존층은 지상 약 20~30km에 존재하며 평균적으로 약 10ppb의 최대농도를 나타낸다.
㉯ 지구전체의 평균 오존량은 약 300Dobson 전후이지만, 지리적으로 또는 계절적으로 평균치의 ±50% 정도까지 변화한다.
㉰ 290nm 이하의 단파장인 UV-C는 대기 중의 산소와 오존분자 등의 가스 성분에 의해 그 대부분이 흡수되어 지표면에 거의 도달하지 않는다.
㉱ 오존의 생성 및 분해반응에 의해 자연 상태의 성층권 영역에서는 일정한 수준의 오존량이 평형을 이루고, 다른 대기권영역에 비해 오존 농도가 높은 오존층이 생긴다.

[풀이] ㉮ 오존층은 지상 약 20~30km에 존재하며 평균적으로 약 10ppm의 최대농도를 나타낸다.

11 다음 중 대기오염물질과 관련이 적은 사건은?

㉮ 포자리카 사건
㉯ 뮤즈밸리 사건
㉰ 도쿄 요꼬하마 사건
㉱ 러브커넬 사건

[풀이] ㉱ 러브커넬 사건은 유해폐기물의 불법매립에 대한 사건이다.

12 다음 오염물질로 가장 적합한 것은?

> 매우 가벼운 금속으로 높은 장력을 가지고 있으며, 회색빛이 난다. 그 합금은 전기 및 열의 전도성이 크며, 마모와 부식에 강하다.
> 이 화합물은 흡입, 섭취 혹은 피부접촉으로는 거의 흡수되지 않으며, 폐에 잔존할 수 있고, 뼈, 간, 비장에 침착될 수 있고, 신배설은 느리고 다양하며, 폭로되지 않은 사람에게서는 검출되지 않으므로 우선 폭로를 확진할 수 있다.

㉮ 크롬
㉯ 비소
㉰ 셀레늄
㉱ 베릴륨

[풀이] ㉱ 베릴륨(Be)에 대한 설명이며, 핵심 내용인 "회색빛, 폐에 잔존=베릴륨"임을 숙지하시면 됩니다.

13 굴뚝에서 배출되는 연기의 형태가 Lofting형일 때의 대기안정도는? (단, 보기 중 상과 하의 구분은 굴뚝 높이 기준)

㉮ 상 : 불안정, 하 : 불안정
㉯ 상 : 안정, 하 : 안정
㉰ 상 : 안정, 하 : 불안정
㉱ 상 : 불안정, 하 : 안정

[풀이] 상승형(지붕형=Lofting형)의 대기안정도는 상층 불안정(과단열), 하층 안정(역전)이다.

answer 10 ㉮ 11 ㉱ 12 ㉱ 13 ㉱

14 분산모델에 대한 설명으로 틀린 것은?

㉮ 미래의 대기질을 예측할 수 있다.
㉯ 2차 오염원의 확인이 가능하다.
㉰ 지형 및 오염원의 조업조건에 영향을 받지 않는다.
㉱ 새로운 오염원이 지역 내에 생길 때, 매번 재평가를 하여야 한다.

> **풀이** ㉰ 지형 및 오염원의 조업조건에 영향을 받는다.

15 대기 중에 존재하는 이산화탄소에 대한 설명으로 틀린 것은?

㉮ 고층대기에서 광화학적인 분해반응을 일으키는 경우를 제외하면 대류권내에서는 화학적으로 극히 안정한 편이다.
㉯ 수증기와 함께 지구 온난화에 중요하게 기여하고 있는 기체이다.
㉰ 전지구적인 배출량은 자연적인 배출량보다 화석연료 연소 등에 의한 인위적인 배출량이 훨씬 많다.
㉱ 미국 하와이 마우나로아에서 측정한 CO_2 계절별 농도는 1년을 주기로 봄·여름에는 감소하는 경향을 나타낸다.

> **풀이** ㉰ 전지구적인 배출량은 자연적인 배출량이 화석연료 연소 등에 의한 인위적인 배출량보다 훨씬 많다.

16 경도풍은 다음의 3가지 힘이 평형을 이루면서 부는 바람을 말한다. 이와 관련이 가장 적은 힘은?

㉮ 마찰력   ㉯ 기압경도력
㉰ 원심력   ㉱ 전향력

> **풀이** 경도풍은 마찰이 작용하지 않는 자유대기층에서 등압선이 곡선일 때 기압경도력과 전향력, 원심력이 평형을 이루어 부는 바람이다.

17 다음은 오존의 생성원에 대한 설명이다. ( )안에 알맞은 것은?

> 대류권에서 자연적 오존을 질소산화물과 식물에서 방출된 탄화수소의 광화학반응으로 생성된다. 식물로부터 배출되는 탄화수소의 한 예로서 ( )는(은) 소나무에서 생기며, 소나무향을 가진다.

㉮ 사이토카닌   ㉯ 에틸렌
㉰ ABA   ㉱ 테르펜

> **풀이** ㉱ 테르펜에 대한 설명이며, 핵심 내용인 "소나무에서 생성되는 탄화수소=테르펜"임을 숙지하시면 됩니다.

18 다음 대기오염물질로 가장 적합한 것은?

> 상온에서는 무색 투명하며, 일반적으로 자극성 냄새를 내는 액체이다. 햇빛에 파괴될 정도로 불안정하지만, 부식성은 비교적 약하다. 끓는점은 46.7℃(760mmHg), 인화점은 -30℃이다.

㉮ CS_2 ㉯ $COCl_2$
㉰ Br_2 ㉱ HCN

> **풀이** ㉮ 이황화탄소(CS_2)에 대한 설명이며, 핵심 내용인 "끓는점은 46.7℃(760mmHg), 인화점은 -30℃=이황화탄소"임을 숙지하시면 됩니다.

---

answer 14 ㉰ 15 ㉰ 16 ㉮ 17 ㉱ 18 ㉮

19 다음 중 2차성 오염물질로 틀린 것은?

㉮ O_3 ㉯ SO_2
㉰ H_2O_2 ㉱ H_2S

풀이
㉮ O_3 : 광화학반응에 의해 생성된 2차성물질
㉯ SO_2 : 광분해반응에 의해 생성된 2차성물질
㉰ H_2O_2 : 광화학반응에 의해 생성된 2차성물질
㉱ H_2S : 환원반응에 의해 생성된 1차성물질

20 대기오염물질과 그 영향에 대한 설명으로 틀린 것은?

㉮ CO : 혈액내 Hb(헤모글로빈)과의 친화력이 산소의 약 21배에 달해 산소운반 능력을 저하시킨다.
㉯ NO : 무색의 기체로 혈액내 Hb과의 결합력이 CO보다 수백배 더 강하다.
㉰ O_3 및 기타 광화학적 옥시던트 : DNA, RNA에도 작용하여 유전인자에 변화를 일으킨다.
㉱ HC : 올레핀계 탄화수소는 광화학적 스모그에 적극 반응하는 물질이다.

풀이
㉮ CO : 혈액내 Hb(헤모글로빈)과의 친화력이 산소의 약 210배에 달해 산소운반 능력을 저하시킨다.

| 제2과목 | 대기오염공정시험기준

21 자외선/가시선분광법에 의해 배출가스 중의 이황화탄소를 측정할 때 사용하는 흡수액은?

㉮ 다이에틸아민구리 용액
㉯ 다이에틸다이티오카밤산소듐 용액
㉰ 다이에틸아민산소듐 용액
㉱ 다이에틸아민염산염 용액

풀이 이황화탄소의 흡수액은 다이에틸아민구리 용액이며, 흡광도의 측정파장은 435nm이다.

22 다음 중 수산화소듐 용액을 흡수액으로 사용하지 않는 것은?

㉮ 플루오린 화합물
㉯ 사이안화수소
㉰ 암모니아
㉱ 페놀 화합물

풀이 ㉰ 암모니아는 붕산용액을 흡수액으로 사용한다.

23 기체크로마토그래피에서 정량분석방법으로 틀린 것은?

㉮ 절대검정곡선법
㉯ 넓이 백분율법
㉰ 내부표준물질법
㉱ 표준물첨가법

풀이 기체크로마토그래피에서 정량분석방법에는 절대검정곡선법, 넓이 백분율법, 보정넓이백분율법, 상대검정곡선법, 표준물첨가법이 있다.

answer 19 ㉱ 20 ㉮ 21 ㉮ 22 ㉰ 23 ㉰

24 환경대기 중 알데하이드류를 DNPH 유도체를 형성하여 아세토나이트릴(Acetonitrile) 용매로 추출하여 고성능 액체크로마토그래피법에 의해 자외선 검출기로 분석할 때 측정파장으로 가장 적합한 것은?

㉮ 360nm ㉯ 510nm
㉰ 650nm ㉱ 730nm

풀이 환경대기 중 알데하이드류를 고성능 액체크로마토그래피(HPLC/UV) 분석법으로 분석할 때 자외선(UV)검출기의 파장은 360nm이다.

25 배출가스 중 카드뮴화합물의 분석 방법으로 알맞은 것은?

㉮ 원자흡수분광광도법
㉯ 이온크로마토그래피
㉰ 기체크로마토그래피
㉱ 자외선/가시선분광법

풀이 배출가스 중 카드뮴화합물의 분석 방법에는 원자흡수분광광도법과 유도결합플라스마/원자발광분광법이 있다.

26 자외선/가시선분광법에서 자외부의 광원으로 주로 사용되는 것은?

㉮ 텅스텐램프 ㉯ 중공음극램프
㉰ 열음극램프 ㉱ 중수소방전관

풀이 자외선/가시선분광법의 광원
① 가시부와 근적외부 : 텅스텐램프
② 자외부 : 중수소방전관

27 연료용 유류 중 황함유량 측정을 위한 분석방법에 대한 설명으로 틀린 것은?

㉮ 분석방법의 종류는 연소관식 공기법과 방사선식 여기법이 있으며, 원유·경유·중유에 적용된다.
㉯ 방사선식 여기법은 (950~1,100)℃로 가열한 탄소재질 방사관에 황을 포함한 유류에 γ선의 광도를 측정한다.
㉰ 연소관식 공기법은 불용성 황산염을 만드는 금속(Ba, Ca 등)이 들어 있는 시료에는 적용할 수 없다.
㉱ 연소관식 공기법은 생성된 황산화물을 과산화수소(3%)에 흡수시켜 황산으로 만든 다음, 수산화소듐표준액으로 중화적정하여 황함유량을 구한다.

풀이 ㉯ 방사선식 여기법은 시료에 방사선을 조사하고, 여기된 황의 원자에서 발생하는 형광 X 선의 강도를 측정한다.

28 자외선/가시선 분광법에서 적용되는 램버어트-비어(Lembert-Beer)의 법칙에 관계되는 식으로 옳은 것은?
(단, I_o : 입사광의 강도, C: 농도, ϵ: 흡광계수, I_t : 투사광의 강도, l: 빛의 투사거리)

㉮ $I_o = I_t \cdot 10^{-\epsilon cl}$ ㉯ $I_t = I_o \cdot 10^{-\epsilon Cl}$
㉰ $C = \dfrac{I_t}{I_o} \cdot 10^{-\epsilon l}$ ㉱ $C = \dfrac{I_o}{I_t} \cdot 10^{-\epsilon l}$

풀이 램버어트-비어 법칙
① $I_t = I_o \cdot 10^{-\epsilon Cl}$
② $I_o = I_t \cdot 10^{\epsilon Cl}$

answer 24 ㉮ 25 ㉮ 26 ㉱ 27 ㉯ 28 ㉯

29 오염물질 A의 실측 농도가 $250\,mg/Sm^3$이고 그 때의 실측 산소농도가 3.5%이다. 오염물질 A의 보정농도(mg/Sm^3)는? (단, 오염물질 A는 표준산소농도를 적용받으며, 표준산소농도는 4%임)

㉮ 219 ㉯ 243
㉰ 247 ㉱ 286

▶풀이 보정농도(mg/Sm^3)
$= Ca \times \dfrac{21 - Os}{21 - Oa}$
$= 250\,mg/Sm^3 \times \dfrac{21 - 4\%}{21 - 3.5\%} = 242.86\,mg/Sm^3$

30 배출가스 중 비소화합물의 분석방법인 흑연로 원자흡수분광광도법에 대한 내용으로 틀린것은?

㉮ 비소 속빈음극램프를 점등하여 안정화시킨다.
㉯ 비소화합물을 원자화시켜 파장 228.8nm에서 시료용액의 흡광도를 측정한다.
㉰ 강제 흡입 장치를 사용하여 입자상 비소화합물을 여과장치에 채취한다.
㉱ 건조시료가스량 $1\,Sm^3$인 경우 정량범위는 0.003ppm 이상이다.

▶풀이 ㉯ 비소화합물을 원자화시켜 파장 193.7nm에서 시료용액의 흡광도를 측정한다.

31 굴뚝에서 배출되는 먼지측정 시 굴뚝의 지름이 2.5m의 원형 굴뚝의 측정점수는?

㉮ 4   ㉯ 8
㉰ 12 ㉱ 16

▶풀이 직경이 2.5 m이면 반경구분수는 3이고, 측정점수는 12이다.

TIP

굴뚝직경(m)	반경구분수	측정점수
1 이하	1	4
1 초과 2 이하	2	8
2 초과 4 이하	3	12
4 초과 4.5 이하	4	16
4.5 초과	5	20

32 이온크로마토그래프법에서 일반적으로 사용되어지는 검출기의 종류로 틀린 것은?

㉮ 전기전도도 검출기
㉯ 전자포획형 검출기
㉰ 자외선 및 가시선 흡수 검출기
㉱ 전기화학적 검출기

▶풀이 이온크로마토그래피에서 사용하는 검출기는 전기전도도 검출기, 자외선 및 가시선 흡수 검출기, 전기화학적 검출기이다.

33 다음은 환경대기 중 시료 채취방법에 관한 설명이다. 가장 적합한 것은?

- 측정대상 가스를 선택적으로 포집할 수 있다.
- 그 구성은 채취관 -여과재- 포집부- 흡인펌프-유량계(가스미터)이다.

㉮ 용기포집법   ㉯ 여지포집법
㉰ 고체포집법   ㉱ 용매포집법

▶풀이 시료를 선택적으로 포집할 수 있는 ㉱ 용매포집법에 대한 설명이다.

answer 29 ㉯ 30 ㉯ 31 ㉰ 32 ㉯ 33 ㉱

34 배출가스 중 페놀화합물의 분석방법인 4-아미노안티피린-자외선/가시선분광법에 대한 설명으로 틀린 것은?

㉮ 흡수액은 수산화소듐용액이다.
㉯ pH를 10±0.2로 조절한 후 여기에 4-아미노안티피린용액과 헥사사이아노철(Ⅲ)산포타슘 용액을 순서대로 가한다.
㉰ 청색액의 흡광도를 610nm파장에서 측정한다.
㉱ 염소, 브로민 등의 산화성 기체가 공존하면 음의 오차를 나타낸다.

풀이 ㉰ 적색액의 흡광도를 510nm파장에서 측정한다.

35 배출가스 중 산소측정방법 중 자동측정법에 대한 설명으로 틀린 것은?

㉮ 자기식(자기풍)은 체적자화율이 큰 가스의 영향을 무시할 수 있는 경우에 적용할 수 있다.
㉯ 자동측정법에 의한 방법은 자기식과 전기화학식으로 나눌 수 있다.
㉰ 전기화학식은 질코니아 방식과 전극방식으로 나눌 수 있다.
㉱ 자기식인 자기풍방식에는 덤벨형과 압력검출형이 있다.

풀이 ㉱ 자기식인 자기력방식에는 덤벨형과 압력검출형이 있다.

36 배출가스 중 플루오린화합물을 측정하는 방법에 대한 내용으로 틀린 것은?

㉮ 자외선/가시선분광법 - 란타넘-알리자린콤플렉손법은 복합 착화합물의 흡광도를 파장 520nm에서 측정한다.
㉯ 이온크로마토그래피는 시료채취량이 40L인 경우 정량범위는 0.30ppm 이상이다.
㉰ 이온선택전극법은 굴뚝에서 적절한 시료채취장치를 이용하여 얻은 시료 흡수액을 플루오린화 이온전극을 이용하여 전기전도도를 측정하는 방법이다.
㉱ 연속흐름법에서 사용하는 흡수액은 수산화소듐 용액 (4g/L)이다.

풀이 ㉮ 자외선/가시선분광법 - 란타넘-알리자린콤플렉손법은 복합 착화합물의 흡광도를 파장 620nm에서 측정한다.

37 환경대기 중 먼지측정방법인 고용량공기시료채취기법의 포집용 여과지에 대한 설명으로 틀린 것은?

㉮ 입자상 물질의 채취에 사용하는 여과지는 0.5μm되는 입자를 95% 이상 채취 가능해야 한다.
㉯ 흡수성은 적고, 가스상 물질의 흡착도 적은 것이어야 한다.
㉰ 분석에 방해되는 물질은 함유되지 않은 것이어야 한다.
㉱ 사용되는 여과지의 재질은 유리섬유, 석영섬유, 폴리스틸렌, 플루오로수지 등이다.

풀이 ㉮ 입자상 물질의 채취에 사용하는 여과지는 0.3μm되는 입자를 99% 이상 채취 가능해야 한다.

answer 34 ㉰ 35 ㉱ 36 ㉮ 37 ㉮

38 배출가스 중 브로민 화합물을 자외선/가시선분광법으로 분석할 때 사용되는 흡수액은?

㉮ 수산화소듐용액(4g/L)
㉯ 과망간산포타슘용액(0.4g/L)
㉰ 0.005mol/L 황산용액
㉱ 과산화수소용액(1+9)

39 굴뚝 배출가스의 유속을 피토우관으로 측정할 때 측정조건이 다음과 같았다. 이 배출가스의 평균유속은? (단, 동압 : 1.5 mmH₂O, 피토우관계수 : 0.8584, 굴뚝 내의 습한 배출가스 밀도 : 0.9 kg/m³, 기타 조건은 동일함)

㉮ 약 2.9m/sec ㉯ 약 3.2m/sec
㉰ 약 4.5m/sec ㉱ 약 4.9m/sec

 풀이

$$V = C \times \sqrt{\frac{2gh}{r}}$$

여기서 V : 공기의 유속(m/sec)
　　　　C : 피토우관 계수
　　　　g : 중력가속도(9.8m/sec²)
　　　　h : 동압(mmH₂O)
　　　　r : 밀도(kg/m³)

따라서

$$V = 0.8584 \times \sqrt{\frac{2 \times 9.8 \text{m/sec}^2 \times 1.5 \text{mmH}_2\text{O}}{0.9 \text{kg/m}^3}}$$

$$= 4.91 \text{m/sec}$$

40 배출가스 중 이황화탄소의 자외선/가시선분광법에 대한 설명으로 알맞은 것은?

㉮ 피리딘-피라졸론의 흡광도를 620nm 부근의 파장에서 측정한다.
㉯ 아미노다이메틸아닐린의 흡광도를 670nm 부근의 파장에서 측정한다.
㉰ 다이에틸다이싸이오카밤산구리의 흡광도를 435nm 부근의 파장에서 측정한다.
㉱ 다이페닐카바자이드의 흡광도를 540nm 부근의 파장에서 측정한다.

풀이 이황화탄소의 자외선/가시선분광법은 다이에틸아민구리용액에 시료가스를 흡수시켜 생성된 다이에틸다이싸이오카밤산구리의 흡광도를 435nm 부근의 파장에서 측정한다.

| 제3과목 | 대기오염방지기술

41 기상 총괄이동단위높이가 2m인 충전탑을 이용하여 배출가스 중의 HF를 NaOH 수용액으로 흡수제거하려 할 때, 제거율을 98%로 하기 위한 충전탑의 높이는? (단, 평형분압은 무시한다.)

㉮ 5.6 m ㉯ 5.9 m
㉰ 6.5 m ㉱ 7.8 m

 풀이

$$H = NOG \times HOG = \ln\left\{\frac{1}{1 - \frac{\eta(\%)}{100}}\right\} \times HOG$$

$$= \ln\left(\frac{1}{1 - 0.98}\right) \times 2m = 7.82m$$

answer 38 ㉮ 39 ㉱ 40 ㉰ 41 ㉱

42 다음 중 여과집진장치의 간헐식에 대한 설명으로 틀린 것은?

㉮ 먼지의 재비산이 적다.
㉯ 높은 집진율을 얻을 수 있다.
㉰ 대용량 처리에 적당하다.
㉱ 여포의 수명은 연속식에 비해 길다.

[풀이] ㉰ 대용량 처리에 부적당하다.

43 습식 전기집진장치에 대한 설명으로 틀린 것은?

㉮ 집진극면이 항상 청결하게 유지되며 강한 전계를 얻을 수 있다.
㉯ 처리가스속도는 건식에 비해 2배 정도 느리다.
㉰ 작은 전기저항에 의해 생기는 먼지의 재비산을 방지할 수 있다.
㉱ 압력손실은 건식이 $10\,mmH_2O$, 습식이 $20\,mmH_2O$이다.

[풀이] ㉯ 처리가스속도는 건식에 비해 2배 정도 크게 할 수 있다.

44 다음 먼지의 입경측정방법 중 간접측정법에 해당하지 않는 것은?

㉮ 액상침강법   ㉯ 공기투과법
㉰ 표준체 측정법   ㉱ 관성충돌법

[풀이] 먼지입자 측정방법
① 간접측정법 : 관성충돌법, 액상침강법, 공기투과법, 광산란법
② 직접측정법 : 표준체 측정법, 현미경 측정법

45 매연발생에 대한 설명으로 틀린 것은?

㉮ 분해가 쉽거나 산화하기 쉬운 탄화수소는 매연발생이 적다.
㉯ 탈수소, 중합 및 고리화합물 생성 등과 같은 반응이 일어나기 쉬운 탄화수소일수록 매연발생이 적다.
㉰ -C-C-의 탄소결합을 절단하기보다는 탈수소가 쉬운 쪽이 매연이 생기기 쉽다.
㉱ 연료의 C/H의 비율이 클수록 매연이 생기기 쉽다.

[풀이] ㉯ 탈수소, 중합 및 고리화합물 생성 등과 같은 반응이 일어나기 쉬운 탄화수소일수록 매연발생이 많다.

46 황분 2%를 함유한 석탄 1.5ton를 완전 연소하면 표준상태에서 발생하는 아황산가스의 양(Sm^3)은? (단, 모든 황분은 아황산가스만을 생성한다.)

㉮ 32   ㉯ 21
㉰ 16   ㉱ 10

[풀이] $S + O_2 \rightarrow SO_2$
32kg : $22.4\,Sm^3$
$1,500kg \times 0.02$: X
∴
$X = \dfrac{1,500kg \times 0.02 \times 22.4\,Sm^3}{32kg} = 21.0\,Sm^3$

---

answer 42 ㉰ 43 ㉯ 44 ㉰ 45 ㉯ 46 ㉯

47 다음 중 석탄의 탄화도가 증가하면 감소하는 것은?

㉮ 착화온도 ㉯ 발열량
㉰ 휘발분   ㉱ 고정탄소

풀이 ① 탄화도 증가하면 : 고정탄소, 발열량, 착화온도, 연료비는 증가
② 탄화도가 증가하면 : 매연발생량, 비열, 휘발분, 수분, 산소의 양, 연소속도는 감소

48 액체연료에 대한 설명으로 틀린 것은?

㉮ 저장, 운반이 용이하며 배관공사 등에 걸리는 비용도 적게 소요된다.
㉯ 완전 연소 시 다량의 과잉공기가 필요하므로 연소장치가 대형화되는 단점이 있다.
㉰ 단위질량당의 발열량이 커, 화력이 강하다.
㉱ 액체연료는 비교적 저가로 안정하게 공급되고 품질에도 큰 차가 없다는 장점이 있다.

풀이 ㉯ 완전 연소 시 과잉공기가 적게 필요하므로 연소장치가 소형화되는 장점이 있다.

49 다음 중 황함량이 가장 낮은 연료는?

㉮ LPG   ㉯ 중유
㉰ 경유   ㉱ 휘발유

풀이 황함량 순서는 LPG < 휘발유 < 경유 < 중유 순이다.

50 다음 중 물리적 흡착에 대한 설명으로 틀린 것은?

㉮ 결합에너지는 액체분자 사이의 인력과 비슷하다.
㉯ 가역적 과정이며 흡착열은 화학적 흡착보다 작다.
㉰ 처리할 가스의 분압이 높아지면 흡착량은 증가한다.
㉱ 흡착온도를 증가시키면 평형 흡착량은 증가한다.

풀이 ㉱ 흡착온도를 증가시키면 평형 흡착량은 감소한다.

51 유체가 관로를 흐를 때 발생되는 압력손실에 대한 설명으로 틀린 것은?

㉮ 관의 내경에 반비례한다.
㉯ 관의 길이에 비례한다.
㉰ 유체의 유속 제곱에 비례한다.
㉱ 유체의 밀도에 반비례한다.

풀이 ㉱ 유체의 밀도에 비례한다.

TIP

압력손실$(\Delta P) = \lambda \times \dfrac{L}{D} \times \dfrac{r \times V^2}{2 \times g}$ (mmH$_2$O)

answer 47 ㉰ 48 ㉯ 49 ㉮ 50 ㉱ 51 ㉱

52 다음 중 여과집진장치의 특징으로 틀린 것은?

㉮ 여과재의 교환으로 유지비가 고가이다.
㉯ 수분이나 여과속도에 대한 적응성이 낮다.
㉰ 세정집진장치보다 압력손실과 동력소모가 적다.
㉱ 폭발성, 점착성, 흡습성 먼지의 제거에 용이하다.

풀이 ㉱ 폭발성, 점착성, 흡습성 먼지의 제거가 어렵다.

53 반지름 245mm, 유효길이 3.5m인 원통형 bag filter를 사용하여 농도 $6g/m^3$인 배출가스를 $22m^3/sec$로 처리하고자 한다. 겉보기 여과속도를 14 cm/sec로 할 때 bag filter의 필요한 수는?

㉮ 21개 ㉯ 30개
㉰ 44개 ㉱ 59개

풀이 $Q = \pi \times D \times L \times Vf$

$\therefore n = \dfrac{Q}{\pi \times D \times L \times Vf}$

$= \dfrac{22\,m^3/sec}{\pi \times (0.245 \times 2)\,m \times 3.5m \times 0.14m/sec}$

$= 29.17 \doteqdot 30$개

54 통풍방식 중 압입통풍에 대한 설명으로 틀린 것은?

㉮ 연소용 공기를 예열할 수 있다.
㉯ 송풍기의 고장이 적고 점검 및 보수가 용이하다.
㉰ 흡인통풍식보다 송풍기의 동력소모가 적다.
㉱ 노내압이 부(-)압으로 역화의 위험성이 없다.

풀이 ㉱ 노내압이 정(+)압으로 역화의 위험성이 있다.

55 원심력집진장치에서 선회기류의 흐트러짐을 방지하고 집진된 먼지의 재비산 방지를 위한 운전방법에 해당하는 것은?

㉮ 블로우다운(Blow down)
㉯ 펄스젯트(Pulse jet)
㉰ 기계적진동(Mechanical shaking)
㉱ 공기역류(Reveres air)

풀이 ㉮ 블로우다운(Blow down)효과는 원심력집진장치에서 효율을 증가시키는 방법이다.

56 다음 촉매산화법에 의한 SO_2 제거 시 ( ) 안의 촉매제로 가장 적합한 것은?

- $SO_2 + (\ ) \rightarrow SO_3$
- $SO_3 + H_2O \rightarrow H_2SO_4$

㉮ MnO_4 ㉯ CaO
㉰ NH_4 ㉱ V_2O_5

풀이 $SO_2 \xrightarrow[\text{고온에서 사용할수 있는 촉매}(V_2O_5)\text{ 사용}]{\text{고온에서 반응}} SO_3$

answer 52 ㉱ 53 ㉯ 54 ㉱ 55 ㉮ 56 ㉱

57 촉매연소법에서의 반응온도로 알맞은 것은?

㉮ 50~150℃ ㉯ 250~450℃
㉰ 500~600℃ ㉱ 700~800℃

[풀이] 연소방법의 온도
① 촉매연소법 : 250 ~ 450℃
② 직접연소법 : 700 ~ 800℃

58 황산화물을 처리하는 중유탈황법의 종류 중 가장 많이 사용하는 방법은?

㉮ 금속산화물에 의한 흡착탈황법
㉯ 미생물에 의한 생화학적 탈황법
㉰ 방사선화학에 의한 탈황법
㉱ 접촉수소화 탈황법

[풀이] ㉱ 접촉수소화 탈황법의 온도는 350~420℃이고, 압력은 50~150 kg/cm² 이다.

59 여과집진장치의 주요 메카니즘의 집진 원리로 틀린 것은?

㉮ 확산작용 ㉯ 관성충돌
㉰ 차단작용 ㉱ 원심력작용

[풀이] ㉱ 중력작용

60 다음 중 벤츄리 스크러버에 대한 설명으로 틀린 것은?

㉮ 액체방울과 입자의 주된 접촉 메카니즘은 충돌이다.
㉯ 벤츄리관의 목부의 함진가스 유속은 2~5 m/sec 이다.
㉰ 압력손실이 아주 크므로 동력비가 크다.
㉱ 액가스비는 보통 0.3~1.5 L/m³ 이다.

[풀이] ㉯ 벤츄리관의 목부의 함진가스 유속은 60~90 m/sec 이다.

answer 57 ㉯ 58 ㉱ 59 ㉱ 60 ㉯

2022년 4회 CBT 복원문제

| 제1과목 | 대기환경관리

01 다음 중 카드뮴 화합물의 가장 큰 배출원은?

㉮ 요업공장 소성로
㉯ 철광석 소결로
㉰ 코크스 제조로
㉱ 아연 소결로

[풀이] 카드뮴 화합물의 배출원은 아연정련공업(아연 소결로), 합금공업, 도금공업, 안료공업 등이다.

02 다음 악취(냄새) 및 악취(냄새) 유발물질에 대한 설명으로 틀린 것은?

㉮ 예외는 있으나 일반적으로 증기압이 높을수록 냄새는 더 강하다.
㉯ 악취유발물질들은 paraffin과 CS_2를 제외하고는 일반적으로 적외선을 흡수하지 않는다.
㉰ 악취유발 가스는 통상 활성탄과 같은 표면흡착제에 잘 흡수된다.
㉱ 악취는 화학적 구성에 의하여 결정되기 보다는 물리적 차이에 의해서 결정된다는 주장이 더 지배적이다.

[풀이] ㉯ 악취유발물질들은 paraffin과 CS_2를 제외하고는 일반적으로 적외선을 강하게 흡수한다.

03 이산화탄소는 매년 일정한 증감을 거듭하여 현재는 430ppm까지 증가하고 있다. 이산화탄소의 농도가 매년 계절적으로 감소를 거듭하는 가장 적절한 이유는?

㉮ 화석연료의 사용증가 때문이다.
㉯ 화산의 활동 때문이다.
㉰ 식물 및 토양의 광합성작용과 호흡작용 때문이다.
㉱ 인구의 증가 때문이다.

[풀이] ① 대기 중 이산화탄소 농도 최대 : 광합성작용을 거의 하지 않는 계절인 가을과 겨울
② 대기 중 이산화탄소 농도 최소 : 광합성작용을 왕성하게 하는 계절인 봄과 여름

04 굴뚝에서 배출되는 연기형태 중 환상형(Looping)에 대한 설명으로 틀린 것은?

㉮ 굴뚝이 낮으면 풍하쪽 지상에 강한 오염이 발생될 수 있다.
㉯ 대기가 안정 또는 중립적일 때 주로 발생한다.
㉰ 날씨가 맑아서 태양복사열이 강한 따뜻한 계절에 발생한다.
㉱ 저기압, 고기압에 상관없이 발생한다.

[풀이] ㉯ 대기가 과단열(매우 불안정) 조건일 때 주로 발생한다.

answer 01 ㉱ 02 ㉯ 03 ㉰ 04 ㉯

05 잠재온도 경사가 (−)값으로 가장 큰 경우 대기안정도는?

㉮ 불안정한 과단열
㉯ 불안정한 미단열
㉰ 안정된 등온
㉱ 안정된 역전

풀이 잠재온도 경사가 (-)값으로 가장 큰 경우는 건조단열감율선(rd)보다 실측기온감율선(r)이 크다는 의미이므로 불안정한 과단열(매우 불안정) 조건이 된다.

06 상대습도가 70%일 때 먼지의 농도가 $0.04\,mg/m^3$인 지역이 있다. 이 지역의 가시거리(km)는? (단, 상수 A = 1.2 이다.)

㉮ 4 km ㉯ 16 km
㉰ 30 km ㉱ 42 km

풀이 $V = \dfrac{10^3 \times A}{G(\mu g/m^3)} = \dfrac{10^3 \times 1.2}{0.04 \times 10^3 \mu g/m^3} = 30\,km$

07 다음의 대기오염물질 중 비중이 가장 큰 것은?

㉮ CO ㉯ SO_2
㉰ CS_2 ㉱ NO

풀이 비중이 크다는 것은 기체의 분자량이 가장 큰 물질을 의미하므로 이황화탄소(CS_2)가 정답이 된다.

TIP
① 기체의 비중 = $\dfrac{기체의\ 분자량(kg)}{공기의\ 분자량(29\,kg)}$
② 분자량은 CO : 28, SO_2 : 64, CS_2 : 76, NO : 30이다.

08 다음은 대기오염물질과 그 영향에 대한 설명으로 틀린 것은?

㉮ CO : 혈액내 Hb(헤모글로빈)과의 친화력이 산소의 약 21배 달해 산소운반 능력을 저하시킨다.
㉯ NO_2 : 적갈색, 자극성 기체로 NO보다 독성이 5배 정도 강하다.
㉰ SO_2 : HF와 함께 식물에 의한 성분분석으로 대기오염 정도를 파악하는데 이용된다.
㉱ HC : 올레핀계 탄화수소는 광화학적 스모그에 적극 반응하는 물질이다.

풀이 ㉮ CO : 혈액내 Hb(헤모글로빈)과의 친화력이 산소의 약 210배 달해 산소운반 능력을 저하시킨다.

09 우리나라에서 복사역전(radiation inversion)이 가장 많이 발생하는 시기는?

㉮ 겨울철 맑은 날 아침
㉯ 겨울철 흐린 날 아침
㉰ 여름철 맑은 날 아침
㉱ 여름철 흐린 날 아침

풀이 복사역전(방사역전)은 주로 겨울철 맑은 날 아침에 발생한다.

10 대기오염물질인 Mn, Zn 및 그 화합물은 인체에 어떤 영향을 미치는 물질인가?

㉮ 폐자극성 물질
㉯ 발암 물질
㉰ 발열 물질
㉱ 눈·호흡기 점막자극 물질

풀이 망간(Mn) 및 아연(Zn) 화합물은 인체에서 발열을 일으키는 물질이다.

answer 05 ㉮ 06 ㉰ 07 ㉰ 08 ㉮ 09 ㉮ 10 ㉰

11 라돈에 대한 설명으로 틀린 것은?

㉮ 지구상에서 발견된 약 70여 가지의 자연방사능 물질 중의 하나이다.
㉯ 사람이 가장 흡입하기 쉬운 기체성 물질이다.
㉰ 반감기는 3.8일이며 라듐의 핵분열때 생성되는 물질이다.
㉱ 액화되면 푸른색을 띠며 공기보다 1.2배 무거워 지표에 가깝게 존재한다.

▶풀이 ㉱ 액화되어도 색을 띠지 않으며, 공기보다 9배 정도 무거워 환기시설이 불량한 지하실 등에서 높은 농도를 나타낸다.

12 표준상태에서 한 배기가스 내에 존재하는 CO_2의 농도가 0.045%라면 농도(mg/Sm^3)는?

㉮ 86.1 ㉯ 88.4
㉰ 861   ㉱ 884

▶풀이 mg/Sm^3
$= (0.045\% \times 10^4)\,mL/Sm^3 \times \dfrac{44\,mg}{22.4\,mL}$
$= 883.93\,mg/Sm^3$

TIP
① $\% \xrightarrow{\times 10^4} ppm$, $ppm \xrightarrow{\times 10^{-4}} \%$
② $ppm = mL/Sm^3 = mL/Nm^3$
③ CO_2 1mol $\begin{cases} 44\,mg \\ 22.4\,mL \end{cases}$

13 다음 중 광화학 스모그의 발생에 영향을 미치는 요소로만 묶인 것은?

㉮ SO_2, NO_2, HC ㉯ NO, NO_2, PAN
㉰ NO_2, O_3, HC   ㉱ NO_2, HC, 햇빛

▶풀이 광화학반응의 3대요소에는 질소산화물(NO_X), 올레핀계 탄화수소, 자외선이다.

14 1985년 3월 22일 채택된 오존층 보호를 위한 국제협약은?

㉮ 제네바 협약   ㉯ 비엔나 협약
㉰ 기후변화 협약 ㉱ 리우 협약

▶풀이 오존층 보호를 위한 국제협약에는 비엔나 협약(1985년), 몬트리올 의정서(1987년), 런던회의(1990년)이다.

15 다음 성층권에 대한 설명으로 틀린 것은?

㉮ 고도가 높아질수록 온도가 높아진다.
㉯ 오존의 생성과 분해가 가장 활발하게 일어나는 층이다.
㉰ 오존층은 지상 20~30km 구간으로 오존의 최대농도는 100ppm이다.
㉱ 오존층의 두께는 극지방이 400돕슨이고, 적도지방이 200돕슨이다.

▶풀이 ㉰ 오존층은 지상 20~30km 구간으로 오존의 최대농도는 10ppm이다.

answer 11 ㉱ 12 ㉱ 13 ㉱ 14 ㉯ 15 ㉰

16 다음 기온역전 중 공중역전에 해당하는 것은?

㉮ 복사역전 ㉯ 접지역전
㉰ 이류성역전 ㉱ 침강역전

풀이 역전의 종류
① 접지(지표)역전 : 복사성(방사성)역전, 이류성역전
② 공중역전 : 침강성역전, 전선성역전, 해풍역전, 난류성역전

17 다음 용어 중 대기의 동적인 안정도를 나타내는 것은?

㉮ 커닝험계수 ㉯ 크누센수
㉰ 리차드슨수 ㉱ 항력계수

풀이 ㉰ 리차드슨수에 대한 설명이며, 대류난류를 기계적인 난류로 전환시키는 율을 측정한 것으로 무차원수이다.

18 대기권은 수직온도분포에 따른 4개의 권역으로 구분할 수 있다. 이 중 오존의 생성과 분해가 일어나는 곳은?

㉮ 대류권 ㉯ 성층권
㉰ 중간권 ㉱ 열권

풀이 오존의 생성과 분해가 일어나는 곳은 성층권이다.

19 지구온난화의 원인물질로 알맞게 짝지어진 것은?

㉮ H_2O-CO_2 ㉯ SO_2-NH_3
㉰ CO_2-HF ㉱ NH_3-HF

풀이 지구온난화의 원인물질을 쌍으로 묻게 되면 H_2O-CO_2 임을 반드시 숙지 하셔야 합니다.

TIP 온실가스(지구온난화 유발물질)에는 이산화탄소, 메탄, 아산화질소, 수소불화탄소, 과불화탄소, 육불화황, 염화불화탄소, 수소염화불화탄소가 있다.

20 지상 15m의 풍속이 5m/sec일 때 지상 50m의 풍속은?

(단, Deacon식 : $U = U_0 \times \left(\dfrac{Z}{Z_0}\right)^n$, 풍속지수 (n)=0.25)

㉮ 4.5m/sec ㉯ 6.8m/sec
㉰ 8.6m/sec ㉱ 10.2m/sec

풀이 $U = 5 \text{m/sec} \times \left(\dfrac{50\text{m}}{15\text{m}}\right)^{0.25} = 6.76 \text{m/sec}$

| 제2과목 | 대기오염공정시험기준

21 환경 대기중의 아황산가스 측정방법 중 자동연속측정법이 아닌 것은?

㉮ 용액 전도율법
㉯ 자외선 형광법
㉰ 비분산적외선분광분석법
㉱ 불꽃광도법

풀이 아황산가스의 자동연속측정법에는 용액 전도율법, 자외선 형광법(주시험방법), 불꽃광도법, 흡광차분광법이 있다.

answer 16 ㉱ 17 ㉰ 18 ㉯ 19 ㉮ 20 ㉯ 21 ㉰

22 물질을 취급 또는 보관하는 동안에 외부로부터의 공기 또는 다른 가스가 침입하지 않도록 내용물을 보호하는 용기는?

㉮ 밀폐용기   ㉯ 기밀용기
㉰ 밀봉용기   ㉱ 차광용기

풀이 ㉯ 기밀용기에 대한 설명이며, 핵심 내용인 "공기 또는 다른 가스=기밀용기"임을 숙지하시면 됩니다.

23 기체크로마토그래피에서 TCD 또는 FID z에 일반적으로 사용하는 운반가스(Carrier gas)의 종류로 틀린 것은?

㉮ 질소   ㉯ 수소
㉰ 헬륨   ㉱ 산소

풀이 검출기와 운반가스
① 열전도도검출기(TCD) : 순도가 99.8% 이상의 수소나 헬륨
② 불꽃이온화검출기(FID) : 순도가 99.8% 이상의 질소나 헬륨

24 환경대기 중 탄화수소 측정방법으로 틀린 것은?

㉮ 총탄화수소 측정법
㉯ 램프식 탄화수소 측정법
㉰ 비메탄 탄화수소 측정법
㉱ 활성 탄화수소 측정법

풀이 탄화수소 측정방법에는 총탄화수소 측정법, 비메탄 탄화수소 측정법(주시험방법), 활성 탄화수소 측정법이 있다.

25 황화수소를 자외선/가시선분광법-메틸렌블루법으로 정량할 때 흡수액은?

㉮ 황산용액
㉯ 수산화소듐용액
㉰ 아연아민착염용액
㉱ 붕산용액

풀이 황화수소를 자외선/가시선분광법-메틸렌블루법에서 흡수액은 아연아민착염용액이며, 메틸렌블루의 흡광도를 670nm부근에서 측정한다.

26 다음의 오염물질과 측정방법으로 틀린 것은?

㉮ 암모니아 : 자외선/가시선분광법-인도페놀법
㉯ 폼알데하이드 : 자외선/가시선분광법-크로모트로핀산법
㉰ 황화수소 : 자외선/가시선분광법-메틸렌블루법
㉱ 황산화물 : 자외선/가시선분광법-아연환원나프틸에틸렌다이아민법

풀이 ㉱ 황산화물의 분석방법은 자동측정법과 침전적정법-아르세나죠Ⅲ법이다.

27 배출가스 중 사이안화수소를 자외선/가시선분광법-4-피리딘카복실산-피라졸론법으로 분석할 때 흡수액은?

㉮ 과산화수소수
㉯ 황산용액
㉰ 수산화소듐용액
㉱ 다이에틸아민구리용액

풀이 사이안화수소를 자외선/가시선분광법-4-피리딘

answer 22 ㉯ 23 ㉱ 24 ㉯ 25 ㉰ 26 ㉱ 27 ㉰

카복실산-피라졸론법으로 분석할 때 흡수액은 수산화소듐용액(20g/L)이다.

28 이온크로마토그래피의 장치 구성순서로 가장 알맞은 것은?

㉮ 용리액조-펌프-써프렛서-시료주입장치-분리관-검출기
㉯ 펌프-시료주입장치-용리액조-써프렛서-분리관-검출기
㉰ 용리액조-펌프-시료주입장치-분리관-써프렛서-검출기
㉱ 펌프-시료주입장치-써프렛서-분리관-용리액조-검출기

풀이 이온크로마토그래피의 장치 구성순서는 용리액조-펌프-시료주입장치-분리관-써프렛서-검출기-기록계 순이며, 암기법은 이온용은 펌 시료분을 써 검출 기록하네임을 숙지하시면 됩니다.

29 배출가스 중 염화수소 측정방법으로 알맞게 짝지은 것은?

㉮ 자동측정법-침전적정법(아르세나죠Ⅲ법)
㉯ 자외선/가시선분광법(메틸렌블루법)-기체크로마토그래피
㉰ 자외선/가시선분광법(인도페놀법)-적정법
㉱ 이온크로마토그래피-자외선/가시선분광법(싸이오사이안산제이수은법)

풀이 염화수소 측정방법은 이온크로마토그래피-자외선/가시선분광법(싸이오사이안산제이수은법)이다.

30 원자흡수분광광도법의 분석장치 중 광원부에 가장 일반적으로 쓰이는 램프는?

㉮ 열음극선램프
㉯ 중수소방전램프
㉰ 텅스텐램프
㉱ 중공음극램프

풀이 원자흡수분광광도법에서 사용하는 광원은 중공음극램프이다.

31 배출가스를 시료채취할 때 흡수액으로 수산화소듐용액을 사용하지 않는 분석대상 가스는?

㉮ 염화수소
㉯ 황산화물
㉰ 플루오린 화합물
㉱ 사이안화수소

풀이 ㉯ 황산화물의 흡수액은 과산화수소용액(1+9)이다.

32 굴뚝에서 배출되는 먼지측정시 굴뚝의 지름이 2.5m의 원형 굴뚝의 측정점수는?

㉮ 6   ㉯ 9
㉰ 12   ㉱ 15

풀이 직경이 2.5m이면 반경구분수는 3이고, 측정점수는 12이다.

answer 28 ㉰   29 ㉱   30 ㉱   31 ㉯   32 ㉰

TIP

굴뚝직경(m)	반경구분수	측정점수
1 이하	1	4
1 초과 2 이하	2	8
2 초과 4 이하	3	12
4 초과 4.5 이하	4	16
4.5 초과	5	20

33 흡광광도계에서 빛의 강도가 I_0인 단색광이 어떤 시료용액을 통과할 때 그 빛의 90%가 흡수될 경우 흡광도는?

㉮ 0.05　　㉯ 0.2
㉰ 0.5　　㉱ 1.0

풀이 흡광도(A) $= \log\dfrac{1}{투과도} = \log\dfrac{1}{0.1} = 1.0$

TIP
① 흡수율 + 투과율 = 100%
② 투과율 = 100 − 흡수율(%)
③ 투과율 = 100 − 90% = 10%

34 10w/v% 용액에 대한 설명으로 알맞은 것은?

㉮ 용질 10mL를 물에 녹여 100mL로 한 것이다.
㉯ 용질 10g을 물 90mL에 녹인 것이다.
㉰ 용질 10g을 물에 녹여 100mL로 한 것이다.
㉱ 용질 10g을 물 또는 알콜에 녹여 110mL로 한 것이다.

35 환경대기 중의 먼지측정방법 중 고용량 공기채취기를 사용할 때 채취용 여과지에 대한 설명이다. (　)안에 알맞은 말은?

> 입자상 물질의 채취에 사용하는 여과지는 (①) μm되는 입자를 (②)% 이상 채취 가능해야 한다.

㉮ ① 0.3, ② 99　　㉯ ① 0.3, ② 90
㉰ ① 0.5, ② 99　　㉱ ① 0.5, ② 90

36 다음 중 굴뚝단면이 상하 동일 단면적인 사각형 굴뚝의 직경 산출방법으로 옳은 것은?

㉮ 환산직경 $= \dfrac{2 \times (가로 \times 세로)}{(가로 + 세로)}$

㉯ 환산직경 $= \dfrac{3 \times (가로 \times 세로)}{(가로 + 세로)}$

㉰ 환산직경 $= \dfrac{4 \times (가로 \times 세로)}{(가로 + 세로)}$

㉱ 환산직경 $= \dfrac{5 \times (가로 \times 세로)}{(가로 + 세로)}$

풀이 환산직경
$= \dfrac{단면적}{평균둘레길이} = \dfrac{가로 \times 세로}{\dfrac{2 \times (가로 + 세로)}{4}}$
$= \dfrac{2 \times (가로 \times 세로)}{(가로 + 세로)}$

answer 33 ㉱　34 ㉰　35 ㉮　36 ㉮

37 굴뚝 배출가스 중의 일산화탄소를 측정 방법으로 틀린 것은?

㉮ 비분산적외선분광분석법
㉯ 전기화학식
㉰ 이온 전극법
㉱ 기체크로마토그래피

풀이 │ 일산화탄소의 측정방법에는 비분산적외선분광분석법, 전기화학식(정전위전해법), 기체크로마토그래피가 있다.

38 링겔만 농도표로 매연을 측정할 때 굴뚝의 매연을 측정자의 얼마 만한 높이와 어떤 각도에서 관측 비교하는가?

㉮ 측정자의 눈보다 20cm 높이, 30°각도가 되게 관측한다.
㉯ 측정자의 눈보다 30cm 높이, 45°각도가 되게 관측한다.
㉰ 측정자의 눈보다 40cm 높이, 60°각도가 되게 관측한다.
㉱ 측정자의 눈높이의 수직이 되게하여 관측한다.

풀이 │ 굴뚝의 매연 측정은 ㉱ 측정자의 눈높이의 수직이 되게하여 관측한다.

39 시험의 기재 및 용어에 대한 설명으로 틀린 것은?

㉮ "정확히 단다"라 함은 규정한 양의 검체를 취하여 분석용 저울로 0.1mg까지 다는 것이다.
㉯ 액체성분의 양을 정확히 취할 때는 홀피펫, 부피플라스크 또는 이와 동등 이상의 정확도를 갖는 용량계를 사용한다.
㉰ 시험조작 중 "즉시"란 10초 이내 표시된 조작을 하는 것이다.
㉱ "감압 또는 진공"이라 함은 따로 규정이 없는 한 15mmHg 이하를 뜻한다.

풀이 │ ㉰ 시험조작 중 "즉시"란 30초 이내 표시된 조작을 하는 것이다.

40 B-C유를 사용하는 보일러의 먼지 배출 허용기준이 40(4) mg/Sm³인 배출시설에서의 측정결과가 다음과 같았다. 표준산소농도로 보정한 먼지의 농도는?

- 먼지실측농도 : 35 mg/Sm³
- O_2 실측농도 : 7%

㉮ 20.5 mg/Sm³ ㉯ 34.8 mg/Sm³
㉰ 42.5 mg/Sm³ ㉱ 49.5 mg/Sm³

풀이 │
$$C = C_a \times \frac{21 - O_s}{21 - O_a}$$
$$= 35 \, mg/Sm^3 \times \frac{21 - 4\%}{21 - 7\%} = 42.5 \, mg/Sm^3$$

answer 37 ㉰ 38 ㉱ 39 ㉰ 40 ㉰

| 제3과목 | 대기오염방지기술

41 다음 중 액체연료에 대한 설명으로 틀린 것은?

㉮ 단위질량당의 발열량이 커 화력이 강하다.
㉯ 점화, 소화 및 연소의 조절이 용이하다.
㉰ 화재나 역화 등의 위험성이 작다.
㉱ 연소온도가 높아 국부가열을 일으키기 쉽다.

풀이 ㉰ 화재나 역화 등의 위험성이 크다.

42 다음 중 착화온도에 대한 설명으로 틀린 것은?

㉮ 화학결합의 활성도가 클수록 착화온도는 낮아진다.
㉯ 발열량이 클수록 착화온도는 낮아진다.
㉰ 화학반응성이 클수록 착화온도는 낮아진다.
㉱ 활성화에너지가 클수록 착화온도는 낮아진다.

풀이 ㉱ 활성화에너지가 작을수록 착화온도는 낮아진다.

TIP
착화온도와의 상관관계
① 착화온도는 활성화에너지, 석탄의 탄화도와는 비례관계
② 착화온도는 증발량, 화학결합의 활성도, 산소와의 친화성, 분자구조, 발열량, 산소농도, 화학반응성, 압력, 분자량, 비표면적과는 반비례 관계

43 다음 중 악취(냄새)물질에 대한 설명으로 틀린 것은?

㉮ 불포화도가 높으면 냄새는 강하다.
㉯ 냄새를 일으키는 물질은 적외선을 강하게 흡수한다.
㉰ 분자내 수산기의 수가 1개일때 가장 약하고 수가 증가하면 강해진다.
㉱ 냄새물질은 화학반응성이 풍부한 편이다.

풀이 ㉰ 분자 내 수산기의 수가 1개일 때 가장 강하고 수가 증가하면 약해져서 무취에 이른다.

44 다음 중 물리적 흡착에 대한 설명으로 틀린 것은?

㉮ 흡착열은 화학적 흡착에 비해 작은 편이다.
㉯ 가역적 반응이다.
㉰ 다분자 흡착이며 재생이 용이하다.
㉱ 처리할 가스의 분압이 낮아지면 흡착량은 증가한다.

풀이 ㉱ 처리할 가스의 분압이 낮아지면 흡착량은 감소한다.

45 다음 중 황산화물을 처리하는 중유탈황법 중 가장 많이 사용되는 방법은?

㉮ 금속산화물에 의한 흡착 탈황
㉯ 미생물에 의한 생화학적 탈황
㉰ 방사선화학에 의한 탈황
㉱ 접촉수소화 탈황

풀이 중유 탈황법 중 가장 많이 사용되는 방법은 ㉱ 접촉수소화 탈황법이며, 사용온도는 350~420℃ 이며, 압력은 50~150 kg/cm² 이다.

answer 41 ㉰ 42 ㉱ 43 ㉰ 44 ㉱ 45 ㉱

46 다음 중 여과집진장치의 주요 메카니즘의 집진원리가 아닌 것은?

㉮ 확산작용 ㉯ 관성충돌
㉰ 차단작용 ㉱ 원심력작용

풀이 ㉱ 중력작용

47 다음 중 벤츄리스크러버에 대한 설명으로 틀린 것은?

㉮ 액가스비는 보통 $0.3~1.5\,L/m^3$이다.
㉯ 압력손실은 $300~800\,mmH_2O$로 집진장치 중 가장 크다.
㉰ 벤츄리관의 목부의 함진가스 유속은 $60~90\,m/sec$이다.
㉱ 물방울 입경과 먼지 입경의 비는 충돌 효율면에서 50 : 1 전후가 적당하다.

풀이 ㉱ 물방울 입경과 먼지 입경의 비는 충돌 효율면에서 150 : 1 전후가 적당하다.

48 Cyclone의 운전 중 압력손실이 감소하고 집진율이 저하되는 원인으로 틀린 것은?

㉮ VANE의 마모
㉯ 공기가 새어 들어오기 때문
㉰ 마찰 또는 부식에 의해서 구멍이 뚫렸기 때문
㉱ 더스트의 부착

풀이 ㉱ 외통의 접합부 불량으로 함진가스가 누출될 때

49 흡수장치에 사용되는 흡수액의 구비요건에 대한 설명으로 틀린 것은?

㉮ 용해도가 높아야 한다.
㉯ 휘발성이 커야 한다.
㉰ 점성이 비교적 작아야 한다.
㉱ 부식성 및 독성이 없어야 한다.

풀이 ㉯ 휘발성이 작아야 한다.

50 세정식 집진장치에 대한 설명이다. 틀린 것은?

㉮ 고온가스 및 연소성, 폭발성 가스의 처리가 가능하다.
㉯ 가스흡수, 증습 등의 조작이 가능하다.
㉰ 소수성 더스트의 집진효과는 높다.
㉱ 가동부분이 작고 조작이 간단하다.

풀이 ㉰ 소수성 더스트의 집진효과는 낮다.

51 입자에 작용하는 종말 침강 속도(terminal settling velocity) 계산 시 관계되는 힘과 가장 거리가 먼 것은?

㉮ 항력 ㉯ 관성력
㉰ 부력 ㉱ 중력

풀이 입자에 작용하는 종말 침강 속도 계산 시 관계되는 힘은 항력, 부력, 중력이다.

answer 46 ㉱ 47 ㉱ 48 ㉱ 49 ㉯ 50 ㉰ 51 ㉯

52 다음 중 관성력집진장치의 집진효율에 대한 설명으로 틀린 것은?

㉮ 충돌식은 충돌직전의 처리가스 속도가 크고, 처리 후 출구가스 속도는 느릴수록 미립자의 제거가 쉽다.
㉯ 반전식은 기류의 방향 전환 시 곡률반경이 작을수록, 방향전환횟수는 많을수록, 압력손실은 커지나 집진효율이 좋다.
㉰ 호퍼(DUST BOX)는 적당한 크기가 필요하다.
㉱ 블로다운효과에 의해서 효율이 증가한다.

풀이 ㉱ 블로다운효과에 의해 효율이 증가하는 장치는 원심력집진장치이다.

53 고체 먼지를 함유한 배기가스를 처리하는 전기집진장치의 집진기전으로 틀린 것은?

㉮ 이온화   ㉯ 산화
㉰ 이동   ㉱ 대전(charging)

풀이 전기집진장치에서 입자를 처리하는 집진기전은 가스의 이온화 → 먼지에 전하부여 → 먼지가 집진극으로 이동 → 먼지를 타격하여 제거 순이다.

54 세정 집진장치의 입자포집 원리에 대한 내용으로 틀린 것은?

㉮ 미립자 확산에 의하여 액적과의 접촉을 쉽게 한다.
㉯ 배기의 습도 감소에 의하여 입자가 서로 응집한다.
㉰ 입자를 핵으로 한 증기의 응결에 따라 응집성을 촉진시킨다.
㉱ 액적에 입자가 충돌하여 부착한다.

풀이 ㉯ 배기의 습도 증가(증습)에 의하여 입자가 서로 응집한다.

55 수소 12.5%, 수분 0.3%인 중유의 고위발열량이 10,500kcal/kg이다. 이 중유의 저위발열량은? (단, 수증기의 증기잠열은 600kcal/kg)

㉮ 9,823kcal/kg   ㉯ 9,535kcal/kg
㉰ 9,300kcal/kg   ㉱ 9,018kcal/kg

풀이 저위발열량
= 고위발열량 $- 600 \times (9H + W)(kcal/kg)$
= $10,500 kcal/kg - 600 \times (9 \times 0.125 + 0.003)$
= $9,823.2 kcal/kg$

56 전기집진기의 집진율 향상에 대한 설명으로 알맞는 것은?

㉮ 암모니아를 주입하면 먼지의 비저항 값은 낮아진다.
㉯ 먼지의 비저항이 $10^4 \sim 10^{10} \Omega \cdot cm$의 범위내에서는 재비산현상이 발생한다.
㉰ 비저항이 낮은 먼지의 경우 물이나 황산 등을 첨가할 수 있다.
㉱ 먼지의 비저항이 높을 경우 탈진의 타격빈도를 높인다.

풀이 ㉮ 암모니아를 주입하면 먼지의 비저항값은 높아진다.
㉯ 먼지의 비저항이 $10^4 \sim 10^{10} \Omega \cdot cm$의 범위 내에서는 효율이 우수한 정상범위이다.
㉰ 비저항이 높은 먼지의 경우 물이나 황산 등을 첨가할 수 있다.

answer 52 ㉱ 53 ㉯ 54 ㉯ 55 ㉮ 56 ㉱

57 중력집진장치의 효율향상 조건으로 틀린 것은?

㉮ 침강실 처리가스 속도를 작게 한다.
㉯ 침강실내의 배기기류를 균일하게 한다.
㉰ 침강실의 높이는 작고, 길이는 길게 한다.
㉱ 침강실의 Blow Down효과를 이용하여 난류현상을 억제한다.

풀이 ㉱번에 대한 설명은 원심력집진장치(사이클론)에서 효율향상책에 대한 설명이다.

58 배연 중의 황산화물을 촉매를 이용하여 농도 약 80%의 황산을 직접 회수할 수 있는 방법은?

㉮ 접촉산화법　　㉯ 흡착법
㉰ 건식흡수법　　㉱ 습식흡수법

풀이 ㉮ 접촉산화법(=촉매산화법=산화법)에 대한 설명이다.

59 사이클론의 직경이 56cm, 유입가스의 속도가 5.5m/s일 때 분리계수는?

㉮ 약 11.0　　㉯ 약 23.3
㉰ 약 46.5　　㉱ 약 55.2

풀이 분리계수(S) $= \dfrac{v^2}{Rg}$

$= \dfrac{(5.5\,\text{m/sec})^2}{\dfrac{0.56\,\text{m}}{2} \times 9.8\,\text{m/sec}^2} = 11.02$

60 탄화수소비 (C/H)에 대한 설명으로 틀린 것은?

㉮ 중질 연료일수록 C/H비는 크다.
㉯ C/H비가 클수록 이론 공연비는 감소된다.
㉰ C/H비는 휘발유 > 등유 > 경유 > 중유 순으로 증가한다.
㉱ C/H비가 클수록 휘도가 높고 방사율이 크다.

풀이 ㉰ 탄수소비(C/H비)는 휘발유 < 등유 < 경유 < 중유 순으로 증가한다.

answer 57 ㉱　58 ㉮　59 ㉮　60 ㉰

2023 1회 CBT 복원문제

제1과목 | 대기환경관리

01 라돈에 대한 설명으로 틀린 것은?

㉮ 지구상에서 발견된 약 70여 가지의 자연방사능 물질 중의 하나이다.
㉯ 사람이 가장 흡입하기 쉬운 기체성 물질이다.
㉰ 반감기는 3.8일이며 라듐의 핵분열 때 생성되는 물질이다.
㉱ 액화되면 푸른색을 띠며 공기보다 1.2배 무거워 지표에 가깝게 존재한다.

풀이 ㉱ 액화되어도 색을 띠지 않으며, 공기보다 9배 정도 무거워 환기시설이 불량한 지하실 등에서 높은 농도를 나타낸다.

02 다음 중 아황산가스의 약한식물로 틀린 것은?

㉮ 대맥　　㉯ 담배
㉰ 자주개나리　㉱ 양배추

풀이 아황산가스(SO_2)의 약한식물과 강한식물
① 지표(약한)식물 : 대맥, 담배, 자주개나리(알팔파), 목화, 보리 등
② 강한식물 : 양배추, 까치밤나무, 쥐당나무, 셀러리, 소나무, 옥수수 등

03 고온의 연소과정 시 화염 속에서 가장 많이 생성되는 질소산화물은?

㉮ HNO_3　㉯ NH_3
㉰ NO　　㉱ NO_2

풀이 고온의 연소과정 시 화염 속에서 주로 생성되는 질소산화물의 90% 이상이 일산화질소(NO)이다.

04 다음 중 일산화탄소에 대한 설명으로 틀린 것은?

㉮ 대기 중에서 체류시간은 1~3개월 정도이다.
㉯ 물에 잘 녹아 강우속에서 쉽게 제거된다.
㉰ 가연성분의 불완전연소시나 자동차에서 많이 배출된다.
㉱ 대기 중에서 이산화탄소로 산화되기 어려우며 다른 물질에 흡착현상도 거의 나타나지 않는다.

풀이 ㉯ 물에 잘 녹지 않는 난용성이며, 강우속에서 거의 제거되지 않는다.

answer 01 ㉱　02 ㉱　03 ㉰　04 ㉯

05 대기내 질소산화물이 LA스모그와 같이 광화학반응을 할 때 다음 중 어떤 탄화수소가 주된 역할을 하는가?

㉮ 올레핀계 탄화수소
㉯ 메탄계 탄화수소
㉰ 파라핀계 탄화수소
㉱ 프로판계 탄화수소

풀이 광화학반응의 3대요소는 질소산화물(NO_X), 올레핀계 탄화수소, 자외선이다.

06 표준상태에서 질소산화물(NO_2) 350ppm은 몇 mg/Nm^3인가?

㉮ $484\,mg/Nm^3$
㉯ $513\,mg/Nm^3$
㉰ $624\,mg/Nm^3$
㉱ $718\,mg/Nm^3$

풀이
$$mg/Nm^3 = 350\,mL/Nm^3 \times \frac{46\,mg}{22.4\,mL}$$
$$= 718.75\,mg/Nm^3$$

TIP
① NO_2 1mol $\begin{cases} 46\,mg \\ 22.4\,mL \end{cases}$
② ppm = $mL/Sm^3 = mL/Nm^3$

07 굴뚝의 직경이 3m, 배출속도가 7m/sec, 평균풍속은 3.5m/sec일 때, 다음식을 이용하여 ΔH(유효상승고)를 계산한 값은? ($\Delta H = 1.5 \times \left(\frac{V_s}{U}\right) \times D$)

㉮ 12.0m
㉯ 9.0m
㉰ 7.0m
㉱ 6.0m

풀이
$$\Delta H = 1.5 \times \left(\frac{V_s}{U}\right) \times D$$
$$= 1.5 \times \left(\frac{7\,m/sec}{3.5\,m/sec}\right) \times 3m = 9.0m$$

08 대기오염물질 중 2차 오염물질로 틀린 것은?

㉮ SO_2
㉯ SO_3
㉰ HCl
㉱ NO_2

풀이 오염물질의 분류
㉮ SO_2 : SO_3가 광분해반응 시 생성되는 2차 오염물질
㉯ SO_3 : 광분해반응 시 반응물질로서 2차 오염물질
㉰ HCl : 1차 오염물질
㉱ NO_2 : 광분해반응 시 반응물질로서 2차 오염물질

09 다음에서 설명하는 굴뚝의 연기형태는?

> 굴뚝의 높이보다는 더 낮게 지표 가까이에 역전층이 이루어져 있고, 그 상공에는 대기가 비교적 불안정상태일 때 발생한다. 따라서 이러한 조건은 주로 고기압 지역에서 하늘이 맑고 바람이 약한 경우에 초저녁으로부터 아침에 걸쳐 발생하기 쉽다.

㉮ 환상형
㉯ 지붕형
㉰ 훈증형
㉱ 원추형

풀이 ㉯ 지붕형(상승형)에 대한 설명이며, 핵심 내용인 "지표 역전(안정), 고공 불안정(과단열) 조건= 지붕형"임을 숙지하시면 됩니다.

answer 05 ㉮ 06 ㉱ 07 ㉯ 08 ㉰ 09 ㉯

10 대기오염물질 농도를 추정하기 위한 상자모델(Box Model)의 이론을 전개하기 위한 가정으로 틀린 것은?

㉮ 확산에 의한 오염물의 주이동방향은 x축이다.
㉯ 오염물의 분해는 일차반응에 의한다.
㉰ 고려되는 공간에서 오염물의 농도는 균일하다.
㉱ 고려되는 공간의 수직단면에 직각방향으로 부는 바람의 속도가 일정하여 환기량이 일정하다.

풀이 ㉮번은 소용돌이 확산모델의 기본방정식인 Fick의 방정식에 대한 가정조건이다.

11 1984년 인도 중부의 보팔(Bopal)시에서 발생한 대기오염 사건의 원인물질은?

㉮ 황화수소(H_2S)
㉯ 황산화물(SO_X)
㉰ 메틸이소시아네이트(CH_3CNO)
㉱ 머캡탄(CH_3SH)

풀이 인도 보팔시 사건은 메틸이소시아네이트(CH_3CNO)가 누설되어 발생한 사건이다.

12 역사적 대기오염사건 중 런던형 스모그(Smog)사건의 설명으로 틀린 것은?

㉮ 발생기온 : 0~5℃
㉯ 화학반응 : 산화
㉰ 발생시간 : 아침, 저녁
㉱ 역전종류 : 복사성역전

풀이 런던스모그사건의 화학반응은 환원반응이고, LA 스모그사건의 화학반응은 산화(광화학)반응이다.

13 라디오존데(radiosonde) 기구는 어디에 사용되는 측정장비인가?

㉮ 고도에서의 주파수를 측정하는 장비
㉯ 고도에서의 입자상 물질을 측정하는 장비
㉰ 고도에서의 기체상물질을 측정하는 장비
㉱ 고도에서의 온도, 기압, 습도를 측정하는 장비

풀이 라디오 존데는 고도에서의 온도, 기압, 습도를 측정하는 장비이다.

14 휘발유 자동차에서 배출되는 탄화수소가 가장 많이 배출되는 조건은?

㉮ 공전(Idling)　㉯ 가속
㉰ 감속　　　　㉱ 정속

풀이 휘발유 자동차에서 많이 배출되는 조건
① 질소산화물(NO_X) : 가속 시
② 일산화탄소(CO) : 공회전(아이드링) 시
③ 탄화수소(HC) : 감속 시

15 대도시에서 도로상의 교통밀도가 시간당 10,000대이고, 차량의 평균 속도가 60km/hr이다. 차량 한 대의 탄화수소의 배출량이 3.2g/hr·대일 때, 이 도로상에서 방출되는 탄화수소의 총량(g/hr·m)은?

㉮ 0.15 g/hr·m　㉯ 0.33 g/hr·m
㉰ 0.53 g/hr·m　㉱ 0.83 g/hr·m

answer　10 ㉮　11 ㉰　12 ㉯　13 ㉱　14 ㉰　15 ㉰

풀이 탄화수소의 양($g/hr \cdot m$)
$$= \frac{3.2\,g}{hr \cdot 대} \times \frac{10,000\,대}{hr} \times \frac{1hr}{60\,km} \times \frac{1\,km}{10^3\,m}$$
$$= 0.53\,g/hr \cdot m$$

풀이 ① 질소산화물(NO_X) $\xrightarrow[\text{로듐(Rh)}]{\text{환원촉매}}$ N_2로 제거
② 일산화탄소(CO), 탄화수소(HC)
$\xrightarrow[\text{백금(Pt), 팔라듐(Pd)}]{\text{산화촉매}}$ CO_2와 H_2O로 제거

16 다음 중 공중역전의 종류에 해당하지 않는 것은?

㉮ 복사성역전 ㉯ 침강성역전
㉰ 전선성역전 ㉱ 난류성역전

풀이 역전의 종류
① 접지(지표)역전 : 복사성(방사성)역전, 이류성역전
② 공중역전 : 침강성역전, 전선성역전, 해풍역전, 난류성역전

17 비행기가 초음속으로 고공비행을 할 때 대기에 어떤 영향을 주는가?

㉮ Ozone층의 파괴와 CO_2의 증가
㉯ Mesosphere의 파괴와 NO_2의 증가
㉰ 대류권의 파괴와 CO_2의 증가
㉱ 지표대기층의 파괴와 NO_2의 증가

풀이 비행기가 초음속으로 오존층(20~30km)이 존재하는 성층권을 고공비행을 하므로 Ozone층이 파괴되고 CO_2가 증가한다.

18 휘발유 자동차에서 배출가스를 저감하기 위한 삼원촉매장치에서 환원촉매로 사용하는 것은?

㉮ 백금 ㉯ 로듐
㉰ 파라듐 ㉱ 바나듐

19 다음 중 세류현상(Down Wash)의 방지책으로 알맞은 것은?

㉮ 배출되는 가스속도를 풍속보다 2배 이상 높게 유지한다.
㉯ 배출되는 가스속도를 풍속보다 2.5배 이상 높게 유지한다.
㉰ 배출되는 가스속도를 풍속보다 3배 이상 높게 유지한다.
㉱ 배출되는 가스속도를 풍속보다 3.5배 이상 높게 유지한다.

풀이 ① 세류(Down Wash)현상의 방지책 : 배출되는 가스속도를 풍속보다 2배 이상 유지
② 다운드래프트(Down Draft)현상의 방지책 : 굴뚝의 높이를 주위 건물 높이의 2.5배 이상 유지

20 대기오염물질인 암모니아의 지표식물로 틀린 것은?

㉮ 토마토 ㉯ 알팔파
㉰ 해바라기 ㉱ 메밀

풀이 암모니아의 지표식물에는 토마토, 해바라기, 메밀 등이 있다.

answer 16 ㉮ 17 ㉮ 18 ㉯ 19 ㉮ 20 ㉯

| 제2과목 | 대기오염공정시험기준

21 폼알데하이드의 시료채취관 및 연결관의 재질로 틀린 것은?

㉮ 경질유리 ㉯ 스테인리스강
㉰ 석영 ㉱ 플루오로수지

풀이 폼알데하이드의 시료채취관 및 연결관의 재질은 경질유리, 석영, 플루오로수지이다.

22 자외선/가시선분광법에서 자동기록식 광전광도계의 파장교정에 사용되는 흡수스펙트럼은?

㉮ 홀뮴유리 ㉯ 석영유리
㉰ 플라스틱 ㉱ 방전유리

풀이 ① 자동기록식 광전광도계의 파장교정 : 홀뮴유리
② 흡광도 눈금 보정 : 다이크로뮴산포타슘용액

23 물질을 취급 또는 보관하는 동안에 기체 또는 미생물이 침입하지 않도록 내용물을 보호하는 용기는?

㉮ 밀폐용기 ㉯ 기밀용기
㉰ 밀봉용기 ㉱ 차광용기

풀이 ㉰ 밀봉용기에 대한 설명이며, 핵심 내용인 "미생물=밀봉용기"임을 숙지하시면 됩니다.

24 피토관과 마노미터로 굴뚝 배출가스의 평균동압을 측정한 결과 $15\,mmH_2O$ 였다. 유속은 얼마인가? (단, 피토우관 계수는 0.7, 굴뚝내 배출가스 밀도는 $0.8\,kg/Sm^3$ 로 한다.)

㉮ 18.6 m/sec ㉯ 16.1 m/sec
㉰ 15.1 m/sec ㉱ 13.4 m/sec

풀이
$$V = C \times \sqrt{\frac{2gh}{r}}$$
여기서 V : 공기의 유속(m/sec)
C : 피토우관 계수
g : 중력가속도($9.8\,m/sec^2$)
h : 동압(mmH_2O)
r : 밀도(kg/Sm^3)

따라서 $V = 0.7 \times \sqrt{\dfrac{2 \times 9.8\,m/sec^2 \times 15\,mmH_2O}{0.8\,kg/Sm^3}}$
$= 13.42\,m/sec$

25 굴뚝단면이 원형일 경우, 굴뚝반경(R)이 0.6m일 때 먼지를 측정하기 위한 측정점수는?

㉮ 4 ㉯ 8
㉰ 12 ㉱ 16

풀이 반경이 0.6 m이므로 직경이 1.2m이므로 반경구분수 2, 측정점수 8이다.

TIP

굴뚝직경(m)	반경구분수	측정점수
1 이하	1	4
1 초과 2 이하	2	8
2 초과 4 이하	3	12
4 초과 4.5 이하	4	16
4.5 초과	5	20

answer 21 ㉯ 22 ㉮ 23 ㉰ 24 ㉱ 25 ㉯

26 환경대기중에 있는 아황산가스 농도를 자동연속측정법에서 주시험방법은?

㉮ 용액전도율법 ㉯ 불꽃광도법
㉰ 자외선형광법 ㉱ 화학발광법

풀이 아황산가스의 자동연속측정법에는 용액전도율법, 불꽃광도법, 자외선형광법(주시험방법), 흡광차분광법이 있다.

27 분석대상가스가 벤젠인 경우, 채취관 및 연결관의 재질로 틀린 것은?

㉮ 경질유리 ㉯ 플루오로수지
㉰ 보통강철 ㉱ 석영

풀이 벤젠의 채취관 및 연결관의 재질은 경질유리, 플루오로수지, 석영이며, ㉰ 보통강철은 암모니아와 일산화탄소에서 사용된다.

28 배출가스 중 질소산화물을 자외선/가시선분광법-아연환원나프틸에틸렌다이아민법으로 분석할 때 사용하는 흡수액은?

㉮ 황산용액
㉯ 수산화소듐용액
㉰ 아연아민착염용액
㉱ 아세틸아세톤함유흡수액

풀이 질소산화물의 흡수액은 0.005mol/L 황산용액이다.

29 환경대기 중의 탄화수소 농도를 자동연속(불꽃이온화검출기법)으로 측정하는 방법으로 틀린 것은?

㉮ 총탄화수소 측정법
㉯ 비메탄 탄화수소 측정법
㉰ 광산란 탄화수소 측정법
㉱ 활성 탄화수소 측정법

풀이 탄화수소의 측정방법 중 자동연속(불꽃이온화검출기법)법에는 총탄화수소 측정법, 비메탄 탄화수소 측정법(주시험방법), 활성 탄화수소 측정법이 있다.

30 흡광광도계에서 읽은 빛의 흡수율이 90%일 때 흡광도는?

㉮ 0.2 ㉯ 0.5
㉰ 1.0 ㉱ 1.5

풀이 흡광도(A) = $\log \dfrac{1}{투과도} = \log \dfrac{1}{0.1} = 1.0$

TIP
① 흡수율 + 투과율 = 100%
② 투과율 = 100 - 흡수율(%)
③ 투과율 = 100 - 90% = 10%

31 배출가스 중 일산화탄소(CO) 분석방법으로 틀린 것은?

㉮ 비분산적외선분광분석법
㉯ 이온전극법
㉰ 전기화학식
㉱ 기체크로마토그래피

풀이 일산화탄소(CO) 분석방법에는 비분산적외선분광분석법, 전기화학식(정전위전해법), 기체크로마토그래피이다.

answer 26 ㉰ 27 ㉰ 28 ㉮ 29 ㉰ 30 ㉰ 31 ㉯

32 일반적으로 공정시험기준에서 "약"이란 그 무게 또는 부피에 대하여 ( )의 차가 있어서는 안된다. ( )안에 들어갈 알맞은 것은?

㉮ ±2% 이상 ㉯ ±5% 이상
㉰ ±7% 이상 ㉱ ±10% 이상

풀이 "약"이란 그 무게 또는 부피에 대하여 ±10% 이상의 차가 있어서는 안된다.

33 배출가스 중 염화수소를 분석하는 방법으로 알맞은 것은?

㉮ 이온 크로마토 그래피
㉯ 이온 전극법
㉰ 액체크로마토그래피
㉱ 기체크로마토그래피

풀이 염화수소의 분석법은 이온크로마토그래피와 자외선/가시선 분광법- 싸이오사이안산제이수은법이다.

34 어느 굴뚝에서 배출되는 가스 중의 수분을 측정한 결과 건조가스 $1Sm^3$당 80g 이었다면 건조 배출가스에 대한 수분의 용량비는?

㉮ 약 3.5% ㉯ 약 9.9%
㉰ 약 12.4% ㉱ 약 18.6%

풀이 $Xw(\%) = \dfrac{1.244 \times ma(g)}{Vs(L)} \times 100$

$= \dfrac{1.244 \times 80g}{1 \times 10^3 L} \times 100 = 9.95\%$

35 원자흡수분광광도법 적용시 사용되는 용어로 틀린 것은?

㉮ 슬롯버너 : 가스의 분출구가 세극상으로 된 버너
㉯ 선프로파일 : 스펙트럼선의 파장의 크기를 나타내는 곡선
㉰ 다연료불꽃 : 가연성가스/조연성가스의 값을 크게 한 불꽃
㉱ 충전가스 : 중공음극램프에 채우는 가스

풀이 ㉯ 선프로파일 : 파장에 대한 스펙트럼선의 강도를 나타내는 곡선

36 B-C유를 사용하는 보일러의 먼지 배출 허용기준이 $30\,mg/Sm^3$인 배출시설에서의 측정결과가 다음과 같을 때 표준산소농도로 보정한 먼지의 농도는?

- 먼지실측농도 : $20mg/Sm^3$
- O_2 실측농도 : 7%
- O_2 표준농도 : 4%

㉮ $24.3\,mg/Sm^3$ ㉯ $26.8\,mg/Sm^3$
㉰ $28.5\,mg/Sm^3$ ㉱ $29.5\,mg/Sm^3$

풀이 $C = C_a \times \dfrac{21 - O_s}{21 - O_a}$

$= 20\,mg/Sm^3 \times \dfrac{21 - 4\%}{21 - 7\%} = 24.29\,mg/Sm^3$

answer 32 ㉱ 33 ㉮ 34 ㉯ 35 ㉯ 36 ㉮

37 연료용 유류 중 유황 함유량 분석방법으로 알맞은 것은?

㉮ 방사선식 공기법 ㉯ 광산란법
㉰ 연소관식 공기법 ㉱ 광투과율법

> **풀이** 연료용 유류 중 유황 함유량 분석방법에는 연소관식 공기법과 방사선식 여기법이 있다.

38 다음은 무엇에 대한 설명인가?

> 용리액에 사용되는 전해질 성분을 제거하기 위하여 분리관 뒤에 직렬로 접속시킨 것으로 전해질을 물 또는 저 전도도의 용매로 바꿔줌으로써 전기전도도셀에서 목적이온 성분과 전기 전도도만을 고감도로 검출할 수 있게 해주는 것이다.

㉮ 용리액조
㉯ 써프렛서
㉰ 전기 화학적 검출기
㉱ 전도도 분리관

> **풀이** ㉯ 써프렛서에 대한 설명이며, 핵심 내용인 "전해질을 물 또는 저 전도도의 용매로 바꿔줌 = 써프렛서"임을 숙지하시면 됩니다.

39 흡광차분광법은 일반적으로 빛을 조사하는 발광부와 (   )정도 떨어진 곳에 설치되는 수광부 사이에 형성되는 빛의 이동경로를 통과하는 가스를 실시간으로 분석한다. (   )안에 들어갈 알맞은 것은?

㉮ 0.05~0.5m ㉯ 0.5~5m
㉰ 5~50m   ㉱ 50~1,000m

> **풀이** 흡광차분광법
> ① 수광부의 위치 : 50~1,000m 정도 떨어진 곳
> ② 광원 : 180nm~2,850nm파장을 갖는 제논(Xenon) 램프
> ③ 분석물질 : 이산화황, 질소산화물, 오존 등

40 시험의 기재 및 용어에 대한 정의로 틀린 것은?

㉮ 용액의 액성표시는 따로 규정이 없는 한 유리전극법에 의한 pH미터로 측정한 것을 뜻한다.
㉯ 액체성분의 양을 '정확히 취한다'함은 홀피펫, 부피플라스크 또는 이와 동등 이상의 정도를 갖는 용량계를 사용하여 조작하는 것을 뜻한다.
㉰ '항량이 될 때까지 건조한다'함은 따로 규정이 없는 한 보통의 건조방법으로 1시간 더 건조할 때 전후 무게의 차가 0.3mg 이하일 때를 뜻한다.
㉱ '바탕시험을 하여 보정한다'함은 시료에 대한 처리 및 측정을 할 때 시료를 사용하지 않고 같은 방법으로 조작한 측정치를 빼는 것을 뜻한다.

> **풀이** ㉰ '항량이 될 때까지 건조한다'함은 따로 규정이 없는 한 보통의 건조방법으로 1시간 더 건조할 때 전후 무게의 차가 매 g당 0.3mg 이하일 때를 뜻한다.

answer 37 ㉰ 38 ㉯ 39 ㉱ 40 ㉰

| 제3과목 | 대기오염방지기술

41 다음 중 후드 및 덕트의 설치방법에 대한 설명으로 틀린 것은?

㉮ 덕트는 공기가 아래로 흐르도록 하향 구배를 만든다.
㉯ 덕트는 가능한 한 짧게 배치하도록 한다.
㉰ 후드의 개구면적을 크게 한다.
㉱ 국부적인 흡입방식을 사용한다.

풀이 ㉰ 후드의 개구면적을 작게 한다.

42 다음 중 화학적 흡착에 대한 설명으로 틀린 것은?

㉮ 흡착열이 물리적 흡착에 비해 높다.
㉯ 대부분의 흡착제가 고체이다.
㉰ 흡착제의 재생성이 낮다.
㉱ 다분자를 흡착하며 비가역적 반응이다.

풀이 ㉱ 단분자를 흡착하며 비가역적 반응이다.

43 황산화물을 처리하는 접촉산화법에서 사용하는 촉매가 아닌 것은?

㉮ 백금(Pt)
㉯ 암모니아(NH_3)
㉰ 오산화바나듐(V_2O_5)
㉱ 황산칼륨(K_2SO_4)

풀이 황산화물을 처리하는 접촉산화법에서 사용하는 촉매에는 백금(Pt), 오산화바나듐(V_2O_5), 황산칼륨(K_2SO_4)이 있다.

44 전기집진장치에서 먼지의 비저항이 비정상적으로 높은 경우 투입하는 물질로 틀린 것은?

㉮ H_2SO_4　　㉯ NH_3
㉰ NaCl　　㉱ Soda lime

풀이 먼지의 비저항 시 투입하는 물질
① 비정상적으로 낮은(재비산현상) 경우 : 암모니아(NH_3)
② 비정상적으로 높은(역전리현상) 경우 : 황산(H_2SO_4), 염화나트륨(NaCl), Soda lime

45 여과집진장치의 주요 메카니즘의 원리가 아닌 것은?

㉮ 확산작용　　㉯ 원심력작용
㉰ 관성충돌　　㉱ 차단작용

풀이 ㉯ 중력작용

46 세정집진장치의 장점으로 틀린 것은?

㉮ 처리가스량에 대한 고정된 면적이 작다.
㉯ 가동부분이 작고 조작이 간단하다.
㉰ 소수성 먼지의 집진효과가 높다.
㉱ 처리가스의 흡수, 증습 등의 조작이 가능하다.

풀이 ㉰ 소수성(비친수성) 먼지의 집진효과가 낮다.

---

answer 41 ㉰　42 ㉱　43 ㉯　44 ㉯　45 ㉯　46 ㉰

47 액측 저항이 큰 경우 이용이 유리한 기체분산형 흡수장치는?

㉮ 살수탑　　㉯ 단탑
㉰ 충전탑　　㉱ 벤츄리스크러버

풀이 기체흡수장치의 종류
① 액분산형 : 충전탑(흡수탑), 분무탑, 벤츄리스크러버, 제트스크러버
② 기체분산형 : 다공판탑(단탑), 종탑(포종탑), 기포탑

48 집진장치 중 압력손실이 가장 큰 것은?

㉮ 중력 집진장치　　㉯ 원심력 집진장치
㉰ 전기 집진장치　　㉱ 벤츄리스크러버

풀이 압력손실
㉮ 중력 집진장치 : $5 \sim 10 \, mmH_2O$
㉯ 원심력 집진장치 : $80 \sim 100 \, mmH_2O$
㉰ 전기 집진장치 : $10 \sim 20 \, mmH_2O$
㉱ 벤츄리스크러버 : $300 \sim 800 \, mmH_2O$

49 휘발유 자동차에서 탄화수소(HC)가 가장 많이 배출되는 조건은?

㉮ 차가 정지해서 엔진만 작동할 때
㉯ 차가 가속될 때
㉰ 차의 속도가 감속될 때
㉱ 차가 일정한 속도로 달릴 때

풀이 오염물질이 가장 많이 배출되는 조건(휘발유 자동차 기준)
① 질소산화물(NO_X) : 가속 시
② 일산화탄소(CO) : 공회전(아이드링) 시
③ 탄화수소(HC) : 감속 시

50 흡착제 종류별로 일반적으로 사용되는 용도로 틀린 것은?

㉮ 활성탄 : 용제회수, 가스정제
㉯ 실리카겔 : 석유분류물 처리
㉰ 분자체 : 탄화수소로 부터 오염물질 제거
㉱ 활성알루미나 : 습한 가스의 건조

풀이 ㉯ 실리카겔 : 가스건조, 황분제거, NaOH 용액 중 불순물 제거, 250℃ 이하에서 물과 유기물 흡착

51 메탄올(CH_3OH) 0.5kg이 연소하는데 필요한 이론공기량은?

㉮ $0.5Sm^3$　　㉯ $1.5Sm^3$
㉰ $2.5Sm^3$　　㉱ $3.5Sm^3$

풀이 ① $CH_3OH + 1.5O_2 \rightarrow CO_2 + 2H_2O$

32kg : $1.5 \times 22.4Sm^3$
0.5kg : O_o(이론산소량)

$\therefore O_o = \dfrac{0.5kg \times 1.5 \times 22.4Sm^3}{32kg} = 0.525Sm^3$

② A_o(이론공기량) $= \dfrac{O_o(\text{이론산소량})}{0.21}$

$= \dfrac{0.525Sm^3}{0.21} = 2.5Sm^3$

TIP
① 메탄올(CH_3OH)의 분자량 $= 12+(3\times1)+16+1 = 32kg$
② 체적(Sm^3) $=$ 계수 $\times 22.4(Sm^3)$
③ 질량(kg) $=$ 계수 $\times$ 분자량(kg)

answer 47 ㉯　48 ㉱　49 ㉰　50 ㉯　51 ㉰

52 황성분이 1.6(wt)%인 중유를 2,000kg/hr 연소하는 보일러 배기가스를 NaOH용액으로 처리할 때 시간당 필요한 NaOH의 양은? (단, 탈황율은 95%이다.)

㉮ 76kg ㉯ 82kg
㉰ 85kg ㉱ 89kg

풀이 $S + O_2 \rightarrow SO_2 + 2NaOH \rightarrow Na_2SO_3 + H_2O$
32kg : 2×40kg
2,000 kg/hr × 0.016 × 0.95 : X

$$\therefore X = \frac{2,000 \text{ kg/hr} \times 0.016 \times 0.95 \times 2 \times 40 \text{kg}}{32 \text{kg}}$$

$= 76 \text{ kg/hr}$

53 어떤 유해가스와 물이 일정온도에서 평형상태에 있다면 헨리상수(atm·m³/kmol)는? (단, 기상의 유해가스 분압이 38mmHg일 때 수중 유해 가스의 농도가 2.5 kmol/m³이며, 전압은 1atm이다.)

㉮ 0.01 ㉯ 0.02
㉰ 0.04 ㉱ 0.08

풀이 헨리상수(atm·m³/kmol)
$$= \frac{P(\text{atm})}{C(\text{kmol/m}^3)}$$
$$= \frac{(38/760)\text{atm}}{2.5 \text{kmol/m}^3} = 0.02 \text{atm·m}^3/\text{kmol}$$

54 충전탑에서 사용하는 충전재의 요구조건으로 틀린 것은?

㉮ 충전물의 내식성이 커야 한다.
㉯ 액·가스의 분포를 균일하게 유지할 수 있어야 한다.
㉰ 액의 홀드 업(hold-up)과 충전밀도가 커야 한다.
㉱ 단위면적에 대한 표면적이 커야한다.

풀이 ㉰ 액의 홀드 업(hold-up)은 작고, 충전밀도가 커야 한다.

55 원심력집진장치의 사이클론 형식 중 multicyclone에 대한 설명으로 틀린 것은?

㉮ 기본유속은 2m/sec정도이고 1.0 μm까지의 입자를 포집하는데 사용된다.
㉯ 집진율은 70~95%정도로 접착성있는 먼지 등으로 인하여 막히기 쉽다.
㉰ 대부분 축류식 반전형이다.
㉱ 단위사이클론의 내경이 작을수록 작은 입자가 포집되고 blow down 방식은 쓰지 않는다.

풀이 ㉮ 기본유속은 8~13m/sec정도이고 3~100 μm까지의 입자를 포집하는데 사용된다.

answer 52 ㉮ 53 ㉯ 54 ㉰ 55 ㉮

56 배출가스 중 황산화물을 촉매를 사용하여 SO_2를 SO_3로 산화시켜 약 80% 농도의 황산을 직접 회수할 수 있는 방법은?

㉮ 접촉산화법 ㉯ 흡착법
㉰ 유기흡수제법 ㉱ 활성산화 망간법

풀이 ㉮ 접촉산화법(=촉매산화법=산화법)에 대한 설명이며, 핵심 내용인 "80% 농도의 황산을 직접 회수=접촉산화법"임을 숙지하시면 됩니다.

57 지름이 40cm인 Cyclone에서 가스접선 속도가 5m/sec이면 분리 계수는?

㉮ 10.5 ㉯ 11.5
㉰ 12.8 ㉱ 13.7

풀이 분리계수(S) $= \dfrac{V^2}{Rg}$

$= \dfrac{(5\,\text{m/sec})^2}{(0.4/2)\,\text{m} \times 9.8\,\text{m/sec}^2} = 12.76$

58 다음 중 기체연료에 대한 설명으로 틀린 것은?

㉮ 연소효율이 높고 적은 과잉공기로도 완전연소가 가능하며 검댕이 발생하지 않는다.
㉯ 부하의 변동범위가 넓고 연소의 조절이 용이하다.
㉰ 연료 속에 황이 포함되지 않은 것이 많으며 연소배출 가스 중에 SO_2가 생성되지 않는다.
㉱ 발열량과 효율이 높고 저장 및 운반이 용이하며 저장 중 변질이 적다.

풀이 ㉱ 발열량과 효율이 높고 저장 및 운반이 어렵지만 저장 중 변질이 적다.

59 플루오린화수소를 함유하는 배기가스를 충전 흡수탑을 이용하여 처리하고자 하는데 흡수율 95%를 기대하고, 기상 총괄이동단위높이(HOG)가 0.5m일 때 충전높이(m)는?

㉮ 0.5m ㉯ 1.0m
㉰ 1.5m ㉱ 2.0m

풀이 H = NOG × HOG
여기서 H : 충전탑의 높이(m)
HOG : 총괄이동단위높이(m)
NOG : 총괄이동단위수

$\left[NOG = \ln\left(\dfrac{1}{1-\eta}\right) \right]$

따라서 $H = 0.5\,\text{m} \times \ln\left(\dfrac{1}{1-0.95}\right) = 1.50\,\text{m}$

60 비구형인 입자의 크기를 표현할 때 등가직경을 사용한다. 동역학직경(aerodynamic diameter)의 경우 비구형입자의 어떠한 특성이 같은 구형입자의 직경을 의미하는가?

㉮ 투영면적 ㉯ 표면적
㉰ 침강속도 ㉱ 부력

풀이 공기동역학적 직경은 입자모양이 구형이 아니더라도 동일한 침강속도와 단위밀도를 갖는 구형입자를 의미한다.

answer   56 ㉮   57 ㉰   58 ㉱   59 ㉰   60 ㉰

2023 4회 CBT 복원문제

제1과목 | 대기환경관리

01 다음 지표면 상태 중 일반적으로 알베도(%)가 가장 큰 것은?

㉮ 삼림 ㉯ 사막
㉰ 얼음 ㉱ 수면

[풀이] 알베도란 지구 지표면의 열수지를 표현하기 위해 복사 수지식을 적용하는데 지표의 반사율을 나타내는 지표이며, 알베도가 가장 큰 것은 반사율이 높은 얼음이다.

02 다음 중 최대혼합고(MMD)에 대한 설명으로 틀린 것은?

㉮ 최대혼합깊이는 하루 중 한낮에 가장 적고 밤에 최대이며, 계절적으로 겨울에 최대, 여름에 최소이다.
㉯ 역전이 심할수록 최대혼합고는 작은 값을 가지며 대기오염의 심화를 나타낸다.
㉰ 환기량은 혼합층의 높이에 풍속을 곱한 값으로 정의한다.
㉱ 최대혼합깊이의 자료는 통상 1개월 간의 평균치로서 가용한다.

[풀이] ㉮ 최대혼합깊이는 하루 중 밤에 가장 적고 한낮에 최대이며, 계절적으로 여름에 최대, 겨울에 최소이다.

03 다음 중 압입통풍에 대한 설명으로 틀린 것은?

㉮ 송풍기의 고장이 적고 점검 및 보수가 용이하다.
㉯ 연소실 공기를 예열할 수 있다.
㉰ 내압이 부압(-)으로 역화의 우려가 없다.
㉱ 노안에 설치된 가압송풍기에 의해 연소용공기를 연소로 안으로 압입한다.

[풀이] ㉰번의 설명은 흡인통풍에 대한 설명이다.

04 다음 중 복사성역전에 대한 설명으로 틀린 것은?

㉮ 겨울철 맑은날 아침에 자주 발생한다.
㉯ 구름이 낀 날이나, 센 바람이 부는 날에는 잘 생기지 않는다.
㉰ 대기오염물질 배출원이 위치하는 대기층에서 주로 생성된다.
㉱ 장기간의 오염물질의 축적으로 대기오염문제를 야기시킨다.

[풀이] ㉱ 단기간의 오염물질의 축적으로 대기오염문제를 야기시킨다.

answer 01 ㉰ 02 ㉮ 03 ㉰ 04 ㉱

05 비행기가 초음속으로 고공비행을 할 때 대기에 어떤 영향을 주는가?

㉮ Ozone층의 파괴와 CO_2의 증가
㉯ Mesosphere의 파괴와 NO_2의 증가
㉰ 대류권의 파괴와 CO_2의 증가
㉱ 지표대기층의 파괴와 NO_2의 증가

풀이 비행기가 초음속으로 오존층(20~30km)이 존재하는 성층권을 고공비행을 하므로 Ozone층이 파괴되고 CO_2가 증가한다.

06 다음은 대기의 동적 안정도를 나타내는 리차드슨 수에 대한 설명이다. ( )안에 알맞은 내용은?

> 리차드슨 수(Ri)를 구하기 위해서는 두 층(보통 지표에서 수 m와 10m 내외의 고도)에서 (①)와 (②)를 동시에 측정하여야 하며 특히 정확한 (③)측정이 중요하다.

㉮ ① 기압 - ② 기온 - ③ 기압
㉯ ① 기압 - ② 기온 - ③ 기온
㉰ ① 기온 - ② 풍속 - ③ 풍속
㉱ ① 기온 - ② 풍속 - ③ 기온

풀이 리차드슨 수(Ri) = $\dfrac{g}{T} \times \left(\dfrac{\Delta t/\Delta Z}{(\Delta U/\Delta Z)^2}\right)$

07 대기 중의 질소산화물이 광화학반응을 하여 Los Angeles형 스모그를 형성할 때 탄화수소가 촉매역할을 하는데 어떤 종류의 탄화수소가 가장 유효한가?

㉮ Acetylene계 HC
㉯ Paraffin계 HC
㉰ Olefin계 HC
㉱ 방향족 HC

풀이 광화학스모그는 $\begin{cases} 질소산화물(NO_X) \\ 올레핀계\ HC \\ 자외선 \end{cases}$

$\xrightarrow{광화학반응}$ 2차성 오염물질에 의해 발생한다.

08 실내 공기 오염의 지표가 되는 것은?

㉮ SO_2 ㉯ NO_X
㉰ CO_2 ㉱ CO

풀이 실내 공기오염의 지표는 이산화탄소(CO_2)이다.

09 다음 중 분산모델에 대한 설명으로 틀린 것은?

㉮ 미래의 대기질을 예측할 수 있다.
㉯ 수용체 입장에서 영향평가가 현실적이다.
㉰ 오염물의 단기간 분석 시 문제가 된다.
㉱ 지형 및 오염원의 조업조건에 영향을 받는다.

풀이 ㉯번의 내용은 수용모델에 대한 설명이며, 분산모델과 수용모델의 특징을 비교해서 반드시 숙지하시기 바랍니다.

answer　05 ㉮　06 ㉰　07 ㉰　08 ㉰　09 ㉯

10 다음에서 설명하는 굴뚝의 연기형태는?

> 굴뚝의 높이보다는 더 낮게 지표 가까이에 역전층이 이루어져 있고, 그 상공에는 대기가 비교적 불안정 상태일 때 발생한다. 따라서 이러한 조건은 주로 고기압 지역에서 하늘이 맑고 바람이 약한 경우에 초저녁으로부터 아침에 걸쳐 발생하기 쉽다.

㉮ 환상형 ㉯ 원추형
㉰ 훈증형 ㉱ 상승형

▶ 풀이 ㉱ 상승형(지붕형)에 대한 설명이며, 핵심 내용은 "지표 역전, 고공 불안정=상승형"임을 숙지하시면 됩니다.

11 다음의 고도층 중 바람의 Wind Shear가 가장 큰 고도는?

㉮ 0~50m ㉯ 50~100m
㉰ 100~500m ㉱ 500~1,000m

▶ 풀이 바람쏠림현상(Wind Shear)은 고도가 낮을수록 크게 발생하므로 정답은 ㉮번이 된다.

12 체적이 $100m^3$인 복사실의 공간에서 오존(O_3)의 배출량이 분당 0.4mg인 복사기를 연속 사용하고 있다. 복사기 사용 전의 실내오존(O_3)의 농도가 0.2ppm이라고 할 때 3시간 사용 후 오존농도(ppb)는? (단, 환기가 되지 않음, 0℃, 1기압 기준으로 하며, 기타 조건은 고려하지 않음)

㉮ 268 ㉯ 383
㉰ 424 ㉱ 536

▶ 풀이 ① 복사기 사용후 오존농도($ppm = mL/Sm^3$)
$$= \frac{0.4 mg/min}{100 m^3} \times \frac{60 min}{1 hr} \times \frac{22.4 mL}{48 mg} \times 3 hr$$
$$= 0.336 ppm$$
② 복사기 사용전 오존농도 = 0.2ppm
③ 총 오존농도
= 0.336ppm + 0.2ppm = 0.536ppm
④ $0.536 ppm \times 10^3 = 536 ppb$

TIP
① $ppm = mL/Sm^3$
② $ppb = \mu L/Sm^3$
③ $ppm \xrightarrow{\times 10^3} ppb$
④ 오존(O_3)의 분자량 $= 3 \times 16 = 48$
⑤ O_3 1mol $\begin{cases} 48mg \\ 22.4mL \end{cases}$

13 다음의 기온역전 중 공중역전으로 틀린 것은?

㉮ 침강역전 ㉯ 난류역전
㉰ 해풍역전 ㉱ 이류형역전

▶ 풀이 **역전의 종류**
① 접지(지표)역전 : 복사성(방사성)역전, 이류성역전
② 공중역전 : 침강성역전, 전선성역전, 해풍역전, 난류성역전

answer 10 ㉱ 11 ㉮ 12 ㉱ 13 ㉱

14 대기오염물질과 발생원의 연결이 틀린 것은?

㉮ 아황산가스 : 중유와 석탄 등 화석연료 사용 공장
㉯ 질소산화물 : 내연기관, 폭약, 비료제조
㉰ 암모니아 : 소오다공업, 금속정련, 합성수지제조업
㉱ 시안화수소 : 가스제조업, 화학공업, 제철공업

[풀이] ㉰ 암모니아 : 도금공업, 냉동공업, 비료공장, 표백, 색소제조공장

15 공기가 단열적으로 상승하면 온도가 낮아지게 된다. 100m당 약 1℃씩 감소되는 비율(대기가 건조한 경우)을 무엇이라 하는가?

㉮ 환경온위감율 ㉯ 건조단열감율
㉰ 환경단열감율 ㉱ 대기단열감율

[풀이] ㉯ 건조단열감율(r)에 대한 설명이며, $r = \dfrac{-0.98℃}{100m}$ 로 나타낸다.

16 다음 중 PAN에 대한 설명으로 틀린 것은?

㉮ 생성반응식은 $CH_3COOO + NO_2 \rightarrow CH_3COOONO_2$
㉯ 무색, 무취이며 분자량은 121이다.
㉰ 하루 중 PAN의 농도는 한낮에 최고로 된다.
㉱ 빛을 흡수시켜 가시거리를 증가시킨다.

[풀이] ㉱ 빛을 분산시켜 가시거리를 감소시킨다.

17 프로판(C_3H_8)가스 120kg가 기화될 때 그 용적(Nm^3)은?

㉮ $30.2\,Nm^3$ ㉯ $61.1\,Nm^3$
㉰ $90.2\,Nm^3$ ㉱ $120.2\,Nm^3$

[풀이] C_3H_8 1kmol $\begin{cases} 44\,kg \\ 22.4\,Nm^3 \end{cases}$

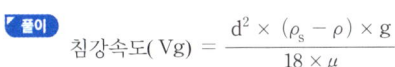

$120\,kg \times \dfrac{22.4\,Nm^3}{44\,kg} = 61.09\,Nm^3$

18 스토크(Stokes)법칙에 적용되어지는 입자의 침강속도(종말속도)와 관련이 없는 항은?

㉮ 입자 밀도 ㉯ 침강 길이
㉰ 유체 점도 ㉱ 입자 직경

[풀이] 침강속도(Vg) $= \dfrac{d^2 \times (\rho_s - \rho) \times g}{18 \times \mu}$

19 오존층 보호를 위한 국제협약은?

㉮ 바젤 협약 ㉯ 비엔나 협약
㉰ 기후변화 협약 ㉱ 리우 협약

[풀이] 오존층 보호를 위한 국제협약으로는 비엔나협약(1985년), 몬트리올의정서(1987년), 런던회의(1990년)가 있다.

answer 14 ㉰ 15 ㉯ 16 ㉱ 17 ㉯ 18 ㉯ 19 ㉯

20 아황산가스를 0.25%(V/V) 포함한 발생량이 450 m³/min인 매연이 년간을 통하여 30%(부피기준)가 같은 방향으로 유출되어 이 지역의 식물의 생육에 피해를 주었다. 향후 10년 동안, 이 지역에 피해를 줄 아황산가스의 총량은? (단, 표준상태 기준)

㉮ 3,462톤   ㉯ 4,535톤
㉰ 5,068톤   ㉱ 8,562톤

풀이 SO₂량(톤)

$$= \frac{450\,m^3}{min} \times \frac{64kg}{22.4Sm^3} \times \frac{1톤}{10^3 kg} \times \frac{0.25\%}{100} \times \frac{30\%}{100}$$

$$\times \frac{60min}{1hr} \times \frac{24hr}{1day} \times \frac{365day}{1년} \times 10년$$

$$= 5,068.29톤$$

TIP
SO_2 1kmol $\begin{cases} 64\,kg \\ 22.4\,Sm^3 \end{cases}$

| 제2과목 | 대기오염공정시험기준

21 다음 중 환경대기 중 벤조피렌을 시험하는 방법 중 주시험방법은?

㉮ 기체크로마토그래피
㉯ 형광분광광도법
㉰ 원자흡수분광광도법
㉱ 자외선/가시선분광법

풀이 환경대기 중 벤조피렌을 시험하는 방법은 기체크로마토그래피(주시험방법)와 형광분광광도법이 있다.

22 다음 중 이황화탄소(CS_2)의 흡수액으로 알맞은 것은?

㉮ 황산용액
㉯ 아연아민착염용액
㉰ 다이에틸아민구리용액
㉱ 과산화수소용액

풀이 흡수액과 분석물질
㉮ 황산용액 : 질소산화물(NO_X)
㉯ 아연아민착염용액 : 황화수소(H_2S)
㉱ 과산화수소용액 : 황산화물(SO_X)

23 다음 중 저용량공기시료채취기의 장치 중 흡입펌프의 구비조건으로 틀린 것은?

㉮ 연속해서 30일 이상 사용할 수 있을 것
㉯ 진공도가 높을 것
㉰ 유량이 클 것
㉱ 맥동이 고르게 작동될 것

풀이 ㉱ 맥동이 없이 고르게 작동될 것

24 환경대기 중 아황산가스 측정방법 중 자동연속측정법의 주시험방법은?

㉮ 용액전도율법   ㉯ 불꽃광도법
㉰ 자외선형광법   ㉱ 흡광차분광법

풀이 아황산가스의 자동연속측정법에는 용액전도율법, 불꽃광도법, 자외선형광법(주시험방법), 흡광차분광법이 있다.

---

answer 20 ㉰ 21 ㉮ 22 ㉰ 23 ㉱ 24 ㉰

25. 링겔만 농도표법에 의하여 매연 측정 시 틀린 사항은?

㉮ 매연을 링겔만 매연농도표에 의해 비교측정하는 방법이다.
㉯ 0에서 5도까지 6종으로 분류한다.
㉰ 매연 배출구에서 30~45cm 떨어진 곳에서의 농도와 비교한다.
㉱ 측정자의 눈높이와 수평이 되게하여 관측한다.

풀이 ㉱ 측정자의 눈높이와 수직이 되게하여 관측한다.

26. 농도 표시에 대한 내용 중 틀린 것은?

㉮ 기체 중의 농도를 mg/m^3으로 표시했을 때 m^3은 표준상태의 기체용적을 뜻한다.
㉯ am^3로 표시한 것은 실측상태의 기체용적을 뜻한다.
㉰ 중량백분율로 표시할 때는 질량분율 %의 기호를 사용한다.
㉱ 1억분율은 ppb로 표시한다.

풀이 ㉱ 1억분율은 pphm, 10억분율은 ppb, 백만분율은 ppm으로 표시한다.

27. 질소산화물을 자동측정법에 의해 측정할 때 간섭물질은? (단, 측정방법은 자외선흡수법이다.)

㉮ 이산화황   ㉯ 이산화탄소
㉰ 염화수소   ㉱ 이산화질소

풀이 질소산화물의 자동측정법 중 자외선 흡수법의 간섭물질은 이산화황과 탄화수소이다.

28. 기체크로마토그래피에서 TCD 또는 FID에 일반적으로 사용되는 운반가스(Carrier gas)의 종류로 틀린 것은?

㉮ 질소   ㉯ 수소
㉰ 헬륨   ㉱ 산소

풀이 검출기와 운반가스
① 열전도도 검출기(TCD) : 순도 99.8% 이상의 수소나 헬륨
② 불꽃이온화 검출기(FID) : 순도 99.8% 이상의 질소 또는 헬륨

29. 시약, 시액, 표준물질에 대한 설명으로 틀린 것은?

㉮ 단순히 염산으로 표시하였을 때는 따로 규정이 없는 한 35.0%~37.0% 농도, 비중(약) 1.18의 것을 뜻한다.
㉯ 시험에 사용하는 표준품은 원칙적으로 특급시약을 사용한다.
㉰ 시험에 사용하는 시약은 따로 규정이 없는 한 특급 또는 1급 이상 또는 이와 동등한 규격의 것을 사용하여야 한다.
㉱ 표준품을 채취할 때 표준액이 정수로 기재되어 있는 경우, 실험자가 환산하여 기재수치에 '약'자를 붙여 사용할 수 없다.

풀이 ㉱ 표준품을 채취할 때 표준액이 정수로 기재되어 있는 경우, 실험자가 환산하여 기재수치에 '약'자를 붙여 사용할 수 있다.

answer 25 ㉱ 26 ㉱ 27 ㉮ 28 ㉱ 29 ㉱

30 배출가스중의 페놀화합물을 4-아미노안티피린-자외선/가시선분광법으로 측정할 때 시료액에 4-아미노안티피린용액과 헥사사이아노철(Ⅲ)산포타슘용액을 가한 경우 발색된 색은?

㉮ 황색 ㉯ 황록색
㉰ 적색 ㉱ 청색

풀이 페놀화합물을 4-아미노안티피린-자외선/가시선분광법으로 측정 시 적색액을 510nm의 파장에서 흡광도를 측정한다.

31 흡광광도계에서 빛의 강도가 I_o의 단색광이 어떤 시료용액을 통과할 때 그 빛의 90%가 흡수될 경우 흡광도는?

㉮ 0.6 ㉯ 0.8
㉰ 1.0 ㉱ 1.2

풀이 흡광도(A) = $\log \dfrac{1}{투과도}$ = $\log \dfrac{1}{0.1}$ = 1.0

TIP
① 흡수율 + 투과율 = 100%
② 투과율 = 100 - 흡수율(%)
③ 투과율 = 100 - 90% = 10%

32 500mm H_2O는 약 몇 mmHg인가?

㉮ 36.8 mmH_2O ㉯ 46.8 mmH_2O
㉰ 56.8 mmH_2O ㉱ 86.8 mmH_2O

풀이 500mmH_2O ÷ 13.6 = 36.77mmHg

TIP
수은주 비중
= $\dfrac{10,332 mmH_2O}{760 mmHg}$ = 13.6 (mmH_2O/mmHg)

$\begin{cases} mmH_2O \xrightarrow{\div 13.6} mmHg \\ mmHg \xrightarrow{\times 13.6} mmH_2O \end{cases}$

33 상온 상압의 공기유속을 피토우관으로 측정한 결과, 그 동압이 6mmH_2O이었다. 공기유속은? (단, 피토우관계수 : 1.0, 중력가속도 : 9.8 m/sec², 습한 배기가스 단위 체적당 질량 : 1.3 kg/m³)

㉮ 3.24 m/sec ㉯ 5.02 m/sec
㉰ 7.12 m/sec ㉱ 9.51 m/sec

풀이 $V = C \times \sqrt{\dfrac{2gh}{r}}$

여기서 V : 공기의 유속(m/sec)
C : 피토우관 계수
g : 중력가속도(9.8m/sec²)
h : 동압(mmH_2O)
r : 밀도(kg/m³)

따라서 $V = 1.0 \times \sqrt{\dfrac{2 \times 9.8 m/sec^2 \times 6 mmH_2O}{1.3 kg/m^3}}$
= 9.51 m/sec

answer 30 ㉰ 31 ㉰ 32 ㉮ 33 ㉱

34 반자동식 측정법으로 굴뚝 배출가스 중 먼지측정 시 굴뚝의 지름이 2.5m의 원형굴뚝의 측정점수는?

㉮ 4   ㉯ 8
㉰ 12 ㉱ 16

풀이 지름(직경)이 2.5 m이면 반경구분수는 3이고, 측정점수는 12이다.

TIP

굴뚝직경(m)	반경구분수	측정점수
1 이하	1	4
1 초과 2 이하	2	8
2 초과 4 이하	3	12
4 초과 4.5 이하	4	16
4.5 초과	5	20

35 대기 중에 비산하는 입자상 물질의 측정에 사용되는 고용량공기시료채취기법에 대한 설명으로 틀린 것은?

㉮ 먼지를 여과지상에 포집하여 질량농도를 구하는 방법이다.
㉯ 사용하는 여과지는 0.3 μm되는 입자를 99% 이상 포집할 수 있어야 한다.
㉰ 여과지의 재질은 유리섬유, 석영섬유, 플루오로수지, 폴리스틸렌 등이 있다.
㉱ 보호상자는 입자상물질의 채취면을 밑으로 향하게 하여 수직으로 고정할 수 있어야 한다.

풀이 ㉱ 보호상자는 입자상물질의 채취면을 위로 향하게 하여 수평으로 고정할 수 있어야 한다.

36 시판 염산은 12N이다. 이것을 희석하여 4N의 염산을 15L 조제하려면 농염산 몇 L가 필요한가?

㉮ 4L   ㉯ 5L
㉰ 6L   ㉱ 7L

풀이 적정공식 : $N_1 \times V_1 = N_2 \times V_2$
$12N \times V_1 = 4N \times 15L$
$\therefore V_1 = \dfrac{4N \times 15L}{12N} = 5L$

37 물질을 취급 또는 보관하는 동안에 이물질이 들어가거나 내용물이 손실되지 않도록 보호하는 용기는?

㉮ 밀폐용기   ㉯ 기밀용기
㉰ 밀봉용기   ㉱ 차광용기

풀이 ㉮ 밀폐용기에 대한 설명이며, 핵심 내용인 "이물질=밀폐용기"임을 숙지하시면 됩니다.

38 굴뚝배출가스 중의 수분을 측정한 바, 건조배출가스 $1Sm^3$당 40g이었다면 건조배출 가스에 대한 수분의 용량비는?

㉮ 3%   ㉯ 4%
㉰ 5%   ㉱ 6%

풀이 $Xw(\%) = \dfrac{1.244 \times ma(g)}{Vs(L)} \times 100$
$= \dfrac{1.244 \times 40g}{1 \times 10^3 L} \times 100 = 4.98\%$

answer 34 ㉰   35 ㉱   36 ㉯   37 ㉮   38 ㉰

39 감압 또는 진공이라 함은 따로 규정이 없는 한 ( )이하를 뜻한다. ( )안에 들어갈 알맞은 것은?

㉮ 15 mmH$_2$O ㉯ 150 mmH$_2$O
㉰ 15 mmHg ㉱ 150 mmHg

풀이 ㉰ 감압 또는 진공이라 함은 따로 규정이 없는 한 15 mmHg 이하를 뜻한다.

40 온도에 대한 설명으로 틀린 것은?

㉮ 표준온도는 0℃, 상온은 (15~25)℃, 실온은 (1~35)℃로 한다.
㉯ 찬곳은 따로 규정이 없는한 (0~15)℃의 곳을 뜻한다.
㉰ 온수는 (50~70)℃, 냉수는 4℃이하로 한다.
㉱ '수욕상 또는 수욕중에서 가열한다'라 함은 따로 규정이 없는 한 수온 100℃에서 가열함을 뜻한다.

풀이 ㉰ 온수는 (60~70)℃, 냉수는 15℃ 이하로 한다.

| 제3과목 | 대기오염방지기술

41 다음 중 그을음(매연)의 발생에 대한 설명으로 틀린 것은?

㉮ -C-C-의 탄소결합을 절단하기 보다 탈수소가 쉬운 쪽이 매연이 생기기 쉽다.
㉯ 탈수소 및 고리화합물 등과 같이 반응이 일어나기 쉬운 탄화수소일수록 매연이 잘 생긴다.
㉰ 분해나 산화가 쉬운 탄화수소는 그을음 발생이 많다.
㉱ C/H비가 큰 연료일수록 그을음이 잘 발생된다.

풀이 ㉰ 분해나 산화가 쉬운 탄화수소는 그을음 발생이 적다.

42 다음 중 물리적 흡착에 대한 설명으로 틀린 것은?

㉮ 가역적 과정이며 흡착열이 화학적 흡착보다 작다.
㉯ 기체와 흡착제 분자 간의 인력이 작용한다.
㉰ 흡착온도를 증가시키면 평형 흡착량은 증가한다.
㉱ 처리할 가스의 분압이 낮아지면 흡착량은 감소한다.

풀이 ㉰ 흡착온도를 증가시키면 평형 흡착량은 감소한다.

43 다음 중 악취(냄새)물질을 처리하는 화학적산화법에서 화학적산화제로 사용할 수 없는 것은?

㉮ O$_3$ ㉯ K$_2$Cr$_2$O$_7$
㉰ NaOCl ㉱ H$_2$O$_2$

풀이 화학적산화법에서 화학적산화제는 O$_3$, KMnO$_4$, NaOCl, ClO$_2$, H$_2$O$_2$가 있다.

answer 39 ㉰ 40 ㉰ 41 ㉰ 42 ㉰ 43 ㉯

44 다음 중 석탄의 탄화도가 증가하면 감소하는 것은?

㉮ 연료비 ㉯ 휘발분
㉰ 고정탄소 ㉱ 착화온도

풀이 석탄의 탄화도가 증가하면
① 고정탄소, 발열량, 착화온도, 연료비는 증가
② 매연발생량, 비열, 휘발분, 수분, 산소의 양, 연소속도는 감소

45 다음 중 액화천연가스(LNG)의 주성분은?

㉮ CH_4 ㉯ C_2H_6
㉰ C_3H_8 ㉱ C_4H_{10}

풀이 ① 액화천연가스(LNG)의 주성분 : 메탄(CH_4)
② 액화석유가스(LPG)의 주성분 : 프로판(C_3H_8), 부탄(C_4H_{10})

46 다음 중 후드 및 덕트에 대한 설명으로 틀린 것은?

㉮ 후드는 국부적인 흡인방식을 취한다.
㉯ 후드의 개구면적을 작게 한다.
㉰ 덕트는 가능한 한 길게 배치하도록 한다.
㉱ 공기가 아래로 흐르도록 하향구배를 만든다.

풀이 ㉰ 덕트는 가능한 한 짧게 배치하도록 한다.

47 전기집진장치에서 먼지의 비저항이 비정상적으로 낮을 때 주입하는 것은?

㉮ H_2SO_4 ㉯ NaCl
㉰ Soda lime ㉱ NH_3

풀이 ㉮, ㉯, ㉰번은 먼지의 비저항이 비정상적으로 높을 때 주입하는 물질이다.

48 세정집진장치에서 관성충돌계수를 크게 하기 위한 조건으로 틀린 것은?

㉮ 처리가스의 온도가 낮아야 한다.
㉯ 먼지의 밀도가 커야 한다.
㉰ 먼지의 입경이 커야 한다.
㉱ 액적의 입경이 커야 한다.

풀이 ㉱ 액적의 입경이 작아야 한다.

49 중력집진장치에서 효율향상 조건으로 틀린 것은?

㉮ 침강실의 높이가 낮으면 미립자가 제거된다.
㉯ 입자가 작으면 미립자 제거가 어렵다.
㉰ 침강실 내의 배기가스 기류는 균일해야 한다.
㉱ 침강실 내의 처리가스속도가 빠를수록 미립자가 제거된다.

풀이 ㉱ 침강실 내의 처리가스속도가 작을수록 미립자가 제거된다.

answer 44 ㉯ 45 ㉮ 46 ㉰ 47 ㉱ 48 ㉱ 49 ㉱

50 프로판가스 1Sm³을 과잉공기를 1.1로 연소하면 생성되는 건조 연소가스량은?

㉮ 26.80 Sm³ ㉯ 24.19 Sm³
㉰ 22.31 Sm³ ㉱ 21.80 Sm³

풀이 $C_3H_8 + 5O_2 \rightarrow 3CO_2 + 4H_2O$

실제건연소가스량(Gd)
$= (m - 0.21)A_o + CO_2량$
$= (1.1 - 0.21) \times \dfrac{5}{0.21} + 3$
$= 24.19 \, Sm^3/Sm^3$

TIP
이론공기량(A_o : Sm^3/Sm^3)
$= \dfrac{이론산소량}{0.21} = \dfrac{산소의\ 개수}{0.21}$

51 연료 중 황(S)성분의 함량이 적은 순서대로 맞게 나열한 것은? (단, 적음→많음 순서로 배열함.)

㉮ 휘발유 - 경유 - 등유 - 석탄 - 중유
㉯ LPG - 휘발유 - 경유 - 등유 - 중유
㉰ LPG - 휘발유 - 등유 - 경유 - 중유
㉱ 휘발유 - 경유 - 등유 - 중유 - 석탄

풀이 황(S)성분의 함량이 많은 순서는 LPG < 휘발유 < 등유 < 경유 < 중유 순이다.

52 여과집진장치의 간헐식 탈진방식에 대한 설명으로 틀린 것은?

㉮ 고농도, 대용량의 처리가 용이하다.
㉯ 먼지의 재비산이 적다.
㉰ 높은 집진율을 얻을 수 있다.
㉱ 진동형과 역기류형, 역기류 진동형이 있다.

풀이 ㉮ 저농도, 소용량의 처리가 용이하다.

53 유량 10,000 m³/hr의 공기를 원형 흡습탑을 거쳐 정화하려고 한다. 흡습탑의 접근유속을 2.5m/sec로 유지하려면 소요되는 흡습탑의 지름(m)은?

㉮ 약 2.8 ㉯ 약 2.4
㉰ 약 1.7 ㉱ 약 1.2

풀이 유량(Q) = 단면적(A) × 유속(V)

여기서 단면적(A) $= \dfrac{\pi D^2}{4} (m^2)$

따라서 $Q = \dfrac{\pi D^2}{4} \times V$

$10,000 m^3/hr \times 1hr/3,600sec$
$= \dfrac{\pi D^2}{4}(m^2) \times 2.5 m/sec$

$\therefore D = \sqrt{\dfrac{4 \times 10,000 m^3/hr \times 1hr/3,600sec}{\pi \times 2.5 m/sec}}$
$= 1.19 m$

answer 50 ㉯ 51 ㉰ 52 ㉮ 53 ㉱

54 통풍방식 중 압입통풍에 대한 설명으로 틀린 것은?

㉮ 역화의 위험성이 없다.
㉯ 연소용 공기를 예열할 수 있다.
㉰ 송풍기의 고장이 적고 점검 및 보수가 용이하다.
㉱ 내압이 정압(+)으로 연소효율이 좋다.

풀이 ㉮ 역화의 위험성이 있다.

55 전기집진장치에서 2차 전류가 많이 흐르는 장해현상이 발생되었다. 그 원인으로 틀린 것은?

㉮ 먼지의 농도가 너무 낮을 때
㉯ 이온 이동도가 작은 가스를 처리할 때
㉰ 방전극이 너무 가늘 때
㉱ 공기 부하시험을 행할 때

풀이 ㉯ 이온 이동도가 큰 가스를 처리할 때

56 유류버너의 종류 중 비교적 좁은 각도의 짧은 화염이 발생하고 소형 가열로용(용량 2~300L/h)으로 사용되는 것은?

㉮ 고압유압식   ㉯ 저압유압식
㉰ 저압공기식   ㉱ 고압공기식

풀이 ㉰ 저압공기식에 대한 설명이며, 핵심 내용인 "짧은 화염이 발생하고 소형 가열로용=저압공기식"임을 숙지하시면 됩니다.

57 중유를 탈황하는 방법 중 내독성 촉매를 첨가하여 고온과 고압수소의 존재하에 반응시켜 황과 황화수소를 제거하는 방법은?

㉮ 활성화탈황법   ㉯ 산화탈황법
㉰ 직접탈황법   ㉱ 증류탈황법

풀이 ㉰ 직접탈황법에 대한 설명이다.

58 플루오린화수소를 함유하는 배기가스를 충전 흡수탑을 이용하여 처리하고자 하는데 흡수율 90%를 기대하고, 기상 총괄이동단위높이(HOG)가 0.5m일 때 충전탑의 높이는?

㉮ 1.02m   ㉯ 1.15m
㉰ 1.50m   ㉱ 1.84m

풀이 $H = NOG \times HOG$
여기서 H : 충전탑의 높이(m)
HOG : 총괄이동단위높이(m)
NOG : 총괄이동단위수
$\left[NOG = \ln\left(\dfrac{1}{1-\eta}\right) \right]$

따라서 $H = 0.5m \times \ln\left(\dfrac{1}{1-0.90}\right) = 1.15m$

answer 54 ㉮ 55 ㉯ 56 ㉰ 57 ㉰ 58 ㉯

59 연료의 착화온도에 대한 설명으로 틀린 것은?

㉮ 가연물의 증발량이 많을수록 낮아진다.
㉯ 화합결합의 활성도가 클수록 낮아진다.
㉰ 산소와의 친화성이 클수록 낮아진다.
㉱ 활성화에너지가 클수록 낮아진다.

풀이 ㉱ 활성화에너지가 작을수록 낮아진다.

> **TIP**
> **착화온도와의 상관관계**
> ① 착화온도는 활성화에너지, 석탄의 탄화도와는 비례 관계
> ② 착화온도는 증발량, 화학결합의 활성도, 산소와의 친화성, 분자구조, 발열량, 산소농도, 화학반응성, 압력, 분자량, 비표면적과는 반비례 관계

60 가로, 세로, 높이가 각 0.5m, 1.0m, 0.8m 인 연소실에서 저발열량이 8,000kcal/kg 인 중유를 1시간에 10kg 연소시키고 있다면 연소열 발생율은?

㉮ $2.0 \times 10^5 \text{kcal/m}^3 \cdot \text{hr}$
㉯ $4.0 \times 10^5 \text{kcal/m}^3 \cdot \text{hr}$
㉰ $5.0 \times 10^5 \text{kcal/m}^3 \cdot \text{hr}$
㉱ $6.0 \times 10^5 \text{kcal/m}^3 \cdot \text{hr}$

풀이 연소실의 열발생율($\text{kcal/m}^3 \cdot \text{hr}$)

$$= \frac{\text{저위발열량(kcal/kg)} \times \text{중유량(kg/hr)}}{\text{가로} \times \text{세로} \times \text{높이}(\text{m}^3)}$$

$$= \frac{8,000 \text{kcal/kg} \times 10 \text{kg/hr}}{0.5 \text{m} \times 1.0 \text{m} \times 0.8 \text{m}}$$

$$= 2.0 \times 10^5 \text{kcal/m}^3 \cdot \text{hr}$$

answer 59 ㉱ 60 ㉮

2024 1회 CBT 복원문제

| 제1과목 | 대기환경관리

01 스페인어로 여자아이(the girl)라는 뜻이며, 적도무역풍이 평년보다 강해지며 서태평양의 해수면과 수온이 평년보다 상승하게 되고 찬 해수의 용승현상 때문에 적도 동태평양에서 저수온현상이 강화되어 나타나는 현상으로 해수면의 온도가 6개월 이상 0.5℃ 이상 낮아지는 현상이 지속적으로 되는 현상은?

㉮ 라니냐(Lanina) 현상
㉯ 엘니뇨(Elnino) 현상
㉰ 열섬 현상
㉱ 온실 효과

풀이 ㉮ 라니냐 현상에 대한 설명이며, 핵심 내용인 "해수면의 온도가 6개월 이상 0.5℃ 이상 낮아지는 현상=라니냐 현상"임을 숙지하시면 됩니다.

02 다음 중 분산모델에 대한 설명으로 틀린 것은?

㉮ 미래의 대기질을 예측할 수 있다.
㉯ 새로운 오염원이 지역 내에 생길 때 매번 재평가하여야 한다.
㉰ 오염물의 장시간 분석 시 문제가 된다.
㉱ 지형 및 오염원의 조업조건에 영향을 받는다.

풀이 ㉰ 오염물의 단시간 분석 시 문제가 된다.

03 최대지표농도의 특징으로 틀린 것은?

㉮ 최대지표농도는 오염물질 배출량에 비례한다.
㉯ 최대지표농도는 유효굴뚝높이의 제곱에 비례한다.
㉰ 최대지표농도는 평균풍속에 반비례한다.
㉱ 최대지표농도는 대기가 불안정 할수록 증가한다.

풀이 ㉯ 최대지표농도는 유효굴뚝높이의 제곱에 반비례한다.

TIP

$$C_{max} = \frac{2Q}{\pi \cdot e \cdot u \cdot He^2}\left(\frac{k_z}{k_y}\right)$$

여기서 Q : 배출가스량(m^3/sec)
u : 풍속(m/sec)
He : 유효굴뚝높이(m)
k_z : 수직확산계수
k_y : 수평확산계수
e : 자연대수(2.72)

answer 01 ㉮ 02 ㉰ 03 ㉯

04 다음 중 공중역전에 해당하지 않는 것은?

㉮ 침강성역전　㉯ 전선성역전
㉰ 해풍역전　　㉱ 복사성역전

> **풀이** 역전의 종류
> ① 접지(지표)역전 : 복사성(방사성)역전, 이류성역전
> ② 공중역전 : 침강성역전, 전선성역전, 해풍역전, 난류성역전

05 서울시에 산성비가 내리고 있다. 이때 산성비의 기준이 되는 pH는?

㉮ 7.0 이하　㉯ 6.5 이하
㉰ 5.6 이하　㉱ 4.5 이하

> **풀이** 산성비의 pH는 5.6 이하이며, 원인물질은 황산(H_2SO_4), 질산(HNO_3), 염산(HCl)이다.

06 어느 굴뚝의 높이가 50m, 평균 배출가스 온도 220℃, 외기온도 25℃라 하면 이 굴뚝의 자연 통풍력은? (단, 굴뚝 속에서의 마찰손실이나 압력손실 등에 대한 손실은 없는 것으로 한다. 대기와 가스의 비중량은 $1.3\,kg/Sm^3$으로 같다고 가정함)

㉮ 약 $24\,mmH_2O$　㉯ 약 $35\,mmH_2O$
㉰ 약 $47\,mmH_2O$　㉱ 약 $51\,mmH_2O$

> **풀이** $Z = 355 \times H \times \left(\dfrac{1}{273+t_a℃} - \dfrac{1}{273+t_g℃}\right)$
> 여기서 Z : 통풍력(mmH_2O)
> 　　　　H : 굴뚝의 높이(m)
> 　　　　t_a : 대기의 온도(℃)
> 　　　　t_g : 가스의 온도(℃)
> 따라서
> $Z = 355 \times 50\,m \times \left(\dfrac{1}{273+25} - \dfrac{1}{273+220}\right)$
> 　$= 23.56\,mmH_2O$

07 실제기온감률이 단열감률보다 클 때 볼 수 있고 날씨가 맑고 따뜻할 때 나타나며 연기는 상하로 수직운동을 하기 때문에 대기오염물질이 빨리 희석되어 지표면까지 이동하는 굴뚝연기형태로 가장 알맞는 것은?

㉮ 부채형　㉯ 환상형
㉰ 지붕형　㉱ 훈증형

> **풀이** ㉯ 환상형(Looping)에 대한 설명이며, 핵심 내용은 "과단열(매우 불안정)조건=환상형"임을 숙지하시면 됩니다.

08 굴뚝에서 배출되는 연기의 형태가 지붕형(Lofting형)일 때의 대기상태로 알맞는 것은?

㉮ 불안정
㉯ 약안정(중립)
㉰ 상 : 안정, 하 : 불안정(굴뚝높이 기준)
㉱ 상 : 불안정, 하 : 안정(굴뚝높이 기준)

> **풀이** 지붕형(상승형)의 대기안정도는 상층 : 과단열(불안정), 하층 : 역전(안정)조건이다.

answer 04 ㉱　05 ㉰　06 ㉮　07 ㉯　08 ㉱

09 다음 기체물질 중 비중이 가장 작은 것은?

㉮ HCHO ㉯ SO_2
㉰ NO_2 ㉱ CO

풀이 기체의 비중 = $\dfrac{\text{기체의 분자량}}{\text{공기의 분자량}}$ 이므로 기체의 비중은 기체의 분자량과 비례관계이므로, 기체의 비중이 작은 물질은 분자량이 가장 작은 물질이므로 ㉱ CO가 정답이 된다.

TIP
각 물질의 분자량
㉮ HCHO : 30   ㉯ SO_2 : 64
㉰ NO_2 : 46   ㉱ CO : 28

10 배출 오염물질과 배출원이 가장 바르게 짝지어진 것은?

㉮ 벤젠 : 제철공업, 가스 공업
㉯ 시안화수소 : 소오다공업, 활성탄제조
㉰ 카드뮴 : 도금 공업, 구리 정련 공업
㉱ 폼알데하이드 : 합성수지, 포르말린 제조 공업

풀이 각 오염물질의 배출원
㉮ 벤젠 : 석유정제, 피혁제조, 도장공업, 살충제, 수지공업, 포르말린 제조
㉯ 시안화수소 : 청산제조공업, 제철공업, 화학공업, 가스공업
㉰ 카드뮴 : 아연정련공업(아연소결로), 합금공업, 도금공업, 안료공업

11 오존층의 두께를 표시하는 단위인 돕슨(Dobson)에 대한 설명으로 적절한 것은?

㉮ 지구 대기 중의 오존총량을 표준상태에서 두께로 환산했을 때 10m를 100돕슨으로 정한다.
㉯ 지구 대기 중의 오존총량을 표준상태에서 두께로 환산했을 때 1m를 100돕슨으로 정한다.
㉰ 지구 대기 중의 오존총량을 표준상태에서 두께로 환산했을 때 1cm를 100돕슨으로 정한다.
㉱ 지구 대기 중의 오존총량을 표준상태에서 두께로 환산했을 때 1mm를 100돕슨으로 정한다.

풀이 지구 대기 중의 오존총량을 표준상태(0℃, 760mmHg)에서 두께로 환산했을 때 1mm를 100돕슨으로 정한다.

12 굴뚝의 직경이 3m, 배출속도가 7m/sec, 평균풍속은 4.5m/sec일 때, 다음식을 이용하여 △h(유효상승고)를 계산한 값은? (단, $\Delta h = 1.5 \times \left(\dfrac{Vs}{U}\right) \times D$)

㉮ 2.9m   ㉯ 5.5m
㉰ 7.0m   ㉱ 8.2m

풀이
$\Delta h = 1.5 \times \left(\dfrac{Vs}{U}\right) \times D$
$= 1.5 \times \left(\dfrac{7\,m/\sec}{4.5\,m/\sec}\right) \times 3m = 7.0m$

answer 09 ㉱   10 ㉱   11 ㉱   12 ㉰

13 대기오염사건 중 런던형 스모그(Smog) 사건에 대한 설명으로 틀린 것은?

㉮ 발생기온 : 0~5℃
㉯ 발생시간 : 이른 아침
㉰ 오염형태 : 2차 오염
㉱ 역전종류 : 복사역전

풀이 ㉰ 오염형태 : 1차 오염

14 바람에 관여하는 힘 중 "전향력"에 대한 설명으로 틀린 것은?

㉮ 지구의 자전현상에 의해서 생기는 수평방향으로의 가상적인 힘을 말한다.
㉯ 바람의 근본원인이 된다.
㉰ 극지방에서 최대가 되고 적도지방에서 최소가 된다.
㉱ 바람의 방향만을 변화시킬 뿐 속도에는 영향을 미치지 않는다.

풀이 ㉯ 바람의 근본원인은 기압경도력이며, 기압경도력은 특정한 지점에서 기압차에 의해 생긴다.

15 열섬효과에 대한 설명으로 틀린 것은?

㉮ 도시의 건물 등 구조물에 의한 거칠기 길이의 변화가 원인이 된다.
㉯ 도시 지역의 인구 집중에 따른 인공열 발생의 증가가 원인이 된다.
㉰ 도시의 온도증가에 따른 상승기류로 인하여 운량과 강우량이 감소한다.
㉱ 직경 10km 이상의 도시에서 잘 나타나는 현상이다.

풀이 ㉰ 도시의 온도증가에 따른 상승기류로 인하여 운량과 강우량이 증가한다.

16 실내공기오염을 일으키는 라돈에 대한 설명으로 틀린것은?

㉮ 라돈은 사람이 흡입하기 쉬운 가스상 물질이며 그 반감기는 3.8일간으로 라듐의 핵분열 시 생성되는 물질이다.
㉯ 라돈은 일반적으로 흙, 시멘트, 콘크리트, 대리석 등에 존재하며 공기 중으로 방출한다.
㉰ 라돈은 자연계에 널리 존재하며 무색, 무취의 기체이고 액화되어도 색을 띠지 않는다.
㉱ 라돈은 공기보다 약 2배 정도 무거워 환기시설이 불량한 지하실 등에서 높은 농도를 나타낸다.

풀이 ㉱ 라돈은 공기보다 약 9배 정도 무거워 환기시설이 불량한 지하실 등에서 높은 농도를 나타낸다.

17 1984년 인도 중부의 보팔(Bopal)시에서 발생한 대기오염사건의 원인물질은?

㉮ 황화수소(H_2S)
㉯ 황산화물(SO_X)
㉰ 메틸이소시아네이트(CH_3CNO)
㉱ 머캡탄(CH_3SH)

풀이 인도 보팔시 사건은 메틸이소시아네이트(CH_3CNO)의 누출에 의해서 발생한 사건이다.

answer 13 ㉰ 14 ㉯ 15 ㉰ 16 ㉱ 17 ㉰

18 오존층 보호를 위한 파괴물질의 생산 및 소비삭감에 대한 내용의 국제협약은?

㉮ 몬트리올 의정서
㉯ 바젤협약
㉰ 리우선언
㉱ 기후변화협약

[풀이] 오존층 보호를 위한 국제협약
① 비엔나 협약(1985년)
② 몬트리올 의정서(1987년)
③ 런던회의(1990년)

19 지상 25m의 풍속이 5.4m/sec일 때 지상 50m의 풍속은? (단, Deacon식을 적용하며, 풍속지수(P)는 0.25이다.)

㉮ 6.4 m/sec   ㉯ 8.2 m/sec
㉰ 10.5 m/sec ㉱ 12.4 m/sec

[풀이]
$$U_2 = U_1 \times \left(\frac{H_2}{H_1}\right)^P$$
$$= 5.4\,m/sec \times \left(\frac{50m}{25m}\right)^{0.25} = 6.42\,m/sec$$

20 자동차에서 배출되는 대기오염물질 중 crank case에서 많이 배출되어 문제가 되는 blowby 가스는?

㉮ HC   ㉯ NO_X
㉰ CO   ㉱ SO_X

[풀이] 블로바이(blow by) 가스는 휘발유자동차에서 발생하며, 주원인물질은 탄화수소(HC)이다.

| 제2과목 | 대기오염공정시험기준

21 환경대기 중의 옥시단트를 측정하는 자동연속측정방법 중 주시험방법은?

㉮ 자외선광도법
㉯ 화학발광법
㉰ 중성아이오드화포타슘법
㉱ 흡광차분광법

[풀이] 옥시단트의 자동연속측정방법에는 자외선광도법(주시험방법), 화학발광법, 중성아이오드화포타슘법, 흡광차분광법이 있다.

22 자외선/가시선분광법에서 자동기록식 광전분광광도계의 파장교정에 이용되는 것은?

㉮ 다이크로뮴산포타슘용액의 흡광도
㉯ 간섭필터의 흡광도
㉰ 커트필터의 미광
㉱ 홀뮴유리의 흡수스펙트럼

[풀이] ① 파장교정 : 홀뮴유리
② 흡광도 눈금보정 : 다이크로뮴산포타슘용액

23 비소 화합물을 분석할 때 사용되는 채취관 및 연결관의 재질로 틀린 것은?

㉮ 플루오로수지   ㉯ 석영
㉰ 염화바이닐수지 ㉱ 보통강철

[풀이] 비소 화합물을 분석할 때 사용되는 채취관, 연결관의 재질로는 경질유리, 플루오로수지, 석영, 스테인리스강, 세라믹, 염화바이닐수지이다.

answer 18 ㉮ 19 ㉮ 20 ㉮ 21 ㉮ 22 ㉱ 23 ㉱

24 배출가스 중 벤젠을 분석하는 방법으로 알맞은 것은?

㉮ 기체크로마토그래피
㉯ 자외선/가시선분광법
㉰ 이온크로마토그래피
㉱ 원자흡수분광광도법

풀이 벤젠의 분석방법은 기체크로마토그래피이다.

25 표준상태에서 물 4g에 해당되는 수증기의 용적은?

㉮ 약 4 L   ㉯ 약 5 L
㉰ 약 6 L   ㉱ 약 7 L

풀이 $H_2O \ 1\,mol \begin{cases} 18g \\ 22.4L \end{cases}$

$18g : 22.4L = 4g : X$

$\therefore X = \dfrac{22.4L \times 4g}{18g} = 4.98\,L$

26 공정시험방법에서 적용되고 있는 용어의 정의로 틀린 것은?

㉮ 진공이라 함은 따로 규정이 없는 한 15mmHg 이하를 말한다.
㉯ 액의 농도를 표시함에 있어 (1:10)이라 함은 액체성분 1용량을 용매에 용해하여 전량을 10mL로 하는 것을 말한다.
㉰ 단순히 용액이라 기재하고, 그 용액의 이름을 밝히지 않은 것은 수용액을 뜻한다.
㉱ 항량(恒量)이 될 때까지 건조한다라 함은 보통의 건조방법으로 1시간 더 건조할 때 전후 무게의 차가 매 g당 0.3mg 이하일 때를 말한다.

풀이 ㉯ 액의 농도를 표시함에 있어 (1:10)이라 함은 액체성분 1용량에 용매 10용량을 혼합하여 전량을 11mL로 하는 것을 말한다.

27 채취관은 배출가스의 흐르는 방향에 대하여 어떻게 설치하여야 하는가?

㉮ 120°로 설치한다.
㉯ 90°로 설치한다.
㉰ 60°로 설치한다.
㉱ 45°로 설치한다.

풀이 채취관은 배출가스의 흐르는 방향에 대하여 90°로 설치한다.

28 배출가스 중 크로뮴화합물의 분석방법인 원자흡수분광광도법에 대한 내용으로 틀린 것은?

㉮ 정량범위는 시료채취량이 $1\,Sm^3$인 경우 $0.100\,mg/Sm^3$ 이상이다.
㉯ 측정파장은 220.35nm이다.
㉰ 정밀도는 10% 이내이다.
㉱ 방법검출한계는 $0.031\,mg/Sm^3$이다.

풀이 ㉯ 원자흡수분광광도법의 측정파장은 357.9nm이다.

answer 24 ㉮   25 ㉯   26 ㉯   27 ㉯   28 ㉯

29 10 mmH$_2$O는 몇 mmHg인가?

㉮ 0.74mmHg   ㉯ 7.35mmHg
㉰ 0.45mmHg   ㉱ 4.45mmHg

풀이 $10\,mmH_2O \div 13.6 = 0.74\,mmHg$

TIP
① 수은주 비중
$$= \frac{10,332\,mmH_2O}{760\,mmHg} = 13.6\,\frac{mmH_2O}{mmHg}$$
② $mmH_2O \xrightarrow{\div 13.6} mmHg$
③ $mmHg \xrightarrow{\times 13.6} mmH_2O$

30 비분산적외선분광분석법을 적용하기 위한 분석기의 구성에 관한 설명으로 틀린 것은?

㉮ 비분산형적외선 분석기는 고정형분석기와 이동형분석기로 분류한다.
㉯ 광원은 원칙적으로 니크로뮴선 또는 탄화규소의 저항체에 전류를 흘려 가열한 것을 사용한다.
㉰ 회전섹타는 시료광속과 비교광속을 일정주기로 단속시켜 광학적으로 변조시키는 것이다.
㉱ 비교셀은 아르곤 또는 질소와 같은 불활성 기체를 봉입하여 사용한다.

풀이 ㉮ 비분산형적외선 분석기는 단광속분석기와 복광형분석기로 분류한다.

31 다음 분석가스 중 흡수액이 서로 다른 것은?

㉮ 암모니아   ㉯ 플루오린 화합물
㉰ 사이안화수소   ㉱ 페놀화합물

풀이 흡수액
㉮ 암모니아 : 붕산용액(5g/L)
㉯ 플루오린 화합물 : 수산화소듐용액(4g/L)
㉰ 사이안화수소 : 수산화소듐용액(20g/L)
㉱ 페놀화합물 : 수산화소듐용액(4g/L)

32 환경대기 중 다환방향족탄화수소류(PAHs)의 기체크로마토그래피/질량분석법에서 사용되는 용어의 정의 중 "추출과 분석전에 각 시료, 바탕시료, 매체시료에 더해지는 화학적으로 반응이 없는 환경 시료 중에 없는 물질"을 의미하는 것은?

㉮ 내부표준물질   ㉯ 대체표준물질
㉰ 외부표준물질   ㉱ 냉매

풀이 ㉯ 대체표준물질에 대한 설명이다.

33 다음 중 배출가스 중에 함유된 브로민 화합물을 자외선/가시선분광법으로 측정할 때 흡광도의 측정파장은?

㉮ 460nm   ㉯ 510nm
㉰ 620nm   ㉱ 880nm

풀이 브로민 화합물을 자외선/가시선분광법으로 측정할 때 흡광도의 측정파장은 460nm이다.

answer 29 ㉮ 30 ㉮ 31 ㉮ 32 ㉯ 33 ㉮

34 다음의 분석물질 중 시료 채취관이나 연결관의 재질로 보통강철을 사용하는 것은?

㉮ 염화수소
㉯ 플루오린 화합물
㉰ 사이안화수소
㉱ 일산화탄소

풀이 시료 채취관이나 연결관의 재질로 보통강철을 사용할 수 있는 물질은 암모니아와 일산화탄소이다.

35 비분산적외선분광분석법에서 분석계의 최저 눈금값을 교정하기 위하여 사용하는 가스는?

㉮ 비교가스
㉯ 제로가스
㉰ 스팬가스
㉱ 혼합가스

풀이 용어설명
① 제로가스 : 분석계의 최저 눈금값을 교정하기 위하여 사용하는 가스
② 스팬가스 : 분석계의 최고 눈금값을 교정하기 위하여 사용하는 가스

36 분석대상 가스별 분석방법 및 흡수액의 연결이 틀린 것은?

㉮ 암모니아 : 자외선/가시선분광법-인도페놀법 - 붕산용액
㉯ 염화수소 : 자외선/가시선분광법-싸이오사이안산제이수은법 - 수산화소듐용액
㉰ 폼알데하이드 : 자외선/가시선분광법 - 아세틸아세톤법 - 정제수
㉱ 질소산화물 : 자외선/가시선분광법-아연환원나프틸에틸렌다이아민법 – 과산화수소수

풀이 ㉱ 질소산화물 : 자외선/가시선분광법-아연환원나프틸에틸렌다이아민법 - 황산용액 (0.005mol/L)

37 원자흡수분광광도법에서 불꽃을 만들기 위한 조연성가스와 가연성가스의 조합 중 원자외 영역에서의 불꽃자체에 의한 흡수가 적기 때문에 이 파장영역에서 분석선을 갖는 원소의 분석에 적당한 것은?

㉮ 아세틸렌 – 아르곤
㉯ 수소 - 공기
㉰ 아세틸렌 – 공기
㉱ 프로판 - 산소

풀이 ㉯ 수소 - 공기 불꽃에 대한 설명이며, 핵심 내용은 "원자외 영역=수소-공기"임을 숙지하시면 됩니다.

38 배출가스 중 크로뮴화합물의 분석방법으로 알맞은 것은?

㉮ 원자흡수분광광도법
㉯ 기체크로마토그래피
㉰ 자외선/가시선분광법
㉱ 이온크로마토그래피

풀이 배출가스 중 크로뮴화합물의 분석방법은 원자흡수분광광도법과 유도결합플라스마/원자발광분광법이다.

39 굴뚝직경이 4.2m인 원형 굴뚝에서 먼지를 채취하고자 할 때 측정점수는?

㉮ 16
㉯ 14
㉰ 12
㉱ 8

answer 34 ㉱ 35 ㉯ 36 ㉱ 37 ㉯ 38 ㉮ 39 ㉮

풀이 직경이 4.2 m이면 반경구분수는 4이고, 측정점수는 16이다.

TIP

굴뚝직경(m)	반경구분수	측정점수
1 이하	1	4
1 초과 2 이하	2	8
2 초과 4 이하	3	12
4 초과 4.5 이하	4	16
4.5 초과	5	20

40 배출가스 중 암모니아를 자외선/가시선 분광법–인도페놀법으로 측정하고자 한다. 시료 채취량이 20L인 경우 시료중의 암모니아 농도는?

㉮ 100ppm 이상 ㉯ 10ppm 이상
㉰ 12.0ppm 이상 ㉱ 1.2ppm 이상

풀이 시료 채취량이 20L인 경우 정량범위는 1.2ppm 이상이다.

| 제3과목 | 대기오염방지기술

41 다음 중 먼지의 입자를 측정하는 방법 중 간접측정법이 아닌 것은?

㉮ 관성충돌법 ㉯ 액상침강법
㉰ 공기투과법 ㉱ 표준체 측정법

풀이 먼지의 입자측정방법
① 간접측정법 : 관성충돌법, 액상침강법, 공기투과법, 광산란법
② 직접측정법 : 표준체 측정법, 현미경측정법

42 다음 중 중력집진장치에 대한 설명으로 틀린 것은?

㉮ 함진가스의 먼지부하나 유량변동에 적응성이 낮다.
㉯ 전처리로 사용된다.
㉰ 유지비 및 설치비가 적게 드나 신뢰도가 높은 편이다.
㉱ 함진가스의 온도변화에 의한 영향을 거의 받지 않는다.

풀이 ㉰ 유지비 및 설치비가 적게 드나 신뢰도가 낮은 편이다.

43 다음 중 석탄의 탄화도가 증가하면 감소하는 것은?

㉮ 연료비 ㉯ 휘발분
㉰ 고정탄소 ㉱ 착화온도

풀이 석탄의 탄화도가 증가하면
① 고정탄소, 발열량, 착화온도, 연료비는 증가
② 매연발생량, 비열, 휘발분, 수분, 산소의 양, 연소속도는 감소

44 다음 중 액화천연가스(LNG)의 주성분은?

㉮ CH_4 ㉯ C_2H_6
㉰ C_3H_8 ㉱ C_4H_{10}

풀이 ① 액화천연가스(LNG)의 주성분 : 메탄(CH_4)
② 액화석유가스(LPG)의 주성분 : 프로판(C_3H_8), 부탄(C_4H_{10})

answer 40 ㉱ 41 ㉱ 42 ㉰ 43 ㉯ 44 ㉮

45 다음 중 세정집진장치에 대한 설명으로 틀린 것은?

㉮ 처리가스의 흡수, 증습 등의 조작이 가능하다.
㉯ 협소한 장소에 설치가 가능하다.
㉰ 고온가스 및 연소성 및 폭발성 가스의 처리가 어렵다.
㉱ 입자상 물질과 가스상 물질을 동시에 제거 가능하다.

풀이 ㉰ 고온가스 및 연소성 및 폭발성 가스의 처리가 가능하다.

46 다음 중 헨리법칙에 적용받는 기체가 아닌 것은?

㉮ N_2 ㉯ O_2
㉰ H_2 ㉱ Cl_2

풀이 헨리법칙
① 적용기체(난용성물질) : N_2, O_2, H_2, NO, NO_2, CO 등
② 비적용기체(수용성물질) : HCl, SO_2, NH_3, HF 등

47 여과집진장치에서 사용하는 여과재 중 처리가스 중 SO_2, HCl 등을 함유한 200℃ 정도의 고온배출가스를 처리하는데 적합하며, 내산성에 양호하고 내알칼리성이 나쁜 여과재는?

㉮ 목면   ㉯ 비닐론
㉰ 유리섬유 ㉱ 나일론

풀이 ㉰ 유리섬유에 대한 설명이며, 핵심 내용인 "200℃ 정도의 고온배출가스 처리=유리섬유"임을 숙지하시면 됩니다.

48 다음 중 질소산화물(NO_X)을 저감하는 방법으로 틀린 것은?

㉮ 저과잉공기량 연소법
㉯ 이단 연소법
㉰ 배기가스 재순환법
㉱ 고온 연소법

풀이 ㉱ 저온 연소법

49 다음 중 친수성(극성) 흡착제가 아닌 것은?

㉮ 활성탄   ㉯ 활성알루미나
㉰ 실리카겔   ㉱ 보오크사이트

풀이 ㉮ 활성탄은 악취제거용으로 가장 많이 사용하며, 소수성(비극성) 흡착제에 해당한다.

50 기체연료의 특징으로 가장 알맞은 것은?

㉮ 저장이 용이하다.
㉯ 연료 속에 황이 포함되지 않은 것이 많다.
㉰ 연소의 조절, 점화 및 소화과정이 복잡하다.
㉱ 연소효율은 높으나 완전연소를 위한 많은 과잉공기가 필요하다.

풀이 ㉮ 저장이 용이하지 못하다.
㉰ 연소의 조절, 점화 및 소화과정이 간단하다.
㉱ 연소효율은 높으며 적은 공기를 이용하여 완전연소가 가능하다.

answer 45 ㉰ 46 ㉱ 47 ㉰ 48 ㉱ 49 ㉮ 50 ㉯

51 직경 10cm이고 길이가 1m인 원통형 집진극을 가진 전기집진장치에서 처리되는 가스의 유속이 1.5m/sec이고 먼지입자가 집진극을 향하여 이동한 속도가 15cm/sec일 때 먼지제거 효율(%)은?

(단, $\eta = 1 - e^{\frac{-2 \times V \times L}{R \times U}}$ 이용하시오.)

㉮ 99.5%　　㉯ 98%
㉰ 96.5%　　㉱ 95%

풀이
$\eta = \left(1 - e^{\frac{-2 \times V \times L}{R \times U}}\right) \times 100$
$= \left(1 - e^{\frac{-2 \times 0.15\,\text{m/sec} \times 1\text{m}}{0.05\text{m} \times 1.5\,\text{m/sec}}}\right) \times 100 = 98.17\%$

52 가스유량이 $200\,\text{m}^3/\text{min}$인 함진가스를 여과속도 2cm/sec로 여과하는 백필터의 소요여과면적은?

㉮ 167m^2　　㉯ 176m^2
㉰ 186m^2　　㉱ 284m^2

풀이 소요여과면적
$= \dfrac{\text{유량}(\text{m}^3/\text{sec})}{\text{여과속도}(\text{m/sec})}$
$= \dfrac{200\,\text{m}^3/\text{min} \times 1\text{min}/60\text{sec}}{0.02\,\text{m/sec}} = 166.67\,\text{m}^2$

53 전형적인 자동차 배기가스를 구성하는 다음 물질 중 가장 많은 양(부피%)을 차지하고 있는 것은? (단, 공전상태 기준)

㉮ HC　　㉯ CO
㉰ NO_X　　㉱ SO_X

풀이 전형적인(가솔린) 자동차에서 가장 많이 배출되는 조건
㉮ HC : 감속 시
㉯ CO : 공회전(아이드링) 시
㉰ NO_X : 가속 시

54 어떤 원형 송풍관(duct)내에 유체가 난류로 흐르고 있다. 이 송풍관의 직경을 1/2로 하면 직관 부분의 압력손실은 몇 배가 되는가? (단, 유량과 마찰계수는 일정한 것으로 본다)

㉮ 4배　　㉯ 8배
㉰ 16배　　㉱ 32배

풀이
$\Delta P = \lambda \times \dfrac{L}{D} \times \dfrac{r \times V^2}{2 \times g}$ (mmH$_2$O)에서
$\Delta P = \dfrac{1}{D} \times V^2 = \dfrac{1}{D} \times \left(\dfrac{1}{D^2}\right)^2 = \dfrac{1}{D^5}$
$= \dfrac{1}{(1/2)^5} = 32$

TIP
$Q = A \times V = \dfrac{\pi \times D^2}{4} \times V$
$\therefore V = \dfrac{Q}{\dfrac{\pi \times D^2}{4}}$

55 다음 기체연료의 완전연소 반응식 중에서 틀리는 것은?

㉮ 수소 : $2H_2 + O_2 \rightarrow 2H_2O$
㉯ 일산화탄소 : $2CO + O_2 \rightarrow 2CO_2$
㉰ 메탄 : $CH_4 + O_2 \rightarrow CO_2 + 2H_2$
㉱ 프로판 : $C_3H_8 + 5O_2 \rightarrow 2CO_2 + 4H_2O$

풀이 ㉰ 메탄 : $CH_4 + 2O_2 \rightarrow CO_2 + 2H_2O$

answer 51 ㉯　52 ㉮　53 ㉯　54 ㉱　55 ㉰

56 하루에 5톤의 유비철광을 사용하는 아비산제조 공장에서 배출되는 황산화물(SO_2)을 수산화나트륨용액으로 흡수하여 Na_2SO_3로 제거하려 한다. NaOH 용액의 흡수효율을 100%라 하면 이론적으로 필요한 NaOH 양은? (단, 유비철광 중의 유황분 함유량은 20%이다. 유비철광 중 유황분은 모두 산화되어 배출된다.)

㉮ 0.5톤 ㉯ 1.5톤
㉰ 2.5톤 ㉱ 3.5톤

풀이 $S + O_2 \rightarrow SO_2 + 2NaOH \rightarrow Na_2SO_3 + H_2O$
32kg : 2×40kg
5톤/일 × 0.20 : X

$\therefore X = \dfrac{5톤/일 \times 0.20 \times 2 \times 40kg}{32kg} = 2.5톤/일$

57 발생원으로 부터 집진 장치를 포함한 송풍기까지의 전압력 손실이 $150 mmH_2O$일 때 처리가스량이 $80,000 m^3/hr$인 경우 필요한 송풍기의 소요동력은? (단, 송풍기의 효율은 85%, 여유율은 1.3이다.)

㉮ 38kw ㉯ 40kw
㉰ 45kw ㉱ 50kw

풀이 $kw = \dfrac{Ps \times Q}{102 \times \eta} \times \alpha$

여기서 Ps : 정압(mmH_2O)
Q : 배출가스량(m^3/sec)
η : 송풍기의 효율
α : 여유율

따라서
$kw = \dfrac{150 mmH_2O \times 80,000 m^3/hr \times 1hr/3,600 sec}{102 \times 0.85} \times 1.3$
$= 49.98 kw$

TIP
102의 단위가 kg·m/sec이므로 가스량(Q)의 시간단위는 반드시 "sec"임을 숙지하셔야 합니다.

58 전기집진장치의 특징으로 틀린 것은?

㉮ 초기 시설비가 크다.
㉯ 설치면적이 크게 소요된다.
㉰ 주어진 조건에 따라 변동이 어렵다.
㉱ 대량공기를 다루기 어렵다.

풀이 ㉱ 대량공기를 다루기가 용이하다.

59 후드에 의한 흡인요령에 대한 설명으로 틀린 것은?

㉮ 후드를 발생원에 가깝게 한다.
㉯ 국부적인 흡인방식을 취한다.
㉰ 후드 개구면적을 크게 한다.
㉱ 에어커텐을 이용한다.

풀이 ㉰ 후드 개구면적을 작게 한다.

60 다음 중 전기집진장치에서 전기집진이 가장 잘 이루어질 수 있는 전기저항의 영역은?

㉮ $10^4 \Omega \cdot cm$ ㉯ $10^7 \sim 10^{10} \Omega \cdot cm$
㉰ $10^{12} \sim 10^{15} \Omega \cdot cm$ ㉱ $10^{15} \Omega \cdot cm$ 이상

풀이 전기집진장치에서 전기집진이 가장 잘 이루어질 수 있는 전기저항의 영역은 $10^4 \sim 10^{11} \Omega \cdot cm$ 이다.

answer 56 ㉰ 57 ㉱ 58 ㉱ 59 ㉰ 60 ㉯

2024 3회 CBT 복원문제

| 제1과목 | 대기환경관리

01 다음 중 오존층 보호를 위한 국제협약으로 틀린 것은?

㉮ 비엔나 협약　㉯ 몬트리올 의정서
㉰ 런던회의　　㉱ 소피아 의정서

풀이 ① 오존층 보호를 위한 국제협약 : 비엔나 협약(1985년), 몬트리올 의정서(1987년), 런던회의(1990년)
② 산성비에 관한 협약 : 헬싱키 의정서(황산화물저감), 소피아 의정서(질소산화물저감)

02 다음 중 오존층에 대한 설명으로 틀린 것은?

㉮ 지구 대기층의 오존총량을 표준상태에서 부피로 환산했을 때 1mm는 100돕슨에 해당한다.
㉯ 대기 중에서 오존층의 파괴현상이 가장 심한 곳은 남극을 중심으로 한 남극대륙이다.
㉰ 오존층의 두께는 극지방이 400돕슨이고 적도지방이 200돕슨이다.
㉱ 오존층은 지상 20~30km 구간을 말하며 오존의 최대농도는 100ppm이다.

풀이 ㉱ 오존층은 지상 20~30km 구간을 말하며 오존의 최대농도는 10ppm이다.

03 다음 중 CFC-111의 화학식은?

㉮ C_2FCl_5　㉯ $C_2F_2Cl_4$
㉰ $C_2F_3Cl_3$　㉱ $C_2F_4Cl_2$

풀이 ㉮ CFC-111　㉯ CFC-112
㉰ CFC-113　㉱ CFC-114

04 다음 중 혼합고에 대한 설명으로 틀린 것은?

㉮ 최대혼합깊이는 하루 중 밤에 가장 크고 한낮에 최소이며, 계절적으로 겨울에 최대이고 여름에 최소가 된다.
㉯ 대단히 안정된 대기에서의 MMD는 불안정한 대기에서 보다 MMD가 작다.
㉰ MMD가 높은 날은 대기오염이 약하고, MMD가 낮은 날에는 대기오염이 심함을 나타낸다.
㉱ 실제로 지표상 수km까지의 실제공기의 온도 종단도를 작성함으로써 결정된다.

풀이 ㉮ 최대혼합깊이는 하루 중 밤에 가장 적고 한낮에 최대이며, 계절적으로 여름에 최대이고 겨울에 최소가 된다.

answer 01 ㉱　02 ㉱　03 ㉮　04 ㉮

05 주요 대기오염물질인 염화수소를 배출하는 업종으로 틀린 것은?

㉮ 염산제조 ㉯ 소다공업
㉰ 플라스틱 공장 ㉱ 피혁공장

풀이 염화수소의 배출원은 소다공업, 활성탄제조, 금속제련, 염산제조, 플라스틱 공장이다.

06 가솔린을 연료로 사용하는 승용차 운행 시 탄화수소가 가장 많이 배출되는 엔진 작동상태는?

㉮ 감속 ㉯ 운행
㉰ 가속 ㉱ 공전

풀이 가솔린 자동차에서 가장 많이 발생하는 조건
① 질소산화물(NO_X) : 가속 시
② 일산화탄소(CO) : 공회전(아이드링) 시
③ 탄화수소(HC) : 감속 시

07 고속도로상의 교통밀도가 5,000대/hr이고, 차량의 평균속도가 100km/hr이다. 차량 한대의 탄화수소 방출량이 2×10^{-2} g/sec·대일 때 고속도로에서 방출되는 탄화수소의 양(g/sec·m)은?

㉮ 10^{-1} ㉯ 10^{-2}
㉰ 10^{-3} ㉱ 10^{-4}

풀이 탄화수소의 양(g/sec·m)
$= \dfrac{2 \times 10^{-2} \text{g}}{\text{sec·대}} \times \dfrac{5,000 \text{대}}{\text{hr}} \times \dfrac{1\text{hr}}{100\text{km}} \times \dfrac{1\text{km}}{10^3 \text{m}}$
$= 0.001 \text{g/sec·m} = 10^{-3} \text{g/sec·m}$

08 Richardson 수(Ri)에 대한 설명으로 틀린 것은?

㉮ 기계적 난류와 대류 난류 중 어느 것이 지배적인가를 추정할 수 있다.
㉯ 무차원 수이다.
㉰ 큰 음의 값을 가지면 대류가 지배적이어서 바람이 약하게 되어 강한 수직운동이 일어난다.
㉱ 0에 접근하면 분산이 증가한다.

풀이 ㉱ 0에 접근하면 분산이 줄어들며, Ri = 0일 때는 기계적 난류만 존재한다.

09 다이옥신의 대표적인 물리적 성질로 알맞은 것은?

㉮ 열적불안정, 높은 증기압, 높은 수용성
㉯ 열적안정, 낮은 증기압, 높은 수용성
㉰ 열적불안정, 높은 증기압, 낮은 수용성
㉱ 열적안정, 낮은 증기압, 낮은 수용성

풀이 다이옥신의 대표적인 물리적 성질은
㉱ 열적안정, 낮은 증기압, 낮은 수용성이다.

10 다음 중 아황산가스(SO_2)에 약한식물로 틀린 것은?

㉮ 대맥 ㉯ 자주개나리
㉰ 목화 ㉱ 옥수수

풀이 ① SO_2에 지표(약한)식물 : 대맥, 담배, 자주개나리(알팔파), 목화, 보리 등
② SO_2에 강한식물 : 양배추, 까치밤나무, 쥐당나무, 셀러리, 소나무, 옥수수 등

answer 05 ㉱ 06 ㉮ 07 ㉰ 08 ㉱ 09 ㉱ 10 ㉱

11 Los Angeles 스모그 현상은 다음 중 어떤 경우에 해당되는가?

㉮ 복사형 역전   ㉯ 전선형 역전
㉰ 침강성 역전   ㉱ 방사성 역전

풀이 LA스모그 사건은 침강성역전이고, 런던스모그 사건은 복사성역전이다.

12 다음에서 설명하고 있는 물질은?

> 비스코스섬유 제조 시 많이 발생하며, 햇빛에 파괴될 정도로 불안정하며, 끓는점이 46℃이며 인화점은 -30℃이다.

㉮ 아황산가스   ㉯ 삼산화황
㉰ 황화수소   ㉱ 이황화탄소

풀이 ㉱ 이황화탄소(CS_2)에 대한 설명이며, 핵심 내용은 "비스코스섬유공업=이황화탄소"임을 숙지하시면 됩니다.

13 산성비란 보통 빗물의 pH가 (   )보다 낮게 되는 경우를 말하는데 이는 자연상태에 존재하는 CO_2가 빗방울에 흡수되었을 때의 pH를 기준으로 한 것이다. (   )안에 알맞은 것은?

㉮ 3.5   ㉯ 4.5
㉰ 5.6   ㉱ 6.6

풀이 산성비의 pH는 5.6이하이며, 원인물질은 황산(H_2SO_4), 질산(HNO_3), 염산(HCl)이다.

14 대기성분의 부피비율이 큰 순서대로 나타낸 것은? (단, 산소, 질소는 생략)

㉮ 아르곤-탄산가스-네온-헬륨
㉯ 아르곤-탄산가스-헬륨-네온
㉰ 탄산가스-아르곤-메탄-일산화탄소
㉱ 탄산가스-아르곤-일산화탄소-메탄

풀이 대기의 구성순서는
$N_2 > O_2 > Ar > CO_2 > Ne > He > CH_4 > CO$
순이다.

15 다음 중 환상형(looping)에 대한 설명으로 가장 알맞은 것은?

㉮ 전체 대기층이 강한 안정 시에 나타나며, 지상에는 오염물질의 영향이 매우 크다.
㉯ 전체 대기층이 중립일 경우에 나타나며, 연기모양의 요동이 적은 형태이다.
㉰ 상층이 불안정하고 하층이 안정할 경우에 나타나며, 연기가 서서히 확산된다.
㉱ 전체 대기층이 불안정할 경우에 나타나며, 연기의 모양이 상하로 요동이 심하며, 순간적으로 지상에 고농도가 될 수 있다.

풀이 ㉮ 대기안정도가 강한 안정(역전) 조건 : 부채형
㉯ 대기안정도가 중립 조건 : 원추형
㉰ 대기안정도가 상층 불안정(과단열), 하층 안정(역전) 조건 : 상승형(지붕형)
㉱ 대기안정도가 불안정(과단열) 조건 : 환상형(파상형)

answer 11 ㉰ 12 ㉱ 13 ㉰ 14 ㉮ 15 ㉱

16 다음 역사적 대기오염 사건 중 알맞게 설명된 것은?

㉮ Krakatau섬 사건 : 황산공장의 폭발로 발생
㉯ Poza Rica사건 : 멕시코 공업지대에서 황화수소 누출
㉰ Meuse Valley사건 : 미국 펜실바니아 주 피츠버그시의 남쪽에 위치한 공업 지대에서 발생
㉱ Bophal시 사건 : 인도 보팔시에서 아연 정련소의 황산미스트 유출로 발생

풀이 ㉮ Krakatau섬 사건 : 인도네시아 크라카타우섬의 화산폭발로 발생
㉰ Meuse Valley사건 : 벨기에 공장지대에서 발생
㉱ Bophal시 사건 : 인도 보팔시에서 메틸이소시아네이트(CH_3CNO) 유출로 발생

17 먼지농도가 150 $\mu g/m^3$이고, 상대습도가 70%인 상태의 대도시에서 가시거리(km)는? (단, A=1.25)

㉮ 5.4   ㉯ 8.3
㉰ 10.5   ㉱ 12.2

풀이 $V = \dfrac{10^3 \times A}{G(\mu g/m^3)} = \dfrac{10^3 \times 1.25}{150\mu g/m^3} = 8.33 km$

18 대기의 수직온도 분포에 의한 분류로 바르게 된 것은?

㉮ 대류권 - 중간층 - 성층권 - 열권
㉯ 대류권 - 열권 - 중간층 - 성층권
㉰ 대류권 - 성층권 - 열권 - 중간층
㉱ 대류권 - 성층권 - 중간층 - 열권

풀이 대기는 고도에 따른 온도분포에 따라 대류권→성층권→중간층→열권(온도권)으로 분류한다.

19 지상 10m에서의 풍속이 3m/s라면 60m에서의 풍속은? (단, 매개변수(p)는 0.4이다.)

㉮ 5.2m/s   ㉯ 5.5m/s
㉰ 6.1m/s   ㉱ 6.8m/s

풀이 $U_2 = U_1 \times \left(\dfrac{H_2}{H_1}\right)^p$

$= 3m/sec \times \left(\dfrac{60m}{10m}\right)^{0.4} = 6.14 m/sec$

20 대기 중의 탄화수소(HC)에 대한 설명 중 틀린 것은?

㉮ 인위적 발생량이 자연적 발생량보다 많다.
㉯ 포화탄화수소, 불포화탄화수소로 나뉜다.
㉰ 올레핀계탄화수소가 방향족탄화수소보다 반응성이 크다.
㉱ 불포화탄화수소는 이중결합 또는 3중결합을 갖고 있다.

풀이 ㉮ 자연적 발생량이 인위적 발생량보다 많다.

answer 16 ㉯ 17 ㉯ 18 ㉱ 19 ㉰ 20 ㉮

| 제2과목 | 대기오염공정시험기준

21 저용량공기시료채취법으로 환경대기 중에 부유하고 있는 입자상 물질을 채취하기 위한 장치의 기본구성 중 흡입펌프의 조건으로 틀린 것은?

㉮ 연속해서 30일 이상 사용할 수 있을 것
㉯ 진공도가 높을 것
㉰ 유량이 클 것
㉱ 맥동이 고르게 작동될 것

풀이 ㉱ 맥동이 없이 고르게 작동될 것

22 기체크로마토그래피에서 분리관 내경이 3mm일 경우 사용되는 흡착제 및 담체의 입경범위(μm)로 알맞은 것은? (단, 기체-고체 크로마토그래피, 흡착성 고체분말 기준)

㉮ 120~149 μm   ㉯ 149~177 μm
㉰ 177~250 μm   ㉱ 250~590 μm

풀이 분리내경에 따른 입경범위

분리관의 내경(mm)	흡착제 및 담체의 입경	
3mm	149~177 μm	100~80 mesh
4mm	177~250 μm	80~60 mesh
5~6mm	250~590 μm	60~28 mesh

23 자외선/가시선분광법을 구성하는 장치 중 광원부에서 가시부와 근적외부의 광원으로 사용하는 것은?

㉮ 텅스텐램프   ㉯ 중수소방전관
㉰ 중공음극램프 ㉱ 방전램프

풀이 자외선/가시선분광법의 광원부
① 가시부와 근적외부 : 텅스텐램프
② 자외부 : 중수소방전관

24 원자흡수분광광도법 적용시 사용되는 용어의 정의로 틀린 것은?

㉮ 슬롯버너 : 가스의 분출구가 세극상으로 된 버너
㉯ 선프로파일 : 파장에 대한 스펙트럼선의 강도를 나타내는 곡선
㉰ 다연료불꽃 : 가연성가스를 과량으로 흡입한 불꽃
㉱ 충전가스 : 중공음극램프에 채우는 가스

풀이 ㉰ 다연료불꽃 : 가연성가스/조연성가스의 값을 크게 한 불꽃

25 다음 중 대기오염공정시험기준에서 규정하는 시약의 농도와 비중이 틀린 것은?

㉮ 염산농도 35.0~37.0%, 비중 1.18
㉯ 황산농도 95.0% 이상, 비중 1.84
㉰ 질산농도 60.0~62.0%, 비중 1.38
㉱ 암모니아수농도 38.0~48.0%, 비중 0.84

풀이 ㉱ 암모니아수농도 28.0~30.0%(NH_3로서), 비중 0.84

answer 21 ㉱ 22 ㉯ 23 ㉮ 24 ㉰ 25 ㉱

26 배출가스 중 비소화합물의 분석방법인 수소화물생성 원자흡수분광광도법에 대한 내용으로 틀린 것은?

㉮ 시료용액 중의 비소를 수소화비소로 하여 아르곤-수소 불꽃 중에 도입한다.
㉯ 비소에 의한 원자흡수를 파장 228.8nm 에서 측정한다.
㉰ 정량범위는 건조시료가스량이 1 Sm³ 인 경우 0.003ppm 이상이다.
㉱ 방법검출한계는 0.001ppm이며, 정밀도는 10% 이하이다.

풀이 ㉯ 비소에 의한 원자흡수를 파장 193.7nm에서 측정하여 비소를 정량한다.

27 배출가스 중 수은화합물의 분석방법으로 알맞은 것은?

㉮ 냉증기-원자흡수분광광도법
㉯ 환원기화-원자흡광광도법
㉰ 수소화-원자흡수분광광도법
㉱ 산화증기화-원자흡광광도법

풀이 수은화합물의 분석방법은 ㉮ 냉증기-원자흡수분광광도법이다.

28 배출가스 중 황화수소를 자외선/가시선 분광법-메틸렌블루법으로 분석 시 흡광도 측정파장은?

㉮ 460nm   ㉯ 510nm
㉰ 670nm   ㉱ 880nm

풀이 황화수소를 자외선/가시선분광법-메틸렌블루법은 배출가스 중의 황화수소를 아연아민착염용액에 흡수시켜 P-아미노다이메틸아닐린용액과 염화철(Ⅲ)용액을 가하여 생성되는 메틸렌블루의 흡광도를 670nm 부근에서 측정한다.

29 링겔만 농도표법에 의한 매연 측정시 설명으로 틀린 것은?

㉮ 매연의 검은 정도를 1~5도까지 5종으로 분류한다.
㉯ 매연배출구에서 30~45cm 떨어진 곳의 농도와 비교한다.
㉰ 농도표를 측정자의 앞 16m 위치에 놓고 관측한다.
㉱ 될 수 있는 한 무풍에서 측정한다.

풀이 ㉮ 매연의 검은 정도를 0~5도까지 6종으로 분류한다.

30 다음 중 램버어트 비어의 법칙으로 알맞은 것은? (단, I_o : 입사광 강도, I_t : 투사광 강도, C : 농도, L : 투과거리, ϵ : 흡광계수)

㉮ $I_o = I_t \cdot 10^{-\epsilon \cdot C \cdot L}$ ㉯ $I_o = I_t \cdot 100^{-\epsilon \cdot C \cdot L}$
㉰ $I_t = I_o \cdot 10^{-\epsilon \cdot C \cdot L}$ ㉱ $I_t = I_o \cdot 100^{-\epsilon \cdot C \cdot L}$

풀이 램버어트 비어 법칙은 $I_o = I_t \cdot 10^{\epsilon \cdot C \cdot L}$ 와 $I_t = I_o \cdot 10^{-\epsilon \cdot C \cdot L}$ 이다.

answer 26 ㉯   27 ㉮   28 ㉰   29 ㉮   30 ㉰

31 다음 중 농도표시에 대한 설명으로 틀린 것은?

㉮ 기체 중의 농도를 mg/m³로 표시했을 때의 m³은 표준상태의 기체용적을 뜻한다.
㉯ 1억분율은 pphm로 표시하며 기체일 때는 용량 대 용량(부피분율)을 뜻한다.
㉰ 10만분율은 ppb로 표시하며, 액체일 때는 중량 대 중량(질량분율)을 뜻한다.
㉱ 중량백분율로 표시할 때는 (질량분율 %)의 기호를 사용한다.

풀이 ㉰ 10억분율은 ppb로 표시하며, 액체일 때는 중량 대 중량(질량분율)을 뜻한다.

32 배출가스 중 염소를 분석하는 방법은?

㉮ 비분산 적외선 분광분석법
㉯ 침전적정법
㉰ 아연환원나프틸에틸렌다이아민법
㉱ 자외선/가시선분광법 - 오르토톨리딘법

풀이 염소를 분석하는 방법은 자외선/가시선분광법-오르토톨리딘법과 자외선/가시선분광법-4-피리딘카복실산-피라졸론법이다.

33 화학분석 시 온도에 관한 사항 중 틀린 것은?

㉮ 표준온도는 0℃이다.
㉯ 냉수는 15℃이하, 온수는 (60~70)℃, 열수는 약 100℃를 말한다.
㉰ 찬곳은 따로 규정이 없는 한 4℃이하를 뜻한다.
㉱ 냉후(식힌후)라 표시되어 있을 때는 보온 또는 가열 후 실온까지 냉각된 상태를 나타낸다.

풀이 ㉰ 찬곳은 따로 규정이 없는 한 (0~15)℃를 뜻한다.

34 금속 필라멘트 또는 전기저항체를 검출소자로 하여 금속판(BLOCK)안에 들어 있는 본체와 여기에 안정된 직류전기를 공급하는 전원회로, 전류조절부 등으로 구성되어 있는 기체크로마토그래피법에 사용되는 검출기는?

㉮ FID
㉯ FPD
㉰ TCD
㉱ ECD

풀이 ㉰ 열전도도 검출기(TCD)에 대한 설명이며, 핵심 내용인 "금속 필라멘트=열전도도검출기"임을 숙지하시면 됩니다.

35 어느 보일러 굴뚝의 배출가스 온도가 240℃ 피토우관에 의한 동압이 7.5 mmH₂O이었다. 연도의 배출가스 유속은? (단, 대기압 1atm, 피토우관계수는 1.0으로 한다.)

㉮ 약 7 m/s
㉯ 약 9 m/s
㉰ 약 12 m/s
㉱ 약 15 m/s

풀이
$$V = C \times \sqrt{\frac{2gh}{r}}$$
$$= 1.0 \times \sqrt{\frac{2 \times 9.8\,\text{m/sec}^2 \times 7.5\,\text{mmH}_2\text{O}}{1.3\,\text{kg/Sm}^3 \times \frac{273}{273+240℃}}}$$
$$= 14.58\,\text{m/sec}$$

answer 31 ㉰ 32 ㉱ 33 ㉰ 34 ㉰ 35 ㉱

36 분석가스 중 시료 채취관 및 연결관의 재질로 보통강철을 사용하는 것은?

㉮ 일산화탄소　㉯ 염화수소
㉰ 이황화탄소　㉱ 사이안화수소

풀이 시료 채취관 및 연결관의 재질로 보통강철을 사용할 수 있는 것은 암모니아와 일산화탄소이다.

37 굴뚝 측정공에서 원통여지를 사용하여 먼지를 포집하였다. 측정결과가 다음과 같다면 먼지농도는?

- 흡인가스량(표준상태) : 50L
- 먼지포집 전의 원통여지무게 : 5.3720g
- 먼지포집 후의 원통여지무게 : 5.3850g

㉮ $310\,mg/Sm^3$　㉯ $290\,mg/Sm^3$
㉰ $260\,mg/Sm^3$　㉱ $230\,mg/Sm^3$

풀이 먼지농도(mg/Sm^3)
$= \dfrac{(포집\ 후 - 포집\ 전)mg}{흡인가스량(Sm^3)}$
$= \dfrac{(5.3850 - 5.3720) \times 10^3\,mg}{50 \times 10^{-3}\,Sm^3} = 260\,mg/Sm^3$

38 배출가스 중 폼알데하이드 및 알데하이드류의 분석방법으로 틀린 것은?

㉮ 비분산 적외선 분광분석법
㉯ 고성능 액체크로마토그래피법
㉰ 자외선/가시선분광법-크로모트로핀산법
㉱ 자외선/가시선분광법-아세틸아세톤법

풀이 폼알데하이드 및 알데하이드류의 분석방법에는 고성능 액체크로마토그래피법, 자외선/가시선분광법-크로모트로핀산법, 자외선/가시선분광법-아세틸아세톤법이 있다.

39 다음 중 공정시험기준에서 정하는 방울수의 정의로 알맞은 것은?

㉮ 0℃에서 정제수 20방울을 떨어뜨릴 때 그 부피가 약 1mL가 되는 것을 뜻한다.
㉯ 0℃에서 정제수 10방울을 떨어뜨릴 때 그 부피가 약 1mL가 되는 것을 뜻한다.
㉰ 20℃에서 정제수 20방울을 떨어뜨릴 때 그 부피가 약 1mL가 되는 것을 뜻한다.
㉱ 20℃에서 정제수 10방울을 떨어뜨릴 때 그 부피가 약 1mL가 되는 것을 뜻한다.

40 분석대상가스와 시료의 흡수액이 잘못 짝지워진 것은?

㉮ 암모니아 : 붕산용액
㉯ 염화수소 : 수산화소듐용액
㉰ 황화수소 : 아연아민착염용액
㉱ 플루오린화합물 : 다이에틸아민구리용액

풀이 ㉱ 플루오린화합물의 흡수액은 수산화소듐 용액(4g/L)이다.

answer　36 ㉮　37 ㉰　38 ㉮　39 ㉰　40 ㉱

| 제3과목 | 대기오염방지기술

41 다음 중 그을음(매연)의 발생에 대한 설명으로 틀린 것은?

㉮ -C-C-의 탄소결합을 절단하기 보다 탈수소가 쉬운 쪽이 매연이 생기기 쉽다.
㉯ 탈수소 및 고리화합물 등과 같이 반응이 일어나기 쉬운 탄화수소일수록 매연이 잘 생긴다.
㉰ 분해나 산화가 쉬운 탄화수소는 그을음 발생이 많다.
㉱ C/H비가 큰 연료일수록 그을음이 잘 발생된다.

[풀이] ㉰ 분해나 산화가 쉬운 탄화수소는 그을음 발생이 적다.

42 다음 중 관성력집진장치에 대한 설명으로 틀린 것은?

㉮ 호퍼(Dust Box)는 적당한 모양과 크기가 필요하다.
㉯ 충돌식은 충돌직전의 처리가스가 클수록 미립자 제거가 용이하다.
㉰ 반전식은 방향전환 횟수가 많을수록 미립자 제거가 용이하다.
㉱ 반전식은 기류의 방향 전환 시 곡률반경이 클수록 미립자 제거가 용이하다.

[풀이] ㉱ 반전식은 기류의 방향 전환 시 곡률반경이 작을수록 미립자 제거가 용이하다.

43 다음 중 세정집진장치 중 유수식에 해당하지 않는 것은?

㉮ 가스선회형   ㉯ 임펠라형
㉰ 분수형   ㉱ 충전탑

[풀이] ㉱ 충전탑은 가압수식에 해당한다.

TIP
세정집진장치의 종류
① 유수식 : 가스선회형, 임펠라형, 로타형, 분수형
② 가압수식 : 충전탑, 분무탑, 벤츄리스크러버, 제트스크러버
③ 회전식 : 타이젠와셔, 임펄스스크러버

44 다음 중 분무탑에 대한 설명으로 틀린 것은?

㉮ 액가스비는 0.5~1.5 L/m³이다.
㉯ 분무노즐이 막히기 쉽다.
㉰ 구조가 간단하고 압력손실이 작은 편이다.
㉱ 기체분산형 흡수장치에 해당한다.

[풀이] ㉱ 액분산형 흡수장치에 해당한다.

45 다음 중 여과집진장치에 대한 설명으로 틀린 것은?

㉮ 다양한 여과재의 사용으로 인하여 설계 시 융통성이 있다.
㉯ 여과재의 교환으로 유지비가 고가이다.
㉰ 폭발성, 점착성, 흡습성 먼지의 제거가 용이하다.
㉱ 수분이나 여과속도에 대한 적응성이 낮다.

[풀이] ㉰ 폭발성, 점착성, 흡습성 먼지의 제거가 어렵다.

answer 41 ㉰ 42 ㉱ 43 ㉱ 44 ㉱ 45 ㉰

46 충전탑에 사용되는 충전물의 구비조건이라 할 수 없는 것은?

㉮ 압력손실과 충진밀도가 작을 것
㉯ 공극률이 클 것
㉰ 단위용적에 대한 표면적이 클 것
㉱ 액가스 분포를 균일하게 유지할 수 있을 것

[풀이] ㉮ 압력손실은 작고, 충진밀도는 클 것

47 연소가스 분석결과 CO_2 13%, O_2 7%이며 나머지는 질소가스일 때 공기비는?

㉮ 2.7   ㉯ 2.1
㉰ 1.8   ㉱ 1.5

[풀이] ① $N(\%) = 100\% - (CO_2\% + O_2\% + CO\%)$
        $= 100\% - (13\% + 7\%) = 80\%$
② 공기비$(m) = \dfrac{N_2\%}{N_2\% - 3.76(O_2\% - 0.5CO\%)}$
        $= \dfrac{80\%}{80\% - 3.76 \times 7\%} = 1.49$

48 두 개의 집진장치를 직렬로 연결하여 배출가스 중의 먼지를 제거하고자 한다. 입구농도는 $14g/m^3$이고, 첫 번째와 두 번째 집진장치의 집진효율이 각각 75%, 95%라면 출구농도(mg/m^3)는?

㉮ 175   ㉯ 211
㉰ 236   ㉱ 241

[풀이] ① $\eta_T = 1 - (1-\eta_1) \times (1-\eta_2)$
        $= 1 - (1-0.75) \times (1-0.95) = 0.9875$
따라서 $\eta_T = 98.75\%$

② $\eta_T = \left(1 - \dfrac{C_o}{C_i}\right) \times 100$
$98.75\% = \left(1 - \dfrac{C_o}{14g/m^3}\right) \times 100$
∴ $C_o = 14g/m^3 \times (1-0.9875) = 0.175g/m^3$
        $= 175 mg/m^3$

49 중력집진장치에 대한 설명으로 틀린 것은?

㉮ 침강실 내의 처리가스 속도가 작을수록 미립자가 잘 포집된다
㉯ 침강실의 높이가 낮고 길이가 길수록 집진율은 높아진다
㉰ 침강실 내의 기류는 와류상태일 때 집진이 잘 된다.
㉱ 입자가 작을 때 침강속도가 작아져 집진이 잘 안된다.

[풀이] ㉰ 침강실 내의 기류는 균일할 때 집진이 잘 된다.

50 어떤 유해가스와 물이 일정 온도에서 평형상태에 있다. 기상의 유해가스의 분압이 40mmHg일 때 수중 유해가스의 농도가 $2.7 kmol/m^3$이다. 헨리정수$(atm \cdot m^3/kmol)$는?

㉮ 0.01   ㉯ 0.02
㉰ 0.03   ㉱ 0.04

[풀이] 헨리정수$(atm \cdot m^3/kmol)$
$= \dfrac{분압(atm)}{농도(kmol/m^3)}$
$= \dfrac{40mmHg/760}{2.7 k mol/m^3} = 0.02 atm \cdot m^3/kmol$

answer 46 ㉮   47 ㉱   48 ㉮   49 ㉰   50 ㉯

51 국소배기장치 설치 시 기본설계를 위해 발생원에서 오염물질의 비산방향, 비산거리 및 후드의 형식을 고려하여 오염물질의 포착점에서의 적정한 흡입속도를 무엇이라 하는가?

㉮ 반송속도 ㉯ 확산속도
㉰ 비산속도 ㉱ 제어속도

풀이 ㉱ 제어속도(포착속도)에 대한 설명이다.

52 가스가 덕트를 통과할 때 발생하는 압력손실에 대한 설명 중 맞는 것은?

㉮ 덕트의 길이에 반비례한다.
㉯ 덕트의 직경에 반비례한다.
㉰ 가스통과 유속에 반비례한다.
㉱ 가스의 밀도에 반비례한다.

풀이 ㉮ 덕트의 길이에 비례한다.
㉰ 가스통과 유속의 제곱에 비례한다.
㉱ 가스의 밀도에 비례한다.

TIP
압력손실(ΔP) = $\lambda \times \dfrac{L}{D} \times \dfrac{r \times V^2}{2 \times g}$ (mmH$_2$O)

53 충전탑에서 편류현상(channeling effect)을 최소화하기 위한 충전제 직경(d)과 충전탑의 직경(D)에서 직경비(D/d)의 범위로 가장 적절한 것은?

㉮ 2~4 ㉯ 4~6
㉰ 6~8 ㉱ 8~10

풀이 충전탑에서 편류현상을 최소화하기 위한 충전제 직경(d)과 충전탑의 직경(D)에서 직경비(D/d)의 범위 8~10 정도이다.

54 유해가스의 흡수처리시 적용되는 헨리법칙이 가장 잘 성립되는 기체는?

㉮ SiF$_4$ ㉯ HF
㉰ Cl$_2$ ㉱ O$_2$

풀이 헨리법칙
① 적용기체(난용성물질) : N$_2$, O$_2$, H$_2$, NO, NO$_2$, CO 등
② 비적용기체(수용성물질) : HCl, SO$_2$, NH$_3$, HF 등

55 어떤 집진장치의 압력손실이 600mmH$_2$O, 처리가스량이 750m^3/min, 송풍기 효율이 75%일 때 동력(Hp)은?

㉮ 약 133 ㉯ 약 145
㉰ 약 156 ㉱ 약 168

풀이
$Hp = \dfrac{Ps \times Q}{75 \times \eta} \times \alpha$

여기서 Ps : 압력손실(mmH$_2$O)
Q : 처리가스량(m^3/sec)
η : 처리효율
α : 여유율

따라서
$Hp = \dfrac{600\text{mmH}_2\text{O} \times 750\text{m}^3/\text{min} \times 1\text{min}/60\text{sec}}{75 \times 0.75}$
= 133.33 Hp

TIP
① 1Hp = 75kg·m/sec
② 75의 시간단위가 "sec"이므로 가스량(Q)의 시간단위는 반드시 "sec"임을 숙지하셔야 합니다.
③ 여유율(α)이 주어지지 않으면 생략하시면 됩니다.

answer 51 ㉱ 52 ㉯ 53 ㉱ 54 ㉱ 55 ㉮

56 원심력 집진장치에서의 블로우다운 방식을 설명한 내용으로 틀린 것은?

㉮ 원추하부에 가교현상을 촉진시켜 재비산을 방지한다.
㉯ 더스트 박스에서 유입유량의 5~10%에 상당하는 가스를 추출시켜 집진장치의 기능을 향상시킨다.
㉰ 유효원심력을 증가시킨다.
㉱ 원추 하부 또는 출구에 먼지가 퇴적되는 것을 방지한다.

풀이 ㉮ 원추하부에 가교현상을 억제시켜 재비산을 방지한다.

57 전기집진장치에서 내부 평균 가스속도를 기본유속범위(1~2m/sec이하)상태로 운전하는 이유로 가장 타당한 것은?

㉮ 충분한 체류시간을 얻기 위하여
㉯ 부압상태를 유지하기 위하여
㉰ 먼지의 재비산 방지를 위하여
㉱ 층류영역으로 운전하기 위하여

풀이 전기집진장치에서 내부 평균 가스속도를 기본유속범위(1~2m/sec이하)상태로 운전하는 이유로는 먼지의 재비산 방지를 위해서이다.

58 탄화도 증가에 따른 변화에 대한 설명으로 틀린 것은?

㉮ 매연발생량이 증가한다.
㉯ 고정탄소가 증가한다.
㉰ 착화온도가 높아진다.
㉱ 발열량이 증가한다.

풀이 석탄의 탄화도
① 탄화도 증가하면 고정탄소, 발열량, 착화온도, 연료비는 증가
② 탄화도 증가하면 매연발생량, 비열, 휘발분, 수분, 산소의 양, 연소속도는 감소

59 다음 액화천연가스(LNG)의 주성분은?

㉮ CH_4　　㉯ C_2H_6
㉰ C_3H_8　　㉱ C_4H_{10}

풀이 ① 액화천연가스(LNG)의 주성분 : 메탄(CH_4)
② 액화석유가스(LPG)의 주성분 : 프로판(C_3H_8)과 부탄(C_4H_{10})

60 기체흡수장치 중 기체분산형 흡수장치는?

㉮ 단탑　　㉯ 충전탑
㉰ 분무탑　　㉱ 벤츄리 스크러버

풀이 흡수장치
① 기체분산형 : 단탑(다공판탑), 종탑(포종탑), 기포탑
② 액분산형 : 충전탑(흡수탑), 분무탑, 벤츄리 스크러버, 제트스크러버

answer 56 ㉮　57 ㉰　58 ㉮　59 ㉮　60 ㉮

2025 1회 CBT 복원문제

| 제1과목 | 대기환경관리

01 다음 대기오염사건 중 황화수소(H_2S)가 누설되어 발생한 사건은?

㉮ 포자리카 사건　㉯ 보팔시 사건
㉰ 서베소 사건　　㉱ 체르노빌 사건

풀이 대기오염사건별 원인물질
㉮ 포자리카 사건 : 황화수소(H_2S)
㉯ 보팔시 사건 : 메틸이소사아네이트(CH_3CNO)
㉰ 서베소 사건 : 다이옥신
㉱ 체르노빌 사건 : 방사능 물질

02 다음 중 라돈에 대한 설명으로 틀린 것은?

㉮ 공기보다 9배 무거워 환기시설이 불량한 지하실 등에서 높은 농도를 나타낸다.
㉯ 일반적으로 흙, 시멘트, 콘크리트, 대리석 등에 존재하며 공기 중으로 방출된다.
㉰ 반감기는 3.8일간으로 라듐의 핵분열 시 생성되는 물질이다.
㉱ 자연계에 널리 존재하며 무색, 무취의 기체이며, 액화되면 청색을 띈다.

풀이 ㉱ 자연계에 널리 존재하며 무색, 무취의 기체이며, 액화되어도 색을 띠지 않는다.

03 매년 계절적으로 감소를 거듭하는 이유는 식물 및 토양의 광합성 작용과 호흡작용 때문이며, 대기 중에서 여름에 감소하고 겨울에 증가하며, 북반구에서 남반구보다 상대적으로 높다. 어떤 물질에 대한 설명인가?

㉮ 일산화탄소(CO)
㉯ 일산화질소(NO)
㉰ 이산화탄소(CO_2)
㉱ 이산화질소(NO_2)

풀이 ㉰ 이산화탄소(CO_2)에 대한 설명이며, 핵심 내용은 "광합성=이산화탄소"임을 숙지하시면 됩니다.

04 소용돌이 확산모델(Eddy diffusion model)의 기본방정식으로 적절한 것은?

㉮ Hook's 방정식　㉯ Fick's 방정식
㉰ Plank's 방정식　㉱ Kelvin's 방정식

풀이 확산모델의 기본방정식은 ㉯ Fick's 방정식이다.

05 연소과정 중 고온의 화염속에서 주로 생성되는 질소산화물은?

㉮ NO　　㉯ NO_2
㉰ HNO_3　㉱ N_2O

answer 01 ㉮　02 ㉱　03 ㉰　04 ㉯　05 ㉮

풀이 고온의 화염속에서 주로 생성되는 질소산화물은 NO(90%)와 NO_2(10%)이다.

06 세류현상(Down wash)을 방지하기 위해서 굴뚝 배출구의 가스유속을 풍속보다 최소한 몇배 이상 높게 유지하여야 하는가?

㉮ 1.5배 ㉯ 2배
㉰ 2.5배 ㉱ 3배

풀이 ① 세류현상(Down Wash)의 방지책 : 배출가스의 속도를 풍속의 2배 이상 유지
② 다운드래프트(Down Draft)의 방지책 : 굴뚝의 높이를 주위 건물높이의 2.5배 이상 유지

07 로스앤젤러스 스모그에 대한 설명으로 틀린 것은?

㉮ 2차 오염물질   ㉯ 침강성 역전
㉰ 광화학반응   ㉱ 겨울

풀이 ㉱ 로스앤젤레스 스모그의 계절은 여름이다.

08 "환경감율"의 정의로 가장 알맞은 것은?

㉮ 건조공기의 수직온도 변화비율
㉯ 역전층에서의 수직온도 변화비율
㉰ 대기층에서의 실측 수직온도 변화비율
㉱ 과단열 조건에서의 수직온도 변화비율

풀이 환경감율이란 대기층에서의 실측 수직온도 변화비율을 말한다.

09 다음 식물들 중에서 플루오린화합물의 지표식물로 틀린 것은?

㉮ 옥수수 ㉯ 자두
㉰ 메밀   ㉱ 목화

풀이 플루오린화합물의 지표식물과 강한식물
① 지표(약한)식물 : 글라디올러스, 메밀, 옥수수, 자두 등
② 강한식물 : 담배, 목화, 고추 등

10 우리나라에서 인위적인 대기오염물질의 년간 총발생량 중 가장 많은 부분을 차지하는 물질은?

㉮ 아황산가스 ㉯ 암모니아
㉰ 먼지   ㉱ 탄화수소

풀이 고체 및 액체연료에 함유되어 있는 황(S)분으로 인해서 아황산가스(SO_2)가 가장 많이 발생한다.

11 자동차의 크랭크 케이스(blow by)에서 가장 많이 배출되는 가스는?

㉮ 탄화수소   ㉯ 황산화물
㉰ 일산화탄소 ㉱ 미세먼지

풀이 크랭크 케이스에서 발생하는 블로바이(blow by) 가스는 휘발유 자동차에서 배출되며, 주원인물질은 탄화수소(HC)이다.

answer 06 ㉯ 07 ㉱ 08 ㉰ 09 ㉱ 10 ㉮ 11 ㉮

12 지구 지표면의 열수지를 표현하기 위해 복사수지식을 적용하는데 다음 중 지표의 반사율을 나타내는 지표는? (단, 입사 에너지에 대하여 반사되는 에너지의 비)

㉮ 유효율 ㉯ 알베도
㉰ 복사도 ㉱ 일사도

풀이 ㉯ 알베도에 대한 설명이며, 핵심 내용인 "지표의 반사율=알베도"임을 숙지하시면 됩니다.

13 광화학 스모그 발생 시 산화물의 농도에 미치는 인자로 틀린 것은?

㉮ 대기 고도 ㉯ 반응물 양
㉰ 빛의 강도 ㉱ 대기 안정도

풀이 산화물의 농도에 미치는 인자에는 반응물 양, 빛의 강도, 대기 안정도, 빛의 지속시간이다.

14 비스코스 섬유제조 시 주로 발생하는 무색의 유독한 휘발성 액체이고, 그 불순물은 불쾌한 냄새를 내는 대기오염물질은?

㉮ 폼알데하이드 ㉯ 이황화탄소
㉰ 암모니아 ㉱ 일산화탄소

풀이 ㉯ 이황화탄소(CS_2)에 대한 설명이며, 핵심 내용인 "비스코스섬유=이황화탄소"임을 숙지하시면 됩니다.

15 휘발유 자동차의 배출가스를 저감하기 위한 삼원촉매장치에서 환원촉매로 사용하는 것은?

㉮ Pt ㉯ Pd
㉰ Rh ㉱ Pb

풀이 ① 질소산화물(NO_X) $\xrightarrow[\text{로듐(Rh)}]{\text{환원촉매}}$ N_2로 제거
② 일산화탄소(CO), 탄화수소(HC) $\xrightarrow[\text{백금(Pt), 팔라듐(Pd)}]{\text{산화촉매}}$ CO_2와 H_2O로 제거

16 실제 굴뚝높이가 40m, 굴뚝내경 6m, 굴뚝가스 배출속도 15m/s, 굴뚝주위의 풍속이 5m/s이라면 유효굴뚝높이는?

(단, $\Delta H = 1.5 \times \left(\dfrac{Vs}{U}\right) \times D$를 이용하시오.)

㉮ 57m ㉯ 67m
㉰ 87m ㉱ 97m

풀이 ① $\Delta H = 1.5 \times \left(\dfrac{Vs}{U}\right) \times D$
$= 1.5 \times \left(\dfrac{15\text{m/sec}}{5\text{m/sec}}\right) \times 6\text{m} = 27\text{m}$
② 유효굴뚝높이(He) $= H + \Delta H$
$= 40\text{m} + 27\text{m} = 67\text{m}$

answer 12 ㉯ 13 ㉮ 14 ㉯ 15 ㉰ 16 ㉯

17 다음 중 환상형(looping)에 대한 설명으로 알맞은 것은?

㉮ 상층이 불안정하고 하층이 안정할 경우에 나타나며, 연기가 서서히 확산된다.
㉯ 전체 대기층이 중립일 경우에 나타나며, 연기모양의 요동이 적은 형태이다.
㉰ 전체 대기층이 강한 안정 시에 나타나며, 지상에는 오염물질의 영향이 매우 크다.
㉱ 전체 대기층이 불안정할 경우에 나타나며, 연기의 모양이 상하로 요동이 심하며, 순간적으로 지상에 고농도가 될 수 있다.

풀이 ㉮ 상승형(지붕형)에 대한 설명
㉯ 원추형에 대한 설명
㉰ 부채형에 대한 설명

18 열섬효과(heat island effect)에 대한 설명으로 틀린 것은?

㉮ 도시 외곽지역에서는 도시중심지역에 비하여 고온의 공기층을 형성하게 되는데 이를 열섬(heat island)현상이라 한다.
㉯ 도시지역과 교외지역은 풍속이나 대기안정도의 특성이 서로 다르고, 열섬의 규모와 현상은 시공간적으로 다양하게 나타난다.
㉰ 열섬현상의 원인으로서는 인공열 발생증가, 건물 등 구조물에 의한 거칠기 변화, 지표면에서의 증발잠열차이 등이다.
㉱ 도시지역에서의 풍속은 교외지역에 비하여 평균적으로 25~30% 감소하며, 대기오염물질이 응결핵으로 작용하여 운량과 강우량의 증가 현상이 나타날 수 있다.

풀이 ㉮ 도시중심지역에서는 도시 외곽지역에 비하여 고온의 공기층을 형성하게 되는데 이를 열섬(heat island)현상이라 한다.

19 먼지농도가 $160\,\mu g/m^3$이고, 상대습도가 70%인 상태의 대도시에서의 가시거리(km)는? (단, A = 1.2)

㉮ 4.5km ㉯ 5.5km
㉰ 6.5km ㉱ 7.5km

풀이 $V = \dfrac{10^3 \times A}{G(\mu g/m^3)} = \dfrac{10^3 \times 1.2}{160\,\mu g/m^3} = 7.5\,km$

20 무차원수이며 근본적으로 열적난류를 기계적인 난류로 전환시키는 율을 측정한 것으로 지구경계층에서의 기류안정도를 나타내는 척도로 이용하고 있는 것은?

㉮ 레이놀드수   ㉯ 리차드슨 수
㉰ 항력계수   ㉱ 커닝험 계수

풀이 ㉯ 리챠드슨 수에 대한 설명이며, 핵심 내용인 "열적난류를 기계적인 난류로 전환=리챠드슨 수"임을 숙지하시면 됩니다.

answer 17 ㉱ 18 ㉮ 19 ㉱ 20 ㉯

| 제2과목 | 대기오염공정시험기준

21 다음은 시료채취장치 중 채취부에 대한 설명이다. 틀린 것은?

㉮ 접속에는 갈아맞춤, 실리콘 고무, 플루오로 고무 등을 사용한다.
㉯ 흡수병은 유리로 만든 것을 사용한다.
㉰ 수은마노미터는 대기와 압력차가 100 mmH$_2$O 이상인 것을 사용한다.
㉱ 건조제로는 입자상태의 실리카젤, 염화칼슘 등을 사용한다.

[풀이] ㉰ 수은마노미터는 대기와 압력차가 100 mmHg 이상인 것을 사용한다.

22 배출가스 중 비소화합물의 분석방법인 흑연로 원자흡수분광광도법에 대한 내용으로 틀린 것은?

㉮ 비소 속빈음극램프를 점등하여 안정화시킨다.
㉯ 비소화합물을 원자화시켜 파장 228.5nm에서 흡광도를 측정한다.
㉰ 건조시료가스량이 1 Sm^{3}인 경우 정량범위는 0.003ppm 이상이다.
㉱ 방법검출한계는 0.001ppm이며, 정밀도는 10% 이하이다.

[풀이] ㉯ 비소화합물을 원자화시켜 파장 193.7nm에서 흡광도를 측정한다.

23 배출가스 중 일산화탄소(CO)를 분석하는 방법으로 틀린 것은?

㉮ 비분산적외선분광분석법
㉯ 전기화학식
㉰ 기체크로마토그래피
㉱ 이온크로마토그래피법

[풀이] 일산화탄소(CO)를 분석방법은 비분산적외선분광분석법, 전기화학식(정전위전해법), 기체크로마토그래피가 있다.

24 배출가스 중 벤젠을 분석하는 방법은?

㉮ 원자흡수분광광도법
㉯ 자외선/가시선분광법
㉰ 기체크로마토그래피
㉱ 이온크로마토그래피

[풀이] 벤젠을 분석하는 방법은 기체크로마토그래피이며, 사용하는 검출기는 불꽃이온화검출기(FID)이다.

25 취급 또는 저장하는 동안에 기체 또는 미생물이 침입하지 않도록 내용물을 보호하는 용기는?

㉮ 밀폐용기 ㉯ 기밀용기
㉰ 밀봉용기 ㉱ 차광용기

[풀이] ㉰ 밀봉용기에 대한 설명이며, 핵심 내용인 "미생물=밀봉용기"임을 숙지하시면 됩니다.

answer 21 ㉰ 22 ㉯ 23 ㉱ 24 ㉰ 25 ㉰

26 환경대기 중 아황산가스를 측정하는 자동연속측정법으로 틀린 것은?

㉮ 용액전도율법　㉯ 파라로자닐린법
㉰ 자외선형광법　㉱ 흡광차분광법

> 풀이 ㉯ 파라로자닐린법은 수동측정법에 해당한다.

TIP
아황산가스의 자동연속측정법에는 용액전도율법, 불꽃광도법, 자외선형광법(주시험방법), 흡광차분광법이 있다.

27 원형굴뚝의 반경이 1.6m인 경우 측정점 수는?

㉮ 12　㉯ 16
㉰ 20　㉱ 24

> 풀이 반경이 1.6m이면 직경은 3.2m이므로 반경구분 수는 3이고, 측정점수는 12이다.

TIP

굴뚝직경(m)	반경구분수	측정점수
1 이하	1	4
1 초과 2 이하	2	8
2 초과 4 이하	3	12
4 초과 4.5 이하	4	16
4.5 초과	5	20

28 피토우관을 사용하여 가스 유속을 측정할 때 다음과 같은 결과를 얻었다. 유속은?

- 피토우관 계수 : 1.2
- 피토우관에 의한 동압 : 10 mmH$_2$O
- 밀도 : 1.3 kg/m^3

㉮ 12.3m/sec　㉯ 13.5m/sec
㉰ 14.7m/sec　㉱ 16.2m/sec

> 풀이
> $$V = C \times \sqrt{\frac{2gh}{r}}$$
> $$= 1.2 \times \sqrt{\frac{2 \times 9.8\,\text{m/sec}^2 \times 10\,\text{mmH}_2\text{O}}{1.3\,\text{kg/m}^3}}$$
> $$= 14.74\,\text{m/sec}$$

29 환경대기 중 벤조피렌의 주시험방법은?

㉮ 기체크로마토그래피
㉯ 이온크로마토그래피
㉰ 자외선/가시선분광법
㉱ 액체크로마토그래피

> 풀이 벤조피렌의 시험방법은 기체크로마토그래피(주시험방법)와 형광분광광도법이다.

30 환경대기 중 먼지 측정방법인 저용량공기시료채취기법의 설명으로 틀린 것은?

㉮ 입경이 10㎛ 이상의 먼지는 분립장치에 의해 제거된다
㉯ 흡입펌프는 연속해서 10일 이상 사용할 수 있고 맥동이 없어야 한다.
㉰ 분립장치는 사이클론 방식과 다단형 방식이 있다
㉱ 포집용여과지는 가스상물질의 흡착이 적고 흡습성과 대전성이 적어야 한다

> 풀이 ㉯ 흡입펌프는 연속해서 30일 이상 사용할 수 있고 맥동이 없이 고르게 작동되어야 한다.

answer 26 ㉯　27 ㉮　28 ㉰　29 ㉮　30 ㉯

31 다음 중 오염물질과 측정방법의 연결이 틀린 것은?

㉮ 염화수소 : 이온크로마토그래피
㉯ 황산화물 : 아연환원나프틸에틸렌다이아민법
㉰ 사이안화수소 : 자외선/가시선분광법-4-피리딘카복실산-피라졸론법
㉱ 폼알데하이드 : 자외선/가시선분광법-크로모트로핀산법

> **풀이** 오염물질과 측정방법
> ㉮ 염화수소 : 이온크로마토그래피, 자외선/가시선분광법-싸이오사이안산제이수은법
> ㉯ 황산화물 : 자동측정법, 침전적정법-아르세나죠Ⅲ법
> ㉰ 사이안화수소 : 자외선/가시선분광법-4-피리딘카복실산-피라졸론법, 연속흐름법
> ㉱ 폼알데하이드 : 고성능 액체크로마토그래피법, 자외선/가시선분광법-크로모트로핀산법, 자외선/가시선분광법-아세틸아세톤법

32 일반시험방법 중 시약, 시액, 표준물질에 대한 설명으로 틀린 것은?

㉮ '약'이란 그 무게 또는 부피에 대하여 ±10% 이상의 차가 있어서는 안된다.
㉯ 시험에 사용하는 표준품은 원칙적으로 특급시약을 사용한다.
㉰ 표준약을 조제하기 위한 표준용시약은 따로 규정이 없는 한 데시케이터에 보존된 것을 사용한다.
㉱ 표준품을 채취할 때 표준액이 정수로 기재되어 있어도 실험자가 환산하여 기재수치에 '약'자를 붙여 사용할 수 없다.

> **풀이** ㉱ 표준품을 채취할 때 표준액이 정수로 기재되어 있어도 실험자가 환산하여 기재수치에 '약'자를 붙여 사용할 수 있다.

33 배출가스 중 황산화물을 침전적정법-아르세나조Ⅲ법에 의해 분석하고자 할 때 적정시약과 종말점의 색깔은?

㉮ 0.005mol/L 수산화소듐용액 - 청색
㉯ 0.05mol/L 수산화소듐용액 - 녹색
㉰ 0.005mol/L 아세트산바륨용액 - 청색
㉱ 0.05mol/L 아세트산바륨용액 - 녹색

> **풀이** 황산화물의 침전적정법-아르세나조Ⅲ법
> ① 적정시약 : 0.005mol/L 아세트산바륨용액
> ② 종말점 : 청색이 1분간 지속되는 점

34 흡수액으로 다이에틸아민구리용액을 사용하는 분석대상가스는?

㉮ 이황화탄소   ㉯ 황화수소
㉰ 플루오린 화합물   ㉱ 황산화물

> **풀이** 분석물질의 흡수액
> ㉮ 이황화탄소 : 다이에틸아민구리용액
> ㉯ 황화수소 : 아연아민착염용액
> ㉰ 플루오린 화합물 : 수산화소듐용액(4g/L)
> ㉱ 황산화물 : 과산화수소용액(1+9)l/L)

35 환경대기 중의 입자상 물질을 채취하기 위한 여과지는 (   )되는 입자를 (   )% 이상 포집할 수 있고 압력손실과 흡수성이 적은 것이어야 한다. (   ) 안에 들어갈 알맞은 말을 순서대로 나타낸 것은? (단, 고용량 공기시료채취기법 사용)

㉮ 0.5 μm - 99   ㉯ 0.5 μm - 95
㉰ 0.3 μm - 99   ㉱ 0.3 μm - 95

---

answer 31 ㉯ 32 ㉱ 33 ㉰ 34 ㉮ 35 ㉰

36 환경대기 중 탄화수소의 측정방법 중 자동연속(불꽃이온화검출기법)법에 해당하지 않는 것은?

㉮ 용융탄화수소 측정법
㉯ 총탄화수소 측정법
㉰ 비메탄 탄화수소 측정법
㉱ 활성 탄화수소 측정법

> **풀이** 탄화수소의 측정방법 중 자동연속(불꽃이온화검출기법)법에는 총탄화수소 측정법, 비메탄 탄화수소 측정법(주시험방법), 활성 탄화수소 측정법이 있다.

37 원자흡수분광광도법에 대한 원리로 알맞은 것은?

㉮ 여기상태의 원자가 기저상태로 될 때 특유의 파장량을 흡수하는 현상 이용
㉯ 기저상태에서 여기상태로 될 때 특유 파장량을 흡수하는 현상 이용
㉰ 기저상태의 원자가 원자증기층을 투과하는 특유 파장의 빛을 흡수하는 현상 이용
㉱ 여기상태의 원자가 원자증기층을 투과하는 특유 파장을 흡수하는 현상 이용

38 환경대기 중 가스상물질의 시료채취방법에서 채취관-여과재-채취부-흡입펌프-유량계(가스미터)의 순으로 시료를 채취하는 방법은?

㉮ 직접채취법   ㉯ 용기채취법
㉰ 용매채취법   ㉱ 고체흡착법

> **풀이** ㉰ 용매채취법에 대한 설명이며, 측정대상 기체를 선택적으로 포집할 수 있다.

39 배출가스 중 페놀화합물을 4-아미노안티피린-자외선/가시선분광법으로 분석 시 흡광도의 측정파장은?

㉮ 410nm   ㉯ 510nm
㉰ 610nm   ㉱ 710nm

> **풀이** 페놀화합물의 4-아미노안티피린-자외선/가시선분광법
> ① 발색액의 색은 적색이고 측정파장은 510nm
> ② 흡수액 : 수산화소듐용액(4g/L)

40 배출가스 중 수은화합물을 분석할 때 사용되는 흡수액은?

㉮ 과망간산포타슘+질산
㉯ 과망간산포타슘+과염소산
㉰ 과망간산포타슘+염산
㉱ 과망간산포타슘+황산

> **풀이** 수은화합물을 분석할 때 사용되는 흡수액은 4% 과망간산포타슘+10% 황산이다.

| 제3과목 | 대기오염방지기술

41 먼지입자를 측정하는 방법 중 간접측정법에 해당하지 않는 것은?

㉮ 관성충돌법   ㉯ 액상침강법
㉰ 공기투과법   ㉱ 표준체 측정법

> **풀이** 먼지입자 측정방법
> ① 간접측정법 : 관성충돌법, 액상침강법, 공기투과법, 광산란법
> ② 직접측정법 : 표준체 측정법, 현미경 측정법

answer 36 ㉮ 37 ㉰ 38 ㉰ 39 ㉯ 40 ㉱ 41 ㉱

42 다음 중 중력집진장치에 대한 설명으로 틀린 것은?

㉮ 함진가스의 온도변화에 의한 영향을 거의 받지 않는다.
㉯ 유지비 및 설치비가 적게 들며 신뢰도가 높다.
㉰ 침강실의 높이가 낮고 길이가 길수록 집진율은 높아진다.
㉱ 침강실 내의 배기가스 기류는 균일해야 한다.

풀이 ㉯ 유지비 및 설치비가 적게 드나 신뢰도가 낮다.

43 다음 중 세정집진장치에서 사용하는 흡수액의 구비조건으로 틀린 것은?

㉮ 용매의 화학적 성질과 비슷해야 한다.
㉯ 흡수액의 점성은 비교적 커야 한다.
㉰ 용해도가 높아야 한다.
㉱ 휘발성이 낮아야 한다.

풀이 ㉯ 흡수액의 점성은 비교적 작아야 한다.

44 다음 중 전기집진장치에 대한 설명으로 틀린 것은?

㉮ 부식성 가스가 함유된 먼지도 처리 가능하다.
㉯ 고온가스 및 대량의 공기를 다룰 수 있다.
㉰ 전압변동과 같은 조건변동에 쉽게 적응하기 어렵다.
㉱ 전력소비가 적게 들고 유지관리비가 많이 든다.

풀이 ㉱ 전력소비가 적게 들고 유지관리비가 적게 든다.

45 다음 중 촉매연소법의 온도로 적당한 것은?

㉮ 50~150℃ ㉯ 250~450℃
㉰ 400~600℃ ㉱ 700~800℃

풀이 ① 촉매연소법의 연소온도 : 250~450℃
② 직접연소법의 연소온도 : 700~800℃

46 원형 직선 송풍관에 표준 공기가 흐르고 있다. 이 송풍관의 내경을 1/2로 줄이면 송풍관 내의 압력손실은? (단, 유량과 마찰계수는 일정하다.)

㉮ 1/4배로 감소 ㉯ 2배로 증가
㉰ 4배로 증가 ㉱ 32배로 증가

풀이
$\Delta P = \lambda \times \dfrac{L}{D} \times \dfrac{r \times V^2}{2 \times g}$ (mmH$_2$O)에서
$\Delta P = \dfrac{1}{D} \times V^2 = \dfrac{1}{D} \times \left(\dfrac{1}{D^2}\right)^2 = \dfrac{1}{D^5}$
$= \dfrac{1}{(1/2)^5} = 32$

TIP
$Q = A \times V = \dfrac{\pi \times D^2}{4} \times V$
$\therefore V = \dfrac{Q}{\dfrac{\pi \times D^2}{4}}$

answer 42 ㉯ 43 ㉯ 44 ㉱ 45 ㉯ 46 ㉱

47 연소배출가스가 $4,000 Sm^3/h$인 굴뚝에서 정압을 측정하였더니 $20mmH_2O$였다. 여유율 15%인 송풍기를 사용할 경우 필요한 소요동력(kW)은? (단, 송풍기 정압효율은 85%, 전동기 효율은 75%이다.)

㉮ 0.19   ㉯ 0.39
㉰ 0.59   ㉱ 0.69

풀이
$$kw = \frac{Ps \times Q}{102 \times \eta_1 \times \eta_2} \times \alpha$$

여기서 Ps : 정압(mmH_2O)
　　　Q : 배출가스량(m^3/sec)
　　　η_1 : 송풍기 정압효율
　　　η_2 : 전동기 효율
　　　α : 여유율

따라서
$$kw = \frac{20mmH_2O \times 4,000 Sm^3/hr \times 1 hr/3,600 sec}{102 \times 0.85 \times 0.75} \times 1.15$$
$$= 0.39 kw$$

TIP
102의 단위가 kg·m/sec이므로 가스량(Q)의 시간단위는 반드시 "sec"임을 숙지하셔야 합니다.

48 배출가스와 그 처리시설의 연결로 틀린 것은?

㉮ 질소산화물 : 충전탑을 사용한 가스세정장치
㉯ 염화수소 : 알칼리를 사용한 분무탑식 흡수장치
㉰ 크롬산미스트 : 충전탑에 의한 수세시설
㉱ 플루오린화합물 : 충전탑

풀이 ㉱ 플루오린화합물 : 제트스크러버, 분무탑

49 다음 집진장치 중 압력손실이 가장 작은 것은?

㉮ 전기집진장치　㉯ 여과집진장치
㉰ 벤츄리스크러버　㉱ 원심력집진장치

풀이 집진장치별 압력손실
㉮ 전기집진장치 : $10 \sim 20 mmH_2O$
㉯ 여과집진장치 : $100 \sim 200 mmH_2O$
㉰ 벤츄리스크러버 : $300 \sim 800 mmH_2O$
㉱ 원심력집진장치 : $80 \sim 100 mmH_2O$

50 프로판 $1.5 Sm^3$을 완전 연소시킬 때 생성되는 이론건조 연소가스량(Sm^3)은?
(단, 공기중의 산소는 21%이다)

㉮ 21   ㉯ 33
㉰ 45   ㉱ 57

풀이 $C_3H_8 + 5O_2 \rightarrow 3CO_2 + 4H_2O$
이론건조 연소가스량(Sm^3)
　= $(1 - 0.21) A_o + CO_2$량 (Sm^3/Sm^3)
　= $(1 - 0.21) \times \frac{5}{0.21} + 3 = 21.8095 Sm^3/Sm^3$

따라서 $21.8095 Sm^3/Sm^3 \times 1.5 Sm^3 = 32.71 Sm^3$

TIP
체적비 = Sm^3/Sm^3 = 갯수비

51 다음 유해가스 처리 방법 중에서 염화수소 제거에 가장 적당한 방법은?

㉮ 흡착법　㉯ 흡수법
㉰ 연소법　㉱ 촉매연소법

풀이 염화수소(HCl)는 물에 잘 녹는 수용성 물질이므로 흡수법으로 처리한다.

answer 47 ㉯   48 ㉱   49 ㉮   50 ㉯   51 ㉯

52 관성력 집진장치에서 집진율을 높이는 방법으로 틀린 것은?

㉮ 방해판이 많을수록 집진효율은 높아진다.
㉯ 기류의 방향전환 각도가 작으면 집진효율이 높아진다
㉰ 방향전환시의 곡률반경이 클수록 미세입자를 포집할 수 있다.
㉱ 충돌 직전의 처리가스 속도가 크고, 장치 출구의 가스 속도가 작을수록 미립자의 제거가 쉽다.

풀이 ㉰ 방향전환 시의 곡률반경이 작을수록 미세입자를 포집할 수 있다.

53 전기집진장치에서 처음에는 99.6%의 먼지를 제거하였는데 성능이 떨어져 98%밖에 제거하지 못한다면 먼지의 배출농도는 몇 배가 되는가?

㉮ 5배 ㉯ 4배
㉰ 3배 ㉱ 2배

풀이 배출농도의 변화 = 통과율의 변화
$= \dfrac{1-0.98}{1-0.996} = 5배$

54 다음 중 물리적 흡착에 대한 설명으로 틀린 것은?

㉮ 가역적 과정이며 흡착열이 화학적 흡착보다 작다.
㉯ 기체와 흡착제 분자간의 인력이 작용한다.
㉰ 흡착온도를 증가시키면 평형 흡착량은 증가한다.
㉱ 처리할 가스의 분압이 낮아지면 흡착량은 감소한다.

풀이 ㉰ 흡착온도를 증가시키면 평형 흡착량은 감소한다.

55 다음 중 악취(냄새)물질을 처리하는 화학적산화법에서 화학적산화제로 사용할 수 없는 것은?

㉮ O_3 ㉯ $K_2Cr_2O_7$
㉰ NaOCl ㉱ H_2O_2

풀이 화학적산화법에서 화학적산화제는 O_3, $KMnO_4$, NaOCl, ClO_2, H_2O_2가 있다.

56 원형덕트에서 기류에 의한 압력손실에 대한 내용으로 틀린 것은?

㉮ 관의 길이에 비례한다.
㉯ 유속의 제곱에 비례한다.
㉰ 관의 직경에 비례한다.
㉱ 중력가속도에 반비례한다.

풀이 ㉰ 관의 직경에 반비례한다.

TIP
압력손실(ΔP) $= \lambda \times \dfrac{L}{D} \times \dfrac{r \times V^2}{2 \times g}$ (mmH$_2$O)

answer 52 ㉰ 53 ㉮ 54 ㉰ 55 ㉯ 56 ㉰

57 다음 전기집진장치내의 입자집진에 작용하는 전기력으로 틀린 것은?

㉮ 대전입자의 하전에 의한 쿨롱력
㉯ 전계강도의 힘
㉰ 입자간의 저항력
㉱ 전기풍에 의한 힘

풀이 ㉰ 입자간의 흡인력

58 순수한 프로판 500kg을 액화시켜 만든 LPG 가 기화될 때 이 기체의 용적은?

㉮ 약 $289\,Sm^3$ ㉯ 약 $255\,Sm^3$
㉰ 약 $225\,Sm^3$ ㉱ 약 $211\,Sm^3$

풀이
프로판(C_3H_8) 1kmol $\begin{cases} 44\,kg \\ 22.4\,Sm^3 \end{cases}$

$500\,kg \times \dfrac{22.4\,Sm^3}{44\,kg} = 254.55\,Sm^3$

59 배연탈황법 중 배기 중의 황산화물을 진한 황산으로 회수할 수 있는 방법은?

㉮ 흡착법   ㉯ 알칼리법
㉰ 촉매산화법   ㉱ 환원법

풀이 ㉰ 촉매산화법(=접촉산화법=산화법)에 대한 설명이다.

60 다음 사이클론의 집진효율을 높이는 방법으로 하부의 더스트 박스(Dust Box)에서 처리가스량의 5~10%를 처리하여 사이클론 내의 난류현상을 억제시킴으로 먼지의 재비산을 막아주며, 장치 내벽 부착으로 일어나는 먼지의 축적도 방지하는 효과는?

㉮ 브라인딩(Blinding)
㉯ 블로우 다운(Blow Down)
㉰ 먼지 폐색(Dust Plugging)
㉱ 에디(Eddy)

풀이 ㉯ 블로우 다운효과에 대한 설명이며, 핵심 내용인 "사이클론의 집진효율을 높이는 방법=블로우 다운효과"임을 숙지하시면 됩니다.

answer 57 ㉰ 58 ㉯ 59 ㉰ 60 ㉯

2025 3회 CBT 복원문제

| 제1과목 | 대기환경관리

01 다음 중 수용모델에 대한 설명으로 틀린 것은?

㉮ 지형, 기상학적 정보 없이도 사용 가능하다.
㉯ 미래의 대기질을 예측하기가 어렵다.
㉰ 측정자료를 입력자료로 사용하므로 시나리오 작성이 곤란하다.
㉱ 새로운 오염원이 지역 내에 생길 때 매번 재평가하여야 한다.

풀이 ㉱번의 설명은 분산모델에 대한 설명이며, 분산모델과 수용모델의 특징을 비교해서 반드시 숙지하셔야 합니다.

02 다음 중 대기오염사건과 원인물질의 연결로 틀린 것은?

㉮ 포자리카사건 : 아황산가스(SO_2)
㉯ 뮤즈계곡사건 : 아황산가스(SO_2)
㉰ 런던스모그사건 : 아황산가스(SO_2)
㉱ 도노라사건 : 아황산가스(SO_2)

풀이 ㉮ 포자리카사건은 황화수소(H_2S)가 누출되어 발생한 사건이다.

03 다음 중 라돈에 대한 설명으로 틀린 것은?

㉮ 공기보다 9배 무거운 물질이다.
㉯ 호흡기계통의 질환이나 폐암을 유발한다.
㉰ 무색, 무취의 기체이며, 액화되면 청색을 띤다.
㉱ 반감기는 3.8일간이다.

풀이 ㉰ 무색, 무취의 기체이며, 액화되어도 색을 띠지 않는다.

04 대기권은 수직온도분포에 따른 4개의 권역으로 구분할 수 있다. 이 중 오존의 생성과 분해가 가장 활발하게 일어나는 층은?

㉮ 대류권   ㉯ 성층권
㉰ 중간권   ㉱ 열권

풀이 ㉯ 오존층에 대한 설명이며, 오존층은 성층권 중 20km~30km지점으로 오존의 최대농도는 10ppm 정도이다.

05 대도시의 아황산가스(SO_2)의 평균농도가 0℃, 1기압에서 0.03ppm이다. 이 농도를 $\mu g/Sm^3$의 단위로 환산하면?

㉮ 85.7   ㉯ 171.4
㉰ 257.3   ㉱ 342.8

answer 01 ㉱   02 ㉮   03 ㉰   04 ㉯   05 ㉮

> **풀이**
> $0.03 \, \text{mL/Sm}^3 \times \dfrac{64 \, \text{mg}}{22.4 \, \text{mL}} \times \dfrac{10^3 \, \mu g}{1 \, \text{mg}}$
> $= 85.71 \, \mu g / \text{Sm}^3$

> **TIP**
> ① SO_2 1mol $\begin{cases} 64 \, \text{mg} \\ 22.4 \, \text{mL} \end{cases}$
> ② ppm = mL/Sm³ = mL/Nm³

06 다음의 대기오염물질 중 비중이 가장 큰 것은?

㉮ HCHO ㉯ CS_2
㉰ NO ㉱ NO_2

> **풀이** 비중이 크다는 것은 기체의 분자량이 가장 큰 물질을 의미하므로 이황화탄소(CS_2)가 정답이 된다.

> **TIP**
> ① 기체의 비중 = $\dfrac{\text{기체의 분자량(kg)}}{\text{공기의 분자량(29kg)}}$
> ② 분자량은 HCHO : 30, NO_2 : 46, CS_2 : 76, NO : 30이다.

07 다음의 온실가스 중 온실효과에 대한 기여도가 가장 낮은 것은?

㉮ CH_4 ㉯ CFC_S
㉰ NO_2 ㉱ CO_2

> **풀이** ㉰ 이산화질소(NO_2)는 온실가스에 해당하지 않는다.

> **TIP** 온실가스의 종류에는 이산화탄소, 메탄, 아산화질소, 수소불화탄소, 과불화탄소, 육불화황, 염화불화탄소, 수소염화불화탄소가 있다.

08 안료, 색소, 의약품, 농약 등 제조공업에 이용되며 그 발생원으로는 화학공업, 유리공업, 피혁상 과수원의 분무작업 등이고 인체에 피부암, 비중격 천공, 안검부종, 비카타르 등을 유발하는 물질은?

㉮ 비소 ㉯ 납
㉰ 구리 ㉱ 카드뮴

> **풀이** ㉮ 비소(As)에 대한 설명이며, 핵심 내용인 "안료, 색소, 의약품, 농약 등 제조공업=비소"임을 숙지하시면 됩니다.

09 런던 대기오염 사건에서 형성된 기온역전층의 종류는?

㉮ 복사형 ㉯ 침강형
㉰ 난류형 ㉱ 전선형

> **풀이** 런던스모그 사건은 복사성역전(복사형)이고, LA스모그 사건은 침강성역전(침강형)이다.

10 염소(Cl_2 : 분자량 71) 2 V/V ppm에 상당하는 W/W ppm은? (단, 0℃, 1기압, 공기밀도 1.293 kg/m³ 기준)

㉮ 2.5 ㉯ 3.2
㉰ 3.7 ㉱ 4.9

> **풀이** W/W ppm(mg/kg)
> $= \dfrac{2 \, \text{mL}}{\text{Sm}^3} \times \dfrac{71 \, \text{mg}}{22.4 \, \text{mL}} \times \dfrac{\text{Sm}^3}{1.293 \, \text{kg}}$
> $= 4.90 \, \text{mg/kg}$

> **TIP**
> ① V/V ppm = mL/Sm³
> ② W/W ppn = mg/kg
> ③ Cl_2의 분자량 = 35.5 × 2 = 71

answer 06 ㉯ 07 ㉰ 08 ㉮ 09 ㉮ 10 ㉱

11 굴뚝상층에서 역전이 발생하여 굴뚝에서 배출되는 연기가 아래쪽으로만 확산되는 형태는?

㉮ looping (환상형)
㉯ fanning (부채형)
㉰ fumigation (훈증형)
㉱ lofting (지붕형)

풀이 대기안정도가 고공 역전(안정), 지표 과단열(불안정인) 조건은 훈증형이다.

12 체적이 $100\,m^3$ 인 복사실의 공간에서 오존(O_3)의 배출량이 분당 0.4mg인 복사기를 연속 사용하고 있다. 복사기 사용 전의 실내오존(O_3)의 농도가 0.2ppm이라고 할 때 3시간 사용 후 오존농도(ppb)는? (단, 환기가 되지 않고, 0℃, 1기압 기준)

㉮ 260   ㉯ 380
㉰ 420   ㉱ 536

풀이 ① 복사기 사용 후 오존농도($ppm = mL/Sm^3$)
$= \dfrac{0.4\,mg/min}{100\,m^3} \times \dfrac{60\,min}{1\,hr} \times \dfrac{22.4\,mL}{48\,mg} \times 3\,hr$
$= 0.336\,ppm$
② 복사기 사용 전 오존농도 $= 0.2\,ppm$
③ 총 오존농도
  $= 0.336\,ppm + 0.2\,ppm = 0.536\,ppm$
④ $0.536\,ppm \times 10^3 = 536\,ppb$

TIP
① $ppm = mL/Sm^3$
② $ppb = \mu L/Sm^3$
③ $ppm \xrightarrow{\times 10^3} ppb$
④ 오존(O_3)의 분자량 $= 3 \times 16 = 48$
⑤ $O_3\ 1mol \begin{cases} 48mg \\ 22.4mL \end{cases}$

13 프로판가스 100kg을 액화시켜 만든 기체연료가 기화될 때의 용적(Nm^3)은?

㉮ 43   ㉯ 51
㉰ 74   ㉱ 101

풀이 $C_3H_8\ 1kmol \begin{cases} 44kg \\ 22.4Nm^3 \end{cases}$

$100\,kg \times \dfrac{22.4\,Nm^3}{44\,kg} = 50.91\,Nm^3$

14 대기오염 역사에 대한 설명 중 틀린 것은?

㉮ 1952년 영국 런던 : 주 오염원은 석탄연료(SO_X, CO)
㉯ 1930년 벨기에 뮤즈계곡 : SO_2, H_2SO_4 mist, 플루오린화합물(무풍)
㉰ 1954년 미국 로스엔젤레스(LA) : 광화학 반응 생성물
㉱ 1948년 미국 펜실바니아 도노라 : 황화수소 누출

풀이 ㉱ 1948년 미국 펜실바니아 도노라 : 아황산가스(SO_2), 황산미스트

15 바람장미는 무엇을 나타내는 것인가?

㉮ 바람의 선회빈도와 크기
㉯ 바람의 풍향별 발생빈도와 풍속
㉰ 바람의 가속빈도와 온열
㉱ 바람의 생성빈도와 소멸

풀이 바람장미는 바람의 풍향별 발생빈도와 풍속을 나타낸다.

answer 11 ㉰ 12 ㉱ 13 ㉯ 14 ㉱ 15 ㉯

16 대도시에서는 열방출량이 많은데 비해 외부로 확산이 잘 안되기 때문에 시내온도가 주변온도 보다 높게 되며 비가 많이 오고 안개가 자주 생기는 현상이 발생된다. 이 현상을 무엇이라 하는가?

㉮ Down Wash 현상
㉯ Down draught 현상
㉰ Heat island 현상
㉱ Heat dome 현상

풀이 ㉰ 열섬(Heat island)현상에 대한 설명이며, 핵심 내용인 "대도시, 열방출량=열섬현상"임을 숙지하시면 됩니다.

17 황화수소에 대한 강한식물이 아닌 것은?

㉮ 복숭아 ㉯ 토마토
㉰ 딸기   ㉱ 사과나무

풀이 황화수소에 강한식물과 지표식물
① 강한식물 : 복숭아, 딸기, 사과나무
② 지표(약한)식물 : 코스모스, 오이, 토마토, 담배 등

18 다음 중 상자모델의 이론을 전개하기 위한 가정으로 틀린 것은?

㉮ 고려되는 공간에서 오염물의 농도는 균일하다.
㉯ 오염물 방출원이 지면전역에 균등히 분포되어 있다.
㉰ 오염원은 방출 후 순차적으로 혼합된다.
㉱ 오염물의 분해는 1차반응에 의한다.

풀이 ㉰ 오염원은 방출과 동시에 균등하게 혼합된다.

19 코리올리 힘에 대한 설명으로 틀린 것은?

㉮ 지구 자전운동에 의하여 생긴다.
㉯ 북반구에서는 물체의 운동방향의 왼쪽으로 작용한다.
㉰ 지구의 극지방에서 최대가 되며 적도지방에서 최소가 된다.
㉱ 바람의 방향을 변화시킨다.

풀이 ㉯ 북반구에서는 물체의 운동방향의 오른쪽 직각으로 작용한다.

20 건조한 대기(공기)의 화학적 구성 성분의 분포(ppm)순서를 가장 알맞게 나타낸 것은?

㉮ $O_2 > CO_2 > Ar$
㉯ $CO_2 > O_2 > Ar$
㉰ $O_2 > Ar > CO_2$
㉱ $CO_2 > Ar > O_2$

풀이 대기의 구성순서는
$N_2 > O_2 > Ar > CO_2 > Ne > He > CH_4$
순이다.

---

answer 16 ㉰ 17 ㉯ 18 ㉰ 19 ㉯ 20 ㉰

제2과목 | 대기오염공정시험기준

21 환경대기 중 아황산가스의 측정방법 중 자동연속측정법에 해당하지 않는 것은?

㉮ 용액전도율법　㉯ 자외선형광법
㉰ 화학발광법　　㉱ 불꽃광도법

풀이 자동연속측정방법
① 아황산가스 : 용액전도율법, 불꽃광도법, 자외선형광법(주시험방법), 흡광차분광법
② 질소산화물 : 화학발광법(주시험방법), 살츠만법, 흡광차분광법

22 배출가스 중 페놀화합물을 4-아미노안티피린-자외선/가시선분광법을 이용하여 분석할 때 발색액의 색과 측정파장은?

㉮ 청색, 510nm　㉯ 적색, 510nm
㉰ 청색, 620nm　㉱ 적색, 620nm

풀이 페놀화합물의 4-아미노안티피린-자외선/가시선분광법
① 발색액의 색은 적색, 측정파장은 510nm
② 흡수액 : 수산화소듐용액(4g/L)

23 자외선/가시선분광법(흡광광도법)의 설명 중에서 입사광의 강도를 I_o, 투사광의 강도를 I_t라 하면 흡광도(A)는?

㉮ $A = \dfrac{I_t}{I_o} \times 100$　㉯ $A = \dfrac{I_o}{I_t} \times 100$

㉰ $A = \log \dfrac{I_t}{I_o}$　㉱ $A = \log \dfrac{I_o}{I_t}$

풀이 흡광도(A) $= \log \dfrac{1}{t} = \log \dfrac{1}{I_t/I_o} = \log \dfrac{I_o}{I_t}$

24 대기오염공정시험기준상 원자흡수분광광도법과 유도결합플라스마/원자발광분광법을 동시에 적용할 수 없는 것은?

㉮ 아연 화합물
㉯ 수은 화합물
㉰ 베릴륨 화합물
㉱ 니켈 화합물

풀이 ㉯ 수은 화합물의 분석방법은 냉증기-원자흡수분광광도법이다.

25 환경대기 중 옥시탄트를 자동연속측정방법으로 측정하고자 할 때 주시험방법에 해당하는 것은?

㉮ 자외선광도법
㉯ 화학발광법
㉰ 중성아이오드화포타슘법
㉱ 흡광차분광법

풀이 옥시탄트의 자동연속측정방법에는 자외선광도법(주시험방법), 화학발광법, 중성아이오드화포타슘법, 흡광차분광법이 있다.

26 굴뚝 배출가스의 유속을 구하기 위하여 피토우관으로 측정하니까 유속은 12m/sec였다. 이 때의 동압은? (단, 피토우관의 계수는 1.0, 습식배기가스의 단위체적당 질량을 1.2 kg/m³로 한다)

㉮ 15.5 mmH₂O　㉯ 10.6 mmH₂O
㉰ 8.8 mmH₂O　　㉱ 6.2 mmH₂O

answer 21 ㉰　22 ㉯　23 ㉱　24 ㉯　25 ㉮　26 ㉰

풀이

$$V = C \times \sqrt{\frac{2gh}{r}}$$

$$12\,\text{m/sec} = 1.0 \times \sqrt{\frac{2 \times 9.8\,\text{m/sec}^2 \times h\,\text{mmH}_2\text{O}}{1.2\,\text{kg/m}^3}}$$

$$\therefore h = \frac{(12\,\text{m/sec})^2 \times 1.2\,\text{kg/m}^3}{2 \times 9.8\,\text{m/sec}^2}$$

$$= 8.82\,\text{mmH}_2\text{O}$$

27 배출가스 중 황화수소를 자외선/가시선 분광법으로 분석하기 위해 사용하는 흡수액으로 알맞은 것은?

㉮ 아연아민착염용액
㉯ 수산화소듐용액
㉰ 다이에틸아민구리용액
㉱ 황산용액

풀이 황화수소를 자외선/가시선분광법으로 분석하기 위해 사용하는 흡수액은 아연아민착염용액이며, 메틸렌블루의 흡광도를 670nm에서 측정한다.

28 배출가스 중 질소산화물(NO_X)을 자외선/가시선분광법-아연환원나프틸에틸렌다이아민법으로 분석 시 흡수액은?

㉮ 붕산용액   ㉯ 수산화소듐용액
㉰ 황산용액   ㉱ 과산화수소수

풀이 질소산화물(NO_X)을 자외선/가시선분광법-아연환원나프틸에틸렌다이아민법으로 분석 시 흡수액은 0.005mol/L 황산용액이다.

29 $2,000\,\text{mmH}_2\text{O}$는 몇 mmHg 인가?

㉮ 107   ㉯ 127
㉰ 147   ㉱ 167

풀이 $2,000\,\text{mmH}_2\text{O} \div 13.6 = 147.06\,\text{mmHg}$

TIP

① 수은주 비중

$$= \frac{10,332\,\text{mmH}_2\text{O}}{760\,\text{mmHg}} = 13.6\,\frac{\text{mmH}_2\text{O}}{\text{mmHg}}$$

② $\text{mmH}_2\text{O} \xrightarrow{\div 13.6} \text{mmHg}$

③ $\text{mmHg} \xrightarrow{\times 13.6} \text{mmH}_2\text{O}$

30 비분산적외선분광분석법에서 정의하는 용어의 설명으로 틀린 것은?

㉮ 비분산 : 빛을 프리즘이나 회절격자와 같은 분산소자에 의해 분산하지 않는 것
㉯ 정필터형 : 측정성분이 흡수되는 적외선을 그 흡수파장에서 측정하는 방식
㉰ 반복성 : 동일한 분석계를 이용하여 동일한 측정대상을 동일한 방법과 조건으로 비교적 장시간에 반복적으로 측정하는 경우로서 개개의 측정치가 일치하는 정도
㉱ 비교가스 : 시료셀에서 적외선 흡수를 측정하는 경우 대조가스로 사용하는 것으로 적외선을 흡수하지 않는 가스

풀이 ㉰ 반복성 : 동일한 분석계를 이용하여 동일한 측정대상을 동일한 방법과 조건으로 비교적 단시간에 반복적으로 측정하는 경우로서 개개의 측정치가 일치하는 정도

31 굴뚝단면이 원형이며, 굴뚝의 직경이 1.7m인 경우 측정점수로 알맞은 것은?

㉮ 3   ㉯ 4
㉰ 6   ㉱ 8

answer 27 ㉮ 28 ㉰ 29 ㉰ 30 ㉰ 31 ㉱

풀이 직경이 1.7 m이면 반경구분수는 2이고, 측정점수는 8이다.

TIP

굴뚝직경(m)	반경구분수	측정점수
1 이하	1	4
1 초과 2 이하	2	8
2 초과 4 이하	3	12
4 초과 4.5 이하	4	16
4.5 초과	5	20

32 단면이 정방형인 연도를 등면적의 4구분으로 나누어 먼지를 측정하였다. 각 구분면의 유속은 각각 4.8, 5.0, 5.2, 4.5 m/sec이며 그 구분에 대응하는 먼지농도는 각각 0.55, 0.50, 0.48, 0.52 g/Sm³이었다. 이 때 총평균 먼지농도는?

㉮ $0.56 \, g/Sm^3$ ㉯ $0.55 \, g/Sm^3$
㉰ $0.53 \, g/Sm^3$ ㉱ $0.51 \, g/Sm^3$

풀이 총평균 먼지농도(g/Sm^3)
$$= \frac{합(유속 \times 먼지농도)}{합(유속)}$$
$$= \frac{4.8 \times 0.55 + 5.0 \times 0.50 + 5.2 \times 0.48 + 4.5 \times 0.52}{4.8 + 5.0 + 5.2 + 4.5}$$
$$= 0.51 \, g/Sm^3$$

33 고용량공기시료채취법을 이용하여 비산먼지의 농도를 측정하고자 한다. 이 때 전 시료채취 기간 중 주풍향이 45°~90° 변할 때 풍향에 대한 보정계수는?

㉮ 1.0 ㉯ 1.2
㉰ 1.5 ㉱ 2.0

풀이 (1) 풍향에 대한 보정계수
① 주풍향이 90° 이상 : 1.5
② 주풍향이 45°~90° : 1.2
③ 주풍향이 45° 미만 : 1.0
(2) 풍속에 대한 보정계수
① 전 채취시간의 50% 이상 : 1.2
② 전 채취시간의 50% 미만 : 1.0

34 저용량공기시료채취기의 장치구성 중 흡입펌프의 구비조건으로 틀린 것은?

㉮ 연속해서 30일 이상 사용할 수 있을 것
㉯ 진공도가 높을 것
㉰ 유량이 클 것
㉱ 맥동이 고르게 작동할 것

풀이 ㉱ 맥동이 없고 고르게 작동할 것

35 다음 내용 중 틀린 것은?

㉮ 시험에 사용하는 시약은 규정이 없는 한 특급 또는 1급 이상의 것을 사용하여야 한다.
㉯ '약'이란 그 무게 또는 부피에 대하여 ±5% 이상의 차가 있어서는 안된다.
㉰ 방울수라 함은 20℃에서 정제수 20방울을 떨어뜨릴 때 그 부피가 약 1mL 되는 것을 뜻한다.
㉱ 시험에 사용하는 물은 따로 규정이 없는 한 정제수 또는 이온교환수지로 정제한 탈염수를 사용한다.

풀이 ㉯ '약'이란 그 무게 또는 부피에 대하여 ±10% 이상의 차가 있어서는 안된다.

answer 32 ㉱ 33 ㉯ 34 ㉱ 35 ㉯

36 다음 중 원자흡수분광광도법에서 사용하는 불꽃조합 중 불꽃의 온도가 높기 때문에 불꽃 중에서 해리하기 어려운 내화성산화물을 만들기 쉬운 원소의 분석에 적당한 것은?

㉮ 수소-공기
㉯ 아세틸렌-아산화질소
㉰ 프로페인-공기
㉱ 아세틸렌-공기

풀이 ㉯ 아세틸렌(C_2H_2)-아산화질소 (N_2O)에 대한 설명이며, 핵심 내용은 "해리하기 어려운 내화성산화물=아세틸렌-아산화질소"임을 숙지하시면 됩니다.

37 다음 중 분석대상 가스별 분석방법으로 틀린 것은?

㉮ 페놀 : 자외선/가시선분광법-4-아미노안티피린법
㉯ 벤젠 : 기체크로마토그래피법
㉰ 염화수소 : 자외선/가시선분광법-오르토톨리딘법
㉱ 폼알데하이드 : 자외선/가시선분광법-크로모트로핀산법

풀이 ㉰ 염화수소의 분석방법은 이온크로마토그래피와 자외선/가시선분광법-싸이오사이안산제이수은법이다.

38 자동기록식 광전분광 광도계의 파장교정에 사용되는 흡수스펙트럼은?

㉮ 홀뮴유리 ㉯ 석영유리
㉰ 플라스틱 ㉱ 방전유리

풀이 ① 파장교정 : 홀뮴유리
② 흡광도 눈금보정 : 다이크로뮴산포타슘용액

39 환경대기 중 탄화수소를 자동연속(불꽃이온화검출기법) 측정법으로 측정할 때 측정법의 종류가 아닌 것은?

㉮ 총탄화수소 측정법
㉯ 비메탄 탄화수소 측정법
㉰ 용융 탄화수소 측정법
㉱ 활성 탄화수소 측정법

풀이 탄화수소의 자동연속(불꽃이온화검출기법) 측정법에는 총탄화수소 측정법, 비메탄 탄화수소 측정법(주 시험방법), 활성 탄화수소 측정법이 있다.

40 대기오염공정시험기준상 따로 규정 없이 단순히 '염산(HCl)'이라 표시된 경우에 뜻하는 농도는? (단, 따로 규정이 없는 경우, 비중은 1.18)

㉮ 35.0~37.0%   ㉯ 55.0~58.0%
㉰ 95% 이상   ㉱ 98% 이상

풀이 단순히 염산(HCl)이라 표시된 경우에 뜻하는 농도는 35.0~37.0%이다.

answer 36 ㉯ 37 ㉰ 38 ㉮ 39 ㉰ 40 ㉮

| 제3과목 | 대기오염방지기술

41 다음 중 착화온도에 대한 설명으로 틀린 것은?

㉮ 화학결합의 활성도가 클수록 착화온도는 낮아진다.
㉯ 발열량이 클수록 착화온도는 낮아진다.
㉰ 화학반응성이 클수록 착화온도는 낮아진다.
㉱ 활성화에너지가 클수록 착화온도는 낮아진다.

풀이 ㉱ 활성화에너지가 작을수록 착화온도는 높아진다.

TIP
착화온도와의 상관관계
① 착화온도는 활성화에너지, 석탄의 탄화도와는 비례 관계
② 착화온도는 증발량, 화학결합의 활성도, 산소와의 친화성, 분자구조, 발열량, 산소농도, 화학반응성, 압력, 분자량, 비표면적과는 반비례 관계

42 다음 중 기체연료의 특징에 대한 설명으로 틀린 것은?

㉮ 연료의 예열이 쉽다.
㉯ 회분이 없어 먼지발생량이 적다.
㉰ 연소효율이 높고 완전연소를 위해 많은 공기량이 필요하다.
㉱ 부하변동 범위가 넓고 연소의 조절이 용이하다.

풀이 ㉰ 연소효율이 높고 완전연소를 위해 적은 공기량이 필요하다.

43 용제회수, 악취제거, 알코올류 등의 비극성류의 유기용제 흡착, 표면적이 600~1,400 m^2/g 인 소수성 흡착제는?

㉮ 활성탄   ㉯ 실리카겔
㉰ 활성알루미나   ㉱ 마그네시아

풀이 ㉮ 활성탄에 대한 설명이며, 핵심은 "악취제거, 표면적이 600~1,400 m^2/g=활성탄"임을 숙지하시면 됩니다.

44 다음 중 질소산화물(NO_X)을 제거하는 방법으로 틀린 것은?

㉮ 이단 연소법
㉯ 과잉공기량 연소법
㉰ 저온도 연소법
㉱ 배기가스재순환법

풀이 ㉯ 저과잉공기량 연소법

45 다음 중 전기집진장치에서 먼지의 비저항이 비정상적으로 높은 경우 주입하는 물질이 아닌 것은?

㉮ H_2SO_4 ㉯ NaCl
㉰ Soda lime   ㉱ NH_3

풀이 ㉱ 암모니아(NH_3)는 먼지의 비저항이 낮은 경우 주입하는 물질이다.

answer 41 ㉱ 42 ㉰ 43 ㉮ 44 ㉯ 45 ㉱

46 여과집진장치 중 간헐식 탈진방식에 대한 설명으로 틀린 것은?

㉮ 높은 집진율을 얻을 수 있다.
㉯ 먼지의 재비산이 크다.
㉰ 진동형과 역기류형, 역기류 진동형이 있다.
㉱ 대용량 처리에 부적당하다.

풀이 ㉯ 먼지의 재비산이 적다.

47 다음 중 흡수액 선정 시 고려사항으로 틀린 것은?

㉮ 용해성이 높아야 한다.
㉯ 휘발성이 높아야 한다.
㉰ 점성은 비교적 작아야 한다.
㉱ 용매의 화학적 성질과 비슷해야 한다.

풀이 ㉯ 휘발성이 낮아야 한다.

48 입자 측정방법 중 관성충돌법에 대한 설명으로 틀린 것은?

㉮ 입경을 간접적으로 측정하는 방법이다.
㉯ 입자의 질량 크기 분포를 알 수 있다.
㉰ 되튐으로 인한 시료의 손실이 일어날 수 있다.
㉱ 시료채취가 용이하고 채취준비 시간이 짧다.

풀이 ㉱ 시료채취가 어렵고 채취준비 시간이 길게 소요된다.

49 다음 세정집진장치 중 유수식에 해당하지 않는 것은?

㉮ 가스선회형   ㉯ 임펠라형
㉰ 충전탑   ㉱ 분수형

풀이 ㉰ 충전탑은 가압수식에 해당한다.

TIP
세정집진장치의 종류
① 유수식 : 가스선회형, 임펠라형, 로타형, 분수형
② 가압수식 : 벤츄리 스크러버, 분무탑, 제트 스크러버, 충전탑
③ 회전식 : 타이젠와셔, 임펄스 스크러버

50 Stoke's의 침강속도식에 대한 설명으로 틀린 것은?

㉮ 침강속도는 중력가속도에 비례한다.
㉯ 침강속도는 입자의 직경의 제곱에 비례한다.
㉰ 침강속도는 공기의 점도에 반비례한다
㉱ 침강속도는 입자밀도와 공기의 밀도의 차에 반비례한다.

풀이 ㉱ 침강속도는 입자밀도와 공기의 밀도의 차에 비례한다.

TIP
$$침강속도(Vg) = \frac{d^2 \times (\rho_s - \rho) \times g}{18 \times \mu}$$

answer 46 ㉯ 47 ㉯ 48 ㉱ 49 ㉰ 50 ㉱

51 다음은 액체연료에 대한 설명으로 틀린 것은?

㉮ 발열량이 크고 품질이 비교적 균일하다.
㉯ 화재나 역화 등의 위험성이 크다.
㉰ 연소온도가 높아 국부과열의 우려가 없다.
㉱ 재속의 금속산화물이 장애원인이 될 수 있다.

[풀이] ㉰ 연소온도가 높아 국부과열의 우려가 있다.

52 탄소 86%, 수소 4%, 산소 8%, 황 2%인 중유를 완전연소 시킬 때 필요한 이론공기량(Sm^3/kg)은?

㉮ 약 5.5   ㉯ 약 6.5
㉰ 약 7.5   ㉱ 약 8.5

[풀이] 이론공기량(A_o)
$= 8.89C + 26.67 \times \left(H - \dfrac{O}{8}\right) + 3.33S (Sm^3/kg)$
$= 8.89 \times 0.86 + 26.67 \times \left(0.04 - \dfrac{0.08}{8}\right) + 3.33 \times 0.02$
$= 8.51 \, Sm^3/Sm^3$

53 다음 집진장치 중 압력손실이 가장 작은 것은?

㉮ 전기집진장치   ㉯ 여과집진장치
㉰ 벤츄리스크러버 ㉱ 원심력집진장치

[풀이] 집진장치의 압력손실
㉮ 전기집진장치 : 10~20 mmH_2O
㉯ 여과집진장치 : 100~200 mmH_2O
㉰ 벤츄리스크러버 : 300~800 mmH_2O
㉱ 원심력집진장치 : 80~100 mmH_2O

54 다음 중 원심력 집진장치에서 선회기류의 흐트러짐을 방지하고 집진된 먼지의 재비산 방지를 위한 운전방법은?

㉮ 블로우다운(blow down)
㉯ 펄스젯트(pulse jet)
㉰ 기계적진동(mechanical shaking)
㉱ 공기역류(reverse air)

[풀이] ㉮ 블로우다운 효과에 대한 설명으로 사이클론에서 효율 향상책이다.

55 프로판 가스 100kg을 액화시켜 만든 LPG가 기화될 때의 체적은? (단, 기화시의 온도 및 압력은 25℃, 820mmHg로 가정)

㉮ 51.5 m^3 ㉯ 59.4 m^3
㉰ 66.7 m^3 ㉱ 72.4 m^3

[풀이] 프로판(C_3H_8) 1kmol $\begin{cases} 44 kg \\ 22.4 Sm^3 \end{cases}$

$100 kg \times \dfrac{22.4 Sm^3}{44 kg} \times \dfrac{273 + 25℃}{273} \times \dfrac{760 mmHg}{820 mmHg}$
$= 51.51 \, m^3$

56 황함량이 3%인 중유를 매시간 2,000kg을 완전연소하면 발생하는 SO_2의 양은? (단, 황성분은 모두 SO_2로 된다고 가정함)

㉮ 58 Sm^3/hr ㉯ 42 Sm^3/hr
㉰ 63 Sm^3/hr ㉱ 32 Sm^3/hr

[풀이] S + O_2 → SO_2
32 kg : 22.4 Sm^3
2,000 kg/hr × 0.03 : X

$\therefore X = \dfrac{2,000 \, kg/hr \times 0.03 \times 22.4 \, Sm^3}{32 \, kg}$
$= 42 \, Sm^3/hr$

answer 51 ㉰ 52 ㉱ 53 ㉮ 54 ㉮ 55 ㉮ 56 ㉯

57 다음 중 전기집진장치로 함진가스를 처리할 때 입자의 겉보기 고유저항이 높을 경우에 대책으로 틀린 것은?

㉮ NH_3를 스프레이로 주입한다.
㉯ 처리가스의 온도를 조절하거나 습도를 높인다.
㉰ 황산을 조절제로 주입한다.
㉱ 타격빈도를 높인다.

풀이 ㉮번은 입자의 겉보기 고유저항이 낮은 경우의 대책이다.

58 흡수를 이용한 유해가스 처리방법인 충전탑에 대한 설명으로 틀린 것은?

㉮ 기체분산형 흡수장치이다.
㉯ [탑의 직경/충전제 직경]=8~10일 때 편류현상이 최소가 된다.
㉰ 범람점에서의 가스속도는 충전제를 불규칙하게 쌓았을 때 보다 규칙적으로 쌓았을 때가 더 크다.
㉱ 충전제를 불규칙적으로 충전하는 방법은 접촉면적은 크나 압력손실이 크다.

풀이 ㉮ 액분산형 흡수장치이다.

59 미분탄연소의 장점으로 틀린 것은?

㉮ 연료의 표면적이 크고 공기와의 접촉이 좋기 때문에 과잉 공기가 적어도 완전연소가 가능하다.
㉯ 연소의 조절이 쉽고 점화, 소화 시의 손실이 적다.
㉰ 부하의 변동에 용이하게 적용된다.
㉱ 완전연소로 인하여 배출 먼지량이 적다.

풀이 ㉱ 고체연료이기 때문에 완전연소가 되어도 배출되는 먼지량이 많은 편이다.

60 환기를 위한 통풍방식 중 흡인통풍에 대한 내용으로 틀린 것은?

㉮ 굴뚝의 통풍저항이 큰 경우에 적합하다.
㉯ 송풍기의 점검 및 보수가 용이하다.
㉰ 노내압이 부압으로 역화의 우려가 없다.
㉱ 이젝터를 사용할 경우 동력이 불필요하다.

풀이 ㉯ 굴뚝에 설치하기 때문에 송풍기의 점검 및 보수가 용이하지 못하다.

---

answer 57 ㉮ 58 ㉮ 59 ㉱ 60 ㉯

대기환경산업기사 필기·과년도

초 판 인쇄 | 2026년 1월 5일
초 판 발행 | 2026년 1월 15일

지 은 이 | 전화택
발 행 인 | 조규백
발 행 처 | **도서출판 구민사**
　　　　　(07293) 서울특별시 영등포구 문래북로 116, 604호(문래동3가 46, 트리플렉스)
전화 (02) 701-7421
팩스 (02) 3273-9642
홈페이지 www.kuhminsa.co.kr

신고번호 | 제2012-000055호(1980년 2월 4일)
I S B N | 979-11-6875-613-7　13500

값 40,000원

※ 낙장 및 파본은 구입하신 서점에서 바꿔드립니다.
※ 본서를 허락없이 부분 또는 전부를 무단복제, 게재행위는 저작권법에 저촉됩니다.

대기환경 산업기사 필기·과년도 +무료 동영상

 네이버카페 **자격증만들기** 바로가기

- **Part 1** 대기환경관리
- **Part 2** 대기오염공정시험기준
- **Part 3** 대기오염방지기술
- **Part 4** 실전문제

📞 TEL. (02)701-7421　　📠 FAX. (02)3273-9642　　🌐 Homepage www.kuhminsa.co.kr

구민사 바로가기

발행일 2026년 1월 15일 | **저자** 전화택 | **발행인** 조규백 | **발행처** 도서출판 구민사 | **신고번호** 제 2012-000055호
주소 (07293)서울특별시 영등포구 문래북로 116, 604호(문래동3가, 트리플렉스)
※ 낙장 및 파본은 구입하신 서점에서 바꿔드립니다.
※ 본서를 허락없이 부분 또는 전부를 무단복제, 게재행위는 저작권법에 저촉됩니다.

2026
Completion
in 3 month

2

최근 **9개년 기출문제**
+ **최신 CBT 복원문제** 수록

대기환경 핸드북
제공

대기환경
산업기사 필기·과년도
+ 무료 동영상

전화택 저

구민사